Expedition **Erde**

Wissenswertes und Spannendes aus den Geowissenschaften

Gerold Wefer
Frank Schmieder
Herausgeber

Expedition **Erde**

Wissenswertes und Spannendes aus den Geowissenschaften

Vierte, überarbeitete und erweiterte Auflage

Bremen, Juni 2015

Zentrum für Marine Umweltwissenschaften

Unterstützt durch das Bundesministerium für Bildung und Forschung (BMBF) und die Deutsche Forschungsgemeinschaft (DFG) durch die Förderung von Instituten und Projekten.

Universität Bremen

Bundesministerium für Bildung und Forschung

Mit freundlicher Unterstützung der GeoUnion Alfred-Wegener-Stiftung

Deutsche Forschungsgemeinschaft

Bibliografische Information der Deutschen Nationalbibliothek

Die Deutsche Nationalbibliothek verzeichnet diese Publikation in der Deutschen Nationalbibliografie; detaillierte bibliografische Daten sind im Internet über http://dnb.d-nb.de abrufbar.

ISBN 978-3-00-049045-3

1. Auflage, 2002 (10.000 Exemplare); 2., überarbeitete und erweiterte Auflage, 2006 (5.000 Ex.)
3., überarbeitete und erweiterte Auflage, 2010 (5.000 Ex.); 4., überarbeitete und erweiterte Auflage, 2015 (3.000 Ex.)

Herausgeber: Gerold Wefer und Frank Schmieder
Redaktion: Kirsten Achenbach, Alina Fischbeck, Frank Schmieder, Jana Stone, Gerold Wefer
Mitarbeit: Erik Berk, Volker Diekamp, Adelheid Grimm-Geils, Vera Hemme, Jennifer Kück
Layout und Satz: Frank Schmieder
Druck: Druckerei Girzig+Gottschalk GmbH, Hannoversche Straße 64, 28309 Bremen

Dieses Buch kann gegen einen Druckkostenbeitrag im MARUM-Shop unter www.marum.de/marum-shop.html bezogen werden oder über

Prof. Dr. Dr. h.c. Gerold Wefer
MARUM – Zentrum für Marine Umweltwissenschaften, Universität Bremen
Leobener Straße, 28359 Bremen
Fax: 0421 - 218 65505
E-Mail: gwefer@marum.de

marum Bibliothek
Verständliche Geowissenschaften

Vorwort

Sie halten die vierte Auflage von Expedition **Erde** in Ihren Händen, und wir wünschen Ihnen viel Spaß bei der Reise durch die vielfältigen Aspekte der Geowissenschaften. Dieser Band ist die erneute Erweiterung und Aktualisierung des Buches Expedition **Erde**, das erstmalig zum Jahr der Geowissenschaften 2002 mit Unterstützung der GeoUnion – Alfred-Wegener-Stiftung (AWS), Dachverband der Geowissenschaftlichen Gesellschaften und Vereinigungen in Deutschland erstellt wurde. Mit allgemein verständlichen Texten und zahlreichen erläuternden Abbildungen informieren Fachleute über aktuelle und attraktive geowissenschaftliche Themen.

Die Geowissenschaften erforschen das ›System Erde‹, wie es sich entwickelt hat und wie es funktioniert. Geowissenschaftliche Forschung dient dazu, das gesamte komplexe Erdsystem besser zu verstehen, insbesondere die Wechselwirkungen zwischen seinen verschiedenen Komponenten, zum Beispiel zwischen Erdkruste und Atmosphäre oder zwischen Hydro-, Bio- und Atmosphäre.

Zur Überarbeitung und Ergänzung dieses Buches haben viele Geowissenschaftlerinnen und Geowissenschaftler aus den unterschiedlichen Teildisziplinen beigetragen. Bei allen beteiligten Kolleginnen und Kollegen sowie Einrichtungen möchten wir uns sehr herzlich bedanken.

Ihnen, liebe Leserinnen und Leser, wünschen wir viele spannende Stunden bei der Entdeckung des Systems Erde.

Gerold Wefer   Frank Schmieder

Prof. Dr. Gerold Wefer   Dr. Frank Schmieder

MARUM – Zentrum für Marine Umweltwissenschaften
Universität Bremen
Juni 2015

Einleitung

Sonnensystem

Planet Erde

Ressourcen

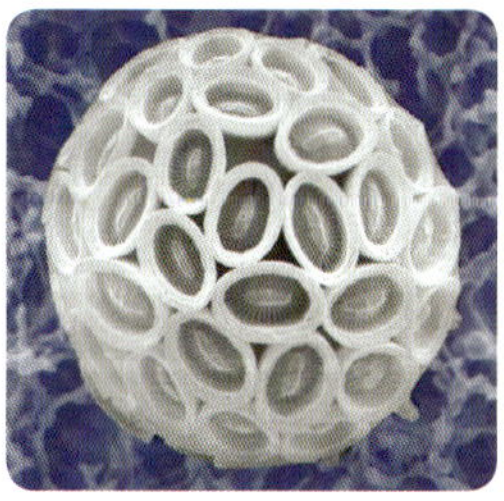

Klima und Leben

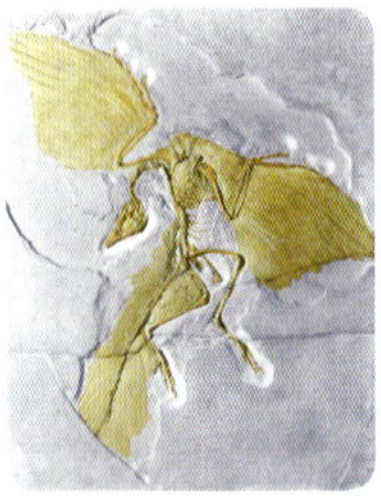

Kultur und Geowissenschaften

Anhang

Geowissenschaften – Inhalte und Aufgaben

Die Erde, ein komplexes System

Das Forschungsobjekt der Geowissenschaften ist die Erde: ein komplexes System, das aus zahlreichen miteinander gekoppelten Prozessen besteht. Diese Prozesse gestalten das Antlitz der Erde, sie sind für die Verteilung von Festländern und Ozeanen, von Gebirgen und Tiefebenen verantwortlich. Sie lassen die Erde beben und Vulkane ausbrechen, sie beeinflussen die Evolution des Lebens, die Zusammensetzung der Sedimenthülle, der Atmosphäre und der Hydrosphäre der Erde. Die Geowissenschaftler untersuchen diese Prozesse in den verschiedensten Dimensionen, von Bruchteilen eines Nanometers bis zu zehntausenden von Kilometern. Im submikroskopischen Bereich befassen sie sich mit der Anordnung von Atomen und Ionen im Kristallgitter von Mineralen, im globalen Bereich dringen sie bis zur Größe von Lithosphärenplatten vor.

Lernen aus der Vergangenheit

Charakteristisch für die Geowissenschaften ist die Beschäftigung mit der Dimension Zeit. Sie untersuchen den Ist-Zustand, blicken aber auch in die erdgeschichtliche Vergangenheit zurück. Längst vergessene Ereignisse lassen sich anhand von Spuren in den zahlreichen Archiven der Erdkruste rekonstruieren. Aus der Zusammensetzung von Gesteinen, ihren Lagerungsverhältnissen und den enthaltenen Fossilien kann man schließen, wie die Erde vor hunderten von Jahrmillionen oder auch vor wenigen Jahrtausenden ausgesehen hat: wie die Kontinente auf der Erdoberfläche verteilt waren, wo Wüsten und Gebirge lagen, welche Tiere welchen Kontinent bevölkerten, wie warm es war und wo Gletscher lagen.

Geowissenschaftler interessieren sich besonders für Ereignisse, die das delikate Gleichgewicht des Systems Erde in der geologischen Vergangenheit stark gestört haben. So suchen sie zum Beispiel beharrlich nach den Ursachen von früheren großen Massensterben auf der Erde. Als Lehre aus den Ereignissen der Vergangenheit lassen sich Voraussagen über die nahe und ferne Zukunft des Planeten treffen. Denn auch zurzeit wird das Gleichgewicht des Systems Erde gestört – und zwar durch den massiven Einfluss des Menschen. In der geowissenschaftlichen Grundlagenforschung steht der globale Aspekt im Vordergrund. Lokale und regionale Gegebenheiten werden nicht um ihrer selbst willen erforscht, sondern dienen als Modell, um das System Erde zu verstehen. Weil es immer um den ganzen Planeten geht, hat die internationale Zusammenarbeit in der geowissenschaftlichen Forschung einen hohen Stellenwert.

Bedeutung für die Gesellschaft

Geowissenschaftler sind aber nicht nur Grundlagenforscher, die das System Erde bis ins Detail verstehen wollen, sondern sie arbeiten auch oft anwendungsbezogen. Geowissenschaftler beraten gesellschaftliche und politische

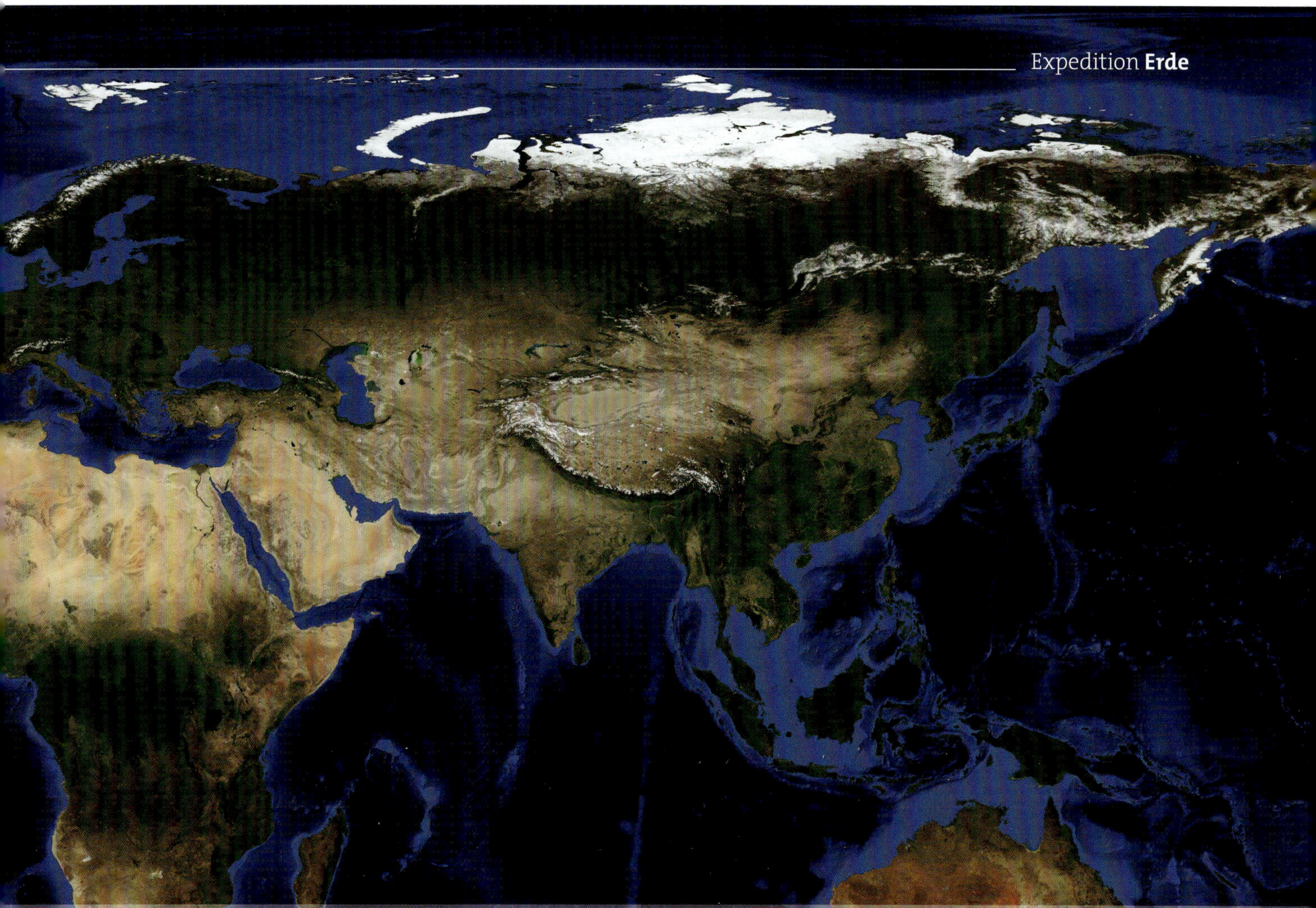

Einrichtungen, insbesondere bei Umweltfragen und der Rohstoffversorgung. Viele Arbeitsbereiche sind in der Industrie, zum Beispiel in der angewandten mineralogischen Forschung und Lagerstättenexploration. Klassische Arbeitsgebiete der Geowissenschaften sind die Rohstoffexploration und -produktion und die Grundwasserversorgung. Dadurch sind sie von großer praktischer Bedeutung für unsere Gesellschaft.

Methoden und neue Technologien

Die geowissenschaftliche Forschung nutzt Methoden und Erkenntnisse anderer naturwissenschaftlicher Disziplinen, wie der Physik, der Chemie und der Biologie. Zunehmend wichtig sind auch mathematische Methoden, insbesondere Modellierungen. Diese Grundwissenschaften stehen nicht isoliert nebeneinander, sondern tragen im interdisziplinären Zusammenspiel zur Lösung von Fragestellungen bei. Um die komplex miteinander verwobenen physikalischen, chemischen und biologischen Prozesse in der Atmosphäre, in den Ozeanen, an der Erdoberfläche und im Erdinneren zu verstehen, ist vernetztes Denken zwingend notwendig. Bahnbrechende neue Forschungsergebnisse werden häufig erst durch neue Technologien ermöglicht. Die Geowissenschaften setzen modernste Erkundungs-, Beprobungs- und Laborverfahren ein. Eindrucksvolle Beispiele sind die Nutzung unterschiedlicher Satelliten und Sensoren für die Kartierung der Erdoberfläche, Tiefbohrsysteme zur Beprobung der Erdkruste und kabelgeführte und autonome Unterwasserfahrzeuge zur Erkundung des tiefen Ozeans.

Von Einzeldisziplinen zu den Geowissenschaften

Forschung und Lehre in den Geowissenschaften befinden sich seit Jahren im Umbruch. Weil das System Erde so komplex ist, entwickelten sich bisher getrennte Disziplinen unter dem gemeinsamen Dachbegriff ›Geowissenschaften‹ zu einem großen Ganzen. Deshalb spricht man nicht mehr von Geologen, Paläontologen, Geographen, Geochemikern, Mineralogen, Kristallographen, Geodäten, Geophysikern etc., sondern von Geowissenschaftlern mit fachlichen Schwerpunkten, z. B. in Geophysik oder Mineralogie. Ausdruck dieser Entwicklung sind auch neu entwickelte und bereits überall eingeführte geowissenschaftliche Studiengänge mit Bachelor- und Masterabschlüssen nach internationalem Standard, in denen nach der Vermittlung allgemeiner geowissenschaftlicher Grundlagen in den Bachelor-Studiengängen eine Spezialisierung in den Master-Studiengängen erfolgt.

Prof. Dr. Gerold Wefer
MARUM – Zentrum für Marine Umweltwissenschaften
Universität Bremen

Entstehung des Sonnensystems und der Erde

von Herbert Palme, Frankfurt am Main

Abb. 1: Der Rand der Sonne und die acht Planeten. Die Größenverhältnisse sind ungefähr richtig. Die Abstände der Planeten von der Sonne sind nicht maßstabsgetreu. Von links: Sonne, Merkur, Venus, Erde, Mars, Jupiter, Saturn, Uranus, Neptun und Pluto, dem der Planetenstatus 2006 aberkannt wurde.

Unser Sonnensystem

Sonne und Planeten

Im Mittelpunkt unseres Sonnensystems steht naturgemäß die Sonne, ein ganz normaler ›Wald und Wiesen Stern‹. Diese Sorte gibt es haufenweise in unserem Teil der Milchstraße, der Milchstraßengalaxie. Die Sonne hat etwa fünf Milliarden Jahre – die Hälfte ihrer Lebenserwartung – hinter sich. In weiteren fünf Milliarden Jahren wird ihr der Brennstoff, ihr Wasserstoffvorrat, ausgehen. Sie wird sich dann zunächst so weit aufblähen, bis ihr äußerster Rand die Umlaufbahn der Venus erreicht. Dabei wird sie bis zu einem Viertel ihrer Masse in den interstellaren Raum hinausschleudern. Ihr Ende ist absehbar: ein extrem dichter ›weißer Zwerg‹, etwa von der Größe der Erde, der schließlich völlig erkaltet und damit unsichtbar wird.

Umgeben ist unsere Sonne von acht Planeten (Abb. 1), die selbst kaum Strahlung abgeben und nur durch das von ihnen reflektierte Sonnenlicht zu sehen sind. Selbst der größte Planet Jupiter, der hauptsächlich aus Wasserstoff und Helium besteht, ist viel zu klein für die Umwandlung von Wasserstoff in Helium. Dies ist die Reaktion, die Sterne wie unsere Sonne mit Energie versorgt. Die acht Planeten werden von insgesamt 166 Satelliten, ihren Monden, umkreist. Man unterscheidet zwei Gruppen von Planeten. Da sind zunächst die vier inneren, erdähnlichen Planeten Merkur, Venus, Erde und Mars. Sie sind aus festem Gestein aufgebaut, haben mittlere Dichten von fast vier bis fünfeinhalb Gramm pro Kubikzentimeter und besitzen alle einen Metallkern. Die Erde macht etwa die Hälfte der Gesamtmasse dieser vier inneren Planeten aus. Außer ihr wird von den inneren Planeten nur der Mars noch selbst umkreist. Er besitzt sogar zwei Monde: Phobos and Deimos.

Im Gegensatz zu den inneren Gesteinsplaneten stehen die äußeren, gasreichen Riesenplaneten Jupiter, Saturn, Uranus und Neptun. Sie sind wesentlich größer, aber haben nur eine etwa vier- bis sechsmal geringere Dichte als die inneren Planeten. Jupiter und Saturn bestehen hauptsächlich aus Wasserstoff und Helium, während die etwas kleineren Planeten Uranus und Neptun größere Mengen Wassereis enthalten. Alle äußeren Planeten haben mehrere Satelliten: Jupiter 63, Saturn 16, Uranus 27 und Neptun 13. Pluto wurde zwar 2006 von der Internationalen Astronomischen Union der Status eines Planeten aberkannt, dafür werden heute Pluto und eine Reihe weiterer, jüngst entdeckter Objekte jenseits der Neptunbahn als Plutoiden oder transneptunische Zwergplaneten bezeichnet. Dazu gehören, neben Pluto mit 3 Monden, und Eris, dem mit 2.400 Kilometer Durchmesser größten, bekannten Plutoiden, Makemake und Haumea, mit etwa 30 Prozent der Masse von Pluto. Haumea ist nach einer hawaiischen Göttin benannt und dreht sich in nur vier Stunden um seine eigene Achse. Die rasche Rotation führt vermutlich zu einer stark elliptischen Form. Unter den über 100.000 Asteroiden, die die Erde zwischen Mars und Jupiter umkreisen, hat nur der größte Asteroid Ceres mit etwa 900 Kilometern Durchmesser den Status eines Zwergplaneten.

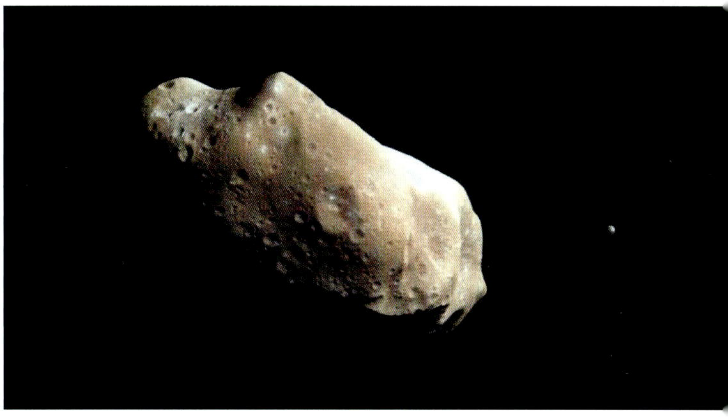

Abb. 2: Der Asteroid Ida (58 Kilometer Länge) und sein ihn in etwa 24 Stunden umkreisender Mond Dactyl (1,6 Kilometer Durchmesser); Entfernung Ida – Dactyl ungefähr 100 Kilometer

Alle Planeten und Zwergplaneten umlaufen die Sonne gegen den Uhrzeigersinn. Ihre Umlaufbahnen liegen annähernd in einer Ebene, der Ekliptik. Nach dem ersten Keplerschen Gesetz haben die Bahnen die Form von Ellipsen, wobei die Sonne in einem Brennpunkt steht. (Will man eine Ellipse zeichnen, so kann man zwei Nägel einschlagen und um diese eine Schnur legen. Mit einem Stift zeichnet man den mit gespannter Schnur größtmöglichen Umfang. Die beiden Nägel sind dann die Brennpunkte der entstehenden Ellipse). Abgesehen von den Plutoiden weichen die Bahnen der Planeten aber nur geringfügig von einer Kreisbahn ab. Der Kreis ist eine Sonderform der Ellipse, die nur einen Brennpunkt hat. Die Achsen, um die sich die Sonne und die Planeten drehen, stehen annähernd senkrecht zu der Ebene der Bahn, auf der sie sich umeinander bewegen. Das kann man sich ungefähr vorstellen wie Kreisel, die sich auf einer ebenen Fläche um ihre eigene Achse und zusätzlich umeinander drehen. Die Kreisel drehen sich dabei ebenfalls gegen den Uhrzeigersinn.

Alle bis jetzt angesprochenen Bewegungen finden also in einer Richtung und in derselben Ebene statt. Ausnahmen sind vor allem Venus mit einer entgegengesetzten Rotation und Uranus, dessen Drehachse um 90 Grad gekippt ist und so in der Ebene der Ekliptik liegt. Bildlich gesprochen wäre Uranus also ein umgekippter Kreisel, der sich trotzdem weiter dreht. Auch die anderen Planeten zeigen kleinere Abweichungen ihrer Drehachsen von der Senkrechten. Vermutlich sind diese Unregelmäßigkeiten auf Einschläge großer Projektile in der Frühgeschichte des Sonnensystems zurückzuführen.

Kleinere Körper im Sonnensystem

Zwischen Mars und Jupiter, also im Grenzbereich zwischen den erdähnlichen Planeten und den riesigen Gasplaneten, kreisen mehr als 100.000 Kleinplaneten, die Asteroiden, um die Sonne. Sie bilden den Asteroidengürtel. Manche dieser Asteroiden haben Satelliten, ähnlich wie die ›richtigen‹ Planeten. So wird beispielsweise der kartoffelförmige Asteroid Ida mit einer Längsausdehnung von bis zu 60 Kilometern von einem über anderthalb Kilometer großen Satelliten begleitet (Abb. 2). Der größte Asteroid Ceres hat einen Durchmesser von 930 Kilometern, das ist ungefähr ein Drittel des Monddurchmessers.

Einige der Asteroide sind durch die Anziehungskraft des Riesenplaneten Jupiter auf exzentrische Bahnen geraten. Sie können in den Raum zwischen Erde und Sonne hineinreichen. Auch wenn es unwahrscheinlich ist, kann nicht ausgeschlossen werden, dass diese erdbahnkreuzenden Asteroide auf der Erde einschlagen. Etwa 1.100 dieser Objekte haben einen Durchmesser von mehr als einem Kilometer. Von 800 dieser größeren Asteroiden kennt man die Umlaufbahnen genau. Keiner dieser Asteroiden befindet sich auf Kollisionskurs mit der Erde, jedenfalls nicht innerhalb der nächsten hundert Jahre. Es wird zurzeit fieberhaft daran gearbeitet, die Bahnen der übrigen Asteroiden festzustellen, die groß genug sind, um der Erde gefährlich werden zu können.

Meteorite sind aus dem All kommende Gesteinsbruchstücke, die Durchmesser von einem Zentimeter bis zu mehreren Metern haben können. Sie werden durch den Luftwiderstand der Atmosphäre stark gebremst und schlagen daher nur mit relativ geringer Geschwindigkeit auf die Erde auf. Sie entstehen, wenn Asteroiden aus dem Gürtel zwischen Mars und Jupiter zusammenstoßen. Wenn die resultierenden Gesteinsfragmente durch die Schwerkraft des Jupiter auf Kollisionskurs mit der Erde gehen, werden sie zu Meteoroiden und wenn sie auf der Erde auftreffen zu Meteoriten.

Kometen hingegen sind kilometergroße Körper aus Staub und Eis, deren Umlaufbahnen um die Sonne weit von der Kreisform entfernt sind. Nähern sie sich der Sonne, beginnt das Eis zu verdampfen und der Komet bildet einen Schweif aus. Kometen werden in zwei Gruppen unterteilt: die kurzperiodischen mit weniger und die langperiodischen mit mehr als 200 Jahren Umlaufzeit. Fast alle kurzperiodischen Kometen umkreisen die Sonne in der selben Richtung wie die Planeten. Ihre Bahnen sind nur wenig gegen die Ekliptik geneigt. Sie gehören zu unserem Sonnensystem und kommen vermutlich aus dem Kuipergürtel, jenseits des Neptun, etwa 500 Astronomische Einheiten (1 AE = Abstand Erde – Sonne) entfernt. Langperiodische Kometen kommen aus der Oortschen

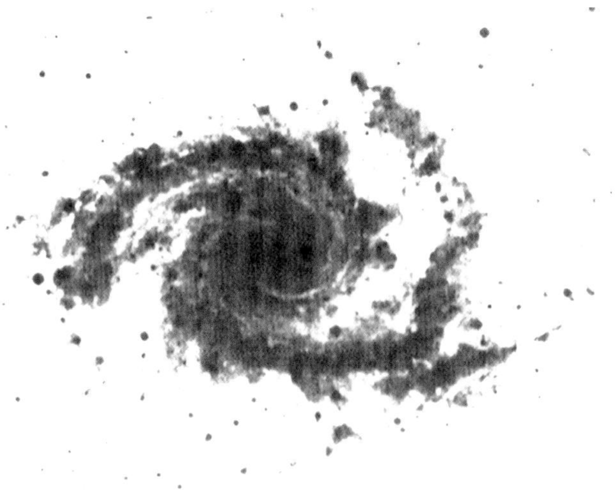

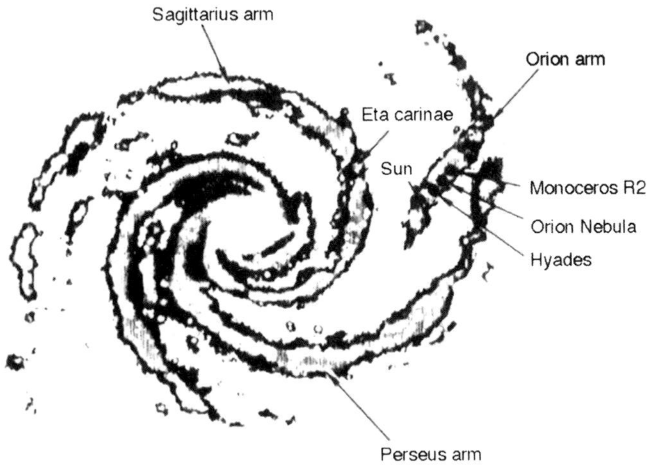

Abb. 3: oben: typische Spiralgalaxie NGC2667 und zum Vergleich unten: die Milchstraßengalaxie. Die Position der Sonne im Sagittarius Arm ist eingezeichnet. Einige Gebiete, in denen zurzeit Sterne entstehen, sind bezeichnet.

Wolke, die in 50.000 AE Entfernung nur noch schwach an das Sonnensystem gebunden ist. Diese Objekte zeigen keine bevorzugten Bahnneigungen und Laufrichtungen. Zum Glück sind sie recht selten, denn sie sind erst sehr spät zu erkennen und können daher zu einer Gefahr für die Erde werden.

Die Sonne: einer von hundert Milliarden Sternen der Milchstraßengalaxie

Im 16. Jahrhundert rückte Kopernikus die Erde aus dem Mittelpunkt des Weltalls und platzierte die Sonne an diese Stelle. Kurze Zeit später wurde jedoch auch der Sonderstatus unseres Sonnensystems in Zweifel gezogen. Am 17. Februar 1600 wurde in Rom der Philosoph Giordano Bruno verbrannt. Er hatte behauptet, dass es unendlich viele Welten gäbe. Galilei hatte Anfang des 17. Jahrhunderts mit Hilfe des Fernrohres als erster erkannt, dass die Milchstraße aus einer Ansammlung von unzähligen, schwach leuchtenden Sternen besteht. Der Astronom Wilhelm Herschel hat das 1785 quantifiziert. In seinem Aufsatz ›On the Construction of the Heavens‹ hatte er die Anzahl der Sterne in 683 verschiedenen ›Planquadraten‹ am Himmel bestimmt und herausgefunden, dass die Anzahl der Sterne in der Ebene der Milchstraße bei weitem am höchsten ist, das heißt, dass die Helligkeit der Milchstraße auf eine höhere Konzentration von Sternen zurückzuführen ist. Dies hatte Immanuel Kant schon 1775 vermutet.

Die Zahl der Sterne in unserer Galaxie, der Milchstraßengalaxie, wird heute auf etwa Hundert Milliarden geschätzt. Unsere Sonne liegt 25.000 Lichtjahre vom Zentrum entfernt und befindet sich im Spiralarm ›Sagittarius‹ (Abb. 3). Die Milchstraßengalaxie selbst ist eine langsam rotierende Spiralgalaxie mit einem Durchmesser von etwa 85.000 Lichtjahren, die sich alle 250 Millionen Jahre einmal um ihren Mittelpunkt dreht. Zum Vergleich: Die mittlere Entfernung zwischen Sonne und Erde beträgt 150 Millionen Kilometer. Licht legt diese Strecke in acht Minuten zurück. Um zum Neptun zu gelangen, braucht das Licht der Sonne vier Stunden. Unseren nächsten Nachbarstern, Proxima Centauri, erreicht es erst nach vier Jahren.

Im Zentrum unserer Galaxie wird ein schwarzes Loch vermutet, eine so große Konzentration von Masse, dass die extreme Schwerkraft selbst Lichtpartikel festhält. Schwarze Löcher sind deshalb unsichtbar und können nicht durch direkte Beobachtung identifiziert werden.

Die Milchstraßengalaxie: eine von fünfhundert Milliarden Galaxien des Universums

Die Urknallhypothese

Heute wird allgemein angenommen, dass das Universum mit dem Urknall, dem Big Bang angefangen hat. Ihm geht ein Zustand unendlicher Dichte und unendlich hoher Temperatur voraus, der mit physikalischen Gesetzen nicht mehr zu fassen ist. Während der nachfolgenden Ausdehnung hat sich das Universum abgekühlt, wobei neben Strahlung auch Elementarteilchen wie Protonen, Neutronen und Elektronen entstanden. Außer Deuterium (schwerer Wasserstoff) und Helium haben sich in dieser Phase keine Atome gebildet. Alle weiteren chemischen Elemente wurden in Milliarden von Sternen erzeugt, die sich aus der Urmaterie zusammengeballt haben.

Die Big-Bang-Theorie basiert auf drei Beobachtungen:

(1) Der berühmte Astronom Hubble hat festgestellt, dass alle Galaxien auseinanderstreben. Die Geschwindigkeit mit der sich eine Galaxie von uns wegbewegt, ist um so höher, je weiter sie entfernt ist. Das Universum bläht sich sozusagen auf. Könnte man die Ausdehnung als Film rückwärts laufen lassen, käme man zu einer Zeit, zu der alle Galaxien in einem Punkt vereint

waren. Diesen Zeitpunkt versucht man über die Geschwindigkeit abzuschätzen, mit der sich die Galaxien voneinander entfernen. Dabei kommt für das Universum das beträchtliche Alter von 12 bis 18 Milliarden Jahren heraus.

(2) Durch die Ausdehnung nach dem Urknall kühlt sich das Universum ab. Vom Physiker Gamov wurde schon 1929 vorhergesagt, dass es als Folge eines Urknalls eine gleichmäßige Hintergrundstrahlung aus Mikrowellen geben müsse. Eine derartige Strahlung wurde 1964 von Penzias und Wilson gemessen. Sie entspricht einer Temperatur von 2,726 Kelvin oder -270,42 Grad Celsius, knapp über dem absoluten Nullpunkt von Null Grad Kelvin. Die Hintergrundstrahlung ist im Wesentlichen isotrop, das heißt, sie ist in allen Richtungen gleich stark. Geringfügige Abweichungen der Strahlung sind vermutlich für die ungleichmäßige Verteilung von Materie im Universum und damit für die Entstehung von Galaxien verantwortlich.

(3) Nach theoretischen Berechnungen wurden beim Urknall nur Wasserstoff, Helium und sehr geringe Mengen an Lithium gebildet. Alle anderen Elemente können nur im Inneren von Sternen oder bei Supernova-Explosionen, dem Ende eines großen Sterns, entstehen. Für Astrophysiker ist das Verhältnis von leichtem (H) zu schwerem Wasserstoff (D für Deuterium) besonders wichtig, da Deuterium nur beim Urknall gebildet wurde. Im Inneren eines Sternes wird es hingegen abgebaut. Mit Hilfe des Verhältnisses der beiden Wasserstoffarten zueinander hoffen die Forscher ein besseres Verständnis unseres Universums zu erreichen. So entspricht das Verhältnis in der Jupiteratmosphäre oder in einigen Meteoriten dem Verhältnis, das für den Urknall errechnet wurde.

Die Zukunft des Universums

Die Zukunft des Universums hängt von der Dichte seiner Materie ab. Ist diese ausreichend groß, wird die Ausdehnung des Universums durch die Massenanziehung (Gravitation) so verlangsamt, dass sich die Richtung irgendwann umkehrt und alles in einen Endknall zusammenstürzt. Dies wäre der Fall, wenn wir in einem geschlossenen Universum leben. Ist die Dichte der Materie hingegen klein, wird sich das Universum ewig ausdehnen. Die Masse an Materie, die wir beobachten können, beträgt nur ein Zehntel der Masse, die für ein geschlossenes Universum nötig ist.

Die Bewegungen der Galaxien lassen die Forscher jedoch schließen, dass es noch weitere, unsichtbare Materie gibt, die 95 Prozent aller Materie ausmacht. Diese auch als dunkel bezeichnete Materie sendet weder Licht aus, noch absorbiert sie es. Sie macht sich nur durch ihre Massenanziehung bemerkbar. Dazu kommt eine weitere geheimnisvolle Energiequelle, die dunkle Energie, die sich auch bei der Expansion des Universums bemerkbar macht.

Die Frage, ob sich das Universum immer weiter ausdehnt oder ob es wieder in sich zusammenfällt, ist noch nicht endgültig geklärt. Heute neigen die Forscher eher zu einer immer rascher werdenden Ausdehnung, die dann explosionsartig im ›Big Rip‹ endet. Der ›Big Crunch‹, der grosse Kollaps, scheint eher unwahrscheinlich.

Entstehung des Sonnensystems

Protosterne und Akkretionsscheiben

Die Bewegungen der Planeten sind so einfach, dass schon Kant in seiner allgemeinen Naturgeschichte und Theorie des Himmels im Jahr 1775 vermutete, dass sich die Sonne im Zentrum einer rotierenden Staubscheibe gebildet habe. Die Planeten sollten später durch Kondensationsprozesse innerhalb der Scheibe entstanden sein. Diese Vorstellung ist heute Grundlage aller theoretischen Modelle zur Entstehung des Sonnensystems. Allerdings haben sich nicht alle Voraussagen von Kant bewahrheitet. Er hat auch behauptet, dass alle Planeten bewohnt seien und dass die Intelligenz der Bewohner stiege, je größer der Abstand des Planeten zur Sonne ist.

Die Materie zwischen schon existierenden Sternen, die interstellare Materie, dient als Ausgangsmaterial für neue Sterne. Örtliche Konzentrationen solcher Materie bilden riesige Molekülwolken. Sie werden auch als Dunkelwolken bezeichnet, da sie so viel Staub enthalten, dass Licht sehr stark absorbiert wird. Ab einer gewissen Größe bewirkt die Schwerkraft, dass die Wolke in sich zusammenfällt, möglicherweise angeregt durch eine nahe Supernova-Explosion. Die ursprüngliche Wolke zerteilt sich in kleinere Bereiche, von denen sich jeder im weiteren Verlauf zu einem Stern oder einem Doppelsternsystem verdichtet. Sterne entstehen immer in Gruppen, so genannten Sternassoziationen. So wurden im Orionnebel mit einem Durchmesser von 20.000 Lichtjahren tausende junger Sterne entdeckt, die alle innerhalb der letzten Million Jahre entstanden sind. Im Falle unseres Sonnensystems hat sich zunächst ein Protostern gebildet, der von einer flachen Wolke aus Staub und Gas umgeben war. Fast die gesamte Materie dieser als Akkretionsscheibe bezeichneten Wolke verlangsamte sich und ballte sich zur Sonne zusammen (Abb. 4). Nur etwas mehr als ein Tausendstel blieb als Ausgangsmaterial für alle anderen Körper unseres Sonnensystems, also die Planeten, Asteroiden, Kometen und sonstigen Objekte, übrig.

Durch die großen Fortschritte in der Infrarot-Astronomie, die die vom kosmischen Staub ausgehende Wärmestrahlung misst, wurden in den letzten Jahren zahlreiche Sterne mit Staubscheiben entdeckt. Besonders der Satellit IRAS (Infra Red Astronomical Satellite) hat wichtige Daten geliefert. Die Beobachtung dieser Systeme liefert Modelle für die Entwicklung unseres Sonnensystems. Es sieht so aus, als ob die Staub- oder Akkretionsscheibe eine ganz normale Entwicklungsstufe bei der Entstehung eines Sterns ist.

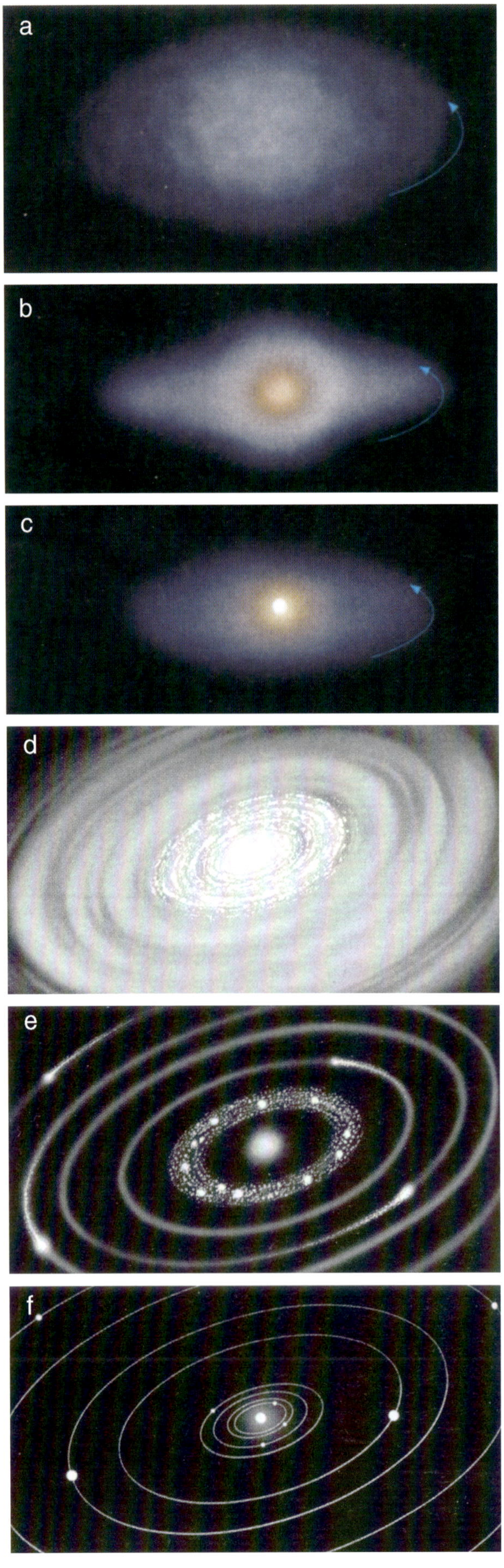

Entstehung der inneren Planeten des Sonnensystems

Während es nur ungefähr eine Million Jahre dauerte, bis sich unsere Sonne zusammengeballt hatte, nimmt man an, dass die Planetenbildung mehr als zehn Millionen Jahre brauchte. Dabei spielt der solare Nebel, die um die Sonne rotierende Mischung aus Gas und Staub, eine Schlüsselrolle. Aus ihm entstand die feste Materie des inneren und äußeren Sonnensystems, also alle die Sonne umkreisenden Objekte. Heutige Unterschiede in der Struktur und der chemischen Zusammensetzung der inneren Planeten sind direkt auf Vorgänge im frühen solaren Nebel zurückzuführen.

Staubteilchen von nur einem Tausendstel Millimeter sammelten sich in der Zentralebene der Akkretionsscheibe und wuchsen dort durch Kollisionen zusammen. Sie erreichten so Durchmesser von zum Teil vielen Kilometern. Ab wenigen Kilometern Durchmesser bestimmte die Schwerkraft das weitere Wachstum. Kleinplaneten mit Massen von etwa einem Hundertstel der Erdmasse entstanden, die so genannten Embryos. Sie sind die Bausteine der inneren Planeten.

Die Erde: ein zufälliges Produkt kosmischer Kollisionen

Die Embryos haben sich durch ihre Schwerkraft gegenseitig in ihren Umlaufbahnen um die Sonne gestört. Dadurch kam es zu weiteren Zusammenstößen, die schließlich zur Bildung der inneren Planeten des Sonnensystems führten. Nach ungefähr 50 bis 150 Millionen Jahren waren so unsere Erde und die übrigen Gesteinsplaneten entstanden. Somit ist die heutige Verteilung und die Größe der Planeten im Sonnensystem das Ergebnis von zufälligen Kollisionen kleinerer Embryos. In Abbildung 5 ist ein solcher Wachstumsprozess dargestellt. Ein Simulationsprogramm beginnt mit 100 mond- bis marsgroßen Embryos. Viele der Modellrechnungen liefern ähnliche Konfigurationen, wie sie unser Sonnensystem zeigt. Es bleiben immer drei bis fünf Planeten unterschiedlicher Größe etwa in den Abständen der heute beobachteten inneren Planeten übrig. Die Unterschiede sind aber trotz der Ähnlichkeiten so groß, dass es fraglich ist, ob jedes Mal ein Planet mit ähnlich günstigen Voraussetzungen für Leben entstehen würde wie die Erde. Unsere lebensfreundliche Erde ist also nur ein Zufallsprodukt.

Abb. 4: Die Entstehung des Sonnensystems. a) Eine langsam rotierende Wolke von interstellarem Gas und Staub beginnt sich zusammenzuziehen (zu kontrahieren). b) Ein Vorläufer der Sonne, eine Protosonne, bildet sich. c) Die Kontraktion hat eine raschere Rotation zur Folge. Dadurch entsteht ein scheibenförmiges Gebilde aus Staub und Gas, der solare Nebel. d) Die Sonne wächst und beginnt das Gas »wegzublasen«. Staub und größere Gesteinsbruchstücke bleiben übrig. e) Es bilden sich die Vorläufer der Planeten, Embryos. f) Die endgültige Konfiguration des Planetensystems

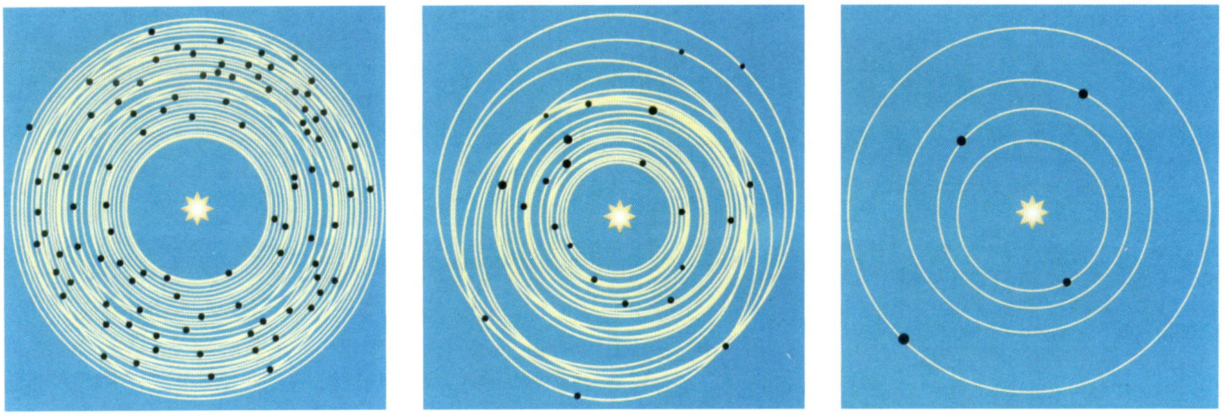

Abb. 5: Beispiel einer Computersimulation für die Entstehung der inneren Planeten (G.W. Wetherill). Die Simulation beginnt mit hundert Planeten, nach 30 Millionen Jahren haben sich 22 Protoplaneten gebildet. Die endgültige Konfiguration ist nach etwa 150 Millionen Jahren erreicht. (Nach Grafiken aus Spektrum der Wissenschaft 8/1981, Seite 114 bis 116; mit freundlicher Genehmigung der Spektrum der Wissenschaft Verlagsgesellschaft mbH, Heidelberg, 2010)

Meteorite – Urmaterie des Sonnensystems

Der oben beschriebene Wachstumsprozess, von mikrometergroßen Staubkörnern zu kilometergroßen Embryos bedeutet, dass alles Material, ob es nun als Planet, Asteroid oder Meteorit vorliegt, aus denselben Quellen kommt. Aus unbekannten Gründen sind Asteroide, aus denen ja die Meteorite entstehen, nicht zu größeren Körpern zusammengewachsen. Vielleicht hat die starke Anziehungskraft des früh entstandenen Jupiters dies verhindert. Der Anteil der Materie am Sonnensystem, der nicht in Planeten enthalten ist, ist allerdings sehr gering. Selbst die Masse des größten Asteroiden Ceres beträgt nur etwa zwei Hunderttausendstel der Erdmasse. Außerdem ist der allergrößte Teil der kleinen Gesamtmasse in wenigen großen Objekten wie Ceres, Pallas und Vesta konzentriert.

Es gibt zwei grundsätzlich verschiedene Gruppen von Meteoriten, undifferenzierte und differenzierte (Abb. 6). Die undifferenzierten oder auch primitiven Meteorite sind Bruchstücke von Kleinplaneten, in deren Innerem keine Schmelzprozesse stattgefunden haben. Diese Planeten haben in ihrem Inneren niemals die Temperaturen erreicht, die zu planetaren Aufschmelzprozessen und damit zur Kern- und Krustenbildung notwendig sind. Undifferenzierte Meteorite werden auch Chondrite genannt, da sie meist kleine Schmelzkügelchen, sogenannte Chondren, enthalten. Vermutlich sind Chondren aus Staubaggregaten entstanden, die im solaren Nebel rasch erhitzt wurden. In Abbildung 7 ist die Struktur eines chondritischen Meteoriten gezeigt.

Differenzierte Meteorite sind Bruchstücke von mehr oder weniger vollständig geschmolzenen Kleinplaneten. Das können Steinmeteorite sein, die zum Beispiel als Magmen eines Kleinplaneten entstanden, aber auch Eisenmeteorite, vermutlich Kerne ehemaliger Kleinplaneten. Bei Stein-Eisenmeteoriten nimmt man gewöhnlich an, dass sie aus der Grenzzone zwischen Kern und Mantel eines vollständig geschmolzenen Kleinplaneten stammen.

Die Schmelzprozesse bei Kleinplaneten, die zu differenzierten Meteoriten geführt haben, sind dieselben, die auch bei großen Planeten ablaufen. Unterschiedlich sind jedoch Wärmequellen und Zeitpunkte der Prozesse. Die Asteroidendifferenzierung war bereits wenige Millionen Jahre nach der Entstehung des Sonnensystems abgeschlossen. Die dafür notwendige Wärme stellte wahrscheinlich der radioaktive Zerfall von Aluminium 26, dessen Halb-

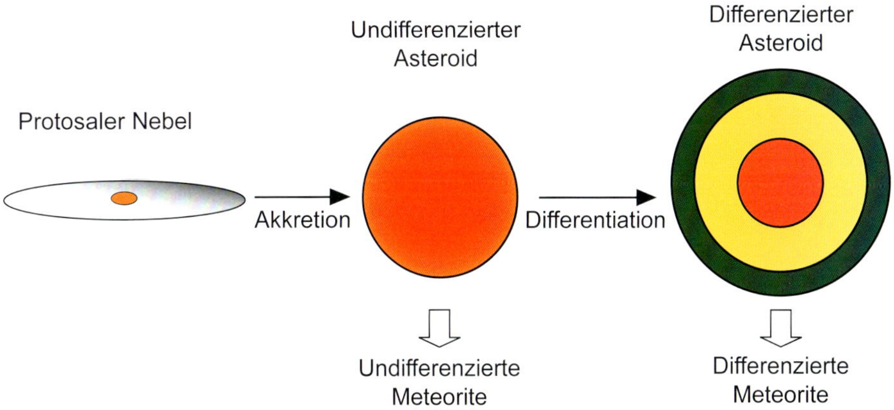

Abb. 6: Undifferenzierte Meteorite (auch Chondrite) sind Bruchstücke von kilometergroßen Asteroiden, die keinen Schmelzprozessen unterworfen waren. Differenzierte Meteorite sind Bruchstücke von Asteroiden, die sich in Kern, Mantel und Kruste differenziert haben. Eisenmeteorite werden als Bruchstücke der Kerne von Kleinplaneten betrachtet, Stein-Eisenmeteorite als Teile von Mantel-Kernzonen.

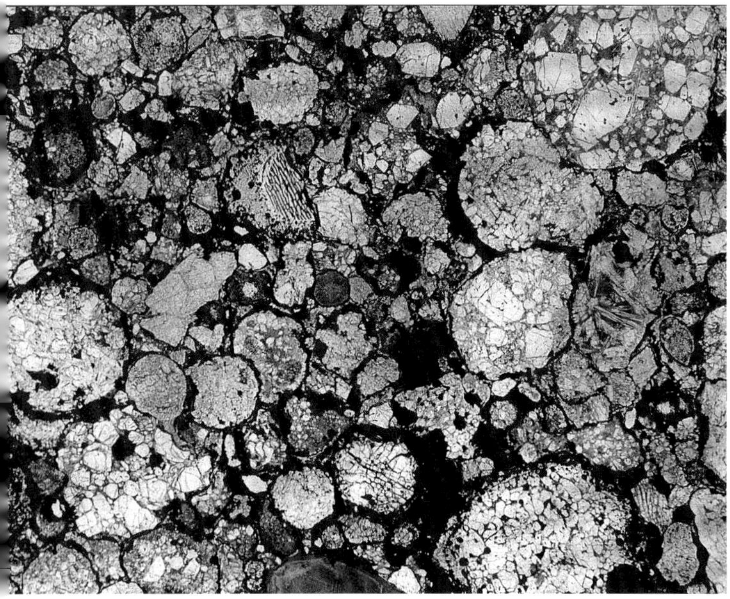

Abb. 7: Ein Gesteinsdünnschliff eines Chondriten. Chondren und Chondrenbruchstücke sind deutlich zu erkennen. Da es sich hier um eine Durchlichtaufnahme handelt, sind Metalle und feinkörnige Matrix schwarz. Die Längsseite ist etwa fünf Millimeter lang.

wertszeit 710.000 Jahre beträgt. Aufgrund dieser kurzen Halbwertszeit war die Energiequelle schon nach ein paar Millionen Jahren erschöpft. Die Zusammenballung der inneren Planeten hat dagegen über 100 Millionen Jahre gedauert. Die Energie für ihre Schmelzprozesse haben sie aus der Bewegungsenergie einschlagender Projektile gewonnen.

Meteorite mit der chemischen Zusammensetzung der Sonne

Durch die genaue Analyse des Sonnenlichts kennt man die chemische Zusammensetzung der Photosphäre, der Oberfläche der Sonne, gut. Da die Forscher davon ausgehen, dass die schweren Elemente in der Sonne gleichmäßig verteilt sind, sollte diese Zusammensetzung für die gesamte Sonne repräsentativ sein. Eine Gruppe von Meteoriten, die so genannten CI-Chondrite, sind aus chemischer Sicht der Photosphäre der Sonne sehr ähnlich. Sie unterscheiden sich nur durch geringere Anteile der sehr flüchtigen Elemente wie Wasserstoff, Stickstoff und Sauerstoff, den Edelgasen und den leichten Elementen Lithium, Beryllium und Bor. Wasserstoff, das bei weitem häufigste Element in der Sonne, kann aber in Meteoriten nicht in der festen Phase vorhanden sein. Da die Sonne 99,87 Prozent der Masse des Sonnensystems ausmacht, sind ihre Elementhäufigkeiten für das gesamte Sonnensystem und damit für den ursprünglichen solaren Nebel repräsentativ. Der wichtigste Vertreter der CI-Meteorite ist der 1846 in Frankreich gefallene Meteorit Orgueil. Wegen der guten Übereinstimmung ihrer Elementenverhältnisse mit denen der Sonne, werden die CI-Meteorite als chemisches Standardmaterial verwendet. Abweichungen von dieser Zusammensetzung deuten Veränderungen an. Dies kann bei der Entstehung fester Materie im Sonnensystem oder bei Erwärmungs- oder Schmelzprozessen im Inneren von Planeten der Fall sein.

Meteorite von Mond, Mars und Vesta

In den letzten Jahren wurden über 60 verschiedene Mondmeteorite mit bis zu 13 Kilogramm Masse in der Antarktis und in Wüstengegenden gefunden. Sie stimmen chemisch sehr genau mit den von den Apollo-Missionen zurückgebrachten Mondproben überein. Die Meteorite wurden durch einen größeren Einschlag aus der Mondoberfläche herausgeschlagen und so stark beschleunigt, dass sie die Anziehungskraft des Mondes überwinden konnten, nur um vom Schwerefeld der Erde eingefangen zu werden.

Eine zweite, etwa gleich große Gruppe von Meteoriten stammt mit großer Wahrscheinlichkeit vom Mars. Winzige Glaseinschlüsse in einigen dieser Meteorite zeigen Spuren von Stickstoff und verschiedener Edelgase. Ihre Zusammensetzung und Isotopenverhältnisse sind identisch mit den Gasen der Marsatmosphäre. Auch das Alter der Meteorite spricht dafür. Sie sind nur eine Milliarde Jahre alt und damit wesentlich jünger als die meisten Meteorite, die am Beginn des Sonnensystems, vor über viereinhalb Milliarden Jahren entstanden sind. Nur ein Planet von Mars- beziehungsweise Erdgröße kann Wärme so lange speichern, dass noch drei Milliarden Jahre nach seiner Entstehung die Bildung magmatischer Gesteine möglich ist. Die zwei fahrbaren Rover der amerikanischen MER-Missionen (Mars Exploration Rover) haben mit einem in Mainz entwickelten Gerät zahlreiche Marssteine chemisch analysiert. Die Zusammensetzung des Marssteins ›bounce rock‹ ist fast identisch mit der Zusammensetzung einiger Marsmeteorite.

Von einer recht großen Gruppe von Meteoriten glaubt man, dass sie vom viertgrößten Asteroiden Vesta stammen. Neben anderen Gründen spricht die spektrale Verteilung des von der Vesta auf die Erde zurückgeworfenen Lichts dafür, da es mit den an Proben im Labor bestimmten Reflexionsspektren identisch ist.

Die älteste Materie im Sonnensystem

Meteorite sind als Bausteine von Planeten natürlich älter als diese. In einigen Typen von Meteoriten gibt es Hochtemperatureinschlüsse mit hohen Kalzium- und Aluminiumanteilen, die durch Kondensation aus dem sich abkühlenden solaren Nebel entstanden sind. Die Datierung dieser Einschlüsse anhand des 1969 gefallenen Meteoriten Allende hat ein Alter von über viereinhalb Milliarden Jahren ergeben. Die Altersbestimmungen basieren auf dem radioaktiven Zerfall der zwei Uranisotope ^{235}U und ^{238}U mit Halbwertszeiten von 700 Millionen und 4,5 Milliarden Jahren. Dieses an den Hochtemperatureinschlüssen

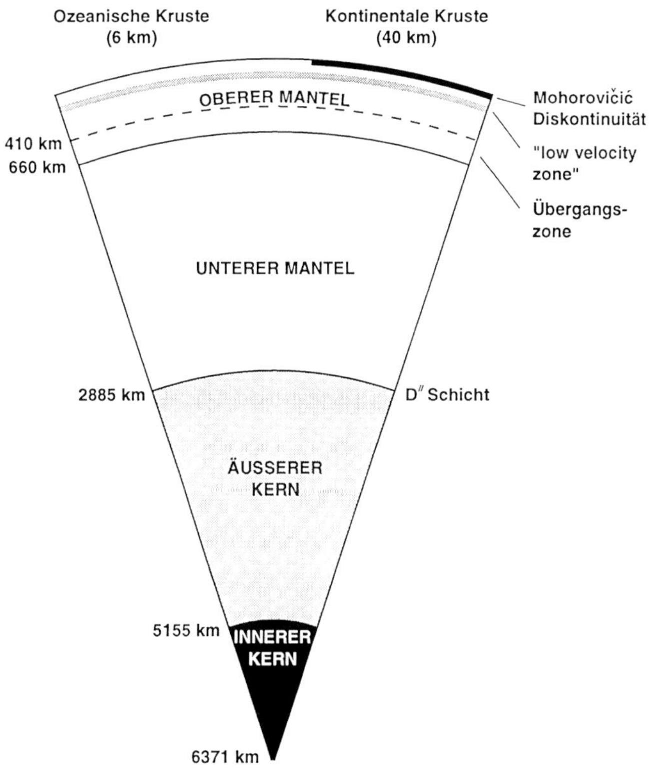

Abb. 8: Schnitt durch die Erde. Die Einteilung der Erde in Kruste, Mantel und Kern basiert auf unterschiedlichen Fortpflanzungsgeschwindigkeiten von Erdbebenwellen. Der flüssige äußere Kern lässt Druckwellen (Schwingungsrichtung der Teilchen in Fortpflanzungsrichtung), aber keine Scherwellen durch.

bestimmte Alter markiert die Entstehung der ersten festen Materie des Sonnensystems. Zu diesem Zeitpunkt muss sich das Sonnensystem bzw. der solare Nebel vom interstellaren Gas abgekoppelt haben. Alle anderen meteoritischen und planetaren Proben (Erde, Mond, Mars) sind jünger. Die höchsten auf der Erde gemessenen Gesteinsalter liegen bei 4,1 Milliarden Jahren. Die Gesteine sind also mehr als 450 Millionen Jahre jünger als das Sonnensystem. Die sehr aktive Frühgeschichte der Erde hat verhindert, dass ältere Gesteine erhalten sind. Die ältesten Gesteine des Mondes sind dagegen etwa 4,5 Milliarden Jahre alt. Da der Mond wesentlich kleiner ist, hat er seine innere Entwicklung wesentlich rascher beendet als die heute noch aktive Erde.

Struktur und Zusammensetzung der Erde

Struktur und Aufbau

Die grobe Einteilung der Erde in Kruste, Mantel und Metallkern (Abb. 8) spiegelt zwei grundlegende Prozesse wider: (a) Die Bildung eines Metallkerns durch Absinken einer metallischen Eisen-Nickel-Legierung durch eine ganz oder teilweise aufgeschmolzene Silikaterde. Dieser Prozess war nach etwa 50 Millionen Jahren beendet. (b) Die Bildung der Kruste durch teilweises Aufschmelzen des zuvor erkalteten Erdmantels. Dieser Prozess dauert heute noch an, allerdings mit abnehmender Intensität. Die Erde gibt über die Oberfläche Wärme an den Weltraum ab und kühlt dadurch langsam ab. Die Hälfte der abgegebenen Wärme kommt aus dem Zerfall der noch in der Erde vorhandenen radioaktiven Atomkerne (^{40}K, ^{235}U, ^{238}U, ^{232}Th). Da sich ihre Masse durch den Zerfall verringert, tragen sie immer weniger zur Wärmeerzeugung bei. Die andere Hälfte stammt aus Urwärme, die noch aus Prozessen bei der Entstehung der Erde stammt. Durch die kontinuierliche Abkühlung der Erde begann vor etwa einer Milliarde Jahren ein fester innerer Kern auszufrieren. Je kälter die Erde wird, umso größer wird dieser feste Kern, was schließlich auch zum Erlöschen des Magnetfelds der Erde führen wird.

Die chemische Zusammensetzung der Erde

Die Erdkruste ist reich an Aluminium, aber arm an Magnesium. Chondritische Meteorite zeigen ein umgekehrtes Verhältnis: wenig Aluminium und viel Magnesium. Um die Gesamtzusammensetzung der Erde besser abschätzen zu können, muss man Proben des Erdmantels analysieren. An dieses Material kommt man auf zwei Arten: Zum einen werden durch tektonische Prozesse Bruchstücke des oberen Erdmantels zu Tage gefördert und zum anderen finden sich Einschlüsse in alkalireichen Magmen, die aus dem Erdinneren an die Oberfläche der Erde gelangen. Der Erdmantel, zumindest unter den Kontinenten, ist so bis zu einer maximalen Tiefe von etwa 200 Kilometern für chemische und mineralogische Untersuchungen zugänglich. Diese Untersuchungen haben gezeigt, dass die Erde eine sehr ähnliche Zusammensetzung aufweist wie die chondritischen Meteorite, abgesehen von Eisen und anderen metallischen Elementen, die sich im Erdkern konzentrieren.

Die Entstehung der Erde und ihres Mondes

Die Entstehung der Erde

Insgesamt 50 bis 150 Embryos haben sich über einen Zeitraum von über 100 Millionen Jahren zur Erde zusammengeballt. Jeder einzelne Einschlag auf die wachsende Erde brachte so viel Energie mit, dass größere Teile des Erdmantels oder sogar der gesamte Erdmantel immer wieder aufgeschmolzen wurden. Dabei entstand ein Ozean aus Magma. Das metallische Eisen der Projektile sank aufgrund der höheren Dichte durch diesen Ozean hindurch in den Metallkern. Bei diesem Prozess wurden alle metallischen Elemente (Nickel, Platin etc.) zusammen mit dem metallischen Eisen in den Erdkern verfrachtet. So wurde der Erdkern durch ständige Zufuhr von metallischem Eisen immer größer (Abb. 9).

Trotz dieser Vorgänge enthält der Erdmantel recht hohe Gehalte an Platin, Gold, Iridium und anderen Edelmetal-

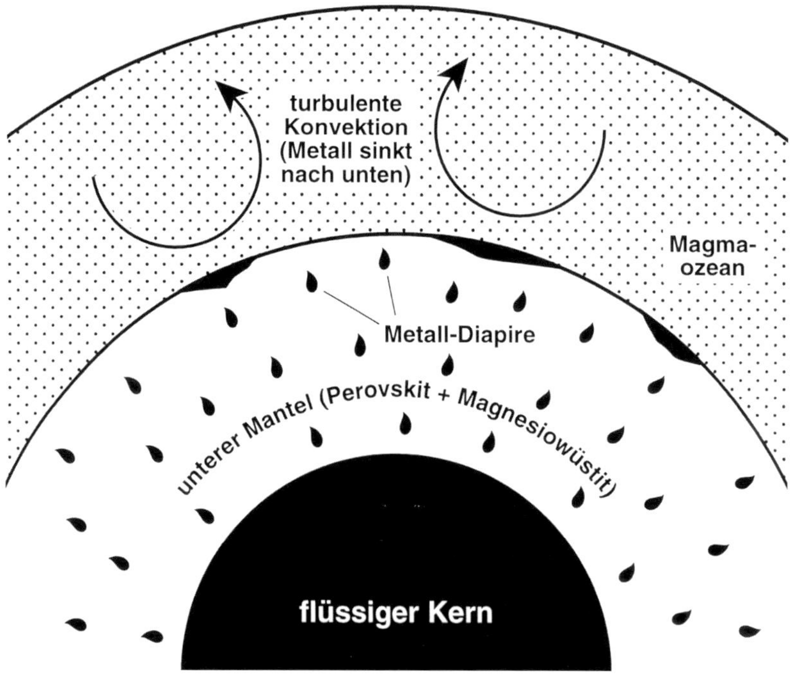

Abb. 9: Bildung des Erdkerns. Nach jedem größeren Einschlag schmilzt ein Teil des Erdmantels und bildet einen Magmaozean (punktiert). Metall sinkt zum Boden des Magmaozeans, bildet dort größere Metallaggregate, die schließlich durch den festen unteren Mantel als Diapire in den Kern sinken.

len. Es sind zwar nur etwa ein Hundertstel Gramm Platin pro Tonne Erdmantel vorhanden, theoretisch sollten aber alle Edelmetalle durch das absinkende Eisen in den Erdkern gelangt sein. Es ist allerdings möglich, dass der letzte Einschlag kein metallisches Eisen mehr freisetzte, weil das Projektil Wasser enthielt und daher oxidiert war. Die mit diesem Projektil auf die Erde gebrachten Edelmetalle konnten dann nicht mehr in den Erdkern gelangen und wären im Mantel geblieben. Ein einziger chondritischer Embryo mit weniger als einem Hundertstel der Erdmasse hätte alle im Erdmantel vorhandenen Edelmetalle liefern können. Ein solcher Einschlag wäre bis zu 100 Millionen Jahre nach Beginn der Zusammenballung der Erde möglich gewesen. So könnte ein wasserreiches Projektil – vielleicht auch ein Komet oder mehrere – nicht nur Platin, Gold und andere Edelmetalle geliefert haben, sondern wäre auch für das gesamte Wasser der Ozeane verantwortlich.

Erfolgen solche Einschläge nicht zentral auf den Erdmittelpunkt gerichtet, können sie die Drehachse der Erde verändern. Die Neigung der Drehachse der Erde um 23 Grad gegen die Senkrechte zur Ekliptik wurde vielleicht durch einen oder mehrere Einschläge verursacht. Die Jahreszeiten, die es bei senkrechter Drehachse nicht gäbe, könnten also das Produkt eines oder mehrerer zufälliger Einschläge in der Frühgeschichte der Erde sein.

Die Entstehung des Mondes

Als das plausibelste Modell zur Entstehung des Mondes wird zurzeit der Einschlag eines marsgroßen Körpers auf der Erde diskutiert. Bei solch einem Einschlag bildet sich eine massive Wolke aus dem Material des Körpers und des Erdmantels, aus der sich der Mond geformt haben könnte. Die so genannte Rieseneinschlag-Hypothese erklärt auch den großen Gesamtdrehimpuls des Systems Erde/Mond.
Der Gesamtdrehimpuls setzt sich zusammen aus der Eigenrotation von Mond und Erde und der Bewegung des Mondes um die Erde. Wäre dieser Impuls nur auf die Erde beschränkt, wäre ihre Drehung so schnell, dass ein Erdtag nur fünf Stunden hätte. Ein Körper von der Größe des Mars, der versetzt zum Erdmittelpunkt einschlägt, könnte ohne Schwierigkeit den notwendigen Drehimpuls liefern.

Aufgrund der Gezeitenwechselwirkung von Mond und Erde wird die Erde gebremst und der Mond beschleunigt. Dadurch entfernt sich der Mond immer weiter von der Erde. Nach neuesten Messungen beträgt die Zunahme des Abstands Erde/Mond fast vier Zentimeter pro Jahr. Zum Zeitpunkt seiner Entstehung war der Mond der Erde wesentlich näher als heute. Da die Erdrotation sich durch die Gezeiten verlangsamt, muss sich die Erde früher schneller gedreht haben. Die Tage waren also kürzer. Durch Gezeiten beeinflusste Ablagerungen in Flachmeeren zeigen, dass vor 630 Millionen Jahren der Tag 21,9 Stunden hatte und das Jahr 400 Tage. Die von der Rieseneinschlag-Hypothese geforderte Rotationsperiode von 5 Stunden vor 4,6 Milliarden Jahren könnte also zutreffen.

Ein Beispiel für eine Modellrechnung zur Rieseneinschlag-Hypothese zeigt Abbildung 10. Ein etwa marsgroßes Projektil trifft auf die Erde und versetzt sie in schnelle Drehung. Durch den Einschlag werden Teile des Projektils und des Erdmantels in eine Umlaufbahn um die Erde geschleudert. Der Metallkern des Projektils wird von der Erde angezogen und vereinigt sich mit dem Erdkern. Aus dem die Erde umkreisenden leichteren Gestein entsteht dann innerhalb eines Jahres der Mond. Der Gesamteisengehalt des Mondes ist wesentlich geringer als der der Erde, da der Hauptteil des Eisens aus dem Projektil in den Erdkern absinkt. Modellrechnungen gehen davon aus, dass nur ein Fünftel bis ein Drittel des Mondmaterials aus dem Erdmantel stammt.

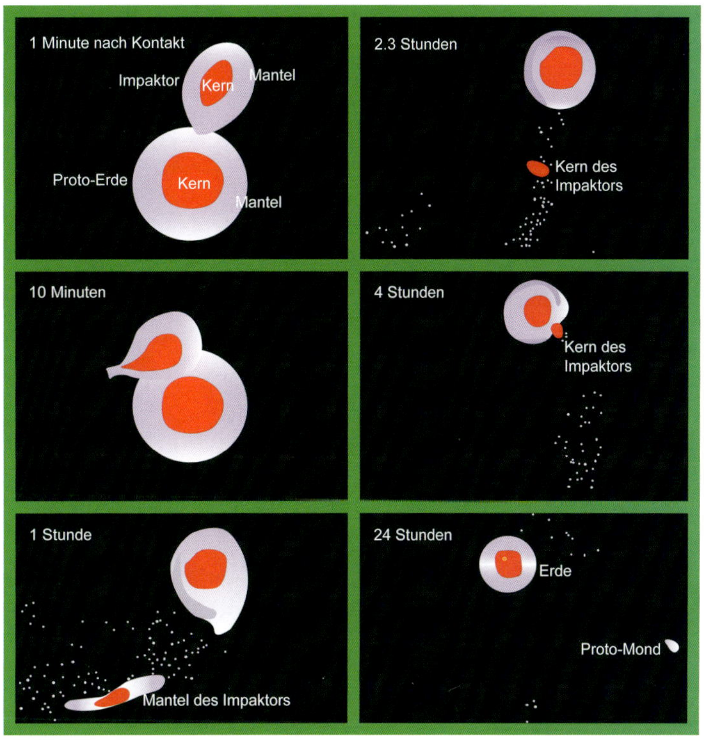

Abb. 10: Entstehung des Mondes nach der ›giant impact hypothesis‹ (Rieseneinschlag-Hypothese). Bei diesen Computersimulationen des Einschlags eines marsgroßen Projektils auf die Erde sind Projektil und Erde in Kern (rot) und Mantel (lila) differenziert. Der spezifisch schwere Impaktorkern wird zunächst in eine Erdumlaufbahn geschleudert und dann wieder von der Erde eingefangen. Aus der die Erde umgebenden Wolke von geschmolzenem Gestein und Gesteinsdampf entsteht der Mond.

(Nach Grafiken aus Sterne und Weltraum 9/1999, Seite 752; mit freundlicher Genehmigung der Spektrum der Wissenschaft Verlagsgesellschaft mbH Heidelberg, 2010)

Abschließende Überlegungen

Die vermutete Stellung der Erde im Universum hat sich im Laufe der Zeit gewandelt. Zunächst war sie das Zentrum, bis die Sonne diesen Platz einnahm. Im 18. Jahrhundert wurde eine Vielzahl von anderen Sonnen entdeckt. Heute wissen wir, dass viele dieser Sterne Planetensysteme enthalten. Über 400 Planetensysteme sind bereits bekannt und ihre Zahl vergrößert sich ständig. Wahrscheinlich gibt es viele Millionen solcher Planetensysteme in unserer Galaxie.

Die Prozesse, die zur Entstehung von Sternen und ihren Planeten führen, sind im Prinzip bekannt. Dennoch sind viele Einzelheiten noch ungeklärt. Die Bewohnbarkeit der Erde und die Entwicklung des Lebens auf der Erde scheinen nicht das Ergebnis eines wohldurchdachten Plans zu sein. Vielmehr scheint unsere Welt das Ergebnis einer langen Kette von Zufällen zu sein.

Das Sonnensystem hätte auch anders aussehen können, mit Planeten, die zu nahe an der Sonne oder zu weit von ihr entfernt liegen, um die Entwicklung von Leben zu ermöglichen. Die Existenz des Mondes ist das Produkt eines besonders großen Einschlags auf der Erde. Er stabilisiert die Drehachse der Erde, die sonst viel größere Schwankungen zeigen würde. Das für die Erde so charakteristische Wasser ist vielleicht nur zufällig bei einem letzten großen Einschlag auf die Erde gekommen.

Die Frage nach Leben auf anderen Planeten im Universum wird unterschiedlich beantwortet. Eine Meinung lautet, dass so viele Zufälle notwendig sind, damit alle Voraussetzungen für die Entwicklung von Leben gegeben sind, dass diese Konstellation nur einmal realisiert wurde. Eine andere Meinung ist, dass es so viele Systeme gibt, die unserer Planetenkonfiguration ähnlich sind, dass sich in vielen dieser Systeme Leben entwickelt haben müsste.

Literaturhinweise

Kaufmann III, W. J. & N. F. Comins (1996): Discovering the Universe. W. H. Freeman and Company, New York, 436 S.

Spektrum der Wissenschaft – Dossier: Die Trabanten der Sonne. Spektrum der Wissenschaft Verlagsgesellschaft mbH, Heidelberg, 90 S.

Sterne und Weltraum Special: Schöpfung ohne Ende – Die Geburt des Kosmos. Verlag Sterne und Weltraum, Heidelberg, 130 S.

Taylor, S. R. (2000): Destiny or Chance: our solar system and its place in the cosmos. Cambridge University Press, 229 S.

Herbert Palme war von 1996 bis 2008 Professor am Institut für Mineralogie und Geochemie an der Universität zu Köln. Er untersuchte extraterrestrische Materie und erforschte vor allem Fragen nach der Entstehung fester Materie im Sonnensystem und Differenzierungsprozessen in Planeten. Seit 2008 ist er ehrenamtlich in der Abteilung Meteoritenforschung des Forschungsinstituts und Naturmuseums Senckenberg in Frankfurt tätig.

Anschrift: Prof. Dr. Herbert Palme
Forschungsinstitut und Naturmuseum
Senckenberg, Abt. Meteoritenforschung
Senckenberganlage 25, 60325 Frankfurt

E-Mail: herbert.palme@senckenberg.de

Kollisionen im Sonnensystem

Impaktkrater – Zeugen eines kosmischen Bombardements

von Alexander Deutsch, Münster

Abb. 1: Die schwarze Wolke, welche durch das Fragment ›G‹ des Kometen Shoemaker-Levi 9 auf der Jupiter-Atmosphäre entstand, wurde auf die Südhalbkugel der Erde projiziert. Innerhalb des Kreises käme es auf der Erdoberfläche zu einer weitgehenden Auslöschung aller Lebensformen.

Vor etwa viereinhalb Milliarden Jahren riss der Einschlag (Impakt) eines etwa Mars-großen Objekts ein Stück aus der Erde heraus. Aus diesem Material formte sich der Mond, der heute um die Erde kreist. Solche Zusammenstöße (Kollisionen) zwischen Festkörpern (›Impaktereignisse‹) waren ein wesentlicher Prozess bei der Bildung und Entwicklung unseres Sonnensystems (s. Artikel von H. Palme). In der Frühphase seiner Entwicklung haben sich so durch unzählige Kollisionen die Vorläufer der heutigen Planeten gebildet. Aufschlags- und Zielkörper können bei einer Kollision vollständig zerbrechen und neue Körper bilden. Schlägt aber ein im Verhältnis kleiner Körper auf einem wesentlich größeren Körper ungebremst ein, so entsteht ein Einschlags- oder Impaktkrater. Es ist manchmal nicht einfach zu entscheiden, ob ein Krater durch einen Einschlag entstanden ist oder infolge eines Vulkanausbruchs. Auf der Erde lässt sich dies durch die Untersuchung der Gesteine feststellen, bei anderen Himmelskörpern ist eine direkte Antwort auf die Frage ›Vulkan oder Einschlagskrater?‹ nicht immer möglich. Noch Mitte des letzten Jahrhunderts interpretierten viele Wissenschaftler die Mondkrater als gigantische, vulkanische Krater. Erst durch die Analyse der Proben aus den amerikanischen Apollo-Missionen wurde klar, dass es sich um Einschlagskrater handelt.

Durch erdgestützte Beobachtungen und vor allem durch Fernerkundungsmissionen weiß man heute, dass in unserem Sonnensystem alle Körper mit einer festen Oberfläche Einschlagskrater aufweisen. Die meisten Oberflächen sind durch das kosmische Bombardement von Kometen und Asteroiden regelrecht zernarbt; Beispiele dafür sind der Erdmond, die Planeten Merkur und Mars, die Körper im Asteroidengürtel zwischen Mars und Jupiter sowie die Monde der großen Gasplaneten.

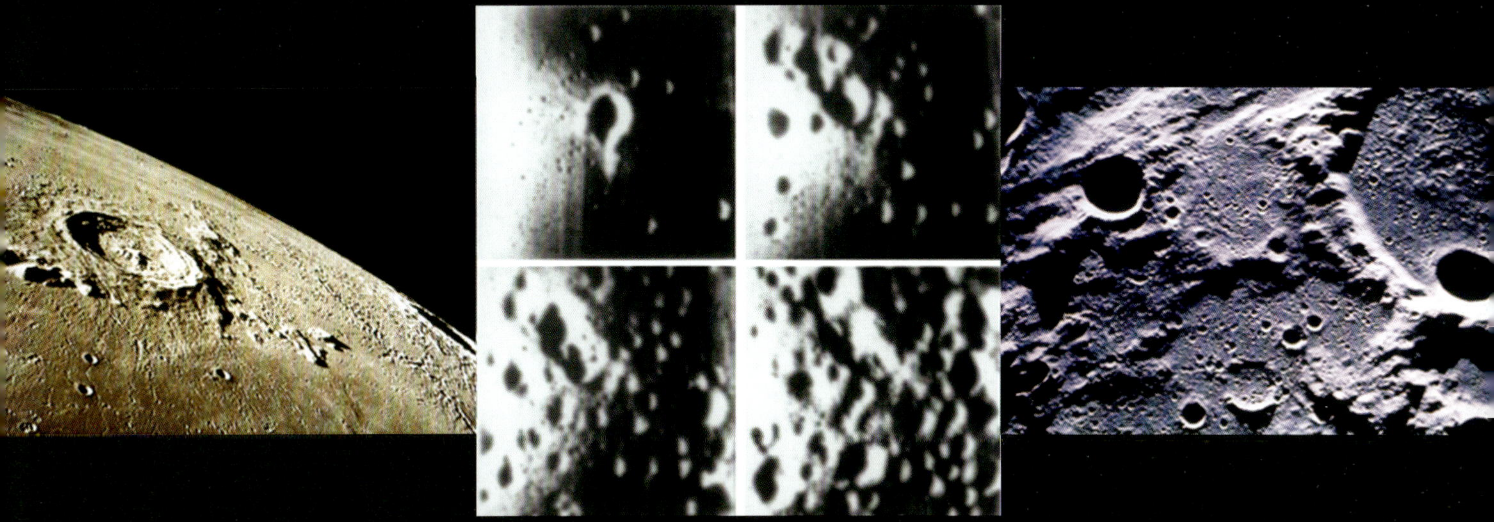

Abb. 2: Die Kraterhäufigkeit erlaubt Rückschlüsse auf das Alter der Oberfläche eines planetaren Körpers. Links: Der Krater Erathostenes auf den etwa 3,3 Milliarden Jahren alten Laven am Rande des etwa 3,75 Milliarden Jahre alten Imbrium-Beckens stellt ein exzellentes Beispiel für einen jungen Krater mit Zentralberg auf dem Erdmond dar. Mitte: Die Bildfolge von links oben nach rechts unten stammt aus einer Versuchsserie, in der Projektile verschiedener Größen nach dem Zufallsprinzip in einen 2,5 mal 2,5 Meter großen mit Sand gefüllten Kasten gefeuert wurden. Nach einer gewissen Zeit tritt eine Sättigung der Oberfläche mit Kratern einer bestimmten Größe auf: Bei der Bildung eines neuen Kraters wird ein bereits existierender ausgelöscht. Rechts: Das alte Mondhochland ist von Kratern übersäht, von denen viele durch jüngere Einschläge bereits wieder weitgehend eingeebnet wurden. Diese ›Kratersättigung‹ entspricht dem Bild rechts unten in der mittleren Bildfolge.

Auf der Erdoberfläche finden sich Zeugnisse von etwa 185 Einschlägen – eine sehr geringe Zahl im Vergleich zu anderen ›terrestrischen planetaren Körpern‹ wie zum Beispiel dem Erdmond. Das liegt zum einen daran, dass sich die Erdoberfläche im Laufe der geologischen Vergangenheit durch plattentektonische Prozesse und Erosion ständig verändert hat und zum anderen daran, dass kleinere Objekte in der Erdatmosphäre verglühen, bevor sie die Erdoberfläche treffen. Dennoch tragen die Krater auf der Erde wesentlich zum Verständnis von Einschlagsprozessen bei. Forscher können Spuren von Impaktereignissen auf anderen Körpern des Sonnensystems zwar genau in ihrer Oberflächenform erfassen, nicht jedoch die Zusammensetzung und räumliche Anordnung von Gesteinen im Krater und im Krateruntergrund. Auf der Erde lassen sich solche ›Impaktgesteine‹ durch geologische Untersuchungen, Bohrungen und geophysikalische Messungen erfassen. Terrestrische Impaktkrater sind also begehbare, dreidimensionale Modelle für alle Einschlagsspuren im Sonnensystem. Zur Erforschung von Impaktkratern werden unter der Federführung des GeoForschungsZentrums Potsdam (GFZ) internationale Tiefbohrprojekte durchgeführt, z.B. in Bosumtwi (Ghana), Chicxulub (Mexiko), Chesapeake (USA), El'gygytgyn (Russland), sowie in geologischen Schichten in Barberton (Südafrika), die beim Kraterbildungsprozess ausgeworfenes Gesteinsmaterial enthalten.

Die Kollision des Kometen Shoemaker-Levi 9 mit dem Gasplaneten Jupiter

Im Juli 1994 schlugen über 20 Fragmente des Kometen Shoemaker-Levy 9 in die Gashülle des Riesenplaneten Jupiter ein. Dieser Komet war erst ein Jahr zuvor von den weltbekannten Impaktforschern Carolyn und Eugene Shoemaker gemeinsam mit dem Amateurastronomen David Levy entdeckt worden. Im Schwerefeld des Jupiters zerbrach der Komet und bestand beim Einschlag in die Gashülle aus vielen, wie Perlen an einer Kette aufgereihten Bruchstücken mit einem Durchmesser von bis zu zwei Kilometern.

Die Einschläge erfolgten auf der Erd-abgewandten südlichen Halbkugel des Jupiters mit einer Geschwindigkeit von etwa 60 Kilometern pro Sekunde. Aufgrund der Rotation des Planeten waren die Einschlagsstellen bereits eine halbe Stunde nach dem Aufprall von der Erde aus sichtbar. Die Beobachtung der unerwartet spektakulären Effekte erfolgte durch Observatorien auf der Erde, durch das Weltraumteleskop Hubble und die Weltraumsonde Galileo.

Alle Kometen-Bruchstücke erzeugten beim Aufprall einen Lichtblitz, gefolgt von einem Feuerball. Der Feuerball des Fragmentes ›G‹ zum Beispiel stieg rasend schnell 3.000 Kilometer über die Wolkenobergrenze des Jupiters auf und brach dann innerhalb weniger Minuten in sich zusammen. Die heißen Massen breiteten sich ringförmig auf der Jupiter-Atmosphäre aus und waren über Monate als dunkler Fleck zu sehen (Abb. 1). Die Färbung beruhte vermutlich auf kleinsten Partikeln des Kometen, die sich sehr langsam in der Atmosphäre des Jupiters absetzten.

Die von diesem Fragment innerhalb von etwa zehn Sekunden in die Jupiter-Atmosphäre eingebrachte Energie wurde auf 6.000.000 Megatonnen (MT) TNT (Trinitrotoluol) Äquivalent geschätzt, das ist etwa 600-mal mehr als die Sprengkraft aller weltweit vorhandenen Kernwaffen (1 MT TNT = $4{,}2 \times 10^{15}$ Joule). Dieser Einschlag war nicht zuletzt ein Medienereignis. Dadurch wurde auch erstmals der Öffentlichkeit klar, welch grundlegende Bedeutung die Einschläge kosmischer Projektile haben.

Anzahl der Krater als Maß für das Alter einer planetaren Oberfläche

Auf den Oberflächen der festen Himmelskörper finden sich Impaktkrater mit unterschiedlichen Formen und Durchmessern. Die Anzahl der Krater pro Flächeneinheit (›Kraterdichte‹) variiert und häufig überprägen jüngere Krater ältere Krater (Abb. 2). Aus beiden Beobachtungen lässt sich ableiten, dass die Kraterdichte ein wichtiges Kriterium für das Alter einer geologischen Formation auf einem planetaren Körper darstellt. Die Faustformel lautet: Eine stark von Kratern zerfurchte Oberfläche ist alt. Exemplarisch für eine alte, kraterreiche Fläche zeigt Abbildung 2 (rechts) einen Ausschnitt vom Hochland des Erdmondes. Auf jungen Oberflächen hingegen fehlen Impaktkrater weitgehend oder vollständig. Beispiele dafür sind der durch Gezeitenreibung kontinuierlich verformte Jupitertrabant Io oder die Böden der heutigen Ozeane, die eine geologisch sehr ›junge‹ Region der Erde darstellen.

Der Erdmond als frühzeitig erkalteter und daher tektonisch inaktiver Körper, hat eine im Vergleich zur Erde ›alte‹ Oberfläche. Er eignet sich also hervorragend zur Auszählung der Kraterdichte. Die Kraterdichte auf verschiedenen Regionen der Mondoberfläche dient als Bezugsgröße zur Bestimmung der relativen Alter von Oberflächen anderer Körper im Sonnensystem. Voraussetzung für die Anwendung dieser Datierungstechnik ist, dass der Projektilfluss für die betrachteten Körper im Wesentlichen gleich war.

Da zwischen Kratergröße und Bewegungsenergie des Projektils ein fester Zusammenhang besteht, können Wissenschaftler aus der Größenverteilung und Häufigkeit der Krater Aussagen über die Projektile ableiten. In der frühen Geschichte des Erdmondes gab es eine sehr hohe Zahl an Einschlägen pro Flächeneinheit. Diese nahm innerhalb der ersten Milliarde Jahre drastisch ab, zudem verringerte sich auch die Zahl der großen Projektile. Innerhalb der letzten 2,5 Milliarden Jahre änderte sich dann die Häufigkeit der Einschläge für das Erde-Mond-System offensichtlich nicht mehr.

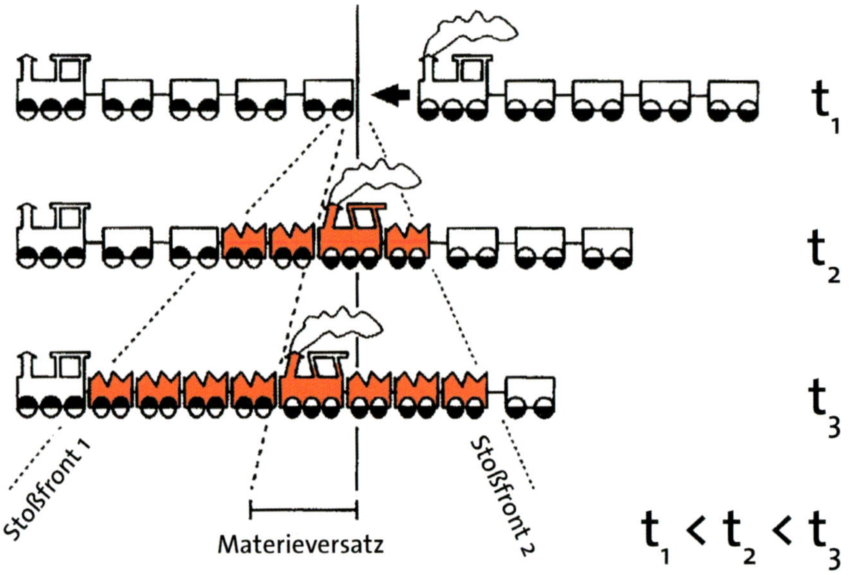

Abb. 3: Der schematische Ablauf eines Stoßwellenprozesses lässt sich als ›Auffahrunfall‹ darstellen. Ein Zug (Projektil) fährt auf einen ruhenden Zug (Target) auf. Dabei werden die hinteren Waggons des stehenden und der vordere Teil des fahrenden Zuges zusammengedrückt (rot), die Kompression erfolgt also in zwei Richtungen (zwei Stoßfronten breiten sich aus). Diese Kompression ist mit einer starken Erhitzung des Materials verbunden. Auch die Kontaktfläche zwischen beiden Zügen bewegt sich, alle komprimierten Waggons beider Züge werden nach links (Fahrtrichtung) versetzt. Durch die Kollision wird also Materie bewegt, dieser Transport erfolgt allerdings langsamer als die Ausbreitung der Stoßfronten. Stoßwellen breiten sich mit Überschallgeschwindigkeit aus und können nur bei einem Impakt oder durch Explosionen entstehen. Bei einem Impakt verursachen die Stoßwellen und die folgende Entlastung in Mineralen und Gesteinen nicht umkehrbare Veränderungen und Umwandlungen (Stoßwellenmetamorphose).

Abb. 4: Effekte der Impaktmetamorphose. Oben links: In Scheiben zerbrochenes Geröll aus dem Nördlinger Ries, Süddeutschland. Mitte: Geschockter Zirkonkristall aus der Auswurfslage des Chicxulub-Kraters an der Kreide/Paläogen-Grenze in Colorado, USA, mit sich kreuzenden planaren Elementen (›PF‹ – planar fractures; ›PDF – planar deformation features‹). Die planaren Elemente sind ein eindeutiger Schockeffekt; sie wurden für die elektronenmikroskopische Aufnahme durch Ätzung vergrößert. Rechts: Strahlenkegel (›Shatter Cones‹) aus dem Kara-Krater, nordwestliches Sibirien. Die Spitzen – die ›Pferdeschwänze‹ – zeigen in Richtung des Kraterzentrums; Strahlenkegel sind der einzige eindeutige makroskopische Schockeffekt. Unten, links: Spektakulärer, über 140 Meter hoher Aufschluss von Impaktbrekzien entlang des Rassokha-Flusses, Popigai-Krater, im zirkumpolaren Bereich Sibiriens. In der unteren Hälfte der Wände sind hausgroße Blöcke von geschockten Gesteinen in eine Grundmasse aus zerbrochenem feinkörnigen Material eingemengt. Diese Brekzie wird von Impaktschmelzgesteinen überlagert. Mitte: Brekzien bedecken weite Gebiete im Haughton-Krater, Devon Island, Kanada. Wegen der klimatischen Bedingungen im hohen Norden Kanadas gilt dieser Krater als Modell für Einschlagsstrukturen auf dem Mars. Rechts: Steilwände aus Impaktschmelzgestein im Popigai-Krater

Ein Einschlagskrater entsteht

Auf Gesteinsproben von der Mondoberfläche lassen sich selbst Einschläge nachweisen, die von submikroskopisch kleinen Projektilen stammen. Auf Körpern mit einer Gashülle wie der Erde (und vor allem der Venus) muss der einfallende Körper (›Projektil‹) jedoch eine Mindestgröße haben, um nicht als ›Meteor‹ in der Atmosphäre zu verglühen oder abgebremst als Meteorit aufzutreffen. Deshalb weisen Impaktkrater auf der Erde einen Durchmesser von mindestens 25 Metern auf. Eigenschaften wie Dichte oder Festigkeit bestimmen, ob ein ungebremstes kosmisches Projektil die Atmosphäre intakt passiert. In diesem Fall erfolgt der Aufprall eines Projektils mit einer Geschwindigkeit von 11 bis 70 Kilometern pro Sekunde, die mittlere Impaktgeschwindigkeit auf der Erde liegt bei 17 bis 25 Kilometern pro Sekunde. Zerbricht das Projektil, schlagen einzelne Bruchstücke ein. Ein Beispiel dafür ist das Henbury-Kraterfeld in Australien, das vor etwa 4.000 Jahren entstand und aus 15 kleinen Kratern besteht.

Das Projektil dringt nach dem Aufprall in das Material des Zielgebietes – feste Gesteine, lockere Sedimente, Wasser (›Target‹) – ein und kommt zum Stillstand. Zwei Stoß-(Schock-)wellen übertragen die Bewegungsenergie des Projektils in das Projektil und ins Target (Abb. 3). Projektil wie Target werden in dieser Phase extrem komprimiert und erhitzt, wobei Spitzendrucke von über 1.000 Gigapascal (GPa) erreicht werden. Dies entspricht dem zehn-millionenfachen des normalen Luftdrucks und übertrifft sogar den Druck im Erdkern. Das von der Stoßwelle erfasste Material wird in seinen Eigenschaften verändert, es ist ›stoßwellenmetamorph‹ überprägt (›geschockt‹). Dabei entstehen nahe des Einschlagspunkts Schmelzen, weiter außen Trümmergesteine (Brekzien) mit Schmelzen, noch weiter vom Einschlagszentrum entfernt Brekzien ohne Schmelzen. Abbildung 4 zeigt einige Beispiele für Effekte der Impaktmetamorphose.

Nachdem die Stoßwelle die Rückseite des Projektils erreicht hat, setzt die Druckentlastung ein, das Projektil und Teile des Targets sind stark erhitzt (›Stoßwellenresttemperatur‹). Das Projektil verdampft (›explodiert‹) und bildet, vermischt mit Staub, größeren Bruchstücken, Gesteinsschmelze und Gesteinsdampf aus dem Target den Feuerball, eine pilzförmige Glutwolke, die sich explosionsartig über dem Krater ausbreitet. Gleichzeitig beginnt Materialauswurf in Form eines sich ausweitenden Kegelmantels (Abb. 5 links, zweiter Profilschnitt und rechtes Bild). Ursache dafür ist der Materialfluss hinter der Stoßwelle. Der Krater wächst zuerst halbkugelförmig in die Tiefe und Breite. Da an der freien Oberfläche weniger Widerstand gegen Kompression vorhanden ist als in der Tiefe, wächst der Krater gegen Ende der Auswurfsphase nur mehr im Durchmesser weiter bis die Stoßwelle ausgeklungen ist – die ›vorübergehende Hohlform‹ des Kraters ist erreicht. Ein Teil des Auswurfsmaterials fällt in diese Hohlform zurück und füllt diese teilweise auf, das andere Material bildet eine zusammenhängende Decke, die sich vom Kraterrand nach außen erstreckt (Abb. 5 links, vierter Profilschnitt). Auch im Kraternuntergrund befinden sich geschockte Gesteine.

Der vorübergehende Krater ist ein ›Loch‹ mit steilen Wänden; diese Form ist jedoch instabil und bedingt durch die Schwerkraft verändert sich diese Hohlform. Diesen Prozess bezeichnet man als Modifikationsstadium. Bei kleinen Kratern bricht nur der instabile Rand der Hohlform nach und Material rutscht in den Krater, der dadurch flacher und weiter wird (unterstes Profil in Abb. 5 links). Bei größeren Kratern wie Erathostenes (Abb. 2) entsteht durch die Modifikation eine weite Randzone mit Terrassen. Zudem federt das komprimierte Material zurück und formt im Kraterzentrum einen Berg oder eine Hügelkette. Je größer die vorübergehende Hohlform ist, desto umfangreicher sind die Massenbewegungen in diesem Stadium. Während selbst bei größeren Kratern die Bildung der vorübergehenden Hohlform in Sekundenschnelle erfolgt, dauert die Modifikationsphase wesentlich länger an – Setzungen finden noch lange nach dem Impakt statt. Da einige der geologischen Formationen heiße Bestandteile enthalten – geschmolzene Gesteine oder Minerale – zirkulieren zudem auch heiße Wässer. Im Sudbury Multiring-Becken in Kanada, das einen Durchmesser von 250 Kilometern hat, dauerte dieses Stadium zwei Millionen Jahre an.

Wie groß war das Projektil, das einen Krater verursacht hat?

Als sehr grobe Annäherung für Einschläge eines Asteroiden auf der Erde gilt, dass der Durchmesser der vorübergehenden Kraterhohlform zehnmal so groß wie der Projektildurchmesser ist. Der endgültige, ›modifizierte‹ Krater weist auf der Erde einen etwa doppelt so großen Durchmesser wie die vorübergehende Kraterhohlform auf. Einfacher ist die Frage zu beantworten, wie groß ein

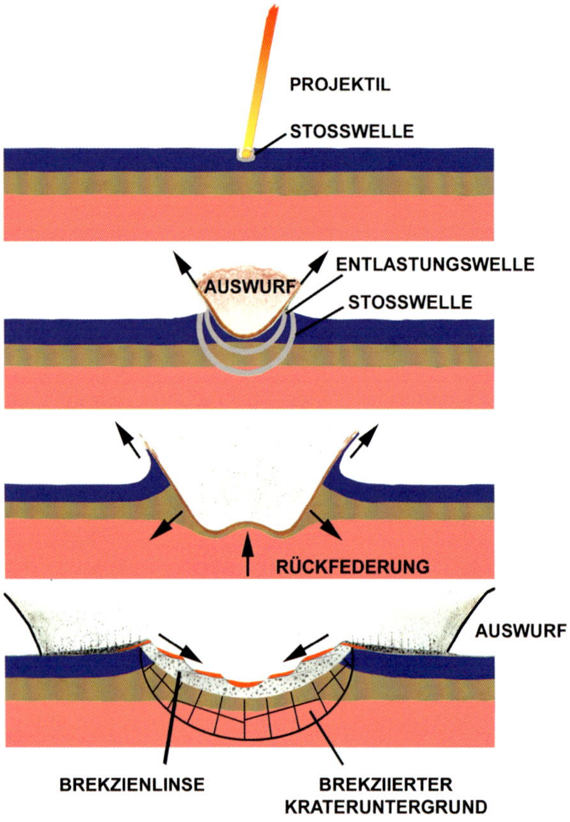

Abb. 5: Links: Die Profilschnitte zeigen Schnappschüsse von der Entstehung eines einfachen Impaktkraters. Die Kraterbildung wird schematisch in die Phasen Kontakt, Kompression, Auswurf sowie Modifikation der vorübergehenden Kraterhohlform unterteilt, wobei die Übergänge fließend sind. Oben: Kleine Krater lassen sich auch im Labor erzeugen. Dabei können mit Hochgeschwindigkeitskameras die Bewegungsabläufe in den einzelnen Phasen aufgenommen werden. Das Bild zeigt den Auswurfskegel eines Kraterexperiments (MEMIN-Forschergruppe), bei dem das Projektil auf fünf Kilometer pro Sekunde beschleunigt wurde. Einen anderen Weg, Bewegungsabläufe zu verstehen, stellt die Modellierung mit sehr aufwendigen Rechnerprogrammen dar.

Abb. 6: Links oben nach rechts unten: Der Krater Schooner (Durchmesser 0,3 Kilometer) wurde 1968 bei einem Nukleartest (35 kT TNT Äquivalent; Explosionszentrum in 117 Metern Tiefe) erzeugt. Seine Form gleicht der eines einfachen Impaktkraters. Der Meteor-Krater (Durchmesser 1,3 Kilometer) in Arizona ist der bekannteste Meteoritenkrater. Er entstand vor 47.000 Jahren durch den Einschlag eines Eisenmeteoriten, von dem über 30 Tonnen im Umkreis von 15 Kilometern gefunden wurden. Mit einem Durchmesser von 3,5 Kilometern ist das 15 Millionen Jahre alte Steinheimer Becken bei Heidenheim (Württemberg) der kleinste bekannte komplexe Krater mit einem Zentralberg. Die 100 Kilometer große Manicouagan-Struktur, Québec, entstand vor 214 Millionen Jahren. Der ringförmige Graben dient als Reservoir für ein Wasserkraftwerk. Der Krater West-Clearwater Lake, Québec, hat einen Durchmesser von 36 Kilometer und weist im Zentrum eine durch Eisbewegungen modellierte ringförmige Hügelkette aus harten Impaktgesteinen auf. Er entstand vor 286 Millionen Jahren, während der kleinere, östliche Krater (Durchmesser 26 Kilometer) möglicherweise 200 Millionen Jahre älter ist.

Krater ist, der durch ein Projektil bestimmter Masse und Geschwindigkeit verursacht wird. Die zugrunde liegenden Regeln wurden aus Laborversuchen, konventionellen und Nuklearexplosionen sowie aus Beobachtungen an Kratern abgeleitet. Im Internet gibt es ein Simulationsprogramm, mithilfe dessen man Fragen nach Projektilgröße, Impakteffekten und Kratergröße einfach beantworten kann (http://impact.ese.ic.ac.uk/ImpactEffects/).

Einfache und komplexe Krater

Auf allen planetaren Körpern treten die gleichen Typen von Kratern auf. Die Form der Krater ändert sich systematisch mit dem Durchmesser, der von wenigen Metern bis zu tausenden von Kilometern reicht.

Einfache Krater sind annähernd kreisförmige, schüsselförmige Depressionen (Meteor-Krater, Abb. 6). Im Inneren fehlen Geländemerkmale wie Hügel. Manchmal erzeugen jedoch Blöcke, die von den instabilen Kraterwänden abbrechen, tiefe Spuren. Die Tiefe der Depression im Verhältnis zum Kraterdurchmesser wird von der

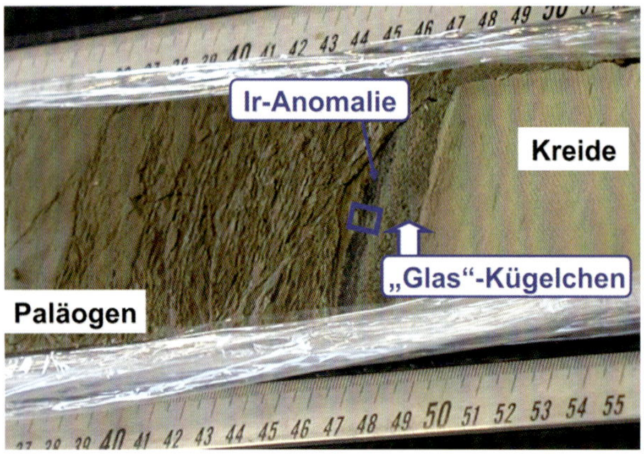

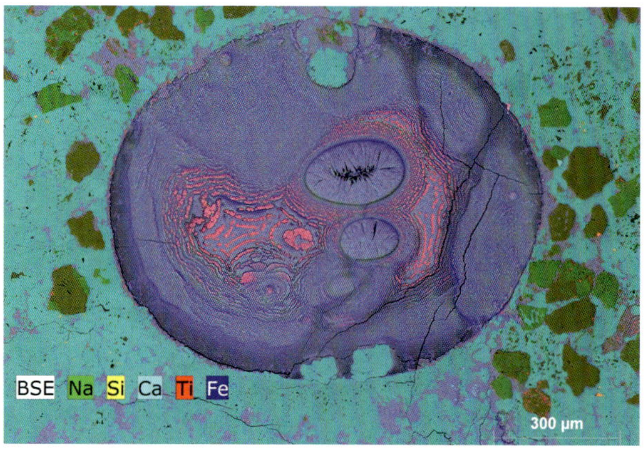

Abb. 7: Links: Im Rahmen der Tiefseeforschung (ODP – Ocean Drilling Program) wurde im äquatorialen Atlantik eine ungestörte, etwa 20 Millimeter mächtige K/Pg-Grenzschicht erbohrt. Diese besteht aus einer unteren Lage mit Impaktschmelzkügelchen in einer tonigen Matrix sowie der dunklen oberen Schicht, die geschockte Minerale und die Iridium-Anomalie enthält. Maßstab in Zentimeter. Rechts: Das Falschfarbenbild zeigt die Elementverteilung eines weitgehend zu Tonmineralen umgewandelten Impaktschmelzkügelchens aus der KP-Lage in La Lajilla, Nuevo Leon, Mexiko. Die Matrix des Gesteins besteht zum größten Teil aus Karbonaten.

Schwerkraft bestimmt und ist deshalb auf jedem planetaren Körper anders. Eine besondere Gruppe bilden die prähistorischen ›Meteoritenkrater‹ auf der Erde, in deren Umgebung teils umgewandelte Projektilreste (Eisenmeteorite) gefunden wurden.

Komplexe Krater weisen verschiedene Formen auf. Zuerst wird ein Zentralberg gebildet, der von einer ringförmigen Depression umgeben ist (Steinheim, Abb. 6; Erathostenes, Abb. 2). Auch auf Eiskörpern gibt es Krater mit einem Zentralberg – der kleine Saturn-Eismond Mimas mit dem 130 Kilometer großen Krater Herschel diente als Vorbild für Darth Vaders ›Todesstern‹ im Film ›Star Wars‹. Ab einer gewissen Kratergröße bricht der Zentralberg zusammen und es entsteht ein innerer Ring (Clearwater West, Abb. 6) oder eine ringförmige Hügelkette umgibt den Zentralberg.

Die größten Impaktstrukturen im Sonnensystem sind Multiring-Becken, die durch ein konzentrisch angeordnetes System von Brüchen, Gräben und Hügelketten charakterisiert sind. Auf dem Erdmond gibt es mindestens 40 solcher Becken, das größte ist South-Pole-Aitken mit einem Durchmesser von etwa 2.500 Kilometern. Auf der Erde sind derzeit zwei dieser Strukturen bekannt (Sudbury; Vredefort, Südafrika). Die Bildung von Multiring-Becken erfordert große Projektile. Da die meisten großen Projektile schon während der ersten Milliarde Jahre des Sonnensystems mit einem anderen Körper zusammengeprallt sind, weisen alle Multiring-Becken ein relativ hohes Alter auf.

Impaktkrater oder Vulkankegel?

Bei einem Impakt entsteht eine Vertiefung in der Oberfläche, während sich Vulkane als Kegel oder Schild über die Oberfläche erheben. Diese einfache Regel mag sich zur Identifizierung frisch gebildeter, einfacher Krater eignen. Bei vielen, durch Erosion veränderten Strukturen muss jedoch auf andere Kriterien zur Unterscheidung zwischen Einschlagskratern und Vulkankegeln zurückgegriffen werden. Wie erwähnt, werden Minerale und Gesteine bei einem Einschlag in charakteristischer und eindeutiger Weise verändert. Die eindeutige Charakterisierung von Schockeffekten erfordert ein optisches Mikroskop bzw. ein Elektronenmikroskop. Die einzigen, mit dem bloßen Auge erkennbaren Schockeffekte sind Strahlenkegel, die bei einem Druck von über dreieinhalb Gigapascal entstehen. Das Auftreten von Trümmergesteinen hingegen stellt alleine keinen klaren Beweis für das Vorhandensein eines Einschlags dar. Impaktschmelzgesteine, wie jene mächtige Lage in Popigai (Abb. 4), wurden oft mit vulkanischen Gesteinen verwechselt, die ebenfalls aus einer Schmelze erstarren – wenn auch bei erheblich niedrigeren Temperaturen. Wiederum kann die Analyse der Gesteine mit dem Mikroskop zu einer klaren Antwort führen, da Impaktschmelzgesteine oft Bruchstücke von geschockten Gesteinen oder Mineralen enthalten.

Impaktkrater auf der Erde in Raum und Zeit

Die 185 terrestrischen Impaktstrukturen weisen einen Durchmesser von 25 Metern bis nahezu 300 Kilometern (Vredefort) und ein Alter von ›rezent‹ (Carancas, Peru) bis zu 2.023 Millionen Jahren (Vredfort) auf. Jährlich werden bis zu fünf weitere Krater entdeckt. Jüngere Sedimente bedecken etwa 30 Prozent dieser Krater, solche Strukturen werden bei der Kohlenwasserstoffsuche mit geophysikalischen Methoden gefunden. Dass tatsächlich ein Impaktkrater vorliegt, lässt sich erst durch die Präsenz von geschockten Mineralen oder Strahlenkegeln beweisen.

In Nordamerika, Fennoskandien, auf dem Gebiet der ehemaligen Sowjetunion und in Australien sind besonders viele Einschlagskrater bekannt. Zum einen wurden in diesen Regionen aktive Kratersuchprogramme durchgeführt, zum anderen handelt es sich um sogenannte alte Schilde. Dies sind geologische Regionen, die seit Hunderten von Millionen Jahren tektonisch stabil sind und eine nur geringe Erosion aufweisen – deshalb sind auch vor langer Zeit entstandene Krater erhalten geblieben.

Auf dem Kontinentalschelf kennt man etwa zehn Strukturen, auf dem Tiefseeboden nur ›Eltanin‹. Bei diesem Ereignis erreichte das Projektil jedoch nicht den Ozeanboden in fünf Kilometern Tiefe – es gibt viele Beweise für den Einschlag, aber keinen Krater. Der jüngste, nur 13,5 Meter große Krater entstand 2007 in Carancas durch den allerdings stark abgebremsten Einschlag eines kleinen Meteoriten.

Impaktkrater, die älter als Vredefort sind, wurden bislang nicht entdeckt. Sedimentpakete aus der Frühzeit der Erdgeschichte (3.400 bis 3.230 bzw. 2.630 bis 2.490 Millionen Jahre vor heute) in Westaustralien (Hamersley Range) und Südafrika (Barberton Belt) enthalten jedoch exotische Lagen, die eindeutig Auswurfshorizonte darstellen, als Zeugen für gewaltige Impaktereignisse im Archäikum und Proterozoikum. Diese Interpretation beruht darauf, dass die Lagen Kügelchen enthalten ähnlich jenen, die in an der Kreide/Paläogen-Grenze (K/Pg-Grenze vorhanden sind (Abb. 7). Zudem weisen die Lagen geochemische Anomalien auf, die nur durch den Eintrag von extraterrestrischer Materie erklärt werden können. Dies führt uns zur K/Pg-Grenze und dem Aussterben der Dinosaurier.

Einschläge und Evolution – Paradebeispiel: Kreide/Paläogen-Grenze(bis zum Jahr 2000 Kreide/Tertiär-Grenze)

Jede Grenze einer erdgeschichtlichen Zeitstufe ist in den Sedimenten durch das Aussterben von alten und das erstmalige Erscheinen von neuen Arten gekennzeichnet. Fossilien, Minerale, geochemische Spuren und Ablagerungsbedingungen können Hinweise auf die Ursachen des Aussterbens geben (s. Artikel von W. von Koenigswald). Die Grenze zwischen Erdmittelalter und Erdneuzeit (genauer gesagt, zwischen den Perioden Kreide und Paläogen) ist durch eine weit über das normale Maß hinaus gehende Aussterberate gekennzeichnet. Neben vielen anderen Meerestieren starben damals die meisten planktonischen Foraminiferen (im Wasser schwebende einzellige Kleinstlebewesen) und die Ammoniten aus (s. Artikel von J. Lehmann). An Land verschwanden alle Dinosaurier, die für 200 Millionen Jahre diesen Lebensraum beherrscht hatten (s. Artikel von M. Sander). Vögel jedoch, eine Teilgruppe der Reptilien, überlebten als einzige Gruppe der Dinosaurier. Im Paläogen übernahmen die Säugetiere die Vorherrschaft unter den Landwirbeltieren. Lange Zeit konnten diese Ereignisse mit den gängigen erdwissenschaftlichen Denkmodellen nicht zufriedenstellend erklärt werden.

Im Jahr 1980 stellten L.W. Alvarez und seine Mitarbeiter in Berkeley, Kalifornien, und unabhängig davon J. Smit und J. Hertogen in Amsterdam eine neue Hypothese auf. Sie besagt, dass vor 65 Millionen Jahren der Einschlag eines etwa zehn Kilometer großen Asteroiden den scharfen Faunenschnitt an der K/Pg-Grenze ausgelöst hat. Ähnliche Vermutungen gab es schon früher, jedoch ohne schlüssigen Beweis. Die beiden Forschergruppen lieferten erstmals eine solide Grundlage für die Einschlagshypothese: Das tonige Sediment an der K/Pg-Grenze im Apennin, Italien, und in Spanien enthält eine außergewöhnliche Anreicherung des auf der Erde sehr seltenen Edelmetalls Iridium (Ir), das jedoch in Meteoriten in relativ hohen Konzentrationen vorkommt (Abb. 8).

Die Iridium-Messungen dienten eigentlich dazu, die Sedimentationsgeschwindigkeit an der K/Pg-Grenze zu bestimmen. Iridium gelangt fortlaufend in Form von feinem Staub aus dem All auf die Erde und lagert sich unter anderem in Meeressedimenten ab. Da die Menge des Iridiumstaubs, welcher die Erde in einer bestimmten Zeitspanne erreicht, kaum variiert, würde ein erhöhter Iridiumgehalt im Sediment eine geringe Ablagerungsrate bedeuten. Das unerwartete Ergebnis der Untersuchungen von L.W. Alvarez und J. Smit war jedoch eine extreme, nicht durch eine niedrige Ablagerungsrate erklärbare Iridiumanreicherung. Diese geochemische Anomalie kennt man inzwischen von vielen anderen Stellen auf der Erde (Abb. 8).

Einige Jahre später wurden erstmals geschockte Minerale in der oft nur Millimeter mächtigen Tonlage an der K/Pg-Grenze nachgewiesen (Abb. 4, 8). Später fand man Impaktdiamanten, exotische Kristalle mit hohen Nickel-Gehalten, die ebenfalls auf den Einschlag eines extraterrestrischen Projektils hindeuteten. In Haiti ist die Grenzschicht 50 Zentimeter mächtig; sie enthält Gläser, deren Formen für eine Erstarrung von Schmelztropfen im Flug sprechen. Offenbar waren diese Glasobjekte, ähnlich wie die seit langem bekannten Tektite, bei einem Einschlag entstanden (Abb. 7). Im Jahre 1991 schließlich erkannte man, dass die in der Erdölerkundung schon früher erfasste runde Struktur unter der mexikanischen Halbinsel Yukatan offenbar der Einschlagskrater ist, dessen Entstehung das Massenaussterben an der K/Pg-Grenze verursacht hat. Dieser ›Chicxulub-Impaktkrater‹ hat einen Durchmesser von etwa 180 Kilometern und ist unter einigen hundert Metern jüngerer Sedimente verborgen. Auf der Oberfläche zeugen nur Störungen mit einer intensiven Verkarstung (›Cenotes‹) davon, welche geologische Besonderheit sich im Untergrund verbirgt. Unser Wissen über die Chicxulub-Struktur beruht auf geophysikalischen Untersuchungen und Forschungsbohrungen.

Warum hatte das Chicxulub-Ereignis so verheerende Auswirkungen auf die Biosphäre? Im Einzelnen ist das Geschehen an der K/Pg-Grenze noch nicht entschlüsselt, doch werden viele Effekte des Chicxulub-Impaktes sehr gut verstanden. Im Umkreis von einigen tausend Kilometern um den Einschlagspunkt löschte die Glutwolke aus

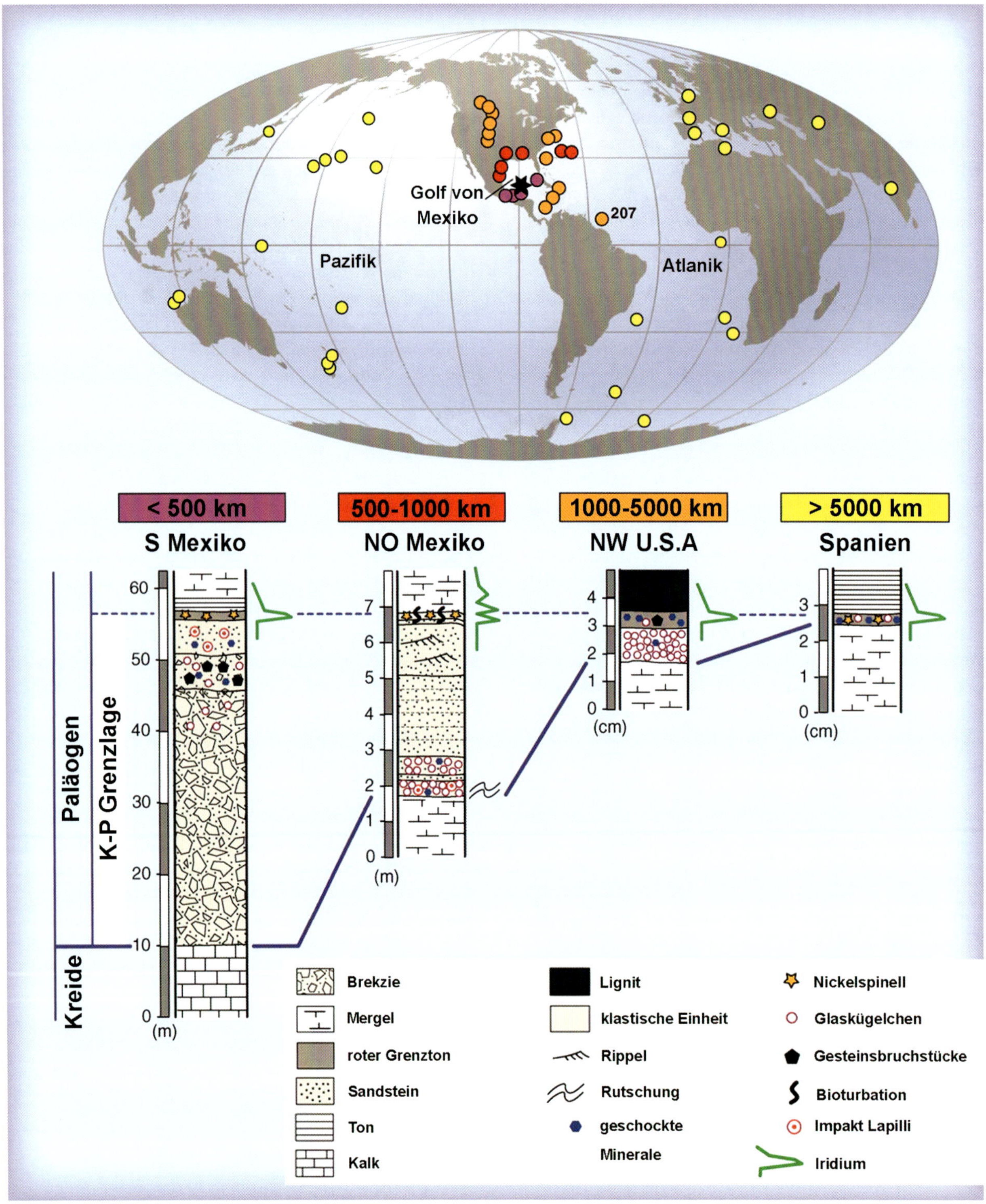

Abb. 8: In über 350 geologischen Profilen weltweit finden sich Spuren des Chicxulub-Ereignisses in Sedimenten. Die Mächtigkeit der KP-Grenzschicht nimmt vom Kraterzentrum (schwarzer Stern) weg ab, zudem ändert sich die Zusammensetzung dieser Gesteinslage. In allen ungestörten Profilen findet sich die Iridium-Anreicherung immer im Hangenden obersten Bereich der Schicht, da die Iridium-führenden Partikel nur langsam aus der Atmosphäre abgesunken sind. Die Glaskügelchen hingegen wurden mit einer Geschwindigkeit von einigen Kilometern pro Sekunde ausgeworfen.

dem zusammenstürzenden Feuerball wahrscheinlich jedes Leben aus (vgl. Abb. 1). Ruß-Spuren in vielen K/Pg-Grenzschichten zeugen von verheerenden Bränden. Unmittelbar nach dem Impakt erfolgte ein Temperaturanstieg. Der durch den Einschlag in die Stratosphäre gewirbelte Staub verdunkelte anschließend weltweit für lange Zeit den Himmel, was wiederum die Photosynthese der Pflanzen behinderte bzw. vollkommen unterbrach. Dieser

Effekt kann das Aussterben großer pflanzenfressender Arten erklären, in Folge dessen drastischer Nahrungsmangel auch zum Ende vieler fleischfressender Arten führte. Das Chicxulub-Projektil traf ein Gebiet mit einigen Kilometern mächtigen Kalkstein- und Anhydrit-Lagen (Kalziumsulfat). Dabei wurden explosionsartig riesige Mengen klimawirksamer Gase wie Kohlendioxid und Schwefeloxide freigesetzt. Die Schwefeloxide bildeten Aerosole, die eine deutliche und plötzliche Temperaturabsenkung sowie eine Übersäuerung der oberen Grenzschichten des Ozeans bewirkten. Im Gegensatz zum Plankton wurden die am Meeresboden lebenden Kleinstorganismen als Aasfresser von dem K/Pg-Ereignis kaum betroffen. Geochemische und paläontologische Befunde zeigen, dass die Rückkehr zu ›normalen‹ Sedimentationsbedingungen und die Ansiedlung erster Pflanzen relativ schnell erfolgte, die Erholung von Fauna und die Besetzung der Nischen nach dem Aussterbeereignis – etwa 70 Prozent aller bekannten Arten verschwanden – jedoch einen wesentlich längeren Zeitraum von einigen tausend Jahren in Anspruch nahm.

Ein Großteil der Wissenschaftsgemeinde reagierte auf die spektakuläre ›Impakttheorie‹ mit scharfer Ablehnung – galt doch die Lehrmeinung, dass Veränderungen auf der Erde immer schrittweise und langsam erfolgen. Im Wettstreit für und wider die Impakttheorie als Ursache für diesen Faunenschnitt erhielten die Evolutionsforschung und viele geowissenschaftliche Disziplinen wesentliche Impulse. Trotz intensiver Suche gelang es bislang nicht, physikalische oder chemische Belege für einen Impakt in Sedimenten der Perm-Trias-Grenze zu finden. Bei dem Massenaussterbeereignis an dieser Grenze verschwanden etwa 90 Prozent aller Arten.

Die wirtschaftliche Bedeutung von Impaktstrukturen

Die wirtschaftliche Bedeutung von Einschlagsstrukturen rückte in den letzten Jahren verstärkt ins Bewusstsein der Öffentlichkeit, da Krater und Gesteinsformationen in ihrem Umfeld Lagerstätten enthalten können. Zwei dieser Vorkommen – die Nickel-Erze in Sudbury und die Goldfelder von Vredefort – sind von weltweiter Bedeutung. In und um Krater findet man drei unterschiedliche Arten von Lagerstätten.

1) Zunächst solche, die bereits vor dem Einschlag vorhanden waren, die aber erst durch den Kraterbildungsprozess vor Erosion geschützt wurden, und solche, die durch den Einschlag herausgehoben und so für den Abbau zugänglich wurden. Zur ersten Gruppe zählen die Witwatersrand-Goldfelder in Vredefort, zur zweiten die Uranerze in Carswell, Kanada. Im Witwatersrand-Gebiet wird seit über 100 Jahren Gold abgebaut. Mehr als die Hälfte des weltweit jemals produzierten Goldes stammt aus dieser schier unerschöpflichen Quelle. Die bereits seit vielen Millionen Jahren bestehenden goldführenden Gesteinsschichten wurden bei der Bildung der Vredefort-Struktur in einen ringförmigen Graben eingefaltet und sind so vor späterer Abtragung verschont geblieben.

2) Eine weitere Gruppe umfasst Lagerstätten, die durch oder während des Einschlages entstanden sind. Der 35 Millionen Jahre alte Popigai-Krater mit einem Durchmesser von knapp 100 Kilometern enthält das interessanteste Beispiel für solch eine Minerallagerstätte: Die Schmelzgesteine und Brekzien in diesem Krater führen bis zu fünf Karat (ein Gramm) Diamanten pro Tonne Gestein. Es handelt sich damit um das weltweit größte Diamantenvorkommen, dass aber aus logistischen, klimatischen und ökologischen Gründen nicht nutzbar ist. Popigai enthält weit mehr Diamanten als alle anderen Lagerstätten der Erde zusammen. Die Diamanten sind durch den hohen Druck während des Einschlages aus Graphit entstanden, der in Form von Blättchen und Körnern in den kristallinen Gesteinen des Kratergebietes vorkommt.

Zu den Erzlagerstätten, die durch den Impakt entstanden sind, zählen die Nickel-Kupfer-Vorkommen im 1,85 Milliarden Jahre alten Sudbury Multiring-Becken. Die Erze, sulfidische Schmelzen, setzten sich aufgrund ihres höheren spezifischen Gewichts aus den während des Einschlags geschmolzenen Gesteinen ab, die im Krater einen etwa sechs Kilometer tiefen ›heißen See‹ aus anfangs dünnflüssiger Impaktschmelze mit einem Durchmesser von über 60 Kilometern bildeten. Die massiven, reichen Erzlager der Sudbury-Struktur werden seit 1886 abgebaut.

3) Die dritte Gruppe von Lagerstätten ist an Trümmergesteine gebunden, die wegen ihres hohen Porenvolumens ausgezeichnete Speichergesteine für Erdöl und Erdgas bilden (s. Artikel von H. Andruleit & P. Gerling). So wurden bis 1997 aus dem Krater Newport, North Dakota, mit einem Durchmesser von nur drei Kilometern 120.000 Barrel Öl gefördert. Bei einem Einschlag können Trümmergesteine auch außerhalb des Kraters entstehen. Im Golf von Mexiko bildet eine bis zu 275 Meter mächtige Lage aus solchen Trümmergesteinen an der K/Pg-Grenze den Speicher für ergiebige Erdöl- und Erdgasvorkommen. Diese Brekzien entstanden aber nicht direkt beim Chicxulub-Einschlag, sondern bei den durch den Impakt ausgelösten extrem starken Erdbeben und Rutschungen.

Der Meteor von Tscheljabinsk, kosmische Projektile und die Impaktwahrscheinlichkeit

Am Morgen des 15. Februar 2013 explodierte in einer Höhe von etwa 30 Kilometern ein extraterrestrisches Projektil über der russischen Großstadt Tscheljabinsk. Dabei entstand beträchtlicher Schaden an Gebäuden, durch Glassplitter wurden etwa 1.500 Menschen verletzt. Da kurz nach diesem Ereignis zahlreiche Meteoriten als Bruchstücke von diesem Meteor gefunden wurden, ließen sich Masse (ungefähr 12.000 Tonnen bei einer Dichte von 3.300 kg/m^3), Durchmesser (19 Meter) und über die ziemlich genau bestimmte Eintrittsgeschwindigkeit in die Atmosphäre von 19 Kilometern pro Sekunde eine Energie

Abb. 9: Am 15. Februar 2013 explodierte ein Meteor in der Region von Tscheljabinsk in Russland. Die in zahlreichen Videos dokumentierte Rauchspur des Meteors und Infraschallmessungen halfen, die Geschwindigkeit des Boliden ziemlich genau zu bestimmen.

von 500 Kilotonnen TNT berechnen. Dies entspricht dem knapp 40-fachen der Hiroshima-Bombe. Die durch die Reibung beim Eintritt des Boliden in die Atmosphäre erzeugte Hitze führte zu der Explosion des Meteors in einer Höhe von 30 Kilometern, wobei drei Viertel seiner Masse verdampften. Das Projektil drang mit einem sehr flachen Winkel von 16 Grad in die Atmosphäre ein (Abb. 9) und war bis zu diesem Zeitpunkt von keinem Netzwerk zur Beobachtung von Near Earth Objects (NEOs) entdeckt worden. Das ›Tscheljabinsk-Ereignis‹ zeigt die grundlegende und nach wie vor anhaltende Bedeutung von Kollisionen in unserem Sonnensystem. Und es zeigt auch, dass das kosmische Bombardement für die Erde eine reale Bedrohung darstellt.

Durch einen Impakt hervorgerufene direkte Verwüstungen und Langzeitfolgen hängen ganz wesentlich vom Ort des Impakts ab: Im Jahre 1908 explodierte über Tunguska in den Weiten Sibiriens ein Projektil; dieses Ereignis kann mit jenem über Tscheljabinsk verglichen werden. Wäre nun das ›Tunguska-Projektil‹ über Berlin explodiert, so hätte sich der Schaden nicht auf etwa 1.600 Quadratkilometer vernichteten Urwald beschränkt, sondern Teile der Hauptstadt des deutschen Kaiserreichs wären in Sekundenschnelle in einen Trümmerhaufen verwandelt worden. Tunguska war mit einer (geschätzten) Bewegungsenergie von etwa 20 MT TNT ein eher kleines Objekt. Erfolgen solche Einschläge im Küstenbereich der Weltmeere, könnten jedoch gewaltige Wellen ausgelöst werden, die ähnlich den durch Seebeben entstandenen ›Tsunamis‹ für weite Küstenstriche verheerende Folgen haben können.

Quelle dieses ›kosmischen Risikos‹ sind zum einem Kometen, die etwa fünf Prozent aller kosmischen Projektile (NEOs – Near Earth Objects) ausmachen und die sogenannten Near Earth Asteroids (NEAs), kleine Körper, die im Asteroidengürtel auf Erdbahn-kreuzenden Bahnen um die Sonne kreisen. Auch die Meteorite stammen von solchen NEAs.

Um eine mögliche Abwehr kosmischer Projektile einrichten zu können, müssen erst Anzahl und Größe der NEOs bekannt sein. Dazu wurden astronomische Netzwerke eingerichtet, die sich teilweise militärischer Einrichtungen bedienen. Dank dieser ›Spaceguard‹-Programme waren im Juni 2014 11.052 NEOs mit einem Durchmesser von einem Meter bis 32 Kilometern bekannt, davon 94 Kometen. Von dieser Population werden 1.458 NEOs als möglicherweise gefährlich eingestuft. Eine von der NASA in kurzen Abständen erneuerte Web-Seite (neo.jpl.nasa.gov/risk/) informiert über die Impaktwahrscheinlichkeit dieser Objekte. Mittlerweile wurde auch ein Schema entwickelt, in dem die Impaktwahrscheinlichkeit und mögliche Folgen eines Einschlags bewertet werden. Diese ›Torino-Skala‹ entspricht gängigen Skalen zur Bewertung von Erdbeben oder Risiken durch Vulkanausbrüche.

Ein wesentlicher Unterschied besteht allerdings zu den angeführten geologischen Gefahren, die den Menschen seit alters her bekannt sind. Vulkanausbrüche und Erdbeben sind an eingegrenzte Zonen gebunden, deren Verteilung auf der Erde durch plattentektonische Prozesse zu erklären ist (vgl. Artikel von C.-D. Reuther, A. Kopf und C. Devey). Auch Überschwemmungen oder Bergstürze treten nur bei gewissen geologischen Gegebenheiten auf. Kosmische Projektile wie auch die Meteorite hingegen kennen keine bevorzugten Ziele, die Treffer erfolgen zufällig in Raum und Zeit. Deshalb ist bei einer Beurteilung möglicher Gefahren durch den Einschlag kosmischer Projektile immer zu beachten, dass die ›Wahrscheinlichkeit keine Erinnerung hat‹, also das ›Wann‹ und das ›Wo‹ sich nicht abschätzen lassen: Im Eozän zum Beispiel, vor 35 Millionen Jahren, entstanden innerhalb von wenigen hunderttausend Jahren die zwei größten Krater (Chesapeake Bay, Virginia, U.S.A, und Popigai, Abb. 4) seit der Katastrophe an der K/Pg-Grenze.

Die Schwelle für eine globale Katastrophe liegt heute bei deutlich kleineren Projektilen als jenem ›Dino-Killer‹ von vor 65 Millionen Jahren (Chicxulub-Ereignis). Dies ist durch die Komplexität der modernen Welt begründet, in der Energieversorgung, Kommunikation und Transport wesentliche Bestandteile von funktionierenden Gesellschaften darstellen.

Die in Abbildung 10 zusammengestellte statistische Impakthäufigkeit lässt vermuten, dass unsere Vorfahren Zeugen solcher Einschläge gewesen sind. Ihre möglichen Auswirkungen auf frühe Zivilisationen wurden und werden (leider oft auch unter unwissenschaftlichen Gesichtspunkten) diskutiert. Dieses Forschungsfeld an der Nahtstelle zwischen Archäologie, Frühgeschichte, Erdwissenschaften und Astronomie fasziniert viele Menschen.

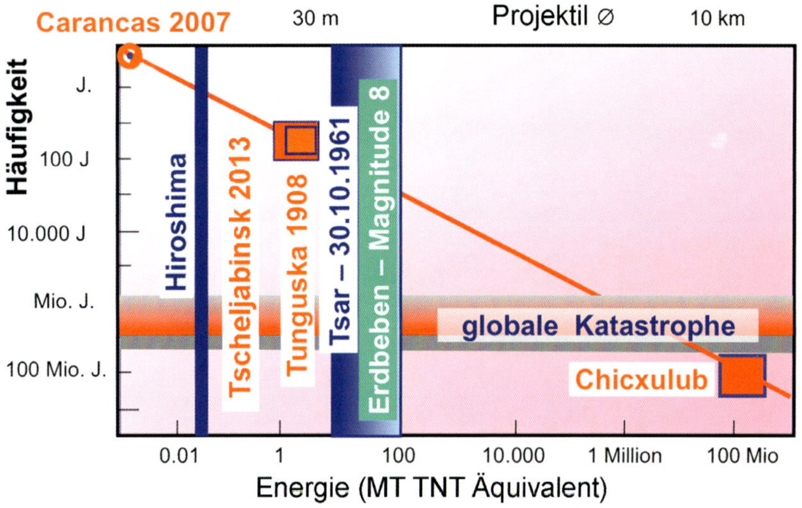

Abb. 10: Zusammenhang zwischen der statistischen Wahrscheinlichkeit von Impaktereignissen auf der Erde, dem Energieeintrag eines solchen Ereignisses und der durchschnittlichen Projektilgröße. Carancas war kein typisches Impaktereignis, da das kleine Projektil in der Atmosphäre sehr stark abgebremst wurde und der neu gebildete Krater nur einen Durchmesser von etwa 14 Metern aufweist. Etwa einmal im Jahr ist mit solch einem Ereignis zu rechnen. Ereignisse wie Tunguska und Tscheljabinsk, die lokal oder im regionalen Maßstab dramatische Folgen haben können, sind alle 100 bis 1.000 Jahre zu erwarten. In dieser Zeitspanne werden etwa 1.000 Erdbeben registriert, die ähnlich viel Energie freisetzen. Der Zhamanshin-Krater in Kasachstan hat einen Durchmesser von 13,5 Kilometern und entstand vor etwa 700.000 Jahren. Die vom Zhamanshin-Projektil eingebrachte Energie hat dieselbe Größenordnung wie die aller Nuklearwaffenarsenale der Welt. Bei der größten, je von Menschen verursachten Explosion (sowjetische Wasserstoffbombe ›Tsar‹ (Zar), 30.10.1961), wurde ungefähr so viel Energie freigesetzt wie bei einem Erdbeben der Magnitude 8; allerdings sind Freisetzung und Energieverteilung bei Erdbeben, vulkanischen Explosionen und Impaktereignissen sehr unterschiedlich. Anders als an der KP-Grenze könnte heute eine ›globale Katastrophe‹ schon bei einem Einschlag dieser Größenordnung ausgelöst werden. Ein Einschlag wie jener des Chicxulub-Projektils am Ende der Kreidezeit erfolgt statistisch etwa alle 100 bis 500 Millionen Jahre. Derzeit kennt man aber auf der Erde nur zwei weitere Impaktstrukturen dieser Größenordnung (Sudbury, Vredefort).

Literaturhinweise

Althaus, T. (2013): Der Tscheljabinsk-Bolide - sein Ursprung und seine Folgen. Spektrum 06.11.2013

Deutsch, A., F. Langenhorst, V.L. Masaitis (2000): Der Popigai-Krater – eine Schatzkammer in Sibirien. Forschung 3-4/2000, 36-41

Elements Vol. 8, Heft 1 (2012). IMPACT!

Kenkmann, T. (2009): Asteroiden- und Kometeneinschläge in der Erdgeschichte. Zeitschrift für Geologische Wissenschaften 37, 293-318

Pösges, G., M. Schieber (2000): Das Rieskrater-Museum Nördlingen. Museumsführer und Empfehlungen zur Gestaltung eines Aufenthaltes im Ries. Akademiebericht Nr. 253, Bayerische Akademie für Lehrerfortbildung Dillingen. 111 Seiten, Verlag Dr. Friedrich Pfeil, München.

Internetadressen

Chicxulub und das Aussterben der Dinoaurier http://www.falw.vu/~smit/ktboundary/kt-boundary.html (besucht am 23.6.2014).

Entdeckung und Katalogisierung von NEOs Überblick auf http://neo.jpl.nasa.gov/index.html (besucht am 23.6.2014)

French, B.M. (1998): Traces of Catastrophe: A Handbook of Shock-Metamorphic Effects in Terrestrial Meteorite Impact Structures. LPI Contribution No. 954, Lunar and Planetary Institute Houston. 120 S. (online: http://www.lpi.usra.edu/publications/books/CB-954/CB-954.intro.html; kostenloses Download).

Impaktsimulation: http://impact.ese.ic.ac.uk/ImpactEffects/ (besucht am 8.10.2014).

Kraterexperimente: http://www.memin.de/ besucht am 23.6.2014; Forschung 3/2014, 14-19

Projektilabwehr – NEO Shield: http://www.dlr.de/dlr/de/desktopdefault.aspx/tabid-10081/151_read-2640/#gallery/4770 (besucht am 23.6.2014)

Verzeichnis aller Impaktkrater auf der Erde (›Kraterdatenbasis‹): http://www.passc.net/EarthImpactDatabase/index.html (besucht am 23.6.2014)

Wissenschaftliche Tiefbohrungen in Impaktkrater: http://www.icdp-online.org/projects/climate-ecosystems/impact-structures/ (besucht am 24.6.2014)

Erstellung der Abbildungen in diesem Artikel durch Frank Bartschat (Institut für Planetologie, Westfälische Wilhelms-Universität Münster)

Alexander Deutsch ist Professor an der Universität Münster. Seine Forschung umfasst Impaktprozesse in der Natur und im Experiment mit mineralogischen und geochemischen Methoden. Das Foto zeigt den Autor im Landesmuseum Oldenburg mit dem ›Peekskill Meteorite Car‹, das am 9. Oktober 1992 im Staat New York von einem Meteoriten getroffen wurde.

Anschrift: Prof. Dr. Alexander Deutsch
Westfälische Wilhelms-Universität
Institut für Planetologie
Wilhelm-Klemm Str. 10
48149 Münster

E-Mail: deutsca@uni-muenster.de

Unsere Erde: ein ruheloser Planet

Das Erdinnere als treibende Kraft geologischer Prozesse

von Michael Weber, Potsdam

Abb. 1: Blick auf den Bezymianny Vulkan (links, mit teilweise rauchendem Lavastrom) und den Kamen Vulkan (Mitte) auf Kamtchatka, Russland. Der Bezymianny Vulkan (etwa 2.800 Meter Höhe) gehört zu den aktivsten Vulkanen der Welt und zeichnet sich durch eine kontinuierliche vulkanische Aktivität aus (Eruptionen mit Lavaströmen, Aschewolken, pyroklastische Ströme, etc.). Die Aufnahme wurde einige Wochen vor dem großen Ausbruch des Bezymianny am 21.10.1993 gemacht. Dieser Ausbruch führte zu einer etwa 15 Kilometer hohen Aschesäule in der Atmosphäre und weiträumigen Aschefällen.

Die Heimat der Menschheit ist ein sehr dynamischer Planet. Die Erdkruste, auf der wir leben, erscheint uns statisch, aber in geologischen Zeiträumen ist unsere Erde dramatischen Änderungen unterworfen. Und sie wird sich – auch ohne unser Zutun – weiterhin verändern. Dies wird deutlich in Abbildung 2, die die großen tektonischen Platten unserer Erde in ihrer heutigen Lage zeigt. Die Platten umfassen die kontinentale und ozeanische Kruste sowie den oberen Teil des Erdmantels. Sie bewegen sich mit Geschwindigkeiten von bis zu 16 Zentimetern pro Jahr relativ zueinander, das heißt in einer Million Jahre legen sie bis zu 160 Kilometer zurück. Hierbei kollidieren sie miteinander, wie zum Beispiel in den Alpen und dem Himalaja. An anderen Stellen tauchen sie untereinander ab, die bekanntesten Beispiele hierfür sind in Japan, Südamerika, Indonesien und nördlich von Neuseeland zu finden. Im Atlantik, dem Pazifik und dem Indischen Ozean reißt die Erdkruste an den Mittelozeanischen Rücken auf, Lava quillt hervor und bildet neuen Meeresboden. Schließlich gibt es Stellen, an denen die Platten aneinander vorbeischrammen, wie an der San Andreas Verwerfung in Kalifornien. An den Plattengrenzen konzentrieren sich die Erdbeben und in mancher dieser Regionen auch die Vulkane (s. Artikel von C. Devey).

Vor etwa 50 Jahren setzte sich die Idee der Plattentektonik in den Geowissenschaften durch. Forscher vieler Fachbereiche sind daran beteiligt, die Prozesse zu entschlüsseln, die die Platten auf der Erde bewegen (s. die Artikel von W. Franke, G. Uenzelmann-Neben sowie von G. Kleinschmidt, A. L. Läufer u. F. Lisker). Der Motor, der diese gigantische Maschine Erde seit Milliarden von

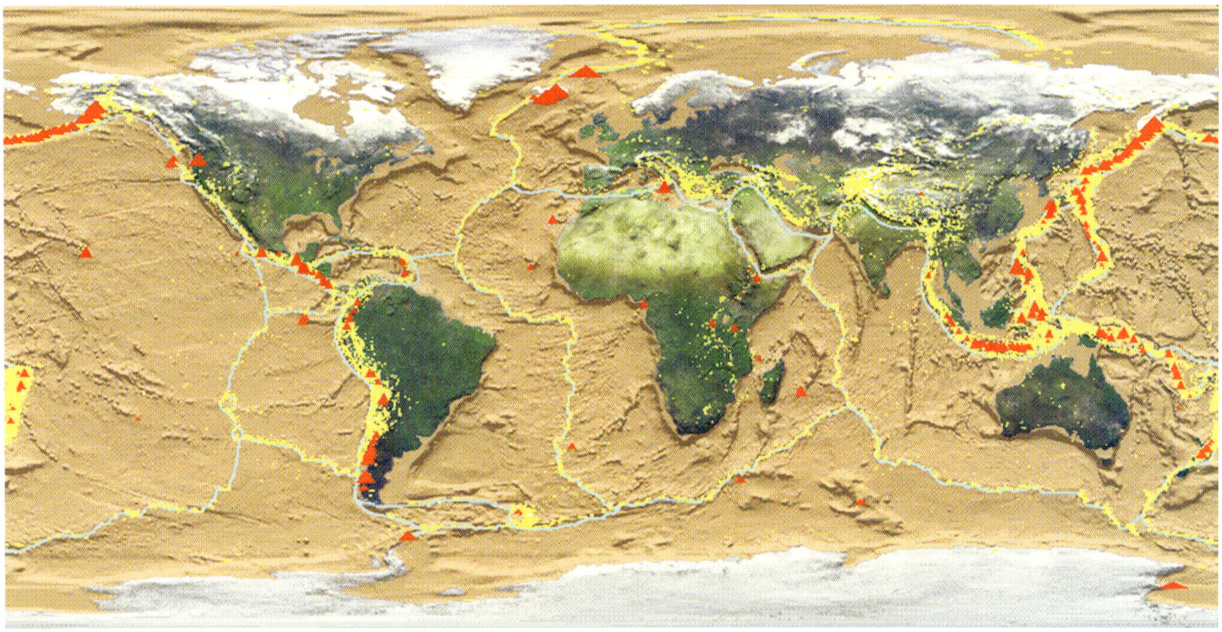

Abb. 2: Die Erde ist ein ruheloser Planet. Die Grenzen der großen tektonischen Platten sind durch Epizentren von Erdbeben gekennzeichnet (gelbe Punkte). Oft sind diese Plattengrenzen auch die Gebiete, in denen Vulkane (rote Dreiecke) auftreten. Die Bewegungen der Platten werden durch die Konvektion im Erdinneren angetrieben.

Abb. 3: Dynamik und prinzipieller Aufbau der Erde. Um den aus Eisen bestehenden festen inneren Erdkern konvektiert der im Wesentlichen aus flüssigem Eisen bestehende äußere Erdkern und erzeugt hierbei unter anderem das Magnetfeld der Erde. Der deutlich langsamer konvektierende Erdmantel aus festem Silikatgestein wird vom heißen Erdkern von unten geheizt. Die Konvektion des Erdmantels treibt wiederum die Bewegung der kalten und starren Lithosphärenplatten an, siehe Abbildung 2.

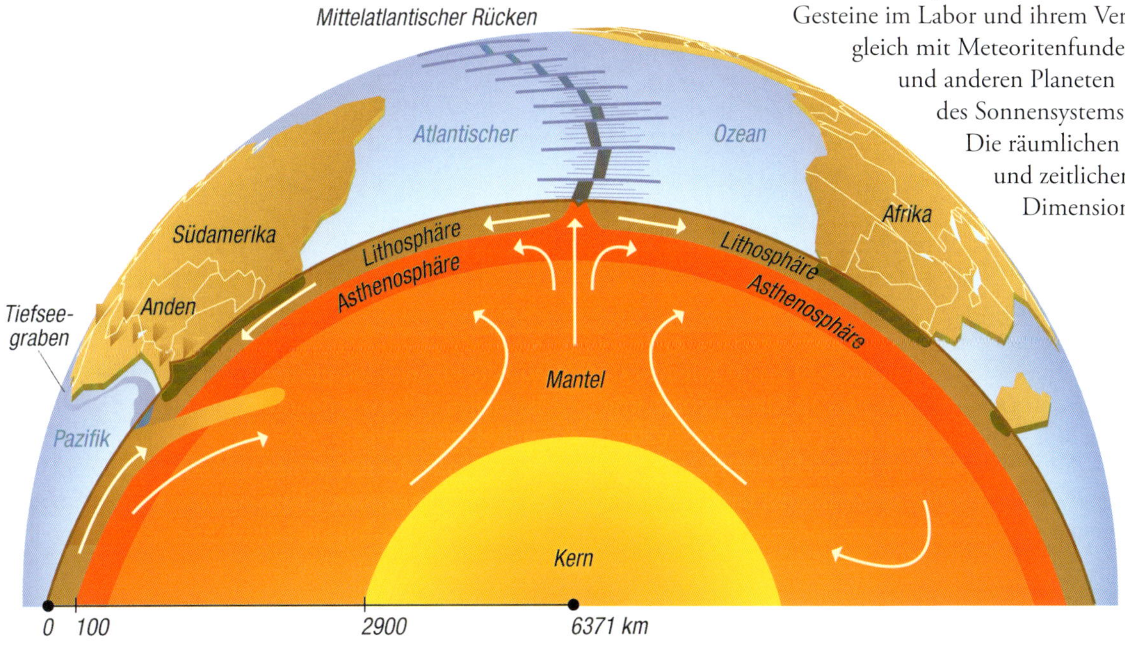

Jahren antreibt, funktioniert, da die Erde laufend Wärme ins Weltall abstrahlt. Die Temperaturdifferenz von vielen tausend Grad Celsius zwischen Kern und Oberfläche löst die Bewegung der Platten an der Erdoberfläche aus. Die Antriebswärme stammt zum Großteil aus der frühen Erdgeschichte und vom radioaktiven Zerfall im Erdinneren.

Aufbau und Dynamik der tiefen Erde

Unser Wissen über den Aufbau der Erde beruht hauptsächlich auf geophysikalischen Messungen, der chemischen Untersuchung der Minerale und Gesteine im Labor und ihrem Vergleich mit Meteoritenfunden und anderen Planeten des Sonnensystems. Die räumlichen und zeitlichen Dimensionen

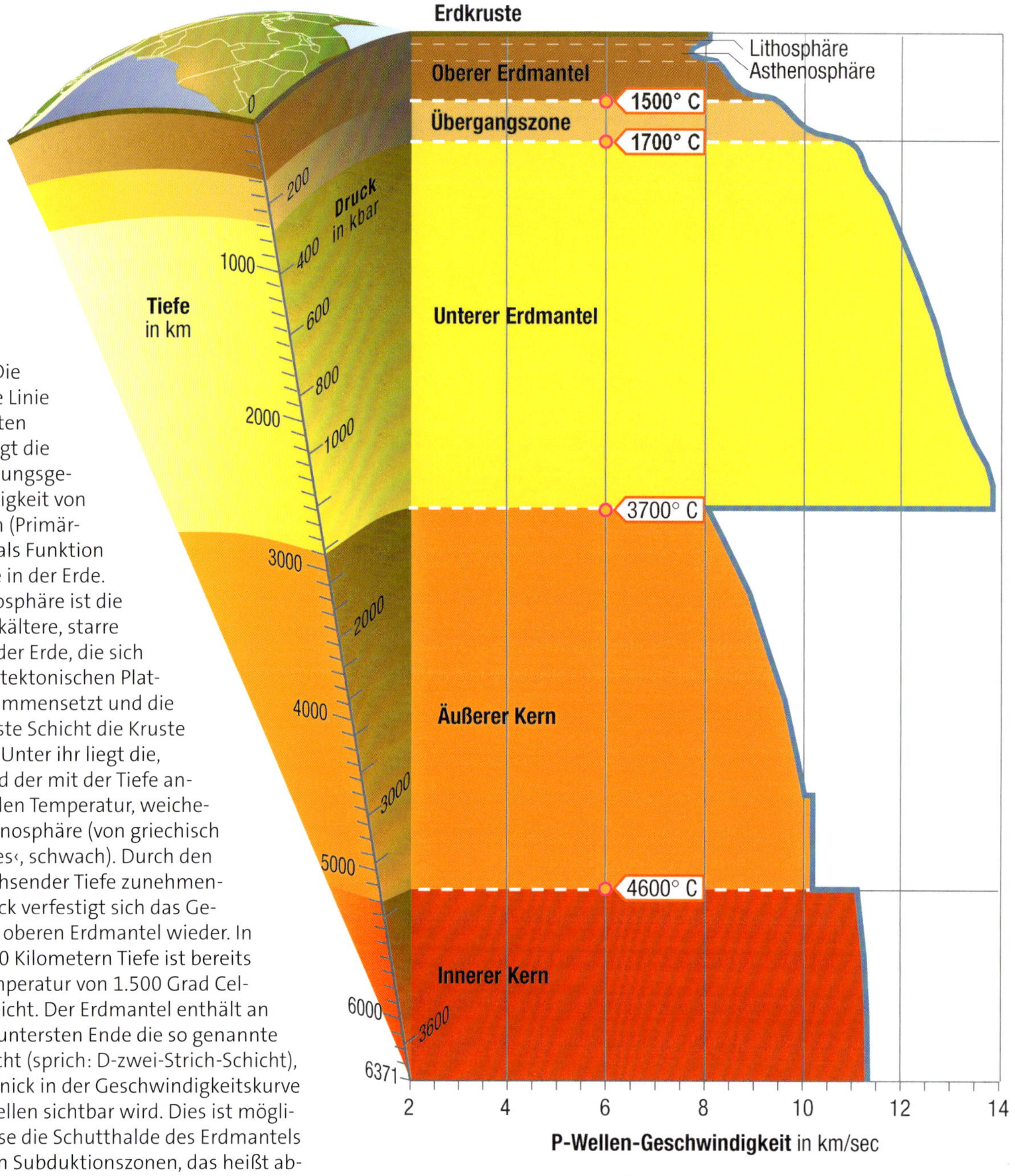

Abb. 4: Die gezackte Linie am rechten Rand zeigt die Ausbreitungsgeschwindigkeit von P-Wellen (Primärwellen) als Funktion der Tiefe in der Erde. Die Lithosphäre ist die äußere, kältere, starre Schicht der Erde, die sich aus den tektonischen Platten zusammensetzt und die als oberste Schicht die Kruste enthält. Unter ihr liegt die, aufgrund der mit der Tiefe ansteigenden Temperatur, weichere Asthenosphäre (von griechisch ›asthenes‹, schwach). Durch den mit wachsender Tiefe zunehmenden Druck verfestigt sich das Gestein im oberen Erdmantel wieder. In etwa 400 Kilometern Tiefe ist bereits eine Temperatur von 1.500 Grad Celsius erreicht. Der Erdmantel enthält an seinem untersten Ende die so genannte D˝-Schicht (sprich: D-zwei-Strich-Schicht), die als Knick in der Geschwindigkeitskurve der P-Wellen sichtbar wird. Dies ist möglicherweise die Schutthalde des Erdmantels mit alten Subduktionszonen, das heißt abgesunkenen Lithosphärenplatten und/oder eine Zone, in der Erdmantel und Erdkern miteinander reagieren. Unterhalb des schnell konvektierenden, flüssigen äußeren Erdkerns liegt der innere Erdkern. Obwohl die Temperaturen im Erdkern denen der Sonnenoberfläche ähneln, ist er aufgrund des hohen Drucks fest.

reichen über viele Größenordnungen, vom atomaren bis zum globalen Maßstab und von kurzfristigen Ereignissen bis zu Jahrmilliarden.

Die oberste Schicht der Erde bildet die relativ starre Kruste, die unter den Kontinenten 20 bis 60 Kilometer und unter den Ozeanen etwa 5 bis 10 Kilometer mächtig ist (Abb. 3). Die Kruste kann allerdings auch bis zu 80 Kilometer dick sein, wie zum Beispiel unter Tibet. Sie ist äußerst unterschiedlich aufgebaut und besteht aus Sedimenten sowie magmatischen und metamorphen Gesteinen. Würde man die Erde auf die Größe eines Apfels verkleinern, so hätte die Erdkruste nur die Dicke der Apfelschale. Die Kruste macht noch nicht einmal ein Hundertstel der Masse der Erde aus. Selbst unter größten Anstrengungen können Proben durch Bohrungen nur bis in etwa zehn Kilometer Tiefe gewonnen werden, wo zum Teil bereits Temperaturen von über 300 Grad Celsius herrschen. Alles was darunter liegt, können wir also nur indirekt erforschen.

Der unter der Kruste liegende obere Erdmantel (inklusive der sogenannten Übergangszone zwischen oberem und unterem Erdmantel) ist bis in eine Tiefe von etwa 700 Kilometern aus kieselsäurearmen, silikatischen Gesteinen aufgebaut. Wegen der hohen Temperaturen ist er ab etwa 100 bis 200 Kilometern Tiefe flüssig und kann einige Zentimeter pro Jahr fließen. Der Ausdruck ›flüssig‹ gilt allerdings nur für geologische Zeiträume, nach unseren alltäglichen Maßstäben ist das Material starr. Bei geringeren Temperaturen, wie sie in der Kruste herrschen, verhält sich das Material spröde. Das heißt, dass Energie, die durch Plattenbewegungen in die Kruste übertragen wird, zu Spannungen im Gestein führt. Diese können sich in Erdbeben entladen. Der oberste Erdmantel und die Kruste werden auch zur Lithosphäre (griechisch ›Lithos‹, Stein) zusammengefasst. Darunter liegt die so genannte Astenosphäre (Abb. 4). Bei 100 Kilometern Tiefe liegt die Untergrenze der Lithosphären-Platten. Der Erdmantel, der bis in etwa 2.900 Kilometer Tiefe reicht, enthält fast drei Viertel der Masse der Erde. An den Subduktionszonen, wo Kruste in die Tiefe abtaucht, steigt heißes Material aus dem untersten Erdmantel nach oben, teilweise bis an die Erdoberfläche. Die Kern-Mantel-Grenze ist neben der Erdoberfläche die Grenze mit den schärfsten Kontrasten. Der Mantel besteht aus silikatischem Material, das sich mit einigen Zentimetern pro Jahr bewegt, also ungefähr so schnell wie Fingernägel wachsen. Der flüssige äußere Erdkern besteht zum großen Teil aus Eisen, das sich mehrere Zehner Kilometer pro Jahr bewegt, also 100.000-mal schneller als der Mantel. Diese Bewegung erzeugt das magnetische Feld der Erde, das bis ins Weltall reicht (s. Artikel von U. Bleil u. T. von Dobeneck). Es fungiert als magnetisches Schutzschild unseres Planeten und produziert zusammen mit dem Sonnenwind auch die Polarlichter. In der Grenzregion von Kern und Mantel nimmt die Temperatur um etwa 1.000 Grad Celsius zu. Darüber liegt der elektrisch isolierende Erdmantel und darunter der äußere Erdkern als nahezu perfekter elektrischer Leiter aus flüssigem Eisen. Im Verhältnis hat der Erdmantel ungefähr die Zähflüssigkeit von Glas, während der äußere Erdkern die von Wasser hat.

Im Zentrum der Erde befindet sich der innere Erdkern aus Eisen und Nickel, der aufgrund des hohen Drucks, etwa das 3-Millionenfache des normalen Luftdrucks, wieder fest ist. Der Kernradius ist mit 1.221 Kilometern etwas kleiner als der des Mondes mit 1.735 Kilometern (Abb. 4).

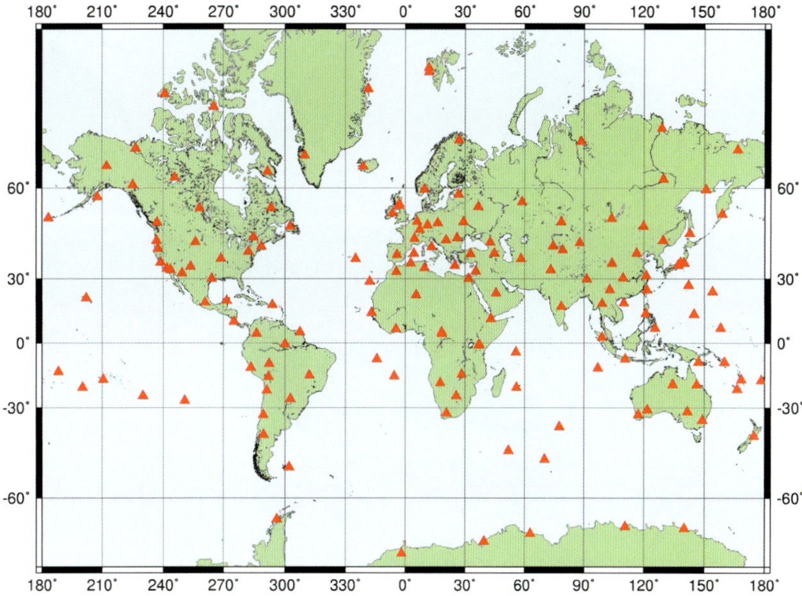

Abb. 5: Globale Verteilung seismologischer Stationen, die die wichtigste Datengrundlage zum Studium der Struktur der tiefen Erde liefern.

Methoden zur Erkundung des tiefen Erdinnern

Nur die obersten zehn Kilometer der Erdkruste können durch Tiefbohrungen direkt untersucht werden. Damit kratzen wir das Erdinnere nur an, die restlichen 99 Prozent können nur mit einer Kombination indirekter Verfahren untersucht werden. Dazu gehören geophysikalische Messungen an der Erdoberfläche, geochemische und mineralogische Untersuchungen von Proben aus großer Tiefe, experimentelle Geochemie und Geophysik und die Modellierung auf Großrechnern. Diese Methoden verraten uns vieles über die Zusammensetzung, Struktur und Dynamik unseres Planeten.

Geophysikalische Messungen

Die Messung von durch Erdbeben verursachten Wellen ist eine der ältesten Methoden zur Bestimmung der Struktur der Erde. Besonders die Reflektion dieser Wellen an Grenzschichten, wie zum Beispiel der Mantel-Kern Grenze, ist aufschlussreich. Da Erdbeben glücklicherweise nur in relativ schmalen Zonen auftreten, kann diese Methode kein vollständiges Bild liefern. Auch ist es nicht möglich, die Erde mit einem dichten Netz von Messstationen zu überziehen, da etwa zwei Drittel der Erde von Wasser bedeckt sind. Man kann zwar auch auf dem Ozeanboden Seismometer aufstellen, aber sie sind teurer und schwieriger zu betreiben als Landstationen. Das in Abbildung 5 gezeigte vorhandene Netz umfasst trotzdem mehrere tausend Stationen, die neben der Strukturerkundung der Erde auch vielen anderen Dingen dienen. Mit ihrer Hilfe können zum Beispiel Erdbebenherde bestimmt werden, und sie überwachen die Einhaltung des internationalen Nuklearteststop-Abkommens. Allein Japan, Kalifornien und Europa verfügen jeweils über mehr als 1.000 seismische Stationen. Die Geräte können Bodenbewegungen von nur einem Hunderttausendstel Millimeter registrieren.

Abb. 6: Ergebnisse tomographischer Untersuchungen des Erdmantels (griechisch ›tome‹, Schnitt; und ›graphein‹, schreiben). Unter dem Atlantik (links) ist die Wellenausbreitung schneller (blaue Farbe) als unter dem Pazifik (rechts, rote Farbe). Dies deutet auf niedrigere Temperaturen unter dem Atlantik und höhere Temperaturen unter dem Pazifik hin.

Bereits Mitte des letzten Jahrhunderts gelang es, über die Laufzeiten von Erdbebenwellen Erdmodelle zu erstellen, die von den heutigen nur um wenige Prozent abweichen. Sie bilden damit die Grundlage für das in den Abbildungen 3 und 4 dargestellte, heute verwendete Schalenmodell der Erde. Unregelmäßigkeiten im Untergrund, wie sie zum Beispiel durch eine abtauchende Platte erzeugt werden, führen zu Unterschieden in der Laufzeit von Erdbebenwellen. Mit Hilfe mathematischer Verfahren ergeben viele Millionen dieser Messungen ein dreidimensionales Abbild der Unregelmäßigkeiten unserer Erde. Abbildung 6 zeigt solch ein Modell, bei dem Abweichungen der Laufzeit im Erdmantel vom Schalenmodell der Erde farbig gekennzeichnet sind. Blau bedeutet schnellere, rot langsamere Ausbreitungsgeschwindigkeiten der P-Wellen – der Wellen, die zuerst (Primär) ankommen. Diese Werte werden schließlich in Wärmeunterschiede umgerechnet, um kalte und warme Strömungen im Erdmantel sichtbar zu machen.

Doch selbst Messreihen über mehrere Jahrzehnte zeigen nur eine Momentaufnahme, da diese Strömungen sehr langsam sind. Um die Dynamik unseres Planeten zu verstehen, werden verschiedene Methoden miteinander kombiniert. Weitere wichtige geophysikalische Messgrößen sind Schwerkraft, elektrische Leitfähigkeit, Zähflüssigkeit der Gesteine und das Magnetfeld der Erde. Noch können nur Aussagen über die generelle, räumliche Variation dieser Parameter gemacht werden.

Geochemische Analysen

Magmen sind geschmolzenes Mantelgestein. Die Magmen, die die Ozeanbasalte bilden, stammen zum Beispiel aus 50 bis 150 Kilometern Tiefe, andere Magmen entstehen durch Wechselwirkung zwischen abtauchender Erdkruste und dem Erdmantel. Die chemische Analyse der Aufschmelzprodukte und der von ihnen freigesetzten Stoffe erlaubt Rückschlüsse auf die chemische Zusammensetzung des Erdmantels, seine Wechselwirkung mit dem Erdkern und die zeitliche und räumliche Entwicklung der tektonischen Platten. Während über die Ergebnisse zum tiefen Erdmantel noch keine Einigkeit herrscht, ist der obere Erdmantel bereits recht gut verstanden.

Mineralogische Analysen

Xenolithe, nach den griechischen Worten ›xenos‹ und ›lithos‹ für ›fremd‹ und ›Stein‹, sind Gesteine des Erdmantels, die durch Magma an die Oberfläche transportiert wurden. Sie sind ein mineralogisches Fenster in große Tiefen. Auch Einschlüsse in Diamanten, welche nur bei Drucken entstehen, wie sie in mindestens 150 Kilometern Tiefe herrschen, können weitgehend unveränderte Proben des Erdmantels enthalten. Mit diesen Proben kann – zusätzlich zur chemischen Zusammensetzung – die mineralogische Konstitution des Mantels analysiert werden. So kann die Abfolge von Mineralien bis in eine Tiefe von 660 Kilometern bestimmt werden.

Experimentelle Geochemie und Geophysik

In Hochdrucklaboren lassen sich die Eigenschaften und das Verhalten unterschiedlicher Mineralien bei hohem Druck und hoher Temperatur untersuchen. Die enormen Drucke des unteren Erdmantels und des äußeren Erdkerns lassen sich nur mit Diamanten, dem härtesten bekannten Material, erzeugen (Abb. 7). Dazu werden Proben mit einem Bruchteil von einem Milligramm zwischen den etwa einem Tausendstel Quadratmillimeter großen

Spitzen von zwei Diamanten eingespannt. Laserstrahlen liefern die notwendigen Temperaturen. So kann man herausfinden, welche Kristallstrukturen bei diesen Bedingungen stabil sind und welche physikalischen und chemischen Eigenschaften sie haben. Bedingungen, wie sie im inneren Erdkern herrschen, lassen sich aber dadurch nicht herstellen, da unter diesen extremen Bedingungen auch Diamanten weich werden.

Modellierung mit Computern

Der Motor für alle geologischen Prozesse an der Erdoberfläche und die Strömungen im Erdmantel ist die im Erdinneren gespeicherte, beziehungsweise die durch radioaktiven Zerfall freiwerdende Energie. Die Wärme im Inneren heizt das Material des äußeren Kerns auf, das daraufhin Richtung Oberfläche steigt. An der Unterkante des Mantels gibt es Wärme ab und sinkt wieder in die Tiefe. Dieser Mechanismus treibt die Plattentektonik an und produziert das Erdmagnetfeld. Verstehen kann man die dabei ablaufenden Prozesse nur, wenn man alle Wechselwirkungen berücksichtigt. Die Ergebnisse der Modellierung werden mit der Dynamik an der Erdoberfläche und seismologischen Untersuchungen verglichen. Probleme bei der Simulation sind zum einen die nichtlinearen Prozesse solcher komplexen Systeme, zum anderen die enormen Anforderungen an Speicherplatz und Rechnerleistung. Bereits jetzt ist jedoch schon klar, dass die Verwendung realistischer Materialparameter und Temperaturen zu sehr episodischem Verhalten bei der Mantelkonvektion führt. Die Behandlung der Konvektion im flüssigen Erdkern ist wiederum noch schwieriger, da diese Prozesse durch magneto-hydrodynamische Gleichungen beschrieben werden müssen, die noch umfangreicher sind als die Gleichungssysteme für den Erdmantel.

Offene Fragen

Trotz der großen Fortschritte, die die Geowissenschaften in den letzten Jahren gemacht haben, bleiben noch viele Fragen offen. Einige dieser zentralen Fragen sind:

1. Warum und wie ändert sich das Magnetfeld?
2. Mit welchen Beobachtungen lassen sich die Strömungen im Erdmantel besser kartieren?
3. Wie sind Erdkern und Erdmantel und Asthenosphäre und Lithosphäre miteinander gekoppelt?

Diese Fragen zu beantworten, ist die Herausforderung, der sich die Geowissenschaften in den nächsten Jahren stellen werden.

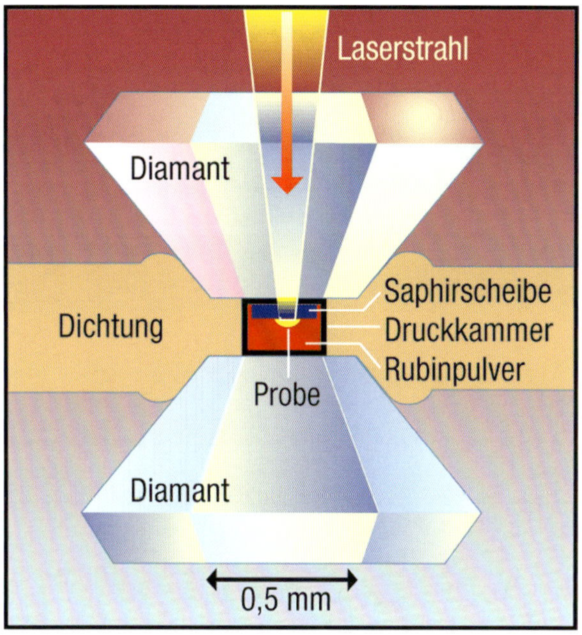

Abb. 7: Im Labor können mittlerweile zwischen den Spitzen von Diamanten auf einer Fläche von einem Tausendstel Quadratmillimeter Drucke und Temperaturen wie im äußeren Erdkern erzeugt werden. Der Druck wird durch den ›Stöckelschuh-Effekt‹ und die hohe Temperatur mittels Laser erzeugt.

Literaturhinweise

Harjes, H.-P. & R. Walter (Hrsg.) (1999): Die Erde im Visier – Die Geowissenschaften an der Schwelle zum 21. Jahrhundert. Springer Verlag

Geotechnologien, Das ›System Erde‹: Vom Prozessverständnis zum Erdmanagement. Senatskommission für Geowissenschaftliche Gemeinschaftsforschung der Deutschen Forschungsgemeinschaft DFG, 1999

Internetseiten

Geowissenschaftliches Forschungs- und Entwicklungsprogramm von BMBF und DFG: http://www.geotechnologien.de/

Michael Weber ist Professor für Geophysik an der Universität Potsdam und leitet die Sektion ›Geophysikalische Tiefensondierung‹ am GeoForschungsZentrum Potsdam. Schwerpunkt seiner Forschung ist die interdisziplinäre, integrative Untersuchung und Interpretation geodynamischer Prozesse.

Anschrift: Prof. Dr. Michael Weber
Helmholtz-Zentrum Potsdam
Deutsches GeoForschungsZentrum GFZ
Telegrafenberg, Haus E
14473 Potsdam

E-Mail: michal.weber@gfz-potsdam.de

Die Vereinigten Platten von Europa

von Wolfgang Franke, Frankfurt

Alfred Wegener (1880 - 1930), visionärer Vordenker der Theorie der Plattentektonik

Kontinentale Kruste: ein gigantisches Puzzle

Unsere Erde ist ein riesiges dreidimensionales Puzzle, dessen Teile sich ständig bewegen und verändern. Diese Teile, die Platten, tragen meist Anteile von ozeanischer und kontinentaler Kruste. Ozeanische Kruste wächst an genau definierten Punkten. Die mittelozeanischen Rücken – so benannt nach ihrer Lage – sind regelrechte Produktionsstätten für ozeanische Kruste. Aus ihrer zentralen Spalte quillt basaltische Lava aus dem Erdmantel auf und erkaltet. Dadurch wird der Ozeanboden auseinandergedrückt. Frische Lava spaltet immer wieder die älteren Ablagerungen auf und gliedert sich an die ältere Kruste links und rechts der Förderspalte an. Dieser Prozess läuft mehr oder weniger kontinuierlich ab, so dass die Ozeanböden eine sehr einfache Alterszonierung zeigen: die Ozeankruste wird nach beiden Seiten mit zunehmender Entfernung vom Rücken immer älter.

Dagegen ist die Zusammensetzung der dickeren, kontinentalen Kruste chaotisch. Kontinentale Krustenblöcke driften auf dem zähflüssigen Erdmantel wie Eisschollen auf einem Fluss. Zuweilen schließen sich diese Schollen zu zweien oder mehreren zu größeren Einheiten zusammen, brechen dann auseinander, um anschließend wieder in einer neuen Anordnung zusammenzufinden. Dieses Spiel wiederholt sich in immer neuer Form seit der Entstehung der ersten kontinentalen Krustenblöcke vor mehr als drei Milliarden Jahren. Auf diese Weise sind ältere und jüngere Schollen willkürlich gemischt worden, wie Memorykarten auf der Tischplatte.

Die heute ablaufenden Plattenbewegungen sind relativ einfach festzustellen: Aktive Erdbebenzonen, Vulkangürtel und aufsteigende Gebirge zeigen den Zusammenstoß von Krustenplatten an. Durch Satellitenbeobachtungen kann sogar exakt gemessen werden, wie schnell und in welche Richtung sich die Platten bewegen. Die einzelnen Platten, aus denen sich die Kontinente zusammensetzen, sind größtenteils zur Ruhe gekommen, so dass die Plattenbewegungen innerhalb der heutigen Kontinente meist vollständig erloschen sind. Ausnahmen findet man zum Beispiel in Kalifornien, das sich am Sankt Andreas Graben gegen den nordamerikanischen Kontinent verschiebt und so immer wieder heftige Erdbeben auslöst.

Die Rekonstruktion früherer Bewegungen, die zu den heutigen Kontinenten geführt haben, gehört zu den aufregendsten, aber auch schwierigsten Aufgaben der Geowissenschaften. Welche Instrumente helfen uns bei der Rekonstruktion dieses Puzzles? Aus welchen Bausteinen besteht zum Beispiel die Erdkruste von Europa? Welche Prozesse haben die Plattenbewegungen angetrieben? Die Beantwortung dieser Fragen erfordert den gemeinsamen Einsatz aller geowissenschaftlichen Disziplinen.

Lokalisierung von Plattengrenzen

Da die Erde nicht größer werden kann, müssen zum Ausgleich für das Wachstum an den ozeanischen Rücken andere Bereiche wieder in den Erdmantel abtauchen: Sie werden subduziert. Dies geschieht an den Rändern der Platten. Trifft dabei ozeanische auf kontinentale Kruste, so taucht immer die ozeanische unter die kontinentale Kruste (s. Artikel von L. Rüpke und J. P. Morgan). In der Tiefe wandelt sich durch Hitze und Druck die Ozeankruste in das Gestein Eklogit um. Dieses Gestein kann, zusammen mit Material aus dem Erdmantel, wieder an die Oberfläche kommen, wenn nach dem Verschwinden eines trennenden Ozeans Kontinentalplatten zusammenstoßen. Findet man solche Gesteine, sind sie ein gutes Anzeichen, dass hier eine alte Subduktionszone vorliegt. Darauf weisen auch die Zusammensetzungen von Gesteinsschmelzen (Magmen) hin, die sich entweder in der Erdkruste nachweisen lassen oder – wie zum Beispiel in den Anden – an der Erdoberfläche Vulkane aufbauen.

Solche Späne von Mantelmaterial und durch Hitze und Druck veränderte Gesteine finden sich zum Beispiel im nördlichen Böhmen südöstlich des Fichtel- und Erzgebirges. Auch bei Münchberg im nordöstlichen Bayern, Wildenfels und Frankenberg in Sachsen lassen sich diese Spuren finden (Abb.1). Sie sind entstanden, als sich der saxo-thuringische (sächsisch-thüringische) Ozean geschlossen hat. Bis vor 500 bis 400 Millionen Jahren lag dieser Ozean zwischen den Kontinentalplatten Bohemia (Umgebung von Pilsen und Prag) und Saxo-Thuringia (Frankenwald, Fichtelgebirge, Thüringer Wald, Vogtland). Im Süden war Bohemia durch eine weitere Meeresstraße von Moldanubia getrennt. Krustenreste dieses moldanubischen Ozeans findet man heute noch im österreichischen Waldviertel. Bei der Kollision von Bohemia mit Saxo-Thuringia im Norden und Moldanubia im Süden sind zwei selbstständige Gebirgszüge entstanden, die Saxo-Thuringische und die Moldanubische Zone. Diese Vielfalt von Namen ist erforderlich, weil man zwischen den ursprünglichen Einheiten (Kontinente, Inseln, Ozeane), den durch Kollision entstandenen Gebirgszonen und den heutigen geographischen Begriffen unterscheiden muss.

Durch Subduktion entstandene Magmen sind besonders gut in der mitteldeutschen Kristallinschwelle erhalten, die sich durch Odenwald, Spessart, Thüringer Wald, Kyffhäuser und Dessau zieht. Die Kristallinschwelle ist vermutlich aus einer weiteren kleinen Kontinentalplatte (Franconia) hervorgegangen, die Saxo-Thuringia im Norden vorgelagert war. Vor 360 bis 330 Millionen Jahren (Oberdevon bis Unterkarbon) war der Nordrand von Franconia eine Kette von Feuerbergen, ähnlich den heutigen Anden. Hier wurde von Norden nach Süden die Kruste des rheno-hercynischen Ozeans unter die Franconia Platte geschoben. Nördlich dieses Ozeans lag eine weitere kleine Kontinentalplatte, zu der auch östliche Teile von Nordamerika gehört haben (Avalonia, benannt nach der Avalon-Halbinsel im östlichen Neufundland).

Die in Mitteleuropa erkannten Krustenplatten lassen sich teilweise bis in die Iberische Halbinsel verfolgen; so reicht der rheno-hercynische Gebirgszug, der bei der Kollision von Franconia mit Avalonia entstand, über

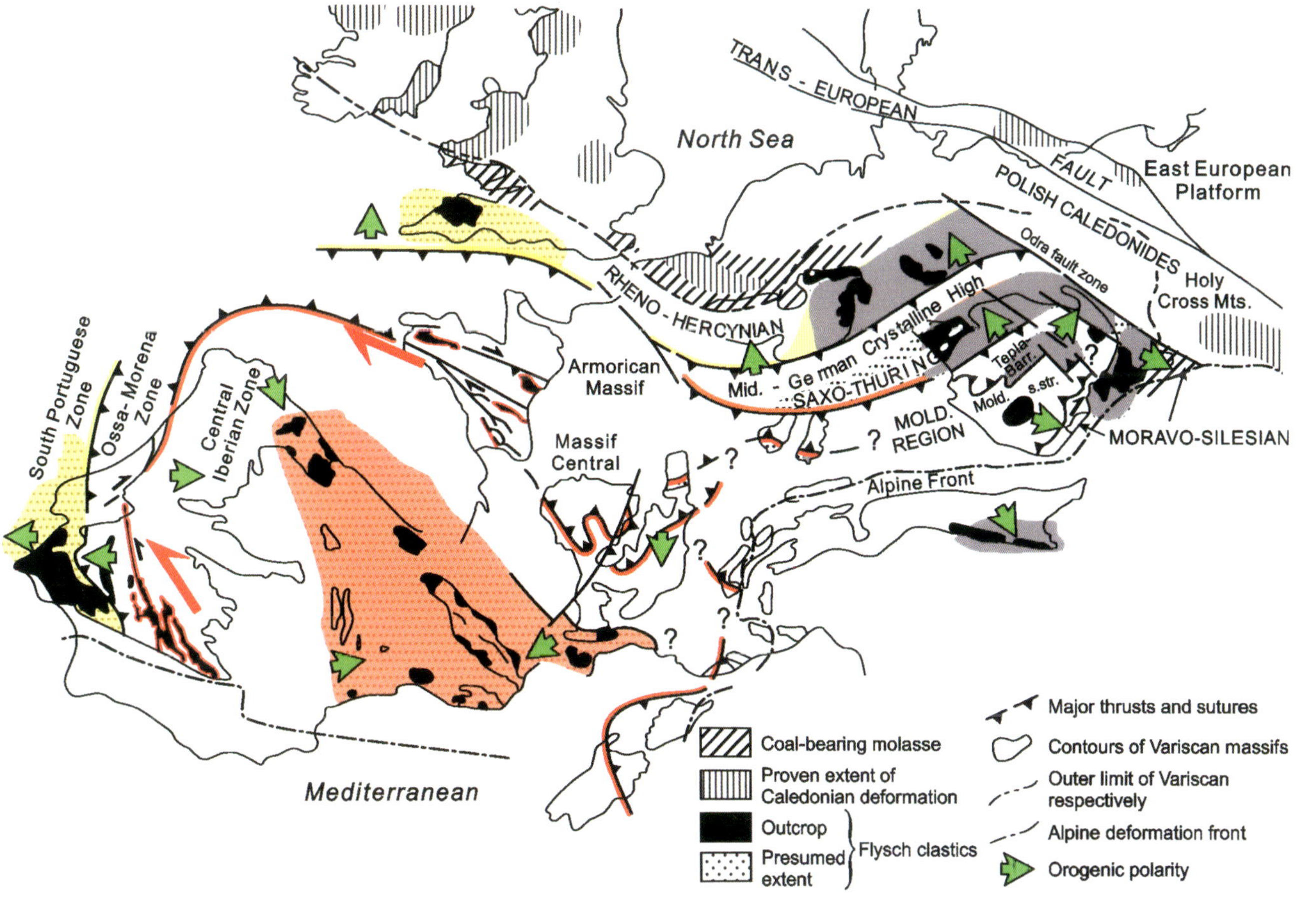

Abb. 1: Plattengrenzen und Gebirgszonen in Europa
(mit freundlicher Genehmigung der Geological Society, London)

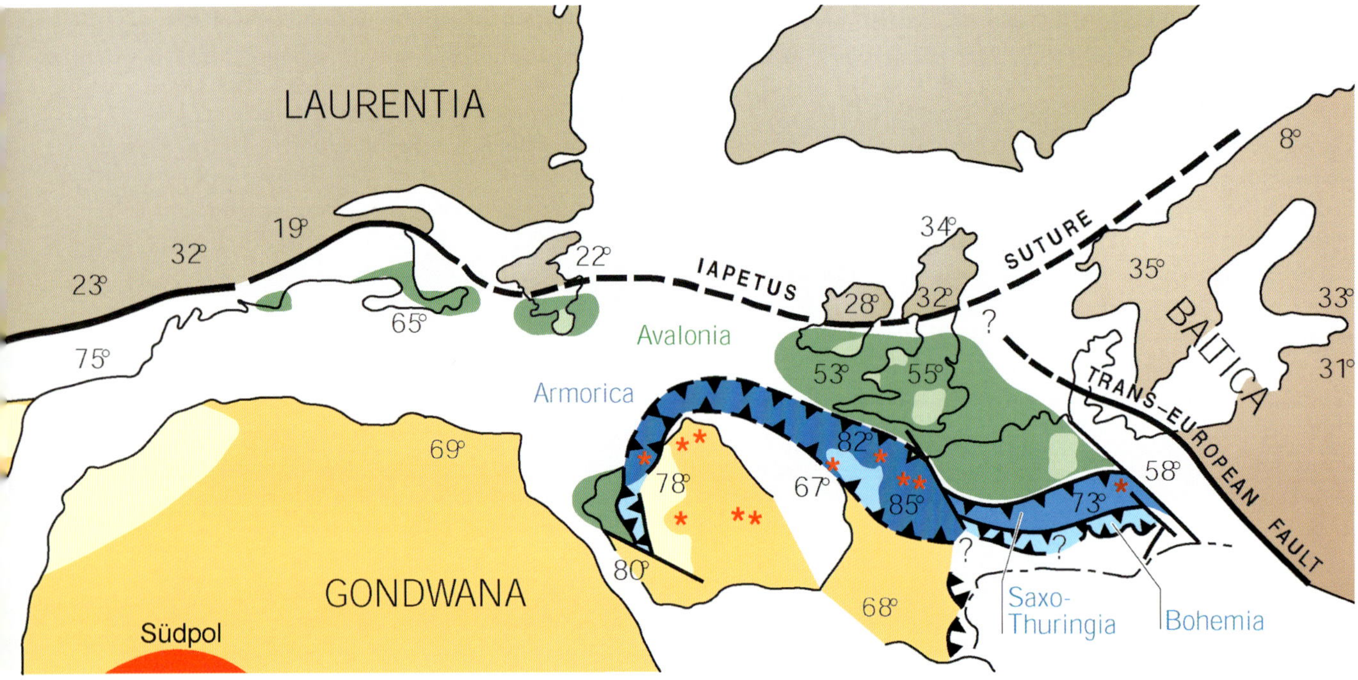

Abb. 2: Große und kleine Kontinentalplatten in Europa und Nordamerika als Bestandteil der Großplatte Pangaea, wie sie nach der variszischen Gebirgsbildung und vor der Öffnung des heutigen Atlantik bestand. Zahlen: paläomagnetische Inklination aus Gesteinen des Ordoviziums; Sterne: Fundpunkte von gekritzten Geschieben der Sahara-Vereisung im spätesten Ordovizium (circa 440 Millionen Jahre vor heute)

Südwestengland bis nach Südportugal (Abb. 1). Bohemia, Saxo-Thuringia und Franconia bildeten eine Inselgruppe, zu der auch das armorikanische Massif der heutigen Bretagne gehörte (Armorica als Bestandteil einer armorikanischen Inselgruppe). Weitere armorikanische Inseln sind vielleicht im Unterbau der Alpen verborgen und sind bei der Bildung der Alpen bis zur Unkenntlichkeit verändert worden.

Damit sind die wichtigsten Platten des europäischen Puzzles vorgestellt. Die geologische Karte von Europa ist genauso komplex wie die politische.

Weite Wanderwege

Will man wissen, welchen Weg die einzelnen Platten in ihrer bewegten Geschichte ungefähr zurückgelegt haben, kann man die Magnetisierungsrichtung des Gesteins feststellen. Lava enthält magnetische Anteile, die sich an den Feldlinien des Erdmagnetfeldes ausrichten. Erstarrt die Lava, so behält das Gestein die Ausrichtung bei, die es zu diesem Zeitpunkt hatte (s. Artikel von U. Bleil u. T. von Dobeneck). Da die Feldlinien am Pol steiler verlaufen als in der Nähe des Äquators, kann man über eine einfache Formel die geographische Breite ableiten, auf der sich die Platte zur Zeit des Erstarrens der Lava befand. Die Gesteine aus Gondwana und der armorikanischen Inselgruppe mit einem Alter von 500 bis 440 Millionen Jahren haben steile Winkel von 65 bis 82 Grad. Das bedeutet, dass sie sich beim Erkalten in der Nähe des Pols befanden. Die Gesteine Avalonias und der im Norden angrenzenden Großplatten Laurentias (Nordamerika/Grönland) und Balticas (Skandinavien und Russland bis zum Ural) zeigen hingegen flache Winkel, befanden sich also zu diesem Zeitpunkt in Äquatornähe (Abb. 2).

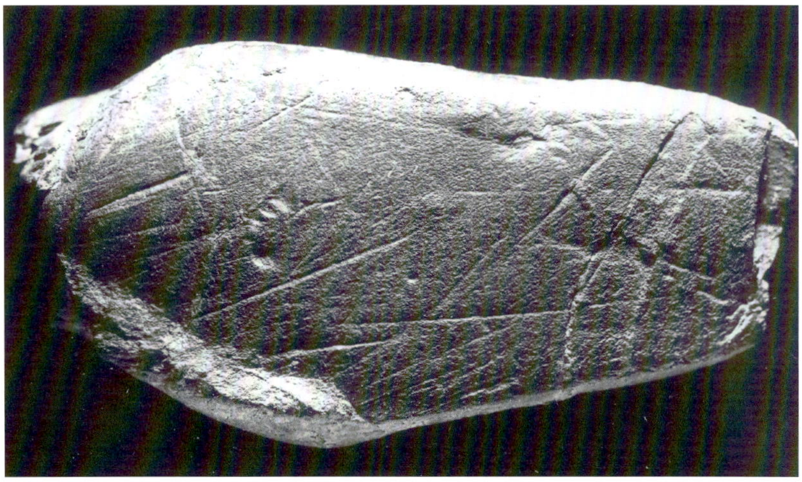

Abb. 3: Gekritztes Quarzit-Geschiebe als Zeuge der Sahara-Vergletscherung, Fundort: Thüringen. Aus J. Steiner & F. Falk (1981)

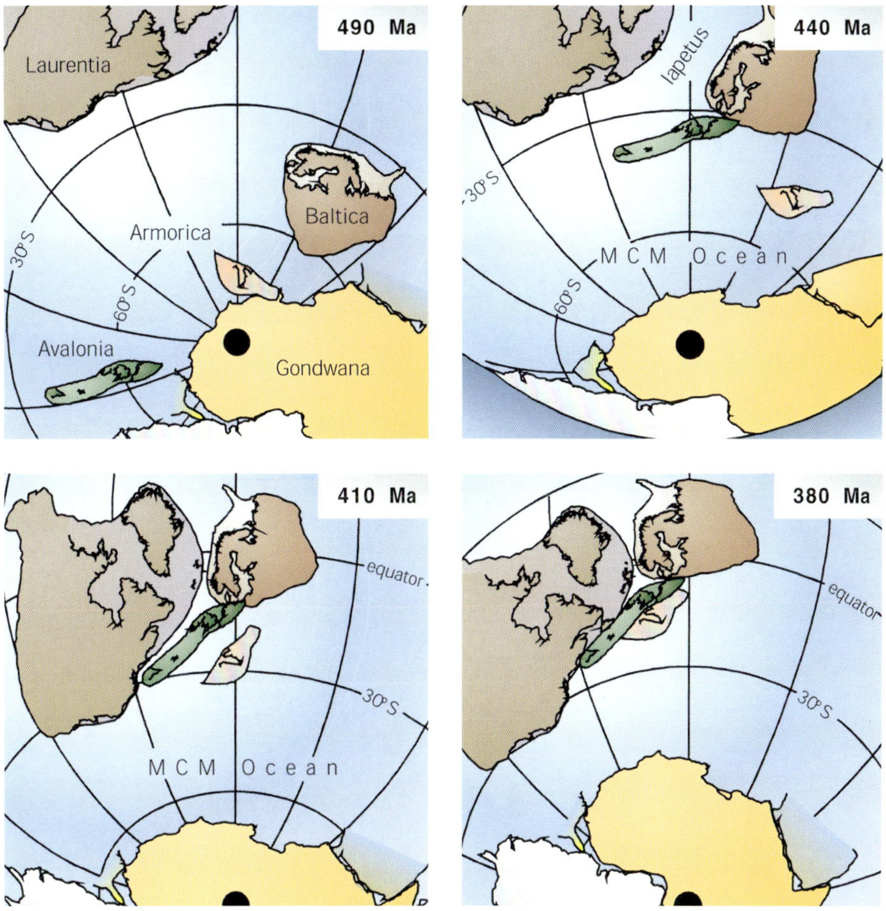

Abb. 4: Paläomagnetisches ›Plattenkino‹

Diese Befunde werden durch versteinerte Zeugen einer großen Vereisungsperiode bestätigt, die nach der Lage des damaligen Südpols als Sahara-Vereisung bezeichnet wird. Auf dem alten Felsgrund von Westafrika sind noch die Schrammen von Gletschern erhalten, und vom Gletscher verschliffene Gerölle sind von Eisbergen bis in den nördlichen Teil der armorikanischen Inselgruppe verfrachtet worden (Abb. 3). Diese Dokumente einer früheren Vereisungsperiode kommen nur in denjenigen Gebieten und Gesteinen vor, die auch steile Inklinationen aufweisen, wie zum Beispiel in spät-ordovizischen Tonschiefern von Thüringen (Abb. 4, Armorica).

Im Unterdevon, 40 bis 50 Millionen Jahre nach der Sahara-Eiszeit, sind Teile der armorikanischen Inseln von Korallenriffen umsäumt gewesen (erhalten zum Beispiel bei Prag). Diese vormals in der Nähe des Südpols gelegenen Inseln müssen also in äquatoriale Breiten gedriftet sein. Ob die Plattendrift genau nach Norden gerichtet war, wissen wir nicht: Leider gibt es keine Möglichkeit, die Längenposition eines Kontinentes zu einem gegebenen Zeitpunkt festzustellen. Man kann also in Abbildung 4 die Kontinentalplatten in Ost/West-Richtung verschieben, ohne den vorhandenen Fakten zu widersprechen. So lässt sich die Öffnung des heutigen Atlantiks paläomagnetisch nicht belegen, weil sich die Platten im Wesentlichen in Ost/West-Richtung verschoben haben.

Hier hilft häufig ein Vergleich der in Fossilien überlieferten Pflanzen und Tiere, da isolierte Inseln und Kontinente eine eigene Tier- und Pflanzenwelt entwickeln. Bestes Beispiel dafür sind die Galapagos-Inseln und die Beuteltiere Australiens. Wenn sich die isolierten Gebiete einander annähern, können auch Organismen die geringeren Entfernungen leichter überwinden. Sieht man also eine Angleichung der Fossilien, so kann man die Plattenbewegungen datieren. Dies geht gut, da die Distanzen, die die verschiedenen Lebewesen überwinden können, annähernd bekannt sind.

Abbildung 4 zeigt die Wanderbewegung der kleinen und großen Kontinentalplatten, die heute in der europäischen Kruste miteinander verschweißt sind. Avalonia und die armorikanischen Inseln haben ursprünglich am Nordrand von Gondwana gelegen. Dann haben sich zunächst Avalonia, später auch die armorikanischen Inseln vom Mutterland gelöst und sind nacheinander nach Norden gedriftet. Avalonia ist dann als erstes im Norden angekommen und hat an Baltica ›angedockt‹. Kurze Zeit später hat sich vom Nordwesten her Laurentia genähert, wobei der Iapetus-Ozean geschlossen wurde. Bei der Kollision mit Avalonia/Baltica ist das kaledonische Gebirge des schottischen Hochlandes und Norwegens entstanden. Schließlich sind Armorica und Gondwana nachgerückt und haben sich mit den nördlichen Partnern zum Super-

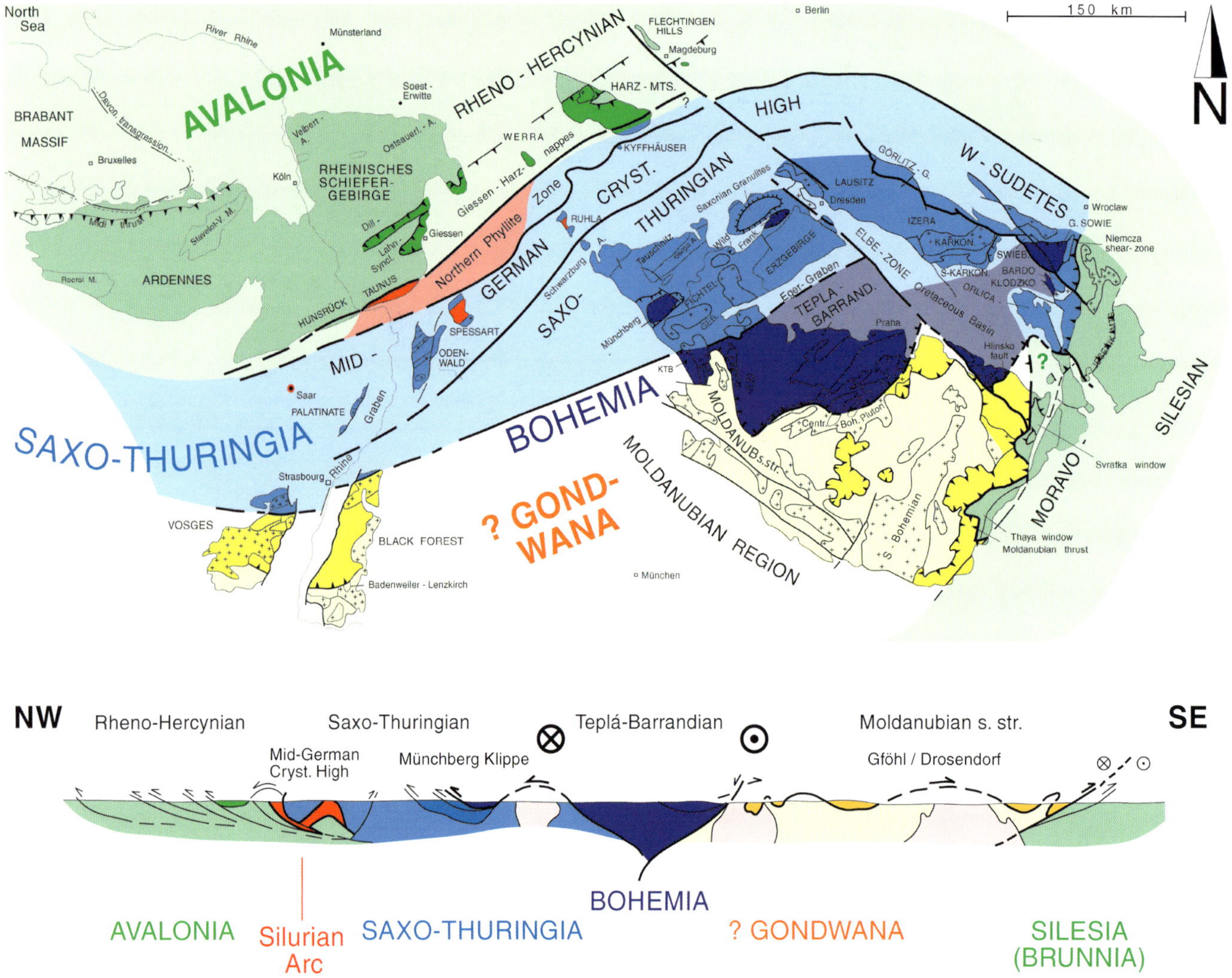

Abb. 5: Grundgebirge von Mitteleuropa. Oben: Geologische Karte Unten: Geologisches Querprofil
(mit freundlicher Genehmigung der Geological Society, London)

kontinent Pangaea vereinigt. Diese Phase der Subduktion/Kollision zwischen circa 400 bis 300 Millionen Jahren vor heute hat das Fundament der europäischen Kruste entscheidend geprägt. Sie wird in Europa als ›variszische‹ Gebirgsbildung bezeichnet. Dieser Name rührt von einem legendären germanischen Volksstamm; angeblich hieß die Stadt Hof in Bayern einmal ›curia variscorum‹, die Hauptstadt der Varisker.

Eine ähnliche Situation existiert heute im Indischen Ozean. Dort hat sich eine Reihe von Mikroplatten vom afrikanischen Mutterland abgespalten, wie vor 500 Millionen Jahren Avalonia und die armorikanischen Inseln. Die modernen Äquivalente sind Indien, das Seychellen-Plateau und Madagaskar. Indien ist (wie damals Avalonia) vorausgeeilt und bereits mit Asien kollidiert. Wenn die anderen Mikroplatten und das afrikanische Mutterland eines fernen Tages nachkommen, wird es weitere Gebirgsbildungen geben.

Geologische Uhren

Die Rekonstruktion von Prozessen erfordert Methoden zur möglichst genauen Messung der geologischen Zeit. Klassisch ist die relative Datierung mit Hilfe von Leitfossilien: Die Evolution hat eine Abfolge von Gattungen und Arten hervorgebracht, deren jeweilige Lebensspanne begrenzt war.

Die Veränderungen von Gesteinen und die Erstarrung von Magmen lässt sich nur mit Hilfe isotopischer Altersbestimmungen datieren. Einige Isotope bestimmter chemischer Elemente (Mutter-Isotope) zerfallen mit bekannter Geschwindigkeit in Tochter-Isotope. Diese werden im Kristallgitter festgehalten, das sich bei der Abkühlung des Gesteins bildet. Mit dem Massenspektrometer kann das Mengenverhältnis zwischen Mutter und Tochter-Isotopen bestimmt werden. Aus Zerfallsgeschwindigkeit und Massenverhältnis ergibt sich der Beginn des Prozesses. So kann man zum Beispiel das Verhältnis bestimmter Uran- und Blei-Isotope in dem Mineral Zirkon messen. Zirkon kristallisiert zu Beginn der Abkühlung einer Granitschmelze heraus und datiert so das Eindringen des Granites in sein Nebengestein. Bei einigen anderen Kombinationen von Mineralarten und radioaktiven Zerfallsreihen werden die Tochter-Isotope erst dann im Kristall festgehalten, wenn das Mineralkorn unter eine bestimmte Temperatur abkühlt. Durch geschickte Kombination von Mineralarten und Zerfallsreihen kann man so die gesamte Geschichte eines Gesteinskörpers rekonstruieren, von der Kristallisation der ersten Minerale bis zur Abkühlung unter circa 300 Grad Celsius. Moderne Messmethoden erlauben die Altersbestimmung an Mineralkörnern, deren Durchmesser weit unter einem Millimeter liegt, und mit Sonden kann man sogar einzelne Wachstumsphasen der Kriställchen datieren. Mit diesem Instrumentarium lassen sich plattentektonische Prozesse wie die Umwandlung von Gesteinen bei Subduktion und Kollision, die Kristallisation von Plutonen und vulkanischen Schmelzen sowie die Heraushebung und Abkühlung von Gesteinen zeitlich erfassen.

Kontinente im Crash-Test

Die europäischen Kontinentalschollen sind bei ihrem Zusammenstoß wie Autos bei einer Massenkarambolage zusammengestaucht worden und die damit einhergegangenen Veränderungen machen es schwer, die ehemaligen Schollen zu rekonstruieren. Zudem haben sie sich teilweise auch um über 700 Kilometer übereinander geschoben. Die untergetauchten und verschwundenen Ozeane sind hier nicht eingerechnet. Geologische Kollisionen sind nur selten frontal, was die Rekonstruktion ebenfalls erschwert: Es haben an den Kontaktstellen auch große seitliche Verschiebungen stattgefunden. Diese sind aber nur schwer rekonstruierbar: Es fehlt an geeigneten Markierungen beiderseits der Nähte, an denen sich der Versatz ablesen ließe. Schließlich sind die Kollisionsstrukturen auch noch bananenförmig eingekrümmt worden: Die rheno-hercynische Zone in Südwestengland und Portugal definiert einen großen Bogen, eine ähnliche Struktur verbindet das Steinkohlebecken des Ruhrgebietes mit dem von Oberschlesien (Abb. 5). Auch den Westalpen und den Karpathen ist es nicht besser ergangen.

Die Gesteine, die unter die anderen Platten geraten sind, sind in der Tiefe durch Druck und Hitze verändert worden: Aus Tonschiefern, Sandsteinen und Grauwacken sind Glimmerschiefer und Gneise geworden. Ablagerungsbedingungen und Alter der früheren Sedimente sind daher nur noch in Ausnahmefällen rekonstruierbar. Wo die Markierung durch beim Zusammenstoß zu Tage gefördertes Mantelgestein und Eklogite fehlt, kann man oft nicht einmal sagen, zu welcher Kontinentalplatte das Gestein einmal gehört hat.

Abbildung 5 zeigt im unteren Teil ein Querprofil durch die Kruste von Mitteleuropa. Angesichts der geschilderten Schwierigkeiten sollte man es als Skizze auffassen, an der laufend weiter gearbeitet wird.

Wie geht es weiter?

Die Erforschungsgeschichte der ›Vereinigten Platten von Europa‹ ist noch keineswegs abgeschlossen. Alter und Herkunft vieler veränderter Gesteinskomplexe sind noch unbekannt. Dabei hoffen wir vor allem auf die Aussagen neuer isotopischer Altersbestimmungen. So hat man zum Beispiel auch die Datierung von einzelnen Zirkon-Körnchen und Glimmer-Plättchen aus Sandsteinen in Angriff genommen: Ihr Alter dokumentiert geologische Prozesse in ihrem Herkunftsgebiet. Solche gesteinsverändernden Ereignisse oder vulkanischen Förderphasen erlauben es, bestimmte Krustenschollen zu charakterisieren.

Während Sie dies lesen, schreitet die geologische Entwicklung von Europa weiter fort: In geologisch kurzer Zeit wird die Subduktion des atlantischen Ozeanbodens unter Westafrika, Iberien und die Britischen Inseln beginnen. Entlang einer Zone ausgedünnter Kruste, die von der Nordsee über Rhein und Rhône bis zum Mittelmeer reicht, wird sich wahrscheinlich ein Meeresarm öffnen. Dann driftet Westeuropa nach Westen, und Avalonia kehrt heim ... die Drift der Kontinente ist eine (fast) unendliche Geschichte.

Literaturhinweise

Franke, W. (1998): Geotektonischer Überblick. In: Th. Kirnbauer & J. Schneider (Hrsg.): Geologie und hydrothermale Mineralisationen im rechtsrheinischen Schiefergebirge. Tagungsband zur VFMG-Sommertagung 1998 in Herborn. Jahrbuch des Nassauischen Vereins für Naturkunde, Sonderband 1, S. 15-28

Franke, W. et al. (Hrsg.) (2000): Orogenic Processes: Quantification and Modeling in the Variscan Belt. Geological Society Special Publication No. 179, Geological Society Publishing House, Bath

Steiner, J. & F. Falk (1981): The Ordovician Lederschiefer of Thuringia. In: Hambrey, M. J. & W. D. Harland (eds.): Earths pre-Pleistocene Glacial Record. Cambridge University Press

Wolfgang Franke war Professor für Geologie an den Universitäten Frankfurt und Gießen. Er arbeitete über Entstehung von Gebirgen, besonders über die Zusammenhänge zwischen Gebirgsentstehung und Sedimentation, sowie die Hebung und Freilegung von Gesteinen aus großer Tiefe. Der regionale Schwerpunkt war die Entwicklung der Erdkruste von Europa zwischen 600 und 300 Millionen Jahren vor heute.

Anschrift: Prof. Dr. Wolfgang Franke
Geologisch-Paläontologisches Institut
Johann Wolfgang Goethe-Universität Frankfurt
Postfach 11 19 32, 60054 Frankfurt am Main
E-Mail: w.franke@em.uni-frankfurt.de

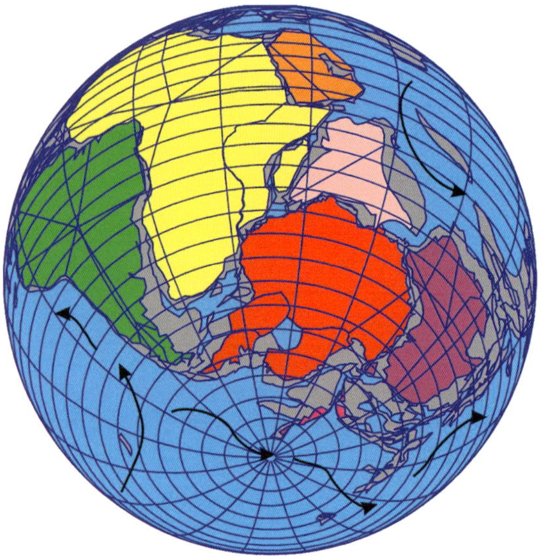

Gondwana – ein Kontinent zerbricht

von Gabriele Uenzelmann-Neben, Bremerhaven

Das Klima der Erde wird durch eine Vielzahl von Faktoren und deren komplexes Zusammenwirken bestimmt. Einen besonderen Einfluss auf das Klima haben die Ozeane, in denen Strömungen gewaltige Wassermassen transportieren. Denn mit diesen Wassermassen wird aus Äquatornähe Wärme in Richtung der Pole transportiert. Dies zeigt sich besonders eindrucksvoll im Westen Irlands und Südwesten Englands, wo die Ausläufer des Golfstroms (benannt nach dem Golf von Mexiko) ein so mildes Klima schaffen, dass hier sogar Palmen wachsen. In Nordamerika findet man auf der gleichen geographischer Breite solch Wärme liebende Pflanzen nur in geheizten Wohnungen. Der Unterschied ist, dass vor Irland der Golfstrom als überdimensionale ›Fernwärmeheizung‹ jede Stunde kostenlos und frei Haus die Heizleistung von 30.000 Millionen Tonnen Kohle liefert. Diese gigantische Zahl zeigt, wie hervorragend Wasser Wärme transportiert.

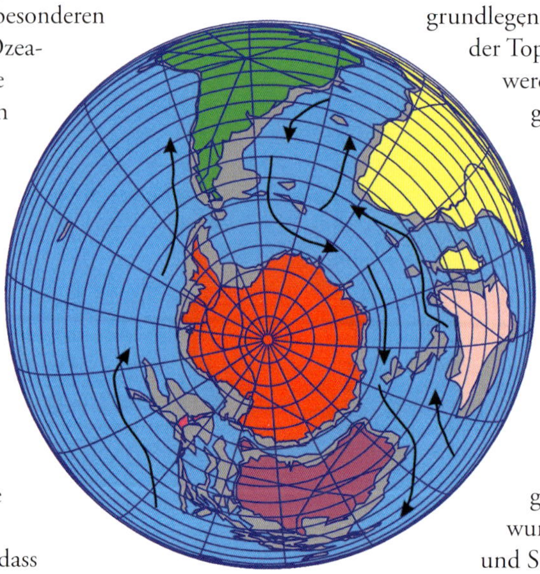

Veränderte Meeresströmungen

Für das Klima ist dabei entscheidend, wo die Meeresströmungen verlaufen. Die Wege der Strömungen in den Ozeanen sind nicht willkürlich; untermeerische Berge und Schwellen lenken ihren Verlauf. Aber noch grundlegender als durch solche Einflüsse der Topographie des Meeresbodens werden Strömungen durch die geographische Lage der Kontinente bestimmt. Jedem ist bei einem Blick auf den Globus schnell klar, dass es keine direkte Strömung vom Pazifik in die Karibik geben kann, da die Landmasse von Mittelamerika den Weg versperrt. Doch das war nicht immer so: Bis vor etwa vier Millionen Jahren gab es eine solche Strömung. Erst durch die Lageänderung zweier Kontinente wurde sie unterbrochen. Nord- und Südamerika haben sich bei Panama damals über eine Landbrücke verbunden und so den Wasserfluss unterbunden (s. Artikel von G. Wefer, U. Röhl und W. H. Berger).

Die Verschiebung der Kontinente, also die plattentektonische Veränderung ihrer geogra-

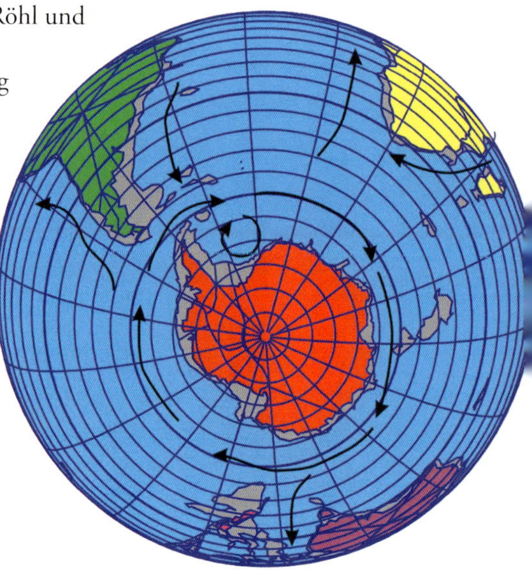

Abb. 1: Zerfall des Superkontinents Gondwana. Oben: Die einzelnen Kontinente im Gondwana Verband vor 200 Millionen Jahren. Mitte: Situation vor 85 Millionen Jahren. Unten: Die Kontinente in ihrer heutigen Position. Rot: Antarktis, grün: Südamerika, gelb: Afrika, orange: Arabische Halbinsel, rosa: Indien, weinrot: Australien und Neuseeland. Schwarze Pfeile zeigen den Verlauf der Meeresströmungen.

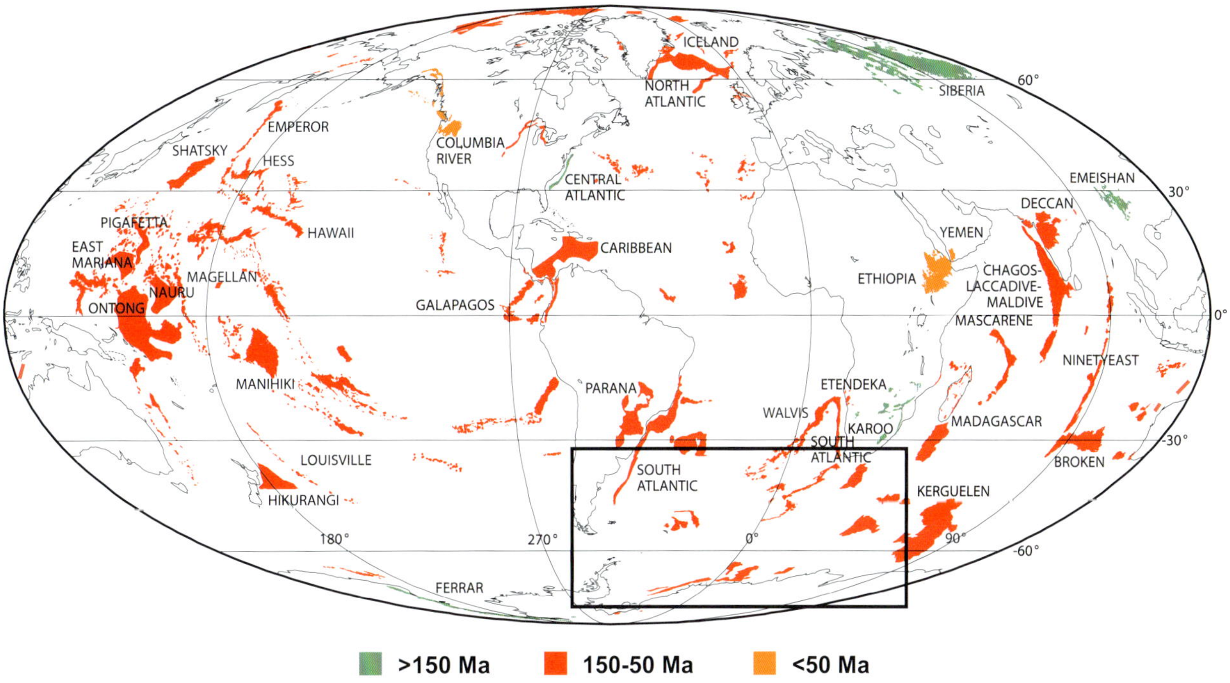

Abb. 2: Globale Verteilung von Großen Magmatischen Provinzen. Während der Erdgeschichte traten global viele Episoden exzessiven Vulkanismus auf. Die meisten Großen Magmatischen Provinzen entstanden zwischen 150 und 50 Millionen Jahren vor heute. Das Kästchen zeigt die Großen Magmatischen Provinzen im Seeweg südlich Afrikas. Modifiziert nach Uenzelmann-Neben (2013).

phischen Lage, erzwingt Änderungen der Pfade der Meeresströmungen (Abb. 1). Somit hat die plattentektonische Entwicklung der Erde im Verlauf der Erdgeschichte einen direkten Einfluss auf das Klima. Die Rekonstruktion der plattentektonischen Entwicklung der Erde ist somit auch ein Beitrag zum Verständnis der Entwicklung des Klimas. Mit diesen Ergebnissen können wir auch die heute auf der Erde ablaufenden Prozesse besser verstehen und ihre Bedeutung für das Klima einordnen.

Das Beispiel Antarktis

Ein gutes Beispiel für das Zusammenspiel zwischen plattentektonischer Dynamik, Meeresströmungen und Klima ist die Antarktis. Heute ist dieser Kontinent fast vollständig von Eis bedeckt. Lediglich zwei Prozent der Oberfläche sind eisfrei und ermöglichen die geologische Untersuchung der Gesteine. 200 Millionen Jahre alte Fossilien darin zeugen aber von einem gemäßigten und feuchten Klima. Denn zu dieser Zeit bildete die Antarktis zusammen mit Indien, Australien, Südamerika und Afrika den Superkontinent Gondwana, der nicht unter teilweise kilometerdickem Eis begraben war. Seit seiner Entstehung ist der Gondwana-Splitter Antarktis dagegen erheblichen Klimaänderungen unterworfen worden.

Wie der Superkontinent Gondwana sich auflöste und welche Wege die großen Bruchstücke nahmen, ist heute weitgehend bekannt (Abb. 1): Gondwana begann vor 220 Millionen Jahren zu zerbrechen. Dabei trennte sich zunächst Ostgondwana, bestehend aus der Antarktis, Indien und Australien, von Westgondwana, bestehend aus Südamerika und Afrika. Aber auch diese beiden Kontinente blieben nicht stabil, sondern sie zerfielen weiter (Abb. 1 Mitte). Vor 130 Millionen Jahren teilte sich Westgondwana in Südamerika und Afrika auf, zwischen ihnen öffnete sich der Südatlantik. Indien begann seine Bewegung in Richtung Norden vor 120 Millionen Jahren (s. Artikel von H. Willems, I. Wendler und Q. Zhang), während sich Australien vor 95 Millionen Jahren von der Antarktis trennte (Abb. 1 Mitte; s. Artikel von G. Kleinschmidt, A. L. Läufer & F. Lisker).

Große Magmatische Provinzen

Doch diese Trennungsprozesse sind nicht so simpel, wie sie auf den ersten Blick erscheinen. Es gibt keine perforierte Linie, entlang derer die Kontinente aufreißen. West- und Ostgondwana wurden gedehnt, hierbei ist Konvektion im Erdmantel die treibende Kraft gewesen (s. Artikel von M. Weber). Dabei kam es zu tektonischen Verwerfungen und Brüchen, aber auch zu starkem Vulkanismus. Besonders für den Zeitraum 150 bis 50 Millionen Jahre vor heute lassen sich weltweit an vielen Stellen sogenannte Große Magmatische Provinzen (Large Igneous Provinces) identifizieren, wo innerhalb kurzer Zeit (wenige Millionen Jahre) große Mengen an vulkanischem Material am Meeresboden ausgeflossen sind oder in die Kruste injiziert wurden (Abb. 2). Für das Agulhas Plateau z.B., eine Magmatische Provinz südlich Afrikas, ist ein Volumen von 4.000.000 Kubikkilometern abgeschätzt

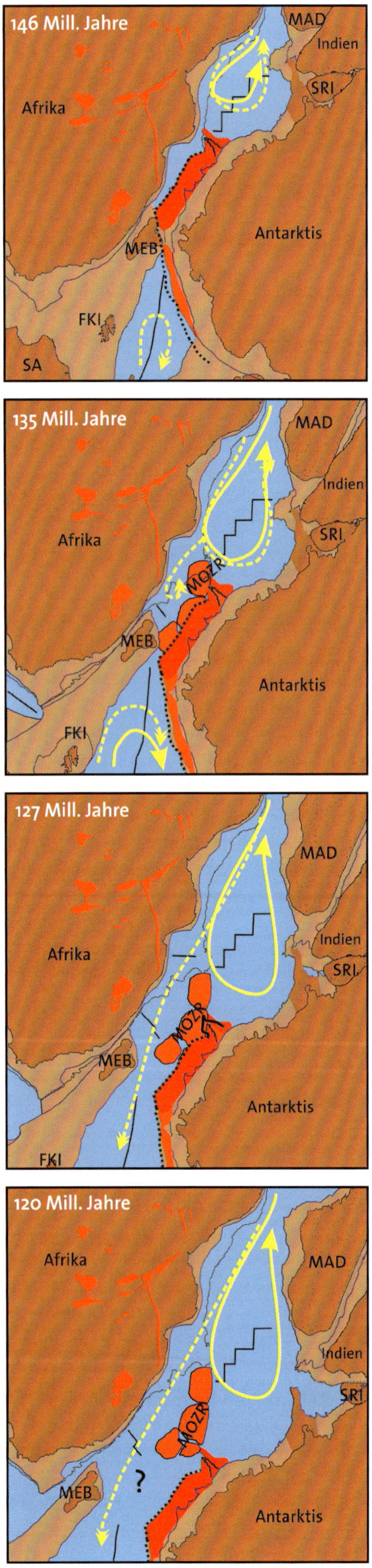

worden, das in 5 bis 10 Millionen Jahren produziert wurde. Und das Agulhas Plateau ist nur Teil einer größeren Magmatischen Provinz (1,2 Millionen Quadratkilometer), die nach der Separation Afrika-Südamerika-Antarktis Überbleibsel an allen drei Kontinenten aufweist.

Die Eruption solch großer Mengen magmatischen Materials setzt enorme Mengen an Wärme und flüchtigen Gasen wie CO_2 und SO_2 frei und kann darüber hinaus die Freisetzung von Methan aus Gashydratlagerstätten am Meeresboden verursachen. Zudem wird – wenn der Vulkanismus auch an Land zunimmt – vermehrt Asche in die Atmosphäre eingetragen und somit der Treibhauseffekt verstärkt. Auf diese Weise hat die Bildung Großer Magmatischer Provinzen einen ganz direkten Einfluss auf das globale Klima und wird deshalb auch in Verbindung mit weltweit beobachteten Massenaussterbeereignissen gebracht.

Aber auch indirekt haben Große Magmatische Provinzen Auswirkungen auf das Klima, da mit ihrer Bildung Hindernisse für Meeresströmungen und damit für den Austausch von Wärme zwischen den Ozeanen entstehen. Der Seeweg südlich Afrikas ist hierfür ein prominentes Beispiel: Nach dem Zerfall von Gondwana in den Ost- (Antarktis, Indien, Australien) und Westteil (Afrika, Südamerika) und später weiter bei der Trennung von Südamerika und Afrika kam es zuerst zur Bildung der Magmatischen Provinz Madagaskar Rücken-Gunnerus Rücken. Danach entstand die Magmatische Provinz Mozambique Rücken-Astrid Rücken und vor 105 bis 95 Millionen Jahren wurde der Komplex Agulhas Plateau-Northeast Georgia Rise-Maud Rise gebildet (Abb. 3). Diese drei Großen Magmatischen Provinzen stellten jeweils Barrieren für die Strömungen dar. Erst die weitere Separation der Kontinentalplatten, die dann auch die Provinzen aufspaltete, und ein Absinken der Magmatischen Provinzen und Rücken ermöglichte einen freien

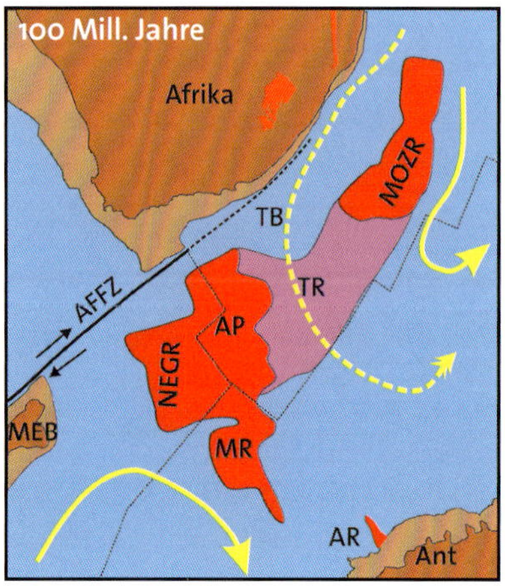

Abb. 3: Rekonstruktion des südafrikanischen Gateway (146, 135, 127 und 120 Millionen Jahre vor heute nach König und Jokat (2010), 100 Millionen Jahre vor heute nach Gohl et al. (2011). Die Rekonstruktion zeigt die Öffnung des Seewegs südlich von Afrika und die dabei entstehenden Großen Magmatischen Provinzen (rot). Die gelben Pfeile geben die Pfade einer möglichen Oberflächen- (gestrichelt) und Tiefenzirkulation (durchgezogen) an. AFFZ= Agulhas-Falkland Fracture Zone, Ant= Antarktis, AP= Agulhas Plateau, AR= Astrid Rücken, FKI= Falkland Inseln, MAD= Madagaskar Rücken, MEB= Maurice Ewing Bank, MOZR= Mozambique Rücken, MR= Maud Rise, NEGR= Northeast Georgia Rise, SA= Südamerika, SRI= Sri Lanka, TB= Transkei Becken, TR= Transkei Rise, eine teilweise entwickelte Große Magmatische Provinz (lila).

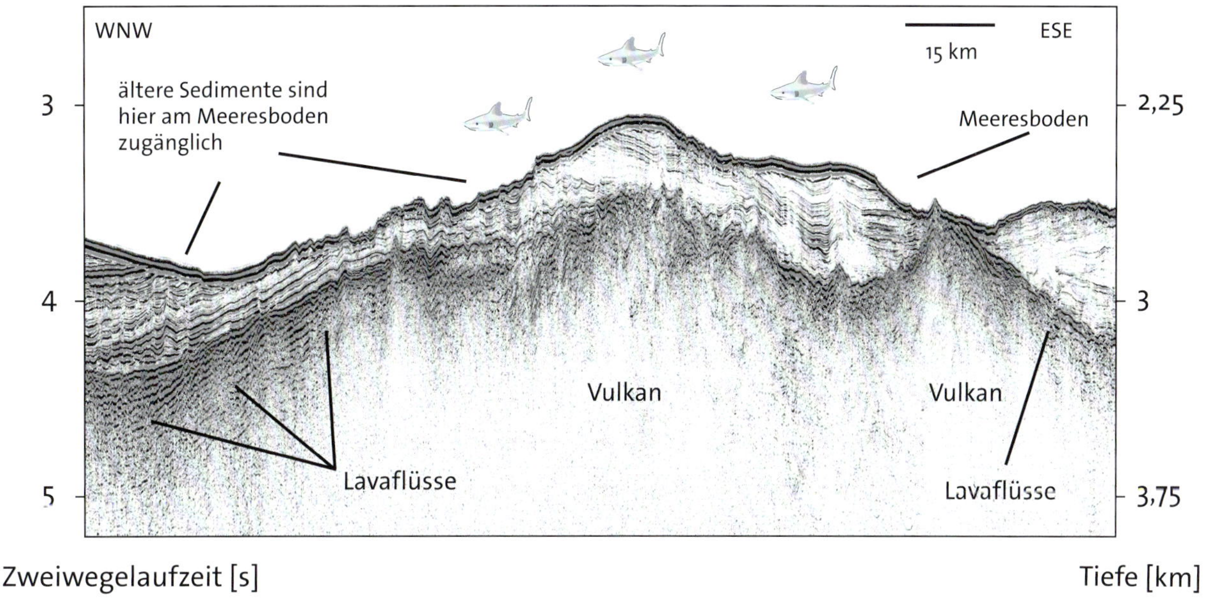

Abb. 4: Seismischer Schnitt über das Agulhas Plateau. Das Plateau ist durch eine Reihe von Vulkanen gekennzeichnet, von denen Lavaflüsse ausgehen. Diese sind als starke Reflexion zu erkennen und dokumentieren die Entstehung des Agulhas Plateau als Große Magmatische Provinz.

Wassermassenaustausch zwischen dem sich entwickelnden indischen Ozean, dem Südatlantik und dem Südozean.

Isolation führt zur Vereisung

Mit der Öffnung der Drake Passage vor 27 Millionen Jahren riss dann in Richtung Südamerika die letzte Landverbindung der Antarktis zu einem der Nachbarkontinente ab. Dadurch konnte sich eine die Antarktis umfließende Strömung entwickeln: der Antarktische Zirkumpolarstrom (Abb. 1 unten). Diese bis heute bestehende Ringsströmung verhindert, dass warmes Wasser in die Nähe der Antarktis gelangt, und sorgt so für eine thermische Isolation des Kontinents. Der Zirkumpolarstrom wird als eine Hauptursache für die vollständige Vereisung der Antarktis diskutiert.

Untersuchungsmethoden

Die hier vorgestellten Ergebnisse basieren auf Untersuchungen der Ränder der Kontinente und des Meeresbodens mit verschiedenen geophysikalischen und geologischen Methoden. Seismische Profile liefern vertikale Schnitte durch die Erde (Abb. 4), die uns Informationen über den strukturellen Aufbau, die Verteilung und die physikalischen Eigenschaften der abgelagerten Gesteine geben. Bathymetrische Profile liefern uns Details über die Meeresbodentopographie. Über die Vermessung des in den magmatischen Gesteinen aufgezeichneten Erdmagnetfelds erhalten wir indirekte Hinweise auf deren Alter, da sich Nord- und Südpol des Erdmagnetfelds im Laufe der Erdgeschichte mehrfach umkehrten und so eine zeitliche Einordnung möglich wird (s. Artikel von U. Bleil und T. von Dobeneck). Und weiterhin nehmen wir Proben am Meeresboden, um etwas über das Alter und die Zusammensetzung und so die Herkunft (oberer oder tiefer Erdmantel?) der magmatischen Gesteine zu erfahren.

Literaturhinweise

Gohl, K., G. Uenzelmann-Neben & N. Grobys (2011): Growth and dispersal of a southeast African Large Igneous Province South African Journal of Geology 114, 379-386

König, M. & W. Jokat (2010): Advanced insights into magmatism and volcanism of the Mozambique Ridge and Mozambique Basin in the view of new potential field data. Geophysical Journal International 180, 158-180

Uenzelmann-Neben, G. (2013): Volcanology: Magma giant. Nature Geoscience, 6, 902-903

Gabriele Uenzelmann-Neben arbeitet als wissenschaftliche Mitarbeiterin am Alfred-Wegener-Institut Helmholtz-Zentrum für Polar- und Meeresforschung (AWI) in Bremerhaven. Als Geophysikerin beschäftigt sie sich mit der plattentektonischen Geschichte des antarktischen Kontinents und den Folgen für Strömungen und Sedimentablagerungen.

Anschrift: Dr. Gabriele Uenzelmann-Neben
Alfred-Wegener-Institut, Helmholtz-Zentrum für Polar- und Meeresforschung
Am Alten Hafen 26
27568 Bremerhaven

E-Mail: gabriele.uenzelmann-neben@awi.de

Von der Schließung des Tethys-Ozeans und der Entstehung des Himalaya

Die Veränderungen eines Ozeans, abgelesen am Wandel seiner Foraminiferen-Vergesellschaftungen

von Helmut Willems, Ines Wendler und Qinghai Zhang, Bremen

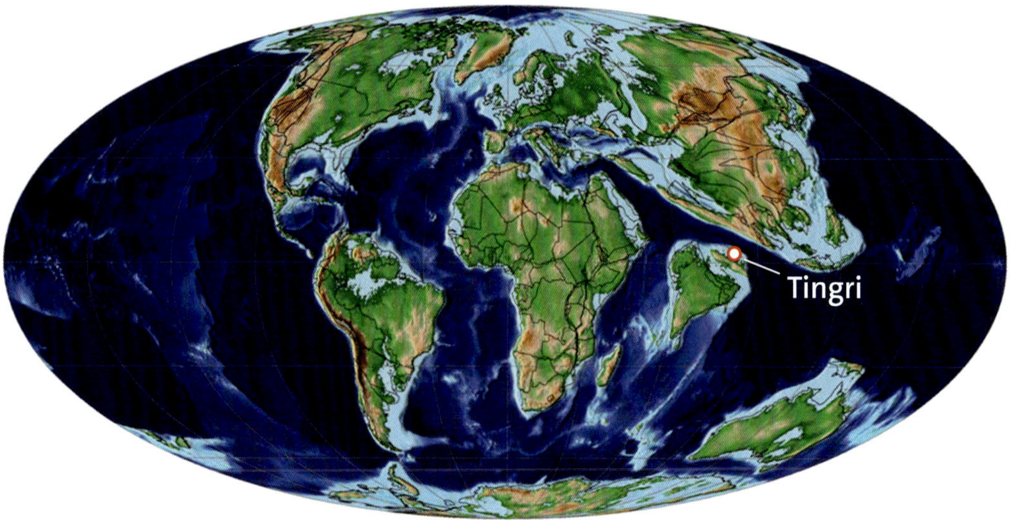

Abb. 2: Die Lage der Kontinentalplatten vor etwa 56 Millionen Jahren. Die Sedimente im Raum Tingri wurden auf dem nördlichen Schelf des Indischen Kontinents abgelagert.

Leben am Meeresboden in der Kreidezeit

Das Klima der Kreidezeit (vor 145 bis 65 Millionen Jahren) wird auch als Treibhausklima bezeichnet: Wesentlich höhere Temperaturen und die weitgehende Abwesenheit von Eiskappen an den Polen waren charakteristisch für dieses Kapitel der Erdgeschichte. Die Entwicklung von Säugetieren und Samenpflanzen steckte noch in den Anfängen und auch die Positionen der Kontinentalplatten unterschieden sich wesentlich von den heutigen. Ein ausgedehnter äquatorialer Ozean, die Tethys, erstreckte sich zwischen Europa und Asien im Norden und Afrika, Antarktika, Australien und der Indischen Platte im Süden. Durch die stetige Drift der Kontinentalplatten wurde der Raum des Tethys-Ozeans immer weiter eingeengt, während sich der Atlantik zunehmend öffnete (Abb. 2). Diese Prozesse hatten einen fundamentalen Einfluss auf die Zirkulationsmuster in den Ozeanen und somit auch auf die Entwicklung des Klimas und die Umweltbedingungen für die damalige Lebewelt. Benthische Foraminiferen, die als einzellige Lebewesen am Meeresboden lebten, können uns über die Erhaltung ihrer Gehäuse einen Einblick in den Verlauf dieser Umweltveränderungen geben. Zu diesem Zweck haben wir verschiedene Profile mit marinen Sedimenten der Oberkreide und des Paläozän vom Rand der Tethys untersucht, die heute in den Gebirgszügen der Alpen in Österreich und des Himalaya in Tibet (Abb. 1) aufgeschlossen sind.

Abb. 1 (linke Seite): Blick auf das kleine Dorf Chuangde im Arbeitsgebiet im Himalaya, Süd-Tibet. Hier sind marine Sedimente aus der Zeit der Oberkreide aufgeschlossen, die wertvolle Hinweise zur Entwicklung der damaligen Umweltbedingungen unter Treibhausklima geben können.

Der Übergang von Schwarzschiefern zu roten marinen Sedimenten in der mittleren Kreide

Die besonders in der unteren Kreide verbreitet vorkommenden Schwarzschiefer sind ein Zeugnis für Phasen von stagnierender Zirkulation in den Ozeanen und damit verbundener globaler Sauerstoffarmut an den Meeresböden. Da in diesen Schichten große Mengen an organischem Material erhalten geblieben sind, stellen sie nicht selten bedeutende Muttergesteine für Erdöl dar (s. Artikel von H. Andruleit und P. Gerling). Ab dem Apt (vor etwa 125 Millionen Jahren) treten jedoch vereinzelt auch rot gefärbte marine Sedimente auf, die mit ihrem Gehalt an Eisenoxiden auf sauerstoffreiche Bedingungen am Meeresboden schließen lassen. Eine weite Verbreitung solcher Ablagerungen setzte ab dem Turon (vor etwa 94 Millionen Jahren) ein und lässt wesentliche Veränderungen in der Ozeanzirkulation während dieser Zeit vermuten.

Dieser Übergang zu roten marinen Sedimenten im Turon ist im Profil Buchberg in den Ultrahelvetischen Einheiten der österreichischen Alpen sehr gut aufgeschlossen. Obwohl der Gehalt an organischem Material im Profil durchgängig sehr gering ist (meist unter 0,1 Prozent), zeigt das massenhafte Auftreten einiger Arten von benthischen, also am Meeresboden lebenden Foraminiferen (z.B. *Tappanina laciniosa*) in bestimmten Schichten, dass dort ursprünglich viel organisches Material abgelagert wurde und auch Sauerstoffarmut am Meeresboden vorgeherrscht haben muss (Abb. 3). Da in diesem Gebiet die Ablagerung der Sedimente sehr langsam war (weniger als 1 Zentimeter pro 1.000 Jahre), führte der anschließende Einfluss von sauerstoffreichem Bodenwasser zum Abbau des organischen Materials in den darunter liegenden Schichten. Der in den Meeresboden eindringende Sauer-

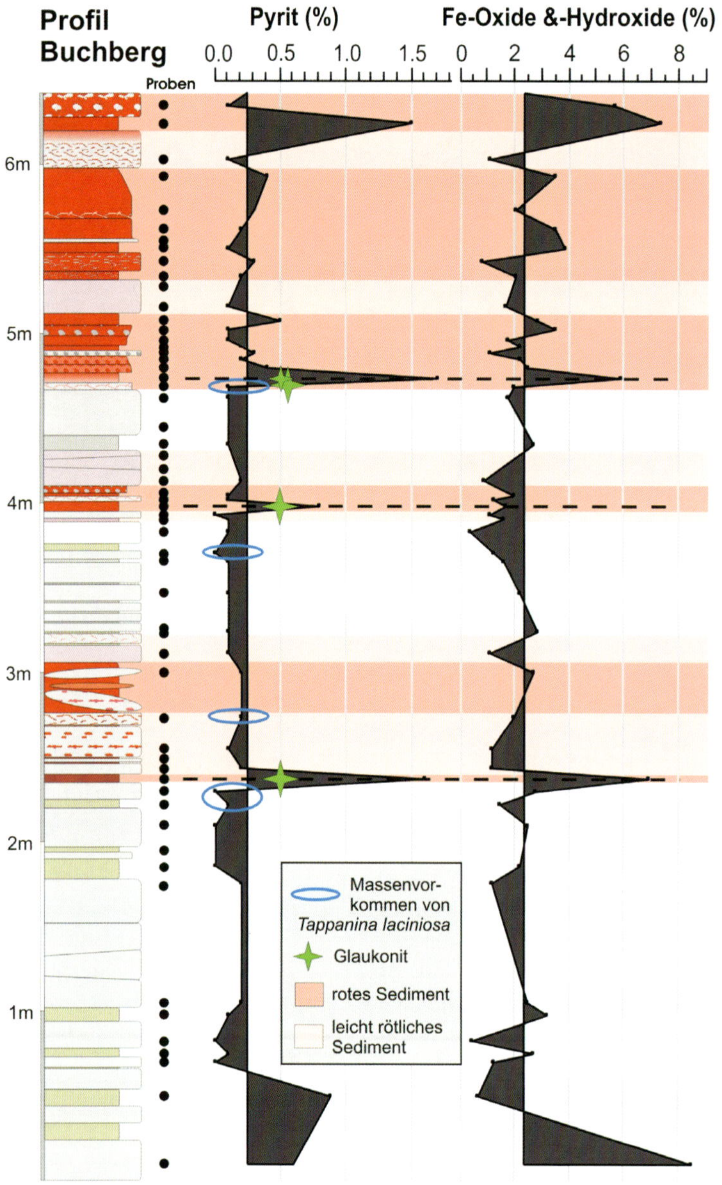

Abb. 3: Profil Buchberg (Ultrahelvetikum, österreichische Alpen): Kalk-Mergel Wechselfolge aus der Zeit des Turons (vor etwa 90 Millionen Jahren) mit Übergang von grauen zu roten Sedimenten (Erläuterung im Text)

stoff hat zur Bildung und Erhaltung verschiedener Eisenminerale geführt, die dem Sediment seine rote Färbung verleihen. In den reduzierenden Porenwässern der unterlagernden organikreichen Schichten bildete sich Schwefelwasserstoff, der nach oben wanderte und in den darüber liegenden sauerstoffreichen und eisenreichen Schichten in Form von Pyrit ausgefällt wurde. Daher enthalten die ersten roten Lagen an den Übergängen von grauen zu roten Schichten sowohl Pyrit als auch Eisenoxide und Eisenhydroxide – eine Mineralkombination, die sonst gewöhnlich nicht zu finden ist (Abb. 3). Auch das Auftreten des eisenreichen Tonminerals Glaukonit ist an diese Übergangszonen von grauen zu roten Sedimenten gebunden. Im Profil Buchberg zeigt sich anhand der mehrfachen Abfolge solcher so genannter Oxidationsfronten, dass sich die oxidierenden Bedingungen am Ozeanboden im Turon schrittweise etabliert haben müssen.

Marine Rotsedimente in der Kollisionszone zwischen Indien und Asien im heutigen Himalaya in Tibet

Auch in den Abfolgen der Oberkreide im Tethys-Himalaya in Tibet sind marine Rotsedimente erhalten. Wir haben ein Profil in der Nähe des Dorfes Chuangde in der Region Gyangze untersucht (Abb. 4). Die Schichten in diesem Profil sind ins Santon und Coniac (vor etwa 85 bis 70 Millionen Jahren) einzustufen und wurden in

Abb. 4: Profil mit marinen Rotsedimenten der Oberkreide (vor etwa 100 bis 65 Millionen Jahren) in der Nähe des Dorfes Chuangde im Himalaya, Süd-Tibet (J: Jura, UK: Unterkreide, OK: Oberkreide, B: Beija-Schichten, Paläozän)

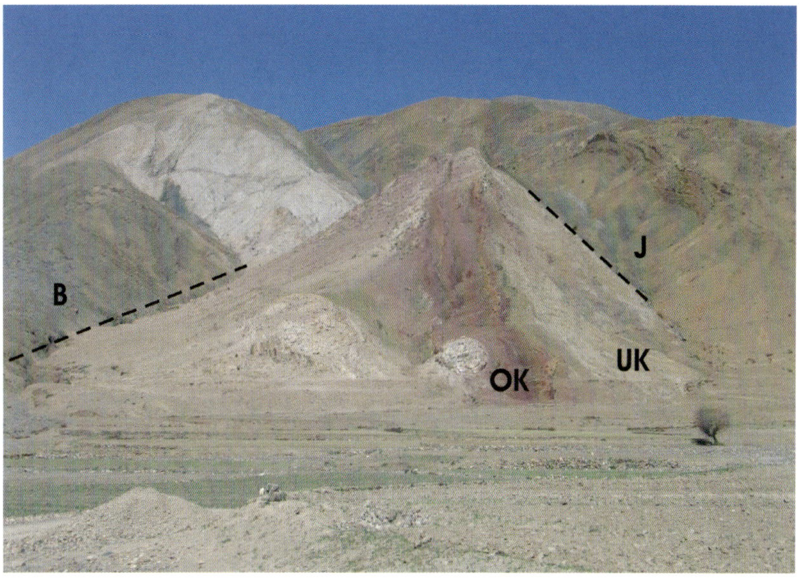

großen Wassertiefen unterhalb der Tiefe abgelagert, in der Karbonate aufgelöst werden. Es handelt sich um rote Tonsteine mit zwischengelagerten Kalken, die aus geringeren Wassertiefen vom Kontinentalhang abglitten, umgelagert und nicht aufgelöst wurden. Auch die Karbonate sind überwiegend rot gefärbt, was belegt, dass in dieser Zeit auch in flacheren Wassertiefen oxidierende Bedingungen am Meeresboden vorherrschten.

Der zunehmende Einfluss von karbonatischen Rutschmassen, der im oberen Profilteil in die Ablagerung großer abgerutschter Kalkblöcke übergeht, kann auf eine zunehmende Versteilung des Kontinentalhangs, verbunden mit verstärkter Erdbebenaktivität im Zuge des Abtauchens der Indischen Platte unter Asien zurückgeführt werden. Dieser Sedimentationstrend kulminierte schließlich in der chaotischen Ablagerung der Beijia-Schichten im Paläozän, riesiger Sedimentmassen, die aus flacheren Wassertiefen abglitten und ins tiefe Ozeanbecken geschüttet wurden (Abb. 4).

Großforaminiferen in Flachwasserkarbonaten der sich schließenden Tethys in Tibet

Die stetige Annäherung der Indischen Platte an den Südrand Asiens führte zu einer weiteren Einengung des äquatorparallel verlaufenden Tethys-Ozeans (Abb.2), wodurch

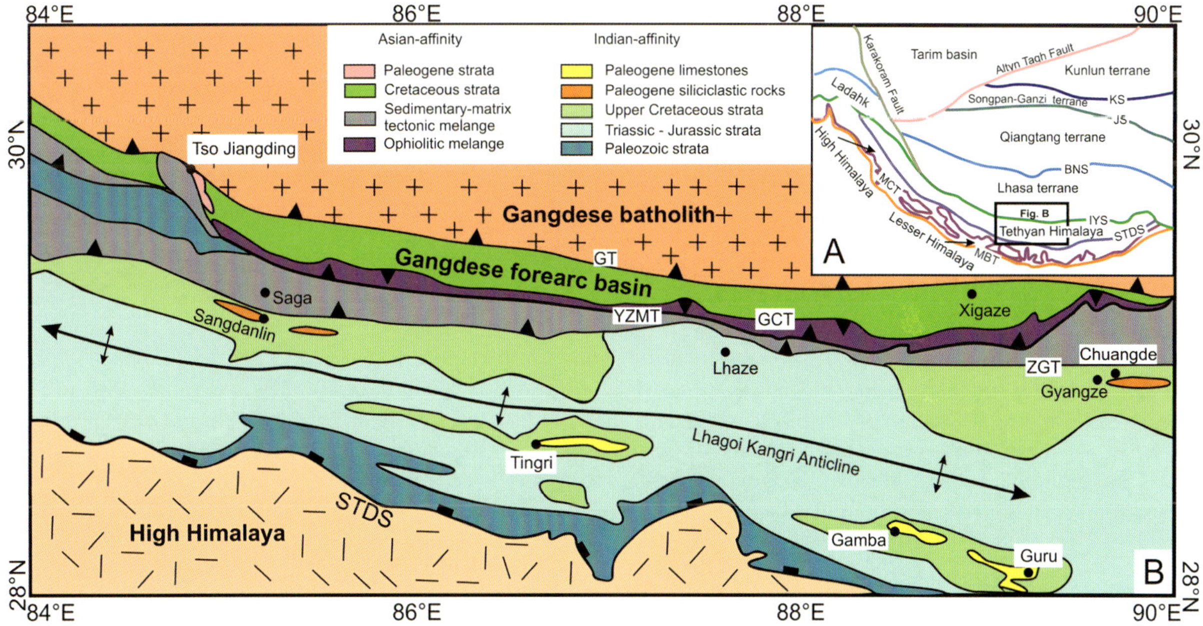

Abb. 5: Die vereinfachte Geologische Karte von Süd-Tibet zeigt den Verlauf der ‚Indus-Yarlung Tsangpo Sutur' (YZMT). Sie bildet die Plattengrenze zwischen dem Südrand Eurasiens im Norden (Gangdese Batholith), und den zum passiven Kontinentalrand der Indischen Platte gehörenden Ablagerungen im Süden (Tethys-Himalaya). Dort befinden sich die untersuchten Profile von Tingri und Gamba.

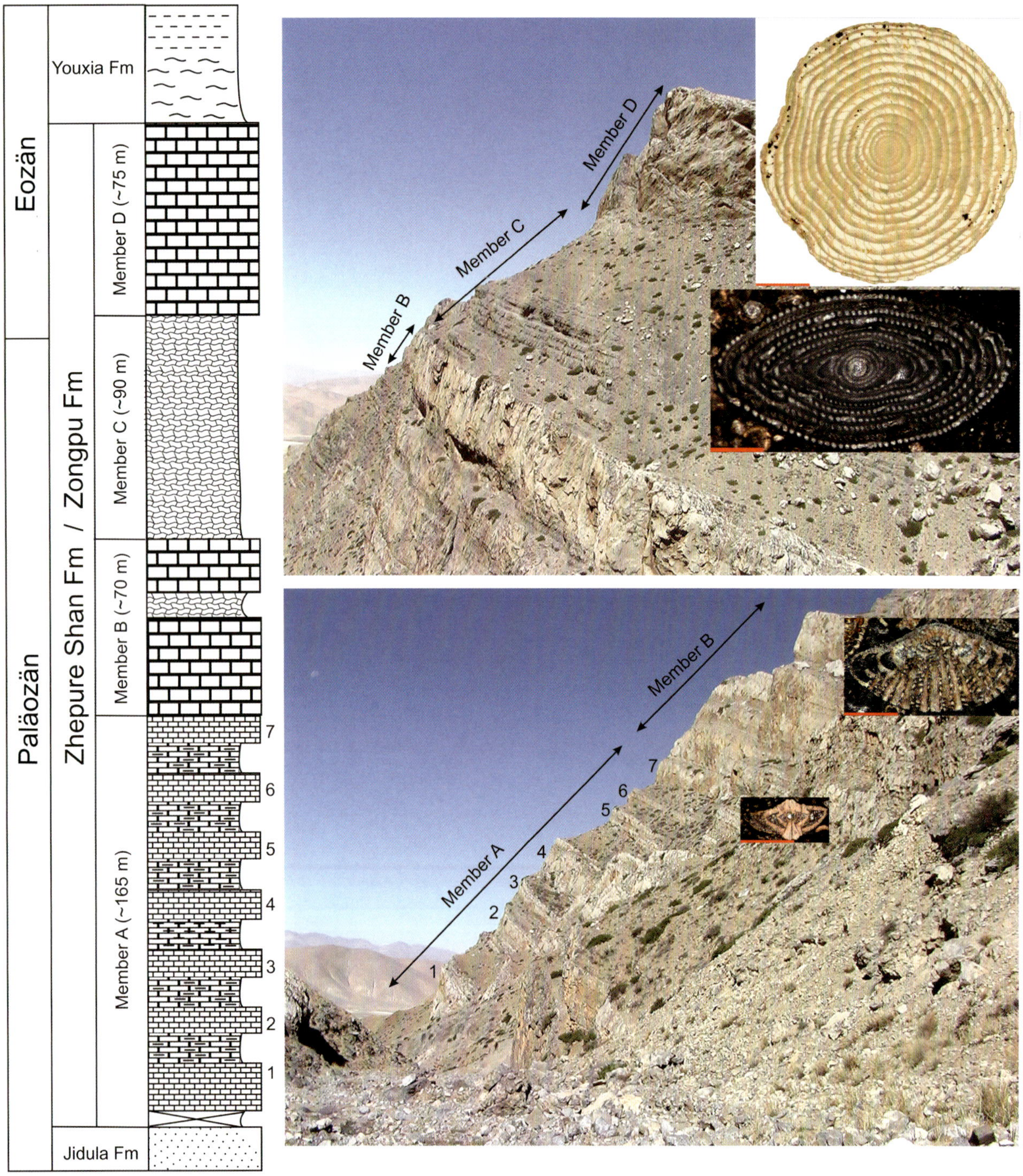

Abb. 6: Die vor etwa 60 bis 54 Millionen Jahren im tropisch-subtropischen Flachwasser des Paläozän und Eozän entstandenen Ablagerungen bauen den Gebirgszug Zhepure Shan nördlich des Mt. Everest auf. Die kalkigen Ablagerungen werden im Wesentlichen aus Großforaminiferen aufgebaut. Die integrierten Bilder zeigen typische Vertreter benthischer Großforaminiferen in den entsprechenden Profilabschnitten (von unten nach oben): *Daviesina khatiyahi*, *Lockhartia tipperi*, *Alveolina conradi*, *Nummulites atacicus*. Bei den unteren drei Foraminiferen steht der Maßstab für 1 Millimeter, bei dem Nummuliten jedoch für 4 Millimeter.

es über einen Zeitraum von mehreren Millionen Jahren zu entscheidenden paläogeographischen Umbrüchen und daraus resultierenden sedimentologischen und paläoökologischen Veränderungen kam.

Geeignete Profilgebiete zur Untersuchung dieser geodynamischen Prozesse befinden sich in der Umgebung der Ortschaften Gamba und Tingri in Süd-Tibet (Abb.5), südwestlich der Hauptstadt Lhasa, bzw. nördlich des

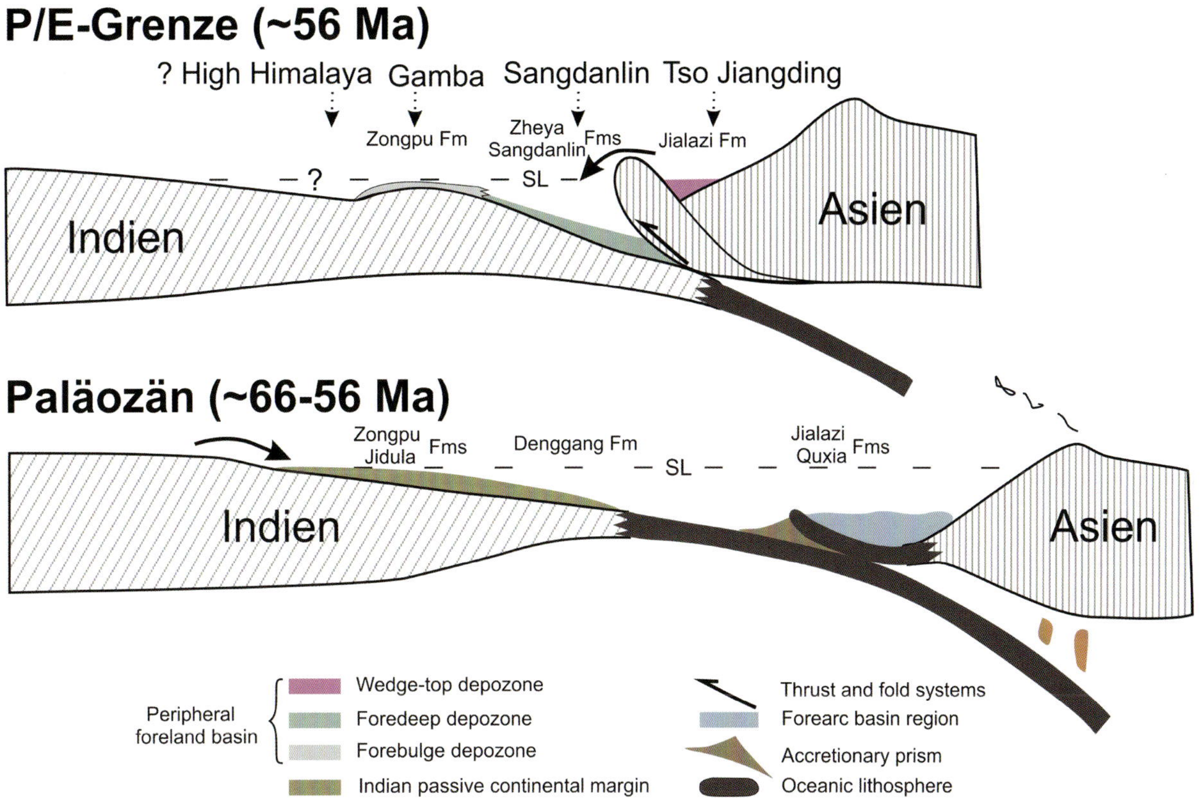

Abb. 7: Zeitlicher Ablauf und tektonische Effekte im Zuge der Plattenkonvergenz zwischen Indien und Asien. Die untere Abbildung zeigt das Abtauchen ozeanischer Kruste unter den Südrand Asiens, die obere den Beginn der kontinentalen Plattenkollision vor etwa 56 Millionen Jahren. Die Region Gamba lag zu diesem Zeitpunkt im Bereich einer Untiefe (Forebulge).

Mount Everest (Qomolangma Feng), nahe der Grenzen zu Sikkim und Nepal. In Tingri sind die besonders detailreichen Schichtenfolgen des älteren Känozoikums (Paläozän und Unter-Eozän) lückenlos und bis zum Ende der marinen Sedimentationsgeschichte in der mehr als 400 Meter mächtigen, überwiegend aus kalkigen Ablagerungen bestehenden Zhepure Shan Formation aufgeschlossen (Abb.6). Sie dokumentieren das Sedimentationsgeschehen auf dem passiven Nordrand des Indischen Kontinents.

Erste Kontakte beider Landmassen stellten sich vor rund 56 Millionen Jahren ein, also etwa an der Paläozän/Eozän-Grenze (Abb. 7). Der Moment des Beginns der kontinentalen Plattenkollision wird definiert durch den Zeitpunkt des vollständigen Abtauchens (Subduktion) der ozeanischen Kruste unter den Südrand Asiens und dem Beginn der Entstehung eines durch das Abtauchen und Zerbrechen der Indischen Platte hervorgerufenen tieferen Vorseiten-(Forearc-)Beckens am nördlichsten Rand des Indischen Kontinents. Die endgültige Schließung des Tethys-Ozeans und der Übergang von marinen zu roten terrestrischen Ablagerungen erfolgte im Gebiet von Tingri vor etwa 50 Millionen Jahren, im Gebiet von Gamba bereits etwas früher.

Die ab dem mittleren Paläozän (vor etwa 60 Millionen Jahren) auf dem passiven Kontinentalrand Indiens abgelagerten Karbonate bestehen zum überwiegenden Teil aus den Gehäusen großwüchsiger Foraminiferen. Die im tropischen bis subtropischen Flachwasser abgelagerten massigen Kalksteine befinden sich heute in Höhen zwischen 4.500 und 5.500 Metern im südlichen Tibet (Abb. 6 und 8). Obwohl diese Organismen nur aus einer einzigen Zelle bestehen, können sie Größen von mehreren Zentimetern erreichen und werden daher als Großforaminiferen bezeichnet. Da diese Foraminiferen nur in einer symbiotischen Gemeinschaft mit bestimmten Algen existieren konnten, die zum Leben Licht benötigen, kann der Lebensraum nur einige Zehner Meter tief gelegen haben, je nach Lichtdurchlässigkeit der Wassersäule vermutlich bis maximal 120 Meter Tiefe.

Neben Aussagen zum ehemaligen Ablagerungsmilieu liefern die Artenzusammensetzungen der Großforaminiferen auf Grund ihrer relativ raschen evolutiven Entwicklung auch Hinweise zum Alter der Sedimente (Biostratigraphie). Die Vergesellschaftungen zeigen im höheren Teil der untersuchten Schichtenfolge einen jähen Umbruch (Abb. 9). Nachdem der Meeresboden während des Paläo-

Abb. 8: Das Ende der marinen Geschichte des Tethys.Himalaya lässt sich an den in über 5.000 Metern Höhe im Kern der Mulde des Zhepure-Gebirges aufgeschlossenen Ablagerungen studieren. Die roten Sedimente der Shenkeza Formation (SF) markieren den Beginn kontinentaler Ablagerungsbedingungen. Die unterlagernden grünlich-beigen Schichten der Youxia Formation (YF) stellen die letzten marinen Ablagerungen dar, die im Vorseitenbereich der subduzierenden Indischen Platte entstanden sind. Im Liegenden treten in Form einer Mulde lagernd die Flachwasserkalke der Zhepure Shan Formation auf (ZSF).

zäns, also vor dem Umbruch, von Großforaminiferen mit einem sogenannten hyalinschaligen Gehäusetyp besiedelt wurde, werden diese von den porzellanschaligen Gehäusetypen der Alveolinen abgelöst. Beide Gehäusetypen lassen sich im Lichtmikroskop neben ihrem grundsätzlich unterschiedlichen morphologischen Aufbau auch anhand ihrer Lichtdurchlässigkeit voneinander unterscheiden: Hyalinschaler besitzen glasig-transparente Kalzitschalen und lassen das Licht durchschimmern, Porzellanschaler bestehen dagegen aus imperforaten Kalzitschalen, besitzen also lichtundurchlässige, dunkle Wände. Dieser Umbruch hinsichtlich der Zusammensetzung der Großforaminiferen-Vergesellschaftungen markiert biostratigraphisch die Grenze zwischen SBZ 5 und SBZ 6 (SBZ: Shallow Benthic Zone). Die Grenze liegt etwa 100.000 Jahre oberhalb der Paläozän/Eozän-Grenze, die geochronologisch bei 56 Millionen Jahren angesiedelt ist. Rund eine Million Jahre danach (SBZ 7) gesellen sich zu den spindelförmigen Alveolinen erneut hylinschalige Foraminiferen, die besonders massiv gebauten Gehäuse der planspiral-linsenförmigen Nummuliten (Abb. 6 und 9).

Die stratigraphisch jüngsten im Gebiet des Zhepure Shan nachgewiesenen Flachwasserkalke lassen sich der SBZ 10 zuordnen, sie sind also zwischen 51 und 53 Millionen Jahre alt. Mit einem scharfen lithologischen Wechsel zwischen den massiven, hellgrau verwitternden Kalken der Zhepure Shan Formation und den weicheren, grünlichen Mergeln der Youxia Formation (Abb. 8) zeichnet sich noch einmal ein kurzfristiger Übergang zu tieferen Ablagerungsbedingungen vergleichbar einem Außenschelf ab. Die Youxia Formation enthält nämlich keine benthischen Großforaminiferen, stattdessen planktonisch lebende Foraminiferen und Nannofossilien, typische Vertreter pelagischer Lebensräume. Die Region Tingri und der Zhepure Shan scheinen zu diesem Zeitraum ein sogenanntes Foredeep des Vorlandbeckens durchlaufen zu haben (Abb.7). Wie lange dieser Zeitraum tieferen Wassers währte, lässt sich mangels biostratigraphisch verwertbarer Fossilien nicht festlegen. Genauso scharf, wie die Youxia Formation nach unten hin abgegrenzt ist, wird sie nach oben hin von roten Sand- und Tonsteinen der Shenkeza Formation überlagert (Abb.8). Die offensichtlich fossilfreien Sedimente markieren einen relativ schlagartigen Übergang zu kontinentalen Ablagerungsbedingungen unter einem ariden Klimaregime. Die Ausbreitung kontinentaler Rotsedimente markiert das Ende des Tethys-Ozeans und den beginnenden Aufstieg des Himalaya-Gebirges.

Die seit der Ober-Kreide ablaufende Einengung des Tethys-Ozeans, seine auf dem passiven Kontinentalrand des Indischen Kontinents zu beobachtende zunehmende Verflachung und schließlich der Übergang von Meeres- zu Landablagerungen als Folge der Heraushebung des Himalaya-Gebirges spiegeln sich in den Sedimentabfolgen und den Änderungen der Foraminiferen-Assoziationen wider: Die Sedimente aus der späten Kreide von vor etwa 80 Millionen Jahren enthalten planktonisch lebende Foraminiferen, die für tieferes Wasser typisch sind, während die ab etwa 70 Millionen Jahren folgenden Sedimente zunehmend flacher marin, am Boden eines Schelfmeeres lebende benthonische Foraminiferen enthalten (Abb.9).

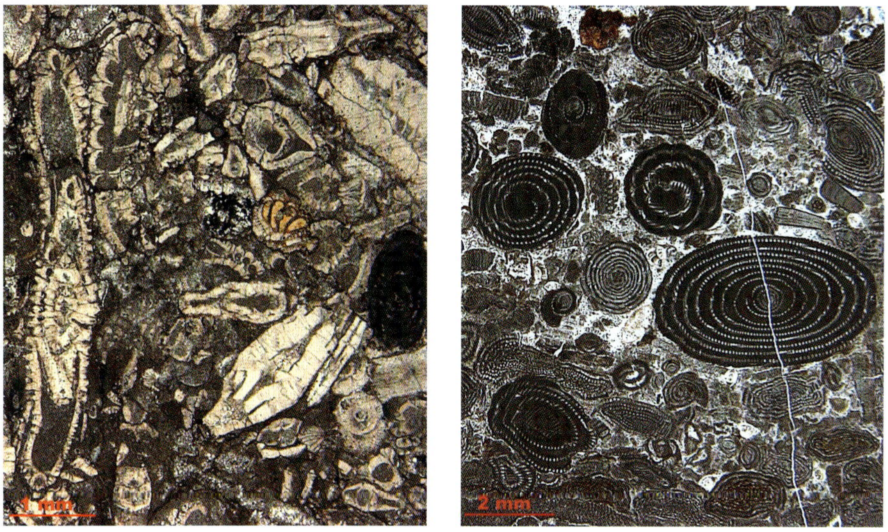

Abb. 9: Der markante Umbruch der Großforaminiferen-Vergesellschaftungen an der Grenze zwischen SBZ 5 und SBZ 6. Er ist gekennzeichnet durch den Übergang von den massiven, glasig-durchschimmernden Gehäusen hyalinschaliger Foraminiferen (links: *Ranikothalia, Operculina, Miscellanea*) zu den porzellanschaligen, im Durchlicht eines Gesteinsdünnschliffs lichtundurchlässigen und daher dunkelwandig erscheinenden Gehäusen der Alveolinen.

Literaturhinweise

Rowley, D.B. (1998): Minimum age of initiation of collision between India and Asia north of Everest based on the subsidence history of the Zhepure Mountain Section. Journal of Geology 106: 229-235

Wendler, I., H. Willems, K.-U. Gräfe, Ding Lin & Luo Hui (2011): Upper Cretaceous inter-hemispheric correlation between the Southern Tethys and the Boreal: chemo- and biostratigraphy and paleoclimatic reconstructions from a new section in the Tethys Himalaya, S-Tibet. Newsletters on Stratigraphy 44(2), 137-171

Zhang Qinghai, H. Willems, Ding Lin, K.-U. Gräfe, & E. Appel (2012): Initial India-Asia Continental Collision and Foreland Basin Evolution in the Tethyan Himalaya of Tibet: Evidence from Stratigraphy and Paleontology. Journal of Geology, 120, 175-189

Zhang Qinghai, H. Willems & Ding Lin (2013): Evolution of the Paleocene-Early Eocene larger benthic foraminifera in the Tethyan Himalaya of Tibet, China. International Journal of Earth Sciences, 102, 1427-1445

Helmut Willems ist Professor für Historische Geologie – Paläontologie am Fachbereich Geowissenschaften der Universität Bremen. Sein Forschungsgebiet ist die Anwendung mariner Organismen (wie Dinoflagellaten und Foraminiferen) in der Rekonstruktion früherer ozeanographischer, klimatischer und umweltrelevanter Bedingungen.

Anschrift: Prof. Dr. Helmut Willems
Fachbereich Geowissenschaften
Universität Bremen
Klagenfurter Straße
28359 Bremen

E-Mail: willems@uni-bremen.de

Ines Wendler ist wissenschaftliche Mitarbeiterin am Fachbereich Geowissenschaften der Universität Bremen. Sie beschäftigt sich mit der Funktionsweise und den Kopplungsmechanismen des Ozean-Klima-Systems der Kreidezeit mit Hilfe sedimentologischer, mikropalaeontologischer und geochemischer Methoden.

Anschrift: Dr. Ines Wendler
Fachbereich Geowissenschaften
Universität Bremen
Klagenfurter Straße
28359 Bremen

E-Mail: flatter@uni-bremen.de

Qinghai Zhang hat seinen Master Degree an der China University of Petroleum in Beijing abgeschlossen. Nach dem Erwerb seines Doktortitels am Fachbereich Geowissenschaften der Universität Bremen ist er dort heute als wissenschaftlicher Mitarbeiter tätig. Seine wissenschaftlichen Arbeitsfelder sind Biostratigraphie, Sedimentologie, Beckenanalyse und Paläoklimatologie.

Anschrift: Dr. Qinghai Zhang
Fachbereich Geowissenschaften
Universität Bremen
Klagenfurter Straße
28359 Bremen

E-Mail: zhang@uni-bremen.de

Antarktis und Australien,

die nahezu Unzertrennlichen

von Georg Kleinschmidt, Frankfurt, Andreas L. Läufer, Hannover und Frank Lisker, Bremen

Antarktika und Australien liegen heute etwa 3.000 Kilometer auseinander: 2.650 Kilometer auf der Länge von Tasmanien, 3.550 Kilometer südlich der Großen Australischen Bucht und 3.300 Kilometer etwa südwärts von Albany. Diese Situation ist jedoch auf die gesamte Erdgeschichte bezogen die Ausnahme. Denn beide Kontinente führten – wie Pinguine und Menschen – eine bewegte Dauerehe.

Um das zu beweisen, muss man bei beiden Beteiligten nach Bindegliedern suchen. Das ist in der Antarktis nicht ganz so einfach wie in anderen Kontinenten. Abgesehen von der aufwendigen Anreise, vom unbequemen Aufenthalt mit Unterbringung in Zeltcamps und der ungemütlichen Arbeit bei Minusgraden, heftigem Wind und Schneetreiben, schaut aus Schnee und Eis nur wenig Geeignetes heraus. Immerhin sind über 99 Prozent des Kontinents vom Eis verhüllt (Abb. 1).

Mögliche Bindeglieder der beiden Kontinente sind: *gleichalte und gleichartige Gesteine*, gleiche und gleichalte *Gebirgsbildungen*, gleiche Gebirgsbildungsprozesse und deren Folgen: gleiche geologische *Strukturen*.

Gleichalte, gleichartige Gesteine sind Produkte verschiedener und verschieden alter Prozesse:

1. Ablagerung (→ Sedimentgesteine),
2. Aufschmelzung von Gesteinen und Erstarrung von Gesteinsschmelze (→ magmatische Gesteine),
3. Gesteinsumwandlung (genannt Metamorphose) dadurch, dass Gesteine hohen Temperaturen und hohem Druck ausgesetzt werden – meist in größerer Tiefe (5 bis 50 Kilometer). Solche ›metamorphen Gesteine‹ sind oft von magmatischen Gesteinen durchadert (›Gänge‹). Gesteinsschmelze erstarrt entweder in größerer Tiefe (5 Kilometer oder mehr) zu ›Tiefengesteinen‹ (oder ›Plutoniten‹, z.B. Granit) oder an der Erdoberfläche zu vulkanischen Gesteinen (z.B. Basalt).

Wie lange Ablagerung, Aufschmelzung, Erstarrung oder Metamorphose zurückliegen, wird hauptsächlich mit Hilfe des radioaktiven Zerfalls bestimmt. Denn alle Gesteine enthalten geringe Anteile radioaktiver Elemente wie z.B. Uran. Radioaktive Elemente zerfallen gesetzmäßig mit ganz bestimmten Geschwindigkeiten zu anderen Elementen. Aus der Menge der noch vorhandenen radioaktiven Elemente und der Menge der daraus neu gebildeten Elemente lässt sich das Alter der genannten Prozesse ermitteln.

Gebirgsbildung ist die Summe von Prozessen, die Gebirge im geologischen Sinn schafft, d.h. Faltengebirge – oder noch fachmännischer ausgedrückt: ›Orogene‹. Diese Gebirge sind Kinder der Plattentektonik (s. Artikel von W. Franke). Die Platten der Erdkruste bewegen sich aufeinander zu, voneinander weg oder aneinander vorbei. Beim Aufeinanderzu-Bewegen kommt es dann zur Platten-

Kollision, wenn beide Partner kontinentale Platten sind. Sie sind mit 100 Kilometern zwar dicker, aber zugleich auch leichter als die nur 70 Kilometer ›dünnen‹ ozeanischen Platten. Treffen eine ozeanische und eine kontinentale Platte aufeinander, schiebt sich daher die relativ dünne und schwere ozeanische unter die relativ dicke und leichte kontinentale Platte, es kommt zur sogenannten Subduktion. Beide Vorgänge – Kollision und Subduktion – produzieren Faltengebirge, vom Geowissenschaftler ›Orogene‹ genannt, und zwar entweder Kollisonsorogene – wie die Alpen oder der Himalaya – oder Sudduktionsorogene – wie die Anden (s. Artikel von C.-D. Reuther). Bei der Subduktion kann die abtauchende Platte teilweise schmelzen, die Schmelze anschließend aufsteigen und weiter oben wieder erstarren. So entstehen viele Granitkörper. Granit ist jedoch nicht gleich Granit.

Die verschiedenen Granittypen unterscheiden sich chemisch: Sind sie nämlich nahe am Kontinentalrand erstarrt, sind sie u.a. ärmer an Aluminium und heißen ›I-Typ-Granite‹, sind sie weiter innen im Kontinent erstarrt – d.h. über dem sehr tief abgetauchten Teil einer subduzierten Platte –, dann sind sie aluminiumreicher und heißen ›S-Typ-Granit‹.

Bei der Gebirgsbildung werden die Gesteine zusätzlich heftig verformt, verfaltet und gegeneinander verschoben. Die Verformungsstrukturen (Falten,Verschiebungen) lassen sich vermessen und datieren.

Wir haben seit 35 Jahren gemeinsam mit vielen anderen Geologen nach Belegen für oder gegen die Zusammengehörigkeit von der Antarktis und Australien gesucht, und zwar für möglichst alle Zeitabschnitte der Erdgeschichte. Die Gelegenheit für unsere Forschung bot uns das deutsche GANOVEX-Unternehmen der Bundesanstalt für Geowissenschaften und Rohstoffe in Hannover; besonders fündig wurden wir während der Expeditionen GANOVEX V in den Jahren 1988/1989, VIII in 1999/2000 und IX in 2005/2006.

Für unsere Reisen in ferne Zeiten und Kontinente können wir nicht ganz auf die dort üblichen Zeit- und Ortsbezeichnungen verzichten. Abbildung 1 fasst daher die wichtigsten davon zusammen.

Erd-Ur- und -Frühzeit (Archaikum/Proterozoikum)

Die Kerne aller Kontinente bestehen aus besonders alten Gesteinen, älter als 1,5 Milliarden Jahre. Diese alten Kontinentkerne heißen ›Kratone‹ und haben oft eigenartige Namen bekommen, z.B. ›Eria‹ in Nordwestschottland oder ›Fennosarmatia‹ in Ostskandinavien und Russland.

Abb. 1: Unten: Die Antarktis mit den Regionen, in denen der Felsuntergrund eisfrei zutage tritt (schwarz), und mit den im Text genannten Örtlichkeiten. Rechts: Geologische Zeittabelle mit den im Text genannten Zeitbegriffen. Der schwarze Balken ganz rechts markiert die Zeit, in der Antarktis und Australien vereint waren, bzw. wieder vereint sein werden, die Doppellinie die relativ kurze Zeit der Trennung.

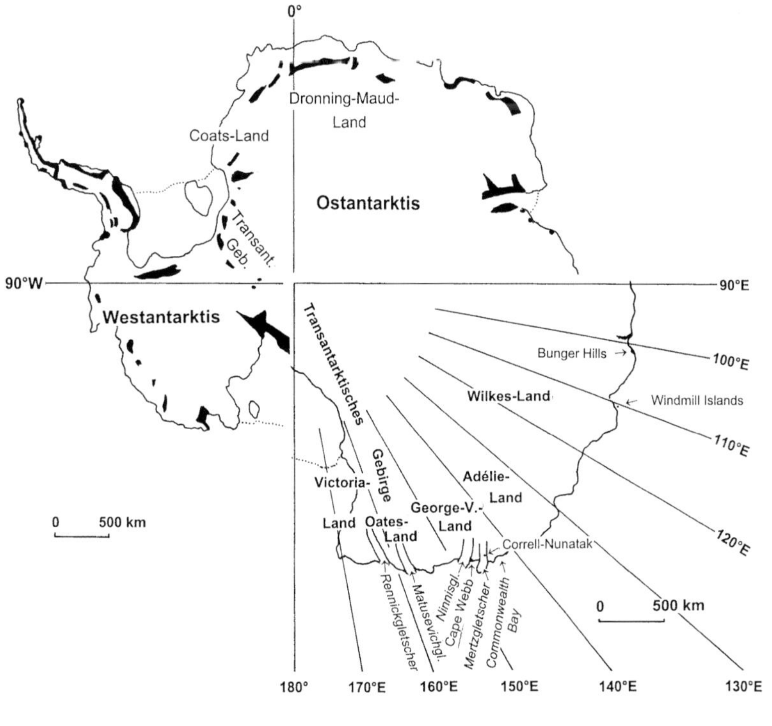

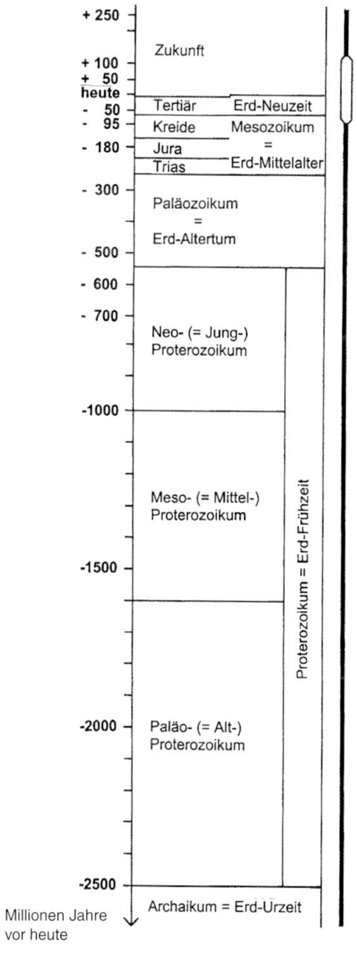

Abb. 2: Von hellen magmatischen Gängen durchsetzte, hochmetamorphe Gneise in der Ostantarktis bei Mawsons Hütte von 1912 (Commonwealth Bay)

Abb. 3: Von hellen magmatischen Gängen durchsetzte, hochmetamorphe Gneise im südlichen Australien (Südende der Eyre-Halbinsel) (s. auch Abb. 7)

Solche Gesteine der Erd-Ur- und -Frühzeit vor 2,6 bis 1,6 Milliarden Jahren bauen auch die Ostantarktis zwischen 120 und 150 Grad Ost gegenüber von Australien auf – soweit das unter der Eisbedeckung erkennbar ist. Senkrecht zum Küstenverlauf des Südpolarmeeres wechseln dort Granite mit sogenannten Granuliten und Gneisen, das sind unter hohem Druck und hoher Temperatur besonders stark veränderte Gesteine. In der Commonwealth Bay erscheint überraschenderweise auch ein fünf Kilometer breiter Streifen von nur schwach umgewandelten Schiefern, sogenannten Phylliten. All das ist durchsetzt von verschiedenartigen und unterschiedlich breiten Gängen. Die gleiche, vielfältige Gesteinsgesellschaft mit sehr ähnlicher Verteilung und vergleichbaren Altern findet sich gegenüber in Südaustralien zwischen 132 und 137 Grad Ost im Bereich des dortigen ›Gawler-Kratons‹ wieder, selbst der Phyllit ist da. Verblüffend gleichen sich z.B. die Felspartien vor Douglas Mawsons Hütte von 1912 in der antarktischen Commonwealth Bay (Abb. 2) und am Südende der australischen Eyre-Halbinsel (Abb. 3). In beiden Fällen durchziehen helle Gänge die stark metamorphen Gneise und Granulite. Australische Geowissenschaftler haben daher den Ostantarktischen Kraton und den südaustralischen Gawler-Kraton zum größeren ›Mawson-Kontinent‹ oder ›Mawson-Kraton‹ zusammengefasst (Abb. 4).

In der Zeitspanne zwischen 1,7 und 1,5 Milliarden Jahren vor heute durchschnitt eine über drei Kilometer breite Bewegungszone diesen Mawson-Kontinent in der Weise, dass sich der östliche Teil nach Süden und der westliche Teil nach Norden schoben. In der Bewegungszone selbst erlitten die betroffenen Gesteine eine enorme Verformung, wurden heftig zerschert. Besonderes Glück kam uns bei der Entdeckung des Antarktisteils dieser ›Scherzone‹ gleich mehrfach zu Hilfe: Im Februar 2000 gelang es der GANOVEX VIII Expedition mit einem Forschungseisbrecher von Victorialand aus westwärts bis zur Zunge des Mertzgletschers vorzudringen – seit 1983 hatten wir das immer wieder vergeblich versucht. Damit hatten wir die stürmischste Region der Antarktis erreicht: Douglas Mawsons ›home of the blizzard‹. Unsere 14 Tage vor der Küste des Mertzgletschers waren lediglich leicht stürmisch. Der beherzte Einsatz unseres Hubschrauberpiloten brachte uns weit in das unendlich erscheinende Weiß des Mertzgletschers. Inmitten des Gletschers erspähten wir die kleine, von Mawson seinerzeit ›Correll-Nunatak‹ benannte Felsinsel, die aus dem Eis ragte. Hier ist offenbar seit Mawsons Expedition von 1911 bis 1914 nie ein Geologe gewesen, sonst wäre der Correll-Nunatak längst beschrieben: eine lehrbuchhafte Scherzone! Entdeckerglück für uns und unseren Freund und Kollegen Franco Talarico von der Universität Siena. Wie sich kurz darauf herausstellte, gehört zur Scherzone nicht nur der 150 mal 250 Meter große Fels von Correll-Nunatak (Abb. 5a, b), sondern auch die circa 30 Kilometer weiter nördlich gelegenen Höhen Aurora Peak und Mt. Murchison (Abb. 7). Damit folgt die Scherzone offenbar dem Lauf des Mertzgletschers, und wir tauften sie ›Mertz-Scherzone‹.

Ihr australisches Gegenstück ist die Kalinjala-Scherzone, die auf über 250 Kilometern Länge dem Ostsaum der Eyre-Halbinsel folgt (Abb. 6a, b). Die Altersdatierungen von Mertz- und Kalinjala-Scherzone stimmen exakt überein. Übereinstimmung herrscht auch im Bewegungsablauf im antarktischen und australischen Teil der Scherzone: hier wie da glitt der jeweils östlich gelegene Teil nach Süden (Abb. 5, 6), während die Temperaturen von gut 800 Grad Celsius auf ›kühle‹ 150 Grad Celsius sanken.

Mit Hilfe von Mertz- und Kalinjala-Scherzone lässt sich der Mawson-Kontinent präzise, praktisch auf den Meter genau rekonstruieren (Abb. 7). Diese frühe australischantarktische Liaison wurde vor gut 1,3 und zwischen 1,2 und 1,1 Milliarden Jahren bekräftigt, der Mawson-Kontinent wurde erweitert. An seiner Westflanke stieß der Kern Westaustraliens, der Yilgarn-Kraton, dazu. Die Kollisions- und Schweißnaht bildet der ›Albany-Fraser-Belt‹, ein Faltengebirge, das von Albany im südwestlichen Westaustralien zur Fraser Range bei Zanthus im südlichen Westaustralien reicht (Abb. 8), und sich als ›Musgrave-Belt‹ entlang der Grenze Northern Territory/ Südaustralien fortsetzt (Abb. 8). Das Gleiche ist zur selben Zeit, d.h. vor gut 1,3 und 1,2 bis 1,1 Milliarden Jahren, in der Antarktis passiert – nachgewiesen an zwei Stellen, nämlich auf den Windmill Islands und in den Bunger Hills (Abb. 8). Wie in Westaustralien erlitten dort ehemalige Sedimente eine besonders starke Umwandlung, und wie in Westaustralien schmolz die Erdkruste zum Teil auf und erstarrte zu Graniten. Windmill Islands, Bunger Hills, Albany-Fraser- und Musgrave-Belt lassen sich daher zwanglos als ein Gebilde, ein Kollisionsgebirge, auffassen, dessen Schönheitsfehler lediglich darin besteht, dass es nicht durchgängig sichtbar ist. Denn in der Antarktis wird es zwischen 102 und 110 Grad Ost durch Eis und in Australien zwischen Zanthus und Warburton (Abb. 8) durch Wüste verhüllt.

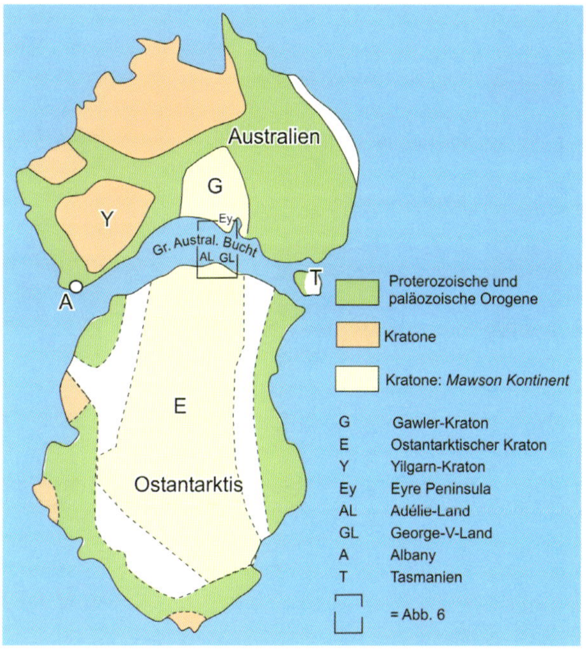

Abb. 4: Ostantarktis- und Gawler-Kraton bilden den ›Mawson-Kontinent‹.

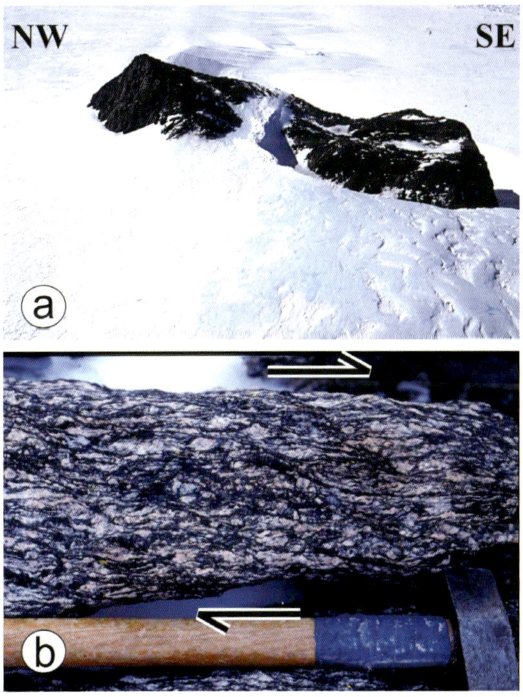

Abb. 5: Die am besten erschlossene Stelle der Mertz-Scherzone in der Ostantarktis: Correll-Nunatak, (a) Gesamtansicht, (b) Detail des Schergefüges: Die Asymmetrie der hellen Bestandteile (Feldspat) und die Anordnung der Bewegungsflächen (von rechts nach links und spitzwinklig dazu) weisen darauf hin, dass der obere Teil des Bildausschnitts sich gegenüber dem unteren Teil des Bildausschnitts nach rechts bewegt hat (sog. ›dextraler Schersinn‹).

Abb. 6: Die Kalinjala-Scherzone in Südaustralien an der Ostküste der Eyre-Halbinsel. (a) Bei Port Neill (s. Abb. 7), (b) Detail des Schergefüges: Die Asymmetrie der hellen Feldspat-Bestandteile weist wie in Abb. 5 (b) darauf hin, dass der obere Teil des Bildausschnitts sich gegenüber dem unteren Teil nach rechts bewegt hat (ebenfalls ›dextraler Schersinn‹).

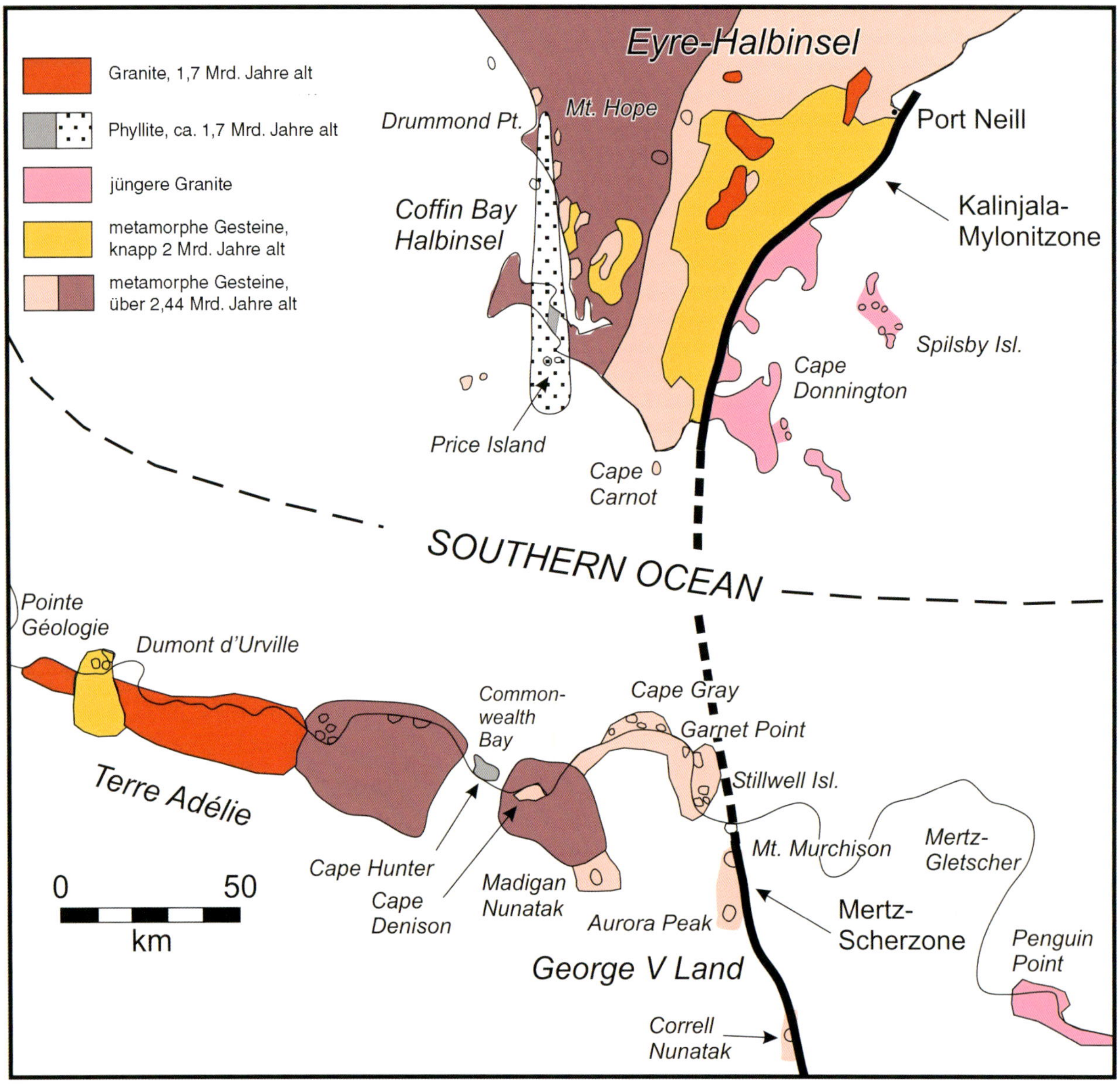

Abb. 7: Die dicke, schwarze Linie ist eine 1,7 Milliarden Jahre alte ›Scherzone‹, an der sich die östlich davon gelegenen Teile von Australien und der Antarktis gemeinsam nach Süden und die westlich gelegenen Teile nach Norden bewegt haben. Im unteren, antarktischen Teil der Kartenskizze heißt die Bewegungszone ›Mertz-Scherzone‹, im oberen, südaustralischen Teil ›Kalinjala-Scherzone‹. Die Scherzone dient der präzisen Rekonstruktion der Lage der Antarktis und Australiens vor 1,7 Milliarden Jahren. Sie beweist, dass damals Australien und die Antarktis eine Einheit bildeten (›Mawson-Kontinent‹).

Der jüngere Abschnitt dieses Kollisionsprozesses gehört zu einem globalen Großereignis: Vor 1,1 Milliarden Jahren klumpten sich alle wesentlichen Kontinente der Erde zu einem Superkontinent zusammen. Ihn haben Amerikaner nach dem russischen Wort für Heimat ›Rodinia‹ genannt. Der Zerfallsprozess dieses Superkontinents Rodinia, der sich in der Zeitspanne von vor 800 bis 650 Millionen Jahre abspielte, wirkte sich nicht auf das Verhältnis von Antarktis zu Australien aus, sondern wurde vielmehr gemeinsam durchgestanden. Nur aus heutiger Sicht östlich davon löste sich Nordamerika aus dem Rodiniaverband heraus. So bildete sich östlich vom Mawson-Kontinent zunächst ein Grabenbruch. Dieser vergrößerte sich schließlich zu einem Ozean, dem Paläo-Pazifik (Abb. 8). Von den Rändern dieses Grabenbruchs bzw. des späteren Kontinentalhanges lösten sich unter Wasser Schuttlawinen, die sich am Fuß der Abhänge vor 700 bis 530 Millionen Jahren wieder ablagerten, und zwar im australischen Anteil als Adelaide- und Kanmantoo-Gruppe und entlang des heutigen Transantarktischen Gebirges u.a. in Form der Gesteine der Beardmore-Gruppe.

Dies sind die einzigen Spuren des Rodiniazerfalls in der Antarktis. Direkte Hinweise auf das Zerbrechen des Riesenkontinentes gibt es nur in Australien. Dort wurde vor 800 Millionen Jahren der Gawler-Kraton angeknackst und von Basaltgängen durchschlagen(›Gairdner-Dyke-Schwarm‹), und an der Tasman-Bruchlinie im östlichen Australien brechen alle älteren Strukturen ab (Abb. 8). Nach entsprechenden Gängen und Bruchstrukturen haben wir bisher in der Antarktis vergeblich gesucht.

Erdaltertum (Paläozoikum)

Vor 550 bis 500 Millionen Jahren ballte sich der nächste Superkontinent zusammen: Die Südkontinente vereinigten sich samt dem Pärchen Antarktis/Australien zu ›Gondwana‹. Gleichzeitig setzte an seinem Rand die Subduktion des Paläo-Pazifik ein, und es türmte sich ein Subduktions-Orogen auf. Strukturen und Gesteinsprodukte dieser Orogenese lassen sich kontinuierlich aus der Antarktis nach Südaustralien verfolgen. Das einheitliche Orogen wird lediglich mit unterschiedlichen Namen belegt: In der Antarktis heißt es ›Ross-Orogen‹, in Australien ›Delamerisches Orogen‹. Seine besonders auffälligen Strukturen sind Überschiebungszonen. Dort schoben sich Gesteinsplatten übereinander, und zwar im antarktischen Victorialand nach Osten und im Oates-Land nach Westen, so dass das Ross-Orogen nahezu symmetrisch aufgestapelt wurde (Abb. 9). Dasselbe findet sich im Delamerischen Orogen des südlichen Australien wieder: In Südaustralien wurde nach Westen übereinander geschoben, weiter östlich im Staat Victoria nach Osten (Abb. 10). Auch mit diesen Strukturen lässt sich die ursprüngliche Lage Australiens zur Antarktis – nunmehr im Verband Gondwanas – präzise rekonstruieren (Abb. 11). Für die Antarktis hatten wir dieses symmetrische System 1987 vorausgesagt und dann während der GANOVEX V Expedition 1988/1989 tatsächlich entdeckt.

Bereits kurz zuvor wurde der Brückenschlag vom antarktischen Ross-Orogen zum Delamerischen Orogen Australiens mit Hilfe der zugehörigen, hier wie da 500 Millionen Jahre alten Granite versucht. Natürlich konnte das nicht mit der Präzision gelingen wie mit unseren Überschiebungsbahnen. Aber in der Antarktis konnte die auffällige Verteilung dieser Granite Anderes leisten. Sie bilden ein Paar parallel verlaufender Streifen, die sich geochemisch unterscheiden (Abb. 11): Aluminiumarme I-Typ-Granite im Osten, d.h. nahe zum Paläo-Pazifik, und aluminiumreiche S-Typ-Granite im Westen, d.h. kontinenteinwärts. Diese Granitverteilung ist eines der

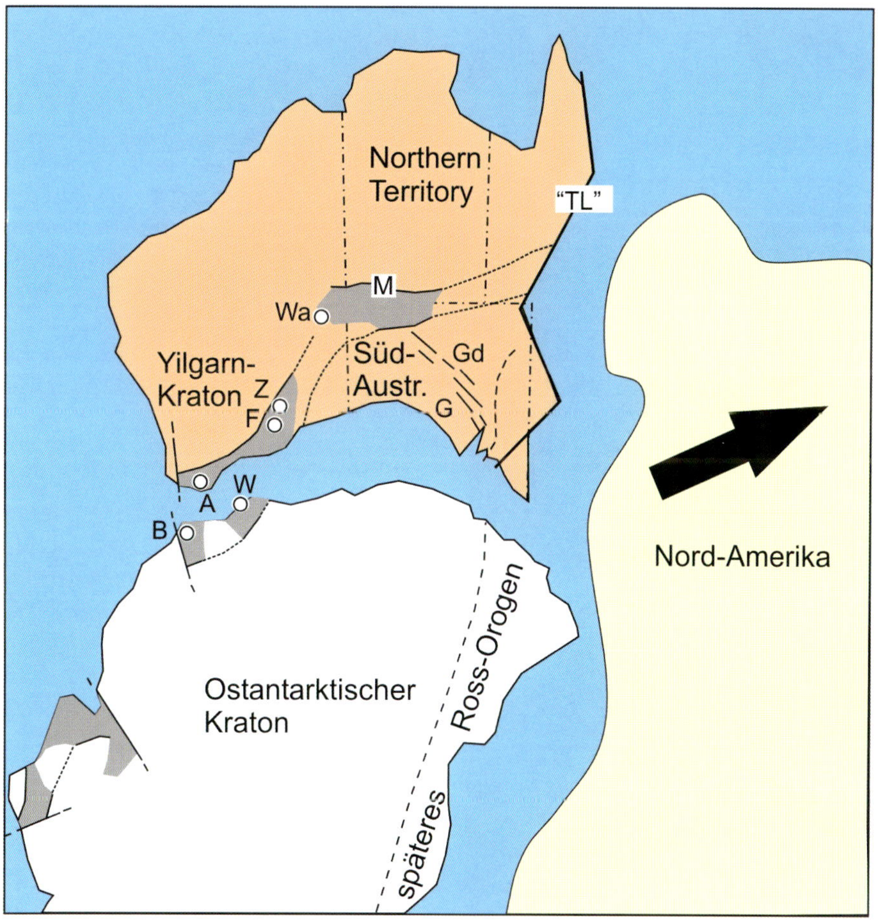

Abb. 8: Die 1,3 bis 1,1 Milliarden Jahre alten Orogene Australiens und der Antarktis (grau): A = Albany, B = Bunger Hills, F = Fraser Range, G = Gawler-Kraton, Gd = Gairdner-Gangschwarm, M = Musgrave Ranges, „TL" = Tasman Line, W = Windmill Islands, Wa = Warburton, Z = Zanthus

Hauptargumente dafür, dass sich der paläo-pazifische Ozean nach Westen unter die Antarktis schob. Im australischen Pendant (Abb. 11) herrschen dagegen I-Typ-Granite deutlich vor, der S-Typ ist spärlich und tritt zudem an der ›falschen‹ Stelle (ganz im Osten des Orogens) auf. Außerdem gesellt sich ein weiterer Granittyp hinzu, der alkalireiche, an sich anorogene ›A-Typ‹. Warum die Verteilung der Granittypen in Australien von der in der Antarktis abweicht und warum sie dort nicht gemäß der Lehrmeinung ist, wird noch nicht verstanden.

Ein besonderes Problem stellt die Lage von Kangaroo Island dar (Abb. 11). Das Delamerische Orogen dreht von Nord nach Süd mehr und mehr in die Nordost-Südwest-Richtung und verläuft auf der Insel schließlich von Ost nach West (Abb. 11). Im Gegensatz zu den anderen delamerischen bzw. ross-orogenetischen Strukturen Australiens und der Antarktis liegt Kangaroo Island mitsamt seinem strukturellen Aufbau damit quer und verläuft etwa parallel zur Küste der beiden Kontinente. Zu diesem Verhalten Kangaroo Islands passen zwei Beobachtungen aus der Antarktis im Bereich des Ninnisgletschers (s. Abb. 1 bzw. 15) während GANOVEX VIII. Die Vermessung des Erdmagnetfelds vom Hubschrauber aus lieferte für Victoria- und Oates-Land erwartungsgemäß Anomalien, die parallel zum Ross-Orogen liegen. Um den Ninnisgletscher laufen sie jedoch küstenparallel. Am Cape Webb unmittelbar westlich des Ninnisgletschers (s. Abb. 1 bzw. 15) verläuft eine Überschiebungszone ebenfalls parallel zur Küste mit Schubrichtung nach Süden. Allerdings ist weder das Alter dieser Scherzone noch das der Strukturprägung bekannt, die für die dazu parallele Magnetik- Anomalie verantwortlich ist. Das Umschwenken der delamerischen Strukturen in den küstenparallelen Verlauf von Kangaroo Island und der küstenparallele Verlauf der Strukturen unbekannten Alters um den Ninnisgletscher in der Antarktis liefern ein spiegelsymmetrisches Bild, dessen Entstehung noch weiter zu untersuchen ist.

Erdmittelalter (Mesozoikum)

Der Zusammenhalt der Antarktis mit Australien ist auch im Erdmittelalter zunächst noch ungebrochen. Direkt sichtbar ist das für die Jurazeit. Denn vor 180 Millionen Jahren bekam Gondwana Sprünge und Risse, aus denen großflächig vulkanische Schmelzen hervorquollen, sogenannte Flutbasalte. Diese riesigen Flutbasalt-Mengen bilden großräumige ›Provinzen‹ innerhalb des Superkonti-

Abb. 9: Symmetrisch nach Osten (a, b) und Westen (c, d) gerichtete, 500 Millionen Jahre alte Überschiebungszonen im Ross-Orogen der Antarktis (vgl. Abb. 11); (a, b) ›Williams Bluff‹ in Victorialand, (c, d) ›Exiles Nunataks‹ in Oates-Land, oben Person als Maßstab. (a, c) Übersicht mit den nach Osten (a) und Westen (c) aufsteigenden Überschiebungsflächen; (b, d) Detail mit asymmetrischen, hellen, zerscherten Mineralkörnern (Feldspat), die den Bewegungssinn anzeigen, wie durch die Pfeile angegeben ist.

nents, die sich nach ihrer chemischen Zusammensetzung unterscheiden, vor allem nach ihren Gehalten an Titan und Spurenelementen, wie z.B. Strontium. In der Antarktis gibt es zwei derartige Provinzen (Abb.12): die ›Karoo-Provinz‹, die Dronning-Maud- und Coats-Land mit dem südlichen Afrika verbindet, und die ›Ferrar-Provinz‹. Diese umfasst den größten Teil des Transantarktischen Gebirges bis hin zu den Whichaway Nunataks und einen fast 1.000 Kilometer langen Streifen von Victoria-, Oates- und George-V.-Land, also den Antarktissektor, der Neuseeland und Ostaustralien gegenüberliegt. Besonders beeindruckend sind die steil aufragenden, isolierten Wände der SCAR Bluffs, der Anxiety Nunataks, der Organ Pipe Cliffs und von Horn Bluff (Abb. 13) im sonst eisbedeckten Oates- bzw. George-V.-Land.

In Australien treten die entsprechenden Gesteine vor allem in Tasmanien auf (Abb. 14). Kleinere Vorkommen gibt es auf Kangaroo Island und in West-Victoria, beides im Bereich des Delamerischen Orogens, außerdem bei Mittagong südwestlich von Sydney.

Allerdings fehlen diese basaltischen Gesteine im Bereich des Gawler-Kratons Australiens sowie im östlichsten Streifen des antarktischen Ross-Orogens, dem ›Robertson-Bay-Terrane‹ (Abb. 12). Aus dieser etwas ungleichartigen Verteilung ergeben sich mehrere Fragen: Ist der Ferrar-Vulkanismus tatsächlich so, wie es den Anschein hat, an den Bereich des Ross- bzw. Delamerischen Orogens gebunden und wenn ja, warum? Ist das Robertson-Bay-Terrane fremd im Ross-Orogen, weil es frei ist von Ferrar-Vulkanismus? Oder wurden hier die Vulkanite bereits erodiert? Ist andererseits das Fehlen von Ferrar-Vulkanismus im australischen Gawler-Kraton ein Fingerzeig dafür, dass die Ferrar-Gesteine von Horn Bluff und den Organ Pipe Cliffs gar nicht zum ostantarktischen Kraton gehören können, sondern vielmehr im unter dem Eis versteckten Westende des Ross-Orogens aufgedrungen sind?

Der antarktisch-autralische Ferrar-Vulkanismus ist im übrigen nicht nur chemisch, sondern auch im Ausbruchs-Mechanismus identisch: Hier wie da sind einerseits Lavaströme an der Erdoberfläche ausgeflossen, andererseits haben sich Vulkanschmelzen hier wie da horizontal in bereits vorhandene Gesteinsstapel hineingepresst und liegen nun als ›Lagergänge‹ oder ›Sills‹ vor (Abb. 13 u. 14).

Zweifellos läutet aber der jurassische Ferrar-Vulkanismus das Ende Gondwanas ein und kündigt damit die bevorstehende Trennung Australiens von der Antarktis an. In der Folgezeit bildeten sich am Südostrand Australiens

Abb. 10: Symmetrisch nach Osten (a, b) und Westen (c, d) gerichtete, 500 Millionen Jahre alte Überschiebungszonen im Delamerischen Orogen Australiens (vgl. Abb. 11); (a, b) Glenelg-Region im Staat Victoria, (c, d) östlich Balaklava im Staate Südaustralien. Die Drehung des runden Einschlusses (a), die nach rechts (= Westen) aufsteigenden und aufbiegenden Flächen (c) und die asymmetrischen, linsenförmigen Scherkörper (b, d) ergeben jeweils den durch die Pfeile angegebenen Bewegungssinn.

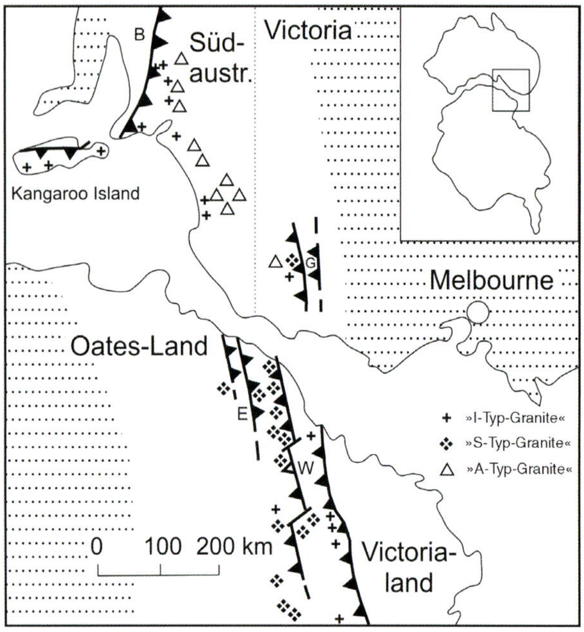

Abb. 11: Gondwana-Rekonstruktion für Antarktika/Australien mit ross-orogenetischen bzw. delamerischen Graniten und Überschiebungszonen. Unschattierter Bereich = Ross- bzw. Delamerisches Orogen; gezähnte Linie = Überschiebungzonen: An den westlichen (Zähne rechts) fand Überschiebung nach Westen statt, an den östlichen (Zähne links) nach Osten; W = Williams Bluff (Abb. 9 a, b), E = Exiles Nunataks (Abb. 9 c, d), G = Glenelg-Region (Abb. 10 a, b), B = Balaklava (Abb. 10 c, d).

ausgedehnte Beckenstrukturen, die mit bis zu 15 Kilometer mächtigen Sedimenten der Jura- und Kreidezeit gefüllt sind (Abb. 12). Diese Sedimentbecken, von denen das Bremer Becken, die Große Australische Bucht, das Duntroon Becken und das Otway-Bass-Gippsland Becken die wichtigsten sind, zeugen von lang anhaltender Dehnung und Ausdünnung der australisch-antarktischen Kruste. Allerdings fehlen derartige Ablagerungen auf dem kristallinen Grundgebirge der Antarktis. Wurden sie nicht deponiert oder bereits wieder abgetragen, oder liegen sie unter der kilometerdicken Eisdecke?

Diese Fragen konnten erst in jüngster Gegenwart über indirekte Beobachtungen und Schlussfolgerungen geklärt werden. So gibt es geophysikalische Indizien für die Existenz von mesozoischen Sedimenten im Bereich des Wilkes-Beckens. Ein weiterer Ansatz besteht in der Rekonstruktion von Abkühlungsgeschichten mit Hilfe thermochronologischer Methoden, die auf den spontanen radioaktiven Zerfall von Uran in Mineralen wie Apatit, Titanit und Zirkon zurückgehen (s. Beitrag von M. Olesch und F. Lisker). So stellten wir unlängst, v.a. während GANOVEX IX 2005/2006, fest, dass die Oberflächen der Flutbasalte und vulkanischen Aschen Nordvictorialands im Anschluss an ihre Freilegung vor 180 Millionen Jahren wieder langsam auf bis zu 100 Grad Celsius aufgeheizt wurden. Eine solche Erwärmung kann nur das Resultat allmählicher Versenkung innerhalb eines bis zu vier Kilometer tiefen Sedimentbeckens sein, das sich von Australien in das Rossmeer und entlang des Transantarktischen Gebirges erstreckte. Dieses ›Mesozoische Victoriabecken‹ wurde mit dem Einbruch des Westantarktischen Grabenbruchs, der Heraushebung des Transantarktischen Gebirges und der endgültigen Loslösung Australiens von der Antarktis vollständig erodiert und liegt nun als Abtragungsschutt in den antarktischen Randbereichen vor. Tiefbohrungen in den heutigen zirkum-antarktischen

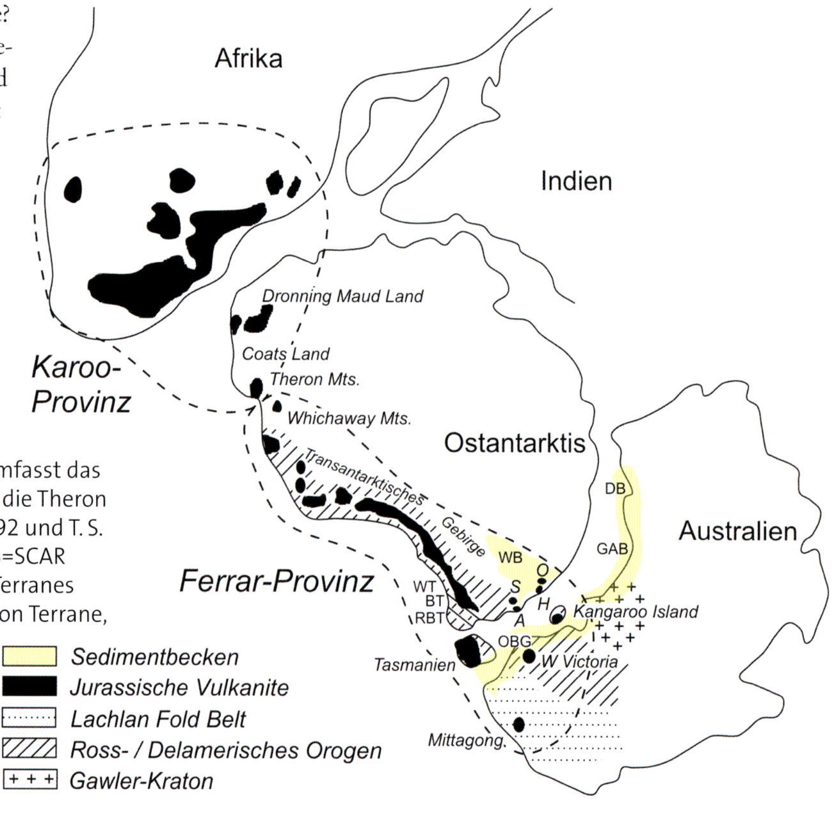

Abb. 12: Verbreitung der vulkanischen Gesteine aus der Jurazeit in der Antarktis sowie der mesozoischen Sedimentbecken der Jura- und Kreidezeit v. a. in Australien. Die vulkanischen Gesteine der ›Ferrar-Provinz‹ setzen sich chemisch identisch in Australien fort. Die davon abweichende ›Karoo-Provinz‹ umfasst das südliche Afrika, Dronning-Maud-Land und die Theron Mountains. (Verändert nach D. H. Elliot 1992 und T. S. Brewer et al. 1992). A=Anxiety Nunataks, S=SCAR Bluffs, H=Horn Bluff, O=Organ Pipe Cliffs; Terranes des antarktischen Ross-Orogens: WT=Wilson Terrane, BT=Bowers Terrane, RBT=Robertson-Bay-Terrane; Sedimentbecken: BB=Bremer Becken, GAB=Große Australische Bucht, DB=Duntroon Becken, OBG=Otway-Bass-Gippsland Becken, WB=Wilkes Becken.

Abb. 13: 180 Millionen Jahre alter Vulkanismus der Ferrar-Provinz in der Antarktis, Beispiel Horn Bluff in George-V.-Land. Die Wand mit den Basaltsäulen ist gut 40 Meter hoch. Die basaltische Schmelze ist in diesem Fall nicht an der Oberfläche ausgeflossen, sondern horizontal in einen bestehenden Gesteinsverband (unten am Bildrand) hineingepresst worden und dann zu den Säulen abgekühlt.

Abb. 14: 180 Millionen Jahre alter Vulkanismus der Ferrar-Provinz in Australien (Tasmanien, Mt. Wellington bei Hobart)

Sedimentbecken, wie z.B. die großen Bohrprojekte ›Cape Roberts Project‹ oder ANDRILL (Antarctic Geological Drilling) im Rossmeer, helfen uns bei der weiteren Rekonstruktion des Mesozoischen Victoriabeckens im auseinanderfallenden Gondwana.

Erdneuzeit (Känozoikum) und Zukunft

Tatsächlich begann sich Australien jedoch erst in der mittleren Kreidezeit (vor etwa 95 Millionen Jahren) von der Antarktis zu lösen. Die Trennung vollzog sich dann vor allem im Alt-Tertiär, vor circa 60 Millionen Jahren. Vor 32 Millionen Jahren konnte dann auch ozeanisches Tiefenwasser ungehindert zwischen Australien und der Antarktis aus dem Indik in den Pazifik strömen (s. Artikel von G. Uenzelmann-Neben). Der Trennungsprozess spielte sich an einer rund 3.000 Kilometer langen Spreizungszone (Doppellinie der Abb. 15) zwischen den beiden Kontinenten ab. Diese Spreizungszone zieht aber – wie die Abbildung zeigt – nicht geradlinig durch, sondern ist immer wieder abgehackt und versetzt. An den ›Absätzen‹ schaben beim Auseinanderweichen die benachbarten Erdkrustenteile aneinander entlang, etwa so wie Finger beim Auseinanderziehen gefalteter Hände. Diese Gleitzonen nennt man ›Transform-Störungen‹; an ihnen scheint die Spreizungszone zwischen Antarktis und Australien vor allem nach Osten zu immer wieder nach rechts versetzt. In Wahrheit bewegen sich aber die jeweils gegenüberliegenden Krustenteile nach links, wie man sich sehr einfach mit einem Papiermodell klarmachen kann: Man kopiere Abbildung 15 – am besten vergrößert –, schneide entlang der Doppellinien (Spreizungszonen) und der sie verbindenden Transform-Störungen und ziehe die beiden Papier-›Erdkrustenplatten‹ auseinander. Dieser kompliziert anmutende Prozess führt zu dem treppenartigen Muster der Abbildung 15. Es wechseln dort also Spreizung (an der Doppellinie) und Gleiten (an den einfachen Linien) mehrfach miteinander ab. Die Gleitzonen sind dabei stets nur zwischen zwei Spreizungsabschnitten in Betrieb. Die Abbildung 15 zeigt sie jedoch nach beiden Seiten hin verlängert; dort, d.h. jenseits der Spreizungszonen, waren sie zu vorhergehenden Spreizungszeiten aktiv. Zwei dieser bereits verlängerten Transform-Störungen sind nun noch weiter verlängert, nämlich bis in den antarktischen Kontinent hinein und zwar in zwei parallel und schnurgerade verlaufende Gletscher, den Matusevich- und den Rennickgletscher (Abb. 15, 16 u. 17). Dass sich Transform-Störungen, die ja zum Öffnungsinventar der Ozeane gehören, an Land fortsetzen, widerspricht der Lehrbuchmeinung, wird aber seit kurzem heftig diskutiert. Hier, im Falle Antarktis/Australien, spricht zunächst für eine solche Fortsetzung,

- dass es die Transform-Störungen mit den größten Versätzen sind, die dort in die kontinentale Antarktis hineinschneiden,
- dass diese möglichen Fortsetzungen – die Gletscher – schnurgerade sind, was ein starkes Indiz für seitliche Gleitbewegung ist,
- dass auch die Schelfkante am Übergang Ozean/Kontinent an diesen Verlängerungen mitversetzt ist (Abb. 15).

Aber die Geschichte der beiden Gletscherläufe ist – wie bei der Expedition GANOVEX VIII herauskam – sehr viel komplizierter: Die Richtung der Gletscherläufe war bereits durch Bewegungszonen vor rund 500 Millionen Jahren vorgegeben. Diese Richtungen wurden dann im Zeitraum zwischen 95 bis 30 Millionen Jahren vor heute wieder belebt, und zwar mehrfach und sehr wechselhaft:

Die Wiederbelebung begann mit einer Krustendehnung, die wie am Oberrhein zum Einbruch eines Grabens führte. In mehreren Schritten vollzog sich dann ein Wechsel der Bewegungen hin zu einer seitlichen Verschiebung. Dies geschah so, dass sich die gegenüberliegenden Bereiche hauptsächlich jeweils nach *rechts*

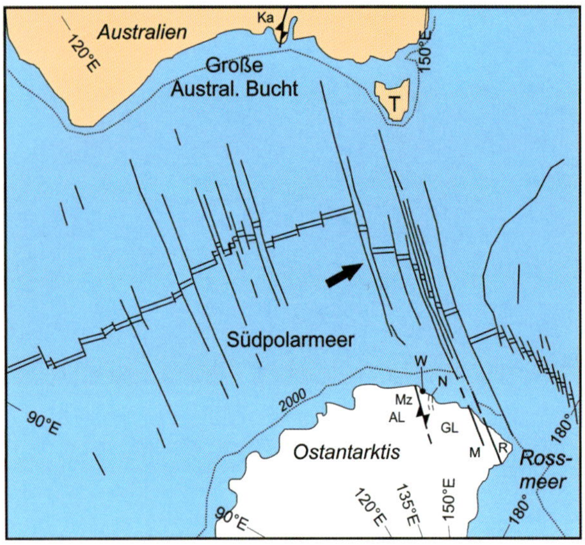

Abb. 15: Spreizungszone (Doppellinie) zwischen Australien und der Antarktis, mehrfach versetzt an sogenannte Transform-Störungen, besonders stark in der Osthälfte des Kartenausschnitts. Die älteren Abschnitte dieser Transform-Störungen setzen sich an Land fort, und zwar im Verlauf des Rennick-Gletschers (›R‹) und des Matusevich-Gletschers (›M‹). Weitere Kürzel: AL = Adélie-Land, GL = George-V.-Land, Ka = Kalinjala-Mylonitzone; Mz = Mertz-Scherzone, N = Ninnis-Gletscher, T = Tasmanien, W = Cape Webb. Punktlinie = Rand des Antarktisschelfs

verschoben haben. Wenn unsere beiden kontinentalen Störungszonen, die Matusevich- und Rennick-Bruchzone, aber die schlichte Fortsetzung der ozeanischen Transform-Störungen zwischen Australien und Antarktis sind, haben wir ein Problem: Denn an den ozeanischen Transform-Störungen verschieben sich die beteiligten Erdkrustenteile ja jeweils nach *links*! Dieser Widerspruch ist bis jetzt nicht befriedigend geklärt. Er ließe sich auf dreierlei Weise auflösen:

(a) Durch zeitliche Entzerrung: *Zu Beginn* der australisch-antarktischen Trennung sorgen nach rechts schiebende Bewegungen für den Rechts-Versatz der Spreizungszonen, das Zick-Zack-Muster der Abbildung 15. Diese Rechts-Bewegung sehen wir an Land. Auf den aktiven Transform-Störungen laufen dann mit dem zunehmenden Auseinanderdriften Gleitbewegungen ab, und zwar – wie erläutert – jeweils nach links.

(b) Durch unterschiedliche Spreizungsgeschwindigkeiten beiderseits der Transformstörungen: Wenn die Spreizung zwischen beiden Kontinenten jeweils *östlich* jeder Transform-Störung schneller abläuft, müssen die Transform-Störungen auch über den Bereich zwischen zwei versetzten Spreizungsabschnitten hinaus in Betrieb sein, wenigstens ein bisschen. Dort sind dann die Gleitbewegungen verschieden: Auf den Verlängerungen in Richtung Australien gleiten die beteiligten Schollen linkssinnig, in Richtung Antarktis aber jeweils nach rechts.

(c) Durch Kombination zweier Vorgänge: Entlang der Transform-Störungen gleiten die australisch-antarktischen Ozeananteile, wie beschrieben, jeweils nach links, nämlich in den sogenannten aktiven Abschnitten zwischen zwei Spreizungsteilstücken. Zusätzlich wird dieser Prozess von Gleitbewegungen überlagert – und sogar übertroffen – die einen entgegengesetzten Bewegungssinn haben. Dies geschieht auf der Gesamtlänge der Transform-Störungen, also auch auf den Verlängerungen bis in die kontinentale Antarktis hinein.

Der Scheidungsprozess zwischen Australien und der Antarktis ist also sehr kompliziert, etliche seiner Details sind bekannt, aber völlig geklärt ist er noch längst nicht. Vorläufig liegen Antarktika und Australien etwa 3.000 Kilometer auseinander. Nach den Modellierungen von Christopher Scotese (www.scotese.com) wird sich das jedoch in geologisch kürzester Zeit ändern. In 50 Millionen Jahren wird der Südoze-

Abb. 16: Matusevich-Gletscher, Blick gletscheraufwärts (160°-Richtung), ›M‹ auf Abb. 15. Unter anderem weist der schnurgerade Verlauf des Gletschers darauf hin, dass er einer Bewegungszone folgt, an der die benachbarten Erdkrusten-Blöcke sich seitlich verschieben, aneinander vorbeigleiten.

Abb. 17: Rennick-Gletscher, Blick quer über den Gletscher bei 70°45'S auf seinen schnurgeraden Ostrand. Wie bei Abb. 16 weist auch hier der gerade Verlauf des Gletschers darauf hin, dass die beteiligten Erdkrusten-Blöcke sich seitlich verschieben, aneinander vorbeigleiten.

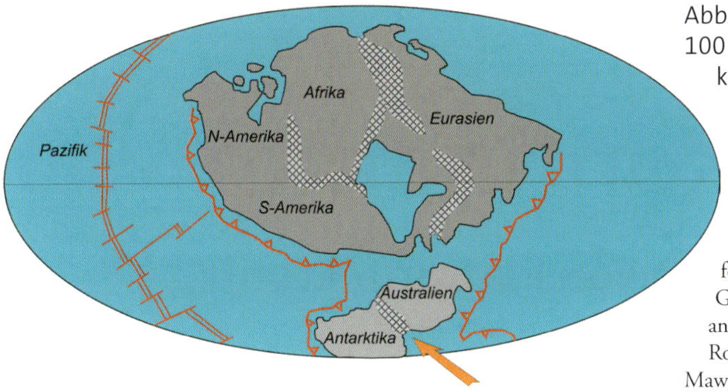

Abb. 18: Nach einer Modellierung von Scotese wird in 100 bis 150 Millionen Jahren Antarktika mit Australien kollidieren, das Kollisionsorogen (Pfeil) wird in ca. 250 Millionen Jahren noch gut erhalten sein.

an zwischen der Antarktis und Australien unter Australien subduziert. Infolgedessen wird sich in 100 bis 150 Millionen Jahren der Südozean schließen, die Antarktis und Australien werden wieder vereint sein. Noch in 250 Millionen Jahren wird sich entlang der ehemaligen Grenze Antarktis/ Australien als Folge des Zusammenstoßes beider Kontinente ein Kollisionsgebirge auftürmen (Abb. 18).

Fazit

Die Antarktis und Australien bildeten über den längsten Teil der Erdgeschichte eine Einheit, die lediglich für die ›kurze‹ Zeit der letzten 150 Millionen Jahre unterbrochen ist (Abb. 1). Ein großer Teil dieses gemeinsamen Schicksals spiegelt sich möglicherweise in der Mertz-/ Kalinjala-Scherzone wider. Ihre heute sichtbaren bzw. zugänglichen Teile waren vor 1,7 Milliarden Jahren aktiv, und zwar bei Temperaturen von 800 Grad Celsius und relativ hohem Druck von acht Kilobar. Die Scherbewegungen klangen später bei unter 550 Grad Celsius und drei Kilobar aus, vielleicht viel später und vielleicht erst im Zusammenhang mit dem antarktisch-australischen Trennungsprozess zur Kreide- und Tertiärzeit. Jedenfalls fällt auf, dass im ozeanischen Bereich zwischen den beiden Ästen der Scherzone (Mertz- bzw. Kalinjala-Scherzone) eine der markanten Transform-Störungen samt ihren Fortsetzungen verläuft (Abb. 15: Pfeil).

Literaturhinweise

Borch, C.C. von der (1980): Evolution of late Proterozoic to early Palaeozoic Adelaide Foldbelt, Australia: comparisons with post- Permian margins. Tectonophysics 70, 115-134

Fitzsimons, I.C.W. (2000): Grenville-age basement provinces in East Antarctica: Evidence for three separate collisional orogens. Geology 28, 879-882

Goodge, J.W., P. Myrow, I.S. Williams & S.A. Bowring (2002): Age and provenance of the Beardmore Group, Antarctica: Constraints on Rodinia supercontinent breakup. Journal of Geology 110, 393 - 406

Mawson, D. (1915): The home of the blizzard. Being the story of the Australasian Antarctic Expedition, 1911-1914, 2 Bde., Philadelphia (Lippincott). [deutsch: (1921): Leben und Tod am Südpol. 2 Bde., Leipzig (Brockhaus)]

Salvini, S. & Storti, F. (2003): Do transform faults propagate and terminate in East Antarctica continental lithosphere? Terra nostra 2003(4), 285

Scotese, C. R. (www.scotese.com): PALEOMAP project

Georg Kleinschmidt, Ehrenvorsitzender der Deutschen Gesellschaft für Polarforschung, forscht seit über 30 Jahren auf den Südkontinenten. Sein besonderes Augenmerk gilt dabei der Geschichte der Kontinentalverschiebung, die in den tektonischen Strukturen der Gesteine der Antarktis, Australiens und Südafrikas geschrieben steht.

Anschrift: Prof. em. Dr. Georg Kleinschmidt
Institut für Geowissenschaften
Johann Wolfgang Goethe-Universität
Postfach 11 19 32
60054 Frankfurt

E-Mail: kleinschmidt@em.uni-frankfurt.de

Andreas L. Läufer forscht seit 2004 an der Bundesanstalt für Geowissenschaften und Rohstoffe im Arbeitsbereich ›Polargeologie‹, den er seit 2009 leitet. Davor war er Assistent in der Arbeitsgruppe von Georg Kleinschmidt an der Universität Frankfurt.

Anschrift: Dr. Andreas Läufer
Bundesanstalt für Geowissenschaften
und Rohstoffe
Stilleweg 2
30655 Hannover

E-Mail: andreas.laeufer@bgr.de

Frank Lisker ist Privatdozent am Fachbereich Geowissenschaften der Universität Bremen. Er untersucht kontinentale Hebungs- und Abtragungsprozesse in Antarktis und Arktis mit besonderem Fokus auf Wechselwirkungen zwischen Tektonik, Klima und lithologischem Bau der Erdkruste.

Anschrift: PD Dr. Frank Lisker
Fachbereich Geowissenschaften
Universität Bremen
Postfach 330 440
28334 Bremen

E-Mail: flisker@uni-bremen.de

Fossile Zeugen wandernder Kontinente

Ammonitenschalen berichten von Plattentektonik, Meeresspiegelstand und Klima

Von Jens Lehmann, Bremen

Fossilien sind als Zeugen vergangenen Lebens unverzichtbar für Rekonstruktionen der Paläoumwelt (s. auch Artikel von W. von Koenigswald). Besonders häufig als Fossilien erhalten sind die Schalen von Meereslebewesen. Diese, sich oft über Jahrmillionen gut erhaltenden Hartteile sind zahlreich und in marinen Sedimenten weltweit verbreitet. Vor allem im Erdmittelalter – dem Mesozoikum, das von etwa 252 bis 65 Millionen Jahre vor heute dauerte – kamen neben Muscheln und Schnecken besonders häufig Ammoniten vor (Abb. 1). Sie waren Verwandte der Vorfahren heutiger Tintenfische, lebten ausschließlich marin und hatten meist eine spiralförmige Schale aus Kalk (s. weiteren Artikel von J. Lehmann). Besonders eindrücklich zeichnen Ammoniten von ihrem Erscheinen auf der Erde vor ungefähr 410 Millionen Jahren bis zu ihrem Verschwinden vor etwa 65 Millionen Jahren Schwankungen des Meeresspiegels und plattentektonische Bewegungen nach. Beispielhaft soll hier deren Verteilung in der Kreidezeit aufgezeigt werden, als besonders umwälzende Prozesse die Flachmeere (Schelfe) – den bevorzugten Lebensraum der Ammoniten – veränderten.

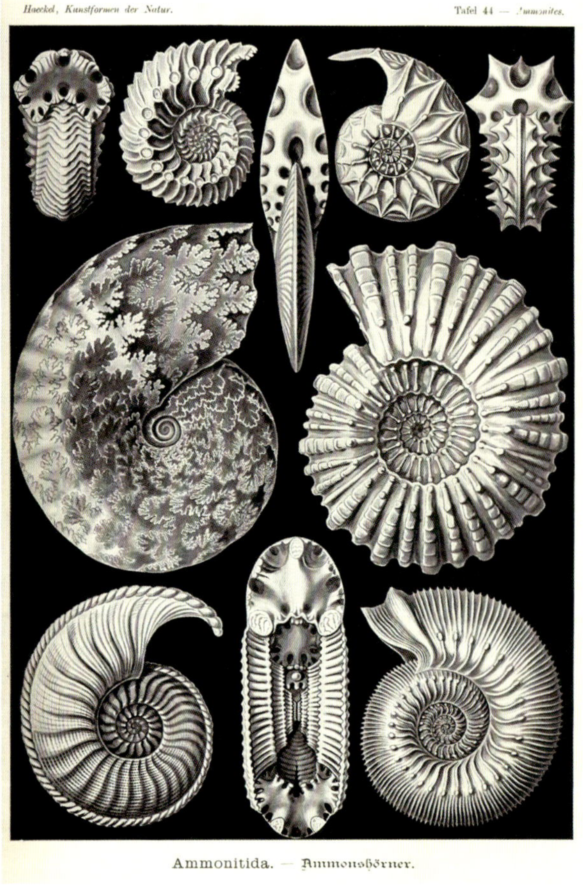

Abb. 1: Schon der Zoologe Ernst Haeckel (1834 – 1919), der mit seinen Schriften auch die Arbeiten von Charles Darwin in Deutschland bekannt machte, war fasziniert von den vielfältigen Formen und Mustern der Ammonitengehäuse. Die Zeichnungen stammen aus seinem erstmals 1899 erschienenen Buch mit dem bezeichnenden Titel ›Kunstfomen der Natur‹.

Ausbreitung und Evolution von Ammoniten – Zusammenhänge mit der Plattentektonik

Über 350 Millionen Jahre lang bevölkerten Ammoniten die Weltmeere und entwickelten in dieser Zeit unzählige Spezies. Die Bildung neuer Arten geschah dabei in relativ kurzen, beschleunigten Entwicklungsphasen, in denen innerhalb einer Entwicklungslinie eine Fülle neuer Morphologien entwickelt wurde (Abb. 2). Die Evolution von Ammoniten vollzog sich oft rasch und war in sehr kleinräumigen Gebieten beschleunigt, wie z.B. im Niedersächsischen Becken (Abb. 2), das damals Teil eines Schelfmeeres war, das große Teile des heutigen Norddeutschland bedeckte. Rasche Artentwicklung in beschränktem geographischen Umfeld ist auch bei Tieren in heutiger Zeit zu beobachten, z. B. bei Fischen in afrikanischen Süßwasserseen, und wird als Bildung von ›Artenschwärmen‹ (species flocks) bezeichnet.

Betrachtet man diese Entwicklungslinien in einem größeren Zusammenhang, über viele Zehner Millionen Jahre, so zeigt sich, dass die Variationen in der Vielfalt in Bezug stehen zu Meeresspiegelschwankungen und der geographischen Ausbreitung der Schelfmeere auf den Kontinentsockeln. Während der Zeit der Trias, vor 250 bis 200 Millionen Jahren, und der Kreidezeit, vor 140 bis 65 Millionen Jahren, erreichten Ammoniten einen Höhepunkt

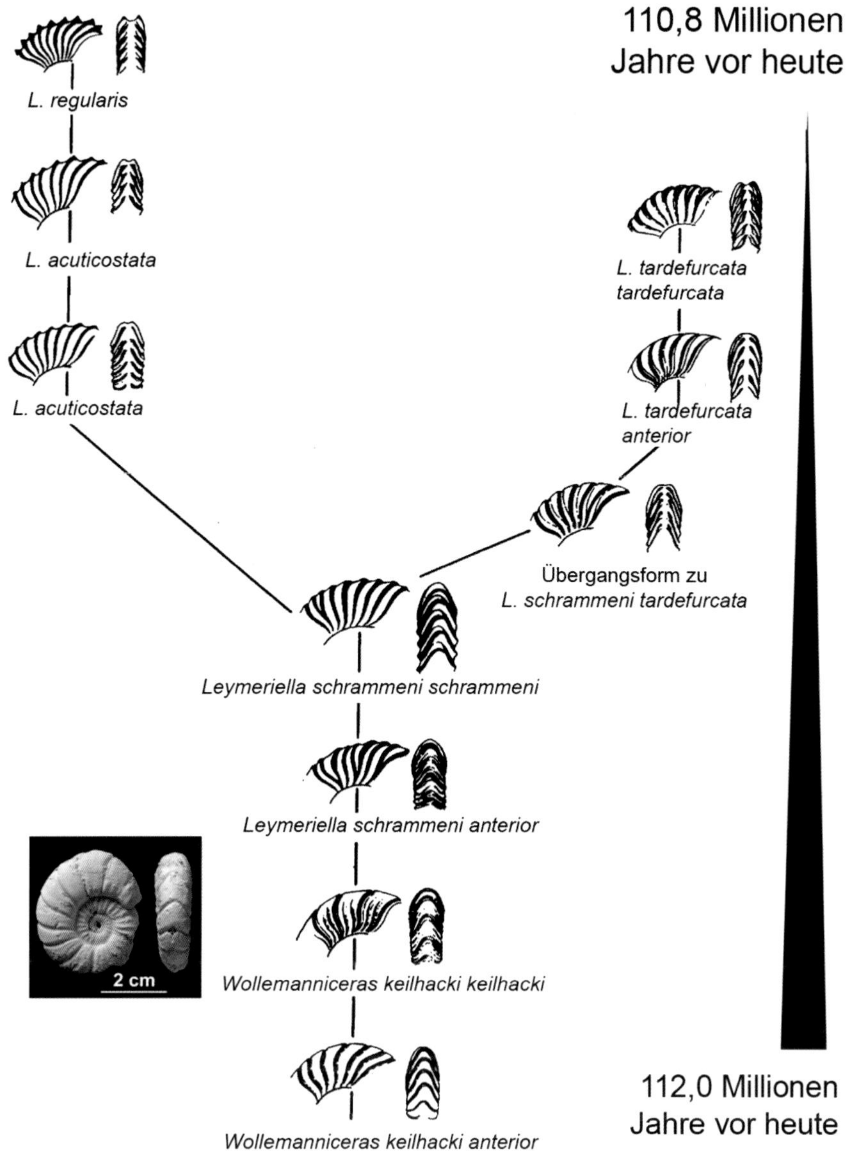

Abb. 2: Evolution von Ammoniten in einem kurzen Zeitabschnitt der Unterkreide. Man beachte den raschen Wechsel der Morphologie über einen Zeitraum von gerade einmal 1,2 Millionen Jahren. Dargestellt ist jeweils nur der letzte Abschnitt der Windungen der Ammoniten, zur Verdeutlichung dienen die Fotos eines vollständigen Exemplars.

in der Diversität, also an Mannigfaltigkeit bezogen auf die Schalenmorphologie (Abb. 3).

Die Entwicklungsgeschichte der Ammoniten ist also eng verknüpft mit äußeren Einflüssen, die ihre Verbreitung steuern. Die Ausbreitung wird kontrolliert durch physische Hindernisse wie Festländer oder tiefe Ozeanbecken sowie durch übergreifende Umweltfaktoren wie Klimaänderungen und meist eher regionale Einflüsse wie Strömungsmuster und Salzgehalt des Meerwassers. Das Auseinanderdriften der Kontinente im Zuge der plattentektonischen Entwicklung hat diese Ausbreitungsfaktoren extrem beeinflusst. Schwankungen in der Intensität der Plattentektonik – deren Ursachen im Erdinneren liegen– hatten also unmittelbaren Einfluss auf die Evolution der Ammoniten und auch anderer Organismen, die in den Schelfmeeren lebten. Starken Einfluss auf die Ausbreitung von Arten hatten auch Schwankungen des Meeresspiegels, die neue Wanderrouten ermöglichten und durch die Flutung von zuvor terrestrischen Ökosystemen ganz neue Lebensräume schufen. All diese Ausbreitungsfaktoren sind dabei eng miteinander verwoben.

Meeresspiegelschwankungen sind uns aus der jüngeren Erdgeschichte vor allem als Folge unterschiedlich starker Vereisung der Polregionen bekannt, die ihrerseits von Änderungen der Erdbahnparameter gesteuert werden (s. Artikel von W. Berger und G. Wefer). In der Kreidezeit haben dagegen vermutlich auch plattentektonische Prozesse zu dem weltweiten Anstieg des Meeresspiegels bei-

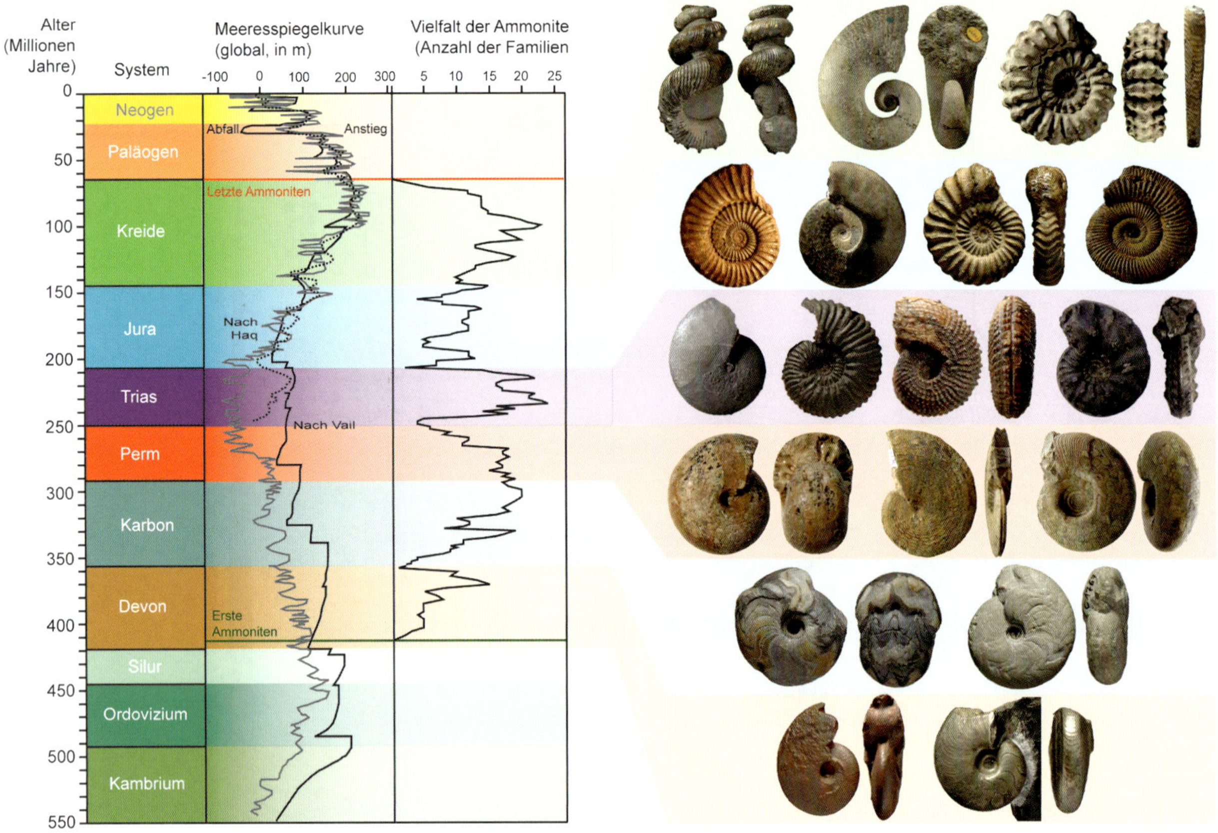

Abb. 3: Zusammenhang zwischen Diversität von Ammoniten in der Erdgeschichte und Meeresspiegel. Die kleine Auswahl von Ammoniten auf der rechten Seite deutet die enorme Artenvielfalt dieser Tiergruppe an, die Zehntausende von Arten hervorbrachte.

getragen. Bislang dachte man, dass im Erdmittelalter vor allem bei der Bildung von neuer ozeanischer Kruste durch die Ozeanboden-Spreizung (sea-floor spreading) viel Wasser verdrängt wurde und somit der Meeresspiegel anstieg. Möglicherweise ist jedoch der Einfluss der Bildung ozeanischer Plateaus aus Basaltgestein wesentlich größer (s. auch Artikel von G. Uenzelmann-Neben). Für die Veränderungen der Ammonitenfaunen sind aber vor allem die raschen und kleinmaßstäblicheren Schwankungen im Meeresspiegel verantwortlich, deren genaue Ursachen noch unklar sind, deren Einfluss sich aber direkt an Fossilien in den Sedimenten ablesen lässt. Dies verdeutlichen die folgenden Beispiele vom Ende der frühen Kreidezeit.

Fallbeispiel Kreidezeit: Was steuerte die Ausbreitung von Ammoniten?

Um zu veranschaulichen, welche Informationen die Ausbreitungspfade von Ammoniten uns liefern, unternehmen wir eine Zeitreise, die vor 220 Millionen Jahren auf der Südhalbkugel ihren Anfang nimmt. In diese Phase fällt das Aufbrechen des Südkontinents Gondwana, und zwar in die Zeit zwischen Obertrias und Mitteljura (etwa 220 bis 160 Millionen Jahre vor heute). Einige Zehner Millionen Jahre später beginnt die zweite Phase des Auseinanderbrechens von Gondwana, die für uns ein ideales Fallbeispiel ist. Im sich öffnenden mittleren Atlantik entstanden nämlich am Ende der frühen Kreidezeit, vor etwa 115 Millionen Jahren (Zeit des Aptium), neue ›Wasserstraßen‹. In dieser Frühphase des Auseinanderbrechens von Westgondwana (s. Artikel von G. Uenzelmann-Neben) zeigen die Ammonitenfaunen noch klare Bezüge zwischen Südamerika und Europa. Etwas später (im mittleren Albium, vor etwa 110 Millionen Jahren) ist schon eine stark eingeschränkte geographische Ausbreitung festzustellen (Abb. 4 und 5). So findet man nun Ammoniten, die auf die nördliche Erdhalbkugel beschränkt sind und selbst hier jeweils nur in Teilen dieses Gebietes zu finden sind (Abb. 4, *Gastroplites* und *Hoplites*). Trotz der Beschränkung auf den gemäßigten und kühleren Bereich scheint dieser Provinzialismus nicht ausschließlich klimatisch gesteuert zu sein. Beide Gattungen kommen nur auf der nördlichen Erdhalbkugel vor und die Verbreitungsgebiete überschneiden sich nur in einem kleinen Bereich, was eher für eine ökologische Trennung in zwei Areale der Hauptverbreitung dieser Gattungen spricht und eine rein klimatische Separation ausschließt.

Im Vergleich zu heute war während der Kreidezeit der Temperaturgradient von den Polen zum Äquator geringer, klimatische Gegensätze waren nicht so deutlich

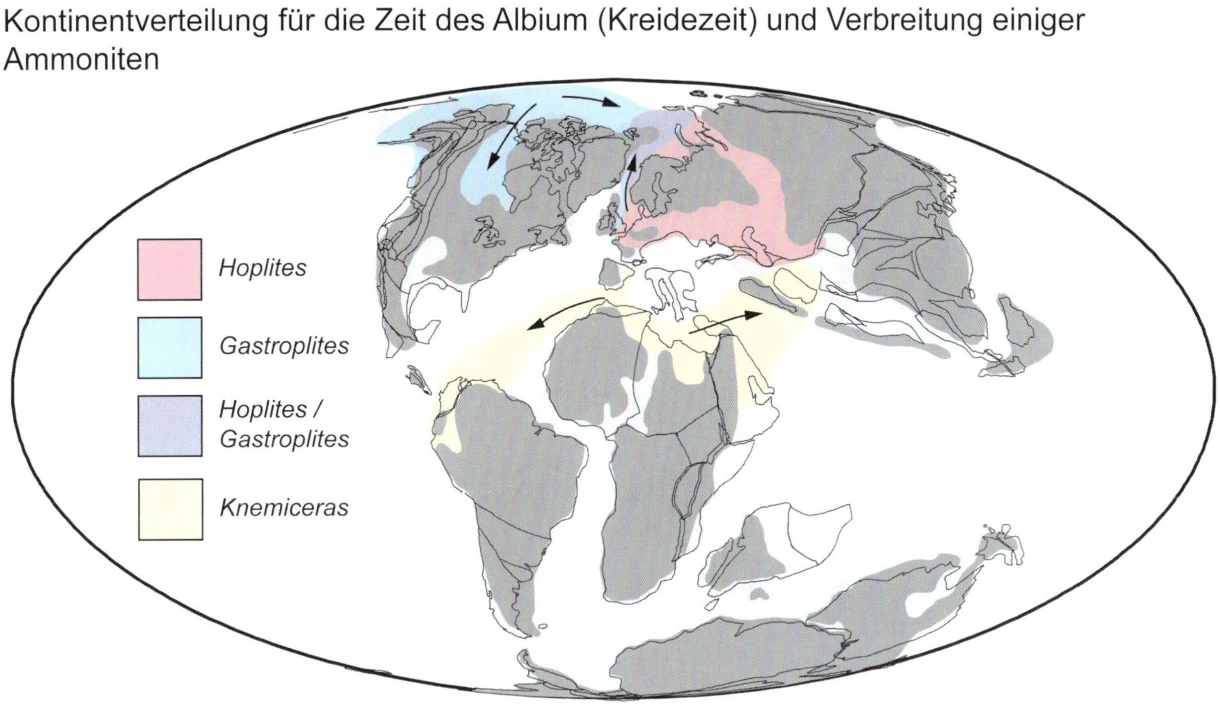

Abb. 4: Hauptverbreitung von einigen Ammonitenarten vor etwa 110 Millionen Jahren und Rekonstruktion der Plattentektonik für diese Zeit. Die Pfeile geben die Ausbreitungsrichtung an.

Abb. 5: Ammoniten der Gruppe Hopliten (vgl. Abb. 4) waren vor etwa 110 Millionen Jahren in einem relativ kleinen Bereich in der Nordhemisphäre verbreitet.

Kontinentverteilung für die Zeit des Albium (Kreidezeit) und Verbreitung einiger Ammoniten

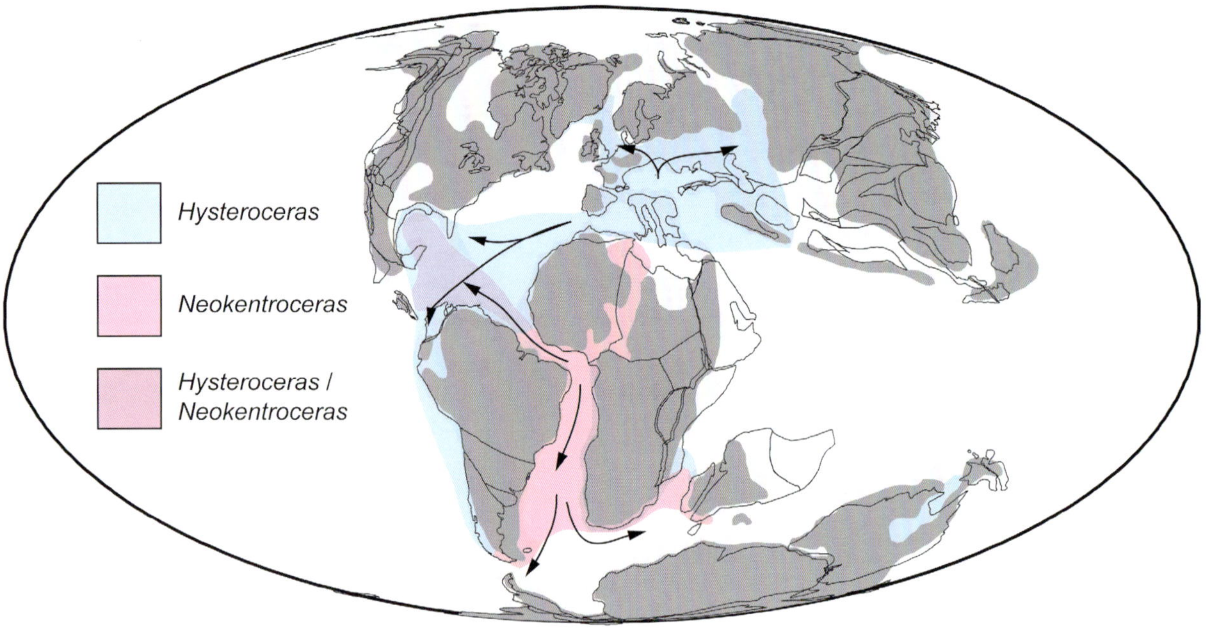

Abb. 6: Hauptverbreitung von einigen Ammoniten vor etwa 105 Millionen Jahren und Rekonstruktion der Plattentektonik für diese Zeit. Die Pfeile geben die Ausbreitungsrichtung an.

ausgeprägt. Nach neueren Forschungen waren die Temperaturgegensätze, selbst während des Optimums des Treibhausklimas, aber deutlicher als bislang angenommen, und Klimazonen könnten deshalb vermutlich durchaus auch eine Rolle bei der Verbreitung von Ammoniten gespielt haben. Darauf deutet auch die in Abbildung 4 gezeigte Verbreitung der Gattung *Knemiceras* hin. Sie war rund um den Äquator an die tropische Zone gebunden und verbreitete sich von Nordafrika aus bis ins nördliche Südamerika und in den arabischen Raum. Vereinzelte Funde bis nach Mitteleuropa können eher auf nach dem Tod des Tieres verdriftete Gehäuse zurückgeführt werden als auf eine Verbreitung bis in hohe Breitengrade. Einerseits sind diese Fossilien dort rar und andererseits sind Ammonitenschalen anfällig für eine solche Verfrachtung über weite Entfernungen.

Öffnung des Atlantiks und Ammonitenverbreitung

Während im mittleren Albium die Ausbreitung europäischer und mediterraner Arten in den Südatlantik sowie der transatlantische Austausch zu stagnieren scheinen, erfolgte in der Zeit des späten Albiums, vor etwa 105 Millionen Jahren, dann wieder eine Tendenz zur weiteren Verbreitung der Ammoniten. Die Ursprünge der im zweiten Beispiel betrachteten Arten liegen in Westafrika und sie verbreiteten sich über den neu gebildeten Zentralatlantik bis nach Nord- und Südamerika (Abb. 6). Der Zentralatlantik wies zu dieser Zeit bereits Wassertiefen auf, die typisch für Ozeane sind. Entlang der noch zusammenhängenden Ozeanränder bot die geringere Wassertiefe jedoch gute Voraussetzungen für die Ausbreitung von Ammonitenfaunen. Einige der bis Mittel- und Nordamerika vorgedrungenen Ammoniten hinterließen dort jedoch keine Nachfahren. *Hysteroceras*, die sich vermutlich vom westlichen Mediterrangebiet herausbreiteten, nutzten auch die neue Passage, um bis nach Nord- und Südamerika zu gelangen und hier deutete sich eine Tendenz zu weltweiter Verbreitung von Faunenelementen an (Abb. 6 und 7).

Die rasche und enorm weite Ausbreitung der Ammoniten in der Zeit des späten Albium wurde durch das Zusammenspiel von zwei Faktoren ermöglicht: 1.) Wegfall von physischen Barrieren durch Zerbrechen der Kontinente und 2.) globaler Meeresspiegelanstieg. Auch wenn der Meeresspiegelanstieg im Vergleich mit anderen Phasen während der Kreide eher geringer war, wurden in diesem Zeitabschnitt viele bis dahin flache Küstenebenen in Europa überflutet bis hinein in das Baltikum sowie in Ostafrika, Nordamerika, Australien und Neuseeland.

Die Ausbreitungswege lagen dabei vermutlich entlang der Kontinentalränder, da Ammoniten Schelfareale bevorzugten. Da die Besiedelung tiefer Ozeanbecken für viele Ammoniten eher unwahrscheinlich ist, ist die Ausbreitung der in Abbildung 6 gezeigten Ammoniten bis in das nördliche Australien somit eher über die Südspitze des zerbrechenden Gondwana-Kontinents erfolgt als über das westliche Mediterrangebiet und den – geographisch betrachtet – Vorläufer des Indischen Ozeans, die östliche Tethys.

Abb. 7: Der Ammonit *Hysteroceras* war auf der Erde vor gut 105 Millionen Jahren besonders weit verbreitet (vgl. Abb. 6).

Artenvielfalt und Veränderungen in der Erdkruste

In der Kreidezeit erfolgte der Meeresspiegelanstieg in mehreren Schritten, mit einem Maximum zu Beginn der Oberkreide. Auch die maximale Artenvielfalt der Ammoniten fällt in diesen Zeitraum vor rund 100 Millionen Jahren und ebenso die höchsten Raten des Auseinanderdriftens der Kontinente im Bereich des Atlantiks sowie die Produktion neuer ozeanischer Kruste. Unter gleichen klimatischen Bedingungen – da auf vergleichbarer geographischer Breite – entwickelten sich in der Folge die Ammonitenfaunen in Nordamerika und Europa unterschiedlich. Je weiter sich beide Landmassen voneinander entfernten, desto unterschiedlicher wurden die Faunenassoziationen. Zu Beginn der verstärkten Ozeanbodenspreizung vor etwa 100 Millionen Jahren (Zeit des Cenomanium) lebten nur etwa 20 bis 25 Prozent der Arten entweder ausschließlich in der alten Welt oder nur in der neuen Welt. In der Zeit des Maastrichtium (gut 35 Millionen Jahre später) – am Ende der Kreidezeit – lebten bereits 40 bis 60 Prozent der Arten nur in einer dieser beiden Regionen. Es bleibt jedoch festzuhalten, dass sich trotz im Detail unterschiedlicher Evolutionslinien in Nordamerika und Europa morphologisch ähnliche Assoziationen entwickelten.

Literaturhinweise

Lehmann, J. (2008): Umweltveränderungen in erdgeschichtlicher Vergangenheit: Ammoniten als Schlüssel zu Plattentektonik, Meeresspiegel und Klima. Museum Aktuell, 143, 29-32

Lehmann, U. (1990): Ammonoideen – Leben zwischen Skylla und Charybdis. Enke, Stuttgart, 257 S.

Jens Lehmann ist Leiter der Geowissenschaftlichen Sammlung der Universität Bremen am Fachbereich Geowissenschaften. Sein Forschungsschwerpunkt ist die Kreidezeit und hier vor allem Paläobiologie und Paläoumweltrekonstruktion. Er arbeitet weltweit über Ammoniten und die sie enthaltenden Sedimente.

Anschrift: PD Dr. Jens Lehmann
Universität Bremen
Fachbereich Geowissenschaften
Postfach 330 440
28334 Bremen

E-Mail: jens.lehmann@uni-bremen.de

Vom zerfallenden Atom zum zerbrechenden Superkontinent

von Martin Olesch und Frank Lisker, Bremen

Abb. 1: Dünnschliff-Foto (gekreuzte Polarisatoren, Bildlänge 700 Mikrometer) von Apatit-Kristallen (Ap) in einem Gneis der Shackleton Range (Antarktis)

Das ›Alter‹ von Gebirgen

Ist es bereits schwierig, den Mechanismus geologischer und landschaftsbildender Prozesse zu ermitteln, so stellt uns deren zeitliche Einordnung vor mindestens ebenso große Probleme. Noch bis weit in das 20. Jahrhundert hinein war es unmöglich, das absolute Alter geologischer Prozesse, von der Entstehung der Erde bis zu Gebirgsbildungen und der Öffnung von Ozeanen, zu bestimmen. Die ursprünglich einzige und auch heute noch am häufigsten genutzte Möglichkeit einer zeitlichen Einordnung sind relative Altersbestimmungen mit Hilfe von Fossilien in Sedimentschichten. Damit lässt sich zunächst der unmittelbare Bildungszeitraum eines sedimentären Beckens ermitteln. Finden sich genügend Hinweise über die Herkunft der Sedimente, so lässt sich zudem abschätzen, wann das Liefergebiet der Sedimente abgetragen wurde. Diese Liefergebiete sind oft Gebirge oder hoch stehende Kontinentalränder, die aufgrund ihres exponierten Reliefs am intensivsten der Erosion ausgesetzt sind und über Gletscher, Bäche und Flüsse effiziente Transportmedien aufweisen. Somit können über fossilführende Schichten in sedimentären Becken indirekt Hebungs- und Abtragungsprozesse von Gebirgen zeitlich eingeordnet werden.

Solche Datierungen auf paläontologischer Grundlage (Biostratigraphie) sowie auf der Basis zeitgleich gebildeter Gesteinstypen (Lithostratigraphie) sind jedoch mit zwei erheblichen Problemen behaftet. Zum einen liefert die Korrelation gleich alter Gesteinsschichten und deren Vergleich mit unter- und überlagernden Horizonten zwar zuverlässige relative Bezüge, definiert aber noch nicht das absolute Alter der Schichten und damit das ihres Bildungsprozesses. Andererseits versagt dieses Hilfsmittel völlig bei der Datierung von Strukturen, die mit keiner Sediment- oder Gesteinsneubildung verbunden sind.

Radioaktive Isotope als Schlüssel für die absolute Altersbestimmung

Einen entscheidenden Schritt zur Bestimmung des absoluten Alters bildete die Entdeckung des Zerfalls radioaktiver Mutter- zu stabilen radiogenen Tochter-Isotopen. Durch Messung von Isotopenverhältnissen (z. B. Kalium–Argon, Rubidium–Strontium, Uran–Blei) wird das Alter für die Schließungstemperaturen der jeweiligen Isotopensysteme bei 300 bis 700 Grad Celsius bestimmt. Dies ist zwar nützlich für die Datierung tieferer Bereiche der Erdkruste, eine praktische Anwendung auf niedriger temperierte oberflächennahe, landschaftsprägende Prozesse ist jedoch stark eingeschränkt.

Dennoch liefert der spontane radioaktive Zerfall auch den Schlüssel für dieses Problem. Allerdings nicht in Form des unmittelbaren Zerfalls vom Mutter- zum Tochter-Isotop, sondern auf der Grundlage dabei auftretender ›Nebenprodukte‹, der *Spaltspuren*. Spaltspuren sind maximal 15 Mikrometer lange lineare Störungen im atomaren Bereich von elektrisch nichtleitenden Kristallen und Gesteinsgläsern, die durch den spontanen Zerfall von ^{238}Uran entstehen. Für die Spaltspur-Datierung geeignete und am häufigsten verwendete Minerale sind Apatit (Abb. 1), Titanit und Zirkon. Die Spurdichte – Anzahl der Spuren pro Flächeneinheit – ist sowohl zur Urankonzentration des zu analysierenden Materials als auch zum Akkumulations-Zeitraum – gesamter Zeitraum in dem spontan Spaltspuren entstanden – proportional.

Die thermische Stabilität der Spaltspuren ist mineralspezifisch. In Apatiten, den häufigst datierten Mineralen, beginnt die Akkumulation von Spaltspuren bei Temperaturen unter 110 Grad Celsius (Abb. 2). Zwischen 110 und 60 Grad Celsius werden die Spuren durch ›partielle

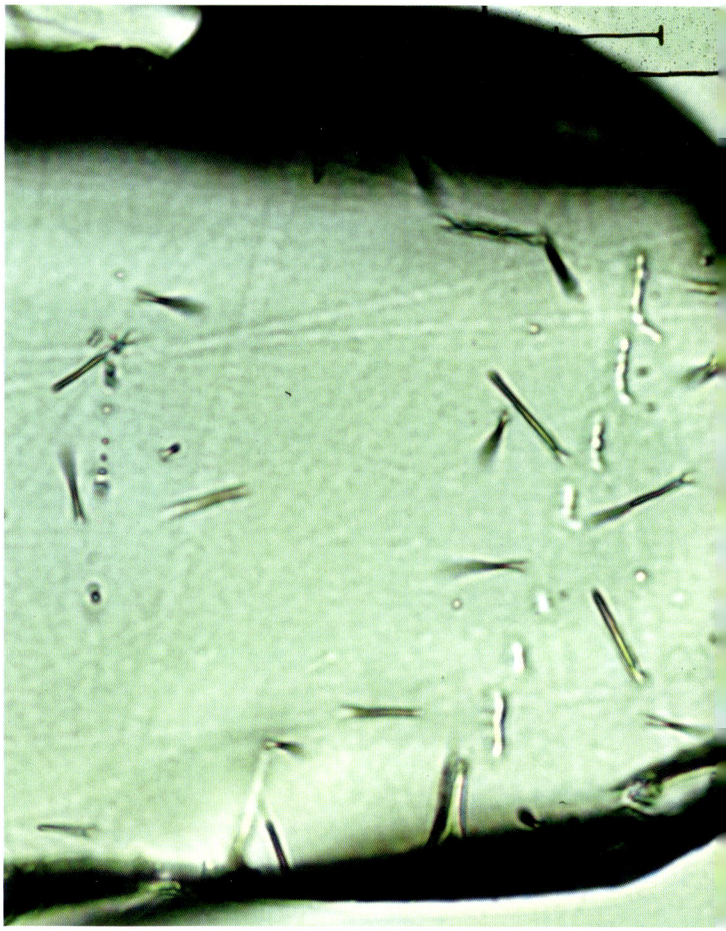

Abb. 2: Spaltspuren in einem Apatit-Kristall aus einem Granit von Marie-Byrd-Land (Antarktis). Die Länge des Maßstabs entspricht 10 Mikrometer.

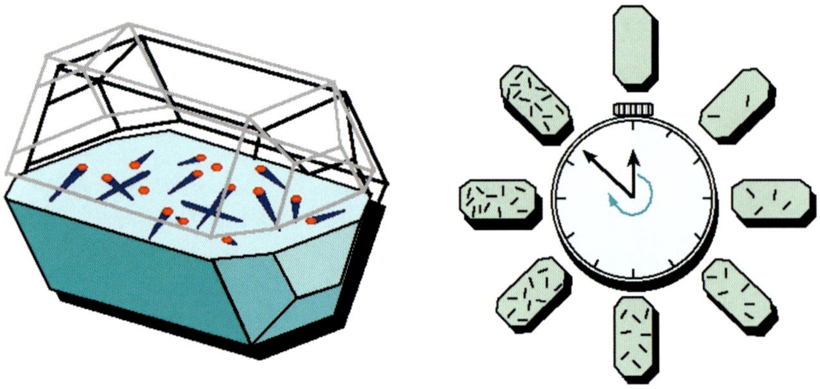

Abb. 3: Perspektivische Darstellung von Spaltspuren (links), schematische Darstellung der Spaltspur-Dichte zur Akkumulations-Zeit

›Ausheilung‹ verkürzt. Bei Temperaturen unterhalb 60 Grad Celsius ist dieser Ausheilungseffekt nicht mehr nachweisbar. Die Spaltspuren werden dann ›eingefroren‹ und bleiben unverändert erhalten, bzw. es werden sukzessiv zusätzlich sich bildende Spuren akkumuliert.

Ein Spaltspur-System lässt sich mit einer Stoppuhr vergleichen (Abb. 3): Gestartet wird zu einem Zeitpunkt, bei dem ein Gestein unter 110 Grad Celsius abkühlt. Wird jedoch das Gestein wieder über diese Temperatur erwärmt, erfolgt eine Nullstellung (›Reset‹) und die Zählung beginnt erst bei einer Abkühlung auf 110 Grad Celsius erneut. Da vollständige Auslöschung und Verkürzung der Spuren nicht im gleichen Temperaturintervall ablaufen, liefert die Spaltspurdatierung zwei komplementäre Informationen. Die Dichte der Spaltspuren ist ein Indiz für (1) den *Zeitpunkt* der Abkühlung, während aus der statistischen Verteilung der Spurlängen (2) der Abkühlungs-*Verlauf* gefolgert werden kann.

Vom Atom zum Superkontinent

Der Anwendung der Spaltspurdatierung auf geologische Prozesse liegt die Existenz eines geothermischen Gradienten in der Erdkruste zugrunde. Anders ausgedrückt: Die Gesteinstemperatur steigt annähernd proportional zur Krustentiefe. Ein normaler geothermischer Gradient liegt bei 25 bis 30 Grad Celsius pro Kilometer, er kann aber auch niedriger (z. B. in alten Schilden oder Subduktionszonen) oder höher (z. B. in tektonisch aktiven oder vulkanischen Gebieten) sein. Demnach beginnt für einen

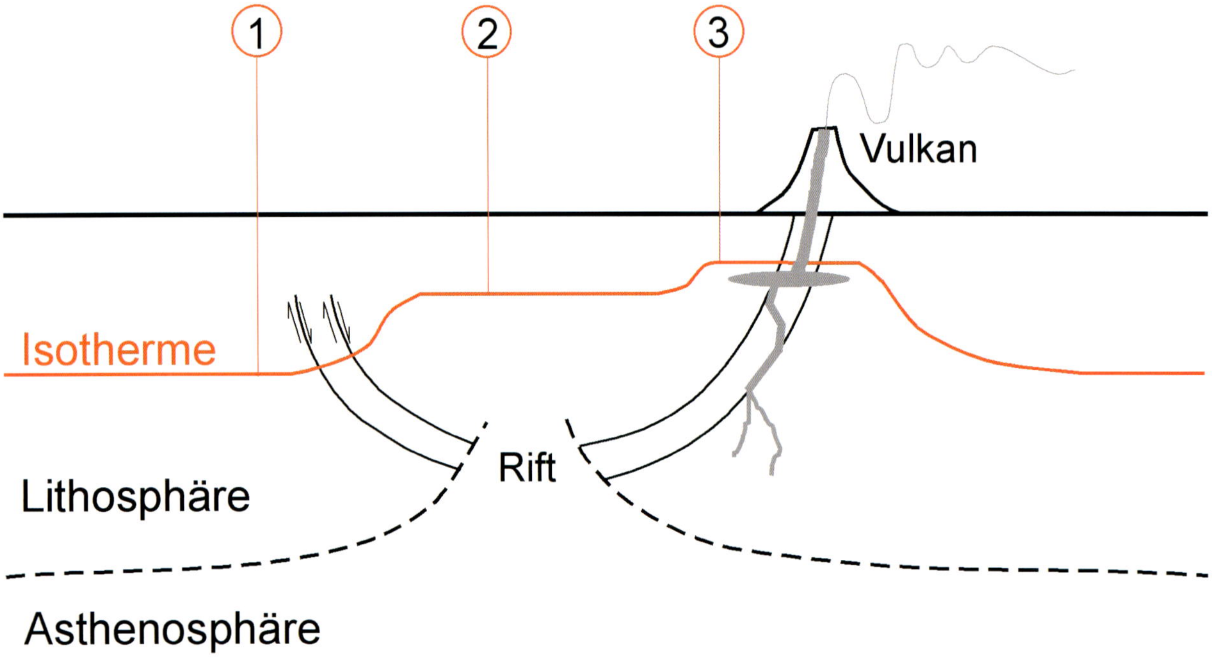

Abb. 4: Schematischer Isothermenverlauf in einem Riftbereich mit aktivem Magmatismus oberhalb eines Plume. Für die Lokationen (1) bis (3) ergeben sich bei gleichem Spaltspuralter unterschiedliche (jeweils halbierte) Abtragungsbeträge.

normalen Gradienten die Akkumulation von Apatit-Spaltspuren in einer Krustentiefe von etwa vier Kilometern, und das Spaltspuralter repräsentiert den Zeitpunkt, zu dem sich eine Gesteinsprobe in dieser Tiefe befand (Abb. 4). Daraus folgt, dass diese nunmehr an der Erdoberfläche anstehende Gesteinsprobe im gegebenen Zeitraum um vier Kilometer an die Oberfläche befördert wurde. Dies erfolgt jedoch nicht als aktiver Aufstieg (›Hebung‹), sondern die Probe wird indirekt, infolge der Entfernung überlagernden Gesteinsmaterials durch Erosion an die Oberfläche ›gezogen‹.

Erosion ist kein zufällig einsetzender Vorgang, sondern häufig eine Reaktion auf tektonische Prozesse, die ein Relief schaffen. Traditionell werden Kollisionsprozesse, die z. B. zur Entstehung eines Faltengebirges wie der Alpen oder des Himalajas führen, für Hebungen verantwortlich gemacht. Häufig ändern solche tektonisch bedingten Hebungsprozesse auch regionale Luftzirkulation und Wasserhaushalt, und können somit zu klimatischen Veränderungen und entsprechenden Rückkopplungen mit der Erosion führen. Solche Wechselwirkungen zwischen Tektonik und Klima können sehr gut im Himalaja beobachtet werden, wo in geologischen Zeiträumen die Heraushebung der Gebirgskette eine neue Klimascheide erzeugte, die wiederum Erosion und Hebung verstärkte.

Abb. 5: Blick auf das Transantarktische Gebirge Nordviktorialands (Antarktis), dessen Bildung auf die Dehnung der Erdkruste im Bereich des Westantarktischen Riftsystems zurückzuführen ist. Spaltspur-Datierungen belegen, dass die Heraushebung dieser Gebirgskette um z. T. mehr als fünf Kilometer innerhalb der letzten 50 Millionen Jahre von bis zu acht Kilometern Erosion begleitet war.

Aber auch Dehnungsvorgänge in der Erdkruste verursachen Veränderungen im Relief und somit Erosion kontinentaler Kruste. In einem solchen Dehnungs-Umfeld wird das erosionsbedingte Massendefizit weiträumig isostatisch ausgeglichen, so dass – paradox anmutend – Erosion von Senken und Tälern die Hebung von Schichtstufen und Bergen erzeugt. Markanteste Beispiele für Hebung durch Krustenextension sind kontinentale Rifte (z. B. Ostafrikanisches Grabensystem, Transantarktisches Gebirge, s. Abb. 5) oder das Auseinanderbrechen von Superkontinenten und die anschließende Bildung passiver Kontinentalränder. In einer solchen Konstellation kann vom Atom auf den Superkontinent, vom Zerfall kleinster Elementarteilchen auf das Zerbrechen kontinentaler Erdkruste geschlossen werden.

Martin Olesch leitete bis zu seiner Emeritierung das Fachgebiet Geologie der Polargebiete am Fachbereich Geowissenschaften der Universität Bremen. Ein Schwerpunkt seiner Forschung lag auf gebirgsbildenden Prozessen in verschiedenen Regionen der Antarktis.

Anschrift: Prof. Dr. em. Martin Olesch
Fachbereich Geowissenschaften
Universität Bremen
Klagenfurter Straße
28359 Bremen

Frank Lisker ist Privatdozent am Fachbereich Geowissenschaften der Universität Bremen. Er untersucht kontinentale Hebungs- und Abtragungsprozesse in Antarktis und Arktis mit besonderem Fokus auf Wechselwirkungen zwischen Tektonik, Klima und lithologischem Bau der Erdkruste.

Anschrift: Dr. Frank Lisker
Fachbereich Geowissenschaften
Universität Bremen
Klagenfurter Straße
28359 Bremen
E-Mail: flisker@uni-bremen.de

Erdbeben in Südamerika

Zusammenstoß zwischen ozeanischer und kontinentaler Platte

von Claus-Dieter Reuther, Hamburg

Am 27. Februar 2010 wurde Chile durch ein starkes Erdbeben erschüttert. Das Epizentrum lag vor der chilenischen Pazifikküste, etwa 335 Kilometer südwestlich der Hauptstadt Santiago de Chile und 100 Kilometer nordnordöstlich von Concepción. Mit der Stärke 8,8 auf der Richter Skala zählt dieses Beben zu den fünf stärksten weltweit. Dank der modernen Vorbereitung der Chilenen auf seismische Ereignisse waren relativ wenig Menschenleben zu beklagen. Bei dem Beben bildete sich parallel zur Pazifikküste eine circa 500 Kilometer lange und 100 Kilometer breite Bruchzone. Diese schließt sich direkt an eine weiter südlich verlaufende, etwa 1.000 Kilometer lange und 200 Kilometer breite Störungszone an, die durch das mit der Magnitude 9,5 weltweit stärkste Erdbeben im Mai 1960 erzeugt wurde. Das Zentrum dieses Bebens lag rund 100 Kilometer südlich der Stadt Concepción. Damals kamen insgesamt 5.700 Menschen ums Leben; die Städte Concepción, Valdivia und Puerto Montt wurden stark beschädigt. In Südchile hob sich die Insel Guamblin abrupt um 5,7 Meter; das Gebiet von Valdivia sank schlagartig bis zu 2,7 Meter ab. Westlich von Valdiva brach zur Zeit der 1960er Bebenserie der Vulkan Puyehue aus. Der von dem Beben verursachte Tsunami überquerte den gesamten Pazifik bis nach Japan, wo er hohe Sachschäden anrichtete und zahlreiche Menschenleben forderte.

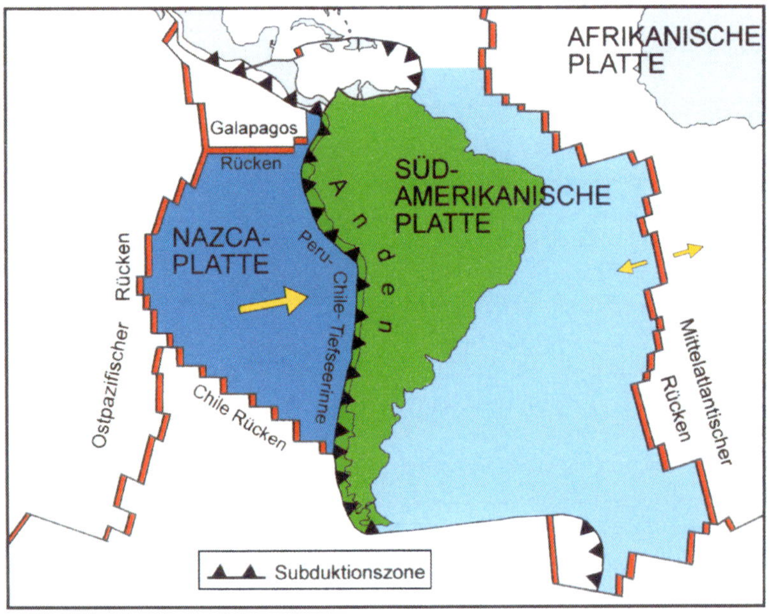

Abb. 1: Plattentektonischer Rahmen – Kollision der ozeanischen Nazca-Platte mit der kontinentalen Südamerika-Platte

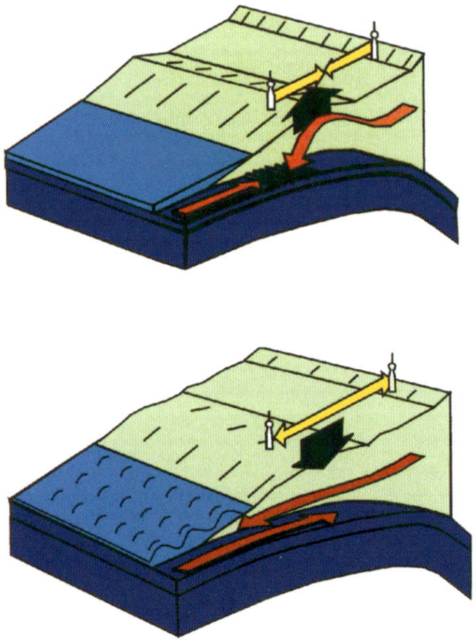

Abb. 2: Ursache und Entstehung von Erdbeben an Subduktionszonen. Oben: Geologisch kurzzeitige Hebungen des Küstenbereichs durch die Verhakung der Unterplatte mit der Oberplatte. Einengung zwischen den weißen Markierungen, Aufwölbung und Zunahme der Spannungen in der Oberplatte. Unten: Die Spannung steigt bis zur Überwindung des ›Verhakungswiderstands‹ an und wird dann plötzlich abgebaut. Entstehung des Erdbebens: Die Oberplatte schiebt sich ruckartig vor und die Aufwölbung geht wieder zurück (z. B. Erbeben von Antofagasta am 30. Juli 1995, Magnitude 8,1).

Ausgelöst wurden diese und weitere heftige und weniger starke Erdbeben in dieser Gegend dadurch, dass sich hier zwei Platten aufeinander zu bewegen. Entlang der Westküste von Südamerika schiebt sich der Untergrund des Pazifiks, die ozeanische Nazca-Platte, mit einer Geschwindigkeit von etwa neun Zentimetern pro Jahr unter den südamerikanischen Kontinent (Abb. 1). Die Folge dieses Subduktion genannten Prozesses ist die Ausbildung einer

Abb. 3: Vulkane des aktiven Magmatischen Bogens in der chilenischen Westkordillere: Lascar, 5.641 Meter (links) und Licancabur, 5.916 Meter (rechts), beide in der Nähe von San Pedro de Atacama

Tiefseerinne parallel zur Küste. Ab einer gewissen Erdtiefe finden Aufschmelzungsprozesse entlang der abtauchenden Platte statt. Die dabei entstehenden Magmen steigen auf und durchdringen die darüber liegende Südamerikanische Platte. So bilden sie den Magmatischen Bogen der Anden mit seinen zahlreichen Vulkanen. Die starken Erdbeben der Region sind auf die Reibung zwischen Ober- und Unterplatte und auf Verformungsprozesse innerhalb dieser Platten zurückzuführen. Vulkane und tektonische Strukturen formen ein etwa 8.000 Kilometer langes und bis zu 800 Kilometer breites Gebirgssystem, dessen Gipfel fast 7.000 Meter hoch aufragen. Die Entwicklung der Anden begann im Erdmittelalter vor etwa 200 Millionen Jahren und dauert noch immer an.

Subduktion

Die ozeanische Nazca-Platte wird an drei Seiten von auseinanderdriftenden Plattengrenzen umschlossen, nämlich dem Ostpazifischen Rücken, dem Galapagos-Rücken und dem Chile-Rücken (Abb. 1). An ihrer vierten, der Ostseite taucht die Nazca-Platte selbst unter die Südamerikanische Platte ab. Die damit verbundenen Prozesse steuern die geologische Entwicklung dieser Grenzregion. Der Einfallswinkel und die Tiefe der abtauchenden Platte lassen sich aus der Anordnung und Verteilung von Tiefbeben ermitteln. Sie entstehen dadurch, dass die abtauchende Platte gleichzeitig gestaucht und gedehnt wird. Etwa 300 Kilometer östlich der Peru-Chile Tiefseerinne befindet sich auf der Oberplatte der aktive Magmatische Bogen mit seinen Vulkanen. Diese Vulkane werden durch das in etwa 100 Kilometern Tiefe schmelzende Mantelgestein unter der Südamerika-Platte gespeist. Daten über Abtauchwinkel, Aufschmelztiefe und den Abstand der Tiefseerinne vom Magmatischen Bogen ermöglichen es, die tektonische Entwicklung des chilenischen Plattenrands zu rekonstruieren. In den hier exemplarisch vorgestellten Gebieten bei Antofagasta hängen Ober- und Unterplatte stark zusammen, so dass tektonische Spannungen von der Unterplatte auf die Oberplatte übertragen werden können. Diese Spannungen verursachen starke Verformungen, wie Falten und Überschiebungen in der Oberplatte. Durch Unregelmäßigkeiten in den beiden Platten können sich diese miteinander ›verhaken‹, und es bauen sich relativ rasch sehr hohe Spannungen auf, die sich dann schlagartig in einem Erdbeben lösen (Abb. 2).

Raum Antofagasta – Salar de Atacama

Am heutigen nordchilenischen Plattenrand liegt der aktive Magmatische Bogen der Anden etwa 300 Kilometer von der Küste entfernt und klettert im Bereich der Westkordillere auf Höhen von fast 6.000 Metern (Abb. 3). Der letzte große Vulkanausbruch in Nordchile war der des Lascar Mitte April 1993.

Interessant ist an der Region zwischen Tiefseerinne und aktivem Magmatischen Bogen, dass hier noch drei weitere, zu anderen Zeiten entstandene und heute erloschene Magmatische Bögen nebeneinanderliegen. Der Ostteil der Präkordillere war vor 80 bis 35 Millionen Jahren aktiv. Die Aktivitäten des Bogens im Westteil der Präkordilleren und in Bereichen des heutigen chilenischen Längstals fielen hauptsächlich in den Zeitraum zwischen 90 bis 80 Millionen Jahren vor heute. Die Küstenkordillere war als Magmatischer Bogen vor etwa 190 bis 120 Millionen Jahren aktiv. Im Bereich der Küstenkordillere verläuft außerdem in Nord-Süd-Richtung die mehr als 1.000 Kilometer lange Atacama-Störung (Abb. 4).

Forearc-Bereich

Im Gebiet zwischen dem Magmatischen Bogen und der Stelle, an der die Nazca-Platte abtaucht, dem so genannten Forearc-Bereich, finden gleichzeitig vier geodynamisch/tektonische Prozesse statt: (1) Subduktionserosion, (2) Hebung, (3) Dehnung und (4) Kompression. Der äußere Rand der Südamerika-Platte wird hier tektonisch erodiert. Das heißt, von der Oberplatte werden durch die abtauchende Platte Krustenteile abgerissen und mit in die Tiefe gezogen. Dieser als Subduktionserosion bezeichnete Prozess hat im Laufe der Zeit dafür gesorgt, dass der erloschene jurassisch/unterkretazische Bogen heute direkt am Westrand der Südamerika-Platte liegt, anstatt über der Stelle, an der das geschmolzene Gestein aufsteigt. Seit der Jura-Zeit hat sich so die Aktivität des

Abb. 5 (oben): Gehobene Strandterrassen der Halbinsel Mejillones nördlich von Antofagasta

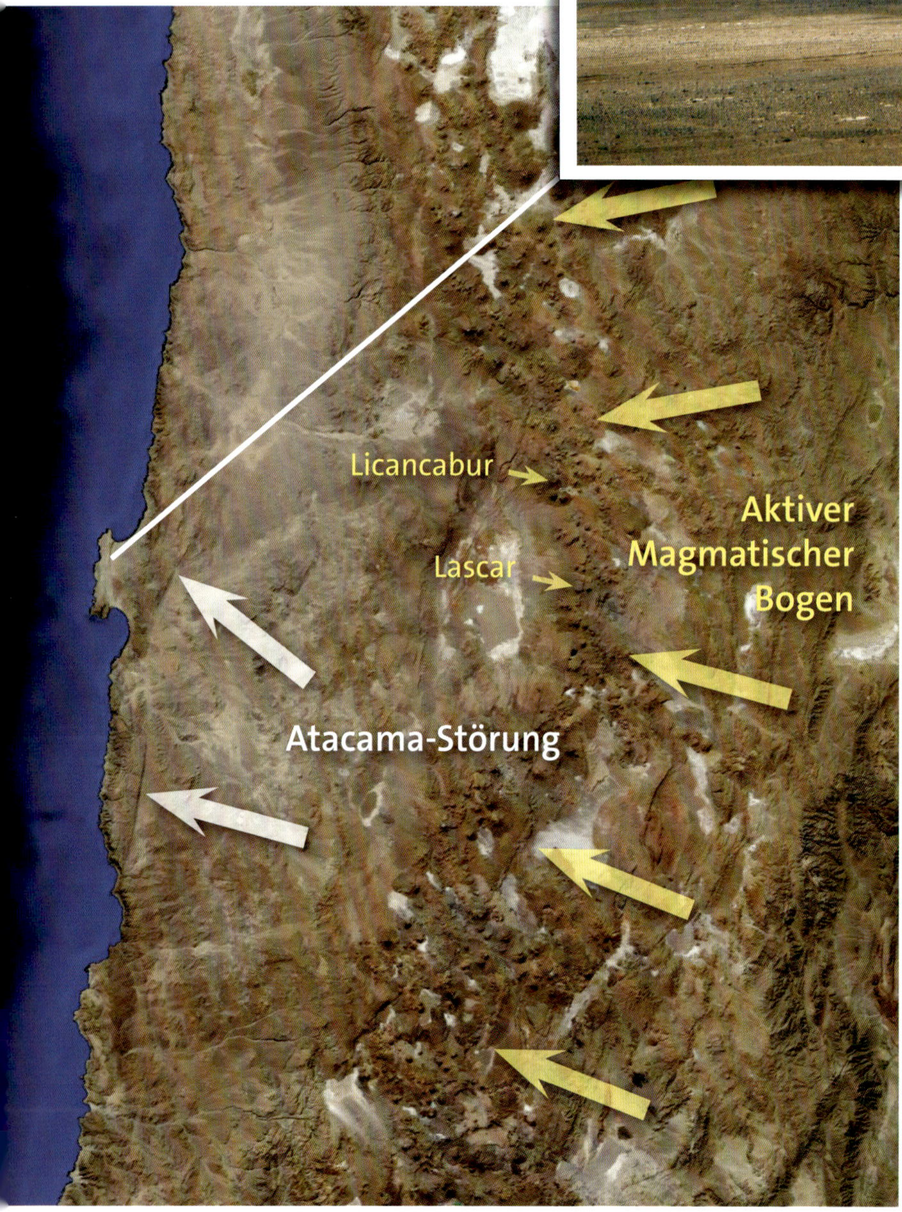

Abb. 4: Satellitenbild Nordchiles mit der Halbinsel Mejillones, der Atacama Störung (weiße Pfeile) und dem aktiven Magmatischen Bogen (gelbe Pfeile) mit den in Abbildung 3 gezeigten Vulkanen Lascar und Licancabur. Die Bildbreite entspricht etwa 575 Kilometern.

Magmatischen Bogens um etwa 200 Kilometer nach Osten verlagert. Die Regionen, die ehemals hinter einem Magmatischen Bogen gelegen haben, die Backarc-Bereiche der jurassischen und kretazischen Magmatischen Bögen, kamen durch die nach Osten wandernde magmatische Aktivität in den Forearc-Bereich. Durch diese Verschiebungen ist die Kruste dieses Plattenrandes sehr komplex aufgebaut. Entstehung und Vorkommen jüngerer tektonischer Deformationen werden also stark von den vorher bestehenden Krustenstrukturen beeinflusst.

Atacama-Störungszone

Die nordchilenische Forearc-Region wird durch die Nord-Süd verlaufende Atacama-Störungszone (Abb. 4) in einen äußeren Bereich und einen inneren Bereich unterteilt. Im äußeren Forearc-Bereich lassen sich in der Küstenkordillere aktive Hebungen nachweisen. Diese Hebungen sind besonders gut auf der Halbinsel Mejillones an gehobenen Strandterrassen zu erkennen (Abb. 5). Ehemalige Strände liegen je nach Alter bis zu 500 Meter über dem heutigen Meeresspiegel. Für die letzten 100.000 Jahre wurde eine durchschnittliche Hebungsrate von 2,4 Millimetern pro Jahr ermittelt.

An der Oberfläche der äußeren Forearc-Region, zwischen der Halbinsel Mejillones und der Atacama-Störung, gibt es Stellen, an denen das Gestein schräg nach unten versetzt wurde, so genannte Abschiebungen. Diese Strukturen deuten darauf hin, dass das Gestein gedehnt wurde. Forscher fanden im unteren Krustenbereich des äußeren Forearc aber auch gestauchte Gesteine. Jenseits der Atacama-Störung, in der östlich anschließenden inneren Forearc-Region, sind alle erkennbaren Deformationen durch Stauchung entstanden. Hier kommen Aufschiebungen, Überschiebungen und Falten vor.

Auf den ersten Blick erscheint es widersprüchlich, dass an einer Stelle, an der Platten sich aufeinander zu bewegen, Stauchungs- und Dehnungsstrukturen nebeneinander auftauchen. Um diese Widersprüche aufzulösen, soll ein dynamisches Modell die Bewegungsabläufe am nordchilenischen Forearc erklären.

Geodynamisch-tektonisches Modell für Nordchile

Dieses Modell basiert auf folgenden Grundlagen: In Bereichen, in denen sich Platten aufeinander zu bewegen, können sich über einem Abscherhorizont bei Überschreiten des basalen Scherwiderstandes durch Zusammenschub Krustenkeile entwickeln. Die Form eines solchen Krustenkeils wird bis zum Erreichen seiner sogenannten stabilen kritischen Keilform durch folgende Faktoren reguliert: Angliederung von Gesteinsmaterial an der Keilspitze (Akkretion), interne Kompression oder Extension, Sedimentation und Oberflächenerosion sowie tektonische basale Erosion. Deformationsprozesse innerhalb des Keils sind auf interne Spannungsumwandlungen zurückzuführen und entwickeln sich deshalb, weil der Keil bei der Veränderung eines oder mehrerer der oben angeführten Faktoren seine stabile Geometrie wieder erreichen und aufrechterhalten will.

Forearc-Keil

An Plattenrändern kann ein so genannter Forearc-Keil entstehen (Abb. 6), der an seiner Oberseite durch die bestehende Geländeneigung und an seiner Unterseite durch die untergleitende Platte begrenzt wird. An der Grenze zwischen Keil und abtauchender Platte finden Prozesse statt, die Form und Stabilität des Keils und somit der gesamten Region beeinflussen. Diese Grenze wird auch als Abscherhorizont bezeichnet, da sich Keil und Platte gegeneinander bewegen. Der Keil wird landeinwärts durch den aktiven Magmatischen Bogen begrenzt, der wie eine Art ›Bandscheibe‹ zwischen dem Forearc-Bereich und dem Gebirgsplateau der Ostkordilleren liegt. Die Form des Keils und die Spannungen im Gestein dieses Bereichs bestimmen sich gegenseitig. Dabei spielen Dichte und Porenflüssigkeitsdrucke eine wichtige Rolle.

Der nordchilenische Forearc-Keil wird in einen äußeren und in einen inneren Forearc-Keil untergliedert. Die Gesteine an der Unterseite der Keilspitze des 70 Kilometer langen äußeren Forearc-Keils werden von der abtauchenden Nazca-Platte abgerissen und mit in die Tiefe gezogen. Diese Abscherungen finden an bestimmten Scherflächen in einer tektonischen Melange-Zone innerhalb der Oberplatte statt (Abb. 6). Mit zunehmender Tiefe steigt vermutlich entlang der Subduktionsstörung der Porenflüssigkeitsdruck (s. Artikel von A. Kopf). Dadurch nimmt der Reibungswiderstand zwischen den abgerissenen

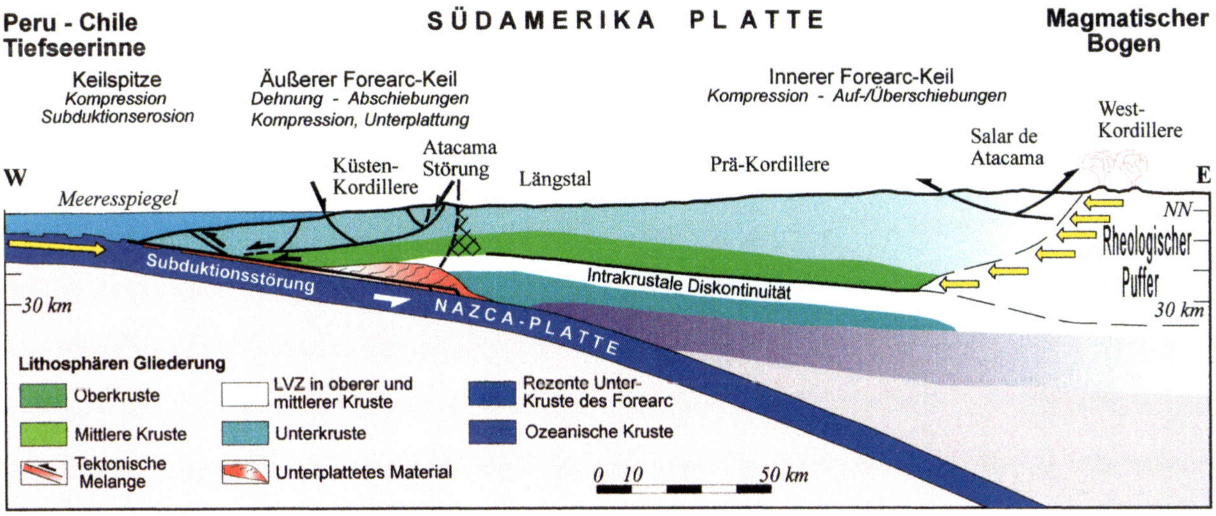

Abb. 6: Schematischer geologischer Schnitt zwischen der Peru-Chile-Tiefseerinne und dem Magmatischen Bogen auf der Südamerika-Platte. Durch die Kollision der Südamerika- mit der Nazca-Platte bilden sich äußere und innere Forearc-Keile.

Abb. 7: Nach Osten gerichtete Aufschiebung (roter Pfeil) in 2,17 Millionen Jahre alten vulkanischen Ablagerungen am Fuß des Magmatischen Bogens

Krustensplittern und der Nazca-Platte ab. Dies führt zur sogenannten Unterplattung der Krustensplitter. Die Krustensplitter bleiben sozusagen hängen und überschieben sich gegenseitig. Material lagert sich an der Unterseite des Keils an.

Diese Bewegungen werden bis in 30 Kilometer Tiefe als Erdbeben registriert. Durch das angelagerte Material hebt der jetzt dickere, äußere Forearc-Keil die darüberliegenden Grundgebirgsbereiche auf ein höheres Krustenniveau an (Abb. 6). Ein solcher Mechanismus könnte die Hebung der Küstenkordillere steuern. Das an den Keil angelagerte Material verändert die Keilform und damit den Spannungszustand im äußeren Forearc. Durch das Abreißen von Material unter der Keilspitze und das Anlagern von Material unter dem rückwärtigen Teil kippt der Keil. Seine Oberseite wird steiler, dadurch wird er instabil und gleitet aufgrund der Schwerkraft auseinander. Dabei entstehen an der Oberfläche Abschiebungen und Dehnungsstrukturen.

Die an der Erdoberfläche sichtbaren tektonischen Strukturen ermöglichen es, den Vorgang im oberen, spröde reagierenden Abschnitt der Lithosphäre zu beschreiben. Der innere Forearc-Keil erstreckt sich über 210 Kilometer Länge von der Atacama-Störung bis an den Westrand des aktiven Magmatischen Bogens (Abb. 6). Der größte Teil seiner Keilbasis wird nicht von der Subduktionszone gebildet, sondern von einer intrakrustalen Diskontinuität. Diese liegt in einer Tiefe zwischen 15 und 25 Kilometern. Im inneren Forearc-Bereich werden rezente Seenablagerungen und die vulkanischen Gesteine des aktiven Magmatischen Bogens überschoben. Als Abscherhorizonte dienen häufig Evaporitlagen, in größeren Tiefen Diskontinuitätsflächen älterer tektonischer Stadien. Charakteristische tektonische Strukturen sind zum Pazifik hin gerichtete Hauptüberschiebungen und Falten und nach Osten gerichtete Rücküberschiebungen. Die östlichste Aufschiebung verläuft am Fuße der Vulkane Tumisa und des aktiven Lascar (Abb. 7). Die Spröddeformation im inneren Forearc-Keil reicht nach Erdbeben-Daten bis in eine Tiefe von 30 Kilometern.

Südliches Zentralchile

Im südlichen Zentralchile (Abb. 8) ist der Forearc-Bereich von West nach Ost in vier Haupteinheiten untergliedert:

(1) das Becken von Arauco

(2) die Küstenkordillere (Cordillera de Nahuelbuta)

(3) das Längstal und

(4) die Hauptkordillere (Cordillera Principal) mit dem aktiven Magmatischen Bogen.

Die Tiefseerinne ist etwa 270 Kilometer von der aktiven Vulkanreihe entfernt. Die Vulkane sind hier beträchtlich niedriger als in den nördlichen zentralen Anden. Im Untersuchungsgebiet liegen der 2.726 Meter hohe Vulkan Lonquimay und der 3.100 Meter hohe Llaima.

Südlich von Concepción ragt die Küste des aktiven südamerikanischen Kontinentrandes mit der Halbinsel Arauco 40 Kilometer in den Pazifik vor (Abb. 8). Kennzeichnend für das Gebiet sind starke, junge Hebungen. Bis auf 500 Meter über dem Meeresspiegel findet man Strandplattformen aus dem Quartär. Bei dem bereits erwähnten Erdbeben im Mai 1960 hob sich der südliche Bereich der Halbinsel schlagartig um 1,30 Meter. Die seit mindestens einer Million Jahre andauernden Hebungen des Küstenbereichs haben einen natürlichen Damm geschaffen, an dem die aus der Küstenkordillere kommenden Flüsse aufgestaut werden. Dadurch bildeten sich die natürlichen Stauseen Lago Lleu Lleu und Lago Lanalhue (Abb. 9).

Meist landwärts einfallende Abschiebungen weisen einen Gesamtversatz bis zu 800 Metern auf. Die Küsten der Halbinsel verlaufen parallel zu verschiedenen Störungsrichtungen, die im gesamten Gebiet zwischen der Tiefseerinne und dem Magmatischen Bogen auftreten. Die Störungen haben unterschiedliche Ursachen. Die Oberplatte zerbricht teilweise an geologisch sehr alten, von Nordwest nach Südost verlaufenden Strukturen in der Erdkruste. Sie entstanden, als der große Südkontinent Gondwana vor etwa 210 bis vor 170 Millionen Jahren in Südamerika, die Antarktis, Afrika, Indien und Australien

Abb. 8: Übersichtskarte zur Struktur des aktiven Plattenrandes südlich von Concepción mit den im Text erwähnten Lokalitäten (roter Stern: Eines der Epizentren der Erdbebenserie von 1960)

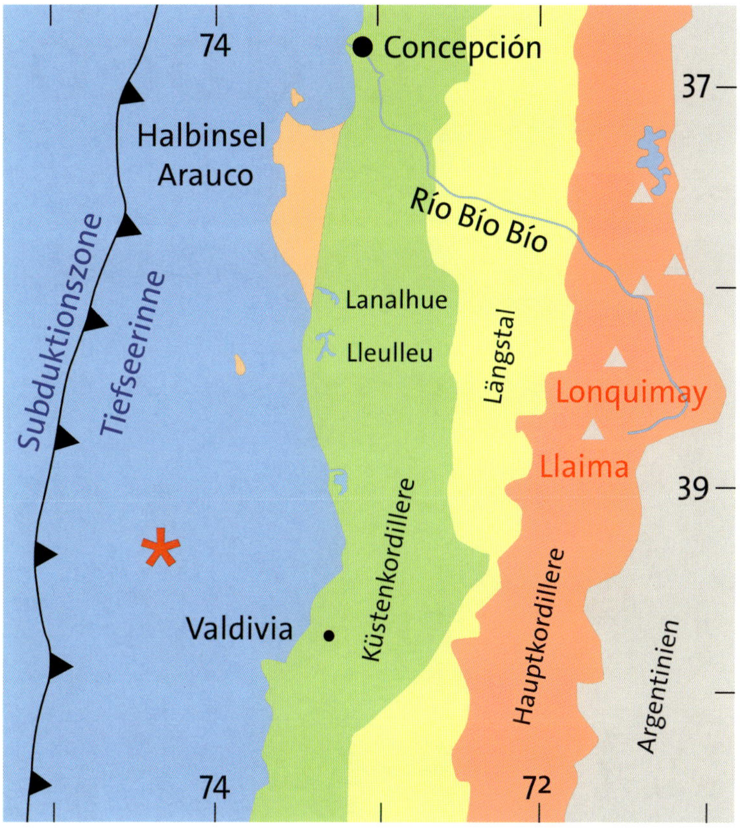

zerbrach (s. Artikel von G. Uenzelmann). Viele der in den Anden entspringenden Flüsse zeichnen diese alten Strukturen nach. Aus der Sedimentationsgeschichte und dem Fossilbefund der Halbinsel Arauco lässt sich ableiten, dass dieses Gebiet in den letzten 35 Millionen Jahren immer wieder gehoben und abgesenkt wurde.

Wichtiger Steuerungsfaktor für die Strukturierung und die Bewegungsmechanismen des Arauco-Forearc-Bereichs und des Magmatischen Bogens ist das schräge Auftreffen der Nazca-Platte auf die Südamerika-Platte. Das bedeutet, dass die ozeanische Nazca-Platte nicht genau senkrecht zum südamerikanischen Plattenrand, sondern schräg dazu unterschoben wird. Im Gegensatz zu Nordchile befand sich der Magmatische Bogen im zentralen Südchile über den gesamten Zeitraum der letzten 200 Millionen Jahren fast immer in der gleichen plattentektonischen Position. Es fand entweder keine Subduktionserosion statt, oder sie wurde durch die Anlagerung von Sedimentmassen an der Vorderseite der Oberplatte immer wieder ausgeglichen.

Abb. 9: Die aktive Hebung (gelber Pfeil) des Küstenabschnitts führt zur Bildung des natürlichen Stausees Lago Lanalhue

Literaturhinweise

Adam, J. & C.-D. Reuther (2000): Crustal dynamics and active fault mechanics during subduction erosion. Application of frictional wedge analysis on to the North Chilean Forearc. Tectonophysics, 321, 297-325

Keller, E. A. & N. Pinter (2002): Active Tectonics – Earthquakes, Uplift, and Landscape. Second edition, Prentice Hall Earth Science Series

Mussett, A. E. & M. A. Khan (2000): Looking into the earth – An Introduction to geological geophysics. Cambridge University Press

Reuther, C.-D. & J. Adam (1998): Krustendynamik und Neotektonische Deformationen am aktiven südamerikanischen Plattenrand in Nord-Chile. Mitt. Geol.-Paläont. Inst. Univ. Hamburg, 81, 143-162

Reuther, C. D. (2012): Grundlagen der Tektonik: Kräften und Spannungen der Erde auf der Spur. Spektrum Akademischer Verlag

Yeats, R. S., K. Sieh & C. R. Allen (1997): The Geology of Earthquakes. Oxford University Press

Claus-Dieter Reuther war Professor für Allgemeine Geologie am Fachbereich Geowissenschaften der Universität Hamburg. Der Schwerpunkt seiner Arbeiten lag auf der Analyse von geodynamischen Prozessen, welche die Strukturen in der Erdkruste, z. B. große Bruchzonen, verursachen.

Prof. Dr. Claus-Dieter Reuther
† 6. Februar 2013

Erdbeben!

Der Untergang von Lissabon im Jahre 1755

von Achim Kopf, Bremen

Abb.1: Zeitgenössische Darstellung des Erdbebens von Lissabon im Jahr 1755

Vor 260 Jahren, am 1. November 1755, ereignete sich eine der folgenreichsten Naturkatastrophen der Neuzeit Europas. Die portugiesische Hauptstadt Lissabon wurde von mehreren Erdstößen der Stärke 8,5 bis 9 erschüttert, die in der Schweiz den Wasserspiegel von Seen schwanken liessen und bis nach Afrika, auf den Azoren und Kapverden und selbst in Bremen spürbar waren. 18.000 Gebäude stürzten ein oder gingen in Flammen auf (Abb. 1), der Hafenbezirk Lissabons wurde von mehreren bis zu 15 Meter hohen Tsunamiwellen heimgesucht, und 50.000 bis 60.000 Menschen fanden den Tod. Neben diesen unmittelbaren Folgen schwächte dieser Schicksalsschlag die damalige Weltmacht Portugal so fundamental, dass die Britische Krone aufsteigen und florieren konnte.

Die Suche nach der Erdbebenursache

Auch heute, ein Vierteljahrhundert später, rätseln Wissenschaftler über die genaue Lokation und den Mechanismus dieses Megabebens, denn geologisch betrachtet ist der Kontinentalrand Südeuropas trotz der benachbarten Nahtstelle zwischen Afrika und Europa eine seismisch risikoarme Region. An solchen Störungen zwischen zwei Krustenplatten entlädt sich etwa 90 Prozent aller durch Kontinentaldrift aufgebaute Spannung in der Erdkruste. Im Bereich vor Portugal kommt jedoch nicht eine große Störung, sondern eine Vielzahl weniger ausgeprägter Störungen als Ursache des Lissabonbebens von 1755 in Frage (Abb. 2). Die Rolle dieser in der Karte unten eingezeichneten Strukturen wird von Wissenschaftlern kontrovers diskutiert. Während eine Expertengruppe die Gloria-Blattverwerfung ursächlich für das Beben verantwortlich hält, sieht eine zweite Gruppe die Gorringe-Bank, eine kilometerhohe krustale Schwelle im Atlantik, als den Erdbebenherd an. Wieder andere Erdwissenschaftler halten den Sedimentkeil vor der Straße von Gibraltar, der zwischen Afrika und Europa aufgeworfen wird, für den Erdbebenverursacher, da er eine Serie verschuppter Verwerfungen birgt. Letztlich gibt es Befürworter der Pombalstörung als Erdbebenauslöser, eine steilstehende Narbe in den Krustengesteinen Südportugals. Keiner der Regionen konnte bisher zweifelsfrei der Tremor des 1755er Bebens zugeordnet werden, so dass sich kürzlich

Abb. 2: Schematische Karte der Region südlich von Lissabon mit den wichtigsten geologischen Strukturen, die mit der Erdbebenentstehung 1755 in Zusammenhang stehen. Punkte unterschiedlicher Größe kennzeichnen die jüngsten seismischen Ereignisse.

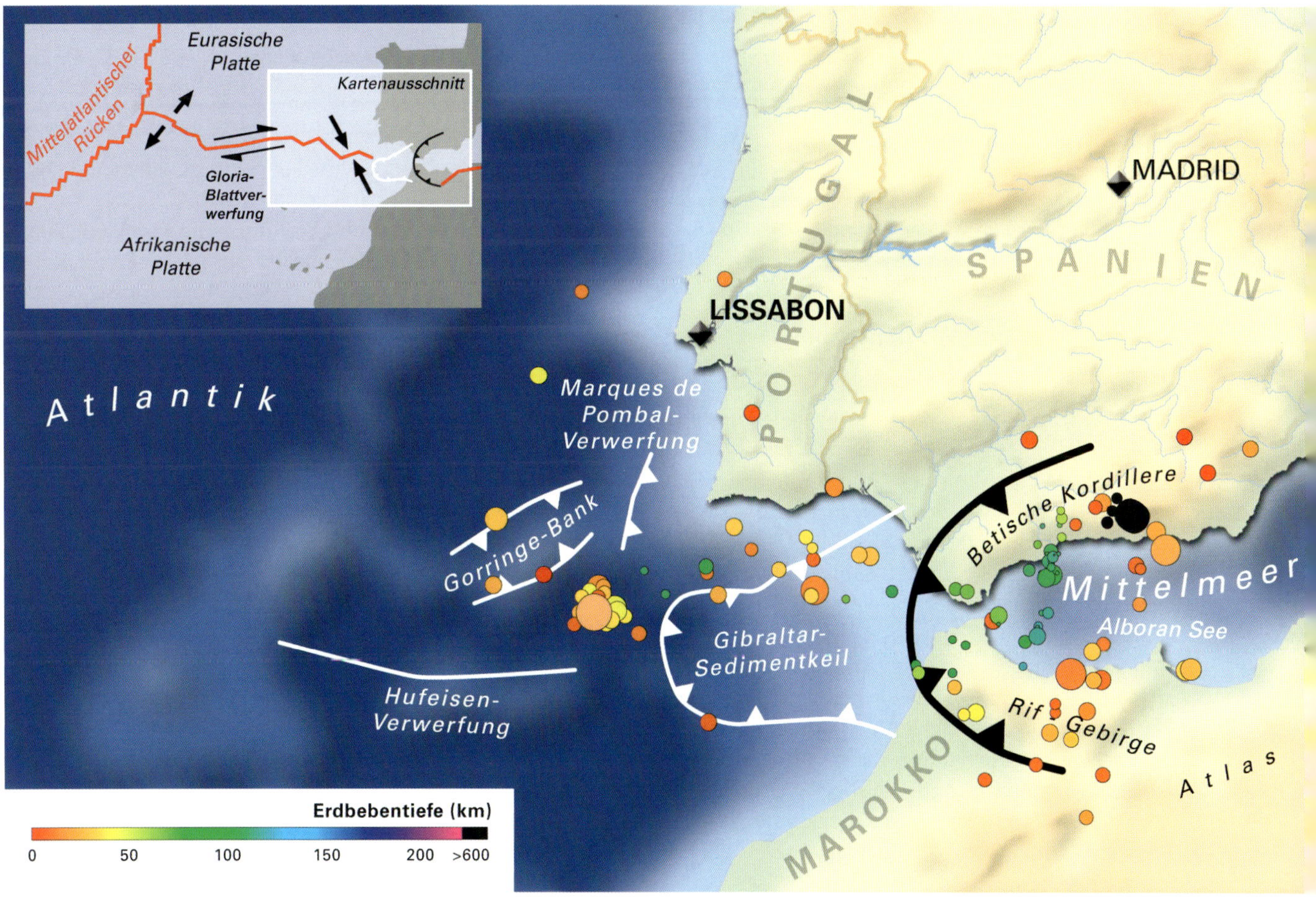

Abb. 3: Das deutsche Forschungsschiff SONNE beim Auslaufen aus Lissabon zu einer vierwöchigen Expedition in den Golf von Cádiz

Bremer Geologen mit dem deutschen Forschungsschiff SONNE (Abb. 3) von Lissabon aus auf den Weg machten, die Region erneut zu vermessen und Spezialgeräte am Meeresgrund zu verankern.

Probennahme und Messungen auf der Schiffsexpedition

Der Schwerpunkt der Untersuchungen galt den Zeugen von Erdbeben, also dem Blick zurück. Dies beinhaltete vor allem die Entnahme von Sedimentkernen von bis zu acht Meter Länge, die eine Schichtfolge von Seedimentablagerungen über etliche Tausend bis Hundertausend Jahre Erdgeschichte enthalten (Abb. 4). Die Beprobung wird mit einem Schwerelot genannten Gerät durchgeführt, wo ein tonnenschwerer Gewichtskopf ein Metallrohr in den Meeresboden treibt und eine Gesteinssäule ausstanzt. In deren Abfolgen kann der Meeresgeologe blättern wie in einem Buch und bestimmte, oft grobkörnige Schichten datieren und katastrophalen Ereignissen wie Erdbeben und Hangrutschungen zuordnen. Durch die Datierung lässt sich die Wiederkehrzeit von Starkbeben rekonstruieren, die für das Gebiet vor Lissabon etwa 1.000 Jahre beträgt.

Neben der Kernuntersuchung ermittelten die Bremer Wissenschaftler auf SONNE physikalische Kenngrössen wie den Porendruck und den Wärmestrom im Sediment. Dabei macht man sich zunutze, dass in den Poren zwischen den Sand- und Tonpartikeln eingeschlossenes Wasser aus der Tiefe zum Meeresboden strebt. Porendruckschwankungen wurden im Vorfeld starker Erdbeben beobachtet. In Meeressedimenten kann man sie mit einer in Bremen speziell entwickelten Lanze messen. Auch Wärme, die beispielsweise durch die Reibung zweier Krustenblöcke übereinander entsteht, kann durch die Porenwässer von großer Erdtiefe zum Meeresboden transportiert werden. Gemessen wird die Wärmeentwicklung mit einer Speziallanze, die mit Temperaturfühlern in verschiedenen Tiefen ausgestattet ist, wobei der Gradient von Fühler zu Fühler ermittelt wird. Messungen auf der SONNE-Expedition ergaben, dass an der Basis des Gibraltar-Sedimentkeils Wärmestrommuster auf hohe Reibungswiderstände hindeuten. Bei fehlender Schmierung des verschuppten Keils können auf diese Weise manche Verwerfungen mechanisch blockieren und sich später ruckartig entladen – in einem Erdbeben. Dieses Ergebnis deckt sich mit dem Auftreten von Tsunamis im Zuge des Lissabonbebens im Jahr 1755. Erdbeben innerhalb, unter, oder nahe dem

Sedimentkeil Gibraltars würden das darüberliegende Meerwasser verdrängen und auf seinen zerstörerischen Weg in Richtung Küste senden. Für ein Rutschen des Sedimentkeils um nur 10 bis 15 Meter lässt sich im Computermodell der Tsunami von 1755 hervorragend rekonstruieren. Für ein Erdbeben in den drei anderen Regionen ist keine Vertikalbewegung wahrscheinlich, und eine Computersimulation des Tsunamis deckt sich schlecht mit den historischen Überlieferungen der Wellenhöhen und deren zeitlichen Eintreffen an den umgebenden Küsten.

Somit weisen die Bremer Studien auf SONNE auf den Gibraltarkeil als Verursacher der Katastrophe von Lissabon. Bislang ist jedoch offen, was den Gibraltarkeil zum plötzlichen Rutschen brachte. Eventuell könnte ein Erdbeben in Krustentiefe, etwa entlang der Gloria-Blattverwerfung, der Auslöser sein, da diese Nahtstelle direkt nördlich des Gibraltarkeils vorbeistreicht.

Abb. 4: von oben links nach unten rechts: Schwerelot, Porendrucklanze, Wärmestromlanze und Turbidit im Sedimentkern

Literaturhinweise

Fonseca, J. D. (2005): 1755 – O Terramoto de Lisboa – The Lisbon Earthquake

Kopf, A. (2004): Spektrum der Wissenschaft, 11, 84-91

Achim Kopf ist Professor für Marine Geotechnik am MARUM, dem Zentrum für Marine Umweltwissenschaften der Universität Bremen. Er arbeitet seit Jahren an Deformationsprozessen an aktiven Kontinentalrändern und Subduktionszonen.

Anschrift: Prof. Dr. Achim J. Kopf
MARUM – Zentrum für Marine Umweltwissenschaften
Universität Bremen
Leobener Straße
28359 Bremen

E-Mail: akopf@marum.de

Erdbeben, Hangrutschungen und Tsunamis an Ozeanrändern

von Achim Kopf, Bremen

Zwei der sieben Weltwunder, nämlich der Koloss von Rhodos und der Leuchtturm von Pharos, sowie die bronzezeitliche Kultur im Mittelmeerraum fielen Erdbeben zum Opfer. Seitdem der Mensch baut, zerstören Erdbeben seine Errungenschaften. Heute bedrohen sie mehr Menschen denn je, denn gerade die besonders gefährdeten Küstenregionen gehören zu den am engsten besiedelten Regionen der Erde. Millionenstädte wie das japanische Kobe leben täglich mit der Bedrohung durch die unruhige Erde. Wie Kobe liegen viele große Küstenstädte an so genannten Subduktionszonen, wo sich die ozeanische Platte unter die kontinentale Platte schiebt (s. Artikel von C.-D. Reuther). An solchen Stellen entlädt sich 90 Prozent der Spannung, die durch die fortwährende Bewegung der Kontinente aufgebaut wird. Welche Energie bei einem solchen Erdbeben freigesetzt werden kann und wie verheerend die Folgen auch über Tausende von Kilometer Entfernung sein können, wurde uns am 26. Dezember 2004 mehr als deutlich vor Augen geführt. Bei dem Beben der Stärke 9 in Südostasien verschob sich ruckartig der Meeresboden und löste eine gigantische Flutwelle, einen so genannten Tsunami, aus, der mehr als 300.000 Menschen in den Tod riss. Solche Wellen können bis zu 30 Meter hoch werden.

Die, nach Erdbeben, zerstörerischsten Ereignisse der Erde kennt kaum jemand: Erdrutsche unter Wasser, so genannte submarine Hangrutschungen. Sie bedrohen alle Küstenregionen, entweder direkt durch die seismische Erschütterung, die sie auslösen, oder indem sie den Kontinentalrand destabilisieren. Auch sie können Tsunamis auslösen, allerdings seltener, als Erdbeben dies tun.

Etwa drei Viertel aller Großstädte befinden sich in unmittelbarer Meeresnähe. Insbesondere die Metropolen, die an aktiven Nahtstellen liegen, also dort, wo sich Erdkrustenplatten übereinanderschieben, werden episodisch von Erdbeben und deren Folgeerscheinungen heimgesucht. Dies gilt u. a. für Japan, Alaska, sowie die Küsten Nord-, Mittel- und Südamerikas (Abb. 1). Doch auch im südlichen Europa bedrohen seismische Ereignisse regelmäßig das Leben. Vor 260 Jahren erschütterte eine Serie gigantischer Erdstöße minutenlang die portugiesische Hauptstadt Lissabon. Als eine der folgenreichsten Naturkatastrophen der Neuzeit vernichtete das Erdbeben Kirchen und Paläste; Brücken und Türme stürzten ein. Etwa 60.000 Menschen – ein Viertel der Bevöl-

Abb. 2: Zeitgenössische Illustration des Erdbebens von Lissabon im Jahr 1755

Abb. 1: Bilder der Verwüstung des Interstate Freeway 880 nach dem Erdbeben in Kalifornien im Jahr 1989

kerung – fand den Tod durch herabstürzende Trümmer, Flammen oder den durch das Beben ausgelösten Tsunami (Abb. 2). Lissabon verlor aufgrund dieser Katastrophe seine Stellung als eine der damaligen Kulturhauptstädte Europas (s. weiteren Artikel von A. Kopf). Doch das Beben von 1755 war nicht das letzte seiner Stärke. Auch in jüngster Zeit erschüttern aufgrund von Überschiebungen vor Spanien und Portugal Beben großer Magnitude die Region (1964: Stärke ~6.9; 1969: ~7.9).

Ein Ziel heutiger geowissenschaftlicher Ozeanrandforschung ist es, das Verständnis von Erdbebenprozessen zu erweitern. Das Hauptaugenmerk gilt hierbei der Untersuchung der beim Erdbeben mechanisch versagenden Gesteine sowie den verschiedenen Mechanismen, die Hangrutschungen auslösen. Zukünftig sollen Methoden zur Risikoabschätzung solcher und ähnlicher Naturkatastrophen, die Menschen in küstennahen Gebieten und die dortige Infrastruktur der Gesellschaft wie Anlagen zur Energieversorgung, Schifffahrt und Telekommunikation bedrohen, eines der Hauptanliegen geowissenschaftlicher Ozeanrandforschung sein.

Geologischer Hintergrund

Etwa an der Hälfte aller Ozeanränder der Erde schiebt sich eine ozeanische Krustenplatte unter eine kontinentale Platte (Abb. 3). Insbesondere der Ring um den Pazifischen Ozean besteht aus solchen so genannten Subduktionszonen, die die topographisch steilsten Regionen der Erde darstellen. Wenn sich die beiden Platten übereinanderschieben, kann es aufgrund der dabei ablaufenden Prozesse und der großen Reibung zu sehr heftigen Erdbeben kommen. Die Nahtstelle zwischen den konvergierenden Platten am Meeresboden bildet der Tiefseegraben, der bis zu elf Kilometer Wassertiefe erreichen kann (z. B. der Marianengraben im Südwest-Pazifik).

Abb. 3: Weltkarte mit den größten Krustenplatten und schwersten Erdbeben (rote Punkte)

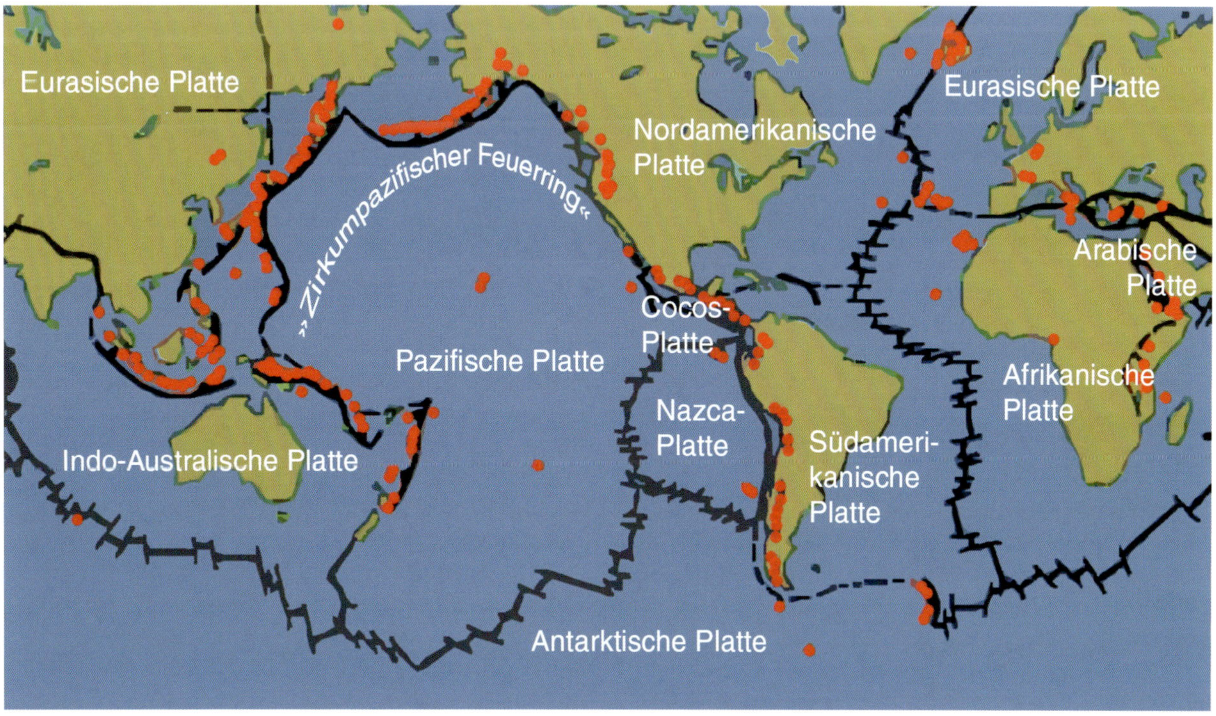

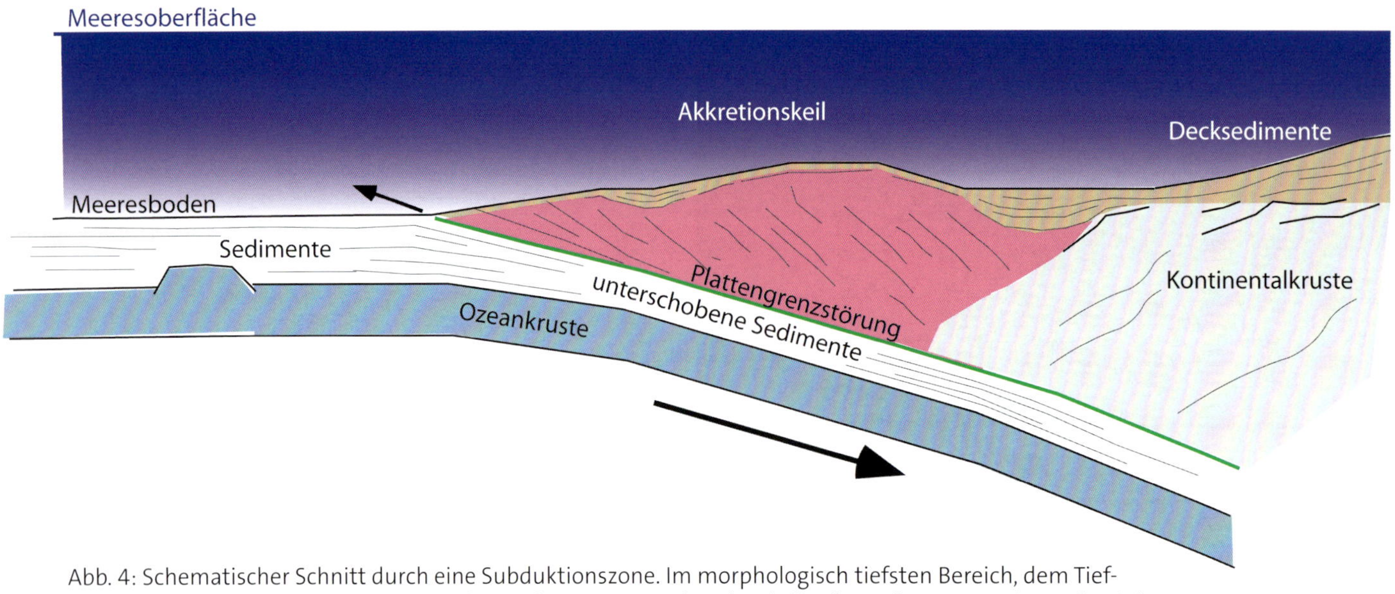

Abb. 4: Schematischer Schnitt durch eine Subduktionszone. Im morphologisch tiefsten Bereich, dem Tiefseegraben, sammelt sich viel wasserreiches Sediment an. Wird es durch die Plattenkonvergenz in große Tiefen geschoben, baut es in der Tiefe starke Kräfte (Porenwasserdruck; Schraffur) auf, die in der Lage sind, die darüber liegenden Gesteine anzuheben oder zu sprengen.

Erodiertes Gestein vom Kontinentalrand, der häufig von einer vulkanischen Gebirgskette gesäumt ist, gelangt in diese Senke. Flüsse und submarine Canyons transportieren weiteres Material in den Tiefseegraben, in den zudem auch abgestorbene Mikroorganismen aus dem Meerwasser absinken. Als Folge finden sich in den Tiefseegräben rasch abgelagerte Sedimente mit zunächst extrem hohen Wassergehalten von 70 bis 80 Prozent. Diese Schlämme verdichten sich im Laufe der Zeit u. a. durch darübergeschüttetes Sediment.

Auf dem flüssigen Erdmantel driftend, gelangt die Ozeankrustenplatte mit den auf ihr liegenden Sedimenten unter die Kontinentalplatte. Dabei wirkt das wasserhaltige Tiefseegrabensediment zunächst als Gleitfilm zwischen den Platten (Abb. 4). Je tiefer die Platte gelangt, umso mehr wird sie verformt und erhitzt. Dadurch wird der Großteil des Wassers sowie enthaltenes Gas aus den Poren im Sediment gequetscht und steigt auf. Diese unter hohem Druck stehenden Wässer und Gase können, wenn sie in die Nähe des Meeresbodens gelangen, den Kontinentalhang destabilisieren und Rutschungen auslösen. Ist ihnen der Weg hinauf bis zum Meeresboden jedoch verwehrt, können sie auch in der Tiefe verharren und dort die Gesteinsbewegung und -deformation mitbestimmen.

Physikalischer Hintergrund

Es ist lange bekannt, dass das mechanische Verhalten von Meeressedimenten und Festgesteinen von zwei physikalischen Größen abhängt: dem mechanischen Verhalten, ausgedrückt als Reibungskoeffizient der enthaltenen Mineralien, und dem Porenwasserdruck. Der Reibungskoeffizient eines Gesteins wird bestimmt durch die Scherfestigkeit des Materials relativ zum gerichteten Druck von oben und ist so ein Maß dafür, bei welcher Spannung ein Gestein in Abhängigkeit von der Tiefe zerbricht. Dies wird primär von der mineralogischen Zusammensetzung und sekundär von im Material enthaltenen Flüssigkeiten und Gasen, dem Fluidgehalt, kontrolliert. Der Fluiddruck stellt die Kraft dar, die im Porenraum von Sedimenten und Gesteinen vorhandene Gase und Wasser auf ihre Umgebung ausüben. Der Fluiddruck wirkt folglich dem Umgebungsdruck des Gesteins entgegen und fördert so mechanischen Bruch und Instabilität.

Dieser Vorgang ist ähnlich einer Sprengung des Gesteins, bei der Frakturen gebildet werden (siehe Abschnitt Erdbeben unten). Da das Fluid zudem weniger dicht ist als das ihn umgebende Gestein, drängt es nach oben, ähnlich einem Stück Holz unter Wasser.

Reibungsverhalten und Porenfluiddruck können in der Natur nicht einzeln betrachtet werden, insbesondere dort nicht, wo Tonminerale vorkommen. Da Tonminerale in marinen Sedimenten und Sedimentgesteinen häufig sind, gilt das nahezu überall. Zudem können magmatische und metamorphe Gesteine unter Wassereinwirkung zu Tonmineralen verwittern. Tonminerale sind Schichtsilikate und bestehen aus unterschiedlich zusammengesetzten Lagen. Insgesamt resultiert eine tafelförmige Geometrie. In, aber auch zwischen den einzelnen Lagen können Wassermoleküle integriert werden, so dass Tonminerale quellen und ihre Dichte sowie Scherfestigkeit verändern. Im wassergesättigten Zustand haben Tonminerale einen um den Faktor drei bis fünf niedrigeren Reibungskoeffizienten als beispielsweise Quarz und Feldspat (die beiden wichtigsten Minerale in Krustengesteinen) oder Kalzit (der Hauptbestandteil von Kalksteinen und Marmor) (Abb. 5). Der Hauptgrund für den geringen Reibungswiderstand der Tone ist – neben der Quellfähigkeit in Wasser – die

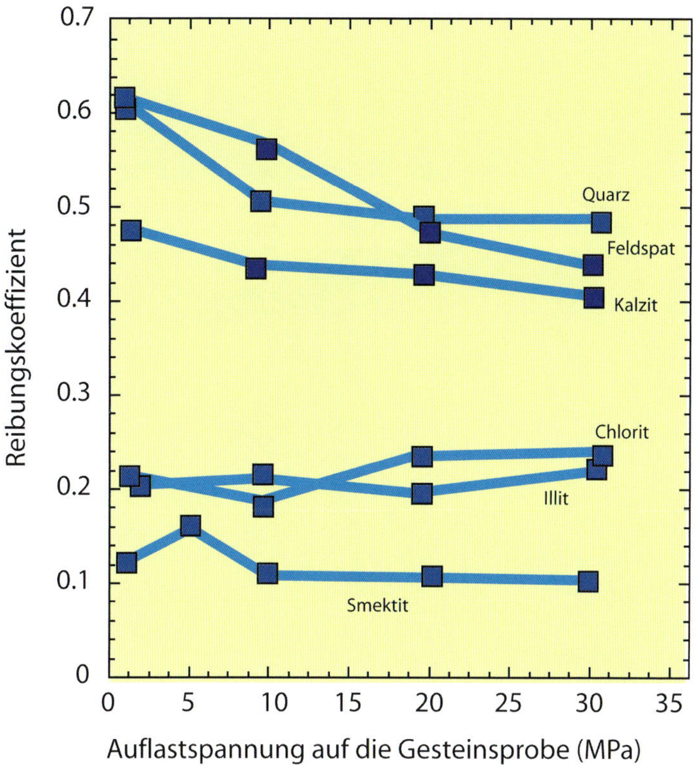

Abb. 5: Reibungskoeffizient verschiedener gesteinsbildender Minerale bei unterschiedlicher Einspannung (Mpa: Megapascal = 1 Million Pascal)

parallele Anordnung der einzelnen Tonmineralplättchen bei Deformation. Sowohl in der Natur als auch im Laborversuch (Abb. 6) kann man nahezu spiegelglatte, polierte Scherflächen sehen, an denen sich die Gesteine gegeneinander bewegt haben. Diese Scherflächen sind oft an der Basis submariner Hangrutschungen und – in ungleich größerer Tiefe – auch an der Plattengrenzstörung von Subduktionszonen zu finden. Beim Studium von Naturkatastrophen an Ozeanrändern kommt diesen Störungssystemen und den herrschenden physikalischen Größen eine besondere Bedeutung zu.

Erdbeben

Obwohl Geowissenschaftler verschiedenster Disziplinen seit Jahrzehnten erforschen, wie Erdbeben entstehen, gibt es nach wie vor eine Reihe offener Fragen. Verständlich, da der Großteil aller Erdbeben in Tiefen von fünf bis fünfzehn Kilometern bei Temperaturen von 120 bis 350 Grad Celsius an der tektonischen Plattengrenzüberschiebung in Subduktionszonen entsteht. Ein direktes Studium ihrer Prozesse ist daher nicht möglich (Abb. 7).

Nur in den seltensten Fällen brechen bei Erdbeben intakte Gesteinseinheiten, meist entstehen die Beben entlang vorgegebener ›Sollbruchstellen‹. Dies sind ältere tektonische Störungen, die aufgrund der andauernden Kontinentaldrift immer wieder aktiviert werden. Entlang solcher Verwerfungen zerbricht das mechanisch beanspruchte Gestein, es entstehen so genannte Störungsbreckzien. Diese können weiter verformt werden, ent-

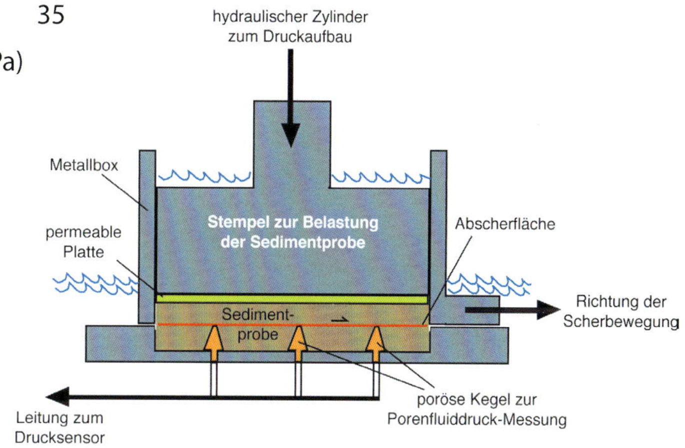

Abb. 6: oben: Laboraufbau eines Deformationstests, wo ratenabhängig das Oberteil einer Probe vom Unterteil abgeschert wird. Die Rolle des Porenfluiddrucks misst man mit Drucksensoren über poröse Stifte, die in die Bruchfläche hineinragen. Unten: Scherfläche eines Tiefseetons, der die Einregelung der Tonmineralplättchen illustriert

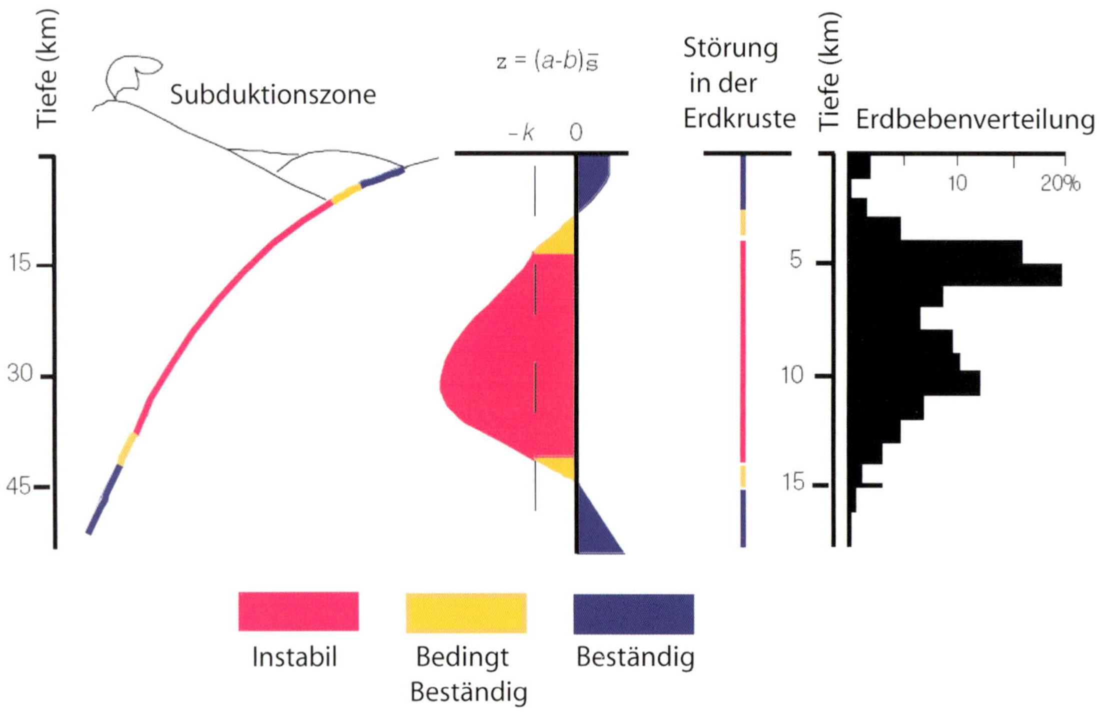

Abb. 7: Synoptische Darstellung einer Subduktionszone, der Stabilität der Plattengrenzstörung sowie der Erdbebenhäufigkeit in verschiedenen Tiefen

weder durch Zerbrechen, kataklastisch genannt, oder plastisch, mylonitisch oder duktil genannt. Die Störungsgesteine können zudem aufgrund des Fluidflusses entlang dieser Flächen zu Tonmineralen verwittern. Bewegen sich hypersaline, übersättigte Lösungen im Gestein, kann es zu chemischer Ausfällung und Zementation kommen. Die beschriebenen Prozesse beeinflussen die Belastbarkeit der Verwerfung und die Festigkeit des Gesteinsverbandes unterschiedlich. Während mechanische Zerkleinerung (auch Kataklase genannt), Fluidbewegung und Verwitterung die Reibung entlang der Störung senken, nimmt die Festigkeit bei Zementationsprozessen zu. Umgekehrt vermag der Zementationsprozess ein Gesteinspaket zu ›versiegeln‹ und für Wässer undurchdringlich zu machen. Die Porenfluide stauen sich auf, nehmen an Druck zu und können andernorts das Gestein wieder sprengen und so genannte Hydrofrakturen hervorrufen. In dem komplexen Wechselspiel von Stabilisierung und Destabilisierung des Gesteinskörpers spielen zwei geophysikalische Parameter die Hauptrolle: der Reibungskoeffizient des Gesteins und der Porenwasserdruck im Gestein (s.o.).

Der Reibungskoeffizient von Sedimenten und Gesteinen resultiert aus dem Reibungsverhalten der einzelnen Komponenten. Folglich ist er mineralspezifisch. In der Natur sind reine Tone die reibungsärmsten Gesteine, denn sie setzen einer angelegten Scherspannung den geringsten Widerstand entgegen. Alle Tonminerale zeigen stabiles Gleiten, also keine ruckartigen Bewegungen, sie fördern folglich erschütterungsarme Deformation. Bei Quarz, Feldspat und anderen gesteinsbildenden Mineralen hingegen nimmt die Reibungsstabilität ab, wenn die Scherbewegung zunimmt. Dadurch kommt es zu instabiler Bewegung und Erschütterungen. Dort wo diese Minerale vorkommen, können also Erdbeben entstehen. Vereinfachend kann man daher sagen, dass Tonminerale aufgrund ihrer Materialeigenschaften Störungszonen stabilisieren, wohingegen die meisten anderen Minerale selbige destabilisieren.

Wenn primäre Tonminerale in große Tiefen verfrachtet werden, haben sie einen großen Einfluss auf den Porenwasserdruck: Der steigende Druck in der Tiefe presst das im Kristallgitter gebundene Wasser aus. Zudem wandelt sich z. B. das weniger stabile Smektit in das stabilere Illit um. Diese Reaktion beginnt in Tiefen, die eine Temperatur von etwa 60 Grad Celsius haben und ist abgeschlossen, wenn das Tonmineral 120 bis 150 Grad Celsius erreicht hat. Das bei dieser Reaktion freigesetzte Wasser übt zusätzlichen Druck auf die Sedimente und Gesteine dieser Tiefe aus, die bereits recht wenig Porenraum besitzen. Dieser Porenwasserdruck erreicht lokal solche Dimensionen, dass er die überlagernden, oft kilometerdicken Gesteinseinheiten anhebt und so Bewegung auf der Verwerfung ermöglicht. Tone können also bei einem Erdbeben auf zweierlei Weise das Rutschen des überlagernden Materials erleichtern, entweder als reibungsarme Gleitfläche oder durch den mit ihnen einhergehenden

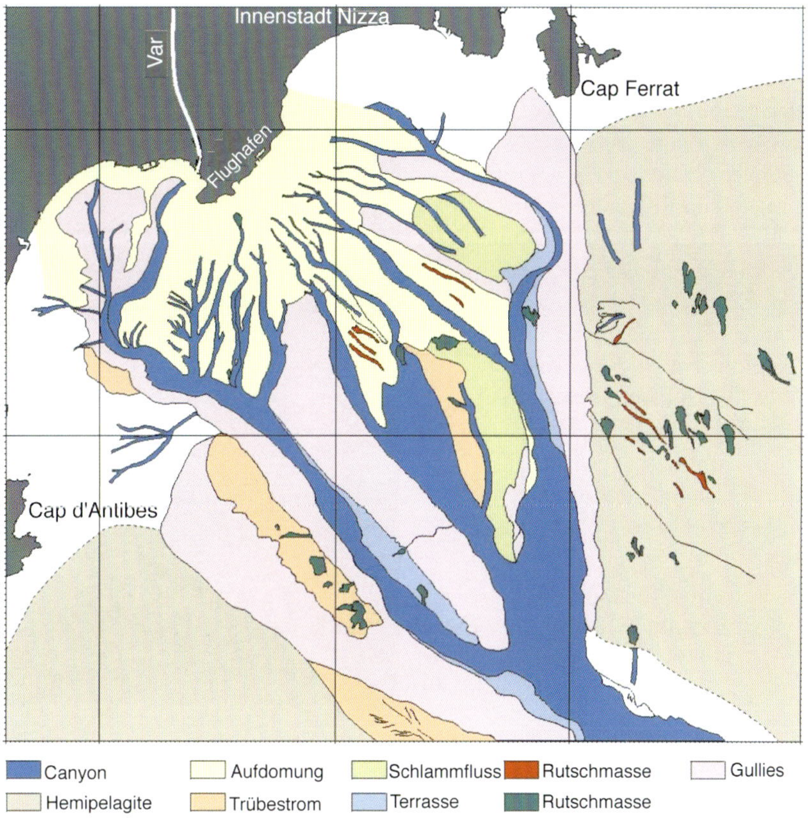

Abb. 8: Ausmaß einer 1979 vor Nizza stattgefundenen Hangrutschung, die eine kleine Flutwelle vor der benachbarten Küste im Golf von Antibes auslöste

Anstieg des Porenwasserdrucks. Geotechnische Untersuchungen belegen jedoch, dass die extrem niedrigen Reibungskoeffizienten von Smektit-reichen Sedimenten allein die Bewegung an flach einfallenden Überschiebungen zu erklären vermögen.

Hangrutsche

Hangrutsche bestimmen nicht nur stark die Geomorphologie von Gebirgsgürteln an Land, sondern stellen auch untermeerisch einen wichtigen Prozess dar. In jüngster Zeit nutzen wir Schelfe und Kontinentalhänge immer stärker für marine Bauwerke und Konstruktionen der Offshore-Industrie, hinzu kommt eine dichtere Besiedelung küstennaher Regionen. Kein Wunder also, dass das Interesse an submarinen Hangrutschungen und ihrem Gefährdungspotential in gleichem Maße gestiegen ist. Grundsätzlich kommen Rutschungen an allen Kontinentalrändern in verschiedenen Größenordnungen vor. Meistens wird hier Lockersediment mobilisiert, aber es sind auch Fälle bekannt, wo die Flanken untermeerischer Vulkane (z. B. Kanaren) abbrechen. Hauptantrieb ist in jedem Fall die Gravitation, wobei im Regelfall schon Hangneigungen von einem Grad ausreichen, das Lockermaterial abrutschen zu lassen. Hierbei kommt es zunächst zu langsamen Kriechprozessen, ehe die Rutschmasse so viel Momentum aufgebaut hat, dass sie abschert. Hierbei werden in manchen Fällen Volumina von mehr als 20.000 Kubikkilometer umgelagert. Damit stellen untermeerische Hangrutsche einen weit wichtigeren Massenumsatzprozess dar als vergleichbare Phanomene an Land, die im Regelfall 20 Kubikkilometer nicht überschreiten. Auch die Auslaufdistanzen submariner Rutschungen liegen mit oftmals weit über 100 Kilometern deutlich über jenen auf den Kontinenten.

Zu den wichtigsten Auslösemechanismen untermeerischer Hangrutsche zählen: a) Gas- oder Fluidausstoß, b) Gashydratzersetzung, c) Belastung durch Sturmwellen, Gezeitenwechsel, Gletscher, überlagernde Sedimente oder tektonische Spannung, d) Erdbeben, e) Hangversteilung und f) rasche Ablagerungsraten der Sedimente. Während manche dieser Prozesse (z. B. Gezeitenschwankungen) nur kleine Rutschungen auslösen, können selbstverstärkende Prozesse wie die Zersetzung von Gashydrat oder tektonische Bewegungen durch die Entlastung des Unterlagers zu Großereignissen führen.

Neben den natürlichen Prozessen führen vermehrt anthropogene Einflüsse zur Auslösung von Massenumlagerungen. Insbesondere Bauwerke am Kontinentalschelf und -hang (Bohrinseln, Windparks etc.) stellen eine starke, punktuelle Belastung des Meeresgrundes dar. Im Mittelmeerraum entlang der Cote d'Azur kommt es aufgrund der hohen Preise für Grund und Boden zu Aufschüttung von Halbinseln aus Sediment, um das Raumangebot zu vergrößern, wie beispielsweise in Monte Carlo oder Nizza. In Nizza wurde der komplette Unterbau einer Start- und Landebahn des Flughafens künstlich aufgeschüttet (Abb. 8). Dieses Material hatte sich jedoch zum Zeitpunkt des Baus der Landebahn noch nicht ausreichend gesetzt. Zudem wirkte diese kleinmaßstäbliche Mehrbelastung des Untergrundes physikalisch wie rasche Sedimentation oder tektonische Beladung. Die dadurch gestiegenen Porenwasserdrücke destabilisierten den Untergrund und erzeugten Hydrofrakturen als Sollbruchstellen (s. o.). In letzter Konsequenz führte dies zu Massenbewegungen, die einen Teil der Kaimauern südlich der Landebahn zum Gleiten und Abrutschen nach Südwesten brachte. Trotz des relativ geringen Volumens baute sich eine kleine Flutwelle auf, die im nicht einmal 20 Kilometer weiter südwestlich gelegenen Golf von Antibes die Hafenpromenade in Mitleidenschaft zog. Diese Katastrophe hätte sich vermeiden lassen, wenn die Belastung des Sediments durch das Bauwerk zuvor gründlich im Labortest simuliert worden wäre (siehe beispielsweise Abb. 6).

Abb. 10: Bilder des Tsunamis, der am 26. Dezember 2004 in Südostasien die Küstenstriche überrollte

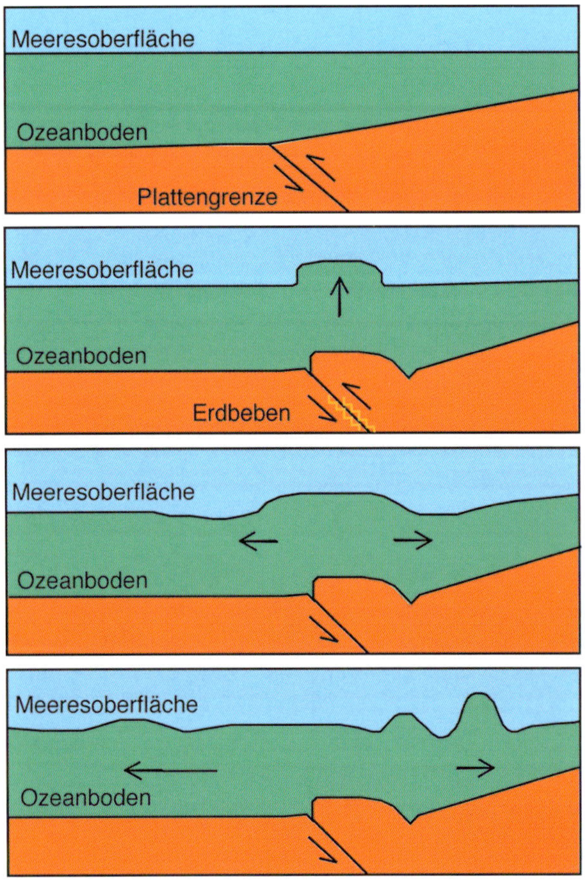

Tsunamis

Erdbeben und Hangrutsche, aber auch andere geologische Prozesse wie Vulkanausbrüche vermögen Flutwellen auszulösen, die eine nennenswerte Bedrohung für nahe wie ferne Küstenregionen darstellen. Diese Tsunamis (von japanisch tsu-nami = Hafen-Welle) entstehen durch Massenverlagerungen unter Wasser. Ein gegebenes Gesteinsvolumen verdrängt bei der ruckartigen Bewegung von Krustenplatten oder Gesteinsblöcken sein Äquivalent an Meerwasser. Dasselbe gilt für eine Rutschmasse. Die dabei auf das Wasser übertragene Energie wandert konzentrisch in den Ozean, oft tausende von Kilometern weit. Es handelt sich hierbei nicht um den Transport von Wasser, sondern lediglich um eine Übertragung von kinetischer Energie von Wassermolekül zu Wassermolekül. In großen

Abb. 9: Schematischer Aufbau einer Flutwelle durch ein Erdbeben. In Abhängigkeit der Wassertiefe ändert sich Laufgeschwindigkeit, Wellenlänge und -höhe des Tsunamis.

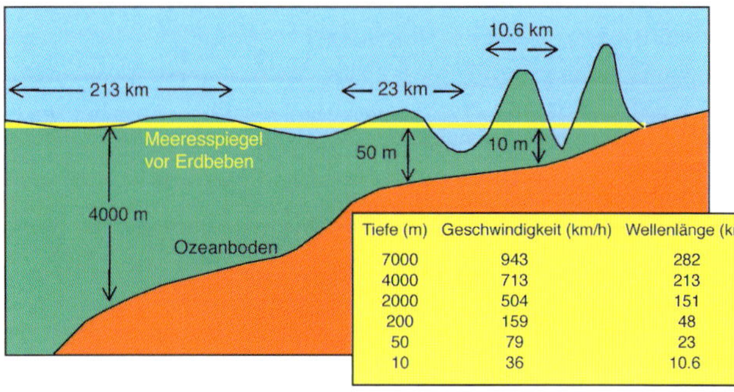

Wassertiefen hat die entstehende Welle eine geringe Höhe und große Wellenlängen. Sie ist mit bis zu 800 Kilometern pro Stunde etwa so schnell wie ein Flugzeug. Erreicht die Welle den Kontinentalschelf, wird sie gebremst, ihre Wellenlänge nimmt ab, die Wellenhöhe jedoch nimmt zu. (Abb. 9). An der Küste kann sie bis über 30 Meter erreichen und dort Gebäude und Menschenleben gefährden. Schon vor dem verheerenden Tsunami vom 26.12.2004 in Indonesien (Abb. 10) gab es größere Katastrophen, die jedoch von der Weltöffentlichkeit nicht so stark wahrgenommen wurden. Zum Beispiel löste am 17.07.1998 ein Erdbeben der Stärke 7,1 am Meeresgrund der Bismarcksee einen Tsunami aus. Die Welle, die Papua Neuguinea traf, kostete mindestens 1.600 Menschen das Leben und vernichtete ganze Küstenlandstriche und mehrere Dörfer. Wie heftig die Auswirkungen eines Tsunamis sind, wird neben der absoluten Energie, die durch das Erdbeben oder die Rutschung übertragen wird, auch durch die Strömungsphysik des Ozeans bestimmt. Läuft die Welle z. B. in eine Bucht, so wird sie noch stärker abgebremst, der hintere (nach wie vor schnelle) Teil läuft auf, und sie kann sich noch stärker auftürmen.

Insgesamt treten mehr als drei Viertel aller Tsunamis im Pazifischen Ozean auf (Abb. 3). Hauptursache hierfür ist die ringförmige Subduktion von Ozeankruste unter (von Südwest nach Südost) Neuseeland, Asien, den Kurilen, Alaska bis nach Nord-, Mittel- und Südamerika. An diesem so genannten ›ring of fire‹ entstehen die stärksten Erdbeben der Welt (z. B. Chile, Alaska etc.). Die entstehenden Flutwellen können im Einzelfall den gesamten ›Stillen‹ Ozean in weniger als 24 Stunden durchlaufen und Regionen fern der eigentlichen Naturkatastrophe verwüsten. Aus diesem Grund hat man Zentren zur Messung von Druckschwankungen am Meeresgrund errichtet. Die gemessenen Daten sollen kombiniert mit dem Wissen über Ozeanbodentopographie sowie Strömungsmustern helfen, den Verlauf und die potentiellen Auswirkungen von Wellen zu modellieren und frühzeitig zu erkennen.

Im europäischen Raum sind ebenfalls Zeugnisse von Tsunamis überliefert. Rekonstruktionen der Flutwelle, die durch das 1755er Lissabon Erdbeben ausgelöst wurde, ergeben für Lissabon selbst fünf Meter Höhe, für das spanische Cádiz 15 Meter und für Tanger im Norden Marokkos 17 Meter. Die Flutwelle erreichte die Azoren, Madeira und die Kapverden in wenigen Stunden.

Sehr kurze Laufzeiten erreichte der Tsunami, der durch die Flughafen-Rutschung in Nizza 1979 ausgelöst wurde (Abb. 8, 11). Die Wellenhöhe betrug zwei bis drei Meter und zerstörte Teile der Marina und Innenstadt von Antibes und kostete einige Menschenleben. Zum Teil wurde Material der abgerutschten Kaimauer bis in über 1.000 Meter Wassertiefe transportiert (Abb. 11 A, B, C), während küstennah der Tsunami ein Amalgam von Sediment, Seegras und Plastikschutt aufwarf (Abb. 11 D). Auslöser der Rutschung war, neben der Belastung durch das Bauwerk, untermeerischer Grundwassereintrag, der den Flughafen unterspülte.

Früherkennung von Hangrutschungen, Erdbeben und Tsunamis

Wegen der verheerenden Folgen von Rutschungen, Erdbeben und Tsunamis für die Menschheit wird versucht, Vorboten dieser Phänomene in Echtzeit zu messen. Wie aus obigen Ausführungen ersichtlich, sind die Fluidbewegungen und damit verbundenen Druckschwankungen

Abb. 11: Zeitgenössische Fotos aus dem NICE-MATIN im Herbst 1979: A) Luftbild der weggebrochenen Kaimauer. Der gelbe Bereich glitt am 19.10.1979 in die Tiefe; B) Das Straßenbild im Ort Antibes nach dem Tsunami vom 19.10.1979; C) Blöcke der abgerutschten Kaimauer in etwa 1.000 Meter Wassertiefe aus einer Beobachtung nach dem Ereignis per Tauchroboter; D) Sedimentkern mit etwa 40 Zentimeter mächtiger Tsunami-Ablagerung (rote Markierung)

jene Größe, die sich im Vorfeld eines Erdbebens oder einer Rutschung verändern. Von tektonischen Kollisionszonen und Ozeanrändern ist bekannt, dass tief wurzelnde Schlammvulkane oder andere Fluidaustrittsstellen an der Oberfläche Aktivität zeigen, wenn sich das Stressregime in der tiefen Erde ändert. Für die Früherkennung und -warnung katastrophaler Ereignisse ist es daher unerlässlich, solche Strukturen zu vermessen. Sie bilden als Überdruckventil praktisch ein Fenster in tiefere Bereiche der Subduktionszone. Auch die tiefe Störungszone selbst muss erforscht und mittels Instrumenten kontinuierlich vermessen werden. Folglich werden sowohl an Land als auch im Ozean Netzwerke von Messstationen konstruiert, die eine Risikominimierung zum Ziel haben.

Die Angst vor Erdbeben, Rutschungen oder Tsunamis ist tief verwurzelt. Daher gibt es auch schon seit geraumer Zeit Stationen zur Früherkennung solcher Ereignisse. Die ersten Seismometer wurden vor genau 100 Jahren installiert, um Erdbebenaktivität zu lokalisieren und zu registrieren. Diese ersten, an Land installierten Stationen waren denkbar einfach: Eine tonnenschwere, aufgehängte Metallmasse, die bei Erdbeben unbeweglich bleibt, dient als Referenz. Im Jahr 1923 nutzten Wissenschaftler auf Hawaii erstmals seismische Messdaten eines Erdbebens auf den Aleuten, um zu berechnen, wie sich eine Tsunamiwelle im Pazifischen Ozean ausbreitet. Obwohl die Prognosen relativ präzise waren, wurde von einer Evakuierung abgesehen, und die Katastrophe nahm ihren Lauf und zerstörte den Großteil der Fischereiflotte. In der Folgezeit wurden größere Netzwerke mit mehr Stationen errichtet, um seismische Aktivität durch Spannungsentladung in der Erde aufzuzeichnen. Diese Messstationen befanden (und befinden) sich – primär aus Kostengründen – vornehmlich an Land. Als Herzstück beinhalten sie differentielle Drucksensoren, deren Daten in Echtzeit via Satellit in Datenzentren gesandt werden, um sie zur Frühwarnung nutzbar zu machen. Andere Systeme auf den Kontinenten messen die Erdbewegung über Sensoren, die ihre Distanz relativ zueinander verändern. Das digital umgewandelte Signal wird dann per Computer ausgewertet.

Auch im Fall der Tsunamis erfassen Zentralstellen die Druckänderungen, beispielsweise das Center for tsunami innundation mapping efforts in Seattle (USA) oder das Pacific Tsunami Warning Center in Honolulu (Hawaii). Dort stehen auf leistungsstarken Computern Modelle der Ozeanbodentopographie und der Strömungsverhältnisse verschiedener Ozeane zur Verfügung. Messstationen in der Tiefsee können ihre Druckdaten über Funkbojen zu den Forschungsstationen senden. Wird nun seismische Aktivität erfasst, starten auf den Computern mit den Daten über Stärke und Ausbreitungsrichtung Modellierungen der Tsunamiausbreitung, um deren möglicherweise katastrophales Auftreffen auf die Küste vorab zu simulieren.

Bisher besteht im Pazifik ein Netz von einem Dutzend solcher Messeinrichtungen, und auch im Indischen Ozean und Atlantik sind kürzlich mehr Seismometer und Tsunamibojen installiert worden, zum Teil mit Beteiligung deutscher Wissenschaftler. Die höhere Dichte an Messstationen, zusammen mit der besseren Kenntnis der Ozeanbodentopographie, soll zukünftig helfen, die unmittelbaren Auswirkungen für die Infrastruktur an der Küste zu prognostizieren. Hierbei steht weniger die Erdbebenforschung, sondern die genaue Kartierung des Meeresgrunds und die Strömungsphysik im Vordergrund. Wissenschaftler gehen mittlerweile davon aus, dass insbesondere im flacheren, besser bekannten Teil des Kontinentalhanges entschieden wird, ob sich eine Welle auftürmt und mit verheerenden Folgen für die Küstenregion zu rechnen ist.

Ein anderer Ansatz versucht, Schwankungen im Porenfluiddruck zu nutzen, um seismische Aktivität zu erkennen. Vor jedem Erdbeben, und wahrscheinlich auch im Vorfeld einer Hangrutschung, wird durch Stress-

Abb. 12: A) Messlanze zur Erfassung von Porenwasserdruck-Schwankungen und Temperatur über ein Profil von fünf Metern im flachen Ozeangrund; B) Instrumentierter ›bridge plug‹, der einerseits das Bohrloch gegen den darüberliegenden Ozean abschließt, andererseits Messungen in der Tiefe macht.

änderungen im wasserhaltigen Sediment eine Zunahme des Drucks des Porenfluids auf die umgebenden Körner erzeugt. In manchen Kollisionszonen hat der ansteigende Druck besonders vor großen Erdbeben Porenwasser und Gas an Land, und möglicherweise auch am Meeresboden, ausgepresst. Folglich entwickeln Wissenschaftler Messsysteme, die an solchen Fluidaustrittsstellen über längere Zeiträume messen können. Da Festinstallationen mit Funkboje sehr kostspielig sind, wurden Einwegsysteme entwickelt, deren Sensorlanze (Abb. 12 A) im Ozeanboden stecken bleibt. Nur die Dateneinheit wird nach einem programmierten Zeitraum von Wochen bis Monaten abgekoppelt, treibt zur Meeresoberfläche und sendet die Messergebnisse über Satellit zu den Forschern an Land. Umgekehrt können im Meeresboden fest verankerte Systeme, z. B. im Bohrloch, weit verlässlichere Daten erheben. Derzeit ist man in der Lage, per Bohrschiff Instrumente tief im Bohrloch mechanisch zu verankern und sogenannte ›Bridge plugs‹ einzubauen (Abb. 12 B), die tief in der geologischen Formation Druck und Temperatur aufzeichnen und chemische sowie mikrobielle Prozesse messen. Bislang muss bei den meisten Instrumenten als Nachteil in Kauf genommen werden, dass die Daten nur zu bestimmten Zeiten und mit Verzögerung übermittelt werden. Nichtsdestotrotz arbeiten Forscher derzeit an Lösungen, Geräte in Echtzeit über Bojen oder Tiefseekabel zu überwachen. Solche Technologie wird in naher Zukunft eine entscheidende Rolle in der Früherkennung von Erdbeben und Rutschungen spielen.

Literaturhinweise

Breidert, W. (Hrsg.) (1994): Die Erschütterung der vollkommenen Welt. Die Wirkung des Erdbebens von Lissabon im Spiegel europäischer Zeitgenossen. Darmstadt

Internetseiten

Tsunami-Information auf der Website Agenda 21 und Schule: http://www.agenda21-treffpunkt.de/lexikon/tsunami.htm

Achim Kopf ist Professor für Marine Geotechnik am MARUM, dem Zentrum für Marine Umweltwissenschaften der Universität Bremen. Er arbeitet seit Jahren an Deformationsprozessen an aktiven Kontinentalrändern und Subduktionszonen.

Anschrift: Prof. Dr. Achim J. Kopf
MARUM – Zentrum für Marine Umweltwissenschaften
Universität Bremen
Leobener Straße
28359 Bremen

E-Mail: akopf@marum.de

Erdbeben und Tsunami vor Japan 2011

von Gerold Wefer, Bremen

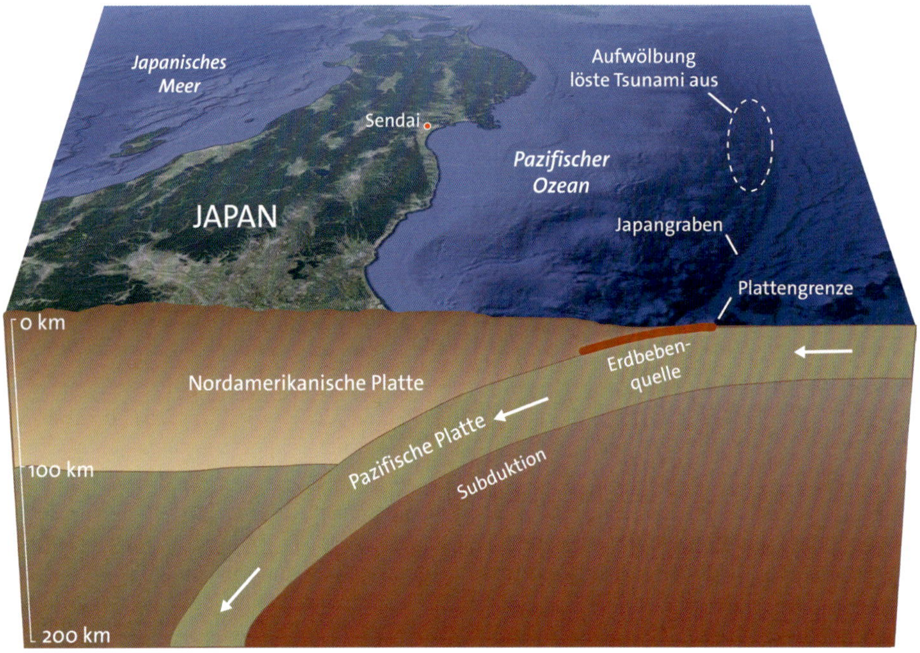

Abb. 1: Vor Japan schiebt sich die Pazifische Platte mit einer Geschwindigkeit von neun Zentimetern pro Jahr unter die Nordamerikanische Platte. Das Epizentrum des Erdebens vom 11. März 2011 lag an dieser Plattengrenze in nur etwa 30 Kilometern Tiefe. Die ruckartige Anhebung des Meeresbodens übertrug sich auch auf die darüber liegenden Wassermassen und löste einen gewaltigen Tsunami aus.

Am 11. März 2011 ereignete sich vor der Küste vor Japan das Tōhoku-Oki Erdbeben mit einer Stärke von 9,0. Es war das stärkste Beben in Japan seit Beginn der dortigen Aufzeichnungen. Das Epizentrum lag relativ nah vor der Küste, etwa 70 Kilometer östlich der Oshika-Halbinsel der Insel Tōhoku. Das Besondere an diesem Erdbeben war, dass das Hypozentrum nur etwa 30 Kilometer tief lag (Abb. 1). Das Erdbeben entstand durch eine Druckentlastung, die im Rahmen der Kollision der Pazifischen Platte mit einem Sporn der Nordamerikanischen Platte entstanden war. Mit einer Geschwindigkeit von etwa neun Zentimetern pro Jahr stoßen dort diese beiden Platten zusammen und dabei schiebt sich die Pazifische Platte unter die Nordamerikanische. Durch das Erdbeben und die damit verbundenen morphologischen Änderungen im Bereich des Kontinentalhangs und des Tiefseegrabens wurde ein Tsunami mit Wellenhöhen von bis zu 38 Metern ausgelöst (Abb. 2), der einen großen

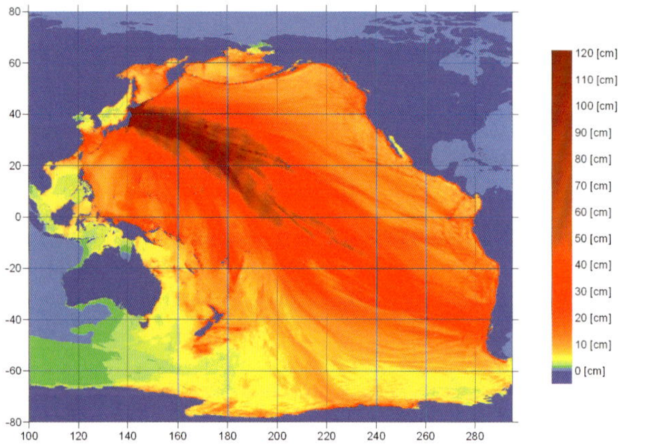

Abb. 2: Der vom Erdbeben ausgelöste Tsunami überquerte den gesamten Pazifik. Die Karte zeigt die von der National Oceanic and Atmospheric Administration (NOAA) berechneten Wellenhöhen. An der japanischen Küste türmten sich durch die abnehmende Wassertiefe die Wellen bis zu 38 Meter hoch auf.

Bereich der nordöstlichen Küste von Honshu überflutete (Abb. 3). Mehr als 15.000 Menschen starben, viele werden immer noch vermisst. Auch die Küste der Präfektur Fukushima wurde von einer über zehn Meter hohen Welle getroffen, die die Sperranlage um das dort küstennah gelegene Atomkraftwerk Fukushima I überwand und durch die Zerstörungen Kernschmelzen in drei der sechs Blöcke auslöste.

Sofort nach dem Erdbeben machten sich weltweit Forscherteams daran, die Ursachen und Auswirkungen zu studieren: lokale und weltweite Netzwerke registrierten die Ausweitung seismischer Wellen, das Global Positioning System erfasste die Krustendeformation und die Ausbreitung der Tsunamiwellen wurde registriert. Zwei Drucksensoren, die 40 und 70 Kilometer vor der Küste am Meeresboden installiert waren, registrierten den genauen Zeitpunkt und auch die Höhe der Tsunamiwellen bis der Tsunami die Station an der Küste zerstörte.

Abb.3: Der durch das Erdbeben ausgelöste Tsunami überschwemmte einen bis zu zehn Kilometer breiten Küstenstreifen.

Expedition mit FS Sonne

Im Frühjahr 2012, also ein Jahr nach der Katastrophe, erhielten wir die Möglichkeit, unterstützt durch das Bundesministerium für Forschung und Technologie (BMBF) und die Deutsche Forschungsgemeinschaft (DFG), mit dem deutschen Forschungsschiff Sonne (Abb. 4 oben) das Erdbeben- und Tsunamigebiet mit unterschiedlichen Methoden zu untersuchen. Geplant wurde diese Expedition in enger Zusammenarbeit mit japanischen Institutionen: der University of Tokyo, der Kyoto University, dem Fukada Geological Institute (Tokyo), der Tōhoku University (Sendai) und der Japan Agency for Marine-Earth Science and Technology. Beteiligt war ferner die ETH Zürich (Schweiz). Die japanischen Kollegen hatten die Morphologie des Gebiets bereits im Jahr 1999 engmaschig vermessen und sofort nach dem Erdbeben Vergleichsmessungen mit einem hochauflösenden Echolotsystem durchgeführt. Der Vergleich dieser beiden Vermessungen zeigte, dass signifikante Veränderungen am Meeresboden und in der Bathymetrie stattgefunden hatten, die Auslöser für den Tsunami waren. Der Fuß des kontinentalen Talhangs hatte sich etwa 50 Meter in Richtung Südosten verschoben. Auch die Morphologie im Tiefseegraben hatte sich signifikant verändert.

Während unserer etwa vierwöchigen Reise wurden weitere Gebiete mit einem hochauflösenden Fächerecholotsystem vermessen (Abb. 5) und mit der Aufnahme von 1999 verglichen. Die Ergebnisse zeigen überraschenderweise, dass die morphologischen Veränderungen nur auf einen engen Bereich bei 38°N begrenzt sind. Nördlich und südlich von diesem Gebiet konnten keine Veränderungen in der Morphologie des Kontinentalhangs festgestellt werden.

Mit dem Tauchroboter MARUM-Quest suchten wir zwei Meeresbodenbeobachtungssysteme auf. Eines war stark beschädigt und durch die Wucht des Erdbebens verbogen während das andere noch weitgehend intakt war.

Abb. 4: Das frühere, im Jahr 2014 durch einen Neubau ersetzte deutsche Forschungsschiff Sonne (oben) und das japanische Bohrschiff Chikyu (unten)

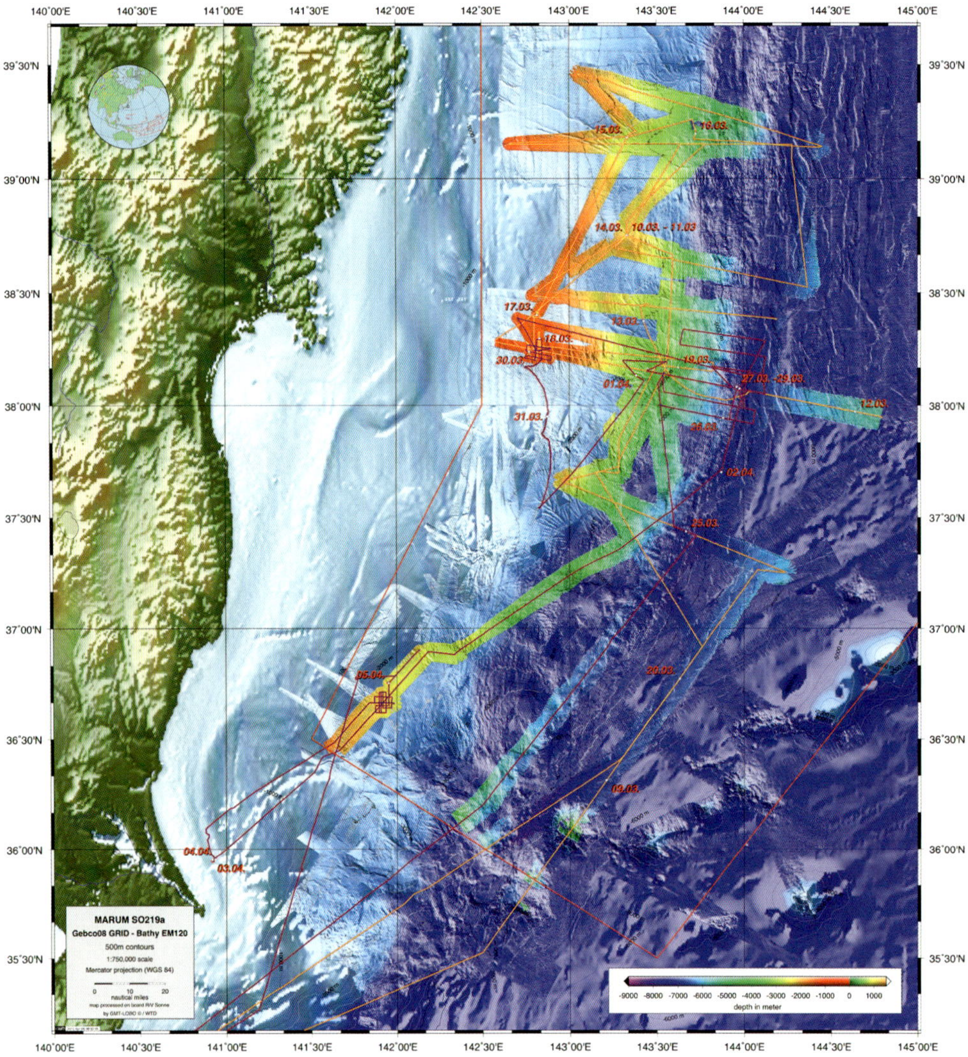

Abb. 5: Während der Expedition SO219a mit FS Sonne wurde in der Nähe des Tiefseegrabens vor Japan der Meeresboden auf verschiedenen Profilen mit einer Gesamtlänge von 4.630 Kilometern kartiert.

Auf der Expedition wurden im Bereich des Tiefseegrabens auch mehrere etwa zehn Meter lange Schwerelotkerne aus bis zu 7.537 Metern Wassertiefe gewonnen. Mit Hilfe der chemischen Analyse des Porenwassers (das Wasser zwischen den Sedimentkörnern) konnte anhand dieser Sedimentkerne gezeigt werden, dass in einigen Bereichen große Mengen an Sediment aufgewirbelt wurden, das dann später am Meeresboden wieder zur Ablagerung kam. Dies kann aus der geochemischen Signatur des Porenwassers geschlossen werden, soweit es die Zusammensetzung des Meerwassers zeigt.

Geklärt werden konnte auch, wodurch die morphologischen Unterschiede im Tiefseegraben verursacht wurden. Abbildung 6 zeigt oben die Situation vor dem Erdbeben und unten danach. Beim Erdbeben hatte sich die Nordamerikanische Platte (links) ruckartig etwa 50 Meter Richtung Osten bewegt. Sehr gut zu erkennen sind im zentralen Bereich der unteren Abbildung Aufwölbungen, die durch das Erdbeben entstanden sind. Wir interpretieren diese Aufwölbungen als Druckentlastung und Ausquetschen eines Sedimentkeils.

Die während der Expedition gewonnenen Sedimentkerne dienen auch der Rekonstruktion der Geschichte früherer Erdbeben. In den Sedimenten finden sich in verschiedenen Tiefen dünne Zwischenlagen (Abb. 7), die aufgrund ihrer chemischen und mineralogischen Signatur eindeutig früheren Vulkanausbrüchen und Tsunamiablagen an Land zugeordnet werden können. Ein Beispiel ist das Towada-a-Ereignis. Die Ablagerungen stammen vom Towada-Vulkan nordöstlich von Japan, der im Jahr 915 ausgebrochen ist. Für die letzten 1.500 Jahre wurden insgesamt drei größere Vulkanausbrüche nachgewiesen, die in den Sedimentkernen dokumentiert sind. Die Sedimente sind ein wertvolles Archiv für frühere Vulkan- und Erdbebenaktivitäten in dieser Region. Die Analyse dieser Aufzeichnungen könnte Hinweise darauf liefern, wie groß die Wahrscheinlichkeit für solch heftige Beben in dieser Region ist.

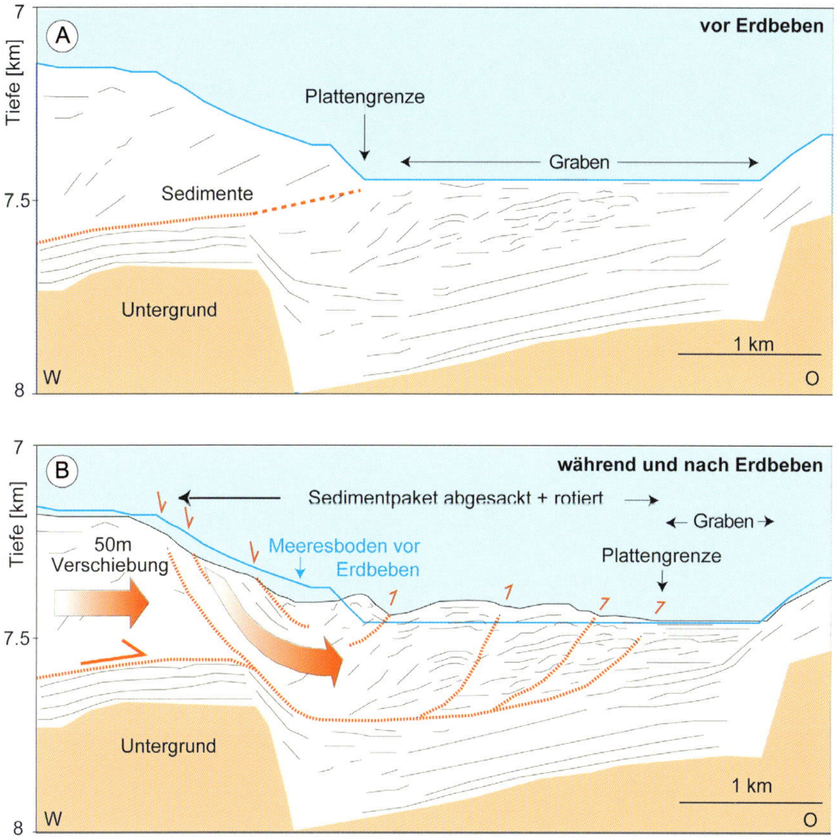

Abb. 6: Basierend auf seismischen Untersuchungen, die vor (a) und nach dem Erdbeben (b) durchgeführt wurden, und Sedimentkernuntersuchungen entstand dieses Modell. Es zeigt die ostwärts gerichtete Bewegung der Nordamerikanischen Platte (links) und den dadurch herausgepressten Keil.

Literatur

Strasser, M. et al. (2013): A slump in the trench: Tracking the impact of the 2011 Tohoku-Oki earthquake. Geology 41, 935-938, doi: 10.1130/G34477.1

Fulton, P. M. et al. (2013): Low Coseismic Friction on the Tohoku-Oki Fault Determined from Temperature Measurements. Science 342, 1214-1217, doi: 10.1126/science.1243641

Internetseiten

Logbuch der Expedition mit FS SONNE: http://www.marum.de/Logbuch_Sonne.html

NOAA-Webseite zum Tsunami vom 11.3.11: http://nctr.pmel.noaa.gov/honshu20110311/

Expedition mit dem japanischen Bohrschiff CHIKYU

Im April und Juli 2012, also etwa ein Jahr nach dem Tohuku-Erdbeben, wurden mit dem japanischen Bohrschiff CHIKYU (Abb. 4 unten) in 7.000 Metern Wassertiefe bis zu 850 Meter tiefe Löcher gebohrt, um die Plattengrenze zu beproben und Messsysteme in den Bohrlöchern zu installieren. Nach neun Monaten konnten die installierten Messgeräte mit einem Tauchroboter wieder geborgen werden. Die Auswertung der an den verschiedenen Stationen gewonnenen Datensätze ergab, dass die Bewegung der Nordamerikanischen Platte mit der Insel Tohuku um etwa 50 Meter in Richtung Südostasien im Bereich einer nur etwa fünf Meter dicken Schicht aus pelagischem Ton stattfand. Diese Schicht wirkte beim Erdbeben praktisch als Schmiermittel. Mit Temperatursensoren konnte darüber hinaus an der Plattengrenze eine Temperaturanomalie von 0,31 Grad Celsius registriert werden, aus der sich die durch das Erdbeben freigesetzte Energie abschätzen ließ. Diese Abschätzung war erstmalig in der Erdbebenforschung im Rahmen dieses sogenannten ›Rapid Response Drilling‹ des Integrated Ocean Drilling Program möglich, da die notwendigen Bohrloch-Untersuchungen zeitnah nach dem Beben durchgeführt werden konnten.

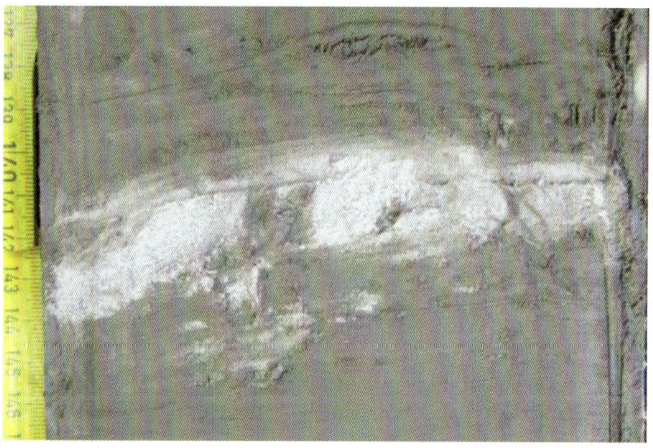

Abb. 7: In den Sedimentkernen finden sich häufig solche Zwischenlagen, die früheren Vulkanausbrüchen zugeordnet werden können.

Gerold Wefer ist Professor für Allgemeine Geologie an der Universität Bremen und Gründer des MARUM – Center for Marine Environmental Sciences.

Anschrift: Prof. Dr. Gerold Wefer
MARUM – Zentrum für Marine Umweltwissenschaften
Leobener Straße
28359 Bremen

E-Mail: gwefer@marum.de

Naturrisiken

von Bruno Merz, Potsdam

Abb. 1: Müll und Geröll säumen die Straßen der Innenstadt von Banda Aceh, Sumatra, Indonesien, nach dem gewaltigen Tsunami, der das Gebiet am 26. Dezember 2004 getroffen hat.

Schäden durch Naturrisiken nehmen zu

Der Tsunami vom 26. Dezember 2004 hat den Menschen auf aller Welt vor Augen geführt, wie eine unvorhergesehene Naturkatastrophe eine ganze Region plötzlich ins Chaos stürzen kann (Abb. 1 und 2). Die Gefahren, die die Natur bereithält, sind vielfältig: Neben plötzlich eintretenden Ereignissen wie Erdbeben, Wirbelstürmen, Vulkanausbrüchen und Überschwemmungen existieren auch schleichende Bedrohungen wie zum Beispiel Dürren. Dazu kommen extrem seltene, aber dafür besonders verheerende Ereignisse wie Meteoriteneinschläge. Aus Risikobetrachtungen dürfen auch sie nicht ausgeschlossen werden.

Nach Angaben der Münchener Rück sind weltweit sowohl die Anzahl der Naturkatastrophen als auch die davon angerichteten Schäden in den letzten Jahrzehnten drastisch angestiegen (Abb. 3). Welche volkswirtschaftlichen Schäden Naturgefahren auch bei uns anrichten können, zeigen die letzten großen Naturkatastrophen in Deutschland – der Wintersturm Kyrill 2007 mit 4,2 Milliarden Euro und das Elbe-Donau-Hochwasser 2002 mit 11,8 Milliarden Euro (Münchener Rück 2008).

Reine Naturkatastrophen gibt es nicht

Es gibt vielfältige Ursachen dafür, dass die Zahl von Naturkatastrophen und die dadurch verursachten Schäden steigen. Als Folge der globalen Erwärmung geht man von häufigeren und intensiveren Wetterereignissen wie Stürmen und Überschwemmungen aus. In einigen Gebieten Mitteleuropas haben sich beispielsweise die Niederschläge umverteilt. Im Winter fällt mehr Niederschlag, gleichzeitig ist es wärmer. Weil der Niederschlag eher in Form von Regen als von Schnee fällt, fließt er schnell wieder ab. Dadurch erhöht sich die Gefahr von Winterhochwasser. Im Sommer regnet es dagegen weniger, was die Gefahr von Dürren und Waldbränden erhöht. Gleichzeitig ist aber trotz geringerer Niederschläge mit einer Zunahme von konvektiven Ereignissen wie Gewitter und Hagel zu rechnen. Auch wenn sich erste Trends abzeichnen, ist die Frage, wie sich der globale Klimawandel auf die Häufigkeit und Schwere von Wetterextremen in den verschiedenen Regionen unserer Erde auswirkt, noch weitgehend offen.

Die Hauptursache dafür, dass die Zahl der Naturkatastrophen und die Höhe der Schäden steigen, besteht darin, dass Naturereignisse auf eine immer verletzlichere

Abb. 2: Diese Aufnahmen zeigen einen Küstenstreifen nördlich von Phuket, Thailand vor (links) und nachdem (rechts) im Dezember 2004 ein Tsunami die Region getroffen hat. Die überschwemmten Bereiche sind in der rechten Aufnahme an der fehlenden Vegetation gut zu erkennen.

Gesellschaft treffen. Reine Naturkatastrophen gibt es nicht. Naturkatastrophen zeichnen sich immer dadurch aus, dass ein Naturereignis auf eine Gesellschaft trifft, die auf solche Ereignisse nicht vorbereitet ist.

Dass die Auswirkungen von Naturkatastrophen extrem zugenommen haben, liegt zum großen Teil daran, dass die Verletzlichkeit angestiegen ist: Häufig ereignen sich große Naturkatastrophen in Städten oder dicht besiedelten Gebieten. Nach Schätzungen der Vereinten Nationen wird 2025 etwa 60 Prozent der Weltbevölkerung in Städten leben, davon ein immer größerer Anteil in Megacities mit mehr als zehn Millionen Einwohnern. In Entwicklungsländern verdoppelt sich die Einwohnerzahl solcher Megastädte im Schnitt alle 15 Jahre, die Anzahl illegaler Behausungen sogar alle sieben Jahre. Vorsorge und Katastrophenschutzplanung können bei solchen Wachstumsraten nicht mehr Schritt halten. Problematisch ist vor allem, dass viele Megastädte sich in besonders gefährdeten Zonen, zum Beispiel an Küsten, in Flusstälern oder in seismisch aktiven Gebieten befinden. Die Kombination

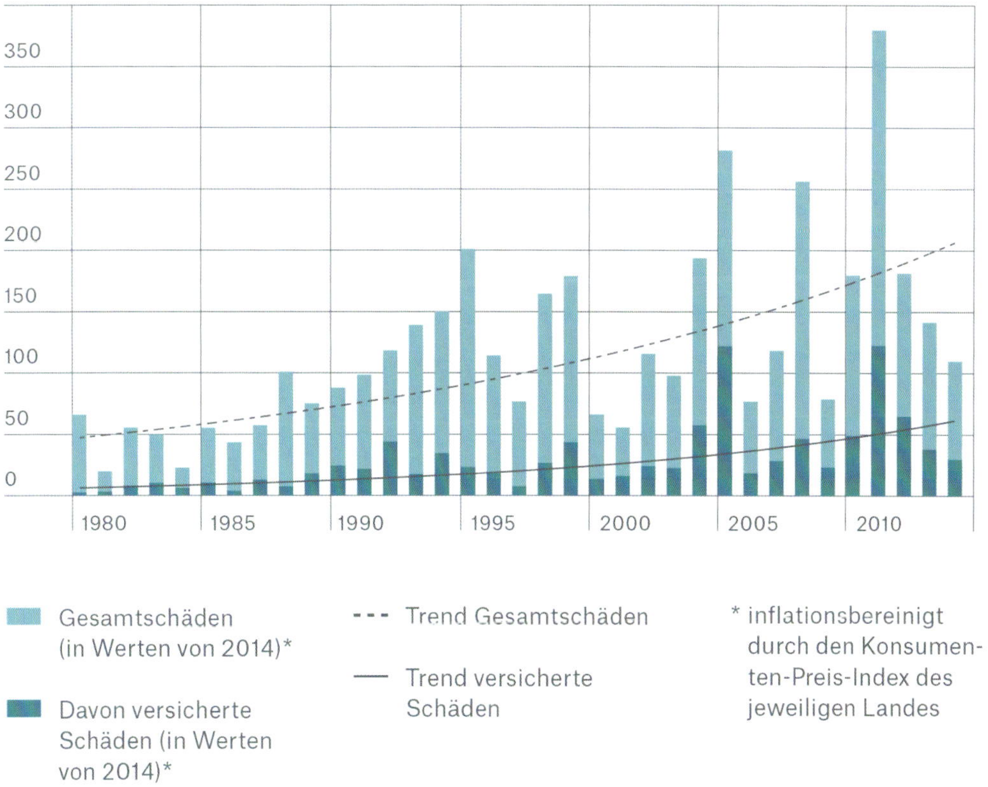

Abb. 3: Gesamtschäden und versicherte Schäden – absolute Werte und Langfristtrends. Die Trendlinien dokumentieren die Zunahme der Katastrophenschäden seit 1980.

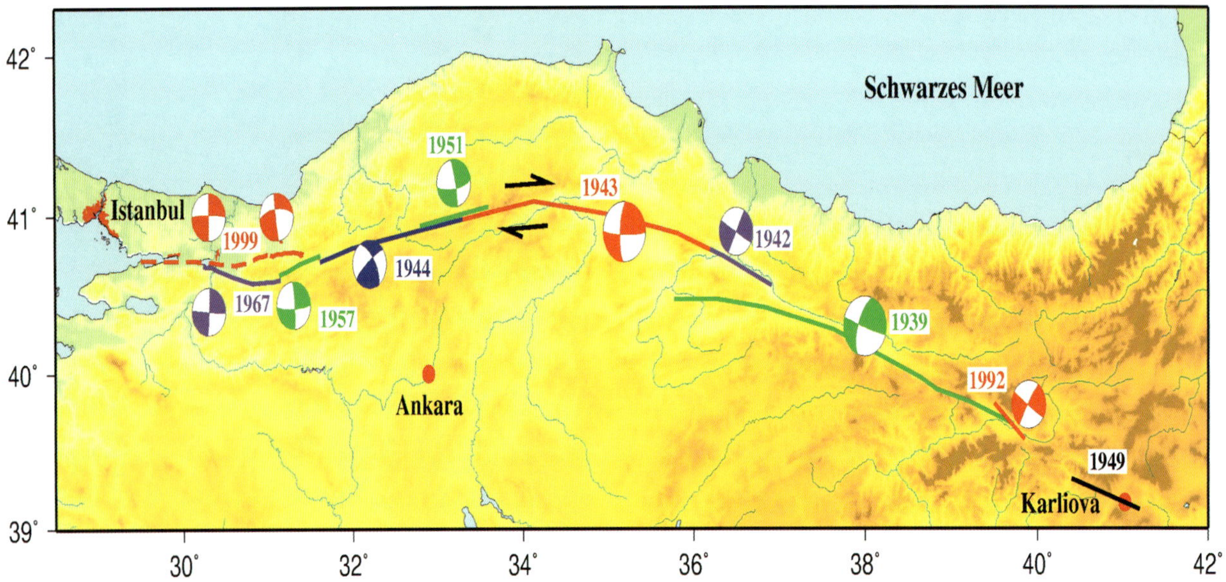

Abb. 4: Die Nordanatolische Verwerfung ist in einer Serie von Erdbeben im 20. Jahrhundert fast komplett gebrochen – mit Ausnahme eines Segments unmittelbar südlich von Istanbul. Das Izmit-Beben von 1999 belastete diese ›seismische Lücke‹ zusätzlich. Da die großen Beben im vergangenen Jahrhundert immer weiter von Osten nach Westen gewandert sind, rechnen Forscher damit, dass der Abschnitt bei Istanbul mit hoher Wahrscheinlichkeit in absehbarer Zeit nachgibt. Dies ist ein extremes Risikopotenzial für die schnell wachsenden Megastadt Istanbul.

von hoher Gefährdung und wachsender Verletzlichkeit führt zu einem rapide ansteigenden Katastrophenpotenzial. Die Folgen können nicht nur für die betroffene Stadt, sondern auch für das Land – und in Extremfällen für die Weltwirtschaft – schwerwiegend sein. Abbildung 4 zeigt beispielhaft die Situation für die Metropole Istanbul, die einem hohen Erdbebenrisiko ausgesetzt ist.

In den heutigen hoch entwickelten, international vernetzten Gesellschaften wird die Infrastruktur immer anfälliger. Dies gilt für Kommunikations-, Versorgungs- und Verkehrsnetze. Beim Elbe-Hochwasser 2002 entstanden 40 Prozent der Schäden in Deutschland an der kommunalen und staatlichen Infrastruktur: Mindestens 180 Brücken, 740 Kilometer Straßen, 94 Eisenbahnbrücken, 400 Kilometer Gleise sowie Uferbefestigungen und Kanäle wurden zerstört oder beschädigt (Abb. 5). Ein direkter Schaden kann manchmal hohe Folgekosten nach sich ziehen. So überschwemmte ein Hochwasser 1993 in Des Moines im US-Bundesstaat Iowa die örtlichen Wasserwerke. Elf Tage lang waren 250.000 Kunden von der Wasserversorgung abgeschnitten. Während sich der Schaden bei den Wasserwerken auf zwölf Millionen Dollar belief, entstanden bei den Kunden Folgeschäden in Höhe von 200 bis 500 Millionen Dollar. Die Problematik von sekundären, häufig nicht im Voraus erkannten Schäden zeigte sich in besonderer Weise beim Ausbruch des isländischen Vulkans Eyjafjallajökull im April 2010, der den Flugverkehr in weiten Teilen Europas lahmlegte.

Wie gehen wir mit Naturrisiken um?

Häufig werden die Menschen erst nach einer Naturkatastrophe aktiv – wenn der Schaden schon eingetreten ist. Wir reagieren, anstatt vorzubeugen. Allmählich setzt sich jedoch die Erkenntnis durch, dass extreme Naturereignisse Bestandteil der Umwelt sind und dass der Mensch sich ihnen nicht vollständig entziehen kann. Da ein absoluter Schutz gegen Naturgefahren – aus finanzieller und technischer Sicht – nicht möglich ist, muss die Menschheit lernen, mit Naturrisiken zu leben. Hierzu gehören:

- Bewusster Umgang mit Risiken und ein öffentlicher Risikodialog: Risiken sollten nicht vertuscht, sondern offengelegt und diskutiert werden.
- Risiko-orientiertes Denken: Es werden diejenigen Schutzmaßnahmen ergriffen, die besonders effektiv und effizient sind. Das Ziel besteht darin, die vorhandenen Mittel bestmöglich einzusetzen. Dabei müssen verschiedene Interessen abgewogen und auch soziale und ökologische Aspekte berücksichtigt werden.
- Anpassungsfähige Lösungen und ein regelmäßiges Überprüfen der Risikosituation und der Vorsorge: Wie groß die Gefahr durch ein Naturereignis tatsächlich ist, muss kontinuierlich überwacht werden. Auch soziopolitische Randbedingungen, zum Beispiel der Sicherheitsanspruch der Bevölkerung, sind nicht konstant. Dementsprechend müssen die Gefahrensituation und die Schutzmaßnahmen regelmäßig überprüft werden. In diesem Zusammenhang sind Lösungen gefragt, die sich flexibel an möglicherweise deutlich andere zukünftige Anforderungen anpassen lassen. So kann ein

Abb. 5: Beim Elbe-Hochwasser 2002 trat auch die Müglitz – normalerweise ein ruhiges Nebenflüsschen der Elbe – über die Ufer, wie hier bei Schlottwitz.

Frühwarnsystem einfacher an neue Randbedingungen angepasst werden als etwa bauliche Schutzmaßnahmen. Auch robuste Lösungen sind vorzuziehen, also Lösungen, die das zukünftige Risiko reduzieren, auch wenn man heute nicht genau vorhersagen kann, wie sich das Risiko in den nächsten Jahrzehnten entwickeln wird. Eine Verbesserung des Risikobewusstseins und der Selbsthilfe der Bevölkerung ist eine sinnvolle Maßnahme zur Risikoreduzierung – unabhängig davon, ob und wie stark der Klimawandel Häufigkeit und Magnitude von Naturereignissen erhöht.

Viele Beispiele zeigen, wie eine wirkungsvolle Vorsorge Menschenleben retten kann. Eine gewaltige Sturmflut forderte 1970 in Bangladesh 300.000 Todesopfer. Damals war die Vorhersage mangelhaft und die Zyklon-Schutzbauten befanden sich in einem schlechten Zustand. Bei einer ähnlich extremen Sturmflut im Jahr 1997 kamen 3.000 Menschen ums Leben. Dank der verbesserten Frühwarnung konnte sich ein großer Teil der Bevölkerung in neu eingerichtete Schutzbauten retten. Solche Ereignisse verdeutlichen, wie wichtig Katastrophenvorsorge ist: Welche Schäden Naturkatastrophen in Zukunft anrichten können, hängt von heutigen Entscheidungen ab.

Literaturhinweise

Münchener Rück. (2008): Topics Geo. Naturkatastrophen 2007. Analysen, Bewertungen, Positionen. Edition Wissen

Munich Re (2015): Topics Geo. Naturkatastrophen 2014. Analysen, Bewertungen, Positionen; https://www.munichre.com/de/reinsurance/magazine/publications/index.html

Bruno Merz ist Direktor des Departments Prozesse der Erdoberfläche am Deutschen GeoForschungsZentrum und Professor für Ingenieurhydrologie und Management von Georisiken an der Universität Potsdam.

Anschrift: Prof. Dr.-Ing. Bruno Merz
Helmholtz-Zentrum Potsdam
Deutsches GeoForschungsZentrum GFZ
Telegrafenberg
14473 Potsdam

E-Mail: bruno.merz@gfz-potsdam.de

Feuer
aus den Tiefen der Erde

Vulkane: Zerstörer und Lebensspender

von Colin W. Devey, Kiel

Pompeji, Mount St. Helens (Abb. 1), Fuji, Kilimandscharo, Ätna: bekannte Namen, bekannte Vulkane. Ihre Formen prägen die Landschaften, ihre Eruptionen das Leben von Millionen Menschen weltweit. Sie liefern Wärme, während ihre Aschewolken die Sonne verdunkeln. Sie produzieren Baustoffe und verwüsten ganze Landstriche. Ihre Asche düngt die Felder, aber erstickt auch die wachsenden Pflanzen.

Sie schlafen friedlich und sind doch konstante Bedrohung. Ein Moment kann alles verändern: Am 20. Februar 1943 gegen vier Uhr nachmittags waren Dionisio Pulido, ein mexikanischer Bauer, und seine Frau Paula sowie ihr Mitarbeiter Demetrio Toral Augenzeugen eines äußerst seltenen Ereignisses: der Geburt eines Vulkans (Abb. 2). Paula hütete die Schafe 100 Meter von der Stelle entfernt, wo die ersten Rauchwolken aus der Erde stiegen, Dionisio verbrannte 75 Meter weiter weg Baumabfälle und Demetrio pflügte nur 150 Meter entfernt ein Maisfeld. Er wendete gerade das Gespann, als sich dort, wo er eben noch gepflügt hatte, die erste Spalte öffnete. Später sagte man ihm daher nach, er hätte ›einen Vulkan hochgepflügt‹. Dionisio beobachtete das Geschehen schockiert:

› ... Die Erde blähte sich auf und erhob sich um zwei bis zweieinhalb Meter und eine Art Rauch oder feiner Staub – grau wie Asche – fing an, aus einem Teil der Spalte auszutreten. ... Plötzlich stieg immer mehr Rauch aus der Spalte mit einem lauten und anhaltenden Zischen und Pfeifen auf und es roch stark nach Schwefel. Ich wurde sehr ängstlich und versuchte, meine Ochsen auszuspannen. Ich wusste kaum, was ich tun sollte, so überrascht war ich, nicht wissend, was ich denken oder tun sollte und nicht in der Lage, meine Frau, meinen Sohn oder mein Vieh zu finden. Endlich kehrten meine Sinne wieder und ich erinnerte mich an den heiligen Señor de los Milagros, die Kirche in San Juan Parangaricutiro und ich schrie mit lauter Stimme: ›Heiliger Señor de los Milagros, du hast mich zur Welt gebracht – rette mich jetzt vor diesen Gefahren, durch die ich bald sterben werde.‹ Dann blickte ich auf den Spalt, aus dem der Rauch emporstieg und zum ersten Mal verschwand meine Angst. Ich lief weg, um zu sehen, ob ich meine Frau, meine Kameraden und mein Vieh retten könnte, aber ich fand sie nicht und dachte, sie hätten die Ochsen zur Quelle geführt, um sie zu tränken. Aber es gab kein Wasser mehr in der Quelle, da sie sich nahe der Erdspalte befand. Also bestieg ich mein Pferd und ritt nach Paricutin, wo ich meine Frau, meinen Sohn und meine Freunde auf mich wartend fand, voller Angst, dass ich gestorben sei und sie mich nie wieder sehen würden. ...‹

Vulkane sind seit Urzeiten gleichzeitig Segen und Fluch der Menschheit. So gefährlich und zerstörerisch sie während ihrer Ausbrüche auch sind, vulkanische Asche und verwitterte Lava gehören weltweit zu den fruchtbarsten Böden. Auch Dionisios Maisfelder trugen dank Vulkanasche reiche Ernte, aber wie er erfuhr, ist die Grenze zwischen fruchtbarer Erde und verwüsteter Landschaft in Vulkangebieten oft sehr schmal.

Abb. 1 (linke Seite): Eruptionssäule der Mt.-St.-Helens-Eruption vom 18. Mai 1980

Abb. 2: Dionisio Pulido und ›sein‹ Vulkan

Die Entstehung von Vulkanen hängt eng mit der Bewegung der Erdplatten zusammen. Dort, wo zwei Erdplatten sich voneinander entfernen (helle Linie in Abb. 3; s. auch Artikel von M. Weber), drängt flüssige Gesteinsschmelze aus dem Erdinneren (Mantel) empor, und füllt den entstehenden Riss zwischen den Platten. Dabei kommen lange Vulkanketten zustande, die die häufigste Vulkanerscheinung auf der Erde darstellen. Wie man auf der Karte sehen kann, liegen die meisten Plattengrenzen dieser Art mitten in den Ozeanen und heißen daher mittelozeanische Rücken. Da sie größtenteils von Meerwasser bedeckt sind, wissen wir verhältnismäßig wenig über diese Art von Vulkanismus – zum Beispiel ist noch unbekannt, wie oft solche Vulkane ausbrechen oder wie viel Lava dabei ausfließen kann. Erst Expeditionen mit neuentwickelten bemannten oder unbemannten Tauchbooten werden viele Rätsel dieses Vulkantyps lösen.

Die Unterwassereruptionen an den Vulkanen der mittelozeanischen Rücken laufen etwas anders ab als die Ausbrüche an Land. Da die mit 1.200 Grad Celsius ausfließende Lava direkt mit dem kalten Seewasser in Kontakt kommt, wird sie sofort abgeschreckt. Aus diesem Grund können sich Lavaflüsse, wie wir sie an Land kennen, in den Ozeanen nicht bilden. Vielmehr tritt die Lava hier wie Zahnpasta in langen Lavaröhren aus (Abb. 4).

Die Enden dieser Lavaröhren brechen oft ab, und es entsteht eine kugelförmige Lavamasse, die zum Meeresboden fällt. Da sie in ihrem Inneren immer noch heiß und flüssig ist, nimmt sie die Form des Meeresbodens an – es entsteht ein so genanntes ›Lavakissen‹.

Das Wechselspiel zwischen Lava und Meerwasser an den mittelozeanischen Rücken erzeugt einzigartige Lebensräume, in der die primäre Energiequelle die Vulkanwärme, und nicht wie sonst auf der Erde, die Sonne ist. Das zerklüftete Vulkangestein wird bis tief in den Untergrund von Meerwasser durchtränkt (Abb. 5).

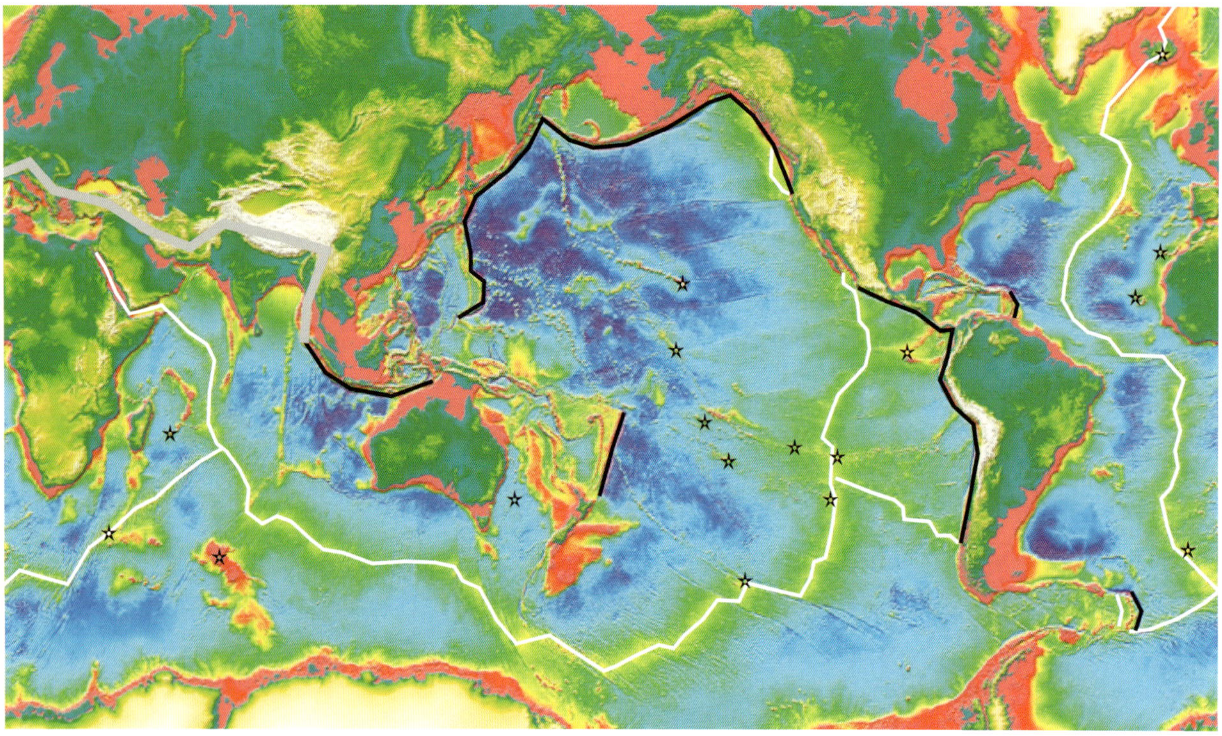

Abb. 3: Die Erde aus dem Weltall: Mit Satellitenmessungen ist es möglich, die Unterwasserform des Meeresbodens ›sichtbar‹ zu machen. Die auf dieser Karte erkennbaren Unterwasserberge sind fast alle vulkanischen Ursprungs.

In der Tiefe wird das Wasser bis auf 400 Grad Celsius aufgeheizt. Der große Druck der darüberliegenden Wassersäule verhindert aber, dass es dabei kocht. Das heiße Wasser löst Substanzen aus dem umgebenden Gestein und wird dabei sauer. Schwefel und Metalle, wie Eisen, Zink, Mangan und Kupfer, reichern sich in relativ hohen Konzentrationen an. Das Wasser steigt dann zum Meeresboden auf und tritt als heiße Quelle aus. Wenn das heiße Wasser mit dem kalten Ozeanwasser in Kontakt kommt, fallen die gelösten Metalle wieder aus – die austretende Wasserfahne färbt sich schwarz, und ein ›Schwarzer Raucher‹ entsteht. An diesen Rauchern lebt eine ganze Gemeinschaft exotischer Tiere und Bakterien, die sich von Methan und Schwefelwasserstoff ernähren, die aus dem Raucher austreten (Abb. 6; s. die Artikel von P. Herzig und von W. Bach). Einige dieser Lebewesen kommen sonst nirgendwo auf der Welt vor. Darunter sind auch sehr ursprüngliche Formen des Lebens. Es wird vermutet, dass das Leben auf der Erde möglicherweise an solchen heißen Quellen begonnen hat.

Abb. 4: Lavaröhre am Meeresboden. Die Austrittsstelle ist oben rechts, die Lava ist nach unten links den Hang hinuntergeflossen.

Die zweithäufigste Vulkanart kommt dort vor, wo zwei Platten aufeinandertreffen und die Platten übereinandergeschoben werden. In den meisten Fällen besteht zumindest eine der beiden Platten aus Ozeanboden (solche Grenzen sind mit schwarzen Linien in Abbildung 3 markiert). Bei einem Zusammenstoß zweier Platten wird der Ozeanboden wieder nach unten, in das heiße Erdinnere gedrückt. Das Meerwasser, das über Jahrmillionen in den Ozeanboden eingedrungen ist, wird aus der Platte herausgekocht. Daher haben die Schmelzen im umliegenden Mantel einen hohen Wassergehalt. Bei einer Eruption macht sich dieses Wasser in Form von heftigen, Dampf getriebenen Explosionen bemerkbar (s. Artikel von C.-D. Reuther sowie von L. Rüpke & J. P. Morgan). Der Ausbruch eines solchen Vulkans fordert oft viele Menschenleben, entweder als direkte Konsequenz der Explosionen oder als Folge der Ablagerung von Asche im umliegenden Gebiet, die Ernten vernichten und Gebäude zerdrücken kann.

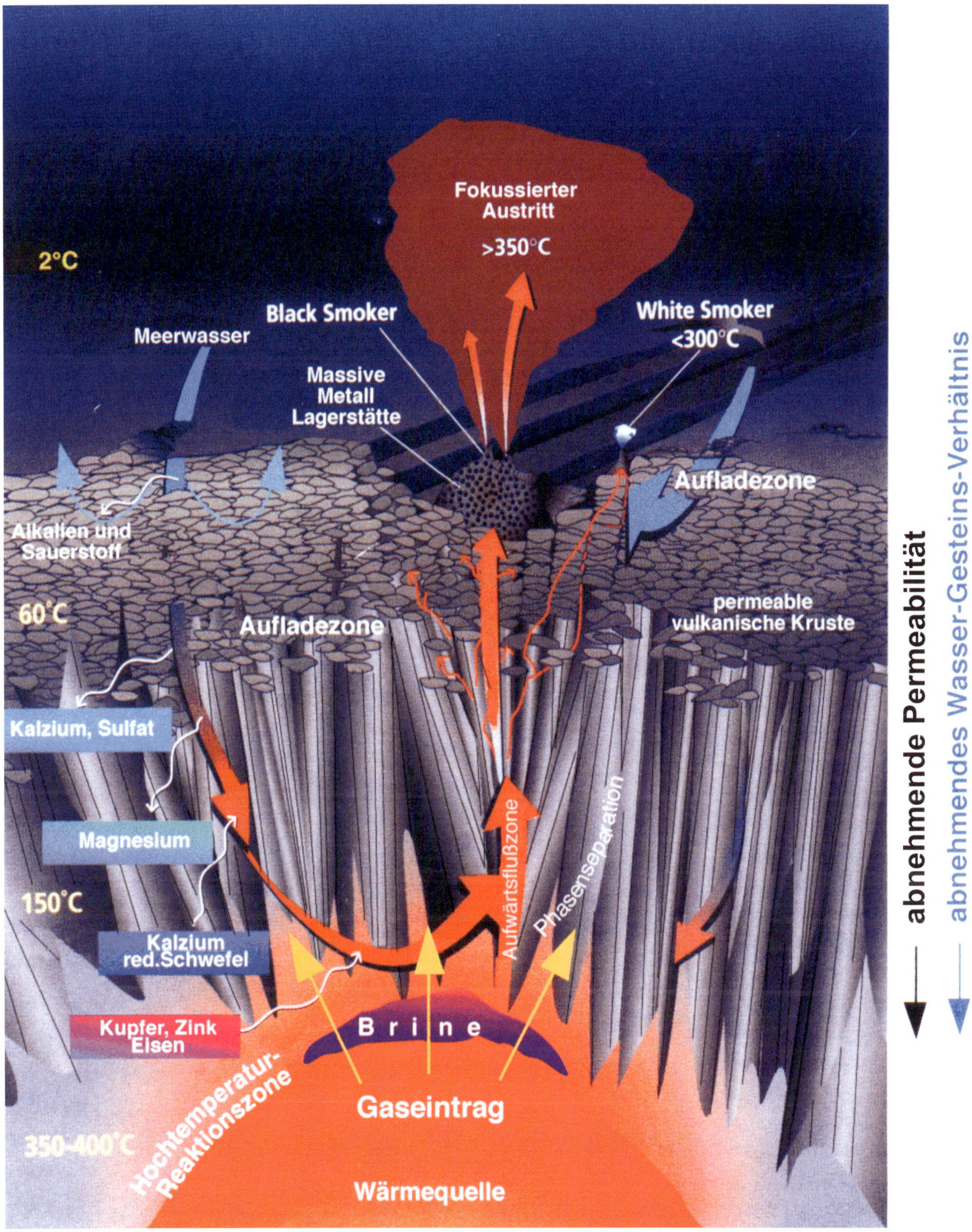

Abb. 5: Wege der Wasserzirkulation an einem mittelozeanischen Rücken

Besonders gefährlich bei solchen Eruptionen sind die hohen Aschesäulen, die sich in der Luft über den Vulkanen bilden (siehe Abb. 1). Die Säule aus heißer Luft, vermischt mit Aschepartikeln, transportiert Eruptionsprodukte, wie Schwefelsäure oder Schwefeldioxid, aber auch Gesteinspartikel, bis in die Stratosphäre. Dort herrschen weltumspannende Windsysteme, die dann die Eruptionsprodukte rings um den Globus verfrachten. Insbesondere die Schwefelsäuretröpfchen in der Stratosphäre tragen dazu bei, dass weniger Sonnenlicht die Erdoberflä-

Abb. 6: Eigenartige Lebewesen, wie diese Röhrenwürmer und die blinden weißen Krebse, leben in der Nähe von heißen Quellen (hier am Austritt trüben Wassers erkennbar).

che erreichen kann – so können vulkanische Wolken die Erde über mehrere Jahre abkühlen.

In der näheren Umgebung des Vulkans stellt die Aschesäule eine erhebliche Gefahr für Luftfahrzeuge dar. In den Triebwerken moderner Linienflugzeuge herrschen Temperaturen, die weit über dem Schmelzpunkt der Aschepartikel liegen. Gelangen diese Partikel in die Turbinen, werden die Turbinenblätter rasch mit einer klebrigen, zähflüssigen Gesteinsschmelze überzogen, und die Triebwerke fallen aus. So geschehen bei der Boeing 747-200, British Airways Flug 009 von Kuala Lumpur, Malaysia, nach Perth, Australien. In der Nacht vom 24 Juni 1982 flog die Maschine in einer Höhe von mehr als 11.000 Meter über die indonesische Insel Java, als binnen zwei Minuten alle vier Triebwerke ausfielen. Der Jumbo-Jet wurde zum Segelflugzeug und während die Offiziere fieberhaft versuchten, die Triebwerke wieder zu starten, fiel es auf eine Höhe von 4.000 Meter. In dieser Höhe flog das Flugzeug vermutlich unterhalb der Aschewolke, so dass die abgekühlten Triebwerke nacheinander wieder ansprangen. Die Gesteinsschmelze überzieht die Turbinen mit einer feinen Glasschicht, die mit ein wenig Glück wieder von den Blättern abspringt, da sie im ausgekühlten Zustand sehr spröde ist. Eine der Turbinen war jedoch so schwer beschädigt, dass sie gleich wieder ausgeschaltet werden musste. Flugkapitän Moody hatte sein Flugzeug jedoch wieder unter Kontrolle gebracht und steuerte Jakarta zur Notlandung an. Beim Anflug auf Jakarta stellte Kapitän Moody fest, dass die schlechten Sichtverhältnisse vom Zustand seiner Fenster herrührten. Die Asche hatte die Cockpitfenster regelrecht sandgestrahlt. Nur ein vier Zentimeter breiter Streifen am Fensterrand war noch klar, und Kapitän Moody musste im Cockpit stehen, um aus diesem Streifen nach draußen zu sehen. Als er nur noch 30 Meter über der Landepiste war, hat er per Funk durchgegeben: ›Wenigstens werden wir jetzt nicht alle sterben!‹, und machte anschließend mit nur drei funktionierenden Triebwerken eine perfekte Landung!

Wird der Ausbruch eines Vulkans durch ›Nachschubprobleme‹ unterbrochen, ist die Aschesäule eine tödliche Gefahr für alle Menschen, die sich auf oder in der Nähe des Vulkans aufhalten. Ähnlich wie ein Heißluftballon bleibt die Aschesäule nur in der Luft, weil von unten durch die Eruption ständig nachgeheizt wird. Hört der Ausbruch auf, so wird die Säule instabil und bricht zusammen. Die aus mehreren Kilometer Höhe herabfallenden Aschemassen prallen mit Geschwindigkeiten von mehr als 100 Stundenkilometer auf die Erde. Die immer noch mehrere hundert Grad heiße Aschewolke strömt als so genannte Glutlawine die Flanken des Vulkans hinunter und verwüstet alles auf ihrem Weg (Abb. 7). Eine solche Glutlawine überrollte und tötete die Einwohner der Stadt Pompeji nachts im Schlaf.

Gelegentlich kommen Vulkane auch in Gebieten fern der Plattenränder vor. Solche Vulkane sind mit so genannten ›Hotspots‹, also Brennpunkten im Erdmantel, assoziiert. An diesen Stellen ist der Mantel besonders schmelzfreudig, entweder weil er heißer ist als anderswo oder anders zusammengesetzt. Solchen Hotspots verdanken wir viele der Ozeaninseln dieser Welt, wie zum Beispiel die Kanaren, die Azoren, aber auch Hawaii (Abb. 8) oder Tahiti. Die Vulkane in der Mitte eines Kontinents, wie die des ostafrikanischen Grabenbruchs oder der Eifel, sind auch mit Hotspots in Verbindung zu bringen. Die Inselvulkane sind, zumindest im Pazifik, meist in Ketten angeordnet; das Alter der Vulkane nimmt entlang der Kette ständig zu. Diese Ketten sind deutlich auf der Meeresbodenkarte in Abbildung 3 zu sehen, die Sterne markieren die verantwortlichen Hotspots. Hotspotvulkane spucken zwar viel Lava aus, da sie aber weit von den Kollisionszonen der Platten entfernt sind, enthalten ihre Laven wenig Wasser und die Eruptionen sind wenig

Abb. 7: Eine Glutlawine an der Flanke des indonesischen Vulkans Galunggung

Abb. 8: Die Hotspot-Vulkane wie hier Mauna Loa auf Hawaii fördern zwar große Lavenmengen, ihre Eruptionen sind aber wenig explosiv und laufen meist ohne Gefahr für die Menschen ab.

explosiv, wie Abbildung 8 zeigt. Dennoch haben diese Vulkane wichtige Rollen in der Menschheitsgeschichte gespielt. Die Ozeaninseln waren zum Beispiel für die Entdecker und Eroberer vergangener Jahrhunderte lebenswichtige Orte, um Proviant und Wasser für ihre Flotten aufzunehmen. Vielleicht haben vor einigen Hunderttausend Jahren die durch Eruptionen hervorgerufenen starken Umweltveränderungen im ostafrikanischen Rifttal auch die Evolution der ersten Menschen beeinflusst. Sogar die Evolutionstheorie wäre vermutlich nie entwickelt worden, hätte Charles Darwin nicht im Rahmen einer Forschungsreise das Leben auf den vulkanischen Galapàgos Inseln ausführlich studiert.

Literaturhinweise:

Schmincke, H.-U. (2000): Vulkanismus. Wissenschaftliche Buchgesellschaft, Darmstadt

Fisher, von R., G. Heiken & J.B. Hulen (1997): Volcanoes: Crucibles of Change. Princeton University Press

Colin W. Devey ist Professor für die Dynamik des Ozeanbodens am GEOMAR Helmholtz-Zentrum für Ozeanforschung Kiel. Der gebürtige Engländer beschäftigt sich seit mehr als 20 Jahren mit Laven von jungen Vulkanen am Meeresboden, die er mit Hilfe von Forschungsschiffen, Tauchbooten und Unterwasserfahrzeugen beobachtet und beprobt.

Anschrift: Prof. Dr. Colin W. Devey
GEOMAR Helmholtz-Zentrum
für Ozeanforschung Kiel
Wischhofstr. 1-3
24148 Kiel

E-Mail: cdevey@ifm-geomar.de

Neptun, Pluto und die tiefen Wasserkreisläufe unseres Planeten Erde

von Lars Rüpke, Kiel und Jason Phipps Morgan, London

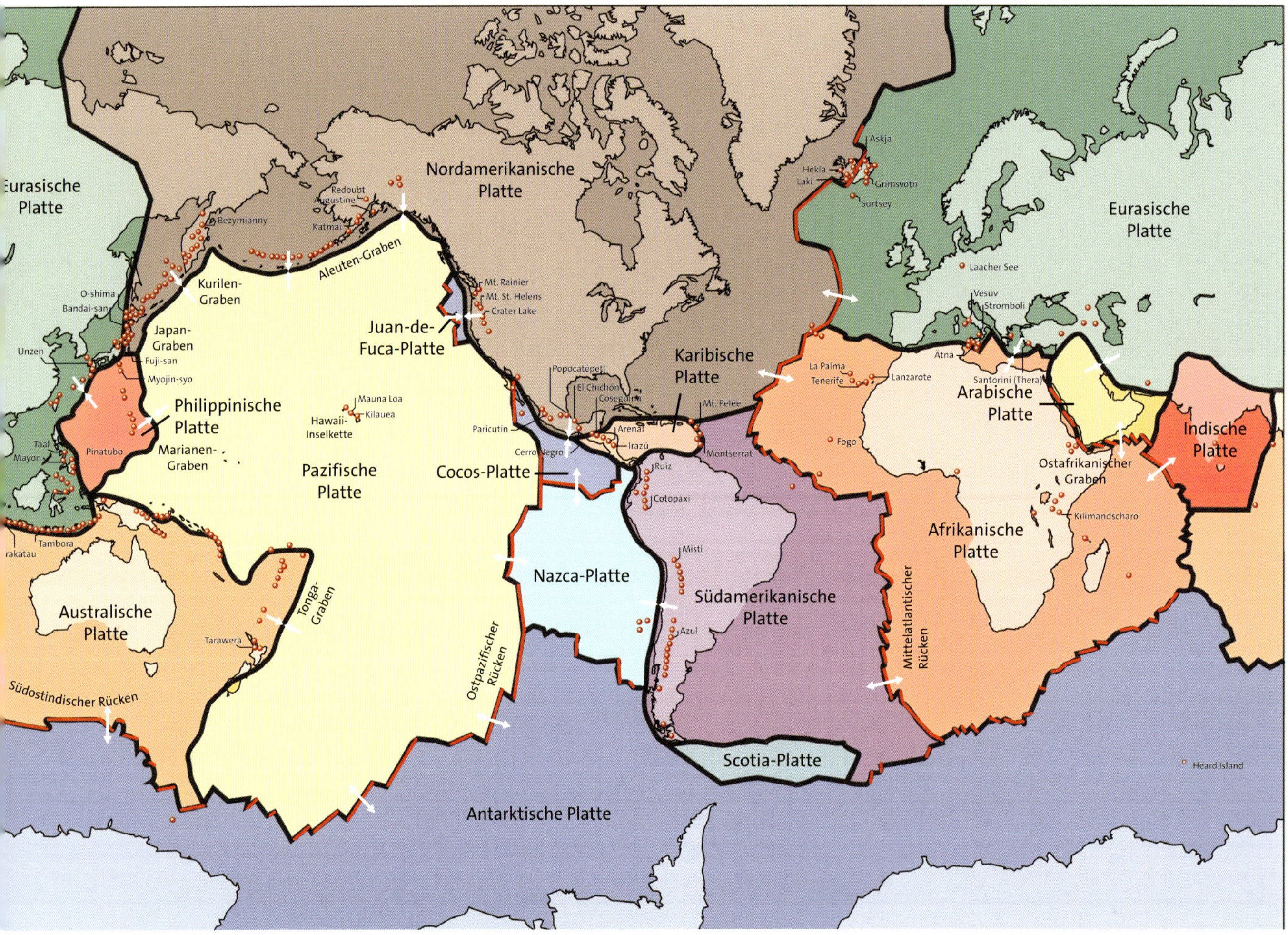

Abb. 1: Die Oberfläche der Erde ist in tektonische Platten aufgeteilt, welche sich in ständiger Bewegung befinden. Rote Punkte markieren die Lage aktiver Vulkane auf der Erde, rote Linien den Vulkanismus entlang divergenter Plattengrenzen. Die Häufung von Vulkanen um den Pazifischen Ozean herum verdeutlicht, dass Vulkanismus insbesondere an konvergenten Plattengrenzen (schwarze Linien) auftritt.

Die Ozeane der Erde bedecken zwei Drittel der Erdoberfläche und haben einen weitreichenden Einfluss auf unser Leben. Sie haben in der Geschichte als Handelsrouten und Grenzen gedient, ihre Meeresströmungen bringen Europa ein mildes Klima und können in Chile zu Überschwemmungen führen. Auch in den ersten Theorien zur geologischen Entwicklung unseres Planeten spielten sie eine große Rolle. Um 1790 entwickelte der Geologe Abraham Gottlob Werner die Theorie, dass alle Gesteine an der Erdoberfläche aus den Ozeanen stammen. Sie basierte auf seinen Kartierungen im Erzgebirge. Werner versuchte seine Theorie, die später nach Neptun, dem römischen Gott der Ozeane, benannt wurde, in Übereinstimmung mit Noahs biblischer Flut zu bringen. Der Theorie der Neptunisten liegt die Idee zugrunde, dass die von Werner kartierten Gesteine ursprünglich Ausfällungen aus einem flachen, weltumspannenden Ozean waren, welcher langsam austrocknete. Die Theorie hatte viele Stärken, und heute wissen wir z. B., dass tatsächlich Sedimentgesteine in den Ozeanen abgelagert wurden und dass in der Vergangenheit viele der heutigen Kontinente von einem flachen Ozean überflutet waren. Nicht lange nachdem Werner seine Theorien vorgestellt hatte, präsentierte der englische Geologe Hutton ein neues Modell der Erde. Seine Theorie besagt, dass vornehmlich Vulkanismus und Gebirgsbildung die Entstehung von Landmassen und Kontinenten steuern. Die Verfechter dieser Theorie wurden später Plutonisten genannt, nach dem römischen Gott der Unterwelt.

Die Idee der Plattentektonik

Über die wirkliche Dynamik der Erde wusste man aber nur wenig, bis Alfred Wegener schließlich 1912 erkannte, dass die Erde ein sehr dynamisches System ist. Er erkannte und sammelte die geologischen Beweise dafür, dass die Küstenlinien von Amerika, Afrika, Australien, der Antarktis und Europa einmal verbunden waren und so den Superkontinent Pangaea formten. Wegener folgerte, dass dieser Superkontinent vor etwa 200 Millionen Jahren durch kontinentale Drift auseinanderbrach, so dass sich die heutigen Kontinente bildeten. Seine Ideen waren lange Zeit sehr umstritten, da es abwegig erschien, dass feste Steine – selbst in geologischen Zeiträumen – anfangen können zu fließen. In den 1960er Jahren erlebte seine Theorie allerdings eine Renaissance. Man entdeckte, dass es unter den Ozeanen Plattengrenzen gibt, an denen tektonische Platten auseinanderdriften. Der entstandene Raum zwischen den Platten wird entlang langer Vulkanketten, den so genannten Mittelozeanischen Rücken, durch aufsteigende Schmelzen aus dem Erdmantel wieder aufgefüllt. So entsteht entlang der fast 70.000 Kilometer langen Mittelozeanischen Rücken durch vulkanische Prozesse ständig neuer Ozeanboden. Diese und andere Beobachtungen führten schließlich dazu, dass Wegeners Ideen zur heutigen Theorie der Plattentektonik vervollständigt wurden. Heute wissen wir, dass die Oberfläche unseres Planeten aus einem Mosaik tektonischer Platten besteht, die sich ineinanderfügen, dabei aber permanent bewegen.

Abbildung 1 zeigt die heutige Verteilung tektonischer Platten, wohin sie sich bewegen und die Lage der heute aktiven Vulkane. Auf dieser Karte ist deutlich zu erkennen, dass Vulkanismus kein zufälliges Phänomen ist, sondern gehäuft da auftritt, wo zwei tektonische Platten kollidieren. Besonders deutlich macht dies der so genannte ›Ring of Fire‹, der fast wie eine Perlenkette aus Vulkanen um den pazifischen Ozean liegt – immer entlang der konvergenten Plattengrenzen. Hier taucht Ozeanboden zurück in den Erdmantel, bzw. er wird subduziert, wie der Geologe sagt. Dieser Prozess kompensiert also die Tatsache, dass an den mittelozeanischen Rücken ständig neuer Ozeanboden entsteht. Zu Beginn der 1930er Jahre erkannte erst der japanische Seismologe Wadati und kurz darauf der amerikanische Geophysiker Benioff eine wichtige Tatsache: Zeichnet man alle Erdbebenherde an einer konvergenten Plattengrenze in ein dreidimensionales Koordinatensystem ein, so beschreiben diese eine Ebene, die von der Oberfläche einige hundert Kilometer tief schräg in den Erdmantel reicht. Dieser Zusammenhang ist in Abbildung 2 am Beispiel von Zentralamerika verdeutlicht. Entlang solch einer Ebene, Wadati-Benioff-Zone genannt, wird die tektonische Platte zurück in den Mantel subduziert. Konvergente Plattengrenzen heißen daher auch Subduktionszonen. An ihnen kollidieren entweder zwei ozeanische oder eine ozeanische und eine kontinentale Platte miteinander. Da kontinentale Platten leichter sind als ozeanische Platten, ist es immer die ozeanische Platte, welche zurück in den Mantel sinkt. Treffen jedoch zwei kontinentale Platten aufeinander, so schieben sie sich gegenseitig hoch und ein Gebirge entsteht. Bestes Beispiel: der mächtige Himalaya, wo die Indische Platte mit der Eurasischen Platte kollidiert. Wie die Karte in Abbildung 1 zeigt, sind Subduktionszonen durch starke vulkanische Aktivität charakterisiert. So befinden sich die wohl größten und bekanntesten Vulkane der Erde, wie z. B. der Pinatubo, der Mt. St. Helens und der Mayon entlang konvergenter Plattengrenzen. Was aber passiert genau, wenn sich eine tektonische Platte unter eine andere schiebt, was verursacht die starke vulkanische Aktivität?

Vulkanismus an Plattengrenzen

Abbildung 3 zeigt eine schematische Darstellung einer Subduktionszone. Die abtauchende Platte subduziert unter eine andere tektonische Platte. Da die Erdoberfläche kälter ist als das Erdinnere, stellt die Platte eine Kälteanomalie im umgebenden heißen Erdmantel dar. Obwohl Subduktionszonen daher durch vergleichsweise kühle Temperaturen gekennzeichnet sind, zeigt die starke vulkanische Aktivität, dass es an diesen konvergenten Plattengrenzen zu Schmelzprozessen kommen muss. Wir wissen heute, dass Wasser eine entscheidende Rolle bei der

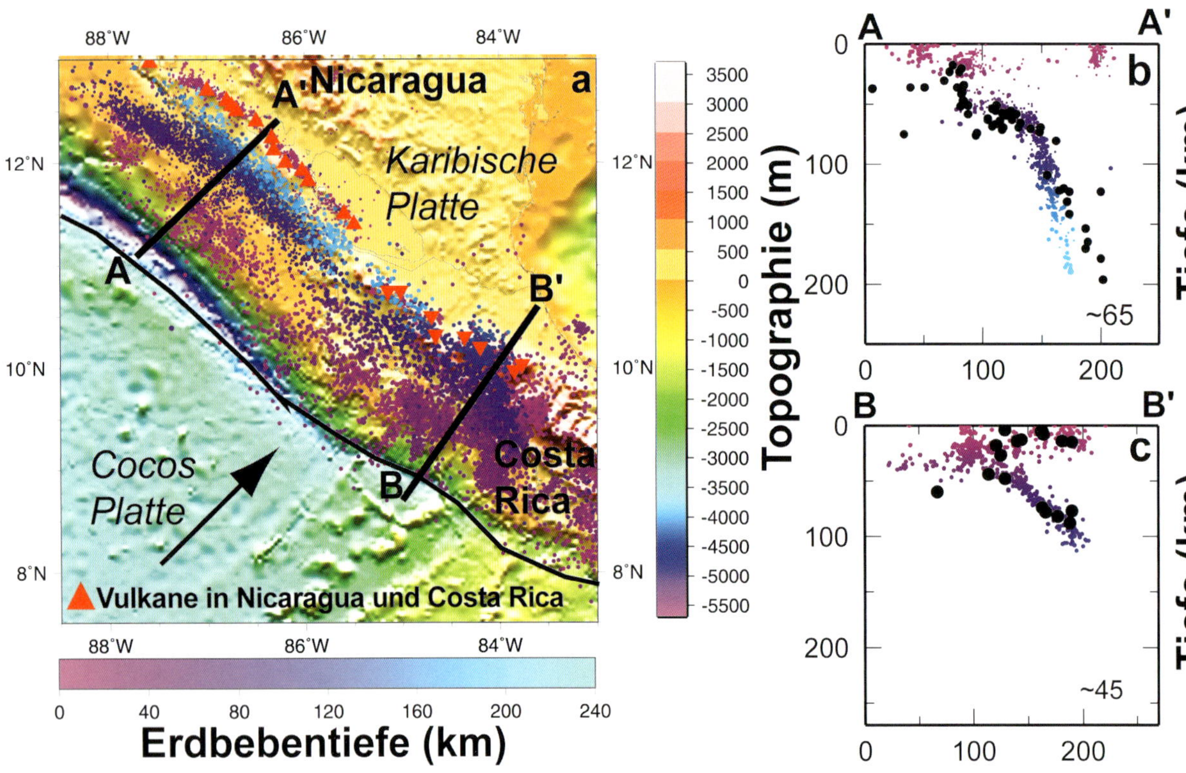

Abb. 2: Auf der Karte (a) sind die Erdbebenherde unter Nicaragua und Costa Rica eingezeichnet: Je weiter die Erdbeben von der Plattengrenze entfernt sind, desto tiefer sind sie. Dieser Zusammenhang wird auch in den rechts gezeigten Tiefenprofilen (b und c) deutlich, die entlang der in der Karte eingezeichneten Profile AA' und BB' aufgenommen wurden.

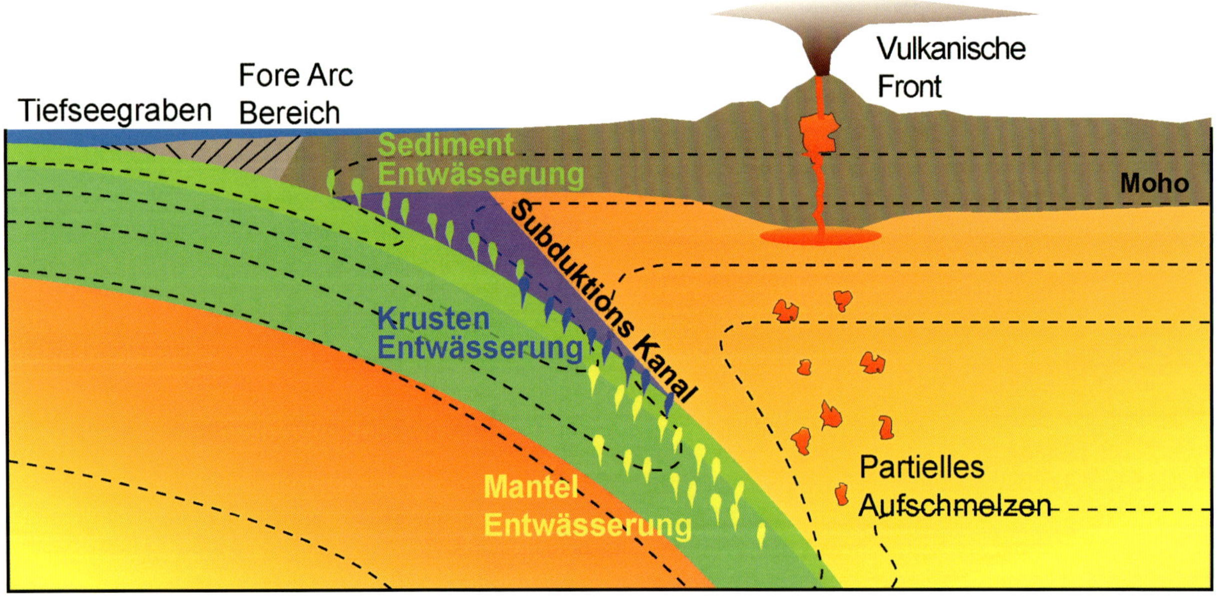

Abb. 3: Schematische Darstellung einer Subduktionszone. Konturlinien beschreiben den Temperaturverlauf innerhalb einer Subduktionszone; die abtauchende Platte stellt eine ›Kälteanomalie‹ im heißen Erdmantel dar. Wasser wird kontinuierlich in der subduzierenden Platte freigesetzt und führt im Mantelkeil zu partiellem Aufschmelzen. Die ›Wasserquelle‹ ändert sich mit der Tiefe: Subduziertes Sediment entwässert in geringen Tiefen (grün), Ozeanische Kruste in etwas größeren Tiefen (blau) und in Tiefen von über 100 Kilometern ist wasserhaltiges (serpentinisiertes) Mantelgestein die Hauptwasserquelle (gelb).

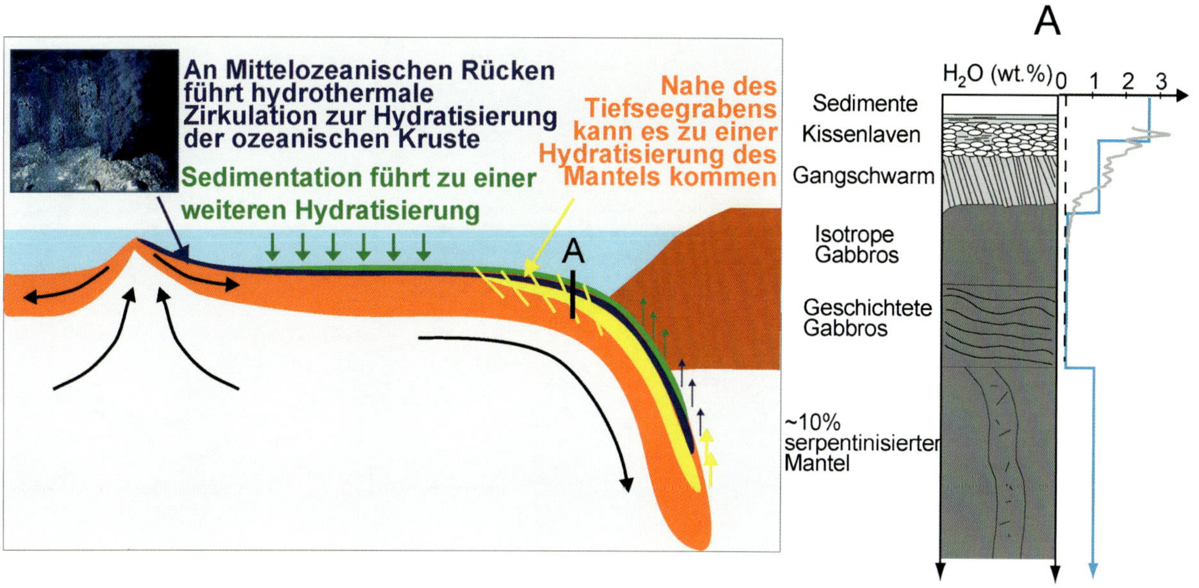

Abb. 4: Wassereinlagerung in eine ozeanische Platte beginnt an Mittelozeanischen Rücken. Hydrothermale Zirkulation führt zur Hydratisierung der ozeanischen Kruste (blau). Während der Verweildauer einer tektonischen Platte am Meeresboden lagern sich Sedimente auf ihr ab. Diese enthalten sowohl freies Porenwasser als auch chemisch gebundenes Wasser (grün). Kurz vor der Subduktion entwickelt die sich biegende Platte Verwerfungen an ihrer Oberseite, durch die Seewasser in die Kruste und den oberen Mantel der subduzierenden Platte eindringen kann – dies führt zu einer weiteren Hydratisierung der Kruste und des Mantels (gelb). Die Grafik rechts zeigt den typischen Aufbau der ozeanischen Lithosphäre zusammen mit dem angenommenen Wassergehalt der einzelnen Schichten.

Entstehung von Subduktionszonen-Vulkanismus spielt. Denn wenn Wasser vorhanden ist, schmelzen Gesteine bei wesentlich niedrigeren Temperaturen. Dies ist ein Beispiel für das besondere Zusammenspiel von Wasser, Steinen und Temperatur. Bei Temperaturen unterhalb von ungefähr 600 Grad Celsius kann Wasser mit Gesteinen chemisch reagieren und somit in die Kristallstruktur von Erdgesteinen eingebaut werden. Bei höheren Temperaturen ist Wasser in der Kristallstruktur nicht mehr stabil, sondern bildet ein heißes mineralreiches Fluid. Steigt die Temperatur weiter, entsteht eine wasserreiche Gesteinsschmelze, die neben dem umgebenden festen Gestein existiert. Wasser kann im Gestein der abtauchenden Platte chemisch gebunden über 100 Kilometer tief in den Mantel gelangen. Dort sind die Temperaturen schließlich so hoch, dass sich die angesprochene wasserreiche Schmelze bilden kann. Abbildung 3 verdeutlicht dieses Konzept: Während der Subduktion wird Wasser aus der sich erwärmenden abtauchenden Platte ›herausgekocht‹. Dieses Wasser fließt als Fluid oder wässerige Schmelze in den heißen Mantel unter der vulkanischen Front. Der nun erhöhte Wassergehalt des Mantelgesteins ermöglicht das Aufschmelzen des Mantels und somit die Bildung von Magma. Das entstandene Magma hat eine geringere Dichte als das umgebende feste Mantelgestein. Es steigt auf, und an der Oberfläche entsteht ein Vulkan. So entstandene Vulkane bilden bogenförmige Ketten entlang der Plattengrenze, weshalb sie auch Bogen-Vulkane oder im ozeanischen Bereich Inselbogen-Vulkane genannt werden. Will man Inselbogen-Vulkanismus verstehen, muss man den Wasserkreislauf einer Subduktionszone entschlüsseln. Woher stammt also das Wasser, welches aus der abtauchenden Platte austritt und so zu Vulkanismus führt?

Wasser in der festen Erde

Geochemische Untersuchungen haben gezeigt, dass die Schmelzen, aus denen an Mittelozeanischen Rücken neuer Ozeanboden entsteht, relativ trocken sind. Wasser scheint daher erst zu einem späteren Zeitpunkt in junge ozeanische Platten eingelagert zu werden. Der Lebenszyklus einer ozeanischen Platte gibt Hinweise, wie dies geschehen kann (Abb. 4). Nahe der Mittelozeanischen Rücken weist der neue Ozeanboden noch eine Vielzahl von Spalten und Verwerfungen auf. Entlang dieser Spalten dringt kaltes Seewasser in die ozeanische Kruste ein. Kommt es mit noch heißen Gesteinen in Kontakt, kann sich das Wasser so stark erhitzen, dass es als heißes, hydrothermales Fluid wieder aufsteigt. Diese hydrothermale Wasserzirkulation durch die ozeanische Kruste führt zu chemischen Reaktionen, bei denen sich Wasser in die Kristallstruktur der Krustengesteine einlagert. Während sich die Platte langsam vom Mittelozeanischen Rücken fortbewegt, kühlt sie ab. Dadurch stoppt die hydrothermale Zirkulation und die Hydratisierung der Ozeankruste verlangsamt sich. Zusätzlich lagern sich während der Lebenszeit einer tektonischen Platte Sedimente auf ihr ab. Diese enthalten sowohl freies Porenwasser, als auch chemisch gebundenes Wasser. Diese beiden Prozesse der Hydratisierung einer tektonischen Platte – Wasser-

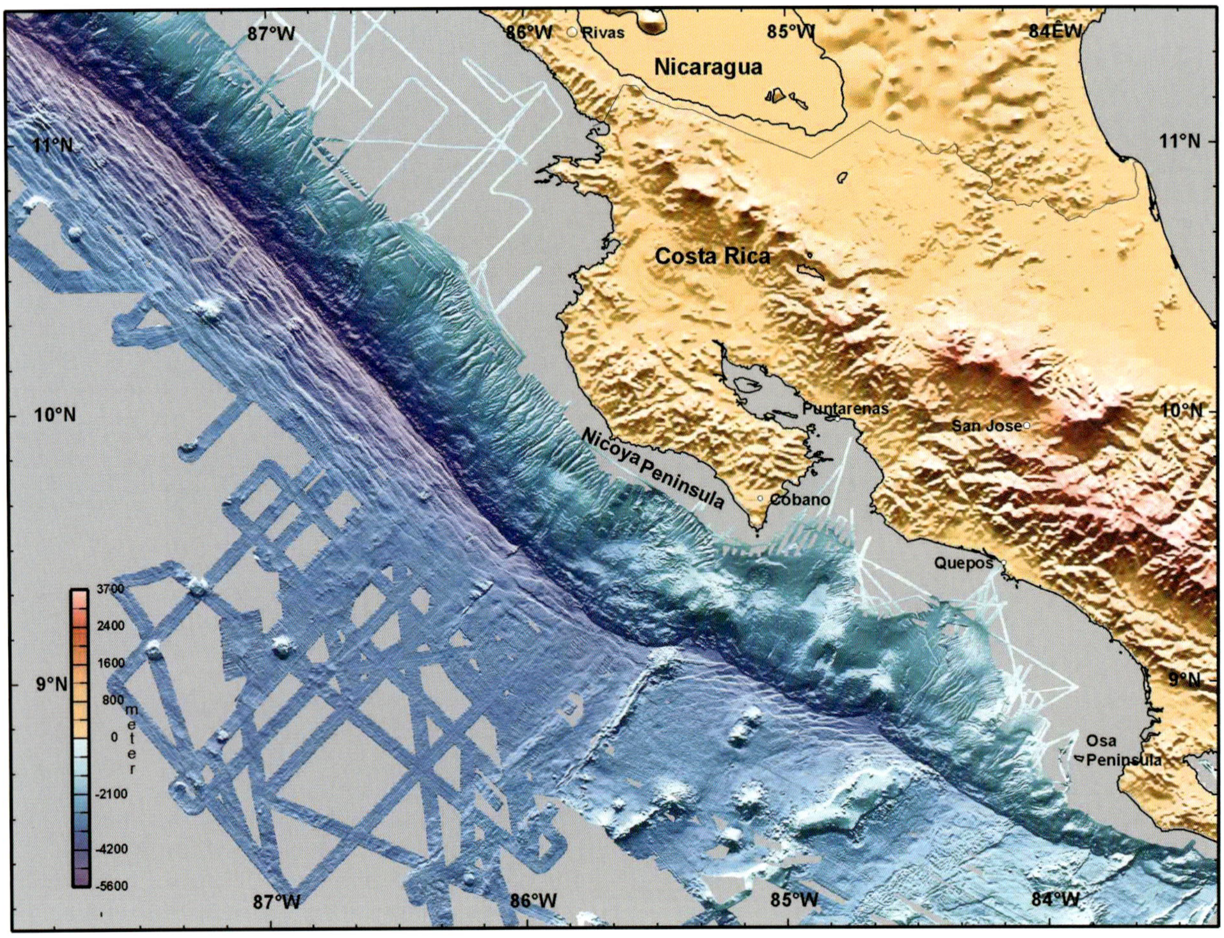

Abb. 5: Hochauflösende Karte des Ozeanbodens vor Nicaragua und Costa Rica. Deutlich zu erkennen sind im nördlichen Bereich beim Tiefseegraben (lila) die vielen, bei der Subduktion der ozeanischen Platte entstehenden Normal-Verwerfungen (bend faults). Es wird angenommen, dass diese Verwerfungen zu einer starken Hydratisierung der subduzierten Platte führen.

einlagerung in die Kruste und Ablagerung von feuchten Sedimenten – sind heute allgemein akzeptiert. Strittig ist jedoch, ob zusätzlich auch Wasser in den kalten, lithosphärischen Mantel einer ozeanischen Platte eingelagert wird. Als Lithosphäre wird der mechanisch feste Teil einer tektonischen Platte bezeichnet, der im ozeanischen Bereich eine Mächtigkeit von etwa 100 Kilometern hat. Ausgelöst wurde diese lebhafte Diskussion durch hochauflösende geophysikalische Daten, die zeigen, dass unmittelbar vor der Subduktion einer ozeanischen Platte noch große Mengen an Wasser in sie eindringen können. Die neuen Daten zeigen, dass es an der Oberseite einer sich biegenden Platte zu Extension und Brüchen kommt (ähnlich wie ein sich biegender Gletscher Spalten entwickelt). Diese Verwerfungen in der abtauchenden Platte sind in hochauflösenden Karten des Ozeanbodens sichtbar (Abb. 5).Weitere geophysikalische Untersuchungen haben nun gezeigt, dass möglicherweise entlang dieser Verwerfungen Wasser in die Kruste und vor allem in den oberen Mantel der abtauchenden Platte eindringt. Gerät dieses Wasser dabei mit dem trockenen Mantelgestein Peridotit bei Temperaturen unter 600 Grad Celsius in Kontakt, so bildet sich das wasserreiche Gestein Serpentinit. Während der Subduktion stehen so drei verschiedene Wasserquellen zur Verfügung: (1) Kristall- und Porenwasser in subduziertem Sediment und chemisch gebundenes Wasser in (2) der Ozeankruste und (3) dem serpentinisierten Mantel.

Wasserkreisläufe der Erde

Eine der wichtigsten Fragestellungen zu Subduktionszonen lautet nun, wann und in welcher Tiefe dieses Wasser wieder freigesetzt wird. Wasser wird, wie oben besprochen, aus einem Gestein freigesetzt, wenn die Temperatur so hoch wird, dass Wasser in der Kristallstruktur der Gesteine nicht mehr stabil ist. Diese chemische Reaktion nennt man Gesteinsmetamorphose. Genaue Informationen darüber, wie heiß es an Subduktionszonen ist, sind daher der Schlüssel zum Verständnis metamorpher Reaktionen in der subduzierenden Platte. Numerische Modelle bieten die Möglichkeit, solche Prozesse zu simulieren. Die stark gestiegene Leistungsfähigkeit von Computern erlaubt heute, nicht nur thermische Modelle einer Sub-

Abb. 6: Computersimulation von Wasserfreisetzung in der abtauchenden Platte. Wasser tritt kontinuierlich aus, wobei sich die Hauptfluidquelle aber mit der Tiefe ändert. Wasserfreisetzung in subduziertem Sediment ist in grün dargestellt, Krustenentwässerung in blau und Deserpentinisierung des Mantels in gelb.

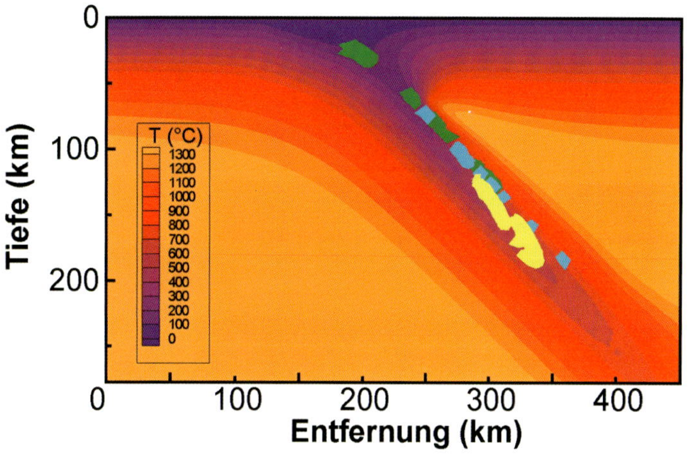

duktionszone zu berechnen, sondern auch metamorphe Reaktionen zu modellieren. Abbildung 6 zeigt das Ergebnis einer solchen Simulation: Man erkennt die relativ kalte abtauchende Platte. Grün zeigt Bereiche in denen Wasser aus subduziertem Sediment austritt, blau markiert Bereiche, an denen die ozeanische Kruste Wasser freisetzt, und gelb steht für Bereiche, an denen Wasser aus dem serpentinisierten Mantel austritt. Diese Modellrechnungen zeigen, dass Wasser kontinuierlich aus der abtauchenden Platte austritt, dass aber die Herkunft des Wassers sich mit der Tiefe ändert: In geringen Tiefen stammt es aus subduziertem Sediment, dann folgt das Wasser aus der ozeanischen Kruste und erst in Tiefen von über 100 Kilometern verliert der serpentinisierte Mantel sein Wasser (Abb. 3). Aus diesem Schema lassen sich Rückschlüsse auf andere Prozesse in einer Subduktionszone ziehen: In geringen Tiefen kann das Wasser, das aus subduziertem Sediment austritt, aufgrund der dort herrschenden niedrigen Temperaturen nicht zu Aufschmelzung führen. Dieses Wasser steigt wahrscheinlich wieder auf und kehrt an sogenannten cold seeps am Meeresboden in den Ozean zurück (siehe auch Beiträge von E. Suess & P. Linke sowie von G. Bohrmann & H. Sahling). Wasser, das aus der subduzierten Kruste und dem serpentinisierten Mantel in Tiefen von über 100 Kilometern kommt, führt dagegen zu Schmelzprozessen. In diesen Tiefen kann das freigesetzte Wasser in den heißen Mantel unter der vulkanischen Front fließen (Abb. 3). Dieser Bereich ist so heiß, dass die Schmelzpunkterniedrigung des Wassers ausreicht, um zu Aufschmelzung und Vulkanismus zu führen. Innerhalb der abtauchenden Platte sind die Temperaturen niedriger als im darüberliegenden Mantel. Dies verhindert ein vollständiges Ablaufen der Metamorphose von wasserhaltigem Gestein zu trockenem Gestein. Ein kleiner Teil des in der ozeanischen Platte gespeicherten Wassers wird zurückgehalten und so in den tieferen Mantel transportiert. Subduktionszonen stellen somit ein Bindeglied zwischen den Ozeanen an der Oberfläche und dem Wasserkreislauf des Erdmantels dar.

Führt man diese Gedanken weiter, so gelangt man unter Betrachtung zweier weiterer Gesichtspunkte zu einem tieferen Verständnis des Zusammenspiels der Ozeane und der festen Erde.

Die Temperatur, bei der ein Gestein schmilzt, wird neben dem Wassergehalt auch durch den Umgebungsdruck kontrolliert. Im Allgemeinen gilt, je höher der Druck, desto höher die Temperatur des Schmelzpunktes. Der enorme Druck in Tiefen von etwa 200 bis 300 Kilometern verhindert eine Aufschmelzung des Mantels, obwohl dort sehr hohe Temperaturen erreicht werden – dies ist auch wieder der Grund, warum es Wasser bedarf, um an Subduktionszonen Vulkanismus zu ermöglichen. Die Subduktion tektonischer Platten in den tieferen Mantel wird an Orten wie den Mittelozeanischen Rücken und den sogenannten Hotspots wie z. B. Hawaii kompensiert. Hier steigt durch die Mantelkonvektion heißes Material aus dem tieferen Mantel bis fast an die Oberfläche auf. Unter mittelozeanischen Rücken herrschen Temperaturen von etwa 1.300 Grad Celsius. Wenn das Gestein aus der Tiefe aufsteigt, führt der nachlassende Druck dazu, dass es aufschmilzt. Alles Wasser, das in den aufsteigenden Gesteinen gespeichert wurde, reichert sich während des Schmelzprozesses in dem gebildeten Magma an, so dass das ungeschmolzene ›Restgestein‹ praktisch trocken ist. Die beschriebenen Prozesse sorgen dafür, dass der Erdmantel durch Subduktion wasserreicher wird, während Aufschmelzung an Mittelozeanischen Rücken und Hotspots zu einer Entwässerung des Mantels führt.

Die Entstehung der Ozeane

Der letzte Teil, der noch zum Verständnis des Wasserzyklus des Erdmantels fehlt, führt uns zum Mond. Wir wissen heute, dass der Mond etwa 50 Millionen Jahre nach Entstehung der Erde durch den Einschlag eines Asteroiden von der Größe des Mars entstanden ist (s. Artikel von H. Palme). Dieser Einschlag verdampfte die frühe Atmosphäre und alles Wasser an der Erdoberfläche. Nur Wasser, das im Erdmantel gelöst war, verblieb auf der Erde. Kurz nach diesem gewaltigen Einschlag setzten Mantelkonvektion und Plattentektonik auf der Erde ein. Unter Mittelozeanischen Rücken wurde heißes Material

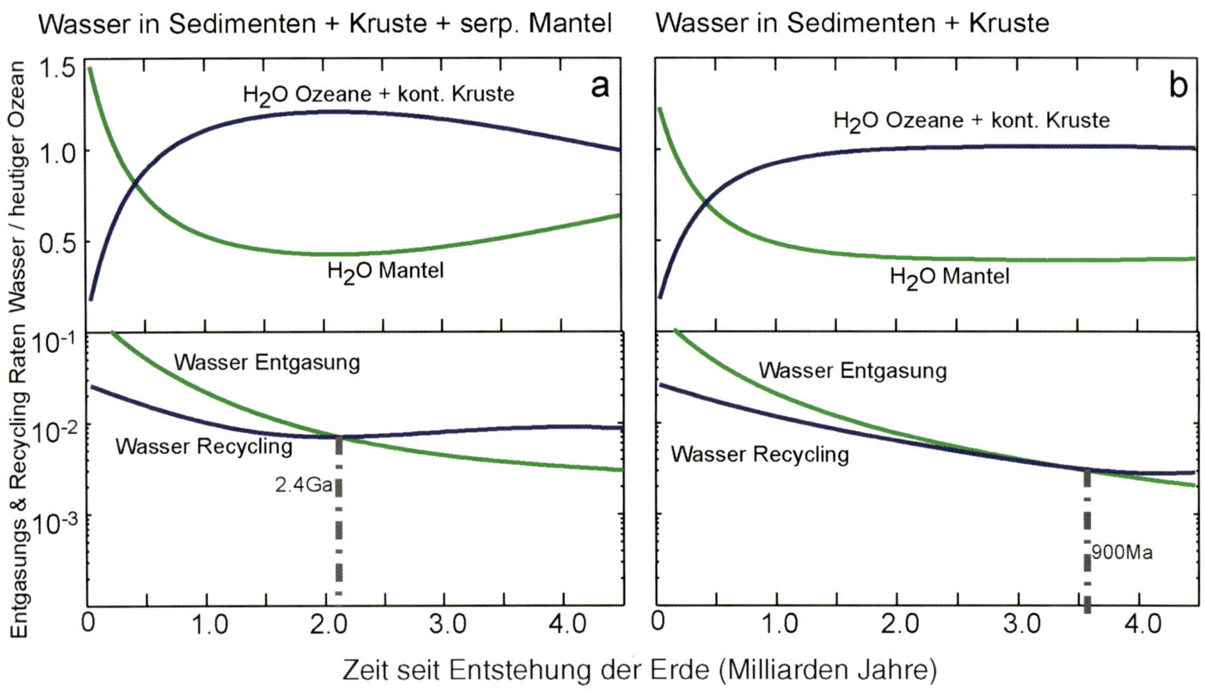

Abb. 7: Zwei mögliche Entwicklungsszenarien für den geochemischen Wasserzyklus des Erdmantels. In (a) enthalten subduzierte Platten viel Wasser, chemisch gespeichert in subduziertem Sediment, Kruste und serpentinisiertem Mantel; (b) zeigt ein Szenario in dem keine Mantelserpentinisierung angenommen wird, so dass subduzierte Platten weniger Wasser enthalten. Die Ozeane sind durch Wasser-Entgasung aus dem Erdmantel entstanden; Subduktion transportiert Oberflächenwasser zurück in den Erdmantel, was zu einem Absinken des Meeresspiegels führt. Je nachdem wieviel Wasser subduziert wird, wurde der maximale Meeresspiegel zwischen 2.400 und 900 Millionen Jahren vor unserer Zeit erreicht. Es erscheint wahrscheinlich, dass ein großer Teil der Kontinente einmal von einem flachen Ozean bedeckt war.

an die Oberfläche transportiert und aufgeschmolzen. Das in den produzierten Schmelzen enthaltene Wasser entgaste in die sich neu bildende Atmosphäre. So bildeten sich nach und nach unsere Ozeane. Die Subduktion tektonischer Platten hingegen transportierte kleine Mengen an Oberflächenwasser zurück in den Erdmantel. Koppelt man diese gegenläufigen Prozesse an den Langzeit-Wärmeverlust der Erde, so kommt man zu dem einfachen Szenario dieser Prozesse, das in Abbildung 7 dargestellt ist. Zu Beginn der Erdgeschichte war die Mantelkonvektion annähernd 25-mal stärker als heute, was dazu führte, dass an den mittelozeanischen Rücken und den Hotspots relativ viel Wasser aus dem Erdmantel an die Oberfläche entgaste, während an den jungen und heißen Subduktionszonen nur wenig oder kein Wasser zurück in den Erdmantel gelangte. Dies führte dazu, dass der Wassergehalt des Erdmantels abnahm. Mit zunehmendem Alter der Erde änderte sich die Situation. Die Stärke der Mantelkonvektion nahm ab, und somit wurde weniger und trockeneres Mantelgestein unter den mittelozeanischen Rücken und Hotspots aufgeschmolzen, wodurch weniger Wasser in die Ozeane entgaste. Gleichzeitig nahm das durchschnittliche Alter der subduzierten Platten zu und ihre durchschnittliche Temperatur ab, wodurch an Subduktionszonen mehr Wasser in den tieferen Mantel transportiert wurde. Diese Prozesse führten dazu, dass sich im Laufe der Erdgeschichte der Wasserhaushalt des Erdmantels von einem Netto-Wasserverlust an die Ozeane in einen Wassergewinn umgekehrt hat. Es erscheint daher fast unausweichlich, dass sich das Volumen der Ozeane über die Zeit geändert hat. Die Abbildungen 7 und 8 zeigen Simulationen dieser Prozesse. Obwohl die genauen Zahlen von bisher nur schlecht bekannten Prozessen beeinflusst werden, scheint es so, dass die Ozeane seit mehr als 900 Millionen Jahren kontinuierlich Wasser an den Erdmantel verlieren. Dieser Trend ist kompatibel mit der von Paläontologen beschriebenen Änderung des Meeresspiegels über die letzten 600 Millionen Jahre. Der Meeresspiegel scheint um etwa 500 Meter gesunken zu sein, was gut mit einem Wasserverlust der Ozeane an den Erdmantel durch Plattensubduktion erklärt werden kann (Abb. 8).

Die moderne Forschung kehrt so zu dem alten Konflikt zwischen Neptunisten und Plutonisten zurück. Die Ozeane haben sich durch Wasser-Entgasung aus dem Erdmantel gebildet. Das gesamte Oberflächenwasser der Erde ist schon viele Male durch die hydrothermalen Systeme der Mittelozeanischen Rücken geflossen und wahrscheinlich schon mehr als einmal durch den Wasserzyklus der Subduktionszonen. Fast alles Wasser, das ursprünglich

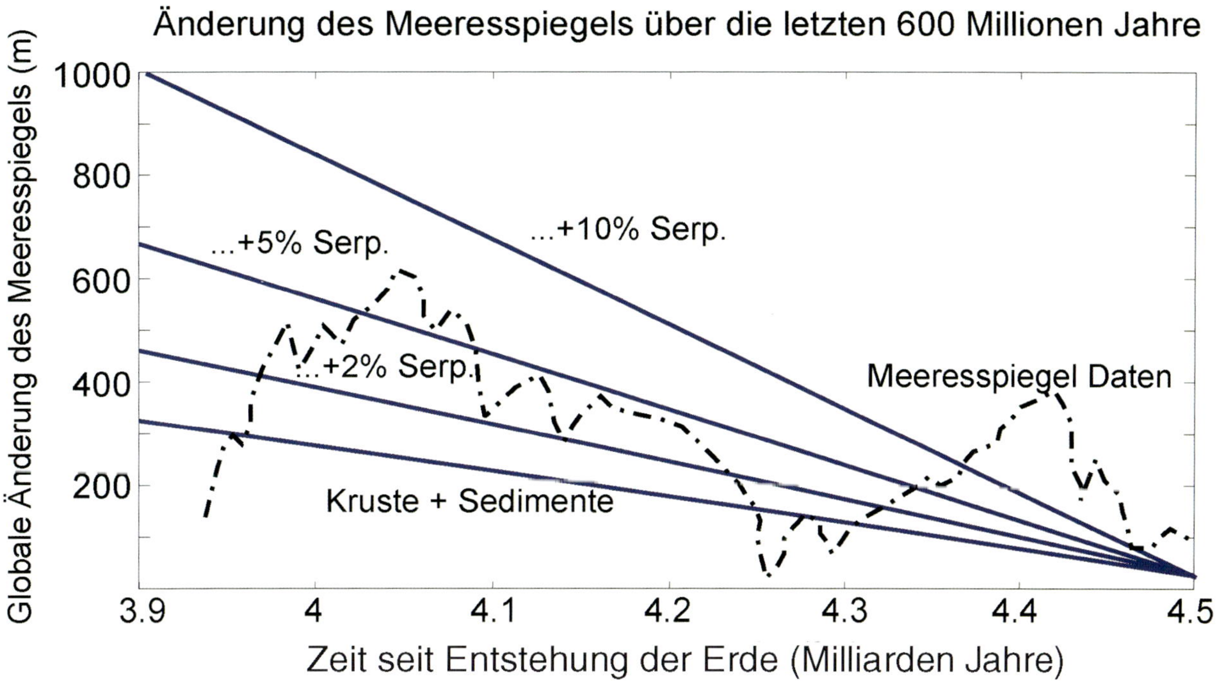

Abb. 8: Die beobachtete Änderung des Meeresspiegels über die ersten 600 Millionen Jahre (gestrichelte Linie) kann durch einen Wassertransport an Subduktionszonen zurück in den Erdmantel erklärt werden.

im Erdmantel gelöst war, ist durch Schmelzprozesse an mittelozeanischen Rücken und Hotspots an die Oberfläche gelangt – ein Teil dieses Wasserverlusts wurde aber durch Subduktion und das dabei in den Mantel gelangende Wasser wieder ausgeglichen. Es erscheint daher so, dass die Erde sowohl Züge der Theorie der Neptunisten als auch der Plutonisten trägt: Wasser ist der Schlüssel zu Vulkanismus und Vulkanismus scheint der Schlüssel zum globalen Wasserkreislauf der Erde zu sein. Wie so oft in der Wissenschaft erweisen sich zwei ursprünglich gegensätzliche Hypothesen schließlich als teilweise korrekte Aspekte einer neuen Theorie.

Lars Rüpke ist Professor für die Dynamik des Ozeanbodens am GEOMAR Helmholtz-Zentrum für Ozeanforschung Kiel. Er beschäftigt sich mit geodynamischen Prozessen sowie magmatischen und hydrothermalen Systemen.

Anschrift: Prof. Dr. Lars Rüpke
GEOMAR Helmholtz-Zentrum
für Ozeanforschung Kiel
Wischhofstr. 1-3
24148 Kiel

E-Mail: lruepke@geomar.de

Jason Phipps Morgan ist Professor für Geophysik an der Universität von London, Royal Holloway. Von 1998 bis 2004 hat er die Abteilung für Marine Geodynamik am IFM-GEOMAR in Kiel geleitet. Seine wissenschaftlichen Interessen reichen vom Aussterben der Dinosaurier bis hin zum Aufbau der Erde.

Anschrift: Prof. Jason Phipps Morgan
Royal Holloway
University of London
Egham, Surrey, TW20 0EX
UK

E-Mail: jason.morgan@rhul.ac.uk

Literaturhinweise

Schmincke, H.-U. (2000): Vulkanismus. Wissenschaftliche Buchgesellschaft, Darmstadt

Ranero, C., J. P. Morgan & K. D. McIntosh (2003): Bending, faulting, and mantle serpentinization at the Middle America trench. Nature, 425, 367-373

Wallmann, K. (2001): The geologic water cycle and the evolution of marine $\delta^{18}O$ values. Geochim. Cosmochim. Acta, 65, 2469-2485

Rüpke, L. et al. (2004): Serpentine and the subduction zone water cycle. Earth Planet. Sci. Lett., 223, 17-34

Submarine Hydrothermalquellen –

Treffpunkte von Geologie und Biologie

von Wolfgang Bach, Bremen

Bei einer ›Expedition Erde‹ lohnt sich ein Besuch von Hydrothermalquellen in der Tiefsee (Abb. 1). Diese Quellen entstehen bei der Zirkulation von Meerwasser durch die sehr junge und heiße Kruste an ozeanischen Spreizungszentren. Im Stoff- und Wärmehaushalt unseres Planeten spielen hydrothermale Vorgänge eine zentrale Rolle. Reaktionen zwischen Meerwasser und Ozeankruste sind für die Zusammensetzung der Ozeane genauso relevant wie Abtragungs- und Verwitterungsprozesse an Land. Die Freisetzung von Kalzium aus der Ozeankruste ist wichtig im Silikat-Kohlensäure-Kreislauf, der die Bilanz des Kohlendioxids in den Ozeanen und der Atmosphäre auf langen Zeitskalen bestimmt. Bei der Subduktion der Ozeankruste werden Elemente mit unterschiedlicher Effizienz in den Erdmantel zurückgeführt. Dabei spielen die durch hydrothermale Prozesse eingestellten mineralogischen und stofflichen Eigenschaften der Ozeankruste eine große Rolle. Somit sind submarine hydrothermale Vorgänge in Stoffkreisläufen der Erde von enormer Wichtigkeit.

Hydrothermale Reaktionen finden vielerorts im Meeresboden statt: an den Spreizungsachsen, in Rückenflanken, in Seebergen sowie über Subduktionszonen (Abb. 2). Die physikalischen und chemischen Rahmenbedingungen variieren in diesen Systemen sehr stark. In zunehmendem Maße erkennen Wissenschaftler, dass diese

Abb. 1: Garnelen besiedeln einen Black Smoker am Mittelatlantischen Rücken

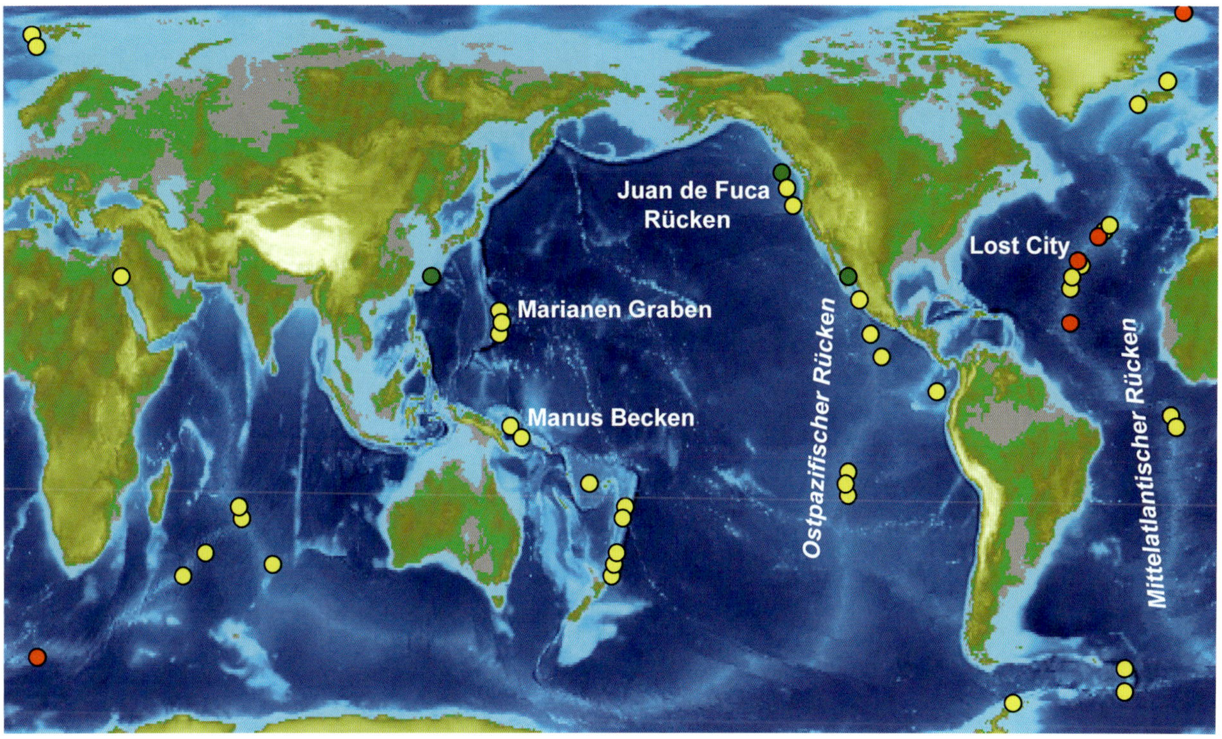

Abb. 2: Lage bekannter Hydrothermalsysteme an ozeanischen Spreizungszentren sowie in Backarc-Becken und submarinen Inselbögen. Gelbe Punkte markieren Systeme, die in Vulkaniten beherbergt sind. Grüne Punkte weisen auf den Einfluss sedimentärer Lithologien, rote auf die Präsenz ultramafischer Gesteine hin.

geochemischen und physikochemischen Bedingungen an Hydrothermalquellen sehr stark die Natur der assoziierten Mikro- und Makrofaunen beeinflussen. Diese enge Verknüpfung geht auf eine Bedingung zurück, die alle Lebewelten in der Tiefsee teilen – Dunkelheit!

Die Isolation der Tiefsee von der Versorgung durch Sonnenenergie bedingt die Ausbildung eines besonderen Stoffwechsels, der Chemosynthese. Bei der Chemosynthese nutzen Organismen Energie aus chemischen Redox-Reaktionen, die sie gezielt ablaufen lassen. Anders als an der Erdoberfläche, wo quasi die gesamte Primärproduktion von Biomasse auf Photosynthese zurückgeht, kommt in der Tiefsee der Chemosynthese eine viel größere ökologische Bedeutung zu.

Obwohl in der globalen Bilanz langsam und unscheinbar ablaufende Austauschprozesse die größte Rolle spielen, ziehen uns die spektakulären Black-Smoker-Hydrothermalquellen in der Tiefsee in besonderem Maße an. Heiße Hydrothermalquellen sind vergleichbar mit viele Millionen Jahre alten hydrothermalen Kupferlagerstätten, z. B. die auf Zypern. Bei Temperaturen oberhalb von 350 Grad Celsius werden Buntmetalle, Eisen und Sulfid-Schwefel im aufgeheizten Meerwasser gelöst und über einige Kilometer transportiert, bevor sich beim Vermischen mit Meerwasser am Meeresboden Metallsulfide abscheiden (Abb. 3; s. auch Artikel von P. M. Herzig). Nicht nur Erze wachsen aus diesen Lösungen, sondern auch Mikroorganismen, die aufströmenden gelösten Schwefelwasserstoff oxidieren. Der Fluss von Schwefelwasserstoff ist derart hoch, dass die Bakterien im Verhältnis zu anderen Umgebungen in der Tiefsee unglaublich rasch wachsen können. So entstehen auf engstem Raum enorme Akkumulationen von Biomasse, und es bilden sich Oasen des Lebens in der ansonsten kargen Tiefsee (Abb. 1). Symbiotische Beziehungen zwischen den sulfidoxidierenden Bakterien und Weichtieren spielen in diesen heißen Biotopen eine besonders wichtige Rolle.

Submarine Heiße Quellen: Nach 30 Jahren erneut im Rampenlicht

Schon bald nach ihrer Entdeckung im Jahr 1977 schienen die geologischen und geochemischen Prinzipien von Hydrothermalquellen am Meeresboden in ihren Grundzügen geklärt. An mittelozeanischen Spreizungsachsen wird neue, zunächst permeable Ozeankruste gebildet, und dabei treibt die Wärme von Magmensystemen die Zirkulation von Meerwasser innerhalb der Kruste an. Das Meerwasser wird dabei stofflich sehr stark modifiziert, laugt unter anderem Sulfidschwefel und Metalle aus der basaltischen Kruste und tritt durch Black Smoker am Meeresboden aus.

Die ersten Hydrothermalquellen, die eingehend untersucht wurden, liegen im Pazifik – am Galapagos Spreizungsrücken und am Ostpazifischen Rücken bei 21°N. Der Chemismus der Hydrothermalfluide ließ sich rasch erklären, denn es gelang innerhalb weniger Jahre die erfolgreiche Erfassung wesentlicher hydrothermaler Vor-

Abb. 3: Die Grafik unten zeigt, wie die faszinierenden Black Smoker entstehen: (1) Kaltes Meerwasser sickert durch Spalten und Risse in den Meeresboden. (2) Das Wasser dringt teilweise mehrere Kilometer tief in die Erdkruste ein. (3) Hier, am Ort ihrer Entstehung, steckt in der Kruste heißes Magma und erhitzt das Meerwasser bis auf über 400 Grad Celsius. Bei diesen Temperaturen nimmt Meerwasser einen Zustand zwischen flüssig und gasförmig an und löst Bestandteile aus den umliegenden Gesteinen auf eine ganz andere Weise als normales Wasser. (4) Auf dem Rückweg nach oben mischt sich teilweise Meerwasser dazu, das einen kürzeren Weg durch den Meeresboden genommen hat. (5) Im austretenden Wasser sind große Mengen von Eisen, Mangan, Kupfer und Zink gelöst, die beim Aufeinandertreffen mit dem etwa 2 Grad Celsius kalten umgebenden Meerwasser ausgefällt werden. Sie bilden die typische ›Rauchfahne‹ und lagern sich auch in den Schloten ab, die man mit Tauchrobotern beproben kann (Foto oben). Diese Tauchroboter (Abb. 4) erlauben auch den Einsatz spezieller Sonden und Wasserschöpfer an Black Smokern (Foto unten). Die dort austretenden heißen Lösungen enthalten auch gelöste Gase, die verschiedene Organismen als Nährstoffe nutzen können. So hat sich in der ewigen Dunkelheit dieser Meerestiefen exotisches Leben entwickelt – ganz ohne die Energie der Sonne. (6) Weiße Raucher haben wegen der anderen chemischen Zusammensetzung der austretenden Wässer keinen schwarzen, sondern weißen Rauch.

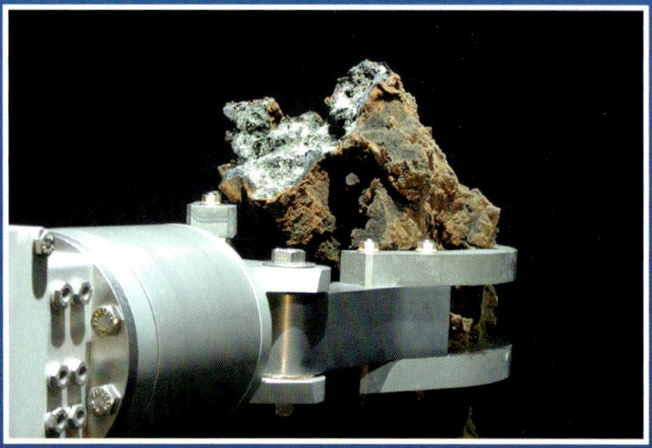

Black Smoker – Heiße Quellen in der Tiefsee

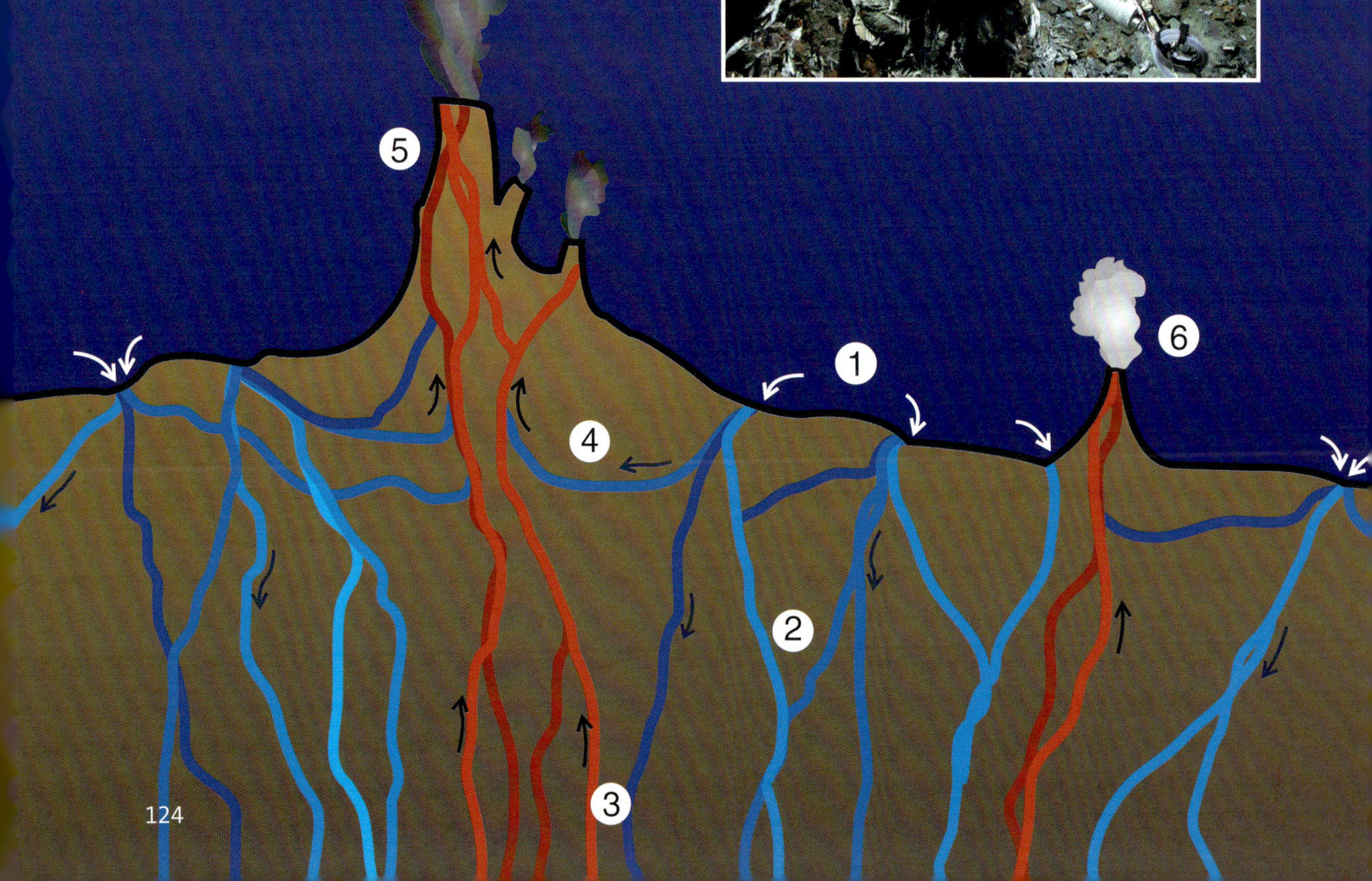

Abb. 4: Der Tauchroboter MARUM-QUEST ermöglicht die Untersuchung von Hydrothermalquellen bis in 4.000 Meter Tiefe.

gänge in Experimenten und geochemisch-theoretischen Berechnungen. Demnach verliert Meerwasser beim Aufheizen Magnesium und Sulfat durch die Ausfällung von Chlorit und Anhydrit. Dagegen werden die Fluide an Kalzium, Silizium und Alkalien angereichert und laugen bei Temperaturen über 350 bis 400 Grad Celsius auch Metalle wie Eisen, Mangan, Kupfer, Zink, Blei etc. und Schwefel aus. Als dann Mitte der 80er Jahre auch am Mittelatlantischen Rücken südlich der Kane Fracture Zone (MARK) Hydrothermalquellen mit Fluiden ähnlicher Zusammensetzung entdeckt wurden, schien für einige Geochemiker klar, dass diese Systeme einander grundsätzlich sehr ähnlich sein müssen. Zum damaligen Zeitpunkt wiesen alle Untersuchungen darauf hin, dass die Fluide etwa 350 Grad Celsius heiß sind und eine einheitliche Zusammensetzung haben, die sie sogar über viele Jahre hinweg beibehalten. Das interessanteste Phänomen an den heißen Quellen im Atlantik schien die andersartige Faunenzusammensetzung zu sein. Diese Entdeckung löste einen Wechsel in der Hydrothermalforschung aus, die fortan durch biologische Fragestellungen dominiert war.

Es waren im Wesentlichen biogeografische Fragestellungen, welche die weitere Erkundung der Weltmeere auf der Suche nach neuen Hydrothermalquellen vorantrieben. Dabei kam es zur Entdeckung von Hydrothermalsystemen, die sich geochemisch sehr stark von den oben beschriebenen Basaltsystemen an mittelozeanischen Rücken unterscheiden. Im vergangen Jahrzehnt wurden Hydrothermalquellen in den Flanken von Rückenachsen und über Subduktionszonen gefunden, die eine extreme Variation im Chemismus aufweisen (Abb. 2). Vor allem sehr langsam spreizende Rückensegmente sind in den Vordergrund der Hydrothermalforschung getreten, denn dort kommt es lokal zur tektonischen Heraushebung des Erdmantels. Es stellte sich heraus, dass Segmente, an denen Mantelgesteine (Peridotite) – und nicht Basalte – am Meeresboden zu finden sind, besonders häufig hydrothermale Aktivität aufweisen. Die dort austretenden Fluide haben sehr hohe Konzentrationen von Wasserstoff und Methan, die bei der Serpentinisierung, d. h. der Reaktionen von Peridotit mit heißem Meerwasser, erzeugt werden. An Inselbögen ist inzwischen eine große Anzahl von Hydrothermalsystemen bekannt, die sich durch eine enorme Spannweite in den geochemischen und physikalischen Bedingungen auszeichnen.

Die Entdeckung und Erkundung neuer Hydrothermalquellen ist erst durch die Entwicklung von Tiefseetechnologien ermöglicht worden. Diese umfassen von Schiffen aus eingesetzte Sonden, die Anomalien in der Trübung des Wassers und in der Temperatur messen und dadurch eine großskalige Erfassung von hydrothermaler Aktivität ermöglichen, ohne jedoch die Austrittsstellen genau zu lokalisieren. Somit war die Entdeckung von Hydrothermalquellen in der Vergangenheit oft dem Zufall überlassen, und einige dieser Systeme wurden in der Tat rein zufällig entdeckt, wie z.B. das ›Lucky Strike‹ (deutsch: Glückstreffer) Feld südlich der Azorenplattform. Heute werden Schiffssonden und autonome Tauchroboter gestaffelt eingesetzt, um Hydrothermalquellen zu lokalisieren und dann mit ferngesteuerten Tauchrobotern (Abb. 4) oder bemannten Tauchbooten zu beproben.

Kopplungen von Geologie, Geochemie und Biologie

Geo- und Biowissenschaftler arbeiten gemeinsam an einer Vielfalt submariner Hydrothermalsysteme (Abb. 5). Diese umfassen ›alte Bekannte‹ wie Hydrothermalquellen am Juan de Fuca Rücken im Nordwest-Pazifik, die schon seit zwei Jahrzehnten immer wieder bereist werden und die damit langfristige Zeitreihen-Untersuchungen zulassen.

Abb. 5: Im Umfeld von Schwarzen Rauchern siedeln sich diverse Lebensgemeinschaften an, die Energie aus den heißen Wässern verwerten.

Am Ostpazifischen Rücken bei 9°N gelang in den 1990er Jahren ein Durchbruch, als bei einer Tauchfahrt frisch entstandene Hydrothermalquellen lokalisiert werden konnten, deren Bildung in Zusammenhang mit einer kurz zuvor erfolgten vulkanischen Eruption stand. Die Zusammensetzung der Hydrothermalfluide zeigte sich ungewöhnlich arm an gelösten Salzen und angereichert an gelösten Gasen wie Kohlendioxid, Wasserstoff und Schwefelwasserstoff. Nach einigen Monaten hatten sich Black Smoker gebildet, und die Fluide zeigten erhöhte Salzgehalte, dagegen eine geringere Menge gelöster Gase als zuvor. Diese Zeitreihe erlaubte erstmals die direkte Beobachtung eines Phänomens, das aus Experimenten und Untersuchungen von Flüssigkeitseinschlüssen schon bekannt war: überkritische Phasenseparation. Was ist das und warum ist es von Relevanz? Anders als reines Wasser hat salziges Meerwasser jenseits der Dampfdruckkurve nicht nur eine, sondern zwei Phasen, deren Zusammensetzungen von Druck und Temperatur bestimmt sind. Entscheidend dabei ist, ob die Phasenseparation unterhalb oder oberhalb des kritischen Punktes von Meerwasser (ca. 300 bar und 405 Grad Celsius) stattfindet (Abb. 6). Bei der unterkritischen Phasenseparation (Sieden) bilden sich neben einer Flüssigphase mit hohen Salzgehalten eine Wasserdampfphase mit geringen Salzgehalten. Zahlreiche Black-Smoker-Fluide treten in der Tat sichtbar siedend am Meeresboden aus. Im überkritischen Bereich (bei Meerwasser oberhalb von 300 bar und 405 Grad Celsius) treten zwei Fluidphasen auf, deren Zusammensetzungen von den Druck-Temperaturbedingungen abhängen. Eine Phase ist sehr viel dichter und salzreicher als die andere; sie kondensiert zu kleinen Tröpfchen, während die zweite Fluidphase salzarm ist.

Ein schematischer Entwicklungstrend von aufgeheiztem Meerwasser bis hin zum Black-Smoker-Fluid ist in Abbildung 6 eingezeichnet. Die meisten Black-Smoker-Fluide liegen im Einphasenfeld, obwohl sie aufgrund ihrer vom Meerwasser stark abweichenden Salzgehalte anzeigen, dass sie phasensepariert sind. Dieses Phänomen kann durch konduktives Abkühlen und durch Vermischung mit kaltem Meerwasser unter dem Meeresboden erklärt werden. Fluide, die genau am kritischen Punkt liegen, sind sowohl aus dem Pazifik als auch aus dem Atlantik bekannt.

Phasenseparation ist in submarinen Hydrothermalsystemen die Regel und bestimmt den Transport von Metallen und Nährstoffen für Mikroorganismen maßgeblich. Dies

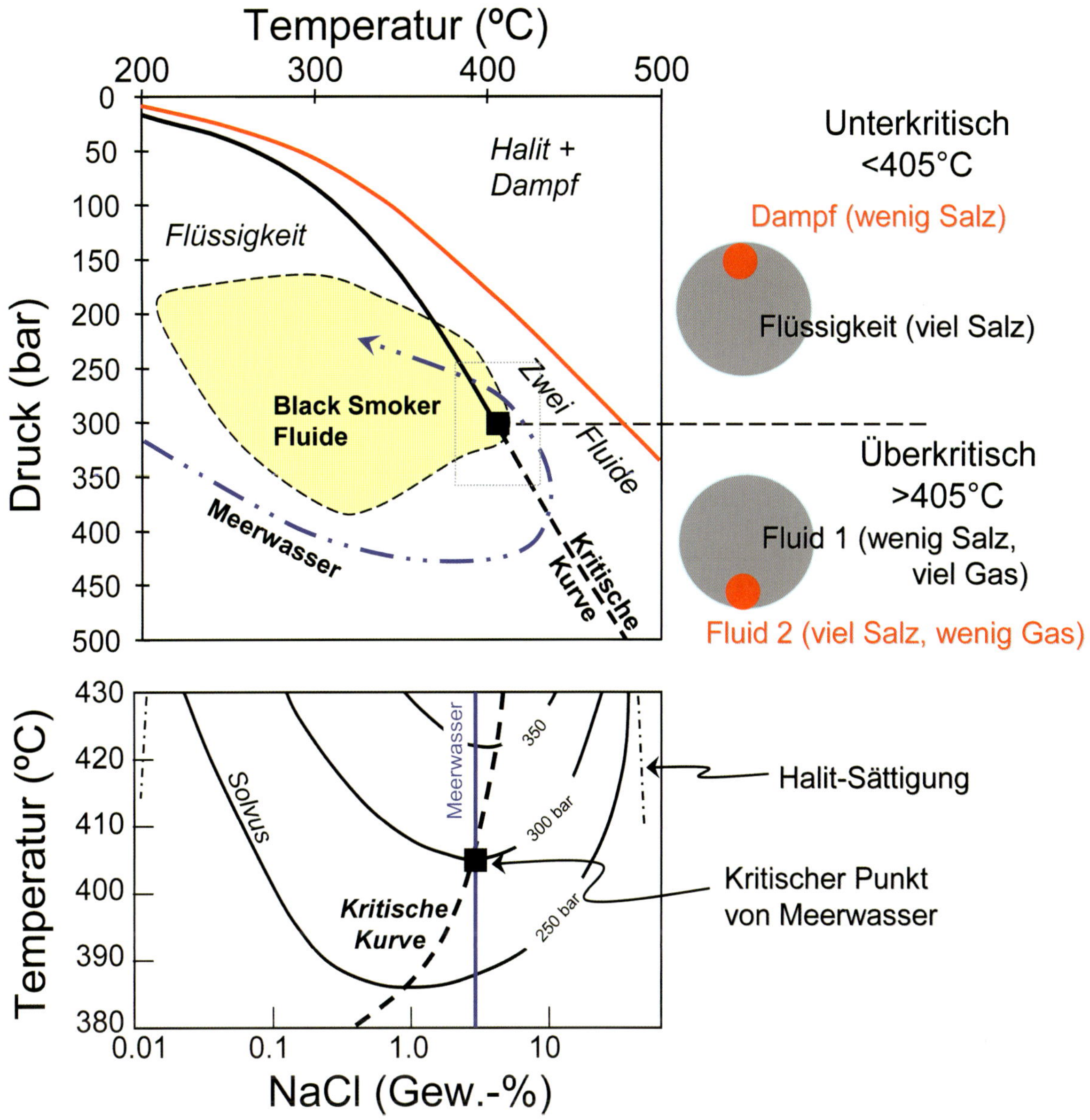

Abb. 6: oben: Druck-Temperatur Zustandsdiagramm mit der Zweiphasen-Kurve von Meerwasser. Hydrothermalfluide liegen in der Regel im subkritischen Feld, in Ausnahmen jedoch am Siedepunkt bzw. am kritischen Punkt. Das untere Phasendiagramm H_2O-NaCl zeigt Solvus-Kurven für unterschiedliche Drücke. Je nach Druck- und Temperatur-Bedingung der Phasenseparation entstehen Fluide mit unterschiedlichen Gas- und Salzgehalten.

wird in der zeitlichen Entwicklung der hydrothermalen Quellen am Ostpazifischen Rücken bei 9°N eindrucksvoll deutlich. Dort änderten sich die Zusammensetzungen der Hydrothermalfluide von zunächst gasreich und salzarm innerhalb weniger Jahre zu gasarm und salzreich. Die Lebewelt reagierte ganz unmittelbar auf diese Änderungen. Als anfangs gasreiche Fluide mit hohen Schwefelwasserstoff/Eisen-Verhältnissen austraten, entwickelten sich rasch florierende Röhrenwürmerkolonien. Als dann später die Fluide zunehmend gasärmer und salzreicher wurden, verkümmerten die Röhrenwürmerkolonien, denn im Fluid war nicht genug freier Schwefelwasserstoff für die sulfidoxidierenden Bakterien, mit denen die Würmer in Symbiose leben. Mit den später herrschenden sehr niedrigen Schwefelwasserstoff/Eisen-Verhältnissen waren eisenoxidierende Bakterien bevorteilt, so dass ab etwa 1998 rote Bakterienrasen die abgestorbenen Röhrenwürmer übersiedelten. 2004 wurde das System durch eine große Lavaeruption wieder zurückgesetzt. Eine ähnliche Eruption hatte 1991 die Hydrothermalaktivität ins Leben gerufen. Dieses Beispiel zeigt, wie eng – und auf welchen kleinen Zeitskalen – magmatische, hydrothermale und biologische Prozesse an mittelozeanischen Rücken aneinander gekoppelt sein können. In diesem Sinne stellen Hydrothermalquellen vielleicht einmalige Systeme auf der Erde dar.

Bioenergetik – Thermodynamik an der Schnittstelle zwischen Bio und Geo

Mikroorganismen beuten Ungleichgewichte zwischen reduzierten und oxidierten Komponenten in ihrer Umgebung aus. Wie das genau vor sich geht, wird am Beispiel des Wasserstoffs deutlich. Molekularer Wasserstoff ist unter anaeroben Bedingungen von zentraler Bedeutung in seiner Rolle als Elektronendonor in Redoxreaktionen, die mikrobiell genutzt werden. Obwohl die freiwerdenden Energiebeträge bei der Umsetzung von Wasserstoff sehr hoch sind, laufen Redoxreaktionen mit Wasserstoff nicht spontan ab. Aus dem Chemie-Unterricht kennen die meisten den Knallgas-Versuch, in dem die vehemente Reaktion von Wasserstoff und Sauerstoff zu Wasser erst durch Zufuhr von Energie in Form einer Flamme ausgelöst wird. Mikroorganismen haben Enzyme entwickelt, die derartige Reaktionen katalysieren. Mit diesen Enzymen kontrollieren sie die Raten, mit denen kinetisch gehemmte Redoxreaktionen ablaufen, und sie benutzen die Differenzen in den Gibbs-Energien (d. h. die vom System abgegebene, nutzbare – also in Arbeit und Wärme überführbare – Energiemenge), um Biomasse zu erzeugen. Wir unterscheiden dabei zwischen dissimilatorischem (die Energieverwertung der Redoxreaktion) und assimilatorischem (die Synthese der Zellbausteine) Metabolismus, die so aneinander gekoppelt sein müssen, dass genug Energie für Zellwachstum übrig bleibt. Wir unterscheiden bei der Assimilation zwei Quellen des Kohlenstoffs: gelöstes Kohlendioxid und organische Komponenten, in der Regel Zellprodukte. Wenn gelöstes Kohlendioxid von einer Zelle fixiert wird, spricht man von einem autotrophen Organismus. Organismen, die (wie wir) organische Substanz assimilieren, werden als Heterotrophe bezeichnet. Nur Autotrophe tragen zur Primärproduktion von Biomasse bei. An der Erdoberfläche wird dies quasi vollständig durch Grünpflanzen und Algen (Photoautotrophe) bewerkstelligt. In der Tiefsee herrschen, wie bereits gesagt, andere Verhältnisse, da dort in Ermangelung von Sonnenlicht Chemoautotrophie die einzige Möglichkeit einer Primärproduktion darstellt.

Man kann theoretische und empirische Beziehungen zwischen der durch Dissimilation verfügbaren Energiemenge und der produzierten Biomasse verwenden, um ein Verbindungsglied zwischen geochemischen Prozessen und der Produktion von Biomasse herzustellen. Über solche thermodynamisch-bioenergetischen Ansätze kann man Beziehungen zwischen geochemischen Reaktionen und Zellwachstum bzw. -wartung herstellen. Man kann außerdem vorhersagen, welche Energiestoffwechsel in bestimmten Milieus bioenergetisch profitabel sind.

Wasserstoff – ein Elixir des Lebens

Je mehr molekularer Wasserstoff im Wasser gelöst ist, desto geringer ist der Energieaufwand bei der Assimilation. Dies kann soweit gehen, dass die Bildungsreaktionen der Bausteine von Zellen (Lipide, Aminosäuren, Peptide etc.) sogar ohne Energiezufuhr ablaufen. Somit haben Mikroorganismen, die in wasserstoffreichen Umgebungen leben, einen erheblichen Vorteil gegenüber denen, die in sauerstoffreichen Milieus ihr Dasein fristen.

Wasserstoffmetabolismus ist in der mikrobiellen Lebewelt weitverbreitet ist. Selbst wir Menschen tragen wasserstoffoxidierende Mikroorganismen in uns.

Wasserstoff wird ganz bevorzugt bei der Serpentinisierung (der Umwandlung von Peridotit in Serpentinit) gebildet. Die Bildung des Wasserstoffs lässt sich aufgrund einer Reaktion von Wasser mit Eisenoxid (FeO) in Silikatverbindungen des Gesteins erklären. Die hohen Wasserstoffgehalte in den Hydrothermalquellen, die in Peridotiten beherbergt sind, bedingen eine einzigartige Lebewelt, die ganz speziell an diesen Energieträger angepasst ist. Viele Wissenschaftler glauben heute, dass das Leben auf der Erde in wasserstoffreichen Hydrothermalquellen begann.

Bio-Geo-Interaktionen in der Tiefsee

Die Rückkopplungen zwischen geochemischen und biologischen Prozessen sind von faszinierender Vielfältigkeit. Leben in sehr steilen und fluktuierenden Gradienten ist für Mikroorganismen, die in der Regel nur begrenzt mobil sind, nicht trivial. Sie behelfen sich durch die Schaffung von Bedingungen, die weniger harsch und besser kontrollierbar sind. Eine Strategie ist die Symbiose mit einem Wirtstier, das sich so bewegt, dass Temperatur und Aktivität der kritischen chemischen Spezies in zuträglichen Bereichen liegen. Freilebende Mikroorganismen behelfen sich anders: Sie scheiden sehr effiziente Matrizen aus organischen Makromolekülen aus, in denen sie sich einnisten, bewegen und sogar miteinander kommunizieren. Durch die Ausscheidung dieser Biofilme schaffen sie Mikromilieus, in denen die geochemischen Bedingungen beeinflussbar sind. Ein gutes Beispiel stellen eisenoxidierende Bakterien am Meeresboden dar. An deren Existenz glaubte bis weit in die 1990er Jahre hinein niemand, weil in sauerstoffreichen Wässern mit etwa neutralen pH-Werten (also z.B. im Tiefseewasser) gelöstes Eisen ohnehin rasch oxidiert wird. Es stellte sich allerdings heraus, dass Eisen-oxidierende Bakterien in der Tiefsee überaus häufig anzutreffen sind, und zwar nicht nur an heißen Quellen. Bakterien überziehen die Oberflächen der Minerale zunächst mit einem Biofilm (Abb. 7) unter dem die Oxidation von Eisen (II) nur langsam ist. Jetzt können die Bakterien die Oxidation gezielt kontrollieren und somit ihre Umwelt so beeinflussen, dass sie davon profitieren.

Ausblick

Die Art und Weise wie geochemische Energie Ökosysteme in der Tiefsee versorgt ist viel variantenreicher als dies noch vor wenigen Jahren vorstellbar war. Diese Erkenntnis hat zu einer neuen Explorationsphase in der Hydro-

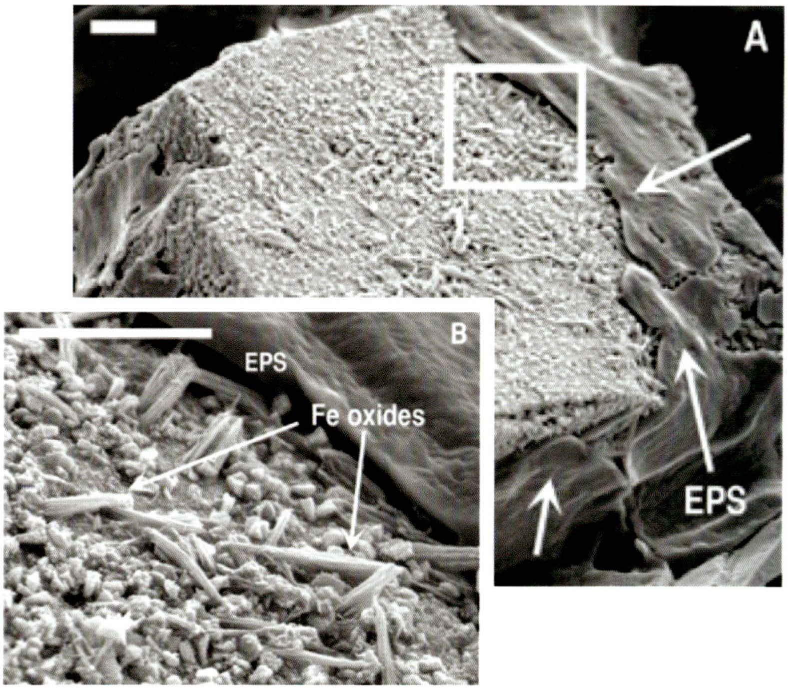

Abb. 7: Rasterelektronenmikroskopische Aufnahme einer oxidierten Pyritoberfläche. Die Skalenbalken sind 10 Mikrometer lang. Ein Biofilm (EPS) reguliert die Oxidation des Pyrits zu Ferrihydrit.

thermalforschung geführt, in der Geochemiker und Biologen eng zusammenarbeiten. Jede Expedition zu heißen Quellen liefert neue Überraschungen und Erkenntnisse. Es bietet sich den Forschern die Gelegenheit, Grundsätzliches über Zusammenhänge und Rückkopplungen zwischen Geochemie und Biologie zu lernen. Gemeinsam haben Geo- und Biowissenschaftler die Möglichkeit, einigen sehr spannenden Fragestellungen nachzugehen: Bedingt chemische Diversität mikrobielle Diversität? Welche Rolle spielt der Genaustausch zwischen den Ozeanen und der subkrustalen Biosphäre? Wie können sich Mikroorganismen auf die extremen geochemischen Bedingungen einstellen und wie modifizieren sie dabei das geochemische Milieu? Welche geochemischen Reaktionen und metabolischen Strategien könnten auf der frühen Erde bedeutsam gewesen sein? Gibt es zum Beispiel eine abiotische Bildung komplexer organischer Moleküle unter extrem reduzierenden Bedingungen?

Nach einem Rückblick auf die Erkenntnisse des letzten Jahrzehnts darf man als Meereswissenschaftler dem Kommenden erwartungsvoll entgegensehen.

Literaturhinweise

Edwards K. J., W. Bach & T. M. McCollom (2005): Geomicrobiology in Oceanography: Mineral-Microbe Interactions in the Deep-Sea. Trends in Microbiology, 13(9), 449-456

Edwards, K. J. (2004): Formation and degradation of seafloor hydrothermal sulfide deposits. Geological Society of America Special Papers, 379, 83-96

Kelley D. S. et al. (2005): A serpentinite-hosted ecosystem: The Lost City Hydrothermal Field. Science, 307, 1428-1434

McCollom T. M. & J. P. Amend (2005): Energy requirements for biomass synthesis - A thermodynamic assessment of energy requirements for biomass synthesis by chemolithoautotrophic microorganisms in oxic and anoxic environments. Geobiology, 3, 135-144

Mottl M. J. et al. (2004): Chemistry of springs across the Mariana forearc shows progressive devolatilization of the subducting plate. Geochim. Cosmochim. Acta 68(23), 4915-4933

Reysenbach A.-L. & E. L. Shock (2002): Merging genomes with geochemistry in hydrothermal ecosystems. Science, 296, 1077-1082

Wolfgang Bach leitet das Fachgebiet Petrologie der Ozeankruste am Fachbereich Geowissenschaften der Universität Bremen. Sein Schwerpunkt in der Forschung am MARUM, dem Zentrum für Marine Umweltwissenschaften der Universität Bremen, bilden submarine Hydrothermalsysteme, insbesondere die vielseitigen Wechselwirkungen zwischen Wasser, Gesteinen und Mikroben.

Anschrift: Prof. Dr. Wolfgang Bach
Fachbereich Geowissenschaften
Universität Bremen
Klagenfurter Straße, 28359 Bremen

E-Mail: wbach@uni-bremen.de

Der Ozean unter dem Meeresboden

Kalte Quellen als Oasen der Tiefsee

von Erwin Suess und Peter Linke, Kiel

Als ›Ozean unter dem Meeresboden‹ bezeichnen Forscher die immense Wassermenge, die in Ablagerungen des Ozeanbodens und in Klüften und Spalten der darunterliegenden ozeanischen Kruste gespeichert ist. Sein Volumen wird auf zwanzig Millionen Kubikkilometer geschätzt. Das ist ein Mehrfaches des Schwarzen Meeres, der Ostsee und des Mittelmeeres zusammengenommen; entspricht circa vier Fünftel der im polaren Eis festgelegten Wassermenge. Damit enthält der ›Ozean unter dem Meeresboden‹ deutlich mehr Wasser als das gesamte Grundwasserreservoir der Kontinente. Durch die höhere Temperatur im Sediment und in der Erdkruste löst sich in diesem Ozean ein breites Spektrum an Stoffen und Gasen. Ihre Konzentrationen können recht hoch liegen, da das Wasser über lange Zeit in dem Sediment und der ozeanischen Kruste verweilt. Somit können chemische Reaktionen vollständig ablaufen.

Dadurch finden in diesen Wässern Veränderungen, Stoffumsetzungen und mineralogische Neubildungen aller Art und in beträchtlichem Umfange statt.

Die Wässer können sich innerhalb der Sedimente und Krustengesteine bewegen. Temperatur- oder Dichtegradienten und tektonische Bewegungen verursachen Risse, Verwerfungen, Störungen und Spalten in dem untermeerischen Speicher, entlang derer sich das Wasser einen Weg in den freien Ozean bahnt. Auf ähnliche Weise kann Grundwasser von Land unter den Meeresboden gelangen, wenn die wasserführenden Schichten entsprechend abgedichtet sind. Dann kann es passieren, dass am Meeresboden eine Süßwasserquelle sprudelt.

Zusammengenommen sind diese Vorgänge von globaler Bedeutung für den Haushalt verschiedener Inhaltsstoffe des Ozeans. Auch die Lebensweise spezialisierter Tiergemeinschaften am Boden der Tiefsee hängt von den in ihnen enthaltenen Nährstoffen ab. Die Stellen, an denen solche Wässer am Meeresboden austreten, heißen ›cold seeps‹, ›cold vents‹ oder kalte Quellen. Sie unterscheiden sich von den heißen Quellen der ozeanischen Spreizungszonen durch ihre geringere Temperatur und geringeren Ausfluss. Hier geben wir einen Überblick der verschiedenen Typen von kalten Quellen, ihre geologischen Rahmenbedingungen, ihre Antriebsmechanismen, ihre stoffliche Zusammensetzung und ihren Einfluss auf das Ökosystem am Meeresboden (Abb.1).

Grundwasseraustritte

In der Nähe der Küsten finden sich kalte Quellen, an denen Grundwasser am Meeresboden austritt. Da Grundwasser eine geringere Dichte als das umgebende salzhaltige Meerwasser hat, steigt es zur Meeresoberfäche auf. Auf dem Weg vermischt es sich dabei stark mit dem Meerwasser. Zum Teil dringt das Grundwasser aber auch nahezu unverdünnt bis zur Oberfläche vor und breitet sich dort aus. Schon den Seefahrern der vergangenen Jahrhunderte waren solche Stellen bekannt, an denen Linsen genießbaren Wassers auf dem Salzwasser des Meeres schwimmen. Solch süßes Quellwasser schöpften die Seefahrer daher von der Oberfläche, um ihre Trinkwasservorräte aufzufüllen. Die Zeichnung auf dieser Doppelseite stammt aus einem Handbuch für Seefahrer aus dem Jahre 1868 und zeigt, wie ein Segler in einer solchen Süßwasserlinse liegt und das begehrte Nass bequem einholt. Ebenfalls dargestellt ist die geologische Situation, die diesen Typ kalter Quellen ermöglicht. Eine Abfolge durchlässiger und undurchlässiger Schichten, die durch den abfallenden Hang angeschnitten sind, führt das Süßwasser

Historische Darstellung der Abschöpfung eines untermeerischen Grundwasseraustrittes zur Ergänzung der Trinkwasservorräte an Bord eines Segelschiffes. Auf dem Salzwasser (a) schwimmt eine Süßwasserlinse (b). Aufgrund des Druckgradienten zwischen Land- und Meeresspiegel steigt das leichtere Grundwasser (b) aus einer wasserführenden Sedimentschicht (d) zur Meeresoberfläche auf; dies wird möglich, weil die durchlässige Schicht von weniger durchlässigen Schichten (c) eingeschlossen ist.

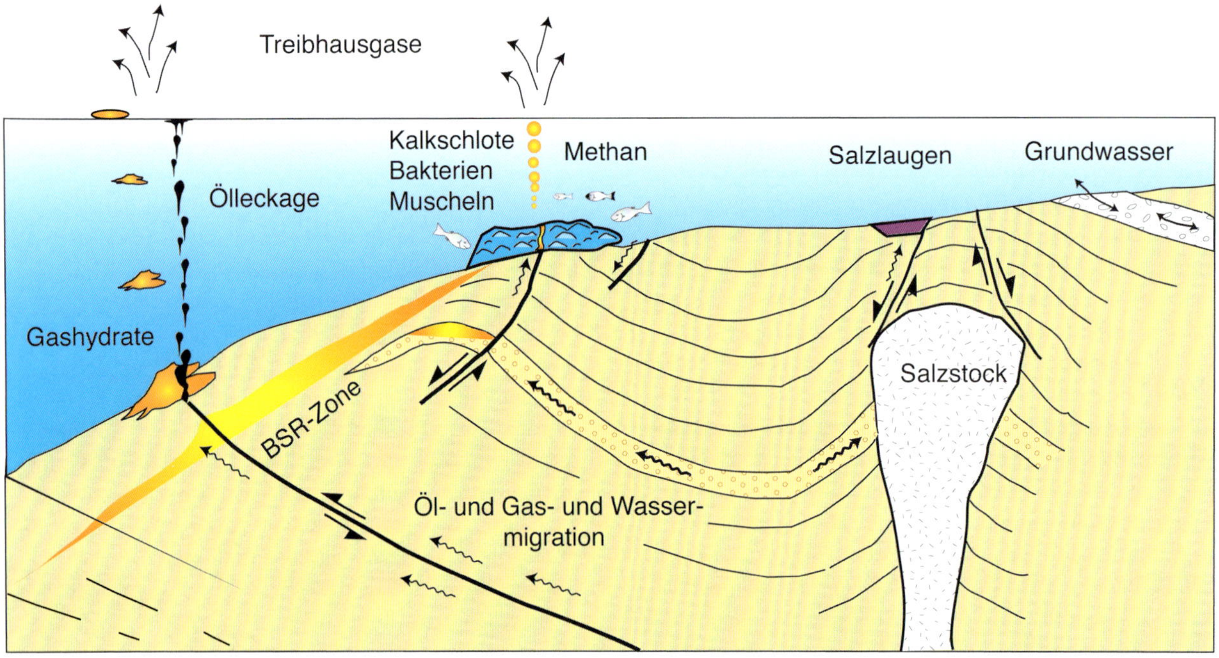

Abb. 1: Typen verschiedener untermeerischer Fluidaustritte und ihr geologischer Rahmen; Wegsamkeiten für Fluide im Untergrund sind entscheidend für die Entstehung von kalten Quellen. Grundwasseraustritte finden sich küstennah und sind durch poröse Sedimentabfolgen begünstigt. Salzlaugen entstehen durch Fluidtransport, meist über Störungen, die beim Aufstieg von Salzstöcken gebildet werden. ›Chemoherme‹ sind massive großräumige Kalkstrukturen, bei denen ausströmendes Methan in Karbonat umgewandelt wird. Die Kalkabscheidungen bestehen aus Schloten, zementierten Muscheln und bilden einen besonderen Lebensraum, z. B. für Fische. Gashydrate bestehen aus Wasser und Methan und sind nur bei erhöhtem Druck und niedriger Temperatur stabil; sie können zusammen mit Ölleckagen aus Kohlenwasserstofflagerstätten entstehen, aber auch aus dem Abbau sedimentären organischen Materials. Gashydrate können wegen ihrer geringen Dichte bis zur Meeresoberfläche aufschwimmen. Asphalt kann ebenfalls als hoch viskose Flüssigkeit am Meeresboden austreten, unter besonderen geologischen Gegebenheiten sogar als geschmolzener Strom, der beim Abkühlen typische Erstarrungsstrukturen zeigt, wie von Lavaströmen bekannt.

unterirdisch ins Meer. Der Einzugsbereich der Schichten liegt auf dem angrenzenden Land. Der Druck des höher stehenden Grundwasserspiegels in der durchlässigen Schicht lässt das leichtere Süßwasser gegen den Druck des dichteren Salzwassers ausquellen.

Eine Gruppe Schiffbrüchiger des Walfängers ›Essex‹, der 1819 im Pazifik von dem berüchtigten weißen Wal ›Moby Dick‹ zerschmettert wurde, verdankt ihr Überleben bei der folgenden Irrfahrt einer solchen Süßwasserquelle. Aus einem jüngst veröffentlichten historischen Bericht über die dramatische Rettung eines Teils der Besatzung geht zweifelsfrei hervor, dass sie bei Niedrigwasser am 17. Dezember 1819 auf eine Quelle am Strand von Henderson Island gestoßen sind. Die südpazifische Insel gehört zu der Tuamoto Inselgruppe. Die gestrandeten Walfänger konnten zwar ihre Trinkwasservorräte an diesem 17. Dezember auffrischen, aber die Quelle versiegte an den folgenden Tagen. Aus ihren Aufzeichnungen wird ersichtlich, dass der schwache hydrostatische Druck nur bei Niedrigwasser die Quelle sprudeln ließ, nicht aber gegen den Druck des höheren Gezeitenstandes ankam, der sich in den folgenden Tagen einstellte. Der Einfluss der Gezeiten auf die aus kalten Quellen austretenden Wassermengen ist einer der spannendsten Forschungsbereiche in diesem Themenkreis, weil sich der Gezeitendruck, entsprechend dem Höhenunterschied zwischen Ebbe und Flut, nicht nur im Küstenbereich, sondern unvermindert bis auf den Boden der Tiefsee fortsetzt.

Hinzu kommt ein Pumpeffekt, der durch den Gezeitenzyklus einen modulierenden Einfluss auf die Fördermenge ausübt. Bei Niedrigwasser wird auch von den Tiefseequellen intensiver und in größerer Menge gefördert als bei Hochwasser. Die gravierende Versalzung des Trinkwassers heutzutage in Küstennähe ist ebenfalls auf dieses Phänomen der Hydraulik der kalten Quellen zurückzuführen. Ein steigender Meeresspiegel und die vermehrte Entnahme von Trinkwasser aus Speichern in Küstennähe stören das empfindliche Gleichgewicht, so dass sich der seewärts gerichtete Strom, wie in Abbildung 1 dargestellt, umkehrt und salzhaltige Wässer in die süßwasserführenden Schichten unter dem angrenzenden Land eindringen und diese ungenießbar machen.

Bekannt sind untermeerische Austritte von Süßwasser in der Ostsee, vor den Küsten Floridas, vor der Yucatán Halbinsel Mexikos, entlang der Küsten von Chile, Guam, Australien und Samoa, im Persischen Golf, vor Portugal, im Mittelmeer vor Spanien, Frankreich, Italien, Syrien, Libanon und Israel sowie an zahlreichen anderen Stellen im flachen wie im tiefen Bereich. Andererseits sind Versalzungen des Grundwassers im Küstenbereich von Long Island aber auch aus der Norddeutschen Tiefebene bekannt.

Kompaktionsströme

Auch die Ablagerungen in Flussdeltas, wie zum Beispiel die des Niger vor Westafrika oder des Mississippi im Golf von Mexiko, enthalten viel Wasser. Dieses Wasser wird durch weitere herabsinkende Schwebstoffe regelrecht begraben. Die zunächst sehr locker abgelagerten Sedimente sacken nach und nach in sich zusammen – dies wird als Kompaktion bezeichnet. Dadurch steigt der Druck auf die begrabenen Wässer, die sich dann einen Weg nach oben bahnen, allerdings mit Geschwindigkeiten von nur Millimetern bis Zentimetern pro Jahr. Da der Meeresboden durch neue Ablagerungen ebenfalls langsam nach oben aufwächst, entsteht – solange keine anderen Einflüsse wirken – die kuriose Situation, dass zwar ständig Wasser unter dem Meeresboden nach oben strömt, aber nie die Meeresbodenoberfläche erreicht oder gar herausquillt. Dies hätte zur Konsequenz, dass netto Wassermengen begraben würden und kein Wasser wieder austritt; beides entspricht jedoch nicht der Erfahrung. Über diese Frage haben sich kluge Köpfe heiß gestritten, bis tektonische und geologisch-strukturelle Einflüsse berücksichtigt wurden. Denn obwohl großflächig Wasser begraben wird, treten an Aufstiegskanälen, Störungen und Klüften, die die Ablagerungen durchsetzen, fokussierte Wasserströme aus. Hierdurch entsteht ein Kreislauf, durch den gelöste Inhaltsstoffe, wie z. B. Nährsalze, aber auch gelöste Gase, vor allem Methan, aus dem Sediment in den Ozean zurückgeführt werden.

Kompaktionsströme und Grundwasseraustritte können auf elegante Weise sichtbar gemacht werden. Kleinste Salzgehalts- oder auch Temperaturunterschiede zwischen austretenden und umgebenden Wässern beeinflussen den Lichtbrechungsindex. Bei geeigneter optischer Messanordnung kann ein Schlierenbild der ausquellenden Wässer entstehen. Solche Schlierenbilder von untermeerischen Quellen sind in Abbildung 2 gezeigt. Abbildung 2 A zeigt ein Experiment in einem Strömungskanal, bei dem ein salzhaltiger Strom durch den Hals eines umgestülpten Trichters aufsteigt und danach wegen seiner größeren Dichte kaskadenförmig absinkt. Der Salzgehaltsunterschied zwischen beiden Wässern beträgt gerade mal 0,04 Promille. Die gleiche Messanordnung am Meeresboden (Abb. 2B) in fast 800 Metern Wassertiefe zeigt noch interessantere Schlierenbilder. Man erkennt einen aus dem Trichterhals quellenden Wasserstrom, der nicht

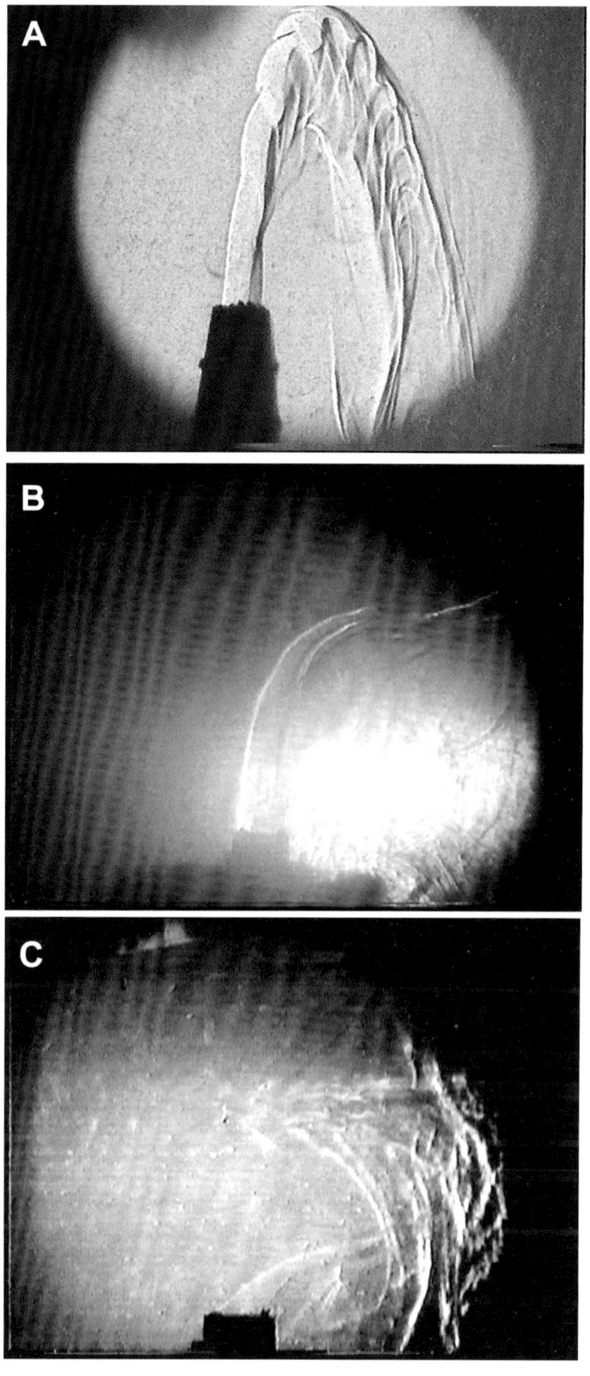

Abb. 2: Schlierenbilder von ausströmenden Wässern; geringe Dichteunterschiede, entweder durch Salzgehalts- oder Temperaturunterschiede, ermöglichen diese optische Darstellung beim Vermischen; (A) ein Experiment im Strömungskanal zeigt salzreiches Wasser aufsteigend, dann kaskadenförmig absinkend. Am Meeresboden entstandene Schlierenbilder von austretendem Grundwasser: (B) durch Trichterhals gebündelter Ausstrom der durch Bodenströmung nach rechts im Bild abgelenkt wird; (C) frei in das Bodenwasser austretende dünne Schlieren unterschiedlicher Dichte, die ebenfalls durch Bodenströmung nach rechts verdriften; Trichterhals mit schwachem, gebündeltem Ausstrom erkennbar; horizontaler Bilddurchmesser fünf Zentimeter

absinkt, sondern in einigem Abstand über dem Meeresboden durch die Bodenströmung seitlich nach rechts abgelenkt wird. Wenige Minuten später (Abb. 2 C) erkennt man an der gleichen Stelle weitere Schlieren, die nicht aus dem Trichter aufsteigen, sondern links außerhalb der Bildfläche entstanden sind und nach rechts driften. Der ursprüngliche Ausstrom aus dem Trichterhals (Abb. 2 B) ist ebenfalls noch erkennbar. Aus den zusätzlichen Schlieren schließt man, dass außerhalb der Bildfläche weitere relativ salzarme Wasserströme fokussiert aus dem Meeresboden quellen und trotz starker Ablenkung durch den Bodenstrom ihre Integrität für eine Weile behalten. Diese bisher einmaligen schlierenoptischen Aufnahmen vom Meeresboden illustrieren augenfällig die immense Dynamik der kalten Quellen.

Salzlaugen, Asphalt und Gas aus dem Meeresboden

Unter bestimmten geologischen Gegebenheiten fördern die ausquellenden untermeerischen Wässer auch Salzlaugen. Dann nämlich, wenn das Wasser Salzablagerungen durchströmt hat und diese angelöst hat. Im östlichen Mittelmeer und im Golf von Mexiko vor der Küste von Texas führt dies zu spektakulär angereicherten Solen und Laugen, die sich in Tümpeln und Seen am Meeresboden sammeln oder als dichtere Rinnsale in tiefer gelegene Becken abfließen. Der Dichteunterschied zwischen dem Bodenwasser und diesen Solen ist so groß, dass eine scharfe und stabile Schichtung entsteht. Die Schallwellen von Echolotuntersuchungen z. B. werden vollständig von dieser Schichtgrenze zurückgeworfen, so dass der Meeresboden darunter mit dieser Methode nicht erfasst werden kann, wie sonst üblich. Abbildung 3 zeigt eine akustische Meeresbodenaufzeichnung eines Salzsees aus dem östlichen Mittelmeer, wobei die farbigen Flächen den Meeresboden darstellen und die hufeisenförmige dunkle Fläche die Umrisse des Salzsees. Der Dichteunterschied war hier so groß, dass es dem französischen Tauchboot NAUTILE nicht gelang, in einen solchen Salzsee im östlichen Mittelmeer in 2.000 Meter Tiefe einzutauchen.

Besonders im östlichen Mittelmeer weist dieser Typ Salzsee weitere dramatische Unterschiede auf: Ihre Zusammensetzung weicht völlig von der von normalem Meerwasser ab. Während Kochsalz und Magnesiumsulfat im Meerwasser dominieren, bestehen einige der Salzseen des östlichen Mittelmeeres aus fast reinem Kaliumchlorid oder Magnesiumchloridlösungen mit bis zu 80-facher Anreicherung gegenüber Meerwasser. Entsprechend sind Natrium, Kalzium und Sulfat verarmt. Dies spiegelt nachgewiesenermaßen unmittelbar die Abfolge von Steinsalzablagerungen wider, die entsteht, wenn ein Becken völlig verdunstet. Diese charakteristische Abfolge reicht von Kalken, Gipsen, Magnesiumsalzen bis zu Kali und wird von den aufdringenden Wässern sukzessive aufgelöst. Die Zusammensetzung der Salzseen im östlichen Mittelmeer wird deshalb mit als Beweis dafür angesehen, dass dieses Meeresbecken in der Erdgeschichte (vor etwa 6 Millionen Jahren) austrocknete und sich an seinem Boden diese Abfolge von Salzen durch völlige

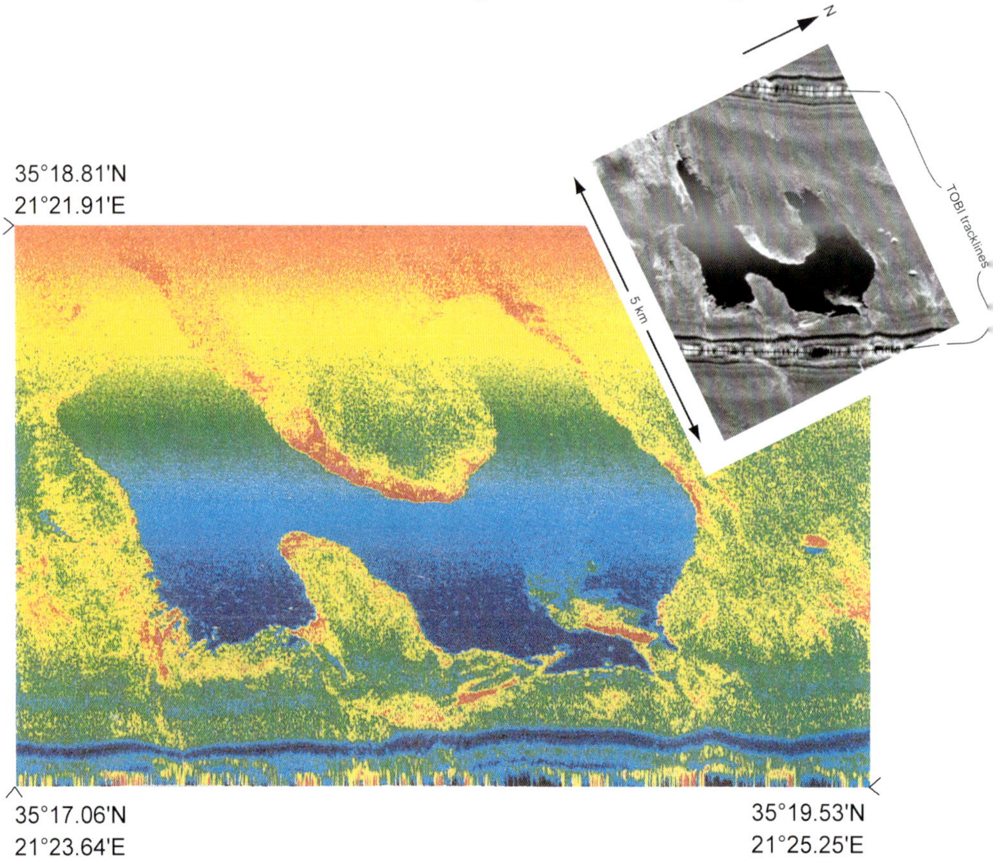

Abb. 3: Side Scan Sonar Aufnahme des L'Atalante Salzsees am Boden des östlichen Mittelmeeres; die Darstellung mit Falschfarben zeigt in Rot-Gelb den hufeisenförmigen Umriss durch hohe Rückstreu-Intensität am Seerand. Die Oberfläche des Sees reflektiert vollständig die Schallwellen wegen der hohen Dichte der Salzsole, so dass eine dunkle Fläche (blau) ohne ankommendes Signal vom Boden des Sees entsteht.

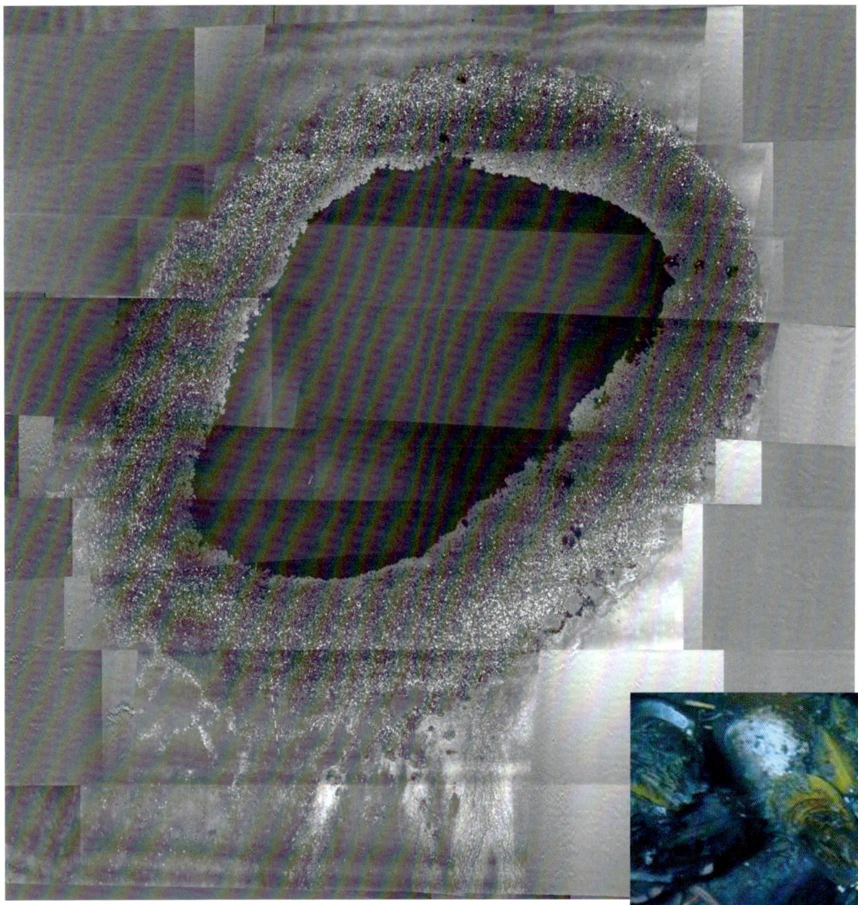

Abb. 4: Fotomosaik aus Laser Line Scan Aufnahmen des US-amerikanischen Tauchbootes NR-1 des gleichnamigen untermeerischen Salzsees im nördlichen Golf von Mexiko mit am ›Strande‹ lebenden Muschelkolonien. Aufsteigende Salzlösungen sammeln sich in dem eingestürzten Krater eines Salzdomes in 620 Meter Wassertiefe. Die ›Strandbewohner‹ (kleines Bild) sind hier Muscheln der Gattung *Modiolus*, Verwandte der blauen Miesmuschel, denen der Salzgehalt im angrenzenden See offensichtlich zu hoch ist.

Eindunstung gebildet hat (s. Artikel von G. Wefer, U. Röhl & W. H. Berger).

Eine andere geologische Situation, die ebenfalls zum Aufquellen von stark salzhaltigen Wässern führt, findet sich im nördlichen Golf von Mexiko. Hier liegen ebenfalls Salzablagerungen im Untergrund, die durch den Druck der auf ihnen lastenden, schwereren Sedimente an einigen Stellen nach oben gedrückt werden. Dadurch erfahren die salzführenden Ablagerungen eine plastische Verformung und steigen als Dome auf (Abb. 1). Sie können mehrere Kilometer im umgebenden Sediment emporwachsen, wobei an ihren Flanken und Kuppen die starke mechanische Beanspruchung Wegsamkeiten für Wässer schafft. Wenn diese Dome in die Nähe des Meeresbodens gelangen, dringt Meerwasser durch die Kuppe ein und beginnt das Salz herauszulösen. Häufig sind diese Wässer mit Erdöl vermischt und mit Methangas gesättigt, das sie aus den umgebenden Schichten aufnehmen und anreichern. Wird das Salz aus den Kuppen der Dome herausgelöst, stürzen diese in der Regel ein und bilden mehr oder weniger kreisrunde Vertiefungen im Meeresboden. Das am besten untersuchte Beispiel ist der Salzsee ›NR-1‹ vor der Küste von Texas. Hier sammeln sich die Salzlösungen, vermischt mit Bestandteilen des Erdöls und Methan aus dem tieferen Untergrund. Eine spektakuläre Darstellung dieses untermeerischen Salzsees in 620 Meter Wassertiefe zeigt die so genannte ›Strandlinie‹ in einem Mosaik untermeerischer Aufnahmen (Abb. 4). An diesem ›Strand‹ wohnen Muscheln der Gattung *Modiolus*, Verwandte unserer blauen Miesmuschel, denen der Salzgehalt im untermeerischen See offensichtlich zu hoch ist und die sich deshalb entlang der ›Küste‹ zwischen Salzsee und normalem Meerwasser ansiedeln.

Die wohl kurioseste Manifestation von ›kalten Quellen‹ in der Tiefsee sind die Austritte von Asphalt. Ebenfalls im Golf von Mexiko wurden an der mexikanischen Seite an den so genannten Campeche Knolls in Wassertiefen von über 3.000 Metern regelrecht erstarrte Ausflüsse von Asphalt und Teer beobachtet: lange Rinnsale mit Fließstrukturen, wie sie bei Lava auftreten. Im Unterschied zu gewöhnlichen Ausflüssen von Öl zeigen die Asphaltblöcke des Chapopote Vorkommens Erstarrungsstrukturen, abgeschreckte Ränder und Kissenbildung – Merkmale eines schnell abgekühlten, heißen Asphaltstromes. Die Anordnung der Ströme am Meeresboden lassen auf wiederholte, explosionsartige Ausbrüche von geschmolzenem Asphalt schließen. Auch hier ist das Vorkommen an die zerklüftete Kuppe eines eingestürzten Salzdomes gebunden, wie überhaupt die gesamte Bodengestalt der Campeche Knolls mit seinen Hügeln und Senken durch Salztektonik geprägt ist (s. Artikel von G. Bohrmann & H. Sahling).

Entstehung kalter Quellen entlang von Subduktionszonen

Im Gegensatz zu den Küstenbereichen und den im tiefen Golf von Mexiko vorkommenden untermeerischen Quellen, die durch Salztektonik entstehen, gibt es einen weiteren Typ von kalten Quellen, der an eine besondere globale tektonische Situation gebunden ist: die Verschluckungszonen oder Subduktionszonen. Diese entstehen im plattentektonischen Gefüge der Erde, wenn eine ozeanische unter eine kontinentale Erdplatte abtaucht. Ozeanische Platten bewegen sich – wie ein mit Sediment beladenes Förderband – beständig von den mittelozeanischen Rücken zu den Subduktionszonen. Dadurch werden Sedimente, die hohe Gehalte an flüchtigen Verbindungen enthalten, in die Subduktionszonen transportiert. Wenn die ozeanische Platte abtaucht, schabt die kontinentale Platte das aufgelagerte Sediment von ihr regelrecht ab, und es lagert sich in Form eines ›Akkretionskeils‹ an die kontinentale Platte an. Der dabei entstehende Druck presst einen beträchtlichen Anteil des Wassers mitsamt den gelösten flüchtigen Verbindungen aus dem Sediment. Diese durch Methan und Schwefelwasserstoff gekennzeichneten Fluide steigen zum Meeresboden auf und fließen in den Ozean zurück (s. Artikel von L. Rüpke & J. P. Morgan).

Die erwähnten Salzlaugen des östlichen Mittelmeeres gehören zu diesem Typus kalter Quellen. Dort wird die Afrikanische Platte unter die Eurasische Platte gedrückt, wobei der Mittelmeerrücken aufgestaucht wird. Dieser enthält Schichten einer Salzabfolge, welche gefaltet, zerbrochen und durch den seitlichen Druck von Süden regelrecht ausgepresst wird. Weltweit entstehen so entlang der Subduktionszonen am Meeresboden untermeerische Quellen. Sie zeichnen sich durch hochspezialisierte Lebensgemeinschaften, das Vorkommen von Methanhydraten, Schlammvulkanen (s. Artikel von G. Bohrmann, A. Kopf & V. Spieß) und charakteristische Mineralbildungen aus. Diese entstehen allesamt, weil ein Teil des ›Ozeans unter dem Meeresboden‹ wieder in den großen Ozean zurückkehrt und dabei eine Vielzahl unterschiedlicher Stoffe mit sich führt.

Etwa zehn Jahre nachdem Forscher die hydrothermale Zirkulation an den mittelozeanischen Rücken entdeckten, wurde 1985 dieser Typ eines untermeerischen Stofftransportes an Subduktionszonen entdeckt. Seither sind auf diesem Forschungsgebiet bedeutende Fortschritte erzielt worden. Ein Forschungsansatz widmet sich detailliert den sichtbaren Spuren der kalten Quellen an der Sedimentoberfläche und hat zum Ziel, eine Bilanz der ein- und ausgetragenen Stoffe zu erstellen. Mit Hilfe von bemannten Tieftauchbooten und -robotern sowie videogesteuerten Vermessungen stellte sich heraus, dass an den Austrittsstellen einzigartige Tiergemeinschaften siedeln. Diese werden von Mollusken, Bartwürmern und Mikroorganismen dominiert, deren Lebensweise auf die Nutzung von Methan und Schwefelwasserstoff abgestimmt ist.

Funktionsweisen der Seep-Fauna

Um sich ansiedeln und ihre typisch hohe Biomasse ausbilden zu können, müssen diese speziellen Organismengesellschaften ausreichend mit Methan und Schwefelwasserstoff versorgt sein. Ihr Vorkommen gilt daher als zuverlässiger Anzeiger für Auftreten, Stärke und Lebensdauer von kalten Quellen.

Dominiert werden die Seep-Faunen von großen Muscheln, die zu den Familien *Vesicomyidae* oder *Mytilidae* gehören und an der Oberfläche leben. Im Gegensatz zu diesen leben die Muscheln der Familien *Solymyidae*, *Thyrasiridae* und *Lucinidae* im Sediment eingegraben und nutzen dort die aufsteigenden Fluide und ihre Nährstoffe. Die Muscheln leben alle – genau wie die Bartwürmer – in Symbiose mit Bakterien. Sie beherbergen sie in speziellen Geweben, etwa in den Kiemen oder einer Umbildung des Darmtraktes. Die endosymbiontischen Bakterien sind in der Lage, das in den Fluiden enthaltene Methan und den Schwefelwasserstoff zu oxidieren und mit der so gewonnenen Energie organische Verbindungen aufzubauen. Diesen Vorgang nennt man Chemoautotrophie. Er ist in Abbildung 5 am Beispiel der vesicomyiden Muschel *Calyptogena phaseoliformis*, die Schwefelwasserstoff nutzt, dargestellt. Andere Organismen nutzen eine ähnliche Reaktion, bei der Methan unter Sauerstoffverbrauch oxidiert wird, die so genannte Methanotrophie. Von einigen Muscheln ist bekannt, dass sie sowohl schwefel- als auch methanoxidierende Symbionten beherbergen, was auf die Fähigkeit schließen lässt, beide Verbindungen als Energiequelle nutzen zu können. Von den Produkten der Reaktion ernähren sich die verschiedenen Wirtsarten, die unterschiedlich stark von dieser Nahrungsquelle abhängen.

Die am weitesten gehende Symbiose tritt bei den Bartwürmern auf; sie haben keinen eigenen Mund oder Verdauungstrakt mehr. Die Symbionten halten sich in

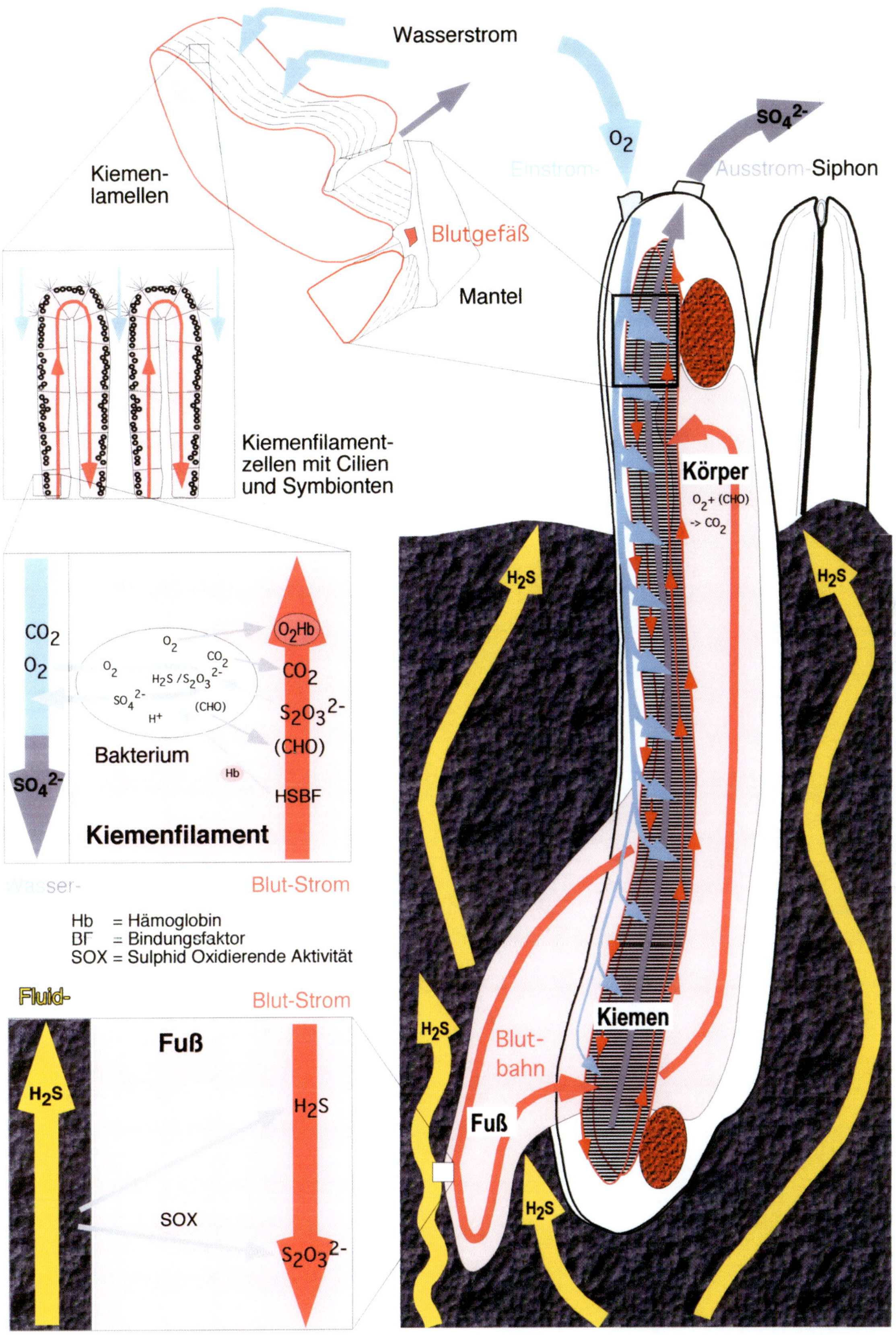

Abb. 5: Schema der Symbiose und des Stoffkreislaufes am Beispiel der Muschel *Calyptogena phaseoliformis*. Die Muschel nimmt über ihren Fuß den mit den Fluiden aufsteigenden Schwefelwasserstoff in ihre Blutbahn auf und transportiert ihn zu den symbiontischen Bakterien in den Kiemen. Diese werden zugleich durch die Pumpaktivität der Muschel mit Sauerstoff aus dem Bodenwasser versorgt, um die Schwefelverbindungen zu oxidieren.

a
b
c
d
e
f

einem speziellen Organ, dem Trophosom, auf. Die Substrate, von denen sie sich ernähren, werden entweder aus dem Umgebungswasser über eine spezielle Tentakelkrone oder durch die Röhre aufgenommen und im Blut zu den Bakterien transportiert. Die meisten der bisher bei Bartwürmern untersuchten Symbionten sind Sulfid-Oxidierer, nur bei einer im Flachwasser vorkommenden Art konnten methanotrophe Bakterien nachgewiesen werden.

Vesicomyide Muscheln sind eigentlich filtrierende Tiere; sie haben jedoch ihren Verdauungstrakt stark reduziert und können nicht überleben, wenn sie kein Sulfid für ihre Symbionten bekommen. Die Muscheln nehmen den Schwefelwasserstoff über ihren Fuß ins Blut auf, gleichzeitig pumpen sie Sauerstoff aus dem Bodenwasser zu den Bakterien, den diese zur Oxidation benötigen. Bei den *Mytilidae* hingegen scheint die Symbiose etwas primitiver zu sein. Zwar beherbergen auch sie die Symbionten in den Kiemen, haben aber noch ein funktionierendes Verdauungssystem, so dass sie ihre Ernährung ergänzen können, indem sie selbst Partikel aus dem Umgebungswasser filtern. Des Weiteren verfügen sie nicht über die spezifischen Proteine im Blut, mit denen Bartwürmer und vesicomyide Muscheln Sulfid und Sauerstoff binden und transportieren (Abb. 6).

Bisher sind mehr als 60 verschiedene Symbiosen unter den Seep Faunen beschrieben. Alle Wirtstiere können diese Quelle nur über die Symbiose mit den Bakterien ›anzapfen‹, daher sind sie auch der beste Indikator für untermeerische Quellen. Die Bakterien profitieren ebenfalls: Ihre Wirte bieten ihnen einen stabilen Lebensraum innerhalb des Gewebes und sie werden mit allen nötigen Substanzen versorgt.

Alle diese Symbiosen brauchen Sauerstoff zur Oxidation der reduzierten chemischen Verbindungen in den Fluiden, können zugleich aber nur gewisse Sulfidkonzentrationen tolerieren. Andernfalls wirkt das Sulfid auf die Wirtstiere als Zellgift. Neben den symbiontischen Bakterien treten an kalten Quellen auch freilebende schwefeloxidierende Bakterien auf, die umhüllte Bündel (z. B. *Thioploca*) oder gar regelrechte Matten auf dem Meeresboden (z. B. *Beggiatoa*) ausbilden können. In vielen Fällen scheinen sie sogar ihren symbiontischen Konkurrenten überlegen: Sie vertragen höhere Sulfidkonzentrationen und können neben Sauerstoff auch gespeichertes Nitrat zur Oxidation nutzen. Sie gleiten über und durch das Sediment und vermögen sich damit flexibel in dem gewünschten chemischen Konzentrationsgefälle zu positionieren.

Abb. 6 (linke Seite): Charakteristische Vergesellschaftungen spezialisierter Organismen an kalten Quellen der Tiefsee: (a bis c) Populationen von calyptogenen Muscheln mit bucciniden Schnecken und Bartwürmern im Aleutengraben; Wassertiefe 4.950 Meter; (a) Die Muscheln sind entlang einer linearen tektonischen Struktur am Meeresboden angeordnet; (b) Details der mit Actinien besetzten Muschelfauna; (c) Kolonien von Bartwürmern (Pogonophoren) mit ausgesteckter Tentakelkrone an der Peripherie der Muschelkolonie; (d) Kolonie von Bartwürmern an der Flanke eines Schlammvulkans vor Costa Rica; Wassertiefe 1.800 Meter; (e) Karbonatausfällung durch anaerobe Oxidation von Methan an kalten Quellen des Südchinesischen Meeres; Karbonatblock, gelbe und weisse Auskleidungen zeigen mikrobielle Aktivität; Wassertiefe 769 Meter; (f) Kolonien serpulider Borstenwürmer sowie vereinzelte Muscheln an einem Steilhang vor Peru; Wassertiefe 2.500 Meter

Anaerobe Methanoxidation und Kalkfällung

Erst kürzlich wurde die wichtigste mikrobielle Vergesellschaftung für den Stoffumsatz an ›cold seeps‹ entdeckt: Ein Konsortium aus methanoxidierenden Archaebakterien und sulfatreduzierenden Prokaryonten gewinnt aus Methan unter Sauerstoffabschluss Energie. Dieser Prozess wird als anaerobe Oxidation von Methan – kurz AOM – bezeichnet und läuft mit Hilfe von Sulfatreduktion ab. Er erklärt zwei der wichtigsten Phänomene der kalten Quellen: Die enorme Produktion an Schwefelwasserstoff, welche die oben beschriebene chemoautotrophe Lebensweise der Mollusken- und Bartwurmkolonien antreibt und das weit verbreitete Vorkommen von Kalken. Das Konsortium lebt in sauerstofffreien Zonen unterhalb der Sedimentoberfläche oder in Klüften, Schloten und Zufuhrkanälen der Fluidbahnen. In den kugelförmigen Aggregaten sind die methanoxidierenden Archaebakterien von den sulfatreduzierenden Prokaryonten umgeben. Auf diese Weise müssen die bisher unbekannten Zwischenprodukte nur über kurze Strecken transportiert werden. Die Konsortien nehmen das Sulfat aus dem Bodenwasser auf. Das Methan stammt aus dem aufsteigenden Fluidstrom, der entweder mit gelöstem Methan gesättigt ist oder Methanblasen enthält. Der Energieträger Methan kann auch aus sich auflösenden Gashydraten stammen. In der Summe setzt das Konsortium also Methan aus den aufsteigenden Fluiden unter Verbrauch von Sulfat zu Karbonat und Schwefelwasserstoff um (Abb. 7; Reaktion 1).

Der entstehende Schwefelwasserstoff wird durch den Fluidstrom weiter aufwärtsgespült und dient den am Meeresboden sesshaften Mollusken und Bartwürmern als Energielieferant. Dazu brauchen sie freien Sauerstoff bzw. Nitrat und müssen daher über dem Meeresboden leben (Abb. 7; Reaktionen 2a und 2b).

Das Konsortium gibt neben dem Schwefelwasserstoff große Mengen an Karbonat ab. Dieses bleibt im anoxischen Porenraum des Meeresbodens, der dadurch stark übersättigt wird. Das Karbonat fällt daher als Kalk aus (Abb. 7; Reaktion 3). Es entstehen Aragonit, Magnesium-Kalzit sowie Dolomit, wobei nicht genau bekannt ist, welche Bedingungen für die einzelnen Mineralphasen entscheidend sind. Diese Art der Kalkbildung ist an die AOM des Konsortiums gebunden und kann nicht über die aerobe Schwefelwasserstoff- bzw. Methanoxidation erfolgen, denn die wirkt eher kalklösend.

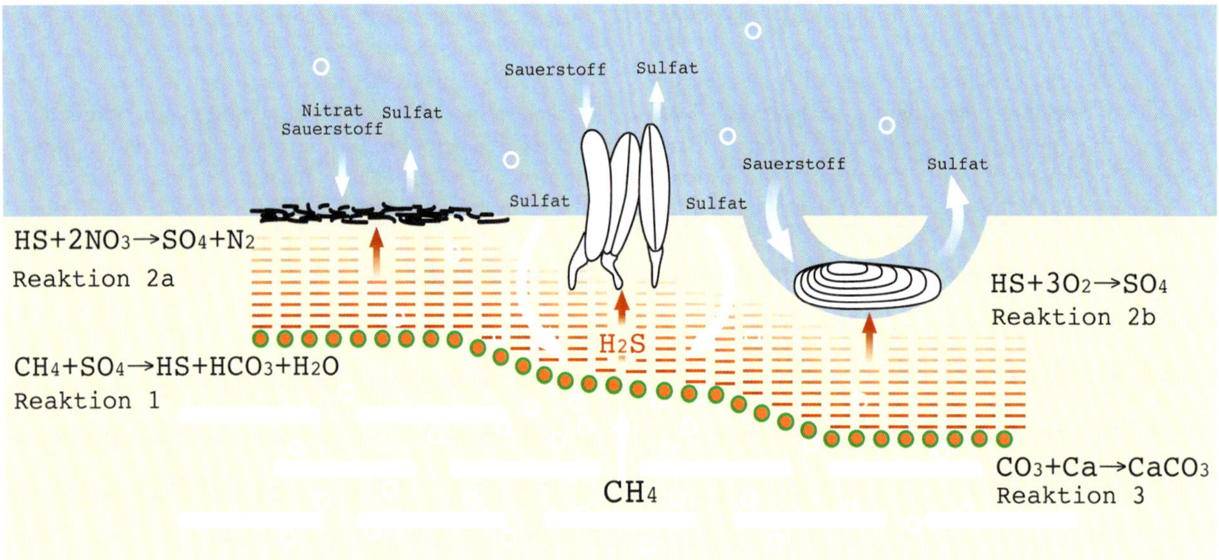

Abb. 7: Methanumsetzungen unter Ausschluss von Sauerstoff (anaerobe Oxidation von Methan = AOM) durch spezialisierte Organismen an kalten Quellen. Die aufsteigenden Wässer sind der Antrieb für die biogeochemischen Wechselwirkungen im Sediment und weitere aerobe Reaktionen an der Sedimentoberfläche. Wässer transportieren Methan aus dem Sediment aufwärts; Gashydrate können, wie hier dargestellt, als intermediärer Methanspeicher dienen; das Methan kann aber auch aus anderen Quellen stammen. Ein Konsortium aus Archaebakterien und Prokaryonten setzt Methan mit Hilfe von Sulfat zu Schwefelwasserstoff und Karbonat um (Reaktion 1). Schwefelwasserstoff steigt weiter auf und wird durch andere Bakterien direkt am Meeresboden oder durch solche, die in Symbiose mit Muscheln leben, mit Hilfe von Sauerstoff oder Nitrat in Sulfat zurückverwandelt (Reaktionen 2 a, 2 b). Das im Sediment entstandene Karbonat reagiert mit Kalzium des eingeschlossenen Meerwassers und bildet Karbonatminerale (Reaktion 3).

Durch die AOM-angetriebene Kalkfällung sind alle typischen Strukturen wie ›Chemoherme‹, Schlote, Konkretionen und Zementierungen an den kalten Quellen erklärbar. Findet man solche Kalkgebilde in geologischen Ablagerungen, kann man davon ausgehen, dass hier fossile kalte Quellen sprudelten. Der Kohlenstoffgehalt dieser Gebilde enthält Informationen über die Bilanz und Lebensdauer von kalten Quellen. Der Teil des Kohlenstoffumsatzes an den Quellen, der nicht im Kalk festgelegt wird, gelangt entweder als Stoffwechselprodukt der Lebewesen in den Ozean oder wird chemosynthetisch in Biomasse umgewandelt (s. Artikel von E. Suess & G. Bohrmann).

Durch den Aufbau organischer Substanz mittels Oxidation reduzierter chemischer Verbindungen gedeihen an den kalten Quellen spezielle Gemeinschaften. Das Potenzial dieser Gemeinschaften ist noch unbekannt, da viele verschiedene Verbindungen mit unterschiedlicher Effizienz genutzt werden. Neben der Bedeutung als Nahrungsquelle kann der Einfluss der austretenden Fluide auch auf die Vielfalt der Tiefseefauna nicht hoch genug eingeschätzt werden. Zum einen kann die Symbiose zwischen chemoautotrophen Bakterien und dem Wirtstier, wie im Falle der Muscheln der Gattung *Calyptogena sp.*, artspezifisch sein. Das bedeutet, dass Muschel und Bakterium sich zusammen entwickelt haben und so eng aufeinander abgestimmt sind, dass sie mit keinem anderen Partner eine Symbiose eingehen können. Im Detail steht die Wissenschaft hier vor der fundamentalen Frage, wann und woher die Bakterien in die Muscheln gelangen, denn Eltern geben die Bakterien nicht an die Larven weiter. Zum anderen finden sich im Ökosystem der kalten Quellen neben den chemoautotrophen Symbiosen auch frei lebende Mikroorganismen, deren Vielfalt und physiologische Leistungen völlig unzureichend bekannt sind.

Abschätzung der Ausstromraten

Wie viel Wasser und damit wie viele der flüchtigen Verbindungen aus dem ›Ozean unter dem Meeresboden‹ global austreten, ist die zentrale Frage bei der Erforschung der kalten Quellen. Um sie zu beantworten, werden spezielle Geräte eingesetzt. Sie werden entweder von Tauchbooten über den Austrittsstellen positioniert oder über eine Videosteuerung von Forschungsschiffen aus betrieben. Im einfachsten Falle trägt ein solches Gerät eine nach unten offene Kammer mit Probennehmern und einer Strömungssonde. Wird das Gerät über eine Quelle am Meeresboden gestülpt, füllt sich die zunächst mit Bodenwasser gefüllte Probenkammer langsam mit dem aus dem Meeresboden ausströmendem Fluid (Abb. 8). Das ursprünglich enthaltene Bodenwasser entweicht dabei über einen Ausstromstutzen. In bestimmten Zeitintervallen werden Proben vom in der Kammer enthaltenen Wasser genommen. So kann die Änderung der Konzentration der gelösten Stoffe im Fluid gegenüber dem Bodenwasser

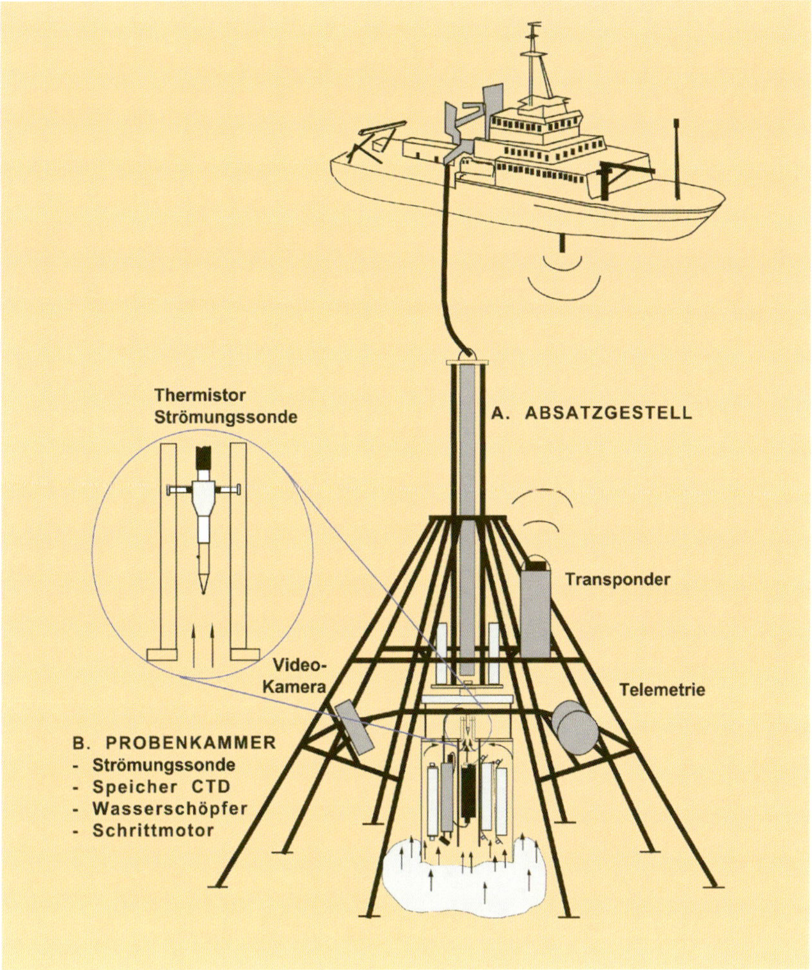

Abb. 8: Schema eines Fluidprobennehmers für kalte Quellen (VESP = VEnt SamPler) und Einsatz vom Forschungsschiff; das Absatzgestell trägt Transponder, Telemetrie und Video-Kamera zur Führung und zum Absatz des Gerätes über kalten Quellen. Die zentrale Einheit besteht aus einer Probenkammer mit Probennehmern, Schrittmotor und eingebauter Strömungssonde im Ausstromstutzen (Ausschnitt).

erfasst werden. Gleichzeitig misst die Strömungssonde die Geschwindigkeit des aus der Kammer austretenden Wassers. Das Wasser, das aus dem Boden austritt, ist jedoch nicht alles Quellwasser. Durch das Gerät selber können sich die Strömungsverhältnisse im Boden verändern. Durch diesen Schornsteineffekt kann Wasser aus der unmittelbaren Umgebung über den Boden in die Kammer eindringen oder, wenn diese nicht gut mit dem Boden abschließt, durch einen Spalt zwischen Meeresboden und Kammer. Während der Standzeit des Gerätes am Boden entsteht daher in der Kammer eine Mischung aus austretendem Fluid und Umgebungswasser. Der gemessene Ausstrom aus der Kammer setzt sich also zusammen aus dem ›tektonischen‹ Entwässerungsfluss, der ›Pumpleistung‹ der mit der Quelle assoziierten Tiere und dem eingedrungenen Umgebungswasser. Außerdem laufen auch in der Kammer die chemischen Reaktionen wie Sauerstoffzehrung, Methan-, Sulfidoxidation und Kalkfällung weiter. Daher muss man für ein volles Verständnis der Mengen eine komplexe Reaktionsabfolge und dynamische Stoffzufuhr auseinander halten. Um dies zu erreichen sind so genannte Tiefsee-Lander entwickelt und erfolgreich eingesetzt worden (Abb. 9). Diese Geräte werden videogeführt punktgenau an Zentren von kalten Quellen abgesetzt. Sie erlauben eine Vielzahl von Messungen und Experimenten und geben so Auskunft über die komplexen Abläufe am Meeresboden.

Folgende Ergebnisse verdeutlichen exemplarisch die Vorgänge an kalten Quellen, geben einen Eindruck der Größenordnung des Ausstroms für einen Quadratmeter Meeresboden über ein Jahr und beleuchten die wichtige Rolle der Fauna bei der Stoffbilanz: Eine typische Ausstromgeschwindigkeit beträgt 10 Zentimeter pro Jahr. Je nach Größe des Porenraumes bedeutet das einen jährlichen Ausstrom von bis zu 90 Litern pro Quadratmeter. Dieser Strom transportiert circa 150 Gramm Methan aus der Tiefe, wovon rund 60 Prozent durch Mikroorganismen verbraucht werden. Der Rest entweicht in das Bo-

Abb. 9: Tiefsee-Lander als Weiterentwicklung des kabelgebundenen Vent-Samplers VESP; die Abbildung zeigt das BIGO (Bio-Geochemisches Observatorium), das auf Basis des GEOMAR Modular Landers zur Erfassung der biogeochemischen Stoffflüsse an der Grenzschicht Bodenwasser/Meeresboden entwickelt wurde. Der Lander wird mittels einer Absetzvorrichtung (Launcher) videogeführt auf einer untermeerischen Quelle positioniert und vollzieht nach Abkopplung vom drahtgebundenen Launcher eine Vielzahl von vorprogrammierten Messungen und Probennahmen. Die Nutzlast des Landers wird durch die wissenschaftliche Fragestellung bestimmt, die von der reinen Beobachtung bis hin zu der autonomen Erfassung der komplexen Steuerparameter der Fluid- und Gasfreisetzung reichen kann. Nach einem akustischen Signal werden die Gewichtsplatten abgeworfen und der Lander kehrt mit seinem Restauftrieb an die Meeresoberfläche zurück.

denwasser. Durch den mikrobiellen Methanverbrauch entstehen circa 200 Gramm Schwefelwasserstoff. Aus der Tiefe werden noch einmal 100 Gramm Schwefelwasserstoff herantransportiert, die ebenfalls durch anaerobe Methanoxidation entstehen. Zusammen wird diese Menge durch andere Mikroorganismen, die mattenartig an der Sedimentoberfläche angeordnet sind oder als Symbionten in den Muscheln und Bartwürmern leben, vollständig zu Sulfat oxidiert. Die Oxidation erfolgt durch Sauerstoff und Nitrat aus dem Bodenwasser. Im hier beschriebenen Falle beträgt der Verbrauch 250 Gramm Sauerstoff und 430 Gramm Nitrat, jeweils – wie alle Zahlenangaben – auf einen Quadratmeter Meeresboden bezogen und über ein Jahr verteilt. Diese Ergebnisse stammen von einer einzigen kalten Quelle an der mittelamerikanischen Subduktionszone vor Costa Rica.

Unerwartetes Ergebnis dieser Untersuchung ist außerdem, dass bei einer derartig intensiven Besiedlung der kalten Quellen durch Mikroorganismen die anaerobe Methanoxidation (AOM) effizienter ist als die Methanoxidation durch Sauerstoff. Hierin unterscheiden sich die kalten Quellen deutlich vom Rest der Tiefsee; sie bilden ein ganz eigenes Ökosystem. Bevor wir eine Hochrechnung mit globalem Maßstab machen können, brauchen wir eine Vielzahl solcher Lander-Messungen. Zum gegenwärtigen Zeitpunkt sind die hier skizzierten Ergebnisse des Lander-Einsatzes exemplarisch für die Herangehensweise zur Abschätzung des Stoffeintrages aus dem ›Ozean unter dem Meeresboden‹.

Verbreitung von kalten Quellen in Raum und Zeit

Kalte Quellen mit ihren an diesen extremen Lebensraum angepassten Organismen aufzufinden und sie zu beschreiben stand in den vergangenen Jahren im Mittelpunkt der Forschung. In Zukunft sollte das besondere Augenmerk auf deren Veränderung mit der Zeit liegen. Eine fast unüberschaubare Anzahl von Fluidaustrittsstellen ist inzwischen dokumentiert; weitere werden folgen. Es gilt aber nicht nur zu klären, wo sie sind, sondern auch darum, wie sie sich mit der Zeit verändern, z. B. welche Ausstromraten auf unterschiedlichen Zeitskalen zu erwarten sind. Neueste Ergebnisse zeigen, dass auf Eiszeit-Warmzeit-Skalen, also mit Zyklen von 10.000 bis mehreren 100.000 Jahren, die Schwankungen des Meeresspiegels die Größenordnung der Ausstromraten entscheidend beeinflussen. Präzise Altersbestimmungen an den Karbonaten kalter Quellen fallen fast ausnahmslos in Zeitabschnitte niedriger Meeresspiegelstände. Einleuchtend scheint deshalb die Erklärung des Befundes, dass niedriger Druck am Meeresboden die Quellen stärker sprudeln lässt als hohe Meeresspiegelstände, die einen höheren Druck auf den Meeresboden ausüben. Auf einer anderen Zeitskala, nämlich der der täglichen Gezeitenstände, hatten dieses Phänomen ja schon die Schiffbrüchigen der ›Essex‹ von 1819 entdeckt.

Untersuchungen zu zeitlichen Schwankungen an kalten Quellen sind eine große technische Herausforderung. Gewöhnlich beschränken sich Messungen auf Stunden, wie die ersten Ergebnisse an den kalten Quellen vor Costa Rica. Damit sind aber Gezeitenzyklen nicht zu erfassen. Daneben existieren nicht-zyklische Schwankungen bei der Entwässerung. Sie werden durch seismische Aktivitäten und veränderte hydrogeologische Wegsamkeiten verursacht und sind auf mehrjährigen Zeitskalen zu erwarten. Ein erster Schritt, um solche Fluktuationen zu erfassen, ist der Einsatz von Langzeitobservatorien, die video-geführt am Meeresboden positioniert werden, wie hier beschrieben, allerdings auf längere Dauer (Abb. 9). Diese Observatorien führen dort dann über Wochen, Monate oder Jahre bestimmte vorprogrammierte Messungen oder Experimente durch und kehren nach einem akustischen Signal wieder an die Meeresoberfläche zurück. Ein weiterer Schritt ist es, derartige Observatorien und Sensoren in glasfaseroptische Netzwerke einzubinden, die am Meeresboden ausgebracht werden und von dort über Jahre hinweg Online-Daten und -Bilder zu den angeschlossenen Landstationen senden. Im internationalen Rahmen existieren bereits eine Reihe von Meeresbodenobservatorien oder sind in Planung. Observatorien befinden sich oft an den tektonisch aktiven Spreizungszonen, wie z. B. am Juan de Fuca-Rücken im Nordostpazifik. Geplant ist dort der Aufbau eines Glasfasernetzes, das durch Einbindung von Observatorien an der Cascadia Subduktionszone und der Juan de Fuca-Platte eine vollständige tektonische Einheit umfassen soll. Auch die Vorphase eines europäischen Netzwerks solcher Beobachtungen (European Sea Observation Net) ist abgeschlossen und soll baldmöglichst implementiert werden. Es ist zu erwarten, dass ein solches Netzwerk erstmalig die Ursachen und langfristigen Steuermechanismen der kalten Quellen in fundamentaler Weise aufklärt.

Literaturhinweise

Boetius, A., F. Wenzhöfer (2013): Seafloor oxygen consumption fuelled by methane from cold seeps. Nature Geoscience 6: 725–734. doi:10.1038/NGEO1926

Linke, P., B. Grundmann, S. Zierul, B. Friedländer (Hrsgb.) (2012): Am Puls der Erde: Naturkatastrophen verstehen. Wacholtz Verlag

Suess, E. (2014): Marine cold seeps and their manifestations: geological control, biogeochemical criteria and environmental conditions. International Journal of Earth Sciences (Geol Rundsch), 103, 1889-1916, doi:10.1007/s00531-014-1010-0

Zapata-Hernandez, G., X. Sellanes, A. R. Thurber, L. A. Levin, F. Chazalon, P. Linke (2013): New insights on the trophic ecology of bathyal communities from the methane seep area of Concepcion, Chile (~36° S). Marine Ecology 35: 1–21. doi:10.1111/maec.12-51

Erwin Suess, Professor Emeritus an der Christian-Albrechts-Universität, Kiel. Ehemals Meeresgeologe am Leibniz-Institut für Meereswissenschaften, IFM-GEOMAR, Kiel; von 1995 bis 1999 Direktor. Geschäftsführender Direktor des Konsortium Deutsche Meeresforschung 2004 bis 2006. Seit 2008 am College of Earth, Ocean and Atmospheric Sciences, Oregon State University.

Anschrift: Prof. Dr. Erwin Suess, M.Sc., Ph.D.
GEOMAR Helmholtz-Zentrum
für Ozeanforschung Kiel
Wischhofstr. 1-3, 24148 Kiel

E-Mail: esuess@geomar.de

Peter Linke arbeitet seit 1993 als Biologe am GEOMAR und beschäftigt sich schwerpunktmäßig mit biogeochemischen Prozessen an tektonisch aktiven Kontinentalrändern und gashydrathaltigen Sedimenten.

Anschrift: Dr. Peter Linke
GEOMAR Helmholtz-Zentrum
für Ozeanforschung Kiel
Wischhofstr. 1-3
24148 Kiel

E-Mail: plinke@geomar.de

Kalte Quellen im Golf von Mexiko

Besondere Fluid- und Gasaustritte einer Kohlenwasserstoffprovinz

von Gerhard Bohrmann und Heiko Sahling, Bremen

Abb. 1: Bartwürmer an Kalten Quellen

Zusätzlich zu dem Wasser der Ozeane existieren große Wassermengen in den darunterliegenden Sedimenten und Krustengesteinen (s. Artikel von E. Suess & P. Linke). Aufgrund unterschiedlicher geologischer Prozesse können die Fluide an Kalten Quellen, häufig als Cold Seeps oder Cold Vents bezeichnet, am Meeresboden austreten. Diese sind im Unterschied zu den Heißen Quellen der Hydrothermalsysteme durch deutlich geringe Temperaturen gekennzeichnet. Während an Hydrothermalquellen der Mittelozeanischen Rücken Temperaturen von 100 bis 400 Grad Celsius auftreten, sind Fluide der Kalten Quellen nur durch geringe Temperaturerhöhungen von wenigen Grad über den Bodenwassertemperaturen charakterisiert. Auch sind die Austrittsgeschwindigkeiten an Cold Seeps deutlich geringer als an Hydrothermalquellen. Trotzdem sind die Kalten Quellen für den Stoffhaushalt des Ozeans von globaler Bedeutung. Weiterhin sind die aktiven Fluidaustrittsstellen der Kalten Quellen in Wassertiefen von mehr als 300 bis 400 Metern durch speziell angepasste Ökosysteme gekennzeichnet, die chemische Verbindungen mit Hilfe der Chemosynthese zum Leben nutzen. Die chemische Energie wird entweder direkt aus den Kohlenwasserstoffen, wie z.B. Methan, von in Symbiose lebenden Bakterien gewonnen oder indirekt über die anaerobe Methanoxidation in Form von Dihydrogensulfid.

Abb. 2: Öltropfen am Meeresboden

Der nördliche Golf von Mexiko

Der Golf von Mexiko ist nach den ersten Entdeckungen der Cold Seeps in den frühen 80er Jahren des letzten Jahrhunderts zu einem der wichtigsten Untersuchungsgebiete aktiver Fluidaustrittstellen geworden. Er ist Teil eines Mittelmeeres, welches sich als Becken seit dem Mesozoikum entwickelt hat, in dem mehr als 10 Kilometer mächtige Sedimente unterschiedlicher Faziesräume abgelagert wurden. Mächtige jurassische Salzaberlagerungen entlang des nördlichen Kontinentalrands und im Süden in der Campeche Bucht spielen aufgrund ihrer Halokinese und den damit verbundenen Kohlenwasserstofffallen eine wichtige Bedeutung für die Erdöl- und Erdgasgewinnung. Solche Salzstrukturen sind aus Texas und Louisiana an Land bekannt und reichen über den Schelf und einen sehr breiten und extrem flach einfallenden Kontinentalhang bis an den Kontinentalfuß, wo die Salzablagerungen des nördlichen Golf von Mexiko in einer Salzkissenfront enden. An den Flanken der Salzdiapire und Salzwälle, sowie im Dachbereich treten Kohlenwasserstoffe in Form von Fluiden und Gasen entlang von Störungssystemen zum Meeresboden aus, wo sie aktive Seep-Gebiete nähren. Das am längsten bekannte Seep im Golf von Mexiko ist Bush Hill im Pachtblock Green Canyon 185 welches u. a. durch seine gewaltigen Büschel von Bartwürmern (Vestimentifera) charakterisiert ist. Die Bartwürmer (Abb. 1) sind neben den Muscheln die bedeutendsten Organismengruppen, welche mit chemoautotrophen Bakterien in Symbiose leben. Die Mikroorganismen nutzen das an den Cold Seeps auftretende Dihydrogensulfid zur Energiegewinnung und zum Wachstum, sie sind chemoautotroph. Die Bartwürmer versorgen die in ihrem umgestalteten Darm lebenden Bakterien mit allen aus der Umgebung benötigten anorganischen Verbindungen und versorgen die Bakterien damit in idealer Weise. Im Austausch dafür bekommen die Bartwürmer organisches Material von den Bakterien, welches ihre einzige Nahrungsquelle darstellt.

Im nördlichen Golf sind heute etwa 50 Seeps aus Beobachtungen mit Tauch-Booten und -Robotern bekannt, wobei die Zahl der tatsächlich vorkommenden Seeps mindestens 10 mal so hoch liegt, wenn man die aus Satel-

Abb. 3: Weißes Gashydrathandstück

Abb. 4: Eiswürmer im Gashydrat

litenbeobachtungen bekannten Ölteppiche zugrunde legt, die sich permanent auf der Wasseroberfläche nachweisen lassen. Solche natürlichen Ölteppiche entstehen aus Öltropfen, die sich vom Meeresboden lösen (Abb. 2), durch das Wasser aufsteigen und auf der Meeresoberfläche durch eine hauchdünne Lage die Wasseroberfläche glätten, so dass ihr Auftreten und ihre Verdriftung auf RADARSAT-Bildern auskartiert werden kann.

Neben den Seep-spezifischen Organismen treten auch Mineralausfällungen auf, die unterschiedliche Formen von authigenen Festgesteinen bilden. Dies sind Karbonatformationen aus Aragonit und Magnesium-Calcit sowie Baryt (Bariumsulfat). Diese treten in Form von Kaminen, Krusten und unregelmäßigen Präzipitaten auf. Der Austritt von freiem Gas an den Kalten Quellen im Golf von Mexiko sorgt auch dafür, dass massive Gashydrate, feste Verbindungen aus Gas und Wasser, am Meeresboden gebildet werden. Während reines Gashydrat weiß ist (Abb. 3), färben Öle und Bitumen, die in den Poren der Gashydrate vorkommen, die Gashydrate gelb (Abb. 4). Ein exotischer Vertreter der spezifisch angepassten Lebensform der Kalten Quellen ist der Eiswurm *Hesiocaeca methanicola*, der bisher nur in Nischen von Gashydratoberflächen aus dem Golf von Mexiko bekannt ist (Abb. 4 und 5) und bis heute in keiner anderen Region nachgewiesen werden konnte. Warum der Eiswurm dort lebt und welche spezielle Anpassung an Gashydrate er hat, ist bisher nicht geklärt.

Abb. 5: Eiswurm *Hesiocaeca methanicola*

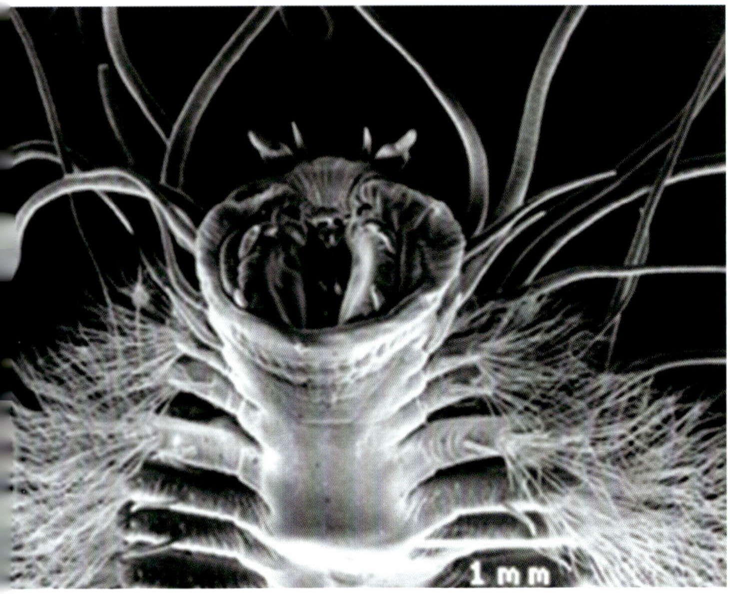

Asphaltquellen des südlichen Golf von Mexiko

Eine besondere Form von Kalten Quellen wurde kürzlich im Zusammenhang mit großflächigen Austritten von Asphalt am Meeresboden entdeckt. Wie der nördliche Golf ist die Bucht von Campeche westlich der Halbinsel Yukatan durch Salztektonik im Untergrund bestimmt, welche mit Kohlenwasserstoffreservoiren assoziiert ist. Ein zusammenhängendes Salzgebiet reicht von Land aus zungenförmig nach Norden über den Kontinentalhang bis in das Zentrum der Tiefsee-Ebene im Golf von Mexiko und umschließt die sogenannten Sigsbee-Knolls. Während einer Expedition mit dem Forschungsschiff Sonne wurde im unteren Hangbereich ein fast 7.000 Quadratkilometer großes Gebiet mit dem Fächerecholot detailliert kartiert (Abb. 6). Diese neue Meeresbodentopographie zeigt, dass die Campeche Knolls längliche topographische Hügel über Salzstrukturen von fünf bis zehn Kilometer Länge und 450 bis 800 Meter Höhe darstellen. An neun von 22 Knolls wurden deutliche Krater und Abbruchkanten mit Störungszonen und Rutschungen kartiert. Videobeobachtungen an einem Tiefseehügel erbrachten ausgedehnte Oberflächenbedeckung mit erstarrtem Asphalt, welcher sich vom südlichen Rand des Kraters ausgebreitet hat. Die Asphaltlagen sind unterschiedlich in der Oberflächenrauhigkeit, wobei oft mehrfache Asphaltlagen mit verschiedener Oberflächengestaltung wie unterschiedlich alte Lavaflüsse übereinander gestapelt sind (Abb. 7). Einzelne Flüsse mit radialen Bruchstrukturen wurden beobachtet. Insgesamt wurden Asphaltflüsse über eine Fläche von mehr als einem Quadratkilometer beobachtet.

Aufgrund der großen Verbreitung von Asphalt wurde der Hügel mit dem Namen ›Chapopote‹ benannt, welches in der Aztekensprache das Wort für Asphalt ist. Die Assoziation des Asphalts mit den Krater- und Rutschungsstrukturen und die morphologische Ähnlichkeit der Asphaltlagen mit magmatischen Lavaflüssen haben dazu geführt, dass der Begriff Asphaltvulkanismus eingeführt wurde, ohne dass der Prozess des Asphaltaustrittes bisher verstanden ist.

Während man zunächst aufgrund der Ähnlichkeit zu magmatischen Lavaflüssen von erhöhten Temperaturen ausging, bei denen Asphalt ausfließen sollte, haben neuere Untersuchungen mit einem Tiefseeroboter gezeigt, dass an einigen Stellen heute noch ein dickflüssiges Öl austritt und im Meerwasser sogleich chemisch und biologisch alteriert wird. Durch diese Verwitterungsprozesse wird das zähfließende Öl in festen Asphalt überführt und damit zu einem spröden Hartsubstrat am Meeresboden. Diese Vorstellung passt auch sehr gut zu den seismischen Befunden, die ein Ölreservoir in nur 100 bis 200 Metern Tiefe unterhalb des Meeresbodens auf Chapopote vermuten lassen, aus dem das Öl entlang von Störungen, welche die Dachversiegelung durchbrechen, aufsteigt und am Meeresboden ausfließt. Ein solches Öl hat eine geringe Temperatur, die der des Meerwasser/Sediment-Grenzbereichs, also etwa drei Grad Celsius, entspricht. Öl, das aus größerer Tiefe aufsteigen würde, hätte eine erheblich höhere Temperatur.

Aufgrund der sehr viel größeren Fließgefüge muss der Ausfluss von zähfließendem Öl zu früheren Zeiten sehr viel größer gewesen sein. Das ausgeflossene Öl, welches

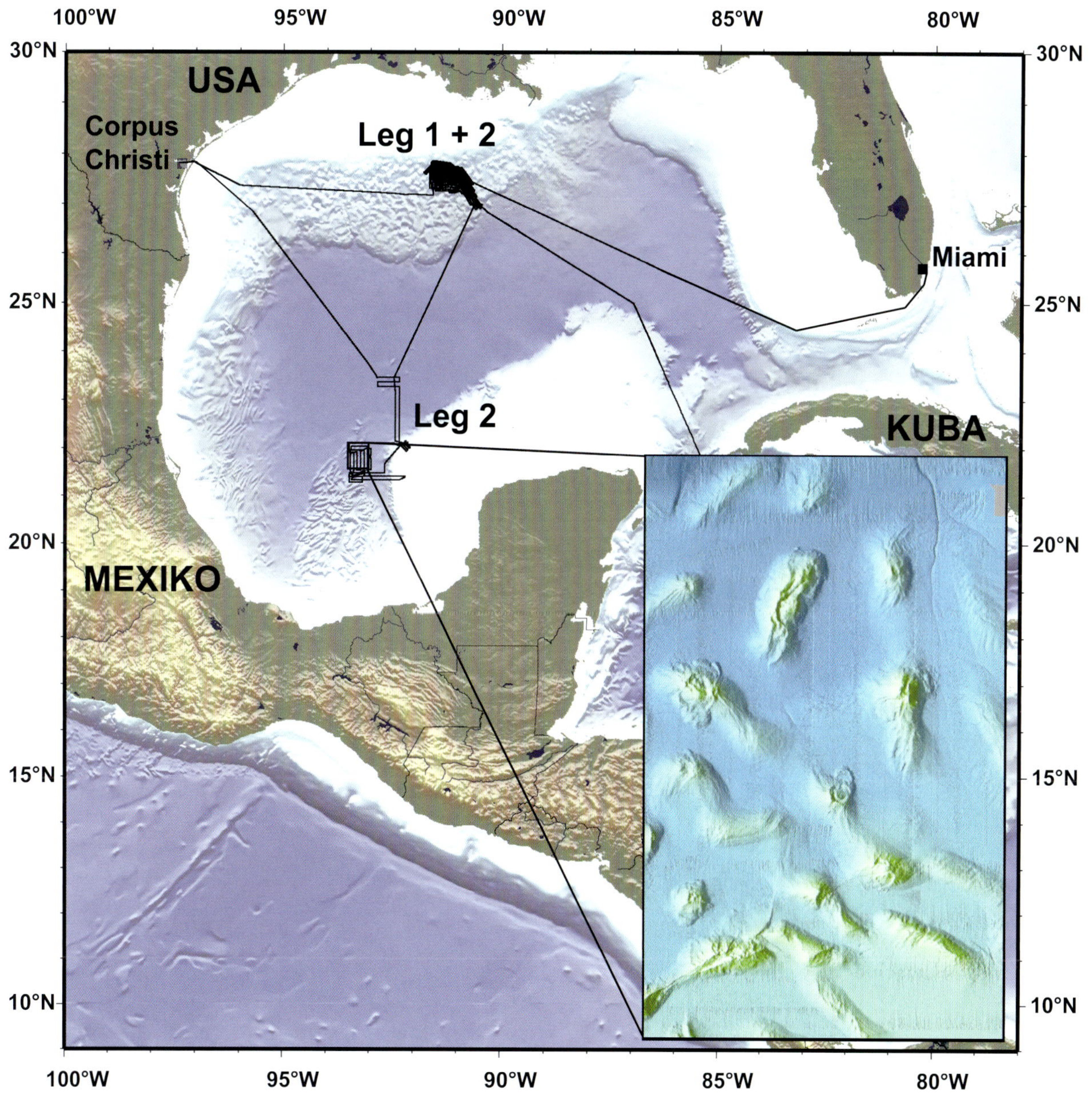

Abb. 6: Karte mit Route von FS Sonne während ihrer 174. Reise im Golf von Mexiko. Der Ausschnitt zeigt die Meeresbodentopographie im nördlichen Teil der Campeche Bucht.

Abb. 7: Asphaltlagen am Meeresboden

eine größere Dichte als das Meerwasser hatte, ist am Meeresboden dem lokalen Gefälle gefolgt und hat dabei auch Sedimentpartikel aufgenommen, welche die Gesamtdichte des fließenden Materials wiederum erhöht haben. In chemischer und mikrobiologischer Wechselwirkung mit dem Meerwasser, bei der sicherlich fluide Phasen und darin enthaltene gelöste Gase verloren gingen, wurde der Asphalt immer zähflüssiger, so dass der Asphaltfluss letztendlich zum Stillstand kam.

Die Videountersuchungen der Asphaltflüsse zeigten, dass diese vielfach von Bartwürmern besiedelt sind, die in Rissen und unter den Asphaltlagen wurzeln bzw. sogar teilweise von Asphalt umflossen wurden. Chemosynthetische Muscheln der Familien Vesicomydae, Solemyidae, Mytilidae sind, wie auch heterotrophe Fauna z. B. galatheide Krebse und Holothurien, weit verbreitet zwischen den Asphalt-Ablagerungen (Abb. 8). Proben mit einem Greifer zeigen, dass ölhaltige Sedimente und Gashydrate mit den Seeps assoziiert sind, denen möglicherweise bei dem Prozess des Asphaltvulkanismus eine wichtige Bedeutung zukommt. Die detaillierten Zusammenhänge des Asphaltvulkanismus, der aufgrund vieler Indizien wohl im südlichen Golf eine größere Verbreitung hat, und die Besiedlung durch chemosynthetische Organismen ist allerdings noch nicht geklärt und Gegenstand aktueller Forschung.

Abb. 8: Besiedlung von alteriertem Asphalt

Literaturhinweise

Brüning, M. et al. (2010): Origin, distribution, and alteration of asphalts at the Chapopote Knoll, Southern Gulf of Mexico. Marine and Petroleum Geology, 27, 1093-1106

Ding, F. et al. (2008): A conceptual model for hydrocarbon accumulation and seepage processes around Chapopote asphalt volcanism site, southern Gulf of Mexico: from a high resolution seismic point of view. J. Geophys. Res., 113, B08404, doi:10.1029/2007JB005484

Ding, F. et al. (2010): Shallow sediment deformation styles in north-west Campeche Knolls, Gulf of Mexico and their controls on the occurrence of hydrocarbon seepage. Marine and Petroleum Geology, 27, 959-972

MacDonald, I. R. et al. (2004): Asphalt volcanism and chemosynthetic life in the Campeche Knolls, Gulf of Mexico. Science, 304, 999-1002.

MacDonald, I. R. & C. Fisher (1996): ›Life Without Light.‹ National Geographic Magazine, 190(4), 8697

Internetseiten

http://www.gomr.mms.gov/homepg/regulate/environ/chemo/chemo.html

Gerhard Bohrmann ist seit 2002 Hochschullehrer für Marine Geologie am MARUM, wo er eine Arbeitsgruppe ›Ventgeologie‹ aufgebaut hat. Forschungsschwerpunkte sind Geologie submariner Fluidaustritte, Mineralpräzipitation und Zementation im Zuge biogeochemischer Prozesse von aktiven Cold Vents, Diagenese und Entwässerungsprozesse von Sedimenten der Kontinentalränder.

Anschrift: Prof. Dr. Gerhard Bohrmann
MARUM – Zentrum für Marine Umweltwissenschaften, Universität Bremen
Klagenfurter Straße, 28359 Bremen

E-Mail: gbohrmann@marum.de

Heiko Sahling beschäftigt sich im Rahmen seiner Tätigkeit als wissenschaftlicher Mitarbeiter mit der Kartierung von Cold Vents. Mit Hilfe von verschiedenen Unterwassersonaren und mit Videokameras ausgestatteten Geräten interessiert ihn vor allem wo und wie häufig submarine Fluidaustritte am Meeresboden vorkommen.

Anschrift: Dr. Heiko Sahling
MARUM – Zentrum für Marine Umweltwissenschaften, Universität Bremen
Klagenfurter Straße
28359 Bremen

E-Mail: hsahling@marum.de

Abb. 1: Hsin-yang-nyu-hu Schlammvulkan im Akkretionskeil von Taiwan mit Brand einer natürlichen Methanaustrittsstelle in einem Schlammpool

Schlammvulkane ähneln den bekannten magmatischen Vulkanen zwar, doch entstehen sie grundsätzlich anders. Während die bekannten magmatischen Vulkane wie Ätna, Pinatubo oder Mount St. Helens durch aufsteigenden glutflüssigen Gesteinsbrei und seine Wechselwirkung mit der kalten Erdkruste entstanden sind, tritt bei Schlammvulkanen stark wasserhaltiger Schlamm aus. Zusammen mit dem Schlamm fördern sie fast immer leicht brennbares Methangas (Abb. 1), das sich häufig selbst entzündet. Da sie große Mengen dieses Treibhausgases fördern, sind Schlammvulkane möglicherweise für unser Klima von Bedeutung. Ursprünglich waren Schlammvulkane nur an Land bekannt. Doch schon 1863 beobachtete der deutsche Erdwissenschaftler Hermann von Abich (1806 bis 1886) den Ausbruch eines Schlammvulkans im Kaspischen Meer, bei dem eine neue Insel entstand.

Schlammaufstieg, Schlote und Vulkankegel

Wie der Kegel eines Schlammvulkans aussieht, hängt vom Durchmesser des Förderschlotes und der austretenden Menge an Schlamm ab. Alles ist möglich: von mannshohen Einzelkegeln zu Vulkanen mit bis zu einem halben Kilometer Höhe und fünf bis acht Kilometern Durchmesser. Tritt der Schlamm langsam aus, entstehen domartige Strukturen (Abb. 2), tritt hingegen relativ flüssiger Schlamm schnell aus, bilden sich nur flache Kegel oder Fladen. Heftiger, gasgeladener Schlammaustritt führt zu kraterähnlichen Senken, in deren Zentrum häufig ein Kratersee aus dünnflüssigem Schlamm liegt.

Prinzipiell fördern Schlammvulkane eine Mischung aus Ton, Wasser und Gas. Aufgrund seiner geringen Dichte ist dieses Gemisch in tieferen Erdschichten nicht stabil. Das über ihm lagernde Sediment übt so großen Druck aus, dass es an Schwächezonen, wie z. B. Störungen, nach oben steigt. Dabei kann der Schlamm aus dem Muttergestein heraus direkt in einem einzelnen, recht schmalen Schlot nach oben durchbrechen und eine sogenannte Diatremstruktur bilden (Abb. 3, rechts). Meist dringt aber ein pilzartiger Schlammkörper auf größerer Breite nach oben und bildet – ähnlich den natürlichen Salzstöcken – so genannte Schlammdiapire (Abb. 3, Mitte). Nimmt das Gemisch weiteres Wasser auf, entsteht durch nach oben zunehmende Entmischung von freiem Gas vor allem im Dachbereich des Diapirs Überdruck. Dadurch schießt der Schlamm entlang tektonischer Störungen in einzelnen Schüben bis zur Landoberfläche und bildet Schlammvulkankegel.

Neben dem Schlamm werden auch Gesteinsbrocken von wenigen Millimetern bis mehreren Metern Durchmesser aus der Tiefe mitgerissen, die zusammen mit dem ausfließenden Schlamm eine typische Schlammbrekzie bilden. Anhand dieser so genannten Lithoklasten können Wissenschaftler herausfinden, aus welcher Tiefe der Schlamm stammt. Tiefen von drei bis zehn Kilometern, im Kaspischen Meer sogar bis zu fünfzehn Kilometern, sind keine Seltenheit.

Schlammvulkane treten weltweit auf, sind aber in Gebieten, in denen Erdplatten zusammenstoßen, z. B. Subduktionszonen, besonders häufig. Die kollidierenden Platten quetschen meist mächtige Sedimente zusammen, zerscheren sie in Pakete und stapeln sie übereinander. Das Wasser in den Poren der Sedimente wird dabei herausgedrückt. Dadurch beginnt dies als Fluid bezeichnete Gemisch aus Wasser, Salzen und Gasen im Sediment zu zirkulieren. Verfrachtet der Prozess der Plattenbewegung die Sedimente in größere Tiefen der Erde, so steigen Druck und Temperatur stark an. Unter diesen Bedingungen wandeln sich Minerale um. Bei manchen dieser Reaktionen wird Wasser freigesetzt, das in den Ausgangs-Mineralen gebunden war. So wird aus den Zwischenschichten des Tonminerals Smektit Wasser freigesetzt. Wird Smektit noch weiter umgewandelt zu Illit, der stabiler ist, werden weitere Wassermoleküle abgespalten. Auch der in marinen Sedimenten häufige biogene Opal gibt Wasser frei. Dies aus den Skeletten von marinen Einzellern wie Diatomeen- und Radiolarien aufgebaute Mineral enthält in frischem Zustand bis zu zwölf Prozent Wasser in seinem Kristallgitter. Das bei diesen Prozessen freigesetzte Wasser trägt dazu bei, wässrigen Tonschlamm in Bewegung zu setzen. Durch weiteren Druckanstieg und Gasbildung kommt es dann zu Schlammdiapirismus und Schlammvulkanismus.

Von Norditalien über den Mittelmeerraum, das Schwarze Meer, die Kaukasusregion, das Kaspische Meer und den Makranbereich bis nach Indonesien zieht sich ein Gürtel, in dem verschiedene Kollisionszonen – gepaart mit Schlammvulkanismus – eine haufige Erscheinung sind. Alle Zutaten sind vorhanden:

(1) Mächtige Ablagerungen,
(2) große Mengen Methan, die sich aus dem organischen Material in den Ablagerungen bilden, und
(3) tektonischer Druck, den die kollidierenden Platten ausüben.

Abb. 2: Aktiver Schlammaustritt im Dashgil Schlammvulkan, Aserbaidschan

Diese Faktoren führen dazu, dass entlang der Kollisionszonen wasserbeladene Sedimente ausgequetscht werden und Schlammvulkane entstehen.

Wie bei magmatischem Vulkanismus unterscheidet man auch bei Schlammvulkanismus zwischen Zeiten geringer Aktivität und den eigentlichen Eruptionen. In der Ruhephase treten meist nur geringe Schlammmengen aus, die oft an zahlreichen Stellen der größeren Schlammvulkanstruktur in einzelnen kleinen Kratern langsam heraussickern. Meist besteht das austretende Material vorwiegend aus Wasser, in dem die Tonkomponenten gelöst sind. Ein solches Fluid bildet nur niedrige Kraterwände (Abb. 4). Da das über den Kraterrand fließende Material schnell trocknet, kommt es zu Trockenrissen und Salze blühen aus (Abb. 4). Oft steigen im Zentrum eines solchen Parasitärtrichters langsam, aber sehr regelmäßig Blasen von Methan und anderen Gasen auf (Abb. 5).

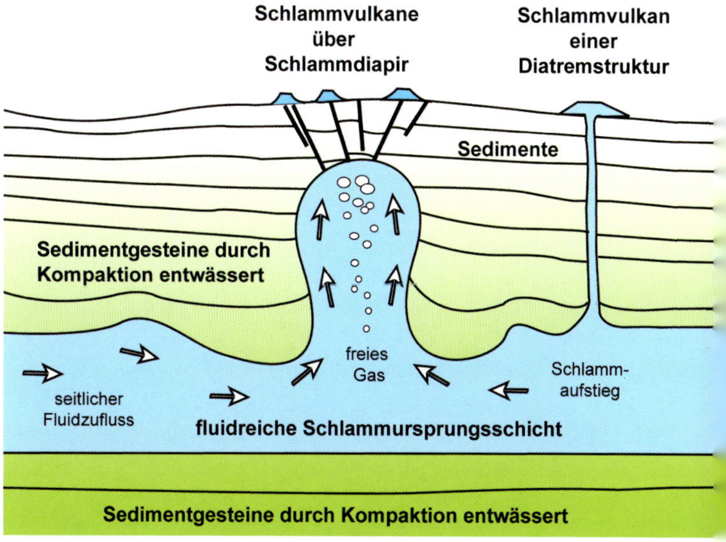

Abb. 3: Schemazeichnung von verschiedenartigem Schlammaufstieg aus einer Ursprungsschicht im tiefen Untergrund

Abb. 4: Fluidaustrittstellen im Bulganack Schlammvulkanfeld (Kertsch-Halbinsel, Ukraine)

Nach Zeiten relativer Ruhe gibt es kurze Intervalle, in denen es zu heftigen Eruptionen kommt, ähnlich den Ausbrüchen magmatischer Vulkane. Dabei werden in wenigen Tagen zum Teil 100.000 bis 300.000 Kubikmeter Schlamm ausgeworfen. Aus Aserbaidschan sind mehrere historische Eruptionsereignisse gut überliefert. Kein Wunder, denn das Gebiet am Kaspischen Meer südwestlich des Kaukasus beherbergt die größte Ansammlung von Schlammvulkanen der Welt. Laut den Statistiken der Akademie der Wissenschaften in Aserbaidschan bricht jeder Schlammvulkan durchschnittlich einmal alle 50 Jahre aus. Es gibt aber viele Ausnahmen, wie z. B. der Lokbatan

Abb. 5: Blasenaustritt von natürlichem Methan aus einem Schlammkegel des Wu-shan-ding Schlammvulkans in Taiwan

am Kaspischen Meer etwa 15 Kilometer südlich von Baku. Seit Anfang 1800 ist er gleich 22 mal ausgebrochen, das heißt etwa alle zehn Jahre. Damit ist der Lokbatan der aktivste bekannte Schlammvulkan. Er durchbricht den Kamm einer länglichen Faltenstruktur. Auf ihr sind auf einer Länge von elf Kilometern mehrere Schlammvulkane aufgereiht. Die jüngste Eruption des Lokbatan ereignete sich am 24. Oktober 2001 und dauerte etwa eine halbe Stunde. Ähnlich wie bei einem magmatischen Vulkan bebte während des Ausbruchs die Erde spürbar. Anders als bei normalen Erdbeben zeichneten die Seismographen aber relativ konstante Amplituden und Frequenzen auf, Kennzeichen des so genannten seismischen Tremors. Diese seismische Aktivität führte zu Brüchen und Rissen in der Erde, deren Hälften sich zum Teil um mehr als 20 Meter gegeneinander verschoben haben. Parallel zu diesen heftigen Bodenveränderungen spie der Lokbatan Schlammbrekzien. Augenzeugen beschrieben eine mehrere hundert Meter hohe Flamme, die für kurze Zeit über dem Vulkan stand. Vermutlich hatte sich ausströmendes Methan selbst entzündet. Kleinere Feuer sind noch fast ein Jahr nach der Eruption beobachtet worden. Temperaturen von bis zu 1.200 Grad Celsius verschmelzen den weichen Schlamm in der unmittelbaren Nähe solcher Brandstellen zu einem blasenreichen, glasartigen Festgestein, welches wiederum Ähnlichkeiten zu magmatischen Vulkangesteinen aufweist. Abbildung 6 zeigt ein solches Gestein vom Dashgil Schlammvulkan, der in der Nähe vom Lokbatan südlich von Baku die Küste des Kaspischen Meeres überragt.

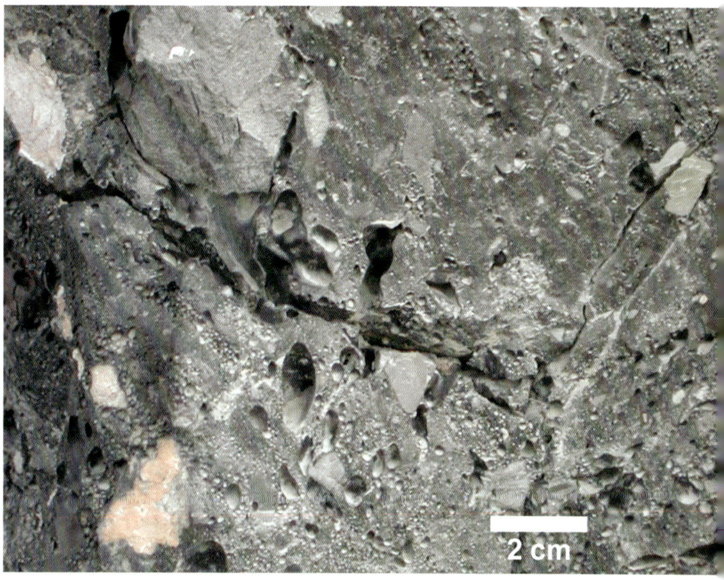

Abb. 6: Durch Methanbrand gesinterter Schlamm. Helle Komponenten sind Sedimentklasten, die während des Schlammaufstiegs aus dem Muttergestein mitgebracht oder während des Aufstiegs eingesammelt wurden.

Am Kaspischen Meer in Aserbaidschan sind die reichen Erdöl- und Erdgasvorkommen an die Aufstiegsstrukturen der Schlammvulkane gebunden. Daher sind die dortigen Schlammvulkane im Zuge der Lagerstättenuntersuchung im Vergleich zu anderen Gebieten recht gut bekannt. Die geochemische Untersuchung der austretenden Fluide in Ruhephasen zeigt dabei, dass oft sehr komplizierte Stockwerks-gebundene, unterirdische Reservoire miteinander kommunizieren, d. h., dass Gase und Flüssigkeiten aus unterschiedlichen Tiefen miteinander im Austausch stehen (Abb. 7). Anhand des hohen Gehalts an Bor kann man salzreiche Fluide erkennen, die aus großen Tiefen aufsteigen. Im höheren Aufstiegsbereich vermischen diese sich mit Sickerwasser, das durch Risse und Spalten mehrere Kilometer in die Erde eindringt. So scheint ein kompliziertes Zirkulationssystem die Reservoire miteinander zu verbinden.

Methanemissionen von globaler Bedeutung

Für den Ausbruchsmechanismus der Schlammvulkane sind die vorhandenen Gase von entscheidender Bedeutung. Es kommen vor allem Methan und höhere Kohlenwasserstoffe wie Ethan und Propan vor. Im Regelfall bildet Methan 95 Prozent und mehr der Gasphase. In Einzelfällen treten aber auch Kohlendioxid und Stickstoff als dominante Gase auf. Andere Gase sind nur in Spuren zu finden. Das Methan entsteht unter sauerstofffreien Bedingungen, wenn Mikroben das organische Material durch Fermentation bzw. Karbonatreduktion zersetzen. Diese Voraussetzungen sind in Schlammvulkangebieten

Abb. 7: Stockwerksbildung bei Schlammaufstieg im Azeri Schlammvulkan (Aserbaidschan) assoziiert mit Vorkommen von höheren Kohlenwasserstoffen

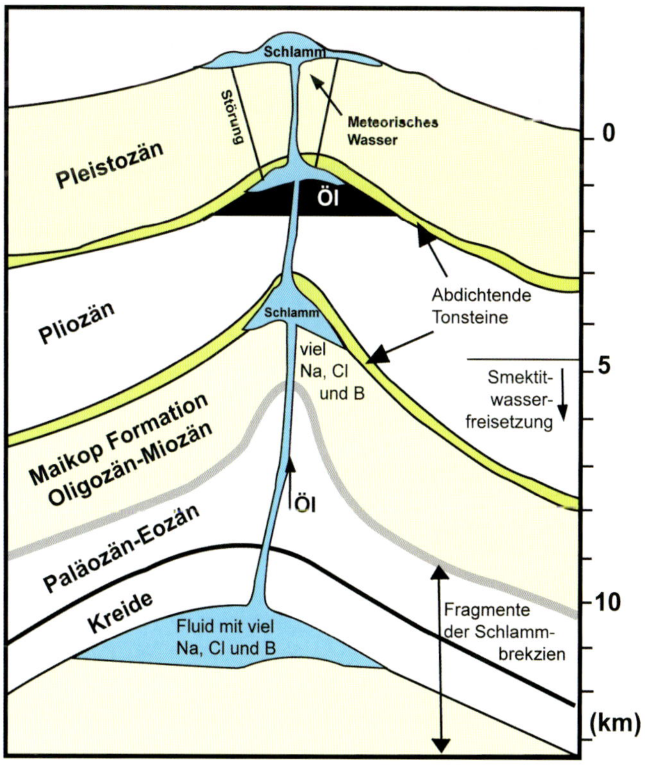

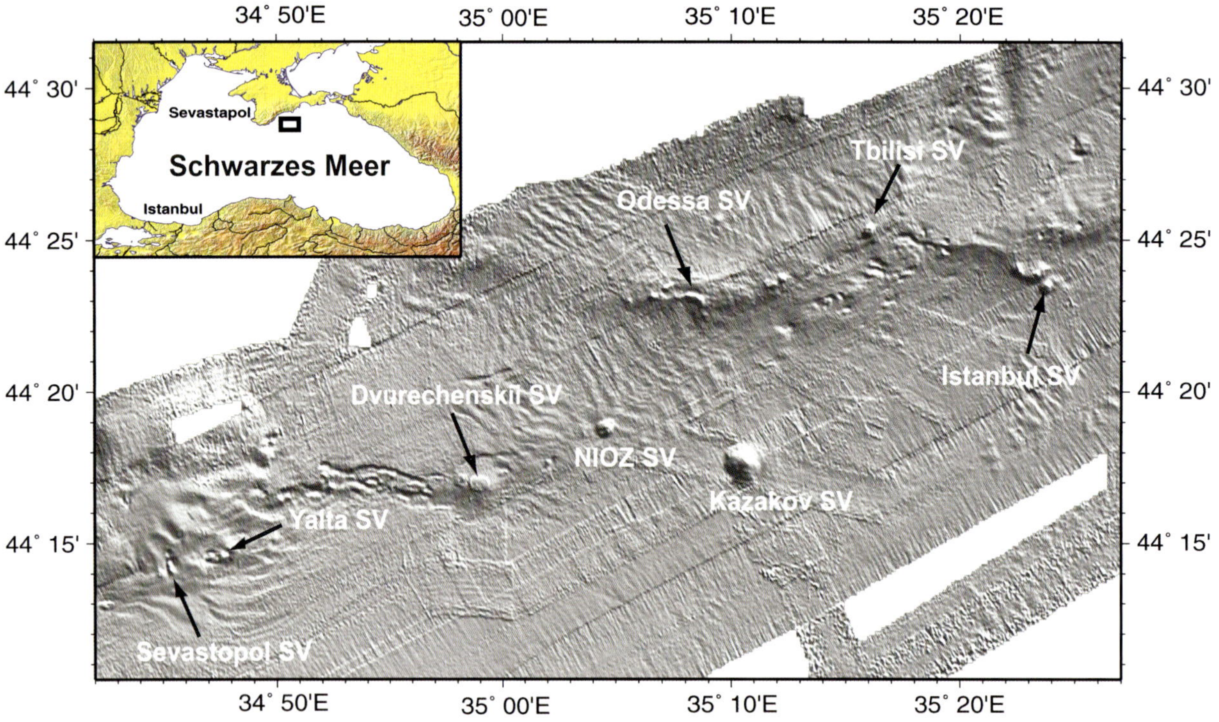

Abb. 8: Während verschiedener Schiffsexpeditionen wurde mit Fächerecholoten der Meeresboden im Schwarzen Meer südöstlich der Halbinsel Krim vermessen. Die daraus abgeleitete Karte des Meeresbodens zeigt eine große Zahl von Schlammvulkanen, die dort in unterschiedlichen Dimensionen auftreten.

gegeben: Organisches Material ist meist reichlich vorhanden, und hohe Sedimentationsraten führen bereits in geringer Sedimenttiefe zu Sauerstoffarmut im Porenraum. Dadurch kann die Methanbildung sehr rasch einsetzen. Da Schlammvulkane Gase und Fluide aus größeren Tiefen fördern, ist meist auch ein mehr oder minder großer Anteil an thermogen gebildetem Methan vorhanden, also Methan, das aus dem organischen Material allein aufgrund der hohen Temperaturen zwischen 70 bis 100 Grad Celsius in Tiefen von etwa zwei bis dreieinhalb Kilometern gebildet wird. Das aus den Schlammvulkanen austretende Methan wirkt in der Atmosphäre als Treibhausgas, wobei es fast 30-mal wirksamer ist als CO_2.

Globale Abschätzungen, wie viel Methan Schlammvulkane in die Atmosphäre einbringen, wecken daher in der letzten Zeit großes Interesse. Bisher liegen allerdings nur Daten von 160 Schlammvulkanen aus 15 verschiedenen Gebieten vor. Schlammvulkanologen haben weltweit einen mittleren Methanaustritt in der Größenordnung von 30 bis 35 Megatonnen Methan pro Jahr errechnet. Die 1.100 bekannten Schlammvulkane an Land haben allerdings mit Sicherheit den kleineren Anteil daran, da die Schlammvulkane im Ozean deutlich mehr Methan emittieren. Gerade hier liegt allerdings ein Problem, denn Schlammvulkanologen schätzen die Zahl dieser Vulkane mit 1.000 bis 100.000 sehr unterschiedlich ein, so dass die Abschätzungen bisher mit großer Unsicherheit behaftet sind.

Submarine Schlammvulkane

Ozeanische Schlammvulkane werden erst seit etwa 20 Jahren untersucht. Denn erst seit dieser Zeit können wir von Schiffen aus mit verbesserten geophysikalischen Vermessungsmethoden und technischen Möglichkeiten gezielte Untersuchungen am Meeresboden vornehmen. Bekannt sind untermeerische Schlammvulkane heute vor allem im Bereich von Subduktionszonen wie z. B. den kleinen Antillen, dem Mittelmeerrücken, dem Kontinentalrand von Mittelamerika und dem Makran-Akkretionskomplex, um nur einige zu nennen. Besonders das Fächerecholot, mit dem man die Topographie des Meeresbodens unter dem Schiffsrumpf in einem mehrere Kilometer breiten Streifen vermessen kann, hat viel dazu beigetragen, Schlammvulkane aufzufinden. Bathymetrische Karten aus so gewonnenen Daten zeigen je nach Wassertiefe auch kleinere Schlammvulkane mit etwa 30 bis 40 Metern Durchmesser und wenigen 10er Metern Höhe.

Wir haben im Bereich des Schwarzen Meeres südöstlich der Halbinsel Krim mit dieser Methode die Verteilung, Form und Größe von Schlammvulkanen recht genau erfasst (Abb. 8). Mit einer Höhe von 120 Metern über dem

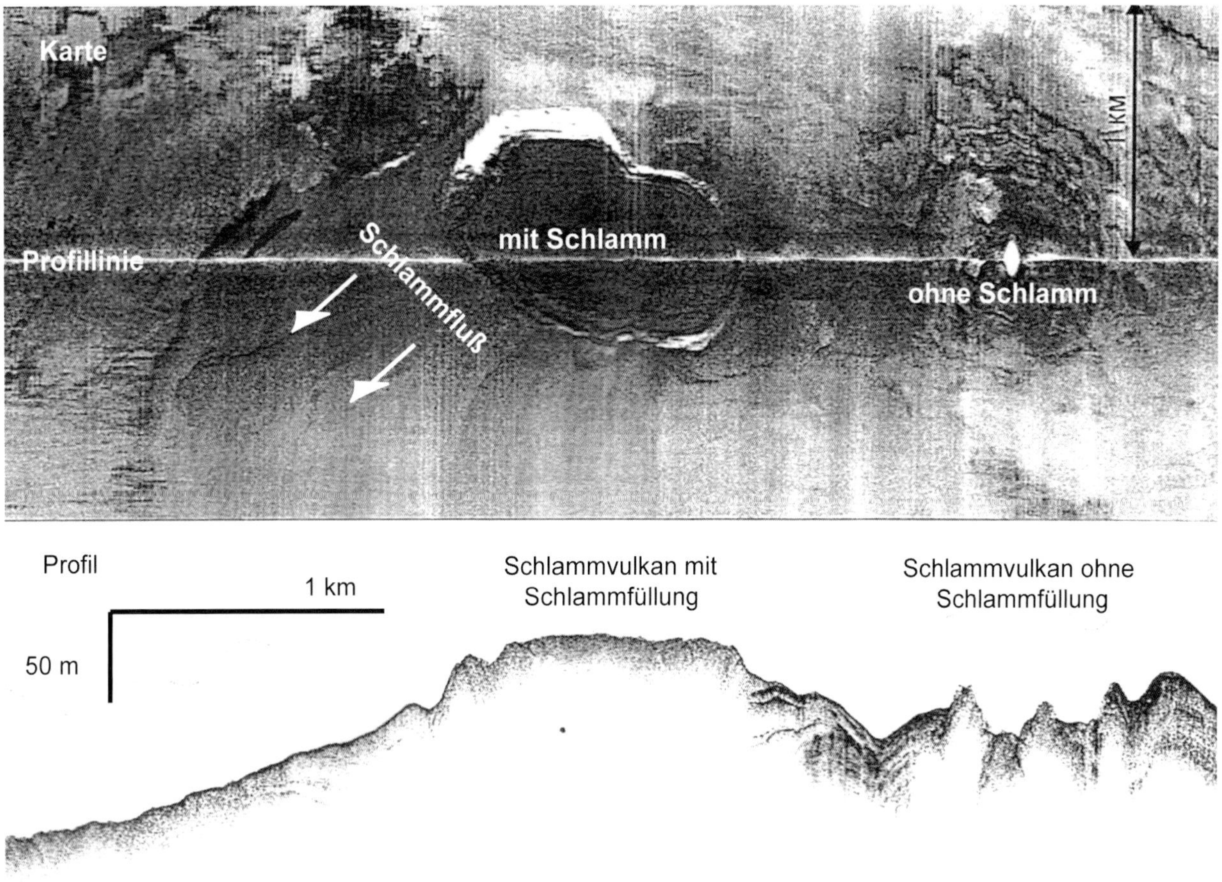

Abb. 9: Seitensichtsonar-Aufnahme (Kartendarstellung oben und Profildarstellung unten) über zwei Schlammkegel des Schwarzen Meeres in 2.000 Metern Wassertiefe (links Dvurechenskii Schlammvulkan)

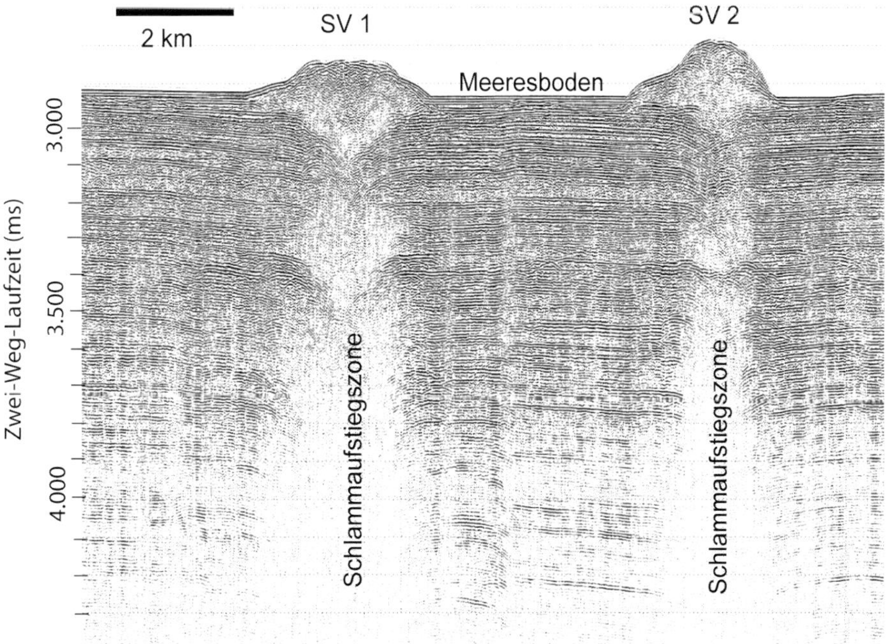

Abb. 10: Die seismische Aufzeichnung des Meeresbodens im Bereich zweier Schlammvulkane mit unterschiedlicher Meeresbodenmorphologie zeigt mehrere Kilometer tiefe Wurzeln der Aufstiegsbahnen.

Abb. 11: Bartwürmerkolonien auf dem Athina Schlammvulkan in 1.800 Metern Wassertiefe im Mittelmeer bilden chemosynthetisch lebende Organismengemeinschaften, deren Stoffwechselgrundlage das aus dem Vulkan austretende Methan ist.

Meeresgrund und einem Durchmesser von zweieinhalb Kilometern ist der Kazakov Schlammvulkan der größte in dem Gebiet (Abb. 8), neben etwa 10 mittelgroßen und etwa 20 kleineren Schlammvulkanen. Außer den morphologischen Details haben wir auch die Oberflächenbeschaffenheit einzelner Schlammvulkane mit tief geschleppten Seitensichtsonargeräten registriert (Abb. 9). Diese sind für eine geologische Beprobung wichtig. So zeigt die Seitensichtsonaraufnahme des Dvurechenskii Schlammvulkans in Abbildung 9 eine bis zum Rand mit Schlamm gefüllte Caldera. Selbst einzelne Schlammflüsse über den Rand des Vulkans sind sehr gut zu beobachten. Die Abbildung zeigt ebenfalls einen inaktiven Vulkan, der keine Schlammfüllung aufweist. Im Rahmen einer Expedition mit dem Forschungsschiff Meteor haben wir mehrere Schlammvulkane dieses Gebietes untersucht und herausgefunden, dass der Dvurechenskii Schlammvulkan der aktivste Vulkan des Gebietes ist. Videobeobachtungen des Meeresbodens in 2.000 Metern Wassertiefe zeigten einen frischen Schlammausfluss sowie kleine Eruptionskrater im Sediment und eine teilweise Besiedlung mit Bakterienmatten. In dem Schlammvulkan wurden salzreiche Wässer beprobt, die zeigen, dass der Schlamm aus einer Tiefe von mindestens fünf bis sechs Kilometern unterhalb des Meeresbodens kommt.

Der tiefere Aufbau der Schlammvulkane kann nur mit speziellen seismischen Verfahren der Geophysik abgebildet werden und ist zur Abschätzung der Geometrien, wie Durchmesser und Form des Förderkanals, von großer Bedeutung (Abb. 10). Das seismische Profil in Abbildung 10 kreuzt zwei Schlammvulkane im zentralen Schwarzen Meer, die als 50 bis 80 Meter hohe Erhebungen am Meeresboden sichtbar sind. Während die horizontalen schwarz-weißen Linien ungestörte Sedimente darstellen, sieht man unter den Schlammvulkanen transparente Zonen. Diese Zonen stellen die Aufstiegswege für den

Schlamm aus der Tiefe dar. Wir können die Aufstiegszonen bis in eine Tiefe von etwa eineinhalb Kilometern verfolgen, tiefer dringt die seismische Energie nicht in den Boden ein. Vermutlich steigt der Schlamm hier aber sogar aus einer Tiefe von über fünf Kilometern auf. Deutlich zu erkennen ist auch die unterschiedliche Form der Kegel.

Der aktive Austritt von Methan und anderen Fluiden an submarinen Schlammvulkanen liefert Energie, Nahrung und Substrat für hoch spezialisierte Organismengemeinschaften, die ein eigenes Tiefsee-Ökosystem bilden. Verschiedene biogeochemische Reaktionsabläufe charakterisieren diese Oasen der Tiefsee: der Verbrauch von Methan durch Sulfatreduktion, die Schwefelwasserstoff-Chemosynthese und die Kalkausfällung. Bartwürmerkolonien und Muscheln (Abb. 11) nutzen über die Chemosynthese den Schwefelwasserstoff als Energiequelle. Sie siedeln – mit zum Teil sehr üppigem Wachstum – genau dort, wo die Fluide am Meeresboden austreten. Die in Abbildung 11 dargestellten Bartwürmerkolonien eines Schlammvulkans im Mittelmeer sind ein sicheres Indiz für Fluid- und/oder Gasaustritt aus dem Schlammvulkan. Die Bartwürmer sind ortsgebunden und sind daher nur dort zu finden, wo Fluide über lange Zeit austreten. Altersdatierungen von Bartwürmern aus dem Golf von Mexiko zeigen, dass dies dort schon über 250 Jahre geschieht.

Die Erforschung der Wechselwirkung der Aktivität von Schlammvulkanen und deren Besiedlung hat erst begonnen und wird in Zukunft ein sehr spannendes Untersuchungsfeld. Detaillierte Untersuchungen solcher Schlammvulkane werden im Rahmen des DFG-Forschungszentrums / Exzellenzclusters ›Der Ozean im System Erde‹ (MARUM, Bremen) durchgeführt.

Literaturhinweise

Bohrmann, G. et al. (2003): Mud volcanoes and gas hydrates in the Black Sea: new data from Dvurechenskii and Odessa mud volcanoes: Geo-Marine Letters, 23, 239-249

Kopf, A. J. (2002): Significance of mud volcanism: Review of Geophysics, B40, 1-49

Kopf, A. J. (2003): Schlote, die Schlamm statt Feuer speien. Spektrum der Wissenschaft. Januar 2003, 38-47

Mazzini, A. (ed.) (2009): Mud volcanism: Processes and Implications. Marien and Petroleum Geology, spec., 26 (9), 1677-1896

Gerhard Bohrmann ist seit 2002 Hochschullehrer für Marine Geologie am MARUM, wo er eine Arbeitsgruppe ›Ventgeologie‹ aufgebaut hat. Forschungsschwerpunkte sind Geologie submariner Fluidaustritte, Mineralpräzipitation und Zementation im Zuge biogeochemischer Prozesse von aktiven Cold Vents, Diagenese und Entwässerungsprozesse von Sedimenten der Kontinentalränder.

Anschrift: Prof. Dr. Gerhard Bohrmann
MARUM – Zentrum für Marine Umweltwissenschaften, Universität Bremen
Klagenfurter Straße, 28359 Bremen

E-Mail: gbohrmann@marum.de

Achim Kopf ist Professor für Marine Geotechnik am MARUM, dem Zentrum für Marine Umweltwissenschaften der Universität Bremen. Er arbeitet seit Jahren an Deformationsprozessen an aktiven Kontinentalrändern und Subduktionszonen.

Anschrift: Prof. Dr. Achim J. Kopf
MARUM – Zentrum für Marine
Umweltwissenschaften
Universität Bremen
Leobener Straße
28359 Bremen

E-Mail: akopf@marum.de

Volkhard Spiess ist seit 1994 Hochschullehrer an der Universität Bremen im Fachgebiet Meerestechnik mit dem Schwerpunkt Umweltforschung, wo er marin-reflexionsseismische Untersuchungen leitet. Er arbeitet zu Themen wie Sedimentationsprozesse an Kontinentalrändern, Fluidmigration und Gashydrate in Tiefseesedimenten, hochauflösende Stratigraphie.

Anschrift: Prof. Dr. Volkhard Spiess
Fachbereich Geowissenschaften
Universität Bremen
Klagenfurter Straße
28359 Bremen

E-Mail: vspiess@uni-bremen.de

Leben im Untergrund der Tiefsee – die tiefe Biosphäre

von Kai-Uwe Hinrichs, Verena Heuer und Julius Lipp, Bremen

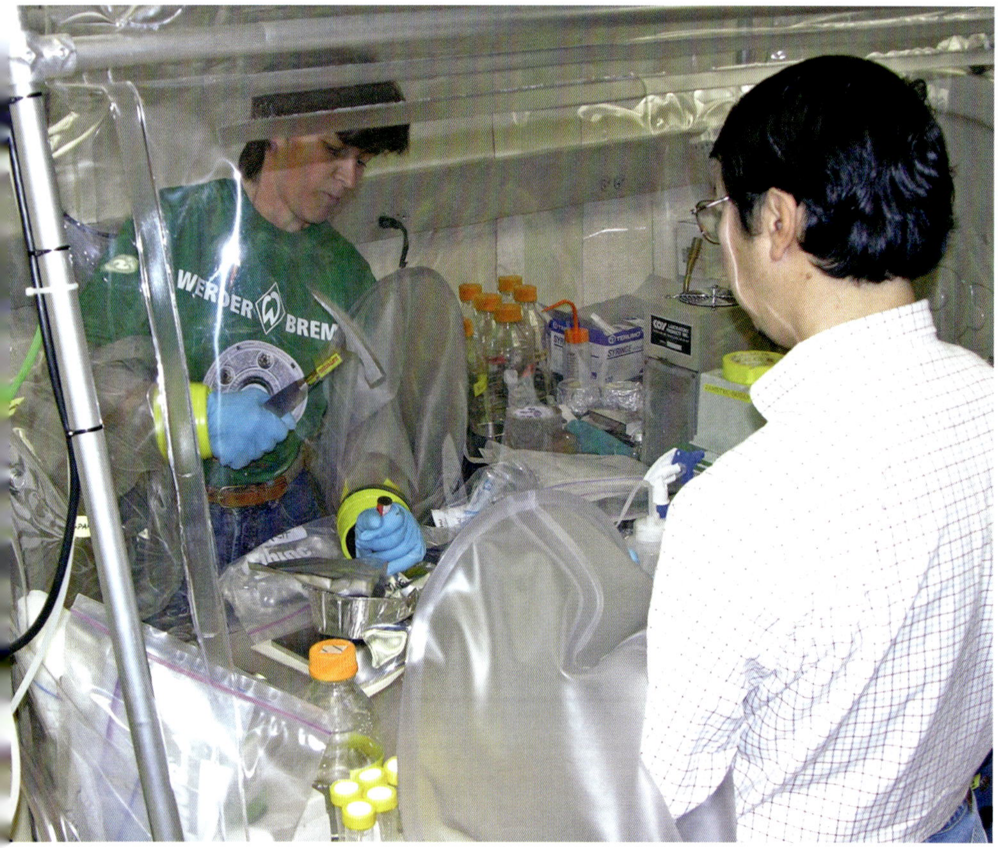

Verena Heuer muss bei der Beprobung eines IODP-Bohrkerns zu Hammer und Meißel (sterilisiert) greifen, um an im Basalt lebende Mikroorganismen zu gelangen.

In seinem berühmten Buch ›Reise zum Mittelpunkt der Erde‹ beschreibt Jules Verne vielfältige Lebensformen, die Professor Lidenbrock und seine Begleiter auf ihrem Weg in das tiefste Innere unseres Planeten antreffen. Als der Roman 1864 erschien, galt die darin propagierte Idee einer von Licht und Luft abgeschlossenen Lebenswelt als pure Science-Fiction, doch wissen wir heute, dass Jules Verne mit seiner Vision nicht ganz Unrecht hatte. In den vergangen 25 Jahren haben die Expeditionen des internationalen Tiefseebohrprogramms Integrated Ocean Drilling Program (IODP) gezeigt, dass tief im Meeresboden ein zuvor völlig unbekanntes Ökosystem existiert: die so genannte tiefe Biosphäre. Die dort lebenden Mikroorganismen machen schätzungsweise ein Zehntel der auf der Erde vorhandenen Biomasse aus, doch ist bisher nur sehr wenig über die einzelnen Lebensformen und ihre Überlebensstrategien bekannt.

Erste Anzeichen von Leben

Die ersten Hinweise auf die Existenz von Leben tief unterhalb des Meeresbodens fanden Geochemiker auf Reisen des IODP und der Vorgängerprogramme Deep Sea Drilling Project (DSDP) und Ocean Drilling Program (ODP) bei der Untersuchung des Porenwassers, das den Hohlraum der Sedimentablagerungen ausfüllt. Selbst in mehreren hundert Metern unter dem Meeresboden zeigte die chemische Zusammensetzung des Porenwassers Anzeichen für biologische Stoffwechselprozesse. Besonders markante Beispiele hierfür sind die mikrobielle Sulfatatmung, bei der anstelle von Sauerstoff Sulfat als Oxidationsmittel verwendet und zu Schwefelwasserstoff umgesetzt wird, sowie die Bildung von Methan bei niedrigen Temperaturen. Diese Beobachtungen brachten Geowissenschaftler in den 1980er Jahren auf die Idee, tief unter dem Meeresboden gezielt nach Leben zu suchen. Insbesondere die systematischen Zählungen der mikrobiellen Einzeller durch John Parkes und seine Gruppe in England lieferten direkte Indizien für die Anwesenheit einer tiefen Biosphäre (Abb. 1). Obwohl die Zellkonzentration mit zunehmender Tiefe deutlich abnimmt, lassen sich selbst ein Kilometer unterhalb des Meeresbodens in einem Milliliter Sediment häufig noch mehr als eine Million Zellen finden. In dieser Tiefe sind Sedimente deutlich wärmer als am Meeresboden, denn im Schnitt steigt die Temperatur innerhalb von 100 Metern um circa 3 Grad Celsius an, ein Effekt, der in Sedimenten mit viel organischem Material zur thermogenen Bildung von Erdgas und -öl führt. Vermutlich ist die Ausdehnung der tiefen Biosphäre auf Bereiche beschränkt, in denen die Sedimenttemperatur 120 Grad Celsius nicht überschreitet. Die weite Verbreitung und das enorme Volumen der am Meeresboden abgelagerten Sedimente machen die tiefe marine Biosphäre zu einem wichtigen Bestandteil des Ökosystems Erde.

Offene Fragen und erste Antworten

Noch wirft fast jeder Bohrkern aus der Tiefe neue Fragen auf: Welche Mikroorganismen leben in der tiefen Biosphäre? Woher nehmen sie Energie und Nährstoffe? Wie überleben sie unter den extremen Bedingungen? Unterscheiden sie sich grundsätzlich von ihren Verwandten, die in der Nähe der Sedimentoberfläche leben? Welche Rolle spielen sie in den globalen Elementkreisläufen? Und wo kommen sie überhaupt her?

Für die Suche nach Antworten auf diese Fragen stehen im Prinzip die Kultivierungsmethoden der klassischen Mikrobiologie sowie molekularbiologische und biogeochemische Methoden zur Verfügung. Allerdings ist es sehr schwierig, alle Mikroorganismen, die in der natürlichen Umwelt vorkommen, im Labor zu kultivieren. Die Erfolgsaussichten liegen im Allgemeinen bei unter ein Prozent, sind aber vermutlich für die sehr langsam wachsenden Bewohner der tiefen Biosphäre noch deutlich niedriger. Zwar geben erfolgreiche Kultivierungsversuche sehr wichtige Einblicke in die Lebensgewohnheiten einzelner Arten, doch wird so nur ein sehr geringer, nicht repräsentativer Anteil der mikrobiellen Gemeinschaft erfasst. Molekularbiologische und biogeochemische Methoden sind nicht auf das Wachstum von Mikroorganismen unter Laborbedingungen angewiesen. Vielmehr extrahieren sie Informationen aus Zellbausteinen, die in situ, in der natürlichen Umwelt gebildet wurden. Hierbei verfolgt die Molekularbiologie das Ziel, die genetischen Informationen zu entschlüsseln, die in DNA- und RNA-Molekülen gespeichert sind. Diese Informationen erlauben nicht nur die sehr genaue Identifizierung einzelner Arten, sondern geben auch Einblick in die Baupläne für ihren Stoffwechsel. Während die Molekularbiologie sozusagen die Blaupause des Lebens in der tiefen Biosphäre beleuchtet, untersuchen wir in der organischen Geochemie die Bausteine, die tatsächlich verwendet werden. Dabei sind insbesondere die fettartigen Verbindungen in den Zellwänden, die so genannten Membranlipide, aufschlussreich. Da es sich bei Membranlipiden um äußerst labile Moleküle handelt, kann ihr Vorliegen in intakter Form als Indikator für lebendige Mikroorganismen benutzt werden. Der Aufbau der Zellwände variiert zwar nicht wie der genetische Code von Art zu Art, unterscheidet sich aber deutlich bei Bakterien und Archaeen und weist charakteristische Merkmale auf, mit denen innerhalb dieser beiden Domänen des Lebens einzelne Stämme indentifiziert werden können. Daher kann mit der qualitativen und quantitativen Analyse von Membranlipiden die Zusammensetzung der mikrobiellen Lebensgemeinschaften in groben Zügen bestimmt werden.

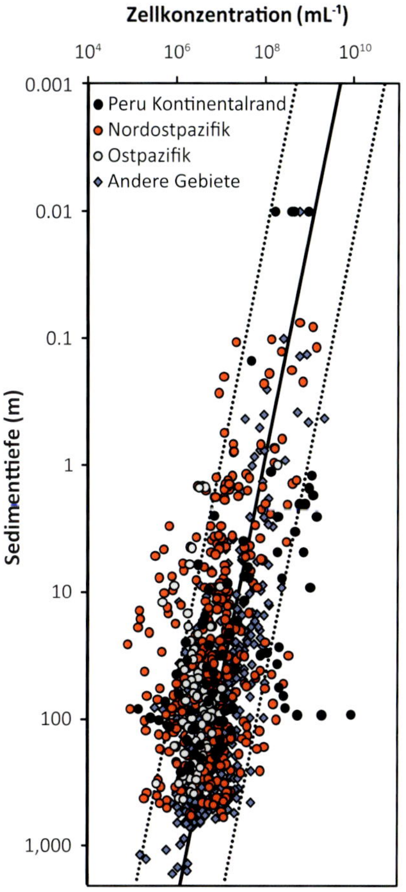

Abb. 1: Konzentrationen intakter Zellen in marinen Sedimenten. Gezeigt sind die Ergebnisse von mehr als 15 Jahren Pionierarbeit in der Gruppe von John Parkes, Cardiff, aus Bohrkernen aller Ozeanbecken und neuere Ergebnisse aus den letzten 10 Jahren.

Die Anwendung dieser Methoden hat uns bereits erste wichtige Einblicke in die tiefe Biosphäre erlaubt. So zeigte die systematische Untersuchung von Membranlipiden in Bohrkernen aus verschiedenen ozeanographischen Regionen nicht nur, dass Archaeen in tiefen Sedimenten weit verbreitet sind, sondern auch, dass sie dort einen weitaus größeren Anteil der Biomasse stellen als Bakterien (Abb. 2). Molekularbiologische Untersuchungen, die an einzelnen Standorten durchgeführt wurden, bestätigen, dass Archaeen in höheren Zellzahlen vorkommen als Bakterien, und zeigen darüber hinaus, dass es sich bei den Archaeen nahezu ausschließlich um Angehörige von phylogenetischen Linien handelt, die erst in den letzten Jahren tief im Meeresboden neu entdeckt und noch nie im Labor kultiviert wurden. Bisher sind Archaeen eine kaum verstandene Lebensform. Die Erkenntnis, dass Archaeen die Artengemeinschaft in der tiefen marinen Biosphäre dominieren und damit einen wichtigen Anteil der globalen Biomasse ausmachen, ist revolutionär, denn Archaeen wurden lange Zeit als Exoten angesehen, die nur verein-

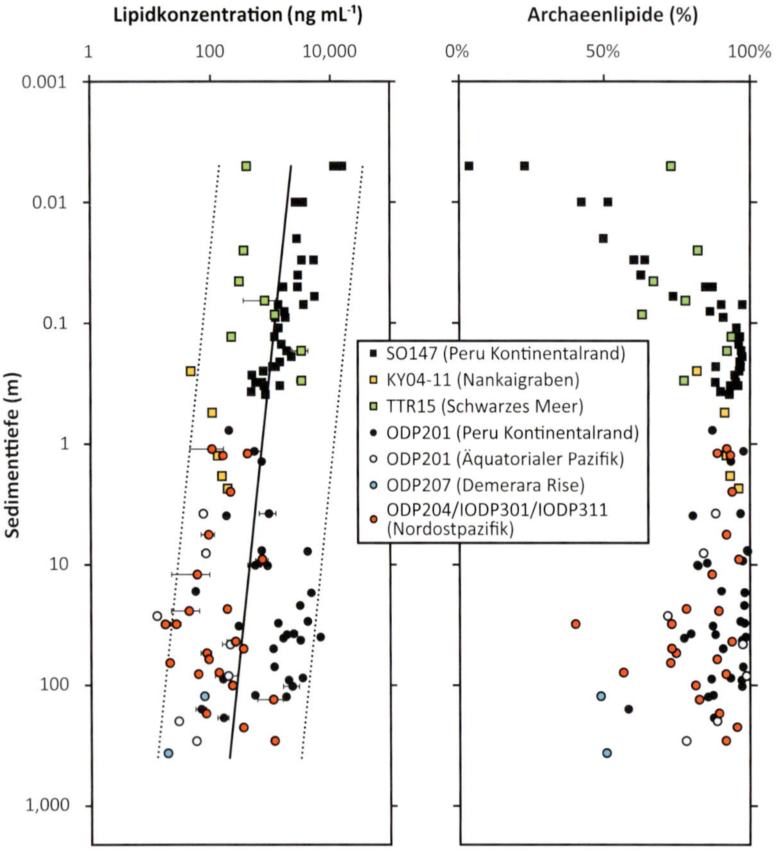

Abb. 2: Konzentrationen von spezifischen Membranmolekülen von Archaeen und Bakterien in marinen Sedimenten.

zelt an Standorten mit extremen Umweltbedingungen vorkommen, wie z. B. in heißen Quellen und Salzseen. Trotz ihrer globalen Ausdehnung ist die tiefe Biosphäre jedoch auf ihre Weise ebenfalls ein extremer Lebensraum, da in ihr eine besondere Armut an Energie herrscht.

Die Organismen in der tiefen Biosphäre benötigen – wie alle Lebewesen – eine Energiequelle und die wesentlichen chemischen Grundbausteine zum Aufbau ihrer Zellen, darunter Kohlenstoff, Stickstoff, Phosphor, Schwefel, Eisen und einige andere Metalle. Da das Sonnenlicht nur das oberste Meeresstockwerk durchflutet, können Organismen, die am oder im Grund der Tiefsee leben, ihren Energiebedarf nicht durch Photosynthese decken. Schwarze Raucher, Asphalt- oder Schlammvulkane, an denen ein Cocktail chemischer Substanzen aus dem Erdinneren austritt, können Mikroorganismen als alternative Energiespender dienen. Allerdings ist das Vorkommen dieser heißen und kalten, oft gashaltigen Quellen eng an geologische Prozesse gekoppelt und ihre Verfügbarkeit räumlich sehr begrenzt. Das an ihnen reichlich gedeihende Leben erinnert an Oasen in der Wüste. Lebewesen, die die Tiefsee und ihren Untergrund fernab dieser energiereichen Hotspots bewohnen, haben keine große Wahl. Sie müssen von dem zehren, was ihnen ihre Umwelt bietet, und das sind häufig nur die schwer verdaulichen organischen Reste oberirdischer Lebensformen, die nach einem langen und von zahlreichen Umwandlungsprozessen begleiteten Weg durch das kilometertiefe Meerwasser schließlich im Meeresboden eingelagert werden. Umso erstaunlicher ist es, dass in diesem Lebensraum eine vielfältige tiefe Biosphäre existiert.

Informationen über die Nahrungsquellen der tiefen Biosphäre können mit Hilfe von isotopengeochemischen Untersuchungen gewonnen werden. Kohlenstoff, der das Gerüst der organischen Verbindungen in Lebewesen bildet, liegt in der Natur als Mischung von zwei stabilen Isotopen vor. Dabei überwiegt der Anteil des leichteren ^{12}C-Isotops mit 98,9 Prozent deutlich gegenüber dem des schwereren ^{13}C-Isotops. Allerdings ist das exakte Verhältnis von ^{13}C- zu ^{12}C-Atomen, das als $\delta^{13}C$-Wert ausgedrückt wird, nicht konstant. Es variiert in organischen Verbindungen unter anderem deshalb, weil Organismen häufig das leichtere Isotop bevorzugt in die Produkte von Stoffwechselvorgängen einbauen. Das Ausmaß der Isotopenfraktionierung, die sich letztendlich zwischen Substraten und Produkten einstellt, ist charakteristisch für die einzelnen beteiligten Prozesse. Daher kann die Isotopenzusammensetzung von Zellbausteinen und Stoffwechselprodukten zur Aufklärung des Kohlenstoffflusses in Ökosystemen genutzt werden.

Ein besonders markantes Beispiel ist die biogene Bildung von Methan, bei der das ^{12}C-Isotop besonders stark bevorzugt wird. In der Folge entsteht Methan, das deutlich negativere $\delta^{13}C$-Werte hat als photosynthetisch gebildetes organisches Material. Wenn dieses ^{13}C-arme Methan als Kohlenstoffquelle dient, entsteht Biomasse mit ebenfalls sehr negativen $\delta^{13}C$-Werten. Nach heutigem Kenntnisstand können nur Archaeen Methan produzieren und bei Abwesenheit von Sauerstoff konsumieren. Mit der Methanogenese und anaeroben Methanoxidation führen sie zwei der wichtigsten biogeochemischen Prozesse im Meeresboden aus. Der Prozess der anaeroben Methanoxidation beschäftigt Geowissenschaftler und Mikrobiologen schon seit geraumer Zeit, da er eine zentrale Rolle bei der Regulierung der Methangehalte in der Atmosphäre und damit auch des Klimas spielt. Der Prozess wurde besonders intensiv an kalten Quellen untersucht, an denen Methan bis an die Sedimentoberfläche aufsteigt. Die eigentlichen Stätten, durch die dieser Prozess globale Bedeutung erlangt, liegen in der Regel jedoch in tief versenkten Sedimenten entlang der Kontinentalränder.

Es stellt sich daher die Frage, ob in tiefen Sedimenten dieselben Organismen an der anaeroben Methanoxi-

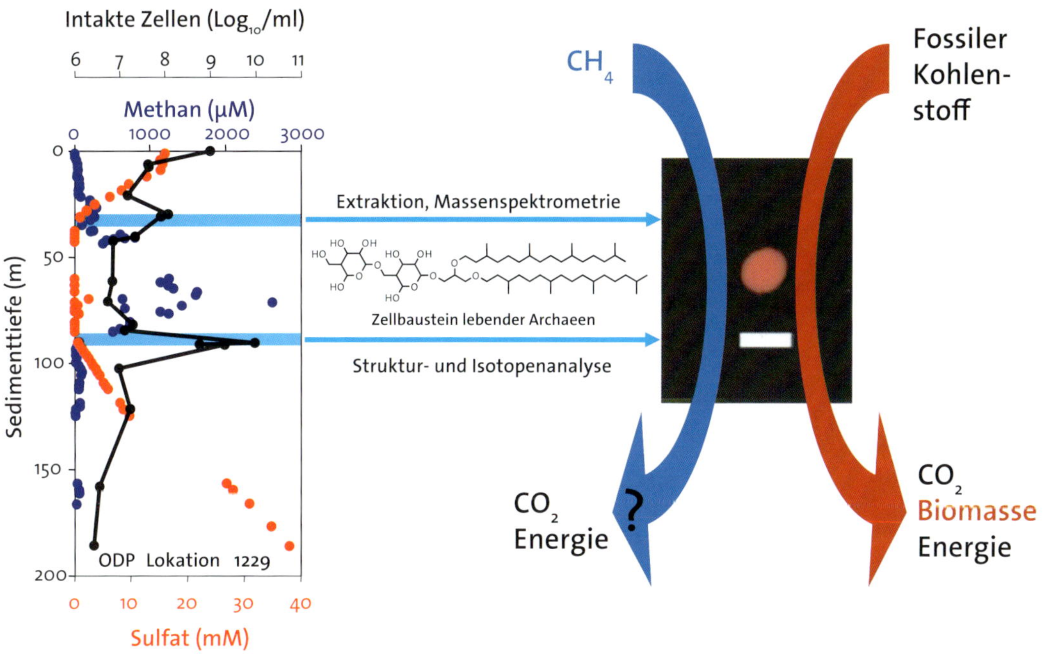

Abb. 3: Gezielte Suche nach methanoxidierenden Archaeen in Sedimenten am peruanischen Kontinentalrand. Dort wo geochemische Profile Hinweise auf die Existenz von methanoxidierenden Archaeen liefern, verraten Untersuchungen von Membranbausteinen überraschende Einzelheiten über die Lebensgewohnheiten dieser Organismen. Rechter Bildrand: Zelle einer Archaee aus dem entsprechenden Sedimenthorizont (mit molekularen Methoden rot angefärbt).

dation beteiligt sind wie in den oberflächennahen Sedimenten an kalten Quellen. Wir sind dieser Frage im südöstlichen Pazifik am Kontinentalrand vor Peru mit isotopengeochemischen Methoden nachgegangen. Da bei der anaeroben Methanoxidation sowohl Methan als auch Sulfat verbraucht werden, lässt sich der Prozess und damit auch die Existenz der beteiligten Organismen in der ODP Bohrlokation 1229 anhand der Konzentrationen dieser beiden Komponenten leicht auf zwei bestimmte Sedimenthorizonte eingrenzen, in denen gleichzeitig die

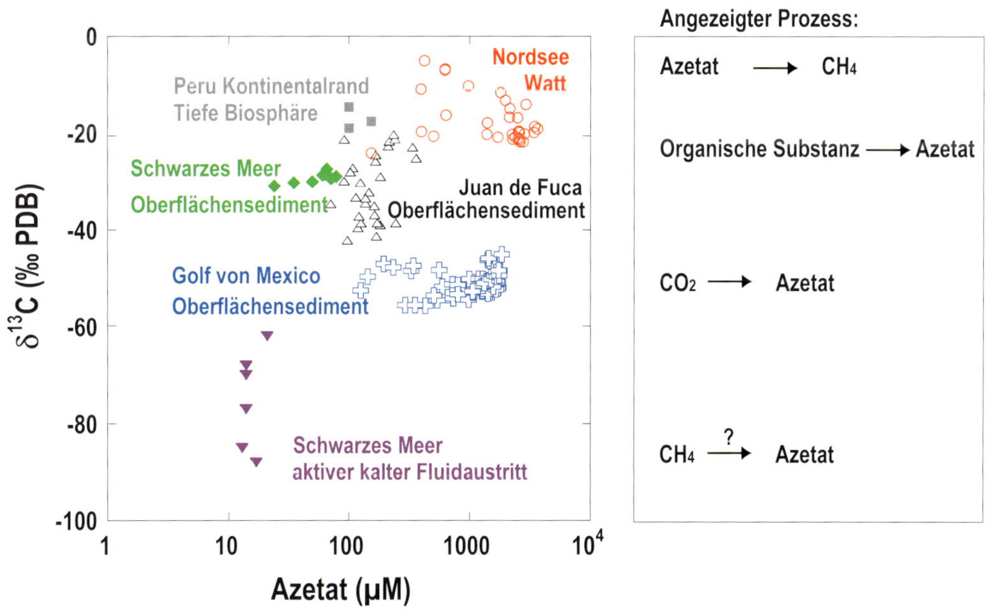

Abb. 4: Die Isotopenzusammensetzungen und Konzentrationen des Azetats variieren erheblich in verschiedenen Sedimenttypen und zeigen dabei unterschiedliche Reaktionen im Sediment (rechts) an (geschlossene Symbole: Porenwässer; offene Symbole: Laborinkubationen).

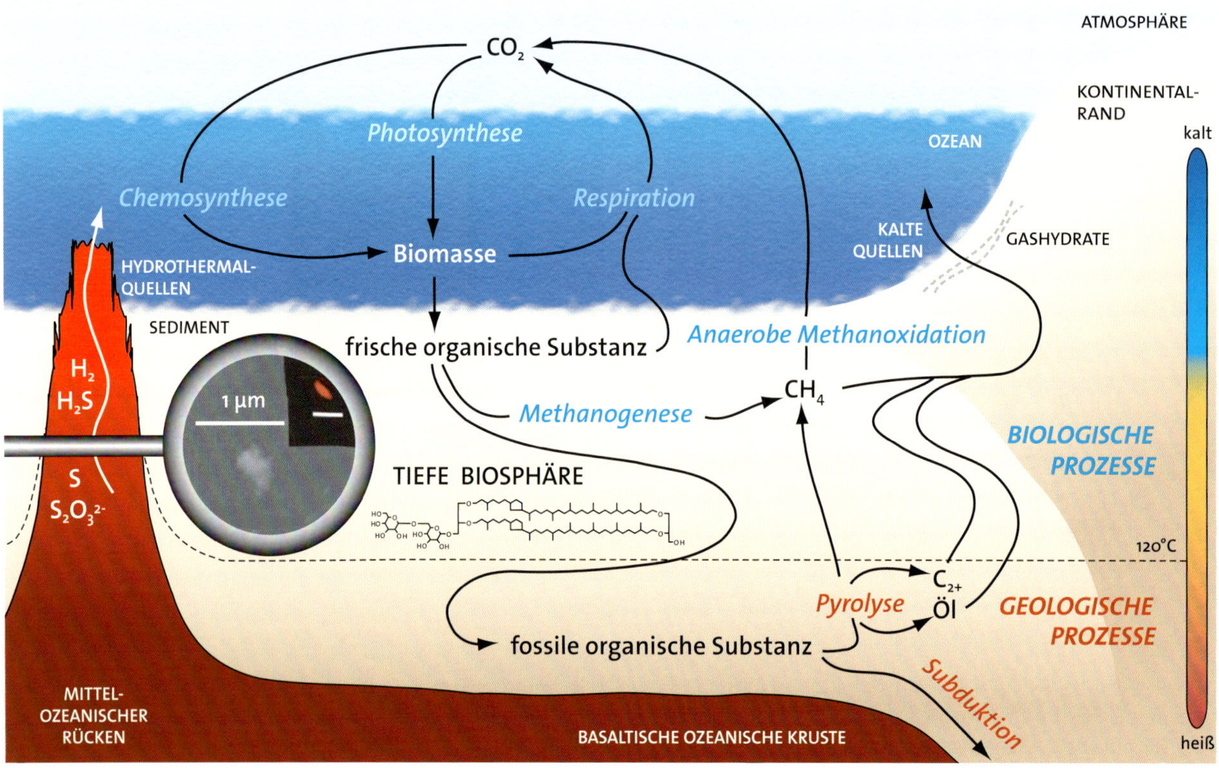

Abb. 5: Die tiefe marine Biosphäre: Dass Mikroorganismen auch in alten, tief begrabenen Sedimenten intakt und lebensfähig sind, zeigen mikroskopische Aufnahmen und geochemische Analysen von labilen Molekülen, die nach dem Zelltod rasch zerfallen; z. B. der genetische Informationsträger Ribonukleinsäure, der hier durch Fluoreszenz-in-situ-Hybridisierung rot-leuchtend mikroskopisch sichtbar gemacht wurde, und intakte Membranlipide, die massenspektrometrisch identifiziert werden. Die tiefe Biosphäre, deren Ausdehnung vermutlich auf Bereiche mit Temperaturen unter 120 Grad Celsius beschränkt ist, ist neben dem ozeanischen Tiefenwasser das größte zusammenhängende Ökosystem der Erde. Die Entdeckung der tiefen Biosphäre wirft eine Reihe von wissenschaftlichen Fragen auf, unter anderem, welche Rolle die tiefe Biosphäre im globalen Kohlenstoffkreislauf spielt.

Anzahl der intakten Zellen auffallend ansteigt (Abb. 3). Erwartungsgemäß fanden wir wie auch an oberflächennahen Methanaustritten intakte Membranlipide und damit Lebensspuren von Archaeen. Überraschend war jedoch, dass die δ^{13}C-Werte dieser Verbindungen anzeigen, dass die große Mehrheit der Archaeen in diesen Horizonten keinen Methankohlenstoff zur Synthese ihrer Zellen aufnehmen, sondern Abbauprodukte des fossilen Sedimentkohlenstoffs verwenden. Dies ist ein fundamentaler Unterschied zu den uns sehr viel besser bekannten Methankonsumenten an flachen Methanaustrittsstellen und ein erster Hinweis darauf, dass in tiefen Sedimenten Stoffwechselprozesse anders ablaufen als in der Nähe der Sedimentoberfläche.

Um einen tieferen Einblick in die biogeochemischen Prozesse zu gewinnen, die in der tiefen Biosphäre ablaufen, ist es erforderlich, auch die zentralen Stoffwechselprodukte der Mikroorganismen mit isotopengeochemischen Methoden zu untersuchen. In diesem Zusammenhang ist Azetat, das Salz der Essigsäure, besonders interessant. Azetat ist ein zentrales Zwischenprodukt bei der Zersetzung von organischer Materie unter Sauerstoffabschluss, d. h. unter den typischen Bedingungen in tiefen Sedimenten. Es wird bei Gärungsprozessen freigesetzt, kann aber ähnlich wie Methan bei hohen Wasserstoffkonzentrationen auch direkt aus CO_2 gebildet werden, und ist zugleich eine wichtige Ausgangssubstanz in einer Vielzahl von mikrobiell katalysierten Prozessen. Im Gegensatz zu den zuvor besprochenen Membranmolekülen, die uns Aufschluss über Identität und Verteilung von aktiven Organismen und deren Nahrungsquellen geben, können anhand des Azetats potenziell wichtige Hinweise auf den biogeochemischen ›Betriebszustand‹ des Ökosystems gezogen werden. Durch die Entwicklung eines neuen Verfahrens zur Messung stabiler Kohlenstoffisotope in wasserlöslichen organischen Stoffwechselprodukten sind wir nun in der Lage, routinemäßig δ^{13}C-Werte des Azetats in den Porenwässern natürlicher Sedimente zu analysieren. Derartige Messungen wurden bisher wegen der in der Regel niedrigen Azetatkonzentrationen nur sehr selten durchgeführt. Unsere systematische Untersuchung unterschiedlicher Sedimenttypen zeigt, dass die Isotopenzusammensetzung des Azetats stark variiert und dabei gleichzeitig wichtige Hinweise auf zentrale biogeochemische Prozesse liefert (Abb. 4). Bei der Anwendung dieser Methode am nördlichen Cascadia-Kontinentalrand

(Nordostpazifik) fanden wir in den oberen 190 Metern eines methanreichen Sedimentes eine Abfolge von vier verschiedenen Tiefenzonen, in denen die $\delta^{13}C$-Werte des im Porenwasser gelösten Azetats systematisch variieren und die Existenz einer aktiven tiefen Biosphäre mit wechselnden Energie- und Kohlenstoffquellen anzeigen.

Ausblick

Die Erforschung der tiefen marinen Biosphäre ist nun ein zentrales Forschungsthema des IODP. Um ein ganzheitliches Verständnis dieses extremen Lebensraums an der Nahtstelle des biologischen und geologischen Kohlenstoffkreislaufs zu erlangen (Abb. 5), müssen Geochemiker, Mikrobiologen und Geologen eng zusammenarbeiten. Außerdem erfordert es die Entwicklung neuer und die Optimierung bestehender Untersuchungsmethoden. Die Charakterisierung der lebenden Mikroorganismen und die Untersuchung ihres Stoffwechsels stellt eine besondere Herausforderung dar, da zum einen viele in anderen Systemen erfolgreiche Methoden in diesem energiearmen Ökosystem an ihre Nachweisgrenzen stoßen und zum anderen mit Hilfe von Kultivierungen zumeist nur ein geringer, nicht repräsentativer Anteil der im Sediment vorkommenden Mikroben isoliert wird. Daneben gilt es, einen tieferen Einblick in die geographische Verteilung der Archaeen zu gewinnen und die Umweltfaktoren zu ergründen, die die Verteilung von Mikroorganismen in der tiefen Biosphäre kontrollieren. Im Verbund mit Techniken der Geochemie und Mikrobiologie trägt die gezielte Analyse von organischen Molekülen erheblich zum Verständnis der stofflichen Umsetzungen, der Organismen und schließlich der Bedeutung der tiefen Biosphäre für globale Elementkreisläufe bei.

Literaturhinweise

Jørgensen, B. B. & A. Boetius (2007): Feast and famine - microbial life in the deep-sea bed. Nature Reviews Microbiology, 5(10), 770-781

Lipp, J. S. et al. (2008): Significant contribution of Archaea to extant biomass in marine subsurface sediments. Nature, 454(7207), 991-994

Parkes, R. J., B. A. Cragg & P. Wellsbury (2000): Recent studies on bacterial populations and processes in subseafloor sediments: A review. Hydrogeology Journal, 8(1), 11-28

Valentine, D. L. (2007): Adaptations to energy stress dictate the ecology and evolution of the Archaea. Nature Reviews Microbiology, 5(4), 316-323

Whitman, W. B., D. C. Coleman, & W. J. Wiebe (1998): Prokaryotes: The unseen majority. Proceedings of the National Academy of Sciences of the United States of America, 95(12), 6578-6583

Internetseiten

http://www.marum.de/en/HinrichsLab_DeepBiosphere.html

Kai-Uwe Hinrichs ist Professor für Organische Geochemie an der Universität Bremen und Leiter des Forschungsfelds ›Wechselwirkungen zwischen Geosphäre und Biosphäre‹ am MARUM – Zentrum für Marine Umweltwissenschaften. Er erforscht mit Hilfe von Biomarkermolekülen die Rolle von Mikroorganismen im Kohlenstoffkreislauf.

Anschrift: Prof. Dr. Kai-Uwe Hinrichs
MARUM – Zentrum für Marine Umweltwissenschaften
Universität Bremen
Leobener Straße, 28359 Bremen
E-Mail: khinrichs@marum.de

Verena Heuer ist Wissenschaftlerin an der Universität Bremen und erforscht seit 2004 mit isotopengeochemischen Methoden die mikrobiellen Stoffwechselprozesse in der tiefen marinen Biosphäre. Für die Gewinnung frischer Proben hat sie bereits an drei Expeditionen des Internationalen Tiefseebohrprogramms IODP teilgenommen.

Anschrift: Dr. Verena Heuer
MARUM – Zentrum für Marine Umweltwissenschaften
Universität Bremen
Leobener Straße, 28359 Bremen
E-Mail: vheuer@uni-bremen.de

Julius Lipp ist seit 2003 wissenschaftlicher Mitarbeiter an der Universität Bremen. Er erforscht mit Hilfe von Membranlipiden Zusammensetzung und Stoffwechsel von Artengemeinschaften im Meeresboden und konnte zusammen mit Kai-Uwe Hinrichs die Dominanz von Archaeen in der tiefen marinen Biosphäre aufzeigen.

Anschrift: Dr. Julius Lipp
MARUM – Zentrum für Marine Umweltwissenschaften
Universität Bremen
Leobener Straße, 28359 Bremen
E-Mail: jlipp@uni-bremen.de

Wüste und submarine Canyons –

ein vermeintliches Paradoxon vor Mauretanien

von Rüdiger Henrich, Till J.J. Hanebuth,
Sebastian Krastel und Christine Zühlsdorff, Bremen und Kiel

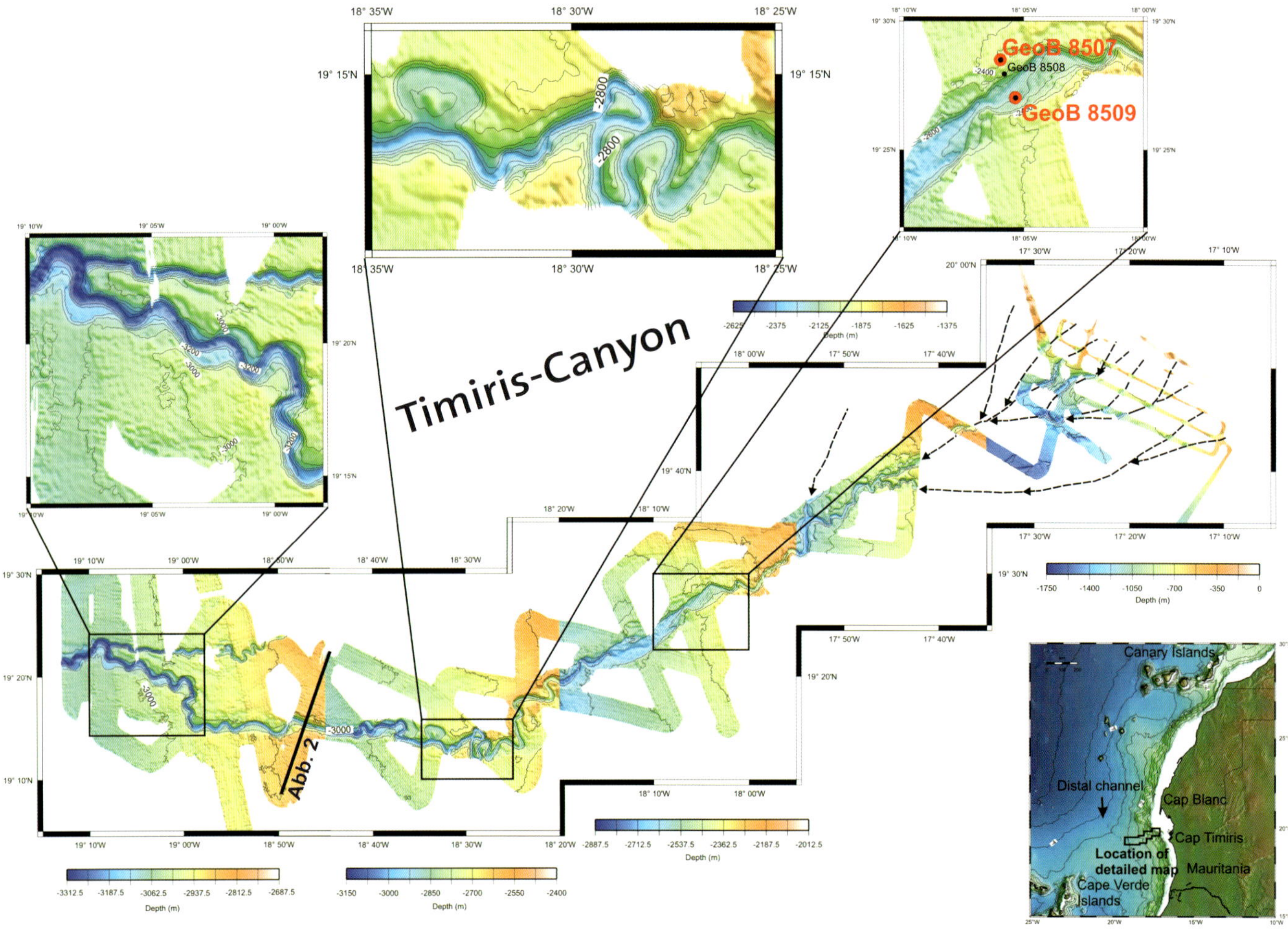

Abb. 1: Bathymetrische Karte des Timiris-Canyons. Das Zubringersystem vom Schelf im Nordosten speist den Hauptcanyon, der teilweise stark mäandriert, sich lokal aufweitet und sich mit weiteren Nebencanyons vereinigt (vergrößerte Ausschnitte). Der Kern GeoB 8509-2 stammt direkt aus dem Canyon, der Kern GeoB 8507-3 vom Kontinentalhang in unmittelbarer Nähe (Seitenwall) zum Canyon (rote Kreise).

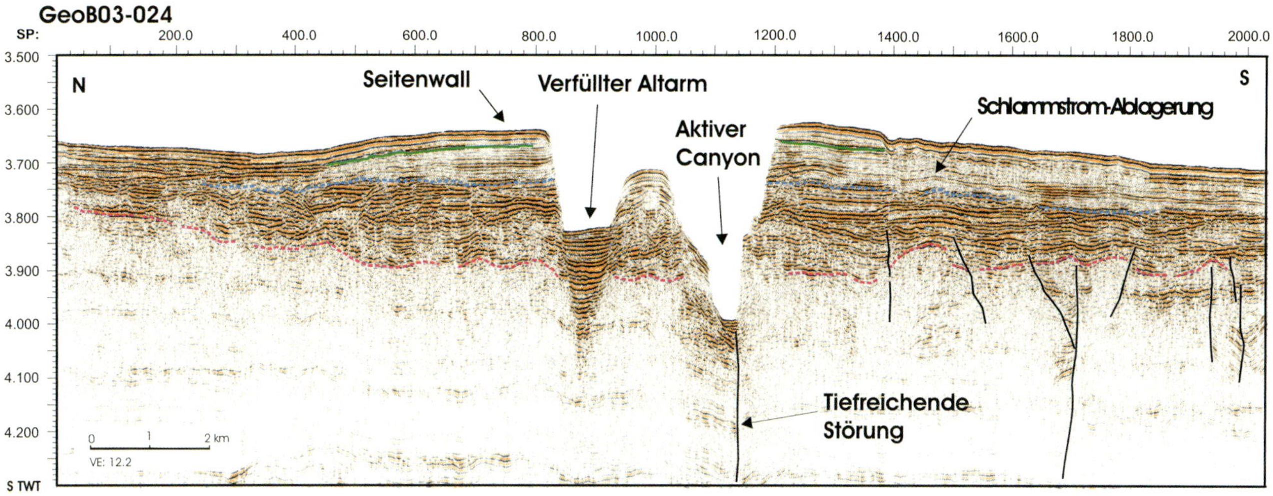

Abb. 2: Seismischer Schnitt entlang des Profils GeoB 03-024. Die Lage dieses Seismik-Profils ist in Abbildung 1 eingezeichnet. Der aktive Teil des Canyons ist tief eingeschnitten, ein Altarm knapp nördlich davon ist bereits wieder zur Hälfte verfüllt. Deutlich erkennbar sind auch die ›Uferwälle‹ beiderseits des Canyons.

Submarine Canyons und dazugehörige Tiefseefächer stehen im Allgemeinen mit Fluss-Systemen an der Küste in Verbindung. Insbesondere große tropische Ströme bauen riesig dimensionierte Fächer an den Kontinentalhängen auf, wobei die Materialfracht oft aus weiten Einzugsgebieten in den Gebirgsregionen zum Ozean herangeführt wird. Infolge zunehmender Sortierung dieser Sedimente auf ihrem Transportweg in die Tiefen des Ozeans können innerhalb der Rinnensysteme und in deren Mündungsbereich am Kontinentalfuß mächtige Sandkörper aufgebaut werden. Kommt erhöhte biologische Produktivität im Oberflächenwasser in Auftriebsgebieten entlang des Kontinentalrands hinzu, so liegen ideale Bedingungen für die Bildung von Kohlenwasserstofflagerstätten vor. Zusätzlich stellen Fächersysteme wichtige Klimaarchive dar. Aus diesen Gründen hat die Erforschung von Canyon/Fächer-Systemen in den letzten Jahrzehnten einen starken Auftrieb erhalten.

In diesem Zusammenhang erscheinen die Regionen vor großen Wüstengebieten als uninteressant. Daher vermutete auch niemand, auf ein großes Canyon-System am Kontinentalhang in der heute hyperariden Region vor Mauretanien zu stoßen, wo sich die Sahara bis an die Küste erstreckt. Um so überraschter waren wir, als wir während der Ausfahrt M58/1 mit FS Meteor im Frühjahr 2003 auf dem Transit zu einer hydroakustischen Vermessung einen circa 2,5 Kilometer breiten und 270 Meter tief eingeschnittenen, mäandrierenden Canyon in 3.000 Meter Wassertiefe kreuzten. Das offensichtliche Paradoxon ›Submariner Canyon vor einer Wüste‹ hat uns nicht zögern lassen, dem Rätsel nachzugehen und den Canyon zu erkunden. Heute wissen wir als Ergebnis der Vermessungsarbeiten während dieser Expedition und einer weiteren Ausfahrt im Juli 2005, dass der ›Timiris-Canyon‹ insgesamt mehr als 450 Kilometer lang ist und sich von der Schelfkante bis in die Tiefseeebene in mehr als 4.000 Meter Wassertiefe erstreckt (Abb. 1). Im oberen Abschnitt existiert ein stark verzweigtes System von zusammenlaufenden Rinnen, die sich bis zu 150 Meter tief in die Schelfkante einschneiden.

Je nach Gefälle wechseln sich im Verlauf dieser Canyons regelmäßige Mäander, zum Teil mit Altarmen, mit gerade verlaufenden Abschnitten ab. In den Altarmen befinden sich bis zu 200 Meter mächtige Auffüllungen mit Sedimenten (Abb. 2), ein Indiz dafür, dass der Canyon ein relativ hohes Alter hat. Da der mit circa 165.000 Jahren datierte Cap Blanc-Schuttstrom am unteren Kontinentalhang an die Seitenwälle des Canyons anbrandete, muss der Timiris-Canyon auf jeden Fall älter als dieses Ereignis sein.

Neben dem Alter des Canyons drängen sich automatisch weitere spannende Fragen auf, insbesondere die nach seiner Entstehung und Geschichte. Wurde der Canyon in der Verlängerung eines Flusslaufes angelegt, und falls ja, unter welchen klimatischen Bedingungen? Aus Studien ist bereits bekannt, dass es in der jüngeren Vergangenheit immer wieder feuchte Phasen in der Sahara gegeben hat. Galt dies auch für die heutige Kernregion der Wüste im mauretanischen Hinterland? Ein Hinweis kommt von der topographischen Auswertung von Satellitenbildern, nach der sich im Hinterland ein groß dimensioniertes altes Fluss-System, der so genannte Tamanrasett-Fluss befunden haben könnte. Der Timiris-Canyon könnte sich somit während vergangener Feuchtphasen, möglicherweise schon vor fünf bis drei Millionen Jahren, über dieses Fluss-System eingeschnitten haben.

Spannende und spektakuläre Befunde hierzu ergeben sich aus einem Sedimentkern (Abb. 3 und 4) aus einem circa 7,5 Kilometer breiten Auffangbecken im Mittellauf des Canyons in 2.000 Meter Wassertiefe (Abb. 1). Der 9 Meter lange Kern besteht etwa zur Hälfte aus marinen

Abb. 3: Einsatz eines Schwerelots von FS Meteor aus. Mit diesem Gerät werden bis zu 20 Meter lange Sedimentkerne aus dem Meeresboden gestanzt.

Schlämmen, denen Trübestromablagerungen, sogenannte Turbidite, zwischengeschaltet sind (Abb. 4). Analysiert man die Turbidite (Abb. 5), so ergeben sich weitreichende paläoklimatische Implikationen.

Untersuchungen an Sedimentkernen aus dem Unterlauf des Canyon belegen, dass diese Trübeströme ihre höchsten Volumina zu Zeiten der extremen Meeresspiegeltiefstände während der Eiszeiten erreichten. Im Zeitraum von 26.000 bis 19.000 Jahren haben insgesamt 23 dieser mächtigen Trübeströme den Mündungsbereich in die Tiefsee nach mehr als 450 Kilometer Wegstrecke erreicht und die Seitenwälle mit 90 Meter Höhe über dem Talboden des Canyons überspült. Analysen des in den Trübeströmen transportierten Materials zeigen, dass es sich um eine Mischung aus Wüstenstaub, Dünensanden und organischem Material aus den Auftriebsgebieten am Schelfrand und oberen Kontinentalhang handelt. Bereits vor 30 Jahren konnten Kieler Meeresforscher nachweisen, dass das Klima im Umfeld der Sahara im Hochglazial wesentlich trockener war und dass der Eintrag von Staubfracht in den Ozean erheblich zugenommen hatte. Unsere Untersuchungen zeigen nunmehr, dass diese grundsätzlichen Veränderungen ein wesentlicher Kontrollfaktor für die Turbiditaktivität im Canyon darstellen.

Im Zeitraum von vor 13.500 bis 10.900 Jahren sind zahlreiche feinsandige Turbidite eingeschaltet, die während des nach-eiszeitlichen Meeresspiegelanstiegs eine regelmäßige Abfuhr von Material vom äußeren Schelf und obersten Kontinentalhang in die Tiefsee belegen, wie es auch schon aus anderen Regionen bekannt ist.

Die Zusammensetzung und die Häufigkeit der Turbidite ändern sich während der vergangenen 10.000 Jahre drastisch. Bemerkenswert ist das Auftreten der Turbidite mit einer nahezu konstanten Frequenz von etwa 900 Jahren. Dieses rhythmische Signal ist auch aus vielen anderen Klimaarchiven bekannt, seine genaue Ursache und sein Antrieb werden jedoch noch intensiv diskutiert. Es stellen sich somit neue Fragen: Wurden auch die jüngsten Turbidite im Timiris-Canyon klimatisch gesteuert? Was war ihr Auslöser? Zusätzlich beobachten wir in den vergangenen 10.900 Jahren eine Änderung der Zusammensetzung der Turbidite. Während sich im Zeitraum von vor 10.900

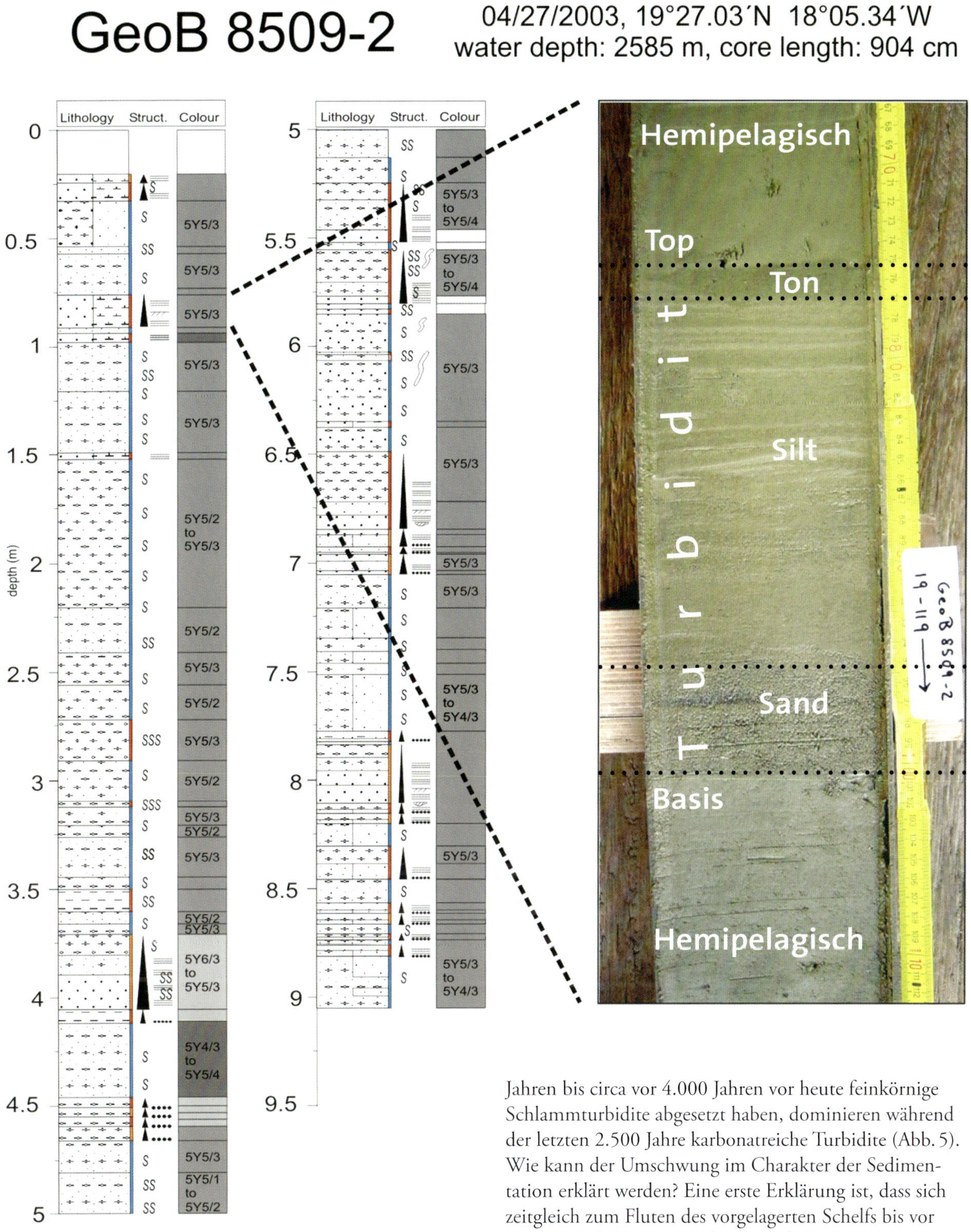

Abb. 4: Sedimentologische Beschreibung und Ausschnitt-Foto des Kerns GeoB 8509-2. Die Turbidite sind als farblich abgesetzte und laminierte Sandlagen häufig gut erkennbar (links rötlich-braun gekennzeichnet). Zwischen ihnen hat sich die Ablagerung von normalen marinen Sedimenten kontinuierlich fortgesetzt (blau gekennzeichnet).

Jahren bis circa vor 4.000 Jahren vor heute feinkörnige Schlammturbidite abgesetzt haben, dominieren während der letzten 2.500 Jahre karbonatreiche Turbidite (Abb. 5). Wie kann der Umschwung im Charakter der Sedimentation erklärt werden? Eine erste Erklärung ist, dass sich zeitgleich zum Fluten des vorgelagerten Schelfs bis vor circa 10.900 Jahren zunächst humide Bedingungen im Hinterland einstellten, also eine grüne Sahara auch in Mauretanien existierte. Flüsse führten den Rinnen des Timiris-Canyons große Mengen von Schlamm zu, der dann über Schlammströme im Auffangbecken des Canyons abgesetzt wurde. Während der vergangenen 6.000 bis 4.000 Jahre stellten sich hingegen wieder aride Verhältnisse im Hinterland ein, und es stand lediglich karbonatreiches hemipelagisches Material zur Verfügung.

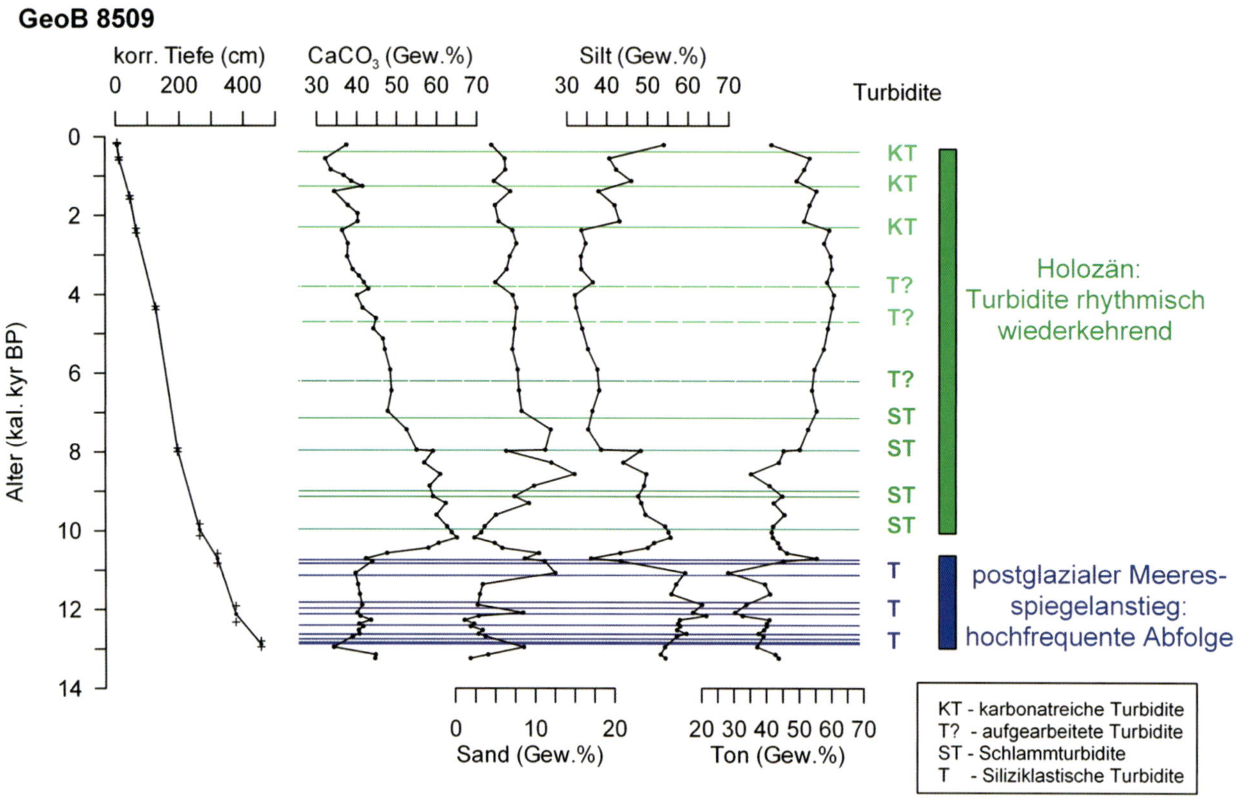

Abb. 5: Häufigkeit und Zusammensetzung der Turbidite (horizontale Linien) im Kern GeoB 8509-2 gegen die Zeit. Auffällig ist die große Anzahl in der frühen Phase, als der Meeresspiegel deutlich niedriger als heute war und rapide anstieg. Der Wechsel im Material zeigt, dass die Quelle der Turbidite von der Küste auf den offenen Schelf gewandert ist.

Diese Interpretation wird durch paläoklimatische Befunde aus anderen Regionen Nordwest-Afrikas sowie durch Trends in den vollmarinen Sedimenten des Canyon-Systems und vom Kontinentalhang unterstützt. So geht mit der Veränderung der Frequenz der Turbidite und einem Materialwechsel zum Beginn der heutigen Warmzeit auch eine Verfeinerung in den Korngrößen der hemipelagischen Sedimente einher. Eine charakteristische Verteilung von Korngrößen, wie sie heute nur unter den feuchteren Klimabedingungen vor Marokko gefunden wird und auf Flusseintrag hindeutet (Abb. 6), ist auch für den Zeitraum von vor etwa 10.000 bis 5.000 Jahren insbesondere in den vollmarinen Sedimenten des Canyons und seiner Seitenwälle zu finden. Unsere neuesten Ergebnisse von Untersuchungen eines Sedimentkerns vom Schelf ergaben für die vergangenen 5000 Jahre eine sehr enge zeitliche Übereinstimmung zwischen kurzfristig verstärkter Staubzufuhr auf den Schelf und dem regelmäßig periodischen Auftreten von Turbiditereignissen im oberen Canyon. Für diese zeitliche Übereinstimmung bietet sich die folgende Erklärung an. Während circa alle 900 Jahre wiederkehrender, kurzzeitiger und nur wenige Jahrzehnte anhaltender Dürreperioden traten besonders kräftige Staubstürme auf. Mächtige Staubschichten wurden auf dem Schelf und am oberen Kontinentalhang abgesetzt und in die zahlreichen Gullies (kleine Zufuhrrinnen) im Kopfbereich des Canyons gespült. Diese wurden dadurch sehr schnell mit hemipelagischem Schlamm verfüllt, in dem sich rasch überkritische Porenwasserdrucke aufbauten, die dann wiederum die Trübeströme auslösten.

Unsere Studien des Timiris-Canyons haben zwei wesentliche neue Erkenntnisse erbracht:

(1) Die Existenz von submarinen Canyons vor Wüsten stellt keineswegs ein Paradoxon dar, sondern können über klimatisch gesteuerte Veränderungen in der Sedimentationsdynamik eng miteinander verknüpft sein.

(2) Die Sedimentfolgen von submarinen Canyons stellen hochauflösende und bisher wenig genutzte Klimaarchive dar, deren Erforschung wesentliche neue Erkenntnisse über die Klimaentwicklung des Hinterlandes (in unserem Beispiel der Sahara) versprechen.

Literaturhinweise

Antobreh, A. A. & S. Krastel (2006): Morphology, seismic characteristics and development of Cap Timiris Canyon, offshore Mauritania: a newly discovered canyon preserved off a major arid climatic region. Marine and Petroleum Geology, 23, 37-59

Hanebuth, T. & R. Henrich (2009): Recurrent decadal-scale dust events over Holocene western Africa and their control on canyon turbidite activity (Mauritania). Quaternary Science Reviews, 28, 261-270

Henrich, R. et al. (2009): Advances in Natural and technological Hazards Research, 28, 447-459, Springer

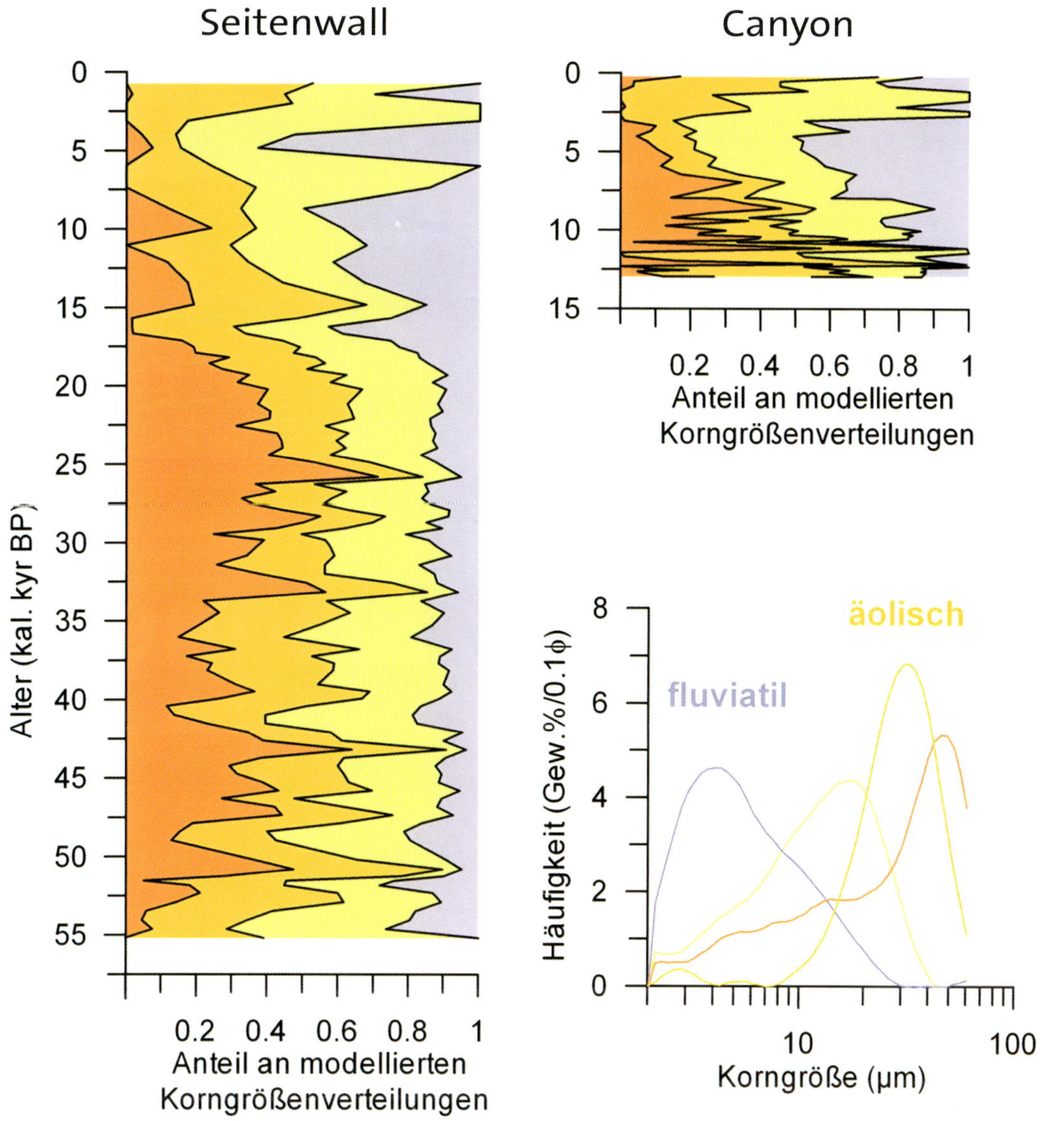

Abb. 6: Ergebnisse der Korngrößenanalytik (Siltverteilung und Endmember-Modellierung). Der linke Kern (GeoB 8507-3) stammt vom ›Seitenwall‹ des Canyons, der rechte (GeoB 8509-2) direkt aus dem Canyon (s. Abb. 1). Die braun/gelben Felder deuten auf Staubeintrag hin, das bläuliche, sehr feinkörnige Feld könnte Flusseintrag widerspiegeln.

Henrich, R., Y. Cherubini & H. Meggers (2010): Climate and sea level induced turbiditic activity in a canyon system offshore the hyperarid Western Sahara: the Timiris Canyon. Marine Geology, 275, 178-198

Holz, C., J.-B. W. Stuut & R. Henrich (2004): Terrigenous sedimentation processes along the continental margin off NW Africa: implications from grain-size analysis of seabed sediments. Sedimentology, 51/5, 1145-1154

Krastel S. et al. (2004): Cap Timiris Canyon: A newly discovered channel-system off Mauritania. EOS Transactions, 45/42, 417-423

Zühlsdorff, L., K. Wien, J.-B. W. Stuut & R. Henrich (2007): Late Quaternary sedimentation within a submarine channel-levee system offshore Cap Timiris, Mauritania. Marine Geology 240, 217-234

Zühlsdorff L., T. Hanebuth & R. Henrich (2008): Persistent periodic turbidite activity off Saharan Africa and its comparability to orbital and climate cyclicities. Geo-Marine Letters 28, 87-95

Rüdiger Henrich ist Professor für Sedimentologie – Paläozeanographie am Fachbereich Geowissenschaften der Universität Bremen. Er arbeitet über die Sedimentationsdynamik mariner Ablagerungsräume (Schelf und Tiefsee), wobei in jüngerer Zeit Studien über gravitative Massentransporte einen Schwerpunkt bilden. Er schrieb den Artikel zusammen mit Till J.J. Hanebuth, Sebastian Krastel und Christine Zühlsdorff.

Anschrift: Prof. Dr. Rüdiger Henrich
Fachbereich Geowissenschaften
Universität Bremen
Klagenfurter Straße, 28359 Bremen

E-Mail: henrich@uni-bremen.de

Das Magnetfeld der Erde

von Ulrich Bleil
und Tilo von Dobeneck,
Bremen

Die am Magnetfeld der Erde orientierte Bewegung von Organismen ist ein in der Natur weit verbreitetes Phänomen. Insekten, Vögel, Fische und auch Säugetiere, ja selbst Bakterien (Abb. 1) nutzen das erdmagnetische Feld, um zielgerichtet ihren Standort zu wechseln. Dem Menschen fehlt diese Fähigkeit, möglicherweise ist sie auch nur im Laufe der Evolution verkümmert, denn im menschlichen Gehirn finden sich Relikte potentieller magnetischer Sensoren. Ohne ein solches Sinnesorgan für Magnetfelder war die Entwicklung des Kompass als Navigationsinstrument eine der bemerkenswertesten intellektuellen Leistungen früher Wissenschaft. Sie wird den Chinesen (wahrscheinlich um 2000 v. Chr.) zugeschrieben, die Kompasse zur Ausrichtung von Gebäuden und für Reisen über Land (Abb. 2), später auch auf Schiffen verwendeten. Anfang des 14. Jahrhunderts gelangte diese Praxis über den Orient nach Europa und wurde zu einer der wichtigsten Grundlagen, die es portugiesischen, spanischen und dann auch englischen und anderen Seefahrern ermöglichte, unsere heutige Welt zu entdecken.

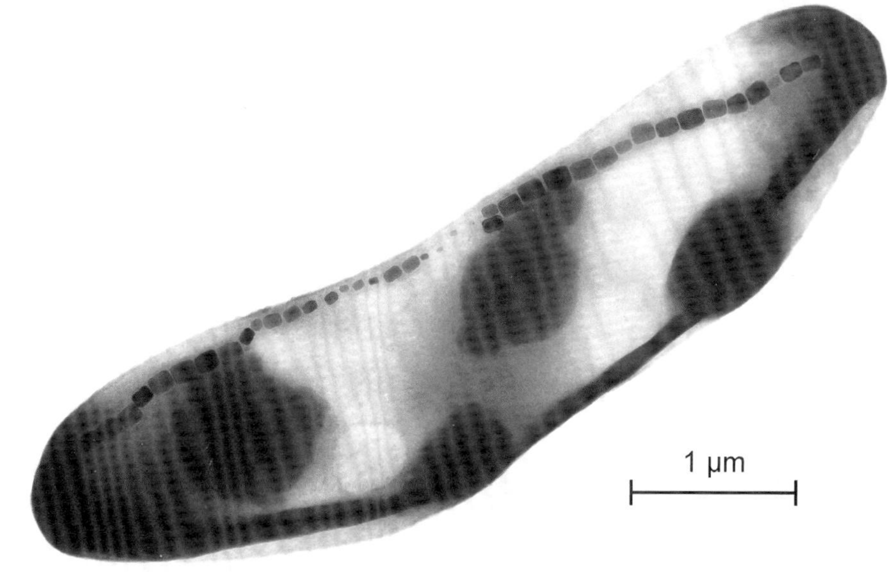

Abb. 1: Elektronenmikroskopische Aufnahme eines magnetotaktischen Bakteriums. In Ketten angeordnete Magnetitkristalle (Magnetosome) dienen der Orientierung im erdmagnetischen Feld. Das abgebildete Bakterium steht unmittelbar vor der Zellteilung, alle ›Organe‹, so auch die Magnetosomkette, sind bereits doppelt ausgebildet.

Dass es für Tiere und Menschen vorteilhaft ist, sich bei der Fortbewegung am Magnetfeld der Erde zu orientieren, beruht vornehmlich auf dessen hoher Symmetrie. Sie entspricht in ihrer Grundstruktur der einfachsten möglichen Geometrie, einem so genannten Dipolfeld, wie es einem Stabmagneten eigen ist. Eine Reihe elementarer Erkenntnisse dazu gehen auf William Gilbert zurück. Seine 1600 in London veröffentliche Schrift ›*De Magnete, Magneticisque Corporibus, Et De Magno Magnete Tellure*‹ (Über den Magneten, magnetische Körper und den großen Magneten Erde) bildet einen epochalen Meilenstein der wissenschaftlichen Weltliteratur.

Zunächst eher auf die praktischen Bedürfnisse von Seefahrernationen gerichtet waren dagegen Messungen von zeitlichen Änderungen der Magnetfeldrichtung in Observatorien, die um diese Zeit in England und Frankreich ihre Anfange haben. Dies gilt auch für großräumige Kartierungen der Differenz zwischen magnetischer und geographischer Nordrichtung, der Missweisung oder Deklination. Die wohl bekannteste stammt von Edmund Halley – nach dem auch der berühmte Komet benannt ist. Sie wurde 1700 veröffentlicht und umfasst den gesamten Atlantik zwischen 60 Grad nördlicher und südlicher Breite (Abb. 3).

Abb. 2 (linke Seite): Chinesischer Kompasswagen. Die bewegliche Figur trägt im ausgestreckten Arm eine Magnetstange und zeigt damit die Südrichtung an (Darstellung aus dem 3. Jahrhundert v. Chr.).

Neben dem unmittelbaren Anwendungsbezug fanden der Erdmagnetismus und allgemein magnetische Phänomene schon immer reges Interesse bei Naturforschern, aber auch in Alchemistenkreisen, weshalb ihnen bis heute vielfach etwas nahezu Okkultes anhaftet.

Quellen des Erdmagnetfeldes

Außerordentliche Fortschritte, sowohl hinsichtlich verbesserter Messverfahren als auch einer neuen revolutionären Strategie, das Erdmagnetfeld mathematisch zu beschreiben, verdanken wir Carl Friedrich Gauß. Ihm gelang Anfang des 19. Jahrhunderts der Nachweis, dass sich im geomagnetischen Feld Beiträge von Quellen im Inneren der Erde und solchen aus ihrem Außenraum überlagern. Er ging von der Annahme aus, das nach Richtung und Stärke variable magnetische Vektorfeld lasse sich durch ein skalares Potential darstellen, und entwickelte dieses nach Kugelfunktionen aus zu jener Zeit noch sehr spärlich verfügbaren Messdaten. Sein Ergebnis, der weit überwiegende Teil des Magnetfeldes resultiere aus dem Erdinnern und äußere Komponenten seien demgegenüber zu vernachlässigen, musste deshalb qualitativ bleiben. Heute wissen wir, dass sich das geomagnetische Feld aus ganz unterschiedlichen Quellen zusammensetzt. Jede von ihnen ist durch spezifische, räumlich und zeitlich variable Prozesse in ihrer Ursprungsregion charakterisiert. Bis zu diesen Erkenntnissen hat es vieler Jahrzehnte intensiver geophysikalischer Forschung bedurft, und noch immer bleiben zahlreiche Fragen offen.

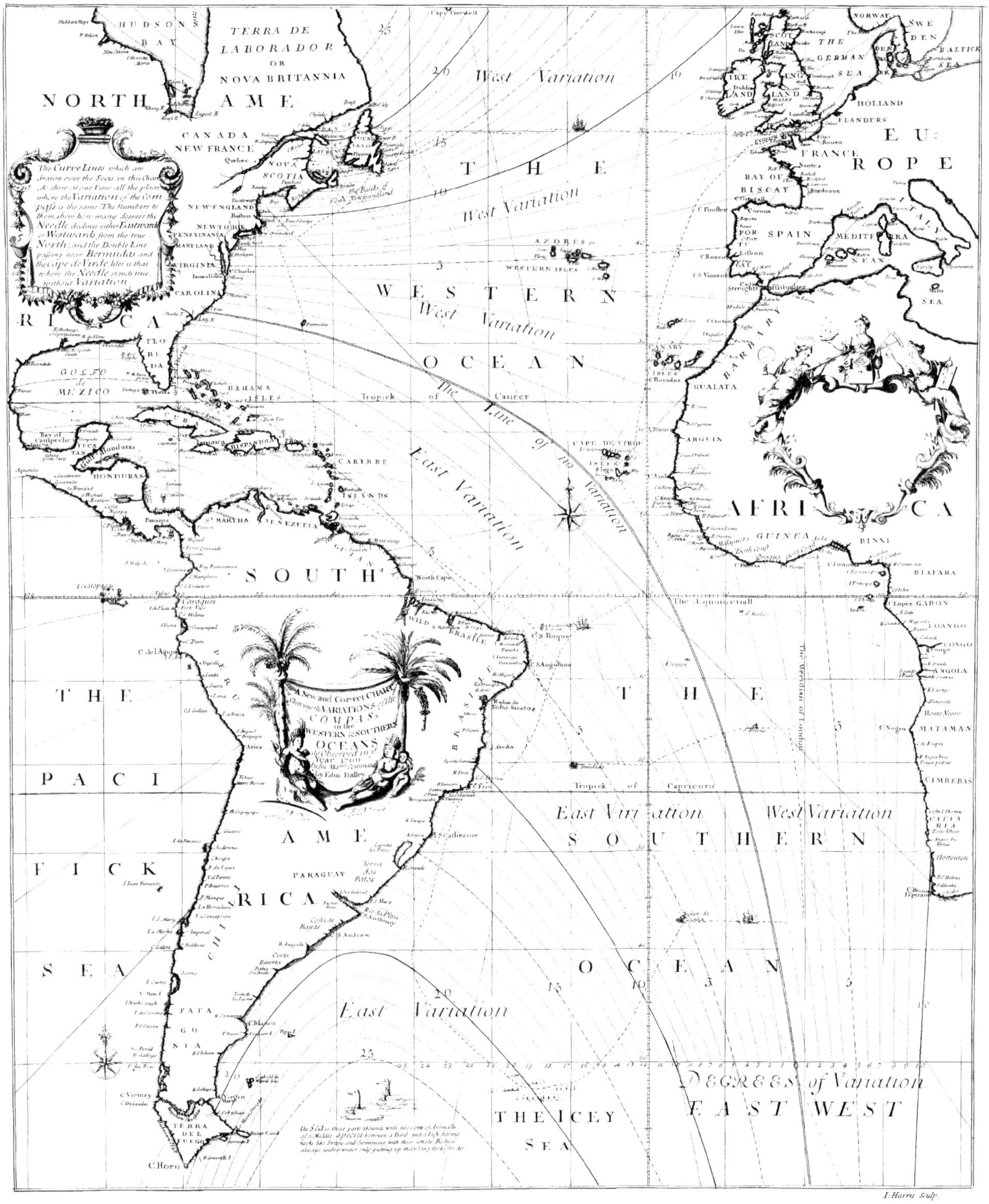

Abb. 3: Frühe Karte der magnetischen Deklination (Missweisung, Differenz zwischen der magnetischen und geographischen Nordrichtung) im Atlantischen Ozean zwischen 60° nördlicher und südlicher Breite (E. Halley, 1700).

Innenfeld

Das Innenfeld zu verstehen setzte zunächst voraus, Aufbau und Struktur des Erdkörpers näher zu kennen. Hier waren es vor allem seismologische Forschungen, die in der ersten Hälfte des vergangenen Jahrhunderts bahnbrechende neue Erkenntnisse erzielten. Seit 1909 ist die nach ihrem kroatischen Entdecker benannte Mohorovičić Diskontinuität bekannt, der Übergang zwischen Erdkruste und Erdmantel in etwa zehn Kilometer unter den Ozeanen und 30 bis 40 Kilometer unter den Kontinenten. Vier Jahre später identifizierte der Deutsche Beno

Abb. 4: Dreidimensionale numerische Simulation des geomagnetischen Feldes im Raum von etwa zwei Erdradien. Die Rotationsachse der Erde ist im Bild vertikal. Entsprechend der heutigen Feldkonfiguration sind blaue Feldlinien nach innen, orange nach außen gerichtet. Im Außenbereich hat das modellierte Feld deutlich Dipolcharakter. Dort wo die Geometrie zunehmend ungeordnet erscheint, ist annähernd die Kern/Mantel-Grenze erreicht. Das Computermodell wurde entwickelt und gerechnet von Gary A. Glatzmaier (University of California, Santa Cruz) und Paul H. Roberts (University of California, Los Angeles).

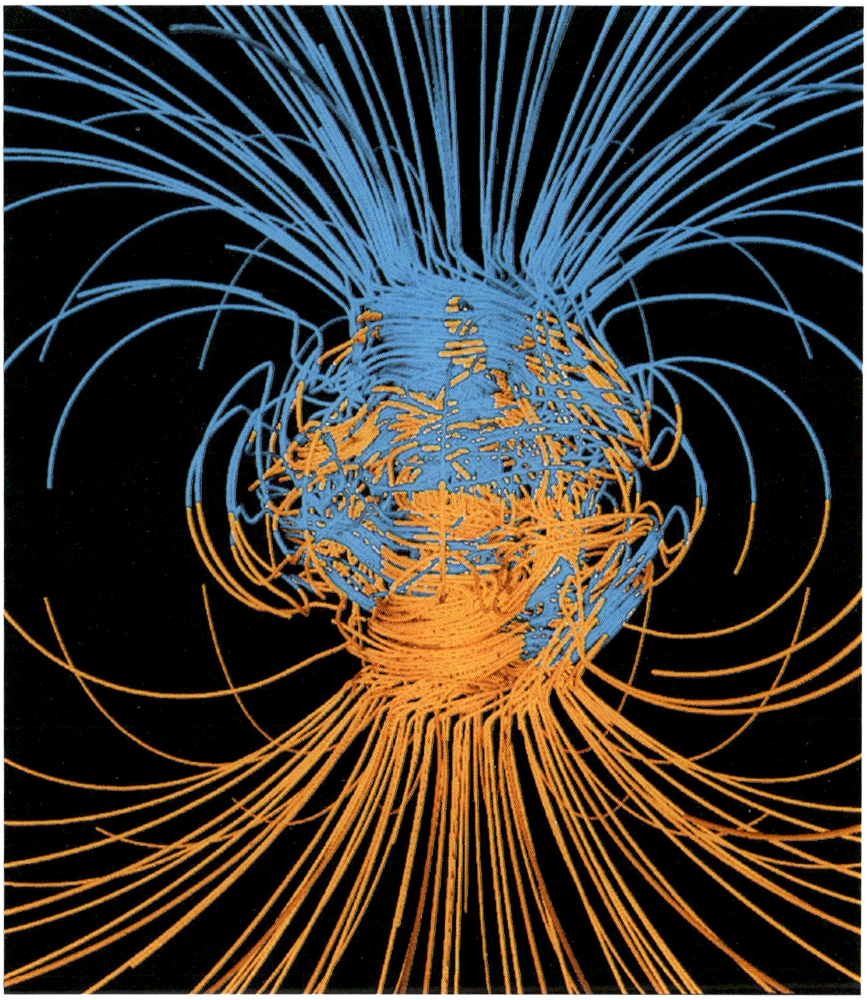

Gutenberg die Kern/Mantel-Grenze in rund 2.900 Kilometer Tiefe, und 1926 erkannte der englische Geophysiker Harold Jeffreys, dass der Erdkern ganz überwiegend aus flüssigem Eisen besteht. Allerdings nur sein äußeres Segment, während der innere Erdkern fest ist, wie die dänische Seismologin Inge Lehmann 1936 nachwies.

Auf dieser Basis sind unterschiedliche, physikalisch mehr oder minder plausible Ursachen für das erdmagnetische Innenfeld erwogen worden, bis der flüssige äußere Erdkern als Quellregion allgemein akzeptiert war. Dort ablaufende elektrodynamische, hydrodynamische und thermodynamische Prozesse lassen sich mathematisch mit einem sehr komplexen System partieller Differentialgleichungen beschreiben. Aus der Umwandlung von thermischer in mechanische und dann magnetische Energie resultiert der so genannte Geodynamo. Das primäre Phänomen sind Konvektionsströme, angetrieben durch die Wärmeenergie des immer weiter konsolidierenden inneren Kerns. Ihre Bahngeometrie wird entscheidend durch die Erdrotation strukturiert. Dabei spielen insbesondere Corioliskräfte eine wichtige Rolle. Die Symmetrieachse des Geodynamofeldes fällt deshalb im Mittel über Zeiträume von mehreren tausend Jahren mit der Rotationsachse der Erde zusammen, wie durch paläomagnetische Messungen nachgewiesen werden konnte, auf die noch näher eingegangen wird. Mit Supercomputern konnten dreidimensionale numerische Simulationen des Geodynamos realisiert werden. Obwohl es bislang noch nicht möglich war, einzelne kritische Modellparameter mit der physikalischen Realität des Erdkerns hinreichend in Einklang zu bringen, geben die Ergebnisse dennoch die wichtigsten Charakteristika des Erdmagnetfeldes, so etwa seine Stärke, Variabilität und dominierenden Dipolcharakter, eindrucksvoll wieder (Abb. 4).

Das Innenfeld aus allen Quellen im Erdkörper hat eine Stärke von etwa 60.000 Nanotesla (nT) an den Polen und um 30.000 nT in der Äquatorregion (Abb. 5 oben). Die Erde ist demnach ein Magnet von sehr beträchtlicher Intensität. Zum an der Erdoberfläche gemessenen Feld trägt das Geodynamo- oder Hauptfeld rund 95 Prozent bei, etwa 80 Prozent davon entfallen auf Dipolanteile. Magnetisierungen der Erdkruste sind bis in Tiefen von 20 bis 30 Kilometer, also bei Temperaturen von annähernd 600 Grad Celsius relevant. Bei magmatischen, insbesondere vulkanischen Gesteinsformationen ergeben sich aufgrund erhöhter Konzentrationen magnetischer Minerale zusätzliche positive Feldanteile. Sie können indessen auch negativ sein, etwa in weiten Teilen der ozeanischen Krus-

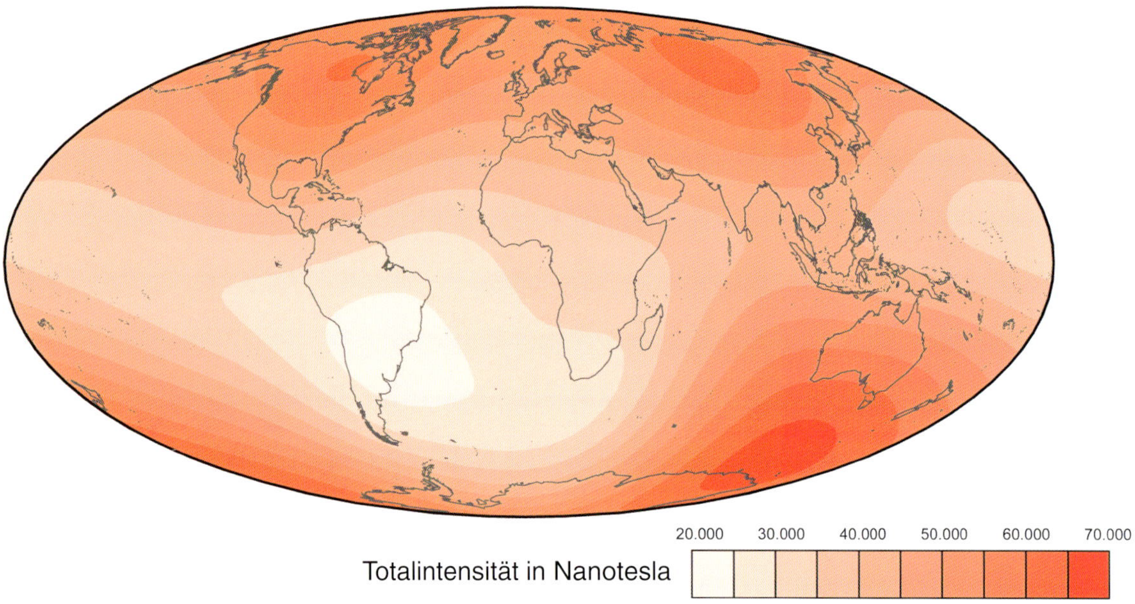

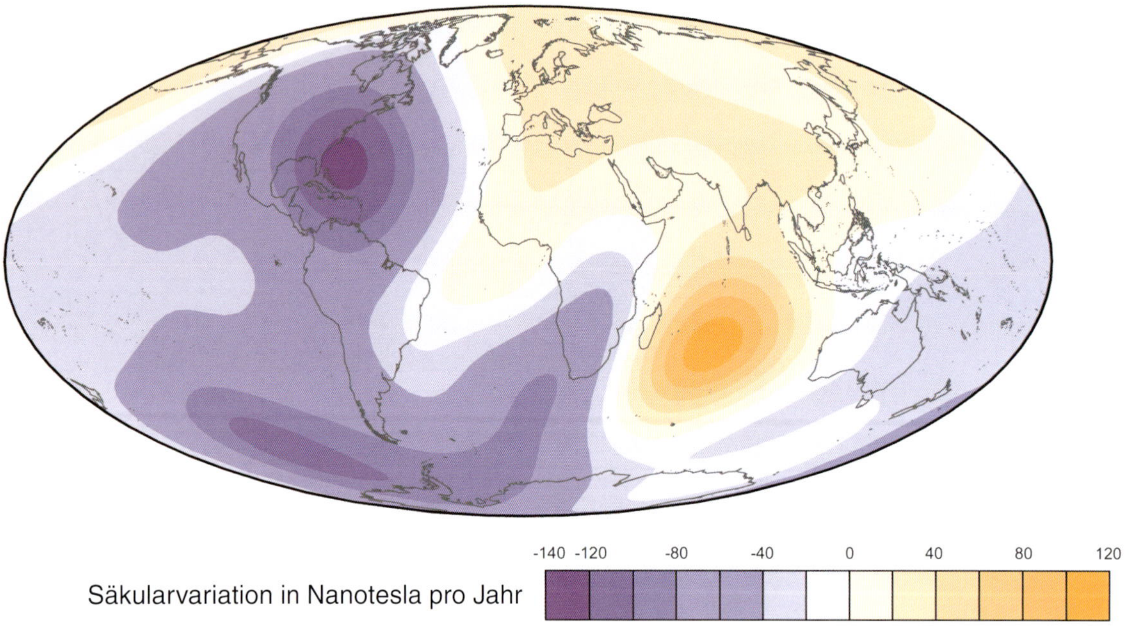

Abb. 5: Oben: Intensität des erdmagnetischen Feldes an der Erdoberfläche (IRGF 2000, Isolinienabstand 5.000 Nanotesla). In erster Näherung entspricht das heutige Feld einem geozentrischen, um etwa 11° gegen die Rotationsachse geneigten Dipol, dessen geomagnetische Pole im nördlichen Kanada und südlich von Australien liegen. Markante Abweichungen von dieser Geometrie bilden ein Maximum über Sibirien und ein ausgedehntes Minimum im Raum Südamerika / Südatlantik. Unten: Jährliche Änderungen der Intensität des erdmagnetischen Feldes an der Erdoberfläche bezogen auf das IRGF 2000 (Isolinienabstand 20 Nanotesla/Jahr). Für weitere Informationen siehe zum Beispiel: http://geomag.usgs.gov.

te, wo fossile, so genannte remanente Magnetisierungen überwiegen, die während der erdgeschichtlichen Vergangenheit gebildet wurden.

Das Erdmagnetfeld unterliegt nach Richtung und Stärke einem stetigen Wandel, wie schon im 16. Jahrhundert insbesondere aus Beobachtungen der Deklination (engl. variation, Abb. 3) bekannt war. Im Periodenbereich von einigen Jahren bis zu mehreren Jahrhunderten werden diese zeitlichen und räumlichen Änderungen als Säkularvariation bezeichnet. Sie spiegeln die ausgeprägte Dynamik der Geodynamoprozesse im äußeren Erdkern wider. Nicht zuletzt um in der Praxis solchen Variationen Rechnung tragen zu können, publiziert die International Association of Geomagnetism and Aeronomy (http://www.iugg.org/associations/iaga.php) alle fünf Jahre ein aktuelles globales Referenzmodell des Erdmagnetfeldes. Dieses International Geomagnetic Reference Field (IGRF, Abb. 5) basiert auf der Gaußschen Analyse nach Kugelfunktionen von Messreihen erdmagnetischer Observatorien und heute in erster Linie auf Satellitendaten. Ein auffälliges Phänomen ist die beständige Abschwächung des globalen Dipolmomentes während der vergangenen etwa 200 Jahre. Über diesen Zeitraum, für den hinreichend genaue direkte Beobachtungen vorliegen, hat sich die Intensität des Dipolfeldes um nahezu zehn Prozent verringert. Hieraus zu schließen, die Erde verliere ihr Magnetfeld in wenigen tausend Jahren, wäre nach Stand der Forschung reine Spekulation. Sorgfältige Trendanalysen des IGRF ermöglichen zuverlässige Voraussagen über Änderungen des geomagnetischen Feldes nur über wenige Jahre. Danach nimmt die Feldstärke derzeit durchaus nicht überall auf der Erde ab (Abb. 5, unten).

Außenfeld

Elektrische Stromsysteme sind die Quellen von Beiträgen aus dem Außenraum der Erde zum geomagnetischen Feld. Charakteristikum dieser externen Anteile sind ihre schnellen Änderungen. Erste Hinweise auf die Ursachen hierfür gaben Beobachtungen im 18. Jahrhundert, dass solche kurzperiodischen magnetischen Variationen mit der Polarlichtaktivität korrelieren. Beide Phänomene haben ihren Ursprung in Vorgängen und Ereignissen auf der Sonne. Sie emittiert kontinuierlich sowohl eine elektromagnetische Wellenstrahlung – ein schmales Frequenzband davon ist das sichtbare Licht – als auch eine Partikelstrahlung, überwiegend Elektronen und Protonen, den Sonnenwind. Sie wechselwirken mit dem erdmagnetischen Innenfeld. Die Feldlinien werden auf der Tagseite stark verdichtet und expandieren auf der Nachtseite weit in den Weltraum. Daraus und aus anderen an die Erdrotation gebundenen Einflüssen resultiert ein typischer Tagesgang des Außenfeldes mit Amplituden von mehreren Zehner Nanotesla. Alle Veränderungen des Sonnenwindes äußern sich in Variationen des Außenfeldes, so auch die 27-tägige Rotationsperiode der Sonne und der elfjährige Sonnenfleckenzyklus. Besonders intensive Eruptionen auf der Sonne haben so genannte magnetische Stürme zur Folge, die typischerweise einige Tage andauern. Sie erreichen in hohen Breiten Amplituden bis zu einem Zehntel des Innenfeldes und bedingen kurzzeitige Änderungen der Deklination von über zehn Grad.

Immer wieder führen magnetische Stürme weltweit, namentlich aber in hohen Breiten, zu starken Beeinträchtigungen der drahtlosen und netzgebundenen Kommunikationssysteme in nahezu allen Frequenzbereichen. Auch das Global Positioning System (GPS) verliert dann drastisch an Genauigkeit. Die schnellen Feldänderungen induzieren starke elektrische Ströme in langen Telefon-, Hochspannungs- und Erdölleitungen, die zu Schäden in Milliardenhöhe geführt haben. Dass heute ein tägliches Weltraumwetter und auch Vorhersagen verfügbar sind, die Sonnen- und Magnetfeldaktivitäten erfassen (›Space Weather‹, http://www.swpc.noaa.gov/), ist deshalb nur zu verständlich.

Aus den zyklischen und episodischen Variationen des Außenfeldes ergeben sich auch Induktionseffekte im Erdkörper selbst. Mit den Methoden der magnetotellurischen Tiefensondierung werden sie erfolgreich genutzt, um elektrische Leitfähigkeitsstrukturen bis in große Tiefen des Erdmantels zu bestimmen.

Magnetischer Schutzschild

Die Erde ist ständig der kosmischen Strahlung ausgesetzt, ein wesentlich energiereicherer Partikelstrom als der zuvor diskutierte, erdmagnetische Variationen bewirkende Sonnenwind. Aufgrund elektromagnetischer Wechselwirkungen bildet das Erdmagnetfeld einen sehr effektiven Schutz gegen diese für biologisches Leben tödliche Bedrohung. Darüber hinaus ist die Erde von mehreren konzentrischen Strahlungsgürteln umgeben, in denen hochenergetische, ionisierte Materie durch das Erdmagnetfeld wie in Speicherringen eingeschlossen ist. So bewegen sich im so genannten harten Strahlungsgürtel um die Äquatorregion vorwiegend sehr energiereiche Protonen entlang der Feldlinien zwischen den Hemisphären hin und her. Abhängig von der Feldstärke nähern sie sich der Erde am nördlichen und südlichen Wendepunkt (Spiegelpunkte) zumeist bis in Höhen um 600 Kilometer. Im Raum Südamerika / Südatlantik erreicht die Feldstärke derzeit nur etwa 60 Prozent einer symmetrischen Dipolgeometrie (Abb. 5, oben). Dadurch sinken die Spiegelpunkte dort auf wenige 100 Kilometer ab, und Satelliten auf erdnahen Umlaufbahnen sind akut der harten Strahlung ausgesetzt. Auf einem polaren Orbit ergeben sich daraus etwa 90 Prozent der gesamten Strahlendosis.

Starke magnetische Stürme komprimieren das Magnetfeld bis in die Umlaufbahnen geostationärer Satelliten, die dann direkt von Sonnenwind und kosmischer Strahlung erreicht werden. Wegen der fortschreitenden Miniaturisierung aller elektronischen Bordsysteme ist auch dies ein wachsendes Problem. Durch die intensivierte Emission von solarer UV Strahlung während magnetischer Stürme erwärmt sich die obere Atmosphäre und dehnt sich aus. Bis in etwa 1.000 Kilometer Höhe steigt die Dichte dabei deutlich an. Satelliten in erdnahem Orbit werden dadurch stärker abgebremst, ihre Bahngeometrien deformiert.

Messungen

Lange Zeit beschränkten sich regelmäßige Beobachtungen des Erdmagnetfeldes in Observatorien vorwiegend auf die Bestimmung der Deklination, weil sie von unmittelbar praktischer Bedeutung für die Seefahrt war. Erst mit dem wachsenden wissenschaftlichen Interesse an Fragen des Erdmagnetismus in der ersten Hälfte des 19. Jahrhunderts wurden systematische Aufzeichnungen detaillierterer Messreihen begonnen. An diesen Entwicklungen hatte Deutschland maßgeblichen Anteil, namentlich der Göttinger Magnetische Verein mit Gauß, Wilhelm Weber und Alexander von Humboldt als den führenden

Initiatoren. Die von ihnen konzipierten Mess- und Eichmethoden wurden weltweit übernommen und blieben weit über 100 Jahre anerkannter Standard. Das erste 1838 aus solchen Daten entwickelte globale Magnetfeldmodell war die Grundlage für das zuvor skizzierte neue und bis heute gültige geomagnetische Weltbild. Zur Zeit sind in Deutschland noch drei erdmagnetische Observatorien in Betrieb, Fürstenfeldbruck, das die durch Johann von Lamont vor mehr als 150 Jahren begonnene bayrische Tradition fortführt, sowie Niemegk und Wingst.

Mit dem Einzug moderner Messtechniken in den Observatorien konnten zwar verschiedene methodische Einzelheiten verbessert werden, weitere grundlegende Fortschritte waren auf diesem Wege aber nicht mehr zu erzielen. Sowohl bedingt durch die sehr ungleichmäßige geographische Verteilung von Land und Meer über die Hemisphären, häufig aber auch wegen fehlender ökonomischer Voraussetzungen, ist das internationale Netz magnetischer Observatorien (http://www.intermagnet.org) in vielen Teilen der Welt nur sehr weitmaschig. Die mittleren Abstände der Messpunkte sind indessen ausschlaggebend für die Genauigkeit und räumliche Auflösung, mit der sich Potentialfelder, neben dem magnetischen also auch das Gravitationsfeld der Erde, im globalen Maßstab theoretisch erfassen lassen.

Die Raumfahrt eröffnete in dieser Hinsicht dann völlig neue Möglichkeiten. Sonden zahlreicher Missionen zu den Planeten des Sonnensystems hatten Magnetometer an Bord, die Daten über ihre bis dahin nahezu unbekannten Magnetfelder lieferten. Der amerikanische ›Magsat‹ Satellit führte 1979/80 erstmals eine genaue Vermessung des gesamten Erdmagnetfeldes durch. Mit dieser Bestimmung befanden sich später unter anderen die dänische ›Ørsted‹ Sonde (benannt nach dem Physiker Hans Christian Ørsted, einem der Begründer des Elektromagnetismus) und der deutsche ›CHAMP‹ (CHAllenging Minisatellite Payload, Abb.6) im Orbit. Primäre Zielsetzungen der CHAMP Mission unter Federführung des GeoForschungsZentrums Potsdam waren Untersuchungen des Magnetfeldes und des Schwerefeldes der Erde sowie ihrer Atmosphäre (siehe http://www-app2.gfz-potsdam.de/pb1/op/champ für ausführliche und aktuelle Informationen).

Die wissenschaftliche Konzeption eines solch ambitionierten Programms, die Auswahl der apparativen Komponenten und insbesondere der Bahngeometrie des Satelliten ist nicht ohne Kompromisse realisierbar. So sind für eine optimale Auflösung der Potentialfeldmessungen in Raum und Zeit möglichst erdnahe Umlaufbahnen zu fordern. Durch die größere Atmosphärenreibung verkürzt sich dort jedoch seine Lebensdauer. CHAMP, der am 15. Juli 2000 auf eine Anfangshöhe von rund 450 Kilometer in einen nahezu kreisförmigen, polnahen Orbit startete, sollte etwa fünf Jahre lang Daten liefern und sich über diesen Zeitraum der Erde auf weniger als 250 Kilometer genähert haben. Bei den Planungen mussten nicht zuletzt die bereits angesprochenen Einflüsse einer Periode verstärkter solarer Aktivität berücksichtigt werden, die 2000/2001 mit einem Sonnenfleckenmaximum erreicht wurde. Zur Bestimmung des Magnetfeldes waren zwei Instrumente im Einsatz. Das die Feldstärke nach dem Prinzip der Kernspinresonanz absolut messende Overhauser Magnetometer dient gleichzeitig als Eichnormal für ein auf Raumsonden vielfach bewährtes Fluxgate Vektormagnetometer, das die Feldanteile in drei Raumrichtungen erfasst. Die Messbereiche beider Geräte von jeweils ± 65 Nanotesla decken die gesamte Variationsbreite des Feldes in der Umlaufbahn mit einer Auflösung von rund 50 Picotesla ($50 \cdot 10^{-12}$ Tesla) ab. Um diese hochgenauen Datensätze adäquat nutzen zu können, müssen die Raumlage der Magnetometer mittels Sternsensoren und der Zeitpunkt jeder Messung über den GPS Code entsprechend exakt bestimmt werden. Gerade mit dieser Kombination von Geräten wurden gegenüber früheren Kampagnen deutlich verbesserte Ergebnisse erwartet, eine Hoffnung, die sich mit dem sehr erfolgreichen Verlauf der CHAMP Mission erfüllen sollte.

Abb. 6: Der Satellit CHAMP. Um Einflüsse durch elektrische Ströme und das Eigenfeld des Satelliten zu minimieren, sind die Magnetfeldmessinstrumente, ein skalares Overhauser Magnetometer und ein dreikomponentiges Fluxgate Magnetometer, zusammen mit den Sterndetektoren auf einem 4 Meter langen Ausleger angebracht.

Planetare Felder

Daten über die Magnetfelder der übrigen Planeten unseres Sonnensystems, teils auch über die ihrer Monde, sind durch Messungen mit Raumsonden gewonnen worden. Von den inneren Planeten besitzt die Venus kein Magnetfeld, das des Merkur hat nur etwa ein Prozent der Stärke des erdmagnetischen Feldes. Schwache regionale Felder des Mars werden als Relikte eines vormaligen Magnetfeldes von planetarer Dimension interpretiert, dessen potentielle Existenz von

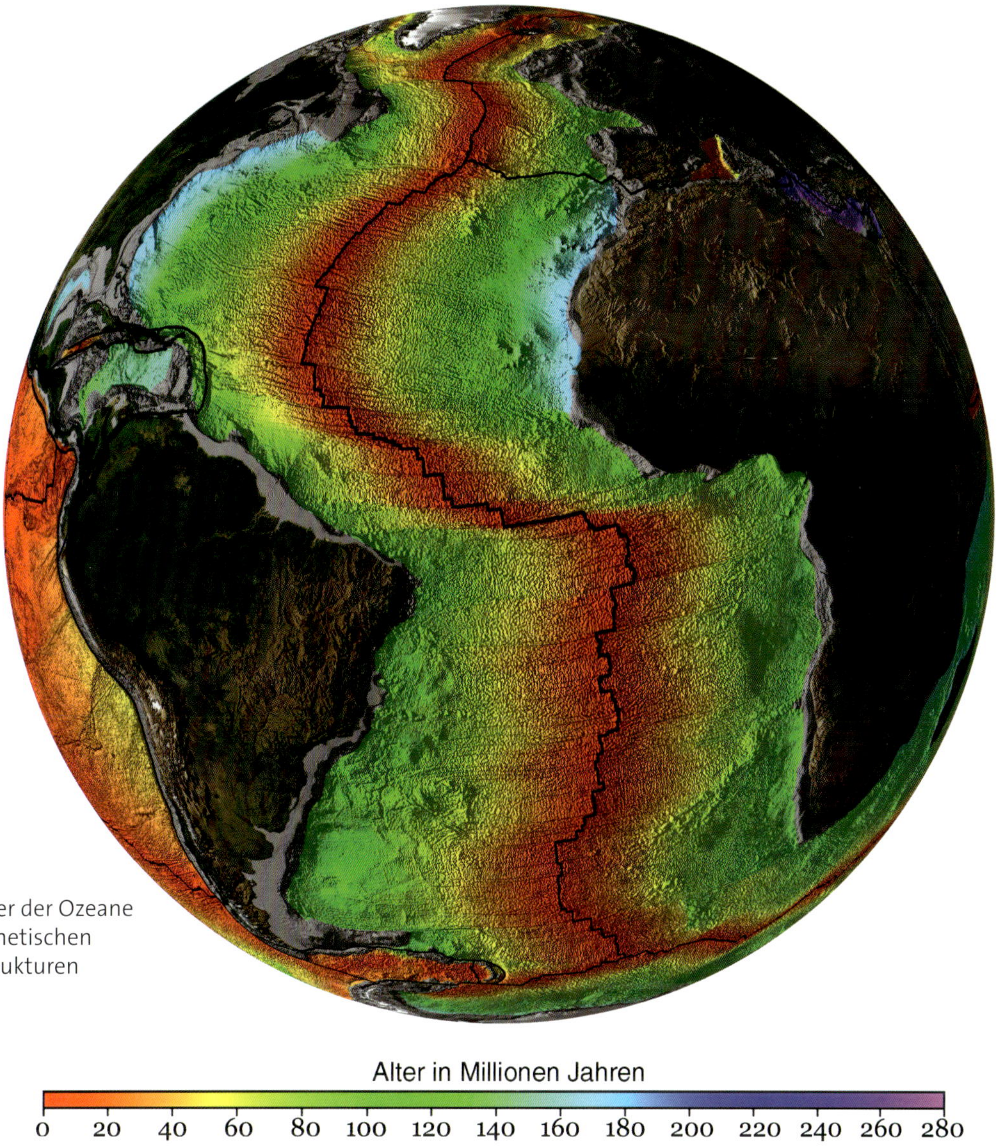

Abb. 7: Alter der Ozeane nach magnetischen Krustenstrukturen

außerordentlicher Bedeutung wäre für seine interne Struktur sowie die Entwicklung einer Atmosphäre und damit auch für die Möglichkeit früheren biologischen Lebens auf unserem Nachbarplaneten. Ähnlich hat auch der Erdmond heute kein Magnetfeld. Nach Analysen von Mondgestein existierte in der Frühzeit bis vor etwa 3,2 Milliarden ein solches lunares Feld. Es ist wahrscheinlich, dass danach Dynamoprozesse aussetzten, weil der Mondkern schon weitgehend erkaltet war.

Alle äußeren Planeten haben, soweit Messdaten vorliegen (sie fehlen noch für Pluto), markante Magnetfelder. Das des Jupiter ist wesentlich stärker als das Erdfeld und bindet im Außenraum einen dichten, hochenergetischen Partikelstrom vergleichbar den irdischen Strahlungsgürteln, jedoch ungleich intensiver, so dass er eine konkrete Gefahr für Raumfahrzeuge darstellt. Das Uranus-Feld ist gegenüber der Rotationsachse um fast 60 Grad geneigt und zudem nicht auf die Mitte des Planeten zentriert. Ähnlich ausgeprägte Unterschiede in den Symmetrieeigenschaften gegenüber dem Erdmagnetfeld weist das Feld des Neptun auf. In beiden Fällen werden deshalb andere, wahrscheinlich weniger tief liegende, Quellstrukturen vermutet.

Paläomagnetismus

Mit den Methoden der Seismologie, Gravimetrie, Geoelektrik oder Geothermik lassen sich keine oder kaum differenzierte Aussagen über physikalische Zustände und Entwicklungen des Erdkörpers in der Vergangenheit gewinnen. Über die meisten seiner früheren Kraft- und Energiefelder ist deshalb wenig Konkretes bekannt. Das Erdmagnetfeld bildet in dieser Hinsicht eine wichtige Ausnahme. Bereits im 16. Jahrhundert war beobachtet worden, dass einzelne Gesteinsformationen die Kompassrichtung stark beeinflussen. Unter anderen hat sich später Alexander von Humboldt eingehender mit diesem Phänomen befasst. Etwa seit Anfang des letzten Jahrhunderts

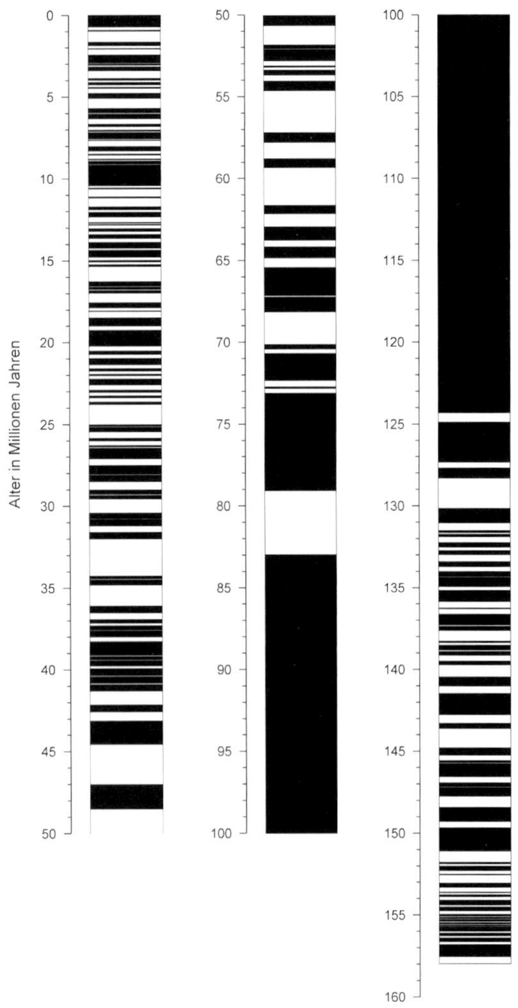

Abb. 8: Geomagnetische Polaritätszeitskala der letzten etwa 160 Millionen Jahre. Phasen normaler (heutiger) Polarität sind schwarz, inverse Polaritäten weiß gekennzeichnet.

wurden dann systematische gesteinsmagnetische Studien durchgeführt. Als Erster berichtete der französische Physiker Antoine Brunhes 1906 über vulkanische Laven, deren Magnetisierung der Richtung des örtlichen Magnetfeldes entgegengesetzt war und diskutierte die Möglichkeit von Polaritätswechseln des geomagnetischen Feldes. Diese Hypothese fand lange Zeit wenig Beachtung oder wurde, gerade auch in Deutschland, abgelehnt. Dies änderte sich erst ab den 1950er Jahren, als aus Analysen der Magnetisierung von Gesteinen sukzessive eine Reihe spektakulärer Ergebnisse gewonnen wurden. Dabei konnten mit paläomagnetischen Daten kontinentaler Gesteine und vor allem der darauf basierenden Interpretation von magnetischen Strukturen in der ozeanischen Kruste die quantitativen Grundlagen für das Konzept der Plattentektonik geschaffen werden, das unsere geowissenschaftliche Weltsicht fundamental revolutioniert hat.

Wenn wir heute ein detailliertes Bild der globalen Konfiguration von Kontinenten und Ozeanen vor Millionen Jahren entwerfen können, liegt dem immer die Prämisse zugrunde, das erdmagnetische Feld habe sich in der Grundstruktur und damit in seinen geodynamischen Ursprüngen seit der Frühzeit unseres Planeten nicht mehr geändert. Diese Kernaussage der Paläomagnetik basiert auf dem Befund, dass alle Gesteine eine natürliche remanente Magnetisierung (NRM) besitzen, in der ein Abbild des geomagnetischen Feldes der Vergangenheit fossil erhalten, quasi eingefroren ist. Zumeist nur sehr geringe Konzentrationen magnetischer Minerale sind die Träger der NRM. Sie wird hauptsächlich bei der Abkühlung magmatischer Gesteine als thermoremanente Magnetisierung oder durch Ausrichtung magnetischer Komponenten bei der Sedimentation gebildet und speichert dabei die Richtung und unter bestimmten günstigen Voraussetzungen auch die Intensität des Erdmagnetfeldes am Ort und zum Zeitpunkt ihrer Entstehung. Viele natürliche Magnetominerale, in erster Linie Eisenoxide, aber auch Eisensulfide, zeichnen sich durch besonders hohe magnetische Stabilität aus, so dass eine NRM über hunderte von Millionen Jahren erhalten bleiben kann. In vieler Hinsicht haben die magnetischen Mineralinventare in Gesteinen große Ähnlichkeit mit den Informationsträgern moderner Speichermedien wie Disketten, Festplatten oder Videobänder. Aufgrund ihrer Größe von höchstens 0,1 Mikrometer sind bakterielle Magnetosome (Abb. 1) magnetisch ideal stabil. In marinen Sedimenten tragen solche biogenen Mineralisationen vielfach wesentlich zur NRM bei. Sie wurden in sedimentären Gesteinen bis zu präkambrischen Altern nachgewiesen. Genetische Untersuchungen ergaben Indizien für archaische Ursprünge der magnetotaktischen Bakterien. Als interessante Marginalie in diesem Kontext sei bemerkt, dass der aktuelle wissenschaftliche Disput um Lebensspuren auf dem Mars sich weitestgehend auf die Fragestellung reduziert, ob die in einem Meteoriten identifizierten Magnetitkristalle biologisch entstanden sind. Die Lösung wäre sicherlich auch im Hinblick auf ein früheres Magnetfeld des Mars von Belang.

Neben ihrer elementaren Bedeutung für plattentektonische Rekonstruktionen finden paläomagnetische Daten sehr erfolgreich Anwendung bei der Datierung von Gesteinen. Magnetochronologische Methoden nutzen die Polaritätswechsel des Erdmagnetfeldes als Zeitmarken. Sie lassen sich besonders effizient nutzen für detaillierte stratigraphische Gliederungen von sich mehr oder weniger kontinuierlich bildenden Formationen, wie marinen sedimentären Ablagerungen oder der magmatischen ozeanischen Kruste. Damit gelang der Nachweis, dass die heutigen Ozeane maximal nur etwa 180 Millionen Jahre alt sind (Abb. 7), im Vergleich zu den Kontinenten also sehr junge geologische Strukturen. Über diesen hinreichend vollständig dokumentierten Zeitraum haben sich Umkehrungen der Polarität, ein Platztausch von magnetischem Nord- und Südpol, im Mittel mehrfach pro Million Jahre ereignet. Die Intervalle zwischen Polaritätswechseln variieren in weiten Grenzen, von nur wenigen zehntausend bis zu Zehner Millionen Jahren. Längere Zeiträume sind durch häufige, andere durch relativ wenige Umpolungen

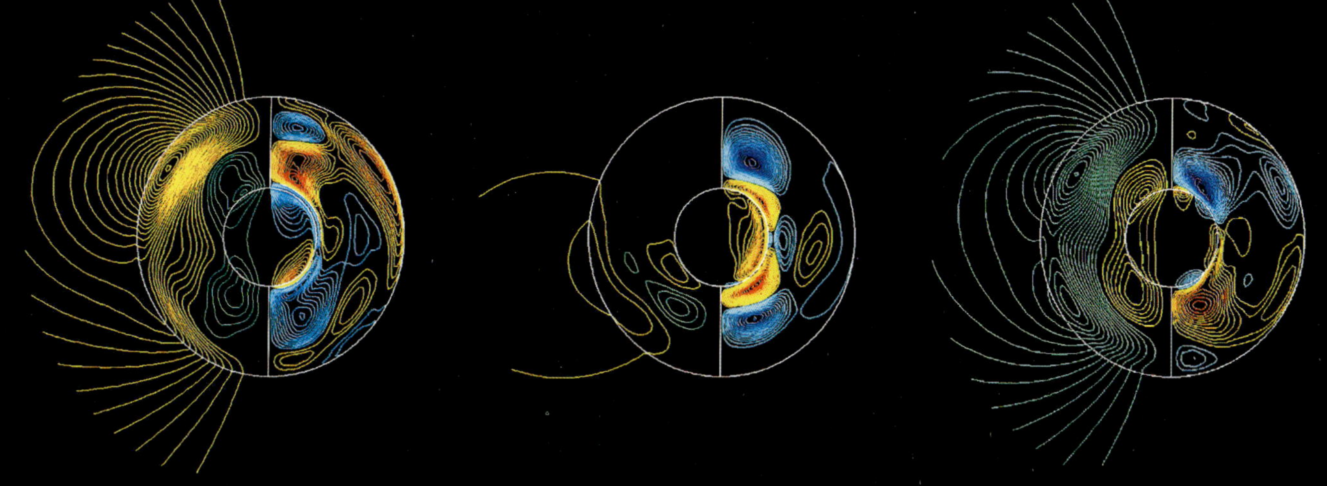

Abb. 9: Numerische Simulation des geomagnetischen Feldes über etwa 9.000 Jahre vor, während und nach einem Polaritätswechsel. Die weißen Kreise markieren den inneren festen und äußeren flüssigen Kern. In der linken Hälfte sind die Feldlinien jeweils nach Norden (grün) oder Süden (gelb), in der rechten Hälfte nach Westen (blau) oder Osten (rot) gerichtet.

charakterisiert (Abb. 8). Gesicherte Erkenntnisse, welche Prozesse entscheidend sind für diese auffälligen Kontraste, stehen noch aus.

Auch im Hinblick auf eine Reihe anderer wesentlicher Aspekte ist die verfügbare Datenbasis bislang unzureichend. So werden für die Dauer einer Feldumkehr wenige hundert bis viele tausend Jahre diskutiert. Ebenso ist weitgehend unklar, welche Feldkonfigurationen dabei dominieren, Dipol- oder Multipolgeometrien, und inwieweit die übliche Hypothese generell zutrifft, die Intensität des Feldes verringere sich drastisch. Lassen sich diese Fragen allgemeingültig lösen oder hat jede einzelne Feldumkehr ihre individuellen Merkmale? In verschiedener Hinsicht aufschlussreiche, teils auch unerwartete Ergebnisse sind mit den schon zuvor angesprochenen numerischen Simulationen des Geodynamos erzielt worden (Abb.9). Danach ist die Polarität des den inneren Kern durchdringenden Feldes stets dem an der Erdoberfläche beobachteten Feld entgegengesetzt. Nur wenn beide Felder sehr schwach werden, kann sich die Polarität des äußeren Kerns auch im inneren Kern durchsetzen, mit dem Resultat eines Polaritätswechsels an der Erdoberfläche. Das innere Kernfeld ist nach diesem Befund ausschlaggebend, ob und in welcher Zeit sich eine neue Polarität etablieren kann.

Internetadressen

http://geomag.usgs.gov
http://www-app2.gfz-potsdam.de/pb1/op/champ
http://www.iugg.org/associations/iaga.php
http://www.psc.edu/science/glatzmaier.html
http://www.swpc.noaa.gov
http://www.intermagnet.org

Ulrich Bleil war Professor für Marine Geophysik an der Universität Bremen.

Anschrift: Prof. em. Dr. Ulrich Bleil
Fachbereich Geowissenschaften
Universität Bremen
Postfach 330 440
28334 Bremen

E-Mail: bleil@uni-bremen.de

Tilo von Dobeneck ist Professor für Marine Geophysik am Fachbereich Geowissenschaften der Universität Bremen. Schwerpunkt seiner Forschungen sind die magnetischen Eigenschaften von Meeressedimenten und die darin enthaltenen Informationen über Paläoklima, Diagenese und Erdmagnetfeld.

Anschrift: Prof. Dr. Tilo von Dobeneck
Fachbereich Geowissenschaften
Universität Bremen
Postfach 330 440
28334 Bremen

E-Mail: dobeneck@uni-bremen.de

Was ist Luft?

von Helmut Kraus, Bonn

»Es ist ein tiefes Meer von Luft, auf dessen Grunde, acht bis zehn Meilen unter der Oberfläche, der Mensch sein viel bewegtes Leben führt. Früh und lange galt es für eine Kugelschale von Dunst und Dampf, und wir haben ihm den Namen Atmosphäre (Dampfkugel) bis auf den heutigen Tag gelassen. Unendlich groß ist der Unterschied, der Reichtum, der durch dieses eine Element in unsere Lebensbeziehungen, in die ganze Erscheinungswelt unseres Planeten überhaupt gebracht wird. Wären die Bedingungen unserer Lebenshaltung etwa durch andere Mittel erfüllt worden: ohne Atmosphäre wäre klanglos die Erde, der Odem der Sprache stumm, die Macht der Töne ungekannt; alle Farbenpracht des Himmels wäre für immer verschwunden, und auf schwarzem Grunde leuchteten, in grellem Gegensatz von Licht und Finsternis, bei Tage wie bei Nacht, die zahllosen Sternenpunkte, dort überboten von dem blendenden Glanze der Sonne, hier von dem periodischen Scheine des großen Mondes; alles Wasser aber wäre aufgebraust in eitlem Dampf, der es vergeblich versuchte, eine andere Atmosphäre aus sich zu gestalten. Doch es ist nicht so, und geängstigt von Zuständen, wie wir sie Menschen auf dem atmosphärenlosen Monde andenken und andichten möchten, kehren wir um zur Betrachtung unserer irdischen Wirklichkeit, dankbar im Gefühle des Drucks, mit dem jene hohe Schicht auf uns liegt.«

Joseph Helmes in
›Das Wetter und die Wetterprophezeiung. Ein Cyklus meteorologischer Vorträge für Gebildete‹
Hannover 1858, S. 46/47

Die Lufthülle der Erde und ihre Zusammensetzung

Die Erde besitzt eine Lufthülle, die Atmosphäre. Sie ist ein Gemisch aus einer Reihe verschiedener unsichtbarer Gase. Fünf von ihnen, nämlich Stickstoff, Sauerstoff, Argon, Kohlendioxid und Wasserdampf sind die Hauptbestandteile, die – bis auf 0,003 Prozent – die Gesamtheit der atmosphärischen Masse ausmachen (Tabelle 1). Die restlichen Gase, z. B. die Edelgase Neon, Helium, Krypton und Xenon, sowie die unedlen Gase Methan, Wasserstoff, Distickstoffoxid, Kohlenmonoxid und Ozon, werden deshalb als Spurengase bezeichnet. Ihr geringes Vorkommen bedeutet aber nicht, dass sie unwichtig wären. Im Gegenteil: Einige von ihnen besitzen herausragende Bedeutung für unser Leben, einige im positiven, andere aber im negativen Sinne.

Stickstoff, Sauerstoff, Argon und Kohlendioxid kommen bis in sehr große Höhen von fast 90 Kilometern in konstanten Druckanteilen vor. Der Wasserdampfgehalt hingegen ist in höchstem Maße variabel. Sein Anteil kann bis zu vier Prozent betragen, aber in extrem trockener Luft auch fast vollständig fehlen. Außerdem besitzt er als einziges atmosphärisches Gas die Eigenschaft, dass er in der Atmosphäre in die beiden anderen Aggregatzustände (*fest*, z. B. als Schneekristall oder Hagelkorn, und *flüssig*, als Wolken- oder Regentröpfchen) übergehen kann. Dabei ist wichtig, dass diese Übergänge viel Energie brauchen oder freisetzen: Kondensiert Wasserdampf bei der Wolkenbildung zu flüssigem Wasser, wird sehr viel Wärme frei, die weitere Prozesse anfachen kann. Wegen der großen Variabilität des Wasserdampfgehaltes gibt man die Zusammensetzung der Atmosphäre immer nur für

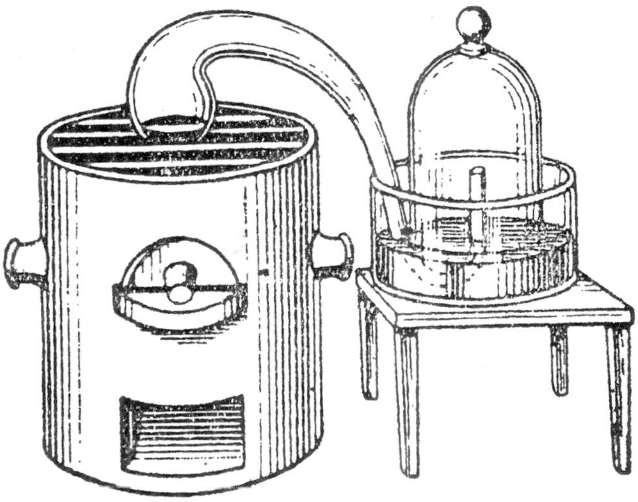

Abb. 1: Der Versuch von Lavoisier über die Zusammensetzung der Luft (1777). In einer Retorte, die durch einen zweimal gebogenen Hals mit einer in einer Glasglocke über Quecksilber abgesperrten, bestimmten Luftmenge in Verbindung stand, wurde Quecksilber auf einem Kohleofen mehrere Tage lang nahe am Sieden erhalten. Hierbei verschwand ein Teil der Luft, während sich gleichzeitig das Quecksilber teilweise in ein rotgelbes, kristallines Pulver (Quecksilberoxid) verwandelte. Der zurückbleibende Teil der Luft (Stickstoff) unterhielt zum Unterschied von der ursprünglichen Luft weder die Verbrennung noch die Atmung. Die gebildete Quecksilberverbindung spaltete bei stärkerem Erhitzen ein Gas (Sauerstoff) ab, das die Verbrennungs-Erscheinungen viel lebhafter unterhielt als die ursprüngliche Luft und dessen Volumen genau dem vorher verschwundenen Luftanteil entsprach.

den ›konstanten‹ Anteil an, also für die ›wasserdampffreie Luft‹ und erhält so die Tabelle 1. Der Vollständigkeit halber sei noch erwähnt, dass die Atmosphäre natürlich generell auch feste und flüssige Teilchen enthält, das sind z. B. vom Boden aufgewirbelter Staub, Teilchen aus Verbrennungs- und Industrieprozessen und Wolken- und Niederschlags-Teilchen.

Das Wissen um die Luft: vom Element zum Gasgemisch

Das älteste Buch über die Atmosphäre ist das vierbändige Werk ›Meteorologie‹ des Aristoteles (384 bis 322 v. Chr.), in dem dieser versuchte, alle Naturphänomene zwischen Erde und Himmel zu erklären. Eine seiner Grundlagen dafür war die *Theorie der vier Elemente*, die ursprünglich von dem Sizilianer Empedokles von Agrigent (492 bis 430 v. Chr.) stammt. Für Aristoteles bestand die *Erdregion* – das ist die Sphäre innerhalb der Bahn des Mondes um die Erde – aus den vier Elementen *Erde, Wasser, Luft* und *Feuer*, die er sich in konzentrischen Kreisen um den Erdmittelpunkt angeordnet vorstellte, die Erde innen und das Feuer ganz außen. Dabei konnte aber auch ein Element in den Kreis des anderen eindringen: Man wusste ja, dass das Land sich vor den Küsten unter Wasser fortsetzt und dass Feuer auch auf der Erde brennt. Diese Elemente verstand man als die Grundstoffe oder Urstoffe aller Dinge. Zwischen ihnen gab es viele Wechselwirkungen, aus denen heraus man eine Fülle von Phänomenen erklärte. So konnte – nach dieser Auffassung – das Feuer der Sonne zu zwei verschiedenen Arten von Dämpfen führen, zusammen mit dem Wasser zu feuchten und warmen, aus denen sich Wolken und Regen bilden, und zusammen mit der Erde zu trockenen und warmen, die letztlich für solche Phänomene wie Wind und Donner verantwortlich gemacht wurden.

Das Weltbild des Aristoteles hat sich erstaunlicherweise etwa 2.000 Jahre gehalten. Erst im 17. Jahrhundert verhalfen Forscher wie Galileo Galilei (1564 bis 1642), Evangelista Torricelli (1608 bis 1647), Robert Boyle (1627 bis 1691) und Isaac Newton (1643 bis 1727) dem naturwissenschaftlichen Denken zum Durchbruch. Damit änderte sich auch das Verständnis von dem, was wir Luft nennen. Den ersten Schritt dazu tat der englische Physiker und Chemiker Robert Boyle, der 1661 den Begriff des chemischen Elementes – als Grundstoff, der sich chemisch nicht weiter zerlegen lässt – schuf. Danach dauerte es aber noch mehr als 100 Jahre, bis 1774 der englische Theologe und Naturforscher Joseph Priestley und der schwedische Chemiker deutscher Abstammung Karl Wilhelm Scheele unabhängig voneinander den Sauerstoff entdeckten. Die beiden Forscher und auch der Franzose Antoine Laurent de Lavoisier zeigten 1777, dass die Luft ein Gemisch zweier Gase ist (s. Abb. 1), nämlich eines die Verbrennung unterhaltenden (Sauerstoff) und eines die Verbrennung nicht unterhaltenden (Stickstoff).

Es dauerte noch einmal über 100 Jahre, bis es William Ramsay zusammen mit Lord Rayleigh im Jahre 1894 gelang, das reaktionsträge Edelgas Argon (griechisch argos = träge) zu entdecken. Von ganz besonderer Bedeutung war seit jeher, was man unter trockener und feuchter Luft, was unter dem Begriff Wasserdampf verstehen soll, wie dieser in die Luft hineinkommt, sich dort aufhält und

Tabelle 1: Zusammensetzung der wasserdampffreien Luft ausgedrückt in den Anteilen, die jedes der Gase zum Gesamtluftdruck beisteuert:

Gas	**chemisches Symbol**	**Druckanteil**
Stickstoff	N_2	78,08 %
Sauerstoff	O_2	20,95 %
Argon	Ar	0,93 %
Kohlendioxid	CO_2	0,04 %
wasserdampf-freie Luft		**100,00** %
Spurengase		< 0,003 %

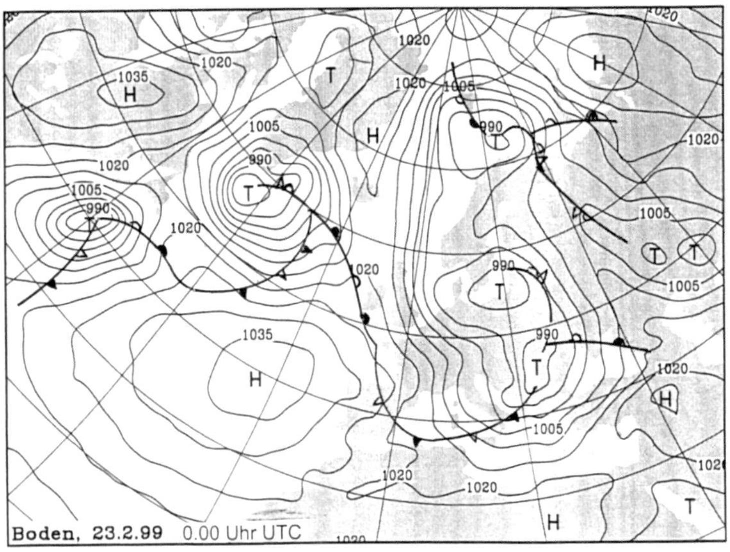

Abb. 2: Bodenwetterkarte vom 23. Februar 1999, 00:00 Uhr UTC. Die ausgezogenen Linien sind Linien gleichen Luftdrucks in NN. Man nennt sie Isobaren. Westlich von Spanien und auch über Kanada erkennen wir Hochdruck-Gebiete (H) mit Werten über 1035 hPa. Es gibt weitere kleine Hochs und eine Reihe von Tiefdruck-Gebieten (T). Die dick ausgezogenen Linien sind Fronten. Die runden Fronten-Symbole bezeichnen eine Warmfront; bei dieser dringt wärmere Luft gegen kältere vor. Die spitzen Fronten-Symbole bezeichnen eine Kaltfront; bei dieser dringt kältere Luft gegen wärmere vor.

wieder daraus befreit wird. Erst das Konzept des Gemisches von ›idealen Gasen‹ (als solche verstehen wir alle in Tabelle 1 aufgeführten Bestandteile) zusammen mit der Erkenntnis, dass Wasserdampf gasförmiges Wasser ist, wies den richtigen Weg.

Die Luft als Lebensgrundlage

Das Gasgemisch der Atmosphäre ist eine unserer wesentlichen Lebensgrundlagen:

- Wir atmen diese Luft ein, benötigen den in ihr enthaltenen *Sauerstoff* zur ›Verbrennung‹ der als Nahrung aufgenommenen Kohlenhydrate und stellen so den Energie- und Wärmehaushalt unseres Körpers sicher.
- Die Pflanzenwelt bedient sich des *Kohlendioxids*, um mit Wasser und Sonnenenergie über die Photosynthese Pflanzenmasse aufzubauen. Dabei wird Sauerstoff frei. Beim umgekehrten Prozess, der Respiration, wird der Sauerstoff zum Veratmen der Kohlenhydrate benutzt, und es wird Kohlendioxid und Energie frei.
- Der *Wasserdampf* ist Teil des Wasserhaushaltes und Wasserkreislaufes auf der Erde. Aus ihm entsteht über Kondensation der Niederschlag, ohne den es keine Wasserversorgung der Lebewesen auf den Landmassen der Erde gäbe.
- Das *Ozon* – vor allem seine hohe Konzentration in der Stratosphäre – dient als Schutzschild gegen die sehr kurzwellige, von der Sonne kommende ultraviolette Strahlung, die die Zellen aller Lebewesen in höchstem Maße schädigen kann.
- Die vom Menschen in die Atmosphäre gebrachten *Fluorchlorkohlenwasserstoffe* (FCKW) schädigen diese wichtige Ozonschicht.

Als extrem wichtige Folge der Atmosphäre ist der *Treibhauseffekt* zu erwähnen. Er sorgt dafür, dass die global gemittelte Lufttemperatur an der Erdoberfläche bei 15 Grad Celsius anstatt bei minus 18 Grad Celsius (ohne Atmosphäre) liegt. Hier sind es vor allem der im Gasgemisch vorhandene Wasserdampf und zu einem deutlich geringeren Anteil das Kohlendioxid, die diesen, das Leben in der heutigen Form gewährleistenden, ganz natürlichen Effekt bewirken. Die viel diskutierte anthropogene Modifikation des Treibhauseffektes um derzeit etwa plus 0,7 Grad Celsius kommt zustande, weil die fossilen Energieträger Kohle, Erdöl und Gas Kohlendioxid freisetzen, wenn wir sie verbrennen. Aber auch der vermehrte menschliche Ausstoß der Gase Methan, Distickstoffoxid und FCKW sowie ein erhöhter Wasserdampfgehalt der Atmosphäre verstärken den Treibhauseffekt.

Die Luft steht unter Druck

Das atmosphärische Gasgemisch unterliegt den Gesetzen der Physik und der Chemie. Es kann so durch physikalische und chemische Größen und Gesetze beschrieben werden. Eine sehr wichtige physikalische Größe in der Lufthülle der Erde ist der Luftdruck. Anders als in einem Autoreifen, in dem der Druck an allen Stellen gleich ist, besitzt der Druck in der Atmosphäre im Prinzip an jedem Ort einen anderen Wert: Generell nimmt er mit der Höhe ab und ändert sich systematisch auch in jeder horizontalen Richtung. Das bedeutet, es gibt überall ein Druckgefälle von höherem zu niedrigerem Luftdruck. Von dieser so komplizierten dreidimensionalen Luftdruckverteilung wollen wir hier nur die an der Erdoberfläche betrachten, wobei wir so tun, als ob die Erdoberfläche überall in Meeresniveau – man sagt Normal-Null oder abgekürzt NN – läge. Der Leser wird sagen, das gehe ja nicht an, weil z. B. München in etwa 500 Meter über NN liegt. Aber da rechnet man die in München gemessenen Luftdruckwerte mit Hilfe des Gesetzes, wie sich der Luftdruck mit der Höhe ändert, auf NN herunter. Auf Meeresniveau beträgt der Luftdruck im Mittel 1013,25 hPa (hPa steht für Hekto-Pascal, das sind 100 Pascal, und Pascal ist eine physikalische Druckeinheit, so wie Kilogramm eine physikalische Masseneinheit ist). Die horizontale Verteilung des Luftdruckes in NN können wir jeden Tag auf der Zeitungswetterkarte anschauen, etwas genauer auf den offiziellen Wetterkarten der Wetterdienste oder auch unter einer Reihe von Adressen im Internet. Ein Beispiel einer solchen Verteilung zeigt die einfache Wetterkarte von Abbildung 2. Der Leser weiß, dass sich die Wetterkarte von Tag zu Tag ändert. Dadurch wird offenbar, dass der Luftdruck und seine dreidimensionale Verteilung auch starken zeitlichen Veränderungen unterliegen.

Der Luftdruck auf Meeresniveau entspricht dem Gewicht, das die Luftsäule, die sich über der betreffenden Stelle bis in große Höhen erstreckt, auf die Unterlage ausübt. Aber wie jeder Druck in einem Gasvolumen wirkt auch der Luftdruck überall in alle Richtungen. Ist nun der Luftdruck an einer Stelle größer als an einer benachbarten, in Abbildung 2 zum Beispiel westlich von Spanien größer als über der Ostsee, so übt dieses Druckgefälle eine Kraft auf die Luftteilchen aus, um das Druckgefälle auszugleichen. Diese Kraft wird im Folgenden einfach Druckgradientkraft genannt. Gäbe es keine weiteren Kräfte, dann würden die horizontalen Druckunterschiede sehr bald verschwinden, und wir würden keine so interessanten Luftdruckverteilungen auf der Wetterkarte sehen können.

Die Luft besitzt natürlich auch weitere physikalische Eigenschaften. Die wichtigsten sind ihre Dichte, ihre Temperatur und ihr Feuchtegehalt. Zwischen Druck, Dichte, Temperatur und Feuchte gibt es enge Zusammenhänge, die man durch exakte mathematisch-physikalische Gleichungen beschreiben kann.

Auf die Luftteilchen wirken Kräfte

Die oben erläuterte, aus dem Druckgefälle resultierende Kraft ist nicht die einzige, die auf jedes Luftteilchen wirkt. In der Vertikalen wirkt noch die Schwerkraft und diese wird von der Kraft kompensiert, die sich ergibt, da der Luftdruck mit der Höhe abnimmt. Kleine Abweichungen von dieser Balance führen zu Beschleunigungen der Luftteilchen in der Vertikalen und zu auf- und absteigenden Luftbewegungen. Letztere sind für die Wolkenbildung und Wolkenauflösung von großer Bedeutung. Horizontal beeinflussen neben der Druckgradientkraft vor allem die Corioliskraft und die Reibungskraft die Luft. Letztere ist vor allem in Erdbodennähe (bis etwa 1.000 Meter Höhe) wirksam. Sie erweist sich als umso größer, je rauer der Untergrund ist. Von überragender Bedeutung zeigt sich die Corioliskraft. Diese ergibt sich aus der Rotation der Erde, weil jedes Teilchen versucht, sich geradlinig im Raum zu bewegen. Allerdings dreht sich die Erde in diesem Raum. Von der Erde aus gesehen sieht das dann so aus, dass jedes bewegte Teilchen auf der Nordhalbkugel nach rechts und auf der Südhalbkugel nach links abgelenkt wird. Man kann sich dies mit Hilfe von Abbildung 3 vorstellen. Ein Luftteilchen, das sich bei 30 Grad Nord nach Norden bewegt, besitzt zusätzlich

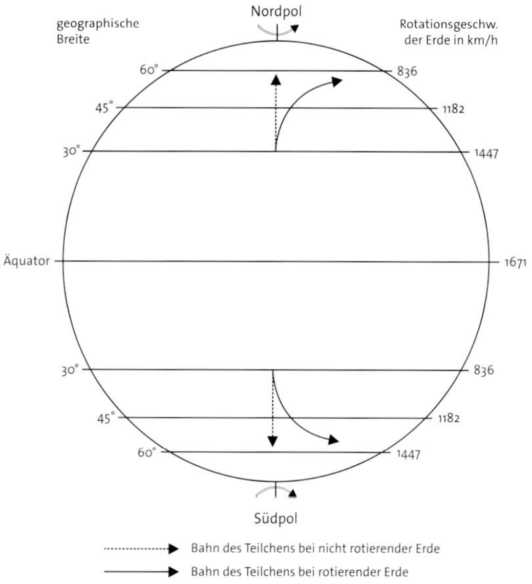

Abb. 3: Zur Erklärung der Corioliskraft

zu seiner Geschwindigkeit relativ zur Erde auch noch die Rotationsgeschwindigkeit, mit der sich die Erde an seinem Ausgangspunkt dreht. Diese behält es auf seinem Weg nach Norden bei. Da die Rotationsgeschwindigkeit aufgrund des kleineren Erdumfangs zu den Polen hin abnimmt, hat das Teilchen auf diesem Weg eine höhere Rotationsgeschwindigkeit als die der jeweiligen nördlichen Breite. Würde es sich bei nicht rotierender Erde genau nach Norden bewegen, dann eilte es, seine hohe Rotationsgeschwindigkeit aus der niedrigeren Breite beibehaltend, der West-Ost-Bewegung der festen Erde voraus. Dies bedeutet relativ zur Erde eine Ablenkung nach rechts.

Sind nun außerhalb der Reibungsschicht nur noch die Druckgradientkraft und die Corioliskraft von Bedeutung, dann ergibt sich für ein sich gleichmäßig (d. h. unbeschleunigt) bewegendes Luftteilchen, dass die Summe dieser beiden Kräfte Null ist, oder dass sich diese beiden Kräfte genau kompensieren. Diese Situation ist in Abbildung 4 dargestellt. Da die Corioliskraft immer genau senkrecht auf der Bewegungsrichtung des Teilchens steht (rechtsablenkend auf der Nordhalbkugel) und die Druckgradientkraft senkrecht zu den Isobaren zum niedrigeren Luftdruck hin wirkt, muss dann der Wind in dieser Art von Gleichgewicht immer parallel zu den Isobaren wehen. Die Konsequenz daraus ist ganz erheblich: Es fließt keine Luft vom hohen zum tiefen Luftdruck und es kann sich so kein Druckausgleich vollziehen. Oberhalb der Reibungsschicht finden wir also in der Wetterkarte von Abbildung 2 einen Westwind zwischen dem Hoch westlich von Spanien und dem Tief südlich von Grönland. Prinzipiell wird auf der Nordhalbkugel jedes Hoch im Uhrzeigersinn, jedes Tief im Gegenuhrzeigersinn umströmt. Das Gleichgewicht zwischen Druckgradientkraft und Corioliskraft nennen wir *geostrophisches Gleichgewicht*, den allein durch dieses Gleichgewicht bestimmten Wind *geostrophischen*

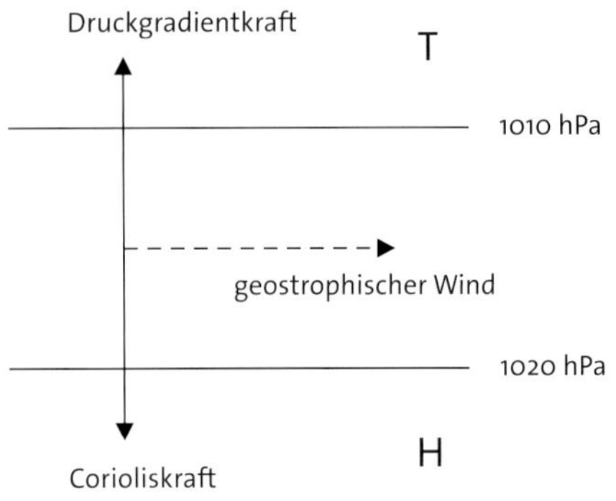

Abb. 4: Das geostrophische Gleichgewicht

Wind. Das Wort geostrophisch besagt ›auf der sich drehenden Erde‹ (griech. geo = Erde, strephein = drehen).

Tritt zu den beiden in Abbildung 4 berücksichtigten Kräften noch die Reibungskraft hinzu, dann ergibt sich eine mehr oder minder starke Richtungsänderung des Windpfeils ins Tief hinein: Die Reibung macht es also möglich, dass es zu einem mehr oder minder starken Druckausgleich kommt, der dann mit den Prozessen in der Atmosphäre kämpft, die Druckunterschiede erzeugen.

Luft bewegt sich

Entsprechend der im letzten Abschnitt erläuterten, auf die Luftteilchen wirkenden Kräfte bewegt sich die Luft. Ihre Geschwindigkeit nennt man Windgeschwindigkeit. Diese hat eine Richtung und eine Stärke. Die Windstärke kann gewaltig sein. Ist die bodennahe Windstärke größer als 75 Kilometer pro Stunde sprechen wir von Sturm, ist sie größer als 120 Kilometer pro Stunde von Orkan. Die größten momentan vorkommenden bodennahen Windstärken können 400 Kilometer pro Stunde erreichen (z. B. Tornados oder tropische Wirbelstürme). In höheren Luftschichten werden solche Werte sogar als Mittelwerte über viele Stunden und in einem großen Gebiet beobachtet. In solchen Gebieten haben Besatzungen von Propellerflugzeugen beobachtet, dass sie relativ zur Erdoberfläche rückwärts geflogen sind, weil sie nicht gegen den Wind ankamen.

Wir schließen daraus, dass die Kräfte, die in der Atmosphäre wirken, gewaltige Ausmaße erreichen können. Dasselbe gilt auch für die in atmosphärischen Strömungssystemen, wie in einem Gewittersturm oder in einem Tiefdruckgebiet, enthaltenen Energien. Die sich bewegende Luft bildet ein die ganze Erde umfassendes, überall miteinander verzahntes Strömungs- oder Zirkulationssystem. Dieses prägt Wetter und Klima jeden Ortes auf der Erde in besonderer Weise entsprechend der Lage des Ortes in diesem System.

Luft transportiert

Weht der Wind, so kann man sehen, wie Gegenstände, die der Luft anvertraut sind, transportiert werden.

Klima wird häufig als zeitlich gemitteltes Wetter definiert. Aber der Klimabegriff ist umfangreicher. Er meint auch *den Zustand der Atmosphäre*, aber nicht zu einer bestimmten Zeit, sondern *charakteristisch für ein großes Zeitintervall, z.B. von vielen Jahren*. Über die Lufthülle hinaus bezieht er sich auch auf weitere Sphären und schließt so neben der *Atmosphäre* (die Lufthülle der Erde) auch die *Hydrosphäre* (das Wasser auf der Erde, also vor allem die Ozeane, die Flüsse und die Seen), die *Kryosphäre* (das Eis auf der Erde), die *Biosphäre* (alle pflanzlichen und tierischen Lebewesen) und die *Lithosphäre* (die feste Erde) mit ein.

So geschieht es den Pollen im Frühjahr, den Samen im Sommer, den Blättern im Herbst und den Schneeflocken im Winter. Wir beobachten auch, wie die Wolken dahinziehen. Wolken sind eine sichtbare Ansammlung von Wassertröpfchen oder Eisteilchen. Luft transportiert auch Staub; so wurden in der Eiszeit riesige Mengen an Bodenteilchen von trockenen Untergründen aufgewirbelt und über Hunderte von Kilometern verfrachtet; wir finden dieses Material heute in den fruchtbaren Lößböden. Der weltweite Transport von radioaktiven Teilchen, die z. B. bei der Reaktorkatastrophe von Tschernobyl bis hoch in die Atmosphäre gelangten, ist ein weiteres Beispiel. Die wichtigsten Eigenschaften, die die Luft transportiert, sind Wärme und Wasserdampf, und der bedeutendste großräumige Wärmetransport ist der von den Tropen zu den polaren Gebieten.

Ganz wichtig sind auch Transporte auf kleinstem Raum, so der Abtransport von Wärme und Wasserdampf von unserer Haut, wenn der Körper überhitzt ist und wir durch den Prozess der Transpiration versuchen, unsere Körpertemperatur konstant zu halten. Ähnlich lebensnotwendig sind derartige Diffusionsvorgänge auch an allen Oberflächen von Pflanzen. Die Transportvorgänge durch die Luft zu beschreiben füllt viele Bücher. Sie zu berechnen stellt höchste Anforderungen an Mathematiker und Physiker, und es bedarf dazu modernster Rechenanlagen.

Luft besitzt eine Temperatur

Luft besitzt – wie jeder Stoff – auch eine Temperatur, wir empfinden sie als warm oder kalt. Allerdings besitzen wir in unserem Gefühl keine absolute Messmöglichkeit dieser Größe. Was wir als Warmblüter empfinden ist, ob und wieweit sich unsere Körperoberfläche abkühlt oder erwärmt. Für unser Temperaturempfinden ist nicht allein die Temperatur der Luft verantwortlich. Auch der Wind spielt eine große Rolle; wenn er stärker weht, ist der Abtransport von Wärme von unserer Haut weg stärker. Ebenso spielt die Luftfeuchte eine Rolle, weil über sie die Transpirationsmöglichkeiten beeinflusst werden.

Einen richtigen Wert für die Lufttemperatur erhalten wir nur über eine genaue Temperaturmessung. Dabei muss man aber beachten, dass das Thermometer ins thermische Gleichgewicht mit der umgebenden Luft gebracht

***Wetter** ist der Zustand der Atmosphäre über einem bestimmten Ort zu einer bestimmten Zeit – z.B. hier und jetzt. Das Wetter ist in Raum und Zeit höchst variabel.* In einer Stunde kann sich das Wetter stark ändern. Außerdem kann es auch in nur wenigen Kilometern Entfernung vom Beobachter völlig anders sein.

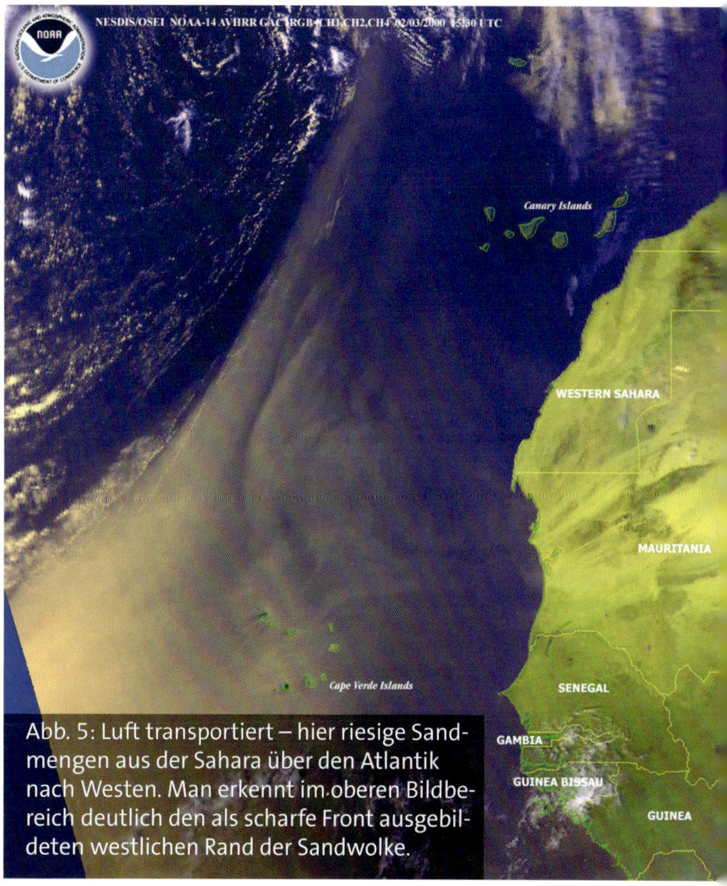

Abb. 5: Luft transportiert – hier riesige Sandmengen aus der Sahara über den Atlantik nach Westen. Man erkennt im oberen Bildbereich deutlich den als scharfe Front ausgebildeten westlichen Rand der Sandwolke.

wird, ohne dass andere Einflüsse die Messung verfälschen. Wichtig ist also, dass es gegen jegliche Strahlung abgeschirmt wird, und dass die Luft, deren Temperatur bestimmt werden soll, mit einer genügend hohen Windgeschwindigkeit am Thermometer vorbeiströmt. Die absolut tiefste Temperatur wurde in der Nähe des Südpols während des dortigen Winters mit minus 88 Grad Celsius gemessen, das tiefste Monatsmittel dort mit minus 68 Grad Celsius. In Sibirien sinkt die Mitteltemperatur des Januar bis minus 50 Grad Celsius. Das absolute Maximum in der Wüste Sahara liegt im Sommer bei plus 55 Grad Celsius. Offizielle Messhöhe ist dabei zwei Meter über dem Boden.

Luft ist feucht

Wir haben in den ersten beiden Kapiteln bereits gesagt, dass die Luft als ein Gemisch aus ›idealen‹ Gasen verstanden wird. Eines von ihnen ist der Wasserdampf. Als ideale Gase bezeichnen wir solche, bei denen die Wechselwirkung zwischen den einzelnen Gasmolekülen vernachlässigt werden kann. Das bedeutet aber auch, dass die Moleküle eines Gases mit denen eines anderen nicht wechselwirken, dass also jedes Gas sich so benimmt, als ob es sich alleine in dem betreffenden Volumen aufhalten würde. Damit verstehen wir den Wasserdampf als gasförmiges H_2O in dem betrachteten Luftvolumen; er verhält sich dort in ganz derselben Weise, ob er allein in diesem Luftvolumen ist oder ob er gemeinsam mit den anderen Gasen (Sauerstoff, Stickstoff etc.) dort vorkommt. Wir haben im vierten Abschnitt gezeigt, dass die Luft einen Druck besitzt. Dort war immer vom Luftdruck die Rede, gemeint war der Gesamtdruck aller Teilgase. Da – wie gerade erklärt – diese sich unabhängig voneinander verhalten, hat auch jedes Teilgas einen Teilluftdruck (Partialdruck). Der Gesamtluftdruck ist dann die Summe der Partialdrucke. Die prozentualen Anteile dieser Partialdrucke am Gesamtluftdruck stehen in der dritten Spalte von Tabelle 1. Der Wasserdampf-Partialdruck in der Luft kann nun sehr verschiedene Werte annehmen. Wichtig ist, dass er einen Maximalwert – das ist der Sättigungswert – nicht überschreiten kann. Dieser Maximalwert hängt nur von der Lufttemperatur ab, er nimmt mit wachsender Temperatur zu. Ist der Maximalwert erreicht und wird der Luft entweder weiterer Wasserdampf zugeführt oder die Luft kühlt sich ab, dann kondensiert das zusätzliche Wasser aus. Es bilden sich Wolken. Dabei wird auch die Kondensationswärme frei. Auf diese Weise können riesige Energien freigesetzt werden.

Literatur

Häckel, H. (1999): Meteorologie. 4. Aufl., Ulmer, Stuttgart

Kraus, H. (2004): Die Atmosphäre der Erde. Eine Einführung in die Meteorologie. 3. Aufl., Springer, Berlin

Kraus, H. & U. Ebel (2003): Risiko Wetter. Die Entstehung von Stürmen und anderen atmosphärischen Gefahren. Springer, Berlin

Roedel, W. (2000): Physik unserer Umwelt: Die Atmosphäre. 3. Aufl., Springer, Berlin

Helmut Kraus hat in seiner langjährigen Laufbahn auf vielen Gebieten der Meteorologie gearbeitet. Zuletzt war er vor seiner Emeritierung von 1978 bis 1995 Direktor des Meteorologischen Instituts der Universität Bonn. Er ist u.a. Autor des Buches ›Die Atmosphäre der Erde‹, dessen erste Auflage 2000 erschien.

Anschrift: Prof. em. Dr. Helmut Kraus
Meteorologisches Institut
der Universität Bonn
Auf dem Hügel 20
53121 Bonn

E-Mail: hfkraus@gmx.de

Schwarzes Gold

Geologischer Aufbau des Ruhrgebietes, Entstehung der Steinkohle und Geschichte des Bergbaus

von Diethard E. Meyer, Essen

Abb. 1: Untertage im Ruhrgebiet: Steinkohlegewinnung im Streb mit Schildausbau. Kohleflöz mit Hangendschichten (Quelle: RAG, um 1970)

Das Ruhrgebiet ist der größte urban-industrielle Ballungsraum Europas. Hier leben heute 5,2 Millionen Menschen in einem Gebiet von nur 4.400 Quadratkilometern, davon fast 80 Prozent in zahlreichen Großstädten. Fast ein Drittel der Bevölkerung des Landes Nordrhein-Westfalen lebt und arbeitet hier. Wie konnte es zu einer derartigen Ballung von Industrie und Siedlungsraum kommen? Wie wird in Zukunft der Strukturwandel das ›Ruhrrevier‹ verändern, nachdem der Bergbau und die Montanindustrie mit Kohle, Eisen und Stahl sich im Niedergang befinden? Bis zum Jahr 2018 wird der subventionierte Steinkohlenbergbau hier vollkommen eingestellt.

Zum Verständnis der Region und ihrer industriellen und wirtschaftlichen Entwicklung in den letzten 200 Jahren ist ein Blick in die Anfänge des Ruhrbergbaus ebenso wichtig wie der in die erdgeschichtliche Entwicklung vom Oberkarbon (318 bis 299 Millionen Jahren vor heute) bis in das Quartär (s. Tabelle ›Erdzeitalter‹ am Ende des Buches). Die reichen Georessourcen dieses Gebietes (Steinkohle, Erze und weitere mineralische Rohstoffe) bildeten die Grundvoraussetzung dafür, dass sich innerhalb von nur 150 Jahren aus einem landwirtschaftlich genutzten und nur dünn besiedelten Gebiet, in welchem nur eine Reihe von Ackerbürgerstädten zwischen Duisburg und Dortmund existierte, eine Metropolregion mit Siedlungsdichten von 3.000 bis 4.000 Menschen pro Quadratkilometer entwickeln konnte.

Das Ruhrgebiet erstreckt sich über 115 Kilometer in Ost-West-Richtung vom linken Niederrheingebiet (Moers/Kamp-Lintfort) bis Hamm/Ahlen. In nord-südlicher Richtung reicht es über zum Teil mehr als 60 Kilometer vom Raum Marl/Haltern an der Lippe bis südlich der Ruhr (Raum Hagen im Südosten bzw. Mülheim/Ruhr und Duisburg im Südwesten). Heute versteht man unter dem Namen ›Ruhrgebiet‹ das Verbandsgebiet des ›Regionalverbandes Ruhrgebiet‹ (RVR, dem Nachfolger des Kommunalverbandes KVR), das 53 Kommunen samt Großstädten umfasst.

Auslöser der Entwicklung zum Bergbau und in der Folge zur Schwerindustrie ist zweifellos das Vorkommen der Steinkohle im Oberkarbon, das sich unter dem gesamten Ruhrgebiet erstreckt. Es ist als ›Niederrheinisch-Westfälisches Steinkohlengebiet‹ (Abb. 2 und 3) Teil des vor rund 300 Millionen Jahren im Oberkarbon entstandenen Kohlegürtels, der sich von Oberschlesien bis nach Großbritannien und Irland zieht. Die im Ruhrgebiet seit den Anfängen des Kohlebergbaus bis heute gewonnene Steinkohlemenge beträgt fast 10,3 Milliarden Tonnen. Diese Zahl allein unterstreicht die enorme Bedeutung des Ruhrreviers, dessen Wiege anfänglich beiderseits der Ruhr lag, als die Kohle noch oberhalb des Wasserspiegels der Ruhr im Stollenbergbau gewonnen wurde. Erst die ständige Weiterentwicklung bergbaulicher Techniken ermöglichte im 19. und 20. Jahrhundert ein Fortschreiten einerseits zur Tiefe, andererseits nach Norden in das Emscher- und Lippe-Gebiet bzw. nach Westen zum linken Niederrhein.

Ein weiterer entscheidender Faktor für das Entstehen einer blühenden Eisen- und Stahlindustrie war neben der Verfügbarkeit der Steinkohle als Energieträger und als Steinkohlenkoks das Vorkommen von Eisenerzen im Ruhrkarbon. Zeitweise wurde sogar auf rund 70 Kohle-Zechen gleichzeitig Eisenerz gewonnen. Die Fortschritte in der Bergbautechnologie und in der Verhüttungstechnik im 19. Jahrhundert, aber auch im Verkehrswesen (Schiffbarmachung der Ruhr 1774 bis 1780, Köln-Mindener Eisenbahn ab 1847, Duisburg-Ruhrorter Hafen ab 1872, Kanalbau) ermöglichten die Erschließung neuer Felder im Steinkohlenbergbau, modernere Zechenanlagen mit tieferen Schächten und mit eigenen Kokereien sowie rasch steigende Förderziffern. Dass der Bergbau nach Norden in immer größere Tiefen

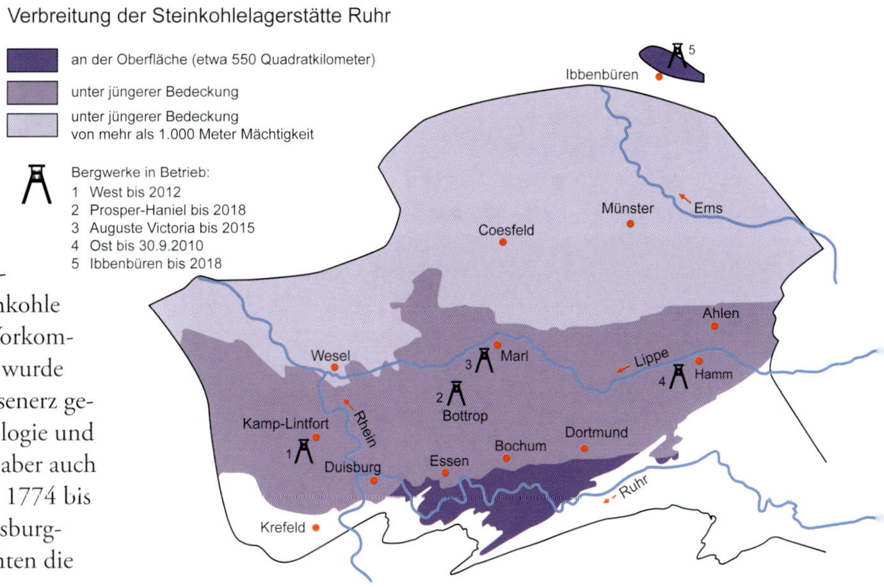

Abb. 2: Die mit 3° Nord einfallenden Oberkreide-Schichten bilden die Hauptüberdeckung des Oberkarbons – zum Nordrand des Reviers auf 1.000 Meter, im nördlichen Münsterland bis auf über 2.000 Meter Mächtigkeit zunehmend.

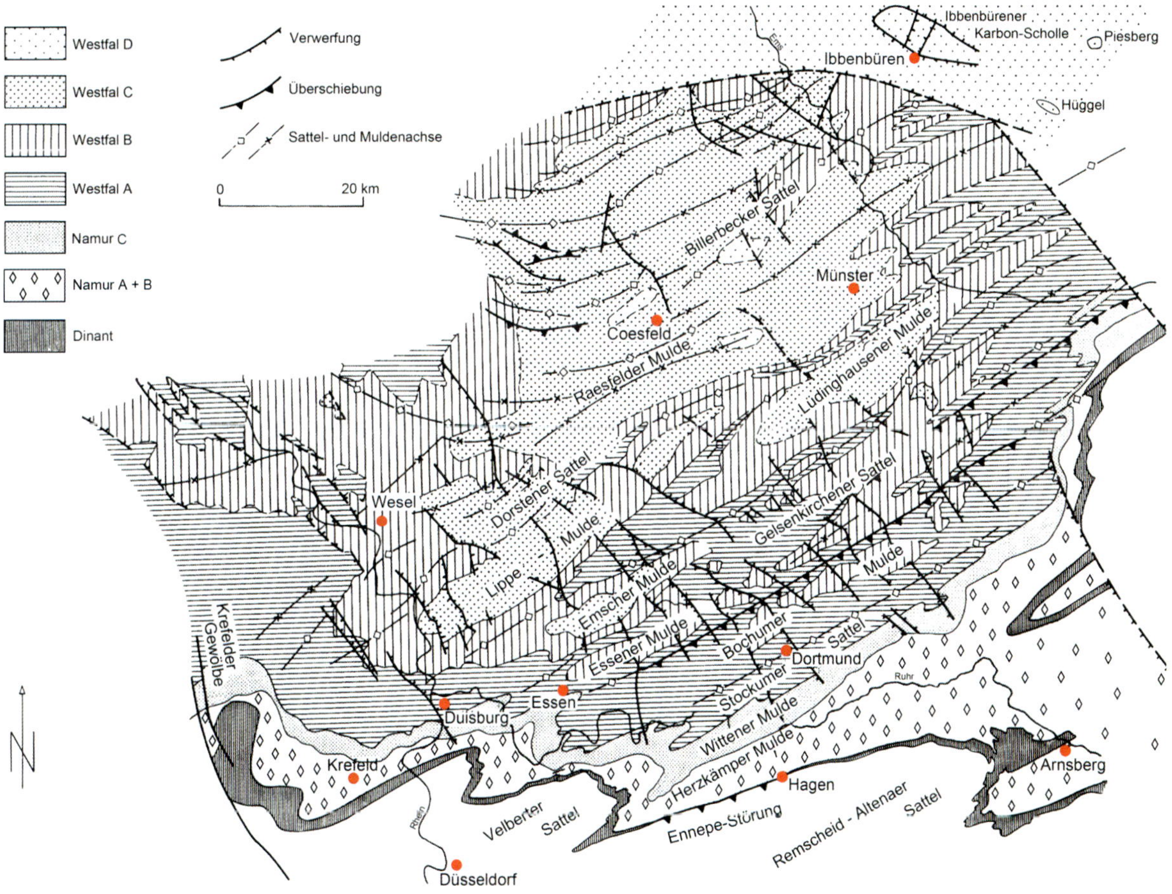

Abb. 3: Abgedeckte geologisch-tektonische Karte des Niederrheinisch-Westfälischen Steinkohlengebietes. Sie zeigt das Streichen der Großsättel und Großmulden (WSW – ONO) im Ruhrgebiet und Münsterland bis zu den Karbonschollen im Raum Ibbenbüren, wo die Schichten bis ins Westfal D hinauf reichen. Sie verdeutlicht die quer zu den Faltenstrukturen verlaufenden Hoch- und Tiefschollen (Horste und Gräben). Die Abbauschwerpunkte und damit die meisten Schachtanlagen liegen im Überschneidungsbereich der großen Muldenstrukturen mit den Hochschollen, da hier die Flöze relativ flach und der Oberfläche am nächsten gelagert waren.

vordringen musste – dort wird heute zwischen 800 und 1.500 Meter Tiefe abgebaut – ist durch die mächtige Überlagerung durch Schichten der Oberkreide (Abb. 2; bis über 1.000 Meter nördlich der Lippe!) bedingt. Die größte Fördertiefe wurde mit 1.650 Metern unter Gelände im Bergwerk Ost erreicht. Bei den heute noch bestehenden Bergwerken der Ruhrkohle AG (RAG) handelt es sich um große ›Verbundbergwerke‹, von denen inzwischen die Bergwerke Ost (2010) und West (2012) stillgelegt wurden. So existieren im Ruhrgebiet nur noch die Anlagen Auguste Victoria und Prosper-Haniel (Abb. 2).

Geologische und bergbauliche Situation im Überblick

Das Ruhrrevier umfasst unterschiedliche landschaftsräumliche und regionalgeologische Einheiten. Geomorphologisch betrachtet gehört der Süden des Ruhrgebiets zur Nordabdachung des Rheinischen Schiefergebirges. Im mittleren und nördlichen Ruhrgebiet, dem Emscher-Lippe-Raum, werden die Schichten der Kreidezeit von eiszeitlichen Ablagerungen überdeckt. Im Westen erstreckt sich in Nord-Süd-Richtung die seit der Tertiär-Zeit einsinkende Bucht, die vom Rhein und seinen ausgedehnten Talschottern beherrscht wird. Auch die linke Niederrheinseite, wo die Steinkohle im Raum Moers und Kamp-Lintfort gewonnen wird, ist Teil des Reviers.

Sowohl das heutige Relief als auch die Fließgewässer mit ihren Terrassen-Ablagerungen wurden vor allem im Quartär angelegt, als sich Gletscher während der Saale-Eiszeit vor etwa 200.000 Jahren bis zur Ruhr vorschoben. Bei den weitesten Eisvorstößen nach Süden während der Elster- und Saale-Eiszeit war das Tal der Ruhr, welches bereits existierte, mit Eis ausgefüllt.

Heute wird im Ruhrgebiet wegen des vollmechanisierten, zum Teil auch vollautomatischen Abbaus der Steinkohle (Schildausbau, hydraulische Stempel, Schnitt der Kohle mit Walzenschrämladern oder Gleithobeln, s. Abb. 1) nur noch in Bereichen Kohle abgebaut, wo die Flöze mit einer mittleren Dicke von 1,45 bis 2,20 Meter flach geneigt liegen. Im Jahr 1960 lag die durchschnittliche ›gebaute‹ Flözdicke noch bei 1,05 Meter. Dies ist vor allem in den mehrere Kilometer breiten, kofferförmigen Sätteln und Mulden der Fall. Hingegen musste im südlichen Revier der Abbau auf vielen Zechen zu Beginn der 70er Jahre eingestellt werden, da dort wegen des vorherrschenden engen Faltenbaus – bei relativ steiler Flözlage – ein vollmechanisierter Abbau nicht möglich oder unwirtschaftlich war. Steinkohlevorräte waren hier durchaus noch vorhanden. In Essen, der einst zechenreichsten Stadt in ganz Europa, wurde 1986 mit der Zeche Zollverein die letzte Zeche stillgelegt; sie ist heute Weltkulturerbe und gleichsam Symbol für die Bergbau- und Industriegeschichte des Ruhrgebiets. In der ehemaligen Kohlenwäsche wurde Anfang 2010 das neue Ruhr Museum eröffnet, das die Geschichte des ›Reviers‹ seit dem Karbon dokumentiert (Abb. 5).

Abb. 4: Hauptförderschacht 7 des ehemaligen Bergwerks Ewald in Herten mit Doppelstrebengerüst (von 1953) und Schachthalle

Abb. 5: Der Ursprung des Schwarzen Goldes: im feucht-warmen Klima des Oberkarbon, vor etwa 300 Millionen Jahren, bedeckten üppige Sumpfwälder das heutige Ruhrgebiet. Ein Teil dieses Dioramas, das von 1984 bis 2007 im Ruhrlandmuseum stand, ist im neuen Ruhr Museum in Essen zu bewundern.

Entstehung der Steinkohle und Entwicklung des Oberkarbons im Ruhrgebiet

Das Oberkarbon ist weltweit die kohlenreichste Formation in der Erdgeschichte. In der Zeit vor rund 318 bis 299 Millionen Jahren vor heute kam es zu einer geradezu explosionsartigen Entfaltung der Pflanzenwelt: Bärlappgewächse, Farnsamer und Siegelbäume (Abb. 6) erreichten bereits Baumgröße. Bei Essen-Heisingen wurden sogar über einem Flöz noch zahlreiche aufrecht stehende, bis zu 8 Meter hohe Sigillarien-Stämme gefunden (Abb. 13).

Beiderseits des damaligen Äquators kam es unter günstigen klimatischen und geologischen Rahmenbedingungen zur Ausbreitung ausgedehnter Waldsumpfmoore und Moorseen. Deren abgestorbene Biomasse führte zur Bildung mächtiger Torfschichten, die durch Überlagerung mächtiger Kies-, Sand- und Tonschichten den Prozess der Inkohlung vom Braunkohlen- bis zum anthrazitischen Steinkohlenstadium durchliefen. Entscheidend war die Temperaturzunahme innerhalb der absinkenden flözführenden Schichtfolge zur Tiefe hin (maximale Versenkungstiefe), wobei aber auch die faltungsbedingte Einengung nach der Absenkung eine Rolle spielte.

Das Rheinisch-Westfälische Steinkohlenrevier ist nur ein relativ schmaler Abschnitt eines riesigen ›Kohlengürtels‹, der sich nach Westen über das Aachener Revier, Südholland, Belgien und Nordfrankreich bis nach Südengland und Wales – vor der Öffnung des Atlantiks sogar bis nach Nordamerika (Neufundland) erstreckte. Nach Osten lässt sich dieser Gürtel bis nach Polen (Oberschlesisches Steinkohlenrevier) verfolgen. Die Gesamtlänge dieses europäischen Kohlegürtels beträgt 1.800 Kilometer. In nördlicher Richtung wurden kohle-führende Schichten bis weit in den Raum der Nordsee, im Ostseeraum bis zur heutigen Insel Rügen abgelagert. Dort wurde flözführendes Oberkarbon in Tiefen zwischen 5.000 und 7.000 Meter erbohrt. Dazwischen liegt das begrenzte Ibbenbürener Vorkommen, wo drei Karbonschollen aus größerer Tiefe tektonisch emporgehoben wurden; hier wird heute die Steinkohle aus bis zu 1.700 Metern Tiefe unter Gelände gefördert. Im Ruhrrevier erstreckt sich das Abbaugebiet aus dem linksrheinischen Gebiet (Kamp-Lintfort, Moers) über mehr als 110 Kilometer bis in den Raum Hamm/Ahlen (Abb. 2).

Insgesamt bildete sich dieses europäische Steinkohlenbecken mit seiner bis über 5.000 bis 6.000 Meter mächtigen Schichtenfolge als breite ›paralische‹ Senke im Vorland des vor rund 320 bis 315 Millionen Jahren verstärkt aufsteigenden Variszischen Gebirges. Als paralisch wird ein flacher kontinentaler Ablagerungsraum in Meeresnähe bezeichnet, der auch selbst immer wieder vom Meer überflutet wird. Während im Unterkarbon – also zwischen 359 und 318 Millionen Jahren vor heute – in diesem bis zu mehreren hundert Kilometer breiten Ablagerungsraum das Meer vorherrschte, kam es durch zunehmende Einschüttung von gröberem Abtragungsschutt aus dem im Süden aufsteigenden Variszischen Gebirge zu starker Delta-Bildung und damit zu einer allmählichen Verflachung des Meeresraums (Abb. 7). So konnten sich bereits im älteren Oberkarbon auf deltaischen Schwemmebenen die ersten Sumpfmoore bilden. Im Ruhrgebiet werden die ältesten Flöze – wie Gottessegen, Besserdich oder Neuflöz – wie sie im großen Steinbruch Rauen in Witten-Gedern aufgeschlossen

Abb. 6: *Stigmaria ficoides*: Baumwurzel mit Narben der radial abgehenden hohlen Wurzelfasern (Sammlung Ruhr Museum)

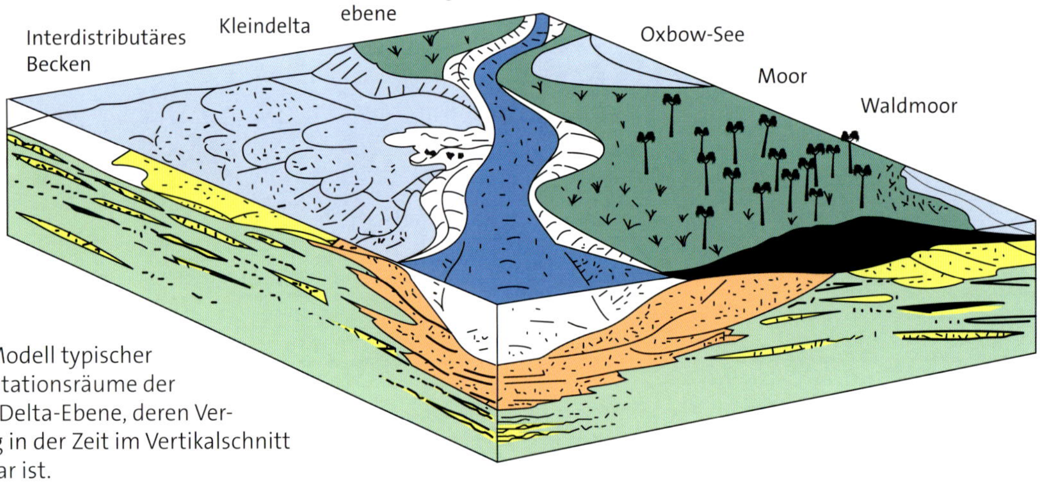

Abb. 7: Modell typischer Sedimentationsräume der unteren Delta-Ebene, deren Verlagerung in der Zeit im Vertikalschnitt erkennbar ist.

sind – von einer mindestens 1.400 Meter mächtigen ›flözleeren‹ Oberkarbon-Schichtfolge des Namur A und B unterlagert. Das darüber folgende ›Flözführende‹, in dem 250 bis 300 Kohlelagen, darunter etwa 100 bauwürdige Flöze innerhalb einer aus Ton-, Schluff- und Sandsteinen bestehenden Schichtserie vorkommen, erreicht mindestens 3.200 Meter Mächtigkeit.

Wie lassen sich die Bildungsbedingungen der Steinkohle und ihrer Begleitschichten deuten? Hätte man zur Oberkarbonzeit den Ablagerungsraum aus der Luft betrachtet, so hätte man ausgedehnte Waldsumpfmoore in enger Nachbarschaft mit großen Seen, Flussdeltas oder Meeresbuchten, aber auch verwilderte bis mäandrierende Flüsse beobachtet, die vor allem Kiese und Sande herbeitransportierten (Abb. 5, 7 und 9). In den Phasen verstärkter Versumpfung und Seenbildung lag der Grundwasserspiegel besonders hoch. Bewirkt wurden diese Wechsel im Grundwasserstand durch Meerwasserspiegelschwankungen im Rahmen von Klimawechseln (Kalt- und Warmzeiten). Diese Wechsel führten zur Bildung von 300 bis 350 solcher Sedimentationszyklen. Sie werden als ›Zyklotheme‹ gedeutet. In deren Verlauf kam es auch immer wieder zu Überflutungen des Meeres dieser flach-deltaischen, fluviatilen oder von Seen beherrschten Ablagerungsgebiete. So pendelte auch die Küstenlinie aufgrund glazial-eustatischer Meeresspiegelschwankungen vermutlich in einem Rhythmus (Sequenz) von etwa 100.000 Jahren – ähnlich wie im Verlauf der quartären Eiszeiten.

Stratigraphisch reicht die flözführende Schichtfolge im Ruhrrevier vom Namur C bis zum Westfal C (etwa 317 bis 308 Millionen Jahre vor heute, Abb. 11). Die jüngsten im Ruhrgebiet bergbaulich noch erschlossenen Schichten sind die Lembeck Schichten, deren Flammkohlen den höchsten Gasgehalt und somit den relativ geringsten Inkohlungsgrad aufweisen. Die ältesten Flöze mit dem höchsten Kohlenstoffgehalt (bis > 90 Prozent) bzw. geringsten Gasgehalt (bis < 10 Prozent) gehören den Oberen Sprockhövel Schichten (Namur C) an, in denen die Kohleführung allmählich einsetzte. Die insgesamt hohe Mächtigkeit der überlagernden Schichten und somit die große Versenkungstiefe bewirkte, dass die Inkohlung mit der zur Tiefe hin steigenden Temperatur zunahm. Im Oberkarbon nahm die Temperatur wahrscheinlich um 1 Grad pro 15 Meter zu. Heute steigt die Temperatur in Mitteleuropa um durchschnittlich 1 Grad Celsius pro 33 Meter Tiefe (›geothermische Tiefenstufe‹).

Dieser 4.500 bis 5.000 Meter mächtige Sedimentstapel des Karbons wurde schließlich von der generell nach Norden wandernden Gebirgsbildung erfasst. Durch diese ›orogene Welle‹ wurden die ursprünglich horizontal abgelagerten Schichten mit ihren wenige Zentimeter bis maximal 5 Meter mächtigen Steinkohleflözen in Falten gelegt, deren Verlauf im Ruhrgebiet etwa Nordost-Südwest gerichtet ist (Abb. 12 und 13). Gleichzeitig kam es zu Überschiebungen, deren bedeutendste der ›Sutan‹ mit zum Teil 1.300 Metern Schubweite im südlichen Revier ist.

Nach der Faltung wurde quer und diagonal dazu – vor allem aber in Nordwest-Südost-Richtung – das

Abb. 8: Schachtelhalmreste im Tonschlamm eines Sees, ufernah eingebettet – Zeugen eines Sturms vor 314 Millionen Jahren?

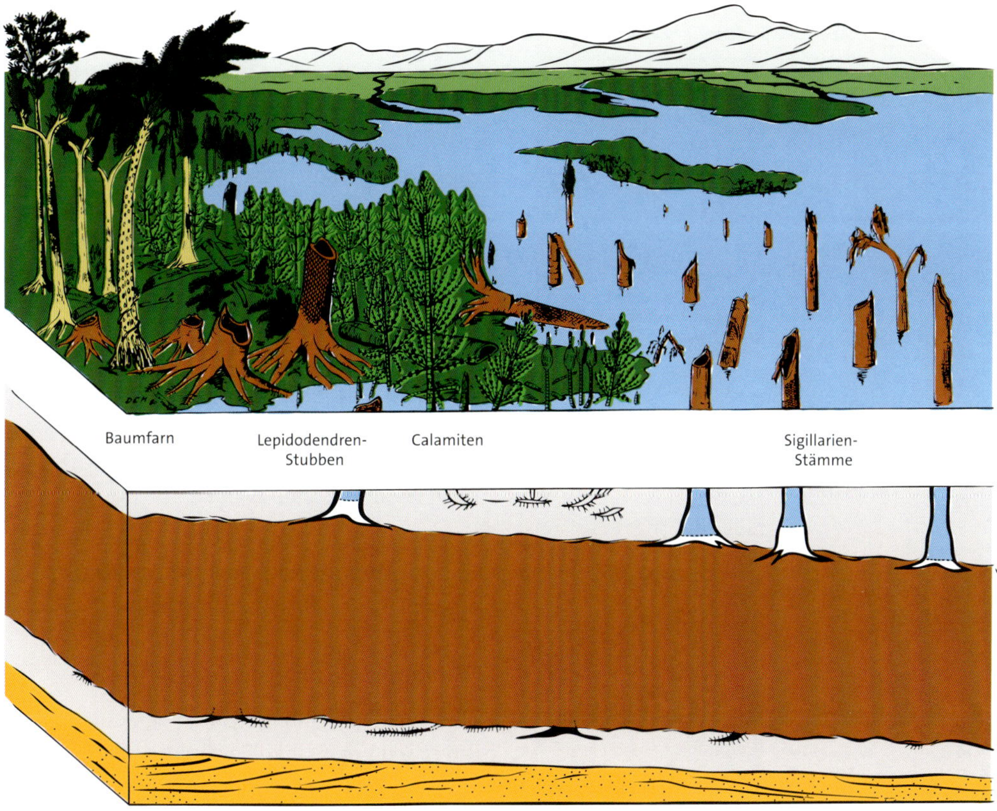

Abb. 9: Uferdämme von Flüssen brachen mehrfach und tiefer gelegene Bereiche des Waldmoores wurden mit den zunächst noch lebenden Stämmen bis 8 Meter Höhe von Sediment ›begraben‹. Zuletzt wurde der innen ausgewitterte Stamm mit Schluff völlig gefüllt (›Steinkern‹). Aus einem 5 bis 6 Meter mächtigen Torfpaket entstand das 62 Zentimeter dicke Flöz (s. Abb. 13).

Steinkohlengebirge an tektonischen Brüchen (der Bergmann spricht hier von ›Sprüngen‹) in zahlreiche, meist bis mehrere Kilometer breite Blöcke zerlegt (Abb. 12). Die Verschiebungen an diesen ›Sprüngen‹ betragen bis zu mehreren hundert Metern in der Vertikalen, mitunter sogar 950 bis 1.000 Meter wie beim Quintus-Sprung zwischen Recklinghausen und Dortmund. Als Ergebnis finden sich beiderseits dieser Störungen – im gleichen Sohlenniveau – völlig andere Schicht- und Flözfolgen.

Eine weitere große Schwierigkeit für den Bergbau ergab sich daraus, dass an diesen Störungen die Gesteine stärker zerrüttet und deshalb stark wasserführend waren. Sowohl die Lage der großen Faltenstrukturen, die man als Hauptsättel und Hauptmulden bezeichnet, als auch die tektonischen Störungen waren – neben der schwankenden Kohleführung der Schichten zwischen 1,5 bis 6 Meter (lokal sogar bis 8 Meter) Kohlemächtigkeit pro 100 Meter Schichtfolge – ausschlaggebend für die bergbauliche Praxis. Aus dem Verlauf der markanten Faltenstrukturen sowie dem Verlauf der Störungen quer zum Faltenbau resultiert ein schachbrettartiges Gliederungsmuster der Steinkohlenlagerstätte. Vielfach spiegelt sich dieses geologische Muster auch in der Wirtschafts- und Siedlungsgeschichte bzw. bestimmten Richtungen der Verkehrs- und Siedlungsstrukturen des Ruhrgebietes wider.

Durch die Großformen des Faltenbaus bedingt herrschen im südlichen Revier die älteren Schichten des Namur C und des Westfal A vor (Abb. 11 und 12). Wei-

Abb. 10: Steinkern (7 Tonnen!) vom Siegel- oder Schuppenbaum über Flöz Zweibänke vom Piesberg b. Osnabrück (Abb. 2 und 3), (Bergbau-Museum Bochum)

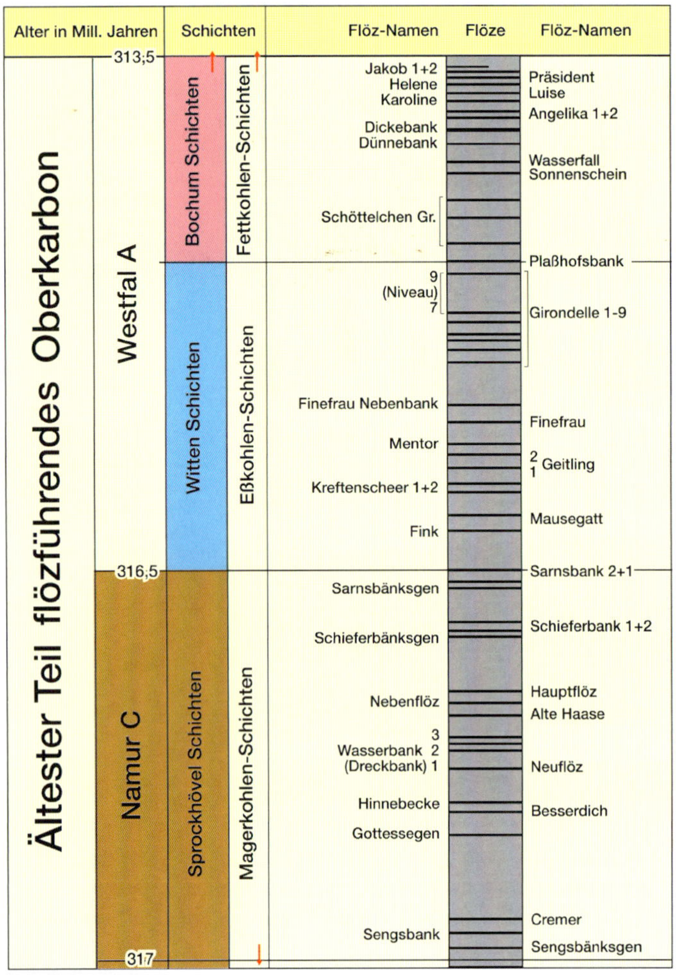

Abb. 11: Stratigraphische Tabelle des ältesten Teils des flözführenden Oberkarbon mit 55 Flöz-Niveaus in einer etwa 1.200 Meter mächtigen Schichtenfolge

ter nach Norden dominieren bis in die Emscher-Zone hinein die Bochum Schichten sowie die Essen und Horst Schichten, in den flachen, etwa 5 bis 10 Kilometer breiten Mulden im nördlichen Revier (Lippe-Mulde, Lüdinghausener Mulde) sind es vor allem die jüngsten Schichten des Westfal C. Im Vertikalschnitt – d. h. im geologischen Querprofil betrachtet – spiegeln diese Verhältnisse einen ›dreigeteilten Stockwerksbau‹ wider. Während für das südliche Revier der intensive, sehr engständige Faltenbau des unteren Stockwerks kennzeichnend ist, wird das zentrale Ruhrgebiet von größerformatigen Sattel- und Muldenstrukturen des mittleren Stockwerks mit Überschiebungen geprägt. Das oberste tektonische Stockwerk baut vor allem den nördlichsten Teil des Reviers auf. Hier dominieren breite, flach-trogförmige Mulden, zwischen denen nur relativ schmale Sättel liegen.

Das Deckgebirge der Oberkreide schwillt von wenigen Metern am Südrand auf über 1.000 Meter im Norden an (Raum Haltern). Im nördlichen Ruhrgebiet wurden von 1970 bis in die 80er Jahre hunderte von Erkundungsbohrungen in einem Areal von über 7.500 Quadratkilometern niedergebracht. Die geophysikalische und geologische Auswertung ergab, dass noch enorme Steinkohlevorräte im nördlichen Ruhrgebiet und im Münsterland bis 1.500 Meter Tiefe lagern – insgesamt 420 Milliarden Tonnen. Im engeren Bereich des Ruhrgebiets liegen noch 190 Milliarden Tonnen, von denen nach Stand der derzeitigen Bergbautechnik allenfalls 5 bis 6 Milliarden Tonnen abbaubar wären. Aber auch diese gesicherten Vorräte sind – legt man die aktuellen ökonomischen Rahmendaten zugrunde – nur in geringem Umfang abbauwürdig, obwohl sich über 75 Prozent dieser Vorräte in flacher Lagerung befinden. Diese Lagerstätte bleibt dennoch die weitaus größte und langfristig nutzbare fossile Energiereserve Deutschlands.

Geschichte des Steinkohlenbergbaus, der Eisenhütten- und Stahlindustrie

Vorindustrielle Phase (bis 1780)

Im römischen Xanten wurden Bäder wahrscheinlich schon mit Steinkohle von der Ruhr beheizt. Ein Abbau ist aber erst im Jahr 1129 in Duisburg urkundlich belegt. Zahlreiche Stollen im Ruhrtal, wo beiderseits der Ruhr das flözführende Oberkarbon zutage tritt, waren unter den ersten Gewinnungsorten. Hier begann der gezielte Steinkohlenbergbau, der im Raum Dortmund bis in das 13. Jahrhundert zurückverfolgt werden kann. Zunächst wurde die Steinkohle vor allem für den Hausbrand, seit dem 14. Jahrhundert auch für Feuer der Schmiede-Esse (›Esskohlen‹) genutzt. Eine sehr alte Art der Gewinnung war der ›Pingenbau‹. Hier wurde die Kohle in kleinen Gruben bis 3 Meter Tiefe entlang der an der Erdoberfläche ›ausbeißenden‹ Kohlenbänke (erst in jüngerer Zeit ›Flötze‹ bzw. ›Flöze‹ genannt) abgebaut. Der Name ›Pütt‹ verweist auf diese Art des Abbaus (lat. *puteus* = Grube bzw. Brunnen). Doch erst mit der Anlage von regelrechten Stollen ließen sich oberhalb der Talaue der Ruhr die Flöze im Gebirgsstreichen tiefer in den ›Berg‹ hinein verfolgen. Hierzu mussten kostspielige Entwässerungsstollen (›Erbstollen‹) angelegt werden. Die ersten Bergordnungen wurden im 16. Jahrhundert für den Erz- und Kohlebergbau erlassen, die 1737 für die seit 1701 preußische Grafschaft Mark erneuert wurden. In dieser Grafschaft gab es bereits Anfang des 18. Jahrhunderts insgesamt 101 fördernde Zechen (Gesamtförderung 34.000 Tonnen). Neben der Kohle wurden auch Raseneisenerze, wie man sie vor allem in den Talauen von Lippe und Emscher fand, gewonnen. Diese Erze wurden mit Holzkohle verhüttet. Erst im Jahr 1847 gelang die Koksherstellung aus Ruhrkohle. Bei Sterkrade – heute ein Stadtteil von Oberhausen – entstand 1752 die erste Eisenhütte im Revier; dieser folgte bereits 1758 die St. Antony-Hütte in Osterfeld, aus der sich die Gutehoffnungshütte in Oberhausen entwickelte.

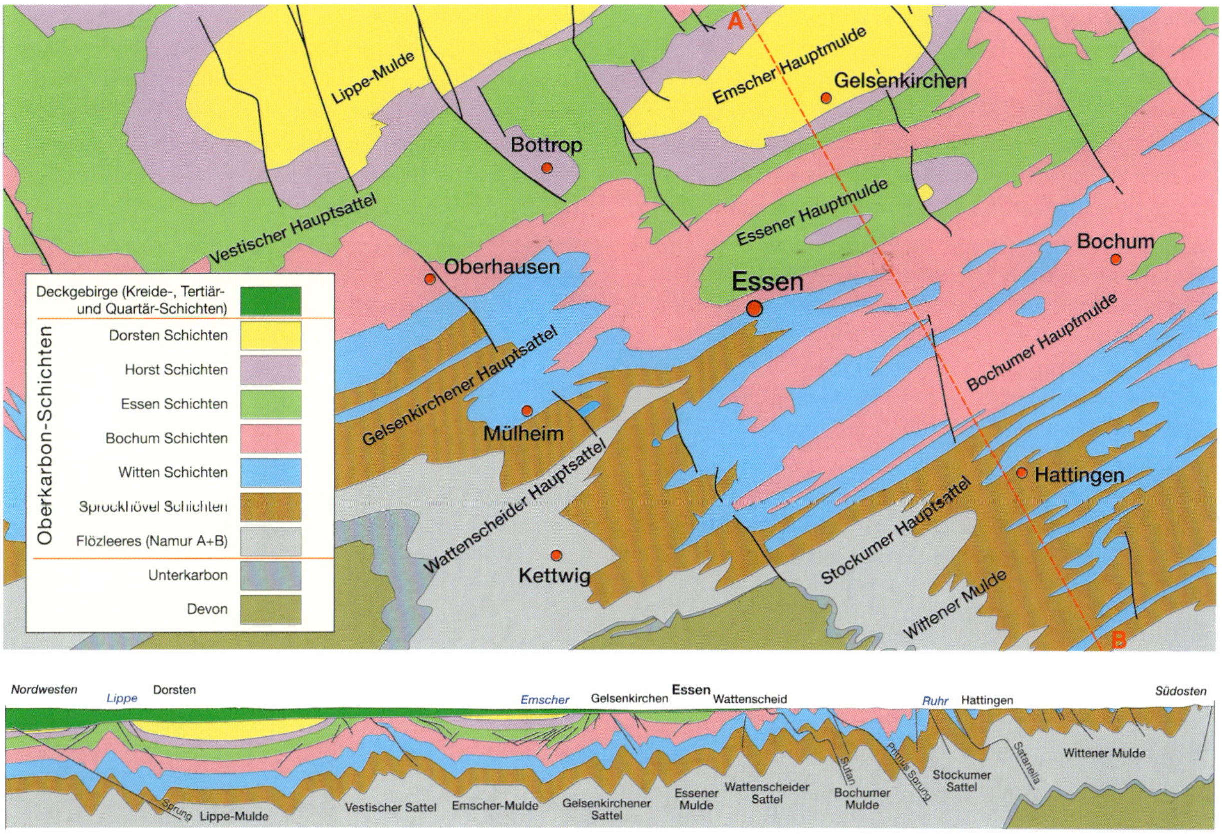

Abb 12: ›Abgedeckte‹ geologische Karte des südwestlichen Ruhrgebietes – die Karbonoberfläche ohne Deckgebirge darstellend. Das geologische Querprofil (unten, Nordwest-Südost) geht über die Karte nach Nordwesten bis zur Lippe-Mulde hinaus; es ist rund 50 Kilometer lang und reicht bis etwa 4.500 Meter Tiefe. Der Südteil dieses Profils ist in der Karte markiert (A bis B); er hat eine Länge von 32 Kilometern. Die Faltungsintensität nimmt generell nach Norden ab.

Frühindustrielle Phase (1780 bis 1840)

Mit der Schiffbarmachung der Ruhr (16 Schleusen) und mit Einführung des Stollentiefbaus in der Zeit zwischen 1780 und 1790 weitete sich der Bergbau rasch aus. Der erste senkrechte Schacht wurde 1800 bei Bochum (Zeche Vollmond) abgeteuft. Zuvor waren es schräge ›tonnlägige‹ Schächte.

Preußen übernahm 1802 die Herrschaft über den gesamten Bergbau an der Ruhr. Im Ruhrgebiet förderte man im Jahr 1804 rund 380.000 Tonnen Kohle auf 229 Stollenzechen. Die Einführung der künstlichen Bewetterung (Belüftung), der erste Einsatz von Dampfmaschinen zur Wasserhaltung (1802) und zur Kohleförderung (1809) sowie die gelungene Koksbrennerei (seit 1789) markieren den rasanten technischen Fortschritt in dieser Zeit. Um 1825 wurden im südlichen Ruhrgebiet die karbonatischen Kohleneisensteine (›Blackband‹) als Eisenerze mit dem Hauptmineral Siderit ($FeCO_3$) entdeckt. Dieser heimische Rohstoff bildete die Basis für die ab 1826 rasch aufblühende Eisenindustrie im Ruhrgebiet. Mit Koks aus Ruhrkohle wurden diese Erze ab 1849 erstmals mit Erfolg verhüttet (Friedrich-Wilhelms-Hütte in Mülheim). Es folgten die Hütten in Bochum, Hoerde (1852) und die Henrichshütte in Hattingen (1854). Damit war der Aufstieg der Stahlindustrie und der Gießereien vorprogrammiert. Ab 1879 konnten nach Einführung des Thomas-Verfahrens nicht nur die heimischen Erze, sondern auch die phosphatischen Minette-Erze verhüttet werden.

Entscheidend für die weitere Entwicklung und damit für die Nordwanderung des Bergbaus war der Vorstoß in das Steinkohlengebirge unter der Kreidebedeckung. In den Jahren 1832/34 und 1838/39 wurde diese ›Mergeldecke‹ auf heutigem Essener Gebiet durchstoßen. Doch erst ab 1842 begann eine regelmäßige Kohleförderung (Zeche Graf Beust in Essen). Um 1850 förderten 198 Zechen im Revier bereits 2 Millionen Tonnen Steinkohle (Abb. 14). Die Zahl der im Bergbau Beschäftigten lag damals bei 12.200. In dieser ersten Gründerphase bis 1857 stieg die Zahl der Zechen auf fast 300 und die Förderung auf 3,6 Millionen Tonnen an. Die erste ausführliche geologische Beschreibung des Ruhrkarbons mit einer Flözkarte erschien 1859. Die folgenden Jahrzehnte bis 1900 waren geprägt von einer ständig steigenden Förderung und einer Ausweitung der Abbaugebiete nach Westen bis auf die linke Rheinseite (Raum Homberg/Kamp-Lintfort/Moers) sowie weiter nach Norden bis in den Raum Recklinghausen. Während 1870 der Bergbau die Emscher überschritt, wurde um 1900 die Lippezone zwischen Wesel und Hamm erreicht.

Industrielle Expansionsphase (1870 bis 1918) und Konsolidierung (bis 1939)

Zwischen 1870 und 1874 entstanden in der zweiten Gründerphase die großen Montangesellschaften. Neuerungen im Schachtbau, ferner bei der maschinellen Abtrennung des tauben Nebengesteins (›Berge‹) von der Kohle sowie der Einsatz von Schrämmaschinen (ab 1895) und Druckluft-Abbauhämmern (ab 1906) erleichterten Abbau und Förderung. Zechen mit besserer Struktur konsolidierten sich, so dass sich im Zeitraum von 1900 bis 1913 die Förderung von 60,1 auf 114,2 Millionen Tonnen nahezu verdoppelte, und dies bei fast gleicher Zahl der Förderzechen (etwa 170), wobei die Zahl der Beschäftigten von 228.000 auf 444.000 anwuchs (Abb. 14). Der enorm steigende Koksbedarf für die Eisenverhüttung in Hochöfen sowie die zunehmende Erzeugung von Nebenprodukten (Kohledestillation zur Teergewinnung ab 1883, Treibstoffgewinnung aus Kohle seit 1913) begleiteten diesen montanindustriellen Aufstieg. Die Kohleverflüssigung erfolgte seit 1927 nach dem Fischer-Tropsch-Verfahren. Damit nahm die Kohlechemie im Ruhrgebiet ihren Aufschwung. Einer verstärkten Mechanisierung des Abbaus seit 1920 liefen zahlreiche Verbesserungen beim Abbau (z. B. Einsatz des Kohlehobels ab 1942) und beim Transport untertage parallel (Gurtförderung, Diesellok- und Schrämladereinsatz). Im Jahr 1922 stieg die Zahl der im Bergbau Beschäftigten auf die Rekordzahl von 577.000 an.

Wiederaufbau und Konzentration (ab 1945)

Im Jahr 1939 wurden 130,2 Millionen Tonnen Steinkohle im Revier gefördert – die höchste Jahresförderung im Ruhrbergbau überhaupt. Nach dem Zweiten Weltkrieg wurden erst 1956 wieder 124,6 Millionen Tonnen verwertbarer Förderung erreicht, nachdem die Fördermenge

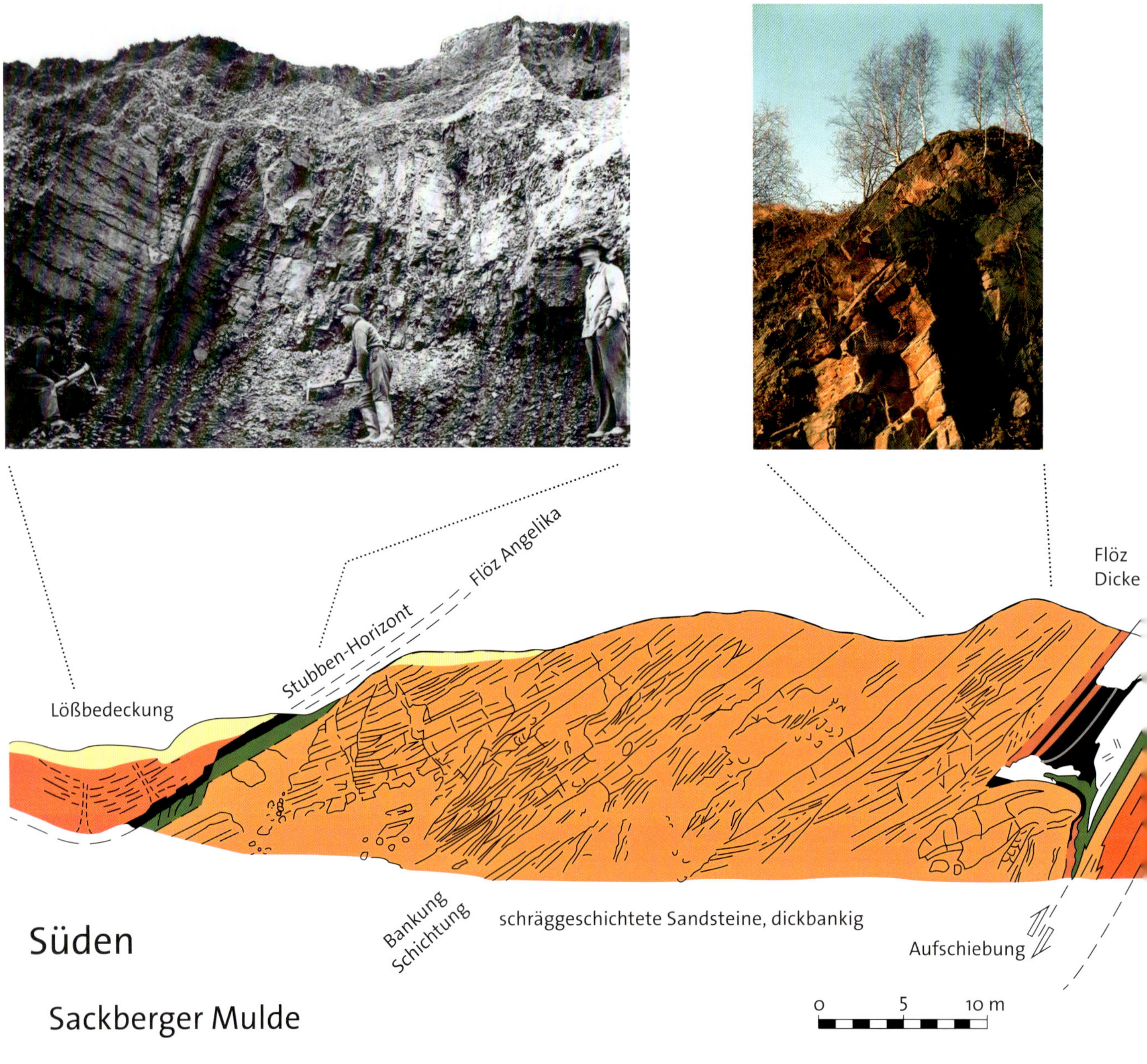

beim Ende des Zweiten Weltkrieges 1945 auf 33,4 Millionen Tonnen gesunken war. Diese Menge entsprach 82,5 Prozent der mit 149,4 Millionen Tonnen höchsten Förderung aller vier Steinkohlenreviere in der Bundesrepublik (Ruhr, Saar, Aachen, Ibbenbüren).

Die Zahl der Beschäftigten im Ruhrbergbau erreichte im Jahr 1950 in insgesamt 143 Bergwerken fast 434.000 – bei einer Förderung von 103 Millionen Tonnen. Die mittlere Fördertiefe aller Bergwerke lag damals bei rund 750 Metern. Durch die ersten Absatzkrisen kam es bereits in den 50er und vor allem in den 60er Jahren des letzten Jahrhunderts zu verstärkter Rationalisierung und zur Konzentration der Betriebe. Im Jahr 1960 existierten 146 Bergwerke mit einer Belegschaft von rund 408.000 Personen. Nach der Gründung der Ruhrkohle AG (RAG) im Jahr 1968 waren es – infolge von Zechenschließungen und -zusammenlegungen – nur noch 52 Bergwerke. Während es im Jahr 1957 noch 61 Kokereistandorte gab, sank ihre Zahl bis 1968 über die Hälfte auf 29, seit dem Jahr 1993 sind es nur noch drei Kokereien. Die Zahl der Großschachtanlagen nahm hingegen deutlich zu. Die weitere Nordwanderung des Bergbaus über die Lippe hinaus wurde seit 1973 durch ein umfangreiches Tiefbohrprogramm begleitet. Bei der geologischen Prospektion der Reserveräume im Norden – insbesondere in der Lippe-

Abb. 13: Geologische Wand Kampmannbrücke. Im Bereich der Sackberger Mulde (im Süden, links) wurden im Jahr 1953 über Flöz Angelika zahlreiche, bis zu 8 Meter hohe Sigillarienstämme freigelegt (Foto links), die im Abstand von 3 bis 5 Metern standen (vgl. Abb. 9). Solche Stämme fehlen über Flöz Angelika auf dem steilen Nordflügel des Sattels (Foto rechts); dort fanden sich nur flachgepresste, inkohlte Treibhölzer und Blattwedel in den Ton- / Siltsteinen über dem Flöz. Die teils verschüttete Wand (ehem. Steinbruch) wurde 1980 wieder freigelegt und als Naturdenkmal sowie Zeuge des alten Heisinger Bergbaus gestaltet. Geradezu modellhaft lassen sich hier die Sedimentationszyklen bzw. Sequenzen studieren. Der 26 bis 30 Meter mächtige Dickebank-Sandstein ist eine Flussablagerung, wie z. B. Schrägschichtung, Konglomeratlagen, Drifthölzer und tiefe Erosionsrinnen beweisen.

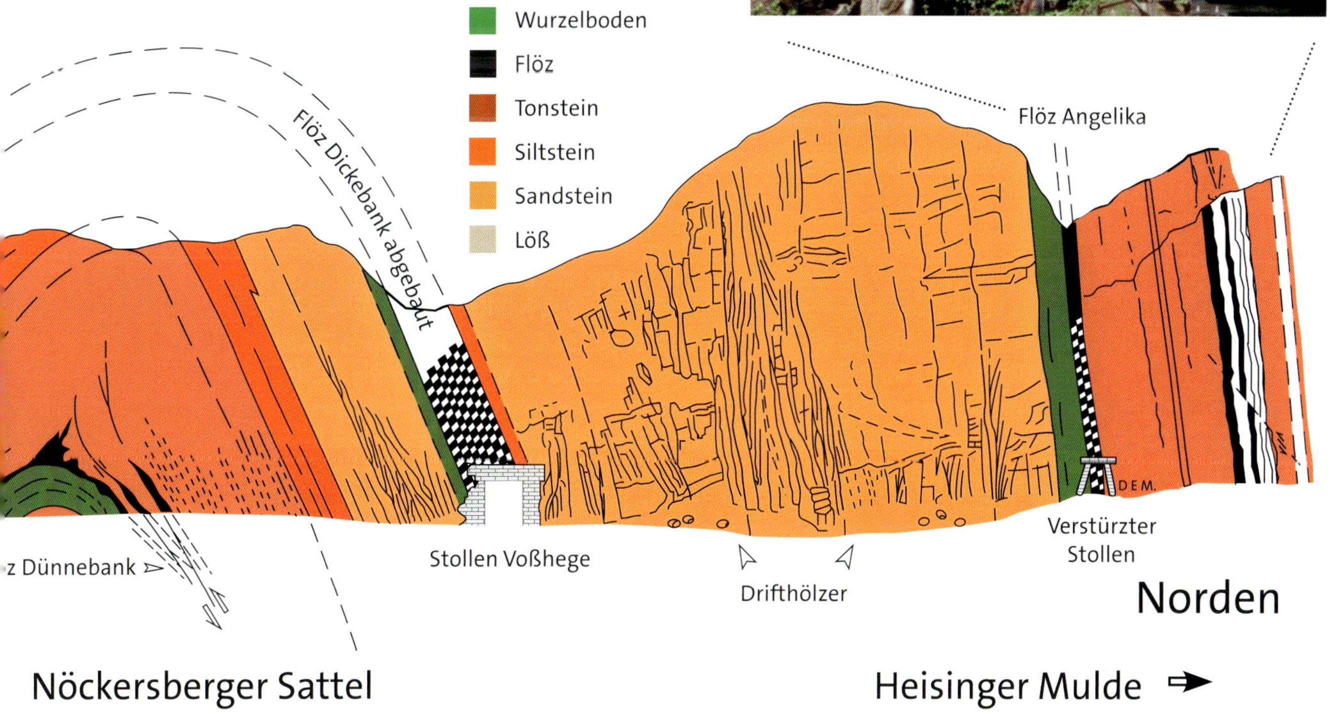

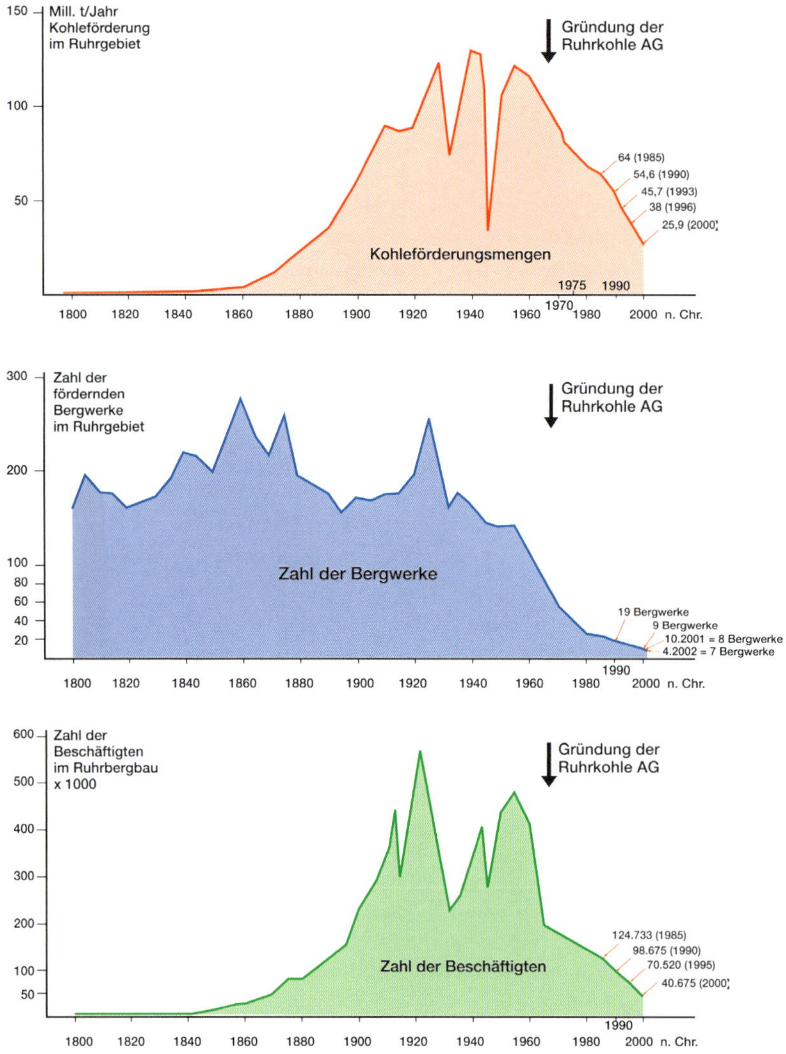

Abb. 14: Oben: Plastik ›Steile Lagerung‹ (1989, Ausschnitt) von Max Kratz in Essen. Die Grafiken rechts zeigen die Entwicklung von Kohlefördermengen, Zahl der Bergwerke und Zahl der Beschäftigten seit 1800.

zone – wurde die 3-D-Seismik erfolgreich eingesetzt. Indessen mussten im südlichen Revier selbst leistungsfähige Zechen – wegen ungünstiger geologischer Lagerungsverhältnisse beim weiteren Mechanisierungsprozess (Einsatz des vollmechanischen Strebausbaus) – stillgelegt werden. Während 1956 noch rund 50 Prozent der Kohleförderung im Gebiet südlich der Emscher erfolgte, betrug ihr Anteil 1979 nur noch 10 Prozent. Die Untertageleistung pro Mann und Schicht verdoppelte sich von 1967 bis 2007 auf über 7.000 Kilogramm. Ein Hochleistungsstreb liefert heute 6.000 Tonnen pro Tag, wobei die Abbaufront bis 12 Meter vorrückt. Die Gesamtförderung im Ruhrrevier betrug im Jahr 2012 8,4 Millionen Tonnen.

Nicht-fossile mineralische Rohstoffe im Ruhrgebiet

Das Ruhrgebiet ist auch eine Erzprovinz – wenngleich nicht so bedeutend wie benachbarte Reviere wie z. B. das Siegerland. Zu den wichtigen nutzbaren Rohstoffen zählten neben der Steinkohle und den bereits im 18./19. Jahrhundert nahe der Erdoberfläche abgebauten Eisenerzen die Spateisensteine und Kohleneisensteine im Oberkarbon. Weitere bedeutende Vorkommen bildeten die Blei-Zink-Erze, die auf drei Zechen abgebaut wurden: in Essen auf der Zeche Christian Levin, in Gladbeck auf der Zeche Graf Moltke und in Marl-Hüls auf der Zeche Auguste Victoria (Schacht IV/V). Die im Jahr 1930 hier entdeckten Haupterze waren vor allem silberhaltiger Bleiglanz (PbS) und Zinkblende (ZnS). Diese Lagerstätten entstanden durch erzhaltige Lösungen, die wahrscheinlich in nach-variszischer Zeit auf Gangspalten im Steinkohlengebirge aus der Tiefe aufdrangen. Zwischen 1936 und 1962 wurden auf Auguste Victoria in Marl rund 5 Millionen Tonnen Roherze gefördert. Seither liegt der Erzbergbau still, obwohl noch Vorräte von 3 Millionen Tonnen vorhanden sind.

Von großer Bedeutung war auch der Abbau des ›Ruhrsandsteins‹. Diese sehr harten oberkarbonischen Sandsteine wurden in zahlreichen Steinbrüchen zwischen Witten-Herdecke und Mülheim – dort am Kassenberg in Mülheim-Broich – gewonnen (Abb. 16). Heute existieren nur noch wenige Steinbrüche in Wetter, Herdecke, Dortmund, Sprockhövel und Mülheim. Als Bruch- und

Werksteine wurden sie über viele Jahrhunderte beiderseits der Ruhr abgebaut. Zahlreiche mittelalterliche Burgen, Klosteranlagen, Kirchen, Rathäuser und Brücken, aber auch ältere Fabrikanlagen, Bergbaugebäude und viele ältere Wohnhäuser wurden im Ruhrgebiet aus Ruhrsandstein erbaut. Diese ›Ruhrsandstein‹-Gebäude stehen heute meist unter Denkmalschutz. Eine Reihe dieser stillgelegten Steinbrüche ist am Geologisch-bergbaukundlichen Wanderweg zwischen Essen-Heisingen und Essen-Werden gut erschlossen und mit Erläuterungstafeln versehen. Diese alten Steinbrüche – vor allem entlang der Ruhr – bieten heute noch einen ausgezeichneten Einblick in Schichtaufbau und Entstehungsgeschichte des flözführenden Karbons. Ferner sind im Bereich dieser alten Steinbrüche wichtige Dokumente der Bergbaugeschichte am besten erhalten, wie etwa alte Stollenmundlöcher. Beredtes Zeugnis davon legen auch der Bergbaukundliche Wanderweg im Muttental in Witten-Bommern sowie der Geologische Garten in Bochum ab. Hier im Stadtzentrum von Bochum wurden auf der ehemaligen Zeche Friederica seit 1868 auch jene Kohleneisensteine abgebaut, die anfänglich als heimisches Eisenerz mit Ruhrkoks verhüttet wurden. Die Roheisen- und Stahlproduktion nahm Mitte des 19. Jahrhunderts einen rasanten Aufschwung, so dass die Erzmengen aus dem Revier nicht mehr ausreichten und zunächst Eisenerze aus dem Siegerland sowie dem Lahn-Dill-Gebiet, später aus Frankreich (Lothringen), Luxemburg oder Nordeuropa (Kiruna) und schließlich aus Übersee eingeführt wurden, vor allem aus Afrika und Südamerika (Itabirite aus Brasilien).

Die oberkarbonischen Tonsteine im südlichen Ruhrgebiet, die mergeligen Tone der Tertiärzeit, wie sie am Ostrand der Niederrheinischen Bucht oder im Raum Dorsten-Schermbeck im nördlichen Revier vorkommen, sowie Sandmergel und Mergel der Oberkreide – bis hin zum Löß und Lößlehm des Quartär – wurden für Ziegeleizwecke gewonnen. Hochreine Quarzsande, wie sie noch heute im Raum Haltern bei Sythen in Oberkreideschichten abgebaut werden, wurden speziell in der Glasindustrie, andere hochwertige Sande für Gießereizwecke eingesetzt. Von größerer wirtschaftlicher Bedeutung sind die im nordwestlichen Ruhrgebiet verbreiteten Kiesvorkommen der pleistozänen Hauptterrasse (Rhein-Maas-Schotter), die vor allem im Raum Kirchhellen abgebaut werden.

Wasserversorgung im Ballungsraum

Eine der wichtigsten Georessourcen für die Industrie und die Bevölkerung im Ruhrrevier war und ist das Wasser. Die Haupttäler von Ruhr, Emscher und Lippe waren während der Saale-Eiszeit Hauptrinnen für den Schmelzwasser-Abfluss. In den Talauen liegen daher wechselnd mächtige Kiese und Sande, die Grundwasser führen. In den zahlreichen Wasserwerken im Ruhrtal wird das Ruhrwasser künstlich versickert, angereichert und als ›Uferfiltrat‹ wiedergewonnen. Als größter Wasserversorger des Ruhrgebiets und seiner Randzonen liefert der Ruhrverband jährlich um die 500 Millionen Kubikmeter Wasser aus der Ruhr und acht Talsperren im Sauerland an 4,6 Millionen Einwohner.

Abb. 15: Schachtgerüst am Schacht 4 (Konrad Ende) der Zeche Recklinghausen II. Dieses Stahlkastenstrebengerüst steht unter Denkmalschutz.

Für die Wasserversorgung des westlichen Reviers haben die nördlich der Lippe verbreiteten Halterner Sande besondere Bedeutung (Abb. 17). Diese reinen Quarzsande mit ihrem hohen Porenvolumen gehören der Oberkreide (Santon) an. Sie nehmen nördlich der Lippe fast 900 Quadratkilometer ein. Hier wird das Grundwasser aus bis zu 200 Meter tiefen Brunnen gewonnen. Trinkwasser fördern aus diesen Sanden die Rheinisch-Westfälische Wasserwerksgesellschaft (RWW) sowie die Gelsenwasser AG.

Der jährliche Wasserverbrauch des Ruhrgebiets liegt derzeit bei rund 1 Milliarde Kubikmetern. Trotz des Rückgangs um die Hälfte ist die wasserwirtschaftliche Beanspruchung relativ hoch. Beim Abbau der Steinkohle wurde die Landschaftsstruktur vor allem dadurch massiv verändert, dass durch die Kohle- und Bergematerialförderung ein über 10 Kubikkilometer großes Massendefizit entstand. Durch die anhaltende Nordwanderung des Steinkohlenbergbaus wurde ein Areal von rund 4.000 Quadratkilometern betroffen. Die Fläche der Grubenfelder aller Bergwerke betrug noch im Jahr 1988 insgesamt 3.044 Quadratkilometer. Davon waren zu diesem Zeitpunkt 794 Quadratkilometer in Betrieb. So hat die Steinkohlenförderung zu einer völligen Veränderung des landschaftlichen Reliefs und damit des gesamten ober- und unterirdischen Wasserkreislaufs geführt.

Ausblick

Die Metropolregion Ruhr erlebt seit 1970 einen tiefgreifenden Strukturwandel. Dieser Prozess erfasste alle Sektoren des Bergbaus, des Kokereibetriebs, der Eisen- und Stahlindustrie sowie aller damit aufs engste verbundenen Industrien. Nachdem es im Jahr 1960 noch 146 Bergwerke gab, fördern derzeit nur noch zwei Verbundbergwerke (Abb. 2 und 14). Die Steinkohlegewinnung wird im Jahr 2018 völlig eingestellt.

Die Hinterlassenschaften der montan-industriellen Epoche sind gravierend und zum Teil Ewigkeitslasten. Die meisten Anlagen wurden inzwischen abgerissen oder

Abb. 16: Ehemaliger Steinbruch an der Herbeder Straße in Witten-Heven. Blick auf Flöz Mentor (= Geitling 3), überlagert vom Finefrau-Sandstein mit Konglomeraten als Fluss-Sediment (Wittener Schichten). Das Flöz keilt nach Osten (rechts im Bild) aus, da sich der Finefrau-Fluss hier lokal tiefer erosiv einschnitt.

umgenutzt. Die Industriebrachen umfassen bis 2018 über 120 Quadratkilometer. Ferner wurden mehr als 30 Quadratkilometer für die Aufschüttung von 120 Bergehalden benötigt, von denen die europaweit größte Halde Hoheward bei Herten/Recklinghausen – gemeinsam mit den Halden im Umfeld – eine Ausdehnung von 2,5 Quadratkilometern und 115 Metern Höhe über Gelände erreicht. Zu den Ewigkeitslasten zählen die Wasserhebung im gesamten Ruhrgebiet sowie die Polderung von über 860 Quadratkilometern bergbaubedingt abflussloser Flächen im Emscher-Lippe-Raum. Hinzu kommen bis in ferne Zukunft kostenträchtige Bergschäden. Auch sind längst nicht alle der 4.800 Altlastenflächen saniert. Die Bergsenkungen in Folge des enormen Massendefizits von Steinkohle und abgebautem Nebengestein erreichen großflächig 15 bis 25 Meter, die das Relief irreversibel verändert haben. Mehr als 4.700 Schächte müssen auch in Zukunft von der RAG als verantwortlichem Unternehmen kontrolliert werden. Darüber hinaus gibt es im südlichen Revier 12.000 bis 15.000 ehemalige ›Tagesöffnungen‹ (Altbergbau!). Damit liegt auch dort die Gefahr von Tagesbrüchen in weiterer Zukunft. Auch dies sind Ewigkeitslasten.

Die post-industrielle Entwicklung im Ruhrgebiet wird dennoch insgesamt optimistisch eingeschätzt. Die Nutzung von Geothermie (s. Artikel von H. Rüter) verspricht weiterhin eine positive Entwicklung. Hingegen wird die Gewinnung von unkonventionellem Schiefergas durch Fracking nach politischen Vorgaben derzeit nicht weiter verfolgt. Die 30 Großhalden wurden als Landschaftsbauwerke und als Freizeitflächen gestaltet. Sie werden als ›Industrienatur‹ besonders gepflegt. In Zukunft wären von den Großhalden auch weitere als Standort für Windkraftanlagen geeignet. Im Emschergebiet entsteht derzeit der mit 450 Quadratkilometern der weltgrößte Freizeitpark. Die Emscher wird als Fluss vollkommen neu gestaltet. Allein der Landschaftspark Nord in Duisburg mit seinen montanindustriellen Relikten zieht etwa 200.000 Besucher im Jahr an.

Der vor 10 Jahren gegründete Nationale GeoPark Ruhrgebiet wurde ausgebaut. So führt die Hauptstrecke der ›GeoRoute Ruhr‹ auf 130 Kilometern von Schwerte bis Mülheim/Ruhr. Diese Route umfasst 150 Geotope, Bergbau- und Industriedenkmäler sowie zahlreiche Museen, welche die engen wechselseitigen Beziehungen zwischen Geologie, Bergbau, Wirtschaft, Kultur und Industriekultur verdeutlichen. Das UNESCO-Weltkulturerbe Zeche Zollverein in Essen umschließt auch das Ruhrmuseum, das alle diese Beziehungen für das gesamte Ruhrgebiet präsentiert. Es wurde im Jahr 2010 eröffnet und bisher von über einer Million Menschen besucht. Der ökologische Umbau der Emscher-Region ist im vollen Gang. Er wird mindestens 5 Milliarden Euro kosten. Das ehemalige Phönix-Stahlwerk an der Emscher in Dortmund-Hörde wurde völlig abgetragen, das Gelände ausgekoffert. Hier entstand ein großer See, umgeben von einer modernen Neubebauung mit Wohnhäusern und zukunftsorientierten Firmen samt Freizeitgelände.

Derzeit werden am Nordrand des Ruhrgebiets Untertage-Pumpspeicherwerke (UPSW) geplant, die erstmals in Europa ehemalige Schächte und bestehende Bergbauhohlräume zur Wasserkraftgewinnung nutzen (Abb. 18). Hier besteht die Möglichkeit, Fallhöhen von 800 bis 1.000 Metern für die Stromgewinnung zu nutzen. Man denkt an installierte Leistungen von 20 bis 360 Megawatt, die im Verbund einen wichtigen Beitrag zur Energieversorgung des Ruhrgebiets in der Nach-Bergbauzeit darstellen. An 14 Wasserhaltungsstandorten der RAG im Ruhrgebiet wird das stark salzhaltige Grubenwasser auch in Zukunft in Steigleitungen zur Erdoberfläche geführt. Die geothermische Nutzung dieser bis 30 Grad warmen Wässer aus bis zu 1.000 Metern Tiefe werden schon seit Jahren zur Gebäudeheizung genutzt. Eine noch stärkere Nutzung ist an allen Standorten möglich.

Die Hauptaufgabe in naher Zukunft ist die Revitalisierung von ausgedehnten Bergbau- und Altindustrieflächen für die Ansiedlung von Gewerbeparks oder Unternehmen der Logistik- und Hochtechnologiebranche, aber auch von Kulturzentren und Freizeiteinrichtungen. Nach der Gewinnung der letzten Tonne Steinkohle im Ruhrrevier im Jahr 2018 kann eine völlig neue Energieversorgungsstruktur entstehen, die sowohl Sonnenenergie (Photovoltaik) auf ehemaligen Industrieflächen als auch auf diesen angebaute Biomasse als alternative Energiequellen nutzt. Vorhanden sind bereits die vom Ruhrverband gebauten und betriebenen Wasserkraftwerke an den fünf Ruhrstauseen und ein Pumpspeicherkraftwerk an der Ruhr.

Abb. 17: Quarzsandgewinnung mittels Nassbaggerung bei Haltern-Flaesheim im nördlichen Ruhrgebiet. Diese Quarzsande stammen aus der oberen Kreide (Santon). Sie werden für unterschiedliche industrielle Zwecke genutzt.

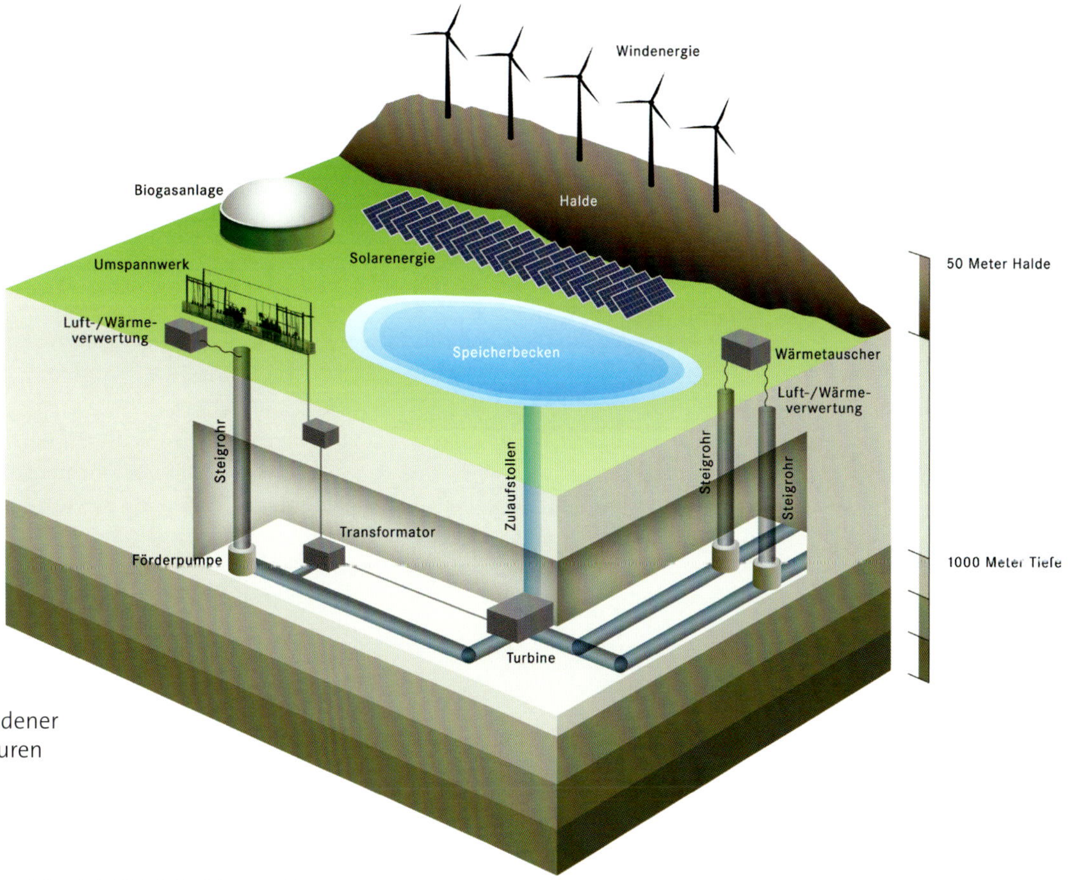

Abb. 18: Modell eines geplanten Untertage-Pumpspeicher-Kraftwerks im Ruhrgebiet mit weiteren alternativen Energiequellen unter Nutzung vorhandener Bergwerks-Infrastrukturen

Literaturhinweise

Borsdorf, U. & Th. G. Grütter (Hrsg.) (2009): Ruhr Museum. Natur. Kultur. Geschichte. Klartext, Essen

Gesamtverband Steinkohle e.V. (Hrsg.) (2014): Steinkohle 2013. Partner der Energiewende, Herne

Harnischmacher, S. (2012): Bergsenkungen im Ruhrgebiet. Forsch. z. dt. Landeskunde, Bd. 261, (Selbstverlag), Leipzig

Hermann, W. & G. Hermann (2008): Die alten Zechen an der Ruhr. 6. Aufl., K. R. Langewiesche Nachf. H. Köster, Königstein i. T.

Hoppe, W. et al. (2010): Das Ruhrgebiet im Strukturwandel (Diercke Spezial), Westermann, Braunschweig

Huske, J. (2006): Die Steinkohlenzechen im Ruhrrevier. 3. Aufl. Dt. Bergbau-Museum, Bochum

Keil, A. & B. Wetterau (2013): Metropole Ruhr. Landeskundliche Betrachtung des neuen Ruhrgebiets. 1. Aufl., Essen

Meyer, D. E. (2002): Geofaktor Mensch. Eingriffe und Folgen durch Geopotenzialnutzung. Essener Unikate, 19, Universität Essen, 9-25

Perau, E., U. Schreiber & H. Luick (2013): Geologische und geotechnische Aspekte beim Bau von Untertage-Pumpspeicherwerken in Anlagen des Steinkohlebergbaus. Report Geotechnik Universität Duisburg-Essen, 40, VGE-Verlag Essen, 105-118

Prossek, A. et al. (Hrsg.) (2009): Atlas der Metropole Ruhr. Emons, Köln

Ruhrverband/AWWR (Hrsg.) (2014): Ruhrgütebericht 2013, Essen (ISSN 1613-4729)

Süss, M. P., G. Drozdzewski & A. Schäfer (2000): Sequenzstratigraphie des kohleführenden Oberkarbons im Ruhr-Becken. Geol. Jb., A156, Hannover, 45-106

Regionalverband Ruhr/Geopark Ruhrgebiet e.V. (Hrsg.) (2006): Nationaler Geopark Ruhrgebiet. Geotouristische Übers.-Karte mit Begleitheft ›Geologie zum Anschauen und Erleben‹, Essen

Walter, R. (2007): Geologie von Mitteleuropa, Schweizerbart'sche Verlagsbuchhandlung, Stuttgart

Wiggering, H. (Hrsg.) (1993): Steinkohlenbergbau. Ernst u. Sohn, Berlin

Wrede, V. & Schmiedel, S. (2009): Nationaler GeoPark Ruhrgebiet. EDGG, Exkursionsführer u. Veröff., H. 238, Hannover

Internetseiten/Museen

Emschergenossenschaft/Lippeverband: http://www.eglv.de
Geothermie in NRW: http://www.geothermie.nrw.de
Gesamtverband Steinkohle: http://www.gvst.de
Regionalverband Ruhr RVR: http://www.metropoleruhr.de
Ruhrkohle AG RAG/DSK: http://www.rag.de

Geo- und Landschaftsparks:
http://www.geopark-ruhrgebiet.de
http://www.emscherlandschaftspark.de

Industriedenkmäler und Museen:
http://www.zollverein.de
http://www.ruhrmuseum.de
http://www.bergbaumuseum.de
http://www.industriemuseum.lvr.de
http://www.lwl-industriemuseum.de
http://www.haus-ruhrnatur.de

Diethard E. Meyer war zuletzt – von 1975 bis 2003 – an der Universität GH Essen (heute Universität Duisburg-Essen) im Fachbereich Bio- und Geowissenschaften in Lehre und Forschung als Studiendirektor im Hochschuldienst tätig. Interdisziplinäre Zusammenarbeit mit Bauingenieuren, Ökologen und Landschaftsarchitekten. Arbeitsschwerpunkt: Umweltgeologie, v.a. Ressourcen, Bergbaufolgen, Geotop- und Naturschutz, Baustoffprobleme.

Anschrift: Dr. Diethard E. Meyer
Sylviastraße 24
45131 Essen-Rüttenscheid

Fossile Energierohstoffe

Wachsender Bedarf – Begrenzte Verfügbarkeit

von Harald Andruleit und Peter Gerling, Hannover

Ein ganz normaler Morgen: Der Radiowecker klingelt - aufstehen. Eine warme Dusche, frühstücken: Heißer Kaffee und Toast. Die Wohnung ist angenehm temperiert ... So geht es den ganzen Tag weiter. Vom ersten Augenblick am Morgen bis zum Einschlafen konsumieren wir Energie. Ganz ehrlich: Wer macht sich im alltäglichen Geschehen schon Gedanken darüber, wann wie viel Energie verbraucht wird und woher diese Energie stammt? Nehmen wir als Beispiel den morgendlichen Kaffee. Nicht nur, dass es Energie kostet, das Wasser zu erhitzen. Überlegen wir einmal kurz, wie viel Energie aufgewendet wird, nur um uns den Kaffee ins Haus zu bringen. Kaffee wächst auf der anderen Seite der Welt, wo er geerntet und über mehrere Stationen zu uns nach Deutschland transportiert wird: LKW, Eisenbahn, Schiff, wieder LKW, unser eigener PKW. Und all diese Transportmittel werden – bis auf die Eisenbahn – auch heute noch fast ausschließlich von Verbrennungsmotoren angetrieben, die aus fossilen Kohlenwasserstoffen hergestellte Treibstoffe verwenden. Doch nicht nur im Transportsektor wird Energie verbraucht. Nahezu alle Produkte, seien es Maschinen oder Lebensmittel, können nur unter Einsatz großer Energiemengen erzeugt werden. Die verlässliche und ununterbrochene Bereitstellung von Energie

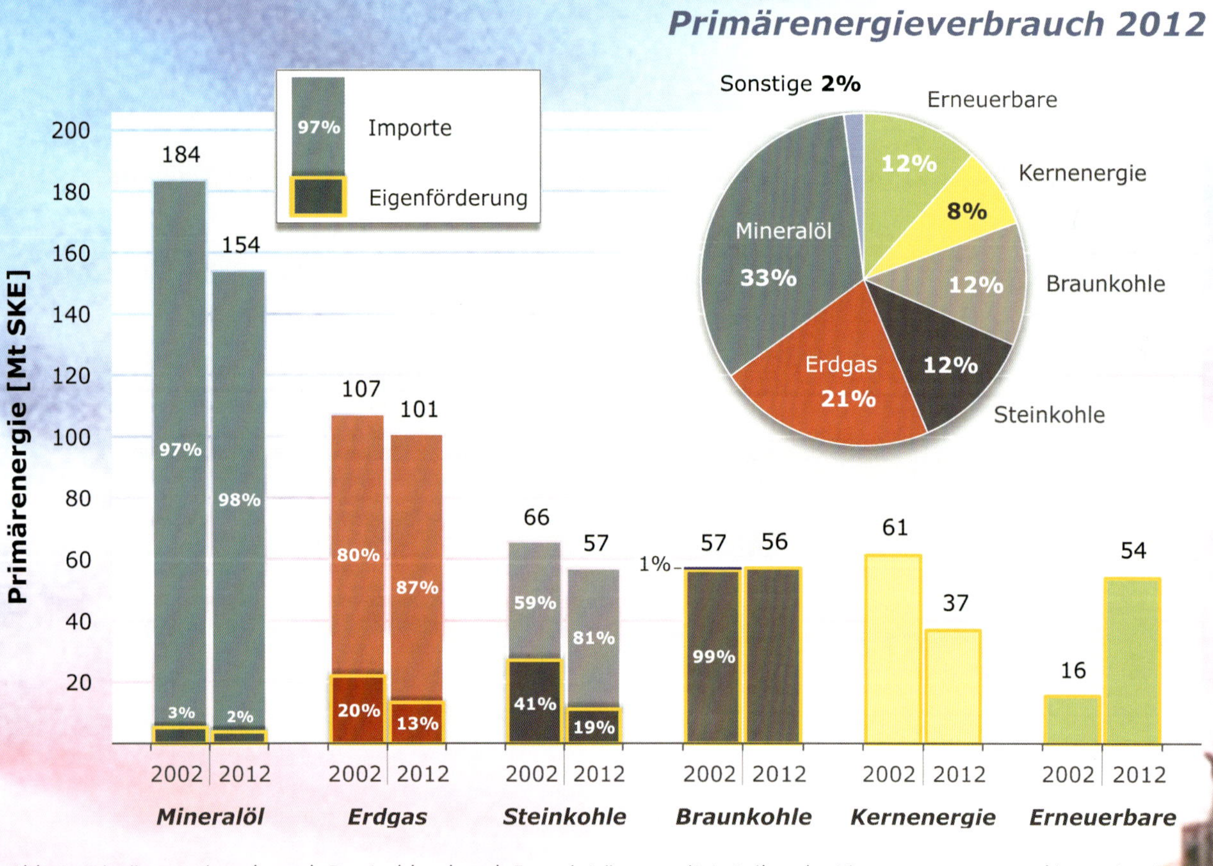

Abb. 1: Primärenergieverbrauch Deutschland nach Energieträgern mit Anteilen der Eigenversorgung und Importen im Zehnjahresvergleich (nach AGEB 2013, LBEG 2013)

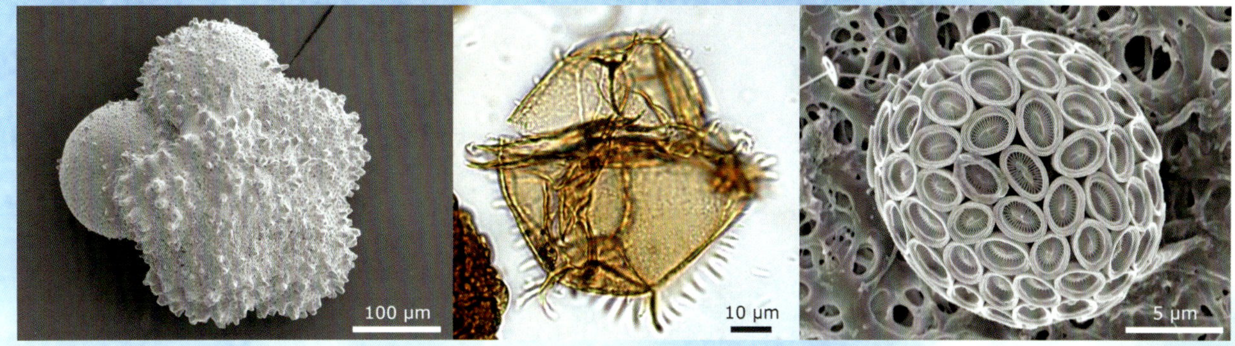

Abb. 2: Beispiele von marinem Zoo- und Phytoplankton aus der Kreide (Bild links: Foraminifere), aus dem Jura (Bild mitte: Dinoflagellaten-Zyste) und von heute (Bild rechts: Coccosphäre)

ist eine essentielle Voraussetzung für das Funktionieren unserer heutigen modernen Gesellschaft.

Deutschland hat mit dem international aufmerksam beobachteten Weg der Energiewende eine neue Richtung eingeschlagen und setzt auf regenerative Energien als zukünftige primäre Energieträger. Dennoch wird auch Deutschland als einer der größten Energieverbraucher der Welt noch für viele Jahre auf Erdöl und andere fossile Energierohstoffe wie Erdgas, Stein- und Braunkohle angewiesen sein. Die über etliche Jahrzehnte gewachsene, doch aus heutiger Sicht bedenkliche Abhängigkeit von den fossilen Energieträgern ist zu groß, als dass diese innerhalb weniger Jahre überwunden werden könnte. So leisteten im Jahr 2012 Erdöl, Erdgas, Steinkohle und Braunkohle mit 79 Prozent den mit Abstand größten Beitrag zur Deckung des deutschen Primärenergieverbrauchs (Abb.1). Auch steigt trotz sinkenden absoluten Verbrauchs die Importabhängigkeit bei Erdöl, Erdgas und Hartkohle weiter an. Nur noch rund zwei Prozent des Erdöls und etwa 13 Prozent des Erdgases stammten aus der inländischen Förderung, und da die derzeit produzierenden inländischen Lagerstätten aufgrund der natürlichen Erschöpfung zur Neige gehen, werden die heimischen Anteile weiter sinken.

Im Jahr 2012 hat Deutschland über zwei Drittel seiner Ausgaben für Rohstoffimporte für Erdöl, Erdgas und Kohle aufgewendet, immerhin mehr als 100 Milliarden Euro. An dieser Zahl kann man die Bedeutung dieser Energieträger für unser Land ableiten. Im Vergleich dazu ist das allgemeine Wissen über Bildung, Suche und Gewinnung dieser Stoffe sowie deren Verfügbarkeit gering. In der öffentlichen Wahrnehmung dominieren stattdessen die regenerativen Energien, obwohl deren Anteile an der Primärenergieerzeugung trotz intensiven Ausbaus auf absehbare Zeit niedriger sein werden.

In diesem Beitrag geht es aber um die fossilen Energierohstoffe – und hier insbesondere um das Erdöl und dessen Geschichte. Einzelne Pioniere begannen die Suche nach Erdöl vor über 150 Jahren, indem sie von oberflächlichen Ölaustritten auf unterirdische Vorkommen schlossen und in der Nähe gebohrt haben. Heutzutage wenden Geowissenschaftler – Geologen, Geophysiker und Geochemiker – sehr viel modernere Verfahren wie seismische Untersuchungen oder Satellitenaufnahmen an. Hochentwickelte Laborgeräte und Computerprogramme gestatten die Simulation komplexer geologischer Prozesse in kurzer Zeit und unterstützen die Wissenschaftler bei der Auswertung ihrer Befunde.

Was ist überhaupt Erdöl und worin unterscheidet es sich von Erdgas?

Erdöl stammt selbstverständlich nicht aus dem Zapfhahn von Tankstellen. Was wir dort erhalten ist ein bereits aufbereitetes, in Raffinerien erstelltes Produkt. Ausgangsprodukt ist das Rohöl, ein komplexes Gemisch aus einer Vielzahl von verschiedenen Kohlenwasserstoffmolekülen, das aus den Tiefen der Erdkruste zu Tage gefördert werden muss. Kohlenwasserstoffe sind – wie der Name andeutet – Moleküle, die hauptsächlich aus Kohlenstoff (C) und Wasserstoff (H) aufgebaut sind. Das einfachste und mit Abstand häufigste Kohlenwasserstoff-Molekül ist Methan (CH_4), mit nur einem Kohlenstoffatom, umgeben von vier Wasserstoffatomen.

Der namensgebende Unterschied zwischen Erdöl und Erdgas besteht darin, dass Erdöl unter den an der Erdoberfläche herrschenden Druck- und Temperaturbedingungen in flüssiger Form, Erdgas hingegen gasförmig vorliegt. Dies liegt daran, dass die Moleküle im Erdgas mit wenigen Kohlenstoffatomen wesentlich kleiner und damit leichter sind, als die des Erdöls mit bis zu 40 und mehr Kohlenstoffatomen. Erdöl ist daher viel zähflüssiger und geht erst bei höheren Temperaturen in den gasförmigen Zustand über.

Abb. 3: Einsatz eines Schaufelbaggers im Braunkohle-Tagebau

Der Ursprung aller fossilen Energieträger

Erdöl mit seinen großen Molekülen besteht aus einer Unmenge verschiedener Kohlenwasserstoffe. Obwohl dieses Öl für die meisten Lebewesen giftig ist, besteht es spannenderweise aus organischen Verbindungen. Manche dieser Bestandteile von Erdöl finden sich auch in heute lebenden Organismen wieder. Solche sogenannten Biomarker geben uns den entscheidenden Hinweis auf den eigentlichen Ursprung von fossilen Energieträgern. Denn Erdöl, Erdgas und auch Kohle haben ihren Ursprung in vergangenem organischen Leben (Abb. 2). So leitet sich der Sammelbegriff ›Fossile Energieträger‹ aus ihrem organischen Ursprung ab. Genau wie die versteinerten Überreste organischen Lebens in Gesteinen als Fossilien bezeichnet werden.

Vom Lebewesen zum sedimentären organischen Material

Die Basis des Lebens auf der Erde ist die Photosynthese, bei der mit Hilfe von Lichtenergie und Chlorophyll aus anorganischen Bestandteilen die Grundbausteine für organisches Leben aufgebaut werden. Bei diesem Prozess verarbeiten Pflanzen Wasser und Kohlendioxid zu einfachen Kohlenwasserstoffmolekülen wie Glukose. Jährlich werden auf diese Weise weltweit etwa 200 Milliarden Tonnen Kohlenstoff in lebender organischer Substanz gebunden.

Pflanzen wachsen, sterben ab und dann können sich die Reste organischen Lebens – wenn sie nicht vorher vertilgt werden – am Erdboden oder am Meeresgrund ablagern. Unter normalen Umständen wird das abgestorbene organische Material von Bakterien zersetzt. Denken wir daran, wie viel Laub jeden Herbst von den Bäumen fällt. Im nächsten Sommer ist davon am Boden meist kaum noch etwas zu finden. Der größte Teil wird von den im und auf dem Boden lebenden Bakterien ›gefressen‹ und in seine Bestandteile zerlegt. Nur etwa ein Zehntel eines Prozents der pflanzlichen Substanz übersteht diese bakterielle Aktivität oder wird in sauerstofffreier Umgebung abgelagert. Über geologische Zeiträume kann sich aber so in manchen Gebieten eine große Menge organischen Materials ablagern. Anschauliche Beispiele hierfür sind Moore. Torf ist nichts anderes als eine Anhäufung nicht zersetzter Pflanzenreste.

Andere Bereiche der Erdoberfläche, in denen sich organisches Material anreichert, sind die Böden bestimmter Seen sowie spezielle Meeresregionen wo Sauerstoffarmut herrscht. In den Meeren gibt es die größten Mengen. Hier sind es hauptsächlich organische Überreste winziger Organismen, des Zoo- und Phytoplanktons (Abb. 2). Diese rieseln zusammen mit anderen Partikeln kontinuierlich auf den Meeresboden und reichern sich dort in vielen einzelnen Lagen an. Irgendwann in geologischen Zeiträumen kann auf diese Weise ein mächtiges Sedimentpaket entstehen, das viel organisches Material enthält. Derartiges Sediment wird als Faulschlamm oder Sapropel bezeichnet. Heute lagern sich solche Faulschlämme beispielsweise im Toten Meer und den tieferen Bereichen der Ostsee ab.

Mit zunehmender Überlagerung durch weitere mächtige Sedimente gelangt der Faulschlamm in immer tiefere Bereiche der Erdkruste, wo Temperatur und Druck ansteigen. Die Temperatur nimmt von der Erdoberfläche aus mit jedem Kilometer um etwa 30 Grad Celsius zu. In zwei Kilometern Tiefe beträgt die Temperatur im Sediment in der Regel schon etwa 70 Grad Celsius. In dieser Tiefe haben sich die Eigenschaften des Sedimentes deutlich verändert. Durch den hohen Druck sind die Sedimentpartikel zusammengedrückt und der Großteil des Porenwassers herausgepresst worden. Die Tätigkeit von Bakterien, Wechselwirkungen mit dem Wasser im Porenraum und chemische Reaktionen in und an den Sedimentpartikeln verändern das Aussehen. Deutliches Anzeichen ist eine Zunahme der Festigkeit des Sediments. Auch die organischen Bestandteile, jetzt als sedimentäres organisches Material bezeichnet, zeigen ein anderes Gesicht. Ein festes Gestein ist entstanden.

Von der organischen Substanz zum Muttergestein

Die weiteren Veränderungen im sedimentären organischen Material im Zuge der Versenkung in die Erdkruste lassen sich gut anhand des Schicksals von Sumpf- und Moorpflanzen verdeutlichen: Die pflanzlichen Überreste lagern sich anfangs als Torf ab und gehen bei der Versenkung in die Erdkruste zunächst in Braunkohle über (Abb. 3). Steigen Temperatur und Druck weiter an, entsteht Steinkohle (s. Artikel von D. E. Meyer), dann Anthrazit und schließlich Graphit. Bei diesem als Inkohlung bezeichneten Prozess gibt das sedimentäre organische Material kontinuierlich flüchtige Bestandteile wie Wasserstoff, Sauerstoff und Stickstoff ab, während sich der Kohlenstoff dadurch anreichert. Der relative Kohlenstoffanteil steigt bis auf annähernd 100 Prozent in Graphit. Torf enthält noch etwa sechs Prozent Wasserstoff, Anthrazit hingegen nur noch ein bis drei Prozent. Genau dieser Verlust flüchtiger Bestandteile ist Ausdruck für die Prozesse der Bildung von Kohlenwasserstoffen wie Erdöl und Erdgas. Brechen die Bindungen von Kohlenstoffatomen im sedimentierten Material, werden zum Beispiel Methylgruppen (CH_3) freigesetzt. Diese reagieren mit Wasserstoff zu Methan (CH_4) als dem wichtigsten Bestandteil von Erdgas.

Um die Prozesse bei der Bildung von Kohlenwasserstoffen im Sedimentgestein zu beschreiben, haben sich einige anschauliche Begriffe etabliert. So werden größere Mengen an Kohlenwasserstoffen nur aus Gesteinen mit hohem Gehalt an organischem Material, sogenannten Muttergesteinen, freigesetzt. Zu den guten Erdöl-Muttergesteinen zählen Sapropele, die ihrerseits aus Faulschlämmen hervorgegangen sind. Auch Kohle ist ein exzellentes Muttergestein, allerdings für Erdgas. Eine Vorstufe der Kohlenwasserstoffe bei der Verwandlung zu Erdöl bezeichnet man als Kerogene. Je nach Zusammensetzung dieser Kerogene stellt ein bestimmter Temperaturbereich das optimale Entstehungsfenster für Erdöl oder Erdgas dar. Die Temperaturbereiche für solch ein Ölfenster liegen etwa zwischen 60 und 170 Grad Celsius. Erdgas kann auch noch bei deutlich höheren Temperaturen gebildet werden. Das Gasfenster liegt daher tiefer.

Vom Muttergestein in die Lagerstätte

Sind im Gestein größere Mengen Erdöl oder Erdgas entstanden, verlassen diese durch feinste Risse und Poren den Ort ihrer Bildung, sie migrieren. Ein Teil verbleibt aber auch im Muttergestein. Für die Bewegung oder Migration gibt es eine Reihe von Ursachen. Von besonderer Bedeutung bei der Entstehung von Lagerstätten sind jedoch in der Regel die Dichteunterschiede zwischen Erdöl/Erdgas und dem umgebenden Porenwasser. So wie Gasblasen im Wasser nach oben sprudeln und Öl als Film an der Wasseroberfläche schwimmt, steigen Erdöl und Erdgas aufgrund ihrer geringeren Dichte im Porenraum der Gesteine auf. Dies geschieht so lange, bis sie auf eine Barriere, das heißt eine abdichtende Gesteinsschicht mit erheblich geringerem Porenraum treffen, die eine weitere Migration verhindert. Unter solchen Abdeckungen, die als Erdöl- bzw. Erdgas-Fallen bezeichnet werden, kommt es zu einem Stau der aufsteigenden Kohlenwasserstoffe, so dass sich über geologische Zeiträume von Millionen von Jahren große Mengen von Erdöl und Erdgas sammeln können. Werden diese Fallen gefunden und sind diese wirtschaftlich zu fördern spricht man von Lagerstätten (Abb. 4).

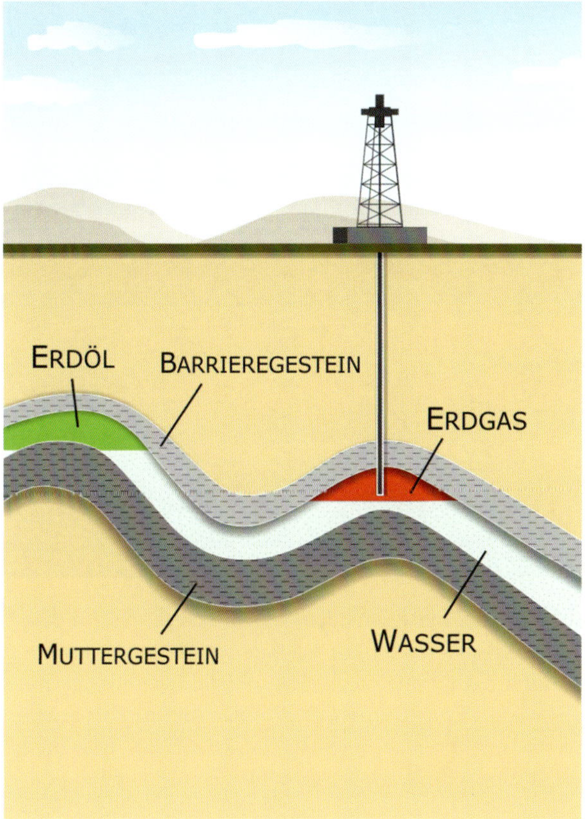

Abb. 4: Schematische Darstellung von Kohlenwasserstofflagerstätten(Erdöl und Erdgas)

Wie findet man eigentlich Erdöl- und Erdgaslagerstätten?

Viele Firmen unternehmen große Anstrengungen auf der Suche nach dem ›schwarzen Gold‹. Hat man erst einmal eine Region, beispielsweise anhand von prinzipiellen geologischen Überlegungen ausgewählt, entwerfen Geologen auf Basis aller verfügbaren geographischen und geologischen Informationen eine Vorstellung zur lokalen Geologie. Anschließend werden die an der Erdoberfläche zu Tage tretenden Gesteine untersucht, um Hinweise auf ihre Zusammensetzung, ihre Entstehung und ihr Alter zu bekommen (Abb. 5). Zumeist setzen sich die Gesteine in tiefere Bereiche der Erdkruste fort und erlauben so einen Rückschluss auf die dortigen geologischen Lagerungsverhältnisse. Auch geophysikalische Untersuchungen erlauben bereits von der Erdoberfläche aus Rückschlüsse auf den Aufbau des Untergrunds. Die zurzeit gebräuchlichste Methode zum Aufsuchen von Lagerstätten ist dabei die Reflexionsseismik. Dabei werden durch kleine Sprengungen oder Vibrationen an der Erdoberfläche Erschütterungen erzeugt, die sich vom Punkt der Auslösung wellenartig in der Erdkruste ausbreiten. Diese Wellen werden von den Schichtgrenzen im Gestein reflektiert und an die Erdoberfläche zurückgelenkt. Die Zeit zwischen Auslösung und der Rückkehr der Welle wird als Laufzeit bezeichnet. Aus der reflektierten Welle und ihrer Laufzeit kann man

Abb. 5: Im Vordergrund ein geologischer Aufschluss mit einer Wechsellagerung von hellen Sandsteinen und schwarzen Kohlelagen

die Tiefe der reflektierenden Schicht berechnen. An der Erdoberfläche werden die reflektierten Wellen von sogenannten Geophonen registriert, die die Schallwellen in elektrische Signale umsetzen. Werden diese digital ausgewertet, erhält man schließlich ein Tiefenprofil, das einem vertikalen Schnitt durch den Erduntergrund entlang der gemessenen Linie entspricht. Überzieht man den Untergrund mit einem Netzwerk solcher Messlinien, so lässt sich der Aufbau des Untergrunds heutzutage in kompletten dreidimensionalen Ansichten darstellen.

Von der Exploration zur Förderung – die erste Bohrung

Wie erkennt nun der Geologe die mit Erdöl oder Erdgas gefüllte Lagerstätte? Die oben geschilderten geophysikalischen Untersuchungen spüren tief im Untergrund vorhandene Strukturen auf. Gesucht werden Aufwölbungen von Gesteinsschichten, von denen man annimmt, dass sich unter ihnen in einer Fallenstruktur das stets nach oben strebende Erdöl oder Erdgas angesammelt haben könnte (Abb. 4). Der durch langjährige Praxis geschulte Geologe setzt nach Beratungen mit anderen beteiligten Spezialisten eine erste Bohrung auf die Struktur an (Abb. 6). Dabei werden fortwährend Untersuchungen am nach oben geförderten Gestein und am Bohrloch gemacht. Sie geben wertvolle Informationen über den Aufbau des Untergrundes, die Porosität und Durchlässigkeit der durchbohrten Gesteine und den Poreninhalt – Erdöl, Gas oder Wasser. Diese Bohrung, sowie wahrscheinlich notwendige Folgebohrungen, offenbaren dem Geologen die tatsächlichen Bauelemente der tief im Untergrund verborgenen Struktur, so dass die bisherigen Annahmen aus den geophysikalischen Voruntersuchungen überprüft werden können. Auf der Basis dieser Ergebnisse fällt die Entscheidung über Erfolg oder Misserfolg der Exploration, die vielleicht zu der Erschließung einer neuen Kohlenwasserstoff-Lagerstätte führen könnte.

Die Gewinnung aus der Lagerstätte

Von der Identifizierung einer Lagerstätte bis zur Förderung der Kohlenwasserstoffe ist es noch ein weiter Weg. Zuerst gilt es, ökonomische Fragen zu beantworten: Wie viel Erdöl und/oder Erdgas enthält die Lagerstätte und wie viel kann man herausholen? Welche Investitionen sind notwendig für Förderanlagen und weitere Bohrungen? Wie hoch werden die Produktionskosten sein? Wo kann das Erdöl bzw. -gas verkauft werden und wie bekommt man es dahin? Erst nach Beantwortung dieser Fragen und wenn die wirtschaftliche Bilanz positiv ist, wird die Lagerstätte weiter erschlossen. Die dafür notwendigen Bohrungen in die Tiefe der Erdkruste sind technologische Meisterleistungen. Aus den gut zugänglichen Lagerstätten wird mittlerweile schon überwiegend gefördert, so dass die Techniken zur Gewinnung von Erdöl und Erdgas aus neuen Vorkommen immer ausgefeilter werden müssen. Hierbei bedienen sich die Ingenieure und Geowissenschaftler modernster Technik. Durch seitlich abgelenktes Bohren (Richtbohren) können auch Lagerstätten unterhalb von besiedelten Gebieten, Wäldern, Mooren und anderen Biotopen erschlossen werden ohne diese zu beeinflussen (Abb. 7). Das Horizontalbohren er-

Abb. 6: Bohrturm zur Erdöl- und Erdgassuche

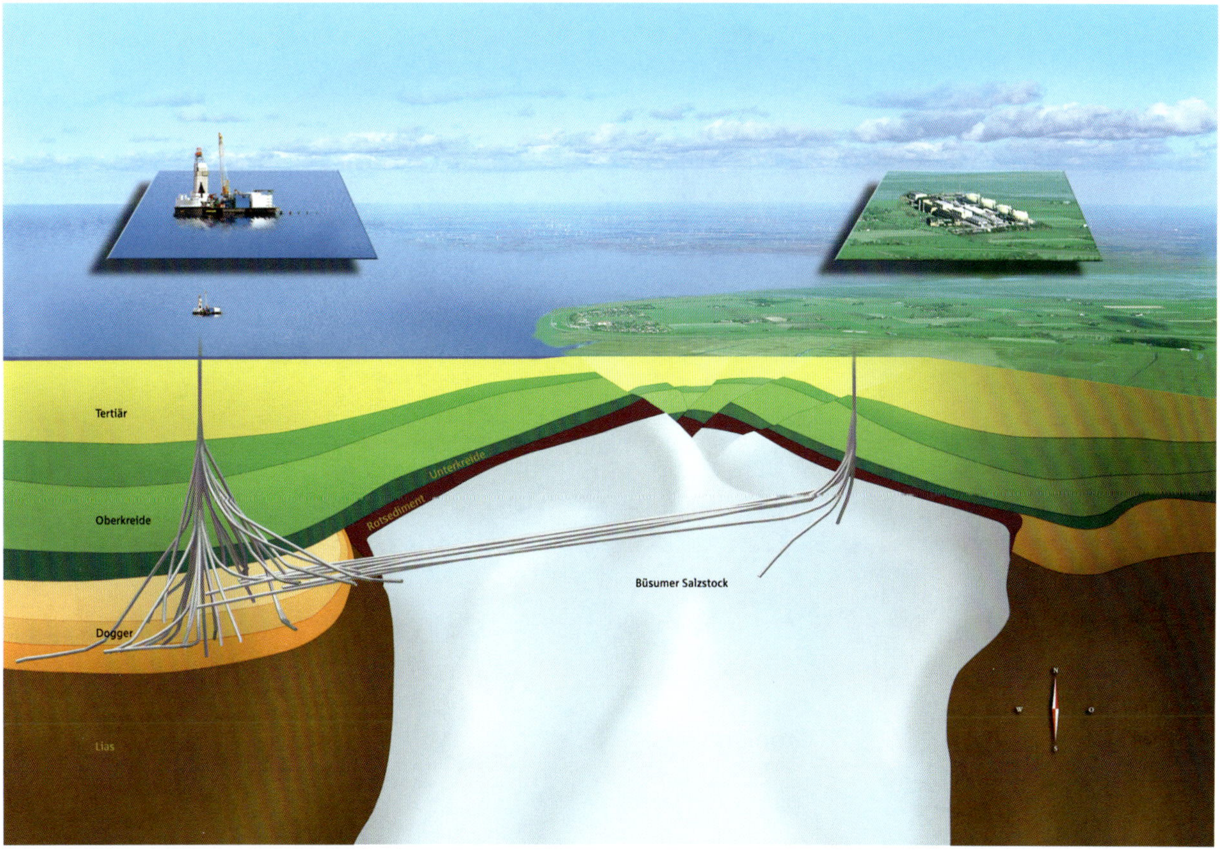

Abb. 7: Moderne Bohrtechnik am Beispiel der Erdöllagerstätte Mittelplate. Die Lagerstätte wird von einer künstlichen Insel im Wattenmeer und von Land aus (mit horizontal abgelenkten Bohrungen) entölt.

laubt es auch, eine Lagerstätte in der Tiefe waagerecht zu durchbohren und dadurch die Zuflussraten an Erdöl oder Erdgas zu verbessern. Zur besseren Förderung von Erdgas oder Erdöl aus gering- oder undurchlässigen Schichten dient das so genannte Fracking. Diese Art der Bohrlochbehandlung ist mittlerweile ein Standardverfahren der Kohlenwasserstoffindustrie und beruht darauf, dass durch das Verpressen einer Mischung aus Wasser, Sand und chemischen Zusätzen unter hohem Druck künstliche Fließwege im Gestein geschaffen werden. Um auch zähflüssiges Erdöl aus den Lagerstätten zu gewinnen, werden weitere hochentwickelte Förderverfahren eingesetzt. Zum Beispiel wird Heißwasser oder Dampf in die ölführenden Schichten gepresst. So wird das leichtere Erdöl fließfähiger und nach oben gedrückt.

Wo gibt es heute noch offene Potenziale für Kohlenwasserstoff-Lagerstätten?

Etwa zwei Drittel der Erdoberfläche sind von Meerwasser bedeckt. In den Gesteinsschichten unter dem Meer und hier insbesondere entlang der Kontinentalränder vermutet man etwa ein Drittel des weltweiten Kohlenwasserstoffpotenzials. Die Weltmeere werden erst seit 1950 auf Vorkommen von Erdöl und Erdgas untersucht. Mit der Entwicklung entsprechender Technologien schreitet die Suche in immer größere Wassertiefen voran. Vor Brasilien, im Golf von Mexiko und vor Westafrika wird bereits in Wassertiefen von über drei Kilometern gebohrt. Schwimmende Bohr- und Förderplattformen sind inzwischen Stand der Technik und sogar komplette vollautomatische Produktionsanlagen werden mittlerweile auf dem Meeresboden installiert.

Auch in der Arktis sind trotz einer langjährigen Exploration in Teilen des riesigen Gebietes nach wie vor große Bereiche weitgehend unerforscht. Im Analogieschluss mit Studien über geologisch vergleichbare Erdölprovinzen lassen sich Aussagen über die dortige Verteilung von Vorkommen treffen. Danach wird der Großteil der noch unentdeckten Felder in den flachen Schelfbereichen des arktischen Ozeans in Wassertiefen kleiner als 500 Meter vermutet. Hier finden sich die großen Sedimentbecken, die ausreichende Sedimentmächtigkeiten aufweisen und die somit die Entstehung von Erdöl und Erdgas ermöglicht haben könnten (Abb. 8). Die Entwicklung neuer Felder und die Produktion unter arktischen Bedingungen stellt aber eine besondere technische Herausforderung dar. Auch sind die Kosten einer Gewinnung dieser Ressourcen aufgrund der Abgelegenheit und der rauen Umweltbedingungen sehr hoch. Es hängt daher stark von der Entwicklung der Erdöl- und Erdgaspreise ab, ob Ressourcen ökonomisch erschlossen werden können. Wenn

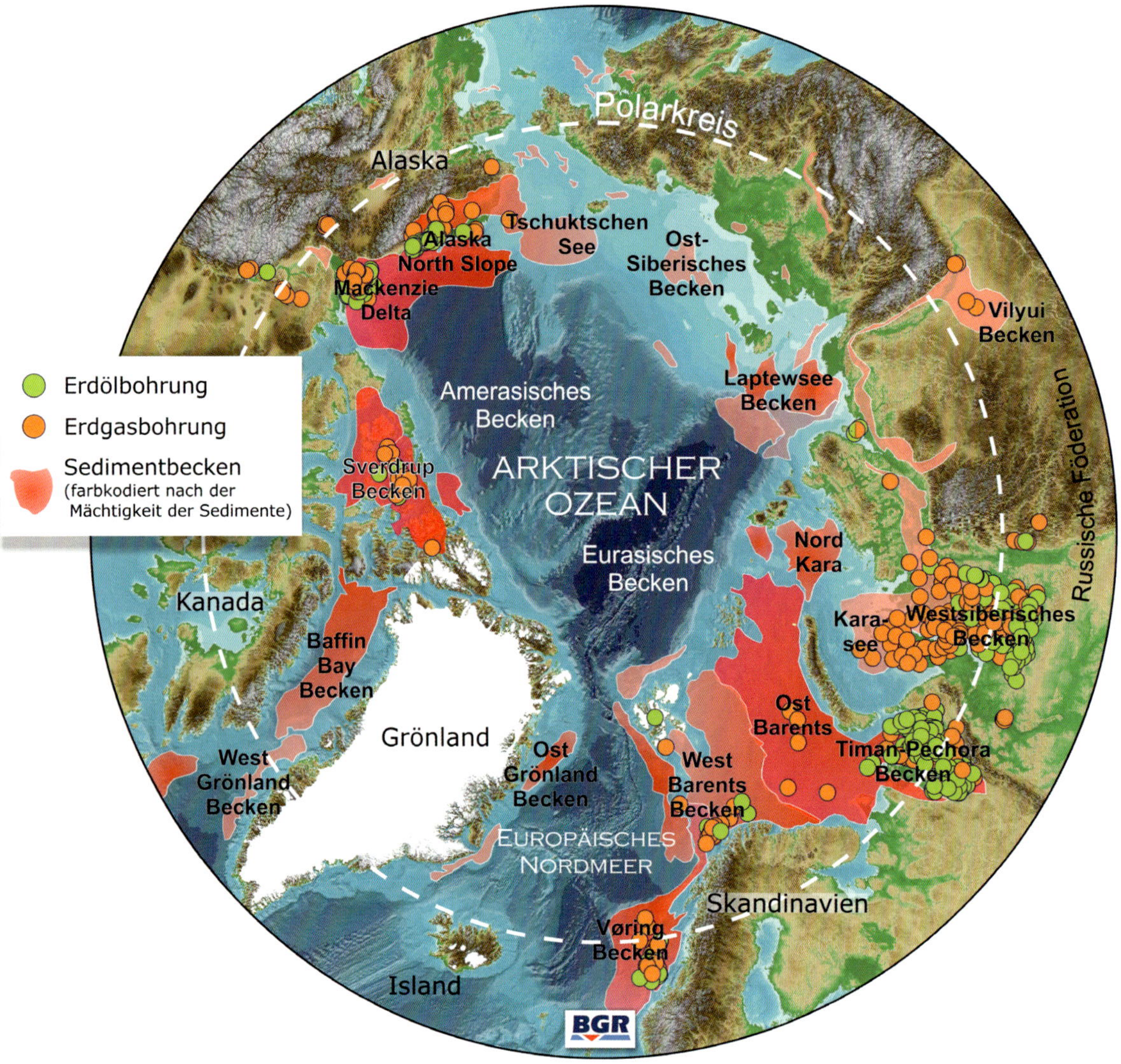

Abb. 8: Der arktische Raum mit Sedimentbecken und fündigen Erdöl– und Erdgasbohrungen.

die weltweite Nachfrage nach fossilen Energierohstoffen anhält beziehungsweise weiter steigt, werden wahrscheinlich weitere Anstrengungen für eine Förderung folgen. Der fortschreitende Rückgang der Eisbedeckung in den vergangenen Jahrzehnten eröffnet hier neue Möglichkeiten und könnte die weitere Erschließung begünstigen. In jedem Fall sollten aber höchste Umweltstandards und die Verwendung modernster Technologie die Voraussetzung einer umweltverträglichen Aufsuchung und Gewinnung von Erdöl und Erdgas in der sensiblen arktischen Region sein.

Nur durch ständige technologische Fortentwicklungen und wissenschaftliche Innovationen können auch heute noch weitere Vorkommen gefunden und erschlossen werden. Dennoch zeigt die langjährige Statistik, dass nur etwa jede dritte Suchbohrung in einem unerschlossenen Gebiet fündig wird. Dies unterstreicht die Schwierigkeit, neue Lagerstätten zu entdecken und ist Ansporn für alle Beteiligten, die Quote für die teure und risikoreiche Exploration im Tiefwasser oder in arktischen Gebieten durch die Optimierung vorhandener und die Entwicklung neuer Methoden sowie durch Zusammenarbeit aller Geodisziplinen zu verbessern.

Erdöl, Erdgas und Kohle sind endliche Rohstoffe

Vom Lebewesen im Meer oder dem Wollgras im Moor über die Versenkung in mehrere Kilometer Tiefe bis zur Bildung der Kohlenwasserstoffe vergehen Dutzende oder sogar Hunderte von Millionen Jahren. Die Entstehung von Erdöl, Erdgas und Kohle findet dabei auch heute noch statt. Die Akkumulation zu wirtschaftlich gewinnbaren Vorkommen stellt aber nur den Ausnahmefall in der Erdgeschichte dar. Entweder wird das organische Material frühzeitig wieder recycelt oder die Mengen an Kohlenwasserstoffen sind zu gering oder akkumulieren sich nicht in Fallenstrukturen. Überschlägige Schätzungen gehen davon aus, dass weltweit in der jüngeren geologischen Geschichte im Schnitt etwa zwei bis fünf Millionen Tonnen Erdöl pro Jahr gebildet wurden. Wir verbrauchen

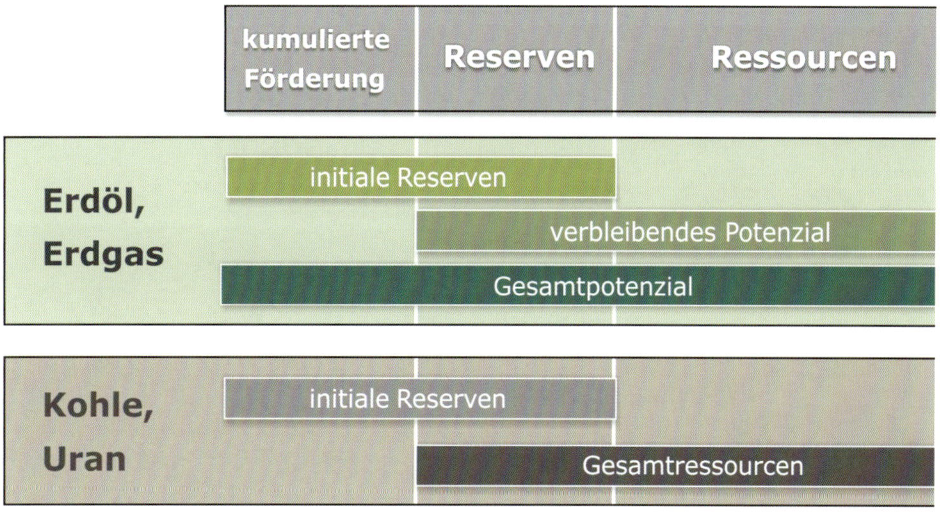

Abb. 9: Vorratsklassifikation - Abgrenzung der Begriffe Reserven und Ressourcen (BGR 2009)

aber jedes Jahr das Tausendfache davon. Ist der geologische Vorrat erst einmal erschöpft, können wir nicht davon ausgehen, dass sich die Lagerstätten durch natürliche Vorgänge für die nächsten Generationen wieder auffüllen. Angesichts unserer weiterhin bestehenden Abhängigkeit von Erdöl und Erdgas stellt sich die Frage nach der Verfügbarkeit dieser Rohstoffe.

Grundbegriffe der Vorratsklassifikation

Zum Verständnis der Antwort nach der geologischen Verfügbarkeit sind vorab einige begriffliche Erläuterungen notwendig.

Als Reserven werden diejenigen Mengen an Kohlenwasserstoffen bezeichnet, die in einer Lagerstätte nachgewiesen sind und mit bekannter Technologie wirtschaftlich gefördert werden können (Abb. 9). Das sind beim konventionellen Erdöl zwischen 30 und 50 Prozent, bei konventionellem Erdgas zwischen 60 und 90 Prozent der anfänglich in einer Lagerstätte vorhandenen Mengen. Als Ressourcen werden die Mengen klassifiziert, die (1.) geologisch nachgewiesen sind, aber derzeit nicht wirtschaftlich gewonnen werden können, sowie (2.) auch die Mengen, die nicht nachgewiesen sind, aber aus geologischen Gründen für das betreffende Gebiet prognostiziert werden. Dabei werden – ebenso wie bei den Reserven – zahlenmäßig nur die künftig tatsächlich gewinnbaren Mengen berücksichtigt. Naturgemäß sind Ressourcenzahlen mit größerer Unsicherheit behaftet. Das Gesamtpotenzial eines auf der Erde vorhandenen Rohstoffes setzt sich aus der bisher geförderten Menge, den Reserven und den Ressourcen zusammen.

Die globale Vorratssituation bei Energierohstoffen

Der bei weitem größte Anteil an den nicht-erneuerbaren globalen Energierohstoffvorkommen ist als Ressourcen definiert und übertrifft die Reserven um mehr als das Zehnfache (Abb. 10). Dies gilt für alle Energierohstoffe mit Ausnahme des konventionellen Erdöls, da hier die Vorräte aufgrund der intensiven Nutzung dieses Rohstoffs besser bekannt sind und stärker ausgebeutet wurden. Im Vergleich aller Energierohstoffe dominiert die Kohle (Steinkohle- und Weichbraunkohle) mit einem Anteil von rund 89 Prozent. Erst mit weitem Abstand folgen die Erdgasressourcen mit 6 Prozent, bei denen der Anteil nicht-konventioneller Vorkommen klar den konventionellen Anteil übertrifft. Die übrigen Energieträger, darunter Erdöl (3,4 Prozent), spielen, bezogen auf den Energiegehalt, bei den Ressourcen nur eine untergeordnete Rolle.

Aufgrund der fortlaufenden Exploration können bislang nur als Ressourcen definierte Vorkommen in Reserven überführt werden. Dadurch ›wachsen‹„ die Reserven seit vielen Jahren bis heute trotz der parallel steigenden Produktion weiter an. Alles was an Energierohstoffen gefördert, das heißt produziert und verbraucht wurde, konnte bislang durch Neufunde und Neubewertungen ausgeglichen werden. Dies wird nicht ewig so weiter gehen, aber noch sind die geologischen Vorräte bei weitem nicht erschöpft. Gemessen am gewinnbaren Energiegehalt ist auch bei den Reserven die Kohle mit 56 Prozent der beherrschende Energierohstoff. Erdöl (konventionell und nicht-konventionell) hält 22,7 Prozent der Gesamtreserven, Erdgas 18,7 Prozent und Uran 2,7 Prozent . Der vergleichsweise höhere Anteil von Erdöl an den Reserven weist auf die seit Jahrzehnten laufenden intensiven Explorations- und Produktionsanstrengungen bei diesem Energierohstoff hin und unterstreicht dessen Sonderrolle. Erdöl ist der einzige nicht erneuerbare Energierohstoff, bei dem schon in den kommenden Jahrzehnten eine steigende Nachfrage wahrscheinlich nicht mehr gedeckt werden kann.

Im Jahr 2012 wurden nicht-erneuerbare Energierohstoffe mit einem Energiegehalt von etwa 508 Exajoule (1 EJ = 1018J) gefördert. Das ist eine gigantische Energiemenge! In der Gesamtdarstellung des weltweiten Ener-

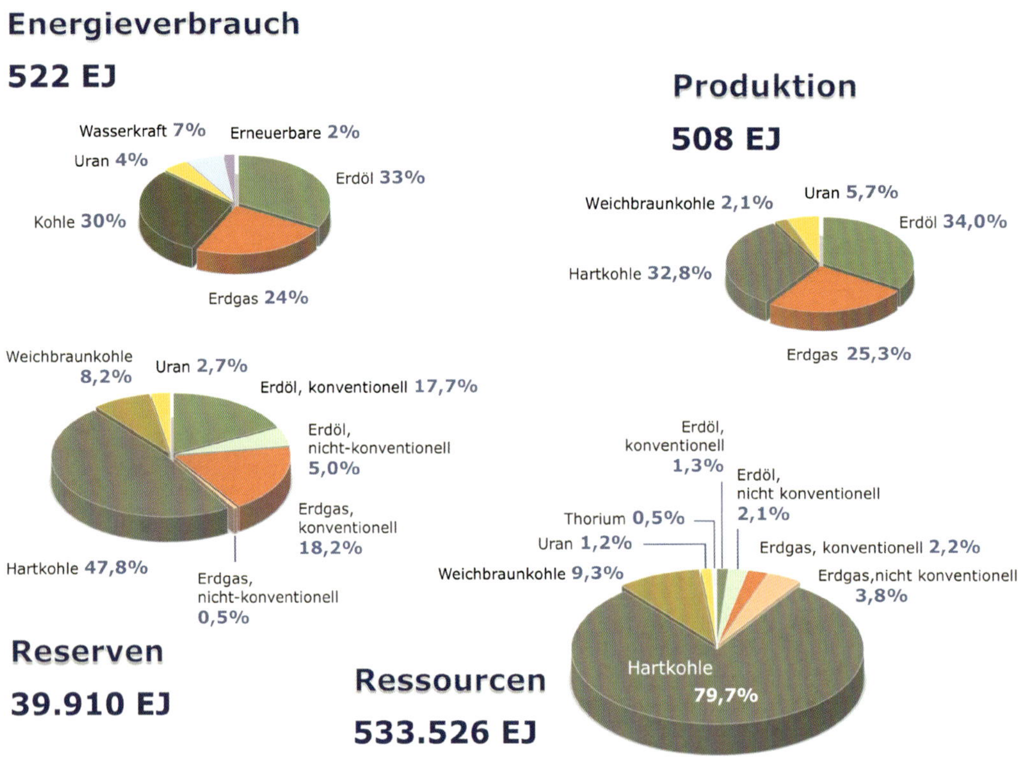

Abb. 10: Weltweite Anteile aller Energieträger am Verbrauch (BP 2013) sowie der nicht-erneuerbaren Energierohstoffe an Produktion, Reserven und Ressourcen für Ende 2012 (BGR 2013)

giemixes, das heißt der tatsächlich konsumierten Energie dominieren die fossilen Energieträger bei weitem. Die Anteile entsprechen mit einer gewissen Unschärfe, unter anderem durch Lagerhaltung, weitgehend denen der Produktion. Unter den erneuerbaren Energien kann hier lediglich die traditionelle Wasserkraft wesentlich beitragen. Die anderen regenerativen Energien wie Wind, Geothermie, Solarenergie, Biomasse und thermisch verwertbare Abfälle haben weltweit nur einen Anteil von knapp zwei Prozent.

Der Vergleich von weltweiter Jahresförderung zu Reserven und zu Ressourcen ergibt eine Relation von 1 zu 78 zu 1.049. Damit können die globalen Vorräte an Energierohstoffen aus geologischer Sicht grundsätzlich auch einen steigenden Energiebedarf decken. Ob und wann sie genutzt werden können, hängt unter anderem von der technisch-wirtschaftlichen Gewinnbarkeit, der bedarfsgerechten Verfügbarkeit, der Umweltverträglichkeit sowie der öffentlichen Akzeptanz ab.

Verfügbarkeit von Kohlenwasserstoffen, heute und morgen

Die Darstellung der globalen Vorräte ist bereits mit großen Unsicherheiten behaftet. Wer weiß schon genau, wie es in entlegenen Gebieten tief in der Erdkruste aussieht und welche Rohstoffe sich dort verbergen? Ähnlich schwierig ist es, Aussagen darüber zu treffen, welche Mengen zukünftig abgebaut und verbraucht werden. Dies ist von vielen Faktoren abhängig und nur bedingt vorhersagbar. Als Basis für den langfristigen Vergleich von Angebot und Nachfrage kann der projizierte Verbrauch der fossilen Energieträger bis zum Jahr 2035 nach dem New Policies Scenario der Internationalen Energieagentur (IEA 2013) genutzt werden (Abb. 11). Danach ergibt sich für die Energieträger Uran, Kohle und Erdgas eine aus geologischer Sicht komfortable Situation, denn der projizierte Bedarf umfasst nur einen kleinen Teil der derzeit ausgewiesenen Rohstoffvorräte und kann alleine aus den bereits heute bekannten Reserven gedeckt werden. Insbesondere sticht die Kohle hierbei mit einem weit über jeden Bedarf hinausgehenden Angebot hervor. Umfangreiche Ressourcen (im Vergleich zu Reserven) weisen darauf hin, dass noch große und bislang nicht ausgeschöpfte Potenziale bestehen, die in wirtschaftlich gewinnbare Vorräte (Reserven) überführt werden können. Aus geologischer Sicht absehbar limitiert ist lediglich die Verfügbarkeit von Erdöl und hier insbesondere der konventionelle Anteil. Ein Absinken der Produktion beginnt aus technischen Gründen bereits zu einem Zeitpunkt, zu dem noch große Vorräte vorhanden sind. Nach dem IEA-Szenario wäre bis 2035 etwa die Hälfte der heute ausgewiesenen Erdölreserven verbraucht. Angesichts der langen Zeiträume, die für eine Umstellung auf dem Energiesektor erforderlich sind, ist deshalb die rechtzeitige Entwicklung alternativer Energiesysteme notwendig.

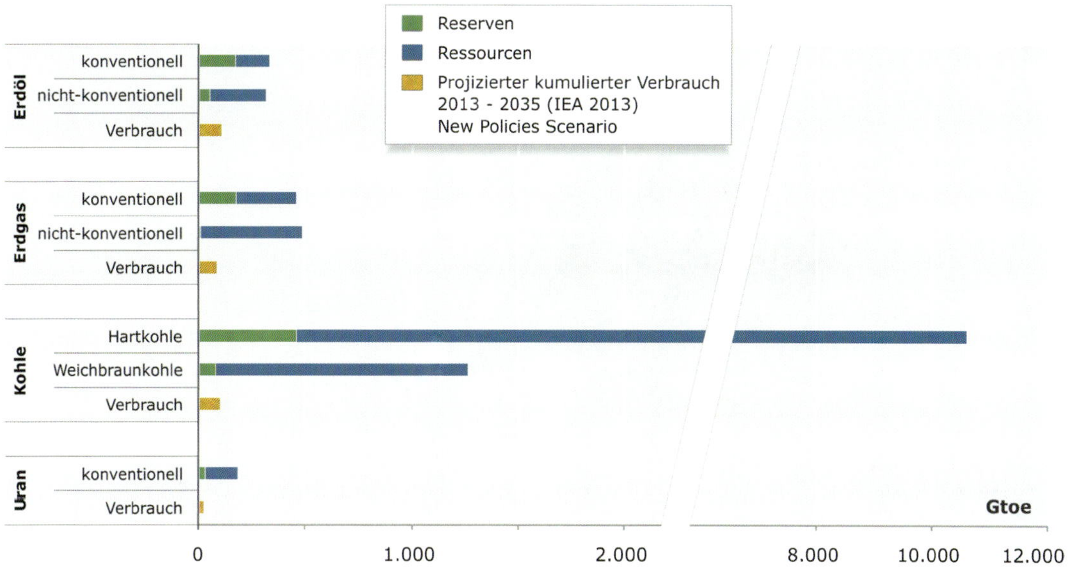

Abb. 11: Angebotssituation nicht-erneuerbarer Energierohstoffe (Stand: Ende 2012)

Rückschau und Ausblick

Die Energiesysteme der Welt befinden sich in einem fortlaufenden Wandel. Noch bis Mitte des 19. Jahrhunderts war Biomasse (Feuerholz) die dominierende Energiequelle und wurde von der Kohle abgelöst, welche die energetische Grundlage für die Industrialisierung der Welt bildete (s. Artikel von D. E. Meyer). Anfang des 20. Jahrhunderts begann die Nutzung des Erdöls als zunehmend nachgefragtem, effizienten Energieträger, der sich schnell zum bedeutendsten Energierohstoff entwickelte und dessen absoluter Verbrauchsanstieg bis heute fortdauert. Der nächste gravierende Wechsel im weltweiten Energiemix könnte unter dem Überbegriff ›Erneuerbare Energien‹ diesen Wandel fortsetzen. Bis dahin werden aber noch viele Jahre vergehen, denn bislang diente jeder neu hinzugekommene Energieträger in erster Linie der Deckung des zusätzlichen Bedarfs, nicht dem Ersatz der bereits genutzten Energieträger. So sind heute die absoluten Mengen auch der frühesten Energieträger Biomasse und Kohle höher als je zuvor. Insgesamt zeigt sich, dass schon seit vielen Jahrzehnten der mit Abstand größte Anteil am globalen Primärenergieverbrauch von fossilen Energierohstoffen getragen wird und diese Dominanz aller Voraussicht nach noch lange Zeit fortbestehen wird.

Literaturhinweise

AGEB (2013): Energieverbrauch in Deutschland, Daten für das Jahr 2012, Berlin

BP (2013): Statistical Review of World Energy. June 2013, London

BGR (2009): Energiestudie 2009. Reserven, Ressourcen und Verfügbarkeit von Energierohstoffen. Hannover

BGR (2013): Energiestudie 2013. Reserven, Ressourcen und Verfügbarkeit von Energierohstoffen (17). Hannover

IEA (2013): World Energy Outlook 2013. Paris

LBEG (2013): Erdöl und Erdgas in der Bundesrepublik Deutschland 2012. Hannover

Harald Andruleit leitet seit 2009 den Arbeitsbereich ›Verfügbarkeit der Energierohstoffe‹ in der Bundesanstalt für Geowissenschaften und Rohstoffe. Zu seinen Aufgaben gehört die Erfassung und Auswertung der weltweiten Entwicklungen zu Exploration, Vorräten und Produktion der Energierohstoffe Erdöl, Erdgas, Kohle und Uran.

Anschrift: Dr. Harald Andruleit
Geologie der Energierohstoffe, Polargeologie
Bundesanstalt für Geowissenschaften
und Rohstoffe (BGR)
Stilleweg 2, 30655 Hannover

E-Mail: h.andruleit@bgr.de

Peter Gerling leitete von 2001 bis 2007 das Referat Energierohstoffe an der Bundesanstalt für Geowissenschaften und Rohstoffe in Hannover. Inzwischen befasst er sich als Leiter des Fachbereichs Nutzung des Untergrundes insbesondere mit der geologischen CO_2-Speicherung und der tiefen Geothermie.

Anschrift: Dr. Peter Gerling
Fachbereichsleiter B3.3 Nutzung des tiefen
Untergrundes, geologische CO2-Speicherung
Bundesanstalt für Geowissenschaften
und Rohstoffe (BGR)
Stilleweg 2, 30655 Hannover

E-Mail: peter.gerling@bgr.de

Rohstoffe

von Friedrich-Wilhelm Wellmer,
Hannover

Abb. 1: Kaolinabbau in Hirschau

Selbst in unserer Informationsgesellschaft gilt: Ohne Rohstoffe läuft gar nichts. Baurohstoffe wie Sand, Kies oder Kalk werden gebraucht, um Häuser und Straßen zu bauen. Auch Energierohstoffe erfüllen zahlreiche Aufgaben. Erdöl wird zu Kraftstoffen wie Benzin oder Diesel verarbeitet, die Fahrzeuge antreiben. Mit Erdgas werden Häuser oder Büros geheizt, mit Kohle Elektrizität erzeugt. Selbst im PC oder dem Mobiltelefon, den Symbolen unserer Informationsgesellschaft, stecken etwa zwei Drittel der 94 Elemente, die in der Natur vorkommen.

Dass Rohstoffe unverzichtbar sind, war vielen Menschen in langen Zeiten des Überangebotes und bei sinkenden Weltmarktpreisen in realen Geldwerten nicht mehr bewusst. Doch mittlerweile kann sich niemand mehr dem Thema entziehen: Die Rohölpreise sind in früher nicht vorstellbare Höhen geklettert, die Benzinpreise ebenfalls (Abb. 2). Rohstoffthemen erobern die Titelseiten von Magazinen und die Schlagzeilen der Tageszeitungen. Die Namen der Selten-Erd-Elemente Dysprosium und Neodymium kennen nun auch Nichtfachleute. Regierungen der großen Verbraucherländer wie Deutschland richten Rohstoffagenturen ein, um Firmen zu beraten, wie sie ihre Rohstoffversorgung sichern können.

Machten sich die Menschen bisher kaum Gedanken über die Bandbreite der Rohstoffe, die wir für unseren Lebensstandard benötigen, so gilt dies erst recht für die Mengen. Mit einem Bild sei beispielsweise der Verbrauch von Energierohstoffen verdeutlicht. Da mit jedem Ener-

Abb. 2: Entwicklung der Kraftstoffpreise in Deutschland zwischen 1972 und 2014 (Quelle: Statistisches Bundesamt)

gierohstoff alle Energieanwendungen wie Licht, Wärme, Information, Bewegung erzeugt werden können, kann man auch jeden Energierohstoff über den Energieinhalt in jeden anderen Energierohstoff umrechnen. Rechnen wir jetzt jeden Energierohstoff wie Erdgas, Kohle oder Kernenergie in Tonnen Erdöl um und laden dann den gesamten täglichen Erdölverbrauch der Menschheit in Tankwagen der Bundesbahn mit 60 Tonnen Kapazität um, so verbraucht die Menschheit täglich den Inhalt eines Tankwagenzuges, dessen Lokomotive in Berlin steht und dessen Wagenreihe über den Atlantik bis zum letzten Wagen fast bis nach Chicago reicht.

Rohstoffproduzent Deutschland

Die häufig geäußerte Meinung, dass Deutschland oder die Industrieländer generell von den Rohstoffen der Dritten Welt abhängig seien, gilt für eine Reihe von Rohstoffen, kann aber nicht verallgemeinert werden. Das möge folgendes Bild verdeutlichen. Jeder Deutsche verbraucht täglich etwa 40 Kilogramm Rohstoffe, d. h. den Inhalt von zwei ›Rohstoffkoffern‹, die zwei Personen als Gepäck auf einer Flugreise mitnehmen dürfen. 80 Prozent des Inhalts davon werden immer noch in Deutschland gewonnen. Das sind meistens die Massenrohstoffe für die Bauindustrie.

Auch viele andere Rohstoffe werden nach wie vor hierzulande produziert: Deutschland ist der größte Braunkohlenförderer der Welt; beim Kali, dem Ausgangsprodukt für lebenswichtigen Dünger, und Steinsalz steht Deutschland auf Platz 5. Es ist immer noch ein bedeutender Produzent bei den Industriemineralien Kaolin, Bentonit, Schwerspat, Flussspat sowie Gips und Anhydrit. 13 Prozent des in Deutschland verbrauchten Erdgases kommen aus dem eigenen Land, das meiste davon aus Niedersachsen. Aus dem Erdgas werden etwa 800.000 Tonnen Schwefel gewonnen, der überwiegend exportiert wird. Die aus dem Schwefel gewonnene Schwefelsäure ist eine der technisch wichtigsten Chemikalien überhaupt. In unserem Energiemix spielt auch Steinkohle eine wichtige Rolle mit knapp 60 Millionen Tonnen, von denen circa ein Fünftel immer noch in Deutschland gefördert wird. Allerdings soll die Förderung im Jahre 2018 auslaufen. Deutschland ist sogar ein großer Exporteur von Bergbautechnologie. Selbst in klassischen, hoch industrialisierten Bergbauländern wie Kanada und Australien stößt man auf Bergbaumaschinen ›Made in Germany‹.

Die Braunkohle in Deutschland wird ohne Subventionen unter den Bedingungen der Energiepreise des Weltmarktes gewonnen, auch beim Kali ist Deutschland ein bedeutender Exporteur. Industriemineralien exportiert Deutschland ebenfalls. Die deutschen Industriemineral-Produzenten stellen äußerst spezifische Produkte her, die weltweit ver-

Abb. 3: Die Fotos zeigen den Stand des Kaolinabbaus in Hirschau im Jahr 2002 (oben), gegen Ende des Abbaus etwa im Jahre 2035 (Mitte) und nach Abschluss des Masterplans zum Nachfolgenutzungsplan (unten). Schon heute werden Maßnahmen getroffen, um diesen Zustand zu erreichen. Oben rechts in den Bildern sieht man übrigens den ›Monte Kaolino‹, der unter diesem Namen auch auf offiziellen Karten verzeichnet ist.

Abb. 4: Nur einer von vielen ungenutzen Rohstoffquellen: Autofriedhöfe könnten durch Recycling wertvolle (Alt)Metalle wieder dem Markt zuführen.

marktet werden. Die Mineralien werden hierzulande zu High-Tech-Werkstoffen aufbereitet. Abgestimmt auf Kundenwünsche entstehen sozusagen ›Designer Materials‹. Ein Beispiel dafür sind Quarzkörner aus der Kaolinlagerstätte Hirschau in der Oberpfalz (Abb. 1 und 3). Wegen ihrer großen Oberfläche eignen sie sich hervorragend als Filtermaterial für Wasseraufbereitungsanlagen. Selbst nach Saudi-Arabien wird dieser Sand exportiert – in ein Land, in dem an Sand eigentlich kein Mangel herrscht.

Deutschland als Rohstoff-Importeur

Obwohl Deutschland immer noch ein bedeutender Rohstoffproduzent ist, müssen viele Rohstoffe eingeführt werden, im Jahre 2012 im Wert von circa 150 Milliarden Euro. Das sind immerhin 5,7 Prozent von unserem Bruttoinlandsprodukt, also dem Gesamtwert aller Güter (Waren und Dienstleistungen), die in Deutschland hergestellt werden und diese Rohstoffeinfuhren als Vorleistungen benötigen. Dies gilt insbesondere für unsere Exportprodukte, die Deutschland zum Exportweltmeister bzw. Vizeweltmeister machen. Fast zwei Drittel dieser Summe kosteten die Energierohstoffe, vor allem Erdöl und Erdölprodukte. Nur zwei Prozent des in Deutschland verbrauchten Erdöls werden auch hier gefördert. Die größte deutsche Erdölquelle ist das Offshore-Feld Mittelplate im Wattenmeer vor der Küste Schleswig-Holsteins (Abb. 7 im Artikel von H. Andruleit & P. Gerling). Bis auf den Anteil, der aus Schrott wiedergewonnen werden kann, stammen alle Metalle aus dem Ausland: Nickel kommt beispielsweise aus Kanada und Venezuela, Tantal aus Australien, Thailand und Ostafrika. Bauxit, der Vorstoff für Aluminium, wird aus Guinea importiert, Kupferkonzentrate aus Chile oder Peru sowie Germanium aus China, Russland und den USA. Sieht man sich eine Karte der deutschen Lieferländer an, erkennt man: Deutschland ist Kunde der ganzen Welt und hat daher ein elementares Interesse an offenen Märkten.

Nachhaltige Entwicklung

Es gibt keine wirtschaftliche Entwicklung ohne Rohstoffe. Sie sind daher besonders wichtig, um eine nachhaltige Entwicklung zu erreichen. Umwelt, soziale Sicherheit und Gerechtigkeit dürfen unter einer positiven wirtschaftlichen Entwicklung nicht leiden und umgekehrt. Heute hat der Mensch gelernt, Rohstoffe zu gewinnen, ohne die natürliche Umwelt zu zerstören. Abbauflächen werden nicht ver-, sondern gebraucht. Ehemalige Bergwerke, Steinbrüche, Tagebau-Gelände und Abraum-Halden werden zu neuen Industriestandorten, verwandeln sich in Naherholungsgebiete oder werden wieder land- und forstwirtschaftlich genutzt. Das Flächenrecycling in Deutschland kann als vorbildlich angesehen werden.

Das belegen viele Beispiele aus den Braunkohlerevieren, dem Ruhrgebiet, den ehemaligen Uranbergbaugebieten in den neuen Bundesländern und viele rekultivierte Steinbrüche. In diesen Industriefolgelandschaften entstehen oft Biotope mit seltener Fauna und Flora. Eine Studie in Bayern ergab zum Beispiel, dass 41 Prozent aller Pflanzenarten überhaupt und 12,4 Prozent aller gefährdeten Pflanzenarten Bayerns in Steinbrüchen vorkommen, die nur 0,006 Prozent der Landesfläche ausmachen.

Ein wichtiger Aspekt einer nachhaltigen Rohstoffwirtschaft ist der Einsatz von Sekundärrohstoffen, also Rohstoffen aus dem eigenen Lande. Das sind z. B. Schrotte oder Altglas. Mit ihnen lassen sich sehr viel Energie und damit auch Emissionen sparen. Um 95 Prozent lässt sich beispielsweise der Energieeinsatz reduzieren, wenn man Aluminium nicht aus dem Aluminiumerz, dem Bauxit, gewinnt, sondern aus Aluminiumschrott, z. B. alten Getränkedosen. Beim Kupfer beträgt die Energieersparnis 85 Prozent, beim Stahl circa 75 Prozent. Deutschland besitzt eine hochentwickelte Recyclingindustrie. So stammen zwischen 40 und 60 Prozent des in Deutschland erschmolzenen Stahls, Kupfer und Blei aus Sekundärmaterialien.

Wege aus der Rohstoffkrise

Die Rohstoffkrise der letzten Jahre ist durch fehlende Mengen am Markt entstanden. Die rasante Industrialisierung Chinas befeuerte seinen Rohstoffhunger. China ist heute der größte Verbraucher bei allen wesentlichen Rohstoffen außer bei Erdöl und Gas, wo es die Nummer zwei ist hinter den USA. Die Rohstoffkrise hat nichts mit geowissenschaftlichen Verfügbarkeiten zu tun, sondern mit fehlenden technischen Verfügbarkeiten, d. h. fehlenden Produktions- (Bergwerke) und Transportkapazitäten und einer zu großen Sorglosigkeit, sich auf nur wenige Produzenten zu verlassen. Damit ist der erste Schritt aus der Rohstoffkrise der Bau neuer Kapazitäten und der Versuch, die Bezugsquellen zu diversifizieren.

Abb. 5: Würde Herr Eiffel seinen Turm heute bauen, er würde nur 25 Prozent des damals benutzten Stahls benötigen.

Jede technische Kapazität beruht aber auf einer Lagerstättenverfügbarkeit, d. h. es ist die Frage nach der langfristigen geologischen Verfügbarkeit zu stellen. Das Problem der Rohstoffverfügbarkeit lässt sich auf verschiedene Weise lösen.

So braucht die Gesellschaft im Grunde nicht die Rohstoffe selbst, sondern ihre Funktionen. Kupfer dient zum Beispiel dazu, in Form eines Telefondrahtes Nachrichten zu übertragen. Diese Aufgabe kann auch von Glasfaserleitungen oder Satellitentelefonen erledigt werden – Technologien, die ein völlig anderes Rohstoffprofil haben. Damit der zukünftige Rohstoffbedarf gedeckt werden kann, müssen neue Lösungen her. Dafür ist vor allem eine Ressource nötig, die im Überfluss vorhanden ist: die menschliche Kreativität. Mit ihrer Hilfe können neue Möglichkeiten entwickelt werden, um Stoffe durch andere zu ersetzen, das Recycling zu verbessern, bessere Materialien zu entwickeln, um Rohstoffe zu sparen oder neue Explorationskonzepte zu entwickeln. So hat man beispielsweise errechnet, das der Eiffelturm in Paris statt aus 8.000 Tonnen Stahl heute mit nur 2.000 Tonnen gebaut werden könnte (Abb. 5).

Die Geowissenschaften tragen zur Lösung des Problems bei, indem sie neue Lagerstätten entdecken. Der Begriff Reichweite – das Verhältnis von bekannten Reserven zum Verbrauch – gibt an, wie viele Jahre die bekannten Reserven eines Rohstoffs noch ausreichen. Fälschlicherweise wird diese Zahl oft als Lebensdauer interpretiert; sie ist jedoch immer nur eine Momentaufnahme in einem dynamischen System, denn die Geologen suchen immer weiter und entdecken neue Vorräte. Bisher ist es trotz teilweise drastisch angestiegenen Verbrauchs noch immer gelungen, die Reichweite in etwa konstant zu halten oder gar zu steigern – ein Beispiel für die Kreativität der Rohstoffgeowissenschaftler. Die Reserven wachsen also mit dem Verbrauch. Ein Beispiel: 1950 betrug die Welterdölproduktion 540 Millionen Tonnen, die Reserven 11,2 Milliarden Tonnen. 62 Jahre später, 2012, war die Produktion auf 4,1 Milliarden Tonnen gestiegen, die konventionellen Reserven aber auch auf fast 168 Milliarden Tonnen.

Friedrich-W. Wellmer war bis zu seiner Pensionierung 2005 Präsident der Bundesanstalt für Geowissenschaften und Rohstoffe in Hannover und des Niedersächsischen Landesamtes für Bodenforschung, heute Teil des Landesamtes für Bergbau, Energie und Geologie (LBEG). Er ist Honorarprofessor für Wirtschaftsgeologie und Rohstoffpolitik an der TU Berlin. Schwerpunktmäßig beschäftigt er sich mit Rohstoffgewinnung und Nachhaltigkeit.

Anschrift: Prof. Dr.-Ing. Dr. h.c. mult. Friedrich-W. Wellmer
Neue Sachlichkeit 32
30655 Hannover

E-Mail: fwellmer@t-online.de

Energie aus den Tiefen der Erde

von Horst Rüter, Dortmund

Abb. 1: Seit Januar 2014 ist dieses Geothermie-Heizkraftwerk mit fünf Megawatt elektrischer Leistung und Wärmeauskopplung für die Gemeinde Sauerlach in Betrieb. Es versorgt 16.000 Haushalte mit Ökostrom. Das Geothermie-Heizkraftwerk spart im Vergleich zu einer Wärmeversorgung mit Heizöl und zur Stromerzeugung im deutschen Kraftwerkspark pro Jahr rund 35.000 Tonnen CO_2-Emissionen.

Wer einmal in eine Zeche eingefahren ist, weiß, dass bereits wenige hundert Meter unter der Erdoberfläche schweißtreibende Temperaturen herrschen. Alle hundert Meter steigt die Temperatur in der oberen Erdkruste um durchschnittlich drei Grad Celsius an. Die Erdwärme ist eine bislang kaum genutzte Energiequelle mit gewaltigem Potenzial: Die Erde gibt etwa viermal so viel Energie in Form von Wärme ab, wie die gesamte Menschheit derzeit verbraucht.

Geothermie gilt mittlerweile als exzellente Ergänzung der anderen erneuerbaren Energieträger (Abb. 1). Nach Angaben des Bundesumweltministeriums können rein technisch gesehen fast sechzig Prozent des derzeitigen Strombedarfs in Deutschland, nämlich 350 Terawattstunden, durch geothermische Energie gedeckt werden. Gegenüber anderen regenerativen Energien hat die Erdwärme einen großen Vorteil: Der planetare Wärmestrom stellt die einzige wirklich grundlastfähige regenerative Ressource dar. Sie ist unabhängig von Jahreszeit und Witterung das ganze Jahr über gleichbleibend verfügbar.

Allerdings ist es nicht ganz einfach, an die unermessliche Energiequelle heranzukommen, zumindest wenn man an Stromerzeugung denkt. 3.500 Meter tief muss man im Schnitt bohren, um auf 100 Grad heißes Gestein zu treffen (Abb. 2). Diese Temperatur ist mindestens notwendig, um die Erdwärme zur Stromerzeugung nutzen zu können. Ein großes Problem besteht darin, dass die Wärme im deutschen Untergrund ungleich verteilt ist: Nicht alle Regionen bringen gleich gute geologische Voraussetzungen mit. Lediglich im Oberrheingraben, in der oberbayerischen Molasse und in Teilen der Norddeutschen Tiefebene gibt es Gebiete, in denen heißes Tiefenwasser relativ nah an der Oberfläche zu finden ist. Solche Anomalien vereinfachen es erheblich, die Wärme anzuzapfen, denn dazu braucht man Wasser als Transportmittel.

Um die Erdwärme an die Oberfläche zu fördern und zu nutzen, gibt es verschiedene Verfahren. Erdwärmekollektoren, Erdwärmesonden und Grundwasserwärmepumpen zapfen beispielsweise die oberflächennahe Wärme bis zu einer Tiefe von hundert Metern an. Das hydrothermale Verfahren nutzt natürliche Thermalwasservorkommen, bei ›Enhanced Geothermal Systems‹ (EGS) werden künstliche Risse in trockenem Gestein erzeugt. Während bei den anderen Verfahren tiefes Grundwasser an die Oberfläche gepumpt wird, wird bei EGS Wasser in die warmen Gesteinsschichten eingeleitet und anschließend erhitzt wieder nach oben gepumpt.

Das geothermische Zeitalter hat in Deutschland bereits begonnen: Schon seit einiger Zeit heizen mehr als

500.000 private Haushalte mit Wärme aus der Erde, die zum Beispiel durch Erdwärmesonden geliefert werden. Derzeit arbeiten in Deutschland 29 geothermische Heizwerke und Heizkraftwerke. Die bisher installierte Wärmeleistung beträgt 300 Megawatt, die Kapazität zur Stromerzeugung liegt bei etwa 31 Megawatt. Dazu kommen zahlreiche Anlagen, die ausschließlich der Beheizung von Thermalbädern dienen.

Während weltweit die Geothermie nach der Wasserkraft die meistgenutzte erneuerbare Energie zur Stromerzeugung ist, steckt die geothermische Stromerzeugung in Deutschland noch in den Kinderschuhen. Weltweit liegt Deutschland damit eher auf den hinteren Rängen. Die installierte Kapazität und die Stromerzeugung sind in den Jahren 2005 bis 2013 weltweit um 34 Prozent gestiegen. Mittlerweile sind mehr als 500 Kraftwerke mit einer Gesamtkapazität von 12 Gigawatt in Betrieb. Die größten Kapazitäten sind in den USA, Indonesien und auf den Philippinen installiert. In Europa ist geothermische Stromerzeugung in Italien und Island am weitesten, die Türkei hat das größte Potenzial.

Ziel des Bundesumweltministeriums ist es, den Marktanteil von 0,04 Prozent im Jahr 2003 bis zum Jahr 2020 auf sieben Prozent anzuheben. Neue Projekte wurden deshalb schon in Angriff genommen. Insbesondere in der bayerischen Molasse und im Oberrheingraben, aber auch in der Norddeutschen Tiefebene, werden zurzeit mehr als 50 Projekte vorangetrieben, von denen viele als Heizkraftwerke zur kombinierten Erzeugung von Strom und Wärme angelegt sind. Der Projektfortschritt ist unterschiedlich und reicht von ersten seismischen Messungen bis zu Bohrungen.

In Deutschland wird die Entwicklung der Geothermie durch eine ganze Reihe von Maßnahmen gefördert. Die wichtigste ist das Erneuerbare-Energien-Gesetz, das die Stromabnahme zu festen Tarifen garantiert. Auch die Nutzung oberflächennaher Wärme wird öffentlich unterstützt.

In einer Studie kamen Stefan Peter und Harry Lehman vom Institute for Sustainable Solutions in Aachen zu dem Schluss, dass die Geothermie nach zögerlichem Start eine ähnlich rasante Entwicklung wie die Windenergie durchlaufen wird. Die beiden rechnen damit, dass der Wärmestrom aus der Erde bis 2020 in 16 Gigawatt installierter Leistung verwandelt wird.

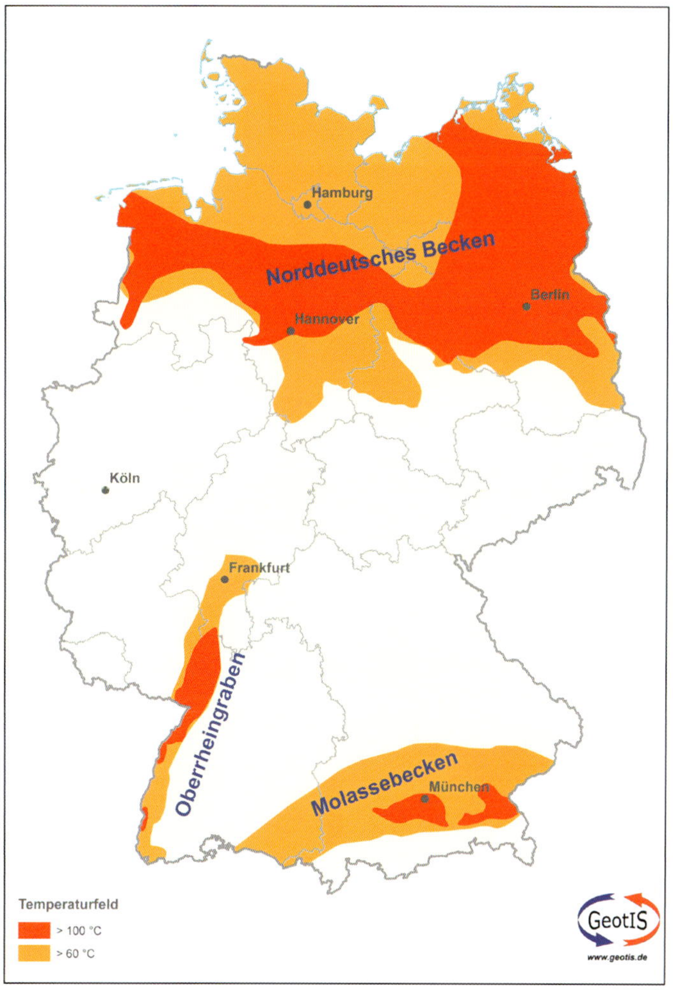

Abb. 2: Gebiete mit Aquiferen, die für hydrogeothermische Nutzung in Deutschland geeignet sein können (farbkodierte Temperatur: rot: über 100 Grad Celsius; gelb: über 60 Grad Celsius). Für eine Stromerzeugung sind mindestens 100 Grad Celsius erforderlich, für die direkte Wärmenutzung 60 Grad Celsius.
(Quelle: Leibniz-Institut für Angewandte Geophysik, Hannover)

Internetseiten

http://www.geothermie.de
http://www.geo-brandenburg.de/geothermie/
http://www.geokommission.de/2.5_Geothermische_Energie.html

Horst Rüter ist Geschäftsführer der HarbourDom GmbH, einer privaten geophysikalischen Forschungs- und Beratungsgesellschaft in Köln. Er leitete 32 Jahre lang die Geowissenschaftliche Abteilung der heutigen Deutschen Montan Technologie GmbH (DMT) in Essen. In dieser Zeit leitete er mehr als hundert internationale und öffentlich geförderte Forschungsprojekte für die Bergbau- und die Öl/Gas-Industrie.

Anschrift: Prof. Dr. Horst Rüter
HarbourDom GmbH
Schürbankstraße 20A
44287 Dortmund

E-Mail: rueter@harbourdom.de

Reichtum der Erde

Mineralische Bodenschätze sind Grundlage wirtschaftlichen Wohlstandes

von Gregor Borg, Halle-Wittenberg

Abb. 1: Im Bergwerk Bernburg, Sachsen-Anhalt, wird gebändertes Steinsalz in eindrucksvoller Mächtigkeit abgebaut.

Goldsuche – auf diesen Begriff und das Bild von harten Männern und plötzlichem Reichtum reduzierte sich lange Zeit die Vorstellung von Bodenschätzen bei vielen Menschen. Heutzutage ist die angedeutete Romantik ein wenig verlorengegangen. Die Suche nach und der Abbau von mineralischen Rohstoffen sind wichtige Bestandteile globaler und lokaler wirtschaftlicher Realität. Ohne sie würden sämtliche produzierenden Betriebe weltweit binnen kürzester Zeit stillstehen. Von Autos zu Poliermitteln, von Weichspülern zu Kosmetika enthält eine große Vielfalt alltäglicher Produkte geogene, also in der Erde entstandene Rohstoffe. Gerade für das rohstoffarme Deutschland ist daher das weltweite Aufspüren mineralischer Rohstoffe nicht nur von ökonomischer, sondern auch von wissenschaftlicher Bedeutung.

Schätze aus der Erde – geogene Rohstoffe

Bodenschätze umfassen weit mehr als nur die Erze der Edelmetalle, wie Gold oder Platin, die in Deutschland zwar nicht gefördert, dennoch aber von unserer Industrie verarbeitet werden. Massenrohstoffe wie Kies, Ziegelei-Ton und Kalkstein sind die eher unauffälligen, aber unabdingbaren Materialien moderner Gesellschaften. Es überrascht viele, dass Deutschland zu den weltweit führenden Produzenten von Stein- und Kalisalz gehört. Auch so genannte Steine und Erden, bzw. Industrieminerale, werden in großem Umfang abgebaut. Zu ihnen zählen u. a. Tone, Sand, Zementrohstoffe, Glassande, Schotter und Bruchstein, die im Hoch- und Tiefbau zum Einsatz kommen. Sie werden in der Regel nur oberflächennah abgebaut, da ihre Preise nicht hoch genug liegen, um den aufwendigen

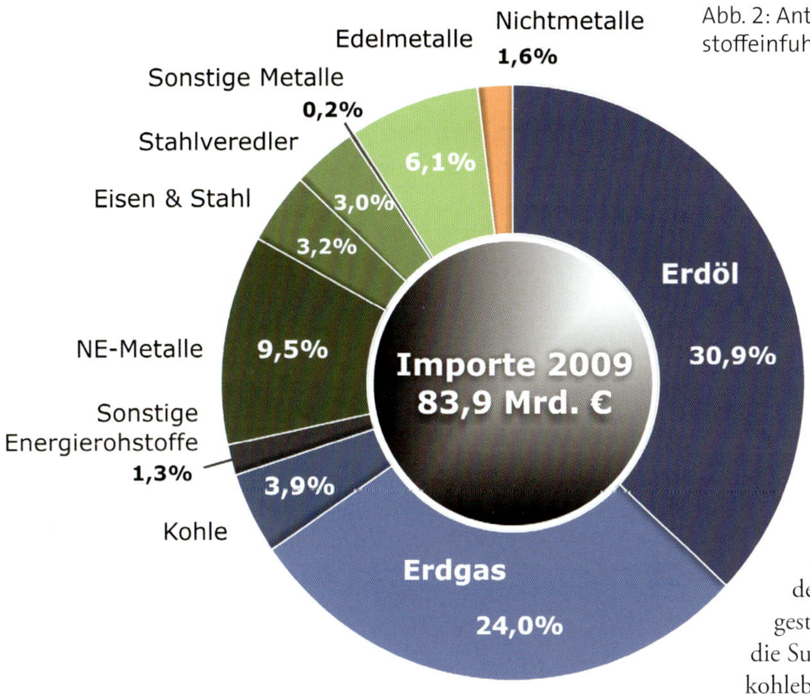

Abb. 2: Anteil verschiedener Rohstoffe an der Gesamtrohstoffeinfuhr Deutschlands im Jahr 2009

Abbau im Tiefbau rentabel zu gestalten. Für viele technische Industriegüter benötigt man vor allem metallische Rohstoffe, wie z. B. Eisenerz zur Stahlerzeugung oder Kupfer, Zink, Nickel und Kobalt. Deutschland ist von der Einfuhr dieser Metalle aus dem Ausland abhängig und konkurriert dabei auf den globalen Rohstoffmärkten mit der stark wachsenden Nachfrage anderer Nationen.

Rohstoffversorgung in Deutschland und der Welt

Die Nachfrage der Weltwirtschaft nach Rohstoffen wird in den nächsten Jahrzehnten drastisch ansteigen. Der Bedarf an mineralischen Rohstoffen wächst nicht nur in Europa, den USA und Japan, sondern auch in China, Indien und den übrigen bevölkerungsreichen Schwellenländern stark an. So wird erwartet, dass China, Brasilien, Russland und Indien in weniger als 40 Jahren ein höheres Bruttosozialprodukt erwirtschaften als die G7-Staaten zusammen.

›Ein strategischer Schwerpunkt ist die Sicherung der Rohstoffzulieferung, insbesondere die Verstärkung der Zusammenarbeit mit ausländischen Lieferanten‹ sagt Xie Qihua, die Chefin von Baosteel, dem führenden Stahlkonzern Chinas und dem sechstgrößten Stahlhersteller weltweit. Im Gegensatz hierzu sank die Bedeutung der Rohstoffsicherung in der deutschen Wirtschaftspolitik während der letzten 10 bis 15 Jahre. Inzwischen aber ist ›…der Glaube, dass der Weltmarkt immer alles billig liefert, tief erschüttert‹, so der ehemalige Wirtschaftsminister und heutige Ruhrkohle AG Vorstandsvorsitzende Werner Müller in einem Interview im Mai 2004. Diese Äußerungen zeigen, dass der wirtschaftliche Aufschwung in anderen Teilen der Welt, der globale Rohstoffbedarf und unsere eigenen Wirtschafts- und Lebensbedingungen auf das Engste miteinander verknüpft sind und Deutschland sich nicht von diesen Entwicklungen abkoppeln kann.

Zudem hat Bergbau in Deutschland oft ein negatives Image. Er greift vielfältig in die Landschaft ein, u. a. durch Schächte, Abraumhalden und ganz besonders durch Tagebauminen. Das zunehmende Umweltbewusstsein der deutschen Bevölkerung wird dadurch empfindlich gestört. Nicht zuletzt haben auch die Debatten um die Subventionierung des defizitären deutschen Steinkohlebergbaus und die Schließung von ostdeutschen Kupfer-, Kali- und Braunkohlegruben dazu beigetragen. Dieses negative Image und die Erschöpfung der bekannten metallischen Rohstoffvorräte in Deutschland haben zur Folge, dass Deutschland seinen Bedarf an ›teuren‹ mineralischen Rohstoffen, wie z. B. metallischen Primärrohstoffen, weitgehend aus dem Ausland decken muss (Abb. 2), auch wenn ein bedeutender, aber eben keineswegs ausreichender Teil des deutschen Metallbedarfs durch Recycling gewonnen wird. Die Recyclingraten me-

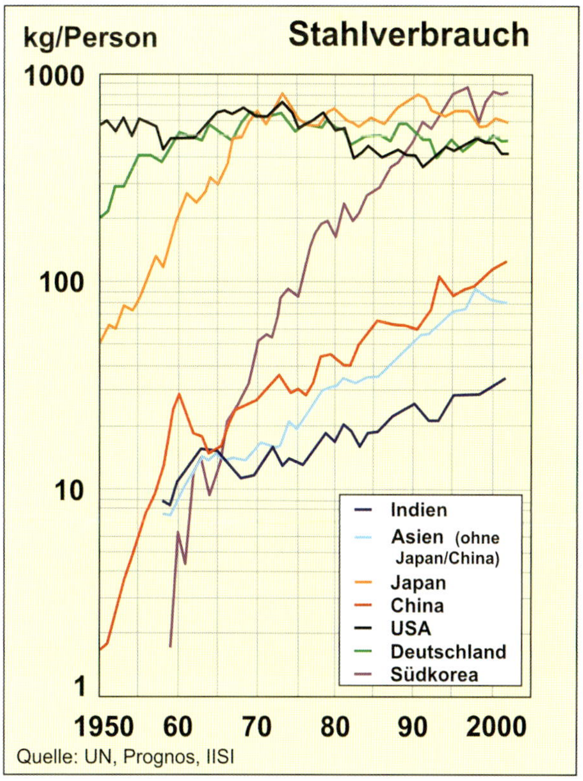

Abb. 3: Steigerung des Stahlverbrauchs pro Kopf zwischen 1950 und 2000 für ausgewählte Länder. Der enorm wachsende Rohstoffbedarf der Schwellenländer ist deutlich sichtbar.

Abb. 4: Schiffstransport von Kies als Betonrohstoff vor der Hochhauskulisse von Hongkong

tallischer und mineralischer Rohstoffe (z. B. Glas) konnten in den vergangenen zehn Jahren drastisch gesteigert werden und liegen meist zwischen 10 und 50 Prozent. Leider lassen sich die erreichten Recyclingquoten nur noch geringfügig erhöhen, da viele technische Recyclingverfahren schon nahe am Optimum liegen. Dementsprechend müssen in Zukunft voraussichtlich deutlich mehr Primärrohstoffe importiert werden.

Die Entwicklung des weltweiten Stahlverbrauchs pro Kopf in ausgewählten Ländern (Abb. 3) zeigt, wie immens der Verbrauch im Zuge zunehmender Industrialisierung steigt, um sich dann auf einem hohen Niveau einzupendeln. So spiegelte sich im Stahlverbrauch auch das deutsche Wirtschaftswunder der Nachkriegsära. Heute sehen wir diese Entwicklung in Schwellenländern (Abb. 4).

Explorationsausgaben als Indikatoren zukünftiger Bergbautrends

Zukünftige Trends im Bergbau lassen sich z. T. an den jährlichen Explorationsausgaben internationaler Rohstoffkonzerne ablesen. In den vergangenen zehn Jahren lagen diese weltweit jährlich zwischen zwei und fünf Milliarden US Dollar (Abb. 5). Dabei ist die Suche nach neuen Lagerstätten ein finanziell sehr risikoreiches Unterfangen. Nur jedes fünfzigste Explorationsprojekt führt tatsächlich zum Bau eines Bergwerks. Da in den späten 90er Jahren des letzten Jahrhunderts viele Rohstoffpreise niedrig lagen, investierten nur wenige Firmen in die Suche nach neuen Lagerstätten. Die vorhersehbare Verknappung und anschließende ›Aufholjagd‹, getrieben durch den weltweiten Rohstoffhunger, spiegelt sich in nun deutlich steigenden Explorationsausgaben wider. Ablesen lässt sich dieser eigentlich nicht überraschende Rohstoffboom am Beispiel der weltweiten Zinkproduktion (Abb. 5). Die Vorräte vieler Zinkminen (Abb. 6) gehen in den kommenden Jahren zu Ende und nur wenige bereits aktive sowie einige neue gefundene Minen können über das Jahr 2015 hinaus produzieren. Da Vorratshaltung und Recycling nur einen sehr geringfügigen Puffer darstellen, öffnet sich bei einer realistischen Bedarfssteigerung zwischen 1,5 bis 2,5 Prozent eine deutliche Versorgunglücke, die nur durch verstärkte Exploration zu schließen ist. Diese hat schon eingesetzt und lässt sich bereits an den Ausgaben für Zinkexploration der letzten Jahre ablesen. Die Ausgaben sind von 2004 auf 2005 um 90 Prozent angestiegen, eine

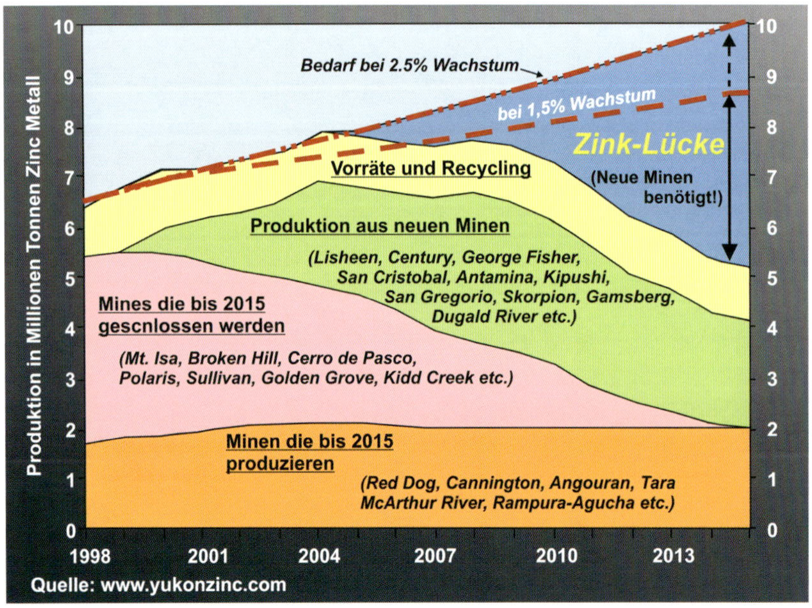

Abb. 5: Zinkproduktion und -bedarf von 1998 bis 2015 (Prognose). Da diverse Minen in den kommenden Jahren erschöpft sein werden, ergibt sich eine Versorgungslücke, die nur durch verstärkte Exploration zu schließen ist.

Abb. 6: Zinkbarren der Skorpion-Mine in Namibia warten auf den Abtransport zum Kunden.

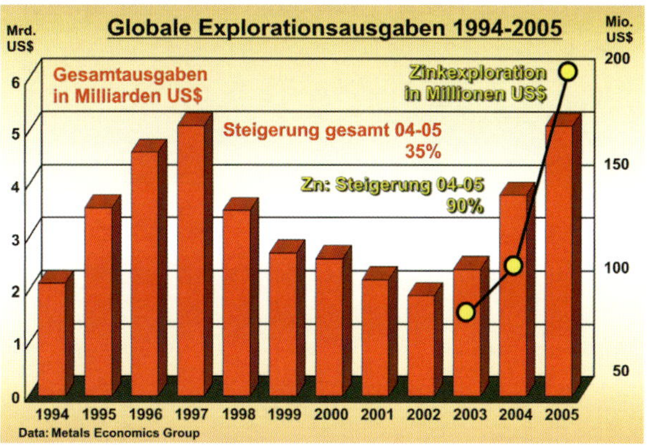

Abb. 7: Globale Explorationsausgaben für metallische Rohstoffe von 1994 bis 2005. Die Steigerungsrate der Ausgaben zur Zinkexploration von 2004 zu 2005 übersteigt die Steigerung der Gesamtausgaben deutlich.

wesentlich drastischere Steigerung als die der weltweiten Gesamtexplorationsausgaben von auch immerhin 35 Prozent (Abb. 7).

Die Lebensdauer mineralischer Rohstoffvorräte – ein perpetuum mobile?

Der Bericht ›Die Grenzen des Wachstums‹ rüttelte in den 60er Jahren die Industrienationen auf. In ihm postulierte der ›Club of Rome‹ das nahe Ende der Vorräte verschiedener Rohstoffe. Einige dieser ›dead-lines‹ sind jedoch heute bereits deutlich überschritten, ohne dass eine spürbare Verknappung der entsprechenden Rohstoffe eingetreten wäre. Wie kommt es dazu?

Viele verschiedene Faktoren wie Weltmarktpreise, Recyclingraten, Verbraucherverhalten, neue technische Gewinnungsverfahren oder die Einführung von Ersatzstoffen wirken zusammen und verhindern die genaue Bestimmung der tatsächlichen Lebensdauer eines Rohstoffes. Daher hat man den Begriff ›statische Lebensdauer‹ eingeführt. Er verdeutlicht zumindest die relativen Unterschiede in der Verfügbarkeit verschiedener Rohstoffe. So geht die statische Lebensdauer von den heute bekannten Vorräten des jeweiligen Rohstoffs aus und dividiert diese durch den heutigen Verbrauch desselben. Da aber weder die tatsächlichen, geologisch vorhandenen Vorräte bekannt sind, noch der zukünftige Verbrauch akkurat abgeschätzt werden kann, handelt es sich auch bei der statischen Lebensdauer höchstens um einen groben Näherungswert. Abbildung 8 zeigt, dass die statische Lebensdauer ausgewählter mineralischer Rohstoffe deutliche Unterschiede aufweist. Wodurch werden diese eklatanten Unterschiede verursacht?

Die wesentlichen Prinzipien sollen an den ›langlebigen‹ Rohstoffgruppen Salz, Chromit und den Platin-Gruppen-Metallen, wie Platin, Palladium und Rhodium (PGM) einerseits und der scheinbar ›kurzlebigen‹ Gruppe aus Zink und Blei (Abb. 8) andererseits aufgezeigt werden.

Mineralische Rohstoffe kommen in sehr unterschiedlichen Formen vor, die größtenteils aus ihrer Bildungsgeschichte, der Metallogenese herrühren. Sie erstrecken sich auf Tonnage, Gehalt und Mineralogie des Erzes sowie Form und Ausdehnung des Erzkörpers. Diese Lagerstätteneigenschaften führen bei einigen Rohstoffen dazu, dass große Vorräte bekannt sind. Dies ist bei Salz, Chromit und den PGM der Fall, allerdings aus unterschiedlichen Gründen. Salz besitzt eine geringere Dichte als die umgebenden Gesteine. Daher wird Salz von den auf ihm lagernden Gesteinsschichten an bestimmten Stellen nach oben gedrückt. So entstehen unter der Erdoberfläche Ballon-ähnliche ›Salzstöcke‹ mit mehreren hundert Metern Durchmesser. Sie sind leicht zu orten, z. B. mit Hilfe geophysikalischer Methoden wie der Gravimetrie.

Chromit und die PGM hingegen werden in sehr großer Tiefe gebildet. Während Chrom als Stahlveredler benötigt wird, finden zwei der PGM, Platin und Palladium, vor allem in Katalysatoren Verwendung. Bei diesen Metallen sind die großen bekannten Vorräte ebenfalls auf die Eigenarten ihrer Bildung zurückzuführen. Sowohl Chromit als auch die PGM sind überwiegend dadurch entstanden, dass heißes flüssiges Magma aus dem oberen

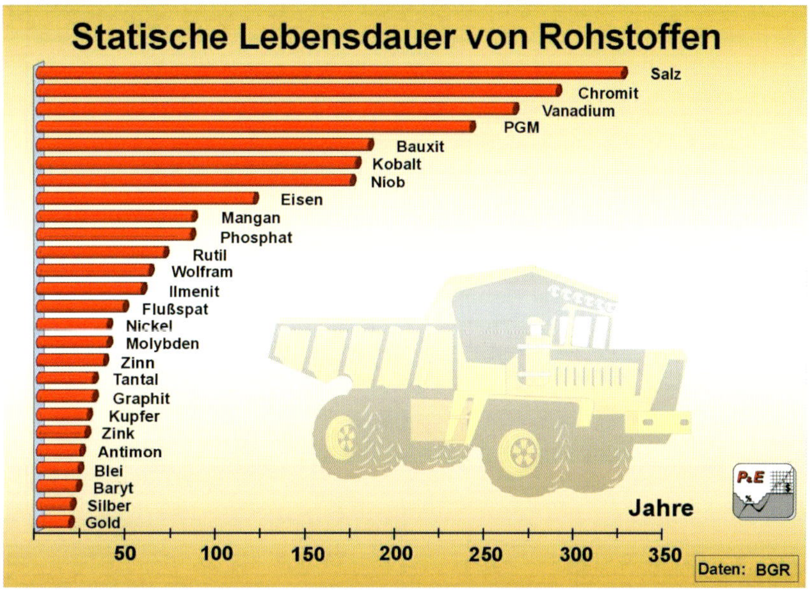

Abb. 8: Die statische Lebensdauer eines Rohstoffs errechnet sich aus den derzeit bekannten Vorräten dividiert durch den derzeitigen Verbrauch.

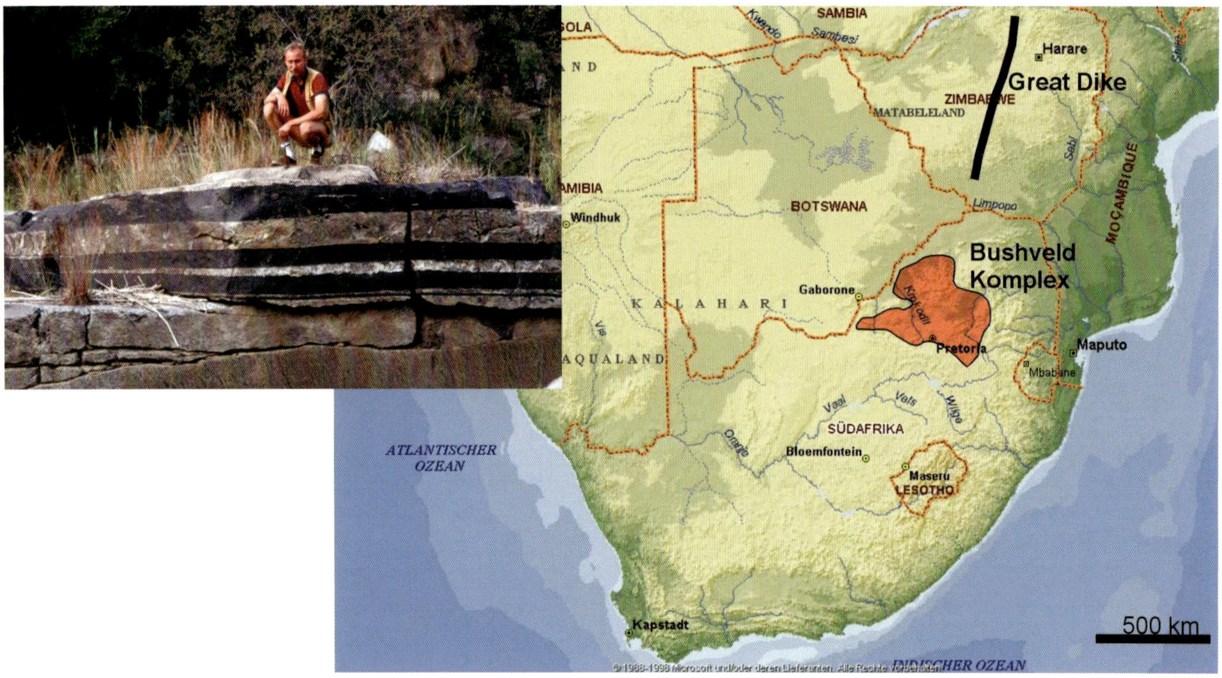

Abb. 9, 10 & 11: In der Schlucht des Dwars River im Osttransvaal (Foto) dokumentieren schwarze Chromit-Flöze die Ablagerung der Chromitkristalle am Boden einer ehemaligen Magmenkammer. Der Bushveld-Komplex (oben) stellt die größte derartige Magmenkammer in der Erdkruste dar, die heute durch Erosion z. T. freigelegt worden ist. Der Komplex beinhaltet immense Vorräte an Chromit und Platin-Gruppen-Metallen. Schematische Profile durch einen Teil des Komplexes (unten) zeigen den lagigen Aufbau der magmatischen Gesteine.

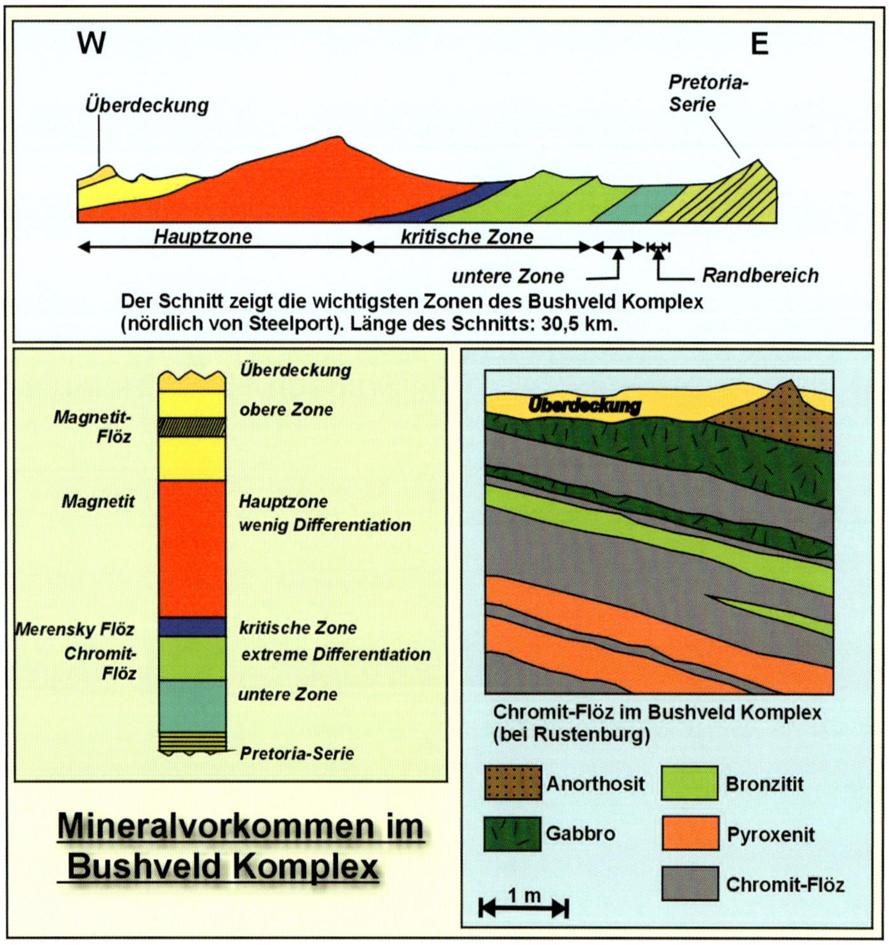

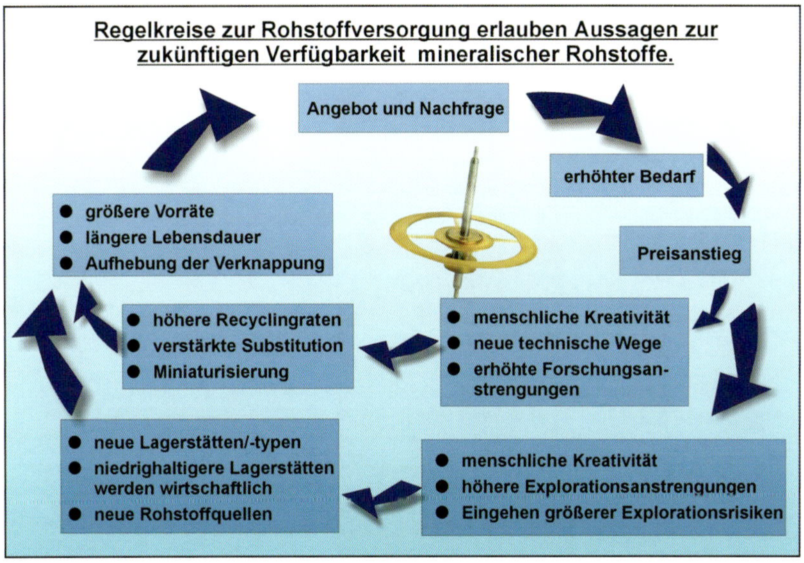

Abb. 12: Verschiedene ökonomische und technische Regelkreise, die die Verknappung von Rohstoffreserven und deren Aufhebung ›puffern‹.

Erdmantel in die Erdkruste eingedrungen und dort in Magmenkammern erstarrt ist. Als das Magma begann abzukühlen, bildeten sich Chromitkristalle, die zusammen mit PGM-reichen Sulfidtropfen auf den Grund der Magmenkammer sanken und sehr ausgedehnte und gleichmäßige Chromit-Flöze bildeten (Abb. 9). In der größten bekannten derartigen Magmenkammer, dem Bushveld-Komplex im Nordosten Südafrikas (Abb. 10), finden sich mehrere Chromit-PGM-Flöze (Abb. 11) mit einer seitlichen Ausdehnung von über 300 Kilometern. Solche schichtförmigen Erzkörper lassen sich gut erkunden und die Vorräte sind relativ einfach vorherzusagen. Obwohl sich PGM und Chromit auf gänzlich andere Art als Salz gebildet haben, ergibt sich für alle drei Rohstoffe eine lange statische Lebensdauer von 250 bis 350 Jahren (Abb. 8).

Zink und Blei hingegen haben eine kurze statische Lebensdauer (Abb. 8). Die Lagerstätten dieser Gruppe bestehen meist aus relativ kleinen, unregelmäßigen Erzkörpern, die aber oft in Gruppen auftreten. Um ihre komplexen Formen zu erkunden, wird relativ großer Aufwand getrieben. Da die Preise für diese Metalle stark schwanken, sind viele Bergbauunternehmen zufrieden, wenn Vorräte für die jeweils kommenden zehn Jahre bekannt sind und explorieren kontinuierlich während des Abbaus weiter.

Dies entspricht dem aus Handel und industrieller Fabrikation bekannten ›just-in-time‹-Prinzip. Die kurze statische Lebensdauer mineralischer Rohstoffe spiegelt also eher den Aufwand der Exploration als die tatsächlich vorhandenen Vorräte wider. Gerade für diese Rohstoffe ist daher der Einsatz innovativer Konzepte und Methoden für den Explorationserfolg besonders wichtig, weil ihre Vorräte bei Misserfolg schnell erschöpft wären. Da die Suche nach diesen Stoffen ständig verbessert wird, kann gezielter nach solchen Erzvorkommen gesucht werden, deren Abbau technisch, wirtschaftlich und auch ökologisch sinnvoll ist.

Rohstoffversorgung – der menschliche Faktor

Nicht nur die geologischen Rahmenbedingungen bestimmen die theoretische Lebensdauer mineralischer Rohstoffe (Abb. 12). Es spielen auch ökonomische und technische Faktoren eine Rolle. Erhöhter Bedarf oder verknapptes Angebot eines mineralischen Rohstoffs lassen den Preis steigen. Die Reaktionen darauf können sehr unterschiedlich ausfallen. Der erhöhte Preis kann die Erforschung und Entwicklung verbesserter Gewinnungs- oder Recyclingverfahren anregen. Er kann aber auch zum Abbau weniger ergiebiger Lagerstätten oder zu verstärkter

Abb. 13: Moderne Explorationsbohrgeräte erkunden neue Rohstoffreserven bis in mehrere hundert Meter Tiefe.

Abb. 14: Typisches konventionelles sulfidisches Buntmetallerz der Neves Corvo-Mine, Portugal

Exploration führen (Abb. 13). Die statische Lebensdauer eines Rohstoffes verlängert sich also durch Recycling und erfolgreiche Exploration. Die drohende Verknappung eines Rohstoffes kann so abgewendet werden. Gehen die neu gefundenen Lagerstätten ebenfalls zur Neige, verstärkt sich die Exploration wieder.

Derartige Zyklen von Exploration und Abbau ausgewählter Rohstoffgruppen schlagen sich auf das verfügbare Wissen einschlägiger Firmen ebenso wie auf Forschungsprojekte nieder. So können nicht nur metallische Rohstoffe selbst, sondern auch das Know-how, wie sie entstehen oder zu finden sind, zu einem knappen Gut werden. Besonders, wenn nach einer Phase der Stagnation ein neuer Boom einsetzt, fehlen die einmal abgebauten Kapazitäten. Dies ist nicht nur an deutschen Hochschulen, sondern auch in der Forschungslandschaft anderer Industrienationen zu beobachten. Dabei wurde übersehen, dass sich Explorationsausgaben viel schneller steigern lassen, als das Fachwissen oder das ›geologische Gedächtnis‹ eines Landes.

Markt und Mine – was das Erz zum Erz macht

Im Gegensatz zum Verständnis von Erz als einem metallreichen Gestein (Abb. 14) enthält die moderne Definition des Begriffes ›Erz‹ auch den Aspekt der Wirtschaftlichkeit. Daher bestimmt der Weltmarktpreis den Status einer Lagerstätte als wirtschaftlichen Erzkörper bzw. unwirtschaftliche Mineralisation. Bei Preissenkungen kann es dazu kommen, dass Lagerstätten ganz oder in ihren Randbereichen unrentabel werden. Steigt der Preis, wächst auch das Interesse an diesen Erzvorkommen wieder. Dies hat dazu geführt, die räumliche Begrenzung von Lagerstätten nicht nur geologisch, sondern auch ökonomisch zu bestimmen. Die geologisch/mineralogische Grenze einer Lagerstätte ist nur in seltenen Fällen mit bloßem Auge zu erkennen. Sie muss mikroskopisch oder chemisch/analytisch nachgewiesen werden, trennt sie doch

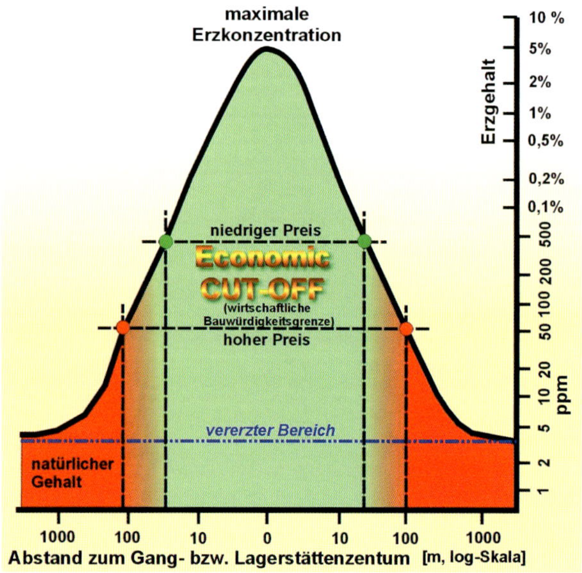

Abb. 15: Die wirtschaftliche Bauwürdigkeitsgrenze (›Economic Cut-Off‹) hängt direkt vom Weltmarktpreis eines mineralischen Rohstoffs ab und bedingt in der Praxis, ob auch marginale Teile einer Lagerstätte zum Erz gehören oder nicht.

Abb. 16: Rasterelektronenmikroskopische Aufnahme von Hemimorphit-Kristallen (hellblau koloriert). Dieses Zinkhydrosilikat mit der Formel $Zn_4Si_2O_7(OH)_2 \cdot H_2O$ enthält keinerlei Schwefel und produziert als Abfallprodukt nur Quarz und Wasser.

mineralisiertes von nicht-mineralisiertem Gestein und ist somit festgelegt. Die ökonomische Grenze einer Lagerstätte hingegen hängt davon ab, wie viel und welches Erz wirtschaftlich abgebaut werden kann. Dies schwankt logischerweise in Abhängigkeit vom Preis des abzubauenden Rohstoffs mehr oder weniger stark. Viele Bergwerksbetreiber reagieren innerhalb einer Lagerstätte auf die fluktuierenden Marktpreise. Sie bauen Erze unterschiedlichen Gehaltes je nach Weltmarktpreis ab und legen z. B. bei niedrigen Preisen Erze mit geringem Gehalt auf Halde. Diese bereiten sie erst dann auf, wenn der Preis steigt. Somit bestimmt der Rohstoffpreis, ob der Randbereich eines Erzganges über oder unter dem sogenannten ›economic cut-off‹, d. h. der wirtschaftlichen Bauwürdigkeitsgrenze, liegt (Abb. 15). So ergibt sich, dass auch die abbauwürdigen Vorräte einer Lagerstätte in Abhängigkeit vom Rohstoffpreis variieren.

›Neue‹ Lagerstättentypen durch geologisch/mineralogische Innovation

Internationale Lagerstättenforschung und Rohstoffexploration werden immer wieder zusätzlich stimuliert, wenn gänzlich neue Typen von Erzvorkommen entdeckt oder in Vergessenheit geratene wiederentdeckt werden. In solchen Fällen entsteht plötzlicher Forschungsbedarf, um zu rekonstruieren, wie sich diese neuen Erztypen gebildet haben, um mit diesem Wissen neue Explorationsstrategien zu entwickeln. Am Beispiel von Zink lässt sich aufzeigen, wie geologische, mineralogische und metallurgische Forschungsergebnisse einen Explorationsboom auf einen weitgehend unerforschten, (allerdings nur scheinbar) neuen Typ von Zinklagerstätten ausgelöst haben. Zink ist heute das mengenmäßig drittwichtigste Nicht-Eisen-Metall nach Aluminium und Kupfer. Es wird zu mehr als einem Drittel zur Verzinkung, also zum Rostschutz verwendet und zu einem Viertel für Messing- und Zinkguss. Außerdem findet es in Batterien sowie in medizinischen Produkten wie z. B. Zinksalbe Verwendung.

Noch im 19. Jahrhundert wurde Zink fast ausschließlich in Form von Oxyden, Karbonaten und Silikaten abgebaut. Das so gewonnene Zinkerz musste energieaufwendig aufgeschmolzen werden. Zinksulfidlagerstätten (Abb. 14) wurden zu dieser Zeit kaum abgebaut, da ihre Sulfiderze noch aufwendiger aufzubereiten und zu verarbeiten waren. Zu Beginn des 20. Jahrhunderts kamen neue, erheblich effektivere Verfahren zur Verarbeitung von Zinksulfiden auf. Diese Entwicklung verdrängte die nichtsulfidischen Erze vom Markt, und die Lagerstätten sowie die Strategien zu ihrer Exploration gerieten in Vergessenheit.

In den letzten Jahren hat intensive metallurgische, mineralogische und lagerstättenkundliche Forschung allerdings dazu geführt, dass sich die Situation erneut geändert hat. Ihre Ergebnisse erlauben es, oxidische, karbonatische und silikatische Zink-Lagerstätten wirtschaftlich abzubauen. Diese zusätzliche Zinkquelle, die zusammenfassend als nicht-sulfidisches Zinkerz bezeichnet wird, ist ökologisch verträglicher, da sie keinen unerwünschten Schwefel oder toxisches Blei enthält. Ein typisches nicht-sulfidisches Zinkmineral wie Hemimorphit (Abb. 16) enthält außer Zink lediglich Wasser und Siliziumoxyd, das völlig gefahrlos als feines ›Quarzmehl‹ entsorgt werden kann. Neu entwickelte Gewinnungsverfahren

ermöglichen es, diesen Erzen das Zink durch chemische Laugung zu entziehen. Anschließend wird es aus der zinkhaltigen Lösung mittels Elektrolyse als hochreines Metall gewonnen (Abb. 17). Dieses Verfahren ist umweltfreundlicher und zeichnet sich durch deutlich geringere Produktions- und Energiekosten aus. Zudem muss beim Transport nicht ein Viertel des Gewichts in Form von unerwünschtem Schwefel bewegt und transportiert werden (Abb. 18), sondern lediglich das reine Zinkmetall (Abb. 6, 17 und 19). Entwicklungspolitisch positiv ist, dass bei diesem Verfahren ein größerer Teil der Wertschöpfung durch die ›vor-Ort-Produktion‹ von höchstreinem Zink im Abbauland verbleibt.

Abb. 17: Industrielle elektrolytische Metallgewinnungsanlage der Skorpion-Mine, Namibia, bei der große Becken die zinkhaltige Lösung enthalten. Angelegte elektrische Spannung führt dazu, dass sich das reine Metall an den in die Becken hängenden Anodenplatten abscheidet. Die hochreinen Zinkbarren aus Abbildung 7 und 19 stammen aus dieser hochmodernen Erzaufbereitungsanlage.

Welche Art von Exploration und Bergbau brauchen wir zukünftig?

Es wird auch in Zukunft nötig sein, mineralische Rohstoffe in großem Maße abzubauen, um unsere Bedürfnisse und die zukünftiger Generationen abzudecken. Wir leben in einer ökonomisch und technisch vernetzten Welt, die wir zudem zunehmend geologisch und ökologisch als ein komplexes Gesamtsystem begreifen. Daher geht uns alle das Ausmaß und die Art der Rohstoffsuche und -gewinnung an, unabhängig davon, wo dies geschieht. Im schlechtesten Fall wird der Bergbau als Folge der ökologisch sensibilisierten Bevölkerung der ersten und zweiten Welt in die dritte Welt verlagert, wo mögliche Schäden zurzeit noch weniger stark wahrgenommen werden. Es darf optimistisch stimmen, dass sich in den vergangenen zehn Jahren deutliche, globale Veränderungen in Exploration und Bergbau abzeichnen, die das nachhaltige Management mineralischer Rohstoffe und die ökologische Minimierung der bergbaubedingten Eingriffe in den Naturraum berücksichtigen (Abb. 20).

Abb. 18 & 19: Lastwagen mit 40 Tonnen Zinksulfidkonzentrat, d. h. 30 Tonnen Zink und zehn Tonnen Schwefel (Mitte) und 40 Tonnen hochreiner Zinkbarren (unten). Die unterschiedlichen mineralischen Rohstoffe stammen aus zwei benachbarten Bergwerken Namibias: Rosh Pinah, mit konventionellem Zinksulfiderz und Skorpion, mit nichtsulfidischem Zinkerz.

Die internationale Klassifizierung von Schadstoffen, die in Roherzen und fertigen Metall-Legierungen enthalten sind, wirkt sich bereits deutlich auf moderne Explorationskonzepte aus. Schon im Frühstadium der Kupfererzsuche achtet man heute z. B. darauf, möglichst arsenarme Lagerstätten zu finden.

Abb. 20: Nachhaltige und umweltverträgliche Gewinnung von (in früheren Bergbauphasen nicht abgebautem) Platinerz direkt an der Erdoberfläche, Bushveld-Komplex, Südafrika. Der Abbau geschieht kontinuierlich, mit unmittelbar nachfolgender Rehabilitation von Boden und Vegetation.

Umwelt- und Sozialverträglichkeitsstudien sowie umfangreiche finanzielle Rücklagen für Rehabilitationsmaßnahmen sind heute fester Bestandteil der Explorations- und Bergbauprogramme multinationaler Konzerne.

Die strengere Gesetzgebung vieler Länder ist ein weiterer Grund für schonendere und effektivere Explorations- und Abbauverfahren. Der Wissens- und Technologietransfer auf geologischer, aufbereitungstechnischer, aber auch juristischer Ebene muss dennoch weiter verstärkt werden. Nur so erhalten die Entwicklungsländer die Möglichkeit, den Rohstoffabbau im eigenen Land zu optimieren und zugleich eine nachhaltige Entwicklung zu ermöglichen.

Die Mitwirkung aller Länder bei der aktiven Exploration, der wissenschaftlichen Forschung zur Entwicklung von Methoden und Konzepten und der internationalen Beratung ist daher nötig, um die weltweite Rohstoffversorgung auch zukünftig zu sichern und einen verantwortungsvollen Umgang mit unseren mineralischen Rohstoffen zu gewährleisten.

Literaturhinweise

Meadows, D. (1998): Die Grenzen des Wachstums. (15. Aufl.) Deutsche Verlagsanstalt, Stuttgart, 253 S.

Wellmer, F.-W. & Becker-Platen, J. D. (Hrsg.) (1999): Mit der Erde leben. Springer-Verlag, Heidelberg, 273 S.

Wellmer, F.-W. & Dalheimer, M. (2000): Rohstoffe und Energie – Auswirkungen der Globalisierung auf die Versorgungssicherheit Deutschlands. Erzmetall, 6, 385-389

Internetseiten

http://www.goldseiten.de

»In Bergesadern, Mauersgründen,
ist Gold gemünzt und ungemünzt zu finden
und fragt Ihr mich, wer es zu Tage schafft,
begabten Mann's Natur und Geisteskraft.«

Goethe, Faust

Gregor Borg ist Professor für Petrologie und Lagerstättenkunde an der Martin-Luther-Universität Halle-Wittenberg. Er arbeitete mehrere Jahre für internationale Rohstoffkonzerne und deutsche Bundesbehörden in Afrika.

Anschrift: Prof. Dr. Gregor Borg
Petrologie und Lagerstättenkunde
Martin-Luther-Universität Halle-Wittenberg
Von-Seckendorff-Platz 3
06120 Halle

E-Mail: gregor.borg@geo.uni-halle.de
Webseite: www.petrology.de

Zeolithe: vom Mineral zum Material

von Reinhard X. Fischer, Bremen

Als Axel Friedrich Cronstedt 1756 seine Beobachtungen und Beschreibungen eines bis dahin unbekannten Minerals vor der Königlich Schwedischen Akademie der Wissenschaften vortrug und niederschrieb, konnte er die Bedeutung seines Fundes noch nicht ermessen. Er hatte die ›unbekannte Bergart‹ durch einen Herrn Adlerheim von der Kupfergrube Swappawari in Torneå (Lappmark) und eine weitere von dem Bergjunker Schindel aus Island erhalten. Er beschreibt diese Proben als ›lichtgelb, von Island weiß, theils durchsichtig, so hart als gewöhnlicher Spat, oder dichter Kalkstein, schlägt am Stahle kein Feuer und wallet mit sauren Geistern nicht auf. Im Feuer vor dem Löthröhrchen wallet und schäumet es fast wie Borax.‹ Wegen

dieses schwammartigen Aufblähens unter der Flamme des Lötrohres gab er dem Mineral dem vom Griechischen abgeleiteten Namen ZEOLITHES (zeo: ich koche, lithos: der Stein).

Heute weiß man, dass es sich bei diesen Zeolithen um nanoporöse Minerale, zumeist Alumosilikate, handelt, die in ihrer Mikroporenstruktur Wassermoleküle eingebunden haben, die beim Erhitzen zu dem beschriebenen Aufschäumen führen. Weiterhin befinden sich in den Kanälen und Porenräumen zumeist locker gebundene Kationen, die in Lösung oder Schmelze mit anderen Kationen ausgetauscht werden können. Deswegen finden die Zeolithe zum Beispiel als Ionentauscher im Waschmittel mit einer weltweiten Produktion von circa einer Million Tonnen pro Jahr eine wichtige technische Anwendung. Eine weitere wichtige Nutzung bestimmter Zeolithe liegt in der Verwendung als Katalysatoren, vor allem in der Erdölraffinerie. Hier nutzt man die Eigenschaft einiger Zeolithe, die langkettigen Kohlenwasserstoffmoleküle der schweren Erdölfraktion kurzzeitig an den katalytisch aktiven Zentren der inneren Oberflächen der Hohlräume zu binden und in kurzkettige Moleküle (Benzin, Kerosin, Heizöl) zu trennen, wie in Abbildung 2 schematisch dargestellt. Für diesen katalytischen Prozess (Fluid Catalytic Cracking, FCC Verfahren) werden durchweg synthetische Zeolithe verwendet, die in ihren Kristallstrukturen dem Zeolith-Mineral Faujasit entsprechen. Der Zeolith wirkt hier, ähnlich wie das Platin bei der Abgasreinigung im Autokatalysator, als heterogener Katalysator. Er fördert chemische Reaktionen durch Oberflächenadsorption und wirkt darüber hinaus formselektiv auf eintretende Reaktanden und austretende Produktmoleküle, die durch die Kanäle mit genau definierten Aperturen hindurch diffundieren wie in Abbildung 2 gezeigt. Dabei wirken Protonen als Säurezentren, die über die inneren Oberflächen der großen Käfige und Hohlräume verteilt sind. Die katalytisch aktive Wasserstoff Form von Zeolithen kann man z. B. durch Ionenaustausch der Alkaliionen durch Ammoniumionen in einer Ammoniumchlorid-Lösung erhalten, wonach der Zeolith auf Temperaturen zwischen 400 und 800 Grad Celsius erhitzt wird und sich dann Ammoniak (NH_3) von einem Proton trennt und verflüchtigt. Zum Ladungsausgleich bleibt das Proton zurück und bildet die so genannten Brønsted Säurezentren.

Über diese Anwendungen hinaus gibt es eine außerordentlich vielfältige Palette weiterer Nutzungsmöglichkeiten, von denen einige im Folgenden aufgeführt sind:

- Ionentauscher zur Wasserenthärtung
- Katalysatoren bei organischen Synthesen
- Isolierung und Trocknung in Kühlschränken und Verbundfenstern

Abb. 1 (linke Seite): Zeolith-Mineral Skolezit (Shakur, Indien) aus der Sammlung des Fachgebiets Kristallographie der Universität Bremen

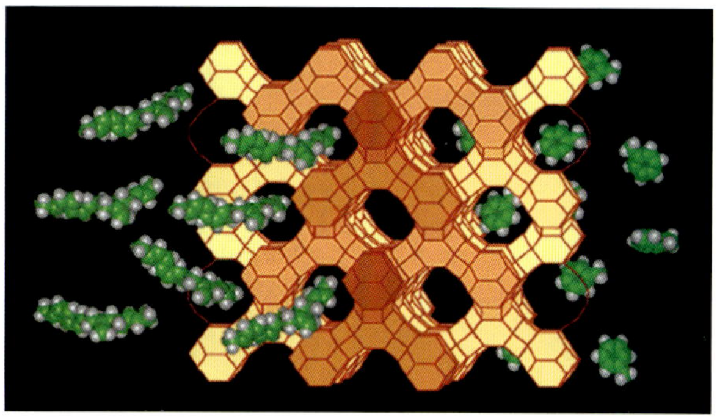

Abb. 2: Schematische Darstellung des Fluid Catalytic Cracking Prozesses (FCC Verfahren), bei dem die langkettigen Kohlenwasserstoffmoleküle der schweren Erdölfraktionen zu kurzkettigen Molekülen des Benzins getrennt werden

- Kühlung und Heizung durch ein Zeolith/Wasser-System in Autoklimaanlagen
- Füllstoff für Papier und Zement
- Trennung von Gasen, z. B. zur Sauerstoffgewinnung aus Luft
- Reinigung radioaktiver Abwässer
- Rauchgasentschwefelung
- Schleifmittel in Zahnpasta
- Zahnfüllungsmaterial
- Regenerierung von Dialyseflüssigkeiten
- Gefriertrocknung von Lebensmitteln
- Adsorptionsmittel in Zigarettenfiltern
- Aufarbeiten von gebrauchtem Motoröl
- Ammoniak-Entsorgung von Gewässern und Böden
- Zusatzmittel in Tierfutter
- Geruchstilgendes Mittel für Tierexkremente
- Entsorgung radioaktiver Isotope
- Energiespeicher in der Solartechnik
- Blutstillendes Mittel
- Vorläuferphasen für Multischichtkeramiken in der Mikroelektronik

Seit der Entdeckung der Zeolithe im Jahr 1756 werden fast jährlich neue Zeolith-Minerale gefunden und zahlreiche synthetische Materialien mit Zeolith-Struktur synthetisiert. Manche Zeolithe wurden zuerst in einem Industrielabor synthetisiert, bevor man ihre natürlichen Pendants als Minerale in der Natur gefunden hat. So wurde erst kürzlich im Jahre 2007 das Zeolith-Mineral Direnzoit in einem Xenolith im Zentralmassiv in Frankreich entdeckt, während es als Syntheseprodukt mit der Bezeichnung ECR-1 bereits 1986 in den Laboren der Firma Exxon hergestellt wurde. Auch das Mineral Tschernichit wurde erst 1997 entdeckt, das den gleichen Strukturtyp aufweist wie der synthetische, technisch sehr bedeutsame Zeolith beta, der bereits 1967 hergestellt wurde. Weitere

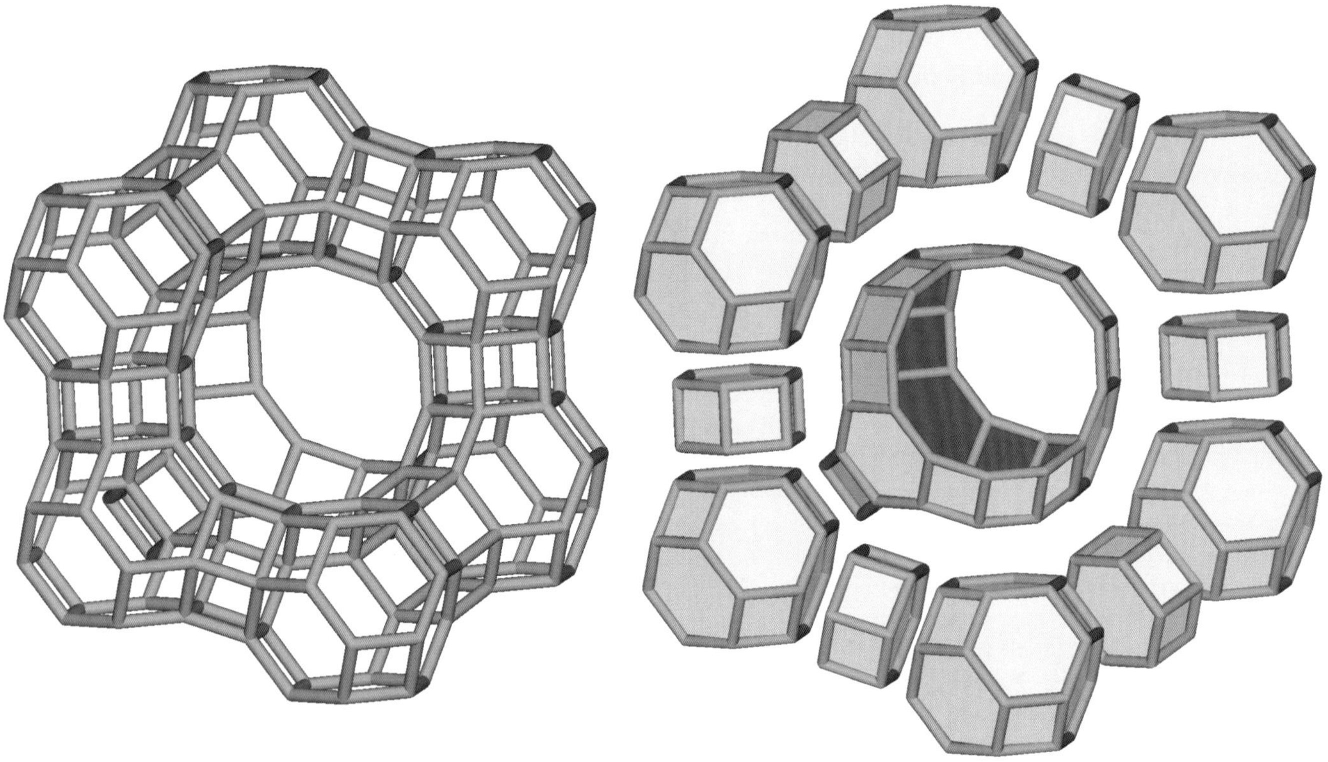

Abb. 3: Die Gerüststruktur des Zeoliths Faujasit, bestimmt durch Röntgenbeugungsmethoden. Links sind die Bindungen zwischen Aluminium- und Silizium-Atomen als ›Stäbe‹ dargestellt, rechts ist die daraus berechnete Struktur als ›Baukastenmodell‹ abgebildet, mit Doppel-Sechserringen und kugelförmigen ›Sodalith-Käfigen‹ um einen großen ›Superkäfig‹, in dem die katalytischen Prozesse stattfinden.

Beispiele sind die Zeolith-Minerale Bellbergit (TMA-E), Perlialit (Zeolith L), Mutinait (ZSM-5), Gottardiit (NU-87) und Gaultit (VPI-7), die jeweils lange vor ihrer Entdeckung als synthetische Produkte mit den in Klammern angegebenen Bezeichnungen existierten. Auch das Mineral Pahasapait könnte man als Pendant zum Zeolith rho dazuzählen, vernachlässigt man, dass es sich bei dem Mineral um ein Beryllophosphat und bei dem synthetischen Produkt um ein Alumosilikat handelt. Beide Verbindungen kristallisieren in dem selben Gerüsttyp. Jedes neue Zeolith-Mineral und jede neue synthetische Verbindung mit einer zeolithartigen Kristallstruktur wird von der Strukturkommission der International Zeolite Association genau geprüft und dann als ›Zeolith-Typ‹ klassifiziert. Während 1970 zu Beginn der systematischen Erfassung nur 27 verschiedene Zeolith-Typen bekannt waren, sind es inzwischen (2010) schon 194. Voraussetzung für die Zuordnung zu einem Zeolith-Typ ist eine mikroporöse dreidimensionale Gerüststruktur aus eckenverknüpften Tetraedern (zumeist SiO_4 (Silikate), AlO_4 (in Alumosilikaten) oder PO_4 (Phosphate)) mit einer Mikroporenstruktur, die eine Dichte von weniger als 21 tetraedrisch koordinierten Kationen im Gerüst aufweist. Dieses Gerüst bildet Käfige und/oder Kanäle, die zumeist mit Wassermolekülen und Kationen besetzt sind. Hydratisierte Phasen zeigen eine weitestgehend reversible Dehydratisierung bei moderaten Temperaturen, zumeist unter 400 Grad Celsius.

Natürliche Zeolithe kommen in Gesteinen unterschiedlicher geologischer Umgebung vor. Bis in die erste Hälfte des letzten Jahrhunderts waren es vor allem die wunderschönen Aggregate aus klaren und zart gefärbten Kristallen in den Spalten und Hohlräumen von vulkanischen Gesteinen, die schon immer die Sammler begeistert haben und denen die Aufmerksamkeit der Wissenschaft galt, wie z. B. die auf der vorletzten Seite gezeigte Mineralstufe. Frühe Berichte über Zeolith-Vorkommen in Tiefseesedimenten – etwa aus der Zeit der Jahrhundertwende zum 20. Jahrhundert von der britischen Challenger Expedition – waren übersehen worden oder in Vergessenheit geraten. Oft wurden die Zeolithe wegen ihrer Feinkörnigkeit für vulkanische Gläser gehalten. Heute kennt man Vorkommen von Zeolithen, die aus Salzseeablagerungen in ariden und semiariden Klimata unter alkalischen Bedingungen durch die Reaktion vulkanischer Gläser mit biogenem Siliziumdioxid (SiO_2) Tonmineralen und Quarz mit wässrigen Lösungen entstanden sind, aber auch große Mengen an Tiefseesedimenten, die hauptsächlich aus Phillipsit und Klinoptilolith bestehen. Von großer wirtschaftlicher Bedeutung sind Vorkommen, die in offenen hydrologischen Systemen durch die Reaktion von Tuffen mit zirkulierendem Wasser entstanden sind.

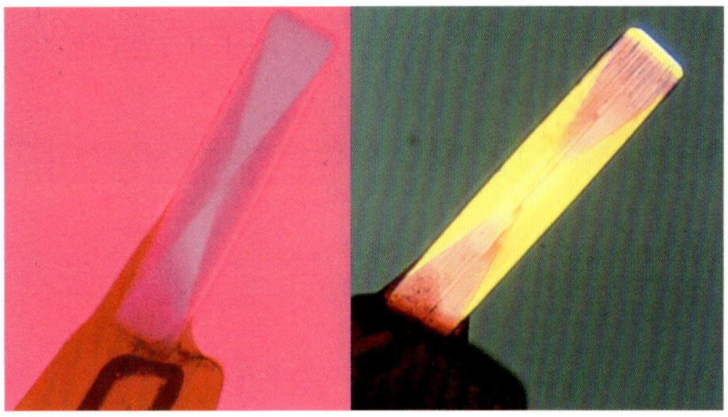

Abb. 4: Mikroskopaufnahmen von Silicalit-Kristallen (360 × 70 Mikrometer) mit gekreuzten Polarisatoren. Deutlich wird die Sanduhr-artige Verzwillingung sichtbar, die im rechten Bild auch noch lamellar ausgebildet ist.

Abb. 5: Untersuchung eines Kristalls am Spindeltischmikroskop. Die links oben gezeigten Aufnahmen entstanden an einem solchen Mikroskop.

Somit sind die Zeolithe gleichsam Studienobjekte in den Materialwissenschaften wie auch in den Geowissenschaften, wobei mit den analytischen Methoden der Mineralogie und Kristallographie sowohl die Kristallstruktur und chemische Zusammensetzung als auch physikalisch-chemische Eigenschaften bestimmt und charakterisiert werden. So wird z. B. der in den Abbildungen 2 und 3 gezeigte Atomaufbau mittels Röntgen- oder Neutronenbeugung analysiert. Ein schönes Beispiel zum Einsatz klassischer mineralogischer Methoden zur Materialanalyse ist die Untersuchung von Verzwillingungs- und Verwachsungseffekten mittels eines Polarisationsmikroskops. In Abbildung 4 ist ein synthetischer Silicalit-Kristall im Strahlengang eines Polarisationsmikroskops dargestellt, der eine Sanduhr-artige Verzwillingung aufweist. Zwei Individuen unterschiedlicher Orientierung bilden hier einen Durchdringungszwilling. Zeolithe dieses Typs werden im sogenannten MTG (methanol to gasoline) Verfahren genutzt, um Benzin aus Methanol herzustellen. Mit Hilfe eines einfachen Polarisationsmikroskops lässt sich hier sehr schön zeigen, dass die Diffusionswege in dem Kristall durch die Korngrenzen der einzelnen Individuen blockiert sind. In der rechten Abbildung sieht man sogar eine fortgeschrittene lamellare Zersetzung. Mit kaum einer anderen Methode kann man diese Phänomene auf solch einfache Art bestimmen wie mit der Mikroskopie. Dazu wird ein sogenannter Spindeltisch auf den Mikroskoptisch aufgebracht (Abb. 5), der eine freie Orientierung des Kristalls im Strahlengang erlaubt und die Untersuchung der optischen Effekte ermöglicht.

Literaturhinweise

Baur, W. H & R. X. Fischer (2000) (B), (2002) (C); Fischer, R.X. & W. H. Baur (2006) (D), (2009) (E) in der Serie Landolt-Börnstein, Numerical Data and Functional Relationships in Science and Technology Group IV, Volume 14: Microporous and other framework materials with zeolite-type structures. Springer-Verlag

Gottardi, G. & E. Galli (1985): Natural Zeolites. Springer-Verlag

Reinhard X. Fischer vertritt seit 1995 als Hochschullehrer das Fachgebiet Kristallographie an der Universität Bremen mit Forschungsschwerpunkten im Bereich der Zeolithe und Mullit-ähnlichen Verbindungen. Als Mitglied der Structure Commission der International Zeolite Association beschäftigt er sich intensiv mit der Klassifizierung von Zeolithen.

Anschrift: Prof. Dr. Reinhard X. Fischer
Fachbereich Geowissenschaften
Universität Bremen
Klagenfurter Straße
28359 Bremen

E-Mail: rfischer@uni-bremen.de

Abb. 1: Reste einer römischen Wasserleitung in Nordafrika (Tunesien)

Müssen wir wirklich Wasser sparen?

von Horst D. Schulz, Warnemünde

Ganz selbstverständlich werden die meisten von uns die in der Überschrift gestellte Frage sofort bejahen. Schließlich haben wir inzwischen ein waches Umweltbewusstsein und wissen, dass wir mit so ziemlich allen Schätzen der Natur sparsam umgehen sollten. Außerdem vergeht fast keine Woche, in der uns nicht über Wasserverschmutzung bei uns oder über Wassermangel irgendwo in der Welt berichtet wird. In manchen Gebieten der Erde wird bereits heute direkt oder indirekt um Wasser Krieg geführt. Jedes Jahr wird zudem an einem ›Tag des Wassers‹ immer wieder auf die Gefährdung dieses, für das Leben so notwendigen Naturstoffes hingewiesen, und auch in der Vergangenheit war Wasser ein wesentliches Thema: Das wird deutlich, wenn man sieht, wie viel Aufwand bereits die Römer in Nordafrika vor fast 2.000 Jahren trieben (Abb.1), um ihre Wasserversorgung zu sichern.

Auf der anderen Seite haben wir alle schon viele verregnete Sommer und Winter erlebt, haben die Bilder großer Überschwemmungen vor Augen und haben gesehen, wie viel Wasser es tatsächlich in manchen Gebieten der Welt gibt. Besonders eindrucksvoll wird dies deutlich, wenn man vor den ununterbrochen donnernden Niagara-Fällen (Abb.2) steht und sieht, wie viel Süßwasser hier ständig letztlich in das Meer abfließt. Und besteht nicht der gesamte Ozean aus Wasser? Wie aber passt das mit dem doch allseits beklagten ›Wassermangel‹ zusammen? Wir werden im Folgenden sehen, dass alles etwas differenzierter zu betrachten ist, wenn man die in der Überschrift gestellte Frage sachgerecht beantworten will.

In Abbildung 3 sind die Wasservorräte der Erde in den verschiedenen Reservoirs dargestellt. Das bei weitem größte Reservoir bildet der Weltozean mit unvorstellbaren 1,348 Milliarden Kubikkilometern Wasser. Einen ganz vorsichtigen Eindruck von dieser Wassermenge erhält man, wenn man mit einem Forschungsschiff mehrere Wochen lang über einen kleinen Teil dieses Ozeans fährt, und wenn das Echolot für die Wassertiefe dabei meist Werte um fünf Kilometer anzeigt. Das ist jedoch alles Salzwasser. Selbstverständlich kann man Salzwasser heute entsalzen, doch das lohnt sich nur dort, wo der Bedarf sehr groß ist und wo hinreichend Energie und/oder Geld dafür verfügbar ist.

Das zweitgrößte Reservoir bildet das gefrorene Wasser in den Polkappen und den Gletschern der Erde. Das wäre brauchbares Süßwasser, aber es befindet sich vorzugs-

Abb. 2: Die Niagara-Fälle an der Grenze zwischen Kanada und den USA

weise dort, wo es gerade nicht gebraucht wird. Und ein Transport kommt wegen des dafür notwendigen, sehr hohen Aufwandes an Energie und Geld nicht in Frage. Da die Wassermenge in der Atmosphäre sehr gering ist – die in Abbildung 3 eingetragene Fläche ist aus Gründen der Darstellbarkeit eher schon zu groß – muss sich die Betrachtung der nutzbaren Wasservorräte ganz auf das Grundwasser und die Oberflächengewässer (Flüsse, Seen und Talsperren) beschränken.

Oberflächengewässer und auch das Grundwasser sind jedoch keine statischen Reservoirs, sondern sie sind hochdynamisch, ständig durchflossen, ständig abfließend, ständig erneuert. Wenn wir diese Reservoirs für die Wassergewinnung nutzen, so ist es daher weniger wichtig, die Größe der Vorräte zu betrachten, sondern es muss vielmehr ihr Umsatz und ihr Haushalt quantitativ zuverlässig bekannt sein. Nur dann kann man eine sichere Bewirtschaftung betreiben, nur dann kann man sicher sein, dass der Verbrauch von heute nicht etwa eine Hypothek auf die Zukunft darstellt.

Jeder von uns verbraucht im Mittel in Deutschland etwa 130 Liter Wasser pro Tag, die uns das Wasserwerk ins Haus liefert – in einer chemischen und bakteriologischen Qualität, die von keinem der teuren, so genannten Mineralwässer der Supermärkte erreicht wird. In Abbildung 4 sind nach der dort verwendeten Quelle 127 Liter pro Tag eingetragen, andere Quellen liefern ganz ähnliche Zahlen. Multipliziert mit 365 Tagen und mit der Zahl aller Deutschen – etwa 80 Millionen – ergeben sich etwa 3,8 Billionen Liter oder 3,8 Milliarden Kubikmeter bzw. Tonnen Wasser pro Jahr. Diesem Verbrauch steht in Deutschland eine jährliche Neubildung von Grundwasser durch Versickerung eines Teils der Niederschläge von etwa 36 Milliarden Kubikmeter bzw. Tonnen gegenüber. Das ist fast die zehnfache Menge und versetzt uns damit in die glückliche Lage, unser Wasser haushalten und bewirtschaften zu können.

Wenn man in Abbildung 4 die Aufschlüsselung des Verbrauchs ansieht, so fällt auf, dass nur ein kleiner Teil der 130 Liter pro Person und Tag wirklich in Trinkwasserqualität gebraucht wird, und man könnte auf die Idee kommen, nur diese kleine Menge auch wirklich in der

Abb. 3: Übersicht über das Wasser auf der Erde. Die dargestellten Flächen repräsentieren die eingetragenen Wasser-Volumina. In den Seen und Flüssen sind der Baikalsee und die großen Seen Nordamerikas enthalten.

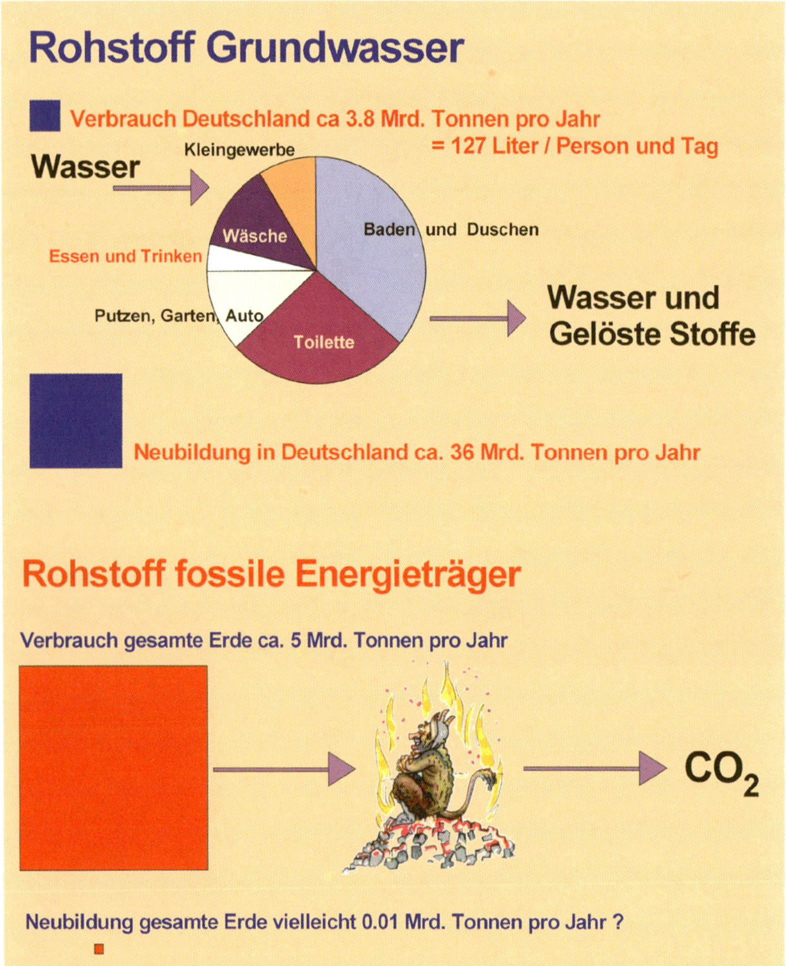

Abb. 4: Wasserverbrauch in Deutschland verglichen mit der Neubildung von Grundwasser. *Wasserverbrauch* bedeutet in diesem Fall nicht, dass das Wasser anschließend nicht mehr existiert, sondern ›nur‹, dass es durch den Gebrauch mit verschiedenen gelösten Stoffen belastet wird. Zum Vergleich darunter der Verbrauch fossiler Energieträger. Hier liegt nach dem Verbrauch wirklich ein anderer Stoff, das Kohlendioxid vor. Die hier dem Verbrauch gegenüberstehende Neubildung ist verschwindend klein.

erstklassigen Qualität zu benutzen und für den großen Rest des Verbrauchs, besonders die Toilettenspülung, anderes Wasser zu verwenden. Das könnte z. B. auf dem Dach aufgefangenes Regenwasser sein. Ein solches Verfahren würde aber eine Reihe von Problemen nach sich ziehen. Nur einige davon sind:

- Es muss ein zweites Leitungssystem eingezogen werden, dessen Energie- und Finanzierungsaufwand sich erst einmal rechnen muss.
- Das bestehende Leitungsnetz, die Wassergewinnungs- und Wasseraufbereitungs-Anlagen sind auf einen bestimmten Durchsatz hin optimiert.
- Als Abwasser würde sich etwa dieselbe Menge ergeben. Eine wirkliche Senkung des gesamten Wasserverbrauchs würde dagegen zu höheren Konzentrationen im Abwasser führen.

Wirklich etwas sparen würden wir, wenn wir z. B. weniger Waschmittel verbrauchen würden, wir weniger oft die Wäsche wechseln, weniger oft duschen – aber wollen wir das?

Als Vergleich zum Wasserverbrauch ist in Abbildung 4 der Verbrauch an fossilen Energieträgern dargestellt. Beim Wasser bedeutet ›Verbrauch‹ eigentlich nur Durchlauf und Verschmutzung; bei Kohle, Erdöl und Erdgas aber ist es ein wirklicher Verbrauch an dessen Ende immer das Kohlendioxid (CO_2) steht, das dann in der Atmosphäre über seine Auswirkung auf das Klima für weitere Probleme sorgt, die an dieser Stelle aber nicht weiter verfolgt werden sollen.

Dem Wasserverbrauch steht die Neubildung von Grundwasser als Teil des Wasserkreislaufs gegenüber. Der Wasserkreislauf für Deutschland ist in Abbildung 5 mit den wesentlichen Umsätzen schematisch dargestellt. Am Anfang steht der mittlere Niederschlag mit etwa 800 Millimeter pro Jahr bzw. 800 Liter pro Quadratmeter und Jahr. Der bei weitem größte Teil (etwa 550 Millimeter pro Jahr) geht als Verdunstung wieder an die Atmosphäre zurück. Dabei ist besonders die Vegetation beteiligt. Etwa 150 Millimeter pro Jahr fließen direkt über Bäche und Flüsse letztlich ins Meer. Nur etwa 100 Millimeter pro Jahr versickern in den Untergrund, werden zu Grundwasser, fließen langsam durch Poren und Klüfte des Gesteins und kommen dann meist diffus verteilt ebenfalls in die Bäche, Flüsse, Seen und das Meer. An manchen Stellen tritt das Grundwasser aber auch besonders auffallend in Quellen zutage, oder es wird in Brunnen künstlich gefördert. Dieser ›Umweg‹ des Wassers durch den Untergrund kann unterschiedlich lang sein – irgendwo zwischen ein paar Jahren im kürzesten Fall bis hin zu mehreren Jahrtausenden. Immer aber schließt sich der Kreis spätestens beim Abfluss in das Meer, bei der erneuten Verdunstung und beim Weg zum neuen Niederschlag über dem Land. Multipliziert man diese Grundwasser-Neubildung von etwa 100 Millimeter pro Jahr mit der Fläche von Deutschland, so erhält man die in Abbildung 4 eingetragene Zahl von etwa 36 Milliarden Kubikmeter bzw. Tonnen Wasser pro Jahr.

Wenn man Wasser aus diesem Kreislauf zur Nutzung entnehmen möchte, so kann dies entweder aus Oberflächengewässern geschehen oder aus dem Grundwasser. Beides hat – wie so oft – Vor- und Nachteile. Die Vorteile der Nutzung von Wasser aus Flüssen oder Talsperren sind:

- Das Wasser ist leicht zugänglich, die notwendigen Investitionen und die Förderkosten sind meist relativ gering.
- Die gewinnbare Wassermenge ist leicht zu überschauen und zu planen.

Dem stehen aber einige recht gravierende Nachteile gegenüber:

- Die Gefahr von Verunreinigungen ist groß; das Wasser muss meist aufwendig aufbereitet und vor allem entkeimt werden.
- Gerade in Trockenzeiten, wenn der Verbrauch besonders hoch ist, haben Flüsse und Seen meist ihre niedrigsten Wasserstände.
- Das gesamte, den Verbrauch puffernde Volumen der Oberflächengewässer ist niedrig, so dass es in einer zufälligen Folge von Trockenjahren durchaus Engpässe in der Versorgung geben kann.
- Eine gleichzeitige Nutzung der Flüsse für den Schiffsverkehr bietet eine ständige Quelle für Verunreinigungen und die Gefahr von großen Verschmutzungs-Unfällen.

Die Vorteile der Nutzung von Grundwasser sind damit verglichen sehr eindrucksvoll:

- Der gesamte puffernde Vorrat des Grundwassers ist so groß, dass selbst eine besonders lange Folge von Trockenjahren zu keinen Engpässen führen kann. Und das nächste Nassjahr, das alles wieder auffüllt, kommt ja bestimmt.
- Der Fließweg durch die Böden, den Sickerwasserbereich und durch das Gestein des Grundwasserleiters ist so lang und vielfältig, dass auf diesem Weg viele Verunreinigungen durch die Prozesse natürlicher Selbstreinigung (›natural attenuation‹) abgebaut werden.
- Die Gesetze von der Bewegung des Wassers im Untergrund sind inzwischen so gut verstanden, dass man für die Gewinnungsanlagen von Grundwasser inzwischen sehr gut in Computer-Modellen die Einzugsgebiete, die notwendigen Schutzzonen sowie das Verhältnis von Förderung, Neubildung und Absenkung bestimmen kann.
- Selbst bei einem Verschmutzungs-Unfall im Einzugsgebiet ist praktisch immer genügend Zeit und Gelegenheit für Maßnahmen zu Schutz und Abwehr.

Vor diesem Hintergrund ist es nicht verwunderlich, dass in Österreich, Deutschland und der Schweiz ganz überwiegend Grundwasser zur Trinkwassergewinnung benutzt wird. In Abbildung 6 umschreiben die Begriffe ›Grundwasser‹ und ›Quellwasser‹ beide eigentlich Grundwasser;

Abb. 5: Wasserkreislauf, Wasserhaushalt und Wasservorräte in Deutschland. Die jährlich durch Versickerung neugebildete Menge an Grundwasser ist etwa zehnmal größer als der Verbrauch. Die Vorräte an Grundwasser in gut durchlässigen Gesteinen sind so groß, dass sie die zeitweiligen Defizite in Trockenjahren abpuffern.

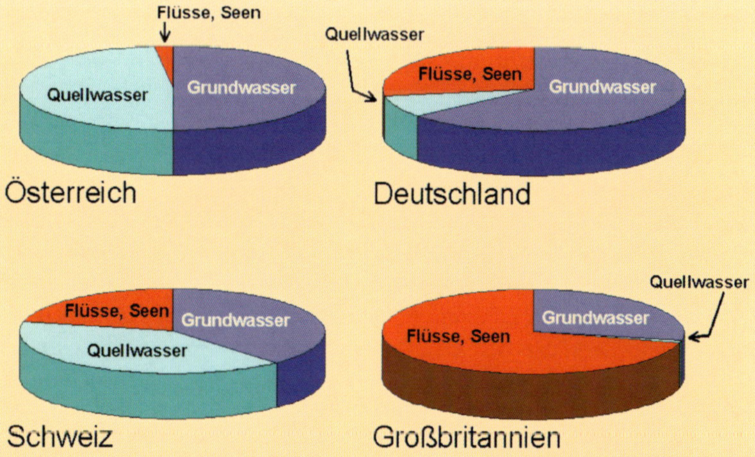

Abb. 6: Herkunft des Trinkwassers in verschiedenen europäischen Ländern. Während Österreich, Deutschland und die Schweiz nur in geringen Anteilen Oberflächenwasser aus Flüssen und Seen nutzen, kommen in Großbritannien etwa drei Viertel des Trinkwassers aus Oberflächen-Gewässern.

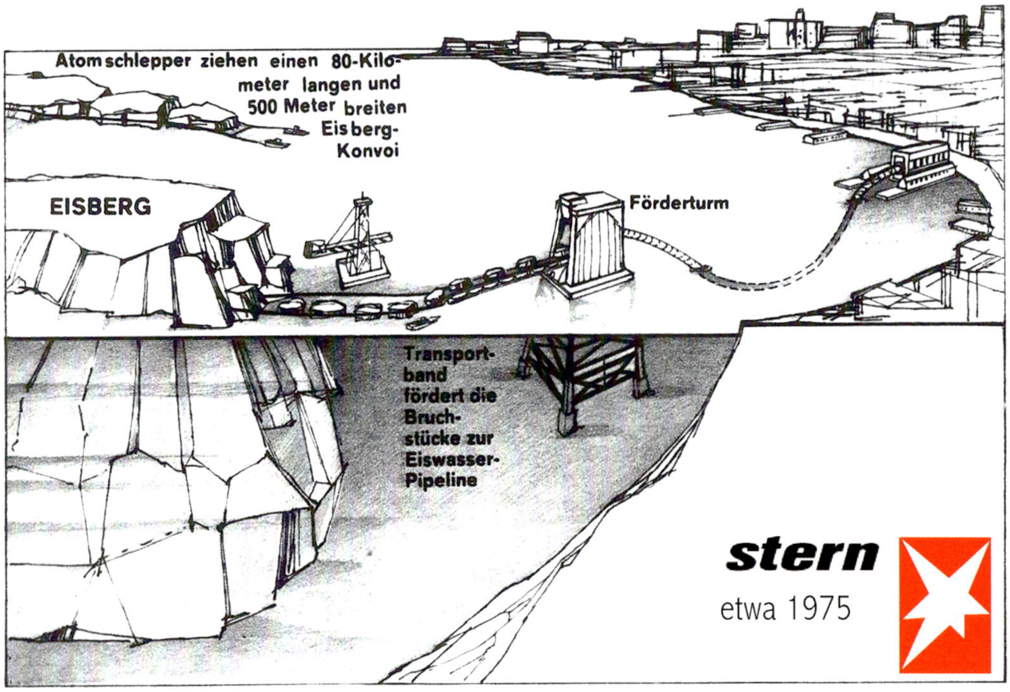

Riesenbagger sollen die Eisberge zerstückeln. Das Eiswasser wird mit Pipelines weitergeleitet
Billiger als Flußwasser: Gletscherschmelze vom Südpol

Abb. 7: Es stand im *stern*! Auf solche, heute unglaublich erscheinenden, Ideen konnte man damals (etwa 1975) noch kommen: Weil angeblich Trinkwasser bei uns knapp sei, wollte man ›billiges‹ Wasser in Form von Eisbergen in 80 Kilometer langen Konvois mit ›Atomschleppern‹ aus der Antarktis nach Europa bringen.

sie unterscheiden sich nur dadurch, dass im ersteren Fall mit Pumpen aus Brunnen herausgepumpt wird, während das Wasser im zweiten Fall freiwillig zutage tritt. Erstaunlich ist eigentlich nur, dass in Großbritannien (und ebenfalls in den USA und einer Reihe anderer Staaten, vorzugsweise in Südamerika, aber auch in Afrika und Ostasien) die Trinkwasserversorgung in erster Linie auf den Oberflächengewässern basiert. Dies hat sicherlich auch historische Gründe, und es spielt wohl auch der Wunsch eine Rolle, den einzigen Nachteil der Versorgung aus Grundwasser zu vermeiden, nämlich den höheren Aufwand und die höheren Kosten für Planung, Einrichtung und auch Unterhalt der Anlagen.

Insgesamt hat sich jedoch historisch die heutige Situation entwickelt, in der wir unseren Vorfahren dankbar sein sollten, dass sie sich einst für das Grundwasser entschieden haben. In den USA z. B. kommt es in Trockenjahren immer wieder dazu, dass der Wassermangel ein ganz besonderes Thema ist. Dieses Thema paust sich dann unbegründet, und vermischt mit dem selbstverständlich auch bei uns notwendigen Schutz des Grundwassers vor Verunreinigungen, bis in die hiesigen Zeitungen durch.

Ein besonders eindrucksvolles Beispiel völlig abwegiger Berichterstattung zum Trinkwasser zeigt Abbildung 7 mit einem Bild, das etwa 1975 in der Zeitschrift ›Stern‹ erschien. Damals hatte man die Idee, mit ›Atomschleppern‹ Eisberge aus der Antarktis nach Europa oder Nordamerika zu schleppen. (Für die arabischen Staaten diskutiert man solche Ideen heute noch oder wieder.) Dort hätte man sie dann wie in einem Steinbruch abbauen und sofort in aufgetauter Form in das Wasserleitungsnetz einspeisen können. Die Herkunft der Idee aus Nordamerika wird auch schon aus der Beschriftung ›Billiger als *Flusswasser*‹ deutlich. Einschließlich der Entsorgung der strahlenden Abfälle hätte das teures Trinkwasser werden können!

Wir wissen heute wie damals, dass in Deutschland aus dem Wasserkreislauf bei weitem genügend Wasser für alle Wünsche und Bedürfnisse zur Verfügung steht, und dass von einer Mangelsituation heute und in der vernünftig überschaubaren Zukunft keine Rede sein kann. Wichtig ist nur, dass wir die Versickerungsgebiete, die Böden und Grundwasserleiter schützen und in der Qualität erhalten, die uns auch zukünftig Grundwasser in Trinkwasserqualität sichert.

Erstaunliche Darstellungen zum Wasserhaushalt hat es nicht nur in der Vergangenheit gegeben. Abbildung 8 zeigt eine im Jahr 2001 in einer Broschüre zum globalen Wandel veröffentlichte Karte des voraussichtlichen globalen Wassermangels im Jahre 2025. Auf den ersten Blick erscheint die Karte ganz plausibel, denn Nordafrika und der Vordere Orient sind als Gebiete mit hohem Wassermangel eingetragen. Etwas erschreckt ist der Laie und erstaunt der Fachmann, wenn er feststellt, dass für Deutschland, Dänemark und Alaska ›mittlerer bis hoher Wassermangel‹ erwartet wird, während so etwas für Na-

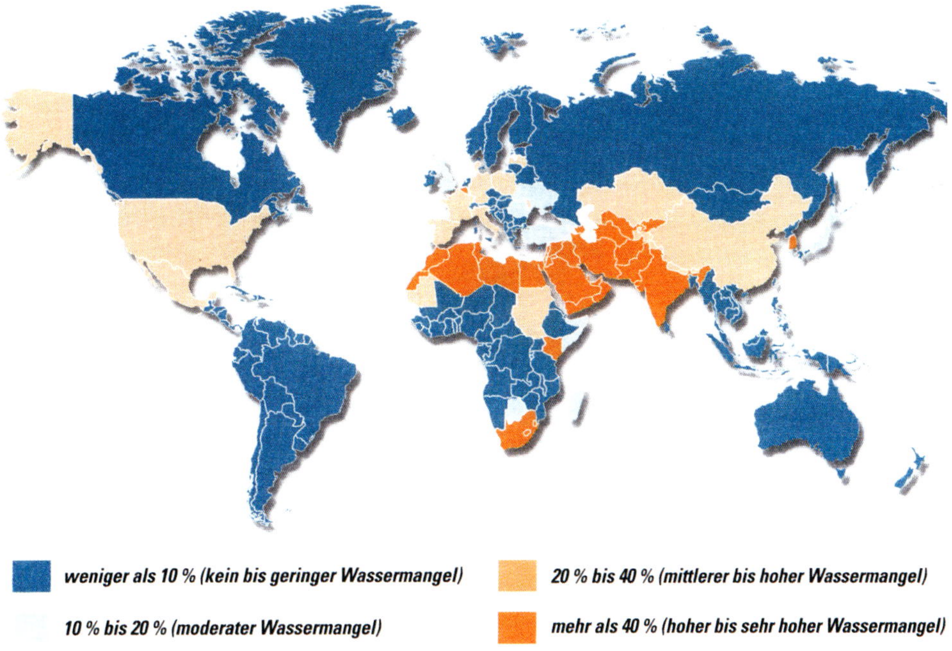

Abb. 8: Eine erstaunliche Darstellung aus unseren Tagen: Eine von Krück et al. (2001) veröffentlichte Karte des voraussichtlichen Wassermangels im Jahre 2025 weist z. B. für Deutschland, Dänemark und Alaska ›mittleren bis hohen Wassermangel‹ aus. Wie beruhigend, dass nach dieser Karte z. B. für Namibia, Äthiopien und das gesamte Südamerika kein Wassermangel zu befürchten ist.

mibia, Äthiopien und das gesamte Südamerika offensichtlich nicht zu befürchten ist. Eigentlich könnte man über solche Darstellungen milde lächelnd zur Tagesordnung übergehen – schlimm ist nur, dass sie ihren Weg in die Presse finden, dass sich an ihnen Politiker orientieren und dass die wirkliche Situation, die wirklich bestehenden Probleme, in der Öffentlichkeit gar nicht recht verstanden und diskutiert werden.

Natürlich gibt es in der Welt riesige Gebiete, in denen schlimmer Wassermangel herrscht – heute und in der Zukunft, und es ist für die Menschen, die dort darunter leiden, ziemlich gleichgültig, ob dieser Mangel naturgegeben, fremdbestimmt oder hausgemacht ist. Es nützt diesen Menschen auch nichts, wenn wir hier Wasser sparen, denn wir können das eingesparte Wasser nicht in die Mangelgebiete versenden.

Unser Thema hier in Deutschland ist nicht die Wassermenge, sondern es ist die Wasserqualität und damit der Konflikt zwischen dem Schutz einer Landschaft für die Neubildung von sauberem Grundwasser oder der Nutzung z. B. für die Landwirtschaft, oder für den Bergbau, oder für Straßen und Häuser, oder auch für Gewerbegebiete mit

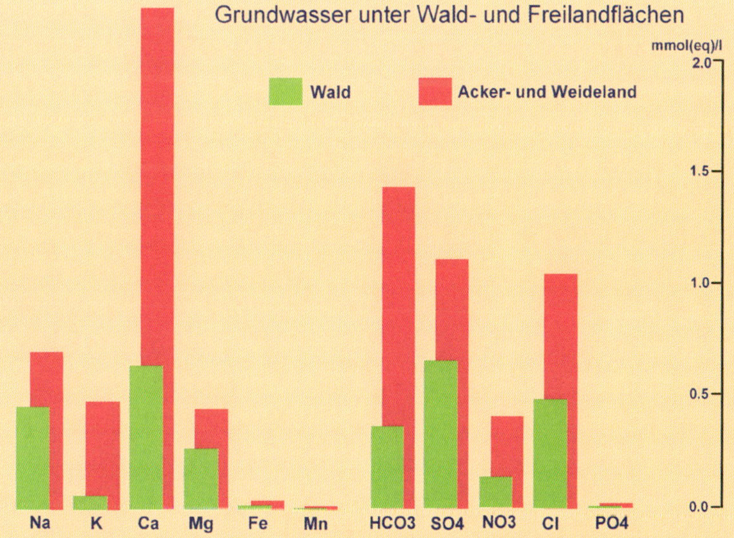

Abb. 9: Ein Vergleich des Lösungsinhalts im Grundwasser unter landwirtschaftlich genutzten Gebieten mit solchen unter Waldflächen. Auch wenn es nicht ganz einfach ist, wirklich vergleichbare Flächen zu finden, so wird doch deutlich, dass die landwirtschaftliche Bodennutzung und Düngung ganz wesentlich zum Lösungsinhalt beiträgt.

Abb. 10: Nutzungskonflikt zwischen Bergbau und Grundwasser. Ein Blick in die riesigen Braunkohlen-Tagebaue von Nordrhein-Westfalen lässt ahnen, in welchem Maße hier das Grundwasser in großen Gebieten auf lange Zeit unbrauchbar gemacht wird. Durch den Kontakt mit der Atmosphäre wird aus manchen Mineralen des Gesteins Schwefelsäure gebildet.

ihren Arbeitsplätzen. Es ist der Konflikt zwischen auf der einen Seite dem Schutz der Gebiete, in denen das saubere Grundwasser von morgen entsteht, und auf der anderen Seite allem, was wir für unseren heutigen Lebensstil beanspruchen. Es ist der genau entsprechende Konflikt wie bei der Nutzung unserer Atmosphäre einerseits für Abgase der Verbrennung und für Treibgase und andererseits dem notwendigen Schutz der Luft, die wir morgen zum Atmen brauchen.

Zwei große Konkurrenten für den Schutz des Grundwassers in einer Landschaft sollen im Folgenden etwas näher beschrieben werden. Es ist dies zum einen die Landwirtschaft und zum anderen der Bergbau:

- Bei der Nutzung eines Bodens in der Landwirtschaft wird die Intensität aller biogeochemischen Umsätze durch die Bearbeitung sowie durch die Gaben an Kunst- und Wirtschaftsdüngern ganz wesentlich erhöht. Das führt dann zu einer meist sehr deutlichen Erhöhung der Konzentrationen der meisten im Sickerwasser und späteren Grundwasser gelösten Stoffe (vgl. Abb. 9). Besonders kritisch ist dabei oft das Nitrat, weil hier am ehesten der bestehende Grenzwert für Trinkwasser überschritten wird. Noch wesentlich problematischer sind die vielen im Pflanzenschutz eingesetzten organischen Gifte, die Pestizide. In den meisten Fällen ist ihr Verhalten in den Geosystemen noch nicht hinreichend bekannt – insbesondere im Hinblick auf ihre oftmals sehr problematischen Abbauprodukte.
- Ein zweiter wesentlicher Konkurrent für den Schutz der Neubildungsgebiete des Grundwassers ist der Bergbau. Sofort deutlich wird dies, wenn man in Abbildung 10 sieht, bis zu welcher Tiefe und in welchen Dimensionen hier ein Braunkohlenbagger den Boden, den Sickerwasser- und den Grundwasserbereich verändert. Gewaltige Mengen an Grundwasser müssen abgepumpt und abgeleitet werden. Metallsulfide, darunter vorzugsweise der Pyrit (FeS_2) sind in einem Milieu ohne Sauerstoff entstanden und setzen sich beim Kontakt mit der Atmosphäre zu Schwefelsäure und zu gelöstem Eisen um. Manchmal werden dabei pH-Werte zwischen eins und zwei erreicht und dadurch viele weitere Minerale gelöst. Selbst wenn die großen Gruben bald wieder verfüllt sind und auf den ersten Blick das Bild einer heilen Landschaft bieten, so dauert es dennoch viele Jahrzehnte, vielleicht Jahrhunderte, bis sich eine Landschaft von einem solchen Eingriff erholt.

Landwirtschaft und Bergbau sind nur zwei Konkurrenten für die Qualität des Grundwassers, an denen hier die bestehende Problematik aufgezeigt werden sollte. Der Schutz des Grundwassers konkurriert mit einer Vielzahl anderer Interessen an Natur und Landschaft. Selbstverständlich brauchen wir die Landwirtschaft ebenso wie den Bergbau, und wir brauchen natürlich auch sauberes Grundwasser. So entstehen über die verschiedenen Wünsche und Ansprüche eine Reihe von Spannungsfeldern. Aber Spannungsfelder sind gleichzeitig immer auch Arbeitsfelder – in diesem Fall für Geowissenschaftler, besonders Hydrogeologen. Sie müssen die Probleme untersuchen, sie verstehen und sachgerecht der Öffentlichkeit vermitteln. Nur auf der Basis dieser Darstellungen kann dann die Gesellschaft demokratische und gerechte Entscheidungen treffen.

Literaturhinweise

Baumgartner, A. & E. Reichel (1975): Die Weltwasserbilanz. R. Oldenbourg Verlag, München, Wien, 179 S.

Engelhardt, T., M. Steinmetz & A. Bärndel (2000): Schluck für Schluck ein Kunstprodukt. In: GEO – Das neue Bild der Erde, Verlag Gruner + Jahr, Heft 2, Februar 2000, Hamburg, 28-52

Hölting, B., (1. Auflage: 1980, 5. Auflage: 1996): Hydrogeologie. Ferdinand Enke Verlag, Stuttgart, 340 bzw. 441 S.

Krück, C. et al. (2001): Forschung zum Globalen Wandel – Wissen für die Zukunft der Erde, Herausgeber Bundesministerium für Bildung und Forschung (BMBF), Referat für Öffentlichkeitsarbeit, Bonn, 80 S.

Lassnig, M. (1996): Eckdaten der Wasserwirtschaft in Österreich, Herausgeber: Wasserwirtschaftskataster, Bundesministerium für Land- und Forstwirtschaft, Wien, 178 S.

Matthess, G. & K. Ubell (1983): Lehrbuch der Hydrogeologie – Band 1 Allgemeine Hydrogeologie – Grundwasserhaushalt. Verlag Gebrüder Borntraeger, Berlin, Stuttgart, 438 S.

Schulz, H. D. (1977): Über den Grundwasserhaushalt im norddeutschen Flachland, Teil IV Grundwasserbeschaffenheit der Geest Schleswig-Holsteins – Eine statistische Auswertung, Landesamt für Wasserhaushalt und Küsten Schleswig-Holstein. Besondere Mitteilungen zum Deutschen Gewässerkundlichen Jahrbuch, Nr. 40, Kiel, 141 S.

Horst D. Schulz war bis 2007 Professor für Geochemie und Hydrogeologie im Fachbereich Geowissenschaften der Universität Bremen. Neben der Erforschung von Qualität und Verfügbarkeit von Grundwasser beschäftigte er sich mit dem Stoffaustausch zwischen Sedimenten und dem Ozeanwasser.

Anschrift: Prof. Dr. Horst D. Schulz
Wiesenweg 8
18119 Warnemünde

E-Mail: hdschulz@uni-bremen.de

Boden – Basis für das Leben

von Gabriele Broll, Osnabrück

Wie eine dünne Haut umhüllt eine häufig nur wenige Zentimeter mächtige Verwitterungsschicht die Erde: der Boden. Obwohl jeder täglich darauf herumläuft, können sich viele Menschen unter dem Begriff ›Boden‹ wenig vorstellen. Viele halten ihn einfach für Schmutz oder Dreck – wenn zum Beispiel Reste davon in die Wohnung gelangen – andere denken womöglich an Bauland oder Produktionsflächen.

Tatsächlich bestehen Böden aus einer Mischung unterschiedlicher Bestandteile, im Wesentlichen aus Mineralien, organischen Stoffen, Luft und Wasser. Zur Bodenbildung tragen zwei Prozesse bei: die Verwitterung von Gestein und die Zersetzung von Pflanzenresten. Gestein verwittert durch den Einfluss von Wind, Regen und den Wechsel von Kälte und Wärme. Die Felsen werden dabei in ihre mineralischen Bestandteile zerlegt. Aus den sich langsam zersetzenden Gesteinsteilchen können die ersten Pflanzen als Pioniere ihre Nährstoffe, zum Beispiel Calcium, Magnesium oder Kalium, beziehen. Gleichzeitig sammeln sich auf dem Gestein Pflanzenreste wie Blätter und Zweige. Diese werden durch den Einfluss der Witterung und der Bodenorganismen ebenfalls in ihre organischen Bestandteile zerlegt, die dann zum Teil wieder zu Huminstoffen aufgebaut werden. Die Pflanzenreste und ihre Umwandlungsprodukte tragen auf diese Weise ebenfalls zur Bodenbildung bei (Abb. 1).

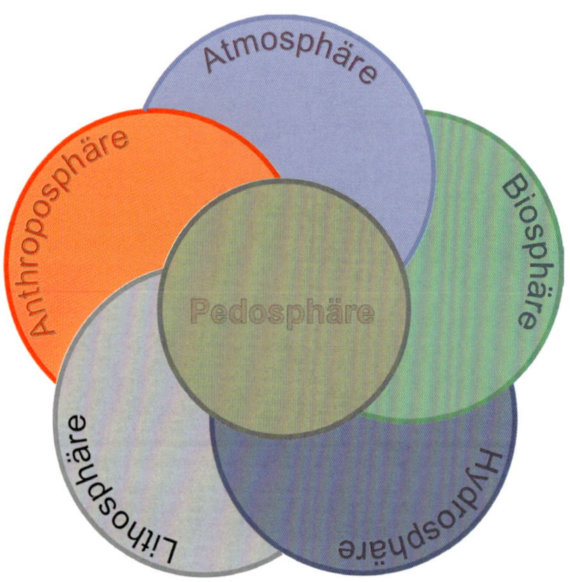

Abb. 1: Wechselwirkungen der Pedosphäre (des Bodens) mit Atmosphäre, Lithosphäre, Hydrosphäre, Biosphäre und dem Menschen

Bodenfunktionen

Böden übernehmen wichtige Funktionen: Ohne Boden bestünden die Kontinente aus nacktem Fels, auf dem Land wäre kein Leben möglich. Böden enthalten die Nährstoffe, die Pflanzen zum Wachsen brauchen. Der lockere, humusreiche Oberboden bildet die Grundlage für die Ernährung der Menschheit, er ist Lebensraum für Mikroorganismen, Pflanzen und Tiere. Böden speichern Regenwasser, verhindern dadurch Überschwemmungen, sie filtern und puffern Schadstoffe und können dadurch bis zu einem gewissen Grad das Grundwasser schützen. Zusätzlich wandeln sie Stoffe um, sie zerlegen zum Beispiel organisch gebundene Nährstoffe in anorganische Substanzen wie Nitrat und speichern sie, bis sie wieder von den Pflanzen aufgenommen werden. Bodenbakterien können sogar einige organische Schadstoffe abbauen, zum Beispiel Mineralöl-Kohlenwasserstoffe. Deren Abbau dauert allerdings sehr lange. Da Böden Kohlenstoff speichern und somit dieser Teil nicht als Kohlendioxid in die Atmosphäre gelangt, helfen sie, den Treibhauseffekt zu begrenzen. Außerdem stellen sie ein Archiv dar, in dem Informationen über die frühere Landnutzung gespeichert sind.

Bodentypen

Je nach Klima und Ausgangsgestein entwickeln sich unterschiedliche Bodentypen, wie zum Beispiel die Braunerde, ein Bodentyp der gemäßigt humiden Klimazone, der sich aus silikat- und karbonatreichem Gestein entwickelt. Ein anderer wichtiger Bodentyp ist der Gley. Er entwickelt sich bei Grundwassereinfluss. Eisen und Mangan steigen aus dem Grundwasser auf und werden im Oberboden als Oxide ausgefällt. Dabei entsteht ein rostroter Bodenhorizont, der Oxidations-Horizont. Ein Teil des Eisens und Mangans bleibt jedoch in Form grau-blau gefärbter Eisen- und Mangan-Verbindungen sowie schwarzen Eisensulfiden im Grundwasserbereich.

Im Jahr 2005 gab es erstmals einen ›Boden des Jahres‹, und zwar die fruchtbare Schwarzerde (Abb. 2). Typisch für die Schwarzerde ist der mindestens 40 Zentimeter mächtige, dunkel-humose Oberboden. Dunkler Boden ist häufig sehr fruchtbar, weil er einen reichen Humusvorrat enthält. Ob dieser Nährstoffvorrat der Pflanze zur Verfügung steht, ist allerdings davon abhängig, ob die organische Substanz leicht von den Bodenmikroorganismen in Kohlendioxid, Wasser und die wichtigen Mineralstoffe umgesetzt werden kann. Regenwürmer, Wühlmäuse und andere Bodenbewohner arbeiten organisches Material in den Boden ein und setzen es um. Außerdem verbessern diese Wesen der Unterwelt die Struktur des Bodens: Ihre Wühlarbeit lockert den Boden und durchlüftet ihn. Dunkler Torf und damit Moorböden bestehen zwar zu großen Teilen aus organischer Substanz, sind aber in der Regel sauer. Die Nährstoffe darin sind für Pflanzen nicht gut verfügbar.

Abb. 2: Schwarzerde, Boden des Jahres 2005

Schutz für den Boden

Boden bildet sich langsam, seine Zerstörung geht jedoch häufig sehr schnell. Die Menge an Erde, die ein Bagger in einer Minute ausgräbt, hat viele Jahrhunderte benötigt, um ›Boden‹ zu werden. 15.000 Jahre dauert es im Durchschnitt, bis ein Meter Boden entsteht.

Böden sind durch zahlreiche Einflüsse bedroht. Zum Beispiel fallen immer mehr Wälder, Wiesen und Äcker dem Straßen- und Städtebau zum Opfer. Täglich verschwindet in Deutschland die Fläche von 170 Fußballfeldern unter Straßen und Gebäuden. Auf das Jahr gerechnet entspricht das der Größe des Bodensees. Allein auf dem Gebiet der alten Bundesländer hat sich innerhalb der letzten 50 Jahre der Anteil der Siedlungsflächen von sechs auf dreizehn Prozent erhöht. Die zunehmende Flächenversiegelung hat Folgen: Bei starken Regenfällen fehlen die Böden als Wasserspeicher, die Niederschläge gelangen ohne größere Verzögerungen in die Flussläufe.

Wenn der Boden durch die Landwirtschaft unsachgemäß genutzt wird, gehen die biologische Vielfalt und der Anteil der organischen Substanz zurück. Immer schwerere Landmaschinen fahren über die Äcker und Wiesen und verdichten den Boden. Selbst Böden, die nicht versiegelt sind, können häufig deutlich weniger Wasser aufnehmen und speichern als noch vor einigen Jahrzehnten. Ein weiteres Problem besteht darin, dass sich organische Schadstoffe und Schwermetalle im Boden ansammeln. Weltweit ist der Boden allerdings vor allem durch Erosion bedroht.

In Deutschland sind der Bodenschutz und seine rechtliche Verankerung durch das Bundesbodenschutzgesetz schon relativ weit entwickelt. Die Umsetzung hin zu einem vorsorgenden Bodenschutz ist jedoch noch lange nicht ausreichend.

Viele nationale und internationale Organisationen setzen sich schon sehr lange nicht nur für die Erforschung des Bodens sondern auch für seinen nachhaltigen Schutz und ein stärkeres ›Bodenbewusstsein‹ in der Bevölkerung ein. Eine der vielen Aktionen, die Böden und ihre Bedeutung stärker in das Bewusstsein der Menschen bringen möchten, sind der Weltbodentag am 5. Dezember und ›Der Boden des Jahres‹.

Internetseiten

www.bvboden.de
www.dbges.de
www.bodenwelten.de

Gabriele Broll ist Professorin an der Universität Osnabrück und lehrt dort Bodenkunde, Geoökologie und Physische Geographie. Sie ist Präsidentin des Bundesverbandes Boden und engagiert sich für die Bildung von Bodenbewusstsein, unter anderem durch die Initiierung des European Network on Soil Awareness.

Anschrift: Prof. Dr. Gabriele Broll
Institut für Geographie
Universität Osnabrück
Seminarstr. 19 a/b
49074 Osnabrück

E-Mail: gabriele.broll@uni-osnabrueck.de

Unter der Erde ist noch viel Raum

Erkundung und Nutzung des Untergrundes

von Günter Borm, Karlsruhe

Abb. 1: Nutzung des Untergrunds in einer Stadt als Verkehrs- und Wirtschaftsraum am Beispiel Paris

In den Ballungsgebieten der Erde wird der Lebensraum immer knapper und Überbauung, Flächenversiegelung und Landschaftsverbrauch belasten zunehmend die Umwelt. Die Gestaltungsräume für Stadtentwicklung und Verkehrsplanung der Zukunft liegen daher vorwiegend unterhalb der Erdoberfläche.

Früher fast nur vom Bergbau genutzt, dient der Untergrund heute immer mehr als Raum für Industrie, Verkehr, Versorgungs- und Entsorgungssysteme, zur Speicherung von Öl und Gas sowie zur Deponierung von Abfallstoffen. Dies schafft Platz auf der Erdoberfläche, trägt zu menschengerechtem Wohnen bei und schont die Natur.

Die Nutzung des unterirdischen Raums umfasst verschiedene Anwendungs- und Tiefenbereiche:

- *Verkehrs- und Wirtschaftsraum*: städtische Infrastrukturen, Transport- und Verkehrssysteme, Versorgungs- und Entsorgungsleitungen ... (Abb. 1)
- *Speicherung und Deponie*: Lagerung von Wirtschaftsgütern, Kälte- und Wärmespeicherung, geologische Speicherung von Kohlendioxid, Deponierung von Abfallstoffen ...
- *Ressourcen*: Grundwasser, Erdöl, Erdgas, Erdwärme, mineralische Rohstoffe ...

Die Erkundung des Untergrunds, Herstellung, Sicherung und Nutzung von Untertagebauten erfordern Prognosemodelle, Messmethoden und Sicherheitsnachweise auf allen Zeitskalen (Abb. 2): Minuten, Stunden, Tage und Monate während der Bauphase (zum Beispiel bei einem Tunnel), Jahre bis Jahrzehnte in der Betriebsphase (zum Beispiel bei Förderbohrungen für Öl und Gas) und Jahrhunderte bis Jahrtausende in der Nachbetriebsphase (zum Beispiel für die Sicherheit unterirdischer Deponien toxischer Abfälle).

Der Untergrund als Verkehrs- und Wirtschaftsraum

Der unterirdische Hohlraumbau hat eine jahrtausendealte Geschichte. Die ersten Tunnel bauten schon die Phönizier für Bewässerung und Trinkwasserversorgung. Früh wurde auch die wirtschaftliche und strategische Bedeutung des Bergbaus erkannt, und gemeinsam mit dem Kohle-, Salz- und Erzbergbau gewannen die Tunnel- und Stollenbauten an Wichtigkeit und Ausmaß. Die eigentliche Blütezeit des Untertagebaus begann Ende des 19. Jahrhunderts mit den ersten Verkehrstunneln für die Eisenbahn. Rund 100 Jahre danach, ab dem Ende der 1970er Jahre, wurden zahlreiche neue Tunnel für die ICE Schnellbahnstrecken der Deutschen Bahn und später für die Verkehrsprojekte im Zusammenhang mit der deutschen Einheit erstellt. Im Jahr 2013 waren in Deutschland mehr als 100 Verkehrstunnelprojekte mit einer gesamten Auffahrlänge von über 400 Kilometern im Bau. Mit der Ausweitung der Europäischen Union auf die osteuropäischen Länder entstehen gegenwärtig neue transeuropäische Verkehrsnetze gewaltiger Dimension mit Eisenbahn-Hochgeschwindigkeitsstrecken, die alle Hauptstädte Europas verbinden sollen.

Innerstädtischer Tunnel- und Leitungsbau

Die Bundesregierung unternimmt große Anstrengungen, die Infrastruktur zu optimieren, um die internationale Wettbewerbsfähigkeit der Wirtschaft zu stärken und die Lebensqualität der Bürger zu verbessern. Um das Verkehrswachstum in Ballungsräumen zu bewältigen und umweltverträgliches Bauen zu gewährleisten, ist Tunnelbau wichtig.

Abb. 2: Raum- und Zeitskalen geomechanischer Einsatzfelder. Die Übertragung von kurzzeitigen Messungen auf das längerfristige Verhalten der Bauwerke sowie von Labormessungen an kleinen Gesteinsproben auf große Strukturen ist ein wichtiges Ziel der geomechanischen Untersuchungen.

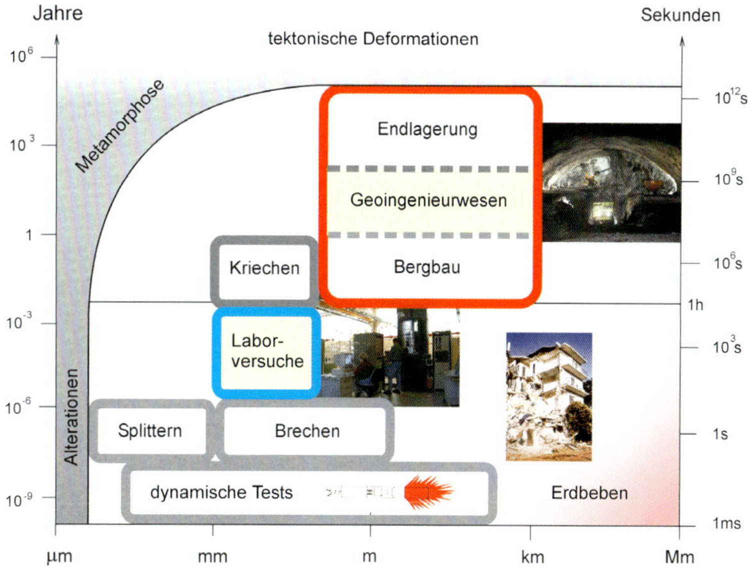

Die Stadtplanung von morgen verlegt die komplette Infrastruktur für den Personenverkehr und Gütertransport in den Untergrund. Dazu benötigt man U-Bahnen und unterirdische Rohrleitungssysteme. Damit das Leben in der Stadt von dem Baubetrieb möglichst wenig beeinträchtigt wird, verwendet man zunehmend geschlossene Bauweisen. Eine verbesserte Erkundung des Baugrundes und automatisierte Vortriebstechniken mit Tunnelbohrmaschinen markieren die modernen Entwicklungen.

Nach dem Mauerfall entstanden in Berlin auf 3,4 Kilometern Länge acht unterirdische Verbindungswege: vier für Fernzüge und je zwei für die U-Bahn und den Autoverkehr. Die Stadt folgte damit den vorbildlichen Metro-Planungen in Städten wie Paris, Moskau, Stockholm und Tokio. Weltweit führend bei der Nutzung des unterirdischen Raumes sind heute Singapur und Hongkong, wo die Ausdehnung der Städte praktisch nur noch in der Vertikalen erfolgen kann. Vorreiter war die in den 1960er Jahren entstandene Ville Souterraine in Montréal. Kaufhäuser, Boutiquen, Restaurants, Kinos, Theater usw. erstrecken sich hier über drei Millionen Quadratmeter und ermöglichen es, vor allem im Winter, geschützt vor den Elementen zu shoppen, zu bummeln und am kulturellen Leben teilzunehmen.

Der Untergrund hat viele Vorteile: Er bietet Schutz vor Lärm, schlechtem Wetter, Erschütterungen, Sturm und Erdbeben. Außerdem lässt sich viel Energie sparen, die sonst zum Kühlen oder Heizen verwendet wird. Dies gilt auch für die unterirdische Lagerung von Lebensmitteln, die nicht nur wirtschaftliche, sondern auch Qualitätsvorteile bringen kann. Je nach den lokalen Gegebenheiten kann der unterirdische Raum mit den unteren Etagen von Gebäuden verbunden sein oder ein umfangreiches Netzwerk aus neu geschaffenen Hohlräumen bilden, das sich unter einer ganzen Stadt hinzieht. Wichtige Bedingungen sind dabei die Topographie, Geologie und Hydrogeologie. Insbesondere der bequeme Zugang für Fußgänger und Fahrzeuge, die Tageslichtlenkung und die Sicherheit der Menschen müssen gewährleistet sein. Weiter von Bedeutung sind die Verbindungen zur Erdoberfläche, Wasserdichtigkeit, Konstruktion, Brandschutz, Isolation und Belüftung sowie eine mögliche Anpassung des Gebäudes bei einer späteren Nutzungsänderung.

In Berlin, Düsseldorf, Hamburg, Hannover, Köln, Leipzig, München und anderen Städten kommen überwiegend Lockergesteinsschichten mit zum Teil hohen Grundwasserständen vor, und die Tunnel haben oft nur geringe Überdeckungen. Hier wurden früher verschiedene offene Bauweisen angewendet. Um Belästigungen durch Baustellen und Verkehrsbehinderungen zu mindern, kommen heute jedoch fast ausschließlich unterirdische (›bergmännische‹) Vortriebsmethoden mit schildgestützten Tunnelbohrmaschinen oder mit Spritzbetonbauweise zum Einsatz.

Das öffentliche und private Kanalisationsnetz im Untergrund der deutschen Städte umfasst über zwei Millionen Kilometer Abwasserleitungen, von denen schätzungsweise ein Viertel schadhaft und sanierungsbedürftig ist. Außerdem sind Strom- und Telekommunikationskabel, Fernwärme-, Gas- und Trinkwasserleitungen größtenteils unterirdisch verlegt. Beim grabenlosen Leitungsbau sind die besonders wirtschaftlichen und umweltschonenden Horizontalspülverfahren führend, gefolgt von modernen Entwicklungen des Mikrotunnelbaus mit kleinen ferngesteuerten Tunnelbohrmaschinen. Diese Technologien beeinträchtigen die Stadtlandschaft an der Oberfläche nicht und verringern die Belästigung der Anlieger durch Baulärm, Schmutz und Stau.

Konventionelle Baugrunduntersuchungen mit Bohrungen und Sondierungen sind in den Städten wegen der oft dichten Bebauung nur begrenzt möglich. Auch können praktisch keine geophysikalischen Erkundungsmethoden von der Erdoberfläche aus genutzt werden. Daher besteht Bedarf an neuen Vorauserkundungssystemen, die direkt in den Tunnelvortrieb integriert werden können und ein genaues Bild der Unregelmäßigkeiten im Baugrund liefern.

Fernverkehrstunnel

Nach der Wiedervereinigung wurden in Deutschland neben fast 60 Kilometern U- und S-Bahntunneln über 300 Kilometer Fernbahn- und Straßentunnel gebaut. Allein auf der geplanten ICE Neubaustrecke der Deutschen Bahn von Stuttgart nach München sind mehr als 30 Kilometer Tunnel in zum Teil extrem wechselhaften Gebirgsverhältnissen vorgesehen. Für ganz Europa sind in den nächsten 10 bis 20 Jahren mehr als 2.000 Kilometer Verkehrstunnel geplant.

Der Güter- und Personenverkehr über die Alpen durch Italien, Frankreich, die Schweiz und Österreich hat in den letzten 30 Jahren um das sechsfache zugenommen und wird auch in Zukunft erheblich ansteigen. Zur Bewältigung dieses wachsenden Verkehrsaufkommens sind große Bahnprojekte in der Planung, im Bau und teilweise schon in Betrieb. Als Schnellbahntrassen dürfen sie nur geringe Steigungen und große Kurvenradien aufweisen, was den Bau langer Basistunnel nahe der Talsohle erfordert.

Drei solcher Großprojekte werden in den Alpen derzeit realisiert: der Tunnel Mont Cenis mit 54 Kilometern Länge auf der TGV Hochgeschwindigkeitsstrecke Lyon–Turin, der Brenner Basistunnel (55 Kilometer) für die Schnellbahnstrecke München–Verona und der Gotthard-Basistunnel (57 Kilometer). Der Lötschberg-Basistunnel (36 Kilometer) konnte im Dezember 2007 für den Betrieb eröffnet werden; seine Nutzung übertrifft schon heute alle Erwartungen. Er bildet zusammen mit dem Gotthard-Basistunnel die letzten Kernstücke der beiden Nord-Süd-Verbindungen der Neuen Eisenbahn-Alpentransversalen NEAT durch die Schweiz.

Der Gotthard-Basistunnel wird der längste Tunnel der Welt sein, streckenweise mehr als zwei Kilometer unter der Erdoberfläche verlaufen und voraussichtlich im Dezember 2016 in Betrieb gehen. Die zwei parallelen Röhren von je fast zehn Metern Durchmesser mit circa 30 Meter Abstand voneinander erhöhen die Betriebssicherheit und die mechanische Stabilität. Durch die Doppelröhren, die alle 325 Meter durch Querstollen miteinander verbunden sind, wird vorsorgender Brandschutz getroffen, so dass Feuerkatastrophen wie im Eurotunnel Dover–Calais (1996), im Mont-Blanc-Straßentunnel (1999), im Tauern-Autobahntunnel (1999), in der Kaprun-Skibahn (2000) oder im Gotthard-Straßentunnel (2001) darin nicht so leicht auftreten können.

Unterirdische Speicher und Deponien

In vielen Ländern werden ehemalige Kali-, Steinsalz- oder Steinkohlebergwerke zu unterirdischen Abfalldeponien umfunktioniert. Deren Abschlussbauwerke (Barrieren) müssen langzeitig dicht sein, um eine Verseuchung des Grundwassers auszuschließen. Das Risiko-Management hat die Aufgabe zu ermitteln, ob die Untertagespeicher und -deponien in Bezug auf Verformung, Stabilität und Abdichtung sicher sind. Außerdem müssen Prognosemodelle für die langzeitige Tragfähigkeit des Gebirges und geotechnische Sicherheitsnachweise erstellt werden.

Weltweit werden Strategien zur Speicherung von Flüssigkeiten und Gas in unterirdischen Anlagen entwickelt. Zu diesen Projekten gehört die Einlagerung von Erdöl oder Erdgas für die Versorgung der Bevölkerung in Krisenzeiten genauso wie die saisonale oder kurzfristige Speicherung von Wasser. In Zeiten hoher Energiepreise wird es zudem immer aktueller, Grundwasserleiter im Untergrund, sogenannte Aquifere, zur Speicherung von Wärme oder Kälte zu nutzen wie zum Beispiel unter dem Reichstag in Berlin.

In wachsendem Umfang sind auch leere Erdöl- und Erdgaslagerstätten wegen ihrer natürlichen Abdichtung als Speicher für flüssige oder gasförmige Stoffe interessant. Da sich diese Lagerstätten durch Spannungsumlagerungen und chemische Prozesse mit der Zeit verändern können, muss vor der Einlagerung stets ein geowissenschaftlich-technischer Nachweis über die langfristige Sicherheit erbracht werden.

Geologische Speicherung von Kohlendioxid

Zur Reduktion klimaschädlicher Treibhausgase in der Atmosphäre wird die langfristige Einlagerung von Kohlendioxid (CO_2) in tiefliegende Speichergesteine geprüft. Es kann in solche Sedimentschichten zurückgepumpt werden, in denen CO_2 auch natürlich vorkommt. In Deutschland besitzen poröse Sandsteinformationen im tiefen Untergrund das größte Speicherpotenzial. Das sind vor allem salzwasserführende Schichten mit einer geschätzten Speicherkapazität von etwa 20 Milliarden Tonnen (20 Gigatonnen, Gt) und leergeförderte Erdgaslagerstätten mit einer Kapazität von etwa 3 Gt. In diesen kann sich das CO_2 mit dem Tiefenwasser mischen oder die Flüssigkeit verdrängen. Zum Vergleich: In den deutschen

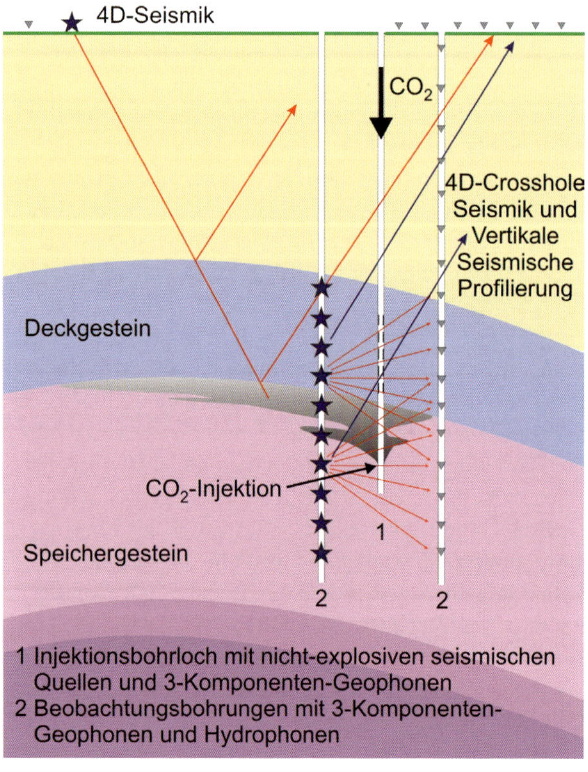

Abb. 3: Seismische Reflexionsmessung und Bohrlochsondierung bei einem CO_2 Speicher

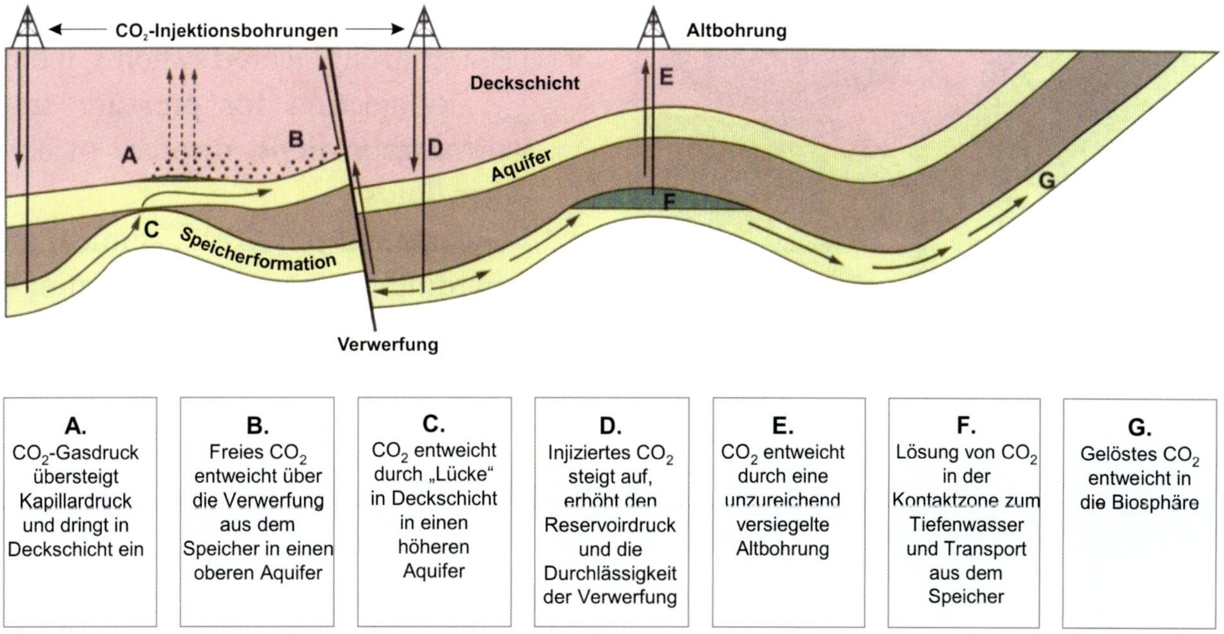

Abb. 4: Mögliche Leckagewege für CO_2 in Aquiferspeichern

Kohlekraftwerken werden jährlich zusammen gut 1/3 Gt CO_2 in die Atmosphäre emittiert, die man stattdessen besser technisch abtrennen und im tiefen Untergrund speichern könnte.

Die Speicherung von CO_2 im Untergrund folgt chemischen und physikalischen Prozessen. Chemisch kann CO_2 langfristig durch Mineralneubildung in Reservoirgesteinen gebunden werden – zum Beispiel in Form von Karbonaten. Physikalisch kann es in geologischen Fangstrukturen oder durch Kapillarkräfte in den Feinporen salzwasserführender Schichten (Aquifere) im Untergrund verwahrt werden. Undurchlässige Deckschichten über den Speichergesteinen wirken hydrodynamisch als Wasserstauer (Aquitarde). Sie können aus Ton, Tonstein, Gips oder Salzgesteinen bestehen und verhindern, dass das eingelagerte CO_2 in die überlagernden Gesteinsschichten aufsteigt und von dort in die Atmosphäre entweicht.

Zahlreiche Pilot- und Demonstrationsprojekte zur geologischen Speicherung von CO_2 sind weltweit in Bearbeitung. Das Greenhouse Gas Research and Development Program der Internationalen Energie Agentur IEA unterhält eine Datenbank der wichtigsten CO_2-Abtrenn- und -Speicherprojekte. Das erste EU-geförderte Forschungsprojekt CO_2SINK zur Speicherung von CO_2 in einem salinen Aquifer in der Nähe der Ortschaft Ketzin westlich von Berlin startete im Frühjahr 2004. Dort wurden zwischen Juni 2008 und Augsust 2013 insgesamt mehr als 67.000 Tonnen pures CO_2 in porösen Sandstein in 640 Meter Tiefe gepumpt. Die unterirdische Ausbreitung wurde über vier benachbarte Beobachtungsbohrungen und mit Messungen von der Erdoberfläche aus verfolgt. Die Untersuchungen mit einem der weltweit umfassendsten geowissenschaftlichen und geotechnischen Monitoring-Programme erstrecken sich auf die gesamte Kette von CO_2 Abtrennung, Transport, Einspeicherung, Messung der Ausbreitung des CO_2 in der Tiefe, Öffentlichkeitsarbeit und Risikoanalysen, Rückgewinnung des CO_2, Speicherabschluss und Langzeit-Monitoring danach.

Eine unbedingte Voraussetzung für den Betrieb eines geologischen Speichers ist der Nachweis der Dichtigkeit des Reservoirs. Dazu sind geologische, mineralogische und gefügekundliche Untersuchungen erforderlich. Außerdem benötigt man ein umfangreiches geophysikalisches und geochemisches Monitoring-Programm mit hoher Auflösung übertage und in den Bohrlöchern, mit dem der Speicher vor, während und nach der Injektion überwacht wird. Zu den wichtigsten Monitoring-Verfahren zählen hydraulische Tests, Druckmessungen, chemische Probennahme, geomechanische Sondier- und Messmethoden sowie geoelektrische und seismische Tomographie (Abb. 3).

Nach Projektende müssen die Bohrungen durch Verfüllungen gasdicht verschlossen werden, so dass eine Leckage von CO_2 in der Bohrung und ein Austritt in die Biosphäre (Abb. 4) für lange Zeit ausgeschlossen sind.

Öl-, Gas- und Erdwärme-Reservoire

Öl und Gas sind in der Erde nur begrenzt vorhanden. Als regenerative Energien stehen Sonne, Wind, Wasserkraft, Biomasse und Erdwärme (s. Artikel von H. Rüter) zur Verfügung. Erdwärme ist im Boden ganzjährig vorhanden und kann für die Deckung des Grundbedarfs an Energie verwendet werden. Damit sie in großem Umfang genutzt werden kann, müssen jedoch die Risiken bei der Suche und dem Betrieb von Erdwärmeanlagen weiter reduziert werden.

Neue Erdwärmevorkommen können erschlossen werden, indem das Gestein durch eingepumptes Wasser unter

Druck gesetzt und aufgebrochen wird. Dabei entstehen Risse und Spalten, in denen das im Erdinneren erhitzte Wasser fließen kann. In der Ölindustrie sind solche Stimulationsverfahren genannte Methoden im Einsatz (›Fracking‹), die aber noch verbessert werden müssen. Um der Sicherheit und der Ergiebigkeit willen müssen besonders die Spannung im Gestein und die mechanisch-hydraulischen Eigenschaften des Gebirges beachtet werden. Sie bestimmen das Verhalten der Lagerstätte während der Stimulation und im späteren Betrieb.

Bei tiefen Bohrungen zur Erkundung und Förderung von Erdöl und Erdgas oder Erdwärme in Sedimentgesteinen hat auch die Bohrlochstabilität immer eine große Bedeutung. Intensive Erforschung der physikalischen und mechanischen Eigenschaften des rohstoffhaltigen Gesteins zusammen mit Bohrlochmessungen und Computersimulationen können die Gefahren verringern.

Hohlraumstatik, Materialverhalten und Untergrunderkundung

Technische Einwirkungen im Untergrund lösen so komplexe Prozesse aus wie Spannungsumlagerung, Verformung, Destabilisierung, Durchlässigkeitsänderung, Flüssigkeitstransport usw. Ihre Beherrschung erfordert die Zusammenarbeit von Geo- und Ingenieurwissenschaften bei Messungen, Experimenten, Modellierungen und Sicherheitsnachweisen.

Für statische Berechnungen von Ingenieurbauwerken muss man die mechanischen Eigenschaften der verwendeten Baustoffe kennen. Beim untertägigen Hohlraumbau sind diese naturgegeben und können durch keine technischen Vorschriften genormt oder garantiert werden. Anders als im konstruktiven Ingenieurbau kennt man beim untertägigen Hohlraumbau die einwirkenden Kräfte meist nicht oder nur näherungsweise. In vielen Fällen erfährt man sie erst, wenn das Gestein bereits ausgebrochen wurde. Die technischen Ausbaumaßnahmen sollen daher nur das oft labile, durch das fehlende Gestein gestörte Gleichgewicht der Spannungen im Untergrund wiederherstellen und das Verbundsystem von Tunnelausbau und Gebirge stabilisieren.

Die Belastungen, die der Ausbau eines unterirdischen Hohlraumes tragen muss, hängen nicht nur von dem ursprünglichen Spannungszustand im Untergrund und von den mechanischen Eigenschaften des Gesteins ab. Auch die Kräfte, die beim Bau des Hohlraums auf das Gebirge eingewirkt haben, und der Zeitpunkt der Sicherungs- und Ausbaumaßnahmen haben Auswirkungen. Die Statik eines solchen Bauwerks muss garantieren, dass der Bau während der einzelnen Bauphasen und der geplanten Lebensdauer sicher ist. Bei Verkehrstunneln in Deutschland fordert man zum Beispiel eine Haltbarkeit von 100 Jahren.

Dies bedeutet natürlich, dass schon vor dem Beginn des eigentlichen Tunnelbaus, der Auffahrung, eine Menge an Informationen gesammelt werden muss, um die beste Stelle für die Trasse zu finden. Aber auch der weitere Bau wird von ständigen Messungen, wie zum Beispiel der Verformung an neu gebohrten Tunnelabschnitten, begleitet. Wie bei einer chirurgischen Operation muss der Eingriff in den Untergrund präzise und aufmerksam durch Online-Messungen begleitet werden, um in kritischen Situationen sofort reagieren zu können.

Seit dem Aufkommen der Computer simulieren Geologen und Ingenieure die geomechanischen Prozesse verstärkt mit numerischer Modellierung. Für die Eingangswerte müssen Daten zu den physikalischen und chemischen Parametern und Stoffgesetzen des Untergrundes bestimmt werden. Diese werden auch verwendet, um Rohstofflagerstätten oder Deponien von Altlasten zu charakterisieren. Um sicherere, wirtschaftlichere, umweltfreundlichere und dauerhaftere Bauwerke unter Tage herzustellen, verlangen Auftraggeber immer mehr eine messtechnische Überwachung der Bauprozesse. Dies gilt auch für das Langzeitverhalten der fertigen Bauwerke. Die Geophysiker und Geotechniker müssen hierfür innovative Erkundungsmethoden entwickeln und automatisieren. Diese müssen robust und zuverlässig genug sein, um auf Baustellen eingesetzt werden zu können. Außerdem müssen sie hochauflösend sein, und ihre Ergebnisse sollen vor Ort online ausgewertet, visualisiert und interpretiert werden können. Erfolg versprechen hier am ehesten die unterirdischen seismischen Verfahren, die als einzige die nötige Eindringtiefe und Auflösung bieten.

Seismische Untersuchungen zeigen prinzipiell nur die Geschwindigkeit, mit der die ausgelösten Wellen durch das zu vermessende Gestein laufen. Daraus lassen sich relativ leicht die geologischen Strukturen im Untergrund zeigen. Man möchte aber durch hochauflösende Verfahren möglichst auch die physikalischen Parameter der Gesteine vor Ort identifizieren können. Dazu gehören zum Beispiel Vorkommen und Zustand von Fluiden in Klüften und die Wege, die sie im Untergrund nehmen. Diese Informationen sind nicht nur bei der Erkundung von Kohlenwasserstofflagerstätten notwendig, sondern auch für die Gewinnung geothermischer Energie und bei Untersuchungen über den Transport von Schadstoffen in unterirdischen Deponien.

Laufzeit-Tomographie seismischer Wellen

Die seismische Durchschallungs-Tomographie gewinnt als leistungsfähigste geophysikalische Methode zunehmend an Bedeutung. Ähnlich wie in der medizinischen Ultraschalltomographie werden dabei von verschiedenen Seiten Wellen durch das Untersuchungsobjekt geschickt und wieder aufgefangen. Sie werden durch die physikalischen Eigenschaften des Gesteins, das die Wellen durchlaufen, verändert. Die wichtigsten geometrischen und physikalischen Parameter können dann mit Hilfe geeigneter Rechenmethoden aus den Daten der registrierten Wellen abgeleitet werden.

Ein einfaches und sehr robustes Verfahren ist die Laufzeit-Tomographie, bei der die Ankunftszeiten der

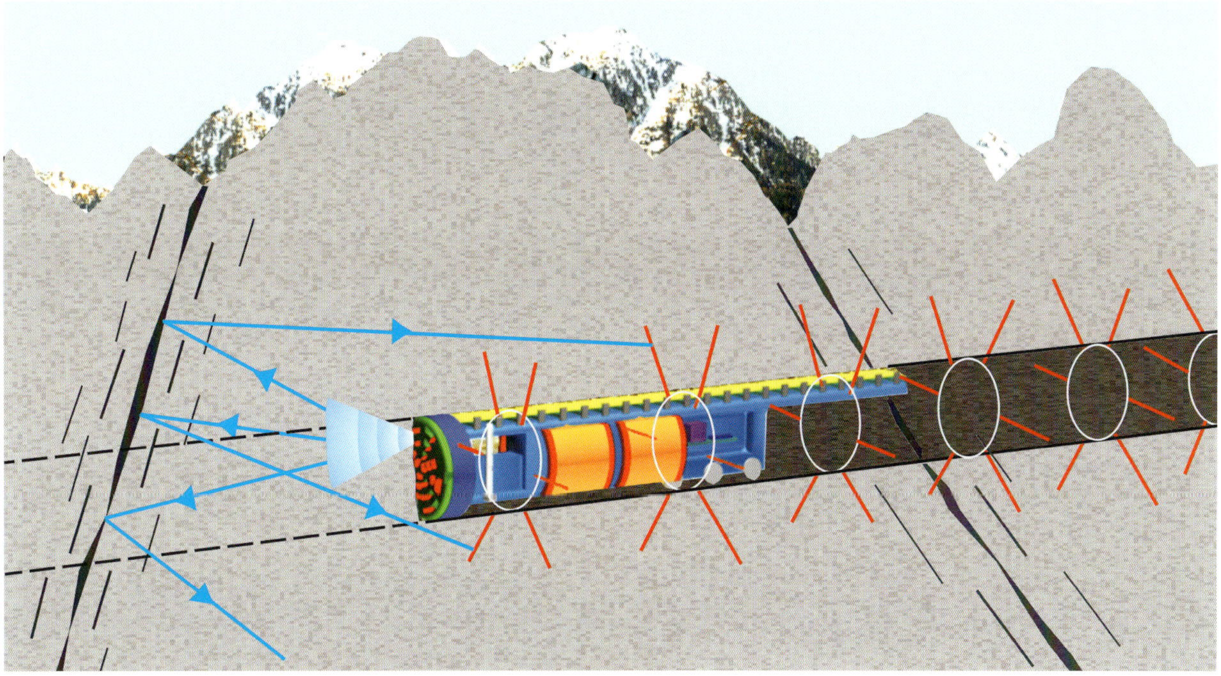

Abb. 5: Prinzip des integrierten seismischen Erkundungssystems bei einer Tunnelbohrmaschine im Festgestein

Abb. 6: Ein Messanker wird gesetzt. Der Anker wird schnelldrehend in ein Bohrloch getrieben, das mit Klebepatronen gefüllt ist. Diese verkleben den Messanker dann kraft- und formschlüssig mit dem Gebirge.

Abb. 7: Ein pneumatischer Impuls-Hammer wird mit Hilfe eines Kleinbaggers in die Tunnelwand eingesetzt.

1 Schlagposition
2 Ausgangstellung der Schlagmasse
3 Halteeinrichtung
4 Positionsschalter
5 Auflage
6 Führung
7 Anpresszylinder
8 Arbeitszylinder

seismischen Wellen analysiert werden. Diese Tomogramme zeigen die Verteilung der Geschwindigkeiten der Wellen im Gestein. Daraus können bis zu einer bestimmten Entfernung die seitlich und vor dem im Bau befindlichen Tunnel liegenden Gesteinstypen identifiziert werden.

Für die Berechnung aussagekräftiger Tomogramme ist eine große Zahl seismischer Sende- und Empfangsstationen nötig. Dazu werden Drei-Komponenten-Geophone eingesetzt, die praktisch als Bewegungsmelder für Auf-Ab-, Nord-Süd- und Ost-West-Bewegungen des Gesteins funktionieren. Sie erlauben die gleichzeitige Erfassung der verschieden schnellen Kompressions- und Scherungswellen, die zusammen eine gute Charakterisierung der physikalischen Gesteinsparameter ermöglichen. Auch das Verhältnis der beiden Wellengeschwindigkeiten zueinander liefert aussagekräftige Informationen für die Abgrenzung gestörter und ungestörter Gebirgsbereiche beim Tunnelvortrieb.

Integriertes seismisches Imaging System

Mit dem integrierten seismischen Imaging System ISIS werden die Möglichkeiten der seismischen Vorauserkundung beim Tunnelbau im Festgestein gegenüber früheren Verfahren wesentlich verbessert. Dabei wird eine Antenne aus seismischen Empfängern so installiert, dass ein hochauflösendes Abbild des Gebirges während der Bauarbeiten sofort zur Verfügung steht (Abb. 5). Diese Antenne besteht aus Mini-Geophonen, die als rechtwinkliges Dreibein in seitliche Sicherungselemente des Tunnels eingebaut werden. Sie können strahlenförmig ausgehen oder in Richtung des Tunnels nach vorn gerichtet sein.

Das System ist selbst bei den schwierigen Umgebungsbedingungen des Tunnelvortriebs mit seinen hohen mechanischen Beanspruchungen sowie bei Staub und Nässe zuverlässig einsetzbar (Abb. 6). Die Wellen werden mit Schlaghämmern oder magnetischen Vibratoren erzeugt, die direkt an die Tunnelbohrmaschine montiert werden können (Abb. 7). Die Signale können mit wenigen Sekunden Abstand in alle Richtungen ausgesendet werden. Stapelt man die aufgezeichneten Signale übereinander, verringert sich das sonst störende Hintergrundrauschen.

Unterirdische seismische Messungen

Im Frühjahr 2000 wurden im Zugangsstollen Faido und im Piora-Sondierstollen des Gotthard-Basistunnels in den Schweizer Zentralalpen seismische Messungen mit ISIS durchgeführt, um diese neuen Erkundungsmethoden zu testen. Von besonderer Bedeutung waren dabei das Aufspüren und Charakterisieren von Störungszonen, die für den Tunnelbau kritisch sind.

Der 5,55 Kilometer lange Piora-Sondierstollen liegt 300 Meter über dem Niveau des Gotthard-Basistunnels in der Penninischen Gneiszone. An seiner tiefsten Stelle verläuft er unter fast 1.800 Metern Gestein. Abbildung 8 zeigt das geologische Längsprofil dieses Stollens. Er wurde gebohrt, um das als besonders gefährlich geltende Gestein der Piora-Mulde zu erkunden. Diese besteht aus instabilen Sedimentgesteinen wie Dolomit, Gips und Anhydrit, die in der Frühzeit der Alpenbildung entstanden und später zwischen die sehr harten Gesteine des Gotthard-Massivs im Norden und der Penninischen Gneiszone im Süden gepresst worden sind.

Zur Charakterisierung der geologischen Störungen in der Penninischen Gneiszone wurden seismische Tomographien aus der Nähe des Tunnels genutzt. Die Datengrundlage bilden die Laufzeiten der direkten seismischen Wellen. Deren graphische Darstellung zeigt deutlich die Gebirgsstrukturen des tunnelnahen Bereichs. Da der Tunnel für geologische Untersuchungen zugängig ist, konnten hier direkte Vergleiche zwischen Geologie und Seismik zur Eichung der Messungen durchgeführt werden.

In Abbildung 9 ist die Geschwindigkeit der Kompressionswellen v_p an der in Baurichtung linken Tunnelwand des Piora-Sondierstollens gezeigt. Die schwarzen Punkte geben die Position der Geophone in zwei Metern Tiefe

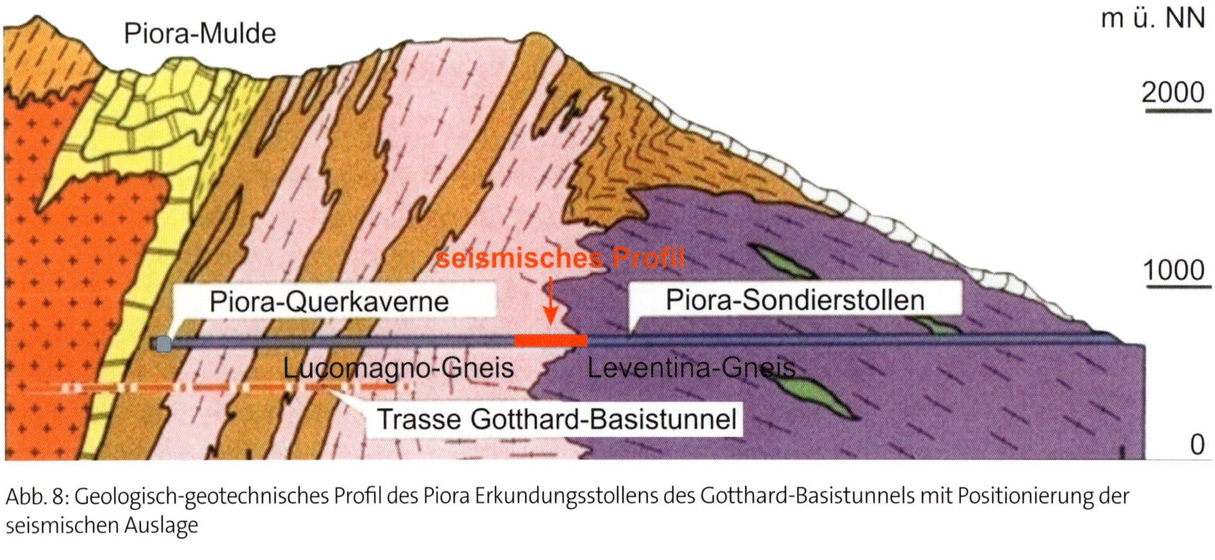

Abb. 8: Geologisch-geotechnisches Profil des Piora Erkundungsstollens des Gotthard-Basistunnels mit Positionierung der seismischen Auslage

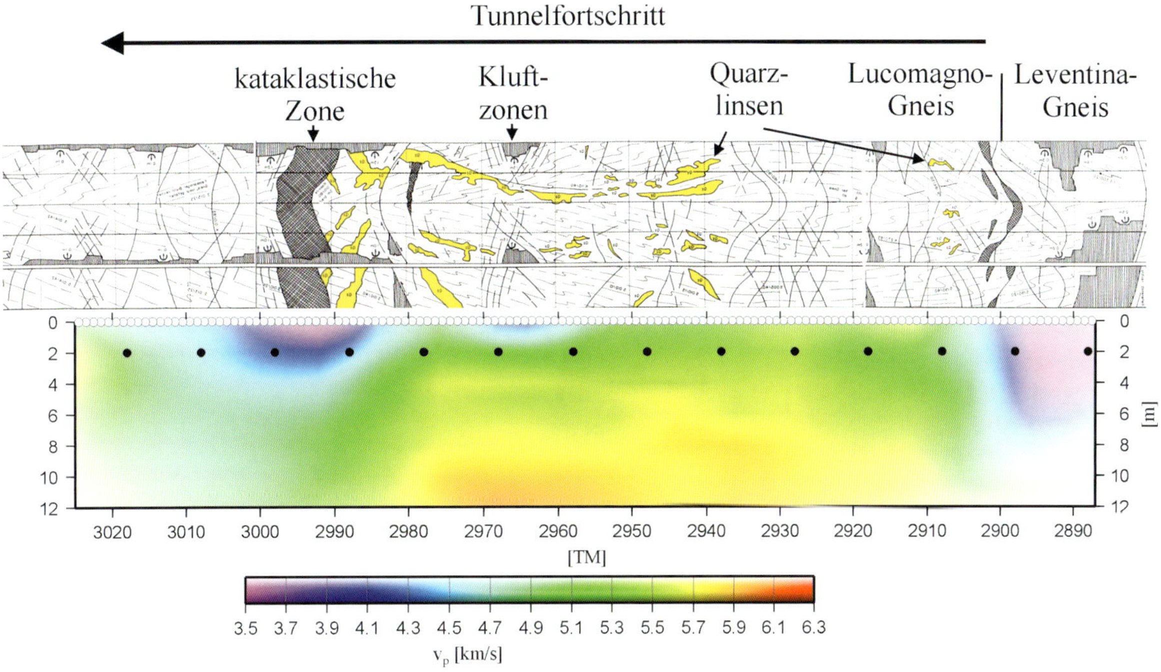

Abb. 9: Tomographische Inversion von seismischen Kompressionswellengeschwindigkeiten v_p im Piora Sondierstollen. Die Geophonpunkte sind als schwarze Punkte markiert. Der obere Teil der Abbildung zeigt die Kartierung der geologischen Strukturen auf einer 360°-Abwicklung der Tunnelwand.

wieder, und die hellen Zonen zeigen höhere Geschwindigkeiten an als die dunkleren. Anhand der geologischen Kartierungen im Tunnel können die Zonen niedrigerer Geschwindigkeiten mit den hier kreuzenden Zonen instabilen Gesteins, den sogenannten kataklastischen Störungszonen, identifiziert werden.

Die seismischen Kompressions- und Scherwellengeschwindigkeiten und deren Verhältnis zueinander sind gute Indikatoren für die Stabilität des Gesteins. Aus der Abnahme der seismischen Geschwindigkeiten ist eine Früherkennung der Störzonen möglich. Gleichbleibende oder zunehmende Geschwindigkeiten im Tunnelnahbereich schließen dagegen das Auftreten von instabilen Bereichen in Vortriebsrichtung für die nächsten Arbeitstage mit großer Wahrscheinlichkeit aus. Dies ist in der Praxis für den Tunnelbau-Ingenieur eine ebenso wertvolle Information wie das Gegenteil.

Dank

Für die Möglichkeit zur Durchführung der seismischen Messungen am Gotthard-Basistunnel und für die technische und geologische Unterstützung danken wir der Amberg Ingenieurgruppe, Schweiz (www.amberg.ch). Herr Dipl.-Ing. Bruno Röthlisberger von Amberg Engineering und Herr Prof. Dr.-Ing. Martin Ziegler von der RWTH Aachen halfen bei der Aktualisierung des Textes für die 4. Auflage von Expedition Erde.

Literaturhinweise

Carbon Dioxid Capture and Storage. IPCC Special Report. Intergovernmental Panel on Climate Change, Bert Metz et al. (ed.), Cambridge University Press, 2005 (http://www.ipcc.ch)

CO_2SINK - CO_2 Storage by Injection into a Saline Aquifer at Ketzin. EU-FP6 Integrated Project (http://www.co2sink.org)

Leuchtturm COORETEC. Der Weg zum zukunftsfähigen Kraftwerk mit fossilen Brennstoffen, Forschungsbericht Nr.566. Bundesministerium für Wirtschaft und Technologie (http://www.bmwi.de)

Projekt Alptransit Gotthard (http://www.alptransit.ch)

Tunnel. Offizielles Organ der Studiengesellschaft für unterirdische Verkehrsanlagen STUVA, Bauverlag BV GmbH, Gütersloh (http://www.tunnel-online.de)

Internetseiten

http://www.co2ketzin.org

http://www.geotechnologien.de/portal/cms/Geotechnologien/Forschung/Schwerpunkte/CO2-Speicherung

http://www.geotechnologien.de/portal/cms/Geotechnologien/Forschung/Schwerpunkte/Vorerkundung

Günter Borm war apl. Professor für Felsmechanik an der Universität Karlsruhe (heute KIT) und Direktor des Departments GeoEngineering am GeoForschungsZentrum Potsdam. Dort initiierte und koordinierte er das europaweit erste und einzige Pilotprojekt CO_2SINK zur geologischen Speicherung von CO_2 im brandenburgischen Ketzin. Für seine Mitwirkung beim Intergovernmental Panel on Climate Change (IPCC) war er am Friedensnobelpreis 2007 beteiligt.

Anschrift: Prof. Dr. Günter Borm
Strählerweg 8
76227 Karlsruhe

E-Mail: gborm@t-online.de

Brennendes Eis

Vorkommen, Dynamik und Umwelteinflüsse von Gashydraten

von Erwin Suess, Kiel und
Gerhard Bohrmann, Bremen

Abb. 1: Brennendes Eis. Gashydratbrocken an Bord eines Forschungsschiffes kurz nach ihrer Bergung vom Meeresboden. Die Gashydrate werden instabil und zerfallen zu Wasser und Methan. Das freiwerdende Methan entweicht und verbrennt mit konstanter Flamme, wenn es entzündet wird.

Wasser und Gase, wie Methan, Kohlendioxid oder Stickstoff verbinden sich bei hohem Druck und niedrigen Temperaturen zu festen eisähnlichen Verbindungen, die als Gashydrate bezeichnet werden. Bereits 1810 gelang es dem englischen Naturforscher Sir Humphrey Davy, eher zufällig, ein Gashydrat herzustellen, indem er Chlor durch kaltes Wasser perlen ließ. Im Laufe des 19. Jahrhunderts wurden dann Dutzende von Gashydraten entdeckt, unter ihnen auch das Methanhydrat. Danach galten sie als eine chemische Kuriosität und wurden wissenschaftlich kaum beachtet.

Erst in den dreißiger Jahren des 20. Jahrhunderts schenkte man den Gashydratverbindungen wieder größere Beachtung. Die Öl- und Gasindustrie hatte Probleme mit ihren Pipelines. Es stellte sich heraus, dass sich in den Wintermonaten in Sibirien und der kanadischen Arktis häufig festes Methanhydrat aus dem unter Druck stehenden feuchten Erdgas bildete und die Leitungssysteme verstopfte.

Aufgrund theoretischer Überlegungen hatten russische Wissenschaftler in den 1970er Jahren die Existenz von natürlichen Vorkommen von Methanhydraten auf unserem Planeten postuliert, aber kaum jemand wollte daran glauben. Erst nachdem es wiederum russischen Meeresforschern gelang vom Boden des Schwarzen Meeres und des Kaspischen Meeres Gashydrate heraufzuholen, stand deren geowissenschaftlicher Untersuchung nichts mehr im Wege. Ein wichtiger Meilenstein dabei gelang in den 1980er Jahren durch das Erbohren von Gashydrat aus mehreren hundert Metern Tiefe unterhalb des Meeresbodens vor Mittelamerika durch das berühmte Tiefseebohrschiff Glomar Challenger.

Niemand ahnte damals, wie umfangreich ihre Verbreitung auf der Erde ist, vor allem im Meeresboden entlang der Kontinentalränder, und welchen Einfluss sie auf die Umwelt haben.

Wichtige Fragen sind heute:

- Wo kommen natürliche Methanhydrate vor?
- Welchen Einfluss haben sie auf das Klima?
- Welche Bedeutung haben sie für den Kohlenstoffkreislauf ?
- Welche Rolle spielen sie als Substrat bei einer Reihe von geologisch-biologisch-geochemischen Prozessen am Meeresboden?
- Und natürlich: Lassen sich die weltweit verbreiteten Gashydrate als Energieträger nutzen?

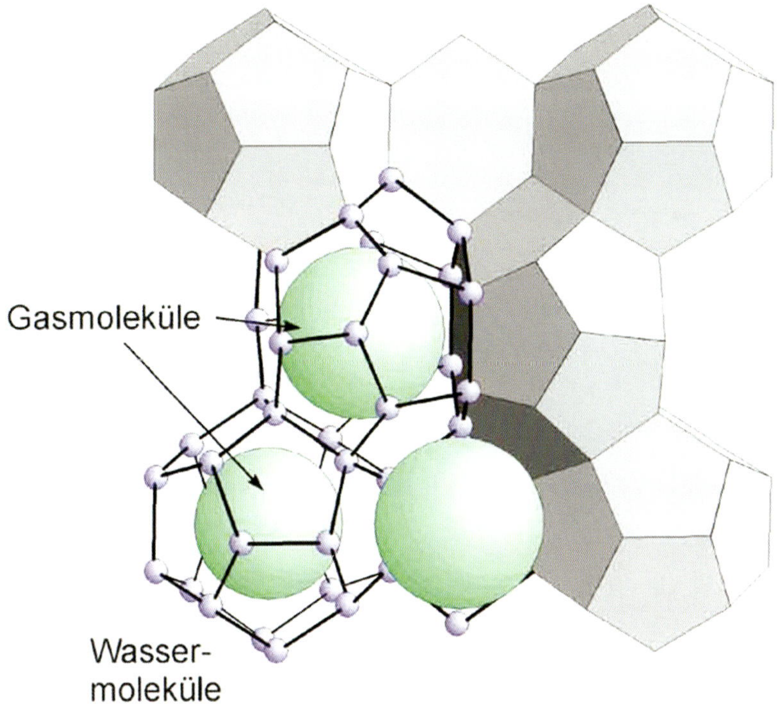

Abb. 2: Die Gashydratstruktur (hier Struktur I) besteht aus Wasserkäfigen, die Gasmoleküle einschließen. Die Wassermoleküle bilden in charakteristischer Weise die Eckpunkte der Käfige, in denen je ein Gasmolekül (Methan, Kohlendioxid, Schwefelwasserstoff oder andere Gase) Platz findet. In der Natur treten mehrere Käfigtypen mit unterschiedlichen Volumina auf, so dass unterschiedliche Gasmoleküle eingebaut werden und zur Stabilisierung der Gashydratstruktur beitragen.

Struktur und Molekülaufbau

Bei den Gashydraten bilden Wassermoleküle, als so genannte Strukturmoleküle, ein Gerüst von Käfigen in denen Gase, als Gastmoleküle, eingeschlossen sind. Die Gashydrate werden deshalb auch Einschluss- oder Käfigverbindungen oder Clathrate (lat.: clatratus = Käfig) genannt. Je nach Häufigkeit in der Umgebung können verschiedene Gasmoleküle gleichzeitig in getrennte Käfige der Strukturmoleküle eingebaut werden. Neben Methan treten in der Natur vor allem Schwefelwasserstoff, Kohlendioxid und seltener höhere Kohlenwasserstoffe wie Ethan, Propan bis Butan auf.

Abbildung 2 zeigt ein Gerüst aus Wassermolekülen, in das Gasmoleküle eingeschlossen sind. Die Anordnung der Gerüststrukturen ist vielfältig und bildet die Grundlage der kristallographischen Charakterisierung der Clathrate. Bisher sind drei Kristallstrukturen von Gashydraten bekannt, von denen die beiden Strukturen I und II kubisch (würfelförmig) und die dritte Struktur (auch H genannt) wie Eis hexagonal (sechseckig) ist.

Die Struktur der Gashydrate kann dabei als eine Packung von Polyederkäfigen aufgefasst werden. Alle drei Strukturen kommen in der Natur vor, wobei die Struktur I am häufigsten ist. Sie besteht aus acht Käfigen in einer Elementarzelle: sechs große und zwei kleine Käfige. In den Käfigen der Struktur I können Gasmoleküle mit einem relativ kleinen Durchmesser Platz finden, zum Beispiel Methan, Kohlendioxid oder Schwefelwasserstoff. Diese Kristallstruktur ist in der Natur vorwiegend an das Vorkommen von biogenem, also aus organischem Kohlenstoff entstandenem Gas gebunden. Meist handelt es sich dabei um Methan, das in den Sedimenten der Ozeanbecken und Kontinentalhänge weit verbreitet ist.

Die Struktur II enthält 24 Käfige in der Elementarzelle, sechzehn kleine und acht große, wobei die letztgenannten Käfige größer sind als in der Struktur I. Deshalb bieten sie Platz für größere Gasmoleküle, wie zum Beispiel Butan, i-Butan oder Propan. Ihr Vorkommen ist meist auf Gebiete mit thermogener Gasbildung in Sedimenten beschränkt, weil hierbei größere Gasmoleküle häufiger sind als bei biogenen Gasen. Die kompliziertere Struktur H enthält neben kleineren Käfigen auch einen Käfigtypus, der sehr großen Gasmolekülen Platz bietet, z. B. Methylcyclohexan.

Stabilitätsverhalten und weltweite Verbreitung

Neben dem Vorhandensein ausreichender Mengen von Gas und Wasser sind Druck und Temperatur die ent-

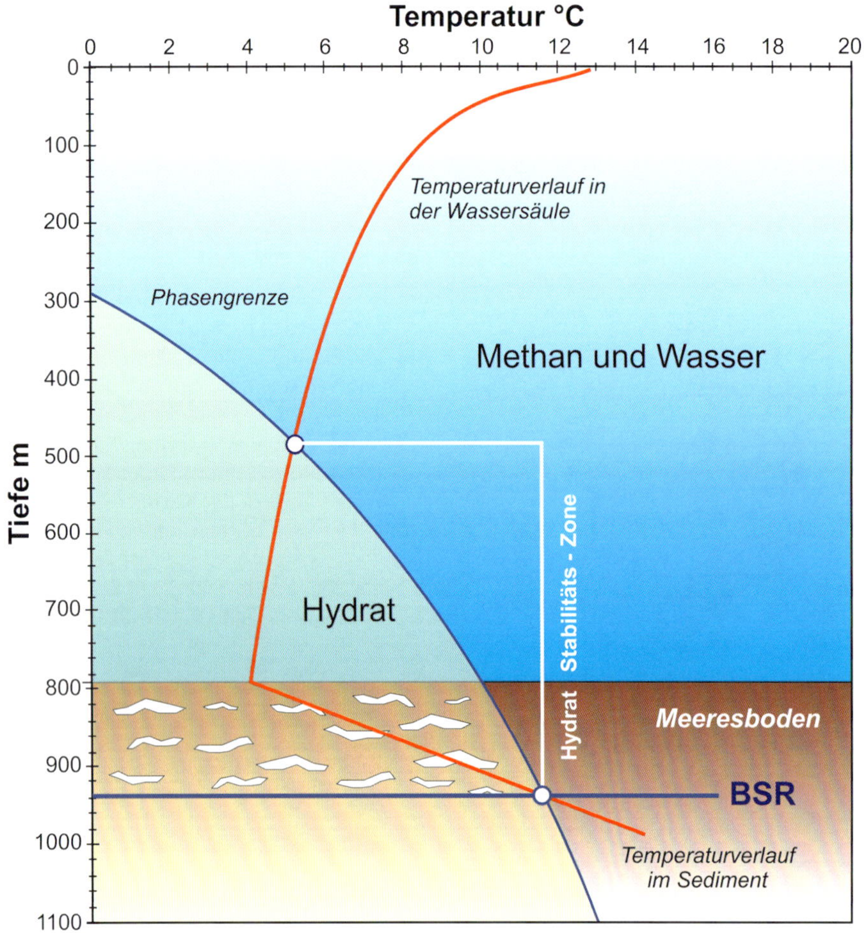

Abb. 3: Stabilitätsverhalten und Vorkommen von Methanhydrat im Ozean in Abhängigkeit von Druck und Temperatur. In dem Stabilitätsdiagramm ist der Druck bereits in eine Tiefenfunktion, Meter unterhalb der Meeresoberfläche, umgewandelt. Die blaue Kurve zeigt die Phasengrenze für reines Methanhydrat und trennt das Stabilitätsfeld des Hydrat von dem des Methangases. Für das Vorkommen von Gashydrat ist der Temperaturverlauf mit der Tiefe (rote Linie) von Bedeutung. Im dargestellten Beispiel aus dem Nordostpazifik beginnt die Hydrat-Stabilitäts-Zone in 480 Meter Wassertiefe und endet bei ca. 940 Meter Tiefe im Sediment.

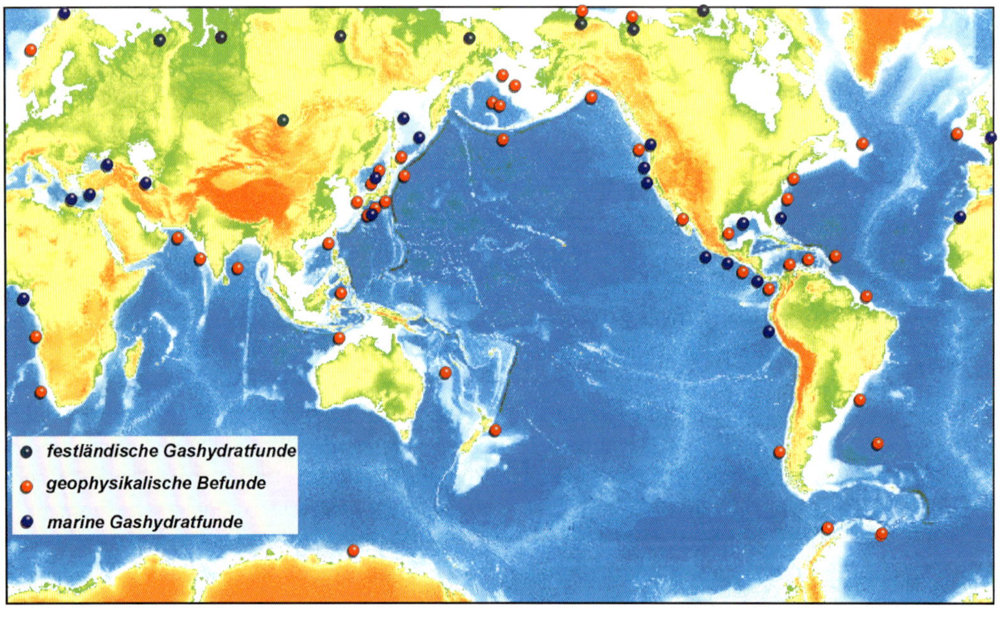

Abb. 4: Weltweite Verbreitung der Gashydratvorkommen im Bereich der Dauerfrostböden an Land (grüne Punkte) und entlang der Kontinentalränder im Ozean. Die überwiegende Zahl der Vorkommen im marinen Bereich wurden mit geophysikalischen Methoden nachgewiesen (rote Punkte), während Gashydratfunde am Meeresboden und direkte Beprobungen durch Bohrungen (blaue Punkte) seltener sind.

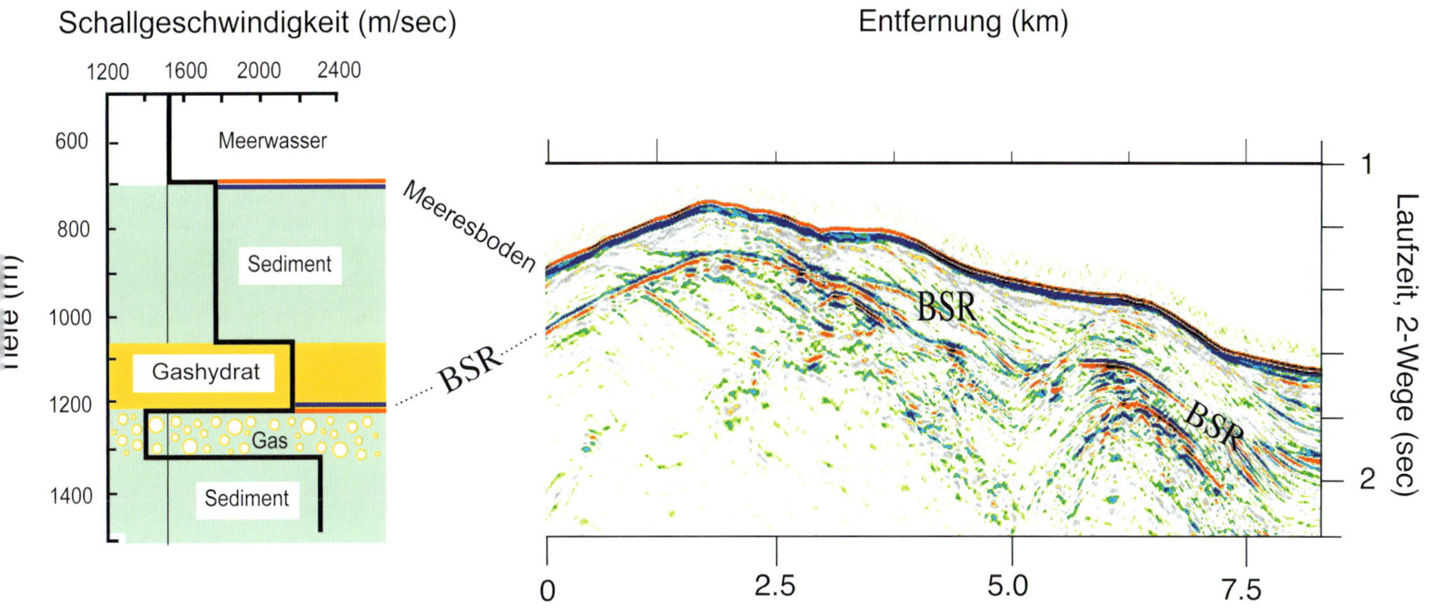

Abb. 5: Seismische Aufzeichnung gashydratführender Sedimentschichten am Beispiel des Hydratrückens vor Oregon (rechts). Der Boden-simulierende Reflektor (BSR) zeigt die Untergrenze der Hydratstabilität an, wobei seine unterschiedlich starke Ausbildung von der Menge an freiem Gas unterhalb des BSR abhängig ist. Das Modell der seismischen Geschwindigkeit (links) zeigt den starken Kontrast der Schallgeschwindigkeiten im Bereich des BSRs.

scheidenden Faktoren bei der Bildung von Gashydraten, denn sie sind nur bei hohem Druck und relativ niedrigen Temperaturen stabil. Abbildung 3 zeigt den Temperatur- und Druckbereich, in dem Methanhydrate im Meer stabil sind. Hierbei entsprechen zehn Meter Wassertiefe einem Bar hydrostatischem Druck; im Sediment kommt der lithostatische Druck durch die Auflast der abgelagerten Schichten hinzu, so dass die Tiefe nicht exakt dem Gesamtdruck zugeordnet werden kann. Mit Ausnahme der polaren Gebiete, wo an der Oberfläche Wassertemperaturen um den Gefrierpunkt herrschen, kommen Gashydrate im übrigen Ozean nur in Tiefen unterhalb von 500 Metern vor. Da die Temperatur im Meeresboden stark ansteigt, sind Gashydrate nur bis zu einer bestimmten Tiefe im Sediment stabil. Diese Zone wird ›Stabilitätsfenster‹ genannt. Außerhalb dieses Fensters liegt nur freies Gas und Wasser vor.

Gashydrate können über 1.000 Meter tief im Meeresboden vorkommen. In Wassertiefen von 5.000 Metern liegt der Meeresboden normalerweise so weit von den Kontinentalhängen entfernt, dass nicht mehr genügend Methan im Sediment entsteht. Die Bildung von Gashydraten wird ozeanwärts also durch die mangelnde Verfügbarkeit von Methan begrenzt.

Die Verfügbarkeit von Methan hängt von der Sedimentzusammensetzung und der Ablagerungsgeschwindigkeit ab. Für die Bildung von Methan ist ein hoher Gehalt an organischem Kohlenstoff entscheidend, meistens Reste von Plankton. Außerdem muss die Ablagerungsgeschwindigkeit einen gewissen Schwellenwert überschreiten. Ist sie zu gering, entsteht kein Methan, da aus dem freien Wasser genügend Sauerstoff oder Sulfat zum Abbau des organischen Materials in das Sediment gelangt. Ist die Ablagerungsgeschwindigkeit höher, gelangen nicht genug Sauerstoff oder Sulfat ins Sediment, so dass der mikrobielle Abbau auf Fermentation bzw. Karbonatreduktion umschaltet; zwei Reaktionen, deren Endprodukt biogenes Methan ist.

Diese Vorbedingungen (hoher Druck, begrenzter Temperaturbereich, hoher Kohlenstoffgehalt und hohe Sedimentationsrate) erklären, dass Gashydrate bevorzugt entlang der Kontinentalränder vorkommen (Abb. 4). Hier sorgt eine starke Primärproduktion für hohe Gehalte an organischem Material im Sediment. Dies wird dann durch die hohen Sedimenteintragungen aus dem nahe gelegenen Kontinentalbereich zugeschüttet. So wurden Gashydrate bisher an circa 20 Stellen entlang der Kontinente beprobt oder durch geochemische Analysen wie zum Beispiel Chlorid-Anomalien im Porenwasser von Sedimenten nachgewiesen.

An mindestens 80 Stellen, ebenfalls an Kontinentalrändern, wird die Existenz von Gashydraten anhand geophysikalischer Registrierung vermutet. Da gashydratführende Schichten eine charakteristische Schallausbreitung besitzen, ist die geophysikalische Kartierung der Vorkommen im Meeresboden zuverlässig und ohne zu großen Aufwand möglich.

Wie viel Gashydrat gibt es?

An der Grenzfläche von hydrathaltigen Sedimenten zu solchen mit freiem Methangas verändern sich die Lauf-

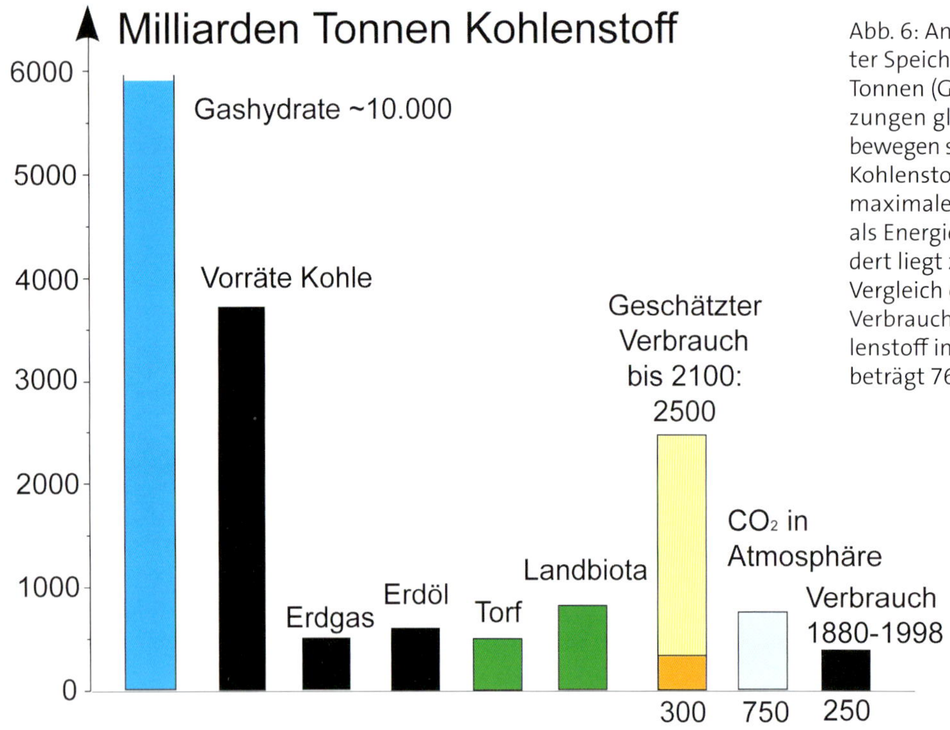

Abb. 6: Anteile von Kohlenstoff ausgewählter Speichergrößen der Erde in Milliarden Tonnen (Gigatonnen; 1 Gt = 10^9 t). Schätzungen globaler Gashydratvorkommen bewegen sich zwischen 5.000 und 10.000 Gt Kohlenstoff. Der geschätzte minimale bzw. maximale Verbrauch an fossilem Kohlenstoff als Energieträger im kommenden Jahrhundert liegt zwischen 500 und 2.500 Gt; im Vergleich dazu liegt der gesamte bisherige Verbrauch bei ca. 250 Gt; der Gehalt an Kohlenstoff in der heutigen Atmosphäre als CO_2 beträgt 760 Gt.

Abb. 7: Vergleich von einer Volumeneinheit (1 Kubikmeter) Methanhydrat und dem darin gespeicherten 164-fachen Volumen an Methangas

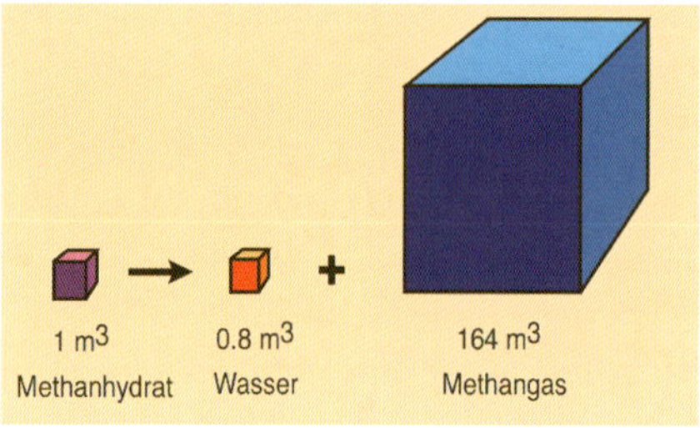

zeiten von Schallwellen und bilden den Boden-simulierenden-Reflektor (BSR). Diese Eigenschaft wird genutzt, um Gashydratvorkommen aufzuspüren und ihre Größe abzuschätzen. Hierbei ist der Wechsel von hoher Schallgeschwindigkeit der hydrathaltigen Sedimente zu langsameren Geschwindigkeiten von seismischen Wellen innerhalb der gashaltigen Sedimente entscheidend. Diese Beziehung ist in Abbildung 5 dargestellt. Der Reflektor tritt in Tiefen bis zu 1.000 Metern unterhalb des Meeresbodens auf und zeigt die Untergrenze der Hydrat-Stabilitäts-Zone an. Dementsprechend sind Gashydrate oberhalb des BSR zu erwarten, darunter existiert freies Gas (siehe auch Abb. 3).

BSR-Horizonte verschiedener Art wurden im Rahmen des Ocean Drilling Program an den Kontinentalhängen vor Peru, Chile, Costa Rica, Oregon/Washington und am Blake-Rücken vor North Carolina erbohrt. Obwohl noch nicht alle Details verstanden sind, scheint die Bedeutung des freien Gases unterhalb der Zone der Gashydrate entscheidend für die Stärke und Ausbildung der BSR-Signaturen.

Die globale Erfassung der Gashydratvorkommen und Abschätzung der Hydratmengen beruht auf der seismischen Kartierung des BSR. Die Anwesenheit eines BSR zeigt die Existenz von Gashydraten in den seismisch vermessenen Ablagerungen an, und seine Ausbildung gibt Aufschluss über die Menge. Man versucht, die global vorhandene Menge an Methanhydraten zu schätzen, indem die Sedimentmenge innerhalb der Hydratstabilitätszone mit dem mittleren Hydratgehalt multipliziert wird. Der mittlere Hydratgehalt ist zwar nur ungenau bekannt, aber selbst vorsichtige Schätzungen ergeben immerhin eine Menge von 10.000 Gigatonnen an Methan-Kohlenstoff, wobei neuere Abschätzungen zum Teil die Menge nach unten korrigieren. Im Vergleich zu anderen Energieträgern aus organischem Kohlenstoff ist dieser Vorrat riesig (Abb. 6); so bewegen sich die Mengen an heute verfügbaren Kohle-, Erdöl- und Erdgaslagerstätten zusammen genommen um 5.000 Gigatonnen.

Zwischen 1880 und 1998 wurden etwa 250 Gigatonnen Kohlenstoff aus fossilen Energieträgern genutzt. Für den Verbrauch im nächsten Jahrhundert liegen die Schätzungen zwischen 500 und 2.500 Gigatonnen. Gashydrate besitzen einen hohen Brennwert, da sie pro Volumeneinheit sehr viel Methan enthalten (Abb. 7). Die Gashydrate stellen also ein enormes Energiepotenzial für die Zukunft dar. Um sie nutzen zu können, müssen jedoch Fördermethoden entwickelt werden, die einen wirtschaftlichen und umweltschonenden Abbau sowohl im marinen als auch im Permafrostbereich garantieren.

Da Methan ein sehr wirksames Treibhausgas ist, muss verhindert werden, dass Methan unkontrolliert in die At-

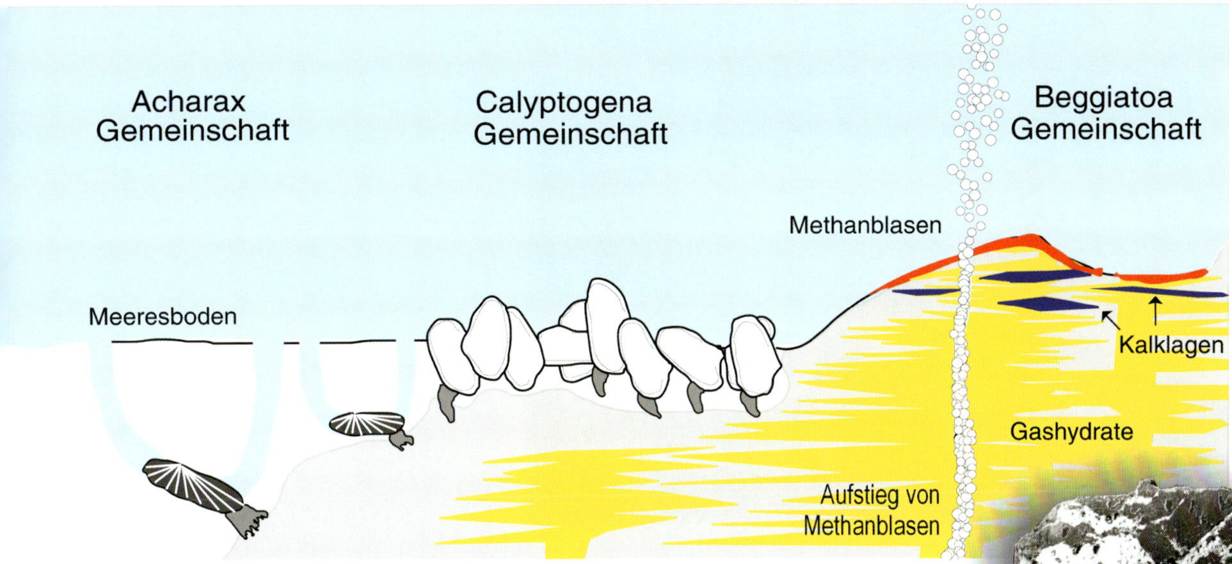

Abb. 8: Oben: Gashydrate am Meeresboden und die Verteilung ihrer typischen Faunengemeinschaften aus Muscheln und Bakterien. Die Gashydrate bilden sich, wenn aufsteigende Methanblasen aus tieferen Sedimentschichten mit Wasser in Kontakt kommen. Gashydrate bilden ein fast unerschöpfliches Substrat für den mikrobiellen Umsatz von Methan im oberflächennahen Sediment. Hierbei entstehen große Mengen an Schwefelwasserstoff, die wiederum als Energielieferant für die hier dargestellten drei chemoautotrophen Gemeinschaften dienen. Dabei kommt es auch zu einer Ausfällung von Kalken, die häufig zusammen mit Gashydratlagen vorkommen. Rechts: Gashydratprobe vom Meeresboden. Das Bild zeigt ein senkrecht zur Schichtung durchsägtes Handstück mit unterschiedlich dicken Lagen von weißem Gashydrat in dunklem Sediment. Das Sedimentgefüge wurde durch die Gashydratbildung völlig verändert.

mosphäre entweicht. Ohne eine Lösung der Treibhausproblematik durch aktiven Entzug von Kohlendioxid aus der Atmosphäre muss die Nutzung von Gashydraten im globalen Maßstab ein unrealistisches Vorhaben bleiben.

Methanhydrate vom Meeresboden: Oasen der Tiefsee

Oberflächennahe und so der wissenschaftlichen Bearbeitung zugängliche Gashydrate kommen selten vor, sind aber wichtig für das Verständnis ihrer Dynamik und Umwelteinflüsse.

Ein besonders gut ausgebildetes Vorkommen liegt auf dem Hydratrücken vor der nordamerikanischen Westküste. Wiederholt wurden hier große Mengen von Gashydraten aus 800 Metern Wassertiefe geborgen. Der Hydratrücken erstreckt sich 30 Kilometer in Nord-Süd Richtung und ist 15 Kilometer breit. Der Rücken ist am Rand zweier kollidierender Erdplatten entstanden. Auf dem südlichen Gipfel dieses Rückens kommen Gashydrate direkt am Meeresboden vor, zusammen mit einer speziellen Faunenvergesellschaftung von Muscheln und Bakterienmatten sowie ausgedehnten Kalkbildungen (Abb. 8).

Dieses Untersuchungsgebiet ist inzwischen zu einem internationalen Schwerpunktgebiet der Gashydratforschung geworden. Die untersuchten Schichten zeigen ungleichmäßige Verzahnungen von meist weißem Gashydrat mit dem Sediment (Abb. 8, 9). Generell tritt Gashydrat in fein verteilten Adern bis hin zu massiven Lagen von mehreren Zentimetern bis Dezimetern Dicke auf. Aber auch andere Strukturen kommen vor. Ein für den Hydratrücken typisches Gefüge ist eine mit bloßem Auge erkennbare Blasenstruktur, häufig mit länglichen, horizontalen Poren von bis zu zwei Zentimetern Durchmesser. Mikroskopische Analysen an Dünnschnitten reiner Gashydrate zeigen ein poröses Mikrogefüge, wobei die Porengrößen im Mikrometerbereich liegen und sehr unterschiedlich ausgebildet sind. Diese Strukturen entstehen, wenn Gasblasen im Sediment aufsteigen. Dabei bilden sich bei Kontakt mit dem Porenwasser am Blasenrand dünne Lagen von Gashydrat. Sie werden im weiteren Verlauf zu dickeren Hydratbildungen. Solche aus dem Meeresboden aufsteigenden Gasblasen wurden von Tauchbooten und mit Robotern beobachtet, aber auch mit Echolotsystemen in der Wassersäule registriert.

Abb. 9: Frische Bruchfläche einer etwa 10 Zentimeter dicken Gashydratlage unmittelbar nach der Bergung vom Meeresboden

Bisher liegen Strukturanalysen von Gashydraten nur vom Hydratrücken vor. Da jedoch auch in anderen Gebieten Gasblasen am Meeresboden beobachtet wurden, ist es sehr wahrscheinlich, dass auch das am Meeresboden vorkommende Gashydrat durch aufsteigende Methanblasen gebildet wird. Dies ist von größter Bedeutung für den Transport von Methan aus dem Sediment direkt in den freien Ozean.

Die exponierten Vorkommen von Gashydrat am Meeresboden liefern Energie, Nahrung und Substrat für eine hoch-spezialisierte Organismengesellschaft, die ein eigenes Tiefsee-Ökosystem bildet. Drei bio-geochemische Reaktionsabläufe charakterisieren diese Oasen der Tiefsee: der Verbrauch von Methan durch Sulfatreduktion, die Schwefelwasserstoff-Chemosynthese und die Kalk-Ausfällung.

Die Muschelkolonien und die Bakterienmatten aus *Beggiatoa* (Abb. 8) nutzen über die Chemosynthese den Schwefelwasserstoff als Energiequelle. Hierbei sind die beiden typischen Muschelarten mitsamt der auf und in ihnen lebenden Organismen aufgrund ihrer Lebensweise an unterschiedliche Biotope angepasst. Beide Muscheln beherbergen Bakterien als Symbionten in ihren Kiemen, die Schwefelwasserstoff abbauen, um Energie für den Stoffwechsel zu gewinnen und organisches Gewebe aufzubauen.

Die Muschelgattung *Calyptogena* nimmt den Schwefelwasserstoff über den kräftigen Fuß auf, sie kann dadurch deutlich höhere Konzentrationen tolerieren als *Acharax*. Deshalb siedelt *Calyptogena* in unmittelbarer Umgebung der Gashydrate, wobei sie mit dem unteren Ende im Sediment sitzt.

Die Gattung *Acharax* lebt grabend und in größerer Entfernung von Gashydratvorkommen, wo die Schwefelwasserstoffgehalte niedriger sind. Das Tier versorgt sich über eine Röhre mit sauerstoffreichem Ozeanwasser. Die Bakteriengattungen, hier durch *Beggiatoa* dargestellt, können unmittelbar an den Gashydrataustritten am Meeresboden existieren, wo die höchsten Gehalte an Schwefelwasserstoff anzutreffen sind.

Ein Konsortium von Mikroorganismen im Sediment bildet den für den Fortbestand der Oasen wichtigen Schwefelwasserstoff. Sie bilden Zellkugeln von etwa zwei bis drei Tausendstel Millimeter Durchmesser und zeigen einen geschichteten Aufbau: Methan-oxidierende Archaea werden von Sulfat-reduzierenden Bakterien umgeben. Dieses Konsortium wurde erstmals am Hydratrücken vor Oregon nachgewiesen. Sie bilden einen Bioreaktor und versorgen die Oasen mit enormen Mengen an Schwefelwasserstoff, da beide Reaktanten – Methan aus den Gashydraten und Sulfat aus dem Meerwasser – in fast unerschöpflichen Mengen zur Verfügung stehen.

Bei der Methanoxidation und Sulfatreduktion fällt Kalk in verschiedenen Formen aus. So werden Transportkanäle von methanhaltigen Flüssigkeiten mit Kalkabscheidungen ausgekleidet. Diese bilden Schlote von wenigen Zentimetern bis zu einem Meter im Durchmesser. Die Porenräume zwischen den Sedimentpartikeln werden durch Kalk zuzementiert, wobei meist Wühlspuren von Organismen nachgezeichnet oder unregelmäßig geformte Körper gebildet werden.

Da Gashydrate nur im Gashydratstabilitätsfeld (Abb. 3) existieren und die gashydratführenden Gesteinsformationen ihre Hydrate verlieren, wenn sie die Gashydratstabilitätszone verlassen, sind Gashydratkarbonate als fossile Belege für Gashydrate für Geologen von besonderem Interesse. Solche Karbonate sind in dem ursprünglichen Gashydratmilieu entstanden und bilden nicht nur die Gefüge von Gashydraten nach, sondern können geochemische Archive der Gashydratbildung und -rückbildung darstellen. Allgegenwärtig bei der Gashydratbildung in Form von Adern und Durchdringsgefügen ist die Zerstörung des ursprünglichen Sedimentgefüges, welche zur Bildung von Sedimentklasten führt (siehe Abb. 8 rechts), die in zahlreichen Fällen durch Karbonatausfällung im Zuge der anaeroben Methanoxidation verfestigt werden

Abb. 10: Gashydratkarbonat aus Sedimenten vom südlichen Gipfel des Hydratrückens mit zweilagigem Aufbau (Höhe beträgt 5 Zentimeter). Der untere Teil besteht aus zementierten Sedimentklasten, welche von einer gelblichen, rein aus Aragonit bestehenden Kalkschicht überlagert werden.

und Gashydratbrekzien bilden. So sind an vielen marinen oberflächennahen Gashydratstandorten Brekzien zu finden, deren Gefüge in zahlreichen Fällen durch Gashydratwachstum im Sediment entstanden ist. Weitere Gashydratkarbonate sind reine Aragonitpräzipitate, die in den Gashydratlagen wachsen (Abb.10). Sie bilden oft das Gefüge der ursprünglichen Gashydratlage nach. Neben den Gefügen belegen auch die Zusammensetzung der Kohlenstoff- und Sauerstoff-Isotope sowie Biomarkeranalysen der Gashydratkarbonate ihre Entstehung in Gashydratvorkommen nahe dem Meeresboden.

Auf dem Hydratrücken findet man besonders ausgedehnte Kalkabscheidungen. Über einen Zeitraum von mehreren tausend Jahren wurden methanhaltige Fluide aus tieferen Sedimenten herantransportiert, die Hydrate oder Kalke gebildet haben. Dadurch sind Kalkhügel, so genannte Chemoherme, entstanden, die viele Meter über den Meeresboden ragen und ähnlich den Korallenriffen aus sehr reinem Kalkstein bestehen.

Gashydrate: Zement der Kontinentalhänge und Auslöser von Flutwellen

Gashydrate wirken im Porenraum von marinen Sedimenten als Zement und verfestigen dadurch den Meeresboden. Verstärkt wird diese Zementierung noch durch die oben erwähnte Kalkabscheidung. Bilden sich Gashydrate in frisch abgelagerten Sedimenten, verhindert die Zementierung jedoch, dass sich die Ablagerungen setzen und verfestigen. Werden dazu dann durch Druck- und Temperatur-Schwankungen die Gashydrate wieder zersetzt, so nimmt die Festigkeit stark ab und ein untermeerischer ›Land‹rutsch kann die Folge sein. Wie aus seismischen, bathymetrischen und Sidescan-Sonar-Kartierungen des Meeresbodens bekannt ist, treten an allen Kontinentalrändern Rutschungen unterschiedlicher Größenordnung auf. In den allermeisten Fällen kommen in diesen Partien der Kontinentalränder auch Gashydrate vor. Bis jetzt ist noch kein direkter Beleg für eine durch Gashydratzersetzung ausgelöste Rutschung bekannt. Beobachtungen weisen jedoch auf einen ursächlichen Zusammenhang hin, denn im Umfeld der Abrisskanten von Rutschungen lassen sich fast immer Spuren von Gas- und Fluidtransport aus dem Untergrund erkennen. Diese mögen auf Störungen hinweisen und könnten entweder die Sedimentfestigkeit beeinflussen oder als Gleitbahnen wirken. Der obere Kontinentalrand besitzt außerdem größere Hangneigungen von über 3 Grad, so dass bei Stabilitätsverlusten die Schwerkraft verstärkend wirkt.

Je flacher das Wasser und je geringer damit der Druck, umso größer ist der Volumenunterschied zwischen im Hydrat gebundenem und freiem Gas. So ist in 650 Metern Wassertiefe das Volumen an freiwerdendem Gas und Wasser dreimal höher als das ursprüngliche Gashydratvolumen. (Vergleiche auch das Verhältnis bei einem Druck von 1 Atmosphäre in Abb. 7). Durch den enormen Überdruck in den Poren, der durch die Volumenausdehnung entsteht, nimmt die Festigkeit des Sediments stark ab. Da der vorhandene Porenraum sehr groß ist, können sich die Ablagerungen stark verformen. Dies sind alles Faktoren, die submarine Rutschungen begünstigen.

Gashydrate können freigesetzt werden, wenn der auf ihnen lastende Druck abnimmt, zum Beispiel durch eine langfristige Meeresspiegelabsenkung. So lag der Meeres-

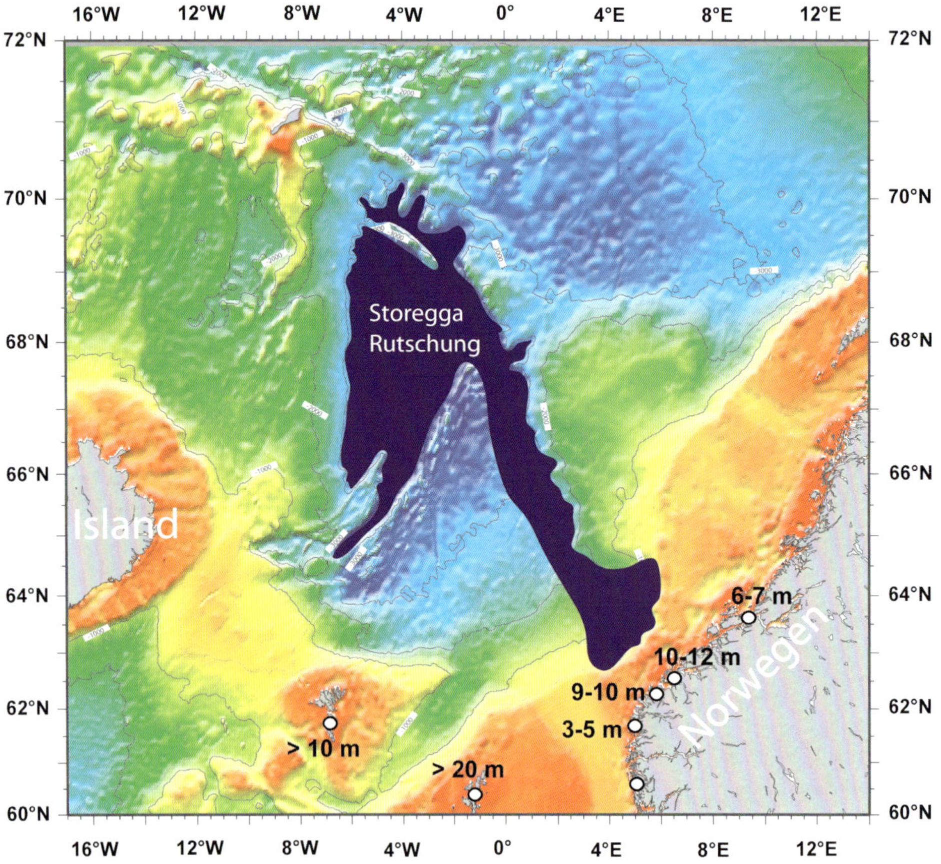

Abb. 11: Die Storegga-Rutschung am norwegischen Kontinentalhang ist mit einem Gesamtvolumen von etwa 5.600 Kubikkilometern eine der größten Rutschungen. Die Rutschmasse verteilt sich über das tiefe Norwegen Becken entang der Bodenmorphologie. Das Rutschungsereignis vor 8.000 Jahren führte zu einer Flutwelle, die im Bereich angrenzender Küsten zu einer Wellenhöhe bis zu 20 Meter geführt hat. Die Kreise und Zahlenangaben markieren Stellen geologischer Dokumentation der aufgelaufenen Flutwellenhöhe.

Das Rutschungsereignis ist eindrucksvoll beschrieben in dem Science Fiction Bestseller ›Der Schwarm‹ von F. Schätzing.

spiegel während der Hochphase der letzten Vereisung, vor etwa 18.000 Jahren, global etwa 120 Meter tiefer als heute. Durch den niedrigeren Gesamtdruck wurde vermutlich Gashydrat freigesetzt, und der obere Kontinentalhang wurde instabil. In der Tat sind viele Rutschungsereignisse in dieser Zeit und auch bei früheren Tiefständen oder kurz danach erfolgt. Ein prominentes Beispiel dafür ist die Storegga-Rutschung am Kontinentalhang vor Südnorwegen (Abb. 11). Dieses Ereignis ist in Ablagerungen von Flutwellen in norwegischen Fjorden dokumentiert. Die Storegga-Rutschmasse ist mit einem Gesamtvolumen von über 5.600 Kubikkilometern eine der größten bisher bekannten Rutschungen, wobei eine starke Flutwelle verursacht wurde. Je nach Küstenmorphologie und Dichte der Bevölkerung in bedrohten Gebieten könnten derartige Flutwellen (= Tsunamis) heute erheblichen Schaden anrichten (s. die Artikel von A. Kopf und B. Merz).

Klimawirksamkeit

In der Atmosphäre wirkt Methan, ähnlich wie Kohlendioxid, als Treibhausgas – allerdings pro Molekül 30-mal stärker – und ist so an der globalen Erwärmung der Atmosphäre beteiligt. Der Kohlendioxid-Gehalt der Atmosphäre ist mit 760 Gigatonnen Kohlenstoff (Abb. 6) zwar von beträchtlicher Größe, gegenüber dem auf 10.000 Gigatonnen geschätzten Hydratvorkommen aber wesentlich kleiner. Würde ein relativ kleiner Anteil dieses Speichers freigesetzt, hätte dies erhebliche Folgen. Solche Prozesse könnten in der Erdgeschichte einen Einfluss auf die Eiszeiten gehabt haben. Bei einer Erwärmung der Erde wird das in den Permafrostböden gespeicherte Hydrat freigesetzt. Dies heizt dem Treibhausklima noch mehr ein. Der daraus resultierende Meeresspiegelanstieg senkt aber die Wahrscheinlichkeit, dass ozeanische Gashydrate entweichen.

Verschiebt sich das Zirkulationsmuster der Ozeane, können sich regional die Temperaturen am Meeresboden ändern und so die Hydratstabilität beeinflussen. Je mehr Methan austritt, umso größer ist die Auswirkung auf das Klima. Oberflächennahe Hydratvorkommen sind solchen Änderungen am ehesten ausgesetzt und reagieren am empfindlichsten.

Die Folgen solch eines Ereignisses lassen sich über das Verhältnis der Kohlenstoff-Isotope feststellen. Methan enthält sehr viel mehr des leichteren Kohlenstoffs ^{12}C, als dem normalen Verhältnis der Isotope entspricht. Entweichen größere Mengen an Methan, so verschiebt sich das Verhältnis in der Atmosphäre. Dies lässt sich auch für vergangene Ereignisse noch nachweisen. Aus der Paläoklimaforschung sind mehrere Episoden anomaler Erwärmung des Erdklimas bekannt, die möglicherweise über kurzzeitige Freisetzung von Methan aus Gashydrat erklärbar sind und ein stark abweichendes ^{12}C-Verhältnis aufweisen. Im späten Paläozän, circa 55 Millionen Jahre vor heute, ist über einen relativ kurzen Zeitraum von etwa 20.000 Jahren eine starke Kohlenstoff-Isotopenanomalie dokumentiert. Andere Hinweise belegen, dass zu

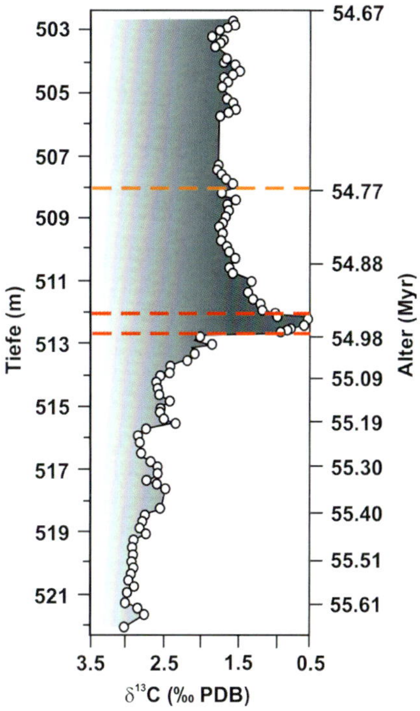

Abb. 12: Verlauf des Kohlenstoffisotopensignals aus Foraminiferenschalen über das Klimaoptimum im späten Paläozän, etwa 55 Millionen Jahre vor heute. Die starke Zunahme des leichten ^{12}C wird auf die Zumischung von Kohlenstoff aus Methanhydrat in die globale Umwelt zurückgeführt. Berechnungen zufolge ist ein Methan-Puls von etwa einer Gigatonne Kohlenstoff aus Gashydrat über 20.000 Jahre notwendig (gestrichelte rote Linien), um ein solch globales Signal zu verursachen. Ein Einschnitt der Faunenvergesellschaftungen im Ozean und an Land gehen mit diesem Puls in der Kohlenstoffisotopie einher, der langsam über einen Zeitraum von 200.000 Jahren wieder abklingt (obere gestrichelte rote Linie).

Literaturhinweise

Bohrmann, G., J. Greinert, and E. Suess (2001): Methanhydrate. Enzyklopädie Naturwissenschaft und Technik, 7, Ergänzungslieferung, 10/01, 1-7, Ecomend Verlag

Bohrmann, G. and M. Torres (2006): Gas hydrates in marine sediments. In: Schulz, H.D. and M. Zabel (Hrsg.), Marine Geochemistry. 481- 512, Springer

Haeckel, M. und E. Suess, 2011. Natürliche Gashydrate – Künftige Energieträger oder Option zur CO_2-Speicherung? In: R. Zellner (Hrsg.) Chemie über den Wolken und darunter. Verlag Wiley-VCH, Weinheim, 65-70

Suess, E., G. Bohrmann, J. Greinert, E. Lausch (1999): Brennendes Eis - Methanhydrat am Meeresgrund. Spektrum der Wissenschaft 6, 62-73

Tréhu, A., P.E. Long, M.E. Torres, G. Bohrmann, et al. (2004): Three-dimensional distribution of gas hydrate beneath southern Hydrate Ridge: constraints from ODP Leg 204. Earth and Planetary Science Letters 222, 845-862

Internetseiten

Allgemeine Informationen zum Thema Gashydrate:

http://www.gashydrat.de
http://geology.com/articles/methane-hydrates/
http://woodshole.er.usgs.gov/project-pages/hydrates/primer.html

dieser Zeit beträchtlich erhöhte Temperaturen herrschten. Diese Anomalie ist weltweit in den karbonatischen und organischen Kohlenstoffspeichern nachweisbar. In Abbildung 12 ist ein zusammengesetzter Verlauf der C-Anomalie dargestellt, wie er in den Schalen verschiedener Foraminiferengattungen gemessen wurde. Man schätzt, dass etwa eine Gigatonne an Methan-Kohlenstoff aus Gashydraten in die Atmosphäre entwich und das isotopisch leichte Methan zu Kohlendioxid oxidiert sein muss. Dies wurde unter anderem auch in den Pool anorganischen Karbonats im Ozean aufgenommen, aus dem die Foraminiferen das Karbonat für ihre Gehäuse beziehen. Bezeichnend ist das Abklingen dieses ^{12}C-Pulses über ungefähr 200.000 Jahre, was im Einklang steht mit einer einmaligen Methan-Injektion. Neuerdings werden ähnliche ^{12}C-Anomalien aus jurassischen, permo-triassischen und präkambrischen Ablagerungen durch einen analogen Vorgang erklärt.

Erwin Suess, Professor Emeritus an der Christian-Albrechts-Universität, Kiel. Ehemals Meeresgeologe am Leibniz-Institut für Meereswissenschaften, IFM-GEOMAR, Kiel; von 1995 bis 1999 Direktor. Geschäftsführender Direktor des Konsortium Deutsche Meeresforschung 2004 bis 2006. Seit 2008 am College of Earth, Ocean and Atmospheric Sciences, Oregon State University.

Anschrift: Prof. Dr. Erwin Suess, M.Sc., Ph.D.
GEOMAR Helmholtz-Zentrum
für Ozeanforschung Kiel
Wischhofstr. 1-3, 24148 Kiel

E-Mail: esuess@geomar.de

Gerhard Bohrmann ist seit 2002 Hochschullehrer für Marine Geologie am MARUM, wo er eine Arbeitsgruppe ›Ventgeologie‹ aufgebaut hat. Forschungsschwerpunkte sind Geologie submariner Fluidaustritte, Mineralpräzipitation und Zementation im Zuge biogeochemischer Prozesse von aktiven Cold Vents, Diagenese und Entwässerungsprozesse von Sedimenten der Kontinentalränder.

Anschrift: Prof. Dr. Gerhard Bohrmann
MARUM – Zentrum für Marine
Umweltwissenschaften, Universität Bremen
Klagenfurter Straße, 28359 Bremen

E-Mail: gbohrmann@marum.de

*»... in den Tiefen der Ozeane
gibt es Vorkommen
von Zink, Eisen, Silber und Gold,
die man vielleicht eines Tages gewinnen kann.«*

*So sprach Kapitän Nemo 1870
in Jules Vernes Science Fiction Roman
›Zwanzigtausend Meilen unter dem Meer‹.
Und Jules Verne hatte Recht.*

Erzfabriken in der Tiefsee

Heiße Quellen am Meeresboden

von Peter M. Herzig, Kiel

Jules Vernes Zukunftsvisionen sind heute, mehr als 100 Jahre später, wissenschaftliche und technische Realität. Im Frühjahr des Jahres 1979 entdeckte die Besatzung des amerikanischen Unterseebootes ALVIN am Grunde des Pazifischen Ozeans in einer Wassertiefe von 2.600 Metern etwas selbst für Meeresgeologen Atemberaubendes.

An dieser Stelle bei 21 Grad nördlicher Breite im Scheitelgraben des Ostpazifischen Rückens, einem untermeerischen Gebirge, tritt 350 Grad Celsius heißes Meerwasser in Form von schwarzen Rauchwolken unter hohem Druck am Meeresboden aus. Im Scheinwerferlicht der ALVIN ließ sich erkennen, dass die Rauchwolken aus bis zu 15 Meter hohen, kaminähnlichen Schloten hervorquellen, die einem mehrere Meter hohen Hügel aufsitzen (Abb. 1). Die detaillierte wissenschaftliche Beprobung

Abb. 2: *Im Hintergrund*: Schlot eines ›Black Smokers‹ an Bord des Forschungsschiffes NADIR kurz nach der Probenahme mit dem französischen Tieftauchboot NAUTILE. Der Strömungskanal ist im Inneren mit Ablagerungen des Kupfer-Sulfids Kupferkies ausgekleidet, das bei Temperaturen von mehr als 300 Grad Celsius aus der Lösung auskristallisiert ist.
Im Vordergrund: Querschnitt durch einen ›Black Smoker‹ Schlot. Der zentrale Fluidkanal besteht aus Kupferkies, im Außenbereich finden sich die Minerale Zinkblende, Pyrit und Baryt. Während der Probennahme wurde der ›Sulfidkamin‹ von 334 Grad Celsius heißen Lösungen durchströmt.

Abb. 1 (linke Seite): Oben: Weiße Raucher am Meeresboden des Lau-Beckens (1.700 Meter Wassertiefe) in den Hoheitsgewässern des Inselstaates Tonga im Südwestpazifik. Im Gegensatz zu den ›Black Smokern‹ besteht der Rauch hier überwiegend aus hellen Mineralpartikeln wie Baryt (Schwerspat) und Kieselsäure (SiO_2). Unten: Austrittsstelle einer heißen Quelle in 1.700 Metern Wassertiefe auf dem Grund des Pazifischen Ozeans. Die schwarze Farbe der 340 Grad Celsius heißen Fontäne ist auf feinverteilte Mineralbildungen zurückzuführen. Dieser ›Black Smoker‹ wurde im Frühjahr 1989 mit dem französischen Tieftauchboot NAUTILE entdeckt.

und Untersuchung dieses ungewöhnlichen Vorkommens hat gezeigt, dass es sich bei dem schwarzen Rauch um feinverteilte Sulfidpartikel (Metall-Schwefel-Verbindungen) handelt. Auch die Schlote und Hügel bestehen überwiegend aus Kupfer-, Zink- und Eisensulfiden, die mineralogisch als Kupferkies, Zinkblende und Pyrit bezeichnet werden (Abb. 2). Es wurde den Wissenschaftlern sehr schnell bewusst, dass sie Augenzeugen der Entstehung einer Metallerzlagerstätte waren. Denn Buntmetallvorkommen ähnlich denen des Ostpazifischen Rückens sind Geologen und Lagerstättenforschern von Land her seit langem als bedeutende Lieferanten für Kupfer, Zink und andere Metalle bekannt.

Die Entdeckung der ALVIN war nicht nur besonders spektakulär und von großer Bedeutung für die Lagerstättenkunde, eine Wissenschaft, die sich mit der Untersuchung und Bewertung von mineralischen Rohstoffen beschäftigt, sondern sie hat auch mitgeholfen, unser geowissenschaftliches Weltbild nachhaltig zu verändern. Die von dem deutschen Geophysiker und Meteorologen Alfred Wegener bereits Ende der 1920er Jahre entwickelte Theorie von der Kontinentalverschiebung feierte hier – am Grunde des Pazifischen Ozeans – einen späten Triumph. Denn das Auftreten von heißen Quellen und Metallsulfiden im Scheitelgraben des Ostpazifischen Rückens beweist indirekt, dass solche untermeerischen Gebirge Nahtstellen sind, an denen die Erdkruste (die obersten fünf Kilometer der Gesteine des Meeresbodens werden als ›Kruste‹ bezeichnet; s. Artikel von H. Palme und Artikel

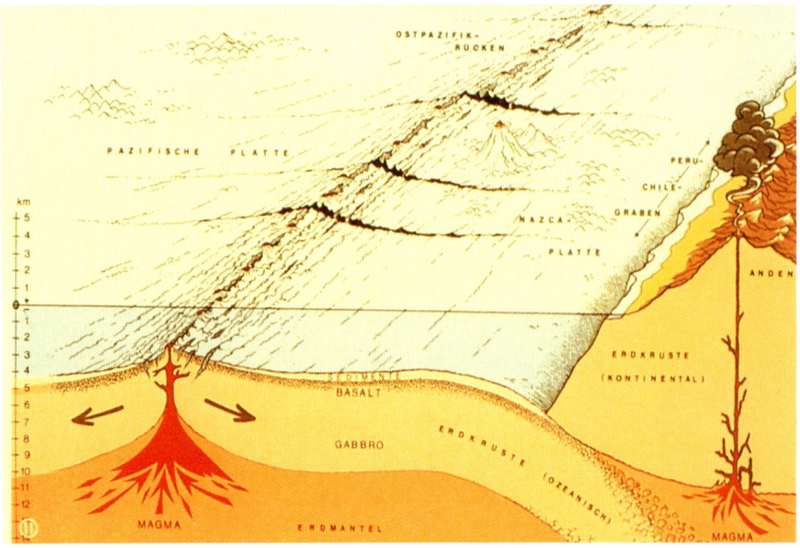

Abb. 3: Schema der Bildung und Wiederaufschmelzung von ozeanischer Kruste. Die im Zentrum von langgestreckten submarinen Gebirgszügen durch das Aufdringen und Erstarren magmatischer Schmelzen neu entstehende ozeanische Kruste wird mit Geschwindigkeiten von bis zu zehn Zentimetern pro Jahr vom Ort der Entstehung wegtransportiert. In sogenannten Subduktionszonen wird die dann schon einige Millionen Jahre alte, kalte und damit schwere Kruste unter den Rand der Kontinente geschoben und hier aufgeschmolzen. Dieser Prozess ist zum Beispiel die Ursache für den Vulkanismus in den Anden.

von M. Weber) unter starker Wärmeentwicklung tiefgründig auseinanderbricht (Abb. 3).

Geophysikalische Messungen zeigen, dass entgegengesetzt gerichtete Materiebewegungen im Erdinneren den darüberliegenden Meeresboden aufreißen. Die nötige thermische Energie stammt aus dem Zerfall radioaktiver Substanzen. Diese Energie sorgt auch für die Bildung von langgestreckten Magmakammern, in denen sich schmelzflüssige Lava mit Temperaturen von bis zu 1.200 Grad Celsius ansammelt. Diese Schmelzreservoire befinden sich in einer Tiefe von nur zwei bis drei Kilometern und liefern glutflüssige Lava, die durch Risse in der Erdkruste zum Meeresboden aufsteigt und dort erstarrt. An den Stellen, an denen der Meeresboden auseinanderrückt, wird so kontinuierlich neue Ozeankruste gebildet. Dieser Prozess, der im Englischen sehr plastisch ›seafloor spreading‹ genannt wird, findet an den mittelozeanischen Rücken mit unterschiedlichen Geschwindigkeiten statt. Dies sind submarine Gebirge, die sich mit einer Gesamtlänge von fast 60.000 Kilometern durch die Weltozeane ziehen. Im Pazifischen Ozean sind Raten von fast 20 Zentimetern neuer Erdkruste pro Jahr gemessen worden, während die Plattendrift im Atlantik nur Krustenbildung in einer Größenordnung von fünf Zentimetern pro Jahr zulässt.

Die an den mittelozeanischen Rücken neu produzierte Ozeankruste muss an anderer Stelle auch wieder konsumiert werden, da sich die Erde sonst ausdehnen würde. Diese ›Krustenvernichtung‹ findet in den sogenannten Subduktionszonen statt (Abb. 3). Bekanntestes Beispiel ist der südamerikanische Kontinentalrand. Die ozeanische Kruste, die hier unter dem Kontinentalrand verschwindet, hat je nach Driftrate einige Millionen Jahre gebraucht, um von ihrem Bildungsort, dem Ostpazifischen Rücken, zur südamerikanischen Küste zu gelangen. In Tiefen von etwa 150 Kilometern schmilzt ein Teil dieser verschluckten Ozeankruste, wobei die entstehenden Schmelzen aufsteigen und in der oberen kontinentalen Kruste erstarren (s. Artikel von C.-D. Reuther).

Die Erdkruste der Kontinente ist im Gegensatz zur ozeanischen Kruste durchschnittlich 35 Kilometer mächtig. Wird am Kontinentalrand mehr ozeanische Kruste angeliefert als in der beschriebenen Art ›verarbeitet‹ werden kann, kommt es zur Kollision und schließlich zu Auffaltungen und Gebirgsbildung, wie dies durch die Anden dokumentiert wird. Durch das Zusammenspiel von Meeresboden-Spreizung (›seafloor spreading‹) und Subduktion kommt es über lange Zeiträume hinweg letztendlich zur Verschiebung von Kontinenten (s. Artikel von W. Franke, G. Uenzelmann-Neben sowie G. Kleinschmidt et al.). Und genau das hatte Alfred Wegener bereits 1929 postuliert, kurz vor seinem tragischen Tod während einer Expedition zum grönländischen Inlandeis.

Offensichtlich entstehen bei der Bildung ozeanischer Erdkruste aber auch Erzvorkommen. Außer den 1979 im Pazifischen Ozean bei 21 Grad nördlicher Breite entdeckten ›Black Smokern‹, wie die Schwarzen Raucher in der wissenschaftlichen Literatur genannt werden, kennen wir heute in den Weltozeanen mehr als 300 sogenannte Hydrothermalvorkommen, das heißt Mineralablagerungen, die auf die Aktivität von heißem Meerwasser zurückgehen. Einige dieser Vorkommen sind inaktiv, es gibt aber auch etwa 200 Vorkommen ähnlich dem bei 21 Grad Nord, an denen heute und jetzt heiße Quellen Metallsulfide bilden (Abb. 4).

Die Frage nach dem Bildungsprozess hat den Geowissenschaftlern zunächst Rätsel aufgegeben, ist aber relativ unbeachtet eigentlich schon viele Jahre vor der Entdeckung der ersten heißen Quellen von Geophysikern zumindest ansatzweise beantwortet worden. Bei der Untersuchung der mittelozeanischen Rücken hat man festgestellt, dass einfache Wärmeleitung nicht ausreicht, um die dort auftretende Wärmemenge abzuführen. Der Vergleich

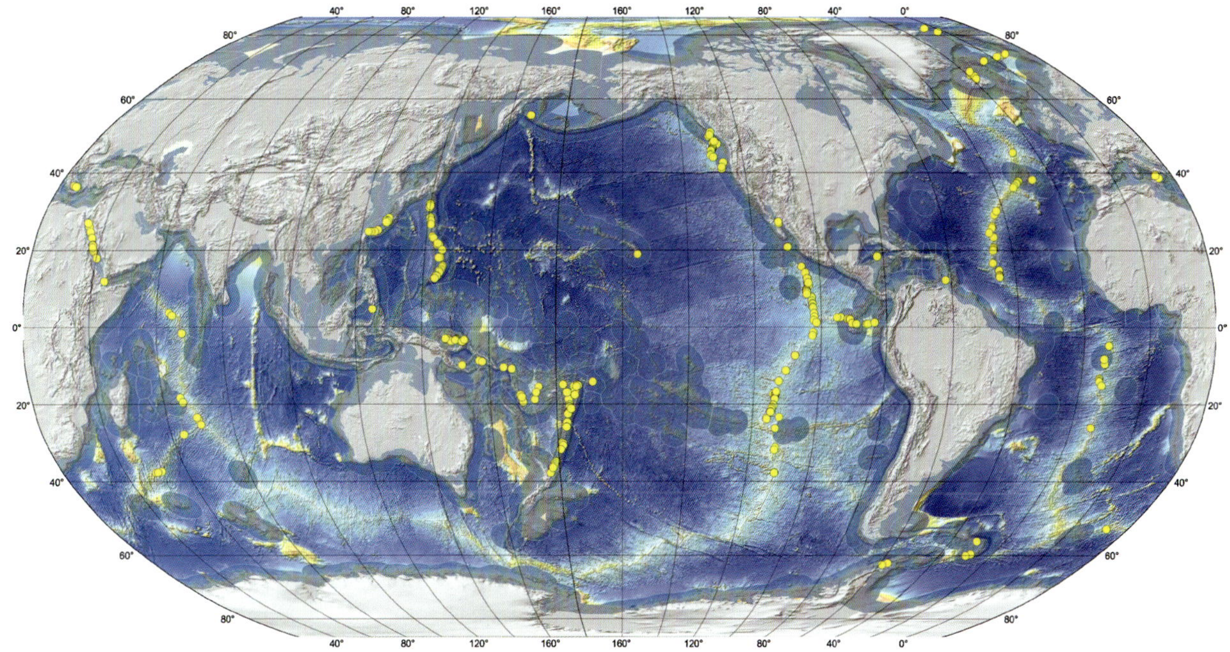

Abb. 4: Karte der weltweit bekannten Sulfidvorkommen am Meeresboden (gelbe Punkte). Blaugraue Flächen zeigen die Lage der ausschließlichen Wirtschaftszone an.

der theoretisch zu erwartenden Wärmeleitungskurve mit der tatsächlich gemessenen Kurve zeigte Unterschiede, die darauf hindeuten, dass es noch einen anderen Prozess geben muss, der für den Wärmeabtransport aus den ›heißen‹ Krustennahtstellen verantwortlich ist. Heute ist bewiesen, dass die Zirkulation von Meerwasser durch die junge ozeanische Kruste des Rätsels Lösung ist. Wärme wird also nicht nur relativ langsam von einem Molekül zum nächsten durch das Gestein weitergegeben (Konduktion), sondern erwärmte Moleküle transportieren Energie von der Wärmequelle weg (Konvektion). Hierbei dringt Meerwasser im Bereich der mittelozeanischen Rücken mehrere Kilometer tief in den Ozeanboden ein, wird in der Nähe der Magmenkammer auf Temperaturen von über 500 Grad Celsius aufgeheizt und steigt dann aufgrund der geringeren Dichte durch tiefreichende Risse und Klüfte wieder zum Meeresboden auf. Diese entstehen überwiegend, wenn die noch heißen vulkanischen Gesteine, meist Basalte, nach ihrer Entstehung abkühlen und dabei schrumpfen.

Das zirkulierende Meerwasser wird bei seinem Weg durch die ozeanische Kruste aber nicht nur aufgeheizt. Geochemische Prozesse, die auf Wechselwirkungen der Basalte mit dem Meerwasser zurückgehen, sorgen für eine drastische Abnahme des pH-Wertes von etwa acht (Meerwasser) auf Werte hinunter bis zu pH zwei. Gleichzeitig wird der reichlich vorhandene Sauerstoff aus dem Meerwasser entfernt. Diese heiße und chemisch aggressive Flüssigkeit wird nun mit Recht nicht mehr als Meerwasser bezeichnet, sondern mit dem Begriff ›hydrothermale Lösung‹ belegt. Beim Aufstieg zum Meeresboden greift diese saure Lösung nun die Minerale der umgebenden Gesteine an und laugt Kupfer, Zink, Eisen, Mangan, Schwefel und andere Elemente heraus. Diese werden in Form von gelösten chemischen Verbindungen zum Meeresboden transportiert. Beim Kontakt dieser 350 bis 400 Grad Celsius heißen Erzlösungen mit dem zwei Grad Celsius kalten Meerwasser kommt es aufgrund des Temperatur- und pH-Wert-Kontrastes und dem hohen Sauerstoffgehalt des Meerwassers zur Ausfällung von Sulfiden, die lokal mächtige, von rauchenden Schloten gekrönte Hügelstrukturen aufbauen (Abb. 1). Diesen Prozess haben die Wissenschaftler an Bord der Alvin im Frühjahr 1979 mit der Entdeckung der ›Schwarzen Raucher‹ erstmals direkt beobachtet.

Die Tatsache, dass es sich hierbei um Buntmetallvorkommen in der Entstehung handelt, hat das Interesse der Lagerstättenkundler und Geochemiker an den Erzfabriken in der Tiefsee geweckt und zu einer systematischen Prospektion und Erforschung der Vorkommen geführt. Zum einen galt und gilt es, das Rohstoffpotenzial der Tiefsee im Hinblick auf diese sogenannten polymetallischen Massivsulfide festzustellen. Andererseits geben die derzeitigen Hydrothermalsysteme am Meeresboden bedeutende Hinweise darauf, wie die heute weltweit an Land abgebauten Vorkommen einstmals entstanden sind. Diese Erkenntnisse lassen sich für eine gezielte Exploration und effiziente Ausbeutung der Landlagerstätten verwerten.

Die spektakulären ›Black Smoker‹ mit Förderraten von mehreren Zehner Kilogramm pro Sekunde und einem Energiepotenzial von etwa je einem Megawatt sind quasi die rauchenden Schornsteine der Erzfabriken am Meeresboden. Sie tragen in nicht unerheblichem Maße zur Ver-

Abb. 5: Massivsulfidprobe mit Tiefseekrabbe am Explorer Rücken (1.900 Meter Wassertiefe) im nordöstlichen Pazifischen Ozean, etwa 200 Kilometer westlich von Vancouver Island in kanadischen Gewässern

schmutzung der marinen Umwelt mit toxischen Elementen wie Cadmium, Arsen und in einigen Fällen auch Blei, Antimon und Quecksilber bei. Trotzdem sind die heißen Quellen am Meeresboden Orte regen Lebens. Die dichte Besiedelung mit mariner Fauna wie Garnelen, Schnecken, Krebsen und Röhrenwürmern ist aber nur durch die Gegenwart von Hochtemperaturbakterien möglich (Abb. 5). Diese können aus dem austretenden Schwefel Energie gewinnen und stellen so das erste Glied einer Nahrungskette dar, die bis zu höheren Lebewesen reicht (s. Artikel von W. Bach).

Diese chemosynthetischen Bakterien bilden die Grundlage für Lebensgemeinschaften, die bei völliger Dunkelheit, unter hohem Druck und bei hoher Temperatur in einem toxischen Milieu existieren. Vielleicht sind sie Relikte der Symbiosen, die einst zur Entstehung des Lebens auf der Erde geführt haben. Neben diesem wissenschaftlich kontrovers und schon fast philosophisch diskutierten Aspekt beschäftigen sich die marinen Biologen aber vor allem auch mit der nüchternen Frage, ob man diese offensichtlich sehr widerstandsfähigen Bakterienkulturen etwa bei der Reinigung vergifteter Umwelt einsetzen kann. Darüber hinaus wird heute sehr intensiv an einer Verwendung dieser hyperthermophilen Bakterien in der Pharma- und gentechnischen Industrie gearbeitet.

Zurück zum Erz. Wie an Land, findet die (Erz)produktion nicht im Schornstein, sondern in der Fabrik statt. In unserem Falle heißt das innerhalb der Sulfidhügel, denen die Schornsteine aufsitzen. Die Hügelstrukturen wachsen durch die allmähliche Ablagerung von Metallsulfiden aus hydrothermalen Lösungen, die kontinuierlich durch den Sulfidhügel zirkulieren. Dabei vergrößern sich die einzelnen Körner durch Anlagerung von Material, und die Hohlräume zwischen den einzelnen Sulfidmineralen werden durch feinkörnige Sulfide ausgefüllt. Außerdem finden chemische und mineralogische Umverteilungen statt und letztendlich bilden sich Massivsulfide, das heißt Buntmetallvorkommen mit extrem hoher Dichte (Abb. 6). Manchmal werden auch umgestürzte Sulfidschlote Bestandteil eines Massivsulfidhügels. Die Größe der meisten uns bis dato bekannten Vorkommen variiert zwischen einigen Tausend und etwa fünf Millionen Tonnen, wobei diese Menge das Berliner Olympiastadion bis an den Rand füllen würde. Ein gut untersuchtes Vorkom-

Abb. 6: Zink-, kupfer- und eisenreiches Metallerz bestehend aus Zinkblende, Kupferkies und Pyrit. Diese Probe stammt aus 2.600 Metern Wassertiefe und wurde von dem deutschen Forschungsschiff Sonne mit einem fernsehgesteuerten Greifer aus dem Galapagos-Rift, einem submarinen Gebirge im östlichen Pazifischen Ozean, geborgen.

Abb. 7: Das französische Tieftauchboot NAUTILE beim Aussetzten vom Mutterschiff NADIR. NAUTILE ist für Forschungsarbeiten in der Tiefsee mit verschiedenen Kamera- und starken Scheinwerfersystemen ausgestattet. Die Probennahme am Meeresboden erfolgt mittels zweier elektrohydraulischer Greifarme. Die NAUTILE erreicht eine maximale Tauchtiefe von 6.000 Metern und ist in der Regel mit zwei Piloten und einem Wissenschaftler besetzt.

men in 3.650 Metern Wassertiefe im Atlantischen Ozean hat bei einer Tonnage von vier Millionen Tonnen einen Durchmesser von etwa 200 Metern, eine Höhe von etwa 50 Metern und ist durch Bohrungen bis in eine Tiefe von mehr als 100 Metern nachgewiesen worden. Dies sind im Vergleich mit vielen Landlagerstätten aber eher bescheidene Dimensionen.

Es gibt allerdings kontinentnahe Bereiche der mittelozeanischen Rücken, wo die Austrittsstellen der heißen Lösungen unter einigen Hundert Metern Sediment begraben sind. Hier kommt es in der Regel nur untergeordnet zur Bildung von ›Black Smokern‹, da die heißen Quellwässer den überwiegenden Teil ihrer Erzfracht bereits beim Durchströmen der mit kaltem Meerwasser durchtränkten Sedimente abgeben. Diese Art der Erzproduktion ist besonders effektiv. Bei wissenschaftlichen Tiefbohrungen im Rahmen des Internationalen Ozeanbohrprogramms wurde in kanadischen Gewässern, etwa 200 Kilometer westlich von Vancouver Island, ein solches Massivsulfidvorkommen untersucht. Vorsichtig geschätzt liegt die Erzmenge hier bei etwa 15 Millionen Tonnen. Das größte derartige Vorkommen findet sich jedoch im Roten Meer, einem noch sehr jungen Ozean, der sich erst vor einigen Millionen Jahren aus einem ›Riss‹ in der Kruste des Kontinents entwickelt hat. Das Metallerzvorkommen ›Atlantis II‹ im Roten Meer birgt etwa 95 Millionen Tonnen Erz. Hierin sind allein zwei Millionen Tonnen Zink, 500.000 Tonnen Kupfer und ›nebenbei‹ etwa 4.000 Tonnen Silber und 50 Tonnen Gold enthalten.

Überhaupt hat Gold die marinen Lagerstättenforscher in den letzten Jahren besonders interessiert. Von Massivsulfidvorkommen an Land war bekannt, dass Gold hier als ›Beiprodukt‹ zusammen mit Zink, Kupfer und Blei auftritt. Wie ist es mit den Goldgehalten der in Bildung begriffenen Gegenstücke dieser Lagerstätten im Meer bestellt? Erste Analysen der marinen Erze auf Gold waren eher ernüchternd. Durchschnittsgehalte von etwa einem Gramm pro Tonne und maximal etwa sieben Gramm pro Tonne gaben keinen Anlass zu übertriebenen Erwartungen. Allerdings entdeckten Mitte der 1980er Jahre Forscher im Südwestpazifik einen etwas anderen Typ mariner Sulfidvorkommen. Der wesentliche Unterschied zu den Mineralisationen an den mittelozeanischen Rücken besteht in der Tatsache, dass die südwestpazifischen Metall-

Abb. 8: Mikroskopische Aufnahme eines Goldkorns (Größe 18 Mikrometer) in einem goldreichen Sulfiderz aus dem Südwestpazifik (Lau-Becken, Wassertiefe 1.700 Meter)

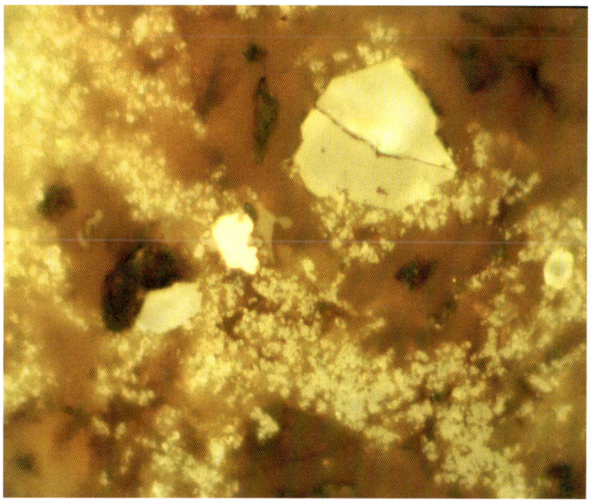

sulfide nicht an basaltische Gesteine, sondern an hellere, mehr Kieselsäure führende Gesteine, sogenannte Rhyolithe, gebunden sind. Diese besitzen eine andere chemische Zusammensetzung, die sich in den Sulfidvorkommen am Meeresboden widerspiegelt.

Bei Untersuchungen mit dem französischen Tieftauchboot NAUTILE sind wir vor einigen Jahren in den Gewässern des Inselstaates Tonga in 2.000 Metern Wassertiefe fündig geworden (Abb. 7). Hier haben wir an einem kleinen, submarinen Gebirgszug erstmals Sulfidablagerungen gefunden, die höhere Goldgehalte aufwiesen. Im Mittel liegen sie auch nur bei drei Gramm pro Tonne, aber lokal erreichen sie den extrem hohen Wert von fast 30 Gramm pro Tonne. Unter dem Mikroskop konnte erstmals sichtbares, gediegenes Gold in jungen Massivsulfidvorkommen am Meeresboden nachgewiesen werden (Abb. 8). Diese Entdeckungen waren in Hinblick auf die Entwicklung von geochemischen Modellen für die Goldanreicherung in diesem Lagerstättentyp von besonderem Interesse. Sie haben in der Folge zum Nachweis von hohen Goldgehalten in fast allen geologisch jungen Sulfidvorkommen des westlichen und südwestlichen Pazifik geführt. Bergbaugesellschaften haben die im marinen Bereich entwickelten Konzepte zum Entstehen von Buntmetall- und Goldmineralisation mittlerweile zum Bestandteil ihrer modernen Explorationsstrategien gemacht und hoffen, besonders goldreiche Sulfidvorkommen an Land zu entdecken.

Der Transfer von wissenschaftlichem ›know how‹ (and ›why‹) vom marinen Bereich auf den terrestrischen Bereich war in einigen Fällen auch schon erfolgreich. Wir konnten nachweisen, dass bei der Zersetzung von nicht mehr aktiven Sulfidvorkommen durch sauerstoffreiches Meerwasser Minerale umgelagert und Gold angereichert werden. Hohe Goldgehalte treten vor allem in stark oxidiertem (›verrostetem‹) Material, wie den aus Eisen-Oxiden und -Hydroxiden bestehenden Eisen-Ockern, auf, finden sich allerdings auch in den farbenprächtigen Oxidationsprodukten der Kupferminerale (Abb. 9). Hier bildet sich bevorzugt das Kupfermineral ›Atacamit‹, das nach seinem Fundort in der chilenischen Atacama-Wüste benannt ist. Offensichtlich ist dieses Mineral aber nicht nur unter extrem trockenen Bedingungen stabil, sondern auch im Meerwasser. Die hohen Goldgehalte in der Verwitterungszone eines Sulfidvorkommens am Mittelatlantischen Rücken haben uns dazu gebracht, auch in Sulfidvorkommen an Land nach Lagen zu suchen, in denen sich Gold auf diese Weise angereichert hat. Auf der Mittelmeerinsel Zypern wurden wir schließlich fündig: Die im Troodos-Gebirge auftretenden Sulfidvorkommen sind vor etwa 90 Millionen Jahren in der gleichen Art und Weise am Meeresboden entstanden wie die sich heute dort bildenden Vorkommen. Die chemische Analyse von Material, von dem wir annahmen, dass es ein Produkt der Meerwasseroxidation darstellt, zeigte bisher völlig unerwartet hohe Goldgehalte, die sich bei einem auf Buntmetalle abgestellten Bergbau wirtschaftlich mitgewinnen lassen.

Abb. 9: Grünes Kupferchlorid (›Atacamit‹) auf stark oxidiertem Sulfiderz vom Mittelatlantischen Rücken aus 3.650 Metern Wassertiefe

Zurück zu Jules Verne. Lohnt es sich nun die Metallerzvorkommen am Meeresboden abzubauen? Dies war bis vor wenigen Jahren fast ausschließlich eine Frage des Preises. Dieser ist auch heute noch entscheidend (s. auch Artikel von G. Borg). Aber auch dem gewandelten Umweltbewusstsein muss Rechnung getragen werden (s. Artikel von A. Koschinsky). Die Fehler, die in der Vergangenheit bei der Ausbeutung von Erzvorkommen an Land zum Teil aus Unwissenheit, zum Teil aber auch aus Ignoranz gemacht wurden, müssen vermieden werden. Das überaus komplizierte und ebenso empfindliche marine Ökosystem darf unter keinen Umständen unwiederbringlich geschädigt werden. Daher müssen im Vorfeld mariner Bergbauaktivitäten Methoden zur umweltverträglichen Gewinnung der marinen Rohstoffe erforscht und entwickelt werden. Darüber hinaus sind nicht zu vernachlässigende rechtliche und politische Hintergründe zu berücksichtigen.

Bisher ist, mit Ausnahme des Atlantis II-Tiefs im Roten Meer, nicht nachgewiesen worden, dass marine Rohstoffvorkommen tatsächlich gewinnbringend abgebaut werden können. Streng genommen verdienen sie damit nicht den Namen ›Erz‹. Sie dürfen eigentlich nur als Ressourcen, das heißt als potentielle Erzvorkommen bezeichnet werden (s. Artikel von H. Andruleit & P. Gerling). Werden dennoch in naher Zukunft polymetallische Massivsulfide unter Wasser abgebaut? Wahrscheinlich ja. Anfang 2011 hat die Regierung von Papua-Neuguinea eine Abbaulizenz für ein Gebiet von etwa 60 Quadratkilometern im Bereich des sogenannten Manus-Beckens an eine australische Bergbaugesellschaft vergeben. Eine Vielzahl von Explorationslizenzen in den Hoheitsgewässern der pazifischen Inselstaaten aber auch für die Hohe See sind bereits genehmigt worden. Interessante Zielgebiete sind besonders goldreiche Erzvorkommen an untermeerischen Vulkankratern, die in Wassertiefen von 1.000 bis 2.000 Metern auftreten und sich in den Hoheitsgewässern (12 bzw. 200 Seemeilenzone) von Küsten- oder Inselstaaten des westlichen Pazifiks befinden. Ein solches Goldvorkommen haben wir mit dem deutschen Forschungsschiff Sonne bereits 1994 in der Umgebung der Insel Lihir, Papua-Neuguinea, entdeckt. Auf dieser Insel befindet sich Ladolam, eine der größten Goldlagerstätten der Welt mit 1.300 Tonnen Goldmetallinhalt, die durch aufsteigendes magmatisches Wasser im Gestein abgelagert wurde.

Südlich von Lihir in 1.000 Metern Wassertiefe haben wir 1998 vom Forschungsschiff Sonne aus mit Fernsehgreifern die 1994 entdeckte Goldvererzung ›Conical Seamount‹ beprobt, bei der es sich wahrscheinlich um ein untermeerisches Gegenstück zur Lagerstätte Ladolam handelt. Die Goldkonzentrationen erreichen in Oberflächenproben vom Gipfelplateau des erloschenen Vulkans gigantische 230 Gramm pro Tonne. Im Herbst 2002 haben wir, ebenfalls von der Sonne aus, mit einem britischen Meeresbodenbohrgerät erste Bohrungen in bis zu fünf Metern Tiefe durchgeführt. Diese Bohrungen haben gezeigt, dass die Goldvererzung sich nicht nur auf die Oberfläche beschränkt, sondern mindestens bis in eine Tiefe von fünf Metern reicht. Der ultimative Nachweis, dass es sich um eine wirtschaftlich gewinnbare Goldlagerstätte handelt, muss durch tiefere Bohrungen in den ›Conical Seamount‹ erbracht werden.

Erst vor wenigen Dekaden hat die Ölindustrie den Schritt vom Land ins Meer vollzogen, und es besteht heute kein Zweifel daran, dass diese Entwicklung überaus erfolgreich verlaufen ist. Die ›Jules Vernes‹ der Bergbauindustrie bereiten sich momentan entschlossen darauf vor, diesem Beispiel zu folgen.

Literaturhinweise

Cronan, D. S. (Hrsg.) (2000): Handbook of Marine Mineral Deposits. CRC Press, London

Hannington, M.D., C. D. de Ronde, S. Petersen (2005): Sea-floor tectonics and submarine hydrothermal systems. Economic Geology 100th Anniversary Volume, 111–141

Hannington, M., J. Jamien, T. Monecke, S. Petersen & S. Beaulieu (2011): The abundance of seafloor massive sulfide deposits. Geology, 39, 1155–1158

Herzig, P. M. & M. D. Hannington (2000): Input from the deep: Hot vents and cold seeps. In: Schulz, H. D. & M. Zabel (eds): Marine Geochemistry, Springer-Verlag, 397-416

Humphris et al. (Hrsg.) (1995): Seafloor Hydrothermal Systems: Physical, Chemical, Biological, and Geological Interactions. American Geophysical Union

Rona, P. A. (2008): The changing vision of marine minerals. Ore Geology Reviews, 33, 618–666

Van Dover, C. L. (2010): Mining seafloor massive sulphides and biodiversity: what is at risk? ICES Journal of Marine Science, 68, 341–348

Van Dover, C. L. (2011): Tighten regulations on deep-sea mining. Nature, 470, 31–33

Peter M. Herzig ist Direktor des GEOMAR Helmholtz-Zentrum für Ozeanforschung Kiel und hat sich viele Jahre schwerpunktmäßig mit der Untersuchung von rezenten Hydrothermalsystemen und Massivsulfidvorkommen im Bereich der ozeanischen Riftzonen beschäftigt.

Anschrift: Prof. Dr. Peter M. Herzig
GEOMAR Helmholtz-Zentrum
für Ozeanforschung Kiel
Wischhofstraße 1-3
24148 Kiel

E-Mail: pherzig@geomar.de

Tiefseebergbau –

eine nachhaltige Option für die zukünftige Versorgung mit strategischen Wertmetallen?

von Andrea Koschinsky, Bremen

Eine Seegurke, ein typischer Bewohner der Tiefseeebenen mit Manganknollenfeldern im deutschen Lizenzgebiet in der Clarion-Clipperton Zone

Wie im Beitrag von G. Borg dargelegt, sind mineralische Rohstoffe eine wichtige Grundlage unseres wirtschaftlichen Wohlstands, und ihre uneingeschränkte Verfügbarkeit ist ein wichtiges strategisches Kriterium für Industrienationen wie Deutschland. Es gibt eine Reihe von Gründen, die diese Verfügbarkeit empfindlich einschränken können, wie die Abhängigkeit vom Import aufgrund fehlender Vorkommen im eigenen Land und die damit verbundenen Risiken, z. B. durch politische Konflikte oder marktwirtschaftliche Beschränkungen. Auch ist durch neue technologische Entwicklungen, etwa im Bereich der Erneuerbaren Energien einschließlich Windkraft und Photovoltaik der Bedarf an bestimmten Wertstoffen wie z. B. seltenen Metallen in den vergangenen Jahren kontinuierlich gestiegen. Aus diesem Grund haben in den letzten Jahren viele Länder, unter anderem Deutschland, verstärkt auch den tiefen Ozean als mögliche zukünftige Quelle für kritische Hochtechnologie-Metalle ins Visier genommen. Viele Lagerstätten, die heute an Land abgebaut werden, sind ursprünglich im Meer entstanden, und auch heute noch ist der Ozean einschließlich der Tiefsee ein Entstehungsort verschiedenster Arten von nichtbiologischen Rohstoffen. Während in den Küsten- und Schelfbereichen vor allem fossile Energieträger wie Öl und Gas, aber auch Gashydrate vorkommen, ebenso wie Phosphorite, die im Wesentlichen für die Produktion von mineralischen Düngemitteln abgebaut werden, finden sich die großen Vorkommen metallreicher Lagerstätten vor allem im tiefen Ozean. Als Tiefsee werden ozeanische Bereiche mit Wassertiefen über 1.000 Metern bezeichnet, die durch lichtlose Verhältnisse, niedrige Wassertemperaturen (mit Ausnahme hydrothermal aktiver Bereiche), hohen Druck und durch eine speziell an diese extremen Bedingungen angepasste Lebewelt charakterisiert sind. Neben den Phosphoriten, die auch in größeren Wassertiefen wie z. B. dem Chatham Rise vor Neuseeland vorkommen, handelt es sich bei den mineralischen Erzvorkommen in der Tiefsee im Wesentlichen um Manganknollen, Mangankrusten und Massivsulfide. Diese drei Typen von marinen Rohstoffen der Tiefsee sind neben ihrer wissenschaftlichen Bedeutung vor allem auf Grund ihrer hohen Gehalte an strategisch wichtigen Wertmetallen auch von wirtschaftlichem Interesse.

In den vergangenen Jahren haben steigende Rohstoffpreise, der stetig steigende Bedarf an Wertmetallen für Stahlverarbeitung, Elektroindustrie und erneuerbare Energie-Technologien wie Windkraft und auch der Fortschritt in der Entwicklung von Tiefseetechnologien wie z. B. Manganknollen-Kollektoren das Interesse an mineralischen Rohstoffen der Tiefsee deutlich gesteigert. Neben den traditionell interessanten Metallen wie Kupfer, Zink, Kobalt, Nickel, Gold und Silber rücken nun auch zunehmend andere Metalle wie Seltene Erden, Molybdän, Zirkon, Tellur und Platin in den Fokus, da diese für viele Zukunftstechnologien unverzichtbar sind und landgebundene Ressourcen teils zur Neige gehen. Bei einigen Metallen ist die Versorgung z. B. aufgrund existierender oder potentieller politischer Konflikte mit den Lieferländern oder sonstiger Einschränkungen langfristig nicht sichergestellt. Ein prominentes Beispiel hierfür ist die Monopolstellung Chinas beim Abbau der Seltenen Erden an Land, die z. B. durch Ausfuhrbeschränkungen eine dauerhafte Versorgung mit diesen strategisch bedeutsamen Metallen gefährden kann. Somit wird seit einiger Zeit sowohl in Wirtschaft und Politik als auch von Wissenschaftlern und der Öffentlichkeit die Möglichkeit eines zukünftigen Bergbaus in der Tiefsee intensiv diskutiert.

Abb. 1: Manganknollen verschiedener Herkunft mit typischen Größen zwischen einem und zehn Zentimetern im Durchmesser.

Mineralische Rohstoffvorkommen in der Tiefsee – Typen und Entstehung

Seit einigen Jahren sind vor allem Manganknollen mit ihren signifikanten Gehalten an strategisch wichtigen Metallen wieder in den Fokus politischen und wirtschaftlichen Interesses gerückt. Die Existenz von Manganknollen ist bereits seit den frühen Forschungsreisen des britischen Schiffes Challenger in den Jahren 1872 bis 1876 bekannt, als neben anderen spektakulären Erkenntnissen und Funden die ersten Manganknollen aus der Tiefsee an Bord geholt wurden. In den 70er Jahren des vergangenen Jahrhunderts wurden Manganknollen aufgrund ihrer hohen Gehalte an Metallen wie Kupfer, Kobalt und Nickel von Wissenschaft und Industrie schließlich als potentiell abbauwürdige metallische Rohstoffe eingestuft, was zu intensiven Explorationsaktivitäten verschiedener Länder vor allem im Pazifik führte. In Deutschland wurden unter Leitung der Preussag AG in einem Pilotprojekt mehrere Tonnen Manganknollen im zentralen Ost-Pazifik geborgen und auf Wertmetalle analysiert. Als jedoch die Rohstoffpreise in den 1980er Jahren sanken und die Wirtschaftlichkeit von Tiefseebergbau nicht mehr gegeben schien, wurden die Explorationsvorhaben und Aktivitäten weitgehend eingestellt.

Manganknollen messen in der Regel einige Zentimeter bis maximal etwa 20 Zentimeter im Durchmesser (Abb. 1 und 2) und kommen vor allem in den großen sedimentgefüllten Becken aller Ozeane in Tiefen zwischen etwa 3.000 und 6.000 Metern vor. Ihre Entstehung findet sehr langsam statt, mit Wachstumsgeschwindigkeiten von einigen Millimetern bis maximal Zentimetern in einer Million Jahre. Das Alter der Manganknollen liegt in der Regel im Bereich von mehreren Millionen Jahren. Somit sind Manganknollen, wie andere mineralische Lagerstätten, keine erneuerbaren Rohstoffe, auch wenn das Mangan-

Abb. 2: Meeresbodenfoto einer dicht mit Manganknollen belegten Tiefseeebene in der Clarion-Clipperton Zone; das untere Foto zeigt eine in diesem Gebiet mit einem Kastengreifer genommene Probe mit bis zu zehn Zentimeter großen Manganknollen

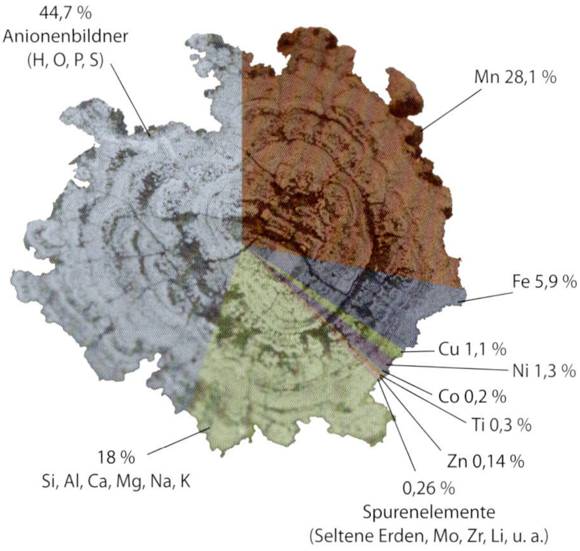

Abb. 3: Durchschnittliche prozentuale Verteilung von Hauptelementen, wertvollen Metallen und anderen Nebenmetallen in Manganknollen aus der Clarion-Clipperton Zone

knollenwachstum rezent weiter stattfindet. Die Knollen liegen meist auf der Sedimentoberfläche, sind teilweise ins Sediment eingebettet oder gar im Sediment begraben (Abb. 2). Das Wachstum der Knollen findet Lage für Lage um einen zentralen Kern herum statt, der z. B. ein Gesteinsbruchstück, ein Muschelstück oder ein Haifischzahn sein kann und als Abscheidungskeim dient. Hauptmineralphasen der Manganknollen sind Manganoxide und Eisenoxide bzw. Oxyhydroxide, die durch chemische Reaktionen im Oberflächen-Sediment mobilisiert wurden oder direkt aus der Wassersäule stammen. Daneben werden auch andere Bestandteile wie z. B. Sedimentpartikel in die Oxidmatrix einzementiert. Den hohen Wertmetallgehalt erhalten Manganknollen durch die Einbindung der im Boden- oder Porenwasser gelösten Metallionen in die Mineralstruktur der Mangan- oder Eisenoxide selbst oder durch chemische Bindung an die Mineraloberfläche. Diese Prozesse sind sehr effektiv und führen in den Knollen durch das langsame Wachstum für einige Metalle wie Kupfer und Nickel zu Gehalten von bis zu zwei Gewichtsprozent (Abb. 3). Je nach Umweltbedingungen unterscheiden sich die verschiedenen Wachstumslagen chemisch und mineralogisch etwas voneinander, so dass eine Manganknolle im Querschnitt häufig einer Baumscheibe mit Wachstumsringen ähnelt. Dass Manganknollen dabei auch Umweltinformationen in den einzelnen Wachstumslagen speichern, macht sie auch für paläozeanographische Studien in der Forschung interessant. Bei solchen Studien werden hoch aufgelöste Profile durch die Knollen geochemisch und mineralogisch untersucht und ihre Signale mit möglichen Veränderungen im System Ozean in Verbindung gebracht.

Auf Basis ihrer Entstehungsmechanismen bzw. der Quelle der Metalle werden zwei Haupttypen von Manganknollen unterschieden (Abb. 4). Hydrogenetische Knollen finden sich meist an Flanken oder auf den Kuppen von Seebergen und wachsen mit nur einigen Millimetern in einer Million Jahre sehr langsam. Ihre Zusammensetzung

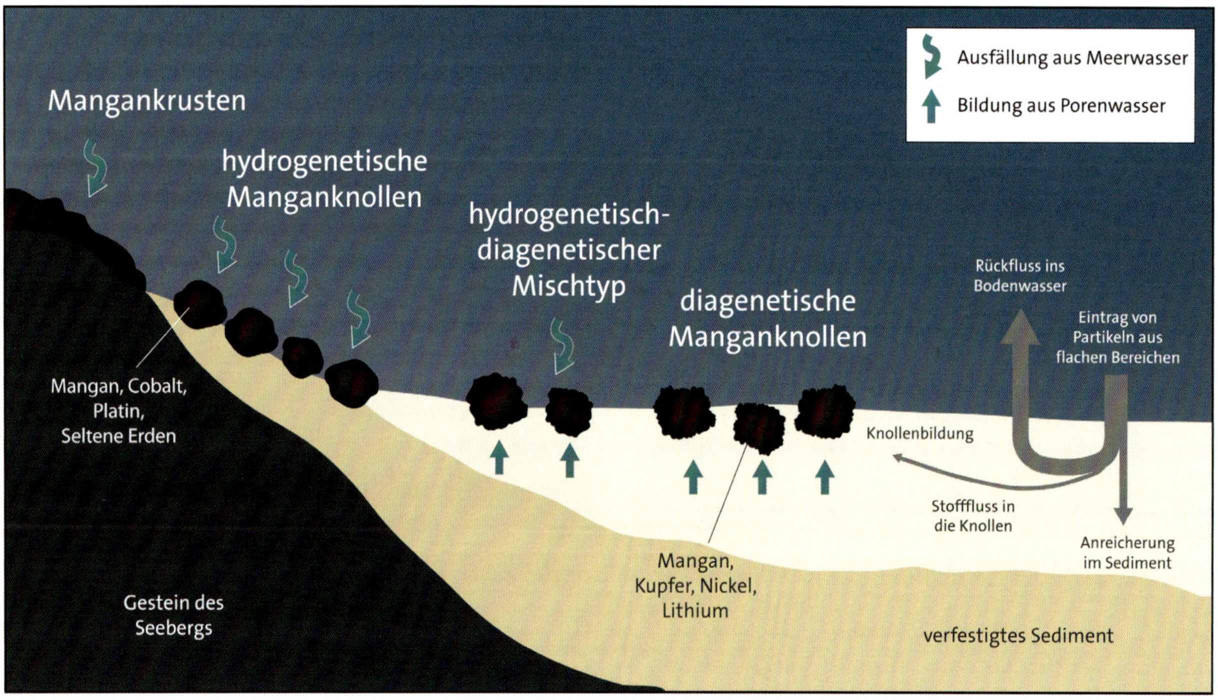

Abb. 4: Schematische Darstellung der Bildungsmechanismen von hydrogenetischen Manganknollen und Mangankrusten durch Komponenten aus dem Meerwasser und von diagenetischen Manganknollen durch Stoffflüsse im Sediment

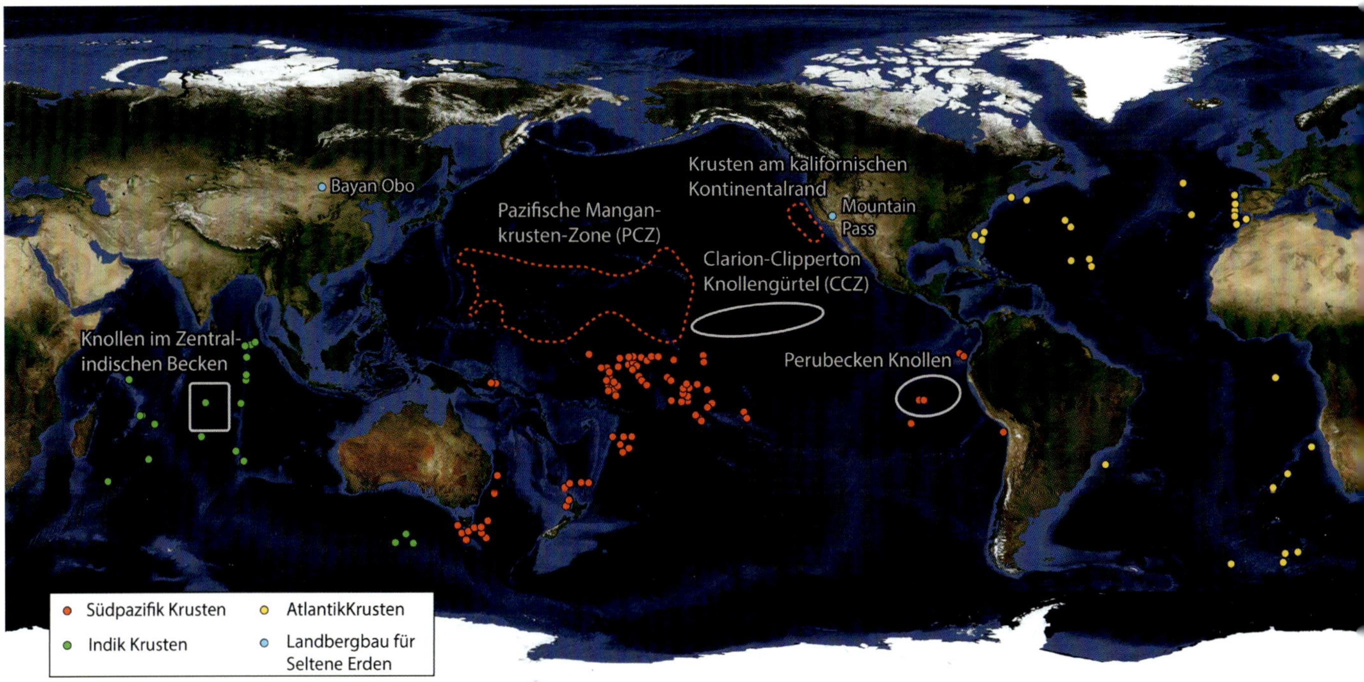

Abb. 5: Globale Vorkommen von Manganknollen und Mangankrusten in den Weltozeanen; zum Vergleich werden die Lokationen der beiden einzigen großen Land-Bergbauaktivitäten für Seltene Erden, Bayan Obo (China) und Mountain Pass (Kalifornien), gezeigt.

wird durch das umgebende Meerwasser bestimmt, wobei Mangan- und Eisenoxide – angereichert mit Spurenmetallen aus dem Wasser – an der Oberfläche der Knolle ausgefällt werden. Dieser Knollentyp ist besonders reich an Kobalt, Seltenen Erden, Tellur, Zirkon und Platin. Diagenetische Knollen wachsen in den obersten Schichten der Meeresbodensedimente mit bis zu mehreren Zentimetern in einer Million Jahre in Tiefseebecken wie dem Peru-Becken im Südost-Pazifik. Ihr Wachstum wird durch oxische oder suboxische Diagenese bestimmt, d.h. durch Metallremobilisierung während des Abbaus von organischem Material und Ausfällung aus den Porenwässern. Dieser Prozess führt zu besonders hohen Gehalten an Mangan, Kupfer, Nickel, Zink und Lithium in den Knollen.

Die meisten Manganknollenvorkommen in den Ozeanen bestehen aus einer Mischung aus hydrogenetischer und diagenetischer Komponente, da Wachstum und Metallanreicherungen sowohl aus Meerwasser als auch aus Sediment-Porenwasser stattfinden. Ein typisches Beispiel für ein Vorkommen mit hoher Belegungsdichte dieser Art Knollen ist der Manganknollen-Gürtel in der Clarion-Clipperton Zone (CCZ) im nordöstlichen äquatorialen Pazifik südlich von Hawaii und westlich von Mexiko (Abb. 5). Dieses Gebiet weist die höchste Manganknollendichte weltweit von mehr als 10 Kilogramm pro Quadratmeter auf. Die CCZ liegt außerhalb der Ausschließlichen Wirtschaftszonen einzelner Länder und in solchen internationalen Gewässern wird die Exploration und der mögliche zukünftige Abbau mineralischer Rohstoffe durch die Internationale Meeresbodenbehörde (International Seabed Authority ISA) geregelt. Eine Reihe von Ländern hat hier bereits von der ISA Explorationsgebiete für Manganknollen erworben, unter anderem China, Frankreich, Indien, Südkorea und Russland. Auch mehrere Bergbau-Firmen haben mittlerweile zusammen mit sogenannten Sponsorstaaten (Entwicklungsländern) wie Tonga, Nauru und Kiribati entsprechende Verträge mit der ISA geschlossen. Seit einer Vertragsunterzeichnung zwischen der ISA und der Bundesanstalt für Geowissenschaften und Rohstoffe (BGR) als Vertreter der Bundesrepublik Deutschland im Jahr 2006 hat auch Deutschland das Exklusivrecht zur Manganknollenexploration in zwei Gebieten in der CCZ mit einer Gesamtgröße von 75.000 Quadratkilometern. Seitdem führt die BGR jährlich Forschungsfahrten in diese Gebiete durch, wobei neben der Kartierung der Gebiete und der Generierung ozeanographischer, geophysikalischer, geochemischer und biologischer Daten auch Manganknollen und Sedimentkerne an Bord gebracht werden. Diese Knollen bestehen zu ca. 35 Prozent aus Mangan und Eisen und zu ca. vier Prozent aus weiteren wirtschaftlich interessanten Metallen (Abb. 3): Nickel (1,4%), Kupfer (1,2%), Titan (0,3%), Kobalt (0,2%) und ca. ein Prozent Spurenelemente wie Seltene Erden (einige 100 Gramm pro Tonne (g/t)) und Platin (im Bereich von 0,1 bis 0,5 g/t). Der Anteil vieler dieser Elemente in den Manganknollen ist damit deutlich höher als in vergleichbaren Erzen aus herkömmlichem landgebundenem Abbau.

Neben der CCZ mit ihren großen Manganknollen, in der die meisten Lizenznehmer ihre Explorationsgebiete haben, gibt es weitere Vorkommen im Indischen Ozean,

Abb. 6: Querschnitt durch zwei typische Mangankrusten; links: fünf bis sieben Zentimeter dicke Mangankruste aus dem Pazifik, eng verwachsen mit phosphatisiertem Riffkalkgestein; rechts: drei Zentimeter dicke Mangankruste aus dem Atlantik auf vulkanischem Substratgestein

in denen Indien ein Lizenzgebiet erworben hat, und darüber hinaus in vielen weiteren Teilen der Weltozeane. Die meisten dieser Vorkommen liegen in internationalen Gewässern, große und wirtschaftlich interessante Knollenvorkommen gibt es aber auch in der Ausschließlichen Wirtschaftszone (200 Seemeilen) der Cook Islands im Pazifik. Obwohl man annimmt, alle größeren Knollenlagerstätten entdeckt zu haben, gibt es noch immer überraschende neue Entdeckungen von Manganknollenfeldern wie z. B. während der Atlantik-Transitfahrt des neuen Forschungsschiffes Sonne, wo im Januar 2015 bei der Untersuchung der Tiefseefauna plötzlich ganz unerwartet ein großes Feld gleichmäßig geformter runder Knollen von bis zu Kegelkugelgröße gefunden wurde. Aufgrund der Tatsache, dass weite Bereiche der Tiefsee noch nicht erforscht sind, ist damit zu rechnen, dass auch zukünftig neue Felder entdeckt werden.

Mangankrusten sind im Gegensatz zu Manganknollen als zum Teil großflächige geschlossene Überzüge auf sedimentfreien Hängen von Tiefseebergen zu finden (Abb. 6). Diese einige Millimeter bis maximal etwa 25 Zentimeter dicken Ablagerungen bilden sich durch Ausfällung von Mangan- und Eisenoxiden aus der Wassersäule, ihre Entstehung ist also vergleichbar mit der hydrogenetischer Manganknollen (Abb. 4). Durch das langsame Wachstum, das Lage für Lage stattfindet, sind diese Krusten, ebenso wie Knollen, auch für paläozeanographische Studien von großem Interesse, da sie auf diese Weise die Strömungsmuster und Zusammensetzung der Ozeane im Verlaufe ihres Wachstums in ihren Wachstumslagen aufgezeichnet haben. Man findet Mangankrusten in einem Wassertiefenbereich von etwa 400 bis 7.000 Metern, wobei die wirtschaftlich interessantesten Krusten sich auf den Bereich zwischen 800 und 2.500 Meter beschränken und insbesondere im nordwestlichen äquatorialen Pazifik zu finden sind (Abb. 5). Ihr sehr langsames Wachstum im Bereich von einigen Millimetern in einer Million Jahre geht mit einem hohen Alter von bis zu ca. 60 Millionen Jahren einher. Es handelt sich hier also – wie bei den Manganknollen – nicht um einen in menschlicher Zeitdimension nachwachsenden Rohstoff. Durch das langsame hydrogenetische Wachstum und die extrem große feinporige Oberfläche der Mangan-Eisen-Oxidminerale können die Krusten sehr hohe Gehalte an Spurenmetallen aus dem Meerwasser binden und in die Mineralmatrix einbauen; der Anreicherungsfaktor gegenüber Meerwasser geht bis in die Größenordnung 10^9 (1 Milliarde) und führt zu Gehalten von Kobalt bis ca. 2 Prozent, Tellur bis zu 200 g/t, Seltenen Erden mit mehreren 1.000 g/t und Platin bis ca. 3 g/t. Auch die globalen Durchschnittsgehalte liegen mit ca. 0,6 Prozent Kobalt, 0,4 Prozent Nickel, 50 g/t Tellur, 2000 g/t Seltenen Erden und 0,5 g/t Platin im Vergleich zu landgebundenen Lagerstätten in einem wirtschaftlich interessanten Bereich. Weitere hoch angereicherte Elemente von wirtschaftlichem Interesse für spezielle Technologien sind u.a. Kupfer, Zink, Molybdän, Zirkon, Wolfram, Titan, Thorium, Niob und Bismut. Während einige interessante Vorkommen von Mangankrusten sich im Bereich von Inselketten wie z. B. Hawaii befinden und damit innerhalb der Ausschließlichen Wirtschaftszonen der entsprechenden Länder, liegen viele Krustenvorkommen in internationalen Gewässern. Hier haben China und Japan bereits insgesamt 3.000 Quadratkilometer große Lizenzgebiete im Pazifik bei der ISA erworben.

Massivsulfide entstehen durch hydrothermale Prozesse in geologisch aktiven Bereichen der Ozeane (s. Beitrag von W. Bach). Sie bestehen aus Metallsulfid-Mineralen, die durch die Vermischung von mineralreichem, hydrothermalem Fluid und kaltem Meerwasser am Meeresboden massive Ablagerungen bilden, die mit Wertmetallen, insbesondere Kupfer, Zink, Gold und Silber, angereichert sind (s. Beitrag von P. Herzig). Neben geologisch aktiven Gebieten wie den mittelozeanischen Rücken in internationalen Gewässern liegen im Bereich vieler Inselstaaten, insbesondere solcher mit vulkanischer Aktivität, hydrothermal entstandene Massivsulfid-Lagerstätten im Prinzip vor der Haustür und könnten dort von wirtschaftlichem Interesse werden. Jedoch ist das Lagerstättenpotential häufig nicht so leicht zu erfassen wie bei Manganknollen und -krusten, welche zweidimensional den Meeresboden der tiefen Ozeane bedecken. Massivsulfid-Lagerstätten erstrecken sich in die dritte Dimension und die Exploration in die Tiefe unterhalb des Meeresbodens mit geophysikalischen Methoden oder Bohrungen ist erheblich schwieriger. Damit ist auch die Größe vieler dieser Massivsulfid-Lagerstätten nur ungefähr bekannt und die Schätzungen des globalen Reservoirs an marinen Massivsulfiden schwanken über zwei Größenordnungen. Dennoch haben China, Frankreich, Südkorea und Russland in internationalen Gewässern jeweils schon 10.000 Quadratkilometer Explorationsgebiet für Massivsulfide von der ISA erworben. Seit 2014 sind auch Deutschland (vertreten durch die BGR) und Indien als Inhaber von zwei Lizenzgebieten Nachbarn im Indischen Ozean.

Ist Tiefseebergbau technisch machbar und wirtschaftlich sinnvoll?

Die Weltbevölkerung hat im November 2011 die 7-Milliarden-Grenze überschritten und wächst weiter. Die Wirtschaft in vielen Industrieländern entwickelt sich mit neuen Technologien weiter voran, und noch immer gibt es seine sehr große Zahl von Menschen in Entwicklungsländern, denen selbst die fundamentale Infrastruktur und die Ressourcen für grundlegende Bedürfnisse, aber auch für die Entwicklung nachhaltiger Energieversorgung fehlen. Auf Dauer können landgebundene mineralische Rohstoffe diesem Bedarf nur noch bedingt gerecht werden. Viele der selteneren Metalle, die für grüne Technologien und Hochtechnologien wie Windkraft und Photovoltaik und auch in der Medizin erforderlich sind, sind in marinen mineralischen Rohstoffen in signifikanten Gehalten vorhanden. Ein interessantes Beispiel sind die Seltenen Erden, die in Mangankrusten bei einer ähnlichen Gesamttonnage einen deutlichen höheren Anteil an wertvolleren schweren Seltenen Erden im Verhältnis zu den leichten Seltenen Erden haben als die großen Lagerstätten Bayan Obo in China und Mountain Pass in Kalifornien. Ausfuhrbeschränkungen von Seltenen Erden aus China haben in den letzten Jahren verstärkt den Blick auf die Selten-Erd-haltigen Manganknollen und Mangankrusten in den internationalen Gewässern der Weltozeane gelenkt. Auch wenn der Abbau von Manganknollen sich wegen der Seltenen Erden allein nicht lohnen würde, bietet die breite Palette an angereicherten Wertmetallen in diesen Knollen neben Kupfer, Nickel und Mangan viele weitere Möglichkeiten einer Wertschöpfungskette.

Bei den Massivsulfid-Lagerstätten steht der Beginn des Abbaus in der Tiefsee offensichtlich bereits unmittelbar bevor. Dies hängt vor allem mit der aktuellen Entwicklung in den Gewässern vor Papua-Neuguinea zusammen, wo kleine, aber wirtschaftlich interessante Massivsulfidvorkommen in etwa 1.500 Metern Wassertiefe im Bereich der Ausschließlichen Wirtschaftszone vorkommen. Das kanadische Unternehmen Nautilus Minerals hat mit der Regierung von Papua-Neuguinea einen Abbauvertrag geschlossen und bereitet seit einigen Jahren mit dem Bau von Raupenfahrzeugen und Spezialschiffen den Abbau des Erzfeldes Solwara I vor. Der Start des Abbaus ist für 2016 geplant.

Eine große Aufgabe besteht nun vor allem darin, eine wirtschaftliche wie auch ökologisch vertretbare Abbaumethode für Manganknollen im Sinne eines weitestgehend nachhaltigen Tiefseebergbaus zu entwickeln. Neben dem notwendigen guten Verständnis des natürlichen Systems und seiner Prozesse spielt hierbei die Entwicklung der Technik nach dem Prinzip „Best Available Technology“ eine entscheidende Rolle. Eine große Herausforderung für die Abbaugeräte bilden der hohe Wasserdruck bei bis zu 6.000 Metern Wassertiefe und die korrosiven Eigenschaften des Meerwassers, dem die Abbaugeräte standhalten müssen. Während die Preussag AG in den 1970er Jahren ein Konzept nach dem Prinzip eines Staubsaugersystems benutzte, konzentriert sich die aktuelle Entwicklung auf eine Art ›Kartoffelroder‹. Den Auftrag für das Konzept eines solchen Kollektors hat die BGR 2009 an die Aker Wirth GmbH aus Erkelenz und Partner gegeben (Abb. 7). Wesentlicher Teil des entwickelten Manganknollenfördersystems ist ein selbst fahrender Kollektor, der auf dem Meeresboden die Manganknollen aufsammelt. Nach dem Transport auf eine Zwischenablage werden die Knollen kontinuierlich an einen Förderstrang weitergegeben, der nach dem Lufthebeprinzip (Airlift) arbeitet, bis sie eine schwimmende Förderplattform erreichen. Durch die spezielle Anordnung der Greifelemente und ein weitgehend geschlossenes System des Kollektors und der Förderstränge soll eine starke Aufwirbelung von Sediment, welches als eines der größten Probleme der Manganknollenförderung angesehen wird, vermieden werden.

Bezüglich eines möglichen Abbaus von Mangankrusten sind die Gehalte einiger Wertmetalle von speziellem Interesse. Kobalt, Seltene Erden und Tellur sind in den Krusten weitaus höher angereichert als in den Knollen. Dennoch liegt ein möglicher Abbau von Mangankrusten noch in weiter Ferne, da bisher kein überzeugendes Konzept für eine geeignete Abbautechnologie entwickelt werden konnte. Es existiert bisher lediglich ein grobes Konzept für ein Fahrzeug, das mit Schneidwerkzeugen bzw. hydraulischen Jets die Krusten vom Untergrundgestein lösen soll. Aufgrund von Problemen mit der Hangneigung, der oft rauen Morphologie des Untergrunds und den nicht genügend unterschiedlichen physikalischen Eigenschaften der Krusten und des Untergrundgesteins ist eine technische Realisierung bisher nicht möglich. Auch ist es schwierig, die Dicke der Mangankrusten großflächig zu bestimmen und somit das vorhandene Rohstoffpotential exakt zu erfassen.

Abb. 7: Modell eines Kollektor-Systems zum Abbau von Manganknollen

Im Gegensatz dazu ist die Entwicklung von Techniken zum Abbau von Massivsulfiden durch die Aktivitäten der Firma Nautilus Minerals im Solwara-I-Projekt bereits weit vorangeschritten. Sie orientiert sich teilweise an Geräten, die auch im Landbergbau eingesetzt werden. Das Erz soll am Meeresboden mit Schneidgeräten gelöst, zerkleinert und anschließend mit Hilfe eines Pumpen- und Schlauchsystems als Erzschlamm an die Oberfläche gepumpt werden. An Bord des Produktionsschiffs wird der Erzschlamm dann entwässert und auf einen Transportkahn umgeladen, der ihn an Land bringt. Das abgetrennte Wasser wird zum Meeresboden zurückgeführt, um einen möglichst geringen Umwelteinfluss zu gewährleisten.

Ist ein umweltschonender Abbau und eine nachhaltige Nutzung der Tiefseerohstoffe möglich?

Jede Art von Rohstoffabbau, sei es an Land oder im Ozean, hinterlässt unweigerlich einen signifikanten menschlichen Fußabdruck mit Einflussnahme auf das natürliche Ökosystem. Daher ist es in jedem Fall zunächst unabdingbar, ausreichende Kenntnisse über das betroffene System zu haben und beim Abbau maximal umweltschonende Methoden einzusetzen oder diese neu zu entwickeln. Auch ein entsprechendes Regelwerk zur Durchführung des Abbaus und zum Umwelt-Monitoring ist erforderlich. Bezüglich eines Abbaus von mineralischen Rohstoffen in der Tiefsee hat z. B. die International Marine Minerals Society einen Umwelt-Code mit von Fachleuten erarbeiteten Vorschlägen veröffentlicht. Anhand der zunehmenden Explorationen in der CCZ, der gegenwärtig stattfindenden Planung von Abbauregelwerken für Rohstoffe in der Tiefsee durch die ISA und der Entwicklungen vor Papua-Neuguinea ist davon auszugehen, dass in nicht allzu ferner Zukunft diese bislang ungenutzten Lagerstätten einen wichtigen Beitrag für die Versorgung der Menschheit mit Wertmetallen spielen könnten. Jedoch ist neben dem Lagerstättenpotential der Schutz der sensiblen Ökosysteme in der Tiefsee und die Entwicklung nachhaltiger Konzepte für die Technik ein sehr wichtiger Aspekt, der von den Vertragspartnern der ISA sehr ernst genommen wird. Erst kürzlich wurde von einem internationalen Wissenschaftler-Konsortium die Notwendigkeit eines ›Deep-Ocean Stewardship‹ betont, das eine verstärkte Erforschung der Tiefseeökosysteme, tiefgreifenden Schutz und Reduzierung von Umwelteinflüssen sowie eine gemeinschaftliche Steuerung der verschiedenen Themenfelder fordert. Neben den Stressfaktoren Überfischung, Abfallentsorgung, Ölunfälle und Klimawandel einschließlich Ozeanversauerung wird hier auch das Thema Meeresbergbau aufgegriffen.

In Deutschland wurden zwischen 1989 und 1998 im Rahmen des durch das Bundesministerium für Bildung und Forschung (BMBF) finanzierten Projekts DISCOL und des Nachfolgeprojekts ATESEPP zahlreiche Feld- und Labor-Untersuchungen sowie Modellierungen zu Umweltfolgen von Manganknollenabbau und der Wiederbesiedlung eines gestörten Gebiets im Peru-Becken im südöstlichen Pazifik durchgeführt. Ein etwa elf Quadratkilometer großes Gebiet wurde mit einem geschleppten Pflugeggensystem systematisch durchpflügt, um die Folgen eines Manganknollenabbaus mit einem Knollenkollektor-Fahrzeug zu simulieren. Die Wiederbesiedlung des Gebietes wurde über sieben Jahre hinweg durch erneute Beprobung und Bildauswertung beobachtet. Weiterhin wurden viele begleitende Untersuchungen und Modellierungen, etwa zur Struktur und Zusammensetzung des Sediments, zu mikrobiologischen Veränderungen im Sediment, zur Freisetzung von Metallen aus dem Sediment und aus Knollenabrieb sowie zur Verdriftung des aufgewirbelten Sediments durchgeführt. Vergleichbare Projekte, sogenannte ›Benthic Impact Experiments‹ (BIE), gab es auch von den USA, Japan, Indien und dem Konsortium ehemaliger Ostblockstaaten IOM, wenn z.T. auch in anderen zeitlichen und räumlichen Maßstäben.

Aus diesen frühen Umweltstudien wurden bereits zahlreiche Erkenntnisse über das Ökosystem Tiefsee und mögliche Folgen eines technischen Eingriffs in dieses von Natur aus von extremen Veränderungen weitgehend unberührte System gewonnen. Grundsätzlich kann die bodenlebende Fauna in verschiedene Größenklassen unterteilt werden: Megafauna (> 2 cm), Makrofauna (< 2 cm bis 1 cm) und Meiofauna (< 1 cm). Etwa 90 Prozent der sedimentbewohnenden Organismen leben in den obersten zehn Zentimetern des Sediments und wären damit unmittelbar dem Eingriff eines Kollektorfahrzeugs ausgesetzt. Nach der Störung im DISCOL-Experiment wurde auch eine direkte Auswirkung auf diese Organismen beobachtet. Nach drei Jahren war zwar eine beginnende Wiederbesiedlung des Gebiets erkennbar, die Auswirkungen der Störung waren aber noch sichtbar. Obwohl nach sieben Jahren eine deutliche Erholung der Fauna zu erkennen war, waren Langzeiteffekte der Störung wie z. B. eine veränderte Zusammensetzung der Organismengemeinschaften und eine verringerte Biodiversität mit Dominanz einiger weniger Spezies erkennbar. Würden Knollen aus dem Gebiet entfernt, könnten sessile, d.h. auf festem Substrat aufsitzende Organismen, nicht wieder einwandern. Ein weiteres Problem ist die Bedeckung mit aufgewirbeltem und wieder abgelagertem Sediment, insbesondere für filtrierende Organismen.

Zusammenfassend kann man sagen, dass zwar auf Basis der DISCOL-Ergebnisse von einer grundsätzlich möglichen Wiederbesiedlung eines Abbaugebietes ausgegangen werden kann. Auch sehen die Regelungen der ISA vor, dass zwischen den Abbaufeldern Korridore ohne Abbau liegen müssen, von denen aus eine Wiederbesiedlung stattfinden kann. Aber trotz der etwa 100 aus dem DISCOL-Projekt hervorgegangenen Publikationen und zahlreicher anderer Arbeiten ist immer noch recht wenig über die Ökologie der Tiefseefauna und über die langfristige Dynamik dieser Ökosysteme bekannt. Auch das Kaplan-Projekt der ISA (2008) kam zu dem Schluss, dass die verlässliche Vorhersage von Auswirkungen eines Knollenabbaus auf die Biodiversität auf Basis des existierenden Wissens über die Anzahl und die geographische Verteilung der verschiedenen Spezies schwierig sei. Weiterhin sind die Ergebnisse aus den relativ kleinräumigen Experimenten nur bedingt auf einen reellen Abbau von Manganknollen im Industriemaßstab übertragbar. Hier kann jeweils nur ein Pilot-Abbautest mit einem echten Kollektorfahrzeug in einem Maßstab von etwa 1:10, so wie er von der ISA vor dem Beginn eines Abbaus gefordert ist, verlässlichere Ergebnisse liefern.

Neben direkten Einwirkungen auf die Fauna könnte sich auch das chemische Gleichgewicht an der Sediment-Bodenwasser-Grenzfläche durch die Störung verändern. Experimentelle Untersuchungen haben aber gezeigt, dass mit einer Freisetzung von potentiell toxischen Spurenmetallen nur in begrenztem Umfang zu rechnen wäre, solange sichergestellt ist, dass das chemische Gleichgewicht an dieser Grenzfläche nicht zu stark gestört wird. Eine solche starke Störung könnte jedoch z. B. in Gebieten vorkommen, in denen die Eindringtiefe des Sauerstoffs ins Sediment nur sehr gering ist, oder aber, wenn die Kollektoren eine sehr tiefe Störung verursachen würden. Die heutigen Modelle der Kollektoren würden dies jedoch vermeiden und den Eingriff in das Sediment so gering wie möglich halten. In der CCZ liegt die Sauerstoff-Eindringtiefe bei über 1,5 Metern, daher ist hier nicht mit einer massiven Verringerung des Sauerstoffgehalts und einer damit verbundenen möglichen Auflösung von Manganoxidphasen mit Freisetzung von Schwermetallen zu rechnen. Auch würden die aufgewirbelten Partikel freigesetzte Metalle schnell an ihren Oberflächen binden. Völlig anders stellt sich die Situation allerdings im Peru-Becken dar, in dem die DISCOL-Versuche stattgefunden haben. Hier ist das Sediment bereits in fünf bis zehn Zentimetern Tiefe sauerstofffrei und eine Störung der obersten zehn bis 20 Zentimeter des Sediments könnte zu einer messbaren Veränderung des chemischen Milieus am Meeresboden führen. In diesem Gebiet gibt es aber keine Lizenzgebiete für Knollenabbau und somit wird hier in absehbarer Zeit auch kein Abbau stattfinden. In jedem Fall sollte das begleitende Umwelt-Monitoring beim Knollenabbau eine Charakterisierung des Oberflächensediments und des Bodenwassers sowie eine Überwachung der Sauerstoffgehalte am Meeresboden ebenso sicherstellen wie eine Beobachtung der Verdriftung, Lebensdauer und Resedimentation der Trübewolke.

Ein Abbau von Mangankrusten würde nicht mit dem Risiko einer großen Trübewolke einhergehen, und auch die jeweils abzubauenden Gebiete wären deutlich kleiner als Manganknollen-Abbaufelder. Auch die Freisetzung toxischer Metalle aus Partikeln von Mangankrusten ist im

Abb. 8: Aktiver Schwarzer Raucher in 3.000 Meter Wassertiefe am Mittelatlantischen Rücken mit reicher Lebewelt in seinem Umfeld

sauerstoffreichen Tiefenwasser unwahrscheinlich, außer wenn der Abbau in flacheren Wassertiefen im Bereich der sogenannten Sauerstoff-Minimum-Zone in etwa 500 bis 1.000 Metern Wassertiefe stattfinden würde. Jedoch gelten Seeberge, an denen Mangankrusten vorzugsweise vorkommen, als Hotspots der Biodiversität und als wichtige Brut- und Rückzugsgebiete für Fische und andere Ozeanbewohner. Inwieweit die Organismen an einzelnen Seebergen endemisch sind, d.h. nur dort vorkommen, ist nicht genau bekannt. Da Seeberge in jüngerer Vergangenheit auch für die Tiefseefischerei interessant geworden sind, könnte ein Abbau von Mangankrusten hier zusätzlich zerstörerisch auf die Ökosysteme wirken.

Im Gegensatz zu den großen Tiefseeebenen mit Manganknollenfeldern findet sich an aktiven Hydrothermalsystemen eine sehr hohe Bioaktivität in speziell an diese extremen Bedingungen angepassten Lebensgemeinschaften (Abb. 8). Diese Ökosysteme sind jedoch an sehr dynamische Umweltbedingungen angepasst und auch im ungestörten Zustand erlöschen und entstehen Hydrothermalquellen in zeitlichen Größenordnungen von Monaten bis Jahrhunderten. Zudem würde ein zukünftiger Abbau von Massivsulfiden weitestgehend in inaktiven, erloschenen Bereichen stattfinden (Abb. 9), allein schon, um die Abbaugeräte nicht bis zu 400 Grad Celsius heißen, aggressiven, sauren Lösungen auszusetzen. Es ist davon auszugehen, dass sich die Lebewelt in alten, inaktiven Massivsulfidfeldern nicht grundlegend von der Fauna der Umgebung unterscheidet. Da die Oberflächenausdehnung solcher Massivsulfid-Lagerstätten im Vergleich zu Knollen- und Krustenfeldern sehr klein ist, wäre auch der zu erwartende Einfluss auf die bodenlebende Fauna vermutlich eher gering. Jedoch sind Auswirkungen z. B. auch in der Wassersäule nicht völlig auszuschließen. Eine erste Umweltfolgenabschätzung für ein solches Szenario wurde von der Firma Nautilus auf Basis ihres Solwara-I-Projektes durchgeführt.

Ein Vergleich mit landgebundenem Bergbau

Auch wenn Tiefseebergbau selbst bei Einsatz der bestmöglichen Technik und Einhaltung strenger Regeln Spuren im Ökosystem Tiefsee hinterlassen würde, darf nicht vergessen werden, dass Bergbau an Land mit zum Teil massiven Beeinträchtigungen der Umwelt einhergeht, wie z. B. Rodung von Primärwäldern, Zerstörung von Ökosystemen und der Freisetzung giftiger Stoffe durch saure Minenwässer, Abwässer oder Unfälle. Weiterhin entsprechen die Umweltstandards und der Arbeitsschutz in vielen Ländern, in denen mineralische Rohstoffe abgebaut werden, bei Weitem nicht europäischen Standards. Hier könnte im Meeresbergbau unter dem Regelwerk und der Kontrolle der ISA ein für alle Vertragspartner geltendes hohes Niveau etabliert werden.

Die Wertmetallgehalte aktiver Minen an Land nehmen kontinuierlich ab, mit der Folge, dass mehr Erz abgebaut werden muss, um dieselbe Menge Metall zu erzielen. So ist der mittlere Kupfergehalt in abgebautem Erz mittlerweile auf ca. 0,5 Prozent im Vergleich zu vier Prozent um 1900 gesunken. Massivsulfid-Lagerstätten enthalten dagegen bis über zehn Prozent Kupfer, und selbst Manganknollen enthalten davon größtenteils mehr als ein Prozent. Fast jeder Abbau an Land geht mit einer großen Menge an Abraum einher, um an das Erz heranzukommen. Die Ablagerung dieses Abraums, der bis zu 75 Prozent des bewegten Materials ausmachen kann, kann ebenfalls zu erheblichen Umweltschäden führen. Dagegen wäre der Abraum beim Abbau aller drei Arten von Tiefseelagerstätten vernachlässigbar gering. Landgebundene Bergwerke hinterlassen einen substantiellen Fußabdruck menschlicher Aktivitäten, einschließlich Straßen, Gebäude, der Mine selbst, sowie Tonnen von Nebengestein und eventuell saure Minenwässer. Tiefseebergbau benötigt weder Straßen noch sonstige immobile

Infrastruktur, sondern ausschließlich die mobilen Abbaugeräte und verschiedene Arten von Schiffen. Alle verwendeten Geräte können nach Beendigung des Abbaus in ein neues Abbaugebiet verlagert werden, somit werden keine Bergbau-Ruinen hinterlassen, und auch saure Minenwässer entstehen bei Tiefseebergbau nicht. Daher ist nach Beendigung des Abbaus am Meeresboden kein weiteres Management mit den damit verbundenen Kosten und Risiken notwendig, abgesehen von einem eventuellen Monitoring von Langzeit-Umweltfolgen.

Abb. 9: Erloschener Schlot eines ehemaligen Schwarzen Rauchers; die speziell an die hydrothermalen Lösungen angepasste Fauna ist verschwunden. Zukünftiger Abbau von Massivsulfiden würde bevorzugt in solchen, nicht mehr aktiven Gebieten stattfinden.

Politische und soziale Aspekte von Tiefseebergbau

Neben Umweltfolgen in der Tiefsee sind auch weitere Aspekte und mögliche Folgen von Tiefseebergbau, etwa für die Bevölkerung, zu berücksichtigen. Es stellt sich z. B. die Frage, wie die Gesellschaft in die Diskussion über die Entwicklung von Tiefseebergbau eingebunden werden kann. Erfahrungen aus anderen Technologiebereichen wie Kohlendioxidspeicherung im Untergrund oder erneuerbaren Energien einschließlich der erforderlichen Stromtrassen haben gezeigt, dass die Bevölkerung in demokratischen Ländern einen entscheidenden Einfluss auf den Erfolg und die Durchsetzbarkeit einer Technologie haben kann. Dies hängt jedoch vom kulturellen und politischen Hintergrund der betroffenen Länder ab. So kann davon ausgegangen werden, dass die gesellschaftliche Einstellung der Bevölkerung der Bundesrepublik Deutschland gegenüber Tiefseebergbau im Pazifik grundlegend anders sein wird als die der einheimischen Bevölkerung eines pazifischen Inselstaates.

Durch einen zukünftigen Tiefseebergbau würden nur verhältnismäßig wenige hochspezialisierte Arbeitsplätze – und diese weitestgehend in Industrieländern – geschaffen. Möglicherweise gehen aber sehr viele Arbeitsplätze im landgebundenen Bergbau verloren, wenn Wertmetalle aus marinen mineralischen Rohstoffen auf den Markt drängen. Dies könnte zu politischen und wirtschaftlichen Auswirkungen in den betroffenen Ländern führen (häufig sind dies Entwicklungsländer) und es stellt sich die Frage, ob und mit welchen Maßnahmen dort ein solcher Verlust von Arbeitsplätzen aufgefangen werden könnte.

Lagerstätten an Land befinden sich häufig in Ländern, die politisch instabil sind oder in denen Minen ohne ausreichende Standards für Arbeitsbedingungen und Umweltschutz betrieben werden. Für die Industrieländer, die auf eine sichere Versorgung mit strategisch wichtigen Wertmetallen angewiesen sind, kann ein Zugriff auf Tiefseeressourcen eine Absicherung gegenüber Rohstoffverknappung darstellen, unabhängig von Entwicklungen in Lieferländern mit landgebundenen Rohstoffen. Als Beispiel wurde hier bereits die Monopolstellung Chinas beim Abbau von Seltenen Erden genannt. Für Rohstoffvorkommen in internationalen Gewässern stellt die Internationale Meeresbodenbehörde einen verlässlichen Verhandlungspartner mit klaren Regeln dar und durch diese Regeln kann ein hoher Standard in den Bereichen Umwelt- und Arbeitsschutz sichergestellt werden (Abb. 10). Auch wären durch Tiefseebergbau keine Menschen einschließlich Naturvölker in entlegenen Regionen direkt negativ betroffen, während bei fortschreitender Erschließung von neuen Rohstoffvorkommen an Land dies durch die damit einhergehende Umweltzerstörung und manchmal auch Umsiedlungsmaßnahmen ein sehr häufiges Problem ist.

Ein Blick in die Zukunft

Nach wie vor bleibt das Arbeiten in mehreren tausend Metern Wassertiefe eine technische Herausforderung und die Wirtschaftlichkeit von Tiefseebergbau hängt stark von den zukünftigen marktwirtschaftlichen Entwicklungen ab. Trotzdem bereiten sich viele Länder und Bergbaufir-

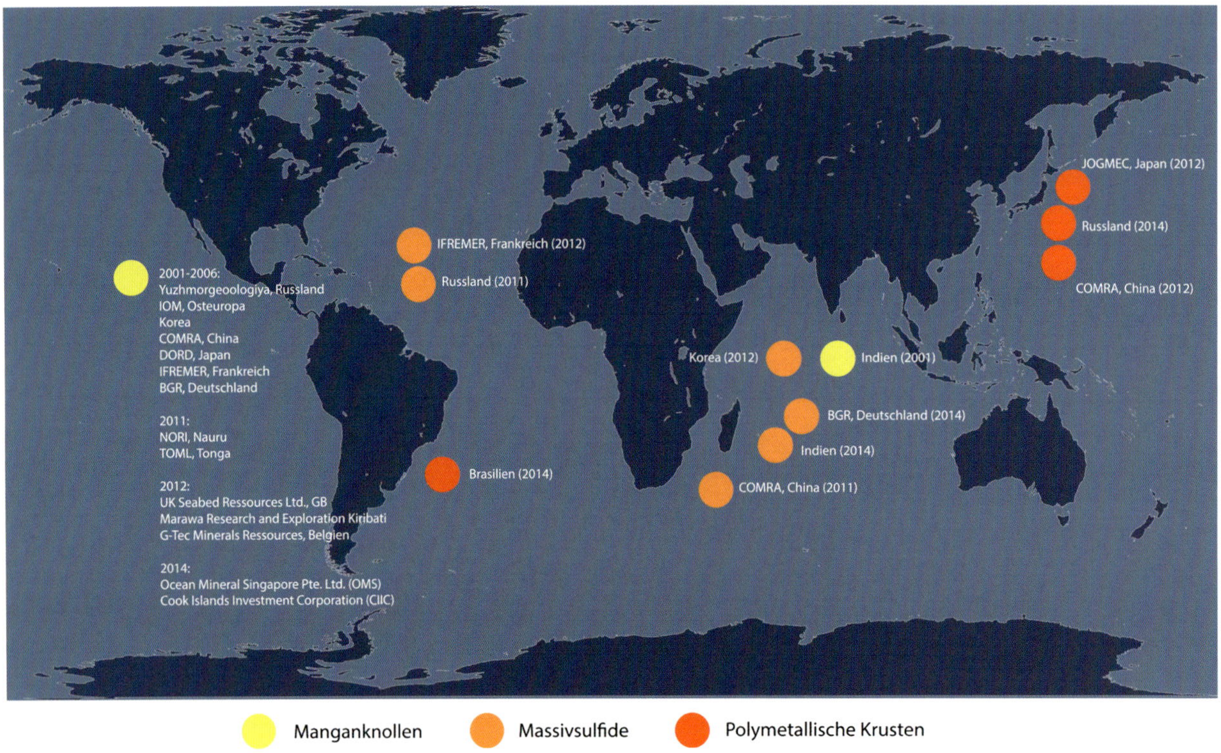

Abb. 10: Von der internationalen Meeresbodenbehörde bisher genehmigte Explorationslizenzen

men auf einen möglichen Beginn des Tiefseebergbaus vor. In Deutschland wurden bereits konkrete Maßnahmen umgesetzt, wie z. B. die Gründung der Deepsea Mining Alliance (DSMA) zur Unterstützung wirtschaftlicher Entwicklungen in diesem Bereich. Auch findet unter deutscher Leitung in einem europäischen Konsortium ein größeres wissenschaftliches Projekt statt, um mit neuen technischen und analytischen Möglichkeiten die Umweltfolgenuntersuchen der 1990er Jahre wieder aufzunehmen bzw. fortzusetzen. Dem wissenschaftlichen Team wurde im Rahmen der europäischen Initiative JPI Oceans mit Unterstützung des BMBF eine etwa 100-tägige Forschungsfahrt mit dem neuen Forschungsschiff Sonne für 2015 bewilligt. Auf deutscher Seite sind das GEOMAR – Helmholtz-Zentrum für Ozeanforschung Kiel, das Alfred-Wegener-Institut – Helmholtz-Zentrum für Polar- und Meeresforschung (AWI), die Universität Bremen mit dem MARUM – Zentrum für Marine Umweltwissenschaften, das Max-Planck-Institut für Marine Mikrobiologie (MPI) Bremen, die Senckenberg Gesellschaft für Naturforschung, die Bundesanstalt für Geowissenschaften und Rohstoffe (BGR) Hannover, die Jacobs University Bremen und die Universität Bielefeld beteiligt, die zusammen mit Kollegen aus elf europäischen Partnerländern mögliche Umweltfolgen von Tiefseebergbau untersuchen. In drei Fahrtabschnitten wird die Wiederbesiedlung und die Situation des gestörten chemischen und biologischen Gleichgewichts in dem Gebiet im Peru-Becken 25 Jahre nach dem DISCOL-Experiment erneut untersucht. Auch die deutschen und andere europäische Lizenzgebiete sowie eingerichtete Schutzgebiete in der CCZ werden mit verschiedensten Ansätzen hinsichtlich möglicher Umweltfolgen durch Meeresbergbau erforscht.

Bis sich der Abbau der Manganknollen für die Industrie wirklich lohnt, wird es vermutlich noch einige Jahre dauern, da auch von hohen Investitionskosten auszugehen ist. Dies gibt den zahlreichen Projekten zur Abschätzung möglicher Umweltfolgen eines solchen Tiefseebergbaus die Möglichkeit, ausreichend Basisdaten in den Manganknollengebieten zu sammeln und auf dieser Grundlage dann eine möglichst umweltschonende Methodik zu fordern und entsprechende Entwicklungen zu fördern. Mit noch höheren Kosten als für den Abbau ist jedoch bei der Aufbereitung der Manganknollen zu rechnen, da traditionelle Methoden für die Sulfiderzaufbereitung bei oxidischen Erzen nicht eingesetzt werden können. Die enge Verwachsung der Oxidphasen mit direkter Einbindung einer Vielzahl von Spurenmetallen in die Trägerphase macht eine mechanische Trennung weitgehend unmöglich. Erste Schritte für hydrometallurgische Aufbereitungsverfahren und auch selektive chemische Laugungsverfahren werden in Deutschland bereits unternommen. Im Prinzip könnte die Aufbereitung auf einer simplen Auflösung der Knollen in Säure und einem selektiven Abtrennen oder Ausfällen einzelner Elemente aus der Lösung basieren. Dieses Verfahren würde aber große Mengen an Säure und weiteren Chemikalien verbrauchen. Um eine Kostenreduktion zu erzielen und möglichst umweltschonend zu arbeiten, könnten auch Biolaugungsverfahren unter Einsatz von Bakterien zur Metalllaugung zielführend sein. Bei der Entwicklung eines Aufbereitungsverfahrens bleibt aber nach vielversprechenden ersten Resultaten noch viel zu tun, um eine möglichst vollständige Gewinnung aller Wertstoffe im Rahmen eines ›Zero Waste‹-Prinzips zu erreichen. Während bei der Aufbereitung von Mangankrusten ähnliche Probleme auftreten wie bei den Knollen, sind marine Massivsulfide in ihrer mineralogischen Zusammensetzung weitgehend identisch mit vielen an Land abgebauten Rohstoffen und somit können dort bereits vorhandene Aufbereitungsmethoden zum Einsatz kommen.

Bei der Aufbereitung ist im Zusammenhang mit möglichen Umweltproblemen zu bedenken, dass in den Verfahren häufig mit aggressiven Chemikalien wie Säuren oder giftigen Substanzen gearbeitet wird. Die Aufbereitung würde jedoch – bis auf die Entwässerung und das Abtrennen von anhaftendem Sediment bei Manganknollen – nicht auf dem Schiff, sondern an Land stattfinden. Da der Transport der Manganknollen aus der CCZ z. B. nach Deutschland zu langwierig und teuer wäre, ist davon auszugehen, dass größere Aufbereitungsanlagen etwa in Mexiko oder anderen Ländern oder auf Inseln im Pazifik entstehen würden. Da hier das Regelwerk der ISA keinen Einfluss mehr hat, obliegt es den jeweiligen Ländern, die ihre Rohstoffe aufbereiten lassen bzw. in denen die Aufbereitung stattfindet, für entsprechende Umweltstandards und Arbeitsschutz zu sorgen und deren Einhaltung zu kontrollieren. Da viele dieser Anlagen neu gebaut werden müssten, ist hier der Einsatz umweltschonender und ressourceneffizienter Techniken im Vergleich zu herkömmlichen Aufbereitungsanlagen zu erwarten.

Rohstoffe aus der Tiefsee sind, insbesondere aufgrund der fortschreitenden Entwicklung neuer Technologien und der steigenden Nachfrage nach seltenen Metallen, nicht nur von wissenschaftlichem, sondern auch von wirtschaftlichem Interesse und der Beginn des Tiefseebergbaus innerhalb der nächsten Jahre oder Jahrzehnte erscheint möglich. Es bleibt zu hoffen, dass diese Thematik bis dahin und darüber hinaus in einer gesamtheitlichen Betrachtung des Potentials von Rohstoffen in der Tiefsee und der Risiken eines zukünftigen Abbaus unter Einbeziehung wirtschaftlicher, politischer, sozialer und umweltbezogener Aspekte behandelt wird. Ohne Frage ist weitere Forschung notwendig, um einen potentiellen nachhaltigen zukünftigen Meeresbergbau vorzubereiten und zu begleiten. Dies beinhaltet eine weitere Bestandsaufnahme des Ist-Zustands in der Tiefsee, weitere Untersuchungen und Vorhersagen zu möglichen Umweltfolgen, die Weiterentwicklung von Abbautechnologien und auch von effektiven und selektiven Extraktionsverfahren für die einzelnen Wertmetalle, ebenso wie die Festlegung einer klaren gesetzlichen Grundlage. Solch komplexe Themen lassen sich sicher im Rahmen internationaler Kooperation besser bearbeiten als im nationalen Alleingang. In einem solchen internationalen Rahmen muss auch festgelegt werden, wie die Einhaltung von Regelungen im Umwelt- und Arbeitsrecht transparent kontrolliert werden kann. Im Sinne einer möglichst effektiven und nachhaltigen Entwicklung des gesamten Themenkomplexes ist hierfür eine enge Zusammenarbeit von Wissenschaft, Wirtschaft und Politik unter Einbindung der Gesellschaft wünschenswert. Somit könnte Tiefseebergbau in Zukunft zusammen mit einem verantwortungsvollen Umgang mit den Rohstoffen an Land (s. Artikel von G. Borg) zur langfristigen und weitestgehend nachhaltigen Sicherung der metallischen Ressourcen beitragen.

Literaturhinweise

Halbach P., G. Friedrich & U. von Stackelberg (Hrsg.) (1988): The Manganese Nodule Belt of the Pacific Ocean. Ferdinand Enke Verlag, Stuttgart

Hein, J. & A. Koschinsky (2014): Deep-ocean ferromanganese nodules and crusts. In: Treatise on Geochemistry, Second Edition, Vol. 13, 273-291

Hein, J., K. Mizell, A. Koschinsky & T. A. Conrad (2013): Deep-ocean mineral deposits as a source of critical metals for high- and green-technology applications: Comparison with land-based deposits. Ore Geology Reviews, 51, 1-14

Thiel, H. (Guest editor) (2001): Environmental impact studies for the mining of polymetallic nodules from the deep sea. Deep-Sea Research II, Vol. 48, 17-18

GEOMAR-Broschüre ›Massivsulfide‹: http://www.geomar.de/fileadmin/content/service/presse/public-pubs/brosch_rohstoffe_final.pdf

World Ocean Review, Band 3, Kapitel ›Mineralische Rohstoffe‹: http://worldoceanreview.com/wor-3-uebersicht/mineralische-rohstoffe/

Internetseiten

International Seabed Authority ISA (Internationale Meeresbodenbehörde): www.isa.org.jm

Bundesanstalt für Geowissenschaften und Rohstoffe (BGR): www.bgr.bund.de

Aker Wirth GmbH, Erkelenz: www.akersolutions.com

International Marine Minerals Society: www.immsoc.org

Nautilus Minerals, nautilus cares: www.cares.nautilusminerals.com

Deepsea Mining Alliance (DSMA): www.deepsea-mining-alliance.com/de-start.php

EU-Projekt JPI Oceans, Ecological Aspects of Deep-sea Mining: www.jpi-oceans.eu/ecological-aspects-deep-sea-mining

Andrea Koschinsky ist Professorin für Geowissenschaften an der Jacobs University Bremen. Ihr Forschungsschwerpunkt sind Prozesse von Spurenmetallen in marinen Systemen. Ihre Arbeiten beschäftigen sich mit der Bildung von Manganknollen und -krusten, hydrothermalen Systemen, Stoffkreisläufen im Ozean und den möglichen Folgen von zukünftigem Tiefseebergbau.

Anschrift: Prof. Dr. Andrea Koschinsky
Jacobs University Bremen
Campus Ring 1
28759 Bremen

E-Mail: a.koschinsky@jacobs-university.de

Fossilien
die Dokumente der Evolution

von Wighart von Koenigswald, Bonn

Die verschwenderische Vielfalt der Lebensformen auf unserer Erde ist das Ergebnis einer langen Evolution. Aus einfachsten organischen Strukturen, die sich selbst reproduziert haben, sind Pflanzen, Tiere und auch der Mensch entstanden. Die einzigen unmittelbaren Belege für diese Evolution sind die Fossilien, die vielgestaltigen Reste des vergangenen Lebens, die uns aus der Erdgeschichte überliefert sind. Die Fossilien sind aber nicht nur die Reste von Vorfahren der heute lebenden Arten, sondern sie belegen auch viele erloschene Entwicklungslinien, die man keineswegs als Fehlproduktion abtun kann, weil sie oft über 100 Millionen Jahre oder mehr höchst erfolgreich waren. Die Erkenntnis von Vorgängen, die in derartigen Zeiträumen ablaufen, verändert unser Weltbild in ähnlicher Weise wie das Studium der kleinsten Teilchen in der Kernphysik oder der größten Entfernungen in der Astronomie.

Harte Fakten überdauern

Von den Lebensformen der erdgeschichtlichen Vergangenheit sind zwar meist nur die Hartteile überliefert, aber sie reichen aus, um – auch unter Anwendung sehr kritischer Methoden – die Entwicklung des Lebens in den letzten rund 600 Millionen Jahren nachzuzeichnen. Das Leben auf der Erde ist zwar viel älter, aber in jener frühen Zeit benötigten die meisten Formen noch keine mineralisierten Schalen oder Skelette. Deswegen ist die Kenntnis dieser frühen Organismen noch sehr lückenhaft. Erst an der Grenze vom Präkambrium zum Kambrium ist das ›Schalentragen‹ Mode geworden. Zu diesem Zeitpunkt lassen sich bereits die meisten Tierstämme nebeneinander nachweisen. Da gibt es bereits Gliederfüßer, Korallen oder Muscheln, aber eben noch in sehr ursprünglichen Formen. Die Wirbeltiere erschienen erst etwas später als fischartige, im Wasser lebende Formen. Deswegen kann man am Beispiel der Wirbeltiere die Herausbildung der heutigen Ordnungen besonders gut nachzeichnen. Nacheinander haben die Amphibien und Reptilien sowie die Vögel und Säugetiere ganz unterschiedliche Lebensräume erobern können. Im Fossilbericht sind die notwendigen Zwischenformen belegt, aber auch ausgestorbene Seitenlinien, von denen manche über viele Jahrmillionen höchst erfolgreich waren. Die Dinosaurier beherrschten für etwa 150 Millionen Jahre das Land und sind dann trotz ihrer vielfältigen Lebensformen, bis auf einen zunächst fast unbedeutend erscheinenden Seitenzweig, ausgestorben (s. Artikel von M. Sander). Doch aus dieser Linie kleiner, zweibeinig laufender Dinosaurier, die gefiedert waren, entwickelten sich die Vögel, die dann wiederum höchst erfolgreich wurden.

Die Geschichte des Lebens auf der Erde hat zwar eine gewisse logische Abfolge, im Detail ist sie aber ebenso wenig durch Logik zu erfassen wie die politische Geschichte in historischer Zeit. Die Geschichte des Lebens setzt sich aber aus nachprüfbaren Fakten zusammen, die unabhängig von der Deutung existieren. Aus diesen Fakten ergibt sich zwangsläufig der Tatbestand einer Entwicklung zu komplizierteren Formen und größerer Vielfalt. Darwin hat 1859 seine Theorie vorgelegt, nach der die Evolution aus dem Zusammenwirken von natürlicher Variabilität und Selektion getrieben wird, eine Deutung, die in ihren Grundzügen immer noch die größte Überzeugungskraft hat.

Abb. 1 (linke Seite): Viele Fossilien, wie z. B. Ammoniten, geben wichtige Hinweise auf das Alter der Gesteine. Sie zeigen aber auch an, dass die Ablagerungen aus einem marinen Bereich stammen.

Abb. 2: Das Skelett eines eiszeitlichen Mammuts aus Ahlen in Westfalen. Die Stoßzähne sind im Gegensatz zu den modernen Elefanten viel stärker gekrümmt (Paläontologisches Museum Münster).

Schöpfungsgeschichte und Evolution

Es gehört zum Wesen des menschlichen Geistes, dass er versucht, sich ein umfassendes Bild der Welt zu machen. Dieses Weltbild richtet sich jeweils nach dem Erfahrungsbereich des Menschen und gibt ihm Sicherheit. Für mehrere Jahrtausende der Kulturgeschichte war ein statisches Weltbild, in dem der Mensch im Mittelpunkt stand, angemessen. Da die Veränderungen, die in der Erfahrungszeit einiger Generationen beobachtet werden konnten, gering waren, spielte der Faktor Zeit nur eine untergeordnete Rolle. Wenn in den entsprechenden Weltbildern von Zeit die Rede ist, handelt es sich um wenige Jahrtausende. Einige asiatische Kulturen haben mit der Idee der Wiedergeburt die zeitliche Dimension sogar ganz aufgehoben.

Das Weltbild der Bibel beschreibt einen gleichmäßigen Fluss der Generationen, in denen der Mensch von Gott gehalten ist. Am Anfang steht ein Schöpfungsakt und am Ende der Weltuntergang. In der biblischen Schöpfungsgeschichte, die vor mehr als 2.500 Jahren niedergeschrieben wurde, sind aus naturwissenschaftlicher Sicht zwei Aspekte faszinierend. Zum einen war es für die Autoren selbstverständlich, dass die Fülle aller Lebensformen aus einer Hand kommt, also nicht aus unterschiedlichen Quellen stammt. Zum anderen zeigt die Abfolge der Schöpfungstage eine Logik, die auf ein grundsätzliches Verständnis ökologischer Zusammenhänge schließen lässt. Die Verfasser waren also gute Kenner der Natur.

Die astronomischen Erkenntnisse, z. B. dass nicht die Erde im Zentrum des Planetensystems steht, sondern die Sonne, haben im ausgehenden Mittelalter das allgemeine Weltbild erschüttert und umgeformt. Die Vielzahl der geologischen und paläontologischen Beobachtungen sprengt das enge zeitliche System des biblischen Welt-

Abb. 3: Das Mammut, wie es späteiszeitliche Jäger vor etwa 15.000 Jahren beobachtet und auf eine Schieferplatte graviert haben. Gönnersdorf bei Neuwied

bilds. Statt eines Zeitraums von wenigen Jahrtausenden werden Millionen und sogar einige Milliarden Jahre erforderlich, um die Folge langfristiger Entwicklungen einzuordnen. Diese großen und für den Menschen kaum fassbaren Zeiträume werden aber durch die Beobachtungen der Astronomie in ihrer Größenordnung vollauf bestätigt.

Instabilität und Kontrollen

Die Biosphäre ist in einem ständigen Umbau begriffen. Darin liegt die große Möglichkeit, auf die sich ständig verändernden Umweltbedingungen zu reagieren. Allerdings bedarf es dazu längerer Zeiträume. Schnelle Umwälzungen, wie sie zum Beispiel am Ende der letzten Eiszeit vor etwa 10.000 Jahren auftraten, führten zum Aussterben vieler Arten wie etwa des Mammuts (Abb. 2 und 3), des Wollnashorns oder der Höhlenhyäne.

Die Erbanlagen der Tier- und Pflanzenarten sind nicht konstant, sondern ständig kleineren Veränderungen unterworfen. Bei der Weitergabe der Erbinformationen schleichen sich Kopierfehler ein. Sie führen zu einem permanenten Umbau des Erbguts und seiner Steuermechanismen. Nur weil strenge interne Kontrollen den Veränderungen enge Grenzen setzen, führt das nicht in ein Chaos. Die erste Kontrolle erfolgt schon bei der Kombination des mütterlichen und väterlichen Erbguts. Wenn die Veränderungen zu groß sind, wird die Entwicklung des Keims abgebrochen. Auch das heranwachsende Individuum ist in jedem Stadium einer strengen Funktionskontrolle durch die Umwelt unterworfen. Aus der Vielzahl der Nachkommen verwirft die Natur diejenigen, die nicht in jeder Phase lebensfähig sind.

Die genetischen Veränderungen sind zunächst ungerichtet und auf dem molekularen Niveau auch reversibel. Bislang sind keine inneren Vorgänge bekannt, die der Evolution eine Richtung geben. Von außen wirken allerdings Selektionsmechanismen, die aufgrund der Variabilität zwischen den Individuen einer Population diejenigen bevorzugen, die in dem entsprechenden System besser angepasst sind. Das bedeutet nicht unbedingt die Bevorzugung des Stärkeren, sondern dessen, der über ein besseres Ressourcen/Leistungsverhältnis verfügt. Daraus ergibt sich eine Richtung, in der die Leistungssteigerung einen wesentlichen Selektionsvorteil bildet. Eine Umkehr größerer Evolutionsschritte wäre mit einer Verringerung der Leistung verbunden und ist deswegen unwahrscheinlich. Da sich Leistungssteigerungen in verschiedenen Richtungen erreichen lassen, wird eine stärkere Differenzierung der Lebensformen möglich, die sich an einer immer größeren Artenvielfalt ablesen lässt.

Evolutionsvorgänge wurden seit dem Beginn des 19. Jahrhunderts vielfach diskutiert, doch der Mechanismus der Evolution als Zusammenspiel von angebotener Vielfalt und Selektion wurde erst von Charles Darwin erkannt und 1859 in seinem berühmten Buch über die Entstehung der Arten formuliert. Auch wenn viele Ergänzungen und Detailaspekte in der Zwischenzeit hinzugekommen sind, bietet diese Grundidee noch immer die beste Möglichkeit, die umfangreichen Befunde aus Biologie und Paläontologie sinnvoll zu erklären. Allerdings kann und will diese Evolutionstheorie keine Antworten auf die Sinnfragen geben, wie sie von Religion und Philosophie gestellt werden, weil die Naturwissenschaften den Menschen zwar in ihr Weltbild einschließen, ihn aber nicht zum Ausgangspunkt der Betrachtung machen und ihm nicht die zentrale Stellung einräumen.

Zeugnisse der Evolution

Wie kann man die Entwicklung des Lebens auf der Erde nachzeichnen? Einerseits tragen die heutigen Lebewesen – als Ergebnis der Evolution – Spuren ihrer Geschichte in sich. An gemeinsamen morphologischen Merkmalen lassen sich Tiergruppen charakterisieren. Die Säugetiere sind alle behaart und haben drei spezielle Gehörknöchelchen im Ohr. Daraus lässt sich auf eine enge Verwandtschaft und einen gemeinsamen Ursprung schließen. Im 19. und 20. Jahrhundert hat die vergleichende Morphologie mit großem Erfolg die Tiere (und ebenso die Pflanzen) in natürliche Gruppen aufteilen und ihre grundsätzlichen Verwandtschaftsverhältnisse klären können. In den letzten Jahrzehnten lernte man die Ähnlichkeiten zu gewichten. Seit man die primitiven (plesiomorphen) von den abgeleiteten (apomorphen) Merkmalszuständen unterscheidet, kann man natürliche Abstammungsgemeinschaften (Monophyla) aufgrund von gemeinsamen abgeleiteten (synapomorphen) Merkmalen besser charakterisieren.

Einen ganz anderen Zugang bietet die Analyse der Erbinformationen. Durch die Entwicklung technischer Verfahren können Abschnitte des Genoms vieler Arten miteinander verglichen werden. Das Ausmaß der Übereinstimmung wird als Maß für die Verwandtschaft gewertet und zur differenzierten Rekonstruktion des Evolutionsmusters herangezogen. Die phylogenetischen Modelle, die aus der genanalytischen Methode hervorgehen, brauchen nicht unbedingt mit denen aus der morphologischen Betrachtung übereinzustimmen. Nach Jahren der Diskussion um die bessere Methode, zeigt sich immer mehr, dass sich beide Ansätze ergänzen und die Möglichkeit zur gegenseitigen Kontrolle bieten. Daraus ergibt sich ein Bild der abgestuften Verwandtschaft, das am ehesten durch eine schrittweise Evolution zu erklären ist.

Vergleich von einst und jetzt

Aus der Betrachtung der heute lebenden Formen kann man auf theoretische Stammformen schließen, ihnen sogar gewisse Eigenschaften zuschreiben, aber eine Überprüfung ist mit diesem Ansatz allein nicht möglich. Hier liegt der besondere Aussagewert der Zeugnisse des Lebens vergangener Zeiten, also der Fossilien. Sie belegen die tatsächlichen Lebensformen, die in großer Zahl vorgekommen sind. Von den ehemaligen Lebewesen sind meist nur die Hartteile, wie Schalen, Knochen und Zähne, überliefert. Es bedarf einer guten Kenntnis der heutigen Formen, um sinnvolle Rekonstruktionen machen zu können. Bei den fossilen Säugetieren oder Vögeln bieten die heutigen Formen gute Modelle, die mit hinreichender Sicherheit Aufschluss bis in Details der Verhaltensweise oder der Physiologie geben können. Für die großen Dinosaurier gibt es aber keine lebenden Modelle. Ihre Skelette belegen zwar die Größe und die äußere Form und lassen das schier unglaubliche Körpergewicht dieser Tiere errechnen, aber ihr Stoffwechsel kann weder mit dem der wechselwarmen Krokodile noch dem der warmblütigen Vögel oder Säugetiere gleichgesetzt werden (s. Artikel von M. Sander).

Fossilien werden stets in einem geologischen Zusammenhang gefunden, dass heißt diese Tiere kamen ganz konkret zu einer bestimmbaren Zeit an einem bestimmten Ort vor. Damit geben die Fossilien ganz wichtige Anhaltspunkte zu den Lebensbedingungen der Tiere und Pflanzen. Fossilien lassen meist auf Anhieb unterscheiden, ob die sie umgebenden Gesteine im Meer oder im Süßwasser abgelagert wurden. Das Auftreten bestimmter Arten, etwa von Korallen oder Krokodilen, gibt Hinweise auf das Klima. Damit bieten die Fossilien eine Fülle wichtiger Hinweise auf die ökologischen Verhältnisse. Es ist in der Regel nicht das Einzelfossil, das zur Deutung der Geschichte des Lebens wesentlich beiträgt, sondern die Fülle der Einzeldaten muss sich zu einem stimmigen Bild zusammenfügen. Die Einbindung in ein komplexes Netz von zeitlichen und geographischen sowie ökologischen Gegebenheiten ermöglicht die gegenseitige Kontrolle.

Auf die Fossilien werden alle vergleichend-morphologischen Methoden angewendet, um ihre Verwandtschaftsverhältnisse zu rekonstruieren. Man zeichnet also die Veränderungen in Zeit und Raum bei ganz konkreten Formen nach. Wenn man dagegen von heute lebenden Formen ausgeht, kann man Übergangsformen zwischen den Gruppen nur theoretisch erschließen. Im Fossilbericht sollten zum Beispiel die Übergangsformen durch konkrete Belege fassbar werden. Sie sind für die Evolution

Abb. 4: Dieses Skelett von *Archaeopteryx* wurde in den Lagunenablagerungen von Solnhofen gefunden und zeigt die Abdrücke der Flügelfedern besonders gut.

von besonderem Interesse und sollen im Folgenden am klassischen Beispiel des Urvogels *Archaeopteryx* in ihrer Aussagekraft diskutiert werden.

Weiterhin belegt der Fossilbericht eine Fülle von Entwicklungslinien, von denen es heute keine Nachkommen mehr gibt. Viele davon waren höchst erfolgreich und sind in ihren speziellen Konstruktionen hoch interessant. Die rezenten Arten bieten aber keinerlei Hinweise auf die Existenz dieser ›Seitenlinien‹. Damit liefert die Paläontologie mit ihren Fossilien eine ganz eigenständige und unverzichtbare Quelle zum Verständnis der Evolution.

Übergangsformen

Wenn sich Amphibien aus den Fischen, die Vögel und die Säugetiere aus den Reptilien entwickelt haben, dann sollte es im Fossilbericht auch die entsprechenden Übergangsformen geben. Der Fossilbericht ist jedoch unvollständig, und es bedeutet viel Glück, wenn der Paläontologe mit den Fossilfunden nahe an jenen Punkt herankommt, an dem der Übergang erfolgte oder sich Entwicklungslinien aufgespalten haben.

Kurz nachdem Darwin seine Evolutionstheorie veröffentlicht hatte, wurde in Bayern ein kleines Skelett mit langem Schwanz und Zähnen gefunden, das somit

Abb. 5: Die Kiefer von *Archaeopteryx* trugen eindeutig Zähne, die der Vögel haben nur Hornschnäbel.

Reptilmerkmale besaß, gleichzeitig aber auch Flügel und echte Federn wie ein Vogel aufwies. Dieses *Archaeopteryx* benannte Tier wurde als Beweis für den Übergang von Reptilien zu Vögeln und als Stammvater aller Vögel, als Urvogel, angesehen. Die altersmäßige Einstufung passte, da alle bekannten Vogelfossilien jünger waren. Inzwischen liegen mehrere Skelette vor, so dass man die anatomischen Einzelheiten recht gut kennt (Abb. 4 und 5).

Die verschiedenen Funde von *Archaeopteryx* belegen zunächst nicht mehr, als dass vor rund 170 Millionen Jahren Tiere lebten, die sowohl Merkmale von typischen Dinosauriern, nämlich die der Theropoden, und gleichzeitig solche von Vögeln besaßen. *Archaeopteryx* war natürlich noch kein Vogel im modernen Sinne. Aber Tiere mit dieser Merkmalskombination waren durchaus lebensfähig. Damit bietet *Archaeopteryx* ein vorzügliches Modell für den Übergang.

Auch wenn *Archaeopteryx* älter als alle echten Vögel ist, muss diese Gattung nicht unbedingt die Stammform aller Vögel sein. Wegen der großen Fundlücken, die immer noch existieren, ist es durchaus denkbar, dass es zur Zeit von *Archaeopteryx* in anderen Regionen schon höher entwickelte Vögel gegeben hat. Funde voll entwickelter Vögel aus China scheinen nur wenig jünger zu sein. Deswegen ist es durchaus denkbar, dass *Archaeopteryx* zu seiner Zeit bereits ein ›Oldtimer‹ war und Merkmale der Übergangsform bewahrt hat. Damit wäre *Archaeopteryx* zwar nicht mehr die Stammform, verlöre aber nichts von seiner Bedeutung als Modell für den Übergang von den Reptilien zu den Vögeln. Dieses Beispiel zeigt, dass die Festlegung auf eine Stammform stets problematisch, weil vorläufig ist. Sie kann stets durch neue Funde überholt werden.

Je vollständiger der Fossilbericht ist, desto fließender werden die Übergänge, weil das Leben eine kontinuierliche Entwicklung genommen hat. Wenn nur relativ wenige Fossilien vorliegen, ist die Abgrenzung der Gruppen meist unproblematisch. Die Schlüsselmerkmale helfen oft nicht weiter, weil sie nicht gleichzeitig auftreten. Jüngst wurden in China kleine zweifüßig laufende Dinosaurier entdeckt, deren Haut offensichtlich schmale, lang gestreckte Strukturen trug, über die Wissenschaftler eifrig streiten, ob es Schuppen, Protofedern oder gar Federn sind. Ihre Existenz bestätigt zumindest, dass in dieser Dinosauriergruppe federartige Hautstrukturen vorgekommen sind und belegt damit auch den Übergang von dieser Reptilgruppe zu den Vögeln. Benutzt man die Federn als Schlüsselmerkmal für die Einordnung als Vogel, müsste man diese kleinen Dinosaurier zu den Vögeln rechnen und damit zöge man die Grenze zu tief. Wertet man aber den zahnlosen Schnabel zusammen mit den Federn als Schlüssel, dann liegt die Grenze zu hoch, weil so echte Vögel mit bezahnten Kiefern, wie sie in der Kreidezeit lebten, ausgeschlossen werden. Die Kontinuität der Evolution ist der primäre Tatbestand. Wie man dieses Kontinuum in eine praktikable Systematik mit festen Kategorien ordnet, ist ein ganz anderes Problem.

Die Evolution der Elefanten: Ein Spiel auf vielen Kontinenten

Aus dem Bereich der fossilen Säugetiere soll hier die Entwicklungslinie der Elefanten in Raum und Zeit dargestellt werden, um wesentliche Grundzüge der Evolution sichtbar zu machen.

Elefanten kommen heute in Afrika bzw. in Südasien vor. Die beiden geographisch getrennten Arten gehören unterschiedlichen Gattungen an. Ihre nächsten Verwandten dürften die Seekühe sein, vielleicht auch die Klippschliefer. Diesem sehr einfachen Verwandtschaftsbild steht ein sehr vielfältiger Fossilbericht gegenüber, der unter anderem deswegen recht vollständig sein dürfte, weil die Reste der meist großen Tiere auffallend waren und deshalb bevorzugt gesammelt wurden.

Schlüsselmerkmale für die Elefanten sind unter anderem der Rüssel, ein hoher Schädel, Stoßzähne, Backenzähne mit Quergraten und natürlich die Körpergröße. Welche Merkmale kann man bei den ersten Elefanten erwarten? Aus dem Paläogen von Europa, Asien und Amerika gibt es zwar viele große Pflanzenfresser, aber sie haben nichts mit den Elefantenverwandten zu tun. Afrika war im Paläogen ein Inselkontinent. Von dort kennt man – neben den Stammlinien der Seekühe und Klippschliefer – Formen, die bereits deutliche Elefantenmerkmale, nämlich den hohen Schädel, Stoßzähne und Querjoche auf den Backenzähnen, besitzen. Man kann bei etwa 35 Millionen Jahre alten Funden bereits zwei bis drei unterschiedliche Entwicklungslinien erkennen. Afrika wurde im Zuge der Kontinentalverschiebung langsam nach Norden geschoben und engte das Mittelmeer so stark ein, dass vor etwa 23 Millionen Jahren, also zu Beginn des Neogens, ein Faunenaustausch mit Eurasien möglich wurde. Die Elefanten und höheren Primaten wanderten nach Eurasien ein, und im Gegenzug drangen die Unpaarhufer, darunter die Nashörner, nach Afrika vor.

Abb. 6: Oben: Das Skelett von *Prodeinotherium* aus Langenau bei Ulm belegt eine ausgestorbene Seitenlinie der Elefantenverwandten. Kennzeichnend für diese Gruppe sind die nach unten gebogenen Stoßzähne (Museum für Naturkunde Stuttgart). Rechts: Rekonstruktion eines *Deinotheriums*

Nach dieser Phase mit mehreren Einwanderungswellen kamen im Neogen von Europa die drei verschiedenen Entwicklungslinien, die sich bereits in Afrika gebildet hatten, nebeneinander vor: Deinotherien, die Maumutiden und die Gomphotherien.

Recht fantastisch muten die Deinotherien an, weil ihre Stoßzähne im Unterkiefer sitzen und nach unten gebogen sind (Abb. 6). Ihre Backenzähne haben niedrige Zahnkronen mit breiten Querjochen. Dass es Rüsseltiere waren, lässt sich an der vergrößerten Nasenöffnung im Schädel ablesen. Zum Körperbau hat es in der ersten Hälfte des 19. Jahrhunderts zunächst mehrere Fehlinterpretationen gegeben: Weil die Backenzähne denen eines Tapirs ähnelten, glaubte man zunächst an einen Riesentapir. Am Schädel meinte man Ähnlichkeiten zu Seekühen zu sehen. Erst als auch die langen Knochen der gestreckten Säulenbeine gefunden waren, wurden die Deinotherien fraglos als Elefantenverwandte anerkannt.

Die Deinotherien waren eine sehr konservative Gruppe. In den zehn Millionen Jahren, die sie in Europa vorkamen, änderte sich das Gebiss kaum, aber die Körpergröße wuchs von zweieinhalb auf vier Meter an. Im obersten Neogen starben die Deinotherien in Europa aus, lebten aber in Afrika noch bis in das Pleistozän.

Die zweite Gruppe der Rüsseltiere, die zusammen mit den Deinotherien aus Afrika eingewandert sind, heißt Mammutidae. Der Name ist etwas irreführend, denn das eiszeitliche Mammut gehört nicht in diese Familie. In Europa ist diese Gruppe im Fossilbericht relativ selten, kommt aber regelmäßig als *Mammut borsoni* an der Wende vom Neogen zum Pleistozän vor. Die Backenzähne dieser Tiere sind durch scharfe Querjoche gekennzeichnet. Ursprünglich hatte diese Gruppe vier Stoßzähne, zwei im Ober- und zwei im Unterkiefer. Die des Unterkiefers wurden im Laufe der Zeit reduziert. Im Gegensatz zu den Deinotherien teilen die Mammutiden den horizontalen Zahnwechsel als ein abgeleitetes Merkmal mit den Gomphotherien und Elefanten. Unverbrauchte Zähne rücken von hinten nach, während die abgekauten vorne ausgeworfen werden. In Asien waren die Mammutiden im Neogen gut verbreitet und gelangten über die Beringstraße nach Nordamerika. Während diese Elefantenverwandten in Eurasien an der Wende vom Neogen zum Pleistozän ausstarben, blieben sie in Nordamerika bis zum Ende des Pleistozäns erhalten. Funde belegen, dass einige Tiere sogar noch von den frühen Indianern gejagt wurden.

Die dritte Gruppe der afrikanischen Einwanderer sind die Gomphotherien. Sie haben dicke Höcker auf den Backenzähnen, die zwar in Querreihen angeordnet, aber längst nicht so scharf sind wie bei den Mammutidae. In den Backenzähnen vergrößerte sich die Zahl der Höckerreihen langsam, wodurch die Kauleistung des Gebisses gesteigert wurde. Die frühen Formen hatten auch vier Stoßzähne, zwei im Oberkiefer, zwei im verlängerten

Abb. 8: Diese oberen Backenzähne eines Mammuts verdeutlichen die beträchtlichen Größenunterschiede bei den Zähnen eines Jungtieres und eines erwachsenen Mammuts. Der erste Molar (unten links), mit dem das Tier geboren wurde, ist etwa so groß wie unser Daumennagel; der dritte in der Reihe (oben links) ist dagegen etwa 15 Zentimeter lang, der gewaltige sechste Backenzahn (rechts) fast 40 Zentimeter.

Unterkiefer. Bei den meisten Formen wurden aber die unteren Stoßzähne im Laufe der Zeit zurückgebildet. Die einzelnen zeitlich nacheinander auftretenden Arten lassen sich an der Form der Backenzähne und der zunehmenden Körpergröße unterscheiden. Bei der jüngsten Art dieser Gruppe aus Europa waren die Stoßzähne gestreckt und erreichten eine Länge von drei Metern. Die Gomphotherien waren in Afrika, ganz Eurasien und Nordamerika verbreitet. Zwei Gattungen schafften sogar den Übergang nach Südamerika.

Aus Asien wurde eine ungewöhnliche Gruppe bekannt, die im Gegensatz zu den anderen Linien die unteren Schneidezähne nicht verkleinerte, sondern zu breiten nach vorne gerichteten Schaufeln vergrößerte. Die oberen Stoßzähne wurden gleichzeitig verkleinert (Abb. 7). Man hat vermutet, dass die Tiere mit diesen Schaufeln und einem umgeformten Rüssel bevorzugt Wasserpflanzen aufgenommen haben, aber nach modernen Isotopenanalysen an den Zähnen muss diese Hypothese verworfen werden.

Die unterschiedlichen Elefantenverwandten des Neogens sind oft nebeneinander im gleichen Lebensraum vorgekommen. Sie haben sich aber wohl in ihrer Nahrungspräferenz etwas unterschieden.

Zähne unterscheiden die Elefantengruppen

Die bislang erwähnten Formen haben im Gebiss Zähne mit niedrigen Zahnkronen. Die echten Elefanten haben hochkronige Zähne entwickelt, die einen verstärkten Abrieb kompensieren können. Trotzdem werden die Zähne wie auf einem Förderband von hinten nachgeschoben. Bei besonders alten Tieren wird auch der letzte der sechs Backenzähne tief abgekaut. Jeder nachfolgende Zahn ist deutlich größer als der vorige (Abb. 8). So wird auf ele-

Abb. 7: Amebelodon mit relativ kleinen Oberkieferstoßzähnen und gewaltigen, verbreiterten und abgeflachten Stoßzähnen im Unterkiefer

Abb. 9: Afrikanischer Elefant in Namibia

gante Weise die zunehmende Körpergröße ausgeglichen. Die hochkronigen Zähne überragen zwar kaum den Kieferrand, bieten aber eine wichtige Materialreserve, wachsen also auch von unten nach. Dieser Bau der Zähne erlaubt es, große Mengen harter und grober Nahrung zu zerkauen. Damit eröffnete sich die Möglichkeit, auch trockene und verstaubte Gräser zu fressen, die zwar reichlich vorhanden, aber relativ nährstoffarm waren.

Bei den afrikanischen Gomphotherien gab es im obersten Neogen eine Gattung, *Primelephas*, deren Backenzähne etwas höher wurden. Hier, so wird vermutet, setzte die Entwicklung zu den hochkronigen Zähnen der echten Elefanten ein, die dann ab dem Pleistozän dominierten. Die Backenzähne wurden nicht nur höher, sondern gleichzeitig vergrößerte sich auch die Zahl der Querjoche, die als enge Lamellen immer stärker zusammenrückten und wahre ‚Mühlsteine' bildeten.

Die Linien der beiden rezenten Arten, des afrikanischen (Abb. 9) und des asiatischen Elefanten, trennten sich bereits gegen Ende des Neogens. Die asiatische Linie spaltete sich in zwei Gattungen auf, wovon die eine mit ihren stark gedrehten Stoßzähnen zum eiszeitlichen Mammut führte, während die andere, etwas konservativere, im indischen Elefanten fortlebt.

Das Klima bestimmt die Verbreitung

In Europa sind die Mammute für die kalten Phasen des Eiszeitalters charakteristisch. Sie entwickelten im Laufe des Pleistozäns einen dichten Pelz und andere Anpassungen, die bei großer Kälte vorteilhaft waren. Informationen über Weichteile bieten die Kadaver aus den sibirischen Permafrostböden. Trotz der großen Toleranz gegenüber Kälte waren Mammute bis nach Kalifornien verbreitet, wo schöne Skelette in den Teerquellen von Los Angeles gefunden wurden. Über die einzige Kontinentalverbindung, die zeitweise trockengefallene Beringstraße, wanderten Mammute nämlich in zwei verschiedenen Entwicklungsphasen nach Nordamerika ein.

In Eurasien lassen sich bei den Mammuten während des Eiszeitalters evolutive Veränderungen nachzeichnen. Die Lamellenzahl in den Backenzähnen vergrößerte sich, und gleichzeitig nahm die Körpergröße ab. In der Saale-Eiszeit lag die Schulterhöhe der Bullen über vier Metern, in der Weichsel-Eiszeit gerade noch bei drei Meter zwanzig. Früher glaubte man, dass diese Entwicklung der Mammute in Europa stattgefunden hat, aber die bessere Kenntnis der Funde im asiatischen Raum und der erheblichen pleistozänen Klimaschwankungen führte zu einem anderen Bild.

Der mehrfache Klimawechsel zwischen den Kalt- und Warmzeiten führte in West- und Mitteleuropa regelmäßig zu einem Faunenaustausch, der jeweils zum Einwandern der einen und dem lokalem Aussterben der anderen Faunengruppen führte.

Das langfristige Enwicklungszentrum der Mammute lag im kontinentalen Sibirien, und von dort wanderten die Mammute während der verschiedenen Kaltzeiten nach Mitteleuropa ein. Damit kamen jedes Mal höher evoluierte Formen nach Europa. Sie täuschten dort eine lokale Entwicklung vor, weil man die Lücken übersah. In den dazwischen liegenden Warmzeiten starben nämlich die Mammute in Europa jeweils lokal wieder aus.

In diesen Interglazialen breiteten sich Laubwälder in Mittel- und Westeuropa aus und boten den (konservativen) Waldelefanten einen geeigneten Lebensraum. Die Waldelefanten breiteten regelmäßig ihr Areal vom Mittelmeerraum her aus, starben aber zu Beginn der Kaltzeiten lokal wieder aus. Aber derartige Details lassen sich im Fossilbericht nur bei sehr guter stratigraphischer Auflösung erkennen.

Sowohl die Mammute wie die Waldelefanten haben auch Inseln besiedelt, wo ein auffallender Inseleffekt die Formen veränderte. Auf Inseln verzwergen die großen Pflanzenfresser, während kleine Formen – wie manche Nager – Riesenformen bilden. Die Waldelefanten besiedelten die Mittelmeerinseln. Voll ausgewachsene Tiere erreichten auf Sizilien und Malta eine Schulterhöhe von nur etwa einem Meter (Abb.10). Auf Inseln vor Kalifornien verzwergten Mammute in ähnlicher Weise. Das zeigt, wie stark die Evolution durch klimatische und geographische Bedingungen gesteuert wird.

Während die Mammute in Europa regelmäßig verschwanden, konnten sie in Sibirien die Warmzeiten überstehen. Erst mit dem letzten großen Klimawechsel vor etwa 10.000 Jahren war auch Sibirien stark betroffen. Daher starben auch dort die Mammute schließlich aus. Die jüngsten Funde stammen von der Wrangelinsel im nördlichen Eismeer und sind nur etwa 5.000 Jahre alt. Dort lebten also zu einer Zeit, als in Ägypten bereits die Pyramiden gebaut wurden, noch Mammuts.

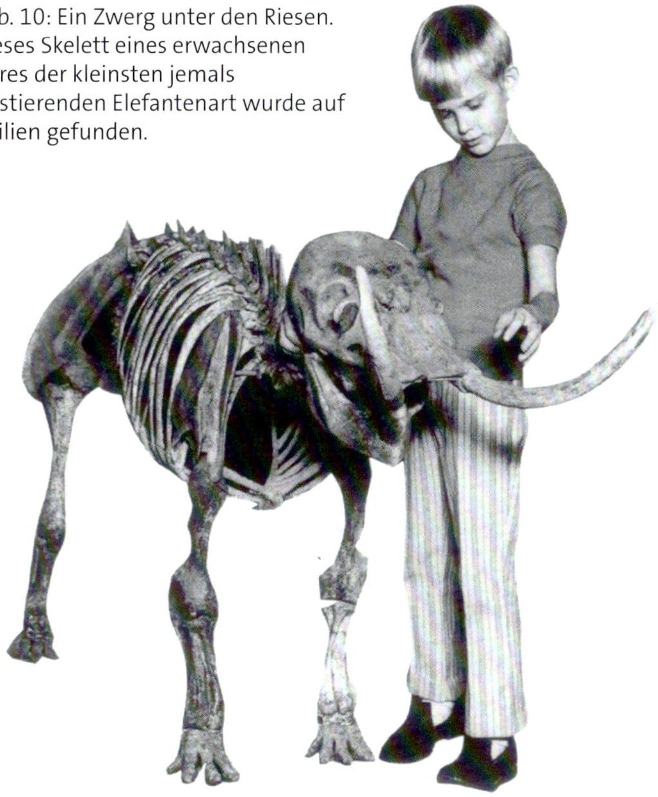

Abb. 10: Ein Zwerg unter den Riesen. Dieses Skelett eines erwachsenen Tieres der kleinsten jemals existierenden Elefantenart wurde auf Sizilien gefunden.

Faszination und Aussagekraft der Fossilien

Das Beispiel der Entwicklung der Elefanten veranschaulicht, dass sich die Lebensgeschichte aus dem Fossilbericht in Zeit und Raum rekonstruieren lässt. Sie gründet sich nicht auf wenige spektakuläre Einzelfunde, sondern trotz aller Lücken auf sehr reichhaltige Informationen, in die natürlich auch die paläogeographischen und paläoklimatologischen Befunde mit einfließen. Meist steht nicht die eine (theoretische) Urform am Anfang, sondern ein vielfältiges Experimentieren der Natur mit unterschiedlichen Lösungsmöglichkeiten, von denen dann meist nur eine auf Dauer erfolgreich sein wird. Die zeitlich aufeinander folgenden Evolutionsschritte zeigen zwar eine Richtung und damit eine gewisse Logik, sofern es sich um eine Leistungssteigerung bei der Nahrungsverarbeitung im Gebiss oder der Fortbewegung handelt. Aber die Verbreitungsgeschichte ist ebenso von geographischen und klimatischen Zufälligkeiten abhängig, die oft über den Fortbestand oder das Aussterben entscheiden. Mit Blick auf die fortschreitende Evolution werden oft die vielen Seitenlinien übersehen, die mit zum Teil ganz andersartigen Konstruktionen das Bild bereichern. Daraus wird erkennbar, dass der heute vorhandene Formenschatz nur ein kleiner Ausschnitt dessen ist, was in der Natur möglich ist. Nur Fossilien zeigen, dass Libellen in den Steinkohlewäldern bis zu 80 Zentimeter groß wurden, dass bei Landtieren das unglaubliche Gewicht von 60 Tonnen oder mehr möglich war, wie bei den sauropoden Dinosauriern, dass Reptilien mit 10 bis 15 Metern Flügelspannweite fliegen konnten. Die Faszination der Fossilien liegt nicht so sehr in ihrer Entdeckung, so spannend sie auch gelegentlich sein mag, sondern in ihrem Beitrag zum Gesamtbild der Entwicklung der Biosphäre.

Literaturhinweise:

Futuyama, D. J. (1989): Evolutionsbiologie. Birkhäuser, Basel, 697 S.

Koenigswald, W. v. (2002): Lebendige Eiszeit. Wissenschaftliche Buchgesellschaft, Darmstadt

Stanley, St. M. (1988): Krisen der Evolution, Artensterben in der Erdgeschichte. Spektrum, Heidelberg

Thenius, E. (2000): Lebende Fossilien, Oldtimer der Tier- und Pflanzenwelt, Zeugen der Vorzeit. Dr. Friedrich Pfeil, München

Wighart von Koenigswald ist emeritierter Professor für Paläontologie an der Rheinischen Friedrich Wilhelms Universität zu Bonn. Sein Forschungsschwerpunkt ist die Evolution der Säugetiere.

Anschrift: Prof. Dr. em. Wighart von Koenigswald
Steinmann Institut (Paläontologie)
Universität Bonn
Nussallee 8
53115 Bonn

E-Mail: koenigswald@uni-bonn.de

Biologie, Lebensweise und Aussterben der Ammoniten

Von Jens Lehmann, Bremen

Begegnung unmöglich: Menschen und Ammoniten sind durch eine Zeitspanne von 60 Millionen Jahren getrennt. Wir wissen genau, wie Taucher aussehen und ›funktionieren‹, aber bei Ammoniten ist uns beides weitestgehend unbekannt.

Ammoniten – früher auch als Ammonshörner bezeichnet – lebten ungefähr 300 Millionen Jahre lang auf der Erde bis sie vor etwa 65 Millionen Jahren ausstarben. Im Laufe der Jahrmillionen entwickelten sich Zehntausende von Arten, die größten wurden über zwei Meter groß. Obwohl man wahrscheinlich Millionen ihrer Fossilien gesammelt hat und seit mehr als 200 Jahren über diese ausgestorbene Tiergruppe forscht, weiß man bisher nur sehr wenig über die Organisation des Weichkörpers und die Biologie dieser Tiere.

Fragt man Leute auf der Straße, was ihnen als Erstes in den Sinn kommt, wenn es um längst vergangenes Leben auf unserer Erde geht, werden viele sicherlich die Dinosaurier nennen. Der Begriff ›Fossil‹ dagegen weckt bei den meisten Assoziationen mit Überresten wirbelloser Tiere und hier vor allem mit denen der Ammoniten (Abb. 1). Ammoniten gehören also zu Recht zur ersten Garde der Wappentiere der Geologie. Das liegt sicher auch an der großen Häufigkeit und Verbreitung dieser versteinerten Zeitzeugen, die schon im 19. Jahrhundert in Lehrbüchern beschrieben wurde. So etwa in Zimmermanns ›Die Wunder der Urwelt‹ von 1865: »Die gewundenen, schneckenförmigen Hüllen dieser Thiere kommen unter dem Namen Ammoniten in solcher Mächtigkeit vor, daß sie ganze Gebirgszüge bilden.«

Das klingt so, als wenn der Paläontologe nur ins Gelände laufen muss, um im Gestein ein paar Ammoniten zu finden oder sich Ammoniten in einer Museumssammlung zusammensucht und so schnell zu neuen Erkenntnissen kommt. Zum Leidwesen der Ammonitologen ist der alltägliche Wissenschaftsbetrieb aber weit weniger einfach – doch warum?

Abb.1: Der Blick in das Innenleben dieses Ammonitenfossils zeigt den gekammerten Innenteil (Phragmokon) und davor liegend die Wohnkammer in der das Tier lebte. Auf den Innenwindungen – also im Zentrum des Fossils – ist noch die beigefarbene Originalschale erhalten.

›Harte‹ Fakten

Wie schon in dem Zitat aus Zimmermanns Buch angedeutet kamen in den Meeren des Erdmittelalters neben Muscheln und Schnecken besonders häufig Ammoniten vor. Und die Schalen von Meereslebewesen – wie die der Ammoniten – liegen besonders häufig als Fossil vor, da diese Hartteile eine gute Erhaltungsfähigkeit besitzen und darüber hinaus marine Sedimente viel weiter verbreitet sind als Landablagerungen. Neben den Schalen sind häufig auch die Unterkieferelemente der Ammoniten – für die auch eine Doppelfunktion als Verschlussdeckel diskutiert wird – verkalkt und somit fossil überliefert.

Aus den fossilen Überresten lässt sich ableiten, dass Ammoniten ausgestorbene Verwandte der heutigen Tintenfische und von deren Verwandten waren. All diese Tiere fasst man unter dem Begriff Kopffüßer zusammen. Als Kopffüßer bewegten Ammoniten sich meist frei im Wasser fort. Sie lebten ausschließlich marin und hatten eine meist spiralförmig zusammengerollte, gekammerte Schale aus Kalk (Kalziumkarbonat, genauer Aragonit). Die einzelnen Kammern waren mit Gas, aber vermutlich auch mit Flüssigkeit gefüllt, und über eine organische Röhre aus Protein miteinander verbunden. Das Tier lebte in der vordersten Kammer, die daher auch als Wohnkammer bezeichnet wird.

Doch hier endet auch schon fast das Wissen, das wir aus den sehr häufig überlieferten Teilen ihres Körpers ableiten können. Einige wenige, aber dafür sehr gut erhaltene Ammonitenfossilien erlauben jedoch zumindest Spekulationen, die darüber hinaus gehen.

Der Weichkörper – Raum für Spekulationen

Viele Millionen von fossilen Ammonitenschalen liegen in den Sammlungen dieser Welt – aber keine einzige zeigt eindeutige Körperumrisse oder etwa Reste der Arme. Ihr Weichkörper war wohl sehr anfällig für eine rasche Verwesung. Damit sind Lebendrekonstruktionen (Abb. 2) also grundsätzlich spekulativ. Wie sah die Haut aus? War der Körper ausladend oder klein, war er mit Warzen bedeckt oder glatt? Auch über die Arme lässt sich spekulieren: Waren sie mager wie Spaghetti oder dick wie Macaroni, waren sie einfach oder vielgliedrig? Wie viele Arme hatten Ammoniten? Der heutige *Nautilus*, auch als Perlboot bekannt, kann als entfernterer Verwandter zum Vergleich herangezogen werden (Abb. 3). *Nautilus* lebt auch dauerhaft in einem Gehäuse aus Kalk und das Tier sitzt – wie ehemals die Ammoniten – in einer Wohnkammer der Schale am Ende des Kammersystems. Im inneren Teil der Kalkschale besitzt *Nautilus* ebenfalls ein gasgefülltes Kammersystem (Phragmokon) – trotz einiger Unterschiede im Detail ist der Aufbau beider Tiergruppen recht ähnlich. Dennoch können viele anatomische Details nicht einfach übertragen werden. Betrachten wir zum Beispiel die Arme: Der moderne *Nautilus* hat 100, aber der Krake, auch ein Verwandter, hat nur acht. Bei Kraken finden sich große Saugnäpfe an einfachen, aber relativ breiten Armen, während die recht dünnen Arme von *Nautilus* zweiteilig

Abb. 2: Lebendrekonstruktion eines Ammoniten. Die Form des Körpers und auch die Anzahl der Arme sind hypothetisch.

Abb. 3: Ein heutiger *Nautilus*, fotografiert am Great Barrier Reef vor Australien.

sind und das Vorderende in einer etwas breiteren Basis steckt. Fossilien können uns die Frage nach der Anzahl der Arme von Ammoniten nicht beantworten. Einen Hinweis gibt aber die Entwicklung des Embryos von *Nautilus*: Dieser hat nämlich zehn Arme, und da in der frühesten Entwicklung eines Tieres angelegte Merkmale oft den ursprünglichen Zustand widerspiegeln, dürfte dieses dem ursprünglichen Bauplan der tintenfischverwandten Tiere entsprechen.

Es ist erstaunlich, dass, obwohl Körperumrisse und Arme nicht erhalten sind, einige Organe mit Resten des Verdauungstraktes, die Reibezunge (Abb. 4) und sogar die Augenkapsel und möglicherweise Eileiter in einigen Fossilien sehr wohl überliefert wurden. Bemerkenswert ist auch, dass es in Deutschland (Holzmaden bei Stuttgart), in Frankreich (nahe Lyon) und in England (bei Bristol) eine Reihe von Fundstellen gibt, an denen sehr gut erhaltene Tintenfischfossilien gefunden wurden, die eine ganze Reihe anatomischer Details zeigen. Wieso findet man diese nicht bei Ammoniten? Waren die Arme und Haut der Ammoniten viel zu filigran, um überhaupt überliefert zu werden? Oder ist es wie mit einem Lottogewinn und die Millionen von Ammonitenfossilien, die bislang gefunden wurden, reichen noch nicht, um einen Glücksfund mit der Erhaltung von Armen und Haut zu erfassen? Vielleicht fehlen uns auch nur starke und einfach handzuhabende Röntgengeräte um eine große Anzahl von Ammonitenfossilien zu scannen. Potentielle Weichteile könnten im Gestein verborgen liegen und nur in den seltensten Fällen werden sie durch das Herauslösen der Schalen aus dem Gestein sichtbar. Wenn dem so ist, liegt bereits Basiswissen über Ammoniten in einer Sammlung verborgen – ein unerkannter Schatz der möglicherweise gut etikettiert ist und nur darauf wartet, gehoben zu werden.

Raspelnde Reibezungen und klappende Kiefer

So wie Schnecken und ursprünglich alle Weichtiere besaßen auch Ammoniten eine sogenannte Radula, eine aus winzigen Chitin-Zähnchen bestehende Reibezunge mit deren Hilfe sie Nahrung abtragen bzw. zerkleinern konnten (Abb. 4). Tatsächlich ist es diese Reibezunge, die eine relativ enge Verwandtschaft zu den Schnecken belegt, und nicht etwa das von Laien oft zu Unrecht als Schnecke bezeichnete Ammonitengehäuse. Dass Ammoniten eine Radula besaßen, wissen wir allerdings nur aufgrund einiger weniger Funde. Aus dem Erdaltertum sind gerade einmal Nachweise von Radulae von drei verschiedenen Ammoniten bekannt, aus dem Erdmittelalter sind es nur fünf. Die Unterschiede zwischen den Radulae der bisher bekannten Ammonitenarten sind dabei sehr deutlich, aber sie sind alle nach demselben Muster konstruiert: sieben nach hinten gebogene Zähnchen pro Querreihe und jeweils links und rechts davon eine Reihe flacher Randplatten. Die außen gelegenen Zähne der Ammonitenradulae sind deutlich verlängert – gerade im Vergleich mit denen moderner Tintenfische – so dass man vermutet, dass damit

Abb. 4: In feinen, dicht nebeneinander gepackten Reihen stehen die Zähne der Ammoniten – sie bilden die Raspelzunge. Links und unterhalb der Raspelzunge sind hier noch die Kieferelemente erhalten.

kleinere Nahrungspartikel wie mit einer Bürste optimal in Richtung des Verdauungstraktes weitergeleitet werden konnten.

Bei der Beantwortung der Frage, wie der Kiefer der Ammoniten konstruiert war und funktioniert hat, hilft uns ein Blick auf die Kiefer heutiger Kopffüßer. Auf den ersten Blick sind deren Kiefer wie Papageienschnäbel konstruiert. Anders als bei diesen Vögeln umgreift bei ihnen aber der Unterkiefer den Oberkiefer und der Schnabel hat kein Scharnier. Muskeln öffnen den Kiefer und Muskeln dienen auch dazu, ihn in der richtigen Position zu halten. Damit diese Konstruktion gut funktioniert, ist sie von vielen Muskelschichten umgeben. Zusammen mit den Kieferelementen und den einhüllenden Häuten bildet sie eine widerstandsfähige Einheit, die Buccalmasse genannt wird. Die Kieferelemente bestehen aus festem, hornartigen Material und innerhalb der heutigen Kopffüßer ist deren Spitze nur bei *Nautilus* durch kalkige Einlagerungen und Auflagen verstärkt.

Bei den Ammoniten gibt es zwei Typen von Unterkiefern. Die einen sind seit dem ersten Auftreten dieser Tiere in der Devonzeit zu finden; sie sind einteilig und werden Anaptychen genannt (Abb. 5). Der zweite Typus – Aptychus (Abb. 6) – ist zweiteilig und oft auch durchgängig verkalkt und somit fossil weit verbreitet. Diese Unterkiefer sehen ein bisschen wie Muscheln aus und zeigen auch – wie viele Muscheln – eine lange gerade Scharnierseite, an der sie zu Lebzeiten des Tieres zusammenhingen. Findet man beide Klappen eines Aptychus gemeinsam, dann sind sie oft auseinandergeklappt (Abb. 6). Da viele Aptychen von der Form her gut in die Wohnkammer der Ammoniten passen und auch oft nahe der Mündung gefunden wurden (Abb. 7), kam die Theorie auf, sie hätten

Abb. 5: Der ursprüngliche Kiefertyp der Ammoniten besteht aus einem Element. Es wird Anaptychus genannt und war hornig-phosphatisch.

Abb. 6: Seit der frühen Jurazeit treten bei Ammoniten auch zweiteilige Kiefer auf, die Aptychen. Sie sind oft stark verkalkt und somit mitunter sehr häufig fossil erhalten.

den Ammoniten auch als Verschlussdeckel gedient. Die wissenschaftliche Diskussion über eine solche Doppelfunktion ist noch nicht abgeschlossen.

Ernährungsgewohnheiten

Bislang befassten wir uns mit der Anatomie der Ammoniten, aber auch auf anderen Gebieten ihrer Biologie gibt es noch viele offene Fragen. Was zum Beispiel fraßen Ammoniten? Die vielen verschiedenen Lebensräume, in denen ihre fossilen Überreste gefunden werden, legen nahe, dass die Ernährungsgewohnheiten der verschiedenen Arten sehr unterschiedlich waren. Aus fossil erhaltenen Mageninhalten wissen wir, dass es Ammoniten gab, die Fleischfresser waren. Für gut zwei Dutzend Ammonitenarten kann die Frage nach dem Speiseplan sogar recht konkret beantwortet werden. In einigen Ammonitenschalen wurden nämlich im Kropf, also einer Aussackung der Speiseröhre, oder im Magen die verkalkten Verschlussdeckel bzw. Kieferelemente von anderen, viel kleineren Ammoniten, gefunden. Hier wurden also Artgenossen verspeist – zumindest einige Ammoniten waren also Kannibalen. Aber auch freischwimmende Seelilien, Muschelkrebse, kleine Schwimmschnecken, Muscheln, Krebse und Einzeller standen offenbar auf dem Speiseplan der Ammoniten. Selbst Fischreste sind schon als Beute identifiziert worden. Alle fossilen Fakten deuten darauf hin, dass Ammoniten sehr unterschiedliche Ernährungsgewohnheiten hatten – es gab aktive Räuber ebenso wie treibende Mikrofiltrierer. Und sicher stand nicht nur lebende Beute auf dem Speiseplan der Ammoniten. Wahrscheinlich verschmähten Ammoniten – wie heutige Kopffüßer – auch tote fleischige Nahrung nicht, waren also wohl auch Aasfresser.

Wo Nahrung verspeist und verdaut wird, müssen sich natürlich auch die Ausscheidungen irgendwo wiederfinden. Und im Solnhofener Plattenkalk, einer für seine gut erhaltenen Ammonitenfossilien bekannten Formation, finden sich tatsächlich häufig auch Kotschnüre, die – so wie der Mageninhalt mancher Ammoniten in diesen Schichten – kleine, verspeiste Ammonitenkiefer enthalten.

Abb. 7: Die verkalkten Kieferelemente (Aptychen) der Ammoniten liegen hier in der Wohnkammer des Tieres. Haben sie auch als Deckel gedient?

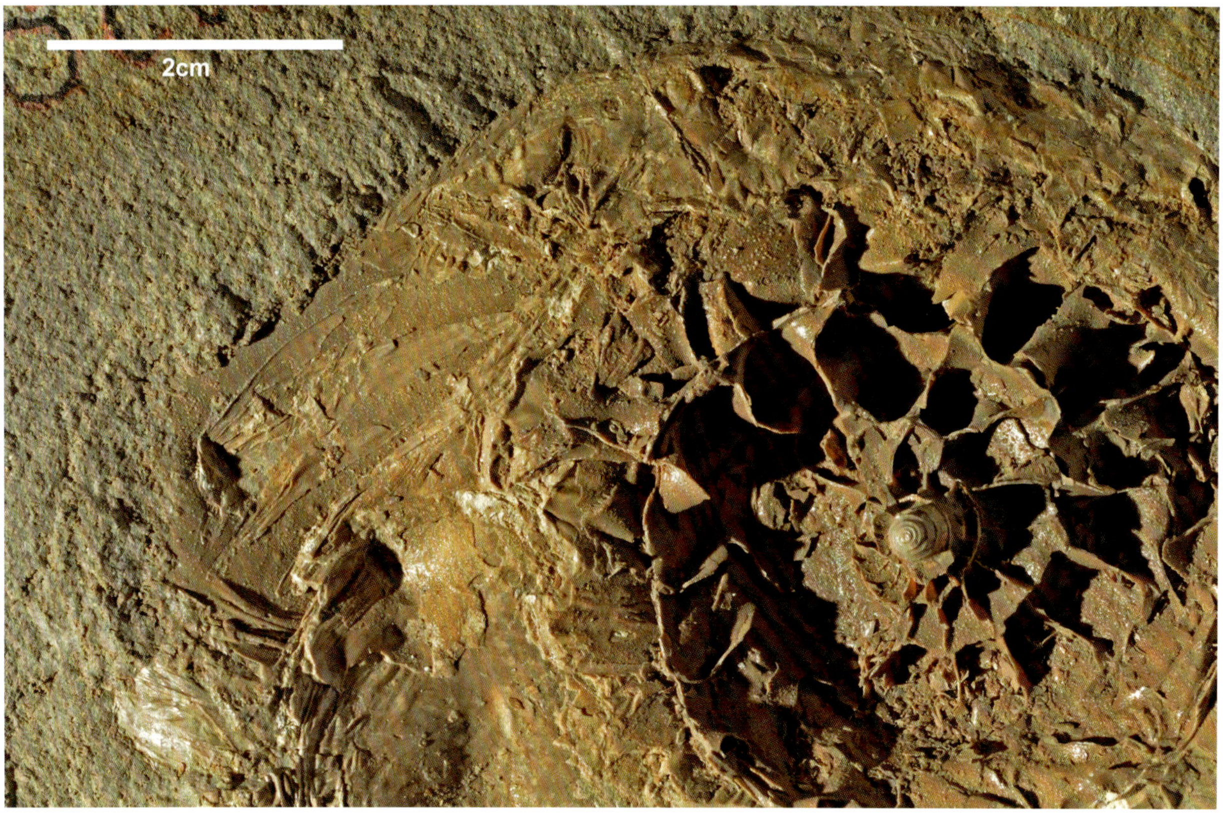

Abb. 8: Die aufgebrochene Schale eines Ammoniten zeigt das Kammersystem des Phragmokon. Meist wurden die Kammern nach der Ablagerung mit Sediment verfüllt, diese blieben aber hohl. Die nicht-gekammerte Wohnkammer, in der das Tier lebte, ist hier flachgepresst worden.

Fossile Gastanks – der Auftriebsapparat der Ammoniten

Wie bereits zu Beginn erwähnt sind Ammonitenschalen gekammert (Abb. 8). Der Teil der Schale hinter der vorderen Wohnkammer wird Phragmokon genannt. Bei der Frage nach dem Inhalt dieser weiteren Kammern hilft erneut das moderne Analogon – der *Nautilus*. Bei ihm sind im Phragmokon Gas und Flüssigkeiten enthalten, die dem Tier Auftrieb und eine gewisse Stabilität im Wasser geben. *Nautilus* ist mit dieser Konstruktion ein vom Untergrund losgelöstes, aktiv schwimmendes Tier und kriecht nicht – wie etwa Schnecken– auf dem Meeresboden umher. Schwer vorstellbar, dass das Phragmokon der Ammoniten eine andere Funktion hatte. Für diese Hypothese spricht auch die Tatsache, dass sich das Phragmokon in einem Prozess von über 300 Millionen Jahren stark veränderte, sehr wahrscheinlich, um seine Funktion als Auftriebsorgan zu optimieren. Zu den auffälligsten Veränderungen im Kammersystem der Ammoniten gehört eine zunehmende Komplexität der Wände zwischen den einzelnen Kammern. Diese wurden über Jahrmillionen immer verschlungener und ab der Jurazeit sind sie extrem stark verfaltet. Besonders komplex wird dadurch auch ihr Verlauf entlang der Gehäusewand. Wenn bei einem Fossil die Schale eines Ammoniten fehlt, kann man die Anheftungslinie sehen, sie wird auch Lobenlinie oder Sutur genannt. Bei guter Fossilerhaltung hebt sie sich auch farblich sehr gut ab (Abb. 1).

Da einige wenige Wissenschaftler die oben ausgeführten Auftriebseigenschaften des Phragmokons bezweifeln, begegnet man gelegentlich noch Rekonstruktionen von bodenlebenden, ja sogar kriechenden, schneckenartigen Ammoniten. Diese Interpretation gilt inzwischen aber als überholt.

Ähnlich wie der heutige *Nautilus* trieben Ammoniten wohl nicht nur umher, wahrscheinlich schwammen sie aktiv. Dabei ist die Austarierung des Auftriebs recht schwierig. *Nautilus* zeigt, dass schnelle Ausgleichsreaktionen mit Hilfe des Phragmokons nicht möglich sind. Deshalb werden Auf- und Abbewegungen ebenso wie die horizontale Fortbewegung mit dem sogenannten Trichter bewerkstelligt. Der Trichter ist eine muskulöse Röhre, die in verschiedene Richtungen drehbar ist und aus der Wasser gestoßen wird. Dadurch bewegt sich das Tier nach dem Prinzip des Düsenantriebs fort. Der Trichter von *Nautilus* entstand aus einem Teil des Kriechfußes, den seine bodenkriechenden Vorfahren besaßen. Ammoniten müssen wohl auch solch einen Trichter zum aktiven Schwimmen besessen haben, auch wenn er fossil nicht erhalten ist und niemals mehr ein Taucher das Schwimmverhalten der Ammoniten nachprüfen kann wie auf der fiktiven Grafik am Anfang dieses Artikels.

Abb. 9: Zu manchen Zeiten in der Erdgeschichte entwickelten sich heteromorphe, also von der Schneckenspirale abweichende Ammonitenformen – hier ein Beispiel aus der Kreidezeit, während der besonders viele entrollte Arten vorkamen.

Fortschritt durch Entrollung – Spirale auf Abwegen

In verschiedenen Phasen der Erdgeschichte wichen einige Ammoniten von der ›normalen‹, d.h. spiralig in einer Ebene (Planspirale) aufgerollten Form ab. Zwischen den Windungen entwickelte sich bei diesen Arten ein offener Raum, sie berührten einander nicht mehr (Abb. 2 und Abb. 9). Wir nennen diese Arten heteromorphe Ammoniten. Bei ihnen gibt es schraubenförmige, offen-spiralförmige und langgestreckte Gehäuse, bei manchen wich auch nur die Wohnkammer durch eine Ablösung von der Planspirale ab.

Die heteromorphen Ammoniten treten im Erdaltertum (Devon), und im Erdmittelalter (Mesozoikum) in der späten Trias-Zeit, in der Zeit des mittleren Jura und extrem verbreitet ab der frühen Kreidezeit auf. Sie entwickelten sich in verschiedenen Verwandtschaftslinien unabhängig voneinander. Bei kreidezeitlichen Ammoniten kam es vereinzelt auch zu Rückeinrollung vorher heteromorpher Arten. Offenkundig waren aber die heteromorphen Ammoniten ein Erfolgsmodell der Evolution – ihre Vertreter gehören zu den zuletzt ausgestorbenen Ammoniten. Doch warum sie diesen Erfolg hatten, bleibt rätselhaft. Zumindest scheint es einen Zusammenhang zwischen der Überflutung der flachen Schelfmeere während Zeiten von Meeresspiegelhochständen und dem Auftreten heteromorpher Ammoniten zu geben. Der steigende Meeresspiegel schuf neue Lebensräume und veränderte die vorhandenen. Damit einher geht die Anzahl entrollter Ammoniten. Heteromorphe Arten waren wohl hochspezialisierte Tiere. Zunehmend offenozeanische Verhältnisse in den ehemaligen Schelfmeeren könnten deren Entwicklung maßgeblich vorangetrieben haben.

Das ›letzte‹ Geheimnis der Ammoniten

Es ist unmöglich diesen Text zu beenden ohne auf das zeitlich letzte Geheimnis der Ammoniten einzugehen – ihr Verschwinden. Die Ammoniten starben bei oder kurz nach dem ökologischen Desaster nach dem Einschlag eines Meteoriten an der Kreide/Paläogen-Grenze (K/Pg-Grenze, s. Artikel von A. Deutsch) vor etwa 65 Millionen Jahren aus. Einer der letzten Ammoniten ist in Abbildung 10 zu sehen. Ihr Aussterben scheint auf den ersten Blick leicht erklärbar: Vulkanausbrüche, Tsunamis und dramatische Klima- und Umweltveränderungen führten schließlich auch zum Aussterben von unzähligen anderen Arten (s. Artikel von A. Deutsch und M. Sander). Doch das Verschwinden der Ammoniten bleibt rätselhaft, denn sie hatten schon vorher viele Krisen überlebt, die aus ökologischer Sicht für sie einschneidender waren. Immer wieder stellte sich nach solchen Krisen enormer stammesgeschichtlicher Erfolg ein und es entstand immer wieder eine Fülle neuer Arten.

Wie viele andere Tiergruppen sind die Ammoniten wohl nicht durch den Einschlag selbst oder die kurzfristigen Folgen ausgestorben, sondern während der folgenden längerfristigen ökologischen Krise. Das wahrscheinlichste Szenario ist der Zusammenbruch des Nahrungsnetzes. In den Weltmeeren ist eine Krise der Coccolithophoriden, einer Gruppe des pflanzlichen Planktons, nachgewiesen. Davon waren zunächst die in der Nahrungskette über ihnen stehenden und zum tierischen Plankton gehörenden Foraminiferen betroffen. Und auch wenn sich erwachsene Ammoniten vermutlich nur in untergeordnetem Maße von Foraminiferen ernährt haben, führte dieser Zusammenbruch der Planktonlebewelt dazu, dass Ammoniten sich nicht mehr zu erwachsenen Tieren entwickeln konnten. Ammonitenlarven besaßen nämlich keine Dottersäcke wie der heutige *Nautilus*, ihre Larven ernährten sich von eben jenem Mikroplankton. Somit ist das Aussterben der letzten Ammoniten als Konsequenz einer massiven Störung der Abläufe im Nahrungsnetz zu werten.

Eine in der klassischen bis neueren Literatur kontrovers diskutierte Hypothese widerspricht der Idee des ›schlagartigen‹ Aussterbens an der K/Pg-Grenze und sieht das Verschwinden der Ammoniten als eine Folge eines generellen Rückgangs der Artenzahlen schon über die davor liegenden mehrere Zehner von Jahrmillionen Jahre. Für diese Theorie spricht, dass sich für Japan tatsächlich ein allmählicher Rückgang der Artenzahlen zwischen etwa 85 und 65 Millionen Jahren nachweisen lässt. Andererseits zeigen immer genauere Datenerhebungen für den Rest der Welt, dass sich während der allerjungsten Kreide (Maastrichtium) weltweit die Gattungszahl nur unbedeutend von 35 auf 27 verringerte. So reichen etwa in den wohl am besten untersuchten Gesteinsabfolgen in Nordspanien immerhin sechs Arten, die zu sechs unterschiedlichen Gattungen gehören, direkt bis an die K/Pg-Grenze heran.

Eventuell haben einige Ammoniten diese Krise aber auch bis weit ins Paläogen hinein überlebt. An zwei Orten, den Kreidefelsen von Stevns Klint in Dänemark und in den Steinbrüchen bei Maastricht in den Niederlanden gibt es nämlich Fossilien von einer Handvoll Arten, die deutlich oberhalb der K/Pg-Grenze gefunden wurden. Früher nahm man an, dass diese Fossilien aus älteren Sedimenten stammen und – durch Strömungen erneut aufgearbeitet – in paläogenen Schichten erneut abgelagert wurden. Inzwischen sind einige Wissenschaftler aber auf der Basis sorgfältiger Analysen des Erhaltungszustandes der Ammoniten der Meinung, dass es sich tatsächlich um Funde paläogenen Alters handelt, diese Ammoniten also die Grenze vor 65 Millionen Jahren noch um einige hunderttausend Jahre überlebten.

Die wissenschaftliche Diskussion um die Ursachen für das Aussterben der Ammoniten ist somit nicht beendet. Diesbezüglich und auch zur Biologie der Tiere gibt es noch viele Fragen zu beantworten. So fasst dieser Beitrag zur Biologie der Ammoniten in groben Zügen unser heutiges Wissen zusammen, vor allem aber zeigt er, was wir alles noch nicht wissen. Obwohl der Kenntnisstand in den letzten Jahrzehnten durch einige ungewöhnlich gut erhaltene Funde enorm gewachsen ist, gibt es auch an ganz ›gewöhnlichem‹ Ammonitenmaterial noch eine ganze Menge zu entdecken. Manchmal helfen eine genaue Beobachtung und kluge Hypothesen, auch wenn der finale Beweis oft (noch) nicht erbracht werden kann.

Abb. 10: Ein Ammonit aus der Gruppe der Scaphiten (›Kahnboote‹), einer Gruppe der heteromorphen (entrollten) Ammoniten. Kurz nach Ende des Maastrichtiums, vor 65 Millionen Jahren, starb auch die letzte Ammonitenart aus.

Internetseiten

Geowissenschaftliche Sammlung der Universität Bremen: http://www.geosammlung.uni-bremen.de

Literaturhinweise

Keupp, H. (2000): Ammoniten – Paläobiologische Erfolgsspirale. Thorbecke, Stuttgart

Klug, C. (2010): Konnten Ammoniten schwimmen? Fossilien, 27(2), 83-91

Lehmann, U. (1990): Ammonoideen – Leben zwischen Skylla und Charybdis. Enke, Stuttgart

Seilacher, A. & H. Keupp (2000): Wie sind Ammoniten geschwommen? Fossilien, 17(5), 310-313

Jens Lehmann ist Leiter der Geowissenschaftlichen Sammlung der Universität Bremen am Fachbereich Geowissenschaften. Sein Forschungsschwerpunkt ist die Kreidezeit und hier vor allem Paläobiologie und Paläoumweltrekonstruktion. Er arbeitet weltweit über Ammoniten und die sie enthaltenden Sedimente.

Anschrift: PD Dr. Jens Lehmann
Universität Bremen
Fachbereich Geowissenschaften
Postfach 330 440
28334 Bremen

E-Mail: jens.lehmann@uni-bremen.de

Zeitreise ins Erdmittelalter

Die Paläobiologie der Dinosaurier

von Martin Sander, Bonn

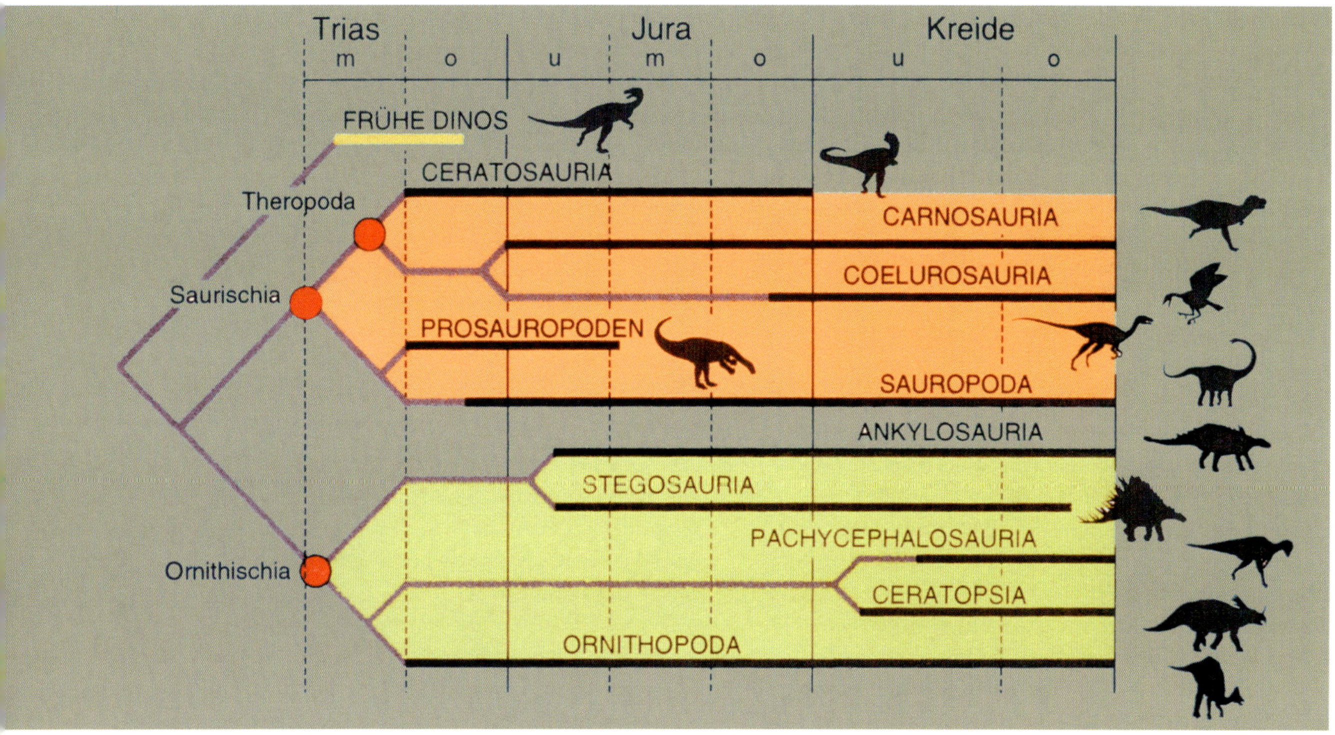

Abb. 2: Übersicht über die Verwandtschaftsverhältnisse der Dinosaurier-Gruppen und ihr zeitliches Auftreten

Dinosaurier sind das Maskottchen der Geowissenschaften. An Karikaturen und Aufklebern, die die enge Beziehung zwischen Geologen und Dinosauriern verbildlichen, fehlt es nicht. Auch in der Öffentlichkeit ist diese Assoziation sehr verbreitet: ›Geologen – das sind doch die Leute, die Dinosaurier ausbuddeln‹. Eine andere Assoziation wäre jedoch ebenso gerechtfertigt: ›Biologen, das sind doch die Leute, die erforschen, wie Dinosaurier gelebt haben‹. Dabei sind beide Assoziationen nicht ganz richtig. Denn genau genommen sind Dinosaurier das Forschungsgebiet der Paläontologen, der Brückenwissenschaft zwischen den Geowissenschaften und der Biologie. Die Paläontologie untersucht anhand von Fossilien – nicht nur solchen von Dinosauriern – die physischen Umweltfaktoren und die Biologie der Lebewesen der Erdgeschichte.

Dinosaurier sind zweifellos ganz besondere Fossilien. Sie sind Zeugen und Hauptakteure einer ganz anderen Welt, der des Erdmittelalters oder Mesozoikums (s. stratigraphische Tabelle der Erdzeitalter im Anhang). Um gleich von Anfang an mit Vorurteilen aufzuräumen: die großen Dinosaurier sind nicht ausgestorben, weil sie zu schlecht angepasst oder überholt waren und deswegen von unseren Vorfahren, den frühen Säugetieren verdrängt wurden. Die äußeren Umstände waren es, die den Lauf der Evolution entscheidend veränderten. Aus stammesgeschichtlicher Sicht sind die Dinosaurier überhaupt nicht ausgestorben, da Vögel eine Untergruppe der Dinosaurier sind.

Abb. 1 (links): Dieses montierte Skelett gehört dem riesigen Sauropoden *Giraffatitan* (früher *Brachiosaurus*), der in der späten Jurazeit in Ostafrika lebte. Das Skelett ist im Museum für Naturkunde in Berlin zu bestaunen. Es ist das größte montierte Dinosaurierskelett der Welt.

Die Rekonstruktion der Dinosaurier als lebende Tiere und das Aussterben aller Dinosaurier außer den Vögeln vor 65 Millionen Jahren am Ende der Kreidezeit sind die beiden Themenkomplexe, denen dieses Kapitel gewidmet ist. Die Dinosaurier sollen in beiden Themenkreisen nur stellvertretend für alle Fossilien stehen, um die Bedeutung paläontologischer Forschung zu zeigen.

Die Vielfalt der Dinosaurier

Die Dinosaurier waren eine erfolgreiche Tiergruppe. Wie so oft fing alles klein an: in diesem Fall mit flinken, räuberisch lebenden Zweibeinern, die in der mittleren Triaszeit in Argentinien lebten und die Stammformen der Dinosaurier darstellen (Abb. 2). Zweibeinigkeit ist das gemeinsame Erbe aller Dinosaurier, auch wenn viele Formen später ganz oder nach Bedarf auf vier Füßen liefen. Nur um Verwirrung zu vermeiden: Weder die Flugsaurier noch die verschiedenen Arten von Meeressauriern des Erdmittelalters (Plesiosaurier, Ichthyosaurier etc.) gehören zu den Dinosauriern, selbst wenn sie in der populären Kultur oft dazugerechnet werden.

Die Ausbreitung der Dinosaurier begann in der Obertrias, als in Form der Prosauropoden, wie *Plateosaurus* aus Deutschland, die ersten wirklich großen Formen mit bis zu zwölf Metern Länge auftraten. Aus der Linie der

Prosauropoden entwickelten sich dann sehr bald die Sauropoden, die sprichwörtlichen vierfüßigen Riesensaurier (bis 40 Meter Länge und 80 Tonnen Gewicht) mit ihren langen Schwänzen und Hälsen und dem winzigen Kopf. Auf den Nordkontinenten hatten die Sauropoden ihre Blütezeit im oberen Jura und waren die wichtigsten Pflanzenfresser dieser Zeit, eine Dominanz, die auf den Südkontinenten bis ans Ende der Kreide anhielt.

Prosauropoden und Sauropoden gehören zur Gruppe der Saurischier oder Echsenbecken-Dinosaurier, die auch die Theropoden oder Raubsaurier umfasst. Alle Raubsaurier waren zweibeinig, was ihnen bei der Verfolgung ihrer Beute die notwendige Schnelligkeit verlieh. Innerhalb der Theropoden kam es wiederholt zu Riesenwuchs, wie bei dem jedem Kind bekannten *Tyrannosaurus rex* (bis sechzehn Meter Länge und sieben Tonnen Gewicht).

Die andere große Gruppe der Dinosaurier sind die Ornithischier oder Vogelbecken-Dinosaurier, die trotz ihres Namens nicht enger mit den Vögeln verwandt sind. Ihre vogelähnliche Beckenform ist das Ergebnis paralleler Evolution. Alle Ornithischier waren Pflanzenfresser.

Wie erfolgreich die Ornithopoden waren, wird eindrücklich durch das massenhafte Vorkommen ihrer fortschrittlichsten Vertreter, der Hadrosaurier, in Ablagerungen der späten Kreidezeit belegt. Hadrosaurier hatten ein hoch spezialisiertes Mahlgebiss, mit dem sie pflanzliche Fasern zerreiben konnten, ähnlich wie unsere heutigen Huftiere. Ein komplexes Gebiss entwickelte auch eine weitere Gruppe der Ornithischier, die Ceratopsier oder Horndinosaurier. Im Gegensatz zu den anderen Dinosauriergruppen traten sie nur in Ostasien und Nordamerika in der späten Kreide auf. Die typischen bedrohlichen Hörner und Nackenschilde der Ceratopsier entstanden bei den nordamerikanischen Formen, begleitet von einer Größenzunahme und vierbeiniger Fortbewegung.

Möglicherweise mit den Horndinosauriern verwandt sind die recht seltenen Pachycephalosaurier, die in der Kreidezeit lebten. Sie bewegten sich zweibeinig fort und lassen sich vor allem an ihrem extrem dicken Schädeldach, dem sogenannten Dom, erkennen.

Am Anfang sind die Knochen

Am Anfang jeder wissenschaftlichen Beschäftigung mit den Dinosauriern stehen ihre fossilen Überreste im Gestein. Am wichtigsten und häufigsten sind zweifellos versteinerte Knochen (Abb. 3). Man kann sie als Einzelknochen, als Skelette oder auch als Massenansammlungen finden.

Um ein Fossil für die wissenschaftliche Bearbeitung vorzubereiten, muss es im Labor präpariert werden. Das heißt, es muss vollständig freigelegt, stabilisiert und konserviert werden. Dies ist häufig aufwendiger als die Bergung selbst. Wenn der Fund aus sehr dünnen und brüchigen oder stark zerdrückten Knochen in relativ hartem Gestein besteht, lässt der Präparator das Skelett auf der Steinplatte. Der Vorteil ist, dass die Informationen über die Lage der Knochen und das umgebende Gestein direkt mit dem Fossil aufbewahrt werden. Der Nachteil ist, dass die Knochen nicht von allen Seiten betrachtet werden können. Wenn die Knochen einzeln aus dem Gestein herauspräpariert werden können, kann ein Skelett zusammengebaut werden. Häufig müssen allerdings die Reste mehrerer Tiere zu einer Montage kombiniert werden, da man selten das Glück hat, ein vollständiges Skelett zu finden.

Rekonstruktion des Skeletts

Die Wissenschaftler wollen natürlich wissen, ob die Knochen zu einer bereits bekannten Art gehören oder ob sie eine neue Art gefunden haben. Um die Verwandtschaft mit anderen Lebewesen der Zeit herauszubekommen, wird die Form der Knochen, die Knochenmorphologie, genauestens untersucht.

Der erste Schritt zur Rekonstruktion des lebenden Tieres ist eine Zeichnung. Anschaulicher als jede Zeichnung ist natürlich ein montiertes Skelett, das in voller Größe vor einem steht. Hierzu werden entweder die echten Knochen verwendet oder naturgetreue Abgüsse. Bei der Montage sind nicht nur der Schlosser und der Präparator gefordert, sondern genauso der Paläontologe. Er muss entscheiden, wie die Knochen aneinandersitzen und welche Haltung das Tier hatte. Dazu bedarf es genauer Beobachtung der Fossilien und direkter Manipulation der Gelenke.

Rekonstruktion der Weichteile

Das Skelett allein vermittelt dem Laien kein besonders anschauliches Bild vom lebenden Tier. Es fehlen noch Muskeln, innere Organe, Sinnesorgane und die Haut. Diese Gewebe versteinern gar nicht, wie Muskeln und innere Organe, oder nur selten, wie Haut. Man muss sie also rekonstruieren, was bei Muskeln relativ gut möglich ist. Die Ansatzstellen von Muskeln hinterlassen am Knochen charakteristische raue Stellen, die dann im Vergleich zum Muskelverlauf bei heutigen Landwirbeltieren wie Krokodilen, Vögeln und Säugetieren bestimmten Muskeln zugeordnet werden können. Aus der Stärke und Lage der Muskelansatzstellen lässt sich die Größe des Muskels abschätzen. So bekommt man eine recht gute Vorstellung von der Form des lebenden Tieres.

›Versteinerte‹ Haut

Die Haut selbst bleibt nicht erhalten, aber Forscher haben Abdrücke von Dinosaurierhaut im Gestein gefunden (Abb. 4). Obwohl solche Abdrücke selten sind, gibt es für die wichtigsten Gruppen der Dinosaurier Funde, die ein relativ gutes Bild ergeben. Sie zeigen, dass Dinosaurier ursprünglich Schuppen hatten, die ein Mosaik mit manchmal komplexen Mustern bildeten. Einige neuere

Dinosaurierknochen: von der Entdeckung zur Aufstellung im Museum

Abb. 3: Oben links: Dieser Knochen eines Sauropoden wittert in den Badlands des Big-Bend-Nationalparks (Texas, USA) heraus. Vielleicht ist es nur ein einzelner Knochen, vielleicht ein ganzes Skelett. Oben rechts: Teil der Ausgrabung dieses Massenvorkommens von *Plateosaurus* in Frick (Schweiz) ist die genaue Aufnahme der Lage der Knochen und die zeichnerische Erfassung des Fundes. Mitte links: Nachdem die *Plateosaurus*-Knochen oberflächlich freigelegt wurden, werden sie mit dicken Gipsbandagen gesichert und zur Präparation ins Labor verfrachtet. Unten rechts: Dieses Skelett eines *Dimetrodon* (kein Dinosaurier, sondern ein früher Verwandter der Säugetiere aus dem Perm von Texas) ist recht vollständig erhalten und wird gerade für die Museumsbesucher montiert.

›Versteinerte‹ Haut eines Dinosauriers

Abb. 4: Dieser Fund von *Edmontosaurus* im Senckenbergmuseum Frankfurt zeigt deutlich die Struktur der Haut des Vorderbeines und Fußes. Die ›Hauterhaltung‹ wurde in diesem Fall begünstigt durch die starke Eintrocknung der Leiche vor der Einbettung.

Funde von fortschrittlichen Raubsauriern der Vogelverwandtschaft und von manchen Ornithischiern, vor allem aus der chinesischen Unterkreide, zeigen Haut, die von verschiedenen federartigen Strukturen oder von echten Federn bedeckt ist. Die Federn der Raubsaurier dienten aber noch nicht dem Flug.

Spätestens wenn man die Haut eines Dinosauriers rekonstruiert, kommt die Frage nach der Farbe auf. Leider scheint sich Farbe nicht zu erhalten, denn es gibt bisher keine Funde von Hautabdrücken mit Farbresten oder -mustern. Es ist trotzdem nicht sinnvoll, die Dinosaurier aus Unkenntnis im Elefanten-Einheitsgrau daherkommen zu lassen.

Sowohl Hautschuppen als auch Federn heutiger Tiere sind häufig farbenprächtig, so dass Ähnliches auch für Dinosaurier angenommen werden muss, wie Nachweise der letzten Jahre von versteinerten Farbkörperchen in Dinosaurier-Federn bestätigen. Dazu kommt, dass Tiere gewisse Grundmuster in der Farbgebung aufweisen. So ist der Bauch meist anders und heller gefärbt als der Rücken, und etwaige Muster sind symmetrisch zur Körpermittellinie angelegt.

Vom ‚ausgestopften' Dino zum lebenden Tier

Als Ergebnis der bis jetzt beschriebenen Forschung steht nun sozusagen ein ausgestopfter Dinosaurier vor uns. Wir müssen ihm aber noch Leben einhauchen, wozu wir die Bewegungsmöglichkeiten, Lebenslaufgeschichte, Fortpflanzungsbiologie, Ökologie und Physiologie erforschen müssen.

Wenn man wissen will, wie sich ein Tier bewegt hat, von dem man nur die Knochen kennt, dann hilft die Funktionsmorphologie. Dieser Forschungszweig untersucht die Skelette ausgestorbener Tiere auf das Genaueste und kann aus der Form der Knochen und Gelenke Rückschlüsse auf bestimmte Bewegungsmuster oder Haltungen ziehen. Ebenso kann man die Funktion des Fressapparates erforschen und so Informationen über die Nahrung des Tieres gewinnen.

Ob das lebende Tier die vermuteten Bewegungen oder Haltungen auch wirklich realisiert hat, lässt sich mit den Methoden der Funktionsmorphologie jedoch nicht klären. Manche Bewegungsmuster hinterlassen eventuell keine Spuren am Skelett, wie zum Beispiel bei den Hausziegen, die gerne auf Bäumen herumklettern, aber im Skelett keinerlei entsprechende Anpassungen zeigen.

Dinosaurierfährten

Bewegungen versteinern leider nicht. Doch eine besondere Art von Fossilien, sogenannte Spurenfossilien, könnte man als versteinerte Bewegungen ansehen. Spurenfossilien bestehen aus Fährten, die sich in einem weichen Untergrund wie Schlamm oder feinem Sand abgedrückt haben, und schnell durch weitere Ablagerungen abgedeckt wurden. Im Laufe von Jahrmillionen können diese Sedimente mitsamt der Spur zu Stein werden (Abb. 5). Solche fossilen Fährten sind für die meisten Dinosauriergruppen bekannt. Falls bei der Montage eines Skelettes zum Beispiel Fragen über die korrekte Beinstellung auftauchen, geben Fährten schnell Antwort und zeigen, dass Raubsaurier auf einer sehr engen Spur gelaufen sind und einen Fuß direkt vor den anderen gesetzt haben. Außerdem belegen Fährten unabhängig von der Interpretation der Skelettanatomie, dass Dinosaurier den Schwanz nicht auf dem Boden entlang schleiften, sondern vom Boden abgehoben trugen, da fast nie Schleifspuren gefunden werden.

Auch über die Geschwindigkeit, mit der sich Dinosaurier fortbewegt haben, geben Spuren Auskunft. Mit zunehmender Geschwindigkeit nimmt die Schrittlänge zu. Dieser Zusammenhang kann mit einer Formel beschrieben und auf Dinosaurierfährten angewendet werden. Die Berechnungen ergeben für die meisten Fährten eher geringe Laufgeschwindigkeiten von nicht mehr als zehn Kilometer pro Stunde, trotzdem belegen einige Raubsaurierspuren Geschwindigkeiten von bis zu vierzig Kilometer pro Stunde. Die Tiefe der Abdrücke gibt außerdem Auskunft über die relative Belastung der Vorder- gegenüber den Hinterbeinen.

Computermodelle und -animationen

Eine wichtige Methode zur Erforschung von Bewegungsabläufen ist die Modellierung im Computer. Ähnliches wird bei der Produktion der einschlägigen Filme wie ›Jurassic Park‹ oder ›Dinosaurs‹ von Disney gemacht, allerdings ohne strikte wissenschaftliche Kontrolle. Computermodelle lassen sich sehr gut zur Simulierung von Bewegungsabläufen verwenden, indem man ein virtuelles Skelett erstellt und jedem Gelenk bestimmte Bewegungsmöglichkeiten zuordnet. Eine Übereinstimmung der simulierten Bewegungsabläufe mit fossilen Fährten würde nahe legen, dass die Forscher richtig liegen. Es lassen sich auch Muskeln und ihre Zugkräfte simulieren, was die Dinosaurier wieder ein Stück lebendiger werden lässt.

Dinosaurier unter sich: Verhalten

1. Nahrungssuche und Flucht

Die durch Fährten überlieferten Bewegungen sind meist zielgerichtet, aber gemächlich. Die Tiere wanderten wohl auf der Suche nach Nahrung umher. In einem Fährtenhorizont in der Unterkreide von Texas ist anscheinend etwas Besonderes überliefert: der Angriff eines Raubsauriers, *Acrocanthosaurus*, auf einen Sauropoden, *Pleurocoelus*. Der Raubsaurier näherte sich von schräg hinten. Leider liegt der Ausgang des Geschehens noch unter dicken Gesteinspaketen verborgen.

2. Kampf

Kämpfe können aus verschiedenen Gründen ausbrechen, zum Beispiel zur Abwehr eines Raubsauriers. Sie haben aber meist mit der Fortpflanzung zu tun. Entweder gilt es, ein anderes Männchen aus dem Feld zu schlagen oder ein Territorium zu verteidigen. Anschauliche Hinweise auf Kämpfe gibt es im Fossilbericht kaum, auch nicht in Form von Spurenfossilien. Lediglich ein möglicher Verteidigungskampf ist überliefert: Das Opfer, ein kleiner Horndinosaurier der Gattung *Protoceratops*, und der Räuber, ein *Velociraptor*, haben sich ineinander verbissen und sind im Todeskampf von einem Sandsturm verschüttet worden. Dieser erstaunliche Fund stammt aus den Oberkreideablagerungen der Wüste Gobi.

Dass Kämpfe mit Rivalen und Beutetieren stattgefunden haben, belegen die verheilten Rippenbrüche an Skeletten großer Raubsaurier wie *Tyrannosaurus* und *Allosaurus*. Die Pachycephalosaurier haben sich vermutlich zur Paarungszeit wie Widder mit Rammstößen ihrer verdickten Schädeldecken weithin hörbare Turniere geliefert.

Abb. 5: Als wäre er gestern vorbeigeschlendert ... zum Glück für den Wanderer ist das aber nicht der Fall, sondern dieser etwa acht Meter lange Raubsaurier hinterließ seine Spur schon vor 120 Millionen Jahren im weichen Kalkschlamm am Rand eines tropischen Meeres. Fundstelle ist der South San Gabriel River, Texas.

Abb. 6: Die dünnen weißen Kreise im rotgrauen Gestein markieren die Schalen eines Geleges versteinerter Dinosaurier-Eier. Die Eier stammen aus der späten Kreidezeit im heutigen Nordspanien und wurden vermutlich von einem Sauropoden aus der Gruppe der Titanosaurier gelegt.

3. Fortpflanzung

Auch für das Verhalten im Zusammenhang mit der Fortpflanzung finden sich nur wenig fossile Belege. Es können lediglich Vermutungen im Vergleich mit den heutigen Verwandten, den Krokodilen und Vögeln, aufgestellt werden. Direkte Informationen über Balzverhalten oder Ähnliches gibt es nicht: Die bei vielen Dinosauriergruppen häufigen und oft bizarr anmutenden Kopf- und Körperanhänge geben aber Hinweise. Bei den Kämmen der Hadrosaurier, dem Doppelkamm von *Dilophosaurus*, den Hörnern und Nackenschilden der Ceratopsier und den Platten- oder Stachelreihen der Stegosaurier zum Beispiel handelt es sich zweifellos um Strukturen, die dazu dienten, den Nebenbuhler abzuschrecken und die Auserwählte zu beeindrucken. Zeigt sich eine Stegosaurierdame willig, bleibt es dem Leser überlassen, sich die Kopulation auszumalen ... Jedenfalls muss man davon ausgehen, dass eine innere Befruchtung und damit eine Kopulation stattgefunden hat.

Nach dem heutigen Wissensstand legten alle Dinosaurier Eier, wie es auch noch ihre Nachfahren, die Vögel, tun. Dinosaurier-Eier und deren Bruchstücke finden sich aufgrund des Mineralgehaltes ihrer Schale sogar relativ häufig als Fossilien, vor allem in der Oberkreide. Was sie uns verraten, ist Thema des nächsten Abschnittes.

Biographie eines Sauriers

Bis jetzt haben wir unsere Dinosaurier ohne zeitliche Dimension betrachtet, wir haben ihr Aussehen rekonstruiert, sie animiert und ihr Verhalten beleuchtet. Aber auch die zeitliche Dimension, die mit Fragen zu tun hat wie ›Wie lange hat ein Dinosaurier gelebt? Wann ist er erwachsen geworden? Wie groß war er, als er aus dem Ei geschlüpft ist?‹, können mit Hilfe der Fossilien beantwortet werden und verraten uns viel über das Leben der Dinosaurier.

Ei und Nest

Das Leben eines jeden Dinosauriers begann im Ei. Der Inhalt des Eies bleibt – ganz im Gegensatz zur Eierschale – meist nicht erhalten. Eier mit embryonalen Resten sind deshalb extrem selten. Daher weiß man auch nur bei wenigen Eiertypen, welches Tier sie gelegt hat. Erstaunlich ist, dass alle bis jetzt gefundenen Dinosaurier-Eier relativ klein sind und weder die Dimensionen der größten Vogeleier noch die theoretische Maximalgröße für ein Ei erreichen (Abb. 6).

Dinosaurier-Eier wurden in Gelegen von wenigen Eiern bis mehreren Dutzend abgelegt, je nach Art. Echte Neststrukturen wie etwa bei Vögeln wurden bisher nur für fortschrittliche Raubsaurier nachgewiesen, wie bei dem den Vögeln nahe stehenden *Troodon*. Ebenfalls in dieser Gruppe scheint erstmals ein vogelartiges Brutverhalten vorzukommen, wie Funde von Oviraptorosaurier-Skeletten zeigen, die auf ganzen Gelegen hocken. Viele andere Dinosaurier-Gruppen bedeckten ihre Eier offensichtlich mit Vegetation oder vergruben sie.

Manche Dinosaurier haben einzeln gebrütet, andere trafen sich zufällig an geeigneten Nistplätzen, wieder andere Arten haben Kolonien gebildet. Koloniales Nisten bei Hadrosauriern ist von Interesse, weil es vermutlich mit Brutpflege einhergeht, einer als fortschrittlich angesehenen Verhaltensweise. Insgesamt ist noch sehr wenig über die Nistbiologie der Dinosaurier bekannt.

Wie schnell wächst ein Dino?

Auch über die weitere Lebenslaufgeschichte eines Dino-Jungtieres ist wenig bekannt, da junge Dinosaurier als Fossilien selten sind. Wichtig ist in diesem Zusammenhang der enorme Größenunterschied zwischen Jung- und Elterntier. Er dürfte, wie bei heutigen Krokodilen, dazu geführt haben, dass das Band zwischen ihnen eher locker war. Zweifelsohne war es für die Jungen besonders wichtig, schnell eine respektable Größe zu erreichen, um gegen die Gefahren des Lebens unter Dinosauriern besser gewappnet zu sein.

Genau dies bestätigen auch Untersuchungen des Feinbaus der Knochen. An ihm lässt sich unter günstigen Umständen die Lebenslaufgeschichte eines Individuums gut rekonstruieren. Einfach gebaute Röhrenknochen werden gleichmäßig dicker, ähnlich wie ein Baumstamm. Wenn dies zyklisch geschieht, kann es zur Anlage einer Art Jahresringe kommen, die ausgezählt werden können (Abb. 7).

Inzwischen liegen für einige Dinosauriergruppen Daten vor, die zeigen, dass die Wachstumsgeschwindigkeit der Dinosaurier zwischen der von Krokodilen und der von heutigen Säugetieren schwankt (Abb. 8). Wie zu erwarten, lebten kleinere Dinosaurier nicht so lange wie größere. So wurde *Plateosaurus* schätzungsweise nur zehn bis fünfzehn Jahre alt, während *Apatosaurus* wohl vierzig Jahre oder länger lebte.

Evolution und Entwicklung des Individuums

Die Bedeutung der Individualentwicklung für die Evolution lässt sich am Beispiel der riesigen Sauropoden erläutern. Ihre Größe könnten sie theoretisch auf zwei Wegen erreicht haben: entweder, indem sie im Vergleich zu ihren Vorfahren, den Prosauropoden wie *Plateosaurus*, besonders lange lebten und dabei immer weiter wachsen (so kommt es zu Riesenwuchs bei Krokodilen) oder indem sie die Geschwindigkeit des Wachstums drastisch erhöhten, also

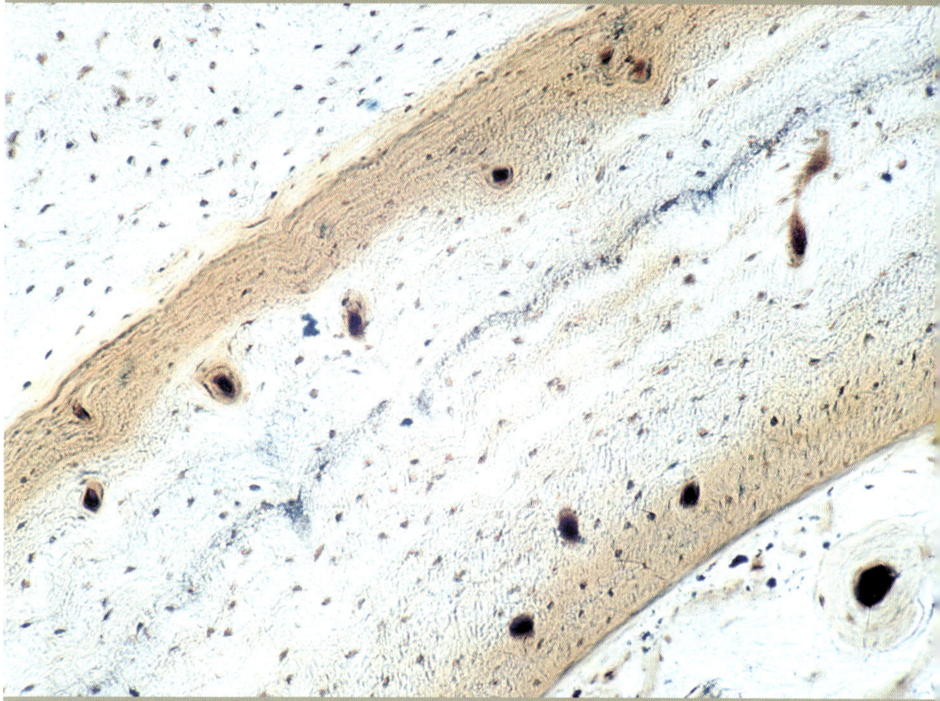

Was die Mikrostruktur der Dinosaurierknochen verrät

Abb. 7: Die Mikrostruktur von Dinosaurierknochen ist zu einer wichtigen paläobiologischen Informationsquelle geworden, weil sie sich sehr gut erhält und einfach mit der heutiger Tiere zu vergleichen ist. Oben: Bei einem typischen wechselwarmen Reptil ist der Knochen schwach durchblutet und es kommt zur zyklischen Unterbrechung des Wachstums. Unten: Im Gegensatz dazu ähneln Dinosaurierknochen sehr stark Säugetierknochen. Beide haben viele Blutgefäßräume und wachsen meist ohne Unterbrechung.

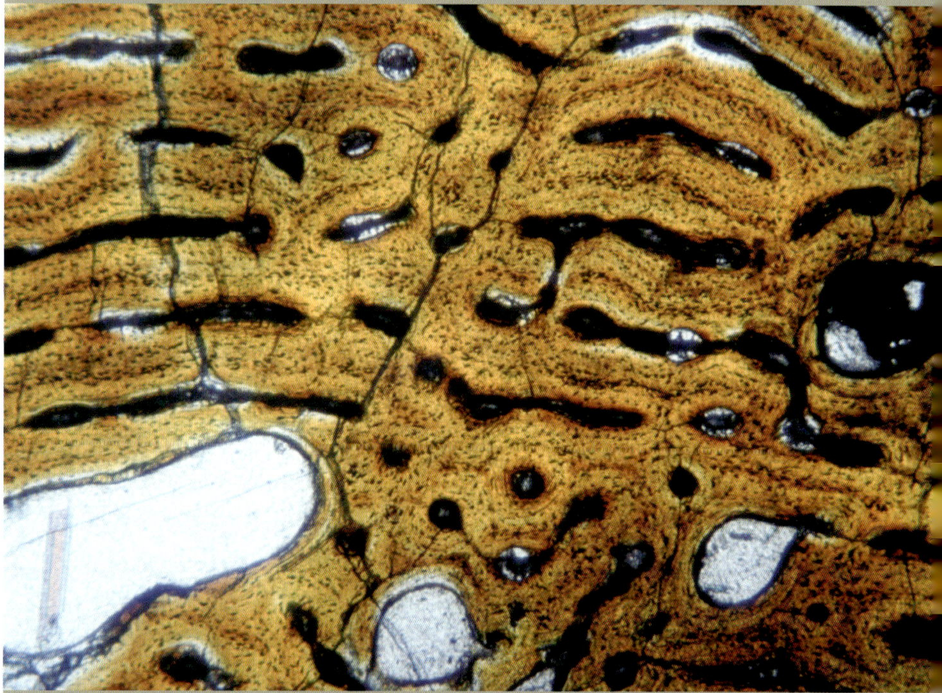

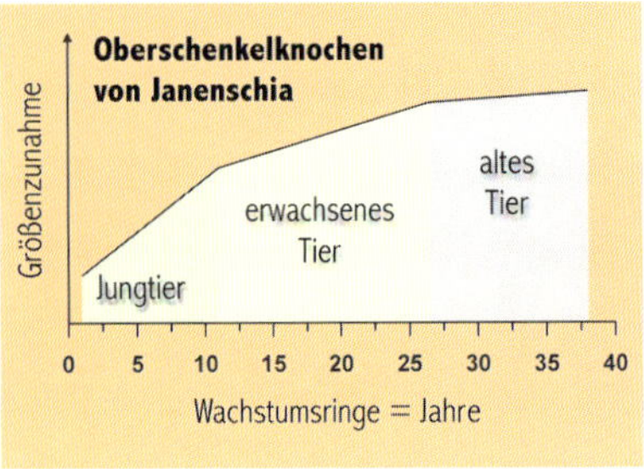

Abb. 8: Diese Wachstumskurve des Sauropoden *Janenschia* konnte durch die Auszählung von Wachstumsringen im Knochen erstellt werden. Das Tier wuchs als Jungtier recht schnell, erreichte die Geschlechtsreife mit etwa 11 Jahren, aber hörte nicht mit dem Wachstum auf. Erst mit etwa 26 Jahren erreichte das Tier seine Endgröße, lebte aber noch mindestens 13 Jahre.

in der gleichen Zeitspanne zwei- oder dreimal so groß wurden wie ihre Vorfahren. Untersuchungen an Dino-Knochen haben jetzt eindeutig gezeigt, dass die Evolution letzteren Weg wählte.

Warmblütigkeit: Legende oder gesicherte Erkenntnis?

Eine der wichtigsten Fragen der Dinosaurierforschung lautet: ›Waren die Dinosaurier warmblütig?‹ Betrachtet man die Anatomie des Skeletts, so fällt die aufrechte Haltung, also die Stellung der Beine unter dem Körper, auf. Sie tritt heute nur bei warmblütigen Tieren wie Säugetieren und Vögeln auf, während wechselwarme Reptilien und Amphibien die Beine seitlich vom Körper abgespreizt halten. Die Stellung der Beine hat nicht direkt mit einer erhöhten Stoffwechselrate zu tun, aber eine aufrechte Haltung ist Ausdruck eines grundlegend verbesserten Bewegungsapparates, einer Anpassung an dauerndes Laufen. Dies setzt wiederum eine entsprechende Stoffwechselrate voraus, eben Warmblütigkeit. Wechselwarme Tiere zeigen im Gegensatz dazu nur kurze Aktivitätsphasen, für die abgespreizte Beine ausreichen.

Wärmeisolation

Kleine und mittelgroße warmblütige Tiere müssen sich gegen Wärmeverlust schützen, während große Tiere, wie Elefanten oder Sauropoden, eher Probleme haben, sich gegen Überhitzung zu schützen. Daher haben sie eine nackte Haut. Die heutigen kleineren Säugetiere wärmt ihr Pelz, die Vögel ihr Gefieder. Die bei verschiedenen kleinen Raubsauriern aus Liaoning (China) entdeckten Federn oder federartigen Strukturen könnten dazu gedient haben, die produzierte Wärme im Körper zu halten. Neueste Funde legen dies auch für Ornithischier nahe.

Herz und Lunge

Ein versteinertes Dinoherz – gäbe es so etwas – würde die Frage nach der Körpertemperatur schnell beantworten, da nur Warmblüter einen vollständig getrennten Körper- und Lungenkreislauf haben. Kürzlich wurde ein rundlicher Gesteinskörper im Brustkorb eines Vogelbecken-Sauriers als solch ein versteinertes Herz beschrieben. Die Struktur wurde bis jetzt nur mit dem Computertomographen untersucht, aber erst ein Zersägen des Fossils würde Klarheit bringen.

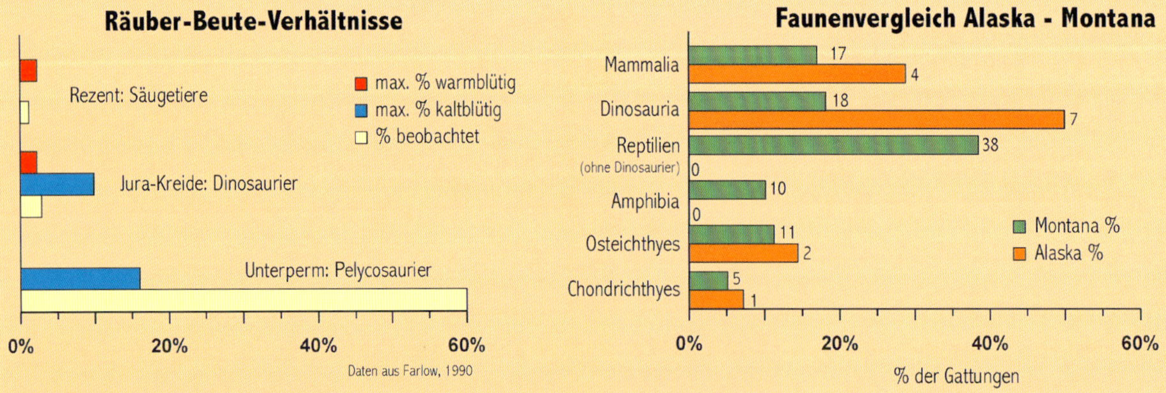

Abb. 9: Ökologische Argumente für Warmblütigkeit bei Dinosauriern. Links: Warmblütige Räuber sind wesentlich seltener in einem Ökosystem als wechselwarme, weil sie wesentlich mehr Beute benötigen. Im Laufe der Erdgeschichte gibt es eine drastische Abnahme der Häufigkeit der Raubtiere, von 60 Prozent im Unterperm zu 3 Prozent heute (gelbe Balken). Wenn die Raubsaurier wechselwarm gewesen wären, müssten sie wesentlich häufiger gefunden werden (blaue Balken). Die theoretische Häufigkeit für warmblütige Räuber (rote Balken) stimmt dagegen recht gut mit den beobachteten Verhältnissen überein. Rechts: Vergleicht man die Tierwelt in Montana und Alaska in der späten Kreidezeit, so fällt auf, dass Amphibien und typische Reptilien in Alaska fehlen. Offensichtlich vertrugen sie das kalte Klima nicht, im Gegensatz zu den warmblütigen Dinosauriern und frühen Säugetieren.

Abb. 10: Dieses Lebensbild von *Plateosaurus* im Sauriermuseum Frick (Schweiz) erlaubt den direkten Vergleich mit dem Skelett eines solchen Sauriers (Vordergrund). Es zeigt das Tier in unterschiedlichen Haltungen mit seinen möglichen Nahrungspflanzen (Schachtelhalme, Palmfarne) und Mitbewohnern, kleinen Raubsauriern (oben rechts).

Höhlungen in den Knochen der Sauropoden und Theropoden lassen darauf schließen, dass sie eine vogelähnliche Lunge mit in die Knochen reichenden Luftsäcken hatten. Vögel haben die bei Weitem effizienteste Lunge aller Wirbeltiere – eine sinnvolle Voraussetzung für Warmblütigkeit, wenn nicht ein eindeutiger Beleg. Über Lungen von Prosauropoden und Ornithischiern ist nichts bekannt.

Wachstumsraten

Die deutlichsten Hinweise auf eine erhöhte Stoffwechselrate bei Dinosauriern liefern die Knochenstruktur und die daraus abgeleiteten Wachstumsgeschwindigkeiten. Genau wie Säugetiere besitzen Dinosaurier sogenanntes fibrolamelläres Knochengewebe (Abb. 7). Bei dieser Art Knochengewebe wird zuerst ein Gerüst aus Adern und Knochenmaterial angelegt, das dann später ausgefüllt wird. Außerdem wurde ein weiterer Knochentyp bei Dinosauriern entdeckt, der typisch für große Säuger ist und durch starke Umbauprozesse im Knochen entsteht, der so genannte Havers'sche Knochen.

Wenn man die Wachstumsraten der Dinosaurier berechnet, liegen sie anscheinend zwischen Reptilien und Säugetieren, was aber nicht als Beleg für eine geringere Stoffwechselrate als bei heutigen Warmblütern zu werten ist. Ein Vergleich ist nämlich schwierig, da Säuger und Vögel durch ihre Brutpflege schneller wachsen konnten als Dinosaurier, von denen die meisten keine Brutpflege betrieben. Der Stoffwechsel der Dinosaurier ist also sicher nicht mit dem der heutigen Reptilien zu vergleichen, sondern er wies erhöhte Raten auf, die je nach Gruppe variierten.

Ökologische Argumente

Die Fossilien von Raubsauriern machen nur etwa zehn Prozent aller Dino-Fossilien aus. Wenn der Fossilbericht auch nur halbwegs die Häufigkeiten in den lebenden Faunen widerspiegelt, lässt sich die Seltenheit der Raubsaurier nur durch eine erhöhte Stoffwechselrate erklaren. Ein Warmblüter hat einen etwa zehnmal höheren Kalorienbedarf als ein wechselwarmer Räuber, das heißt er braucht auch zehnmal so viele Beutetiere. In der Permzeit zum Beispiel machten die räuberischen Reptilien noch sechzig Prozent der Fauna aus, bei den heutigen Säugerfaunen nur drei Prozent der Biomasse (Abb. 9). Die geringe Zahl der Raubsaurierfossilien spricht also dafür, dass sie eine erhöhte Stoffwechselrate hatten.

In Alaska, das auch in der Kreidezeit bei über 70 Grad nördlicher Breite lag und damit ein recht kaltes Klima hatte, finden sich Dino-Fossilien zwar zusammen mit Säugetierresten, aber Krokodile, Eidechsen oder Schildkröten fehlen (Abb. 9). Diese tauchen hingegen an gleich alten Fundstellen wärmerer Gegenden als häufigste Fossilien auf. Offensichtlich konnten Dinosaurier und Säugetiere dank ihrer verbesserten Thermoregulation kalte Regionen mit längeren Frostperioden besiedeln, wogegen Krokodile im Fossilbericht immer ein verlässlicher Anzeiger für Frostfreiheit sind.

Den großen und riesigen Dinosauriern dürfte zusätzlich ihr günstiges Verhältnis von Oberfläche zu Volumen zugute gekommen sein, so dass sie mit einer relativ geringen Stoffwechselrate die Vorteile der Warmblütigkeit genossen. Ähnliches beobachten Biologen bei heutigen großen Reptilien, wie zum Beispiel den Lederschildkröten, sie bezeichnen dieses Phänomen als Gigantothermie.

Zusammenfassend lässt sich sagen, dass die meisten Dinosaurier mit großer Wahrscheinlichkeit eine erhöhte Stoffwechselrate hatten. Kleine fortschrittliche Raubsaurier und vielleicht auch kleine Ornithopoden dürften einen säugetierähnlichen Stoffwechsel gehabt haben. Für die großen und riesigen Formen ist eine abschließende Beurteilung noch nicht möglich, unter anderem, weil es keine lebenden Vergleichsmöglichkeiten gibt – selbst kleine Sauropoden waren größer als heutige Elefanten.

Die (Um-)Welt der Dinosaurier

Zur Biologie eines Tieres gehören auch seine Beziehungen zur belebten und unbelebten Umwelt. Ihrer Erforschung widmet sich die Ökologie, wobei sie nicht nur das einzelne Tier betrachtet, sondern auch das Funktionieren des gesamten Ökosystems erforscht.

Fossilien von Pflanzen sind häufig und meist gut erhalten. Daher ist es möglich, die Vegetation in und von der die Dinosaurier gelebt haben, sehr genau zu rekonstruieren. Dabei hat man erkannt, dass die Pflanzen sich während der Dinosaurierzeit dramatisch weiterentwickelten. Die Landschaft wandelte sich von einer von Nadelbäumen und anderen Nacktsamern wie Cycadeen und Ginkgobäumen beherrschten Welt zu einer Welt mit Laubwäldern und Buschland. Die heutige Vegetation in Südostasien und im Südosten der USA kommt diesem Bewuchs sehr nahe. Ausgelöst wurde der Wandel durch die Entstehung der Angiospermen oder Blütenpflanzen in der frühen Kreidezeit, also lange vor dem Aussterben der Dinosaurier.

Die Dinosaurier lebten nicht allein, ihre Welt war auch von uns so vertrauten Tieren wie Krokodilen, Schildkröten, Eidechsen und Insekten bevölkert. Im späten Jura kamen die Vögel hinzu, die sich den Luftraum mit großwüchsigen Flugsauriern teilten. Diese Liste ist bei Weitem nicht vollständig. Alle Organismen eines Ökosystems sind verbunden in einem umfangreichen Netz des Fressen-und-Gefressen-Werdens – das war in der Kreidezeit nicht anders als heute.

Ein wichtiger Unterschied zu heute besteht jedoch in den Dimensionen. Zumindest in den von Sauropoden dominierten Ökosystemen waren sowohl Pflanzenfresser als auch Raubtiere um ein Vielfaches größer, als es heutige Tiere sind. Außerdem muss man sich immer vor Augen halten, dass es in der Kreidezeit noch keine Gräser gab und damit keine Grasländer wie Prärien und Savannen. Die Vegetation bestand aus Wald- oder Buschlandschaften, die in trockenen Gebieten vermutlich sehr offen waren. Allerdings herrschte während des ganzen Mesozoikums bis in hohe Breiten ein feuchtwarmes Treibhausklima, so dass man für die meisten Regionen eine dichte Bewaldung annimmt.

Die bunten Bilder in populärwissenschaftlichen Dinosaurierbüchern sammeln alle Informationen zur Ökologie der Dinosaurier und zeigen die Tiere in ihrem Lebensraum. Im Idealfall werden diese Bilder in enger Zusammenarbeit von Wissenschaftlern und Künstlern geschaffen und dienen, ähnlich wie Skelettmontagen, in erster Linie der Veranschaulichung wissenschaftlicher Erkenntnisse. Aber sie werfen auch offene Fragen auf und lassen Unstimmigkeiten in der Interpretation deutlich werden, die Forschern neue Ansätze aufzeigen.

Unser Bilderbuch der Dinosaurierwelt wird nie vollständig sein, da wir nur aus den Gebieten Fossilien haben, in denen Ablagerungen entstanden. Diejenigen Regionen, in denen im Erdmittelalter die Abtragung gegenüber der Ablagerung vorherrschte, wie in Mittel- und Hochgebirgen, hatten sicherlich andere, aber ebenso interessante Lebensgemeinschaften. Nur werden wir nie etwas über sie erfahren.

Warum mussten sie sterben?

Die häufigste Frage über die Dinosaurier ist die nach dem Grund für ihr Aussterben. Aussterben an sich ist nichts Besonderes. Im Gegenteil, die meisten aller jemals auf der Erde vorgekommenen Organismengruppen sind ausgestorben. Das liegt in der Natur der Evolution. Allerdings gab es in der Geschichte der Erde Zeiten verstärkten Aussterbens, sogenannte Massenaussterben. Dem Massenaussterben am Ende der Kreidezeit sind die Dinosaurier und mit ihnen viele andere Arten zum Opfer gefallen (Abb. 11). Heute befinden wir uns ebenfalls in einem Massenaussterben. Während heute der Mensch als Verursacher festzustellen ist, liegen die Verhältnisse an der Kreide/Paläogen-Grenze anders. Schon vor dem Ende der Kreidezeit kam es offensichtlich zu starken Umweltveränderungen auf der Erde, wie Abkühlung des Klimas, Sinken des Meeresspiegels, starkem Vulkanismus, möglicherweise sogar Sauerstoffreduktion in der Atmosphäre. Der Tropfen, der das Fass für die Dinosaurier und viele andere Lebewesen zum Überlaufen brachte, war eine Umweltkatastrophe, die durch einen massiven Meteoriteneinschlag im heutigen Mexiko hervorgerufen wurde.

Damit wird offensichtlich, dass externe Faktoren den Lauf der Evolution wiederholt beeinflusst haben. Alle Theorien, die von einer evolutiven Verdrängung der Dinosaurier durch die Säugetiere, durch Veränderungen der Pflanzenwelt, oder sogar durch die Entstehung der Schmetterlinge ausgehen, haben sich als nicht haltbar erwiesen.

Schlussbetrachtung

Die Biologie der Dinosaurier ist ein faszinierendes Forschungsgebiet, das eng mit den Geo- und Biowissen-

Abb. 11: Die Grenze zwischen den jüngsten kreidezeitlichen Ablagerungen und den ältesten des Paläogens ist an vielen Stellen der Welt deutlich zu erkennen. Hier in Alberta (Kanada) wird sie durch ein Kohleflöz markiert, über dem keine Dinosaurierskelette mehr zu finden sind.

schaften verknüpft ist. Zu bedenken ist, dass die Dinosaurier nicht auf einem anderen Planeten lebten, sondern nur durch lange Zeiträume von uns getrennt sind. Lässt man sie und andere Welten der erdgeschichtlichen Vergangenheit außer Betracht, bekommt man ein unvollständiges Bild der Biodiversität und des biologisch Möglichen. Hätte man nicht die Fossilien zig-tonnenschwerer Sauropoden, würde man denken, dass ein sechs Tonnen schwerer Elefant die maximale Größe für ein Landwirbeltier darstellt.

Die Erforschung der Umwelt und des Klimas der Dinosaurierwelt gibt uns eine Vorstellung davon, wie sich das Leben auf der Erde in einem extremen Treibhausklima gestaltete. Paläontologie ist also nicht nur die Beschäftigung mit dem Leben der fernen Vergangenheit, sondern trägt zu einem lebendigen Bild unserer heutigen Welt bei und ermöglicht Vorhersagen über die zukünftige Entwicklung des Raumschiffs Erde.

Literaturhinweise

Broschinski, A. (1997): Dinosaurier. Riesenreptilien der Urzeit. C. H. Beck, München

Fastovsky, D. E., and D. B. Weishampel. 2012. Dinosaurs: A Concise Natural History Cambridge University Press, Cambridge

Haines, T. (1999): Im Reich der Giganten. vgs-Verlagsgesellschaft, Köln

Holtz, T. R., M. K. Brett-Surman & J. O. Farlow. (2012): The Complete Dinosaur. Second Edition. Indiana University Press, Bloomington

Raup, D. M. (1992): Ausgestorben: Zufall oder Vorsehung? vgs-Verlagsgesellschaft, Köln

Martin Sander ist Professor für Wirbeltier-Paläontologie am Steinmann-Institut der Universität Bonn. Er beschäftigt sich mit der Evolution der Wirbeltiere, insbesondere der Dinosaurier.

Anschrift: Prof. Dr. P. Martin Sander
Rheinische Friedrich-Wilhelms-Universität
Steinmann-Institut für Geologie,
Mineralogie und Paläontologie
Nussallee 8
53115 Bonn

E-Mail: martin.sander@uni-bonn.de

Vom Land ins Meer –

Evolution der Wale

von Wighart v. Koenigswald, Bonn und Philip D. Gingerich, Ann Arbor (USA)

Wenige Erlebnisse mit Tieren auf See sind so emotionsgeladen, wie wenn die Wasserdampf-Fontaine eines Wals aufsteigt, oder wenn sich der tonnenschwere Körper eines Buckelwals aus dem Wasser hebt, um mit lautem Krachen auf den Rücken zu fallen. Die großen Wale, ebenso wie die kleineren Delphine, sind unter den Tieren des Meeres sehr ungewöhnlich. Schon Aristoteles war bekannt, dass Delphine und Wale keine Fische sind, dass sie mit Lungen atmen statt mit Kiemen und dass sie lebende Junge zur Welt bringen, statt Eier zu legen. Damit sind schon die wesentlichen Merkmale genannt, warum die Wale und Delphine keine Fische sondern Säugetiere sind. Deswegen haben sich die Zoologen zu Recht bemüht, den im deutschen Sprachraum existierenden Begriff ›Walfisch‹, der noch vor 50 Jahren gebräuchlich war, zu unterdrücken. Der ursprüngliche Lebensraum aller Säugetiere ist aber das feste Land. Demnach müssen die Vorfahren der Wale landlebende Säugetiere gewesen sein. Ist das nur eine Hypothese von Evolutionstheoretikern oder gibt es dafür auch paläontologische Zeugnisse?

Funktionsfähig oder optimal angepasst?

Wale sind großartige Geschöpfe, die ganz ungewöhnliche Leistungen, körperlich wie geistig, zu vollbringen vermögen. Die Delphine haben die sprichwörtlich stromlinienförmige Körperform, die bei schnellem Schwimmen den geringsten Widerstand bietet und somit Energie spart. Geistig sind sie sehr agil, was sich unter anderem darin zeigt, dass sie geschickt in Gruppen jagen und ausgesprochen neugierig sind und gerne spielen. Das setzt eine besondere Wendigkeit voraus. In jedem Delphinarium sind ihre Kunststücke zu bewundern, und offensichtlich haben sie auch selber Spaß daran. Die großen Wale kommunizieren über große Entfernungen mit tiefen Frequenzen, sind sogar in der Lage, Reflexionen an der Wasseroberfläche auszufiltern. Zum Ausstrahlen und Empfangen der akustischen Signale sind der Schädel und besonders das innere Ohr im Laufe der Evolution umgeformt worden. So können Signale sehr differenziert wahrgenommen werden. Jeder Ingenieur wäre stolz auf derartige Konstruktionen. Und dennoch sind Wale keineswegs optimal an das Leben im Meer angepasst. Weil sie stets auf die Lungenatmung angewiesen sind, müssen sie, um Luft zu holen, jedes Mal zurück zur Meeresoberfläche. Das gilt auch für den Pottwal, der bis zu 600 Meter tief abtaucht, um dort zu jagen. Deswegen muss er zum Atmen alle 15 bis 20 Minuten seine Jagd unterbrechen und auftauchen. Dank einer besonderen Eigenschaft seines Blutes macht ihm der Druckwechsel bei diesem Auf und Ab zwar nichts aus, aber es wäre viel effektiver, wenn er, wie die Fische, den Sauerstoff direkt aus dem Wasser entnehmen könnte. Auch für die Fortpflanzung ist das Leben im Wasser für ein Säugetier nicht gerade einfach. Die Begattung kann im Wasser stattfinden, aber eine Geburt unter Wasser ist schon schwieriger. Für das Säugen von Jungtieren im Wasser ist die Position der Milchdrüsen auf der Bauchseite nicht gerade ideal. Bei allen hervorragenden Anpassungen an ein Leben im Wasser, konnten offensichtlich bestimmte Merkmale im Bauplan der landlebenden Säugetiere nicht geändert werden. Gerade bei den Walen

Abb. 1: Skelett eines fossilen Wals in der World Heritage Site ›Wadi al-Hitan‹ in Ägypten

wird deutlich, wie die Limitierung durch das Erbe einerseits und die Anpassungen an die Umwelt andererseits zusammenspielen. Die Lungenatmung und Besonderheiten der Fortpflanzung sind nur als Erbe von landlebenden Ahnen verständlich. – Ein weiser Konstrukteur, wie er im Sinne des ›intelligent design‹ postuliert wird, hätte sich nicht um das Erbe zu kümmern brauchen und sicher eine elegantere Lösung gefunden.

Die Eroberung des Landes

Aber kommt nicht alles Leben aus dem Meer, muss man Landtiere als Zwischenformen annehmen? Es ist zwar unbestreitbar, dass sich das Leben mit einer großen Diversität im Wasser entwickelt hatte, ehe es auch das Land eroberte, aber dennoch ist keinerlei Verbindung von den Fischen zu den Walen zu erkennen. In der Frühgeschichte des Lebens auf der Erde gab es Tiere und Pflanzen nur im Wasser. Im jüngeren Erdaltertum, dem Silur und Devon, also vor rund 420 Millionen Jahren (s. Geologische Zeitskala im Anhang), hatten sich zunächst Pflanzen in Küstennähe auf dem Land ausbreiten können. Dem Nahrungsangebot, das die Pflanzen boten, waren zunächst die Arthropoden, die Gliederfüßer, mit einigen Gruppen gefolgt. Erst danach, etwa vor 380 Millionen Jahren, bot sich auch für Wirbeltiere verlockende Nahrung an Land. Die Atmung dieser Tiere, die zum Beispiel die Schachtelhalmwälder des Karbons bevölkerten, erfolgte über Lungen, aber auch über die feuchte Haut. Wie die modernen Amphibien waren diese Tiere auf Wasser angewiesen, um ihre Eier abzulaichen. Nur so konnten die Eier heranreifen. Eine Gruppe umging dieses Problem, indem sie gut isolierende Eihäute oder Schalen entwickelte, so dass ihre Eier auch auf dem Land heranreifen konnten. Gleichzeitig verbesserten sie die Lungenatmung, wobei allerdings die Kiemen endgültig verlorengingen. Das war der entscheidende Fortschritt, der zu den landlebenden Reptilien führte. Es gab sowohl pflanzenfressende wie räuberische Formen, die alle möglichen Lebensräume besetzten. Immer wieder eroberten Reptilien den marinen Lebensraum, weil sich dort gute Nahrung bot. Andere Formen eroberten die Luft. Das waren zum einen die Flugsaurier und – unabhängig davon und etwas später – die Vögel, deren Ursprung bei den frühen Dinosauriern liegt. Der gesteigerte Energiebedarf zum Fliegen wurde bei beiden Gruppen durch eine konstante Körpertemperatur sichergestellt.

Vor etwa 220 Millionen Jahren entwickelte sich eine weitere Gruppe warmblütiger Tiere, nämlich die Säugetiere, die zunächst sehr klein blieben und sowohl auf Ästen, wie auf dem Boden laufen konnten. Die wenigen Skelette der mesozoischen Säuger lassen bereits erkennen, dass einige, ähnlich wie Maulwürfe, unterirdisch lebten, andere zeigen Schwimmanpassungen für das Leben am und im Süßwasser. Als die Dinosaurier vor etwa 65 Millionen Jahren ausstarben, bluhten diese zunächst kleinwüchsigen Säugetiere im frühen Tertiär auf und besetzten mit einem großen Formenreichtum alle Bereiche auf dem Lande und eroberten als Fledermäuse auch bald den nächtlichen Luftraum.

Wo gibt es nun die Verbindung zwischen den formenreichen Säugetieren und den im Meer lebenden Walen? Weil sich unter den bekannten fossilen Formen zunächst

Abb. 2: Plakatankündigung aus dem Jahre 1845 für die ›Rekonstruktion‹ eines Eozänen Wals aus Alabama

keine Gruppe als Stammform der Wale zu erkennen gibt, muss man den Fossilbericht rückwärts lesen, das heißt, von den modernen Walen ausgehend, in der jüngeren Erdgeschichte die Formen suchen, die ihnen zuzuordnen sind.

Die Wale mit Barten oder Zähnen

Die modernen Wale bilden zwei Großgruppen, die Zahnwale (Odontoceti) und die Bartenwale (Mysticeti). Die Zahnwale, zu denen die kleinen Delphine ebenso wie einige Meeresriesen, wie etwa der Pottwal (*Physeter macrocephalus*) gehören, haben, wie der Name sagt, Zähne. Dies sind aber meist nur einspitzige Dentinzähne ohne eine Schmelzkappe, also reduzierte Zähne. Dafür übersteigt ihre Anzahl oft die der üblichen Zahnformel anderer Säugetiere. Eine Besonderheit ist der unpaare Vorderzahn der Narwale (*Monodon monoceros*). Die Zahnwale sind räuberisch und jagen Fische, besonders aber auch Tintenfische (Cephalopoden). Vom Pottwal ist bekannt, dass er in die Tiefe abtaucht, um die Riesenkraken zu erbeuten. Die Bartenwale sind zu einer ganz anderen Ernährungsweise übergegangen. Sie haben die Zähne völlig reduziert und filtern mit ihren Barten den massenhaft vorhandenen Krill (Kleinkrebse) aus dem Meerwasser.

Beide Gruppen lassen sich im Fossilbericht im Neogen gut nachweisen, denn die großen Knochen werden immer wieder gefunden. Lange Zeit wurde diskutiert, ob die beiden Walgruppen überhaupt einen gemeinsamen Ursprung haben oder ob sie parallel entstanden sind. Aus dem Oligozän sind Walreste bekannt geworden, die typische Schädelmerkmale der Bartenwale aufweisen, aber noch Zähne besitzen. Außerdem zeigt die moderne Genanalyse, dass beide Gruppen eng verwandt sind. Damit bilden die Wale eine stammesgeschichtliche Einheit. Aber wo sind die nächsten Verwandten der Wale? Nach der Genanalyse zeigen die Wale erstaunlicherweise große Übereinstimmungen mit den Paarhufern, speziell dem Flusspferd. Die Flusspferde erscheinen aber in der Erdgeschichte erst sehr spät und können damit nicht die Stammform sein. Wie wir aber weiter unten sehen werden, bestätigt auch der Fossilbericht spezielle verwandtschaftliche Zusammenhänge der Wale mit den Paarhufern.

Der Weg ins Wasser – Wale in der Wüste

Aus dem oberen Eozän stammen ältere Wale, die weder Zahnwale noch Bartenwale sind. Im Jahr 1834 publizierte Richard Harlan Wirbel aus dem Staat Louisiana, die wegen ihrer Länge von 20 bis 30 Zentimeter nur von einem sehr großen Meerestier stammen konnten. Er nannte das Tier mit den großen walzenförmigen Wirbeln *Basilosaurus* und sah darin einen Saurier. Der Londoner Anatom Richard Owen erkannte aber aufgrund der Zähne, dass diese Reste von einem Säugetier stammten, bei dem es sich nach der Größe und seiner Herkunft aus marinen Ablagerungen nur um einen Wal handeln konnte. Ein Deutscher, Albert Koch, sammelte in Alabama eine ganze Reihe solcher Wirbel und weitere Reste. Er stellte sie 1845 in New York als Seeungeheuer (von ihm *Hydrarchos* benannt, Abb. 2) in einer sehr imposanten Skelettmontage aus. Allerdings baute er im Eifer (vielleicht aber auch der Sensation wegen) die Wirbel mehrerer Individuen zusammen, so dass sich eine Länge von 114 Fuß (35 Meter) ergab. Das Skelett brachte er später nach Dresden, von wo es an das Berliner Museum verkauft wurde.

Die Paläontologie konnte sich aber nicht mit Seeungeheuern zufriedengeben. Wesentlich vollständigere Funde, die der gleichen Gattung *Basilosaurus* zugeordnet werden, wurden in Ägypten gemacht. In der Libyschen Wüste am Rande der Oase Faiyum, südwestlich von Kairo, stehen mächtige und wohlgeschichtete Ablagerungen aus dem oberen Eozän. Haifischzähne und Austernschalen belegen den marinen Ursprung der Sedimente, die fast überall auf den vom Wind ausgeblasenen Oberflächen zu finden sind. Besonders kennzeichnend sind die unendlich vielen scheibenförmigen Nummuliten, die den Boden bedecken (Abb. 3). Sie liegen oft so dicht, dass der Wüstenboden in der Sonne bläulich zu spiegeln scheint. Diese Großforaminiferen, die oft einen Durchmesser von fünf Zentimeter erreichen, sind Leitfossilien für das marine Eozän (Abb. 4). Sie dürften in einem warmen, gut durchlichteten Flachmeerbereich auf einer reichen Bodenvegetation gelebt haben und kennzeichnen damit den Lebensraum.

Abb. 3: Nummuliten, große Foraminiferen, bedecken den Boden im Wadi al-Hitan.

Abb. 4: Die aufgeplatzten Foraminiferen zeigen außer Fraßspuren die ringförmig angeordneten Kammern.

Reste von Walen sind in diesen Ablagerungen, die in den Randbereich der Tethys gehören, nicht selten. Bereits 1886 hat der Geograph Georg Schweinfurt in der Oase Faiyum einen Walkiefer gefunden, und 1906 machte Eberhard Fraas aus dem Stuttgarter Museum mit einer Kamelkarawane eine Expedition dorthin. Er fand einen besonders gut erhaltenen Walschädel. Heute ist das Gebiet über eine Straße von Kairo aus leicht zu erreichen. Unter der Leitung eines der Autoren dieses Artikels (P. D. G.) kartierte seine Arbeitsgruppe von der University of Michigan in einem Wadi mehrere hundert Walskelette. Deswegen wurde dieses Tal als ›Wadi al-Hitan‹, was Tal der Wale bedeutet, als eine World Heritage Site der UNESCO unter Schutz gestellt (s. Abb. 1 und 5). Der Reichtum an Walresten ermöglicht einen sehr differenzierten Einblick in die Entwicklungsphase der Wale vor etwa 36,5 Millionen Jahren.

Die Walskelette finden sich zum Teil in den vielen großen, meist rötlich gefärbten Geoden. Dort schauen weiße Knochenteile, meist die großen walzenförmigen Wirbel, heraus. Aber auch in den Lockersedimenten finden sich die langen Wirbelsäulen. Oft liegen sie, vom Wind freigelegt, direkt an der Oberfläche. Einige besonders vollständig erscheinende Exemplare wurden ausgegraben, und sie lassen die tatsächliche Länge dieser Tiere erkennen. Die erstaunlich langgestreckten Tiere erreichten mit fast 70 Wirbeln (Abb. 6 und 8 oben) eine Länge von bis zu 17 Meter.

Der etwa 1,2 Meter lange Schädel der Tiere ist gestreckt (Abb. 7 links). Die kegelförmigen Zähne im Vordergebiss (Abb. 7 rechts) bilden eine Reuse, geeignet zum Fassen der Beute. Die Backenzähne sind seitlich komprimiert und haben einen blattförmigen Umriss, mit einer hohen Mittelspitze und gezackten Rändern. Diese Zähne haben im Gegensatz zu den Dentinzähnen der Zahnwale einen dicken, glänzenden Schmelzbelag und stets zwei Wurzeln. Dieses Gebiss ist bestens für die Jagd auf große Fische oder Tintenfische geeignet.

Die vorderen Gliedmaßen sind wie bei modernen Walen zu Flossen umgebildet, und am Schwanzende ist eine breite Fluke zu erwarten (s. Abb. 8 oben).

Was ist aber die Besonderheit dieser frühen Wale? Philip D. Gingerich publizierte im Jahr 2000, dass diese frühen Wale – im Gegensatz zu den modernen Walen – noch kleine Hinterbeine besaßen. Der Beckengürtel ist geschlossen und Oberschenkel, die Kniescheibe und das

Abb. 5: Kartierung von Walresten im Wadi al-Hitan der Libyschen Wüste Ägyptens

Abb. 6: Wirbel von *Basilosaurus* in einer kleinen Geode im Wadi al-Hitan

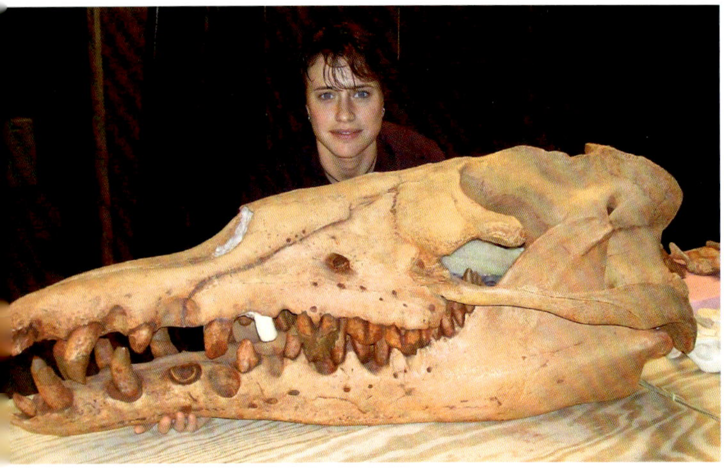

Abb. 7: Links: Schädel von *Basilosaurus* aus dem oberen Eozän von Ägypten; rechts: Backenzahn eines *Basilosaurus* im Wadi al-Hitan

Schienbein sind gut ausgebildet. Die Knochen der Fußwurzel sind verschmolzen, aber drei Zehenstrahlen sind noch erkennbar (Abb. 9 links). Diese Beinchen dürften zwar über die Körperoberfläche herausgeragt haben, aber ihre Funktion bleibt unbekannt. Sicher konnten sie den langen Körper nicht mehr abstützen. Sie sind vielmehr eine Erinnerung daran, dass diese Wale von vierbeinigen Landtieren herzuleiten sind.

Im Wadi al-Hitan gibt es neben dem fast schlangenartigen *Basilosaurus* noch einen kleineren Wal, *Dorudon* (Abb. 8 Mitte und Abb. 9 rechts). Dieser Wal, der ebenfalls durch mehrere vollständige Skelette belegt ist, erreichte eine Länge von etwa fünf Meter und hatte eine Körperform, die stärker derjenigen der Delphine ähnelt. Aber auch *Dorudon* hatte die kleinen Hinterbeine.

Die Basilosauriden, wie sie durch Basilosaurus und Durodon aus dem Ober-Eozän vor etwa 35 Millionen Jahren gut belegt sind, waren also Wale, die aber in der Form der Schädel, in der Form der Zähne und mit ihren Beinstummeln deutlich primitivere Merkmale als die modernen Wale aufwiesen.

Probleme mit der Fortpflanzung im Wasser

Noch ein weiteres Kapitel der Walevolution kann aufgeschlagen werden, wenn wir uns nach Pakistan wenden. Dort kann der Fossilbericht der Wale noch einen Schritt weiter zurückverfolgt werden. Die marinen Ablagerungen, die von der Arbeitsgruppe eines der Autoren (P. D. G.) untersucht wurden, sind deutlich älter, und zwar 47,5 Millionen Jahre. Auch hier liegt das Fundgebiet in einem sehr ariden Gebiet, wo die äußerst spärliche Vegetation einen optimalen Einblick in die anstehenden Gesteine und deren Fossilien bietet. Ein erstes Schädelstück, das 1983 bekannt gemacht wurde und das in den Proportionen und der Zahnform dem der Basilosauriden ähnelt, deutet das Potential dieser Fundregion in den Vorbergen des Himalajas an. Hier sind die marinen Sedimente eines ehemaligen Flachmeeres zusammengeschoben, das sich einst zwischen dem Indischen Subkontinent und Asien ausbreitete. Aus diesen aufgefalteten Ablagerungen stammen die Reste von marinen Säugetieren, die sich als frühe Verwandte der Wale zu erkennen geben, weil sie im Gebiss und Schädelbau den Basilosauriden sehr nahe kommen. Von besonderer Bedeutung ist, dass nicht nur Zähne oder einzelne Knochen gefunden wurden, sondern wiederum zusammenhängende Skelettreste, die detaillierte Auskunft über den Körperbau geben. Die Funde wurden mehreren Gattungen zugeordnet, wobei hier nur auf jene zwei eingegangen werden soll, von denen weitgehend vollständige, zusammenhängende Skelette ausgegraben wurden, so dass der zu rekonstruierende Anteil minimal ist. Die Rückschlüsse auf die Körperform und die Bewegungsweise sind daher besonders gut abgesichert (s. Abb. 8 unten).

Rodhocetus war ein etwa 2,7 Meter langer Fischräuber, der einen langen Schädel mit einer schlanken Schnauze und seitlich abgeflachten, dreieckigen Zähnen besitzt. Im Gegensatz zu den jüngeren Basilosauriden zeigen die Skelettfunde aber wohlausgebildete Vorder- und Hinterbeine, wie sie für die landlebenden Vorfahren der Wale zu postulieren sind. Die Finger- und besonders die Zehenstrahlen sind stark verlängert und ließen sich offensichtlich spreizen. Daraus kann man schließen, dass *Rodhocetus* Schwimmhäute besaß. Demnach haben sich diese vierbeinigen, frühen Verwandten der Wale beim Schwimmen mit den Beinen angetrieben.

Rodhocetus bietet eine besondere Überraschung. Im Gegensatz zu der verschmolzenen Fußwurzel bei *Basilo-*

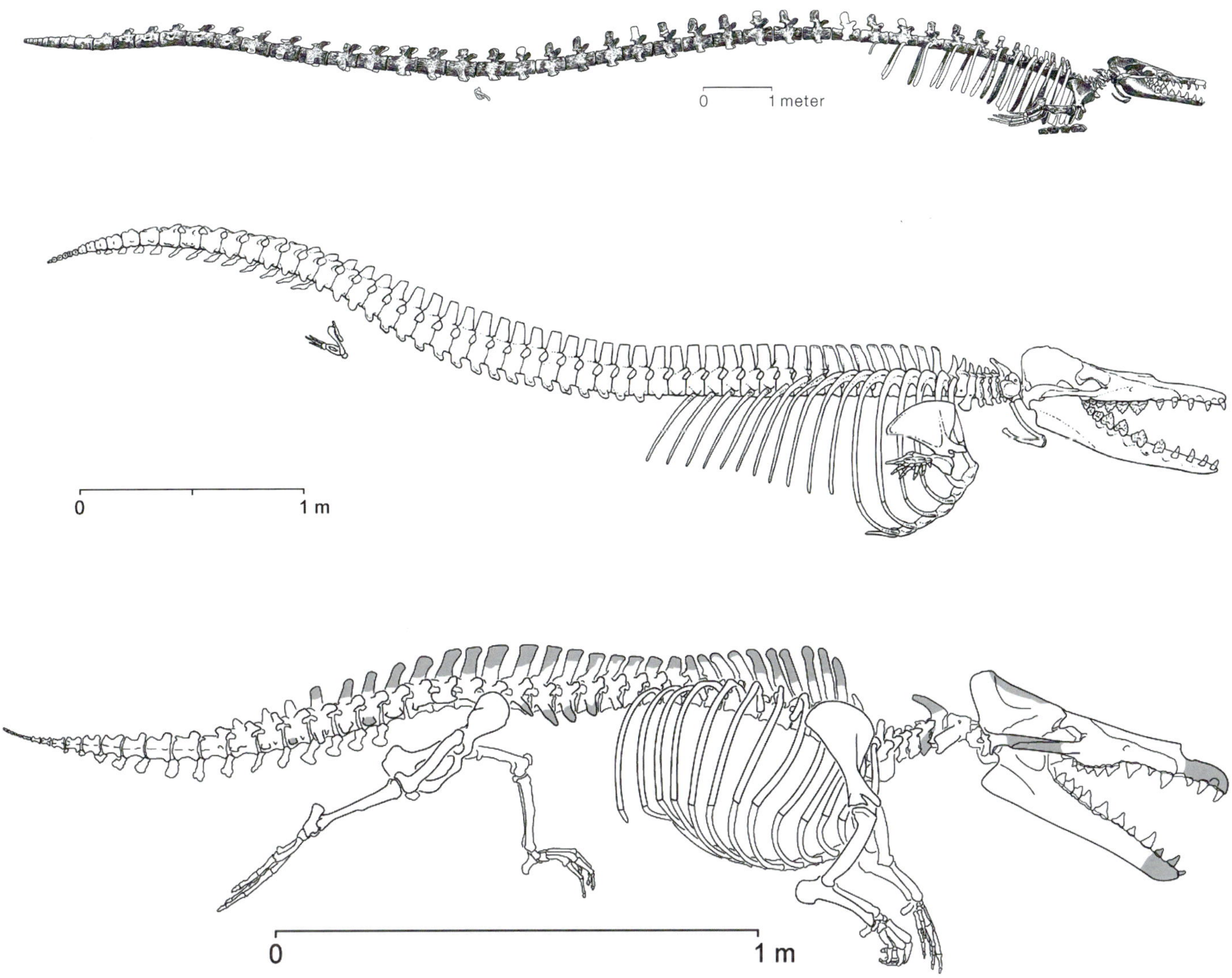

Abb. 8: Oben: Rekonstruktion des Skeletts eines großen Basilosauriden, mit dem damals noch unvollständig bekannten Beckengürtel und ohne die Hinterbeine; Mitte: Rekonstruktionszeichnung von *Dorudon* aus dem Wadi al-Hitan; unten: Rekonstruiertes Skelett von Maiacetus aus dem Eozän von Pakistan. Man beachte die unterschiedlichen Größenmaßstäbe.

Abb. 9: Links: Beckengürtel und reduzierte Hinterbeine von *Basilosaurus* im Paleontological Museum der University of Michigan in Ann Arbor; rechts: Kiefer von *Dorudon* im Wadi al-Hitan

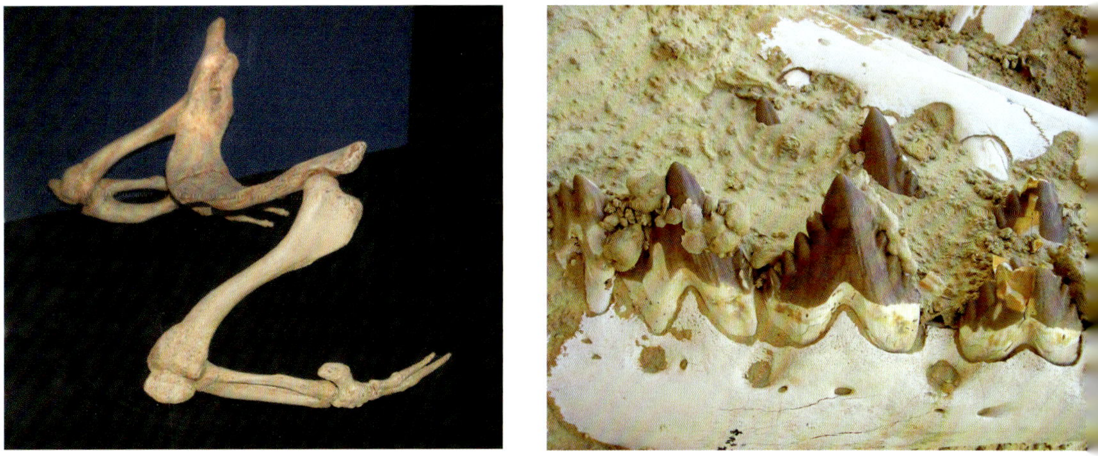

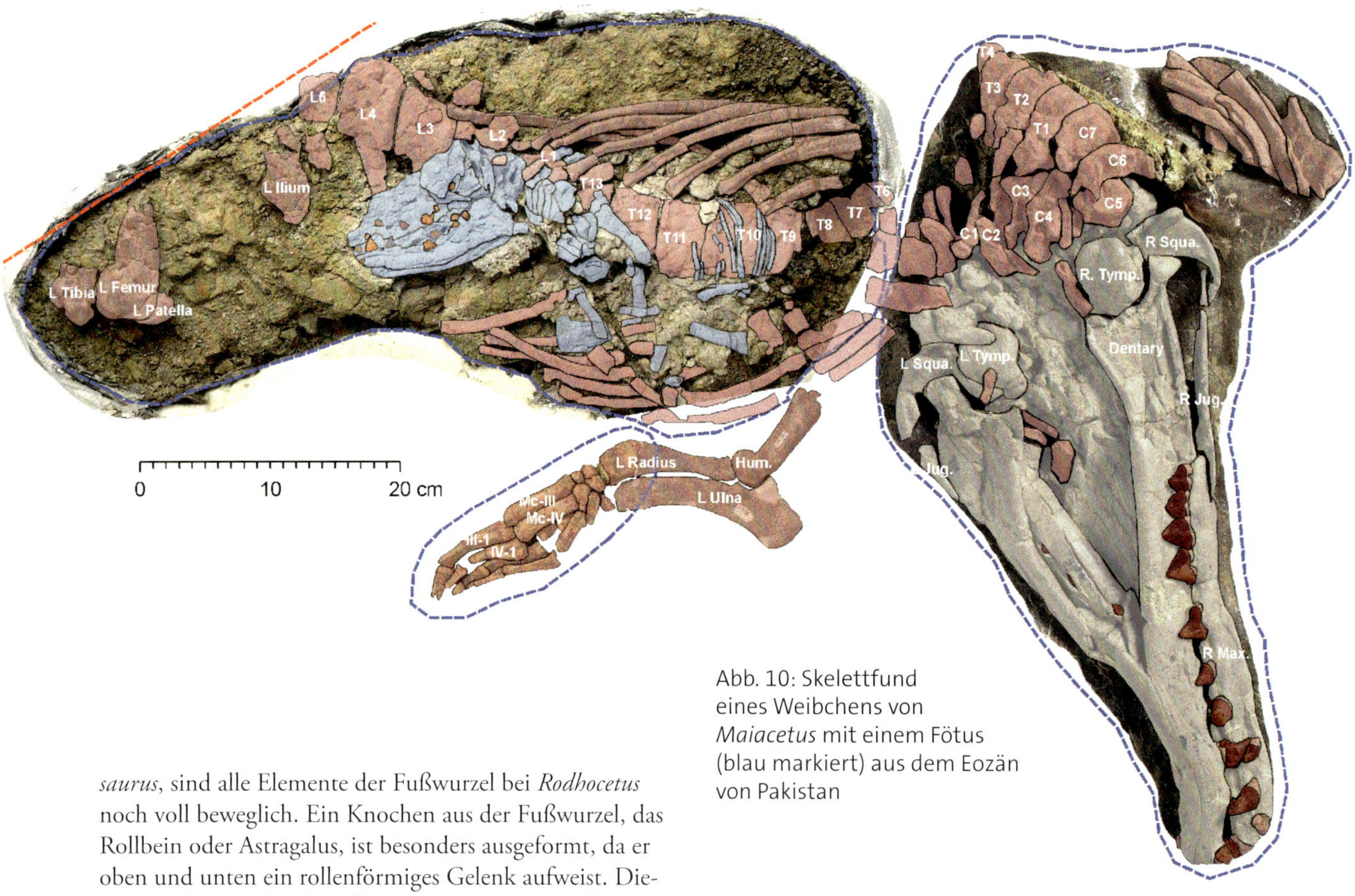

Abb. 10: Skelettfund eines Weibchens von *Maiacetus* mit einem Fötus (blau markiert) aus dem Eozän von Pakistan

saurus, sind alle Elemente der Fußwurzel bei *Rodhocetus* noch voll beweglich. Ein Knochen aus der Fußwurzel, das Rollbein oder Astragalus, ist besonders ausgeformt, da er oben und unten ein rollenförmiges Gelenk aufweist. Dieser Knochen hat bei fast allen Säugetieren eine Rolle am oberen Ende zur Gelenkung mit dem Schienbein. Zwei sich gegenüberliegende Gelenkrollen sind das kennzeichnende Merkmal für die Paarhufer. Damit wird die Herleitung der Wale von den Paarhufern, die aufgrund von Übereinstimmungen im Genom bereits postuliert wurde, auch durch den Fossilbericht wahrscheinlich gemacht und abgesichert.

Von einer weiteren marinen Gattung, *Maiacetus*, wurden durch den zweiten Autor zwei Skelette geborgen. Eines davon ist ungewöhnlich vollständig erhalten und belegt eine Körperlänge von etwa 2,6 Meter (Abb. 8 unten). Es handelt sich um einen vierbeinigen Walverwandten mit dem typischen, langen Schädel und den seitlich abgeplatteten Zähnen. Seine Beine sind schlank und zeigen im Gegensatz zu *Rodhocetus* kaum verlängerte Finger- und Zehenknochen. Daher hatte er wohl kaum Schwimmhäute. Da der Schwanz mit ganz kleinen Wirbeln endet, dürfte dieses Tier keine Fluke am Schwanzende gehabt, sondern sich mit den Beinen im Wasser vorangetrieben haben, wie es etwa die Hirsche im Wasser tun.

Das zweite, etwas kleinere Skelett, ist zwar nicht so komplett erhalten, weist aber die unübersehbaren Reste eines Fötus auf (Abb. 10). Damit war dieses Tier zweifellos ein Weibchen und das größere wahrscheinlich ein Männchen.

Der Fötus verdient aber eine besondere Aufmerksamkeit. Er ist, nach der Ausbildung der Zähne zu urteilen, schon sehr weit herangewachsen. Deswegen ist die Orientierung seiner Längsachse wichtig. Landsäuger kommen mit dem Kopf zuerst zur Welt, während das Jungtier bei Walen in der Regel mit dem Schwanz zuerst geboren wird. Auf diese Weise kann sich der Schwanz des Jungtieres kräftigen, ehe der ganze Körper geboren wird. Diese besondere Form der Geburt bei den Walen ist eine wichtige Anpassung für das Leben im Wasser. Der Fötus im Muttertier von *Maiacetus* war so weit herangewachsen, dass er sich in diesem Stadium nicht mehr wenden konnte. Die Lage seines Kopfes in Richtung zur Geburtsöffnung lässt erwarten, dass der Geburtsvorgang bei *Maiacetus* – trotz des Lebens im Meer – noch auf dem Lande, wie bei den landlebenden Vorfahren, stattfand. Die frühen Walverwandten aus Pakistan waren nach Schädel und Gebiss eindeutig Fischräuber und lebten im Meer. Mit dem Besitz von funktionsfähigen Beinen und einer Geburt an Land zeigen sie aber deutlich engere Beziehungen zu den landlebenden Vorfahren als die jüngeren Basilosauriden aus Ägypten.

Oft wird abwertend festgestellt, dass der Fossilbericht ja unvollständig sei. Zweifellos hat er Lücken, aber die Funde von fossilen Walen aus den letzten Jahrzehnten zeigen, wie die Lücken immer kleiner werden und sich ganz zwanglos Übergangsformen finden. Allerdings ist es aus theoretischen Gründen nicht möglich zu beweisen, dass die Entwicklung genau über die beobachteten Übergangsformen erfolgt ist, weil der Fossilbericht eben nicht vollständig ist. Er zeigt aber zumindest überzeugende Modelle, wie der Übergang von Landtieren zu den rein marinen Walen erfolgt sein könnte. Der erforderliche Umbau findet auf vielen Ebenen statt, in der Körperform, in den Sinnesorganen, bei der Fortpflanzung. Es ist schon ein großer Erfolg, wenn der Fossilbericht einen Teil dieser Veränderungen in einer sinnvollen stratigraphischen Sequenz, das heißt in einer logischen zeitlichen Reihenfolge, belegen kann.

Das Meer war verlockend

Die Wale sind nicht die einzigen Säugetiere, die vom Land ins Meer gingen, aber die verschiedenen Stadien der Anpassung an ein Leben im Meer ist bei den anderen Formen oft nicht so gut belegt. Im unteren Mitteleozän wurde es auf der Erde besonders warm und das Nährstoffangebot im Meer war besonders hoch. Zu dieser Zeit, vor rund 47 Millionen Jahren, erweiterten omnivore Paarhufer ihren Lebensraum in den seichten Meeresbereich und spezialisierten sich auf den Fischfang. Diese frühe Übergangsform, die zur Geburt der Jungtiere noch an das Land gebunden war, ist zurzeit nur aus Pakistan bekannt. Im oberen Eozän, etwa 12 Millionen Jahre später, waren die Basilosauriden weltweit verbreitet. Sie waren vom Lande völlig unabhängig, konnten nicht einmal mehr ans Land, weil die Hinterbeine schon zu stark reduziert waren. Die besten Funde kommen aus Ägypten. In den gleichen Ablagerungen finden sich auch Reste der zweiten Säugetiergruppe, die das Meer eroberte, der Seekühe. Sie weideten die Seegraswiesen der flachen Meeresbecken ab. Mit der drastischen Klimaverschlechterung am Ende des Eozäns geht die Blütezeit der Basilosauriden zu Ende, und im Oligozän entwickeln sich die Zahn- und Bartenwale aus einer gemeinsamen Wurzel. Im obersten Oligozän besiedelten dann auch verschiedene Linien der Raubtiere das Meer, wie Robben und Walrosse. Trotz perfekter Schwimmanpassungen sind sie aber zur Aufzucht der Jungtiere noch immer an das Land gebunden. Die Eisbären dürften erst in der allerjüngsten Erdgeschichte ihren Lebensraum erobert haben.

Literaturhinweise

Gingerich, P. D., B. H. Smith & E. L. Simons (1990): Hind Limbs of Eocene Basilosaurus: Evidence of Feet in Whales. Science, Reprint Series, 249, 154-157

Gingerich, P. D. (1992): Marine Mammals (Cetacea and Sirenia) from the Eocene of Gebel Mokattam and Fayum, Egypt: Stratigraphy, Age, and Paleoenvironments. Papers in Paleontology, 30, 1-84

Gingerich, P. D. et al. (2001): Origin of whales from early artidactyls: Hands and feet of Eocene Protocetidae from Pakistan. Science 293, 2239-2242

Gingerich, P. D. et al. (2009): New protocetid whale from the middle Eocene of Pakistan: Birth on land, precocial development, and sexual dimorphism. PLoS ONE 4(2), e4366

Thewissen, J. G. M. et al. (2007): Whales originated from aquatic artiodactyls in the Eocene epoch of India. Nature, 40, 1190-1194

Thewissen, J. G. M. & E. M. Williams (2002): The early radiations of Cetacea. Annual Revue of Ecology and Sytematics, 33, 73-90

Thewissen, J. G. M. et al. (2001): Skeletons of terrestrial cetaceans and the relationship of whales to artiodactyls. Nature, 413, 277-28

Uhen, M. D. (2004): Form, Function, and Anatomy of Dorudon atrox (Mammalia, Cetacea): An Archaeocete from the Middle to Late Eocene of Egypt. University of Michigan Papers on Paleontology, 34, 1-220

Internetseiten

World heritage nomination: IUCN technical evaluation Wadi al-Hitan (Whale valley), Egypt: http://whc.unesco.org/archive/advisory_body_evaluation/1186.pdf

Wighart von Koenigswald ist emeritierter Professor für Paläontologie an der Rheinischen Friedrich Wilhelms Universität zu Bonn. Sein Forschungsschwerpunkt ist die Evolution der Säugetiere.

Anschrift: Prof. Dr. em.
Wighart von Koenigswald
Steinmann Institut (Paläontologie)
Universität Bonn
Nussallee 8, 53115 Bonn

E-Mail: koenigswald@uni-bonn.de

Philip D. Gingerich ist Professor of Paleontology und Direktor des Museum of Paleontology der University of Michigan. Einer seiner Forschungsschwerpunkte ist die Evolution der Wale.

Anschrift: Prof. Philip D. Gingerich PhD
Museum of Paleontology
1109 Geddes Rd.
Ann Arbor, MI 48109-1079 USA

E-Mail: gingeric@umich.edu

Gletscher in der Wüste?

Tropen im Ruhrgebiet?

Das Klima im Wandel der Zeit

von Werner Buggisch, Erlangen

Abb. 1: Schelfeis der Antarktis: So ähnlich könnte es im Jungpräkambrium vor Australien ausgesehen haben.

In der Steinkohlenzeit war vieles anders: Vor 320 Millionen Jahren bedeckten tropische Regenwälder die Niederungen des heutigen Ruhrgebietes. In den Felswüsten Argentiniens finden sich dagegen Spuren einer ausgedehnten Vereisung. Ähnliche Spuren finden sich auch auf allen anderen Kontinenten der südlichen Halbkugel. Dies spricht für globale Klimaänderungen in der Erdgeschichte, die die vom Menschen verursachte Erwärmung der heutigen Zeit bei weitem in den Schatten stellt.

Aber wie können wir herausfinden, welches Klima in den verschiedenen Epochen der Erdgeschichte geherrscht hat?

Jedes Klima hinterlässt charakteristische Spuren:

- Während einer Eiszeit schieben sich Gletscher über den Untergrund. Die im Eis transportierten Steine zerkratzen den Untergrund und werden selbst zerkratzt. Dies sind die so genannten ›gekritzten Geschiebe‹, die sich später in Moränen ablagern. In Eisbergen sind ebenfalls Steine eingeschlossen, die beim Abschmelzen auf den Meeresboden fallen und als ›dropstones‹ in den geschichteten Sedimenten eingebettet werden. Die niedrigen Temperaturen polarer Gebiete lassen nur geringe chemische Verwitterung zu. Die Gesteine werden lediglich durch Frost- und Temperaturverwitterung zerkleinert (Abb. 2).
- In den gemäßigten Breiten fallen relativ hohe Niederschläge bei mittleren Temperaturen. Daher ist die chemische Verwitterung hier höher. Weniger stabile Mineralien, wie z. B. Feldspäte, werden zu Tonmineralien wie Illit und Montmorillonit umgewandelt. Seit der Besiedlung der Festländer durch Pflanzen sind die gemäßigten Klimazonen von einer dichten Vegetation bedeckt, die zur Bildung von Kohlelagerstätten führen kann. Die Kohlen von Australien, Südafrika und Indien aus dem Perm sind, ebenso wie die Braunkohlen Deutschlands aus dem Tertiär (Lausitz, Hessische Senke, Kölner Bucht), unter solchen Bedingungen entstanden.
- In den Trockengürteln der Erde fehlt das Wasser für die chemische Verwitterung des Gesteins. Dafür werden wegen der hohen Verdunstung Salze wie Gips und Steinsalz abgeschieden (Abb. 3). Der Wind greift die Erdoberfläche ungehindert an. Durch mittransportierten Sand wirkt er wie ein Sandstrahlgebläse auf die Gesteine oder häuft Sand zu Dünen auf.
- In den feuchten Tropen ist aufgrund der hohen Niederschläge und Temperaturen die chemische Verwitterung

Steinerne Zeugen extremer Klimaveränderungen

Abb. 2: Steinerne Zeugen extremer Klimaveränderungen finden sich in der argentinischen Präkordillere: Ein vor etwa 300 Millionen Jahren von Gletschern einer Inlandsvereisung geschrammter Untergrund wird heute von Pflanzen der Trockenwüste überwachsen (oben links). In den Moränen finden sich die dazugehörigen Schleifsteine – gekritzte Geschiebe (unten links). Durch Eisberge verdriftete Gesteinsbrocken sind beim Abschmelzen in die weichen Ablagerungen am Meeresboden eingeschlagen. Später wurden die Schichten steil gestellt (oben rechts). Dagegen wuchsen die Korallenstöcke, die heute im Kalkgestein des Salzburger Landes zu finden sind, in einem warmen Flachmeer (unten rechts).

Abb. 3: Steinsalzpseudomorphosen als Beispiel für Hinweise auf arides Klima

am intensivsten. Silikatmineralien werden zu Aluminium- und Eisenoxid abgebaut, rote, wenig fruchtbare Lateritböden entstehen. Andererseits kann auch hier die üppige Vegetation zur Bildung von Kohlelagerstätten führen (Karbon-Kohlen des Saar- und Ruhrgebietes, des Aachener Reviers und Nordamerikas; s. Artikel von D. E. Meyer)

- Ausgedehnte Riffe sind heute und waren wohl auch in der erdgeschichtlichen Vergangenheit im Wesentlichen an das Licht und die Wärme flacher Meere tropischer Breiten gebunden, auch wenn es Tief- und Kaltwasser-Riffe gibt (s. Artikel von D. Hebbeln & A. Freiwald).

Bestimmte Erosionsformen, Böden, Mineralneubildungen und Gesteinstypen ermöglichen es daher, auf die Klimata vergangener Zeiten zu schließen. Als Fossilien überlieferte Organismen waren, wie die heutigen Lebewesen, an bestimmte Umweltbedingungen gebunden und sind daher ausgezeichnete Klimaindikatoren. Chemische Analysen erlauben, den Grad der Verwitterung zu bestimmen. Die Verteilung der Isotope des Sauerstoffs im Karbonat kann schließlich unmittelbar die Temperatur anzeigen, bei der eine Kalkschale entstanden ist.

Das heutige Klima auf der Erde hängt in erster Linie von der geographischen Breite ab und wird von der damit einhergehenden Sonneneinstrahlung bestimmt. Nimmt man keine allzu großen Schwankungen für die Neigung der Erdachse im Laufe der Erdgeschichte an, gilt diese Gesetzmäßigkeit auch für vergangene Zeiten. Alfred Wegener nutzte diese Erkenntnis bereits zu Beginn des 20. Jahrhunderts als einen wichtigen Baustein für seine Theorie von der Drift der Kontinente (s. z. B. Artikel von G. Kleinschmidt et al.). Für die Rekonstruktion der Erde zur Steinkohlenzeit gruppierte er die Kontinente Südamerika, Afrika, Antarktis, Australien und den Subkontinent Indien um den Südpol herum. Diesen südlichen Großkontinent nannte er ›Gondwana‹, alle seine Teile weisen Spuren der permokarbonen Vereisung auf. Salzablagerungen und Dünen ordnete er den trockenen Gebieten zu. Die Kohlelagerstätten aus dem oberen Karbon sind auf die äquatorialen Breiten beschränkt (Abb. 4).

Die Theorie der driftenden Kontinente wurde zu Beginn besonders aus Amerika heftig angegriffen. Letztendlich waren es aber besonders die Arbeiten amerikanischer Kollegen zur Plattentektonik, die die endgültige Bestätigung erbrachten.

Laut Wegener wanderte Gondwana im Permokarbon über den Südpol, während sich die Kohlengürtel des Ruhrgebiets und der Appalachenvortiefe am Äquator befanden. Auch die weitere erdgeschichtliche Entwicklung in Deutschland zeichnet deutlich die Drift der europäischen Platte nach Norden nach: Gräbt man sich von unten nach oben durch die verschiedenen Schichten Deutschlands, folgen auf die tropischen Kohlesümpfe der Steinkohlenzeit die Steinsalzablagerungen des Perms. Sie entstanden aufgrund der hohen Verdunstung im trockenen Klima um den 30. Breitengrad. Darüber liegen schließlich die unter kühlerem und feuchterem Klima abgelagerten Sedimente des Erdmittelalters und der Erdneuzeit, die in den Moränen der jüngsten Vereisungen gipfeln.

Auch wenn die geographische Breite den größten Einfluss auf das Klima eines Gebietes hat, so gibt es doch viele Faktoren, die ebenfalls eine Rolle spielen. Diese unterliegen teilweise globalen Schwankungen. War es am Äquator zumeist relativ warm, wie die Verbreitung der Riffe vom Erdaltertum bis in die Neuzeit belegt, so wechselte der Zustand der Pole zwischen eisfrei und vereist. Fossile Blätter im hohen Norden von Grönland zeigen, dass vor wenig mehr als zwei Millionen Jahren in der Nähe des Nordpols Laubbäume wuchsen. Erst der dramatische Klimasturz während des Pleistozäns drängte die Wälder weit nach Süden zurück.

Welche Faktoren steuern diese Klimaveränderungen?

Die wichtigste Wärmequelle der Erde ist die Sonne. Abhängig vom Einfallswinkel der Sonnenstrahlen wird die Erdoberfläche am Äquator stark und an den Polen schwächer erwärmt. Ein Teil der Strahlung wird von der Erdoberfläche zurückgeworfen und geht damit verloren.

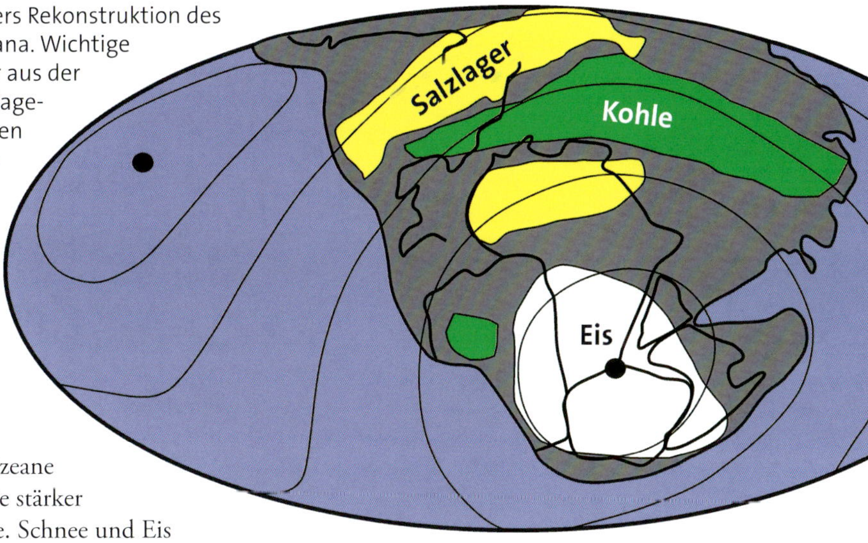

Abb. 4: Alfred Wegeners Rekonstruktion des Großkontinents Gondwana. Wichtige Hinweise erhielt Wegener aus der Verbreitung von Salzablagerungen, Kohlelagerstätten und Spuren der permokarbonen Vereisung auf den verschiedenen Kontinenten.

Das Ausmaß der Rückstrahlung, die Albedo, wird durch die Farbe der Erdoberfläche beeinflusst. Dunkle Flächen wie die Ozeane heizen sich mehr auf als die stärker reflektierenden Kontinente. Schnee und Eis können bis zu 95 Prozent der auftreffenden Sonnenstrahlen reflektieren. Die allein aus der Albedo errechnete Strahlungsbilanz zeigt, dass die Erde eigentlich erheblich kühler sein müsste. Dass dem nicht so ist, verdanken wir den natürlicherweise in der Atmosphäre vorkommenden Treibhausgasen. Sie halten einen Teil der von der Erde reflektierten Wärmestrahlen wie in einem Glashaus zurück. Erst das Zusammenspiel von Sonneneinstrahlung, Rückstrahlung und Treibhausgasen macht die Erde für uns bewohnbar (s. Artikel von M. Claußen et al.).

Die nördliche und die südliche Halbkugel unterscheiden sich sehr stark. Auf dem 70. Grad nördlicher Breite, bei Tromsø in Norwegen, wachsen Wälder, während dieselbe Breite auf der Südhalbkugel antarktische Eiswüste ist (s. Artikel von G. Wefer & W. Berger). Dieser Unterschied kommt durch Meeresströmungen zustande. Wasser ist ein hervorragendes Transportmittel für Wärme. Der Golfstrom befördert die Wärme Mittelamerikas nach Nordeuropa, während die Antarktis von einer Ringströmung umgeben ist, die sie thermisch von wärmeren Gebieten isoliert. Diese beiden Strömungen konnten erst entstehen, nachdem sich in der jüngsten Erdgeschichte Australien von der Antarktis getrennt und das Becken des Atlantischen Ozeans sich geöffnet hatte. Anhand dieser Beispiele wird verständlich, warum die veränderliche Position der Kontinentalplatten ein wichtiger geologischer Faktor für das Klima der Erde ist.

Auch andere, uns vertraute Faktoren sind stetigen Veränderungen unterworfen. Durch Veränderungen in der Erdumlaufbahn schwankt die Sonneneinstrahlung mit verschiedenen Zyklen von 10.000 bis 400.000 Jahren. Die Sonne hat sich seit der Entstehung der Erde um mindestens ein Fünftel ausgedehnt, dadurch hat die Intensität der Strahlung zugenommen. In weit entfernter Zukunft wird die sich ausdehnende Sonne den Planeten Erde schlucken (s. Artikel von H. Palme).

Dass die zunehmende Sonneneinstrahlung die Erde nicht im Laufe der Erdgeschichte allmählich aufgeheizt hat, liegt an der Entwicklung des Lebens auf der Erde. Durch die Erfindung der Natur, organische Substanz auf Kohlenstoffbasis aufzubauen, wird das Kohlendioxid (CO_2) aus der Luft in organisch gebundenen Kohlenstoff und Sauerstoff umgewandelt. Damit wird der Gehalt am Treibhausgas CO_2 in der Atmosphäre reduziert und Sauerstoff erzeugt. Bis auf die periodischen Veränderungen der Erdumlaufbahn sind die in diesem Absatz genannten Prozesse nicht kontinuierlich. Daher ist auch das Klima der Erdgeschichte unregelmäßigen Schwankungen unterworfen gewesen.

Das Klima vom Erdaltertum bis heute

Seit über 500 Millionen Jahren ist höheres Leben auf der Erde gut dokumentiert. Das Klima bewegt sich seither in einem engen Band zwischen wechselnden Vereisungen an den Polen und tropischen Temperaturen am Äquator. Dabei scheinen sich zwei stabile Zustände auf der Erde, ein Kaltzeit- und ein Warmzeitmodus, abzuwechseln. Derzeit stehen wir am Scheideweg: Kommt die nächste Eiszeit und bringt Gletscher nach Norddeutschland oder schreitet die Erwärmung fort und Holland versinkt unter dem steigenden Meeresspiegel?

Während des älteren Erdaltertums war es wohl wegen der hohen Gehalte an Kohlendioxid relativ warm. Modellrechnungen gehen von einer, verglichen mit heute, mehr als 10-fach erhöhten CO_2-Konzentration dieses Treibhausgases aus. Die kurzfristige Vereisung am Ende des Ordoviziums vor 430 Millionen Jahren mit ihrem Zentrum in Nordafrika fügt sich allerdings nicht zwanglos in dieses Bild ein. Die Besiedelung der Kontinente durch die Landpflanzen erklärt die deutliche Reduktion des Treibhausgases CO_2 vom Devon zum Karbon auf Werte, die den heutigen Gehalten ähnlich sind. Kohlenstoff wurde in diesem Zeitraum von Pflanzen in organischer Form dem Kreislauf entzogen und als Kohlelagerstätten deponiert. Dieser Kohlenstoff wird heute durch die Verbrennung eben dieser Lagerstätten wieder freigesetzt und führt zum Treibhauseffekt.

Die Vereisung an der Grenze vom Karbon zum Perm vor 280 Millionen Jahren wurde unter anderem durch die Evolution der Flora ausgelöst. Das Land wurde flächendeckend von Pflanzen besiedelt, die der Atmosphäre in großem Maße CO_2 entzogen, was zur Abkühlung führte. Danach erhöhte sich durch starke vulkanische Entgasung der CO_2-Wert in der Atmosphäre des Erdmittelalters wieder. Dieser Zeitabschnitt war daher so warm, dass Pflanzen und Saurier bis in arktische und antarktische Regionen vordringen konnten. Erst in geologisch relativ junger Zeit führten plattentektonische Verschiebungen und sinkende Kohlendioxid-Gehalte zum heutigen Wechsel von Eis- und Zwischeneiszeiten.

Das Kohlendioxid erweist sich damit neben dem Wasserdampf als eines der wichtigsten Treibhausgase, auch wenn bis heute nicht ganz klar ist, ob CO_2 ursächlich oder nur durch Rückkopplung das Wachsen und Schwinden der Eismassen auf den Kontinenten beeinflusst.

Der Kohlenstoffhaushalt der Erde

Da das CO_2 für die Klimaentwicklung von großer Bedeutung zu sein scheint, lohnt es sich, einen Blick auf die Kohlenstoff-Reservoirs der Erde und die Stoffflüsse zwischen ihnen zu werfen.

Die größte Menge des Kohlenstoffs ist im Erdinneren, im Erdmantel, enthalten. Vulkanausbrüche schleudern ihn in Form von CO_2 in die Atmosphäre und Ozeane. Im Regenwasser wird es zu Kohlensäure und erhöht als schwache Säure die Aggressivität des Niederschlags. Dies fördert die chemische Verwitterung. Dabei werden unter anderem durch Feldspatverwitterung Kalzium-Ionen freigesetzt, die zusammen mit den Karbonat-Ionen der Kohlensäure im Meerwasser als Kalk ausfallen. Dies wird durch die Tätigkeit von Organismen wie Muscheln und Korallenpolypen vorangetrieben.

Durch Kalkablagerung wird demnach ein großer Teil des im Vulkanismus freigewordenen CO_2 wieder der festen Erdkruste zugeführt. Ein geringerer Teil des CO_2 der Atmosphäre und der Ozeane wird durch Photosynthese in organische Substanz umgewandelt und in Schwarzschiefern, als Erdöl oder in Kohlelagerstätten fixiert. Dort, wo Erdkruste – besonders Ozeanböden – wieder in den Erdmantel zurückgeführt werden, schließt sich der Kreislauf. An dem Kreislauf sind offensichtlich unterschiedliche Prozesse beteiligt wie Plattentektonik, Vulkanismus, Verwitterung und biologische Aktivitäten.

Abb. 5: Eisen-Stromatolithe sind Zeugen aus der Zeit der Entstehung einer sauerstoffreichen Atmosphäre.

Vom Erdaltertum bis heute haben positive und negative Rückkopplungen der verschiedenen klimawirksamen Faktoren das empfindliche System Erdklima in einem relativ engen Bereich gehalten. Diese geringe Bandbreite mit warmen Tropen und mehr oder weniger kalten Polarregionen ermöglicht erst höheres Leben auf der Erde.

Das Klima der frühesten Erdgeschichte

Wie aber sah das Klima in der Frühzeit der Erde aus? Aus dem frühen Präkambrium liegen nur wenige Hinweise vor. Ozeane, in denen sich Leben entwickeln konnte, gibt es wohl schon seit vier Milliarden Jahren. Durch Entgasung aus dem Erdinneren war die frühe Atmosphäre sehr reich an CO_2. Die um ein Fünftel niedrigere Sonneneinstrahlung wurde durch die Treibhausgase kompensiert. Daher sind bereits aus der frühesten Erdgeschichte Warm- und Kaltzeiten überliefert.

Die frühe Atmosphäre war arm an freiem Sauerstoff. Dadurch löste sich aus verwitterten Mineralen freigesetztes Eisen in großen Mengen in zweiwertiger Form im Meerwasser. Mitte des Präkambriums entwickelten Organismen die Photosynthese und nutzten fortan die Sonnenenergie, um CO_2 zu organischer Substanz zu reduzieren. Bei dieser Reaktion wird gleichzeitig Sauerstoff freigesetzt und so ein gewaltiger geochemischer Prozess ins Rollen gebracht: Der freiwerdende Sauerstoff oxidiert das leicht lösliche zweiwertige Eisen zu dreiwertigem Eisen. Dies ist aber im Ozean nahezu unlöslich und fällt daher als Eisenoxid aus. Gigantische sedimentäre Eisenerzlagerstätten auf fast allen alten Kontinenten zeugen von diesem Ereignis (Abb. 5).

Die Erde als Schneeball (Snowball Earth)

Bereits in den 1960er Jahren wurde ein Widerspruch in den geologischen Daten gefunden, der erst durch moderne analytische Methoden der Isotopengeochemie und Klimamodellrechnungen gelöst werden konnte. Fast alle Kontinente weisen Spuren von Vereisungen aus dem jüngeren Präkambrium auf. Demnach war zu diesem Zeitpunkt mehr oder weniger die ganze Erde unter einem Eispanzer begraben.

Erstaunlicherweise folgen zum Beispiel in australischen Sedimenten unmittelbar auf Gletschermoränen dieser Zeit mächtige Kalkablagerungen eines tropischen Meeres. Geophysikalische Methoden bestätigen, dass Australien zum Zeitpunkt der Vereisungen nahe am Äquator lag. Heute finden sich Gletscher in den Tropen jedoch nur oberhalb von 5.000 Metern, und selbst während der letzten Eiszeiten sank die Schneegrenze am Äquator nur auf etwa 4.000 Meter. Was ließ die Schneegrenze im jüngeren Präkambrium bis auf Meeresniveau absinken? Muss dann nicht die ganze Erde von Eis bedeckt gewesen sein? 1998 wurden die Zusammenhänge erstmals umfassend in der Hypothese ›Snowball Earth‹ durch P. F. Hoffmann et al. im Magazin Science vorgestellt:

Um die ›Snowball Earth‹-Hypothese zu verstehen, müssen wir uns nochmals die Faktoren vergegenwärtigen, die das Klima gegenwärtig in einer engen Bandbreite halten: das Zusammenspiel von Sonneneinstrahlung, Rückstrahlung (Albedo) und Treibhauseffekt, die Konfiguration von Ozeanen und Kontinenten und der Einfluss der Biosphäre. Baute sich in jüngster geologischer Vergangenheit eine Vereisung auf, wuchsen Gletscher und Meereis an den Polen. Dadurch wurden die hellen Flachen auf der Erde vergrößert und die Rückstrahlung stieg, was die Temperatur weiter sinken ließ. Abkühlende Ozeane nehmen zusätzliches CO_2 auf, so dass der Treibhauseffekt verringert wird; eine weitere Abkühlung ist die Folge.

Dem stehen allerdings Effekte gegenüber, die entgegengesetzt wirken, negative Rückkopplungen: Eisbedeckte Landmassen entziehen der Atmosphäre kein CO_2 für die Verwitterung von Steinen. Die niedrigere Temperatur auf den nicht vereisten Kontinenten verlangsamt die chemische Verwitterung und die Bioproduktion. Die Niederschläge nehmen aufgrund der Abkühlung ab, so dass weniger Kalk ausgefällt wird. Beides Prozesse, die normalerweise ebenfalls CO_2 konsumieren. Aus der Zersetzung organischen Kohlenstoffs oder durch Vulkanausbrüche gelangen größere Mengen des Treibhausgases CO_2 in die Atmosphäre, so dass die Erde nicht zu weit abkühlen kann. Diese negative Rückkopplungsschleife setzt dem Wachsen der Eisschilde und damit der Eiszeit ein Ende, bevor sie die ganze Erde einfriert.

Was war im jungen Präkambrium anders? Die Kontinente waren vor über 570 Millionen Jahren noch nicht von Pflanzen besiedelt. Ferner wird angenommen, dass die meisten Landmassen damals in der Nähe des Äquators lagen. Eine globale Abkühlung führte also zunächst zur Bildung von See-Eis. Eis reflektiert aber mehr Sonnenlicht, so dass die Erde noch weiter abkühlt. Gleichzeitig findet keine negative Rückkopplung statt, da sich die Temperaturen am Äquator zunächst nicht stark änderten und daher die Verwitterung an Land nicht abnahm. Modellrechnungen haben ergeben, dass, wenn das See-Eis den 30. Breitengrad überschreitet, ein kritischer Punkt erreicht ist. Die Albedo nimmt dann so rapide zu, dass eine totale Vereisung der Erde nicht mehr aufzuhalten ist. Die Erde gleicht dann einem ›Schneeball‹ der die Sonne umkreist. Verwitterung und biologische Aktivitäten sind nahezu auf dem Nullpunkt angekommen. Die weiße Oberfläche der Erde strahlt die einfallende Sonnenenergie so weitgehend zurück, dass selbst am Äquator strenger Frost herrscht. Leben ist nur noch möglich, da die Wärme aus dem Erdinneren verhindert, dass die Ozeane komplett zu Eis erstarren.

Wie kann sich die Erde aus solch einer frostigen Umklammerung lösen? Das Erdinnere wird durch die Prozesse auf der Erdoberfläche nicht beeinflusst: Die Wärmeströmungen im Erdinneren lösen noch immer Vulkanausbrüche aus, die stetig CO_2 aus dem Erdmantel in die Atmosphäre schleudern. Irgendwann wird der dadurch verstärkte Treibhauseffekt so viel der vom Eis reflektierten Sonnenstrahlen in der Atmosphäre zurückhalten, dass das Eis zu schmelzen beginnt. Die nötige CO_2-Konzentration wird vielleicht das 350-fache der heutigen Konzentration betragen, und es wird möglicherweise Millionen von Jahren dauern, sie zu erreichen – aber erreicht wird sie. Bricht das Eis erst auf und kommt dunkles Meerwasser zum Vorschein, sinkt die Albedo so rapide, dass es nur wenige Jahrzehnte bis Jahrhunderte dauert, bis der Eispanzer völlig verschwunden ist.

Der hohe Gehalt an Treibhausgas lässt die Temperaturen an der Erdoberfläche innerhalb kurzer Zeit auf kaum zu ertragende Temperaturen ansteigen: Ein wahres klimatisches Wechselbad. Geologische Untersuchungen lassen vermuten, dass sich dieses Wechselspiel im jungen Präkambrium mindestens drei Mal – eher jedoch öfter – wiederholte.

Was bedeuten diese Erkenntnisse aus der Vergangenheit für unsere Zukunft? Erwarten wir eine katastrophale Erwärmung, durch die weite Landstriche überflutet werden, da die Polkappen abschmelzen und der Meeresspiegel steigt? Oder gehen wir einer ebenso katastrophalen neuen Eiszeit mit Gletschern bis nach Norddeutschland entgegen? Wird die Erde erneut bis zum Äquator vereisen? Alle Optionen sind offen, und wir sollten uns hüten, das System Erde zu provozieren, bevor wir es wirklich verstanden haben.

Literaturhinweise

Buggisch, W. & O. H. Walliser (2001): Erdgeschichte als Klimageschichte. In: M. Huch, G. Warnecke & K. Hermann (Hrsg.) Klimazeugnisse der Erdgeschichte. Springer-Verlag, Berlin Heidelberg New York

Werner Buggisch ist Professor für Geologie an der Friedrich-Alexander-Universität in Erlangen. Er beschäftigt sich schwerpunktmäßig mit der regionalen Geologie polarer Gebiete sowie dem Klima des Erdaltertums.

Anschrift: Prof. Dr. Werner Buggisch
Friedrich-Alexander-Universität
Geozentrum Nordostbayern
Schloßgarten 5
91054 Erlangen

E-Mail: werner@buggisch

Kurzfristige Krisen in der Erdgeschichte während der letzten 100 Millionen Jahre

Was Flachmeerablagerungen berichten

von Jochen Kuss, Christian Scheibner, Stefan Höntzsch und Jens Wendler, Bremen

Abb. 1: Kreideablagerungen im Wadi Mujib, Zentraljordanien

Flachmeere, wie die Nordsee oder die Beringsee, sind küstennahe, bis zu etwa 1.000 Meter tiefe Meere, die – im Gegensatz zur Tiefsee – noch auf dem Kontinentalsockel liegen. Insbesondere in tropischen Bereichen führt in Flachmeeren eine hohe biologische Produktion zur Bildung von typischen Karbonatsedimenten. Für die Geologie sind diese Ablagerungen von großem Wert, da in ihnen Informationen über die Paläoumwelt gespeichert sind, die mit geochemischen Verfahren ausgelesen werden können. In vielen erdgeschichtlichen Phasen waren Flachmeere sehr viel häufiger als heute, vor allem vor der Vereisung der Polarregionen aufgrund des damals sehr viel höheren Meeresspiegels. So entstanden vielerorts mächtige Karbonatplattformen, die heute in Gebirgszügen zugänglich sind (s. z.B. Abb. 1). In diesen mehrere hundert Meter dicken kalkreichen Schichtpaketen sind sowohl langfristige geologische Prozesse dokumentiert als auch Aufzeichnungen von aus geologischer Sicht kurzfristigen Krisen (mit einer Dauer von bis zu 500.000 Jahren), die oft weitreichende Folgen für die Lebewelt hatten.

Die Forschung nach den Ursachen solch kurzfristiger erdgeschichtlicher Krisen weist für die jüngere geologische Vergangenheit auf unterschiedliche Einflussgrößen und Verstärkungseffekte hin. So können z.B. die jüngeren känozoischen Vereisungen durch periodische Änderungen der Erdbahnparameter erklärt werden. Kurzfristige Krisen der älteren geologischen Vergangenheit können z.B. an Massenaussterbeereignissen oder an typischen Meeresbodensedimenten, wie z.B. Schwarzschiefern, erkannt werden. Von besonderem Interesse sind globale Krisen, die weltweit Spuren in Sedimentgesteinen hinterlassen haben. Die ursprünglichen Umweltbedingungen die zur Ablagerung dieser ›Krisen-Sedimente‹ oder den biologischen Katastrophen geführt haben, sind jedoch oft durch die komplexe Überlagerung verschiedener Einflussgrößen verschleiert. Daher können die Auswirkungen auf die flachmarine Biosphäre nur mit Hilfe hochauflösender Datensätze quantitativ abgeschätzt und mit heutigen Szenarien verglichen werden. Den biologisch-chemischen Veränderungen während der Krisen im Vergleich zu den ›Normalbedingungen‹ kommt dabei besondere Bedeutung zu. Diese Veränderungen ermöglichen es, bedeutsame Stressfaktoren herauszufiltern, die beispielsweise zur Reorganisation der Lebensgemeinschaften (Biozönosen) geführt haben. Im Zentrum der hier vorgestellten Beispiele aus den letzten 100 Millionen Jahren (s. Abb. 2) stehen

1) Modifikationen von Plattform-Lebensgemeinschaften vor und nach der globalen Abkühlung an der Grenze Eozän/Oligozän (EOT: Eocene Oligocene Transition),
2) Veränderungen der flachmarinen Biosphäre während und nach dem globalen Temperaturmaximum an der Wende Paläozän/Eozän (PETM: Paleocene Eocene Thermal Maximum) und
3) zyklische sedimentologische und geochemische Variationen auf einer kreidezeitlichen Karbonatplattform während des ozeanischen anoxischen Ereignisses 2 (OAE 2: Oceanic Anoxic Event 2).

1 Die globale Abkühlung an der Wende Eozän/Oligozän auf Karbonatplattformen

Im späten Eozän ist für die höheren Breiten eine schrittweise graduelle Abkühlung nachgewiesen, die das Ende der paläogenen Treibhaus-Zeit einleitet und mit der raschen extremen Abkühlung während des Übergangs vom Eozän zum Oligozän (Eocene Oligocene Transition: EOT) ihr Ende findet (s. Abb. 2). Der Temperatursturz zu Beginn des Oligozäns begünstigte jedoch in einigen tropischen Bereichen des Tethysmeeres die Verbreitung größerer Korallenriffe, die zusammen mit neu entwickelten Großforaminiferen vorkommen, während andere Karbonatplattformen scheinbar wenig bis kaum beeinflusst wurden. Für die EOT ist der globale Wechsel von Treibhaus- zu Eiszeit-Bedingungen z.B. durch einen weltweit markanten Abfall der Sauerstoffisotopengehalte in den mittleren und höheren Breiten der Ozeane dokumentiert und wird mit der beginnenden Vereisung der Antarktis in Bezug gebracht. Während eines Zeitraums von etwa 300.000 Jahren betrug die Abkühlung des Meerwassers in höheren Breiten bis zu 15 Grad Celsius, während für die tropischen Bereiche bisher wenig belastbare Vergleichsdaten vorliegen. Diese uneinheitliche Datenlage bezüglich der Auswirkungen der EOT auf tropische Karbonatplattformen soll mit Hilfe von Vergleichen von Lebensgemeinschaften, basierend auf elf Datensätzen entlang eines Nord-Süd-Transekts im heutigen Mittelmeerraum (43°N bis 20°N, Abb. 3) genauer beleuchtet werden.

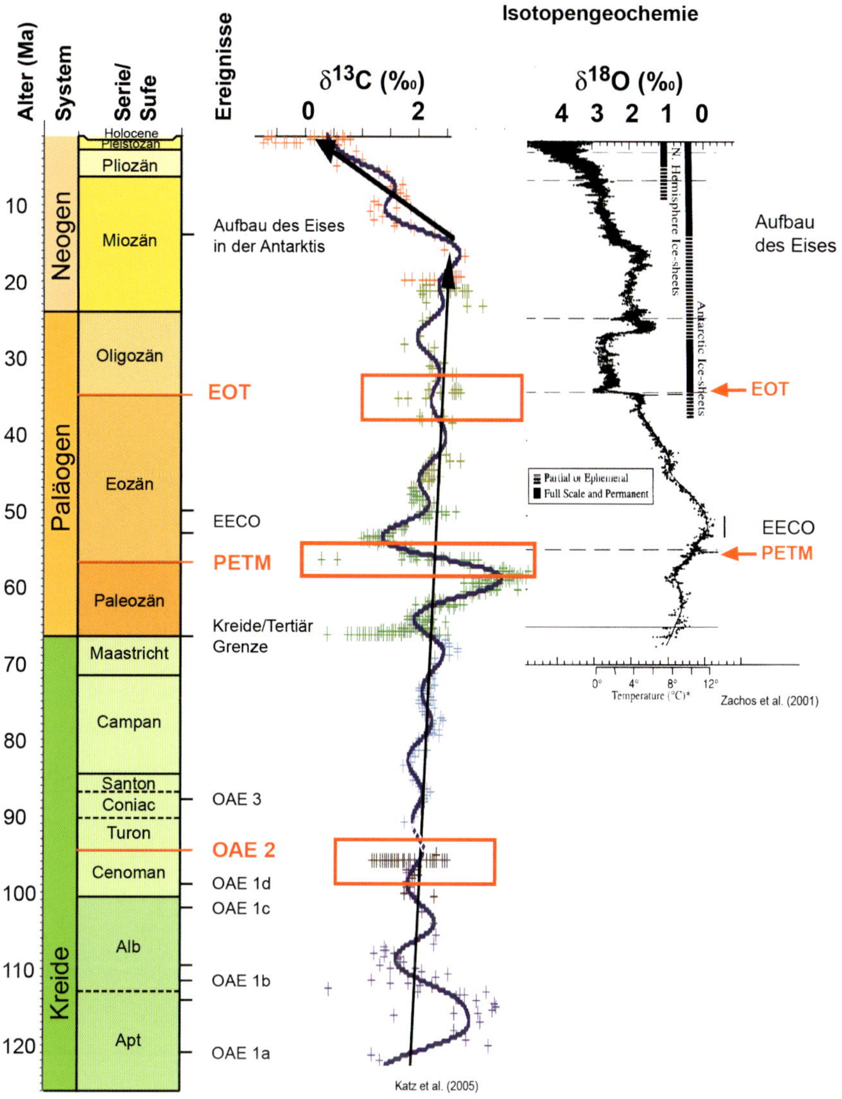

Abb. 2: Zeitskala der letzten 125 Millionen Jahre mit den wichtigsten globalen Ereignissen (links), der Kohlenstoff- und Sauerstoffisotopenkurve (rechts) für das Paläogen und Neogen mit den genauer untersuchten Intervallen des OAE2, des PETM und der EOT. Die Sauerstoffisotopenkurve spiegelt die Temperaturverteilung der letzten 65 Millionen Jahre wider.

Tropische Plattformbiozönosen während der EOT

Im oberen Eozän (Priabon: Plattformstadium V – Abb. 2, 3) werden die meisten Karbonatplattformen von hermatypischen Korallen und Großforaminiferen mit wechseln den Häufigkeiten dominiert, die in fünf Gebieten (1, 4, 5, 8, 10) praktisch unverändert auch im unteren Oligozän (Stadium VI) angetroffen werden. Dies lässt darauf schließen, dass die kurzfristige globale Abkühlung in den tropischen Bereichen nur zu unmerklichen Veränderungen führte. Dieses Ergebnis liefern sowohl Untersuchungen in tektonisch aktiven Bereichen (1, 4, 5) als auch in tektonisch ›ruhigen‹ Randbereichen (8, 10). In anderen tektonisch aktiven Regionen, z.B. den Pyrenäen (2), fällt das Absterben der Plattformen an der Eozän/Oligozän-Grenze mit der verstärkten Zufuhr von sandigem Abtragungsmaterial zusammen, was auf tektonische Ereignisse zurückgeführt wird.

Einschränkungen in der Plattformverbreitung und Diversität der Plattformorganismen sind mit Beginn des Oligozän von Griechenland (6) überliefert, wogegen für die Plattformbiozönosen in der Türkei (7) unterschiedliche Angaben zu Veränderungen der Korallen- und Großforaminiferenfaunen während der EOT beschrieben sind. In Tunesien (9) folgen auf Korallen-Großforaminiferen Lebensgemeinschaften des Obereozän Großforaminiferen-dominierte Plattformen ohne Korallen, was auf Änderungen der Nährstoffzufuhr nach der EOT zurückgeführt

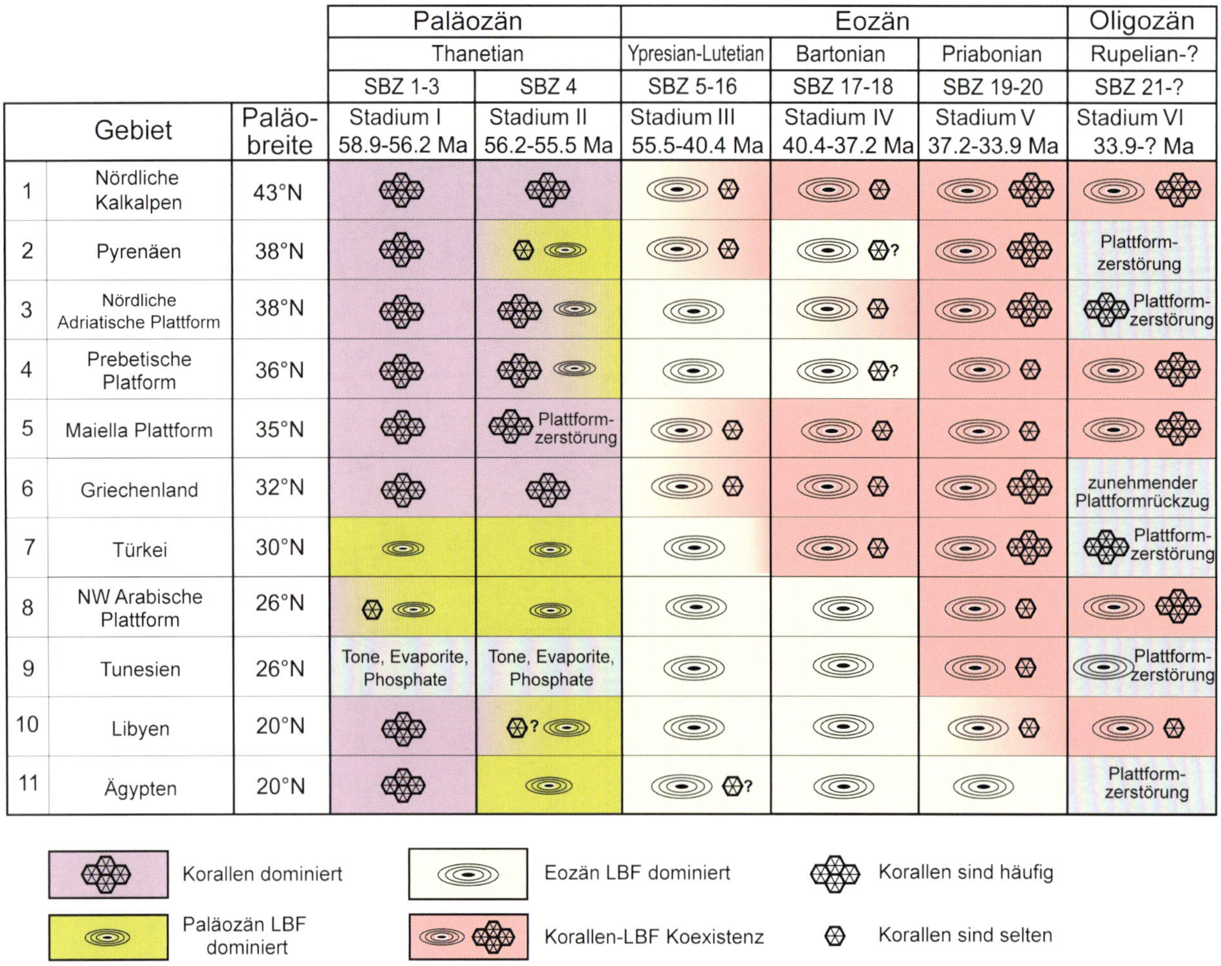

Abb. 3: Tropische Karbonatplattformen der Tethys von Nord nach Süd (1 – 11) während kurzfristiger globaler Krisen: a) PETM (zwischen Stadium II und III) und b) E/O-Übergang (zwischen Stadium V und VI). Die relativen Häufigkeiten der Großforaminiferen (LBF: Large Benthic Foraminifera) und Korallen spiegeln die Plattformkrisen wider. Die SBZ (Shallow Benthic Zonation) repräsentiert die Zeiteinteilung auf den Plattformen (aus Höntzsch et al., 2013).

wird. Gänzlich umgekehrte Verhältnisse mit einer Zunahme der Korallenhäufigkeit nach der EOT sind für die nördliche Adriatische Plattform (3) zu verzeichnen.

Geringe Auswirkungen globaler Abkühlung auf Flachwasserorganismen in den niederen Breiten

Zusammenfassend lässt sich festhalten, dass es während der globalen Abkühlung an der EOT nur wenig spezifische Faunenveränderungen in den Flachmeeren der Tethys gab, die nur untergeordnet (wenn überhaupt) mit den drastischen klimatischen Veränderungen der hohen Breiten in Verbindung gebracht werden können. Im Gegensatz zu den ozeanischen Bereichen der mittleren und höheren Breiten sind die tropischen Karbonatplattformen in den niederen Breiten in dieser Zeit von unterschiedlichen faunistischen Änderungen betroffen, die offensichtlich durch die Überlagerung verschiedener Einflussgrößen entstanden sind. Die für einige Plattformen diskutierten Änderungen der Nährstoffzufuhr während der EOT sind in ihren Auswirkungen auf die Korallen-Großforaminiferen-Biozönosen nicht einheitlich zu belegen.

2 Das Paläozän/Eozän Wärmemaximum (PETM) auf Karbonatplattformen

Das frühe Paläogen (65 bis 50 Millionen Jahre vor heute) ist innerhalb des Känozoikums (65 Millionen Jahre bis heute) die Zeitperiode mit der größten langfristigen Erwärmung (Abb. 2), die zusätzlich durch eine kurzfristige Erwärmung (mit einer Dauer von etwa 170.000 Jahren) an der Paläozän/Eozän-Grenze (vor 55,8 Millionen Jahren), dem sogenannten PETM überlagert wird. Das PETM stellt eines der spektakulärsten Beispiele für einen rapiden Klimaumschwung in der Erdgeschichte dar. Parallel zur kurzfristigen Temperaturerhöhung von 4 bis 5 Grad Celsius in den Tropen bzw. von 8 bis 10 Grad Celsius in den hohen Breiten wird eine große negative Kohlenstoffisotopenanomalie verzeichnet, die auf eine dramatische Störung im Kohlenstoffkreislauf hinweist. Sie

Abb. 4:. Geländefoto der Plattformkalke des PETM-Bereichs im Bir Dakhl (Südgalala/Ägypten) mit den drei Plattformstadien I, II, III und charakteristischen Organismen-Assoziationen im Dünnschliff (Maßstab: 1mm).

wurde wahrscheinlich durch Dissoziation von Methanhydraten aus dem Ozeanboden im Zusammenhang mit der Aufwärmung des Tiefenwassers hervorgerufen und ist sowohl in terrestrischen als auch in marinen Systemen nachweisbar.

Plattformsedimente des PETM

Nachdem die stratigraphische Korrelation zwischen Flachmeersedimenten und denen des offenen Ozeans während des PETM erst jüngst zufriedenstellend geklärt wurde, konnten die Auswirkungen des Wärmeereignisses auf die Organismen flacher Karbonatplattformen analysiert werden. Aufgrund der hervorragenden Aufschlussverhältnisse (Abb. 4) entlang eines Plattform-Becken-Transekts ist in Ägypten der genaue Verlauf der Ereignisse vor, während und nach dem PETM auf der Plattform überliefert. Unter Einbeziehung weiterer Studien von Indien bis Marokko und von den Alpen bis nach Somalia konnten während dreier Plattformstadien (I – III) folgende Organismenvergesellschaftungen identifiziert werden (Abb. 3):

- I Korallen-Algen Riffe dominieren breitengradunabhängig alle Flachwasserplattformen,
- II Erkennbar sind breitengradabhängige Trends mit Korallen-Algen Riffen in mittleren Breiten und einer ersten Phase mit Großforaminiferenbänken (Miscellaneen, Assilinen und Ranikothalien) in den Tropen.
- III Korallen-Algen-Riffe sind in allen Meeresregionen abwesend. Eine zweite Phase mit Großforaminiferenbänken ist durch Alveolinen und Nummuliten charakterisiert.

Zwischen den Plattformstadien II und III liegt das PETM.

Abb. 5: Vier Kalk-Mergel-Zyklen 5. Ordnung (100.000 Jahre) aus dem Wadi Mujib (Zentraljordanien) entsprechend den in Abbildung 6 grün gekennzeichneten Zyklen 1 bis 4.

Ursachen für die PETM Plattformkrise

Als Ursache für diesen Wechsel in der Organismenzusammensetzung im Flachwasser während des PETM ist das Zusammenspiel langfristiger und kurzfristiger Klima- und Umweltveränderungen anzunehmen. Vergleiche mit heutigen Riffen belegen, dass insbesondere die obere Temperatur-Toleranzgrenze von Korallen durch Ausbleichen und folgendes Absterben dokumentiert wird (sogenannte El-Niño-Ereignisse). Auf die rapide Temperaturerhöhung während des PETM übertragen bedeutet dies, dass sich die guten Wachstumsbedingungen für Korallen im Stadium I zum Stadium II hin verschlechterten. Die mit Beginn des Stadiums III vermehrt auftretenden Großforaminiferenbänke und das gleichzeitige Fehlen der Korallenriffe belegen einen kurzfristigen Temperaturanstieg, der auch durch erhöhte CO_2-Einträge in die Atmosphäre und das Meer gekennzeichnet war. Der evolutive Wechsel innerhalb der Großforaminiferen, mit vorherrschenden Alveolinen und Nummuliten in Stadium III steht somit in kausalem Zusammenhang mit der raschen Erwärmung während des PETM.

3 Plattformkrisen während der Kreide

Während der Kreidezeit lag der Meeresspiegel weltweit deutlich höher als heute. Dies hatte weit ausgedehnte Flachmeere zur Folge, deren Meeresböden heute am Nordrand Afrikas und der arabischen Halbinsel als ausgedehnte Karbonatplattformen die Landschaft prägen (z.B. die Levant Plattform zwischen Ägypten und Syrien). Während verschiedener Zeitabschnitte der Kreide sind Krisen in der Plattformentwicklung überliefert, sichtbar in mergelig-tonigen Sedimenten bzw. in veränderten biotischen Zusammensetzungen. Im Fokus der Forschung nach den Ursachen derartiger globaler Krisen stehen die ozeanisch anoxischen Ereignisse (OAE), die Zeiten mit hohen Anreicherungen organischen Materials und niedrigen Sauerstoffgehalten des Tiefenwassers widerspiegeln und die oft als Schwarzschiefersedimente dokumentiert sind. Insbesondere in der Unterkreide wird das ›Ertrinken‹ von Karbonatplattformen (als Folge des Aussterbens karbonatproduzierender Organismen) mit den Auswirkungen von OAEs in Verbindung gebracht, wobei klimatische Veränderungen (in Folge stark erhöhter CO_2-Gehalte) als wichtigste Einflussgröße diskutiert werden.

Die Levant Plattform Zentraljordaniens im Cenoman-Turon (OAE 2)

Im Cenoman/Turon-Grenzbereich sind die Auswirkungen eines raschen Meeresspiegelanstiegs und das temporäre ›Ertrinken‹ der Levant Plattform während des OAE 2 besonders deutlich an Hand tonig-mergeliger Sedimente Zentraljordaniens zu erkennen (Abb. 5). Zudem belegen erhöhte Gehalte an organischem Kohlenstoff (Schwarzschiefer) eine typische Krisensedimentation. Die OAE 2-Karbonate der Levant Plattform sind durch eine charakteristische Kohlenstoffisotopenkurve sowie zyklische Schwankungen des Karbonatgehalts gekennzeichnet (Abb. 6). Das Einsetzen des OAE 2 ist durch einen sehr markanten Negativausschlag der Kohlenstoffisotopenkurve (94,4 Millionen Jahre) gekennzeichnet, welcher mit einem Impuls verstärkten globalen Vulkanismus in Verbindung gebracht werden kann.

Isotopendaten

Das OAE 2 umfasst im Bereich der Levant Plattform Zentraljordaniens etwa 25 Meter mächtige Sedimente mit einer breiten positiven Auslenkung der Kohlenstoffisotopenkurve (Abb. 6). Die insgesamt etwa 1,2 Millionen Jahre umfassende Phase ist einerseits durch erhöhte Anteile an organischer Substanz infolge anoxischer Bedingungen gekennzeichnet. Zum anderen sind diese Ablagerungen in mehrere Stadien zu untergliedern, die sehr gut mit dem globalen ozeanischen Signal für diesen Zeitabschnitt vergleichbar sind. Somit liefern korrelierbare Maxima sehr genaue Zeitmarken für die Plattformsedimente Jordaniens und ermöglichen zyklostratigraphische Analysen im Bereich der Cenoman/Turon-Grenze (93,9 Millionen Jahre vor heute).

Zyklische Abfolgen

Astronomisch gesteuerte Zyklen sind deutlich im Karbonatgehalt der Sedimente erkennbar, zeigen sich aber auch beim Gesamtkohlenstoffgehalt (TOC) und werden auf wechselnde Produktion sowohl von Karbonat als auch von organischer Substanz zurückgeführt. Diese Zyklen bilden als sedimentäre Sequenzen Meeresspiegelschwan-

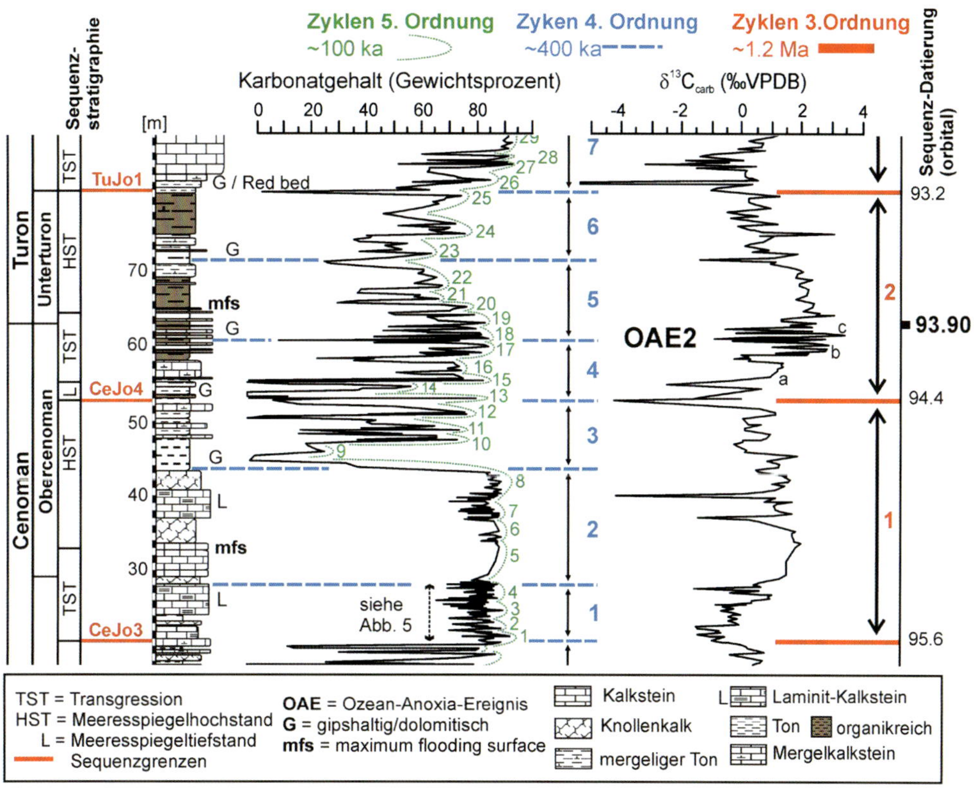

Abb. 6: Schwankungen des Karbonatgehaltes und $\delta^{13}C$ für das OAE 2-Intervall im Wadi Karak mit der kalibrierten Zeitskala des Cenoman-Turon-Grenzbereichs, der innerhalb eines 1,2 Millionen Jahre umfassenden Obliquitätszyklus liegt (rechts). Überlagernd sind kurze (100.000 Jahre - grün) und lange (400.000 Jahre - blau) Exzentrizitätszyklen zu definieren. Für die Sequenzgrenzen CeJo3 – TuJo1 gilt: Ce= Cenoman; Tu=Turon; Jo=Jordanien (aus Wendler et al., 2014).

kungen ab, die infolge von Klimavariabilität durch die Erdbahnparameter Exzentrizität und Obliquität (Achsenschiefe) entstanden sind. Für den Zeitraum um das OAE 2 kann somit eine orbital gesteuerte Zyklenhierarchie als Grundlage für ein astrochronologisches Altersmodell konstruiert werden (Abb. 6). Das OAE 2 umfasst einen 600.000 Jahre langen Zeitabschnitt innerhalb eines 1,2 Millionen Jahre dauernden Obliquitätszyklus, der in drei 400.000 Jahre-Exzentrizitätszyklen (4 – 6) bzw. zwölf 100.000-Jahre Exzentrizitätszyklen (14 – 25) unterteilt werden kann. Sehr gut wird für das OAE 2 der Zusammenhang zwischen global gesteuerten Meeresspiegelschwankungen (Obliquität), globalen Kohlenstoffschwankungen und Exzentrizitätszyklen dokumentiert.

Die Untersuchungen ozeanischer Krisen in karbonatischen Flachmeerbereichen zeigen, dass mit heutigen Verhältnissen vergleichbare plötzliche Klimaveränderungen in der geologischen Vergangenheit einschneidende Auswirkungen auf die Lebewelt und die Sedimente in flachen tropischen Gewässern hatten.

Literaturhinweise

Höntzsch, S., C. Scheibner, J. Brock & J. Kuss (2013): Circum-Tethyan carbonate platform evolution during the Palaeogene: the Prebetic platform as a test for climatically controlled facies shifts. Turkish Journal of Earth Sciences, 22, 891-918

Katz, M. E., J. D. Wright, K. G. Miller, B. S. Cramer, K. Fennel & P. G. Falkowski (2005): Biological overprint of the geological carbon cycle. Marine Geology, 217, 323-338

Wendler, J. E., S. R. Meyers I. Wendler & J. Kuss (2014): A million-year-scale astronomical control on Late Cretaceous sea-level. Newsletter on Stratigraphy, 47/1, 1-19

Liu, Z. et al. (2009): Global Cooling During the Eocene-Oligocene Climate Transition. Science, 27, 1187-1190

Zachos, J., M. Pagani, L. Sloan, E. Thomas & K. Billups (2001): Trends, rhythms, and aberrations in global climate 65 Ma to present. Science, 292, 686-693

Jochen Kuss ist Professor an der Universität Bremen mit dem Schwerpunkt Geochronologie/Beckenanalyse und führt seit über 20 Jahren geologische Feldarbeiten in Nordafrika und der arabischen Halbinsel durch, um die Entstehungsgeschichte von Sedimentbecken und die Prozesse ihrer Füllung besser zu verstehen. Er schrieb den Artikel zusammen mit seinen Kollegen Christian Scheibner, Stefan Höntzsch und Jens Wendler.

Anschrift: Prof. Dr. Jochen Kuss
Fachbereich Geowissenschaften
Universität Bremen
Klagenfurter Straße, 28359 Bremen

E-Mail: kuss@uni-bremen.de

Klimageschichte aus der Tiefsee

Der Weg vom Treibhaus zum Eiszeitklima

von Gerold Wefer, Ursula Röhl und Wolfgang H. Berger, Bremen, La Jolla

Wir studieren die Klimata früherer Zeiten, um Prozesse, die das Klima der Erde beeinflussen, besser verstehen zu können und so Hinweise auf zukünftige Klimaentwicklungen zu erhalten. Nur die Paläoklimaforschung bietet die Möglichkeit, Klimazustände zu erforschen, die völlig anders sind als die heutigen, die aber in ferner Zukunft eventuell wieder auftreten können. Außerdem erlaubt sie uns, die Qualität von Klima-Modellen zu testen, denn nur im Vergleich mit früheren Klimaszenarien ist dies möglich.

Der Ozean spielt im globalen Klimageschehen eine große Rolle, da er den Wärmehaushalt, also die Umverteilung von Wärme bestimmt und die Aufnahme und Abgabe von Treibhausgasen der Atmosphäre wie Wasserdampf, Kohlendioxid und Methan steuert.

Die Rolle des Ozeans für den Wärmehaushalt verdeutlicht ein Blick in die hohen Breiten des Atlantiks: An den Küsten Norwegens etwa gedeihen Äpfel und Birnen, wird Gemüse angepflanzt und Heu eingefahren. Nur die weit ins Land eingeschnittenen Fjorde frieren im Winter teilweise zu. Dagegen bleiben die wirtschaftlich wichtigen Seewege entlang der über 2.000 Kilometer langen Küste in der Regel eisfrei. Ursache dafür ist der warme Norwegenstrom, ein Ausläufer des Nordatlantikstroms, der seinerseits vom Golfstrom abstammt. Die Wirkungen des Norwegenstroms sind noch weit jenseits des Polarkreises zu spüren. So auf 80 Grad Nord an der Westküste Spitzbergens, wo das Thermometer selbst im kältesten Monat nur auf durchschnittlich minus zwölf Grad Celsius fällt. An der kanadischen Küste

auf dem gleichen Breitengrad ist es zur selben Zeit 20 Grad Celsius kälter, weil die mildernde Meeresströmung fehlt. Die besondere Bedeutung des Ozeans für das Klimageschehen liegt also in seinem Wärmehaushalt.

Meeresströmungen

Um die klimawirksamen Vorgänge im Ozean zu verstehen, ist ein Blick auf die Zirkulation hilfreich. Dabei zeigt sich, dass die Meeresströmungen an der Oberfläche ganz anders verlaufen können als in den darunter liegenden Tiefen des Weltmeeres. Riesige Wirbel prägen heute das Bild der Meeresströmungen in den Ozeanbecken (Abb. 1). Bedingt durch die Erdrotation drehen sich diese Wirbel auf der Nordhalbkugel im Uhrzeigersinn, auf der Südhalbkugel indes gegen den Uhrzeigersinn. Angetrieben werden diese Wasserbewegungen hauptsächlich durch die Passatwinde; sie treiben die Nord- bzw. Südäquatorialströme an, welche von Ost nach West verlaufen.

Die subtropischen Großwirbel des Ozeans bestehen aus ausgedehnten rotierenden Warmwasserscheiben von mehreren tausend Kilometern Durchmesser. Sie nehmen etwa die Hälfte der Ozeanoberfläche ein, sind mit etwa 100 bis 200 Metern Dicke aber nicht sehr mächtig. Die dünne, sehr warme Deckschicht ist stabil und verhindert, dass kühleres, nährstoffreiches Wasser aus der Tiefe an die Meeresoberfläche quellen kann. Große Bereiche des Ozeans weisen daher Nährstoffmangel auf. Sie sind unproduktiv und werden zu Recht als Wasserwüsten bezeichnet.

Polwärts der subtropischen ozeanischen Wüsten herrschen kräftige westliche Winde vor. In dieser Westwind-

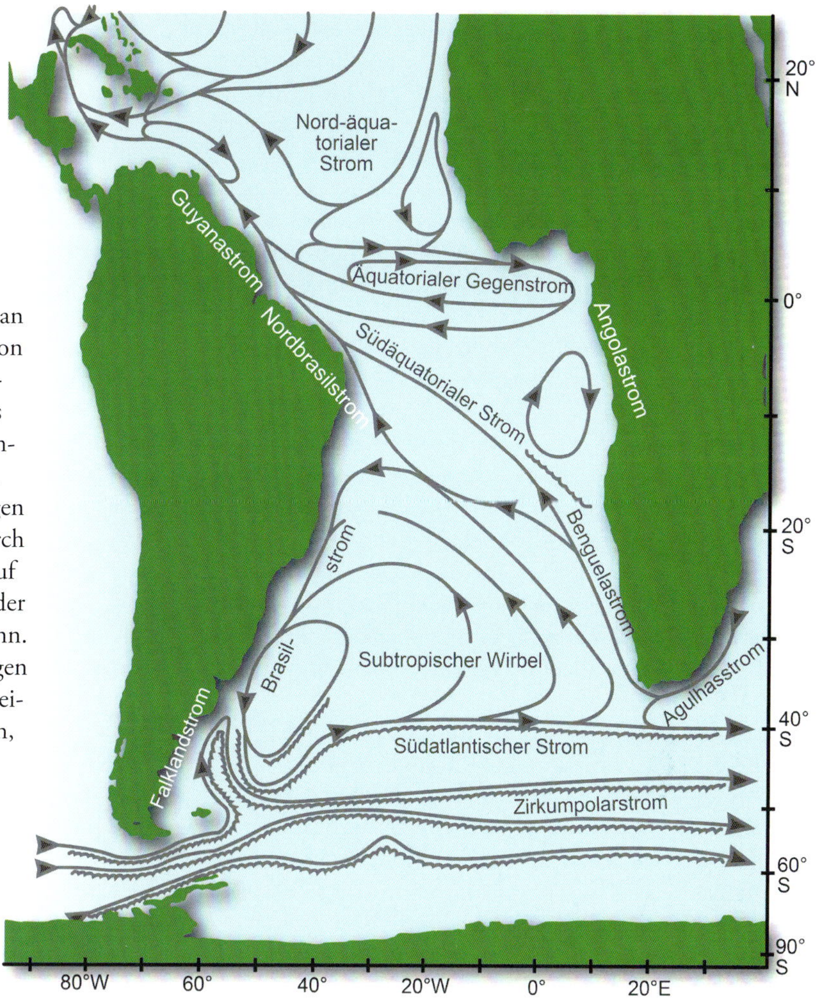

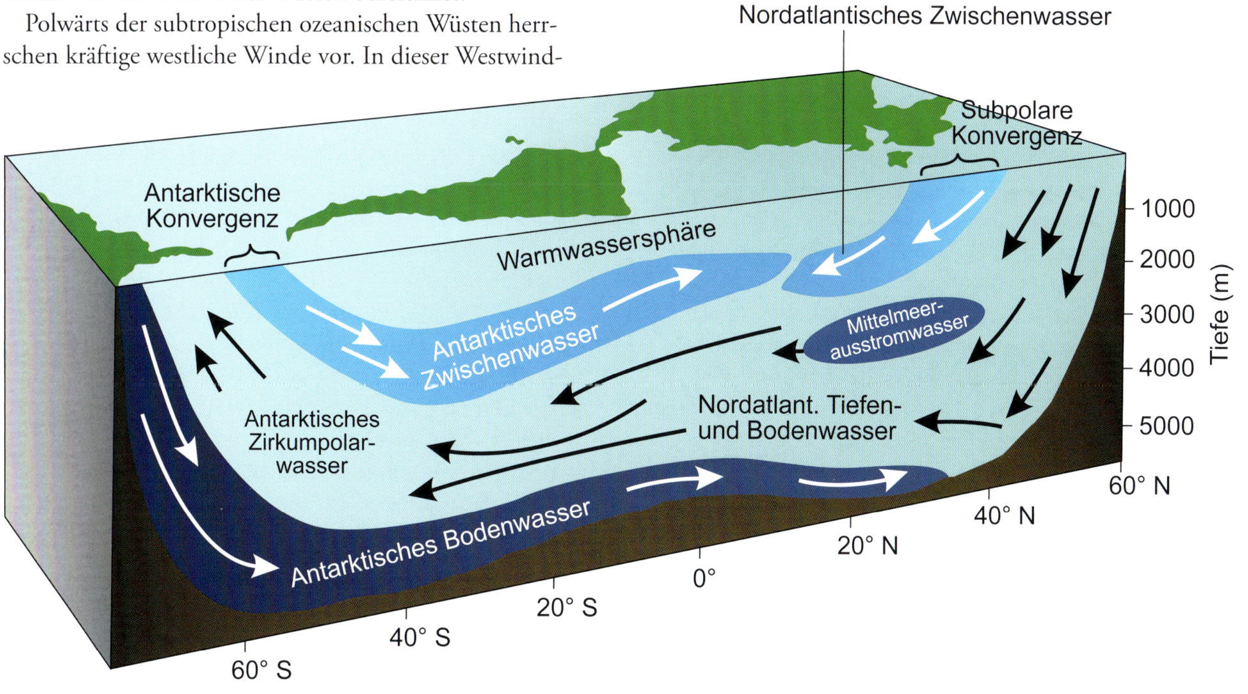

Abb. 1: Oberflächenströmungen (oben) und Stockwerke (unten) im Atlantischen Ozean

zone strömt das Meerwasser mit hohen Geschwindigkeiten (etwa eine Seemeile pro Stunde) von West nach Ost. Auf der Südhalbkugel hat die ostwärts gerichtete Meeresströmung freie Bahn. Kein Kontinent hält das Wasser auf. Deshalb ist die Antarktis von einem Ring ostwärts fließender Wassermassen umschlossen. Dieser zirkumantarktische Strom verhindert, dass wärmeres, südwärts fließendes Wasser aus den Subtropen zur Antarktis vordringt und trägt so zur Stabilität der antarktischen Eiskappe bei.

Auf der Nordhalbkugel bestimmen Kontinente und die ihnen vorgelagerten untermeerischen Kontinentalränder über das Schicksal der Meeresströmungen mit. Im Nordatlantik geht die Westwinddrift – teils beladen mit Golfstromwasser – in den Nordatlantik- bzw. den Norwegenstrom über, der seinerseits warmes, salzreiches Wasser bis in hohe, arktische Breiten bringt. Weil auf dem Weg Richtung Spitzbergen Wärme an die Atmosphäre abgegeben wird, kühlt die Deckschicht aus. Ihr Wasser wird dichter und damit schwerer und sinkt teilweise in größere Tiefen ab. Dieses Wasser fließt als Nordatlantisches Tiefenwasser (North Atlantic Deep Water, NADW) zurück in Richtung Äquator.

Unter der dünnen, warmen und stabilisierenden Wasserschicht (›Warmwassersphäre‹) befindet sich das zweite Meeresstockwerk, das ›Zentralwasser‹. Es wird durch einen starken vertikalen Temperaturunterschied von der darüberliegenden Schicht getrennt, der ›Thermokline‹ oder Sprungschicht. In den sogenannten Auftriebsgebieten gelangt das Zentralwasser jedoch bis an die Oberfläche und bringt Nährstoffe aus der Tiefe mit. Diese Nährstoffe sorgen dafür, dass sich in der lichtdurchfluteten Zone ein vielgliedriges und hochproduktives Nahrungsnetz entfaltet, das von hohem wirtschaftlichen Interesse ist, denn hier befinden sich die weltweit wertvollsten Fischgründe.

Das dritte Stockwerk wird vom ›Zwischenwasser‹ eingenommen. Es zeichnet sich durch niedrige Sauerstoff- und hohe Nährsalzgehalte aus. Das vierte, unterste Stockwerk im Meer enthält ›Tiefen- und Bodenwasser‹. Es entsteht in wenigen bestimmten Regionen, so in der Grönland- und Norwegensee und im antarktischen Weddellmeer. Dort kühlt das Meerwasser im Herbst und Winter ab; Meereis entsteht. Da Eisschollen wenig bis gar kein Salz enthalten, wird das übriggebliebene Wasser salziger. Diese Salzfracht hat buchstäblich weitreichende Folgen, denn sie bewirkt einen ›Fahrstuhleffekt‹. Das kühle, salzhaltige Oberflächenwasser wird so schwer, dass es durch alle Meeresstockwerke zum Boden absinkt. Durch diesen Prozess entsteht im Weddellmeer ein großer Teil jenes Antarktischen Bodenwassers (Antarctic Bottom Water, AABW), das sich in alle drei Ozeane ausbreitet. Da es an der Meeresoberfläche entsteht und sehr kalt ist, führt es viel gelösten Sauerstoff mit. Außerdem sind die Gegenden seiner Bildung sturmgepeitscht, wodurch ebenfalls viel Sauerstoff ins Wasser gebracht wird. Daher sorgt das Bodenwasser dafür, dass das unterste Meeresstockwerk im Südindischen, Südatlantischen und im gesamten Pazifischen Ozean ständig ›durchlüftet‹ wird.

In den Tiefen des Nordatlantiks ist das bei Grönland produzierte Tiefenwasser für ähnliche Durchlüftung zuständig. Während das Antarktische Bodenwasser nordwärts fließt, strömt das im Nordatlantik gebildete Tiefenwasser im Schneckentempo gen Süden. Erst nach einem knappen Jahrtausend steigt es am zirkumantarktischen Ring wieder zur Oberfläche auf. Damit wird ein ›Förderband‹-Effekt in der globalen ozeanischen Zirkulation deutlich: Weil das Tiefenwasser gen Süden abströmt, fließen andere – weniger tiefe – Wassermassen nach. Diese Massen stammen aus dem Richtung Norwegen und Spitzbergen fließenden Nordatlantikstrom. Er füllt gewissermaßen die durch das abströmende Tiefenwasser entstehende Lücke. Oberflächen- und Tiefenströmungen bedingen einander also. Sollte aufgrund von wesentlichen Salzgehalts- oder Temperaturänderungen im Nordatlantik weniger Tiefenwasser produziert werden, würden unweigerlich auch der Golf- und Nordatlantikstrom erlahmen.

Das Zusammenspiel zwischen Oberflächenströmungen und vertikaler Wasserschichtung wird als globale Förderband-Zirkulation bezeichnet. Seine Wirkung greift weit über den Atlantik hinaus. Im Ganzen exportiert der Atlantik kaltes Wasser und bekommt dafür warmes zurück, z. B. auch aus dem Indischen Ozean. Diese besondere geographische Situation schafft die Bedingungen für die Produktion des Nordatlantischen Tiefenwassers und die Erwärmung der hohen nördlichen Breiten durch den Golfstrom. Diese Situation ist jedoch erst entstanden, als sich vor drei bis fünf Millionen Jahren der Isthmus von Panama geschlossen hat.

Treibhaus-Effekt

Dass unsere Ozeane nicht komplett vereist, sondern flüssig und lebensfreundlich sind, liegt an den natürlicherweise in der Atmosphäre vorkommenden Treibhausgasen. Dies sind Spurengase wie Wasserdampf, Kohlendioxid (CO_2) und Methan, die einen Teil der von der Erdoberfläche reflektierten Wärmestrahlen auf ihrem Weg ins All abfangen und ihre Energie in der Atmosphäre festhalten (s. Artikel von M. Claußen, R. Greve & U. Cubasch). Damit wird die Erdoberfläche zusätzlich zur Sonnenstrahlung aufgeheizt, wodurch die Erde erst lebensfreundlich wird. Ohne die Treibhausgase in der Atmosphäre läge die durchschnittliche Temperatur an der Oberfläche heute um ungefähr 30 Grad Celsius niedriger. Leben auf der Erde wäre also allenfalls im Bereich heißer Quellen möglich (s. die Artikel von P. Herzig und W. Bach). Seit etwa 100 Jahren gibt der Mensch gewaltige Mengen an Kohlendioxid an die Luft ab und verstärkt so diesen natürlichen Treibhauseffekt.

In diesem Zusammenhang stellt sich die Frage: ›Wo bleibt eigentlich das Kohlendioxid, das seit Anfang der industriellen Revolution an die Atmosphäre abgegeben wurde?‹ Zurzeit beträgt der Zuwachs etwa 1,5 ppm (Moleküle pro Millionen anderer Moleküle) CO_2 pro Jahr (Abb. 2). Das ist jedoch nur ein Teil der produzierten Menge

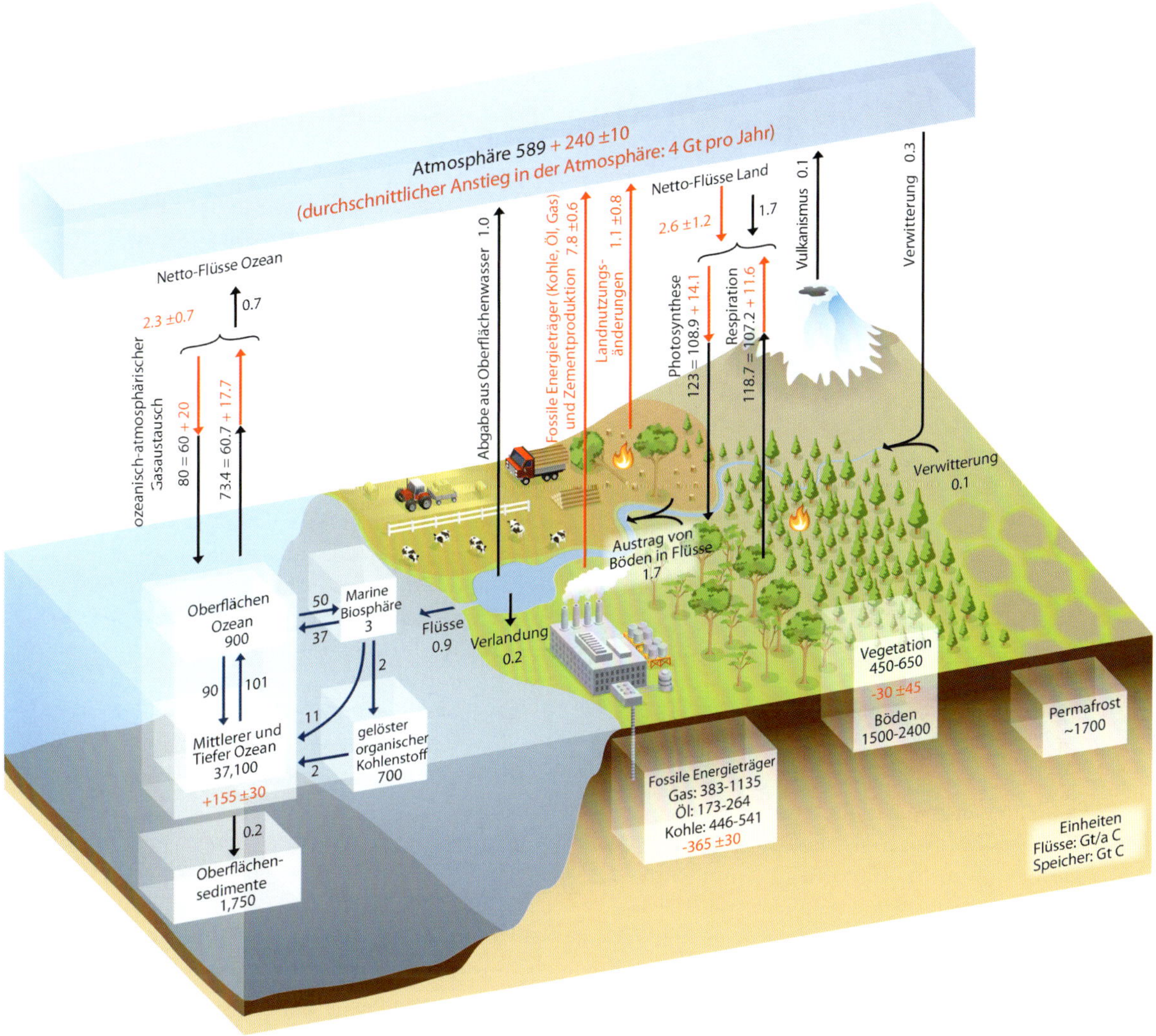

Abb. 2: Kohlenstoff-Speicher und -Flüsse auf der Erde. Die Zahlen bezeichnen Gigatonnen Kohlenstoff (Gt C; 1 Gt = 10^9 Tonnen) für Speicher und Gt C pro Jahr für Flüsse (nach IPCC WGI AR5 (2013)).

an CO_2. Jedes Jahr werden circa 9 Gigatonnen Kohlenstoff produziert (9 Gigatonnen = 9 Tausend Millionen Tonnen), davon entstehen allein 7,8 Gigatonnen bei der Energiegewinnung. Aber nur die Hälfte bleibt in der Atmosphäre. Aufgrund von Modellrechnungen nimmt man an, dass circa 2,3 Gigatonnen vom Ozean aufgenommen werden. Die restlichen circa 2,6 Gigatonnen werden trotz großflächiger Waldrodungen in den Tropen und vermehrter Landnutzung von der Landbiosphäre aufgenommen, möglicherweise durch verstärktes Wachstum in der nördlichen gemäßigten Zone.

CO_2 und Klima

Schon seit längerer Zeit nimmt man an, dass zwischen dem CO_2-Gehalt der Atmosphäre und dem globalen Klima ein enger Zusammenhang besteht. Einen Beweis dafür gibt es allerdings erst seit etwa 1980, als die ersten Ergebnisse der Untersuchungen polaren Eises bekannt wurden. Im ›ewigen‹ Eis der Polkappen, welches ein Alter von bis zu einer Million Jahre erreichen kann, ist nämlich Luft eingeschlossen (Abb. 3). Der CO_2-Gehalt dieser winzigen Mengen Luft kann durch raffinierte Methoden in Speziallabors gemessen werden. Am besten ist die längerfristige Veränderung des atmosphärischen CO_2-Gehaltes an Eisproben erforscht, die bei der sowjetischen Station ›Vostok‹ am Südpol erbohrt wurden. Die CO_2-Variationen verlaufen etwa parallel zu den Schwankungen des Meeresspiegels (und damit der globalen Eismasse, s. Artikel von W. H. Berger & G. Wefer). Aus der Übereinstimmung der Kurven von CO_2-Gehalt und Meeresspiegel kann man sehen, dass der CO_2-Gehalt der Atmosphäre und das Klima eng gekoppelt sind. Warmzeiten haben hohe CO_2-Gehalte, Kaltzeiten relativ niedrige. Der vorindustrielle CO_2-Wert (bei etwa 1850 n. Chr.) ist nahe 280 ppm; während der letzten Vereisung betrug der CO_2-Gehalt in der Atmosphäre etwa 200 ppm. Die Frage, warum die CO_2-Werte mit dem Klima parallel verlaufen, ist noch nicht beantwortet, obwohl es eine Menge von Hypothesen gibt. Man nimmt aber an, dass in einem komplizierten System der Rückkopplungen CO_2 vom Klima und das Klima vom CO_2 abhängt.

Abb. 3: Dünnschliff von polarem Eis, beleuchtet durch zwei Polarisationsfilter. Durch die Analyse der Gaszusammensetzung in den Blasen können die Konzentrationen von wichtigen Treibhausgasen wie Kohlendioxid und Methan über die letzte eine Million Jahre rekonstruiert werden.

Eine Rückkopplung mag in der ›Biologischen Pumpe‹ zu suchen sein. Dieses Konzept besagt, dass die Pumpe umso besser funktioniert, je mehr Nährsalze im Ozean vorhanden sind. Die Pumpe exportiert organisches Material von der Oberfläche in die Tiefsee und entzieht so den mit der Atmosphäre in Kontakt stehenden Schichten Kohlenstoff (s. Artikel von V. Ittekkot, T. Rixen & A. Suthhof). Die Rolle, die der wechselnden Fruchtbarkeit des Meeres im Auf und Ab des CO_2-Gehaltes der Atmosphäre zukommt, ist noch ungewiss. Weil die Fruchtbarkeit des Ozeans so unterschiedlich ist, ist sie schwer zu rekonstruieren. Es gibt weniger produktive Gebiete (sogenannter blauer Ozean) und hoch produktive Gebiete (sogenannter grüner Ozean) (Abb. 4). Hochproduktionsgebiete findet man dort, wo nährsalzreiches Wasser aus tieferen Wasserschichten an die Oberfläche kommt und damit das Wachstum winziger Algen fördert. Mehr als die Hälfte der Gesamtproduktion findet in den küstennahen und äquatorialen Auftriebsgebieten sowie in den tief durchmischten nördlichen Regionen des Pazifischen und Atlantischen Ozeans statt, obwohl diese Gebiete weniger als ein Viertel des Weltozeans einnehmen.

In der Regel werden die Nährsalze völlig verbraucht. Dies ist aber nicht überall der Fall. So werden im Antarktischen Ozean nur 30 Prozent der im Oberflächenwasser vorhandenen Nährsalze von den Organismen eingebaut. Der Rest bleibt im Wasser. Gründe dafür könnten sein, dass zu wenig Licht vorhanden ist, Stürme das Wasser zu tief durchmischen und so die Organismen in zu tiefe Schichten verfrachten oder dass es einen Mangel an Spurenelementen gibt. Vor einigen Jahren wurde vor allem Eisen als limitierendes Nährsalz vorgeschlagen (s. Artikel von V. Smetacek). Seither wird diskutiert, ob während der Eiszeiten im antarktischen Gebiet der Eintrag von Spurenelementen, insbesondere Eisen, höher war und damit eine höhere Primärproduktion stimuliert hat. Mehrere Wissenschaftler haben dies als eine Erklärung für niedrigere CO_2-Gehalte in der eiszeitlichen Atmosphäre vorgeschlagen.

Wie erwähnt, sind die Beziehungen zwischen Klima und CO_2-Gehalt der Atmosphäre noch nicht völlig geklärt. Unstrittig ist eine enge Rückkopplung zwischen beiden, wobei dem Ozean als Wärmeverteiler und Speicher sowie CO_2-Quelle eine wichtige Rolle zukommt. Unklar bleibt noch, ob das Klima zuerst den CO_2-Gehalt verändert hat oder der CO_2-Gehalt zuerst das Klima.

Klima zur Kreidezeit

Im Vergleich zum jüngeren Känozoikum (Erdneuzeit) ist die Kreide eine völlig andere Welt mit einem warmen,

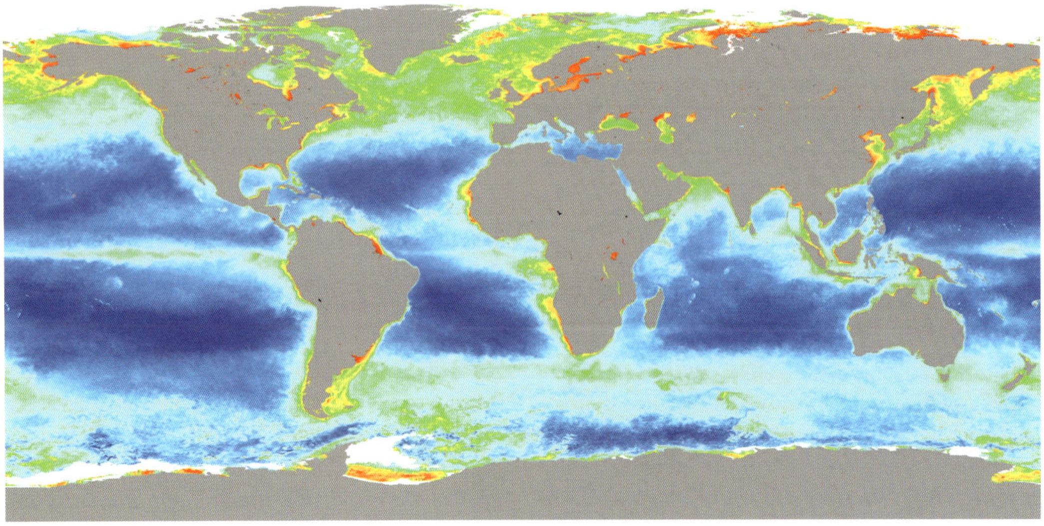

Abb. 4: Primärproduktion im Ozean nach Satellitenaufnahmen

schlecht durchlüfteten Weltmeer, das sich über den gesamten tropischen Bereich erstreckte. Durch den hohen Meeresspiegel existierten viele flache Schelfmeere, die die Albedo der Erde verringerten. Dazu kommt ein erhöhter Kohlendioxid- und Wasserdampf-Gehalt in der Atmosphäre (Abb. 5).

Über die Geschichte der globalen Zirkulation in der Kreide ist wenig bekannt, allein schon wegen der relativ geringen Probenmengen aus der Tiefsee. Der Atlantik (besonders der Südatlantik) war wesentlich kleiner als heute, die Wassertiefen im Durchschnitt geringer. Riffe waren weit verbreitet und bauten Kontinentalränder auf. Es gab noch keinen die Antarktis umspannenden Ozean. Im tropischen und subtropischen Bereich verbanden Meeresstraßen die Ozeanbecken. Bodenwasser entstand in den meeresverbindenden Schelfen und Becken des ur zeitlichen Mittelmeeres, Tethys. Dies war speziell in den Randzonen zu den Trockengebieten verstärkt der Fall, wo viel Ozeanwasser verdampfte. Auch heute gibt es im Mittelmeer solche Bodenwasserquellen. Sie sind aber nicht sehr ergiebig und füllen nur das Mittelmeer. Die polaren Wasserkörper waren zwar auch damals kälter als die äquatorialen, aber der Temperaturunterschied war bedeutend geringer als heute. Regenfälle in hohen Breiten süßten das Wasser aus und verhinderten so, dass das Wasser schwer genug zum Sinken wurde. Die Bodenwasserbildung war auch nicht wie heute auf einige wenige Orte beschränkt, sondern es gab wohl viele kleinere Quellen. Dieser Umstand und ein wesentlich geringerer Temperaturgradient zwischen hohen Breiten und Tropen bewirkten eine ziemlich langsame Zirkulation im Tiefenwasser. Dies führte zu einer schlechten Durchlüftung und damit niedrigem Sauerstoffgehalt der tieferen Wasserschichten.

Im Zusammenhang mit den niedrigen Sauerstoffgehalten des Tiefenwassers entstanden mit organischem Material angereicherte Schwarzschieferlagen, sogenannte ›black shales‹. Solche Lagen bildeten sich vorwiegend innerhalb gewisser Zeitperioden, den sogenannten Oceanic Anoxic Events (OAE). Warmes, sauerstoffarmes Tiefenwasser, das aufgrund des hohen Salzgehaltes teilweise stagnierte, und ein durch Auftrieb und Flusszufuhr lokal erhöhtes Nährsalzangebot können zu den Schwarzschiefern beigetragen haben. Solche Lagen sind vielerorts Muttergesteine für Erdöl.

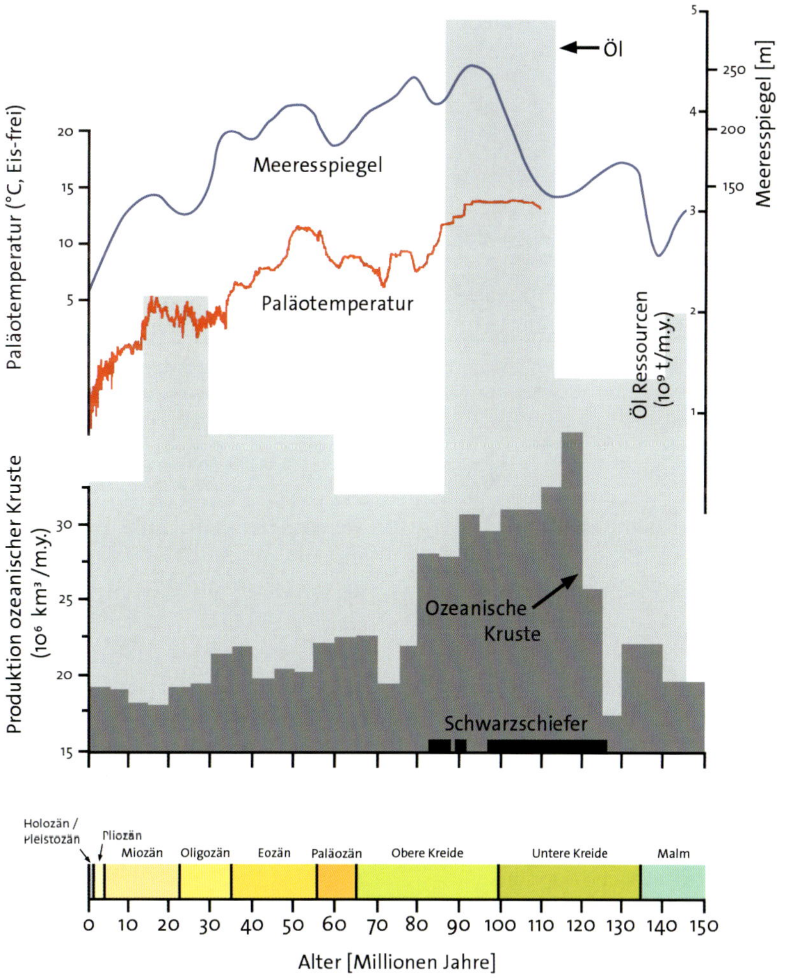

Abb. 5: Beziehung zwischen Produktionsrate ozeanischer Kruste, Meeresspiegel- und Paläotemperaturverlauf sowie Vorkommen von Schwarzschiefer und Erdölbildung. Auffallend ist das zeitliche Zusammenfallen von häufigen vulkanischen Ereignissen mit anaeroben Bedingungen im Ozean, Erdölbildung und hohem Meeresspiegelstand.

Abb. 6: Tiefseesedimente dokumentieren Erdgeschichte: links: Meteoriteneinschlag an der Kreide/Paläogen-Grenze (vor etwa 65 Millionen Jahren); rechts: Wärmemaximum an der Paläozän/Eozän-Grenze (dunklere Ablagerungen).

In der mittleren Kreide reduzierte sich die große Artenvielfalt der frühen Kreide z. B. durch das Aussterben der Rudisten, riffbildender korallenähnlicher Muscheln. Dazu bei trugen möglicherweise besonders warme Klimabedingungen als Folge einer starken Erhöhung des CO_2-Gehaltes durch den zu der Zeit starken Vulkanismus.

CO_2 aus Superplumes

Man nimmt an, dass im späten Barrême und frühen Apt (etwa 125 bis 120 Millionen Jahre vor heute) besonders viel Ozeankruste produziert wurde und sehr viel Intraplatten-Vulkanismus stattfand. In wiederkehrenden Schüben hielt diese Aktivität bis in das frühe Campan (80 Millionen Jahre vor heute) an (Abb. 5). Viele Hinweise sprechen dafür, dass die Abschnitte Apt und Alb der mittleren Kreidezeit besonders warm waren, daher wird es auch als Ultrathermal bezeichnet. Vor 120 bis 100 Millionen Jahren wurde vermutlich doppelt so viel Basalt durch Vulkanausbrüche produziert wie in den davor oder danach folgenden Zeiten. Durch diese sogenannten ›Superplumes‹ wurden große Mengen Kohlendioxid freigesetzt. In dieser Zeit starben auch die Rudisten-Riffe ab. Die Wassertiefe, bei der sich Kalk im Wasser aufgrund der Lösungsverhältnisse auflöst, die Kalzit-Kompensationstiefe, lag ebenfalls ungewöhnlich hoch. Sie hängt direkt mit dem CO_2-Gehalt der Atmosphäre, der Wassertemperatur und dem Druck zusammen. Diese und andere Besonderheiten dieser Zeit lassen darauf schließen, dass die Ursache der beobachteten Ereignisse ein erhöhter CO_2-Gehalt war, der auf das Ausgasen von Krusten- und Mantelmaterial zurückgeführt wird (Abb. 5). Abschätzungen anhand von Isotopen-Messungen der organischen Substanz und Modellrechnungen ergeben mehrfach höhere CO_2-Werte als heute. Die erhöhten Ablagerungen organischer Substanz an Land, in den Schwarzschiefern der Schelfmeere und in der Tiefsee konnten wahrscheinlich den erhöhten CO_2-Austritt durch die vulkanische Aktivität nicht schnell genug kompensieren, so dass der atmosphärische Gehalt an CO_2 stark anstieg. Eine wichtige Folge des Absterbens der Rudisten-Riffe in der mittleren Kreide sind die versunkenen Atolle aus jener Zeit, auch ›Guyots‹ genannt. Der Versuch, diese Guyots zu erklären, stand (mit Wegeners Kontinentalverschiebung) am Anfang der geologischen Revolution, die man ›Plattentektonik‹ nennt.

Das Aussterben am Ende der Kreide

In der Gubbio-Sektion in Italien hat man erstmals Sedimente gefunden, die das Ende der Kreidezeit und den großen Wandel am Übergang zum Känozoikum dokumentieren. Auffällig ist, dass hier die Zusammensetzung der fossilen planktonischen Foraminiferenarten abrupt wechselt. Dies gilt als die Kreide/Paläogen-Grenze (oder kurz K/Pg-Grenze; früher Kreide/Tertiär-Grenze) und ist in mehreren Bohrungen durch den Wechsel der Arten planktischer Foraminiferen und kalkigen Nannoplanktons überliefert. Erst lange Zeit nach der Entdeckung dieses Faunenwechsels konnte die wahrscheinlichste Ursache dafür gefunden werden: die Kollision eines riesigen Meteoriten mit der Erde. Aufgefallen waren vor allem erhöhte Iridium-Gehalte, die auf extraterrestrisches Material deuten. Beim Einschlag sind durch den hohen Druck geschockte Quarze entstanden, die sich genau wie das Iridium nachweisen lassen (s. Artikel von A. Deutsch).

Viele zusätzliche Details sind seither durch Tiefseebohrungen aufgedeckt worden, deren Bohrkerne in Bremen im Kernlager des internationalen Tiefsee-Bohrprogramms IODP aufbewahrt werden (Abb. 6). Es wird vor allem diskutiert, ob es sich um einen oder mehrere Einschläge handelt und über welchen Zeitraum die Nachwirkungen anhielten. In Betracht gezogen werden auch zusätzliche Faktoren, wie z. B. eine CO_2-Abgabe aus den basaltischen Überflutungen der Deccan-Trap-Basalte in Indien. Unbekannt ist auch noch der genaue Ablauf der klimatischen Ereignisse (Staubwinter, CO_2-Erhitzung, direkte Lufterwärmung durch Freisetzung der Einschlagshitze, saurer Regen, Tsunami). Es handelt sich wahrscheinlich um einen komplizierten Ablauf, der erst noch auf der Basis genauerer Untersuchungen von Sedimenten modelliert werden muss. Seit vielen Jahren ist auch der Einschlagsort bekannt, ein großer Krater von etwa 200 Kilometern Durchmesser im Gebiet der heutigen Yucatán-Halbinsel in Mexiko (Chixculub-Krater), der in naher Zukunft auch im Rahmen des internationalen Ozeanbohrprogramms erbohrt werden soll.

Klimaentwicklung im Känozoikum (Erdneuzeit)

Der gewaltige Zeitraum der Erdneuzeit (ca. 65 Millionen Jahre) zeigt langfristige Veränderungen in der Zirkulation und der Fruchtbarkeit des Ozeans. Teile des Paläogens bieten Rahmenbedingungen, die sonst nur im Mesozoikum anzutreffen sind und die in den letzten Jahren durch aktuellere Ozeanbohrungen viel besser untersucht und verstanden wurden. Dabei zeigte sich, dass entgegen früherer Annahmen auch Zeiten warmer Klimazustände eine ausgeprägt Variabilität aufweisen. Diese neuen Daten bedeuten einen Meilenstein zur Verbesserung der zeitlichen Auflösung und erlauben auch einen verbesserten Anschluss an das Neogen, in dem die Pole vereisten (Abb. 7).

Im Känozoikum ist die Geschichte der Zirkulation in den ozeanischen Sedimenten wesentlich besser gespeichert als in der Kreidezeit. Sie ist dokumentiert in Skeletten und Schalen von mikroskopischen Lebewesen, in der Isotopenzusammensetzung der Kalkschalen, in der Akkumulation und Zusammensetzung (insbesondere sogenannte Biomarker) von mit organischem Material angereicherten Sedimenten, in der Ausbildung von Schichtlücken und in Fluktuationen der Kalzit-Kompensationstiefe (CCD). Die CCD ist eine Art Schneelinie für die Ablagerung von Kalkteilchen (Foraminiferen und Coccolithen), da sie die Tiefe angibt, bei der sich Kalk abhängig von Druck, Temperatur und Karbonatkonzentration im Meerwasser auflöst.

Paläozän und Eozän

Im Paläozän und Eozän, den ältesten Zeitabschnitten des Paläogens, wurde die ozeanische Zirkulation wahrscheinlich zunächst noch ähnlich wie in der Kreidezeit von Salzgehalt und Temperatur angetrieben. Das Bodenwasser bildete sich vermutlich im Winter in mittleren Breiten in den trockenen Zonen und gelangte an den Polen wieder an die Oberfläche. Der Kreislauf schloss sich, indem das Wasser von dort als Zwischenwasser wieder äquatorwärts floss. Die Bildung von Tiefenwasser in Polnähe hingegen war wesentlich geringer, auch da der Niederschlagsgürtel damals in höheren Breiten lag. Der Niederschlag verringerte die Dichte des Oberflächenwassers, wodurch insgesamt weniger Tiefenwasser gebildet wurde. Dabei stellen frühere Warmzeiten aufgrund ihres nur sehr schwachen Äquator-Pol-Gradienten eigentlich ein Paradox dar. Neuere Befunde belegen die bipolare Konvektion im Pazifik für den Zeitraum von vor etwa 70 bis etwa 30 Millionen Jahren, diese unterscheidet sich deutlich von der meridionalen Zirkulation im Atlantik bis vor ungefähr 40 Millionen Jahren.

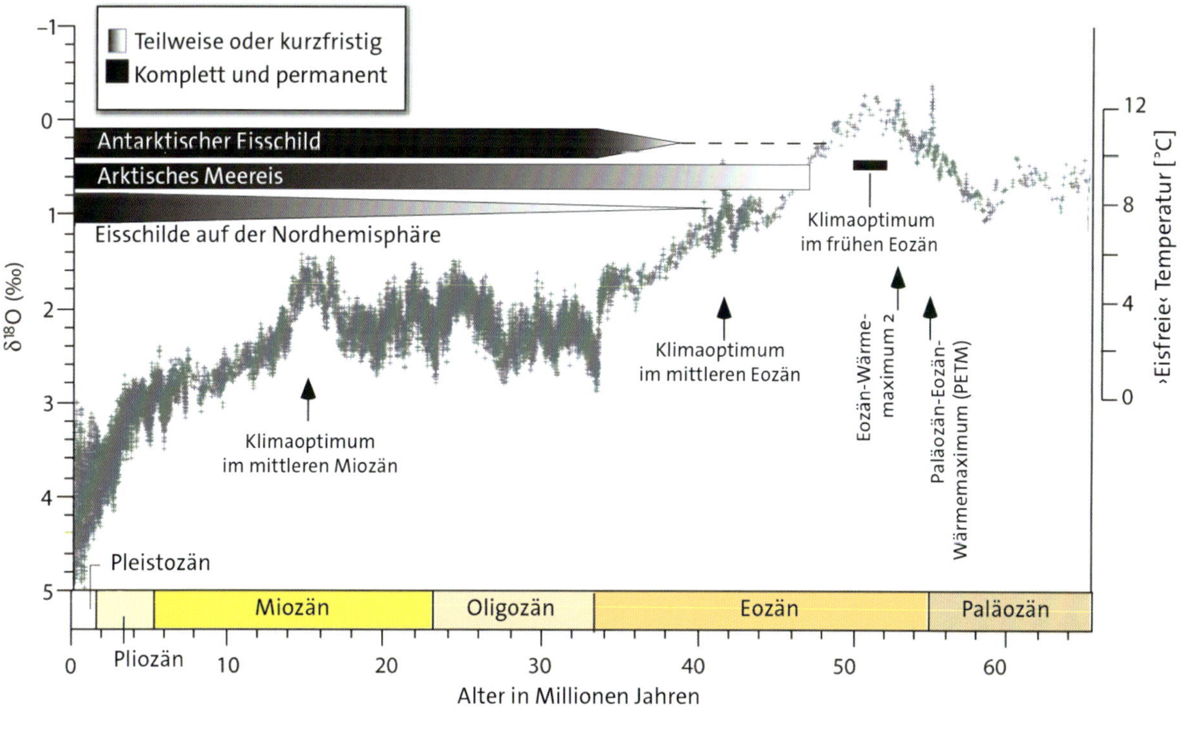

Abb. 7: Sauerstoffisotopenwerte ($\delta^{18}O$) in den Kalkschalen benthischer Foraminiferen. Höhere $\delta^{18}O$-Werte (Skala invers!) dokumentieren niedrigere Temperaturen und/oder viel Eis auf den Polkappen.

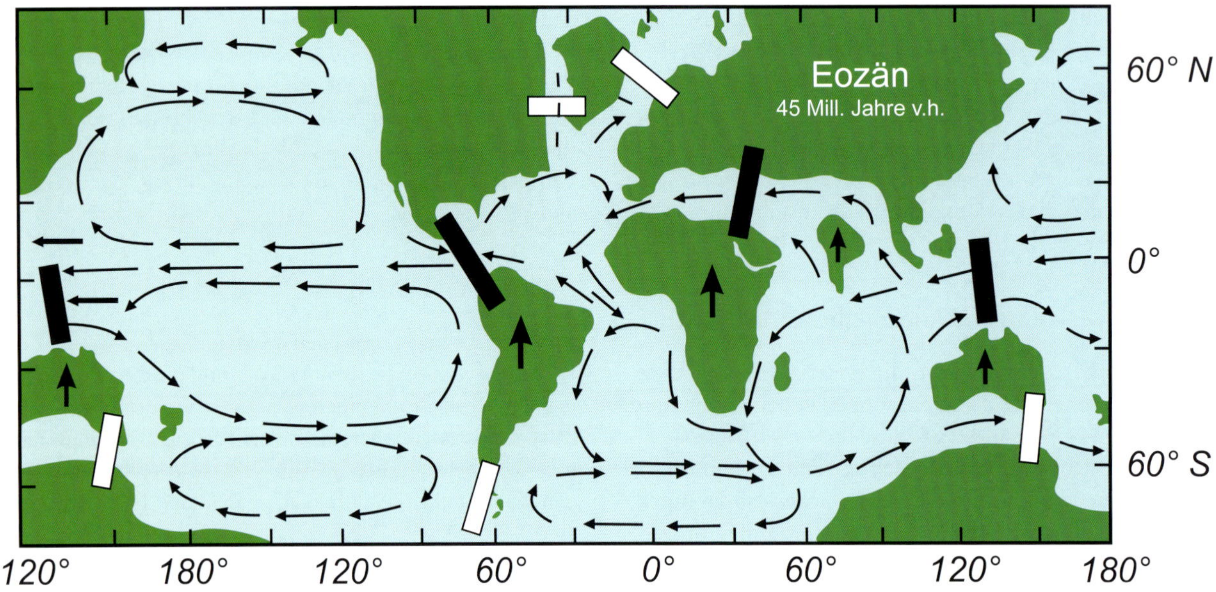

Abb. 8: Öffnung und Schließung von Passagen im Laufe des Känozoikums. Schließung der tropischen Verbindungen zwischen den Weltmeeren (und damit Verschwinden der Tethys, des sich von Ost nach West hinziehenden Ur-Mittelmeers) – schwarze Balken – und Entwicklung des Kaltwasserrings um den antarktischen Kontinent – weiße Balken

Die Paläozän/Eozän-Grenze vor etwa 55,8 Millionen Jahren ist durch einen schnellen und radikalen globalen Wandel gekennzeichnet, der mitten in der graduellen und langzeitlichen Erwärmung des späten Paläozäns und frühen Eozäns umfangreiche Änderungen zur Folge hatte (s. Artikel von J. Kuss et al.). Die Ereignisse veränderten die ozeanische und atmosphärische Zirkulation und führten sowohl zum Aussterben von kleinen Meeresbewohnern (insbesondere die den Meeresboden besiedelnden Foraminiferen) als auch einer bedeutenden Fluktuation bei den großen Landtieren. Letztendlich ist auch der Mensch ein Ergebnis dieser dramatischen Entwicklung. Verantwortlich war ein weltweit nachgewiesener Wärmepuls (daher wird diese Grenze auch Paleocene-Eocene Thermal Maximum oder PETM genannt; Abb. 6 und 7) wahrscheinlich verursacht durch die Zersetzung von Methanhydrat, einer eisähnlichen Verbindung, in der Wassermoleküle eine Art Käfig um je ein Methanmolekül bilden (s. Artikel von E. Suess & G. Bohrmann). Methanhydrate kommen in größeren Mengen im Meeresboden der Kontinentalhänge und der arktischen Tundra vor unter bestimmten Druck- und Temperaturbedingungen vor. Das Freisetzen des Treibhausgases Methan hatte eine dramatische Irritation im Kohlenstoffkreislauf und eine Versauerung der Ozeane zur Folge. Es fand sich in verbliebenen Kalkteilchen (Foraminiferen) aber auch in Zahnschmelz von Landwirbeltieren sowie Kalkkonkretionen in Böden eine auffällige Verschiebung des Kohlenstoff-Isotopenverhältnisses, Indiz dafür, dass große Mengen an Kohlenstoff in relativ kurzer Zeit ins Meer und die Atmosphäre gelangt sind. Dieses Ereignis der Erdgeschichte ist für uns heute so bedeutend, da eine Kohlenstoffmenge in die Atmosphäre geriet, die etwa allen heute noch vorhandenen Kohle-, Öl- und Ergasvorkommen entspricht. Im Fall des PETM dauerte es mehr als 150.000 Jahre bis Ozeane und Wälder den überschüssigen Kohlenstoff aufgenommen hatten und der Planet sich wieder abkühlte. Bei aller Einzigartigkeit des PETM in der geologischen Vergangenheit zeigen aktuelle Untersuchungen der letzten Jahre, dass es weitere Wärmeereignisse, wenn auch von geringerem Ausmaß im Laufe des warmen Eozäns (z.B. ETM2, Abb. 7) gegeben hat.

Oligozän

Im mittleren Eozän gibt es erste Anzeichen für eine beginnende Abkühlung der Erde, die sich – stärker akzentuiert während des Eozän/Oligozän Übergangs – bis in das Oligozän fortsetzte. Diese Periode ist durch Gebirgsbildung und einen allgemeinen Rückzug der Schelfmeere gekennzeichnet. Mit dem Aufbau von Gebirgsketten (z. B. dem Himalaya) vergrößerte sich das Volumen der Ozeanbecken; die Schelfe wurden freigelegt. Diese neuen Flächen hatten eine viel höhere Albedo als das Wasser, das heißt, ein höherer Prozentsatz der einfallenden Sonnenenergie wurde ins All zurückgestrahlt und die Erde so weniger erwärmt. Außerdem war durch die Gebirgsbildung mit dem Angebot frischer granitischer Gesteine ein größerer Entzug von CO_2 aus der Atmosphäre möglich. Änderungen in Albedo und CO_2-Gehalt der Atmosphäre werden zusammen für den Wechsel im Wärmehaushalt der Erde verantwortlich gemacht.

Im Oligozän entwickelte sich ein ozeanisches Zirkulationssystem, das in vielem schon dem heutigen ähnlich war. Bodenwasser wurde hauptsächlich in hohen Breiten gebildet und war daher bedeutend kälter als das Oberflä-

Abb. 9: Vor etwa 6,2 Millionen Jahren trocknete das Mittelmeer aus. Diese skurrile Zeichnung »Die Auffüllung des Mittelmeeres« von Guy Billout zeigt Schaulustige vor dem Felsen von Gibraltar, die die Wiederbefüllung des Mittelmeeres vor ca. 5,3 Millionen Jahren bestaunen.

chenwasser. Untersuchungen der Sauerstoffisotope von fossilen Schalen bodenlebender Foraminiferen zeigen, dass sich das Tiefenwasser bereits vor etwa 40 Millionen Jahren drastisch abkühlte (Abb. 7). Der Temperaturgradient zwischen hohen und niedrigen Breiten muss also stark zugenommen haben.

Der Temperaturgradient zwischen Polen und Äquator ist für lokale Winde verantwortlich, die wiederum das regionale Auftriebsgeschehen bestimmen. Verstärkter Auftrieb hatte Siliziumentzug in hohen Breiten und entlang der Kontinentalränder zur Folge. Nicht nur die Verstärkung des allgemeinen Temperaturgradienten, sondern auch rein geographische Veränderungen können die Stromsysteme beeinflussen, so z. B. die Öffnung der Passage zwischen Australien und dem antarktischen Kontinent (Abb. 8; s. Artikel von G. Kleinschmidt, A. Läufer & F. Lisker). Gegen Ende des Oligozäns konnte sich durch die Öffnung der Drake-Passage der zirkumantarktische Strom ausbilden. Dadurch konnte keine Wärme aus den tropischen Bereichen mehr in die Antarktis vordringen; die Antarktis wurde thermisch ›isoliert‹. Als Folge davon konnten sich die im Oligozän angelegten Eisfelder im nachfolgenden frühen Miozän aufbauen und ausbreiten.

Miozän

Während des Miozäns (dem ältesten Abschnitt im Neogen) schritt die lange vorher eingeleitete Schließung der Tethys fort, während sich der antarktische Ring weiter öffnete. Damit bestimmte die kalte Mischzone im Südmeer immer stärker die durchschnittlichen Werte der Eigenschaften des Ozeanwassers. Im Tethysmeer wurde nun kein salzreiches Tiefenwasser mehr gebildet. Die großen Meeresbecken wurden zunehmend isoliert und konnten schließlich nur noch über den kalten Ring um die Antarktis kommunizieren. So wurde z. B. der Tiefenwasserweg zwischen Pazifik und Indik abgeschnitten, als Australien/Neuguinea mit dem Indonesischen Inselbogen kollidierten. Hierdurch wurde wahrscheinlich der Aufbau der großen Warmwasserlinse (warm water pool) im westlichen Pazifik verstärkt.

Im mittleren Miozän nimmt der Temperaturunterschied zwischen hohen und niedrigen Breiten erneut stark zu. Daraufhin nahm die Bodenwassertemperatur in den Ozeanen ab und der antarktische Eisschild dehnte sich vor etwa 15 Millionen Jahren weiter aus. Für diese Zeit ist auch die Entstehung einer starken, modernen Thermokline, eines Temperatursprungs im Wasser, anzusetzen. Ein erster Ansatz zeigt sich schon im frühen Miozän als Diversitätszuwachs in planktischen Arten.

Austrocknung des Mittelmeeres

Im Zusammenhang mit der Schließung des Tethys-Ozeans fand im späten Miozän (Messinian) vor etwa sechs Millionen Jahren ein besonders interessantes Ereignis statt (Abb. 9). Zu der Zeit trocknete das Mittelmeer aus und entzog dem Weltozean große Mengen an Salz. Man nimmt an, dass eine rasche Meeresspiegelabsenkung durch den Eisaufbau auf dem antarktischen Kontinent den Wasseraustausch über die Schwelle zum Atlantik unterband. Zusammen mit der Salzlage im Roten Meer mag der Salzgehalt des Weltozeans im frühen Miozän um bis zu sieben Promille abgesenkt worden sein. Während also der heutige Salzgehalt höchstwahrscheinlich niedriger ist als der im mittleren Miozän, ist der genaue Betrag noch offen. Gegenstand von Überlegungen ist die Frage, ob die Evolution der Korallen und Stachelhäuter, wie Seeigel und Seesterne, Hinweise auf das Ausmaß der Änderung liefern können. In diesen Gruppen finden sich Arten, die nur sehr eng gesteckte Salzgehalte vertragen können.

Pliozän

Die wichtigsten Änderungen der Zirkulation im Pliozän (dem jüngsten Abschnitt im Neogen) hängen mit der

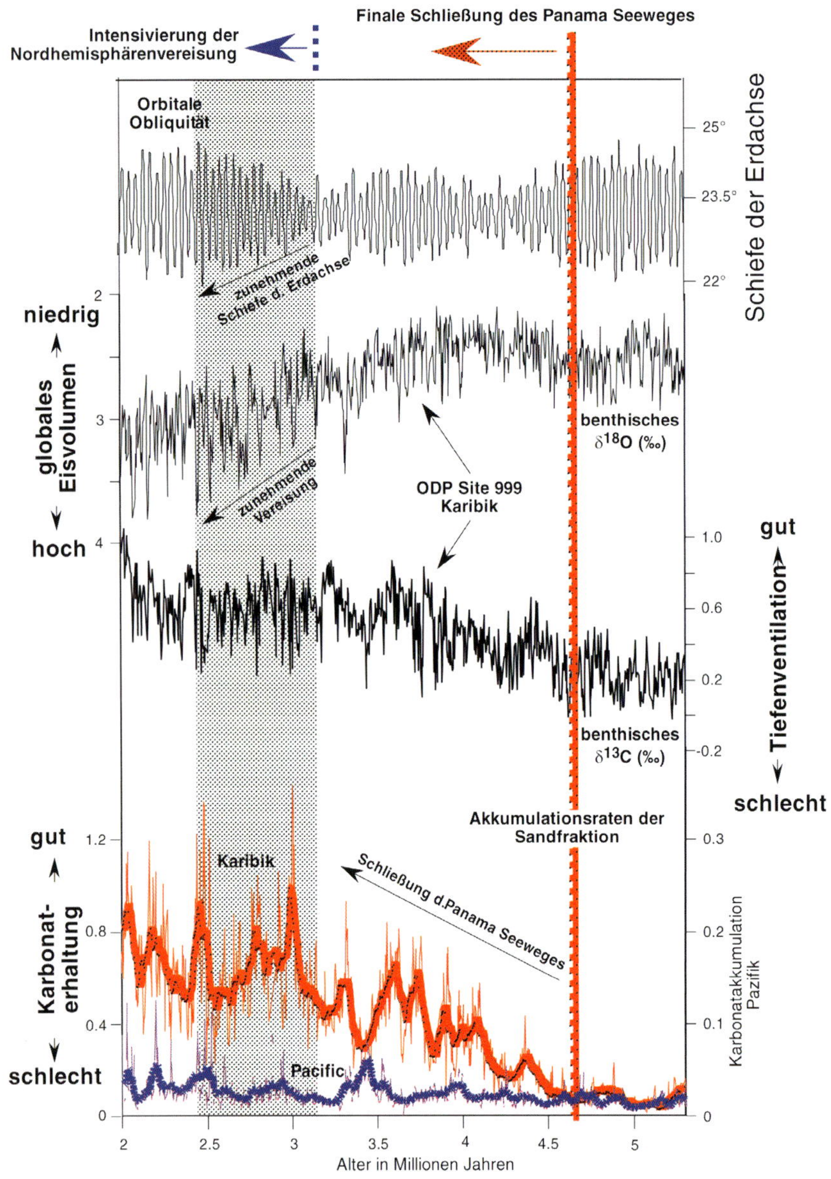

Abb. 10: Auswirkungen der Schließung des Isthmus von Panama im Pliozän auf Ozeanzirkulation und Klima: Um 4,6 Millionen Jahre vor heute erreichte die Schließung der tropischen Meeresverbindung zwischen Atlantik und Pazifik einen kritischen Schwellenwert. Damit wurde das moderne globale thermohaline Zirkulationsmuster und die bis heute bestehende Asymmetrie in der chemischen Zusammensetzung des Meerwassers zwischen Pazifik und Atlantik eingeleitet. Die Vorbedingungen für eine Vereisung – verminderte solare Einstrahlung und damit kühlere Sommer – waren ab 3,2 Millionen Jahre vor heute gegeben.

Schließung des zentralamerikanischen Isthmus zwischen circa fünf und drei Millionen Jahren vor heute zusammen. Dadurch wurde allmählich der Austausch tropischer und subtropischer Wassermassen zwischen Atlantik und Pazifik unterbunden. Erst danach stellte sich die heutige Zirkulation mit einem starken Einfluss des Nordatlantischen Tiefenwassers (NADW) auf die globale Zirkulation ein (Abb. 10).

Mit der endgültigen Schließung der Panama-Straße vor etwa drei Millionen Jahren, so die Theorie, beginnt das moderne Eiszeitalter: Eis bildet sich auf Grönland und in Nordamerika.

Die Vereisungszyklen im Quartär

Die letzten 2,6 Millionen Jahre (also das Quartär) sind geologisch durch den Auf- und Abbau von riesigen Eismassen in polnahen Gebieten und damit durch große Meeresspiegel-Schwankungen geprägt. Das Meer steht heute so hoch wie nie zuvor im Quartär, etwa 120 Meter höher als während des glazialen Maximums vor etwa 20.000 Jahren. Wir befinden uns also heute in der Warmphase eines Eiszeitalters. Würden die Eismassen auf der Antarktis und auf Grönland auch noch schmelzen, so würde der Meeresspiegel um weitere 70 Meter ansteigen.

Die Findlinge Norddeutschlands (Abb. 11) – große Felsbrocken, die wahllos in der Landschaft herumliegen – dokumentieren die Vereisungen auf der Nordhalbkugel. Seit Mitte des vorigen Jahrhunderts ist bekannt, dass die Steine von gewaltigen Eismassen aus Skandinavien auf dem Landweg mitgebracht wurden. Mit der Rekonstruktion der Ausdehnung jener Eismassen und dem Studium des landschaftlichen Erbes, das sie hinterließen, beginnt die Eiszeitforschung. Der Verlauf der Endmoränen und der Urstromtäler zeigt, wie weit das Eis in Deutschland vordrang, im Norden vom heutigen Ostseeraum, im Süden von den Alpen her.

Schon bald nach der Entdeckung, dass es eine Eiszeit gegeben hatte, erkannte man, dass es nicht nur eine einzige große Vereisung war, sondern dass es mindestens vier oder fünf waren. Heute wissen wir, dass die erste großflächige Vereisung schon vor 900.000 Jahren stattfand und dass die letzte ihre maximale Ausdehnung vor nur 20.000 Jahren erreichte. Damals lag der Südrand des Eisschildes etwa bei Hamburg. Seither ist – trotz der geologisch kurzen Zeitspanne – viel passiert. Die Jahre nach dem letzten eiszeitlichen Maximum waren vom Aussterben vieler großer Säugetiere und auch Vögel gekennzeichnet. Elefanten (unter anderen das Mammut), Nashörner, Wisente, Höhlenbären, Hyänen und Säbelzahnkatzen zogen sich aus dem Norden Europas zurück oder starben aus (s. Artikel von W. von Koenigswald). In Nordamerika verschwanden Kamele, Pferde, Steppenwölfe, Riesenlöwen, Riesenfaultiere und Riesenbüffel. Man nimmt an, dass dafür plötzliche Klimaänderungen zusammen mit verbesserten Jagdmethoden der Steinzeitjäger verantwortlich sind. Etwa vor 12.000 Jahren war dieses große Aussterben abgeschlossen. Streng genommen dauert das Aussterben aber immer noch an – man denke an den Dodo und die Riesenvögel Neuseelands. Die weltweite Zerstörung der Korallenriffe und die Dezimierung der verschiedenen Walarten (und letztlich auch von Schildkröten und Fischen) mag als Fortsetzung dieser Prozesse im Weltmeer aufgefasst werden, wenn auch andere Mechanismen dahinterstehen.

Abb. 11: Hünengrab, Findlinge.

Literaturhinweise

Wefer, G. & W. H. Berger (2001): Klima und Ozean. In: M. Huch, G. Warnecke & K. Hermann (Hrsg.): Klimazeugnisse der Erdgeschichte. Springer-Verlag, Berlin Heidelberg New York

Seibold, E. & W. H. Berger (1996): The Seafloor. 3. Auflage, Springer-Verlag, Berlin Heidelberg, New York

Wefer, G. et al. (eds.) (1996): The South Atlantic: Present and Past Circulation. Springer-Verlag, Berlin Heidelberg New York

Wefer, G. (Hrsg.) (2010): Dynamische Erde – Zukunftsaufgaben der Geowissenschaften, Strategieschrift der Geokommission der DFG, Bremen

Internetseiten

PAGES Projekt: http://www.pages igbp.org
Strategieschrift der Geokommission: http://www.geokommission.de/Dynamische_Erde.html

Gerold Wefer ist Professor für Allgemeine Geologie an der Universität Bremen und Gründer des DFG-Forschungszentrums und Exzellenzclusters MARUM – The Ocean in the Earth System.

Anschrift: Prof. Dr. Gerold Wefer
MARUM – Zentrum für Marine Umweltwissenschaften
Leobener Straße
28359 Bremen
E-Mail: gwefer@marum.de

Ursula Röhl ist Seniorwissenschaftlerin am MARUM der Universität Bremen und erforscht die Klimavariabilität im frühen Känozoikum. Sie war bisher an dreizehn Expeditionen der internationalen Tiefseebohrprogramme beteiligt.

Anschrift: Dr. Ursula Röhl
MARUM – Zentrum für Marine Umweltwissenschaften
Leobener Straße
28359 Bremen
E-Mail: uroehl@marum.de

Wolfgang H. Berger ist Professor für Ozeanographie an der Scripps Institution of Oceanography (University of California, San Diego, USA). Sein Forschungsschwerpunkt ist die Rekonstruktion des früheren Klimas und der Geschichte der Ozeane.

Anschrift: Prof. Dr. Wolfgang H. Berger
Scripps Institution of Oceanography
University of California
San Diego, La Jolla
CA 92093, USA
E-Mail: wberger@ucsd.edu

Erforschung der Eiszeit

Erkenntnisse aus der Klimageschichte

von Wolfgang H. Berger , La Jolla, Stefan Mulitza und Gerold Wefer, Bremen

Seit etwa 15 Millionen Jahren – als der antarktische Kontinent vereiste – befindet sich die Erde in einer Eiszeit. Im Norden ist diese aber erst seit etwa drei Millionen Jahren zu spüren. Der Unterschied zwischen Nord und Süd ist hauptsächlich darauf zurückzuführen, dass sich am Südpol ein Kontinent, am Nordpol jedoch ein Meer befindet. Die nördliche Vereisung hat gewaltige Klimazyklen ausgelöst. Die Zyklen werden von regelmäßigen Schwankungen in der Neigung der Erdachse und von Veränderungen in der Beziehung zwischen Jahreszeiten und Exzentrizität der Erdbahn angetrieben. Diese Zyklen mögen als Klimaexperimente im großen Stil aufgefasst werden. Wir lernen aus dem Studium dieser Experimente, dass die heutige Situation in der Erdgeschichte der letzten Million Jahre einzigartig ist und das der Zeitraum der instrumentellen Aufzeichnungen nur einen kleinen Teil der möglichen Klimavariabilität repräsentiert.

Worum es eigentlich geht

Seit über 150 Jahren studieren Geologen und Geophysiker die Klimaschwankungen der letzten etwa zwei Millionen Jahre, die von gewaltigen Eiszeitzyklen geprägt sind. Der Gang der Jahreszeiten beruht auf der Neigungsachse der Erdrotation. Diese Neigung ist aber nicht konstant, sondern schwankt regelmäßig hin und her. In Wechselwirkung mit den Jahreszeiten und den Variationen der Erdbahn verursachen die Schwankungen der Erdachse die Eiszeitzyklen. Wir verstehen daher vieles, was mit dem Ablauf der Eiszeitzyklen zusammenhängt, recht gut, wenn auch nicht so gut wie die Jahreszeiten selbst.

Als Klimaforscher sind wir aufgefordert, auch zu den jüngsten Entwicklungen, nämlich der Veränderung des Klimas durch menschlichen Einfluss, Stellung zu nehmen. Die Erde erwärmt sich vor unseren Augen. Die letzten drei Jahrzehnte waren die wärmsten, seit Temperaturen gemessen werden. Ein Großteil dieser Erwärmung kann auf den Ausstoß von Treibhausgasen – hauptsächlich Kohlenstoffdioxid (CO_2) – zurückgeführt werden. Andere Faktoren werden ebenfalls herangezogen (eine hellere Sonne zum Beispiel) und mögen ebenfalls eine Rolle spielen. Es ist aber eindeutig, dass die vom Menschen ausgestoßenen Treibhausgase die Erde erwärmen.

In diesem Zusammenhang stellt sich die Frage, was die Eiszeitforschung zur Diskussion um den Klimawandel beitragen kann. Welches Klima können wir in Zukunft auf der Erde erwarten? Haben wir Hinweise dafür aus der Vergangenheit?

Es ist natürlich nicht die Aufgabe der Eiszeitforschung, der Politik Vorschläge zu machen, wie man mit dem jetzt angelaufenen Klimawechsel umgeht. Es ist jedoch unsere Aufgabe als Eiszeitforscher, auf mögliche Klimaänderungen hinzuweisen, die politisches Handeln in der Zukunft beeinflussen können. Hier in diesem Aufsatz machen wir den Versuch, einen Beitrag in dieser – für Wissenschaftler noch ungewohnten – Richtung zu leisten.

Folgende Erkenntnisse ergeben sich aus dem Studium der Eiszeit:

- Die heutige Situation hat kein Gegenstück in der Vergangenheit, und wir können daher nicht aus Erfahrung allein Voraussagen machen. Alle Voraussagen werden auf jeden Fall sehr unsicher sein, weil sie für grundsätzlich unbekannte Rahmenbedingungen gemacht werden. Diese Lage gilt seit etwa zwanzig Jahren und wird sich zunehmend verschlechtern. Daraus folgt: Die Risikoabschätzung ist außerordentlich schwierig, was ein weites Feld für auseinandergehende Meinungen schafft.

Abb. 1: Menschen der Eiszeit fertigten diese Felszeichnung kämpfender Mammuts an.

- Die fortschreitende Erwärmung setzt verstärkt Treibhausgase aus natürlichen Quellen frei, es wird also zunehmend schwerer, ihre Konzentrationen in der Atmosphäre zu senken. Daraus folgt: Handlungen aufzuschieben bedeutet nicht unbedingt, dass man später klügere Entscheidungen trifft.
- Die Erwärmung wird in verschiedenen Gebieten unterschiedliche Auswirkungen haben, was den Temperaturverlauf über das Jahr und das Niederschlagsmuster betrifft. Die heutige Pflanzengeographie wird den veränderten Klimabedingungen nicht angepasst sein.

Diese drei Einsichten stammen direkt aus der Erforschung von Tiefseesedimenten, Eiskernen und Ablagerungen in Seen. Aus Tiefseesedimenten wissen wir, dass die Erde in der letzten Million Jahre nur ganz selten wärmer war als heute. Das heißt, dass unser Klima, wenn es noch wärmer wird, den Rahmen der überlieferten Klimaschwankungen verlässt. Seesedimente erzählen, wie sich die Pflanzendecke den Klimaschwankungen anpasste, zwischen Tundra und Mischwald, Steppe und Wüste.

Der Begriff ›Eiszeit‹

Wenn wir das Wort ›Eiszeit‹ hören, so denken die meisten von uns an die riesigen Gletschermassen, die einst Nordamerika und Skandinavien bedeckten, und den dicken weißen Mantel, der die Alpen vor etwa 20.000 Jahren überzog. Die Landschaft der nördlichen Breiten ist noch heute von der letzten Eiszeit geprägt: Die großen Seen an der Grenze zwischen den USA und Kanada sind – wie die Ostsee – vom Eis gegrabene Vertiefungen. Um die Seen herum finden wir allerorts den vom schmelzenden Eis in langen Moränenzügen abgelagerten Schutt. Andere wiederum denken an die berühmten Felszeichnungen der Eiszeitmenschen, z. B. an die Darstellung von seither ausgestorbenem Großwild (Abb. 1). Die letzte Vereisung – aus der die Zeichnungen stammen – war jedoch nur eine von vielen Eiszeiten. Das gesamte Eiszeitalter mit großen Gletschern in Grönland und in angrenzenden Gebieten dauert schon etwa drei Millionen Jahre an.

Wir müssen also unterscheiden zwischen der letzten Vereisung – oder dem letzten glazialen Maximum – und der gesamten Zeit seit der Vereisung Grönlands. Außerdem gibt es noch die Vereisung des antarktischen Kontinents, die schon etwa 15 Millionen Jahre andauert, in Teilen sogar schon länger. Man kann sich also auch fragen, ob sich die Erde bereits seit über 15 Millionen Jahren in einer Eiszeit befindet. In jedem Falle sind wir aber mittendrin in einer Eiszeit, denn wir leben in einem Zeitalter, in dem es relativ viel Eis auf der Erde gibt.

Besonders interessant sind die letzten etwa zwei Millionen Jahre, also etwa die Zeitspanne, welche die Geologen offiziell mit dem Namen ›Quartär‹ belegt haben, ein Ausdruck, der noch aus der Kindheit der Geologie stammt. Damals, im 18. und auch noch im 19. Jahrhundert, unterschieden Geologen außerdem das ›Primär‹ – bestehend aus Graniten und Gneisen und das ›Sekundär‹ – gekennzeichnet durch verfestigte Sandsteine, Schiefer und Kalksteine. Aber nur der Name ›Quartär‹, für Schotter und unverfestigte Sedimente, hat sich bis heute in der Fachliteratur gehalten. Das Tertiär wurde kürzlich in Paläogen und Neogen umbenannt und umfasst alle Abfolgen nach dem Aussterben der Dinosaurier vor etwa 65 Millionen Jahren, außer den letzten 2,6 Millionen Jahren, die als Quartär bezeichnet werden. Offiziell wird das Quartär außerdem in das ›Pleistozän‹ und das ›Holozän‹ unterteilt, wobei das Holozän nur die letzten gut 10.000 Jahre umfasst. Das entspricht der modernen Zwischeneiszeit, mit der jüngeren Stein-, der Bronze- und der Eisenzeit, die am Anfang unseres technologischen Zeitalters stehen. Da die Auswirkungen menschlichen Handelns bereits in geologischen Archiven wie Meeressedimenten sichtbar werden, ist eine zunehmende Anzahl von Kolleginnen und Kollegen der Auffassung, dass wir uns bereits in einem neuen Erdzeitalter, dem ›Anthropozän‹ befinden. Dieser Begriff wurde 2002 von dem Nobelpreisträger Paul Crutzen vorgeschlagen und seine offizielle Einführung wird zur Zeit durch eine Arbeitsgruppe der Internationalen Stratigraphischen Kommission geprüft.

Die Erkenntnis, dass Eiskappen einst sehr viel weiter verbreitet waren als heute, ist noch nicht sehr alt: Sie stammt aus dem frühen 19. Jahrhundert. Inzwischen hat man herausgefunden, dass die Eisbedeckung regelmäßig zu- und abnimmt und damit den Meeresspiegel zyklisch beeinflusst. Diese Klimazyklen werden durch relativ bescheidene Schwankungen in der Sonneneinstrahlung verursacht, die dadurch entstehen, dass sich die Neigung der Erdachse und die Bahn der Erde um die Sonne verändern. Damit ist auch klar, dass das Klima der Erde gegenüber Störungen ziemlich empfindlich ist. Dies ist die eigentliche und große Entdeckung, die wir der Eiszeitforschung verdanken.

Die zyklischen Klimaänderungen, die mit der nördlichen Eiszeit der letzten zwei Millionen Jahre einhergehen, mag man als Experimente auffassen, die die Natur an der

Abb. 2: Johannes Kepler, Astronom und Mathematiker (1571 bis 1630)

Erde vornimmt. Als Meeresgeologen und Eiszeitforscher wollen wir genau verstehen, wie die Klimaschwankungen auf den Ozean wirken, und wie der Ozean seinerseits auf das Klimasystem wirkt. Diese Rückwirkung wird als ›Rückkopplung‹ (engl. feedback) bezeichnet. Entscheidend ist, ob eine Rückkopplung negativ oder positiv ausfällt. Ist sie negativ, dann wird der ursprüngliche Anstoß zur Veränderung abgemildert; ist sie positiv, so schaukeln sich die Effekte auf. Wird es wärmer, nimmt der Ozean zusätzliche Energie auf – die Erwärmung der Atmosphäre wird gebremst. Gleichzeitig gibt der Ozean mehr Wasserdampf an die Atmosphäre ab, was diese zusätzlich aufheizt, da Wasserdampf ein Treibhausgas ist. Der Wasserdampf wiederum bildet Wolken. In den tropischen Breiten mildern sie den Treibhauseffekt, da sie Sonnenlicht reflektieren und die Oberfläche beschatten. Die Wolkenbildung in hohen Breiten führt jedoch eher zur Aufheizung, da die Wolken hier die Wärmeabstrahlung verhindern.

Die Vorgänge, die das Klima bestimmen, sind ziemlich kompliziert, und es ist daher gut, dass man die echte Abfolge der Klimaschwankungen in Sedimenten studieren kann und nicht ausschließlich auf Rechenmodelle angewiesen ist. Besonders die Kombination von eiszeitlichen Rekonstruktionen und theoretischen Modellrechnungen bringt viele Erkenntnisse.

Die großen Eiszeitzyklen

Die letzten zwei Millionen Jahre kann man sehr einfach in eine frühe und eine späte Phase aufteilen. In der ersten Million Jahre, also dem frühen Quartär, schwankte das Klima über zwanzig Mal zwischen einer mehr oder weniger großen Eiszeit und einer Zwischeneiszeit. Die Zyklen dauerten jeweils etwa 40.000 Jahre. Vor etwa 0,9 Millionen Jahren fand ein Umschwung statt, und die Zyklusdauer erhöhte sich auf etwa 100.000 Jahre, so dass im späten Quartär nur zehn ziemlich große Vereisungen nachzuweisen sind.

Die größte Vereisung finden wir vor rund 650.000 Jahren. Während dieser Zeit bedeckten extrem große Eisschilde die Nordhalbkugel. Ausgehend vom Zentrum in der Hudson Bay in Kanada breitete sich das Eis bis tief in den mittleren amerikanischen Westen aus. Auch Norddeutschland war während dieser Zeit von Eis bedeckt. Durch das im Eis gebundene Wasser lag der Meeresspiegel etwa 130 Meter tiefer als heute. Die Temperaturen lagen weltweit um etwa fünf Grad Celsius niedriger als heute. Mammut, Mastodon, Wollhaariges Nashorn, riesige Bisons, Kamele, Pferde und viele große Räuber wie Katzen, Wölfe und Bären streiften in Nordamerika und Europa durch die Weiden an den südlichen Rändern der hohen Eiskörper. Kleine Gruppen von Menschen lebten vom Sammeln und Jagen in Afrika, vielleicht auch anderswo, in Asien und Europa. In Australien und auf den beiden amerikanischen Kontinenten gab es zu der Zeit noch keine Menschen.

Die große Vereisung vor 650.000 Jahren dauerte etwa 50.000 Jahre. Sie hatte große Auswirkungen auf die angrenzenden Landschaften. Große Täler und Fjorde wurden durch die Gletscher gegraben und Seen bildeten sich. Durch den extrem niedrigen Meeresspiegelstand konnten Flüsse tiefe Täler in die heute vom Wasser bedeckten Schelfgebiete graben, die seither wie Kanäle den Sedimenttransport vom Flachwasser in die Tiefsee beschleunigen und regional konzentrieren.

Seither gab es noch ein halbes Dutzend fast ebenso großer Vereisungen. Sie wiederholen sich etwa alle 100.000 Jahre und werden durch Änderungen in der Exzentrizität der Umlaufbahn der Erde um die Sonne gesteuert. Diese wurde von dem berühmten Astronomen Johannes Kepler (1571 bis 1630, Abb. 2) entdeckt, aber er wusste noch nicht, dass sie rhythmischen Änderungen unterworfen ist.

Tiefseesedimente verraten Einzelheiten über vergangene Klimaänderungen. Mikropaläontologen können anhand von Mikrofossilien (Abb. 3) aus diesen Schichten frühere Klimata rekonstruieren. Je nachdem, wie die Wassertemperatur an der Oberfläche ist, lagern sich am Boden andere Arten von Mikrofossilien ab wie Foraminiferen, Radiolarien, Coccolithen oder Diatomeen. Für die Rekonstruktion früherer Umweltbedingungen werden eine Reihe unterschiedlicher Methoden angewandt, die ihren Ursprung in den biologischen, chemischen und physikalischen Wissenschaften haben und moderne statistische Verfahren zur Interpretation umfangreicher und komplexer Datensätze nutzen.

Forscher können aus den Kalkschalen von planktischen Organismen wie z. B. Foraminiferen wichtige Informationen ableiten, da das Verhältnis der beiden Sauerstoffisotope ^{16}O (gesprochen: O-16) und ^{18}O, die die Organismen in ihre Schalen eingebaut haben, schwankt. Das seltenere Sauerstoffisotop ^{18}O besitzt zwei Neutronen mehr im Kern als das Sauerstoffisotop ^{16}O. Daher ist es schwerer und verdunstet nicht so schnell. Lagert sich also

Abb. 3: Mikrofossilien – Informationsträger über frühere Umweltbedingungen. Diese Zeichnung von verschiedenen Foraminiferen (Kammerlinge) stammt aus einer Arbeit des Biologen Ernst Haeckel (1834 bis 1919).

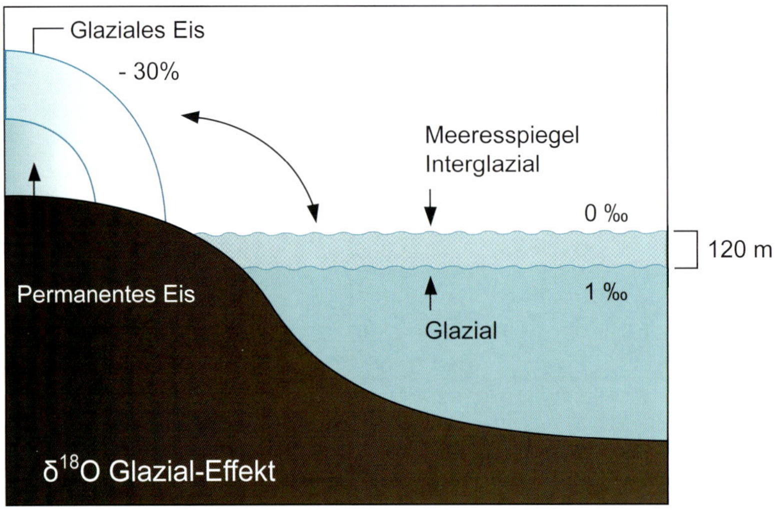

Abb. 4: Prinzip der Sauerstoffisotopen-Verteilung beim Aufbau von Eiskörpern auf dem Land

viel verdunstetes Wasser als Schnee und Eis ab und wird so dem Kreislauf entzogen, bleibt viel des schwereren ^{18}O im Ozean zurück (Abb. 4). Diese Änderung spiegelt sich in der Isotopenzusammensetzung der Kalkschalen der Foraminiferen wider, da die Foraminiferen die Sauerstoffisotope mit den Karbonat-Ionen aus dem Meerwasser aufnehmen. Über diesen Weg registrieren die Kalkschalen der Foraminiferen die Sauerstoffisotopen-Zusammensetzung und indirekt die Menge des vorhandenen Eises.

Die Sauerstoffisotopen-Verhältnisse belegen den Verlauf des Eisauf- und -abbaus, wobei ein sägezahnähnliches Muster entsteht, da der Aufbau wesentlich länger dauert als der Abbau (Abb. 5). Der Eisaufbau dauert rund 80.000 Jahre. Bis das Eis wieder geschmolzen ist, vergehen hingegen im Schnitt nur 20.000 Jahre. Das Klima scheint bei einer maximalen Vereisung besonders instabil zu sein, wenn das Eis ein Alter von 50.000 Jahren erreicht hat. Der Anstieg der Instabilität mit Größe und Alter des Eisschildes ist ein außerordentlich wichtiger Vorgang. Heute gibt es potenziell instabile Eismassen, vor allem im westantarktischen Bereich, wo das Eis auf einem Schelf aufliegt, der tief bis unter den Meeresspiegel abgetragen ist. Ein wichtiger Punkt ist, dass nicht nur die Eismassen während einer Vereisung eine sehr ähnliche Verbreitung zeigen, sondern dass auch die Warmzeiten in etwa gleich warm werden. Das bedeutet, dass die Klimaschwankungen nicht willkürlich stark sind, sondern in einem von der Natur vorgegebenen Rahmen verlaufen. Sollte also das Klima diesen vorgegebenen Rahmen verlassen, hätten Klimaforscher keine Vergleichsdaten aus der Vergangenheit und würden gänzlich unbekanntes Gelände betreten.

Rasche Klimawechsel im Glazial

Der Begriff des ›Letzten Glazialen Maximums‹ mag eine vergangene Welt heraufbeschwören, die im Eis erstarrt

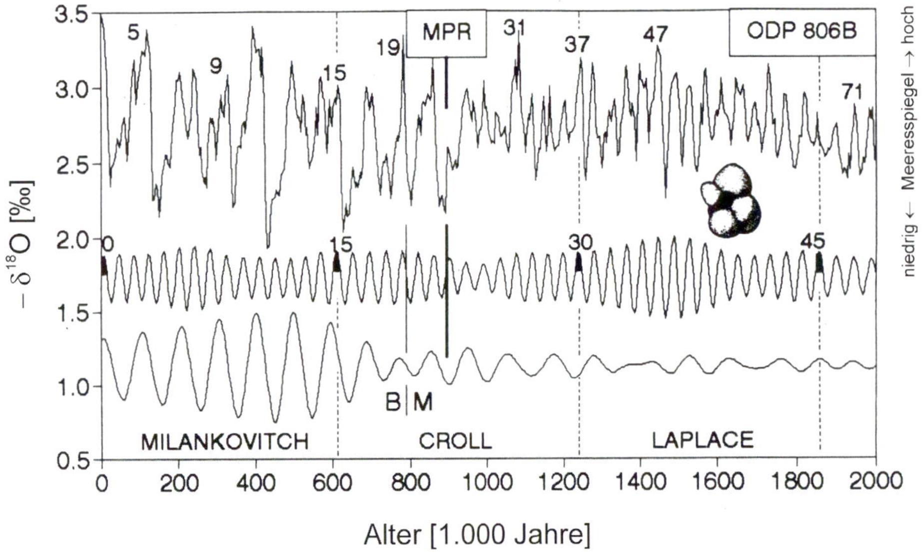

Abb. 5: Sauerstoffisotopenwerte der planktischen Foraminifere *G. sacculifer* (Zeichnung) vom Ontong Java Plateau, ODP-Bohrung 806B, für das Quartär. Oben: Gemessene $\delta^{18}O$-Werte, versetzt um 1,5 ‰. Die Nummern bezeichnen Isotopenstadien. Die beiden darunterliegenden Kurven zeigen die in der Mess-Serie enthaltenen dominierenden 100.000- und 41.000-Jahre-Zyklen. Mitte: Erdschiefe-Komponente (41.000 Jahre). Unten: Exzentrizitäts-Komponente (100.000 Jahre); hingewiesen wird auf die Änderung in der Amplitude bei etwa 700.000 Jahren. B/M: Brunhes/Matuyama-Grenze (bei 790.000 Jahren), MPR: Mid Pleistocene Revolution (Klimaänderung bei 900.000 Jahren).

ist und auf das Auftauen wartet. Eine solche Vorstellung wäre aber falsch; im Gegenteil – das Klimageschehen während einer Eiszeit ist außerordentlich dynamisch. Die ersten Hinweise dazu wurden im Eis selbst – auf Grönland – gefunden. Es geht dabei um kurzfristige Erwärmungs- und Abkühlungsereignisse, die als ›Dansgaard-Oeschger-Zyklen‹ bezeichnet werden (Abb. 6). Diese Zyklen haben eine Periode von etwa 1.500 Jahren. Sie sind durch beträchtliche Schwankungen in den Verhältnissen der Sauerstoffisotope im Eis gekennzeichnet, die auf einschneidende Temperaturänderungen während der ursprünglichen Schneebildung zurückgeführt werden.

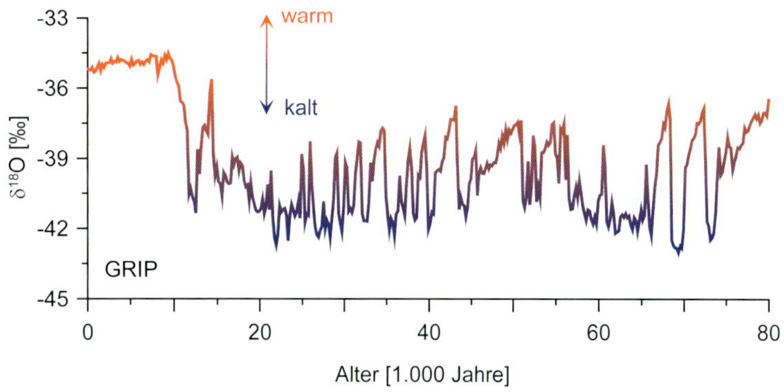

Abb. 6: Kurzfristige Erwärmungs- und Abkühlungsereignisse, dokumentiert in den Sauerstoffisotopenwerten ($\delta^{18}O$) des Eises Grönlands (so genannte Dansgaard-Oeschger-Zyklen)

In Tiefseesedimenten des nördlichen Nordatlantik findet man Sedimentschichten, die reich an Gesteinsmehl und -grus sind, wie man es von Gletschern kennt. Seit langem weiß man, dass dieses ›Diamiktit‹ genannte Material in Eisbergen eingeschlossen verdriftet wird und beim Schmelzen frei wird. Diese Lagen, sogenannte ›Heinrich-Lagen‹, treten während der besonders kalten Phasen (der sogenannten Stadiale) einiger Dansgaard-Oeschger-Zyklen im Abstand von etwa 5.000 bis 14.000 Jahren auf. Offensichtlich hängen kalte Bedingungen auf der Nordhemisphäre also mit Perioden zusammen, in denen sich viele Eisberge vom Inlandeis gelöst haben.

Anhand von Gesteins- und Sedimentuntersuchungen können Forscher feststellen, wie viele Eisberge wann woher gekommen sind. Das verdriftete Material zeigt, dass die Eisberge vom Eispanzer des nordamerikanischen Kontinents stammen. Die durch die Meere treibenden Mengen waren gewaltig, die Folgen für das Klima einschneidend. Änderungen des Salzgehaltes lassen darauf schließen, dass während eines solchen Heinrich-Ereignisses möglicherweise halb so viel Eis in den Nordatlantik gedriftet ist, wie heute noch auf Grönland liegt. Möglicherweise werden solche ausgeprägten Eisbergströme durch Wärme aus den Tiefen der Erde ausgelöst. Unter einem Eisschild gefangene geothermische Wärme taut das Eis auf. Große Gletscher verlieren dadurch den Halt, fangen an zu fließen und kalben ins Meer. Wenn Eismassen erst in Bewegung kommen, wird im Eiskörper durch die innere Reibung zusätzlich Wärme frei. Der Zyklus von Eisaufbau, Bodenauftauen und Kalben dauert circa 7.000 Jahre. Dies ist vergleichbar mit den Zeitabständen zwischen den Heinrich-Lagen. Forscher vermuten, dass vor allem auf dem kanadischen Schild große instabile Eismassen aufgebaut wurden, die sporadisch große Mengen von Eisbergen in den Bereich der Hudsonstraße entlassen haben.

Seit Jahren wird diskutiert, ob der durch abschmelzende Eisberge verringerte Salzgehalt des Oberflächenwassers – und damit die geringere Dichte dieses Wassers – die Bildung des Tiefenwassers im Nordatlantik verringert. Die Folge wäre eine reduzierte oder unterbundene Zirkulation des sogenannten ›Conveyor-Belts‹. Dieses ›Förderband‹ umfasst die kalten und warmen Strömungen der Ozeane, die sich gegenseitig bedingen (s. Artikel von G. Wefer, U. Röhl u. W. Berger). Tatsächlich zeigen Messungen der natürlichen Isotope Protactinium und Thorium in Sedimenten des Nordatlantiks, dass zumindest einige der besonders kalten Heinrich-Ereignisse mit einer deutlichen Verringerung der Umwälzbewegung des Atlantiks einhergingen. Trotzdem wissen wir noch nicht genau, wie viel Schmelzwasser benötigt wird, um die Umwälzpumpe im Nordatlantik abzustellen oder ihre Leistung deutlich zu verringern, und was eigentlich die Folgen für das Klima wären. Im Prinzip ist klar, dass große Mengen Süßwasser im Nordatlantik die Bildung des Tiefenwassers verhindern würden. Dynamisch gesehen haben wärmeres Oberflächenwasser und Süßwassereintrag die gleichen Folgen. Die Prozesse um das Nordatlantische Tiefenwasser sind daher so interessant, weil sie in den globalen Wärmetransport eingebunden sind. Vor den Küsten Grönlands sinkt heute Wasser ab, füllt den tiefen Atlantik mit kaltem Wasser und strömt dann langsam nach Süden. Als Ersatz bringt vor allem der Golfstrom und dessen Verlängerung warmes Wasser aus der Karibik nach Norden. Die Wärme dieses Wassers hält die Fjorde Norwegens offen und erlaubt dort den Anbau von Getreide und Obst. Würde im Nordatlantik kein Wasser mehr absinken, könnte kein warmes Wasser in den hohen Norden gelangen.

Interessant ist, dass die Heinrich-Ereignisse besonders in den Monsungebieten der Tropen deutliche Spuren hinterlassen haben. Insbesondere die Lage der Innertropischen Konvergenzzone (auch Kalmen), die niederschlagsreiche globale Tiefdruckrinne zwischen den Passatwindsystemen, wurde offensichtlich durch die Heinrich-Ereignisse verändert. Wir wissen heute, dass sich der tropische Regengürtel während der Heinrich-Ereignisse um einige hundert Kilometer nach Süden verlagert hat, vermutlich als eine direkte Folge der Abkühlung des Nordatlantiks mit seinen Auswirkungen auf die Verteilung des Luftdrucks. Von den Niederschlagsveränderungen waren insbesondere die Ökosysteme der regenärmeren Regionen

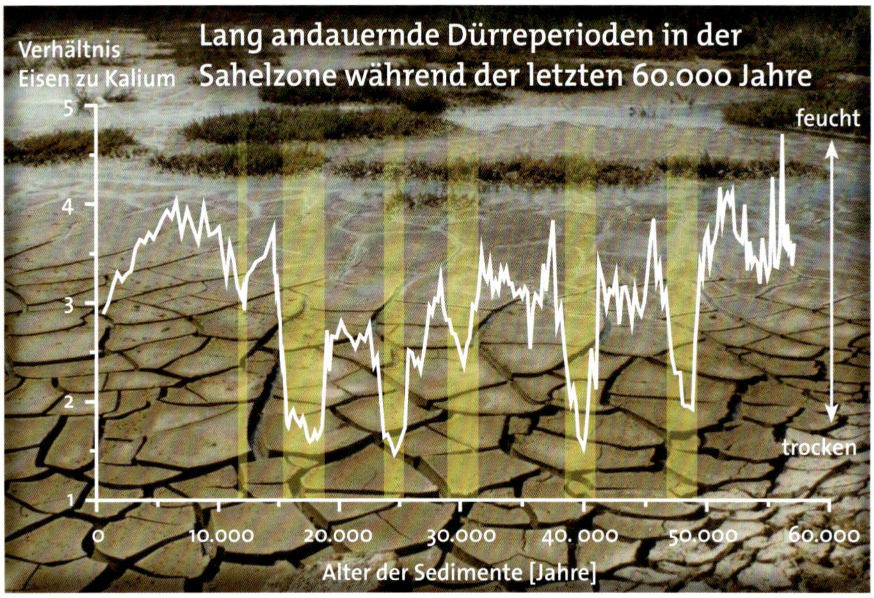

Abb. 7: In einem Sedimentkern, der mit dem Forschungsschiff FS Meteor vor Senegal gewonnen wurde, ist der Staubeintrag der letzten 60.000 Jahre archiviert. Mit den in diesen Sedimenten gemessenen Verhältnisssen von Eisen zu Kalium wurden lange Dürreperioden in der Sahelzone rekonstruiert.

am nördlichen Rand des Regengürtels betroffen. Fossile, heute mit Vegetation bedeckte Dünensysteme in der Sahel-Zone belegen eine weitreichende Wüstenbildung in Nordafrika zu dieser Zeit (Abb. 7).

Das Geheimnis der Mammutzähne

Bereits unsere Vorfahren haben nach dem Zurückweichen der Gletscher vor etwa sechs- bis achttausend Jahren Mammutzähne an den Küsten der Nordsee gefunden. Bis zum Ende der letzten Vereisung besiedelten Mammute den freigelegten Schelf zwischen den Niederlanden und England (Abb. 8). Die über viele Jahrtausende anfallenden Skelette in diesem Gebiet wurden größtenteils zerstört, und nur die extrem widerstandsfähigen Zähne blieben erhalten.

Unsere Vorfahren erklärten sich die Zähne als Überbleibsel von Giganten, die einst an den Küsten der Nordsee, Dänemarks und im baltischen Raum lebten. Aus der Größe der Zähne (s. Artikel von W. v. Koenigswald) berechneten sie, dass die Giganten etwa 20 Meter groß gewesen sein müssten. Sie nannten ihre Heimat daher das ›Land der Giganten‹ (›Friesland‹ und ›Jütland‹). In ihren Mythen und Sagen heißt es, dass die Wohnstätten der Giganten einst vom Meer überflutet wurden und diese dabei umkamen.

In der Tat ist die Nordsee durch eine solche Überflutung entstanden, als die großen nordamerikanischen und skandinavisch-sibirischen Eisschilde abschmolzen und so der Meeresspiegel anstieg (s. Artikel von D. Hebbeln u. G. Wefer). Die Mammute und viele ihrer Zeitgenossen sind etwa zu dieser Zeit ausgestorben. Aber es war nicht der Anstieg selbst, der den Großwildherden zu schaffen machte, sondern die plötzlichen Klimaumschwünge während der Schmelze. Zusätzlich entwickelten die Steinzeitjäger ihre Waffen und Jagdmethoden rasch weiter, um trotz der ungünstigen Klimalage zu überleben. Diese Kombination von Klimaänderung und Jagddruck wurde dem Großwild zum Verhängnis.

Abb. 8: Mammute besiedelten bis zum Ende der letzten Eiszeit auch den freigelegten Schelf zwischen den Niederlanden und England.

Es dauerte etwa 9.000 Jahre, bis die riesigen Eismassen Nordamerikas und Skandinaviens vollends geschmolzen waren. Diese Periode umfasst wohl die größten Klimaumschwünge und -stürze, deren Zeugen Menschen je waren. Sie kennzeichnet den Übergang vom Glazial zum Holozän und verlief zweiphasig (Abb. 9). Vor 14.100 und 11.350 Jahren schmolz besonders viel Eis, so dass in diesen Zeiten die Maxima der Schmelzwasserproduktion lagen. Diese beiden Abschnitte sind durch einen gravierenden Kälteeinbruch, die ›Jüngere Dryas‹, von vor 12.800 bis vor 11.500 Jahren getrennt.

Der Klimawechsel während der letzten großen Schmelze wird zu Recht als Klimakatastrophe bezeichnet: Er war groß und plötzlich. Zu Beginn erwärmten sich die Gebiete um den Nordatlantik. Diese Phase dauerte etwa 1.500 Jahre und wird nach dem gleichnamigen dänischen Ort als ›Bølling-Allerød‹ bezeichnet, da dort die betreffenden Sedimentablagerungen zuerst beschrieben wurden. Als möglicher Auslöser wird ein Umschwung im Wärmetransport durch den Ozean angenommen.

Nach dieser warmen Zeit, die von etwa 14.500 bis 12.800 vor heute dauerte, traten wieder kältere Bedingungen auf, die bis etwa 11.500 andauerten. Diese Periode wird als ›Jüngere Dryas‹ bezeichnet, nach dem Gattungsnamen einer arktischen Blume, die in der Nähe von Gletschern wächst und deren Reste oberhalb der Allerød-Lagen in Dänemark gefunden wurden (Abb. 10).

Besonders gut sind die zwei Phasen des Abschmelzens in der Temperaturkurve des Grönlandeises zu sehen, eine Entdeckung, die auf W. Dansgaard in Kopenhagen zurückgeht (Abb. 6). Welche Ursachen mag der zweistufige Abschmelzvorgang gehabt haben? Es gibt verschiedene Theorien, aber die einfachste ist wie folgt: Der erste Schmelzwasserimpuls vor 14.100 Jahren, der in die warme Bølling-Allerød-Periode fällt, kommt gewissermaßen ›pünktlich‹ an, wenn man die zyklischen Veränderungen in der Erdumlaufbahn um die Sonne betrachtet. Als erstes schmilzt das an den Küsten auf dem Schelf aufliegende Eis ab: Sobald der Meeresspiegel geringfügig ansteigt, schwimmt es auf, bricht ab und treibt in wärmere Gefilde (Abb. 11). Daraufhin rutscht höher gelegenes Eis nach und erleidet dasselbe Schicksal. So löst die instabile Hälfte der glazialen Eismassen das erste Schmelzwasserereignis aus.

Das restliche Eis ist wesentlich beständiger und stabilisiert die Situation. Die restlichen, immer noch großen Eismassen liegen auf festem Grund auf. Sie lösen ähnliche Bedingungen aus wie die, die während der vorhergehenden Eiszeit geherrscht haben: Die glazialen Windsysteme bauen sich wieder auf, und die glaziale Meereszirkulation wird begünstigt. Eine erneute Kältephase setzt ein; die namensgebende arktische Pflanze *Dryas octopetala* rückt wieder nach Dänemark und Südschweden vor. Die restlichen Eismassen schmelzen erst durch die Erwärmung des Eises durch hohe Sommertemperaturen, die durch weitere Veränderungen in der Erdumlaufbahn zustande kommen. Dies dauert rund 1.000 Jahre.

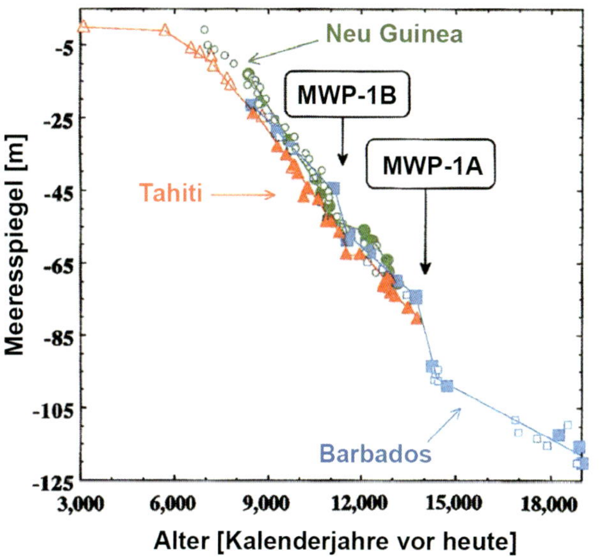

Abb. 9: Meeresspiegelanstieg während der Abschmelzphase beim Übergang vom letzen Glazial zum Holozän. MWP = Melt Water Peak (Maximum der Schmelzwasserproduktion)

Das Ergebnis dieser Erwärmung ist ein zweites Schmelzwasserereignis mit einem Maximum etwa 11.350 Jahre vor heute. Bei dem nachfolgenden Klimasturz, so darf man annehmen, fanden die letzten Vertreter der steppenbewohnenden Großsäuger das Ende. Allerdings lebte eine nur einen Meter große Zwergform des Mammuts noch einige tausend Jahre auf der nordsibirischen Insel Wrangel weiter, wo es von menschlicher Jagd verschont war. Auch unsere Vorfahren waren vermutlich durch die abrupten Klimaänderungen während der Abschmelzphase betroffen. In Nordamerika fällt das Verschwinden des Clovis-Menschen, möglicherweise als Folge des Aussterbens der Mega-Fauna als wesentliche Nahrungsgrundlage zu dieser Zeit, in die Jüngere Dryas.

Abb. 10: Arktische Blume *Dryas octopetala*, namensgebend für das Jüngere Dryas-Ereignis

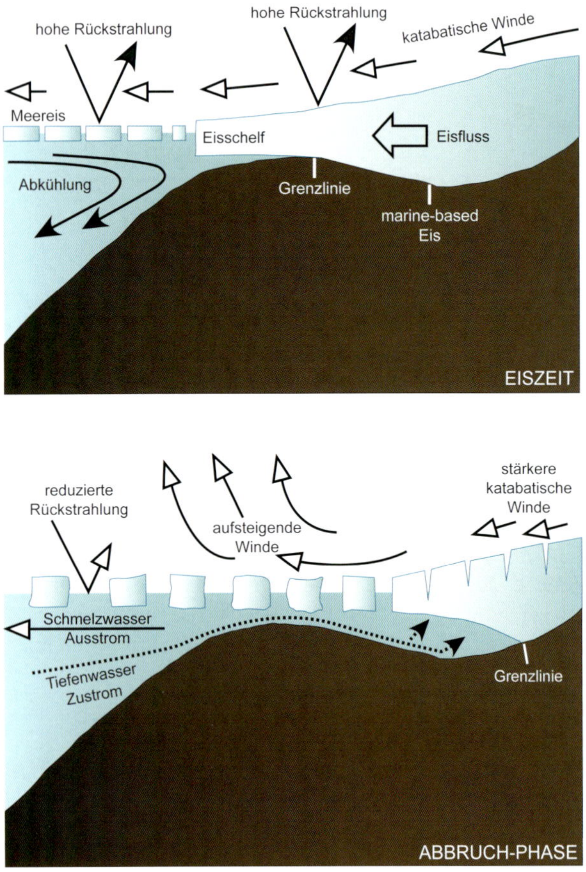

Abb. 11: Prinzip der Mobilisierung von »marine-based« Eis während der Abschmelzphase und ansteigendem Meeresspiegel

Eiskernstudien

Auf Grönland kann man sich gut vorstellen, wie Kanada oder Skandinavien zur Zeit der letzten Vereisung aussahen. Im Zentrum findet man endlose Eiswüsten. Der Rand ist geprägt von Tälern mit steilen Hängen, in denen die Gletscher vom zentralen Eispanzer in den Ozean fließen und als Eisberge gen Süden driften.

Die riesigen Eiskörper Grönlands und der Antarktis enthalten ein unglaublich detailliertes Klima-Archiv der Vorzeit. Das gefrorene Wasser des Jahr für Jahr abgelagerten Schnees bewahrt die zur Zeit der Ablagerung herrschenden Isotopenverhältnisse von Wasserstoff und Sauerstoff. Darüber kann der Ablauf der Temperaturänderungen recht genau rekonstruiert werden. Die Archive des grönländischen Eises reichen etwa 100.000 Jahre, die der Antarktis sogar 700.000 Jahre zurück (Abb. 11). Besondere Ereignisse wie Vulkanausbrüche zeigen sich in säure- und staubhaltigen Lagen.

Wie für die Tiefseesedimente beschrieben, variieren mit der Zeit auch die Sauerstoffisotope im Eis aufgrund der unterschiedlichen Eisbedeckung der Erde. Die außergewöhnlich gute zeitliche Auflösung der Eiskerne – im oberen Bereich des Eisschildes können sogar jährliche Lagen erkannt und gezählt werden – erlaubt Rückschlüsse auf die Geschwindigkeit der Klimaänderungen. Analysen zeigen, dass sich die Temperaturen während der Vereisungen schneller und in größerem Ausmaß verändern als während der Warmphasen. Selbst einige der größten Änderungen überhaupt haben wohl innerhalb eines einzigen Menschenlebens stattgefunden. Daraus kann geschlossen werden, dass große Eisschilde das Klima nicht stabilisieren, sondern eher zum Kippeln bringen.

Das Eis verursacht vielleicht viele der in den Eiskernen dokumentierten Klimainstabilitäten selbst. Kleine Klimaänderungen können dazu führen, dass große Eisberge kalben, die dann große Bereiche des Nordatlantiks bedecken. Solche Ereignisse verursachen kalte Winter und schlechte Sommer und haben schlechte Wachstumsbedingungen zur Folge, was negative Auswirkungen auf das Überleben des Mammuts und anderer Großsäuger hatte.

Das Eis verrät uns aber nicht nur, wie die Temperaturen in der Vergangenheit waren. Es enthält winzige Proben der Atmosphäre, Vulkanasche und vom Wind mitgeführten Staub. Der Staubgehalt im Eis liegt in eisigen Zeiten etwa zehnmal höher als in Warmzeiten. Man vermutet, dass das Gebiet südlich des Eisschildes sehr trocken und windig war. Dadurch wäre der Staubgehalt der Atmosphäre angestiegen und hätte – zumindest zeitweise – die Sonneneinstrahlung vermindert.

Vulkanausbrüche sind an Eisschichten mit hohem Säuregehalt zu erkennen. Diese Lagen sind aus Schnee entstanden, der die hohen Schwefelsäuregehalte nach einem Vulkanausbruch konserviert hat. Außerdem deuten die darin dokumentierten Isotopenverhältnisse auf relativ niedrige Temperaturen hin. Die Tatsache, dass ein höherer Staubgehalt der Atmosphäre die Temperatur beeinflusst, bedeutet, dass Vulkanausbrüche das Klima verändern. Mehr Vulkanismus bedeutet kältere Sommer und extreme Winter. Am Ende der letzten Vereisungsperiode stieg der Meeresspiegel schnell an, und das Gleichgewicht der Erde verschob sich. Zu dieser Zeit fanden weltweit mehrere große Vulkanausbrüche statt, unter anderem auch der enorme Ausbruch in der Eifel, der den Laacher See schuf.

In Speziallaboren wie in Bern oder Grenoble untersuchen Forscher die im Eis eingeschlossene Luft auf ihre Zusammensetzung an Spurengasen wie Kohlendioxid und Methan. Die Ergebnisse zeigen, dass die Kohlendioxidgehalte eng an die Klimaentwicklung gekoppelt sind (Abb. 12). Während der Kaltzeiten enthält die Luft geringere Konzentrationen der Treibhausgase CO_2 und Methan, in warmen Perioden hingegen höhere.

Besonders interessant ist der schnelle Anstieg des CO_2 in der Atmosphäre während der letzten Abschmelzphase, obwohl sich während der Erwärmung die Wälder weltweit ausdehnten und der Atmosphäre CO_2 entzogen. Andere Prozesse allerdings pumpten CO_2 in die Atmosphäre, hauptsächlich aus dem Ozean. In warmem Wasser ist weniger CO_2 gelöst, so dass die Ozeane bei höheren Temperaturen CO_2 an die Luft abgeben. Außerdem

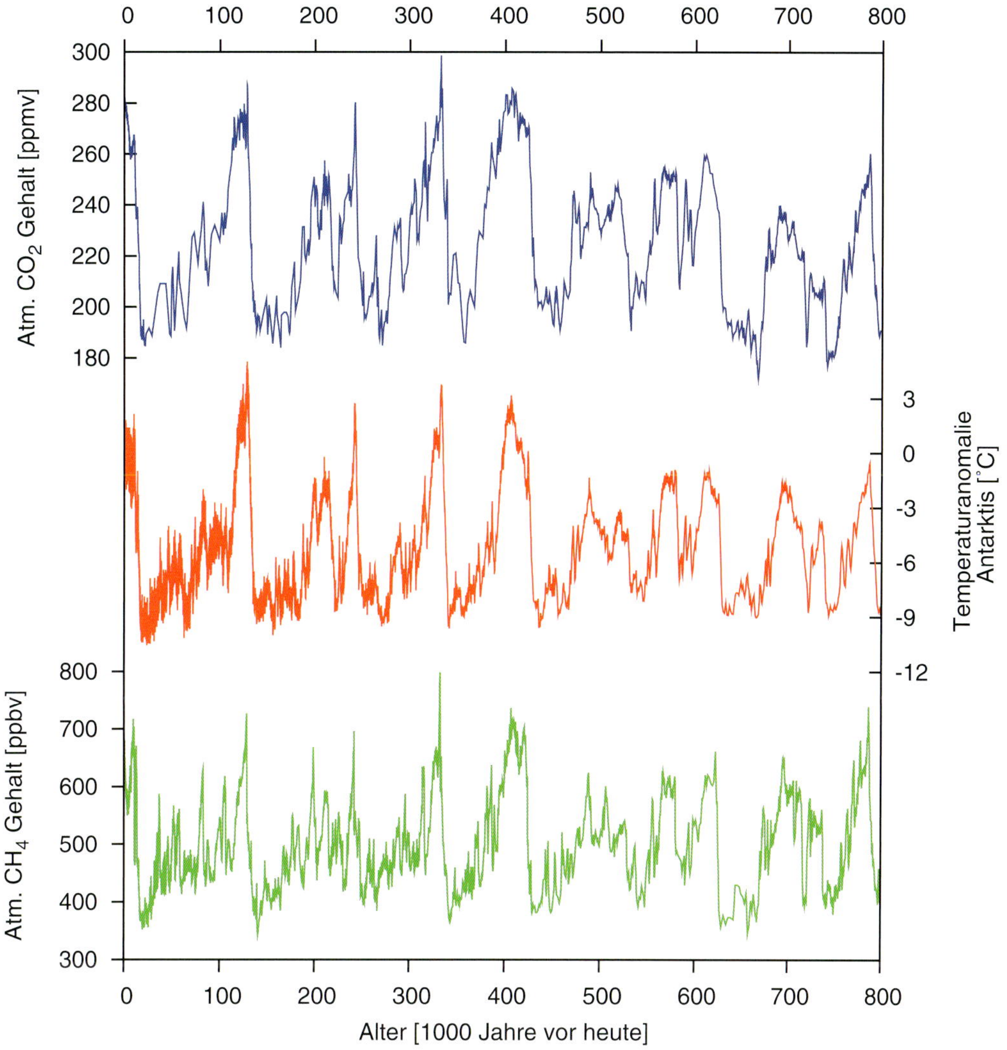

Abb. 12: Temperaturen, CO_2- und Methangehalte (CH_4) während der letzten 800.000 Jahre, rekonstruiert aus dem Eis der Antarktis

sind biologische und chemische Prozesse am Werk: In den flachen Schelfmeeren, die durch einen steigenden Meeresspiegel entstehen, sind die Bedingungen für kalkschalige Organismen sehr gut. Beim Bau ihrer Schalen nehmen Korallen, Foraminiferen, Mollusken und andere Organismen Calcium- und Karbonat-Ionen auf, und es wird CO_2 freigesetzt. Dieses CO_2 wird an die Atmosphäre abgegeben und teilweise von den wachsenden Wäldern aufgenommen.

Das Anthropozän: Menschliche Spuren in geologischen Archiven

Die Spuren menschlichen Handelns, insbesondere die Nutzung fossiler Brennstoffe, sind bereits in vielen geologischen Archiven sichtbar. Fossile organische Kohlenstoff-Verbindungen wie Kohle und Erdöl sind aus Pflanzenresten entstanden und enthalten somit die durch die Photosynthese aus früheren Epochen gespeicherte Sonnenenergie, die wir durch ihre Verbrennung nutzen. Die an der Photosynthese beteiligten Enzyme bevorzugen das in der Natur häufig vorkommende, leichtere ^{12}C (Kohlenstoffisotop mit 12 Neutronen; gesprochen: C-12) gegenüber dem selteneren, aber ebenfalls stabilen ^{13}C. CO_2 aus fossilen Brennstoffen ist deshalb gegenüber dem natürlich in der Atmosphäre vorkommenden CO_2 deutlich mit ^{12}C angereichert. Da das im Ozean gespeicherte CO_2 kontinuierlich mit der Atmosphäre austauscht, ist die Signatur des fossilen CO_2 bereits in den oberen Schichten des Meeres und auch des Meeresbodens erkennbar (Abb. 13). Seit der Industrialisierung hat das Verhältnis von $^{13}C/^{12}C$ in Teilen des oberflächennahen Ozeans bereits um etwa 1‰ abgenommen (der sogenannte Suess-Effekt nach dem Chemiker Hans Suess). Da der fossile Kohlenstoff auch in die Schalen heutiger Meeresorganismen eingebaut wird, ist der Suess-Effekt bereits in am Meeresboden abgelagerten Kalkschalen deutlich nachweisbar. Die Verbrennung fossiler Energieträger durch den Menschen

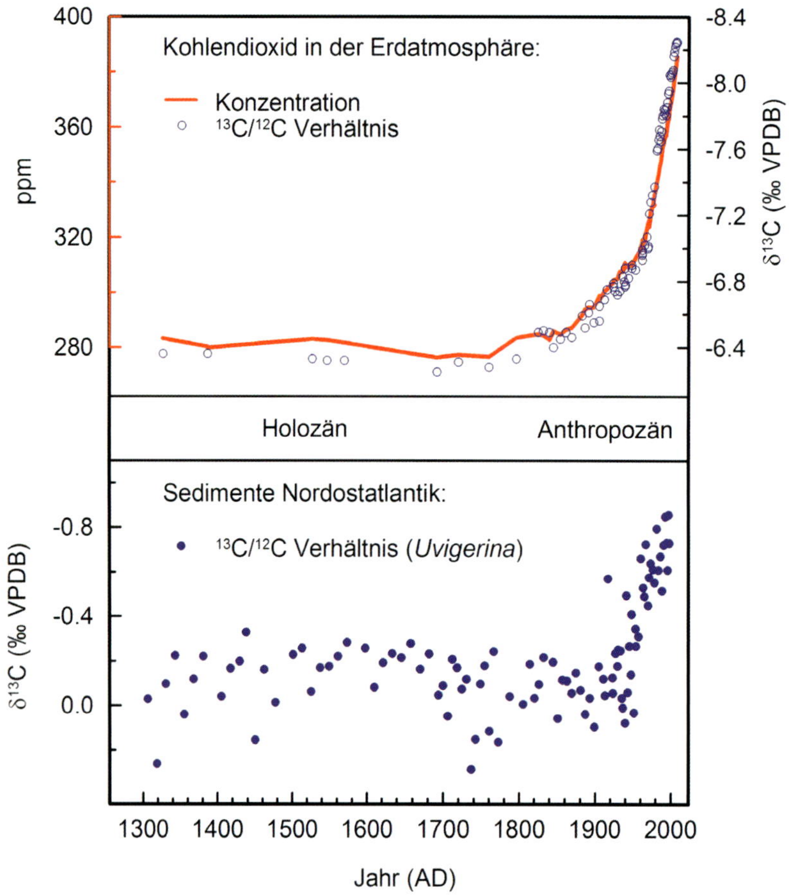

Abb. 13: Gehalt und Kohlenstoffisotopenwerte von CO_2 in der Erdatmosphäre über die letzten 700 Jahre (oben) sowie Kohlenstoffisotopenwerte von Foraminiferengehäusen aus einem Sedimentkern vor Nordwest-Afrika

markiert so den Beginn des Anthropozäns und hat bereits nachhaltige Spuren in geologischen Archiven hinterlassen, die sich noch in vielen Jahrtausenden nachweisen lassen werden.

Lehren aus der Klimageschichte

Selbst die ältesten Menschen haben weniger als hundert Jahre Klima-Erfahrung. Seit 150 Jahren – also etwa zwei Menschenleben lang – zeichnet die Klimakunde Daten auf. Alles was länger zurückreicht basiert auf Rekonstruktionen. Die Eiszeitforschung kann mit ›Klima-Erfahrungen‹ aufwarten, die um den Faktor 10.000 umfangreicher sind als die direkten Messreihen.

Diese lange Klimageschichte liefert eine Fülle von Situationen und Ereignissen, die gänzlich jenseits unserer geschichtlichen Erfahrung stehen. Sie zeigen uns, dass das Klimageschehen vielfältige Möglichkeiten hat, die man sich ohne konkrete Beweise überhaupt nicht vorstellen könnte und die weit außerhalb der instrumentell belegten Klimavariabilität liegen. Sie zeigen auch, dass sich die Änderungen der letzten Millionen Jahre in einem festen Rahmen abspielten, dessen Grenzen nicht überschritten wurden. Alle möglichen Situationen kehrten praktisch regelmäßig wieder und waren durch bestimmte Eigenschaften gekennzeichnet, so standen z. B. die Eismassen immer in einem gegebenen Verhältnis zu den Spurengasen in der Luft.

Wir bewegen uns heute eindeutig außerhalb dieses Rahmens, da das Verhältnis zwischen Spurengasgehalt und Eismasse nicht ausgewogen ist; der Spurengasgehalt ist deutlich erhöht. Selbst die Eiszeitforschung – die immerhin 30.000 aneinandergereihte Menschenleben umfasst – gibt keinen Anhalt dafür, wie das Klima auf diese Situation reagieren wird. Wir sind also auf unbekanntem Terrain.

Von besonderem Interesse ist die Frage, wie empfindlich und wie schnell das Klima auf Störungen reagiert. Dazu lehrt uns die Eiszeitforschung, dass es wichtig ist, ob das Klimasystem instabil ist und ob es Tendenzen für eine verstärkend wirkende positive Rückkopplung zeigt. Große, nahe der Küsten liegende Eismassen können das System störanfällig machen. Der bei einer Erwärmung ansteigende CO_2- und Methangehalt der Luft führt zu einer positiven Rückkopplung, wie die Eiskerne belegen.

Besonders während der Abschmelzphasen sind plötzliche Klimaumschwünge zu beobachten. Eine plötzliche Erwärmung führt unter Umständen dazu, dass das Schmelzwasser das Oberflächenwasser im Nordatlantik stark aussüßt und sich daher eine starke Schichtung einstellt. Computermodelle zeigen, dass solch eine Schmelzwasserlage dazu führen kann, dass in der Norwegischen See kein Tiefenwasser mehr gebildet wird. Die dadurch veränderte Zirkulation transportiert wesentlich weniger Wärme in den hohen Norden. In Norwegen könnten sich unter Umständen ähnliche Bedingungen einstellen wie in Grönland, beide Länder liegen ja in etwa auf gleicher Breite. In Grönland könnte eine plötzliche Erwärmung die Eisschilde instabil machen. Ein Auseinanderbrechen des Grönländischen Schildes würde den Meeresspiegel bis zu sieben Meter ansteigen lassen.

Normalerweise hängt der Ozean wie ein großes Schwungrad an der Klimamaschine. Um den Ozean von unten bis oben zu durchmischen, werden im Durchschnitt etwa 1.000 Jahre benötigt; bis in mittlere Tiefen dauert es immer noch einige hundert Jahre. Diese Mischungsraten zeigen, dass man dem Ozean Zeit lassen muss, wenn er auf die Zunahme der Treibhausgase reagieren soll. Über einen langen Zeitraum kann er wesentlich mehr CO_2 und Wärme aufnehmen als bei kurzzeitigen Klimastörungen.

Was können wir von der Klimaforschung erwarten? Vielleicht mehr als mancher denkt, aber weniger als man wünscht. Sie beschert uns durch Klimabeobachtungen und Experimente mit verbesserten Computermodellen ein immer besseres Verständnis der Klimazusammenhänge. Wir können jedoch kein präzises Verständnis der schnellen Klimawechsel erwarten, wie sie z. B. in den Eisablagerungen überliefert sind. Viele Rückkopplungseffekte sind schwer zu fassen. Gut bekannte Beispiele für solche Effekte sind in den Erdwissenschaften Erdbeben, El Niño-Ereignisse, toxische Algenblüten und Wirbelstürme. Diese Ereignisse passieren ohne oder mit nur kurzer Vorwarnung. Schnelle Klimaänderungen, wie sie während der Abschmelzphase vorkommen, sind zwar im Umfang anders, im Prinzip jedoch ähnlich.

Literaturhinweise

Berger, W. H. et al. (1994): Das Klima im Quartär. Rekonstruktion aus Tiefseesedimenten mit Hilfe der Milankovitch-Theorie. Geowissenschaften 12(9) 258-266

Ehlers, J. (2011): Das Eiszeitalter. Springer-Verlag, Berlin Heidelberg New York

Huch, M., G. Warnecke & K. Hermann (Hrsg.) (2001): Klimazeugnisse der Erdgeschichte. Springer-Verlag, Berlin Heidelberg New York

Lozan, J. L., H. Graßl & P. Hupfer (1998): Warnsignale Klima. Wissenschaftliche Auswertungen. Hamburg

Petit, J. R. et al. (1999): Climate and atmospheric history of the past 420,000 years from the Vostok ice core, Antarctica. Nature, 399, 429-436

Sarnthein, M. et al. (Hrsg.) (2001): Klimawechsel vor dem Einfluss des Menschen. Nova Acta Leopoldina 331(88), Halle

Seibold, E. & W. H. Berger (1995): The Sea Floor, An Introduction to Marine Geology. 3rd Edition. Springer-Verlag, Heidelberg

Internetseiten

PAGES Projekt: http://www.pages-igbp.org

Wolfgang H. Berger ist Professor für Ozeanographie an der Scripps Institution of Oceanography (University of California, San Diego, USA). Sein Forschungsschwerpunkt ist die Rekonstruktion des früheren Klimas und der Geschichte der Ozeane.

Anschrift: Prof. Dr. Wolfgang H. Berger
Scripps Institution of Oceanography
University of California
San Diego, La Jolla
CA 92093, USA

E-Mail: wberger@ucsd.edu

Stefan Mulitza ist wissenschaftlicher Mitarbeiter des DFG-Forschungszentrums und Exzellenzclusters MARUM – The Ocean in the Earth System und Dozent am Fachbereich Geowissenschaften der Universität Bremen.

Anschrift: Dr. Stefan Mulitza
MARUM – Zentrum für Marine Umweltwissenschaften
Leobener Straße
28359 Bremen

E-Mail: smulitza@marum.de

Gerold Wefer ist Professor für Allgemeine Geologie an der Universität Bremen und Gründer des DFG-Forschungszentrums und Exzellenzclusters MARUM – The Ocean in the Earth System.

Anschrift: Prof. Dr. Gerold Wefer
MARUM – Zentrum für Marine Umweltwissenschaften
Leobener Straße
28359 Bremen

E-Mail: gwefer@marum.de

Was ist eigentlich Klima?

Klima und Klimaänderungen

von Martin Claußen, Hamburg, Ralf Greve, Sapporo und Ulrich Cubasch, Berlin

Klimawandel, Klimakatastrophe, Klimaschutz – kaum ein Tag vergeht, an dem solche Begriffe nicht in den Medien auftauchen. Aber wovon wird eigentlich genau geredet? Was ist Klima überhaupt?

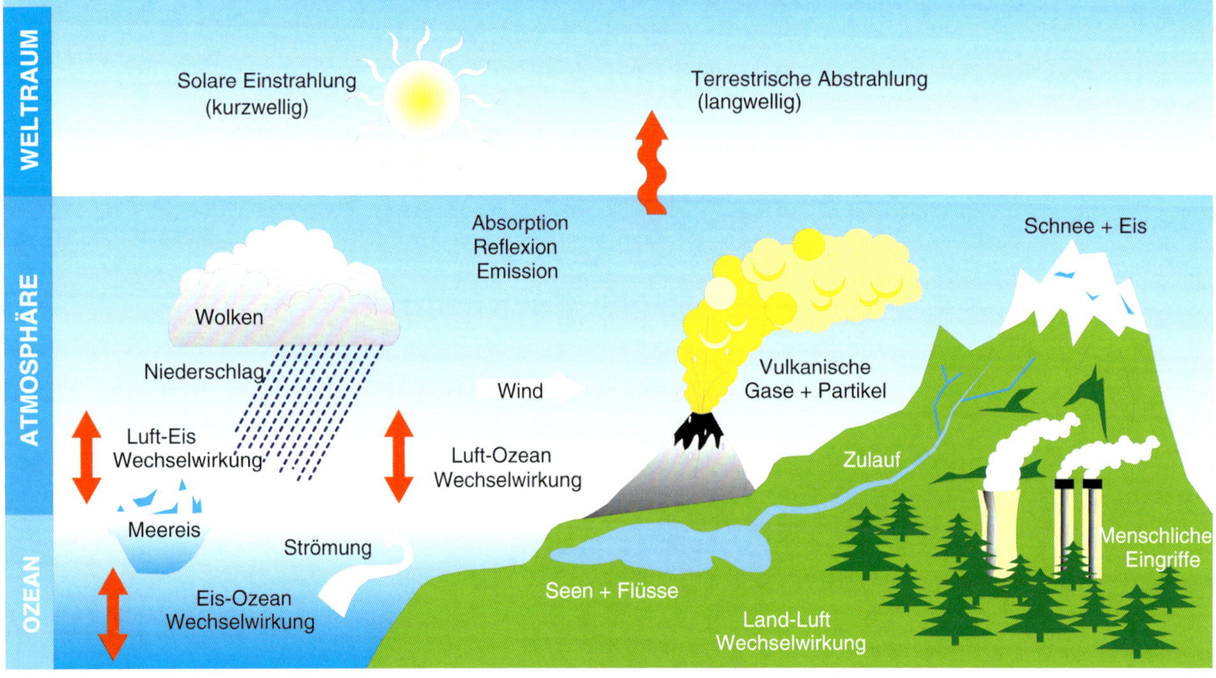

Abb. 1: Die Komponenten des Klimasystems: Atmosphäre (Luft), Hydrosphäre (Ozeane, Seen und Flüsse), Kryosphäre (Land- und Meereis, Schnee), Biosphäre (Pflanzen- und Tierwelt, Mikroorganismen), Landoberfläche und Pedosphäre (Erdreich)

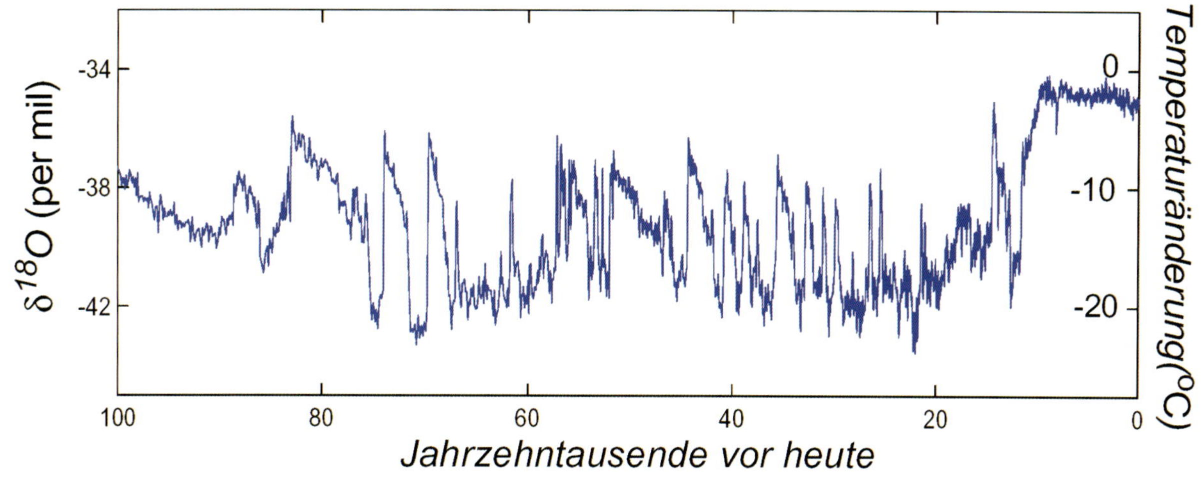

Abb. 2: Änderungen des Sauerstoffisotopenverhältnisses aus einem in Grönland erbohrten Eiskern. Ein negativerer Wert deutet auf kühlere Temperaturen hin. Die Kurve zeigt deutlich die starken Temperaturschwankungen während der letzten Eiszeit, die etwa 21.000 Jahre vor heute ihren Höhepunkt hatte. Unsere gegenwärtige Warmphase begann vor etwa 11.500 Jahren.

Als Wetter bezeichnen wir den momentanen Zustand der Atmosphäre. Unter Klima hingegen verstehen wir traditionell den langjährigen (im Allgemeinen 30-jährigen) Mittelwert des Wetters sowie dessen Variabilität. Klima beschreibt also das statistische Verhalten der Atmosphäre – sozusagen die Wetterstatistik. Der Sonnenschein von heute und der Sturm von morgen, oder der milde Winter dieses Jahr und der kalte Winter im nächsten, gehören in den Bereich des Wetters. Dagegen sind das Kommen und Gehen von Eis- und Warmzeiten über Zehntausende von Jahren, der leichte Anstieg der mittleren Temperatur der Erdoberfläche während des 20. Jahrhunderts oder die tendenziell milder werdenden europäischen Winter in den letzten Jahrzehnten dem Klima zuzurechnen.

Die moderne Klimaforschung fasst den Begriff des Klimas noch weiter. Um zu verstehen, wie sich der mittlere Zustand der Atmosphäre im Laufe der Zeit ändert, muss man die Wechselwirkung der Atmosphäre mit den anderen Komponenten des Klimasystems betrachten (Abb. 1). Klima wird daher in der modernen Klimaforschung als der Zustand – einschließlich der statistischen Beschreibung – des Klimasystems definiert und mit Hilfe von Klima- oder Klimasystemmodellen simuliert. Diese Klimasystemmodelle sind erweiterte Wettervorhersagemodelle. Sie berechnen über viele Jahre und Jahrzehnte die Bewegung der Atmosphäre, die Meeresströmungen, das Driften des Meereises (eine Komponente der Eiswelt, der sogenannten Kryosphäre), die Vorgänge im Erdreich (der Pedosphäre) und das Wandern der Vegetationszonen.

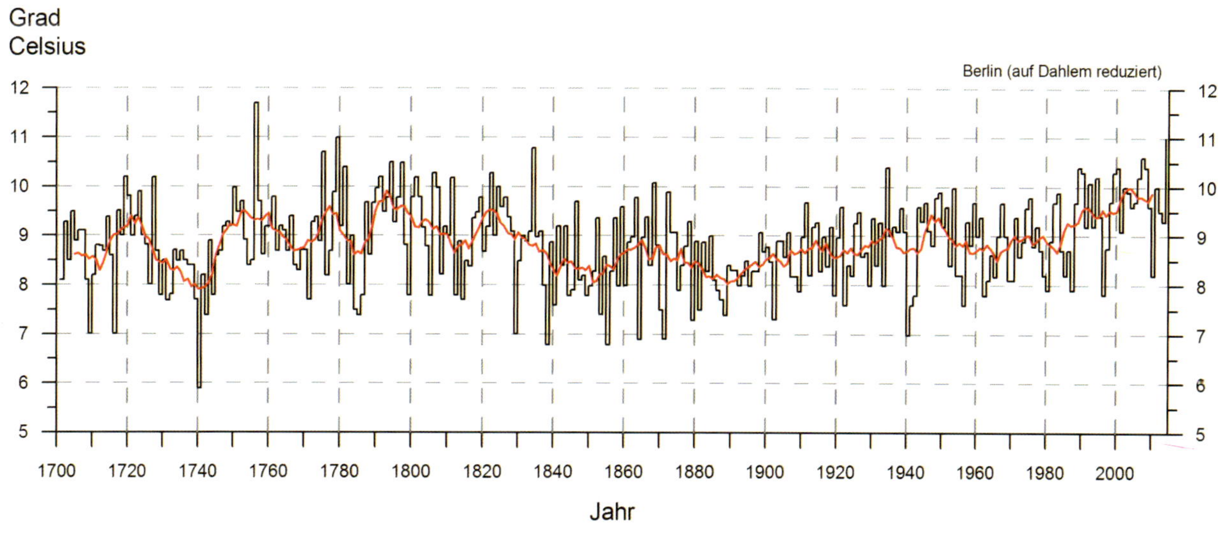

Abb. 3: Jahresmitteltemperatur in Berlin von 1700 bis 2014. Die Temperaturmessstation wurde innerhalb Berlins häufiger verlegt. Durch Vergleiche mit anderen Messungen wurden die daraus resultierenden Temperaturunterschiede korrigiert. Schließlich wurde die Temperaturreihe auf den heutigen Messort in Berlin-Dahlem umgerechnet.

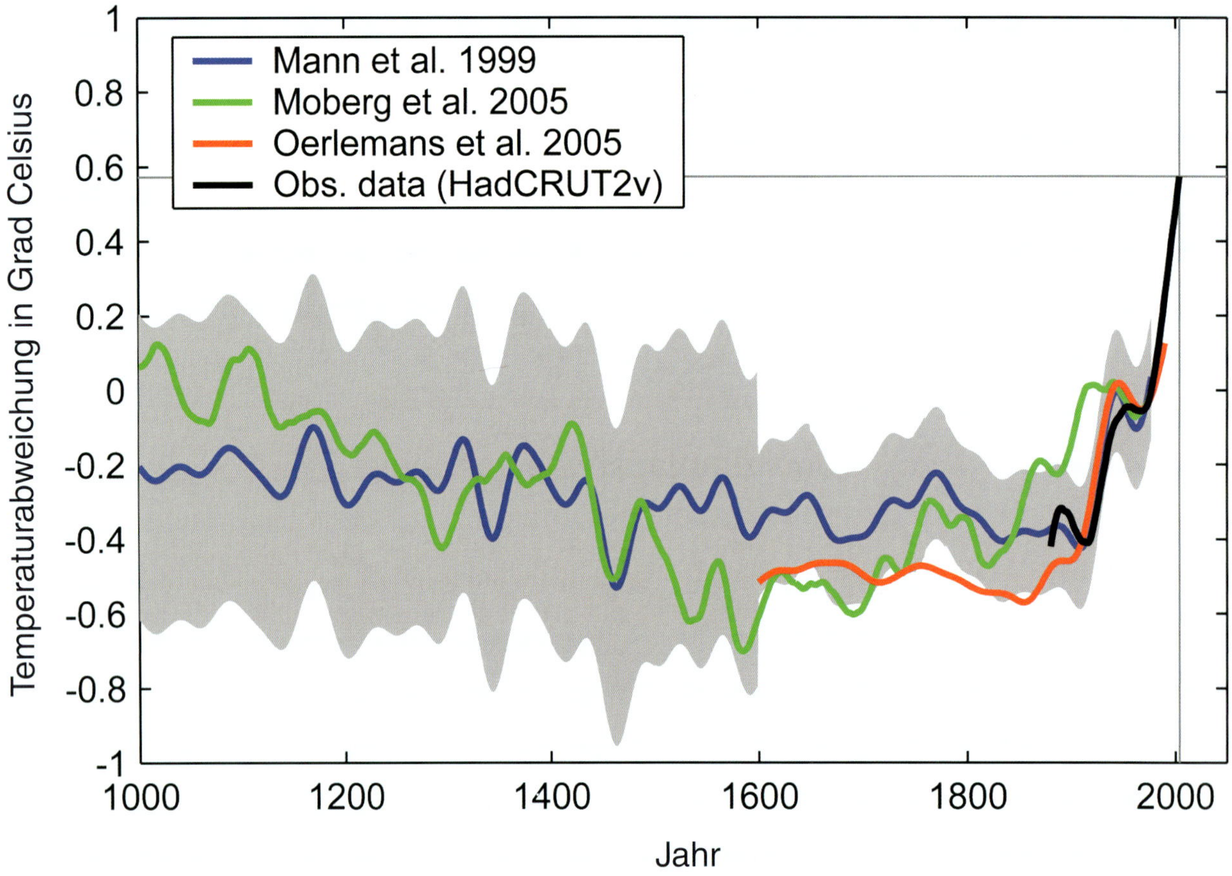

Abb. 4: Temperaturverlauf auf der Nordhalbkugel im letzten Jahrtausend. Gezeigt sind: blau: Rekonstruktion aus jährlich aufgelösten Daten (u. a. Jahrringen und Eiskernen), mit der zugehörigen Unsicherheitsmarge in grau; grün: Rekonstruktion, die zusätzlich niederfrequente Daten (Sedimentkerne) benutzt; rot: Rekonstruktion auf der Grundlage der Ausdehnung von Gebirgsgletschern; schwarz: Messdaten der Wetterstationen. Die Kurven sind über zwei Jahrzehnte geglättet und zeigen Abweichungen relativ zur Periode 1961 bis 1990.

Sowohl das Wetter als auch das Klima unterliegen einer starken natürlichen Variabilität. Beim Wetter ist das offensichtlich und liefert eine unerschöpfliche Quelle für Gespräche. Um vor dem Hintergrund der natürlichen Variabilität Klimaänderungen statistisch gesichert, also unter Angabe einer bestimmten Irrtumswahrscheinlichkeit nachzuweisen, braucht man lange Beobachtungsreihen. Dies gilt für Trends in den Mittelwerten und in noch viel stärkerem Maße für Trends bei Extremwerten. In der Klimaforschung hat man es also mit Wahrscheinlichkeitsaussagen zu tun, sichere Nachweise oder Beweise sind wegen der Natur der Sache die Ausnahme.

Das Klima ändert sich auch ohne menschliches Zutun manchmal sprunghaft. Vor etwa 20.000 Jahren – auf dem Höhepunkt der letzten Eiszeit – bedeckten mehrere Kilometer dicke Eisschilde weite Bereiche von Nordamerika und Nordeuropa bis hinab nach Deutschland. Die Jahresmitteltemperatur in Mitteleuropa lag vermutlich etwa zehn Grad Celsius unter dem heutigen Wert von etwa acht Grad Celsius. Während der letzten Eiszeit und auch kurz danach gab es wiederholt Phasen, in denen die Temperatur innerhalb weniger Jahre oder Jahrzehnte um fünf Grad Celsius oder mehr schwankte (Abb. 2).

Unsere heutige Warmzeit oder genauer: Zwischeneiszeit – denn es gibt ja große Landmassen wie die Antarktis, die das ganze Jahr hindurch mit Eis bedeckt sind – dauert nunmehr etwa 11.500 Jahre an. Während dieser Warmphase schwankten die Temperaturen bisher nur geringfügig, nämlich um etwa ein Grad Celsius auf und ab. Sie ist damit vermutlich die stabilste Klimaperiode der Erde während der letzten 400.000 Jahre. Jedoch wirkten sich auch diese geringen Schwankungen deutlich auf die menschliche Geschichte aus. In Europa herrschte von etwa 1400 bis 1850 eine relativ kühle Phase vor, bekannt als ›Kleine Eiszeit‹ (s. Artikel von U. Kienel & J. F. W. Negendank). Während dieser Zeit gab es sehr strenge Winter, und die Alpengletscher wuchsen an. Die Völkerwanderungszeit in den Jahren um 500 wird ebenfalls mit einer leichten Klimaabkühlung und damit einhergehenden schlechteren Lebensbedingungen in Verbindung gebracht. Das Hochmittelalter wies dagegen ein vergleichsweise mildes Klima auf, so dass man selbst in England Wein anbauen konnte.

Systematische Lufttemperaturmessungen gibt es erst seit dem 17. Jahrhundert. Solche langjährigen Klimamessungen sind selten, aber natürlich besonders wertvoll für die Klimaforschung. Betrachtet man eine einzelne lange Temperaturmessreihe, wie z. B. die Berliner Temperaturreihe (Abb. 3), so fällt auf, dass die Erwärmung der letzten Jahre nicht unbedingt etwas Besonderes darstellt. Doch das Klima eines Ortes hängt neben den großräumigen Klimabedingungen auch von vielen lokalen Sonderheiten ab. Liegt die Messstation am Berghang oder steht sie mitten in einer Stadt? Klima ändert sich also nicht nur mit der Zeit, sondern auch von Ort zu Ort, von Region zu Region. Erst wenn man sich die Klimaänderungen im Mittel über ein größeres Gebiet anschaut, kann man beurteilen, ob sich etwas im Klimasystem verändert. Und da stellt sich heraus, dass die nördliche Halbkugel in den letzten Jahrzehnten im Mittel genauso warm war wie während des Mittelalters, oder sogar noch wärmer. Über dieses Ergebnis wird noch diskutiert, denn gerade für die Zeiten, in denen noch keine Klimamessungen vorliegen, muss das Klima anhand von verschiedenen Indikatoren aufwendig rekonstruiert werden (Abb. 4).

Treibhauseffekt und Ozonloch

Die Erde erhält ihre Energie von der Sonne in Form von Licht, das mit der stattlichen Intensität von 1.366 Watt pro Quadratmeter eingestrahlt wird. Von dieser Energie kommen allerdings nur etwa 240 Watt pro Quadratmeter am Erdboden an (Abb. 5). Dieser Energiefluss erwärmt den Erdboden, der jedoch einen Teil sofort als infrarote Rückstrahlung wieder abgibt. Würde diese Rückstrahlung ungehindert in den Weltraum entweichen, hätte die Erdoberfläche eine mittlere Temperatur von etwa minus 18 Grad Celsius. Einige Bestandteile der Erdatmosphäre, hauptsächlich der Wasserdampf und das Kohlendioxid, absorbieren die Rückstrahlung des Erdbodens jedoch und begrenzen so den Wärmeverlust. Dieser Prozess wird als Treibhauseffekt bezeichnet. Zusammen mit anderen Prozessen, vor allem der Wolkenbildung, bewirkt der Treibhauseffekt einen Anstieg der mittleren Temperatur der Erdoberfläche um etwa 33 Grad Celsius, also auf ungefähr plus 15 Grad Celsius.

Es sei betont, dass der Treibhauseffekt ein natürliches Phänomen ist, das überhaupt erst erträgliche Temperaturen auf der Erde möglich macht. Wenn dagegen heute im Zusammenhang mit einem zukünftigen Klimawandel vom Treibhauseffekt die Rede ist, ist damit der anthropogene (vom Menschen verursachte) zusätzliche Treibhauseffekt gemeint. Dessen Ursache besteht darin, dass die Menschheit seit dem Beginn des Industriezeitalters (um

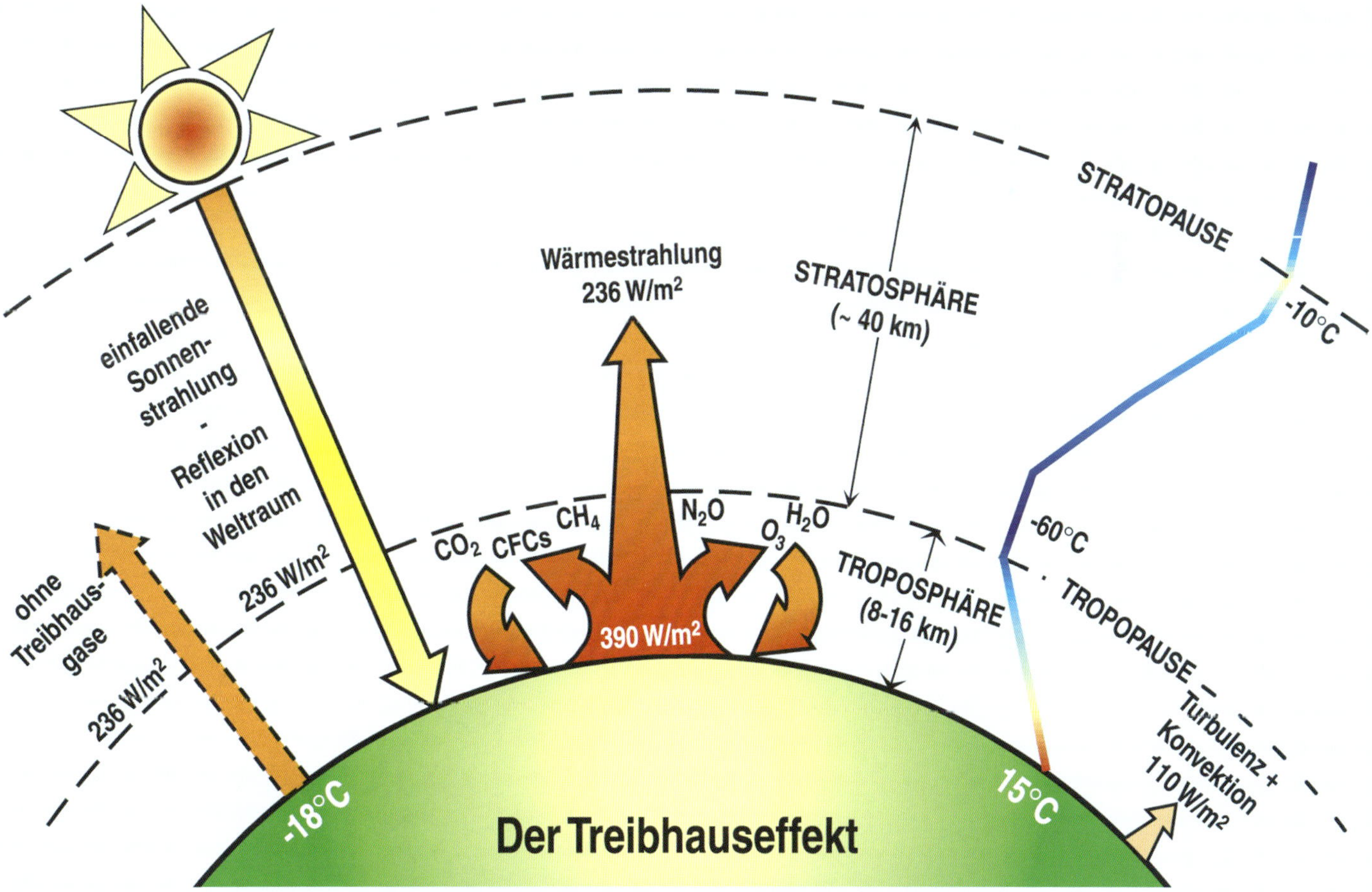

Abb. 5: Der Treibhauseffekt

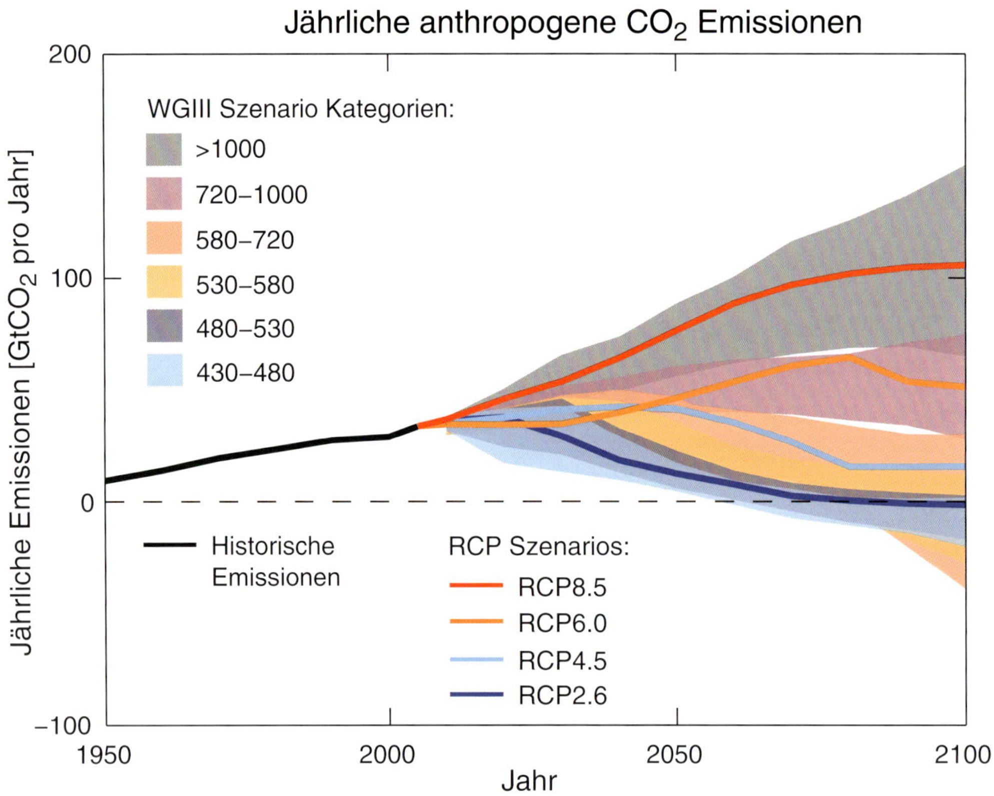

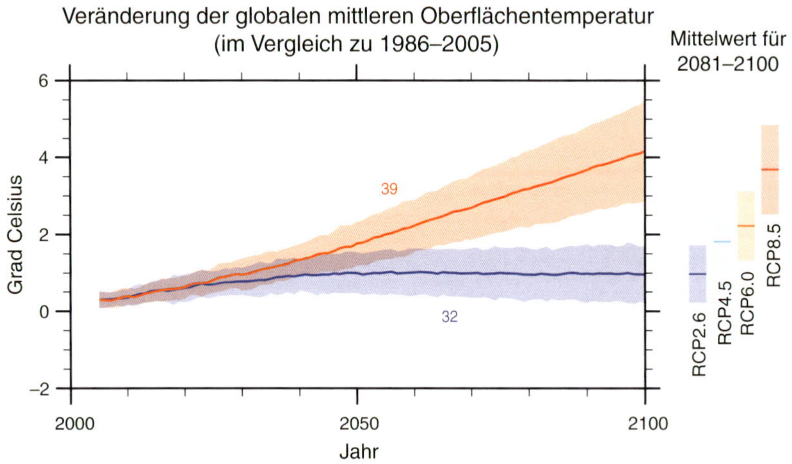

Abb. 6: Verschiedene Szenarien für die mögliche Entwicklung von CO_2-Emissionen (oben) und daraus resultierende Änderung der globalen Jahresmitteltemperatur (rechts) und des Meeresspiegels (unten). Die farblich hell schattierten Bereiche geben die Unsicherheit der Modellrechnungen an (RCP: Representative Concentration Pathways).

Nach IPCC (2014), Details im Bildnachweis im Anhang

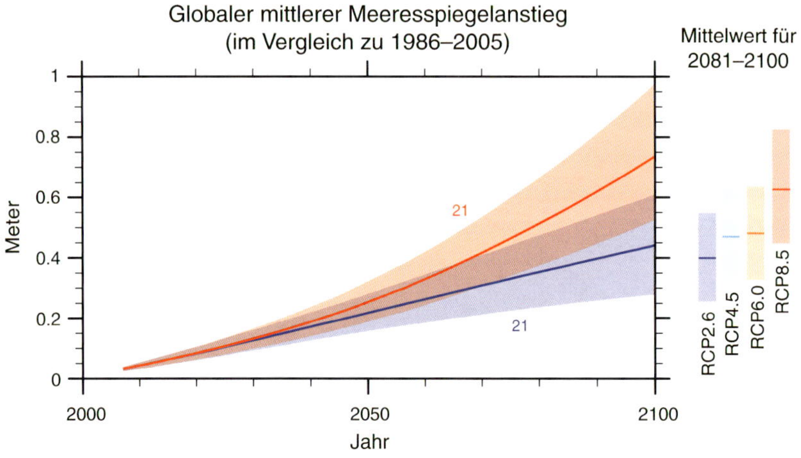

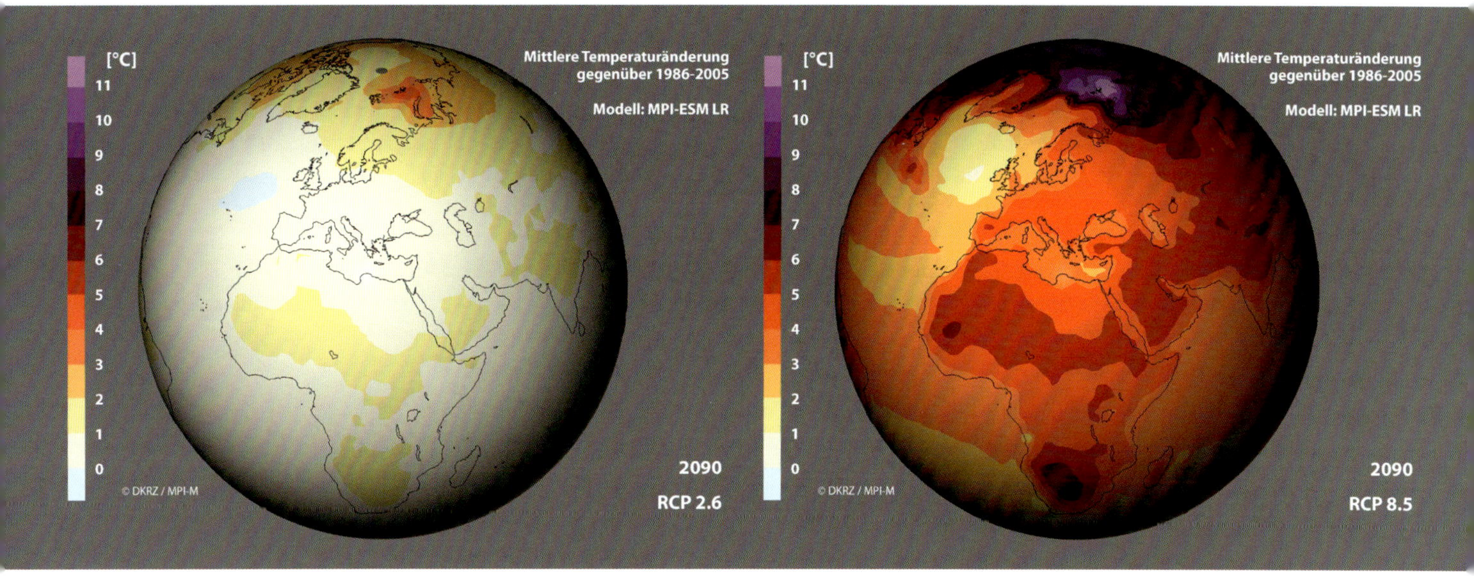

Abb. 7: Mittlere Änderungen der bodennahen Lufttemperatur bis zum Zeitraum 2081 bis 2100 im Vergleich zum Mittelwert der Jahre 1986 bis 2005, berechnet für zwei verschiedene RCP-Szenarien (vgl. Abb. 6)

1800) große Mengen zusätzlicher Treibhausgase in die Atmosphäre freisetzt, die den Treibhauseffekt verstärken. Die größte Rolle spielt dabei Kohlendioxid (CO_2) mit einem Beitrag von circa 60 Prozent, die verbleibenden 40 Prozent verteilen sich auf Methan (CH_4), Distickstoffoxid (N_2O, auch als Lachgas bekannt) und Halogenkohlenwasserstoffe (FCKW = Fluorchlorkohlenwasserstoffe und andere).

Die atmosphärische Konzentration von CO_2 betrug während der letzten zwei Jahrtausende bis zum Jahr 1750 relativ gleichförmig 280 ppm (ppm: parts per million, Teile pro Million; 10.000 ppm = 1 Prozent). Seitdem steigt die Konzentration aufgrund anthropogener Emissionen kontinuierlich, im 20. Jahrhundert beschleunigte sich dieser Prozess massiv, so dass gegenwärtig die Konzentration bei etwa 400 ppm liegt. Dass dieser CO_2-Anstieg im Wesentlichen auf die Verbrennung fossilen Kohlenstoffs zurückzuführen ist, und nicht etwa auf ein Ausgasen aus dem Ozean oder dem Erdinneren, kann mittlerweile einwandfrei nachgewiesen werden. Der Ausstoß von CO_2 durch die Nutzung von fossilen Brennstoffen (Öl, Kohle, Gas) beläuft sich zurzeit auf etwa 33 Milliarden Tonnen pro Jahr (!). Somit nimmt die CO_2-Konzentration in der Atmosphäre jedes Jahr um weitere etwa 2 ppm zu.

Nicht zu verwechseln mit dem anthropogenen Treibhauseffekt ist die Problematik des Ozonlochs. Dies kommt zustande, weil besonders im Frühjahr in etwa 20 Kilometer Höhe in der Atmosphäre über der Antarktis – und in abgeschwächter Form auch über der Arktis – Ozon abgebaut wird. Da die Ozonschicht einen großen Teil der gewebsschädigenden ultravioletten Strahlung der Sonne absorbiert, hat dieser Abbau schwerwiegende Konsequenzen. Für das Ozonloch, dessen Auswirkung sich auch auf bewohnte Gebiete (hauptsächlich Australien, Neuseeland, Südamerika) erstreckt, sind die früher als Kühlmittel in Kühlschränken verwendeten FCKW verantwortlich, welche über eine komplizierte Kette von chemischen Reaktionen den Ozonabbau katalysieren. Wie oben erwähnt, spielen die FCKWs eine, wenn auch zurzeit noch untergeordnete Rolle als Treibhausgas.

Mögliche Klimaänderungen

Im Jahr 1988 wurde gemeinsam von der Weltmeteorologischen Organisation und dem UN-Umweltprogramm das Intergovernmental Panel on Climate Change (IPCC, zwischenstaatliche Kommission zum Klimawandel) eingesetzt. Das IPCC hat 2013/14 seinen fünften Bericht zum Klimawandel vorgelegt, an dem mehrere hundert Wissenschaftler mitgewirkt haben. Er dokumentiert ausführlich den gegenwärtigen Forschungsstand der Klimaforschung, einschließlich kontroverser Diskussion.

Wir müssen davon ausgehen, dass der Anstieg der global gemittelten bodennahen Lufttemperatur in den letzten Jahrzehnten wahrscheinlich zu einem Großteil durch die Emission von Treibhausgasen verursacht worden ist, auch wenn Medien oder populärwissenschaftliche Literatur dies manchmal anders darstellen. Die Klimaänderungen vor Beginn der industriellen Revolution können auf verschiedene natürliche Faktoren zurückgeführt werden: Schwankungen in der Leuchtkraft der Sonne und der Vulkanaktivität sowie die sogenannte interne Klimavariabilität. Letztere entsteht durch die Wechselwirkung zwischen den Komponenten des Klimasystems auch ohne äußere Störungen. Durch Landnutzung, insbesondere durch Rodung, hat der Mensch allerdings auch schon vor der industriellen Revolution das regionale Klima beeinflusst.

Eine Klimaprognose für das 21. Jahrhundert kann – im Gegensatz zur Wetterprognose für die nächsten Tage – nicht abgegeben werden, da menschliches Handeln über die nächsten Jahrzehnte nicht vorhersagbar ist. Die Klimaforscher beschränken sich daher auf sogenannte Szenarienrechnungen (Abb. 6 und 7). Dazu berechnen sie anhand von Klimamodellen verschiedene Szenarien für die Emissionen von Treibhausgasen und anderen Verbrennungsrückständen. Diese Emissionsszenarien basieren auf Annahmen über das zukünftige globale Bevölkerungs- und Wirtschaftswachstum sowie über den zukünftigen Energieverbrauch und die Energieträger, mit denen dieser gedeckt wird. Das Spektrum der Szenarien reicht von einem fast ungebremsten Anstieg bis zu einem mäßigen Rückgang der Emissionen und deckt damit alle realistischen Möglichkeiten ab. Die Emissionsszenarien gelten alle als gleichermaßen plausibel. Der Bereich, in dem sich das Klima im 21. Jahrhundert bewegt, liegt laut dieser Szenarien innerhalb folgender Eckpunkte:

- CO_2-Konzentration im Jahr 2100: 421 bis 936 ppm
- Global gemittelte Oberflächentemperatur für den Zeitraum 2081 bis 2100: Anstieg um 0,3 bis 4,8 Grad Celsius gegenüber dem Zeitraum 1986 bis 2005
- Mittlerer globaler Meeresspiegel für den Zeitraum 2081 bis 2100: Anstieg von 26 bis 82 Zentimetern gegenüber dem Zeitraum 1986 bis 2005
- Änderung von extremen Wetterereignissen und Witterungen: weniger sehr kalte Tage und Nächte, dagegen häufiger heiße Tage und Nächte
- Häufigere und länger andauernde Hitzewelle in vielen Regionen
- Häufigere und intensivere Niederschlagsereignisse in den meisten Regionen der mittleren Breiten und in den regenreichen Tropen.
- Verstärkte Trockenheit und somit Zunahme des Dürrerisikos in manchen Regionen
- Vermehrt auftretende extreme Hochwasserstände

Eine große globale Klimakatastrophe ist nach diesen Abschätzungen also zumindest für das 21. Jahrhundert nicht zu erwarten, wohl aber ein deutlicher Klimawandel, der für unterschiedliche Regionen der Erde mehr oder weniger ausgeprägte Probleme nach sich zieht. Beispielsweise leben in Bangladesh zu Beginn dieses Jahrtausends 80 Millionen Menschen auf engem Raum im tief gelegenen Deltagebiet der Ströme Ganges und Brahmaputra. Dieses Gebiet wird schon jetzt regelmäßig von Überschwemmungskatastrophen heimgesucht. Steigt der Meeresspiegel tatsächlich um knapp einen Meter, ist dieser Lebensraum massiv bedroht. Weniger drastisch, aber recht teuer, wäre bei einem solchen Meeresspiegelanstieg der notwendige Umbau der norddeutschen Seehäfen.

Es zeigt sich aber auch, dass trotz intensiver weltweiter Forschungsanstrengungen nach wie vor große Unsicherheiten über die genauen Auswirkungen eines veränderten Klimas bestehen. Dies liegt daran, dass klimatologische Prozesse extrem komplex sind. Insbesondere detaillierte regionale Änderungen, die vom globalen Trend unter Umständen stark abweichen können, lassen sich sehr schwer vorhersagen. Zum Beispiel diskutieren Forscher die Möglichkeit, dass der Golfstrom sich abschwächt oder sogar versiegt, weil stärkere Niederschläge die salzabhängige Zirkulation stören. Im Extremfall hätte das zur Folge, dass Mitteleuropa trotz globaler Erwärmung abkühlt. Dies hätte gegebenenfalls auch verheerende Auswirkungen auf die Landwirtschaft. Auch im Hinblick darauf, dass Klima auch aus natürlichen Gründen innerhalb weniger Jahrzehnte heftig schwanken kann, ist das Klimasystem für unvorhergesehene Überraschungen allemal gut. Vor allem, weil wir auch diese natürlichen Änderungen nur unzureichend verstehen.

›Klimaschutz‹

So wie beim Brandschutz nicht das Feuer geschützt werden soll, so geht es beim ›Klimaschutz‹ nicht um den Schutz des Klimas. Ziel des Klimaschutzes ist der Schutz des Menschen vor den möglichen Folgen der vom ihm angestoßenen Klimaänderungen. Die vom IPCC formulierten Szenarien der künftigen Treibhausgasemissionen zeigen, dass diese innerhalb der nächsten Jahrzehnte auf jeden Fall steigen werden. Aufgrund der Trägheit des Klimasystems und der Verweildauer der Treibhausgase in der Atmosphäre ist eine globale Erwärmung nach dem jetzigen Stand der Forschung unausweichlich. Daher kann Klimaschutz auf kurze Sicht nur die Anpassung an mögliche Klimaänderungen bedeuten. Für die Zeit nach etwa 2040 könnten die Emissionen sinken und die Konzentrationen sich stabilisieren – wie in einem eher ›grünen‹ Szenario angenommen wird (blauer Verlauf in Abb. 6). Um jedoch langfristig die atmosphärische CO_2-Konzentration bei beispielsweise 450 ppm zu stabilisieren, was bereits 20 Prozent über dem heutigen Wert liegt, ist es erforderlich, die weltweiten CO_2-Emissionen in wenigen Jahrzehnten unter das Referenzniveau von 1990 zu drücken. Weiterhin müssten die Emissionen dazu bis 2100 um mindestens zwei Drittel zurückgefahren und in den Jahrhunderten darauf weiter reduziert werden. Für die anderen Treibhausgase ist die Situation ähnlich. Dies bedeutet, dass Klimaschutz auf lange Sicht nicht allein Anpassung an, sondern vor allem Vermeidung von allzu großen globalen Temperaturänderungen zum Ziel haben muss. Was allerdings »allzu große« globale Temperaturänderungen sind, d. h., ab wann Klimaänderungen eintreten, die für den Menschen als gefährlich gelten, ist schwer abzuschätzen und sicherlich nicht allein eine naturwissenschaftliche Frage.

Das Bundesministerium für Umwelt, Naturschutz, Bau und Reaktorsicherheit (BMUB) kommt bezüglich der Weiterentwicklung des internationalen Klimaschutzes zu folgender Einschätzung: »Das Kyoto-Protokoll unter der UN-Klimarahmenkonvention (UNFCCC) ist das bisher wichtigste Instrument in der internationalen Klimapolitik. Die Industrieländer verpflichteten sich mit dem Kyoto-Protokoll zu Emissionsreduktionen für den Zeitraum von 2008 bis 2012 (die sogenannte ›erste Verpflichtungsperiode‹). Auf der Klimakonferenz 2012 in Doha

(Katar) hat die Staatengemeinschaft eine Verlängerung des Protokolls bis 2020 beschlossen (›zweite Verpflichtungsperiode‹). Damit gehen die EU und einige weitere Industrieländer, unter anderem Australien, Norwegen und die Schweiz weitere Minderungsverpflichtungen ein.

Auch im Hinblick auf die Emissionsminderungen, die notwendig sind, um die 2°C-Obergrenze nicht zu überschreiten, ist das Kyoto-Protokoll nur ein erster Schritt auf einem langen Weg: So müssen nach den Berechnungen des Weltklimarates IPCC bis 2050 die Industrieländer ihre Treibhausgasemissionen um 80 bis 95 Prozent gegenüber 1990 reduzieren. Die Minderungen während der ersten Verpflichtungsperiode des Kyoto-Protokolls sorgen dabei nur für die ersten 5 Prozent und auch für die zweite Verpflichtungsperiode reichen die vereinbarten Ziele noch nicht aus, um einen Weg einzuschlagen, der die Einhaltung der 2°C-Obergrenze gewährleistet. Zumal viele Industrieländer in der zweiten Verpflichtungsperiode gar keine Verpflichtungen eingegangen sind.

Nicht nur die USA als größter Emittent unter den Industrieländern haben keine bindenden Emissionsminderungsverpflichtungen – denn sie haben das Kyoto-Protokoll bis heute nicht ratifiziert – sondern auch die großen Schwellenländer, deren Emissionen kontinuierlich stark ansteigen (China hat im Jahr 2009 die USA als weltweit größten Emittenten abgelöst), haben bislang keine verbindlichen Emissionsminderungspflichten übernommen.

Ein neues umfassendes Klimaabkommen mit Rechtskraft soll nach den Beschlüssen der UN-Klimakonferenz, die 2011 in Durban (Südafrika) stattfand, bis 2015 ausgehandelt werden und ab 2020 für alle Staaten verbindlich gelten. Diesem Beschluss gingen jahrelange internationale Klimaverhandlungen voraus.«

Literaturhinweise

Cubasch, U. & D. Kasang (2000): Anthropogener Klimawandel. Klett-Perthes-Verlag, Stuttgart

Lozan, J. L., H. Graßl & P. Hupfer (Hrsg.) (1998): Warnsignale Klima – Wissenschaftliche Fakten, GEO, Hamburg, 265-268

Pelz, J. (1997): Die Berliner Jahresmitteltemperaturen von 1701 bis 1996. Beilage zur Berliner Wetterkarte 20/97. (Zu erhalten über Institut für Meteorologie, Freie Universität Berlin, Carl-Heinrich Becker Weg 6-10, 12165 Berlin)

Rahmstorf, S. & H.-J. Schellnhuber (2006): Der Klimawandel. Beck-Verlag, München

Ruddiman, W. F. (2001): Earth's Climate – Past and Future. W.H. Freeman and Company, New York

Schröder, M. et al. (2002): Klimavorhersage und Klimavorsorge (Schriftenreihe Wissenschaftsethik und Technikfolgenbeurteilung). Springer-Verlag, Berlin Heidelberg

Internetseiten

Bundesministerium für Umwelt, Naturschutz, Bau und Reaktorsicherheit (BMUB): http://www.bmub.bund.de/themen/klima-energie/klimaschutz/internationale-klimapolitik/klimaschutz-nach-2012/

Intergovernmental Panel on Climate Change (IPCC): http://www.ipcc.ch

wiki ›Klimawandel‹ des Hamburger Bildungsservers: http://wiki.bildungsserver.de/klimawandel

Martin Claußen, Professor für Meteorologie an der Universität Hamburg und Direktor des Max-Planck-Instituts für Meteorologie in Hamburg, untersucht die Dynamik des Klimasystems in der Vergangenheit und seine mögliche Entwicklung in der Zukunft. Sein besonderes Interesse gilt der Wechselwirkung zwischen Biosphäre, Landoberfläche und Klima.

Anschrift: Prof. Dr. Martin Claußen
Max-Planck-Institut für Meteorologie
Bundesstr. 53
20146 Hamburg

E-Mail: martin.claussen@mpimet.mpg.de

Ralf Greve ist seit 2004 Professor für Glaziologie am Institute of Low Temperature Science der Hokkaido University in Sapporo, Japan. Zuvor war er als wissenschaftlicher Assistent im Fachbereich Mechanik der TU Darmstadt tätig. Sein Arbeitsgebiet ist die Modellierung der Dynamik von Eisschilden und Gletschern auf der Erde und anderen Planeten.

Anschrift: Prof. Dr. Ralf Greve
Institute of Low Temperature Science
Hokkaido University
Kita-19, Nishi-8, Kita-ku
Sapporo 060-0819, Japan

E-Mail: greve@lowtem.hokudai.ac.jp

Ulrich Cubasch hat den Lehrstuhl für »Wechselwirkungen im Klimasystem der Erde« im Meteorologischen Institut der Freien Universität Berlin inne. Vorher hat er am EZMW Reading, UK, am DKRZ und MPI für Meteorologie in Hamburg geforscht. Er ist einer der führenden Verfasser der IPCC Klimasachstandsberichte. Seine wissenschaftlichen Interessen reichen von Paläoklima bis zum Klima der Zukunft.

Anschrift: Prof. Dr. Ulrich Cubasch
Meteorologisches Institut
der Freien Universität
Carl-Heinrich-Becker Weg 6-10, 12165 Berlin

E-Mail: cubasch@zedat.fu-berlin.de

Wind, Wasser und Wärme in der Luft

Die Atmosphäre schafft optimale Lebensbedingungen

von Peter Lemke, Bremerhaven

Einem außerirdischen Beobachter erscheint die Erde als blau-weißer Planet: blau durch das in der Atmosphäre gestreute und am Ozean reflektierte Sonnenlicht; weiß durch die Reflexion an der Wolkenoberseite (Abb. 1). Außerdem erkennt er eine Lufthülle um die Erde. Würde der Globus aus dem Schulunterricht mit seinen etwa 40 Zentimetern Durchmesser auch die Troposphäre zeigen, also das Gebiet, in dem das Wetter stattfindet, so wäre diese Schicht gerade mal 0,3 Millimeter dick. Diese Schicht, die die unteren zwölf Kilometer der Atmosphäre umfasst, enthält 80 Prozent der gesamten Masse der Atmosphäre. Aufgrund der geringen Dicke der Atmosphäre verlaufen die großen, regelmäßigen Luftbewegungen parallel zur Erdoberfläche. Im Gegensatz zu diesen horizontalen Bewegungen sind die vertikalen nur lokal bedeutend, haben aber großen Einfluss auf Wolkenbildung, Gewitter und Niederschlag.

Die Sonnenstrahlen, die die Erde erreichen, würden normalerweise nur ausreichen, die Atmosphäre auf eine Temperatur von -18 Grad Celsius zu erwärmen. Denn von den etwa 340 Watt pro Quadratmeter, die die Sonne im Schnitt spendet, werden 100 Watt, also etwa 30 Prozent von den oberen Schichten der Atmosphäre und den Wolken wieder in den Weltraum zurück geworfen (s. Artikel von M. Claussen et al.). Dass wir im Mittel trotzdem Temperaturen von 14 Grad Celsius über dem Gefrierpunkt haben, liegt daran, dass es in der Lufthülle der Erde natürliche Treibhausgase gibt. Diese Gase – im Wesentlichen Wasserdampf und Kohlendioxid – sind strahlungsaktiv, d. h. sie sind gut durchlässig für die sichtbare Sonnenstrahlung, aber weniger gut durchlässig für die von der Erdoberfläche ausgesendete Wärmestrahlung. Dadurch werden die unteren Luftschichten erwärmt und die oberen abgekühlt. Aus diesem Grund liegt die Lufttemperatur in Bodennähe deutlich über den theoretischen -18 Grad Celsius, während die oberen Luftschichten mit einer Temperatur von unter -50 Grad Celsius sehr viel kälter sind. Dieses Phänomen wird als natürlicher Treibhauseffekt bezeichnet. Die an der Wärmeabstrahlung der Erde beteiligten Bereiche sind im Wesentlichen die mittleren und hohen Schichten der Lufthülle und die Oberseiten der Wolken. Von außen betrachtet würde ein Beobachter die Erde daher als ein -18 Grad Celsius kaltes Objekt wahrnehmen.

Die Lufthülle schafft durch ihre Strahlungseigenschaften optimale Lebensbedingungen auf der Erde. Nur durch den natürlichen Treibhauseffekt ist Leben auf unserem Planeten möglich. Mit ihren Windsystemen transportiert die Atmosphäre nicht nur Wärme von den heißen Tropen in die kälteren mittleren und hohen Breiten, sondern erzeugt durch den Transport von Wasserdampf und Wolken auch den lebensnotwendigen Regen auf den Kontinenten. Außerdem bestimmt die Atmosphäre durch ihre Strahlungseigenschaften die Energiebilanz auf der Erde und spielt daher im Klimageschehen eine bedeutende Rolle.

Das Klimasystem

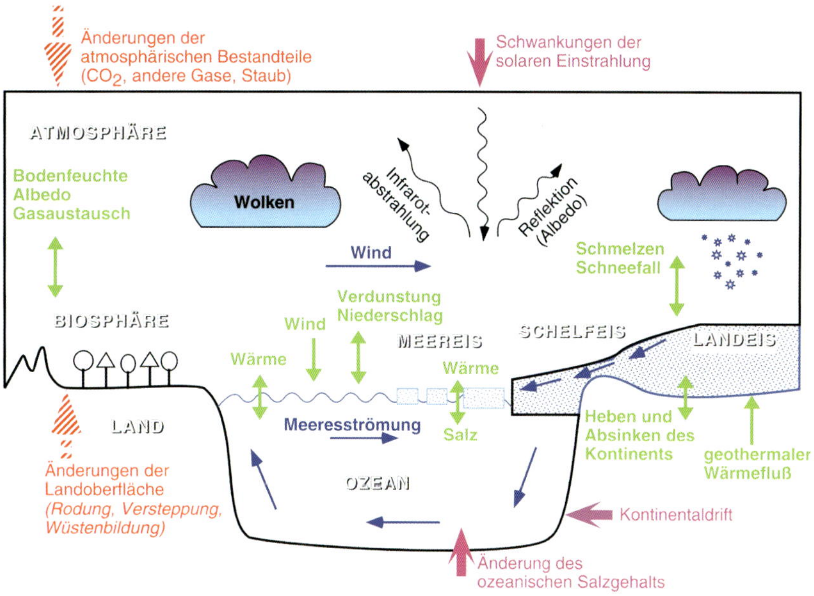

Abb. 2: Schematische Darstellung des Klimasystems. Die dünnen schwarzen bzw. blauen Pfeile stellen Strahlungs- bzw. Bewegungsvorgänge dar. Die grünen Pfeile deuten Wechselwirkungen im Klimasystem an, und die fetten Pfeile stellen Veränderungen der äußeren Randbedingungen dar. Die Auswirkungen menschlicher Aktivitäten auf das Klimasystem sind schraffiert gezeigt.

Eine wesentliche charakteristische Eigenschaft des Klimas ist seine Variabilität, die Zeitskalen von Tagen bis zu Jahrmillionen umfasst. Kurzfristige atmosphärische Variationen von einigen Tagen Dauer machen unser Wetter aus, während langfristige Veränderungen der Atmosphäre, wie z. B. Lufttemperatur oder Niederschlagsmenge, auf Zeitskalen von einem Monat und mehr als Klimaschwankungen gelten. Die Ursachen von Klimaschwankungen sind nicht nur in der Atmosphäre zu suchen. Sie entstehen hauptsächlich durch die Wechselwirkung der Atmosphäre mit den viel langsamer reagierenden Teilen des Klimasystems, wie Ozean, Eis, Biosphäre und Landoberflächen (Abb. 2). So lösen kurzfristige Schwankungen der Atmosphäre langfristige Schwankungen im Ozean und im Eis aus, Änderungen der Meeresoberflächentemperatur und der Eisausdehnung wiederum beeinflussen atmosphärische Wetterabläufe.

Wechselwirkungen bzw. Rückkopplungen, im engl. »Feedbacks«, im Klimasystem sind vielfältig und können sich selbst verstärken, also positiv, d. h. destabilisierend wirken oder sich selbst abschwächen, also negativ, d. h. stabilisierend sein. Beispiele sind:

- Temperatur-Eis-Albedo-Feedback (positiv): Gehen die Temperaturen zurück, vergrößern sich Eis- und Schneeflächen, die dann einen größeren Anteil der Sonneneinstrahlung ins Weltall reflektieren, so dass die Temperaturen noch weiter absinken.
- Temperatur-Wasserdampf (Treibhaus)-Feedback (positiv): Bei höheren Temperaturen verdunstet mehr Wasser, der Wasserdampfgehalt erhöht sich, so dass mehr Infrarotstrahlung absorbiert wird. Die Folge: Die Temperaturen steigen weiter.
- Wolken-Feedback (negativ): Mehr Wolken verringern die Sonneneinstrahlung, die die Erdoberfläche erreicht. Dadurch verdunstet weniger Wasser, so dass weniger Wolken entstehen.

Im Klimasystem wirken Feedbacks im Allgemeinen nicht separat, sondern sind durch Wechselwirkungen zu einem Netz von Rückkopplungsschleifen miteinander verknüpft. Störungen des Systems werden daher auf vielfältige Weise verstärkt oder abgeschwächt.

Das Klima der Erde hat sich in der Vergangenheit stark geändert und wird dies auch in Zukunft tun. Anders als in der Vergangenheit wird es aber für Klimaänderungen in der Zukunft – neben den natürlichen – auch andere Ursachen geben: menschliche Aktivitäten, die die Landoberfläche und die Zusammensetzung der Atmosphäre verändern.

Abb.1 (linke Seite): Satellitenaufnahme der Erde

Dadurch wird eine deutliche Erwärmung von global etwa drei bis vier Grad Celsius in den nächsten 100 Jahren erwartet. Detaillierte Untersuchungen über die physikalischen Ursachen von Klimaschwankungen und die Reaktion des Klimasystems auf menschliche Eingriffe sind zurzeit Gegenstand der nationalen und internationalen Klimaforschung, zum Beispiel im World Climate Research Programme (WCRP).

Im Rahmen dieser Forschungsaktivitäten koppeln Forscher Computermodelle der Atmosphäre, des Meereises und des Ozeans und nutzen sie als Klimamodelle für natürliche Klimaschwankungen und für verschiedene Szenarien des anthropogenen Einflusses. Die Klimavorhersage gehört zurzeit zu den kompliziertesten und schwierigsten physikalischen Problemen. Daher sind Klimamodelle sehr aufwendig und nur durch die größten Computer zu betreiben.

Klimamodelle enthalten die wichtigsten physikalischen Elemente, die die Windsysteme, die Ozeanströmungen und die Meereisdrift beschreiben, wie Erhaltung von Impuls, Energie und Masse. Sie umfassen außerdem Strahlungskomponenten, die die einfallende Sonnenenergie für Atmosphäre, Ozean und Meereis berechnen. Die Temperaturverteilung auf der Erdoberfläche hängt unter anderem von der Zusammensetzung der Gashülle unseres Planeten ab. Auch hier sind die Klimamodelle schon weit fortgeschritten, denn die Strahlungsmodule enthalten eine detaillierte Beschreibung der Energieaufnahme durch die Treibhausgase in der Luft.

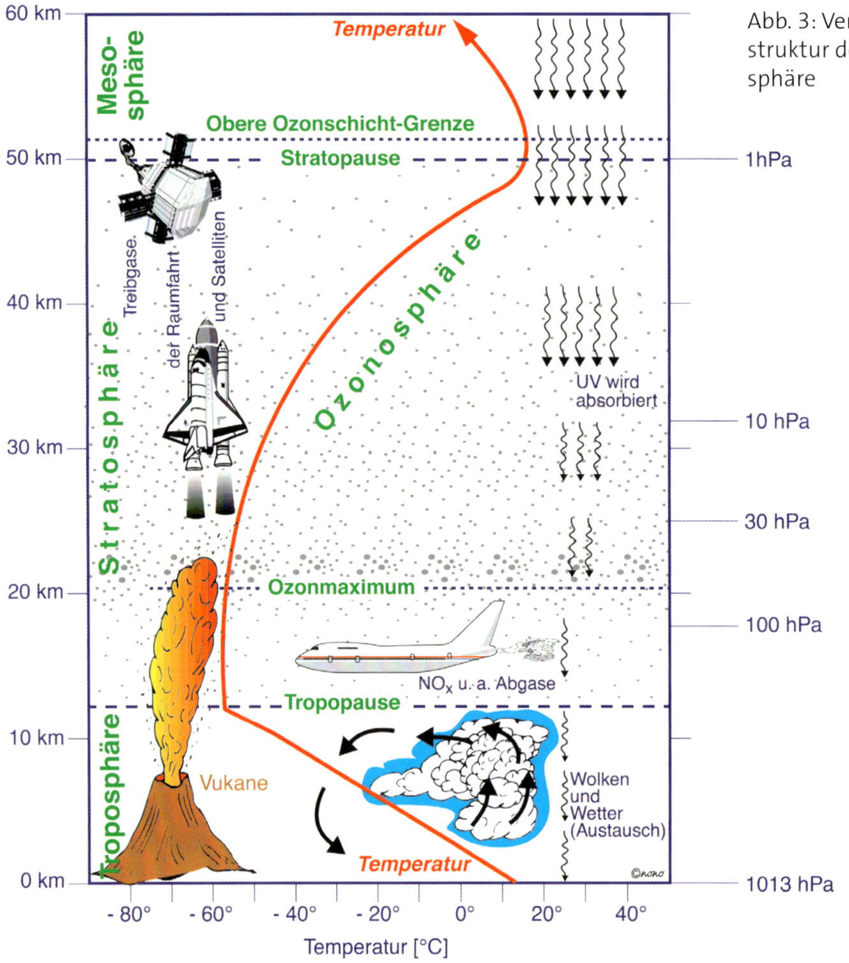

Abb. 3: Vertikalstruktur der Atmosphäre

Die Lufthülle

Die Atmosphäre beeinflusst das Klima durch Strahlungsprozesse, chemische Prozesse und dynamische Prozesse, die alle miteinander verknüpft sind. Die Lufthülle der Erde hat eine Entwicklungsgeschichte von rund 4,6 Milliarden Jahren hinter sich. Die Uratmosphäre bildete sich aus Gasen, die aus dem flüssigen Erdmantel entwichen und wohl zu 80 Prozent aus Wasserdampf, etwa zehn Prozent Kohlendioxid und fünf bis sieben Prozent Schwefelverbindungen, z. B. Schwefelwasserstoff, bestanden. Daneben waren vermutlich geringe Mengen Stickstoff, Wasserstoff, Methan, Ammoniak und Argon vorhanden. Freien Sauerstoff gab es noch nicht.

Pflanzen haben nahezu den gesamten Sauerstoff im Verlauf der Erdgeschichte durch Photosynthese produziert. Der heute frei in der Atmosphäre befindliche Sauerstoff beträgt dabei nur etwa fünf Prozent der insgesamt produzierten Menge. Der weitaus größte Teil wurde zur Oxidation von Eisen in der Erdkruste verbraucht.

Den meisten Sauerstoff haben ozeanische Algen beigesteuert, die durch das Wasser vor der zellzerstörenden UV-Strahlung geschützt waren. Das trockene Land konnten Organismen erst erobern, nachdem genügend Sauerstoff in der Atmosphäre vorhanden war, um eine schützende Ozonschicht zu bilden.

Stickstoff und Edelgase reicherten sich – wenn auch in viel geringeren Konzentrationen – ebenfalls allmählich in der Atmosphäre an. Als sich die Ozeane bildeten, nahm der hohe Kohlendioxidgehalt der frühen Erdatmosphäre ab, da die Meere als Senke für Kalzium- und Magnesiumkarbonat wirkten. So sank der Kohlendioxidgehalt auf den heutigen Wert und blieb seitdem nahezu konstant.

Nicht nur Sauerstoff, sondern auch andere Gase wie z. B. Distickstoffoxid, auch als Lachgas bekannt, sind durch biologische Prozesse entstanden. Die Lufthülle ist also auch bezüglich ihrer Zusammensetzung kein abgeschlossenes System, sondern steht in Wechselwirkung mit den Ozeanen, der festen Erde und der Biosphäre. Die Stoffverteilung wird in diesem System durch biologische und geologische Kreisläufe bestimmt, die auf unterschiedlichen Zeitskalen ablaufen.

Die Atmosphäre kann man sich aus drei Teilen zusammengesetzt denken:

- Ein Gasgemisch aus 78 Prozent Stickstoff, 21 Prozent Sauerstoff und 1 Prozent Wasserdampf, Kohlendioxid (CO_2), Ozon und anderen Spurengasen, das wir Luft nennen. Dieses Gasgemisch wird üblicherweise in zwei Komponenten geteilt: Wasserdampf und trockene Luft. Fast alle Gase, die die trockene Luft bilden, sind bis in 90 Kilometer Höhe gleichmäßig verteilt. Wasserdampf und Ozon sind hingegen durch eine regional sehr un-

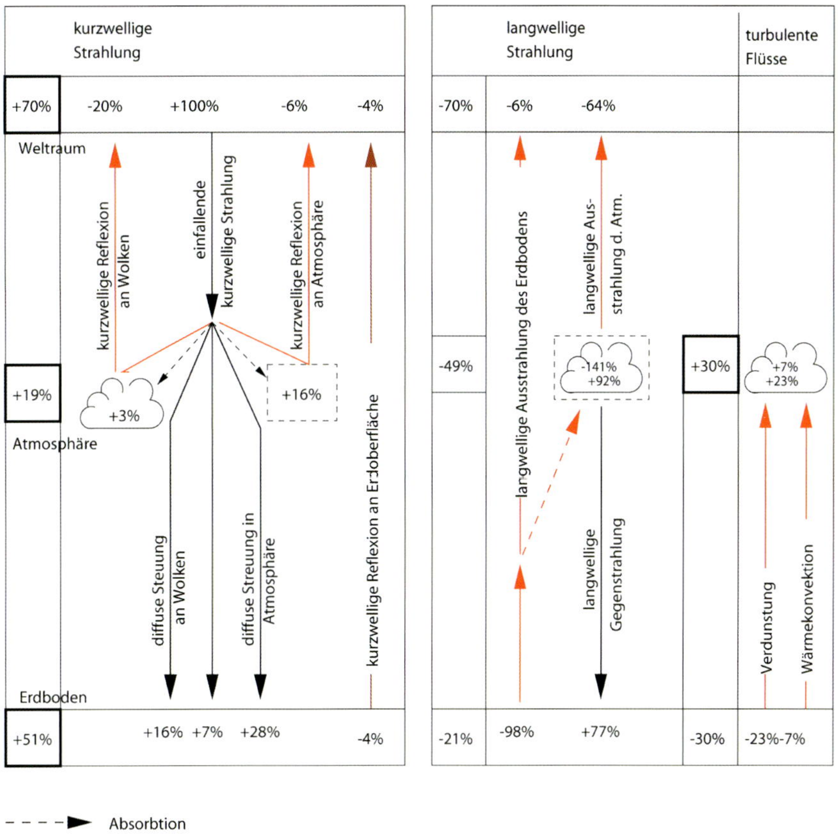

Abb. 4: Jahresmittel der globalen Strahlungsbilanz

terschiedliche Verteilung charakterisiert.

- Wasser- und Eispartikel, sogenannte Hydrometeore, die als Wolken und Niederschlag (Regen, Schnee, Hagel) auftreten.
- Schwebende Teilchen, wie Rauch, Staub usw., werden Aerosole genannt und haben eine Größe von zehn Nanometer bis zehn Mikrometer. Ihre gesamte Masse macht zwar nur ein Hundertstel der Masse der Spurengase aus, aber sie sind sehr wichtig als Kondensationskerne für die Wolkenbildung.

Die Zusammensetzung der Luft hat einen großen Einfluss auf das Verhalten der Atmosphäre, insbesondere der Anteil an Wasserdampf, Wolkenwasser, Aerosolen, Kohlendioxid, Ozon und anderen Spurengasen. Diese Anteile bestimmen, obwohl sie nur einen sehr geringen Teil der Atmosphäre ausmachen, wie viel Strahlung absorbiert, durchgelassen, bzw. reflektiert wird. Dies gilt für die Sonneneinstrahlung genauso wie für die von der Erde ausgesandte Wärmestrahlung. Damit regulieren diese Gase die Energiebilanz unseres Planeten.

Der Aufbau der Atmosphäre

Luft lasst sich wesentlich stärker zusammendrücken als Meerwasser, daher nehmen Dichte und Druck in der Atmosphäre mit zunehmender Entfernung von der Erdoberfläche exponentiell ab. Im Ozean hingegen ändert sich die Dichte mit der Tiefe im Vergleich nur wenig. In der Atmosphäre befinden sich 99 Prozent der Masse unterhalb einer Höhe von 30 Kilometern. Messungen der Temperatur in verschiedenen Höhen zeigen, dass der vertikale Aufbau der Atmosphäre durch drei Heizschichten bestimmt wird (siehe Abb. 3):

- die Erdoberfläche als untere Heizschicht, an der die solare Einstrahlung absorbiert wird,
- die mittlere Heizschicht, in der in 50 Kilometern Höhe UV-Strahlung durch Ozon absorbiert wird, und
- die obere Heizschicht oberhalb von 100 Kilometern, in der extrem kurzwellige UV-Strahlung durch Sauerstoff absorbiert wird.

Durch diese Prozesse entstehen Abschnitte mit relativ hohen Temperaturen, die durch Gebiete relativ niedriger Temperatur getrennt sind. Aufgrund dieser Struktur hat man die Atmosphäre in verschiedene Schichten eingeteilt:

- die Troposphäre reicht von der Erdoberfläche bis in zwölf Kilometer Höhe, in ihr nimmt die Temperatur nach oben hin ab. Am Oberrand wird die Troposphäre durch die Tropopause begrenzt, in der eine Temperatur von etwa -50 Grad Celsius herrscht. (Pausis kommt aus dem Griechischen und bedeutet Ende.)
- die Stratosphäre, in der die Temperatur mit der Höhe wieder zunimmt. Sie wird in 50 Kilometern Höhe durch die Stratopause begrenzt, an der die Temperatur etwa Null Grad Celsius beträgt.
- die Mesosphäre, in der die Temperatur wieder bis auf -80 Grad Celsius abnimmt. Sie wird in 80 Kilometern Höhe durch die Mesopause begrenzt.
- die Thermosphäre, in der die Temperatur bis in 500 Kilometer Höhe stark zunimmt (auf etwa 1200 Grad Celsius). Allerdings kann man hier durch die geringe Dichte nicht den normalen Temperaturbegriff verwenden. Die Gradzahl bezeichnet hier die kinetische Energie der einzelnen Moleküle.
- die Exosphäre, oberhalb von 500 Kilometern, in der die freie Weglänge – d. h. der Abstand zwischen zwei Luftmolekülen – größer als 30 Kilometer ist, so dass es kaum noch Zusammenstöße zwischen Molekülen gibt.

Das Wetter findet fast ausschließlich in der Troposphäre statt. Vom warmen Erdboden wird thermische Energie durch Turbulenz und Konvektion bis zur Höhe der Tropopause transportiert. Sie ist in den Tropen, wo am meisten Wärme aufsteigt, mit etwa 15 Kilometern am höchsten und am kältesten. Dies liegt daran, dass sich die

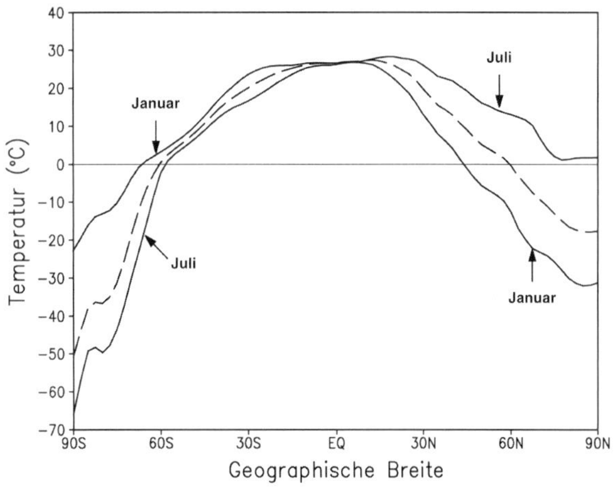

Abb. 5: Meridionale Verteilung der Temperatur für Januar und Juli und das Jahresmittel (gestrichelt). Die Asymmetrie ist deutlich zu erkennen: Die Südhemisphäre ist durch den antarktischen Eisschild generell kälter als die Nordhemisphäre.

Luft beim Aufstieg ausdehnt und dabei abkühlt. In den Polargebieten ist die Tropopause mit rund acht Kilometern niedriger und weniger kalt.

Die Sonne erwärmt die Erdoberfläche nicht überall gleich. Dieser Umstand ist für alle Bewegungsvorgänge in Atmosphäre und Ozean verantwortlich. Dabei erreicht nur etwas mehr als die Hälfte der am Oberrand der Atmosphäre ankommenden solaren Strahlung den Erdboden (Abb. 4). Der Rest wird in den Weltraum reflektiert, etwa 30 Prozent, oder in der Atmosphäre absorbiert, etwa 19 Prozent.

Ozeane und Kontinente bilden den unteren Rand der Atmosphäre. Die Luft direkt über dem Boden ist aufgrund der auftretenden Reibung turbulent. Dabei finden intensive Wechselwirkungen statt, bei denen Wärme, Impuls und Masse (Süßwasser, Spurengase und Staub) ausgetauscht werden (siehe Abb. 2). Die Atmosphäre ist also kein abgeschlossenes System, sondern Teil eines gekoppelten Systems, in dem Prozesse auf recht unterschiedlichen Zeitskalen ablaufen (Atmosphäre: Tage; Biosphäre: Monate bis Jahrzehnte; Ozean: Monate bis Jahrhunderte; Kryosphäre: Monate bis Jahrtausende).

Der Wind: Zirkulation und Wärmetransport

Atmosphäre und Ozean sind beides geophysikalische Fluide – dieser Begriff umfasst Flüssigkeiten und Gase –, die organisierte Zirkulationsmuster, chaotische Bewegungen und statistische Turbulenzen aufweisen.

Die ungleichmäßige Einstrahlung erzeugt Temperaturunterschiede, die dafür sorgen, dass Atmosphäre und Ozean – einer riesigen Wärmemaschine gleich – durch Wind und Meeresströmungen Energie von den warmen Tropen in Richtung der Pole transportieren (s. Artikel von G. Wefer & W. H. Berger). Dieser Transport wird durch eine Vielfalt von Wechselwirkungen innerhalb des Klimasystems gesteuert (Abb. 2), d. h. die Komponenten des Klimasystems reagieren nicht unabhängig voneinander auf die Sonneneinstrahlung.

Da die Sonneneinstrahlung regional und zeitlich unterschiedlich ausfällt, erzeugt sie Temperatur- und damit Dichteunterschiede (siehe Abb. 5). Diese führen zu Druckgradienten, die neben Schwerkraft und Reibungskraft die wesentlichen Kräfte darstellen, die auf Luftpartikel einwirken und damit die Luftbewegungen in der Atmosphäre antreiben. Komplikationen entstehen durch die Rotation der Erde um die Sonne und um ihre eigene Achse, die gegenüber der Bahnebene um 23 Grad geneigt ist: Die Strahlungsverhältnisse ändern sich im Tages- und Jahresgang, und die durch die rotierende Erde hervorgerufene Corioliskraft lenkt die Luftmassen ab.

Die Temperaturunterschiede und die Rotation der Erde um ihre eigene Achse erzeugen auf jeder Halbkugel drei Zirkulationszellen: die Hadley-Zelle in den Tropen, die Ferrel-Zelle in den mittleren Breiten und die Polar-Zelle über dem jeweiligen Pol (Abb. 6). Die Hadley-Zelle und die Polarzelle werden als direkte Zellen bezeichnet, da sie durch Erwärmung in den Tropen bzw. Abkühlung an den Polen entstehen. Die Ferrel-Zelle hingegen wird erst durch die anderen beiden Zellen erzeugt, ist also eine indirekte Zelle. In diesen Zellen strömt die Luft nicht nur in Nord-Süd-Richtung, sondern auch nach Osten bzw. Westen. Abbildung 6 zeigt die Bodenwinde, die von der Coriolis-Kraft auf der Nordhalbkugel nach rechts und auf der Südhalbkugel nach links abgelenkt werden.

In den Tropen, wo die Luft aufsteigt, entsteht eine Tiefdruckrinne, und in den Rossbreiten bei 30 Grad Nord und 30 Grad Süd erzeugt die absteigende Luft einen Hochdruckgürtel (Abb. 6). Dieses Muster verlagert sich mit den Jahreszeiten (d. h. mit dem Sonnenstand) in Nord-Süd-Richtung. Durch die unregelmäßige Verteilung von Land und Wasser wird das Luftdruckmuster und damit die Zirkulation zusätzlich verändert. Im Allgemeinen findet man im Winter Hochdruck auf den Kontinenten und Tiefdruck über den Ozeanen und im Sommer umgekehrt: Tiefdruck auf den Kontinenten und Hochdruck über den Ozeanen.

Neben den Nord-Süd-Zellen gibt es noch eine wichtige Ost-West-Zelle: die Walker-Zelle, die von Walker und Kollegen in den zwanziger Jahren untersucht wurde. Sie besteht aus einem aufsteigenden Ast über Indonesien und dem umgebenden warmen Ozean und einem absteigenden Ast über dem kalten Ostpazifik, wo kaltes Wasser aus der Tiefe aufsteigt.

Dieser lang anhaltenden Zirkulation sind kurzlebige Hoch- und Tiefdruckwirbel überlagert, die eine Lebensdauer von einigen Tagen und eine horizontale Ausdehnung von etwa 1.000 Kilometern haben. Mit der atmosphärischen Zirkulation wird auch Wärmeenergie transportiert. Die Atmosphäre transportiert eine Leistung von insgesamt vier Peta-Watt – das ist eine Zahl mit 15 Nullen – vom Äquator in Richtung Nord- und Südpol. Der Mensch bräuchte vier Millionen Großkraftwerke, um diese Energiemenge zu produzieren. Der Ozean ist ebenfalls an diesem Wärmetransport beteiligt, allein der Golfstrom bringt ein Peta-Watt in den Nordatlantik (Abb. 7).

Dadurch, dass der Ozean gespeicherte Wärme transportiert, sind die Winter an den Westküsten der Kontinente überwiegend mild. Dies gilt insbesondere für Westeuropa: Der Golfstrom und seine Ausläufer dienen als effektive Zentralheizung, die die Wintertemperaturen im Mittel um über 15 Grad Celsius – verglichen mit der amerikanischen Ostküste – erhöhen (Abb. 8; s. auch Artikel von W. H. Berger & G. Wefer).

Abb. 6: Zellenstruktur der Atmosphäre

Um das Verhalten der Atmosphäre im Computer nachahmen zu können, benötigen die Forscher nicht nur in ausreichender Menge Daten, sie brauchen auch Großrechner, die unvorstellbare Datenfluten bewältigen können. Am Rechner wird die Atmosphäre als ein System aus zwei Komponenten – trockener Luft und Wasserdampf – beschrieben. Außerdem müssen Temperatur, Luftfeuchtigkeit, Druck, Windstärke und Windrichtung berücksichtigt werden und die Rate, mit der sich diese Werte ändern. Um Vorhersagen machen zu können, programmieren die Forscher die Rechner so, dass sie praktisch ein dreidimensionales Gitter aufbauen, für dessen Knotenpunkte sie die genannten Parameter vorausberechnen. Grundlage dafür sind die Erhaltungssätze für Impuls, Energie und die Massen von Luft und Wasserdampf. Das Hauptproblem ist dabei, physikalische Prozesse, die noch nicht vollständig bekannt sind, in Zahlen umzusetzen und so auf das Modellgitter zu übertragen. Um ein aussagekräftiges Modell zu erhalten, dürfen die Knotenpunkte dieser Gitter nicht weiter als 100 Kilometer auseinanderliegen. Denn selbst Tiefdruckgebiete haben nur etwa 1.000 Kilometer Durchmesser und würden durch ein gröberes Gitter nicht in der nötigen Auflösung erfasst. Dies stellt erhebliche Anforderungen an Speicherplatz und Rechenzeit, so dass Klimamodelle nur auf Großrechenanlagen laufen.

Die Meteorologie kämpft hauptsächlich mit zwei Schwierigkeiten, die einander bedingen:

- Die Atmosphäre ist ein physikalisch sehr komplexes System, in dem eine Vielzahl von Prozessen auf sehr unterschiedlichen Zeit- und Raumskalen ablaufen. Tornados haben einen Durchmesser von ungefähr 100 Meter, Tiefdruckgebiete hingegen einen von 1.000 Kilometer, sind also 10.000-mal größer.

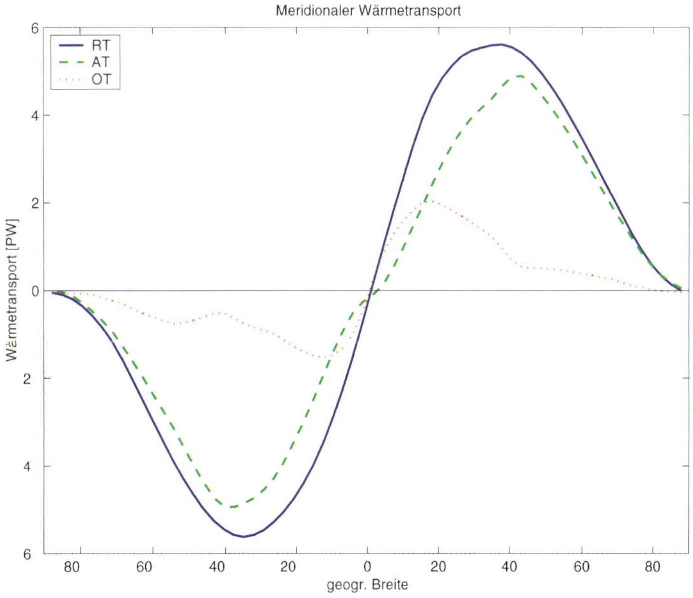

Abb. 7: Der globale Wärmetransport in Atmosphäre (AT) und Ozean (OT). RT ist der gesamte Wärmetransport, der aus Strahlungsmessungen (Divergenz des Nettostrahlungsflusses) am Oberrand der Atmosphäre durch Satelliten bestimmt wurde. AT ist hier gegeben durch den Mittelwert der Reanalysen der Wetterdienste. OT stellt die Differenz aus RT und AT dar (OT = RT - AT). Positive Transporte sind nach Norden, negative nach Süden gerichtet.

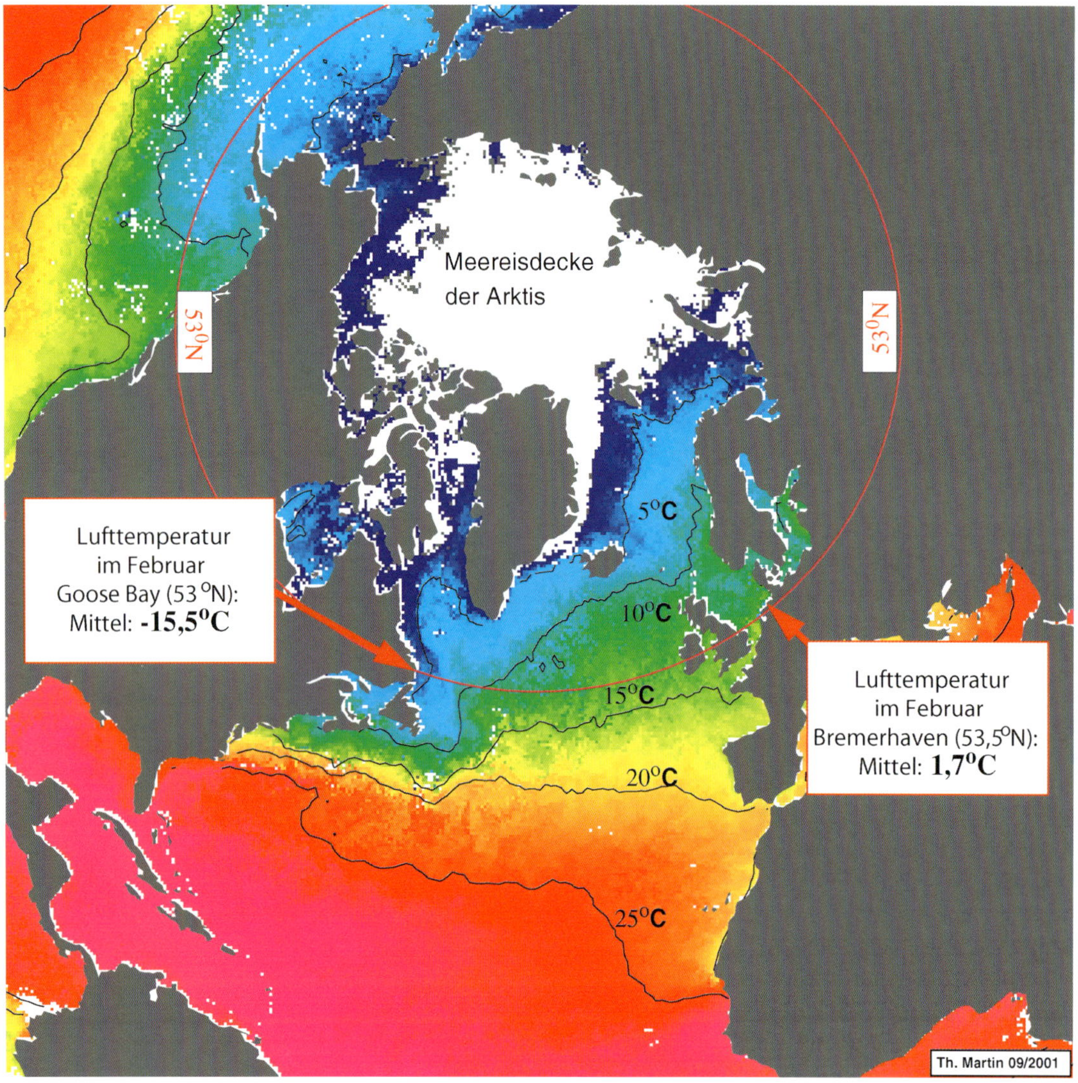

Abb. 8: Meereisbedeckung und Meeresoberflächentemperaturen im Herbst

- Dadurch entsteht ein Beobachtungsproblem: Die unterschiedlichen Raumskalen können nicht durch ein einzelnes Beobachtungsnetz oder Modellgitter erfasst werden. Daher führt man kurzfristige Experimente mit kleinräumigen, aber hochauflösenden Messungen durch. Diese werden dann genutzt, um kleinräumige Prozesse in großskaligen Wettervorhersage- und Klimamodellen zu erfassen.

Der Regen: Zirkulation und Wasserkreislauf

Wasser ist eine der wichtigsten und aktivsten Substanzen im Klimasystem. Wasser bildet die Ozeane, die Gletscher und die Eisschilde, es kommt in der Atmosphäre als Gas und in den Wolken in Form von Tröpfchen und Eiskristallen vor. Der Ozean enthält 97 Prozent allen Wassers auf der Erde und beherrscht damit den globalen Wasserkreislauf (Abb. 9). Der Kreislauf beginnt, wenn das Wasser an der Oberfläche der Meere und Kontinente verdunstet und vom Wind als Wasserdampf davongetragen wird. Wenn er abkühlt, kondensiert der Wasserdampf zu kleinen Wassertröpfchen, die Wolken bilden. Schließlich kehrt das Wasser als Niederschlag in Form von Regen, Schnee oder Hagel zurück zur Erdoberfläche. Ein Teil des Wassers tritt sofort wieder in den Kreislauf ein, ein anderer geht lange Umwege über Gletscher, Flüsse oder das Grundwasser. Das lebenswichtige Wasser auf den Kontinenten stammt vor allem aus dem Meer, aus dem pro Jahr 425 Billionen Kubikmeter in die Atmosphäre verdunsten. Die Verdunstung über allen Landflächen beträgt nur ein Sechstel davon. Die Windsysteme der Atmosphäre transportieren jedes Jahr 40 Billionen Kubikmeter lebenspendendes Nass auf die Kontinente.

Abschätzungen der Speichergrößen ergeben für den Ozean 1.350 Billiarden Kubikmeter, für die kontinentalen Wassermassen in Eisschilden, Gletschern, Schnee, Seen, Flüssen und Grundwasser 33,6 Billiarden Kubikmeter und für die Atmosphäre 0,013 Billiarden Kubikmeter. Teilt man die Speichergrößen durch die Geschwindigkeit, mit der die Wassermassen ausgetauscht werden, dann erhält man Verweilzeiten für den Ozean von 3.000 Jahren, für die Kontinente von 300 Jahren und für die Atmosphäre von 10 Tagen.

Mit dem Wasserkreislauf ist auch der Energiekreislauf verbunden. Der Ozean verbraucht die Energie, die er von der Sonne empfängt, zum größten Teil bei der Verdunstung von Wasser. Wenn der Wasserdampf in der Atmosphäre zu Wolken kondensiert, wird die Energie wieder frei. Dieser Prozess transportiert dreimal mehr Energie von der Erdoberfläche in die Höhe als der Fluss fühlbarer Wärme und ist damit die wichtigste Energiequelle der Atmosphäre.

An der Meeresoberfläche wird aber nicht nur Wasser ausgetauscht, sondern auch andere Stoffe: Spurengase, die sowohl vom Meer in die Luft als auch umgekehrt wandern, und Staub, der vom Wind herangetragen auf den Ozean rieselt und schließlich in den Sedimenten eingelagert wird. Der Staub düngt den Ozean und hilft, die Informationen der Sedimentkerne über das Klima vergangener Zeiten zu interpretieren. So lässt sich aus der Größe der Staubkörner und der Entfernung, in der sie von ihrem Ursprung abgelagert wurden, auf die Windgeschwindigkeit zur Zeit der Ablagerung schließen.

Der Ozean reguliert die chemische Zusammensetzung der Atmosphäre, da er mit ihr CO_2 und andere Spurengase austauscht und große Mengen dieser klimarelevanten Gase speichert. Dadurch beeinflusst er den Strahlungs- und damit den Energiehaushalt unseres Planeten entscheidend.

Die Anteile von Treibhausgasen wie CO_2, Methan und Stickoxid in der Atmosphäre steigen kontinuierlich und werden in den nächsten 100 Jahren voraussichtlich weltweite Temperaturerhöhungen von etwa drei bis vier Grad Celsius verursachen. Je höher der Anteil dieser Gase in der Atmosphäre ist, umso mehr davon löst sich im Meerwasser. Insgesamt enthält der Ozean etwa fünfzigmal so viel CO_2 wie die Atmosphä re. Wie viel CO_2 der Ozean speichern kann, hängt von der Wassertemperatur ab: Je wärmer es ist, umso weniger wird gelöst. Natürlich spielt auch eine Rolle, wie weit sich das Oberflächenwasser mit dem tieferen Wasser mischt. Vorwiegend im Nordatlantik und im Weddellmeer sinkt kaltes Wasser in große Tiefen ab und wird zu sogenanntem Tiefen- und Bodenwasser. Mit ihm geraten die darin gelösten Gase für längere Zeit in die Tiefenwasserzirkulation und können daher nicht mehr in die Atmosphäre gelangen. Der Ozean hat schon große Mengen des aus den fossilen Brennstoffen freigesetzten CO_2 geschluckt, so dass der Gehalt dieses Gases in der Atmosphäre nur etwa halb so groß ist, wie er nach dem bisherigen Ausstoß sein müsste.

Natürliche Variabilität und anthropogene Einwirkungen

Im Jahre 1951 wurde die Meteorologische Weltorganisation (WMO) als Unterorganisation der UNO gegründet. Sie umfasst ein weltumspannendes Netz von Stationen, an denen meteorologische Daten gesammelt werden. Die WMO stellt die Nachfolge der Internationalen Meteorologischen Organisation (IMO) dar, die 1872 in Wien entstand. Sie soll die Wetterdienste verbessern, das Beobachtungsnetz ausbauen, die Messungen vereinheitlichen und Forschungsprogramme durchführen. Zu diesen Programmen gehört zum Beispiel das Weltklimaforschungsprogramm, das sich in seinen einzelnen Teilen mit dem weltweiten Energie- und Wasserhaushalt, den Prozessen

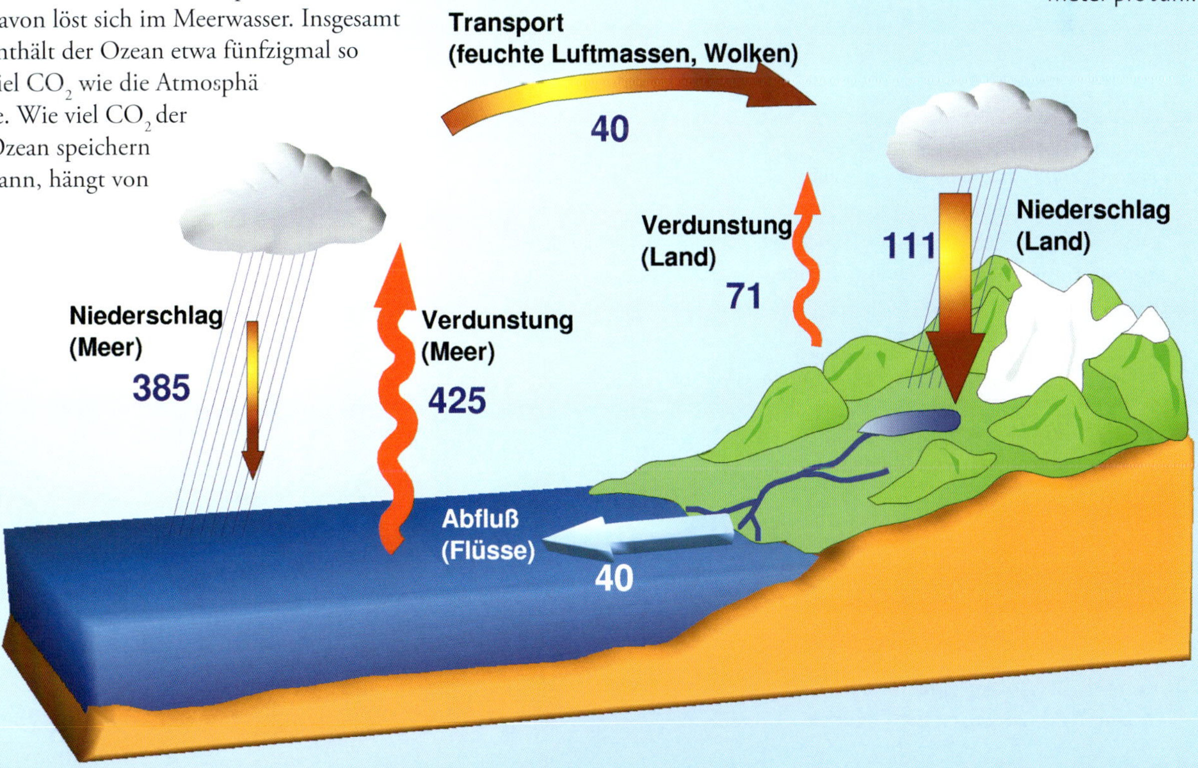

Abb. 9: Schematische Darstellung des globalen Wasserkreislaufs. Die Zahlen kennzeichnen Transporte in Billionen Kubikmeter pro Jahr.

der Stratosphäre und ihren Auswirkungen auf das Klima, der Zirkulation der Weltozeane, der Kryosphäre und der Variabilität und Vorhersagbarkeit des Klimas beschäftigt.

Seit etwa 350 Jahren existieren Instrumente, die exakte Messungen atmosphärischer Größen vornehmen können (s. Tabelle am Ende des Artikels). Doch erst in der zweiten Hälfte des 18. Jahrhunderts wurde weltweit ein Netz von Wetterstationen aufgebaut, das kontinuierliche Messungen durchführt. Diese Beobachtungen zeigen, dass die globale Lufttemperatur am Anfang und am Ende des vergangenen Jahrhunderts deutlich angestiegen ist (Abb. 10).

In seinem fünften Bericht, dessen Zusammenfassung im September 2013 veröffentlicht wurde (s. http://www.ipcc.ch), stellt das Intergovernmental Panel on Climate Change (IPCC) folgende Änderungen im Klimasystem fest:

1. Die globale Oberflächentemperatur ist von 1880 bis 2012 um 0,85 Grad Celsius gestiegen. Die letzten drei Jahrzehnte waren jeweils wärmer als alle ihnen vorangehenden Dekaden seit 1850. Der Trend der letzten 60 Jahre (0,12 °C/Dekade) ist doppelt so hoch wie der Trend der letzten 130 Jahre (0,06 °C/Dekade), und die Arktis hat sich doppelt so stark erwärmt wie die Erde im globalen Mittel. Inzwischen stellen die Jahre 2001 bis 2010 die wärmste Dekade und 2014 das wärmste Jahr seit Beginn der Messungen dar.
2. Rekonstruierte Daten aus Beobachtungen und anderen Quellen, wie z. B. Baumringdaten, deuten darauf hin, dass die Temperaturen der letzten 30 Jahre sehr wahrscheinlich höher waren als jemals zuvor in den vergangenen 800 Jahren und wahrscheinlich höher als in den vergangenen 1.400 Jahren.
3. Die schneebedeckte Fläche im März und April hat seit 1967 um etwa acht Prozent abgenommen.
4. Weltweit schrumpfen die Gletscher und tragen zurzeit mit 0,8 Millimeter pro Jahr zum Meeresspiegelanstieg bei.
5. Das Meereis verzeichnet gegenwärtig in der Arktis einen Rückgang im Jahresmittel um 4 % pro Dekade und im Sommer um 12 % pro Dekade. In der Antarktis ist eine leichte Zunahme von 1,5 % pro Dekade zu erkennen.
6. Die Eisschilde auf Grönland und der Antarktis verlieren gegenwärtig Masse durch Schmelzen und Gletscherabbrüche und tragen zusammen einen Millimeter pro Jahr zum Meeresspiegelanstieg bei.
7. Der Meeresspiegel ist im 20. Jahrhundert um insgesamt 17 Zentimeter gestiegen. Davon ist etwa ein Drittel verursacht durch thermische Ausdehnung des wärmeren Ozeans, etwa 25 % durch Abschmelzen der Gebirgsgletscher, und etwa 19 % durch das Abschmelzen der Eisschilde. Seit 1993 steigt der Meeresspiegel um durchschnittlich etwa drei Millimeter pro Jahr.
8. Die Häufigkeit heftiger Niederschläge hat zugenommen.
9. Der Kohlendioxidgehalt der Luft hat seit 1750 um 40 Prozent zugenommen. Der heutige Wert ist der höchste der letzten 900.000 Jahre. 70% der Erhöhung gehen auf die Nutzung fossiler Brennstoffe zurück und 30% auf Landnutzungsänderungen, wie z. B. Rodungen.
10. Andere wichtige Treibhausgase wie z. B. Methan und Lachgas, deren Konzentrationen seit 1750 um 150 % bzw. 20 % zugenommen haben, machen zusammen etwas mehr als halb so viel aus wie der CO_2-Anstieg, da sie einen prozentual deutlich geringeren Anteil an der Zusammensetzung der Luft haben.
11. Ozon hat seit 1750 in den unteren Schichten der Atmosphäre zugenommen, in der Stratosphäre dagegen deutlich abgenommen: Schlagwort Ozonloch.

Seit dem Beginn der Industrialisierung Ende des 18. Jahrhunderts verändern menschliche Aktivitäten die Gaszusammensetzung der Lufthülle. Insbesondere der Kohlendioxidgehalt hat durch die Nutzung fossiler Brennstoffe stark zugenommen (von 280 ppm, Volumenanteile pro Million Anteile, im Jahre 1750 auf 399 ppm im Jahre 2014). Untersuchungen von eingeschlossener Luft in Eisbohrkernen aus der Antarktis und aus Grönland zeigen, dass der Kohlendioxidgehalt der Luft mit der Temperatur variierte: Er war niedrig wenn es kalt und hoch wenn es warm war. Während der letzten Eiszeit vor etwa 20.000 Jahren lag er bei etwa 180 ppm und während der letzten Warmzeit vor 120.000 Jahren bei 280 ppm. Warm- und

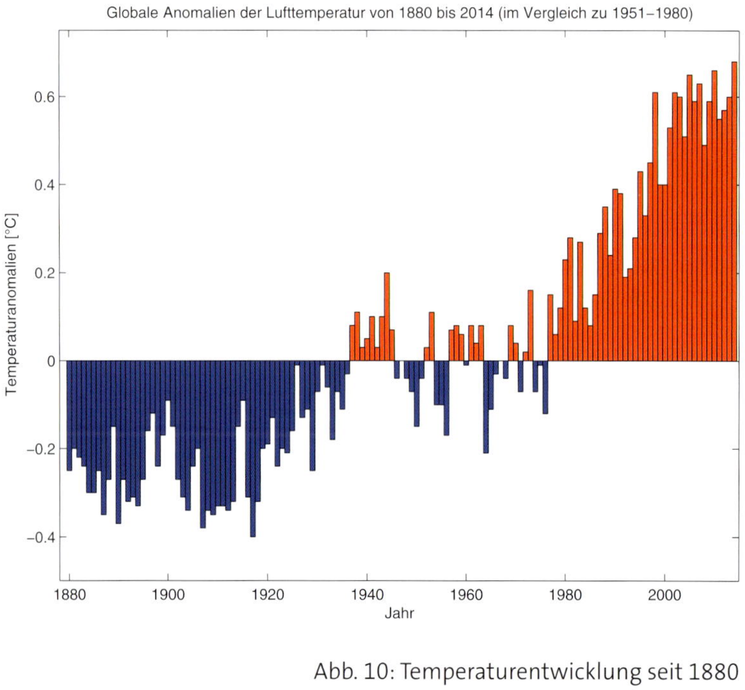

Abb. 10: Temperaturentwicklung seit 1880

Kaltzeiten der jüngeren Erdgeschichte unterschieden sich im Kohlendioxidgehalt zum Teil also nur um 100 ppm. Dies verdeutlicht, dass der vom Menschen um 120 ppm erhöhte Kohlendioxidgehalt zu einer Superwarmzeit führen könnte.

Je nachdem, wie sich die Weltwirtschaft und damit die Energieproduktion entwickelt, zeigen verschiedene Szenarien der Klimaentwicklung für die kommenden 100 Jahre einen weltweiten Temperaturanstieg von drei bis vier Grad Celsius. Dabei werden die Werte im Winter auf den Kontinenten und in den Polarregionen am stärksten steigen. Für den Bereich der Arktis werden sechs bis acht Grad Celsius berechnet.

Der Niederschlag wird nach diesen Studien in höheren Breiten zunehmen – vor allem im Winter. Meer- und Landeis werden demnach deutlich abnehmen, und der Meeresspiegel wird im Mittel um 40 bis 63 Zentimeter steigen.

Tabelle zur Geschichte der meteorologischen Entdeckungen

1597 *Galilei* erfindet das Thermometer.
1622 *Francis Bacon* beginnt die Diskussion über die Ursachen der großen Windsysteme. Später folgen Beiträge von *Galilei* (1643), *Hooke, Mariotte* und schließlich nahezu richtig durch *Hadley* (1735) und *Kant* (1756).
1643 *Torricelli* erfindet das Barometer.
1648 *Pascal* und *Descartes* entdecken, dass der Luftdruck mit der Höhe abnimmt.
1654 Das Beobachtungsnetz der Academia de Cimento in Florenz wird errichtet. Später folgt das Netz der Royal Academy in London (*R. Hooke*, 1667).
1660 *R. Hooke* vermutet als Erster einen Zusammenhang zwischen Barometerschwankungen und Wetter.
1687 *I. Newton* veröffentlicht seine Gesetze der Mechanik in der Principia Mathematica.
1729 *Bouguer* und später *Lambert* (1760) entwickeln die physikalisch-meteorologische Behandlung der Strahlung in der Atmosphäre.
1735 *Hadley* geht bei der Beschreibung der Passatwinde noch von einer einzelnen Zirkulationszelle pro Hemisphäre aus.
1816 Der Leipziger Physiker *Brandes* zeichnet die erste primitive Wetterkarte.
1817 *A. v. Humboldt* zeichnet die erste Isothermenkarte.
1820 Die erste synoptische Bodendruckkarte wird erstellt.
1840 Das Konzept der Energieerhaltung wird von *R. Mayer, J. Joule* und *H. von Helmholtz* entwickelt.
1850 Nach Erfindung des Telegraphen (1845) kommt es zu einer weiten Verbreitung der synoptischen Bodendruckkarten und bis zur Jahrhundertwende zu einer weltweiten Entwicklung der Wetterdienste.
1850 *R. Clausius* entwickelt den Ersten und Zweiten Hauptsatz der Thermodynamik.
1855 *Ferrel* stellt als erster die Drei-Zellen Struktur der Atmosphäre vor.
1901 Entdeckung der Stratosphäre durch *Teisserenc de Bort* und *Aßmann*.
1904 *V. Bjerknes* stellt als Erster fest, dass die Wettervorhersage ein Anfangswertproblem der mathematischen Physik ist, bei dem die grundlegenden nichtlinearen partiellen Differentialgleichungen im Prinzip bekannt sind (die Erhaltungssätze). Er erkennt aber auch, dass die gekoppelten nichtlinearen Gleichungen keine geschlossenen Lösungen besitzen, außer in einer sehr vereinfachten Form, die für die Wettervorhersage nicht brauchbar sind.
1922 Während und nach dem Ersten Weltkrieg versucht *L.F. Richardson* das Gleichungssystem mit großem Aufwand und geringem Erfolg mit mechanischen Rechenmaschinen zu lösen.
1940 Entdeckung der Strahlströme (eng begrenzte Zonen orkanartiger Winde von 300 bis 600 Kilometer pro Stunde). Entdeckung eines Temperaturmaximums in rund 50 Kilometer Höhe bei etwa 0 Grad Celsius (Stratopause).
1950 Die erste Wettervorhersage mit einem elektronischen Computer erfolgt durch *Charney, Fjørtoft* und *von Neumann* in Princeton (NJ, USA).
1956 Das erste Zirkulationsmodell für die Atmosphäre wird von *N. Phillips* veröffentlicht.
1967 *K. Bryan* und *M. Cox* stellen das erste ozeanische Zirkulationsmodell vor.
1975 Das erste gekoppelte Zirkulationsmodell für Atmosphäre und Ozean wird von *S. Manabe, K. Bryan* und *M.J. Spelmann* veröffentlicht. Heute existieren mehr als dreißig solcher Modelle, die in aller Welt genutzt und weiterentwickelt werden. Eine Koordinierung dieser Untersuchungen erfolgt durch das *World Climate Research Programme (WCRP).*

Literaturhinweise

Houghton, J.T. et al. (2001): Climate Change 2001, The Scientific Basis. Cambridge University Press, Cambridge
Schirmer, H. et al. (1989): Wie funktioniert das? Wetter und Klima. Meyers Lexikonverlag, Mannheim
Trenberth, K.E. & J.M. Caron (2001): Estimates of meridional atmosphere and ocean heat transports. J. Climatem 14, 3433-3443

Internetseiten

World Climate Research Programme (WCRP): http://www.wcrp-climate.org

Peter Lemke ist Professor für Physik von Atmosphäre und Ozean im Fachbereich Physik der Universität Bremen. Er forscht außerdem am Alfred-Wegener-Institut an klimarelevanten Prozessen in Atmosphäre, Meereis und Ozean und beschäftigt sich mit der Umsetzung dieser Beobachtungen in regionale numerische Modelle des polaren Teils des Klimasystems.

Anschrift: Prof. Dr. Peter Lemke
Alfred-Wegener-Institut für Polar- und Meeresforschung
Bussestrasse 24
27570 Bremerhaven
E-Mail: peter.lemke@awi.de

Die Luft, die uns wärmt

Biogeochemische Kreisläufe klimarelevanter atmosphärischer Spurengase

von Jürgen Hahn und Wolfgang Seiler, Garmisch-Partenkirchen

Die Erde ist von der Atmosphäre umgeben, einer Luftschicht, die sich aus einer Vielzahl von chemischen Verbindungen mit extrem unterschiedlichen Konzentrationen zusammensetzt. Der Atmosphärendruck nimmt mit der Höhe über dem Erdboden ab. Würde man die Atmosphäre so zusammendrücken, dass überall Bodendruck herrschte, würde sie eine Schichtdicke von lediglich circa acht Kilometern aufweisen. Das ist eine, verglichen mit dem mittleren Radius der Erde von mehr als 6.000 Kilometern, sehr dünne Schicht. Die Hauptbestandteile der Atmosphäre sind Stickstoff, Sauerstoff und Argon, die insgesamt 99,96 Prozent der Erdatmosphäre ausmachen. Die restlichen 0,04 Prozent verteilen sich auf eine Vielzahl von sogenannten Spurengasen. Bis vor wenigen Jahren konnte man viele Spurengase nicht nachweisen, weil die Messmethoden nicht verfügbar waren oder nicht über die ausreichende Empfindlichkeit verfügten. Trotz ihrer geringen Konzentrationen sind die Spurengase in der Atmosphäre von extrem großer Bedeutung für unsere Umwelt und die Lebensbedingungen auf der Erde. Zusammen mit den Aerosolteilchen, d. h. luftgetragenen Partikeln, beeinflussen die Spurengase das Klima auf der Erde und schützen das Leben vor der schädlichen UV-Strahlung der Sonne.

Die auf der Erde herrschenden Umweltbedingungen werden durch die chemische Zusammensetzung der Atmosphäre beeinflusst. Trotzdem scheut sich die Menschheit nicht, die Atmosphäre durch eine Vielzahl von Aktivitäten grundlegend und mit zunehmender Geschwindigkeit zu ihren Ungunsten zu verändern. Das heißt, der Mensch sägt an dem Ast, auf dem er sitzt. Wichtige anthropogene Aktivitäten, durch die der Mensch Schadstoffe in die Atmosphäre emittiert, sind u. a.

- die Verbrennung fossiler Brennstoffe wie Kohle, Erdöl und Erdgas (u. a. zur Gewinnung von Energie)
- die Änderung der Landnutzung (u. a. durch Waldrodungen, intensive landwirtschaftliche Nutzung, Versiegelung von Bodenflächen durch Bebauung)
- die Freisetzung von gasförmigen Verbindungen und Aerosolen durch industrielle Prozesse
- landwirtschaftliche Aktivitäten (u. a. vermehrter Einsatz von mineralischen Düngern und Pestiziden, Massenviehhaltung und Nassreisanbau).

Wissenschaft und Gesellschaft fordern daher immer lauter eine erhebliche und schnelle Reduktion der Emissionen umweltschädlicher Stoffe in die Atmosphäre. Nur so lässt sich verhindern, dass nachfolgende Generationen in einer stark veränderten Umwelt mit erheblich schlechteren Bedingungen leben müssen.

Budgets und Kreisläufe klimarelevanter Spurengase

Die wichtigsten klimarelevanten atmosphärischen Spurengase sind:

- Kohlendioxid (CO_2),
- Methan (CH_4),
- Distickstoffoxid (N_2O),
- Ozon (O_3) sowie
- voll- und teilhalogenierte Kohlenwasserstoffe (FCKW, HFCKW u. a.)

Hinzu kommen die Stickstoffoxide NO und NO_2, das Kohlenmonoxid (CO) und die flüchtigen organischen Verbindungen (VOC), die zur Bildung von Ozon und Aerosolen in der Troposphäre beitragen und damit indirekt klimawirksam sind.

Alle diese Spurengase und auch die Aerosole durchlaufen sogenannte biogeochemische Kreisläufe: Sie werden durch natürliche (biologische und geochemische) oder/und anthropogene Prozesse gebildet und gelangen dann in die Atmosphäre. Dort verteilen sie sich entsprechend der Länge ihres Aufenthalts mehr oder weniger global. In der Atmosphäre bauen physikalische und chemische Prozesse diese Spurengase teilweise oder zur Gänze ab. Sehr wichtig sind dabei die chemischen Reaktionen mit OH-Radikalen. Diese Molekülbruchstücke entstehen durch die Einwirkung energiereicher UV-Strahlung und reagieren mit nahezu allen Spurengasen. Daher werden diese Radikalverbindungen populärwissenschaftlich vielfach auch als das ›Waschpulver‹ der Atmosphäre bezeichnet. Darüber hinaus werden die Spurengase durch biologische und/oder nichtbiologische Prozesse im Boden und in den Gewässern sowie durch Pflanzen aufgenommen. Ein klassisches Beispiel ist die Photosynthese, durch die Pflanzen atmosphärisches CO_2 aufnehmen und in Biomasse überführen. Gleichzeitig ist die Biosphäre auch eine der wichtigsten Quellen für atmosphärische Spurengase wie z. B. von Kohlenwasserstoffen, die ihrerseits wieder wichtige Vorläufersubstanzen für die Ozonbildung sind. Auch Mikroorganismen setzen eine Vielzahl von reduzierten gasförmigen Verbindungen frei. Anthropogene Quellen sind Industrie, Verkehr, Handwerk und Gewerbe, private Haushalte sowie Land- und Forstwirtschaft. Dagegen spielen Vulkane in den biogeochemischen Kreisläufen atmosphärischer Spurengase eine eher untergeordnete Rolle.

Diese biogeochemischen Kreisläufe sind dafür verantwortlich, dass sich alle Spurengase zwischen ihrer Emission und ihrem Abbau nur eine endliche Zeit in der Atmosphäre aufhalten. Diese Aufenthaltszeit, auch atmosphärische Verweilzeit oder Lebenszeit genannt, hängt in erster Linie davon ab, wie reaktionsfreudig die Spurengase sind. Chemisch reaktive Spurengase haben relativ kurze atmosphärische Lebenszeiten. Im Falle der äußerst reaktionsfreudigen OH-Radikale sind es nur wenige Sekunden. Trägere Spurengase haben Lebenszeiten von mehreren Jahren – z. B. zwölf Jahre beim Methan. Sehr reaktionsträge Gase, wie z. B. FCKW-12 oder N_2O, verweilen länger als 100 Jahre in der Atmosphäre. Die Lebenszeiten wasserlöslicher Substanzen hängen stark von der Menge des Niederschlags und seiner Verteilung ab und schwanken im Bereich von mehreren Tagen bis zu wenigen Wochen.

Kurzlebige Spurengase, die innerhalb von Stunden oder Tagen abgebaut werden, zeigen deshalb eine ungleichmäßige Verteilung in der Atmosphäre. In großer Entfernung von ihren Quellen werden Spurengase wie z. B. die Stickstoffoxide NO und NO_2 sowie flüchtige organische Verbindungen nur in sehr geringen Konzentrationen angetroffen. In Ballungsgebieten können dagegen sehr hohe Konzentrationen dieser Gase auftreten, die dort zur regionalen Luftverschmutzung und damit zu erheblichen gesundheitlichen, ökologischen und wirtschaftlichen Schäden führen. Viele westliche Industrienationen haben diese Gefahr bereits vor vielen Jahren erkannt und mit Hilfe umfangreicher Maßnahmen die Luftqualität in dicht besiedelten Gebieten verbessert. In den Ballungsgebieten von Schwellen- und Entwicklungsländern ist die Schadstoffbelastung der Luft dagegen extrem hoch und mit hohen ökologischen und gesundheitlichen Folgen verbunden. Da in diesen Gebieten die Bevölkerung und die Industrie weiter stark zunehmen, wird sich hier die Lage mit an Sicherheit grenzender Wahrscheinlichkeit noch weiter verschlechtern.

Langlebige Spurengase wie z. B. CO_2, FCKW, N_2O und CH_4 verteilen sich nahezu gleichmäßig in der Troposphäre und wirken daher global. Da ihre Auswirkungen z. B. auf Klima und Ozonschicht weltweit spürbar sind, betreffen sie auch Länder, die zu diesen Problemen nichts oder nur wenig beigetragen haben bzw. beitragen. In diesem Fall können Lösungen nur durch globale, alle Länder der Erde umfassende Abkommen zustande kommen. Wirksame Schutzmaßnahmen fußen auf der Kenntnis

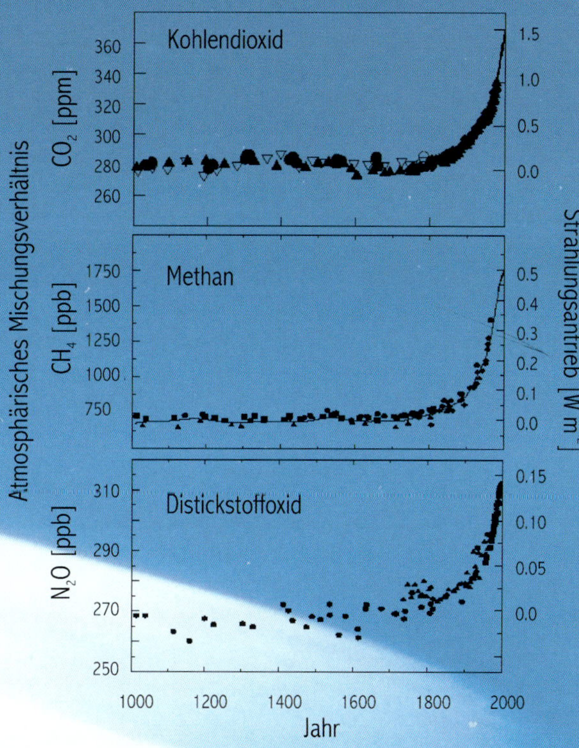

Abb. 1: Veränderungen der atmosphärischen CO_2-, CH_4- und N_2O-Konzentrationen und der berechneten Strahlungsantriebe im letzten Jahrtausend. Messdaten für Eisbohrkerne und Firnproben von verschiedenen Stationen in der Antarktis und auf Grönland (wiedergegeben durch verschiedene Symbole), ergänzt mit Messdaten von direkten Luftproben bis zum Jahr 2000

der biogeochemischen Spurenstoffkreisläufe und des menschlichen Einflusses auf diese Kreisläufe. In den letzten Jahren sind auf diesem Gebiet zwar große Fortschritte erzielt worden, allerdings ist unser Wissen über die in der Atmosphäre ablaufenden Prozesse und die komplexen Wechselwirkungen, u. a. zwischen Atmosphäre, Biosphäre und Hydrosphäre, immer noch zu lückenhaft, um in allen Fällen effiziente Maßnahmen zum Schutz der Atmosphäre definieren zu können.

Der Kohlendioxid-Kreislauf

Kohlendioxid (CO_2) ist das häufigste Spurengas in der Troposphäre. Darüber hinaus ist es auch dasjenige, welches unser Klima am nachhaltigsten beeinflusst. Seit den 1960er Jahren messen wir die atmosphärische CO_2-Konzentration direkt. Außerdem können wir über Luftblasen, die im arktischen und antarktischen Gletschereis eingeschlossen sind, die CO_2-Konzentration über die letzten 800.000 Jahre zurückverfolgen. Diese Daten haben gezeigt, dass die mittlere CO_2-Konzentration in der Troposphäre von 280 ppmv (= 280 Volumenanteile pro Million Volumenanteile) in der vorindustriellen Zeit auf heute fast 400 ppmv angestiegen ist (Abb. 1; darin Daten bis zum Jahr 2000). Dieser Wert ist höher als alle Werte,

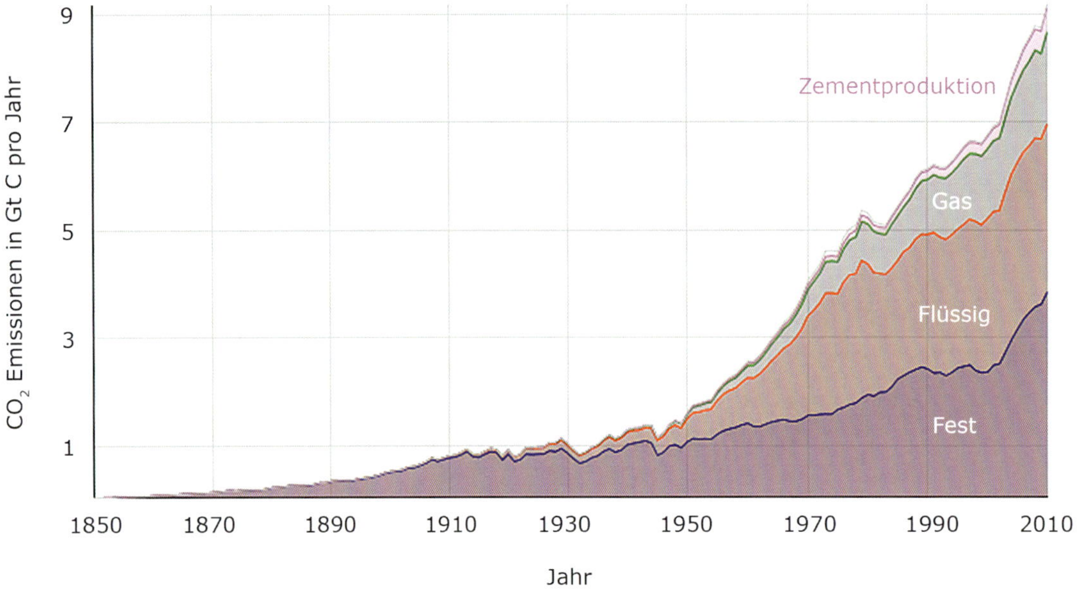

Abb. 2: Anthropogener CO_2-Ausstoß in die Troposphäre in Milliarden Tonnen Kohlenstoff pro Jahr zwischen 1850 und 2010. Emissionen durch Verbrennung fester, flüssiger und gasförmiger fossiler Brennstoffe und Emissionen durch Zementproduktion.

die in den Luftblasen antarktischer Eisbohrkernproben der letzten 800.000 Jahre gemessen wurden. Die Zunahme des CO_2-Werts ist für 60 Prozent des anthropogenen Treibhauseffekts verantwortlich. Für die Abschätzung der zukünftigen Entwicklung ist es wichtig, dass der Anstieg der CO_2-Konzentration in den letzten 150 Jahren exponentiell, d. h. immer schneller erfolgt ist. Sollte sich dieser Trend fortsetzen, wird in der zweiten Hälfte dieses Jahrhunderts mehr als doppelt so viel CO_2 in der Troposphäre sein, wie vor Beginn des industriellen Zeitalters.

Der größte Beitrag zum Anstieg der CO_2-Konzentration in der Atmosphäre geht auf die Energieerzeugung aus fossilen Brennstoffen (Kohle, Erdöl und Erdgas) zurück. Noch vor 160 Jahren gelangten so jährlich weniger als 0,1 Milliarden Tonnen Kohlenstoff oder 0,37 Milliarden Tonnen CO_2 in die Atmosphäre, im Jahr 2010 waren es über neun Milliarden Tonnen Kohlenstoff, enthalten in rund 33 Milliarden Tonnen CO_2 (Abb. 2). Der Zuwachs erfolgte in diesem Zeitraum mit einer durchschnittlichen Rate von ein bis zwei Prozent pro Jahr. Dieser Trend wurde in den zurückliegenden 160 Jahren lediglich kurzzeitig, u. a. durch die beiden Weltkriege, die Ölkrise und die wirtschaftlichen Strukturveränderungen im ehemaligen Ostblock unterbrochen. In den letzten Jahren ist die jährliche globale CO_2-Emissionsrate trotz der Vorgaben und Umsetzung des Kyoto-Protokolls sehr stark angestiegen.

Die höchsten Zuwachsraten werden zukünftig in den Entwicklungs- und Schwellenländern erwartet, allerdings ausgehend von einem im Vergleich zu den Industrieländern niedrigen Basiswert. Der jährliche Prokopf-CO_2-Ausstoß durch die Verbrennung fossiler Brennstoffe schwankt in ersteren Ländern heute zwischen 0,04 und 0,4 Tonnen. In Deutschland lag dieser Wert in 2012 bei 11,5 Tonnen, in den USA verursachte im selben Jahr jeder Bürger im Schnitt 17,5 Tonnen CO_2.

Kohlendioxid wird auch durch die Veränderung der Land- bzw. Bodennutzung freigesetzt. Durch die Abholzung von Tropenwäldern, durch intensive, nichtnachhaltige Bewirtschaftung von Wäldern in den hohen Breiten, u. a. in Skandinavien und Russland, sowie durch die Trockenlegung von Sümpfen werden große Mengen CO_2 freigesetzt. Immer mehr Flächen versalzen oder erodieren so stark, dass sie nicht mehr für die Landwirtschaft geeignet sind. Zusammen mit der wachsenden Weltbevölkerung erhöht sich so der Druck auf die wenigen noch intakten Waldökosysteme und Feuchtgebiete. Heute gelangen jedes Jahr etwa 1,1 Milliarden Tonnen CO_2 aufgrund von Landnutzungsänderungen in die Atmosphäre, im Zeitraum 1750 bis 2011 insgesamt 555 Milliarden Tonnen. Bis 1920 war dies die wichtigste anthropogene CO_2-Quelle – heute ist es die Verbrennung fossiler Brennstoffe.

Nur etwa die Hälfte des vom Menschen emittierten Kohlendioxids verbleibt in der Atmosphäre. Erst vor kurzem fanden Forscher heraus, was mit dem Rest passiert: Die Hälfte davon nehmen Landpflanzen zusätzlich auf, da der höhere CO_2-Gehalt bis zu einem gewissen Grad wie Dünger wirkt. Der enthaltene Kohlenstoff wird als Biomasse in den Pflanzen und im Boden gespeichert. Es ist aber damit zu rechnen, dass die Biosphäre in Zukunft immer weniger von dem zusätzlichen CO_2 aufnehmen kann und daher die Gefahr besteht, dass sich der Anstieg der CO_2-Konzentration beschleunigen wird. Da die Temperatur des Bodens und damit die Umsetzung des dort gespeicherten biogenen Kohlenstoffs durch Mikroorganismen zunimmt, gelangt immer mehr CO_2 aus dem Boden in die Atmosphäre. Das betrifft insbesondere die

Permafrostgebiete Russlands, in denen große Mengen an biogenem Kohlenstoff gespeichert sind und in denen sich die Klimaänderungen besonders stark bemerkbar machen. Nach heutigen Abschätzungen kann es sehr wohl sein, dass in 30 Jahren die weltweiten Ökosysteme nicht mehr CO_2 aus der Atmosphäre aufnehmen, sondern im Gegenteil noch zusätzliche CO_2-Mengen an sie abgeben werden. Der verbleibende Rest des anthropogen freigesetzten CO_2 wird unter heutigen Bedingungen von den Ozeanen aufgenommen und teilweise in der Tiefsee gespeichert (s. Artikel von G. Wefer, U. Röhl & W. H. Berger und Artikel von V. Ittekkot, T. Rixen & A. Suthhof). Auch in diesem Fall besteht die Gefahr, dass sich der Fluss von Kohlendioxid aus der Atmosphäre in den Ozean durch die höhere Temperatur und die damit abnehmende Löslichkeit von CO_2 im Wasser sowie durch den mit der zunehmenden CO_2-Konzentration verbundenen Anstieg des Säuregehalts mit der Zeit verringern wird.

Es wird geschätzt, dass das durch anthropogene Aktivitäten in die Atmosphäre abgegebene CO_2 circa 120 Jahre in der Atmosphäre verbleibt, bevor es durch verschiedene Prozesse abgebaut und damit wieder aus der Atmosphäre entfernt ist. Aufgrund dieser langen atmosphärischen Lebenszeit ist CO_2 trotz seiner ungleichen geographischen Verteilung von Quellen und Senken relativ gleichmäßig in der Troposphäre verteilt. Allerdings schwankt die CO_2-Konzentration über das Jahr gesehen, da die Pflanzen saisonal CO_2 aufnehmen bzw. freisetzen. Auf der Nordhalbkugel ist dieser Jahresgang ausgeprägter, da hier die größere Landmasse liegt. Im Nord-Frühling ist die CO_2 -Konzentration am höchsten, im Nord-Herbst am geringsten.

Kreislauf des Methans (CH_4)

Das zweitwichtigste klimarelevante Spurengas ist das Methan (Tab. 1). Seine Konzentration in der Troposphäre ist zwar mit rund 1.800 ppbv (ppbv: Volumenanteile pro Milliarde Volumenanteile; 1.800 ppbv =1,8 ppmv) um etwa den Faktor 200 geringer als die des CO_2, aber dafür ist es fast 30-mal klimawirksamer als CO_2. Insgesamt trägt Methan etwa 20 Prozent zum anthropogenen Treibhauseffekt bei. Hinzu kommt noch ein indirekter Beitrag, der auf sein chemisches Verhalten in der Troposphäre und unteren Stratosphäre zurückgeht: Methan reagiert mit OH-Radikalen und hat so einen wichtigen Einfluss auf die Oxidationskapazität der Troposphäre und damit auf die Verteilung anderer klimawirksamer Spurengase. In der Stratosphäre trägt das Methan zum Abbau des dort befindlichen Ozons bei, das in diesen Höhen besonders klimarelevant ist. Dieser indirekte Treibhauseffekt ist nur schwer abschätzbar und deshalb in den 20 Prozent nicht berücksichtigt.

Die Analyse der in polaren Eisproben eingeschlossenen Luftblasen hat gezeigt, dass der Methangehalt der Atmosphäre in den letzten 150 Jahren von circa 700 ppbv auf den heutigen Wert von über 1.800 ppbv angestiegen ist. Der vorindustrielle Wert hat sich also mehr als verdoppelt (Abb. 1). Damit ist heute mehr Methan in der Troposphäre vorhanden als zu irgendeinem anderen Zeitpunkt während der letzten 800.000 Jahre.

Bis Anfang der 1990er Jahre stieg die Methankonzentration jedes Jahr um circa 10 bis 15 ppbv. Zum Ende des letzten Jahrhunderts verlangsamte sich der Anstieg erheblich, aber seit 2007 steigt die Methankonzentration wieder kontinuierlich (Abb. 3 und Tab. 1).

Das atmosphärische Methan durchläuft – wie das CO_2 – einen biogeochemischen Kreislauf. Aufgrund seiner relativ langen Lebenszeit von circa zwölf Jahren ist das Methan in der Atmosphäre relativ gleichmäßig verteilt. Es entsteht im Wesentlichen, wenn Mikroorganismen organisches Material unter strikt sauerstofffreien Bedingungen abbauen. Natürliches Methan stammt hauptsächlich aus Feuchtgebieten, Termitenhügeln, der Gärung in den Mägen wildlebender Wiederkäuer sowie aus Waldbränden. Jedes Jahr gelangen auf diese Weise insgesamt zwischen 140 und 230 Millionen Tonnen Methan in die Atmosphäre. Diese Schätzung ist jedoch mit großen Unsicherheiten behaftet. Neuere Ergebnisse deuten darauf hin, dass Pflanzen auch unter aeroben Bedingungen Methan in die Atmosphäre abgeben können. Diese Erkenntnis wird unser Verständnis des globalen Methanhaushaltes maßgeblich revidieren.

Den natürlichen Methan-Quellen steht ein anthropogener Ausstoß gegenüber, der von etwa 80 Millionen Tonnen im Jahr 1860 auf inzwischen circa 370 Millionen Tonnen pro Jahr angestiegen ist und damit die natürliche Methanfreisetzung um den Faktor zwei übersteigt. Die wesentlichen anthropogenen Quellen sind Massenviehhaltung, Nassreisanbau, Kohlebergbau (Grubengas), Mülldeponien, Leckagen bei der Gewinnung und Verteilung von Erdgas sowie die zunehmende Biomasseverbrennung. Da die Weltbevölkerung von heute bereits über sieben Milliarden bis zum Jahr 2050 voraussichtlich auf neun bis zehn Milliarden Menschen ansteigen wird und dementsprechend mehr und intensivere Landwirtschaft betrieben werden muss, ist mit einem weiteren Anstieg der anthropogenen Methan-Emission in den nächsten 35 Jahren zu rechnen.

Methan wird in der Atmosphäre hauptsächlich durch die chemische Reaktion mit OH-Radikalen abgebaut und letztendlich in Form von CO_2 und Wasser wieder der Erdoberfläche zugeführt. Die Konzentration und Verteilung der OH-Radikale werden wiederum durch einen komplexen Reaktionsmechanismus bestimmt, an dem das Kohlenmonoxid (CO), die Stickstoffoxide (NO_X), die flüchtigen organischen Verbindungen (VOC) und das Methan selbst beteiligt sind. Es ist nicht ausgeschlossen, dass die OH-Konzentration in der Atmosphäre in den nächsten Jahrzehnten weiter absinkt und dadurch in der Atmosphäre weniger Methan abgebaut wird. Zusammen mit steigenden Emissionen von Methan aus der Landwirtschaft dürfte dies in den nächsten Jahrzehnten zu einer weiter steigenden Methankonzentration in der

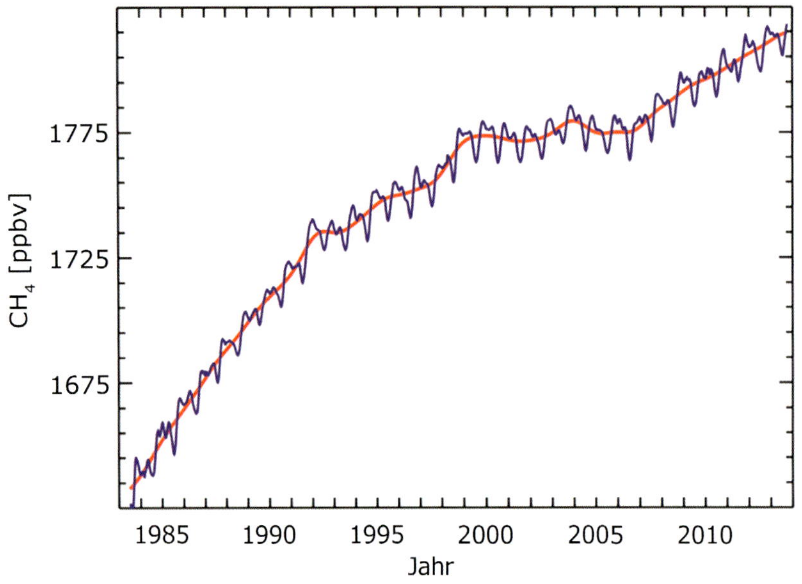

Abb. 3: Global gemittelte CH_4-Mischungsverhältnisse in ppbv in der unteren Troposphäre (Monatsmittelwerte aus direkten Messungen des Climate Monitoring and Diagnostics Laboratory, National Oceanic and Atmospheric Administration, Boulder Colorado, U.S.A.) für die Zeitspanne 1983 bis 2014.

Troposphäre führen. Wird tatsächlich Methanhydrat vom Meeresboden als Energieträger genutzt – wie momentan vielfach diskutiert – würde bei seiner Förderung unweigerlich auch Methan freigesetzt. Methanhydrat kommt im Meer als feste Substanz vor und bildet sich, wenn Wasser sich mit dem bei der Verwesung von Plankton, Algen und Fischen entstehenden Methan verbindet. Methanhydrat ist nur bei Kälte und unter hohem Druck stabil. Aktuelle Schätzungen gehen davon aus, dass in Methanhydrat am Meeresboden zwischen 500 und 1.500 Gigatonnen Kohlenstoff gespeichert sind, deutlich mehr, als die Reserven an konventionellem Erdgas, die auf 100 Gigatonnen Kohlenstoff geschätzt werden (s. Artikel von E. Suess & G. Bohrmann).

Kreislauf des Distickstoffoxids (N_2O)

Distickstoffoxid (N_2O), auch Lachgas genannt, ist nicht nur klimawirksam, sondern hat auch einen großen Einfluss auf die Chemie der Stratosphäre und damit auf die Verteilung und Konzentration des stratosphärischen Ozons, das ebenfalls ein klimarelevantes Spurengas ist. Dem N_2O muss deshalb, wie dem Methan, zusätzlich ein indirekter anthropogener Treibhauseffekt zugeschrieben werden, der aber zurzeit noch nicht mit hinreichender Genauigkeit quantifiziert werden kann.

Der direkte Beitrag des N_2O zum anthropogenen Treibhauseffekt wird derzeit auf sechs Prozent geschätzt. Das atmosphärische N_2O weist eine lange Lebenszeit von rund 114 Jahren auf, weshalb seine Konzentration mit erheblicher Verzögerung auf Veränderungen des globalen N_2O-Ausstoßes reagiert. Selbst bei einer Stabilisierung der derzeitigen N_2O-Emissionen würde daher die atmosphärische N_2O-Konzentration weiter ansteigen und erst nach 250 Jahren einen neuen Gleichgewichtswert erreichen. Dieser würde dann in etwa um den Faktor zwei über dem vorindustriellen Wert liegen.

Chemische Analysen der in polarem Eis eingeschlossenen Luftblasen zeigen, dass die N_2O-Konzentration in der Atmosphäre von 270 ppbv in der vorindustriellen Zeit auf inzwischen rund 325 ppbv angestiegen ist (Tab. 1). Damit ist auch sie höher, als zu jedem anderen Zeitpunkt während der letzten 800.000 Jahre. Seit 1940 nimmt die Konzentration jedes Jahr mit circa 0,3 Prozent stark zu.

Der N_2O-Anstieg ist auf menschliche Aktivitäten zurückzuführen. So werden in der Landwirtschaft verstärkt mineralische Stickstoffdünger eingesetzt, die Viehhaltung intensiviert, Biomasse verbrannt und Land umgewidmet, z. B. durch Waldrodungen und Trockenlegung von Sümpfen. N_2O entsteht auch bei der katalytischen Reinigung von Autoabgasen. Die Industrie sowie die Abwasser- und Abfallbeseitigung sind weitere N_2O-Quellen. Die gesamte, durch anthropogene Aktivitäten emittierte N_2O-Menge wird derzeit auf vier bis sieben Millionen Tonnen pro Jahr geschätzt.

Diesem anthropogenen Ausstoß stehen pro Jahr sechs bis zehn Millionen Tonnen Stickstoff aus natürlichen N_2O-Quellen gegenüber: Mikroben im Boden und Meer mineralisieren organisch gebundenen Stickstoff und überführen ihn in anorganische Stickstoffverbindungen. Das bei diesen Prozessen entstehende N_2O diffundiert aus Boden und Wasser in die Atmosphäre.

Im Gegensatz zu den N_2O-Quellen ist der Abbau des atmosphärischen N_2O gut bekannt. Distickstoffoxid wird in der Stratosphäre durch die UV-Strahlung abgebaut. Mit etwa zwölf Millionen Tonnen Stickstoff pro Jahr ist dies die einzig wichtige Senke für das atmosphärische N_2O.

Kreislauf der voll- und teilhalogenierten Kohlenwasserstoffe (FCKW, HFCKW)

Die voll- und teilhalogenierten Kohlenwasserstoffe sind gasförmige Verbindungen, bei denen die Wasserstoffatome ganz oder teilweise durch Atome der Halogene Fluor, Chlor, Brom oder Jod ersetzt sind. Mit ganz wenigen Ausnahmen sind dies alles synthetische Verbindungen, die so in der Natur nicht vorkommen. Sie werden bei ihrem Einsatz als Treibgas, Lösungs-, Feuerlösch- oder Begasungsmittel in die Atmosphäre abgegeben oder gelangen durch Leckagen – z. B. in Kälteanlagen – in die Atmosphäre. Seit ihrem ersten Einsatz sind die Konzentrationen der am häufigsten auftretenden vollhalogenierten Kohlenwasserstoffe FCKW-11 und -12 in der Troposphäre von Null auf 255 bzw. 544 pptv (Volumenanteile pro Billion Volumenanteile) im Jahr 2003 angestiegen (Tab. 1). Die Konzentrationen anderer vollhalogenierter Kohlenwasserstoffe wie z. B. FCKW-13, FCKW-113 oder FCKW-115 schwanken zwischen 5 und 80 pptv.

Während die HFCKW zum größten Teil bereits in der Troposphäre abgebaut werden, passieren die chemisch außerordentlich stabilen FCKW die Troposphäre unbeschadet und werden erst in der Stratosphäre durch die kurzwellige, d. h. energiereiche, solare UV-Strahlung aufgespalten.

Obwohl die Konzentration dieser Verbindungen um sechs Größenordnungen kleiner ist als die des CO_2, tragen sie insgesamt rund 15 Prozent zum anthropogenen Treibhauseffekt bei. Dies liegt daran, dass sie besonders viel Strahlung absorbieren und sehr lange in der Atmosphäre verweilen. Darüber hinaus tragen die FCKW bzw. ihre Spaltprodukte zum Abbau der stratosphärischen Ozonschicht bei. Dadurch erreicht mehr schädliche UV-Strahlung die Erdoberfläche, was sich negativ auf die Biosphäre auswirkt und die Oxidationskapazität der Troposphäre verändert.

Wegen der großen negativen Auswirkungen der voll- und teilhalogenierten Kohlenwasserstoffe auf die Umwelt hat sich die Weltgemeinschaft 1987 im Montréaler Protokoll und nachfolgenden Zusatzvereinbarungen verpflichtet, die Produktion der schädlichsten FCKW und HFCKW zu drosseln bzw. ganz einzustellen. Die im Rahmen dieses Protokolls erzielten internationalen Vereinbarungen sind in den letzten Jahren größtenteils umgesetzt worden. Die Konzentrationen der unter das Montréaler Protokoll fallenden Verbindungen in der Troposphäre steigen infolgedessen wesentlich weniger stark an als in den 1980er Jahren oder nehmen sogar schon wieder ab (Tab. 1, Werte für 2003 und 2012/13). An den vollhalogenierten Kohlenwasserstoffen kann man sehen, wie schnell die Konzentrationen atmosphärischer Spurengase infolge anthropogener Emissionen ansteigen können. Da diese Substanzen lange Lebenszeiten aufweisen, wird ihre Konzentration in der Atmosphäre selbst nach einem Produktionsstopp noch lange auf einem hohen Niveau verbleiben und die Umweltbedingungen auf der Erde negativ beeinflussen. FCKW-11 hat eine atmosphärische Lebenszeit von 45 Jahren, daher muss davon ausgegangen werden, dass seine Konzentration bis 2050 erst auf die Hälfte des heutigen Wertes abgesunken sein wird. FCKW-12 hat sogar eine Lebenszeit von 100 Jahren. Seine atmosphärische Konzentration hatte um die Jahrtausendwende maximale Werte erreicht und wird bis 2100 auf einen Wert von etwa 230 pptv absinken (Abb. 4).

Extrem klimarelevant sind auch die Perfluorkohlenwasserstoffe. Beispielhaft sei hier das Perfluormethan genannt, das eine atmosphärische Lebenszeit von mindestens 50.000 Jahren aufweist und dazu noch 6.000-mal klimawirksamer ist als CO_2. Erwähnenswert ist auch das Schwefelhexafluorid, das gegenwärtig zwar nur ein atmosphärisches Mischungsverhältnis von 7,6 pptv besitzt, aber das spezifische Treibhauspotenzial des CO_2 um den Faktor 23.500 übersteigt.

Tabelle 1: Mittlere Konzentrationen der wichtigsten Treibhausgase in der Troposphäre sowie ihre atmosphärischen Lebenszeiten und spezifischen Treibhauspotenziale

	CO_2	CH_4	N_2O	FCKW-11	FCKW-12	HFCKW-22
Konzentration (vorindustriell)	280 ppmv	722 ppbv	270 ppbv	0	0	0
Konzentration 2003	375 ppmv	1.800 ppbv	318 ppbv	255 pptv	544 pptv	158 pptv
Konzentration 2012/2013	395 ppmv	1.830 ppbv	325 ppbv	235 pptv	527 pptv	220 pptv
Atmosphärische Lebenszeit [Jahre]	50 – 200	12	114	45	100	11,9
Spezifisches Treibhauspotenzial (Zeithorizont 100 Jahre)	1	28	265	4.600	10.600	1.700

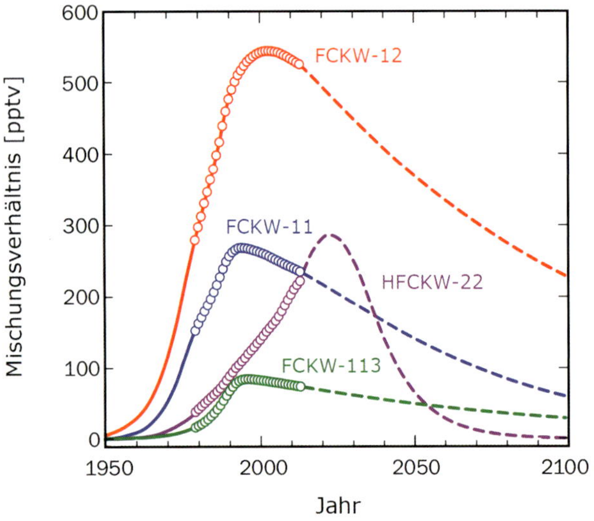

Abb. 4: Mittlere globale Mischungsverhältnisse (Jahresmittelwerte in pptv aus direkten Messungen und Modellrechnungen) für FCKW-12, FCKW-11, FCKW-113 und HFCKW-22 in der Troposphäre für die Zeitspanne 1950 bis 2100

Kreislauf des Ozons (O_3)

Anders als die bisher behandelten, langlebigen Spurengase verfügt das atmosphärische Ozon (O_3) über keine Quellen an der Erdoberfläche, sondern wird ausschließlich durch chemische Reaktionen in der Atmosphäre gebildet. Da die photochemische Bildung ziemlich komplex und das gebildete Ozon chemisch sehr reaktiv ist, verteilt sich Ozon zeitlich und räumlich sehr ungleichmäßig in der Atmosphäre. Die Verteilung hängt stark von der Höhe über dem Erdboden, der geographischen Breite und der Jahreszeit ab. Die höchsten Ozonkonzentrationen treten in der Stratosphäre in Höhen von 12 bis 25 Kilometern auf. Hier wird das Ozon durch photolytische Prozesse, insbesondere durch die Spaltung von Sauerstoffmolekülen durch die kurzwellige Sonnenstrahlung, erzeugt. Durch diesen Prozess wird die lebensfeindliche UV-Strahlung der Sonne absorbiert. Ohne diesen extrem effizienten UV-Filter würde diese Strahlung ungehindert die Erdoberfläche erreichen und höheres Leben in seiner jetzigen Form auf der Erdoberfläche außerhalb der Ozeane nicht zulassen.

Die stratosphärische Ozonschicht wurde in den vergangenen Jahrzehnten infolge der Einwirkung der FCKW generell ausgedünnt. Besonders ausgeprägt ist dieses Phänomen in der Stratosphäre über der Antarktis, wo die Ozonschicht in jedem südhemisphärischen Frühjahr über eine Zeitspanne von mehreren Monaten nahezu komplett abgebaut wird (antarktisches Ozonloch). Obwohl die Produktion von FCKW aufgrund des Montréaler Protokolls verboten ist und nur noch geringe Mengen durch Lecks aus existierenden Anlagen in die Atmosphäre gelangen, wird es wegen der langen Lebenszeit der FCKW und der in der Stratosphäre abnehmenden Temperatur noch mehrere Jahrzehnte dauern, bis sich die stratosphärische Ozonschicht wieder erholt und das antarktische Ozonloch komplett abgebaut worden ist.

Im Gegensatz zu den Verhältnissen in der Stratosphäre hat das Ozon in der Troposphäre seit der Industrialisierung zugenommen, allerdings mit erheblichen regionalen Unterschieden. Ältere Messreihen aus Frankreich (Montsouris und Pic du Midi) sowie aus Italien (Moncalieri) zeigen eindeutig, dass der Jahresmittelwert des bodennahen Ozons, zumindest über Westeuropa, seit Ende des 19. Jahrhunderts um den Faktor drei von 5 bis 15 ppbv auf 30 bis 50 ppbv angestiegen ist. Wie kontinuierliche Messreihen (z. B. auf der Zugspitze in 3.000 Metern Höhe) ergeben haben, hat sich dieser Trend bis in die 1990er Jahre fortgesetzt. In den ersten Jahren dieses Jahrhunderts pendelte das Jahresmittel der Ozonkonzentration auf der Zugspitze um einen Wert von 51,5 ppbv (Abb. 5). Die Ozonkonzentration in der Troposphäre schwankt jahreszeitlich sehr stark, mit Minima im Winter und Maxima im Sommer. Dies liegt daran, dass die Ozonproduktion von der Sonneneinstrahlung und dem saisonal variierenden großräumigen Transport von Luftmassen in der freien Troposphäre abhängt.

Auch an anderen Reinluftstationen in der Nordhemisphäre wurden erhöhte Ozonkonzentrationen gemessen, so dass anzunehmen ist, dass der Anstieg in der unteren Troposphäre typisch für die gesamte Nordhemisphäre ist. In der wesentlich saubereren Südhemisphäre ist dieser Trend nicht nachzuweisen. Hier schwankt die Ozonkonzentration zwischen 10 und 30 ppbv. Der Anstieg in der Nordhemisphäre ist auf den zunehmenden anthropogenen Ausstoß von CO, CH_4, NO_X und flüchtigen organischen Verbindungen zurückzuführen. Diese Verbindungen werden in der Troposphäre bei ausreichender Sonnenbestrahlung durch photochemische Prozesse abgebaut, wobei u. a. auch Ozon entsteht. Die höchsten troposphärischen O_3-Konzentrationen finden sich daher in stark verschmutzten Luftmassen mit entsprechend hohen Konzentrationen von Ozonvorläufer-Substanzen. Dabei können Ozonwerte von weit über 400 ppbv auftreten. In dieser Größenordnung ist Ozon für Pflanzen und Tiere giftig.

Die Lebenszeit des Ozons in der Troposphäre schwankt von wenigen Tagen in der unteren Troposphäre bis zu einigen Monaten in den oberen Luftschichten der Troposphäre. Dies hängt mit der hohen chemischen Reaktivität und der komplexen, von verschiedenen Faktoren abhängigen Produktion des Ozons zusammen. Über chemische Reaktionen hat das Ozon einen starken Einfluss auf die Bildung von OH-Radikalen und damit auch auf die Oxidationskapazität der Troposphäre. Das spezifische Treibhauspotenzial des Ozons schwankt zwischen 30 in bodennahen Luftschichten und etwa 2.000 in der oberen Troposphäre. Änderungen der Ozonkonzentration in der oberen Troposphäre in acht bis zwölf Kilometern Höhe wirken sich daher besonders stark auf das Klima aus.

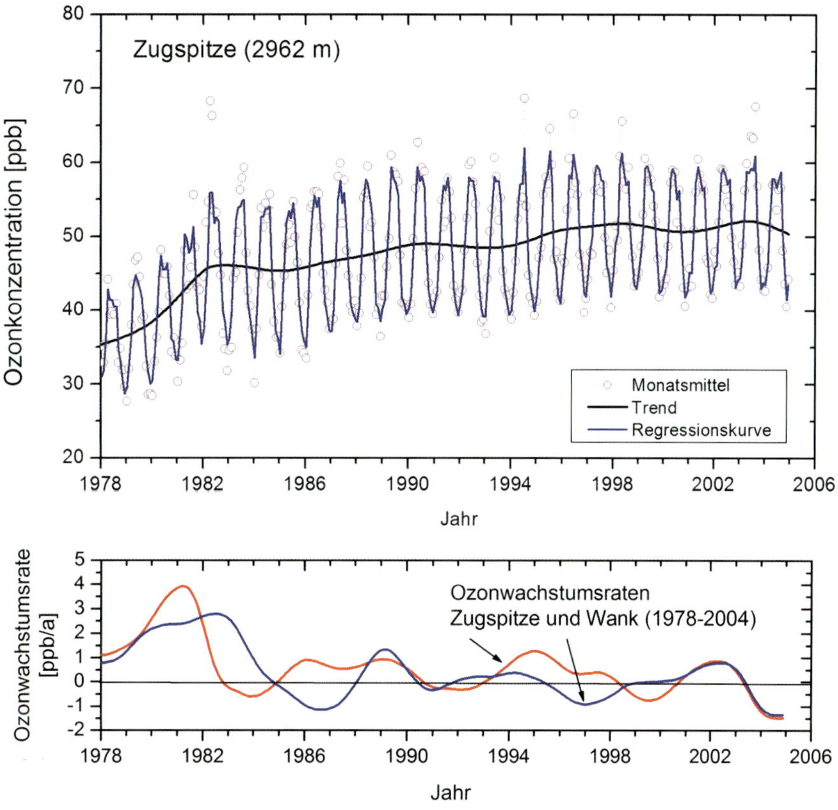

Abb. 5: Oben: Monatsmittelwerte, Regressionskurve und Trend des Ozonmischungsverhältnisses in ppbv in der Troposphäre an der Messstation Zugspitze (2.962 Meter über N.N.) des Instituts für Meteorologie und Klimaforschung, Atmosphärische Umweltforschung (IMK-IFU) des Forschungszentrums Karlsruhe für die Zeitspanne 1978 bis 2004. Unten: Zeitliche Variationen der Anstiegsrate der Ozonkonzentration in der Troposphäre in ppbv pro Jahr an den IMK-IFU Messstationen Zugspitze (2.962 Meter über N.N.) und Wank (1.780 Meter über N.N.) für die Zeitspanne 1978 bis 2004

Welche Auswirkungen haben veränderte Konzentrationen klimarelevanter Spurengase?

Klimarelevante atmosphärische Spurengase sind für den sogenannten Treibhauseffekt der Atmosphäre verantwortlich und werden daher auch Treibhausgase genannt. Im sichtbaren Bereich beeinflussen sie den solaren Strahlungsfluss nur wenig, absorbieren aber die infrarote Rückstrahlung der Erdoberfläche und erwärmen dadurch die bodennahen Schichten der Atmosphäre. Wären keine Treibhausgase in der Atmosphäre vorhanden, würde sich rein hypothetisch auf der Erde eine Oberflächentemperatur von circa minus 18 Grad Celsius einstellen. Die durchschnittliche Temperatur an der Erdoberfläche liegt aber derzeit bei circa plus 16 Grad Celsius, also 34 Grad Celsius darüber. Davon entfällt circa ein Grad Celsius auf die anthropogen emittierten Treibhausgase.

Das wichtigste Treibhausgas ist der atmosphärische Wasserdampf. Da Wasserdampf und andere klimarelevante Spurengase (wie CO_2, CH_4, O_3 und N_2O) wichtige Bestandteile der natürlichen, d. h. vorindustriellen Atmosphäre waren, bezeichnet man den Temperaturunterschied von 33 Grad Celsius in der vorindustriellen Zeit auch als den ›natürlichen Treibhauseffekt‹ der Atmosphäre. Der vom Menschen verursachte Anstieg der Treibhausgase verstärkt den natürlichen Treibhauseffekt und hat bereits zu einer weiteren Zunahme der mittleren Temperatur in der bodennahen Troposphäre um circa ein Grad Celsius geführt. Dieser zusätzliche Effekt wird auch als ›anthropogener Treibhauseffekt‹ bezeichnet.

Die Klimawirksamkeit der verschiedenen Treibhausgase ist unterschiedlich. Eine Kenngröße dafür ist das spezifische Treibhauspotenzial oder ›global warming potential‹ (GWP). Das GWP ist definiert als »der Strahlungsantrieb des Klimas, der durch die Freisetzung einer Masseneinheit eines Treibhausgases in die Atmosphäre relativ zum Treibhausverhalten der gleichen Menge CO_2 verursacht wird«. Es besagt also, wie viel stärker oder schwächer eine bestimmte Menge Treibhausgas auf das Klima wirkt als die vergleichbare Menge CO_2. Da verschiedene Treibhausgase unterschiedliche atmosphärische Lebenszeiten haben, ist das GWP nicht nur von den Eigenschaften des betrachteten Treibhausgases abhängig, sondern auch vom Zeithorizont, d. h. von dem betrachteten Zeitraum. Für kurzlebige Spurengase wie Ozon, die sehr ungleichmäßig in der globalen Atmosphäre verteilt sind, lassen sich keine oder nur sehr ungenaue GWP-Werte angeben. Die spezifischen Treibhauspotenziale der wichtigsten Treibhausgase sind für einen Zeithorizont von 100 Jahren in Tabelle 1 aufgelistet. Danach ist Methan (CH_4) 28-mal, Distick-

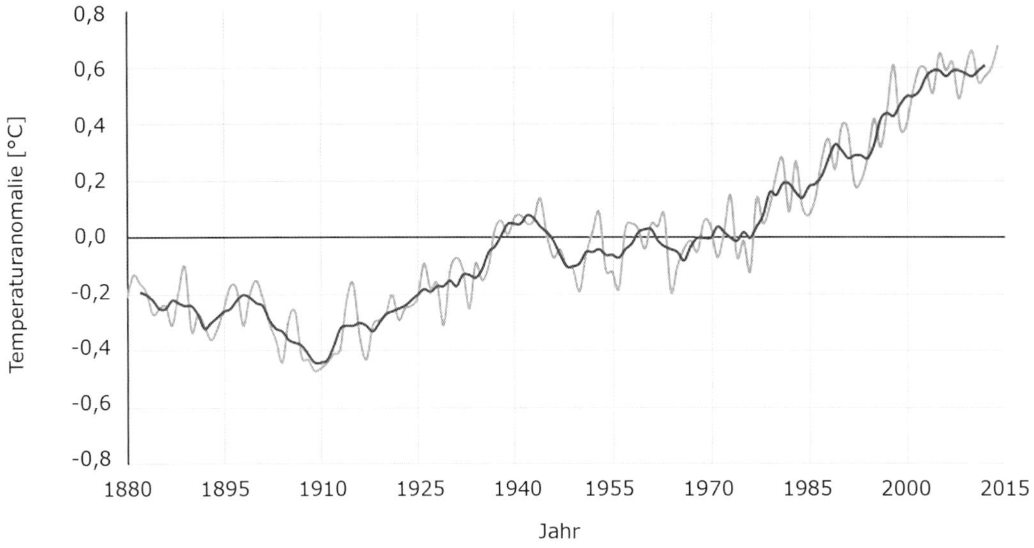

Abb. 6: Anomalien der Temperatur an der Erdoberfläche (Land und Ozean) im Zeitraum 1880 bis 2014. Weltjahresmittelwerte als Abweichungen vom Gesamtmittelwert für die Zeitspanne 1951 bis 1980 (in Grad Celsius). Einzelne Jahresmittelwerte (grau) und Regressionskurve (gleitendes 5-Jahresmittel, blau).

stoffoxid (N_2O) 2-mal und FCKW-12 sogar 10.600-mal klimawirksamer als die gleiche Menge CO_2. Das ist der Grund dafür, dass selbst verhältnismäßig kleine Mengen bestimmter Treibhausgase das Klima erheblich beeinflussen können.

Die mittlere Jahrestemperatur in den bodennahen Luftschichten der Erde hat in den letzten 135 Jahren insgesamt um rund 0,9 Grad Celsius zugenommen und im Jahr 2014 ein neues Maximum seit Beginn der Temperaturaufzeichnungen erreicht (Abb. 6). Davon sind allein circa 0,6 Grad Celsius auf die letzten drei Jahrzehnte entfallen, d. h., dass der Temperaturanstieg immer rascher erfolgt. Die 20 höchsten Temperaturen in dieser historischen Zeitreihe wurden alle in den letzten 20 Jahren gemessen.

Dieser Temperaturtrend lässt sich nur durch eine Kombination von natürlichen Prozessen – u. a. die sich ändernde solare Einstrahlung, Vulkanausbrüche etc. – und anthropogenen Aktivitäten erklären. Alle Forschungsergebnisse sprechen dafür, dass die steigenden Temperaturen der letzten 50 Jahre nahezu ausschließlich auf den anthropogenen Treibhauseffekt zurückgehen. Dagegen sind die Änderungen in der ersten Hälfte des 20. Jahrhunderts sehr wahrscheinlich in erster Linie die Folge der natürlichen Klimavariabilität, hier insbesondere der Änderungen der solaren Einstrahlung. Ergebnisse globaler Klimaberechnungen, die sowohl die natürlichen als auch die anthropogenen Effekte berücksichtigen, stimmen überraschend gut mit den beobachteten Temperaturänderungen überein und sind damit ein gutes Indiz für den anthropogenen Einfluss auf das Klima.

Um den weiteren Verlauf der Klimaänderungen bis zum Ende dieses Jahrhunderts prognostizieren zu können, sind Angaben über die zeitlichen Veränderungen der Ausstoßraten der wichtigsten Treibhausgase, insbesondere des CO_2, erforderlich. Die Internationale Energie-Agentur (IEA) geht in ihrer neuesten Abschätzung davon aus, dass – relativ zu den heutigen Werten – die CO_2-Emission durch die Verbrennung fossiler Energieträger bis zum Jahr 2040 um etwa 20 Prozent ansteigen wird. Aussagen über diesen Zeitraum hinaus sind wegen der nicht vorhersagbaren langfristigen politischen, wirtschaftlichen, technischen und gesellschaftlichen Entwicklungen kaum möglich. Um trotzdem Abschätzungen über die mögliche weitere Klimaentwicklung vornehmen zu können, werden verschiedene mögliche Entwicklungspfade der CO_2-Emissionen (Szenarien) für Zeitperioden von mehr als 100 Jahren angenommen.

Basierend auf derartigen Emissionsszenarien schließen die Autoren des letzten IPCC-Berichts aufgrund mehrerer Klimaberechnungen, die von strengem Klimaschutz bis zu ungebremsten Emissionen reichen, dass die Temperaturen in der bodennahen Luftschicht weiter ansteigen werden. Bis zum Ende des Jahrhunderts rechnen die Forscher – je nach Emissionsszenario – mit weiteren Erhöhungen zwischen 0,9 und 5,4 Grad Celsius. Ein derartiger Temperaturanstieg wird Auswirkungen auf den Austausch von CO_2 zwischen der Atmosphäre und der Biosphäre bzw. dem Ozean haben. Selbst bei Annahme eines mittleren Temperaturzuwachses von lediglich 3 bis 4 Grad Celsius würde sich ein Klimazustand einstellen, wie er nachweislich in den letzten drei Millionen Jahren auf der Erde nicht aufgetreten ist.

Eine solche Klimaänderung wäre ohne Zweifel mit erheblichen sozio-ökonomischen und ökologischen Auswirkungen verbunden. Die erwartete globale Klimaänderung wird u. a. den Meeresspiegel durch thermische Expansion des Meerwassers ansteigen lassen, die räumliche und zeitliche Verteilung der Niederschläge und die globale atmosphärische Zirkulation verändern sowie den hydrologischen Kreislauf intensivieren. Letzteres wird zu vermehrten meteorologischen Extremereignissen führen. Besonders betroffen davon sind die Land- und Forstwirtschaft sowie die in Küstennähe und auf niedrig gelegenen Inseln lebenden Menschen.

Die Veränderungen des regionalen Klimas können in ihren Auswirkungen weit über die Folgen der globalen Klimaänderung hinausgehen. Das gilt vor allem dann, wenn sie mit einer starken Zunahme der sogenannten extremen Wetterereignisse und entsprechenden Schädigungen der Fauna und Flora einhergehen. Die Statistiken der großen Versicherungsgesellschaften (so u. a. der Münchener Rückversicherung) lassen keinen Zweifel daran aufkommen, dass die Anzahl der durch die bisherige Klimaänderung verursachten Naturkatastrophen (wie Überschwemmungen, Dürren, tropische Wirbelstürme, Waldbrände u. a.) in den letzten vier Jahrzehnten stark zugenommen haben und sich diese Entwicklung in den nächsten Jahrzehnten weiter verstärken wird (s. Artikel von B. Merz). Es ist deshalb dringend erforderlich, umfassende Maßnahmen zum Schutz des Klimas zu ergreifen und zu unserem eigenen Schutz und zum Schutz zukünftiger Generationen Strategien zur Anpassung an die Auswirkungen der Klimaänderung zu definieren und umzusetzen.

Um den Temperaturanstieg auf einen noch allgemein tolerierbaren Wert von zwei Grad Celsius über dem heutigen Wert zu beschränken, müsste der weltweite Treibhausgas-Ausstoß nach heutigen Erkenntnissen bis 2050 um 40 bis 70 Prozent gegenüber dem Jahr 2010 und danach bis zum Jahr 2100 auf einen Wert nahe Null reduziert werden. Eine solche Forderung klingt im ersten Moment utopisch, kann aber ohne größere Schwierigkeiten realisiert werden, wenn die bereits heute vorhandenen technischen und sonstigen Möglichkeiten effizient ausgeschöpft werden. Wirksame Maßnahmen müssen so schnell und umfassend wie möglich umgesetzt werden, wenn man dem Klimaschutz als der größten umweltpolitischen Herausforderung dieses Jahrhunderts gerecht werden und gegenüber den nachfolgenden Generationen verantwortungsvoll handeln will. Da nicht mehr zu verhindern ist, dass sich das Klima während der nächsten drei Jahrzehnte merklich ändern wird, müssen darüber hinaus Anpassungsstrategien entwickelt werden, um mit den Folgen des weiteren Klimawandels auf regionaler und globaler Ebene fertig zu werden.

Literaturhinweise

IEA (International Energy Agency): World Energy Outlook 2014 Factsheets – How will global energy markest evolve to 2040? OECD/IEA, Paris, 2014; www.iea.org

IPCC, 2013: Climate Change 2013: The Physical Science Basis. Contribution of Working Group I to the Fifth Assessment Report of the Intergovernmental Panel on Climate Change [Stocker, T.F., D. Qin, G.-K. Plattner, M. Tignor, S.K. Allen, J. Boschung, A. Nauels, Y. Xia, V. Bex and P.M. Midgley (Hrsg.)]. Cambridge University Press, Cambridge, United Kingdom and New York, NY, USA

World Meteorological Organization (WMO) (2014): Scientific Assessment of Ozone Depletion: 2014, World Meteorological Organization, Global Ozone Research and Monitoring Project-Report No. 55, Geneva, Switzerland

Anm. der Red.: In diesem Artikel wurden für die vorliegende vierte Auflage einige Zahlenangaben im Text und in Tabelle 1 sowie die Abbildungen 2, 3, 4 und 6 durch die Redaktion aktualisiert.

Jürgen Hahn arbeitete als wissenschaftlicher Mitarbeiter am Institut für Meteorologie und Klimaforschung (IMK-IFU) des Forschungszentrums Karlsruhe. Er ist promovierter Chemiker und beschäftigt sich mit den zeitlichen Veränderungen der chemischen Zusammensetzung der Atmosphäre.

Anschrift: Dr. Jürgen Hahn
Institut für Meteorologie und Klimaforschung
Atmosphärische Umweltforschung (IMK-IFU)
Forschungszentrum Karlsruhe GmbH
Kreuzeckbahnstr. 19
82467 Garmisch-Partenkirchen

E-Mail: juergen.hahn@imk.fzk.de

Wolfgang Seiler war Leiter des Instituts für Meteorologie und Klimaforschung (IMK-IFU) des Forschungszentrums Karlsruhe und Honorarprofessor an der Universität Augsburg. Er beschäftigt sich mit den Auswirkungen menschlicher Aktivitäten auf die Umwelt, insbesondere auf das regionale Klima.

Anschrift: Prof. Dr. Wolfgang Seiler
Karlsruhe Institute for Technology (KIT)
Institut für Meteorologie und Klimaforschung
Kreuzeckbahnstr. 19
82467 Garmisch-Partenkirchen

E-Mail: wolfgang.seiler@kit.edu

Niederschlag, Starkregen und Hochwasser

von Bruno Rudolf, Offenbach und Clemens Simmer, Bonn

Niederschlag ist lebenswichtig. Der Niederschlag bringt den Kontinenten das Wasser, das für alle Lebensvorgänge unabdingbar ist. Über das Jahr verteilt tritt Niederschlag nur während einem kleinen Teil der Zeit auf. So regnet es in Mitteleuropa merklich nur etwa fünf Prozent der Zeit. Da die Bedeutung von Wasser so hoch ist, macht sich jeder Mangel an Niederschlag, aber auch jedes Zuviel, bemerkbar. In den Tiefebenen Mitteleuropas werden Niederschläge überwiegend durch die dynamischen Vorgänge der Tiefdruckgebiete (Zyklone) hervorgerufen. Im Bereich der mit ihnen verbundenen Fronten entstehen umfangreiche Aufwärtsbewegungen. Die aufsteigende Luft kühlt ab, wodurch der in der Luft vorhandene Wasserdampf kondensiert. Luft kann auch unabhängig von Fronten aufsteigen, z. B. wenn sie ein Gebirge überströmt. Dabei bilden sich auf der Luvseite Wolken, die u. U. abregnen, während sich auf der Leeseite die Wolken auflösen. Oder aber – vermehrt bei uns im Sommer und besonders heftig in den Tropen – die Konvektion, d. h. das Aufsteigen von am Boden erhitzten Luftpaketen. Gewitterwolken sind hierfür ein deutliches Beispiel. Wolken entstehen, wenn Wasser von der gasförmigen Phase – dem Wasserdampf – in die flüssige Phase übertritt (= kondensiert) oder direkt zu Eis wird (= sublimiert). Niederschlag entsteht, wenn das flüssige Wasser oder Eis – die kondensierte Phase – auf die Erdoberfläche gelangt. Wasser und Eis können sich auch direkt am Boden bilden, doch tragen Tau und Reif in den meisten Gebieten der Erde nur geringfügig zum Gesamtniederschlag bei. Über Land gelangt das Niederschlagswasser zum größten Teil durch Versickerung in den Boden. Dieses Wasser speist die Pflanzen und das Gewässernetz. Durch Verdunstung vom Boden und durch Pflanzen kehrt ein Teil wieder in die Atmosphäre zurück. Ein gewisser Anteil des Wassers geht vom Boden ins Grundwasser über, von wo es durch Quellen über Bäche und Flüsse schließlich in Seen und vor allem in die Ozeane fließt (s. Artikel von H. D. Schulz). Gehen große Mengen Niederschlag in kurzer Zeit nieder, kann der Boden die Wassermassen nicht mehr aufnehmen, und das Wasser fließt oberflächlich ab. Je nach Niederschlagshöhe und Gestalt des Einzugsgebiets steigt dann der Wasserstand in den Bächen und Flüssen an, und es kann zu Hochwasser oder gar zu Überschwemmungen kommen.

Zur Kondensation – die Sublimation zu Eis ist im Folgenden immer mit eingeschlossen – wird vor allem Wasserdampf in der Atmosphäre benötigt. Da von der Bodenoberfläche ständig Wasser verdunstet, steigt über Kapillarkräfte auch ständig Wasser vom Grundwasser auf und versucht so die Verdunstungs- und Transpirationsverluste an die Atmosphäre auszugleichen. Insge-

Abb. 1: Schematische Darstellung des hydrologischen Zyklus auf der Erde

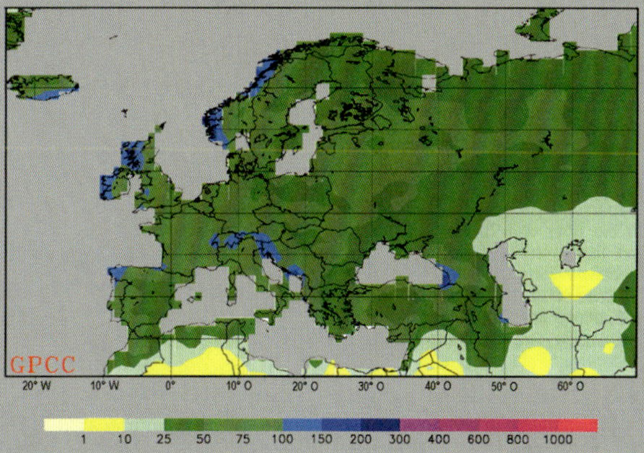

Abb. 2: Mittlere Jahresniederschlagsverteilung für Europa im Zeitraum 1961 bis 1990

samt enthält die Atmosphäre im globalen Mittelwert das Niederschlagsäquivalent von etwa 25 Litern pro Quadratmeter und damit nur relativ wenig Wasserdampf. Geht man davon aus, dass im Mittel auf der Erde circa 1.000 Liter im Jahr pro Quadratmeter als Regen am Boden ankommen, so folgt, dass der Wasserdampf in der Atmosphäre im Mittel etwa alle zehn Tage einmal den Zyklus von Verdunstung bis Niederschlag durchläuft. Noch weit geringer ist der Gehalt der Atmosphäre an flüssigem Wasser und Eis: Wenn Wolken noch nicht merklich regnen, liegt ihr Wassergehalt selten über einem halben Liter pro Quadratmeter, meist weit darunter. Die Verhältnisse über Land und Ozeanen unterscheiden sich deutlich voneinander, fügen sich aber im globalen Wasserkreislauf zusammen (Abb. 1). Dabei muss über den Ozeanen mehr Wasser verdunsten als ausregnen, damit der entsprechende Überschuss die Fluss-Systeme und Seen an Land speisen kann.

Da die Atmosphäre nur wenig Wasser speichern kann, halten sich über die gesamte Erde verteilt im Jahresmittel Verdunstung und Niederschlag die Waage. Sie erreichen – wie oben gesagt – einen Wert von circa 1.000 Litern pro Quadratmeter. In den mitteleuropäischen Flachländern liegt dieser Wert typischerweise zwischen 500 und 900 Litern pro Quadratmeter. Regional sind die Jahressummen des Niederschlags sehr unterschiedlich (Abb. 2), aber sie weisen scheinbar eine recht glatte räumliche Verteilung auf. Dies liegt unter anderem an der Interpolation zwischen den weit verstreuten Niederschlagsstationen. Werden einzelne Ereignisse betrachtet, so zeigt sich der Niederschlag als sehr unregelmäßig verteilt, d. h. Gebiete mit Niederschlag wechseln sich mit trockenen Gebieten ab; insbesondere bei Gewitterwetterlagen kann es im Abstand von wenigen Kilometern zu großen Unterschieden kommen. Diese Differenzen schlagen häufig in der Jahressumme durch, da wenige, starke Niederschlagsereignisse die flächenhafte Verteilung prägen. Abbildung 3 zeigt Niederschlagshöhen, die während einer solchen Schauerwetterlage mit dem Regenradar gemessen wurden.

Beobachtungssysteme

Gemessen wird der Niederschlag vorwiegend mit Niederschlagsmessern, die in ihrer Grundkonzeption einem Topf gleichen. Für die in Deutschland am häufigsten verwendeten Geräte beträgt die Auffangfläche 200 Quadratzentimeter. Die räumliche Repräsentanz einer solchen ›Punktmessung‹ hängt ab von der Art des Niederschlags, der Beobachtungsperiode sowie der Stationslage und Umgebung, z. B. Flachland oder Gebirge. Zur Erfassung der räumlichen Niederschlagsverteilung werden diese Geräte in einem Messnetz betrieben.

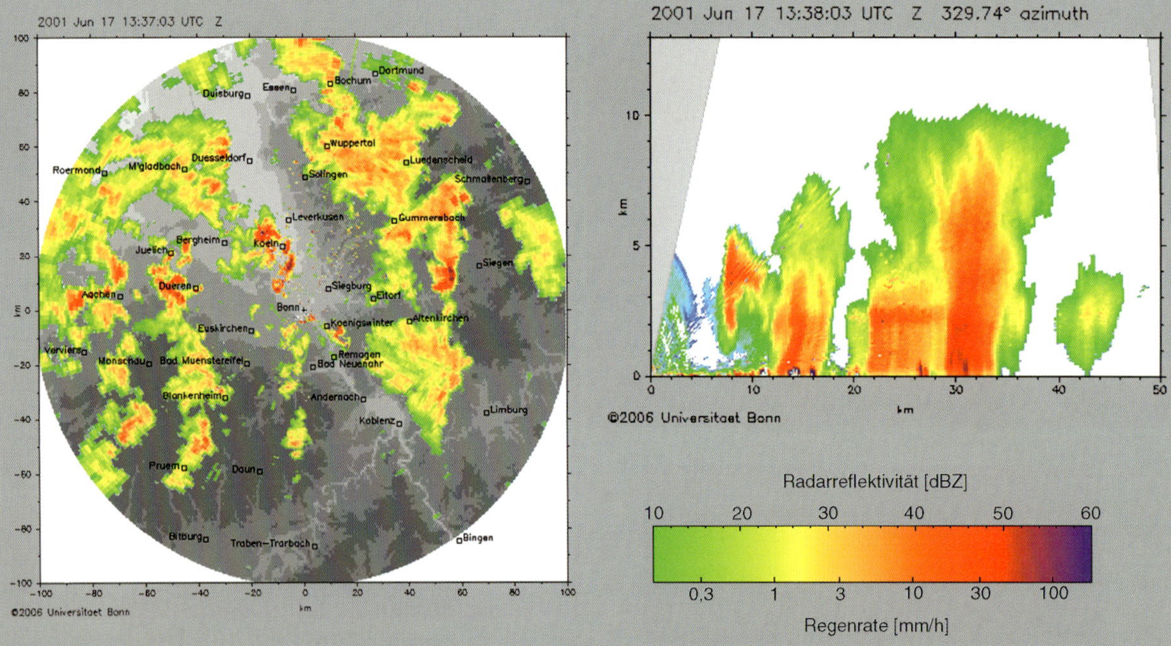

Abb. 3: Eine konvektive Wettersituation (17.Juni, 2001) aus der Sicht des Bonner X-Band-Radars. Links: Radarmessung zu einem bestimmten Zeitpunkt. Dargestellt ist die flächenhafte Verteilung des Radarechos. Je höher das Echo, desto stärker im Allgemeinen der Niederschlag. Rechts: Radarecho als Höhenschnitt in Richtung Norden. Die Höhenverteilung des Radarechos zeigt, wie hoch die Niederschlagsteilchen in der Atmosphäre reichen. Die dazugehörige Wolke reicht noch höher. In der Nähe des Radars (links unten) und in der Nähe des Bodens wird das Bild durch Reflexion der Radarwellen von Bodenobjekten beeinflusst. An den vollständig angeschnittenen Regenzellen fällt das horizontale so genannte ›helle Band‹ auf. Es kennzeichnet die Höhe, in der Eispartikel in Regentropfen übergehen (daher auch Schmelzschicht genannt). Das erhöhte Echo folgt u. a. aus der Abhängigkeit des Echos von der sechsten Potenz des Partikelradius. In der Schmelzschicht entstehen besonders große Partikel, da angeschmolzene Eispartikel zusammenklumpen.

Der Deutsche Wetterdienst (DWD) betreibt ein sehr dichtes Niederschlagsmessnetz mit zurzeit (2009) rund 2.000 Stationen im Gebiet der Bundesrepublik Deutschland. Dieses Netz muss sowohl den Bedarf an schneller Information über Starkniederschläge, vor allem lokale Starkregen aus Schauern oder Gewittern, als auch nach hydrometeorologischen und klimatologischen Auswertungen erfüllen. An circa 1.000 DWD-Stationen wird der Niederschlag zeitlich hochauflösend (im Minutentakt) gemessen. Die Daten von circa 500 dieser Stationen werden stündlich elektronisch in die DWD-Zentrale übermittelt, ebenso wie zusätzlich Daten von 200 vergleichbaren weiteren Stationen der Landesbehörden in Bayern, Baden-Württemberg und Rheinland-Pfalz. Damit wird die Echtzeitbeobachtung des Niederschlags heute durch insgesamt 700 Stationen abgestützt. Von weiteren insgesamt circa 1.500 Stationen des DWD werden die Daten in der Regel am Folgetag geliefert. An rund 200 Stationen wird nicht nur der Niederschlag gemessen, sondern rund um die Uhr auch eine Fülle weiterer Daten erhoben, die das Wetter charakterisieren. Das aerologische Netz mit acht Radiosondenstationen misst mindestens zweimal am Tag den vertikalen Verlauf von Wind, Feuchte und Temperatur, der u. a. für die Vorhersage von Wolken- und Niederschlagsentwicklung wichtig ist. Diese Messwerte aus der freien Atmosphäre in Höhen bis zu etwa 30 Kilometern bilden immer noch eine wichtige Datengrundlage für die numerische Wettervorhersage.

Das Messnetz des Deutschen Wetterdienstes wird weiter optimiert und insbesondere an den aus dem Hochwasserschutz resultierenden Bedarf angepasst. Bund und Länder planen, das Messnetz zur zeitlich hochauflösenden Niederschlagsmessung mit umgehender Datenübermittlung auf 1.300 Stationen oder mehr für Deutschland gemeinsam auszubauen. Doch selbst mit dieser höheren Anzahl von Messpunkten allein werden wir das Niederschlagsgeschehen von Schauern und Gewittern nicht ausreichend überwachen können. Indirekte Beobachtungssysteme (Fernerkundung) wie Niederschlagsradar und Satelliteninstrumente können diese Lücke schließen; sie liefern flächendeckende Niederschlagsverteilungen. Daher betreibt der Deutsche Wetterdienst an derzeit 17 Standorten Radargeräte zur Niederschlagsmessung. Allerdings sind Fernerkundungsverfahren derzeit noch nicht genau genug. Die Forschung versucht seit langem, die flächendeckende Erfassung des Niederschlags durch Fernerkundung zu verbessern und so für die Praxis nutzbarer zu machen. Das derzeit genaueste Verfahren ist die Radarmessung; sie bestimmt die Intensität des Niederschlags anhand der Reflexionsstärke von Mikrowellen an Niederschlagspartikeln. Anhand der Stärke des reflektierten Echos können die Experten Rückschlüsse ziehen auf Menge und Größe der Niederschlagsteilchen, aus der Laufzeit zwischen Senden und Empfangen der Echos können sie die Entfernung bestimmen. Die teils mit empirischen Ansätzen abgeleiteten Niederschlagsintensitäten bleiben mit großen Unsicherheiten behaftet, und selbst modernste Methoden weisen immer noch einen Fehler auf, der im Bereich des Faktors zwei liegt. Viele praktische Anwendungen benötigen aber genauere Angaben. Deshalb werden die Radarergebnisse zur quantitativen Niederschlagsbestimmung an die Daten der konventionellen Messnetze angeglichen.

Andere Fernerkundungsverfahren, z. B. von Satelliten aus, sind bereits vom Grundansatz her weniger direkt als Radarmessungen, und daher wundert es nicht, dass sie weniger genau sind. Über den großen Ozeanflächen sind Satellitenmessungen jedoch die einzig verfügbare Methode. Tatsächlich reicht über Wasserflächen die Genauigkeit einiger Verfahren bereits an die der Radarmessung heran. Leider sind diese Verfahren – sie basieren auf der passiven Mikrowellenausstrahlung – aus technischen Gründen nur von Satelliten aus anwendbar, die die Erde in etwa 1.000 Kilometern Höhe umkreisen. Diese können aber nur wenige Messungen pro Tag über einem festen Ort durchführen. Mit der geplanten, internationalen ›Global Precipitation Mission‹ sollen acht niedrig fliegende, spezielle Mikrowellensatelliten helfen, ein genaueres Bild des weltweiten Niederschlags zu erstellen. Zurzeit wird intensiv daran gearbeitet, die Emissionssignale im Submillimeterbereich – zwischen den Mikrowellen und der Infrarotstrahlung – zur Verbesserung der Niederschlagsinformationen zu verwenden. Noch fehlt jedoch der entscheidende Durchbruch, so dass die Bereitstellung von Messwerten des flächenhaften Niederschlags mit praxisgerechter Genauigkeit eine der großen Herausforderungen für die Meteorologie bleibt.

Auch über das weitere Schicksal des Regens, mit dem sich dann vorwiegend die Hydrologie befasst, können Satellitenmessungen Informationen liefern. So lässt die langwellige Mikrowellenausstrahlung des Bodens Schlüsse auf die Bodenfeuchte zu, die erstmals vom europäischen SMOS-Satelliten erfasst werden können. Zukünftige Satelliten werden aber auch recht genaue Messungen von Wasserständen in Flüssen liefern. Die Messungen der Altimeter, die per Radar die Flughöhe eines Satelliten zentimetergenau bestimmen können, gestatten prinzipiell solche Angaben. Damit sollte z. B. die Erfassung und Vorhersage von Überschwemmungen flussabwärts vergleichsweise einfach sein. Sie könnten zukünftig das Netz von Pegelmessungen an Flüssen ersetzen. Die Verfolgung von Hochwassern wird damit in Zukunft flächendeckend möglich sein.

Niederschlagsprozess und Vorhersage

Die herausragende Bedeutung der Niederschlagsvorhersage für die Gesellschaft braucht hier nicht ausgeführt zu werden. Entscheidend für die Nutzung einer Vorhersage ist aber ihre Qualität. Nur die numerische Wettervorhersage kann Niederschlag über einen Zeitraum von mehr als wenigen Stunden hinaus voraussagen. Dazu müssen die Niederschlagsprozesse bekannt sein und in Rechenvorschriften umgesetzt werden, die ein Computer ausführen kann. Nun sind gerade an der Bildung von Niederschlag viele verschiedene Prozesse beteiligt, die sich über etwa 15 Größenordnungen erstrecken, ausgehend von der Sammlung von Wasserdampfmolekülen an einem Kondensationskern mit einem Durchmesser von etwa 10^{-9} Metern bis zur Größe eines Tiefdruckgebietes mit 10^{6} Metern. In den mittleren Breiten sind die Fronten der Tiefdruckgebiete mit dem größten Niederschlagsaufkommen verbunden; sie liefern etwa drei Viertel aller Niederschläge. Abbildung 4 zeigt ein typisches Radarbild eines Frontendurchgangs mit einem breiten Niederschlagsband. Aus ihr wird deutlich, dass auch Fronten aus Konvektionselementen aufgebaut sind, und dass das oft beschriebene gleichmäßige Aufsteigen der Luft an ihnen eine unzulässige Vereinfachung des Prozesses darstellt.

In der aktuellen Forschung versucht man, die Einflüsse von verschiedenen Kondensationskernen auf die Menge der Tropfen und das gebildete Wolkenwasser zu quantifizieren. Von Beginn an entstehen unterschiedlich große Tropfen, die dementsprechend unterschiedliche Fallgeschwindigkeiten besitzen. Dadurch stoßen Tropfen unterschiedlicher Geschwindigkeit zusammen und verschmelzen. Es ist noch unklar, wie empfindlich das Wachstum der größten Tropfen, die dann als Regen zu Boden fallen können, von Menge und Größenverteilung der anderen Wolkentropfen abhängt.

Der beschriebene Prozess ist zwar eine wichtige Grundlage, um die Bildung von Niederschlag zu verstehen, dennoch führt er alleine nur zu geringen Niederschlägen, in den mittleren Breiten typischerweise zu winterlichem Sprühregen. In tropischen Gebieten kann diese Form der Niederschlagsbildung allerdings durchaus von Bedeutung sein. Bei uns wird Regen dagegen meist in Wolken mit unterkühlten Tropfen erzeugt. Zwar gefrieren ab etwa minus 5 Grad Celsius bereits einige Wassertropfen zu Eis, sie können jedoch auch noch bei Temperaturen bis unter minus 20 Grad Celsius flüssig bleiben. In größerem Umfang setzt das Gefrieren ab etwa minus 10 Grad Celsius ein. Da sich bei Temperaturen unter dem Nullpunkt der Sättigungsdampfdruck des Wasserdampfs über Eis und über flüssigem Wasser unterscheidet, kann ein Zustand auftreten, bei dem die Luft über den Tropfen ungesättigt und über den Eispartikeln übersättigt ist, so dass Tropfen verdunsten, während gleichzeitig Eisteilchen wachsen. Diese Transporte von den Tropfen zu den Eisteilchen erfolgen im Sekunden- bis 10-Sekundenbereich und lassen die Eisteilchen sehr schnell anwachsen. Durch dieses Wachstum

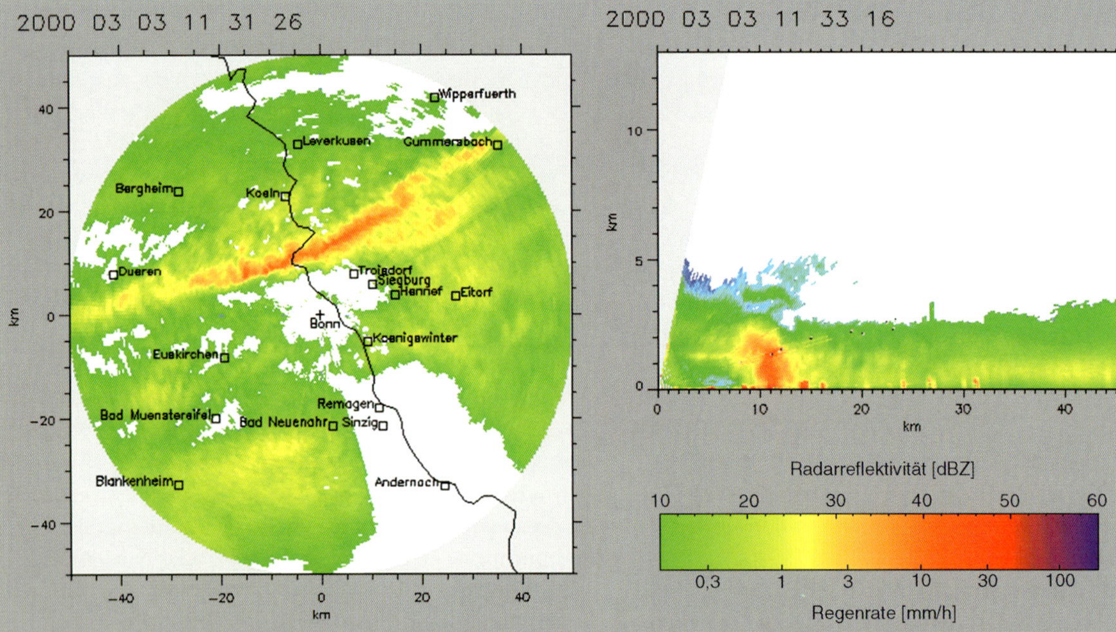

Abb. 4: Radarmessung zur Zeit eines Frontendurchgangs am 3. März 2000

entstehen ebenfalls Teilchen unterschiedlicher Größe und Fallgeschwindigkeit. Die Kollision mit langsamer fallenden Wassertropfen führt dabei zu einem weiteren, schnellen Größenwachstum, bis schließlich die typische Größe eines Niederschlagsteilchens erreicht ist. Auf dem Weg nach unten schmilzt das Teilchen dann meist durch die zunehmenden Temperaturen. Ein typischer Regentropfen hat am Boden einen Durchmesser von ein bis zwei Millimetern.

So einfach dies klingt, so schwierig ist dennoch die Umsetzung in Modellen, die uns erlauben, Niederschlag vorherzusagen. Es ist legitim, die Güte der Vorhersage eines Parameters als Maß für das Verständnis des Prozesses anzunehmen. Trotz vieler Fortschritte in den Vorhersagemodellen hat sich die ortsgenaue Prognose des Niederschlags in den vergangenen zehn Jahren im Gegensatz zu anderen Parametern nicht verbessert (Abb. 5). Prinzipiell sieht man erhebliche Verbesserung für Parameter, deren Variabilität deutlich über der Modellauflösung liegt. Hier ist die in Abbildung 5 dargestellte Temperatur, aber auch der Bodendruck zu nennen. Für Größen auf der Skala der Modellauflösung, wie z. B. der Niederschlag, sehen wir ein chaotisches Verhalten, das die genaue Verortung dieser Ereignisse erschwert. Geht man von der ortsgenauen Verifikation der Ereignisse weg, fasst dagegen die Vorhersagen zu größeren Gebieten zusammen, so sieht man sehr deutlich, dass die Vorhersageleistung der Modelle auch in den letzten Jahren zugenommen hat. Man kann auch insbesondere konstatieren, dass Modelle mit höherer räumlicher Auflösung und besserer physikalischer Ausstattung gegenüber schlechter aufgelösten Modellen Vorteile bringen. Die Zukunft liegt hier eindeutig in der Hinwendung zu Wahrscheinlichkeitsvorhersagen.

Die Gründe für die mangelnde ortsgenaue Vorhersage sind vielfältig. Sicher ist an erster Stelle zu nennen, dass alle Prozesse, die innerhalb von Volumen, die kleiner als die Gitterweiten der Modelle sind, im Modell nicht direkt beschrieben werden können. Diese Vorgänge, so etwa die o. a. Niederschlagstropfenbildung, werden als Funktionen der großräumigeren Prozesse dargestellt; dies nennen wir Parametrisierung. Eine Parametrisierung ist immer eine Vereinfachung, deren Zulässigkeit meist nur indirekt über den Erfolg der Vorhersage geprüft werden kann. Bei Gitterweiten von mehreren Kilometern liegt es auf der Hand, dass viele Prozesse parametrisiert werden müssen, und das bereitet Probleme. So dürften die parametrischen Beschreibungen eigentlich nicht – wie noch immer praktiziert – eindeutig formuliert werden, da sie Prozesse bestenfalls statistisch beschreiben.

Bei den mikroskaligen Prozessen der Niederschlagsbildung liegt der Verdacht nahe, dass besonders hier die dazu verwendeten parametrischen Beschreibungen große Unsicherheiten enthalten. Zum Beispiel: Geht Wasserdampf in Wasser oder Eis über, ist dies mit erheblichen Energieumwandlungen durch die Verdunstungswärme verbunden und erzeugt so kleinsträumige Gradienten aller meteorologischen Größen. Dies regt turbulente Luftbewegungen an, die wiederum das Wachstum von Eisteilchen und Tropfen verändern können. Auf der gleichen Skala agieren die Kondensationskerne, die notwendig sind, um überhaupt einen Tropfen zu bilden. Das anfängliche Tropfenspektrum in einer Wolke hängt hierdurch von der Größenverteilung und der Art des Aerosols ab. Die räumlich nächstgrößere Prozessklasse, die in den Vorhersagemodellen parametrisiert werden muss, sind

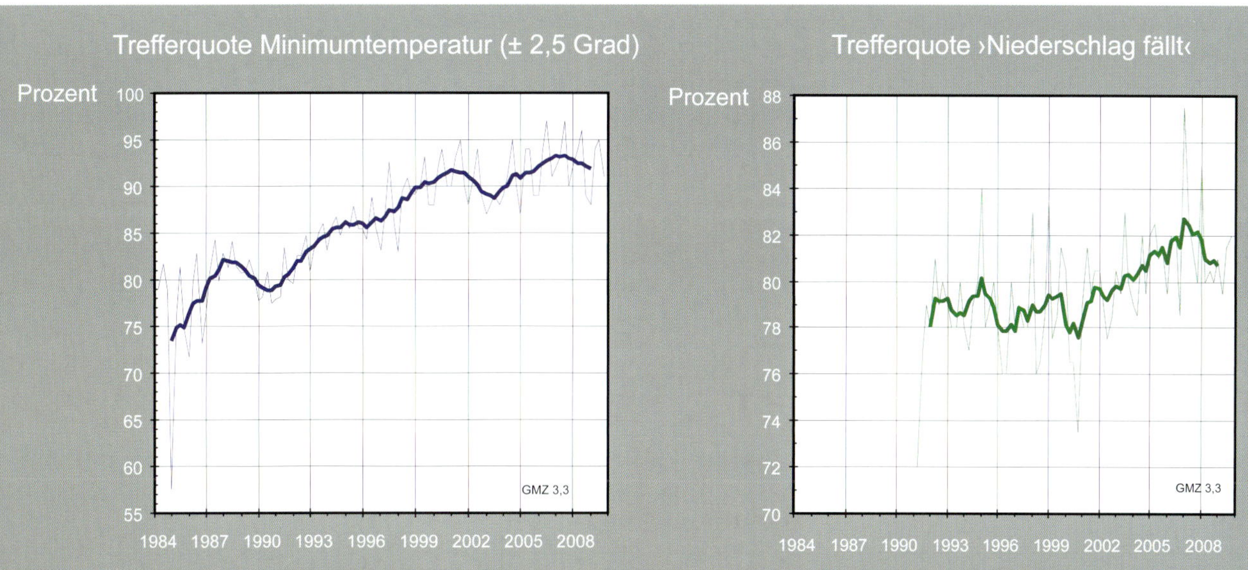

Abb. 5: Zeitliche Entwicklung der Qualität der 24 Stunden-Vorhersage der Minimumtemperatur (links) und des Niederschlags (rechts). Dargestellt ist links die Trefferquote einer korrekten Vorhersage der Minimumtemperatur (DWD) an den Stationen des Deutschen Wetterdienstes (SYN) bei einer erlaubten Abweichung von 2,5 Grad, rechts dargestellt ist die Trefferquote für die Vorhersage der ja/nein Aussage ›Niederschlag fällt‹ oder ›fällt nicht‹ im Mittel über alle Beobachtungsstationen des DWD. Quelle: Deutscher Wetterdienst

die Bewegung einzelner Luftpakete, die sich von ihrer Umgebung durch höhere Temperatur und damit geringere Dichte unterscheiden. Auch für die parametrische Beschreibung dieser Prozesse fehlen noch weitgehend experimentelle Überprüfungen.

Niederschlag ist immer eine Folge vielfältiger Prozesse in der Atmosphäre. Also muss man immer eine komplette Wettervorhersage erstellen, um Niederschlag vorhersagen zu können. Da die Strömungen in der Atmosphäre global miteinander verknüpft sind, setzen alle Wetterdienste in der Regel mindestens zwei Modelle ein. In globalen Modellen werden die Vorhersagen weltweit derzeit in einer groben Auflösung von etwa 50 Kilometern berechnet. Für ein Zielgebiet werden die Daten des globalen Modells verwendet, um ein kleinräumig arbeitendes Modell mit einer Auflösung von derzeit zwischen 2 und 20 Kilometern zu betreiben. Beide Modelle erfordern umfangreiche Startdatensätze und die weltweit leistungsfähigsten Rechner. Das Endprodukt, die numerische Wettervorhersage, ist ein anspruchsvolles ›Hightech‹-Produkt.

Der Deutsche Wetterdienst nutzt das global arbeitende Modell ›GME‹ mit einer räumlichen Auflösung von etwa 40 Kilometer, das seit Herbst 2009 sogar mit einer Auflösung von 20 Kilometer angewandt wird. Für den europäischen Bereich setzt der DWD das hoch auflösende Regionalmodell ›COSMO-EU‹ mit einer räumlichen Auflösung von derzeit etwa 7 Kilometern ein. Im April 2007 wurde eine spezielle Version des COSMO-Modells (COSMO-DE) in den operationellen Betrieb übernommen, das bei einer räumlichen Auflösung von 2,8 Kilometer nicht mehr auf die Parametrisierung der hochreichenden Konvektion angewiesen ist und damit Gewitterzellen direkt simulieren kann. Mit der stetig höher werdenden Auflösung der Modelle steigen auch die Anforderungen an die Daten, die zur Beschreibung des Anfangszustands der Modellrechnungen benötigt werden. Das vom DWD betriebene Messnetz von Bodenwetterstationen mit seiner spärlichen räumlichen und zeitlichen Auflösung reicht hierfür nicht aus. Es muss durch ein Beobachtungssystem ergänzt werden, das die Fläche in hoher zeitlicher Auflösung (5 Minuten) weitestgehend abdeckt. Hierfür kommen zurzeit nur die Daten des Radarverbundes des DWD in Frage. Die hiermit gemessen Daten sind indirekt, d. h. sie sind keine direkten Vorhersagegrößen der Modelle des DWD und müssen daher dem Modell über spezielle ›Assimilationsverfahren‹ (›Latent Heat Nudging‹) mitgeteilt werden.

Dank der technischen Fortschritte konnte in den letzten Jahren die ›Ensemblevorhersage‹ als weitere Neuerung eingerichtet werden; dabei werden parallel eine größere Anzahl an Vorhersagen erstellt und aus dem Ergebniskollektiv die Genauigkeit der Niederschlagsvorhersagen und Eintrittswahrscheinlichkeit zum Beispiel von Extremniederschlägen ermittelt. Ziel des DWD ist insbesondere, die Unsicherheit in der lokalen Wettervorhersage zu quantifizieren und dem Nutzer ein Werkzeug an die Hand zu geben, mit dem er seine Entscheidungsprozesse optimal steuern kann. Dies setzt allerdings voraus, dass der Nutzer in seinen Endsystemen mit Wahrscheinlichkeitsaussagen umgehen kann und er insbesondere sein eigenes Verhältnis von Kosten für Schutzmaßnahmen zu auftretenden Schäden (Cost-Loss-Verhältnis) spezifizieren kann. Der DWD entwickelt zurzeit ein derartiges Ensemblevorhersagesystem auf der Basis des COSMO-DE, das 2011 in den operationellen Betrieb gehen wird.

Zeitintervall	Niederschlagshöhe	Mittlere Intensität	Datum	Ort
1 min	38 mm	38,0 mm/min	26. Nov. 1970	Barot, Guadeloupe
3 min	63 mm	20,5 mm/min	29. Nov. 1911	Porto Bello, Panama
8 min	126 mm	15,8 mm/min	25. Mai 1920	Füssen, Deutschland
20 min	206 mm	10,3 mm/min	7. Juli 1889	Curtea-de-Arges, Rumänien
1 h	401 mm	6,7 mm/min	3. Juli 1975	Shangdi, China
6 h	840 mm	2,3 mm/min	1. Aug. 1975	Muduocaidang, China
24 h	1.825 mm	1,3 mm/min	15.-16. März 1952	Foc Foc, La Reunion
5 Tage	4.301 mm	0,60 mm/min	23.-27. Jan. 1980	Commerson, La Reunion
10 Tage	6.028 mm	0,42 mm/min	18.-27. Jan. 1980	Commerson, La Reunion
31 Tage	9.300 mm	0,21 mm/min	1.-31. Juli 1861	Cherrapunji, Indien
1 Jahr	26.461 mm	0,05 mm/min	Aug. 1860 - Juli 1861	Cherrapunji, Indien

Tabelle 1: Die größten weltweit beobachteten Niederschlagshöhen

Zusammenstellung: B. Rudolf (1995) durch Abgleich der Quellen Fletcher (1950), Landsberg, (1969 bis 1985), Matsumoto (1993) und WMO-No. 332 (1973/1986)

Ein wichtiges Anliegen ist die richtige Vorhersage der seltenen Starkniederschläge. Gerade, weil sie so selten sind, fehlen umfangreiche Erfahrungswerte. Dabei ist die Größe eines Schaden bringenden Ereignisses in den verschiedenen Regionen Mitteleuropas recht unterschiedlich. Ganz grob kann dazu die mittlere Jahressumme des Niederschlags herangezogen werden. Während in einigen Bereichen der Norddeutschen Tiefebene auf der Ostseite des Harzes nur etwa 500 Liter pro Quadratmeter fallen, sind es am Alpennordrand bis zu 2.000 Liter pro Quadratmeter. Wichtigste Bezugszahl ist die Niederschlagsintensität in Litern pro Quadratmeter pro Minute. Dieser Sortierparameter ist insofern wichtig, als er deutlich und systematisch von der Zeitdauer abhängt (Tab. 1). Je kürzer die Dauer eines Ereignisses ist, desto größer kann diese Intensität werden. Wie kommt es nun zu Starkniederschlägen? Für Niederschläge mit einer Dauer von weniger als etwa einer Stunde kann man stets von einem konvektiven Niederschlag, etwa einem Schauer oder einem Gewitter, ausgehen. Steigt Luft in der Front eines Tiefdruckgebiets auf oder steigt diese über einen Berg oder ein Gebirge, kann dies zu länger andauernden Niederschlägen führen. Die Hebung durch die Anströmung an Bergen scheint bei den länger andauernden Niederschlägen zu den ergiebigsten Niederschlägen überhaupt zu führen. Als Beispiel sei auf die Werte von Cherrapunji (Tab. 1) hingewiesen. Eine Niederschlagshöhe von 26.000 Litern pro Quadratmeter in einem Jahr würde in Mitteleuropa zu unübersehbar hohen Schäden führen. Die Ökosysteme in Nordostindien waren bislang in der Lage, solche extremen Ereignisse zu überstehen.

Um Hochwasser und Überschwemmungen vorhersagen zu können, braucht man nicht nur eine Vorhersage der zu erwartenden Niederschlagsmengen und ihrer zeitlichen und räumlichen Verteilung. Auch Beobachtungen der vorangegangenen Niederschläge im Einzugsgebiet der betroffenen Flüsse sind wichtig. Außerdem braucht man Informationen über Gefrierzustand des Bodens, Schneeschmelze und Bodenfeuchte. Daneben kann aus den beobachteten Pegelständen und anderen hydrologischen Messungen die aktuelle Wasserführung und der Verlauf der Hochwasserwellen abgeleitet werden. Mit diesen Informationen berechnen die Wasserwirtschaftsämter der Bundesländer mit numerischen Modellen Wasserstandsvorhersagen. Informationen über Hochwasser werden dann auf verschiedenen Wegen an die zuständigen Einrichtungen und an die betroffene Bevölkerung vermittelt. Gerade die Kette von der Vorhersage eines extremen Niederschlagsereignisses bis zur Warnung der Bevölkerung ist in vielen Ländern nicht optimal organisiert. Hier müssen – auch international – die Ergebnisse der Vorhersagen in die organisatorischen Maßnahmen zur Hochwasservorsorge und -warnung integriert werden.

Beispiele für extreme Niederschläge

Das globale Beobachtungsnetz besteht seit mehr als 100 Jahren und liefert damit wichtige Vergleichszahlen. Dabei ist von großer Wichtigkeit, dass die Niederschlagsbeobachtungen stets die gleiche Qualität haben. Nur so können extreme Ereignisse als solche identifiziert und miteinander verglichen werden. In Deutschland ist das Weltzentrum für Niederschlagsklimatologie (WZN)

angesiedelt, das die Niederschlagsdaten aus aller Welt sammelt und ihre Qualität kontrolliert. So ist das WZN in der Lage, auch nach grenzübergreifenden Hochwasserereignissen relativ rasch die gefallenen Niederschlagsmengen abzuschätzen und klimatologisch zu bewerten, so beispielsweise für die Oder im Juli 1997 und die Weichsel im Juli 2001, das Pfingsthochwasser der Donau im Mai 1999, die weiträumigen Überschwemmungen in Europa im Herbst des Jahres 2000 sowie für die schweren Überschwemmungen an Elbe und Donau im Jahr 2002. Ereignisbezogene Abschätzungen erfolgten außerdem für den Jangtzekiang im Sommer 1998 und für Südostafrika im Februar 2000 (siehe http://www.klis.dwd.de). Da viele, oft miteinander gekoppelte Bedingungen (z. B. Sättigung der Böden durch vorangegangene Niederschlagsepisoden, gefrorene Böden, Schneeschmelze, Versiegelung der Böden durch menschliche Eingriffe) für die Ausbildung und das Ausmaß von Überschwemmungen eine Rolle spielen, ist jedes Hochwasserereignis einzigartig.

Allerdings können sehr unterschiedliche Niederschlagsverläufe zu Überschwemmungen führen. Für den mitteleuropäischen Bereich lassen sich fünf Haupttypen charakterisieren:

1) Die höchsten Starkniederschläge sind von relativ kurzer Dauer (Tab. 1). Sie haben Sturzfluten (›Flash Floods‹), also lokale plötzliche Überschwemmungen zur Folge: vollgelaufene Keller, überlaufende Abwasserkanäle, aufgerissene Straßendecken, starke Bodenerosion. Kleine friedliche Bäche werden zu reißenden Strömen. Solche Ereignisse beschränken sich in Mitteleuropa hauptsächlich auf die warme Jahreszeit, April bis Oktober, und sie sind oft verbunden mit heftigen Gewittern. Am 26. Juli 2008 hatten wir in Deutschland ein solches äußerst extremes Ereignis zu verzeichnen. Wie die an Stationsmessdaten geeichten Radarbeobachtungen (RADOLAN) des DWD ergaben, überschritten im Stadtgebiet und der näheren Umgebung von Dortmund die innerhalb von drei Stunden gefallenen Niederschläge den Schwellwert von 100 Liter pro Quadratmeter über einer Fläche von circa 30 Quadratkilometer. Starkniederschläge werden nach ihrer Andauer und ihrer statistischen Wiederkehrzeit bzw. ›Jährlichkeit‹ eingestuft. Grundlage für die Berechnung ist die räumliche Netzdichte und zeitlich zurückreichende Datenbasis des DWD. Heute wird der Zeitraum 1951 bis 2000 für die statistischen Auswertungen verwendet. Die Häufigkeit eines solch extremen Ereignisses wie im Fall Dortmund 2008 lässt sich aber statistisch nicht mehr fassen. Das Ereignis liegt dennoch nicht außerhalb des Bereichs der ›Weltrekorde‹ von Tabelle 1.

2) Mehrere Tage lang anhaltende Niederschläge sind in den mittleren Breiten mit nahezu ortsfesten Tiefdruckgebieten und Fronten verbunden. Je nach Größe der betroffenen Region können Flüsse über die Ufer treten. Wegen der längeren Zeitdauer ist für die Ausbildung eines Hochwassers die Bodenfeuchte wichtig, da sie das Speichervermögen des Bodens beschreibt. Markante Beispiele sind die Hochwässer der Oder im Juli 1997, der Weichsel im Juli 2001, der Elbe in 2002 sowie die Überschwemmungen im August 2005 in der Alpenregion (Österreich, Schweiz, Südbayern)

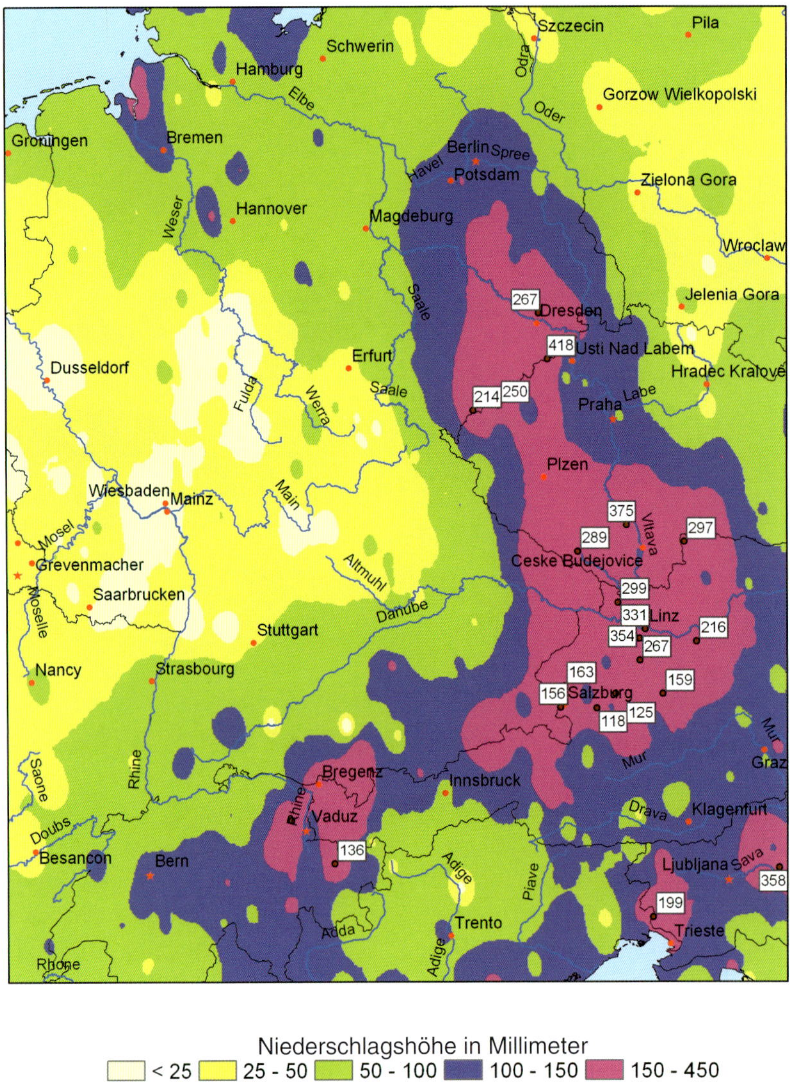

Abb. 6: Verteilung der über 12 Tage akkumulierten Niederschlagshöhen für die Zeitspanne vom 1. August 2002, 8:00 MESZ, bis zum 13. August 2002, 8:00 MESZ (Farbflächen Niederschlagshöhe in mm; Zahlenangaben in Prozent der normalen Augustniederschläge)

und Rumänien. Solche Ereignisse sind typisch für den Hochsommer.

3) Ähnliche Situationen können im Herbst großräumiger und länger anhaltend sein. Die Regenfälle sind zwar auf einzelne Tage bezogen deutlich geringer als in den ersten beiden Kategorien, aber die Gesamtmenge fällt höher aus. Zusätzlich können die Böden nach längeren Niederschlagsperioden oft kein Wasser mehr aufnehmen und leiten weitere großräumige Niederschläge sehr schnell weiter in die Flüsse. Jüngstes Beispiel sind die Überschwemmungen in weiten Teilen Europas im Zeitraum von September bis November 2000.

4) Schmilzt eine dichte Schneedecke durch einen Wärmeeinbruch oder durch auf den Schnee fallende, warme Niederschläge, so fließt plötzlich viel Schmelzwasser ab. Entsprechend steigen die Pegel in den betroffenen Flüssen. Fällt dann weiterer, kräftiger Regen, können die Flüsse diesen nicht mehr schnell genug abtransportieren, und es kommt zu einem Hochwasser. Beispiele sind hier die Jahrhunderthochwasser des Rheins im Dezember 1993 und bald danach im Januar 1995, das ›Pfingsthochwasser‹ von Donau und Bodensee im Mai 1999 sowie das wiederum außerordentliche starke Frühjahrshochwasser der Elbe im Ende März und April 2006.

5) Überschwemmungen können auch auftreten, wenn Flüsse Eisschollen mitführen, die sich an Engpässen regelrecht zu Staumauern auftürmen können. Bekannt hierfür waren in früheren Jahren besonders die Weichsel, Elbe und die Donau.

Im Laufe der letzten zehn Jahre war eine größere Anzahl von markanten Hochwässern in Deutschland bzw. Mitteleuropa zu verzeichnen. Steht diese Häufung in Beziehung zum globalen Klimawandel, zur bereits beobachteten Erwärmung? Es gibt viele plausible Argumente und Modellergebnisse, die dies nahelegen, letztendlich fehlt aber noch ein signifikanter statistischer Nachweis. Durch Beobachtungen nachgewiesen wurde ein globaler Anstieg der Lufttemperatur im Laufe des vergangenen Jahrhunderts, insbesondere im letzten Jahrzehnt. Veränderungen in der Temperatur lassen sich aufgrund ihrer ständigen Messbarkeit wesentlich einfacher analysieren, als dies für Niederschlag der Fall ist, der fast überall häufiger nicht fällt, als fällt. Trotzdem ergaben die Analysen auch für den Niederschlag für die Mehrzahl der Stationen eine signifikante Zunahme der mittleren Niederschlagshöhen, verbunden mit einer Erhöhung der regionalen und jahreszeitlichen Variabilität.

Ausblick

Problematisch für klimatologische Aussagen über den Niederschlag und damit über den Wasserhaushalt ist eine immer noch zu geringe digitale Datenbasis. Daher hat der Deutsche Wetterdienst mit Unterstützung von verschiedenen Institutionen, darunter die Universitäten Bonn und Frankfurt und das Deutsche Klimarechenzentrum, damit begonnen, die vorhandene bis in die Gegenwart reichende und fortlaufend aktualisierte klimatologische Datenbasis auch rückwärtig zu ergänzen. Dazu werden in verschiedenen Archiven auf Papier schlummernde ältere Daten und Aufzeichnungen digitalisiert, geprüft und der Klimaforschung zur Verfügung gestellt. Auf dieser Basis soll untersucht werden, wie sich der Niederschlag und seine Variabilität im vergangenen Jahrhundert und in jüngster Zeit entwickelt haben. Damit wird auch die Frage beantwortet werden, ob die Häufigkeit extremer Niederschlagsereignisse sowie ihre Dauer und Intensität zugenommen haben.

Neben der klimatischen Analyse müssen die Vorhersagesysteme im Hinblick auf den Niederschlag und damit die frühzeitige Warnung vor schweren Unwettern verbessert werden. Wie in Deutschland – siehe das aktuelle DFG-Schwerpunktprogramm 1167 ›Quantitative Niederschlagsvorhersage‹ – beginnen derzeit weltweit besondere Anstrengungen in dieser Richtung. Im Vordergrund stehen dabei die räumliche Auflösung der Vorhersagemodelle, damit weniger Prozesse parametrisiert werden müssen, und die Bewertung der Vorhersagen im Sinne einer Wahrscheinlichkeit. Inzwischen werden bei der Datenassimilation hochaufgelöster Wettervorhersagemodelle auch Radardaten verstärkt genutzt. Sie zeigen in den ersten Vorhersagestunden einen signifikanten positiven Einfluss, der allerdings im Laufe der Vorhersagezeit abklingt. Dies ist verständlich, denn dadurch wird nur ein Teil der Modellprozesse merklich beeinflusst. Ergänzend hierzu werden aus Radardaten ableitbare Windinformation (Radialwinde) zukünftig helfen, zusätzlich die dynamischen Komponenten des Modells besser an die tatsächlichen Verhältnisse in der Atmosphäre anzupassen.

Trotz der deutlichen Fortschritte in den letzten Jahren, sind weitere Verbesserungen der quantitativen Niederschlagsvorhersage wichtig und möglich: Die Einbindung neuer Datenquellen wie GPS und Mikrowellenscanner, die Informationen über die Verteilung des Wassergehalts in der Atmosphäre enthalten, dürfte insbesondere die Vorhersage der großräumigen Niederschlagsverteilung verbessern. Eine radargestützte Erkennung konvektiver Niederschlagszellen und deren Entwicklung wird die kurzfristige Vorhersage von Starkniederschlägen räumlich präzisieren.

Internetseiten

Deutscher Wetterdienst: http://www.dwd.de
Warnlagebericht für Deutschland: http://www.wettergefahren.de

Bruno Rudolf studierte Meteorologie und Klimatologie in Bonn. Er befasst sich seit mehr als 30 Jahren mit dem Bereich Wetter, Wasser, Klima und Umwelt. Er leitete von 1989 bis 2006 das Weltzentrum für Niederschlagsklimatologie und seit 2007 die Abteilung Hydrometeorologie des Deutschen Wetterdienstes.

Anschrift: Dr. Bruno Rudolf
Deutscher Wetterdienst
Abteilung Hydrometeorologie
Postfach 10 04 65
63004 Offenbach am Main

E-Mail: bruno.rudolf@dwd.de

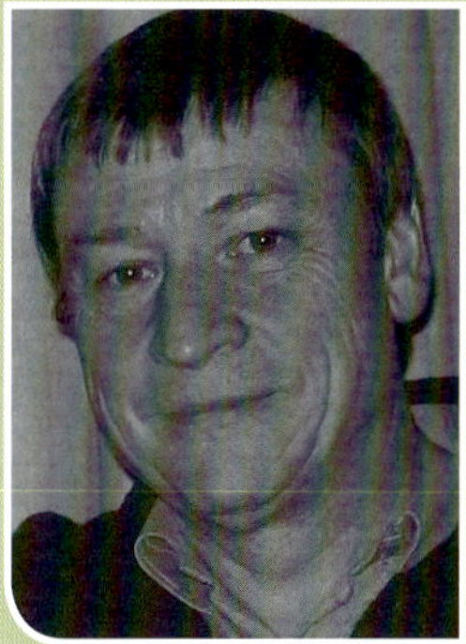

Clemens Simmer studierte Meteorologie in Köln. Nach Aufenthalten am Los Alamos National Laboratory und am Institut für Meereskunde Kiel lehrt er seit 1996 allgemeine und experimentelle Meteorologie in Bonn und forscht über Fernerkundung zur Verbesserung der Wettervorhersage über die Analyse anthropogener Klimaänderungen aus Beobachtungen.

Anschrift: Prof. Dr. Clemens Simmer
Meteorologisches Institut
Universität Bonn
Auf dem Hügel 20

E-Mail: csimmer@uni-bonn.de

Wind und Sturm

von Kai Radtke und Gerd Tetzlaff, Leipzig

Hurrikan Andrew verwüstete im August 1992 die Südspitze von Florida und Teile von Louisiana.

Wind ist bewegte Luft. Sturm ist schnell bewegte Luft. Warum bewegt sich Luft? – Wie Isaac Newton bereits feststellte, wird sich ein ruhendes Objekt, wie z. B. ein Luftpaket, nur in Bewegung setzen, wenn eine Kraft es dazu zwingt. Welche Kraft bringt die Luft dazu, sich zu bewegen? Durch Druckunterschiede in der Atmosphäre wird die so genannte Druckgradientkraft erzeugt, sie ist der entscheidende Antrieb für horizontale Luftbewegungen. Die Druckgradientkraft entsteht aufgrund von Druckunterschieden und ist vom hohen Druck zum tiefen Druck gerichtet. Veranschaulichen kann man sich dies mit einem einfachen Experiment. In einem aufgeblasenen Luftballon herrscht ein höherer Druck als außerhalb. Öffnet man seinen Verschluss, strömt die Luft heraus, zum geringeren Druck. Aber in der Atmosphäre strömt die Luft nicht direkt vom hohen zum tiefen Druck. Neben der Druckgradientkraft spielen bei der Bewegung der Luft auf der Erde zwei weitere Kräfte eine bedeutende Rolle. Die Corioliskraft, die durch die Rotation der Erde verursacht wird, lenkt ein sich bewegendes Luftpaket auf der Nordhemisphäre nach rechts ab. Da sie keine Arbeit zu leisten vermag, nennt man sie auch eine Scheinkraft. Dass man dieses Phänomen auch in der Badewanne beobachten kann, ist leider nur ein Gerücht. Hier spielen viele andere Einflüsse eine größere Rolle. Aber unter optimalen Laborbedingungen würde das Wasser in den Ablauf strömen und dabei nach rechts abgelenkt werden. Dies würde dann zu einem gegen den Uhrzeigersinn drehenden Strudel führen. Durch das Zusammenwirken der beiden genannten Kräfte weht der Wind in großräumigen Systemen, wie z. B. Zyklonen, parallel zu den Linien glei-

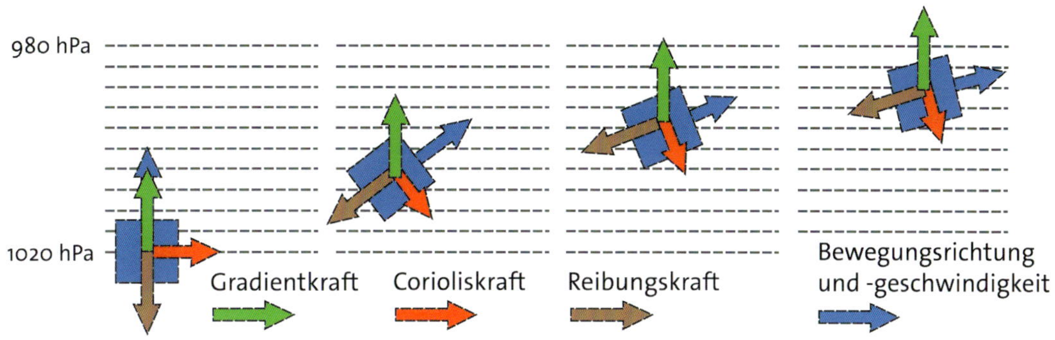

Abb. 1: Die Wirkung der drei Kräfte Druckgradient-, Coriolis- und Reibungskraft (hPA: Hektopascal = 100 Pa)

chen Drucks, immer mit dem tiefen Druck auf der linken Seite. Auf der Nordhalbkugel bewegt sich die Luft um ein Tiefdruckgebiet also entgegen dem Uhrzeigersinn. Weiterhin übt die bremsende Kraft der Reibung am Boden einen Einfluss auf die Strömung der Luft aus. Abbildung 1 illustriert die Bewegung eines Luftpakets unter der Einwirkung der drei wichtigsten Kräfte Druckgradient-, Coriolis- und Reibungskraft.

Die Größe der Reibungskraft wird durch die Oberflächenrauigkeit geprägt, aber auch durch den vertikalen Temperaturverlauf in den untersten Schichten der Atmosphäre. Die durch die Reibung beeinflusste Schicht, die Grenzschicht, erreicht tagsüber eine Höhe von etwa einem Kilometer, nachts nur etwa 100 Meter. Eine wesentliche Eigenschaft des Windes in der Grenzschicht ist seine Böigkeit. Eine Bö ist eine kurzzeitige Schwankung der Windrichtung und Windstärke aufgrund ungeordneter Strömungsbewegung. Böen entstehen aus einer Kombination von Reibung am Boden und vertikalen Luftumwälzungen, angeregt durch Temperaturunterschiede von Luftpaketen. Die Geschwindigkeit der Böen kann die der großräumigen Luftströmung deutlich übersteigen. Die Windgeschwindigkeit in Bodennähe, etwa in einer Höhe von 10 bis 50 Meter über Grund, wird durch die Geländeform stark beeinflusst. So kommt es auf dem Gipfel eines Berges durch die Zusammendrängung

Grad	Bezeichnung	Auswirkung auf Binnenland	Auswirkung auf See	km/h	Knoten
0	still	Rauch steigt gerade empor	glatte See	1	1
1	leiser Zug	Windfahne zeigt nichts an, aber Rauch	kleine Kräuselwellen	1-5	1-3
2	leichte Brise	Säuseln von Blättern, Windfahne bewegt sich	kleine, kurze Wellen	6-11	4-6
3	schwache Brise	Dünne Zweige bewegen sich bereits	vereinzelt weiße Schaumköpfe, Kämme brechen	12-19	7-10
4	mäßige Brise	Zweige, dünnere Aste bewegen sich, Papier und Staub wird gehoben	kleine, aber längere Wellen, mehr Schaumköpfe	20-28	11-15
5	frische Brise	kleinere Laubbäume schwanken, auch auf See Schaumköpfe	Wellen schon größer und recht lang, überall Schaumköpfe	29-38	16-21
6	starker Wind	dicke Äste bewegen sich, Regenschirme kaum zu benutzen	Große Wellen, Kämme brechen und hinterlassen Schaumflächen, vereinzelt Gischt	39-49	22-27
7	steifer Wind	Bäume in Bewegung, beim Gehen Widerstand stark merkbar	der Schaum welcher sich beim Brechen bildet fängt an sich in Streifen gegen den Wind zu legen	50-61	28-33
8	stürmischer Wind	Zweige brechen	Kämme besonders lang, Gischt weht ab. Schaum liegt in Streifen gegen Windrichtung	62-74	34-40
9	Sturm	kleine Schäden an Häusern	hohe Wellenberge, Schaumstreifen dicht	75-88	41-47
10	schwerer Sturm	Bäume werden entwurzelt, größere Schäden an Häusern	sehr hohe Wellenberge mit langen, brechenden Kämmen, Schlechte Sicht durch Gischt	89-102	48-55
11	orkanartiger Sturm	verbreitet Sturmschäden	außergewöhnlich hohe Wellenberge, Sicht noch schlechter	103-117	56-63
12	Orkan	schwere Verwüstungen	Luft stark mit Gischt und Schaum vermischt, See vollständig weiß, keine Fernsicht mehr möglich	ab 118	ab 64

Die Beaufortskala wurde vom englischen Admiral Sir Francis Beaufort (1774 bis 1857) entwickelt. Mit dieser Skala wird es möglich, die Windstärke, anhand der Wirkung des Windes, ohne Hilfsmittel abzuschätzen.

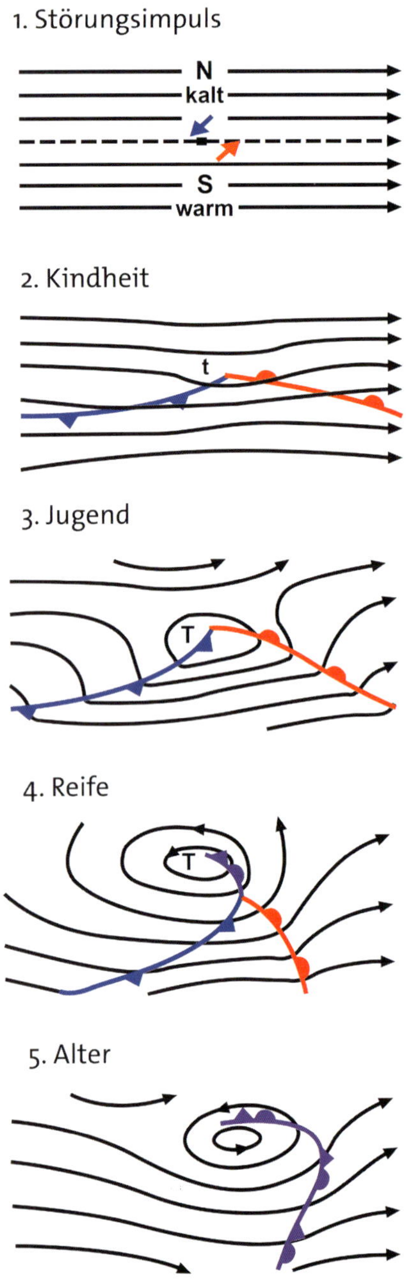

© METEO, SF DRS

Abb. 2: Der Lebenslauf einer Zyklone

der Luftströmung über dem Gipfel zu einem Anwachsen der Windgeschwindigkeit. Die Kraft für diese Beschleunigung kommt aus der Energie der Strömung selbst. Während des Orkans Lothar im Dezember 1999 wurde auf dem Feldberg ein mittlerer Wind von bis zu 130 Kilometern pro Stunde beobachtet. Die stärkste gemessene Bö – bevor das Messgerät zerstört wurde – erreichte 212 Kilometer pro Stunde. Im angrenzenden Flachland lagen die Windgeschwindigkeiten deutlich niedriger.

Die Bemessung der Windgeschwindigkeit wurde in der Vergangenheit nach den Auswirkungen bzw. Schäden vorgenommen. Die bekannteste Skala geht auf den englischen Admiral Beaufort zurück (s. Tabelle auf vorheriger Seite). Er standardisierte für die Nutzung in der Seefahrt den Zusammenhang von Windgeschwindigkeit und Zustand der See. Damit stellt die Windgeschwindigkeit nach Beaufort eine flächen- und zeitgemittelte Information dar, da ja der Seegang eine Streichlänge und Zeit benötigt, um sich zu entwickeln.

Außertropische Zyklonen

Luftdruckgradienten treten in der Atmosphäre nicht zufällig verteilt auf. Die Erzeugung eines Luftdruckgradienten erfordert einen Prozess, der große Massen an Luft umverteilt. In den mittleren Breiten sind die ›außertropischen Zyklonen‹ solche Prozesse, hier entwickeln sich räumlich organisierte Strukturen des Luftdruckgradienten.

Die Atmosphäre hat über weiten Gebieten der Erde nahezu einheitliche Eigenschaften, insbesondere ähnliche Temperaturen. Luft mit ähnlichen Eigenschaften wird als Luftmasse bezeichnet. In bestimmten Gebieten ist der Übergang von einer Luftmasse zur anderen sehr scharf, diese Übergangszonen nennt man Frontalzonen oder Fronten.

Warum entstehen Luftmassen mit unterschiedlichen Temperaturen? Da die Erde kugelförmig ist, treffen die Sonnenstrahlen je nach geographischer Breite mit unterschiedlichem Winkel auf die Erde auf. Am Äquator steht die Sonne sehr hoch am Himmel, hier wird die Luft mehr aufgeheizt als am Pol. Die Atmosphäre ist in einem globalen Zirkulationsmuster bestrebt, einen Ausgleich des unterschiedlichen Energieangebots herbeizuführen. Sehr effektiv beim Transport von warmer Luft nach Norden und kalter Luft nach Süden sind Zyklonen. An Frontalzonen entstehen diese rotierenden Tiefdruckgebiete. In Mitteleuropa wird das Wettergeschehen meist durch solche Zyklonen bestimmt.

Lebenslauf einer Zyklone

Falls die ›normale‹ westliche Strömung an einer Frontalzone durch irgendeine Störung verändert wird, kann der Lebenslauf einer Zyklone beginnen (Abb. 2). Kalte Luft dringt gegen die warme Luft vor oder umgekehrt. (1.) Nun muss die komplizierte dynamische Struktur entscheiden, ob sich eine Zyklone entwickelt oder nicht. Unter günstigen Voraussetzungen geschieht Folgendes: Beim Aufgleiten warmer Luft auf kalte, oder wenn sich kalte Luft unter warme Luft schiebt (2.), werden Vertikalbewegungen ausgelöst. Wird Luft gehoben, muss sie in der Höhe auseinanderströmen. Dadurch wird die Masse im Luftvolumen über dem betreffenden Punkt geringer und der Druck fällt. Die gegeneinander vordringenden Luftmassen stellen sich unter Wirkung der drei Kräfte Druckgradientkraft, Corioliskraft und Reibung auf eine kreisförmige Bewegung um das Tiefdruckgebiet ein. Eine Zyklone ist entstanden. (3.) Die auf der Rückseite nach Süden vorstoßende Luftmassengrenze, hinter welcher die

Abb. 3. Der Orkan Lothar. Links eine Satellitenaufnahme, rechts Waldschäden durch Lothar. Allein in Baden-Württemberg fielen ihm 25 Millionen Kubikmeter Holz zum Opfer, mehr als die doppelte Menge der jährlichen Nutzung.

Kaltluft vordringt, heißt Kaltfront (blau). Die auf der Vorderseite nach Norden wandernde Grenze, hinter der die warme Luft folgt, heißt Warmfront (rot). Die Kaltfront bewegt sich schneller, dabei schiebt sich die kalte Luft unter die Warmluft und hebt die Luft im Warmsektor (der Bereich hinter der Warmfront) vom Boden ab. Kalt- und Warmfront schließen sich hier zu einem neuen Typ von Luftmassengrenze zusammen, der Okklusion. (4.) Immer größere Teile im Bereich der Okklusion werden nun gehoben, die Zyklone hat den Höhepunkt ihrer Entwicklung überschritten. Die Okklusion wirbelt zum Teil um das Zyklonenzentrum herum. (5.) Die Hebung warmer und das Absinken kalter Luft stellt die Energiequelle für die Entwicklung einer Zyklone dar. Ist die Umschichtung der Luft abgeschlossen, füllt sich die Zyklone auf, das heißt der Druck steigt. Das Leben der Zyklone ist beendet.

An den Fronten kommt es infolge der Hebungsvorgänge zu Wolkenbildung und Niederschlag, wobei an der Kaltfront mit stark quellender Bewölkung, Schauern, Gewittern und vielleicht auch Hagel zu rechnen ist. Die Warmfront ist durch Schichtbewölkung und lang anhaltenden Niederschlag gekennzeichnet. Infolge der großen horizontalen Druckunterschiede kommt es oft zu hohen Windgeschwindigkeiten in Verbindung mit Zyklonen. Gelegentlich entwickeln sich besonders intensiv ausgeprägte Zyklonen mit extrem starken Druckdifferenzen und Stürmen – Orkanzyklonen. Der Orkan Lothar brachte es zum Beispiel am 26. Dezember 1999 in Karlsruhe auf Böen von bis zu 151 Kilometer pro Stunde, in Paris sogar bis 180 Kilometer pro Stunde. Seine Bilanz war erschreckend: 110 Tote, volkswirtschaftliche Schäden von 11,5 Milliarden Euro (Abb. 3). In Mitteleuropa treten die meisten Schäden durch Orkane an Dächern, Fassaden, Fahrzeugen, Freileitungen oder Wäldern auf. Strukturelle Schäden an Gebäuden, wie zum Beispiel 1976, als der Capella-Orkan den Turm der Bonifatius

Schnell wie der Wind!
Aber wie schnell ist Wind überhaupt?

Zum Vergleich:

Der schnellste Mensch: Usain Bolt (Jamaica) lief bei seinem Weltrekord über 100 Meter am 16.8.2009 durchschnittlich:

37,58 km/h

Die stärkste Bö im März 2002 in Leipzig, gemessen im Institut für Meteorologie am 7.3.2002 betrug:

43,6 km/h

Der Orkan Lothar brachte es in Karlsruhe am 26.12.1999 bis auf:

151 km/h

Auf dem Feldberg schaffte Lothar am selben Tag sogar Böen bis:

212 km/h

In der langgezogenen ›Parabolika‹-Kurve auf dem Hockenheimring erreichen Formel 1 Rennwagen eine Geschwindigkeit von circa:

315 km/h

Die schnellste in Deutschland gemessene Bö, am 12.6.1985 auf der Zugspitze, betrug:

335 km/h

Die schnellste jemals gemessene Bö am 12.4.1934 auf dem Mt. Washington (USA) betrug:

416 km/h

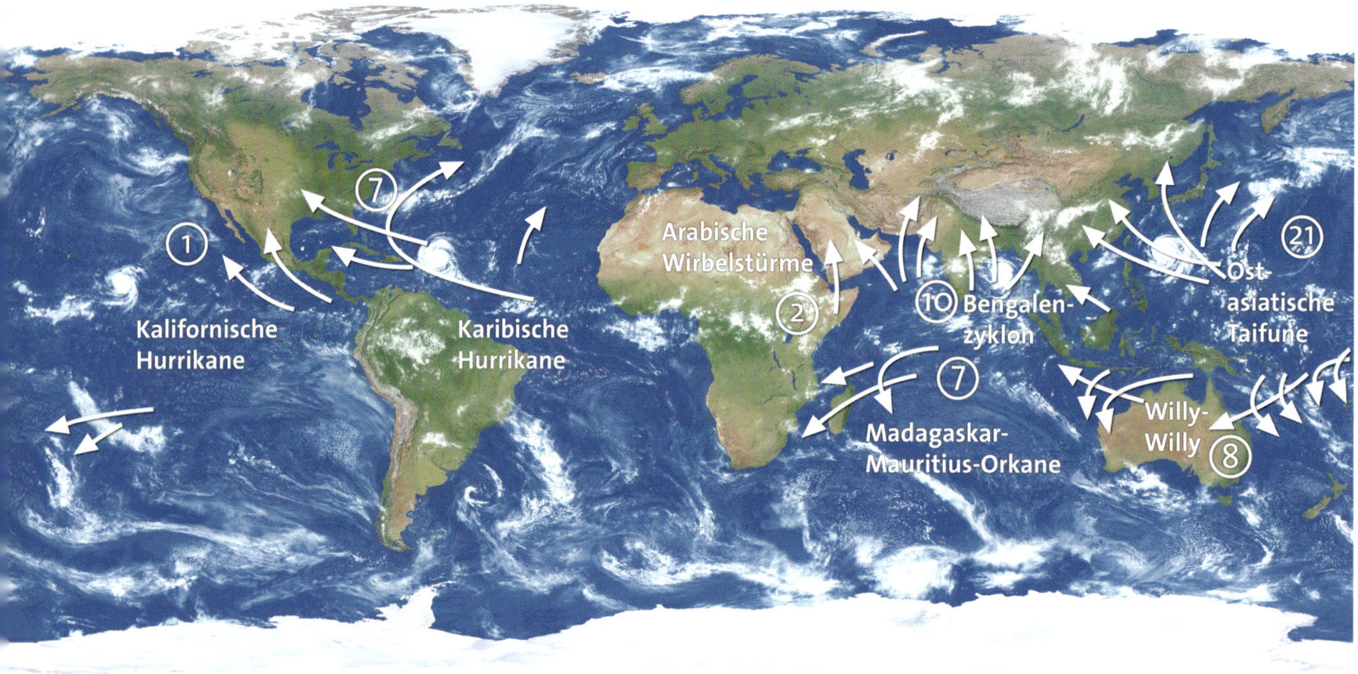

Abb. 4: Mittlere Zugbahnen und mittlere jährliche Anzahl von tropischen Wirbelstürmen

Kirche in Leeuwarden (Niederlande) umbrach, sind aber selten. Das liegt natürlich auch daran, dass für Bauwerke Bestimmungen über ihre Standfestigkeit gegenüber Sturmbelastungen gelten. Für die Festlegung solcher Vorschriften werden die Mess- und Erfahrungswerte aus der Vergangenheit genutzt.

Hurrikan, Zyklon und Taifun

Abb. 5: Hurrikan Katrina am 28. August 2005

Auch in den Tropen treten Zyklonen auf, an diesen tropischen Wirbelstürmen werden ebenfalls große Druckgradienten und Stürme beobachtet. Ihre Entstehung hat aber etwas andere Ursachen als die Entstehung der Zyklonen der mittleren Breiten. Sie haben ihren Ursprung in intensiver, flächenhafter Haufenwolkenbildung. Daraus wächst dann in geeigneten Umgebungsbedingungen der Wirbelsturm heran. Taifun, Hurrikan, Willy-Willy und Zyklon sind regionale Namen für diese tropischen Wirbelstürme (Abb. 4). Bei einer Windgeschwindigkeit von mehr als 117 Kilometer pro Stunde wird ein tropischer Wirbelsturm im nordatlantisch-karibischen Bereich als Hurrikan bezeichnet (Abb. 5). Häufig treten an Hurrikanen in Bodennähe Windgeschwindigkeiten von 200 bis 300 Kilometer pro Stunde auf, in extremen Fällen werden sogar bis zu 400 Kilometer pro Stunde. Da an ihrer Entstehung, im Gegensatz zu außertropischen Zyklonen, nur eine Luftmasse beteiligt ist, besitzen sie keine Frontensysteme und haben eine symmetrische Struktur (Abb. 6). Ihre Ausdehnung ist geringer, sie erreichen maximal einen Durchmesser von etwa 800 Kilometern. Tropische Wirbelstürme entstehen über Ozeanen mit Wassertemperaturen von mehr als 26 Grad Celsius; nördlich 25 Grad Nord bzw. südlich 25 Grad Süd ist der Ozean nicht warm genug für die Entstehung eines Hurrikans. Die Zirkulation der Luft wird von der Corioliskraft bestimmt, deshalb drehen Wirbelstürme auf der Nordhalbkugel entgegen dem Uhrzeigersinn. Direkt am Äquator – bis etwa fünf Grad nördlich bzw. südlich ist die Corioliskraft zu gering, um solch einen Wirbel entstehen zu lassen. Da die Luft sehr feucht ist, treten oft auch starke Niederschläge in den tropischen Wirbelstürmen auf. Über Land lösen sich die Stürme schnell auf, da sie von ihrer Energiequelle, dem Meer, getrennt werden und die Reibung dort stärker ist als an der Wasseroberfläche.

Ihre Energie beziehen die tropischen Wirbelstürme aus dem Wärmespeicher Ozean. In einem ringförmigen Gebiet wird über dem aufgeheizten Wasser warme feuchte

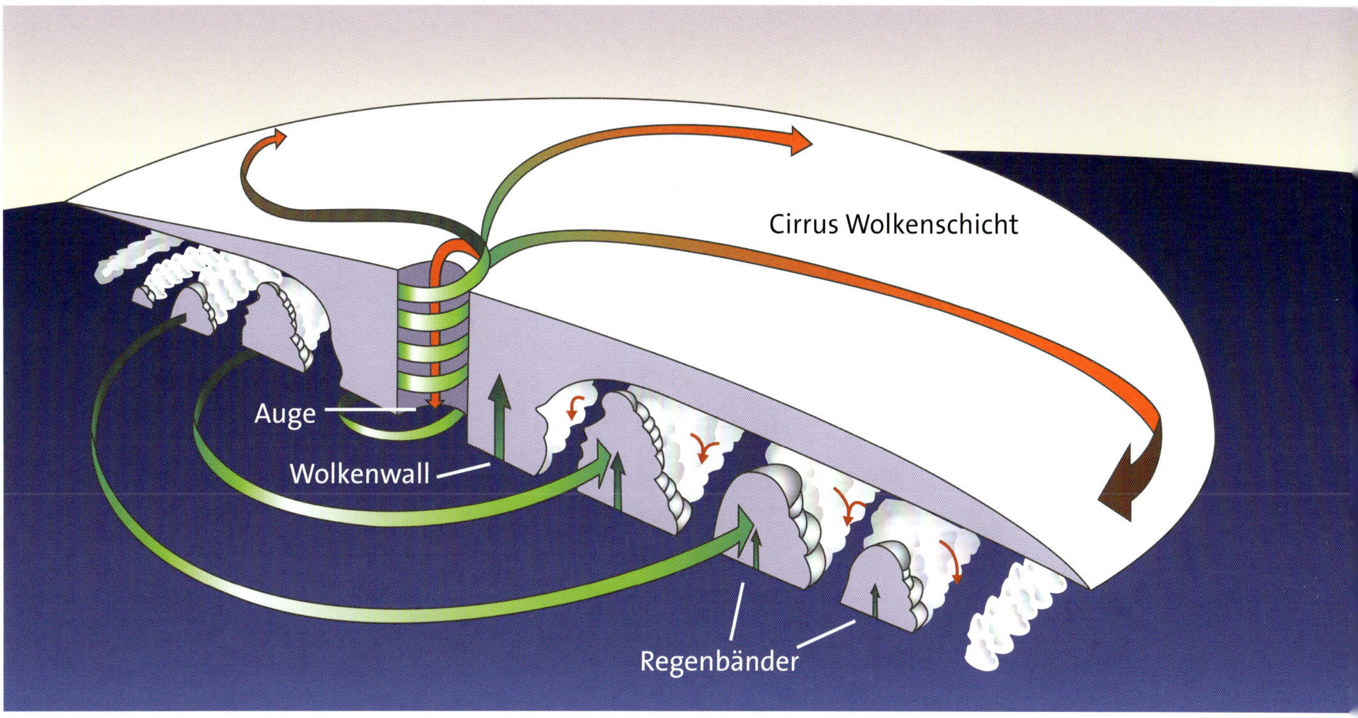

Abb. 6: Schematische Darstellung eines Hurrikans

Luft gehoben. Bei der Hebung kühlt sie sich ab, und die Feuchtigkeit kondensiert. Die Kondensation von Wasser setzt Wärme frei und heizt die Luft weiter auf, der Hebungsvorgang wird verstärkt. Dadurch wird weitere warme, feuchte Luft in den unteren Schichten der Atmosphäre in das Hebungsgebiet eingesaugt. Die mächtigen spiralförmigen Wolkenkomplexe sind die Folge von Hebung und Kondensation.

Im Zentrum des Wirbels befindet sich eine mehrere Zehner Kilometer große, oft nahezu kreisrunde Zone mit nur schwachem Wind, niedrigem Luftdruck, abwärtsgerichteter Bewegung und klarem Himmel, das Auge des Orkans (Abb. 6 und 7).

Tropische Wirbelstürme verlagern sich mit der Hauptströmung in der unteren Troposphäre, einer Schicht von etwa drei bis acht Kilometern vertikaler Mächtigkeit. Die Bedingungen für ihre Entstehung sind auf der Südseite der großen subtropischen Hochdruckgebiete am günstigsten. Daher verlaufen die Zugbahnen der tropischen Wirbelstürme während ihrer Entstehung häufig ungefähr in ost-westlicher Richtung. Ihre Zuggeschwindigkeit beträgt dabei etwa 20 Kilometer pro Stunde. Später biegen sie nach Norden ab. Dabei können die Wirbelstürme in die dort vorherrschende Westströmung hineingeraten und dann auch weit bis in die mittleren Breiten vorstoßen. Sie verlieren dabei ihre ursprünglich symmetrische Struktur und gehen in ›normalen‹ Tiefdruckgebieten der mittleren Breiten auf.

Das Wort Hurrikan leitet sich ab von Huracán, dem Gott des Windes in der Mythologie der Maya. Wenn tropische Wirbelstürme das Festland erreichen, fordern sie regelmäßig eine große Zahl Menschenleben und richten unvorstellbare Schäden an. Ein Grund dafür ist nicht nur ihre hohe Windgeschwindigkeit, sondern auch die von ihnen ausgelöste Flutwelle.

- Der Zyklon Gorky (29./30 4.1991) forderte in Bangladesch 139.000 Tote.
- Hurrikan Andrew (23. bis 27.8.1992) verursachte Schäden in Höhe von 30 Milliarden US Dollar (s. Titelfoto).
- Hurrikan Katrina (23. bis 29.8.2005; Abb. 5 und 7) verursachte Schäden in Höhe von 81 Milliarden US Dollar.

Abb. 7: Das Auge des Hurrikans Katrina, aufgenommen aus einem NOAA-P-3-Flugzeug

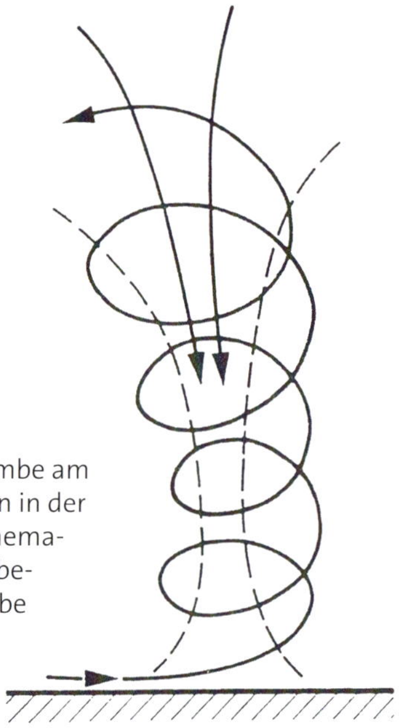

Abb. 8: Links: Eine Kleintrombe am 13.5.2001 bei Lachtehausen in der Nähe von Celle. Rechts: Schematische Darstellung der Luftbewegung in einer Kleintrombe

Der Tornado und seine Verwandten

In der Atmosphäre können sich unter bestimmten Bedingungen kleinräumige und um eine vertikale Achse rotierende Luftwirbel ausbilden, die einen Durchmesser von wenigen Metern bis zu einigen hundert Metern haben. Vor allem bei größeren Wirbeln treten dabei sehr hohe Windgeschwindigkeiten auf. Diese Luftwirbel werden als Tromben bezeichnet, wobei man rein äußerlich zwischen Groß- und Kleintromben unterscheidet. Der eigentliche Unterschied liegt aber weniger in ihrer Größe, sondern vielmehr in der Art ihrer Entstehung.

Kleintromben

Sie treten am Boden auf und erstrecken sich bis in einige hundert Meter Höhe. Sie stehen nicht in Zusammenhang mit Wolken. In Mitteleuropa sind sie meist wenige Meter bis zu mehrere 100 Meter hoch und haben einen Durchmesser von wenigen Metern bis 50 Metern (Abb. 8). Ihre Lebensdauer ist meist nur kurz. In Wüstengebieten können sie deutlich stärker ausgeprägt sein, hier erreichen sie Höhen bis 1.000 Meter. Sie entstehen bei großen Temperaturunterschieden auf engem Raum. Stark erhitzte bodennahe Luft steigt, da sie leicht ist, auf. Von den Seiten strömt Luft nach. Beim Aufsteigen kann sich ein Wirbel mit zufälliger Drehrichtung ausbilden. Durch die Rotation der Luft um die senkrechte Trichterachse entstehen Zentrifugalkräfte, welche die Luft nach außen treiben. Dadurch wird im Inneren ein Unterdruck erzeugt. Hier ist eine absteigende Luftströmung zu beobachten. Mitunter werden durch Kleintromben Staub oder Sand aufgewirbelt, in diesem Fall werden sie oft auch als Staubteufel bezeichnet.

Großtromben

Sie bilden sich in den unteren Schichten der Atmosphäre, aber nicht direkt am Boden. Ihre Entstehung ist an eine starke Labilität der Luft gebunden. Mit labil bezeichnet man Luft, deren Schichtungseigenschaften es ermöglichen, Aufwärtsbewegungen zu erzeugen. Beim Aufeinandertreffen von warmer, feuchter Luft am Boden und kalter, trockener Luft in der Höhe ist dies der Fall. Warme Luft ist leichter und muss aufsteigen. Hebung führt zu Abkühlung und damit zur Kondensation von Wasserdampf, dies setzt Wärme frei, und die Aufwärtsbewegung wird verstärkt. Ähnlich den Kleintromben umschließt eine heftige, aufwärts gerichtete Rotationsbewegung eine Abwärtsbewegung im Innern. Die höhere Rotationsgeschwindigkeit und damit die höheren Zentrifugalkräfte pressen die Luft nach außen und führen zu einem starken Druckabfall im Innern. Dadurch wird die Luft abgekühlt, Wasserdampf kondensiert und macht den Rüssel sichtbar. Bei starker Labilität werden hochreichende Quellwolken gebildet, Großtromben stehen in Verbindung mit Gewittern. Aus der Wolke wächst ein Wolkenschlauch heraus in Richtung Boden, den er auch oft erreicht (Abb. 9). Dort kann er Staub, Sand oder Wasser aufwirbeln. Der Schlauch ist meist 100 bis 1.000 Meter lang, sein Durchmesser beträgt 20 bis 100 Meter. Großtromben werden, je nach Wirkung, auch mit vielen anderen Namen bezeichnet, wie zum Beispiel Wind- oder Wasserhose (Abb. 10), oder auch Tornado.

Abb. 9: Geburt eines Tornados bei Dimmit in Texas am 2. Juni 1995; aus der sich drehenden Wolke wächst ein Wolkenschlauch heraus, der schließlich den Boden erreicht.

Tornados

Feuchtwarme Luft bewegt sich vom Golf von Mexiko, die Rocky Mountains entlang, nach Norden. In höheren Schichten wird diese Strömung von kalten trockenen Westwinden gekreuzt. Diese extrem labilen Bedingungen und die Möglichkeit des Seitenwindes in der Höhe, die aufsteigende Luft in Rotation zu versetzen, erzeugen im Mai und Juni im Gebiet von Texas bis South Dakota gute Voraussetzungen für die Entstehung besonders großer und starker Großtromben. Man nennt sie Tornados. Tornados in Nordamerika besitzen im Mittel einen Durchmesser von etwa 100 Metern und erreichen Geschwindigkeiten von über 400 Kilometer pro Stunde. Einige Vermutungen sprechen sogar von erheblich höheren Geschwindigkeiten, leider kann man diese nur schwer messen. Tornados legen Wege von einigen 100 Metern bis zu einigen 100 Kilometern zurück. Die Zerstörungskraft eines Tornados, durch seine extrem hohen Windgeschwindigkeiten und Druckunterschiede, ist enorm. Berichte erzählen von zerstörten Häusern, Autos und sogar Lokomotiven wurden hochgehoben.

Tromben und Tornados können auch in Deutschland entstehen. Sie sind jedoch recht selten zu beobachten. Kleine Staubteufel kann man gelegentlich am Strand sehen. Aber in sehr seltenen Fällen reichen die Bedingungen sogar aus, um einen – im Vergleich zu Nordamerika allerdings meist kleinen – Tornado hervorzubringen. Am 10. Juli 1968 kam es in Pforzheim zum verheerendsten Tornado der letzten Jahrzehnte. Er forderte 2 Tote, 200 Verletzte und richtete einen Schaden von 125 Millionen D-Mark an. Am 9. März 2002 deckte ein Tornado in Burlage (Landkreis Diepholz) mehrere Häuser ab und beschädigte Fassaden und geparkte Autos. Am 12. Juni 2002 erfasste ein Tornado in Wittenberg den Gebäudekomplex eines Einkaufszentrums und richtete erhebliche Schäden an (Abb. 12). Von 1948 bis 1981 wurden in Deutschland 56 solcher Tornados beobachtet, dagegen treten im klassischen Tornadoland USA jährlich etwa 700 auf. Auch in Asien, Australien oder Argentinien werden regelmäßig Tornados beobachtet.

Abb. 10: Ein extrem seltenes Ereignis: vier Wasserhosen aus einer Wolke

Abb. 11: Links: Von einem Tornado geschlagene Schneise der Verwüstung in Oklahoma City im September 2001. Rechts: Schäden nach einem Tornado in Stoughton, Wisconsin, 18. August 2005

Die Schäden

Die global durch Stürme hervorgerufenen Schäden sind immens (Abb. 11 und 12). Von allen Naturrisiken verursachen Stürme, neben Überschwemmungen, die größten Schadenssummen weltweit und auch in Europa (MüRück, 1999). Sturmschäden sind weit verbreitet, und es gibt global wohl keinen Ort, an dem nicht mit einem Sturm und Sturmschäden gerechnet werden müsste. Einer der Gründe ist darin zu sehen, dass es nicht möglich ist, sämtliche Gebäude so zu bauen, dass sie allen, am jeweiligen Ort denkbaren Stürmen vollständig widerstehen können. Stürme sind seltene Ereignisse. So muss in der Norddeutschen Tiefebene in einer Höhe von etwa 10 Metern über Grund im Durchschnitt nur etwa alle 100 Jahre einmal mit einer Bö gerechnet werden, die schneller ist als 35 Meter pro Sekunde. An der Küste liegt dieser Wert bei etwa 50 Meter pro Sekunde. Jedes Jahr treten aber mehrere Sturmzyklonen in diesem Gebiet auf. Ob extreme Windgeschwindigkeiten erreicht werden können hängt dabei von einer zufälligen Kombination von Wetterparametern ab. Dabei ist der Zusammenhang zwischen den Schäden und der Windgeschwindigkeit bemerkenswert. Es wird beobachtet, dass die Schadenshöhe in der Norddeutschen Tiefebene etwa mit der fünften Potenz der Windgeschwindigkeit ansteigt. Eine Zunahme von 15 Prozent der Windgeschwindigkeit, zum Beispiel von 35 auf etwa 40 Meter pro Sekunde bringt eine Verdoppelung der Schäden mit sich. Bei Sturmzyklonen werden stets größere Gebiete betroffen, wie aus ihrer Entstehung heraus zu erklären ist. Auch wenn in einem solchen Gebiet nicht sämtliche Gebäude total zerstört werden, erreichen doch die Schadenshöhen durch die Vielzahl der betroffenen Objekte – das können außer Gebäuden auch Bäume sein – oft ein enormes Ausmaß. So hat der Sturm Vivian (1990) mehrere Milliarden D-Mark Schäden an Wäldern verursacht, ebenso wie die Orkane Lothar und

Abb. 12: Folge eines ›kleinen‹ Tornados: Wittenberg am 12.6.2002

Anatol im Jahr 1999, die vergleichbare Schäden angerichtet haben. Eine Veränderung der Häufigkeit von Stürmen im Binnenland Mitteleuropas ist bislang nicht zu verzeichnen. Es wird aber genaue Beachtung erfordern, um mögliche Veränderungen in der Häufigkeit solcher Starkwindereignisse zu erfassen. Zur Begrenzung der Schäden ist es unbedingt erforderlich, solche Entwicklungen möglichst frühzeitig zu berücksichtigen.

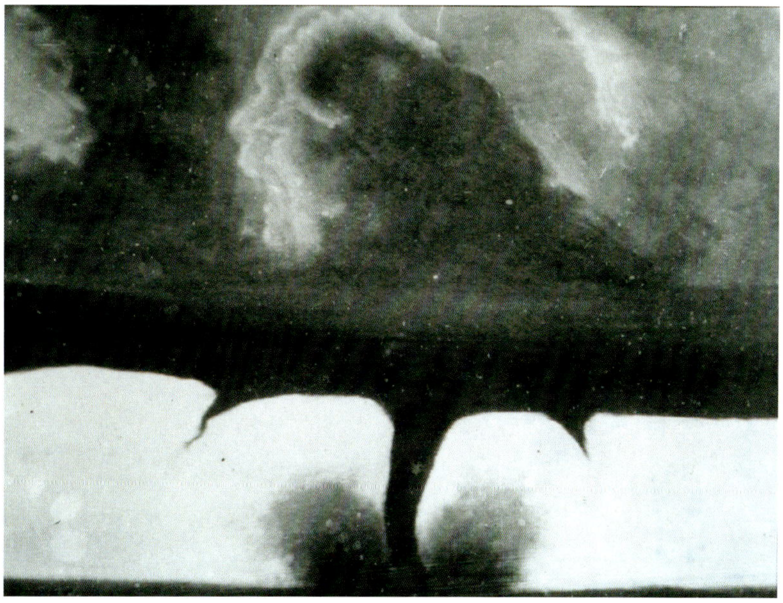

Älteste bekannte Aufnahme eines Tornados. Howard, South Dakota, 28. August 1884

Literaturhinweise

Goldammer, J. H. (Hrsg.) (2001): Aufarbeitung Orkan Lothar. In: Erstes Forum Katastrophenvorsorge – Extreme Naturereignisse und Vulnerabilität. Deutsches Komitee für Katastrophenvorsorge e.V., Bonn (auch im Internet unter: www.dkkv.org/de/publications/ressource.asp?ID=81)

Häckel, H. (1993): Meteorologie. Verlag Eugen Ulmer, Stuttgart

MüRück (1990): Sturm – Neue Schadendimensionen einer Naturgefahr. Münchner Rückversicherungs-Gesellschaft, München

MüRück (1999): topics 2000 Naturkatastrophen – Stand der Dinge. Münchner Rückversicherungs-Gesellschaft, München

Hupfer, P. & W. Kuttler (1998): Witterung und Klima. Teubner Verlag, Stuttgart und Leipzig

Simpson, R. H. & H. Riehl (1981): The Hurricane and Its Impact. Blackwell, Oxford

DWD (2000): Klimastatusbericht 1999. Deutscher Wetterdienst, Offenbach

Internetseiten

Tornados in Deutschland, Österreich und der Schweiz: http://www.tordach.org
Tornados: http://www.tornadoproject.com
Zyklonen, Wind u.a.: http://www.seewetter-kiel.de
Hurrikane, University of Illinois: http://ww2010.atmos.uiuc.edu/(Gh)/guides/mtr/hurr/home.rxml
NOAA National Severe Storms Laboratory: http://www.nssl.noaa.gov

Kai Radtke schloss sein Studium der Meteorologie an der Universität Leipzig im Jahr 2000 ab. Anschließend promovierte er und arbeitete als Wissenschaftlicher Mitarbeiter zunächst an der Universität Leipzig und später an der Brandenburgisch Technischen Universität Cottbus.

Anschrift: Dr. Kai S. Radtke
BTU Cottbus
Lehrstuhl Umweltmeteorologie
Burger Chaussee 2
03044 Cottbus

E-Mail: radtke@tu-cottbus.de

Gerd Tetzlaff ist Gründungsdirektor des Instituts für Meteorologie an der Universität Leipzig, wo er nach Aufenthalten in Berlin, Hannover und Australien seit 1993 forscht. Sein Augenmerk liegt dabei hauptsächlich auf der Arbeit an Extremereignissen und der Grenzschichtmeteorologie, sowohl experimentierend als auch modellierend.

Anschrift: Prof. Dr. em. Gerd Tetzlaff
Institut für Meteorologie
Universität Leipzig
Stephanstr. 3
04103 Leipzig

E-Mail: tetzlaff@uni-leipzig.de

Der bewegte Ozean

Veränderungen der ozeanischen Zirkulation

von Jürgen Holfort, Rostock

Vor ein paar Jahrzehnten dachte man noch, dass der tiefe Ozean keinen großen Veränderungen unterworfen ist. Im Moment sind aber gerade Veränderungen dieses Gebietes eines der großen Themen in der Ozeanographie. Die Veränderlichkeit und Vorhersagbarkeit des gesamten Klimasystems ist z. B. Thema des internationalen Programms CLIVAR (CLImate VARiability and Predictability). Vergleicht man die uns allen bekannten Vorgänge in der Atmosphäre wie Wetter und Jahreszeiten mit den Prozessen im Ozean, so wirkt dieser insgesamt extrem träge, d. h. er reagiert nur sehr langsam. Diese Eigenschaft nimmt mit der Tiefe zu. Der Grund für diese Trägheit ist die große Masse und die hohe Wärmespeicherung des Wassers im Vergleich zur Luft. Bei gleichem Energieaufwand ist es einfacher, Luft zu erwärmen bzw. zu beschleunigen als Wasser. Deswegen ist das Klima in Meeresnähe auch gleichmäßiger als im Inneren der Kontinente. Das Meer speichert die Energie des Sommers und gibt sie im Winter wieder an die Atmosphäre ab. So stellen auch im globalen Klimasystem die Ozeane das ›Gedächtnis‹ dar. Änderungen im Ozean sind relativ langsam, haben dafür aber langfristige Auswirkungen. Es ist daher wichtig, diese Veränderlichkeit, auch Variabilität genannt, zu erforschen, zu bestimmen und zu verstehen.

Die daraus gewonnenen Erkenntnisse könnten zu besseren Klimavorhersagen führen, obwohl man auch dann nicht mit Bestimmtheit sagen kann, ob es nächstes Jahr zu Ostern regnet oder nicht. Was aber möglich sein wird, ist vorherzusagen, ob der Sommer eher feucht oder eher trocken wird. Das reicht zwar nicht zur langfristigen Planung einer Gartenparty, ist aber für Landwirtschaft, Wasserversorgung, Katastrophenschutz usw. von großer Bedeutung. Bei dem ›El Niño Southern Oscillation‹ (ENSO) Phänomen, einem der größten Klimasignale, hat solch eine Vorhersage schon funktioniert. Durch die frühzeitigen Informationen konnten Bauern ihren Anbau entsprechend umstellen und die Menschen sich schon im Vorfeld auf starke Regenfälle mit möglichen Überschwemmungen, bzw. in anderen Gegenden auf Dürre, einstellen. So konnten Menschenleben geschützt und der wirtschaftliche Schaden begrenzt werden.

Variabilität

Bei Klimaänderungen fällt uns heutzutage sofort die anthropogene, also vom Menschen verursachte, Veränderung ein. Durch den Verbrauch von fossilen Brennstoffen erhöhen wir den CO_2-Gehalt der Atmosphäre, was den Treibhauseffekt verstärkt und zu weltweit höheren Durchschnittstemperaturen führt. Der Ozean nimmt einen großen Teil des CO_2 auf und speichert es, genau wie er durch seine hohe Wärmekapazität regulierend auf die Temperatur wirkt (s. Artikel von G. Wefer & W. H. Berger). Global gesehen haben wir ein durch die riesigen Wasserflächen unseres Planeten bestimmtes marines Klima. Da der Ozean das anthropogene Signal abschwächt, ist die weltweite Erwärmung bisher nur schwer von der natürlichen Variabilität zu unterscheiden. Ist die Trägheit des Ozeans erst einmal überwunden und der Anstieg klar zu erkennen, wird der entsprechende Effekt allerdings noch über einen längeren Zeitraum vorhanden sein. Und dies auch, wenn wir dann sofort jeglichen CO_2-Ausstoß einstellen würden.

Abb. 1: Eine Mess-Sonde für Druck, Temperatur, Salzgehalt und gelösten Sauerstoff kommt nach einer Messung in der Grönlandsee wieder an Bord. Außerdem haben vier Wasserschöpfer in unterschiedlichen Tiefen Proben genommen, um die Sonde zu eichen und weitere Parameter zu bekommen.

Die Variabilität findet auf unterschiedlichen Zeitskalen statt: Zum einen gibt es die kurzfristige Variabilität, wie z. B. den Tagesgang der Temperatur an der Wasseroberfläche. Dazu zählen auch die Gezeiten mit ihren hauptsächlichen Perioden von etwa 12 und 24 Stunden, die sogar noch in der Tiefsee wirken. Der Jahresgang gehört gerade schon zur mittelfristigen Variabilität, während die langfristige Variabilität bis in geologische Zeiträume reicht, wie z. B. Eiszeiten (s. Artikel von W. H. Berger & G. Wefer). Wir wollen uns hier aber mit der natürlichen, mittelfristigen Variabilität befassen. Mittelfristig bedeutet hier Veränderungen in Zeiträumen zwischen einem Jahr bis hin zu Jahrzehnten. Für die Atmosphäre bedeutet mittelfristig einen wesentlich kürzeren Zeitraum, da sie bedeutend schneller reagiert.

Eine typische mittelfristige Variation ist der Jahresgang der Oberflächentemperatur, die besonders ausgeprägt ist und bei klarem Himmel mit Satelliten für den meisten Teil der Erde mit ausreichender Genauigkeit (~0,1 Grad Celsius) gemessen werden kann. Mit diesen Methoden kann man allerdings nicht in den Ozean hineinschauen, sondern erhält nur Informationen aus einer sehr dünnen Schicht an der Oberfläche. Der Jahresgang wirkt sich aber tiefer aus, wobei er in den Tropen nur sehr viel flacher reicht als in den höheren Breiten. Die Wassersäule dehnt sich aus, wenn sie erwärmt wird, bzw. zieht sich zusammen, wenn sie abgekühlt wird, ähnlich der Quecksilbersäule in einem Thermometer. Dies kann man mittels eines Altimeters, welches die Höhe des Meeresspiegels misst, auch vom Satelliten aus feststellen, mit aktivem Radar sogar durch Wolken hindurch. Für mittel- bis längerfristige Änderungen erreicht diese Methode aber noch nicht die erforderliche Genauigkeit. Alle anderen satellitengestützten Messungen arbeiten ebenfalls mit elektromagnetischen Strahlungen, also Licht oder Radarwellen, die nur begrenzt in Wasser eindringen können, so dass Messungen nur an der Wasseroberfläche, bis in maximal einige Meter Tiefe möglich sind.

Mess-Systeme vor Ort

Um Veränderungen in der Wassersäule zu bestimmen, muss man daher über einen längeren Zeitraum direkt vor Ort messen. Dies kann man über wiederholte Forschungsreisen und hydrographische Messungen mit einer profilierenden Sonde bzw. Wasserschöpfern machen oder auch über unabhängige, verankerte oder driftende Geräte. Jedes dieser Mess-Systeme hat seine Vor- und Nachteile und alle sind sehr aufwendig.

Wenn man von einem Forschungsschiff aus arbeitet, erreicht man die höchste Messgenauigkeit der einzelnen Messungen und kann die höchste Parameterzahl (z. B. Druck, Temperatur, Salzgehalt, Nährstoffe, Freone, CO_2 etc.) bestimmen (Abb. 1). Außerdem ist man relativ flexibel und kann – wenn die Messergebnisse dies erfordern – z. B. in interessanten Gebieten zusätzliche hydrographische Profile fahren. Man kann so in kleineren Gebieten eine sehr gute räumliche Auflösung erlangen. Da diese Arbeiten aber sehr zeitaufwendig und kostenintensiv sind, kann man sie nicht sehr oft wiederholen, d. h. die zeitliche Auflösung ist gering. Dafür stehen solche Messungen

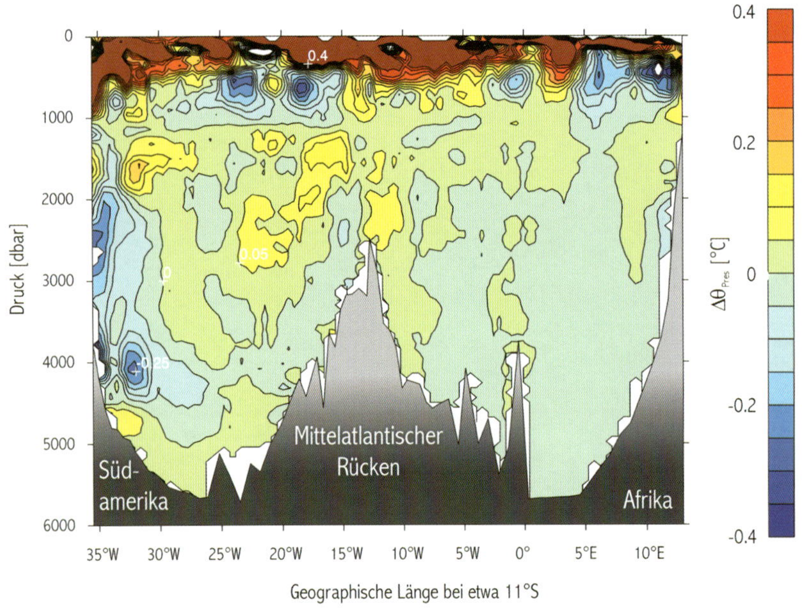

Abb. 2: Temperaturdifferenzen im Südatlantik entlang etwa 11°S zwischen einem Schnitt von 1983 und einem Schnitt von 1994. Der Schnitt erstreckt sich von Südamerika zur linken bis nach Afrika auf der rechten Seite.

aber schon seit den Anfängen der Ozeanographie – etwa Ende des 19. Jahrhunderts – zur Verfügung. Abgesehen von wenigen, stark frequentierten, küstennahen Gebieten ist eine jährliche Wiederholung über mehrere Jahre schon äußerst selten. In weiten Teilen des Ozeans sind Messungen in Abständen von zehn oder mehr Jahren eher die Regel als die Ausnahme.

So wurden bis zum heutigen Tage quer über den Atlantik bei elf Grad Süd nur zwei Schnitte gefahren, der erste im März 1983, der zweite im April 1994. Vergleicht man die beiden Schnitte (Abb. 2), sieht man große Temperaturunterschiede in den oberen 500 Metern, die zum einen wohl durch den Jahresgang der Temperatur an der Oberfläche verursacht werden, zum anderen aber auch mit zwischenjährlichen oder noch langfristigeren Veränderungen zusammenhängen. Der ausgeprägte Jahresgang an der Oberfläche überdeckt die längerfristigen Veränderungen, da sie bedeutend kleiner sind als die kurzfristigen. Im tiefen Ozean sind die kurzfristigen Veränderungen z. B. durch die Vermischung der Wassermassen sozusagen rausgemittelt, und wir erkennen längerfristige Veränderungen von 0,2 Grad Celsius und mehr im westlichen Randstromgebiet. Da wir aber nur zwei Schnitte zur Verfügung haben, können wir über die zugehörigen Perioden beispielsweise nichts aussagen. Berechnungen des Wärmetransportes über diese Schnitte ergeben eine Veränderung von etwa zehn Prozent, entsprechend 50 Terawatt – eine Fünf mit 13 Nullen – und dies unter der Annahme, dass die Veränderungen klein sind.

Abb. 3: Eine Verankerung wird von FS Meteor ausgelegt. In dem etwa 45 Meter langen Rohr befinden sich Messinstrumente, das Rohr selber dient als Schutz gegen driftende Eisschollen und kleinere Eisberge. Mit dieser Verankerung soll auf dem Schelf der Ausstrom von Frischwasser im Ostgrönlandstrom bestimmt werden.

Verankerte Geräte können über einen Zeitraum von ein bis zwei Jahren fast kontinuierlich messen, bevor sie wieder mit einem Schiff eingeholt bzw. gewartet und ausgetauscht werden müssen (Abb. 3). Im Allgemeinen stehen auch erst dann die Daten zur Verfügung, eine direkte Übertragung der Daten ist nur in wenigen Fällen möglich. Durch den hohen Wasserdruck und die langen Betriebszeiten werden hohe Anforderungen an die Instrumente gestellt. Das Auslegen und Bergen erfolgt meistens mit Forschungsschiffen und ist daher kostenintensiv. Häufig bringen die Forscher mehrere Geräte an einer Verankerung aus. Da dies aber immer noch reine Punktmessungen sind, werden in wichtigen Schlüsselregionen mehrere Verankerungen ausgebracht. Solche Schlüsselregionen können

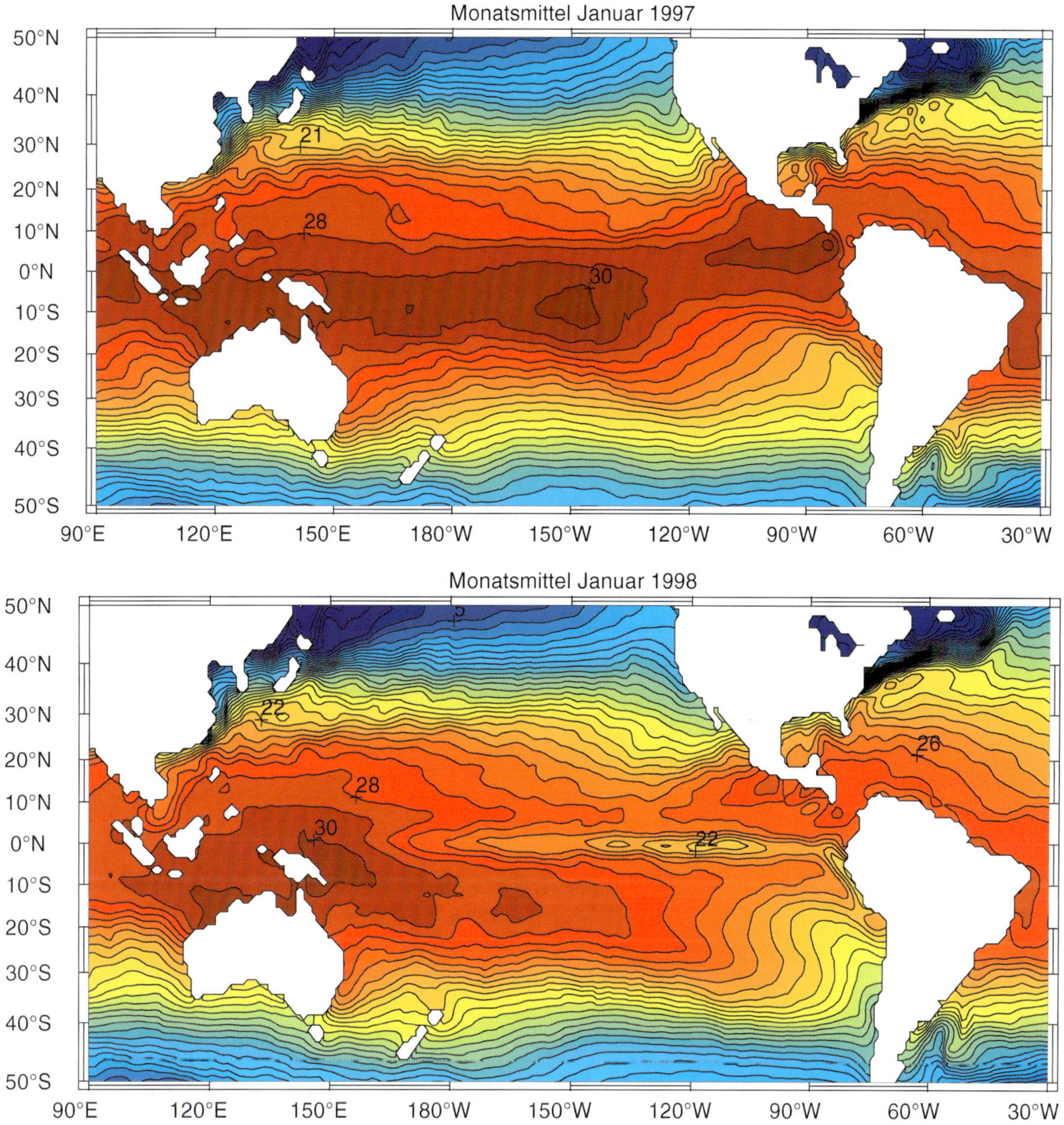

Abb. 4: Aus Satellitendaten bestimmte mittlere Oberflächentemperaturen im Januar 1997 während eines El Niños (oben) und im Januar 1998 (unten). Gut erkennbar sind die höheren Temperaturen (rote Farben) im östlichen tropischen bis subtropischen Pazifik.

Passagen zwischen zwei Meeresbecken, wie z. B. die Dänemarkstraße zwischen Island und Grönland, die das europäische Nordmeer mit dem Atlantik verbindet, oder Gebiete mit starken Strömungen, wie z. B. der Golfstrom, sein.

Drifter sind Mess-Systeme, die mit dem Wasser treiben – sie driften. Bisher war es nur möglich, Drifter zu konzipieren, die entweder an der Oberfläche oder in einer bestimmten Tiefe trieben. In letzter Zeit werden allerdings Drifter gebaut, die zwischen einer bestimmten Tiefe und der Oberfläche hin- und herpendeln und dabei Daten aufzeichnen. Diese Datensammlungen, auch als Profile bezeichnet, werden von der Oberfläche aus per Satellit an Land übertragen. Im Idealfall ist es sehr einfach diese Bojen auszubringen und es erfordert keine speziellen Forschungsschiffe: einschalten und ins Wasser werfen. Da es Einweggeräte sind, werden sie entweder angespült oder gehen irgendwann unter, daher brauchen sie auch nicht aufwendig geborgen zu werden. Einfache Oberflächendrifter sind relativ billig, die neueren, vertikal beweglichen Geräte können zwar mehr Daten erfassen, sind aber auch bedeutend teurer. Die räumliche Verteilung der so gewonnenen Messungen ist – da die Messgeräte mit der Strömung driften – variabel. Verankerungen legt man systematisch aus, mit Forschungsschiffen kann man gezielt auf Messungen reagieren, aber bei Driftern ist

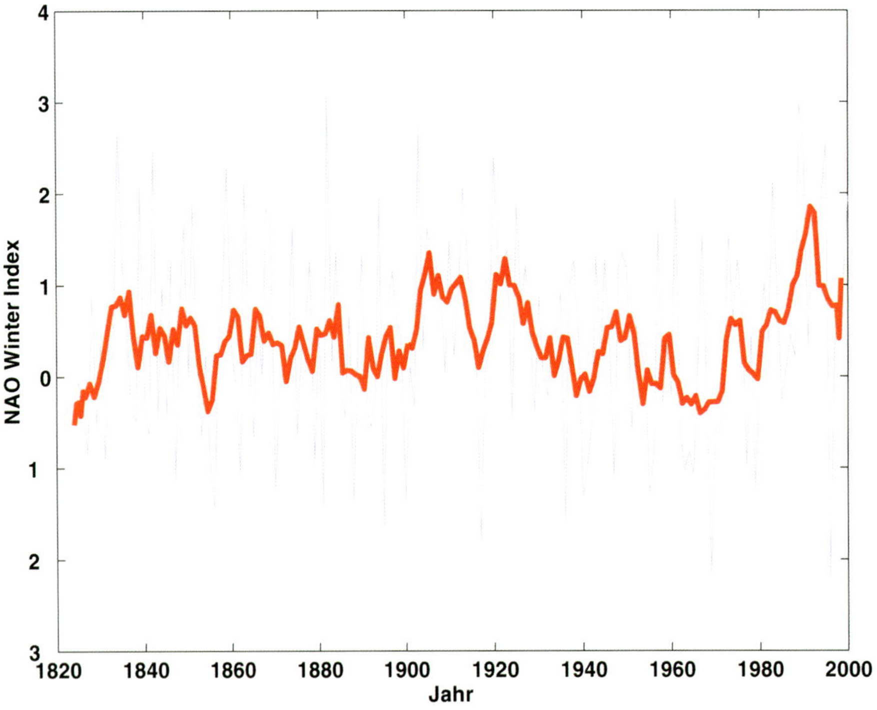

Abb. 5: Der Verlauf des NAO-Index für die Wintermonate von 1823 bis 2000, der die normierten Druckunterschiede zwischen dem Islandtief und dem Azorenhoch angibt. Die rote Linie ist ein gleitendes Mittel über fünf Jahre.

man darauf angewiesen, dass sie in interessante Regionen treiben bzw. darin bleiben. Es sind aber schon Drifter in Erprobung, die man in gewissen Maßen steuern kann.

Alle diese Mess-Systeme werden heutzutage eingesetzt, wobei in Zukunft die Anzahl der autonomen Geräte wohl zunehmen wird. Zusätzlich werden Computer-Modelle entworfen, um die erhaltenen Daten miteinander zu verbinden und so noch besser auswerten zu können.

El Niño-Southern Oscillation

Die El Niño Southern Oscillation ist das bekannteste und am besten erforschte Phänomen im Bereich der längerfristigen – also ein Jahr umfassenden – Variabilität im System Ozean-Atmosphäre. Im Ozean manifestiert es sich durch erhöhte Temperaturen vor der Küste Südamerikas, die um die Weihnachtszeit herum auftreten und daher den Namen El Niño – Spanisch für ›das Kind‹ – erhielten. Abbildung 4 zeigt Satellitendaten, die den Unterschied der mittleren Temperaturen im Januar 1998 und den erhöhten Temperaturen während des El Niños im Jahre 1997 erkennen lassen.

Das Phänomen erstreckt sich nicht nur über den gesamten tropischen Pazifik, sondern beeinflusst darüber hinaus alle tropischen Bereiche weltweit. Einflüsse auf die höheren Breiten werden angenommen, sind aber noch nicht einwandfrei nachgewiesen. Mit Hilfe von Korallen, archäologischen Daten und vielen anderen Beweisen kann das Auftreten der El Niño Southern Oscillation über Jahrhunderte zurückverfolgt werden. Obwohl dieses Phänomen alle drei bis zehn Jahre auftritt, ist keine strenge Regelmäßigkeit zu erkennen. Die letzten Jahre zeigten eine – im Vergleich zu früher – raschere Wiederkehr, und es wird darüber spekuliert, ob dies mit dem anthropogenen Treibhauseffekt zusammenhängen könnte.

Nordatlantische Oszillation

Für die Menschen in Europa ist die Nordatlantische Oszillation (NAO) von größerer Bedeutung, da sie unser Klima mitgestaltet. Ein häufig benutzter Indikator dieser Oszillation ist der Luftdruckunterschied zwischen dem Azorenhoch und dem Islandtief. Dies ist zwar eine starke Vereinfachung, hat aber den Vorteil, dass dieser Wert bereits über einen langen Zeitraum gemessen wurde (Abb. 5). Dieser Index zeigt starke Schwankungen im kurzfristigen und im Zehnjahres-Rhythmus. Der Einfluss von kurzfristigen Änderungen des Azorenhochs bzw. Islandtiefs auf das Wetter in Mitteleuropa dürfte vom Wetterbericht im Fernsehen hinlänglich bekannt sein. Aber auch die längerfristigen Änderungen beeinflussen das Klima in Europa. Bei hohem NAO-Index ist z. B. vor Norwegen mit mehr Regen zu rechnen, bei niedrigem hingegen regnet es auf der iberischen Halbinsel mehr.

Die NAO hat eine starke globale Bedeutung, da in ihrem Einflussgebiet mit der Labradorsee und der Grönlandsee zwei der drei Hauptbildungsgebiete des Tiefenwassers liegen. Das dritte liegt an der Antarktis, wo sich ebenfalls Tiefenwaser durch Konvektion für die globale, thermohaline Zirkulation bildet. Konvektion heißt in

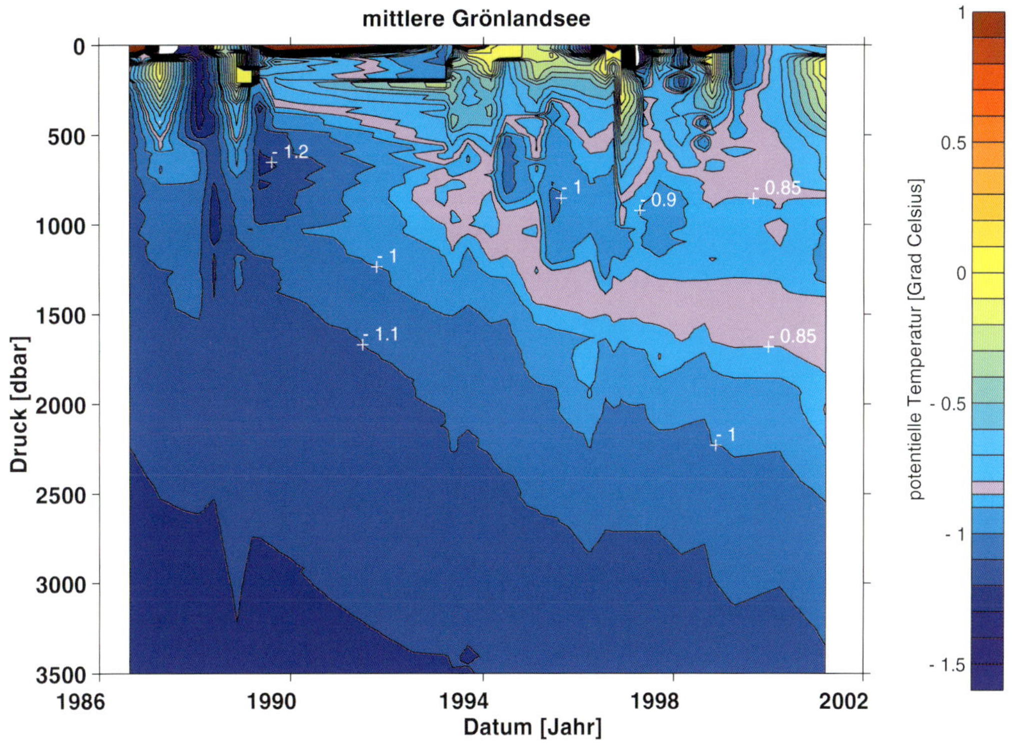

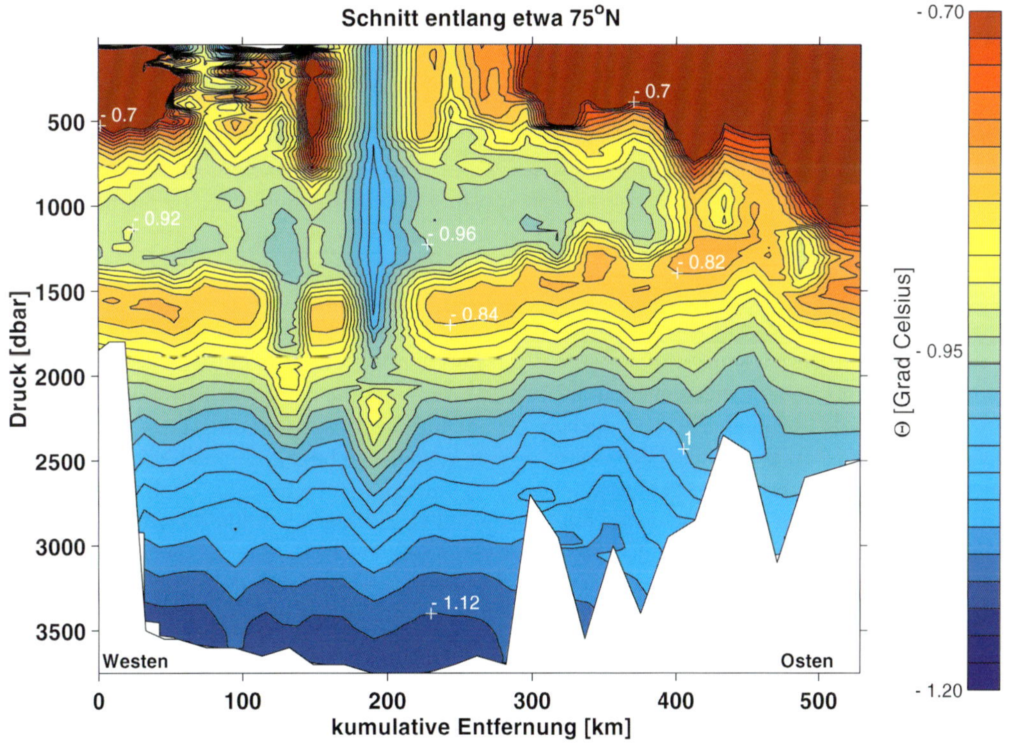

Abb. 6: a) Die zeitliche Entwicklung der potentiellen Temperatur in der mittleren Grönlandsee um 75°N, 3°W. Die Temperatur in großen Tiefen steigt im Laufe der Jahre an. In den 1990er Jahren bildete sich ein tiefes Temperaturmaximum aus (zur Verdeutlichung ist der Temperaturbereich von -0,85 bis 0,8 Grad Celsius farblich hervorgehoben). b)Temperaturschnitt durch die Grönlandsee bei etwa 75°N aus dem Jahr 2001. Man erkennt das tiefe Temperaturmaximum und einen tiefen Konvektionswirbel bei etwa 0°W, der dieses Maximum durchbricht. Etwas weiter westlich erkennt man einen zweiten Wirbel, der aber hier nicht bis zur Oberfläche reicht. Die große Wassermasse im Westen, mit Temperaturen oberhalb -0,7 Grad Celsius, ist größtenteils von Süden her einströmendes Atlantisches Wasser.

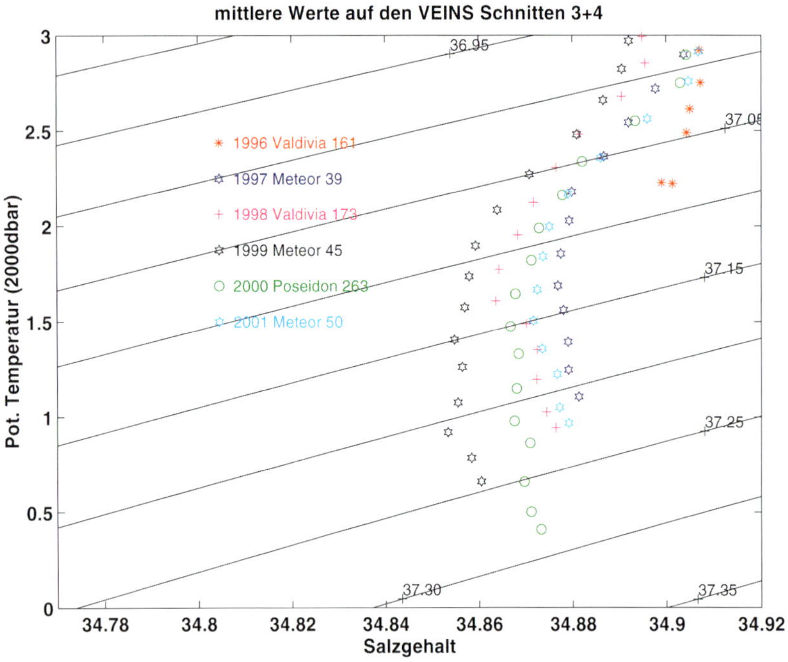

Abb. 7: Änderungen in der mittleren Temperatur/Salzgehaltscharakteristik im Overflow-Wasser vor der Ostküste Grönlands bei etwa 65°N. Die Farben und Symbole stehen für die in den jeweiligen Jahren auf verschiedenen Schiffen aufgenommenen Daten.

diesem Fall, dass Wassermassen sich aufgrund von unterschiedlicher Dichte gegeneinander bewegen. Damit das Wasser von der Oberfläche durch Konvektion in größere Tiefen absinken kann, muss es schwerer werden als das darunterliegende. Die Dichte und damit das Gewicht des Wassers steigt, je kälter und salziger es ist, daher ›thermohaline Konvektion‹. In Polnähe kommt beides zusammen, da das Wasser abkühlt und Meereis ausfriert. Dieses Eis enthält aber fast reines Süßwasser, so dass das übrige Meerwasser noch salziger wird. Bei Salzwasser tritt im Gegensatz zu Frischwasser kein Dichtemaximum auf und es besitzt einen erniedrigten Gefrierpunkt von bis zu minus zwei Grad Celsius. Im Nordpazifik wird zwar auch Wasser bis zum Gefrierpunkt abgekühlt, dies ist aber durch den niedrigeren Salzgehalt nicht schwer genug um Tiefenwasser zu bilden. Die Menge und die Eigenschaften des Tiefenwassers hängen von den atmosphärischen Gegebenheiten ab. Kalte Winter mit starken Winden begünstigen die Tiefenwasserbildung. Starke Frischwasserzuflüsse, sei es durch Niederschlag, Advektion oder Eisschmelze hingegen behindern die Tiefenwasserbildung. Da der Ozean auch Wärme an die Atmosphäre abgibt, kommt es zu Rückkopplungen, die möglicherweise die beobachtete dekadische Variabilität erklären könnten. Auf diesem Gebiet wird momentan sehr aktiv geforscht.

Grönlandsee

Starke Konvektion – also viel absinkendes Tiefenwasser – in der Labradorsee scheint mit schwacher Konvektion in der Grönlandsee verbunden zu sein (bei hohem NAO-Index) und umgekehrt. In der Grönlandsee trat eine Durchmischung bis zum Boden das letzte Mal im Jahre 1971 auf, es folgte eine Zeit mit sehr schwacher Konvektion, und erst danach reichte sie in einigen Gebieten wieder in Tiefen bis weit über 2.000 Meter. Trotz des unwirtlichen Klimas sind in der Grönlandsee sehr viele hydrographische Daten vorhanden, so dass man, im Gegensatz zu elf Grad Süd im Atlantik, den zeitlichen Verlauf der mittleren Temperatur recht gut abschätzen kann (Abb. 6 a). Seit Ende der 1980er Jahre ist die tiefe Grönlandsee wärmer geworden. Um 1990 bildete sich relativ warmes Wasser an der Oberfläche und in bis zu etwa 500 Metern Tiefe, dessen Temperatur noch nicht einmal ein Grad Celsius unter dem Gefrierpunkt lag. In den folgenden Jahren entstand dann zwar kälteres, aber nicht so dichtes Wasser. Dieses kältere Wasser blieb über dem relativ warmen Wasser liegen, so dass es zu einem vertikalen Temperaturmaximum kam, das in immer größere Tiefen transportiert wurde. Nimmt man Messungen in diesem Gebiet vor, so sieht man auf einzelnen Schnitten immer wieder eng begrenzte Konvektionsgebiete, die dieses Maximum durchbrechen bzw. nach unten verlagern. So auch im Schnitt aus dem Jahre 2001 (Abb. 6 b), auf dem bei etwa Null Grad West mit 2.400 Metern die größte Konvektionstiefe seit 1971 gemessen wurde. In diesem Gebiet sind die Temperatur und der Salzgehalt von der Oberfläche bis in Tiefen von über 2.000 Metern fast konstant. Dieser Konvektionswirbel ist seit seiner Entstehung schon mehrfach von Forschungsschiffen aus vermessen worden. Zusätzlich wurden auch profilierende Drifter eingesetzt. Außerdem sehen Forscher Satellitendaten durch, um die Signatur des Wirbels dort gegebenenfalls zu entdecken. Darüber hinaus soll versucht werden, diesen Wirbel in einem numerischen Modell nachzubilden, dort fließen dann natürlich auch Daten über die atmosphärischen Bedingungen ein, die zu seiner Bildung führten. Zusammen mit historischen Daten hofft man so, die Konvektion in der Grönlandsee und ihre längerfristigen Veränderungen besser zu verstehen.

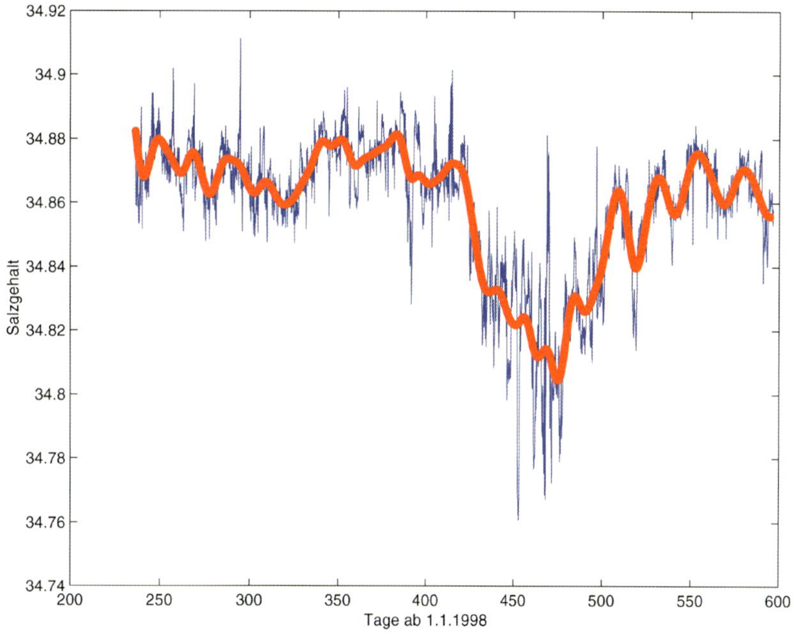

Abb. 8: Der Verlauf des Salzgehaltes innerhalb eines Jahres, aufgenommen von einem in Bodennähe verankerten Gerät in einer Tiefe von etwa 1.900 Metern vor der Ostküste Grönlands bei etwa 63°29'N.

Overflow

Das Tiefenwasser der Grönlandsee vermischt sich, in veränderlichen Anteilen, mit anderen Wassermassen des Nordmeeres und fließt als sogenanntes Overflow-Wasser nach Süden durch die Dänemarkstraße zwischen Island und Grönland. Dieses schwere Wasser fließt am Boden den ostgrönländischen Kontinentalabfall entlang und ist wichtiger Bestandteil des Nordatlantischen Tiefenwassers. In den letzen Jahren wurden in diesem Gebiet, unter anderem im Rahmen der großen europäischen Forschungsprojekte VEINS und ASOF, regelmäßig hydrographische Schnitte gefahren und Verankerungen ausgelegt. Die mittleren Werte für die Temperatur und den Salzgehalt des Overflow-Wassers verändern sich im Laufe der Zeit, je nachdem, welchen Anteil die unterschiedlichen Wassermassen haben und welche Eigenschaften sie mitbringen (Abb. 7). Aus Verankerungsdaten wissen wir, dass auch kurzfristige Änderungen der Eigenschaften des Overflow-Wassers auftreten (Abb. 8). An diesem Thema wird aktiv geforscht, um die Zusammenhänge im Einzelnen noch genauer zu klären.

Schlussbemerkung

Dieser Artikel gibt natürlich kein umfassendes Bild der ozeanischen Variabilität wieder, allein schon deshalb, weil die Beispiele alle aus dem näheren wissenschaftlichen Umfeld des Autors stammen. Geographisch gesehen fehlt der gesamte Indische Ozean und der tiefe Pazifik. Es fehlen die Nährstoffe und auch das CO_2, letzteres natürlich sehr wichtig im Hinblick auf den anthropogenen Treibhauseffekt. Weiterhin wurden auch die sehr langfristigen Veränderungen, bis hin zu geologischen Zeiträumen, nicht aufgeführt. In allen diesen Gebieten werden Untersuchungen über zeitliche Änderungen durchgeführt. Dass insbesondere der tiefe Ozean vor einiger Zeit noch als zeitlich sehr konstant angesehen wurde, lag an der damaligen, nur spärlichen Datengrundlage. Die neue Sicht auf den Ozean ist zusammen mit Meteorologie, Biologie, Geologie etc. eingebettet in den umfassenden Bereich der Erdsystemforschung.

Internetseiten

Institut für Meereskunde Hamburg: http://www.ifm.uni-hamburg.de
GEOMAR – Helmholtz-Zentrum für Ozeanforschung Kiel: http://www.geomar.de
Inst. für Ostseeforschung Warnemünde: http://www.io-warnemuende.de
Alfred-Wegner-Institut – Helmholtz-Zentrum für Polar- und Meeresforschung, Bremerhaven: http://www.awi.de
International Association for the Physical Sciences of the Oceans: http://iapso.iugg.org

Jürgen Holfort ist Ozeanograph und am BSH in Rostock Leiter des Eisdienstes und des Wasserstandsdienstes Ostsee. Davor war er am Norsk Polarinstitutt in Tromsø, Norwegen als wissenschaftlicher Mitarbeiter tätig.

Anschrift: Dr. Jürgen Holfort
Bundesamt für Seeschifffahrt
und Hydrographie
Eisdienst und Wasserstandsdienst Ostsee
Neptunallee 5
18057 Rostock
E-Mail: juergen.holfort@bsh.de

Der globale Kohlenstoffkreislauf

von Venugopalan Ittekkot, Tim Rixen und Andreas Suthhof, Bremen

Abb. 1: Die Verbrennung von Erdöl, Erdgas und Kohle ist die wichtigste Ursache für den vom Menschen verursachten Anstieg des Kohlendioxidgehalts in der Atmosphäre.

Während des letzten Jahrhunderts (Berechnungszeitraum 1901 bis 2012) sind die mittleren Temperaturen auf der Erde um etwa 0,9 Grad Celsius gestiegen. Heute besteht Konsens darüber, dass dieser Anstieg hauptsächlich auf Menschen zurückzuführen ist, die durch die Verbrennung von Erdöl, Erdgas und Kohle (Abb. 1), die Herstellung von Zement und eine veränderte Landnutzung Kohlendioxid (CO_2) frei setzten (Abb. 2).

Die Treibhauswirkung von CO_2 in der Atmosphäre wurde bereits im Jahre 1896 von dem schwedischen Forscher und Nobelpreisträger Svante Arrhenius entdeckt. Basierend auf dieser Entdeckung brachte Arrhenius den Wechsel von Eis- und Warmzeiten, den der Naturforscher Agassiz bereits 1840 anhand von Gletscherablagerungen postulierte, in Verbindung mit Veränderungen in der CO_2-Konzentration in der Atmosphäre. Der Beweis konnte jedoch erst 84 Jahre später, anhand von Bohrkernen aus dem mächtigen Eisschild der Antarktis, erbracht werden (Abb. 3). In diesen Eisbohrkernen ist Luft und damit ein Teil der ehemaligen Atmosphäre einschlossen. Die chemische Analyse dieser Luft zeigte, dass der Wechsel von Warm- und Eiszeiten tatsächlich mit Variationen der CO_2-Konzentration in der Atmosphäre im Zusammenhang steht.

Arrhenius folgerte ferner, dass die massive Verbrennung von Kohle, die er bereits beobachten konnte, zu einer globalen Erwärmung führen müsste, wenn nicht natürliche Prozesse das von Menschen freigesetzte CO_2 wieder binden würden. Die ersten kontinuierlichen Messungen des CO_2-Gehalts in der Atmosphäre begannen aber erst 1958 auf dem hawaiianischen Vulkan Mauna Loa (Abb. 3). Diese Messungen erbrachten den Nachweis, dass die CO_2-Konzentrationen in der Atmosphäre von Jahr zu Jahr steigen. Damit war klar, dass natürliche Prozesse zu langsam sind, um all das von Menschen emittierte CO_2 zu binden. Die anhand von Eisbohrkernen verlängerten CO_2-Zeitserien lieferten darüber hinaus den Beweis, dass die CO_2-Konzentrationen bereits seit der industriellen Revolution gestiegen sind: Um ca. 1750 lagen sie bei 270 ppmv (ppmv: parts per million, Volumenmischungsverhältnis) und im April 2014 wurden laut Auskunft der amerikanischen Behörde NOAA (National Oceanic and Atmospheric Administration) auf dem Monau Loa erstmalig Konzentrationen von über 400 ppmv gemessen. Damit sind die CO_2-Konzentrationen heute höher als sie jemals zuvor in Eisbohrkernen gemessen wurden, die inzwischen 800.000 Jahre in die Vergangenheit zurück reichen und acht volle Warm- und Eiszeitzyklen abdecken (Abb. 3). Diese Warm- und Eiszeitzyklen sind jedoch Teil der Kaltzeit, die vor ungefähr 34 Millionen Jahren mit der Vereisung der Antarktis begann und vor etwa 2,5 Million Jahren auch die Nordhemisphäre erfasste. Mit der Vereisung auf der Nordhemisphäre beginnt für Geologen

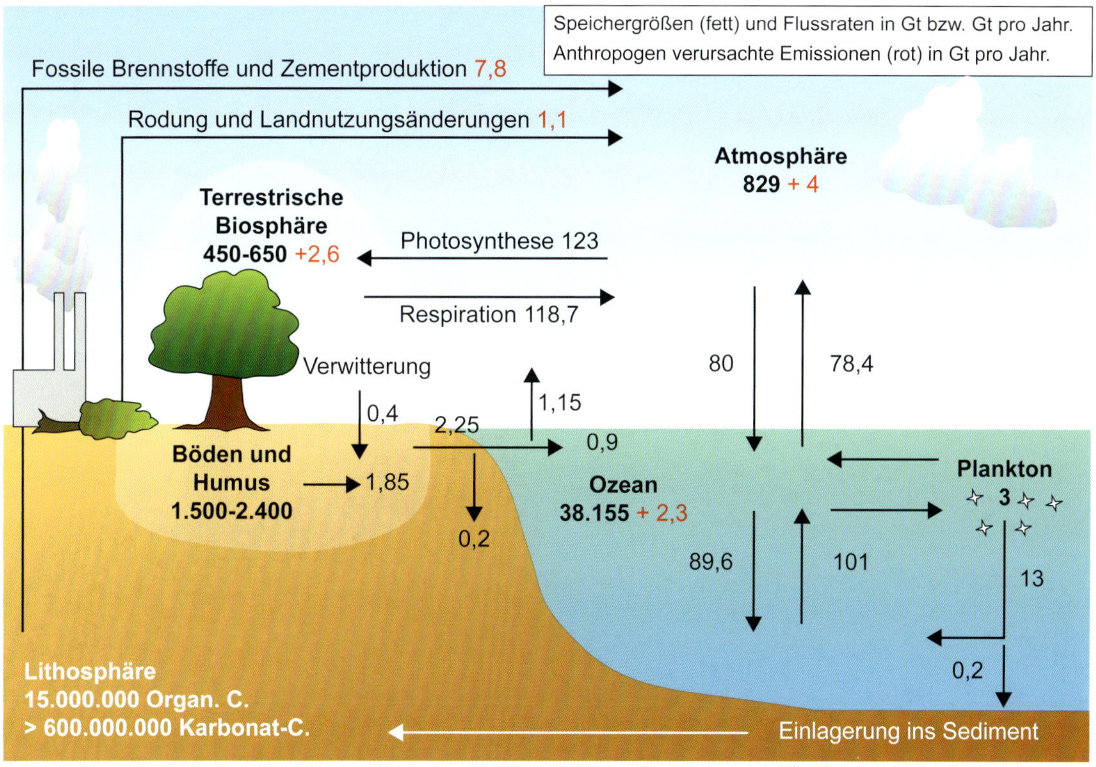

Abb. 2: Schematische Abbildung der Prozesse, die den globalen Kohlenstoffkreislauf auf kurzen Zeitskalen bestimmen. Die Eingriffe des Menschen spielen hier eine bedeutende Rolle. Die Größen der Speicher sind in Gigatonnen = 10^{15} g angegeben, die Veränderungen der Speichergrößen sowie der Austausch zwischen den einzelnen Speichern als GtC pro Jahr.

Abb. 3: Messungen an den im Eis der Antarktis eingeschlossenen Gasblasen dokumentieren die Zusammensetzung der Atmosphäre zu früheren Zeiten. Sie zeigen starke Schwankungen im atmosphärischen CO_2-Gehalt der letzten 800.000 Jahre, die in engem Zusammenhang mit dem Wechsel zwischen Warm- und Eiszeiten stehen. Insgesamt konnten bisher acht Warm- und Eiszeitzyklen identifiziert werden. Der menschliche Einfluss manifestiert sich in einem kontinuierlichen Anstieg der atmosphärischen CO_2-Konzentration bis weit über den natürlichen Schwankungsbereich der jüngeren geologischen Vergangenheit hinaus. Die oben eingebettete Graphik zeigt direkte Messungen des CO_2-Gehalts in der Atmosphäre auf dem Vulkan Mauno Loa auf Hawaii seit 1958. Neben dem langfristigen Anstieg der CO_2-Konzentration sind auch die jahreszeitlichen Variationen zu erkennen, die durch die Vegetationsperioden auf der Nordhalbkugel verursacht werden.

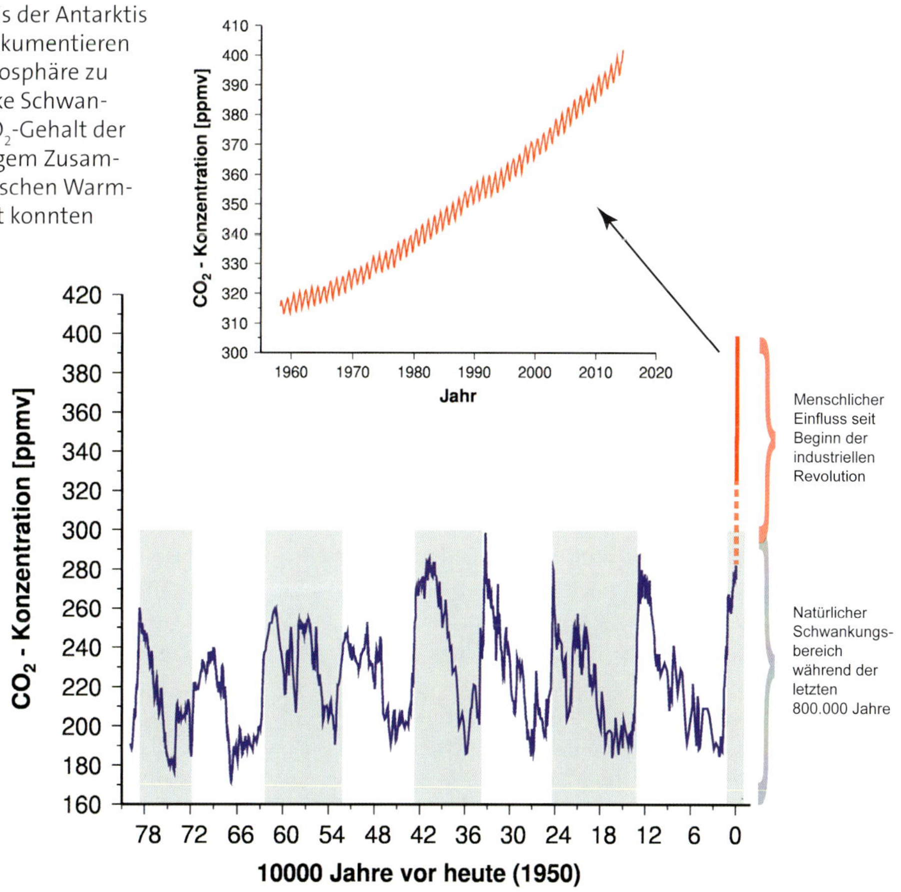

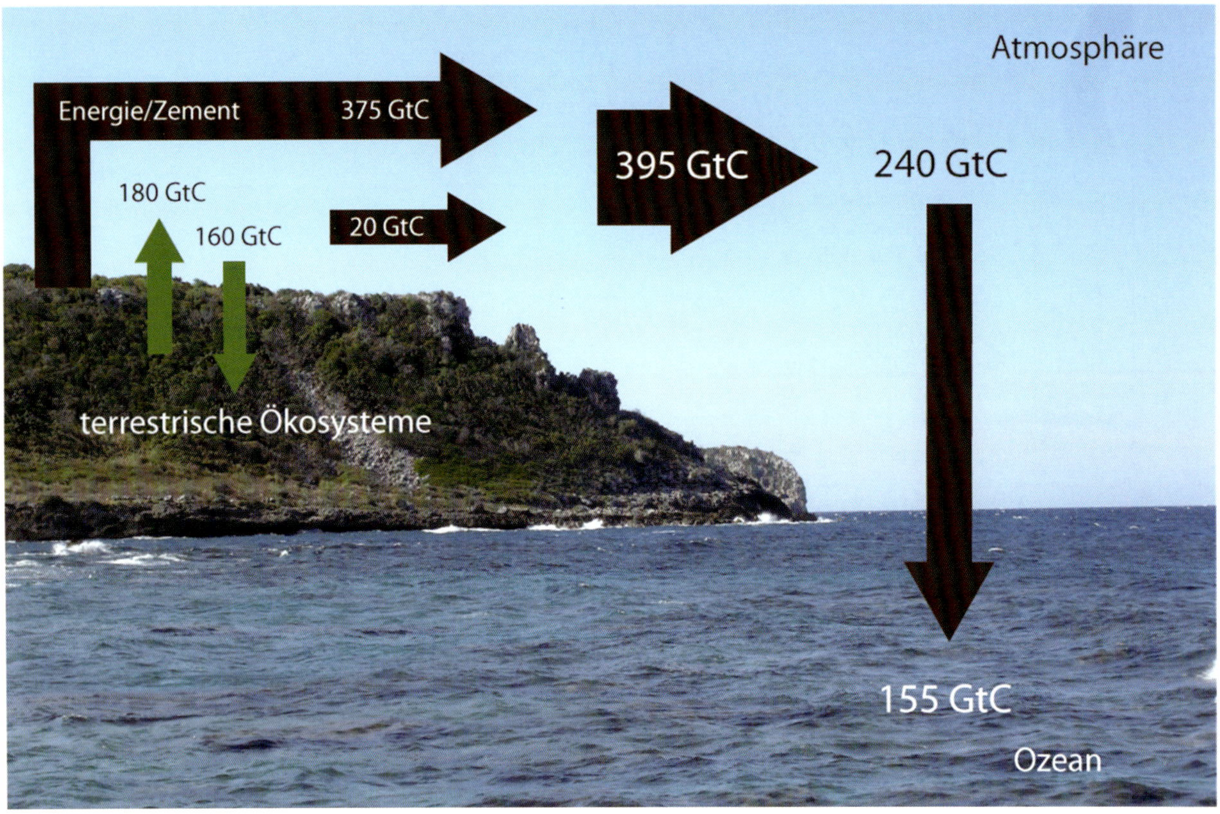

Abb. 4: Die Massenbilanz zeigt, dass die Atmosphäre und der Ozean den von Menschen zwischen 1750 bis 2011 freigesetzten Kohlenstoff aufgenommen haben. GC (=10^{15}g Kohlenstoff).

das jüngste erdgeschichtliche Zeitalter, das sogenannte Quartär, das sich, wie zuvor erwähnt, durch den Wechsel wärmerer und kälterer Phasen, der Warm- und Eiszeitzyklen, auszeichnet. Die Abkühlung, die vor 34 Millionen Jahren zur Bildung des antarktischen Eisschildes führte, ist – soweit wir aus Rekonstruktionen wissen – mit einer Abnahme der CO_2-Konzentration in der Atmosphäre verbunden. Vor dem Beginn dieser Abkühlungsphase erreichten die CO_2-Konzentrationen in der Atmosphäre Werte von über 1.000 ppmv. Ob die CO_2-Konzentration hoch oder niedrig ist, ist für den Geowissenschaftler also zunächst eine Frage des betrachteten Zeitraums. Was aber für die Menschheit zählt, ist das Heute und die Zukunft.

Um zu einer guten, vertrauensvollen Klimaprognose zu kommen, ist es wichtig, die Prozesse zu erforschen und langfristig zu beobachten, die die CO_2-Konzentration in der Atmosphäre regulieren. Obwohl es hierzu inzwischen eine ganze Reihe von Vorstellungen gibt, sind die Prozesse in ihrer Komplexität bisher noch nicht gänzlich verstanden. Das Intergovernmental Panel on Climate Change (IPCC) ist ein international anerkanntes Gremium, das in seinen Berichten einen Überblick über das wissenschaftliche Verständnis zum Thema Kohlenstoff, Klima sowie die Folgen des Klimawandels für die Umwelt und den Menschen liefert. Das IPCC wurde 1988 durch das Umweltprogramm der Vereinten Nationen (UNEP: United Nations Environment Programme) und der World Meteorological Organization (WMO) ins Leben gerufen.

Berechnungen des IPCC zeigen, dass zwischen 1750 und 2011 etwa 375 Gigatonnen Kohlenstoff (375 Gt = 375.000.000.000 Tonnen) durch die Verbrennung fossiler Brennstoffe und die Zementproduktion freigesetzt wurden. Hinzu kamen 180 Gigatonnen Kohlenstoff durch Veränderungen der Landnutzung (Abb. 4). Da Ökosysteme auf Veränderungen reagieren, wie im Folgenden noch genauer beschrieben wird, haben terrestrische Ökosysteme aber nicht nur Kohlenstoff abgegeben sondern auch Kohlenstoff aufgenommen. Damit wurden die CO_2-Verluste aus der terrestrischen Biosphäre von 180 Gigatonnen Kohlenstoff auf 20 Gigatonnen reduziert. Von den sich daraus ergebenden Netto-Emissionen von 395 Gigatonnen verblieben etwa 60 Prozent (240 Gt) in der Atmosphäre, während der Ozean die restlichen 155 Gigatonnen aufnahm. Diese Massenbilanz macht deutlich, dass Forscher und Forscherinnen verschiedenster Bereiche und Disziplinen zusammenarbeiten müssen, um den Kohlenstoffkreislauf in seiner Gesamtheit zu verstehen. Aus diesem Verständnis heraus entwickelten sich auch neue integrierende Disziplinen wie die Biogeochemie.

Stoffkreisläufe – das Konzept

Die Biogeochemie konzentriert sich auf die Erforschung der Kreisläufe von Kohlenstoff, Stickstoff und anderen chemischen Elementen, die für das Verständnis eines Systems von Bedeutung sind. Systeme können in diesem

Zusammenhang einzelne Organismen sein aber auch ganze Planeten umfassen. Globale biogeochemische Stoffkreisläufe beschreiben die Wege der Elemente auf der Erde. Atmosphäre, Hydrosphäre und die aus Gesteinen und Sedimenten bestehende Lithosphäre tauschen an ihren Berührungsflächen ständig Elemente miteinander aus. Je nachdem, ob sie Stoffe an einen anderen Speicher abgeben oder von ihm aufnehmen, werden sie als Quellen oder Senken bezeichnet.

Es ist jedoch nicht nur wichtig, von wo nach wo die Elemente verlagert werden, sondern auch, in welchen Zeiträumen dies geschieht. Die Dauer, die ein Element in einem Speicher bleibt, wird als Verweilzeit bezeichnet und ergibt sich daraus, wie groß der Speicher ist und wie schnell er sich mit anderen austauscht. Je geringer die Verweilzeit, desto schneller reagiert ein Speicher auf Veränderungen innerhalb des Kreislaufs. Die wichtigsten Speicher im globalen Kohlenstoffkreislauf sind die Lithosphäre, die Atmosphäre, der Ozean und die terrestrischen Ökosysteme (Abb. 2).

Kohlenstoff kommt in unterschiedlichen chemischen Formen vor. In den terrestrischen Ökosystemen tritt er fast immer in reduzierter Form und überwiegend in Verbindung mit Wasserstoff auf. In dieser Form wird er als organischer Kohlenstoff bezeichnet. Obwohl die gesamte Biosphäre (die Masse aller Lebewesen) aus organischem Kohlenstoff besteht und Lebewesen auch in der Atmosphäre, der Lithosphäre und dem Ozean vorkommen, spielt die Biosphäre in diesen Reservoirs quantitativ nur eine untergeordnete Rolle. In der Atmosphäre, der Lithosphäre und dem Ozean liegt der Kohlenstoff hauptsächlich in oxidierter, anorganischer Form als Kohlendioxid (CO_2), Hydrogenkarbonat (HCO_3^-) und Karbonat (CO_3^{2-}) vor. In der Atmosphäre dominiert CO_2 und im heutigen Ozean liegt freier Kohlenstoff überwiegend als Hydrogenkarbonat vor. Die Lithosphäre enthält ihn hauptsächlich als Karbonat in Verbindung mit Kalzium (Ca^{2+}) in den sogenannten Karbonatgesteinen.

Der Kohlenstoffkreislauf auf erdgeschichtlichen Zeitskalen

Auf geologischen Zeitskalen sind vulkanische CO_2-Emissionen die Hauptquelle für CO_2 in der Atmosphäre (Abb. 5). Im Zuge biogeochemischer und geologischer Prozesse kehrt dieses CO_2 wieder zurück ins Erdinnere,

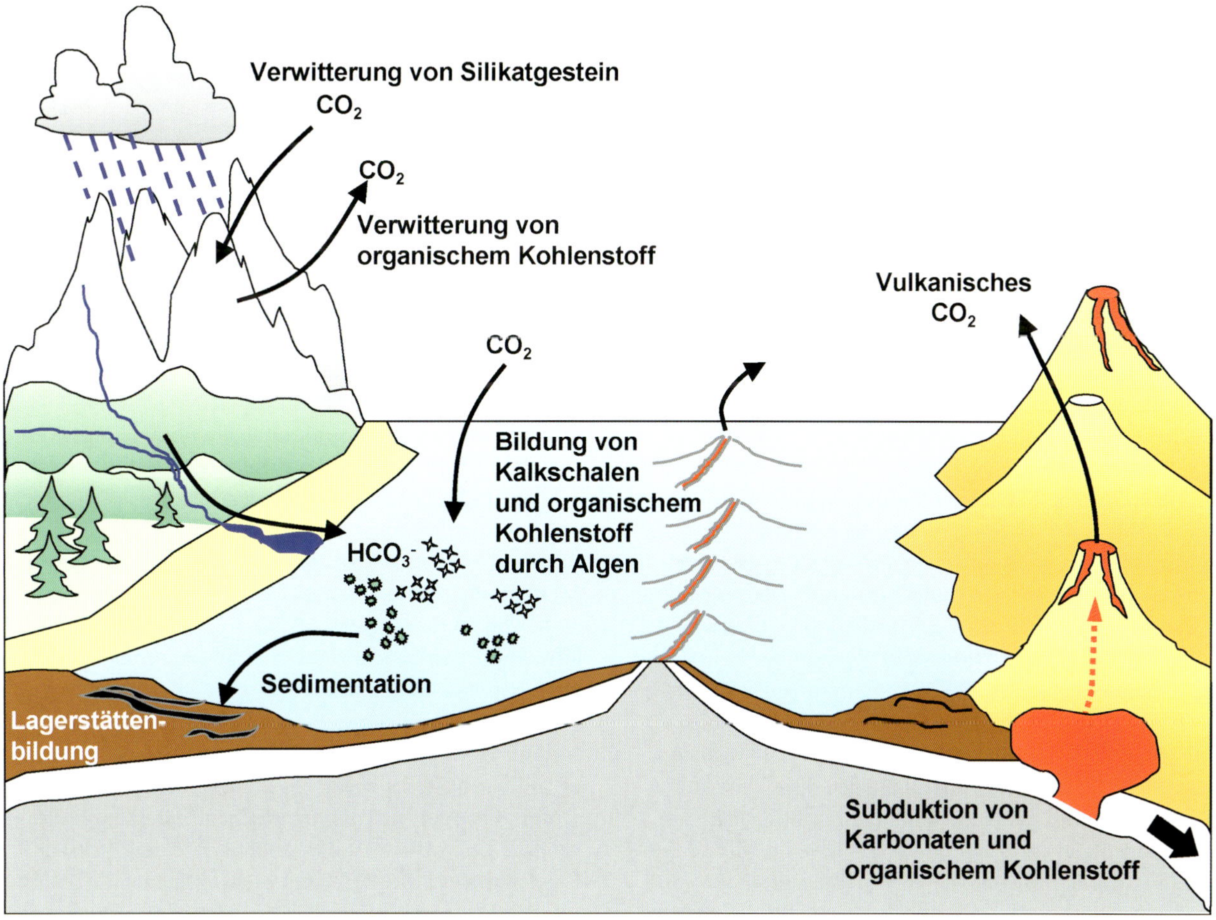

Abb. 5: Die Elemente und Prozesse im Kohlenstoffkreislauf, die auf Zeitskalen von Millionen von Jahren den Kohlendioxid- (CO_2-) Gehalt der Atmosphäre kontrollieren.

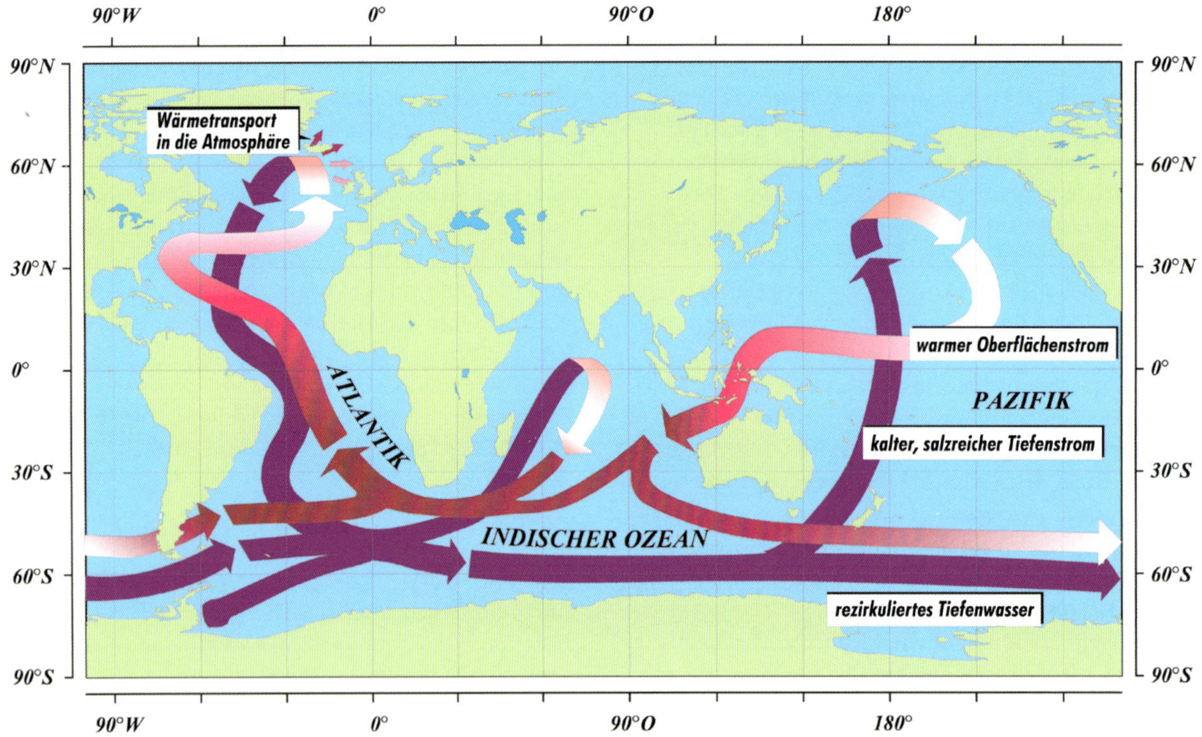

Abb. 6: Wie durch ein großes Förderband sind die verschiedenen Bereiche des Ozeans über die globale thermohaline Zirkulation miteinander verbunden. Angetrieben von der Tiefenwasserbildung im Nordatlantik und der Antarktis fließt das Wasser in den Tiefen des Ozeans bis in die niedrigeren Breiten des Indischen und Pazifischen Ozeans, steigt dort auf und fließt oberflächennah in den Nordatlantik zurück. Zusammen mit dem Wasser werden auf diesem Wege auch gelöstes CO_2 und Nährstoffe transportiert.

wo es teilweise erneut in die Vulkane eingespeist wird. Der Rest wird in Karbonatgestein umgewandelt oder bleibt als organischer Kohlenstoff im Gestein der kontinentalen Lithosphäre erhalten. Gäbe es diese CO_2-Senke in den Kontinenten und den Recyclingprozess nicht, würde vulkanisches CO_2 in der Atmosphäre akkumulieren. Die Folge wäre, dass der CO_2-Gehalt in der Atmosphäre, ähnlich wie bei den Nachbarplaneten Mars und Venus, mehr als 95 Prozent betragen würde.

Wie wird aber nun vulkanisches CO_2 recycelt und der darin enthaltene Kohlenstoff in Gestein umgewandelt? Dies geschieht über eine Serie von komplexen Prozessen, die mit der Verwitterung magmatischer Gesteine, der sogenannten Silikatverwitterung, beginnt. Dabei reagieren Silikat-Minerale, die sich bei der Abkühlung der Lava bilden, mit CO_2 und Wasser. Das Produkt ist Hydrogenkarbonat. Bei der chemischen Verwitterung der Silikate werden auch eine Reihe anderer Stoffe, wie Phosphor, freigesetzt, die als Nährstoffe essentiell für das Wachstum von Pflanzen sind. Gemeinsam werden diese Verwitterungsprodukte, Nährstoffe und Hydrogenkarbonat, aus den Böden ausgewaschen und über Flüsse ins Meer eingetragen. Im Meer werden die Verwitterungsprodukte von mikroskopisch kleinen Organismen, dem Plankton, zum Aufbau von organischem Material und Karbonatschalen genutzt. Stirbt das Plankton, sinken die Karbonatschalen und das organische Material auf den Meeresgrund und bilden die Sedimente. Werden diese dann im Zuge der Plattentektonik subduziert werden, wird ein Teil des Kohlenstoffs erneut dem Vulkanismus zugeführt und somit recycelt. Der Rest bleibt als Karbonatgestein (Kalkstein)und als organischer Kohlenstoff in der Lithosphäre erhalten.

Die Karbonatgesteine stellen mit 60 Millionen Gigatonnen den größten Kohlenstoffspeicher dar, gefolgt vom organischen Kohlenstoff mit ungefähr 15 Millionen Gigatonnen. Zum organischen Kohlenstoff der Lithosphäre gehören auch die Kohle-, Erdöl- und Erdgaslagerstätten, die sich über Millionen von Jahren gebildet haben (s. Artikel von H. Andruleit und P. Gerling). Indem der Mensch innerhalb kürzester Zeit diese fossilen Brennstoffe abbaut und verbrennt und die Karbonate für die Zementproduktion nutzt greift er in den geologischen Kreislauf ein (Abb. 2, 4).

Im Zuge von Gebirgsbildungsprozessen gelangen Karbonatgestein sowie das in den Gesteinen eingebaute organische Material wieder an die Erdoberfläche. Die Dolomiten oder der vom organischen Material schwarz gefärbte Dachschiefer aus dem Harz sind eindrucksvolle Zeugen dieser Prozesse. Wenn diese Gesteine in Kontakt mit der Atmosphäre kommen, verwittern sie. Das bei der Oxidation des organischen Materials entstehende CO_2 entweicht in die Atmosphäre und das vom Regen gelöste

Karbonatgestein wird über die Flüsse in den Ozean transportiert (Abb. 5). Im Unterschied zur Silikatverwitterung wird bei dieser Verwitterung kein CO_2 aufgenommen und der mobilisierte Kohlenstoff wird zusätzlich zum vulkanischen CO_2 über die Sedimentation zurück in die Lithosphäre gebracht. Aus der Verwitterung und der Sedimentation ergibt sich ein Regelmechanismus, der die Temperatur auf Erde auf geologischen Zeitskalen stabilisiert (siehe Box: Der Arrhenius Thermostat).

Kohlenstoffkreislauf auf mittel- und kurzfristigen Zeitskalen

Im Unterschied zum geologischen Kohlenstoffkreislauf spielen auf mittel- bis kurzfristigen Zeitskalen ozeanische Prozesse eine zentrale Rolle. Da der Ozean 46-mal mehr Kohlenstoff als die Atmosphäre enthält (Abb. 2), können schon kleinste Veränderungen im Kohlenstoffbudget des Ozeans große Auswirkungen auf den Kohlenstoffgehalt der Atmosphäre haben. Der Ozean ist aber kein homogener Körper. Durch die Erwärmung des Ozeans an der Oberfläche bildet sich eine wärmere und damit auch leichtere Deckschicht aus. Deren Mächtigkeit unterliegt jahreszeitlichen Schwankungen, überschreitet aber nur selten 100 Meter. Unter dieser Deckschicht erstreckt sich der tiefe Ozean mit einer mittleren Tiefe von etwa 4.500 Metern. In den hohen Breiten um Grönland herum und in der Antarktis wird es jedoch so kalt, dass die Dichteunterschiede zwischen Oberfläche und Tiefe sich nahezu aufheben und der Ozean sich durchmischt. Das dadurch gebildete neue Tiefenwasser verteilt sich weltweit im gesamten tiefen Ozean (Abb. 6). Durch den Auftrieb in niedrigeren Breiten gelangt das Tiefenwasser wieder an die Oberfläche und wird durch die Oberflächenzirkulation des Ozeans zurück in die Gebiete der Tiefwasserbildung transportiert. Diese Zirkulation wird als das ›Große Fließband‹ oder als die globale Thermohaline Zirkulation (THC: Thermohaline Circulation) bezeichnet.

Der kurzfristige Kohlenstoffkreislauf basiert auf dem Austausch von Kohlenstoff zwischen der Atmosphäre und dem Ozean. Die Prozesse, die den Austausch von Kohlenstoff zwischen der Atmosphäre und dem Ozean beeinflussen, werden als ozeanische Kohlenstoffpumpen bezeichnet (Abb. 7). Man unterscheidet zwischen der hauptsächlich physikalisch-chemisch gesteuerten Löslichkeitspumpe und den biologisch-chemisch gesteuerten Biologischen Pumpen.

Einfluss der Kalziumkarbonatsedimentation und -lösung auf das Karbonatsystem im Ozean

Das Karbonatsystem umfasst die Reaktionen und Gleichgewichte von Kohlendioxid (CO_2), Hydrogenkarbonat-Ionen (HCO_3^-) und Karbonat-Ionen (CO_3^{2-}) im Wasser. Von besonderer Bedeutung für den Kohlenstoffkreislauf sind CO_2 und CO_3^{2-}, denn die CO_2-Konzentration beeinflusst den pCO_2 und das Karbonat-Ion wird zusammen mit den Ca^{2+} als Kalziumkarbonat ausgefällt. Wird also das Karbonatsystem in Richtung CO_3^{2-} verschoben, begünstigt es die Kalziumkarbonatproduktion und -sedimentation. Wird es in Richtung CO_2 verschoben erhöht dies den pCO_2, wodurch der Ozean bevorzugt CO_2 an die Atmosphäre abgeben würde. Das Gleichgewicht dieser Verbindungen wird durch die Temperatur, den Salzgehalt, den Druck, die Gesamtmenge an gelöstem anorganischen Kohlenstoff sowie die Bilanz der elektrischen Ladung bestimmt. Im heutigen Ozean liegen CO_2 und CO_3^{2-} nur in geringer Konzentration vor und die Masse des insgesamt gelösten anorganischen Kohlenstoffs stellt das Hydrogenkarbonat mit ca. 38.155 Gt C (Abb. 2).

Die Löslichkeitspumpe

Die Löslichkeitspumpe wird von der Partialdruckdifferenz des Kohlendioxids zwischen Ozean und Atmosphäre getrieben. Ist der CO_2 Partialdruck (pCO_2) in der Atmosphäre höher als im Ozean, nimmt der Ozean CO_2 auf. Umgekehrt, ist der pCO_2 im Ozean höher als in der Atmosphäre, gibt der Ozean CO_2 ab. Der pCO_2 im Wasser hängt von der CO_2-Konzentartion sowie der Wassertemperatur und dem Salzgehalt ab (Abb. 7 links). Bei einer Wassertemperatur von Null Grad Celsius löst sich z. B. mehr als doppelt so viel CO_2 wie bei einer Temperatur von 24 Grad Celsius. Diese Temperaturabhängigkeit der CO_2-Löslichkeit ist einer der Gründe dafür, dass der pCO_2 in wärmeren Gefilden des Ozeans, wie den Subtropen und Tropen, höher ist als in der Atmosphäre, in den kälteren höheren Breiten dagegen niedriger. Dadurch fungiert der Ozean in den niederen Breiten als CO_2-Quelle und in höheren Breiten als CO_2-Senke.

Den höheren Breiten kommt zusätzlich eine ganz besondere Bedeutung zu, da aufgrund der Tiefenwasserbildung das an der Oberfläche aufgenommene CO_2 direkt in die Tiefsee transportiert werden kann. Bis das kalte und somit CO_2-reiche Tiefenwasser in den Tropen und Subtropen wieder an die Oberfläche gelangt, vergehen etwa 1.000 Jahre. So lange ist das gelöste CO_2 dem Austausch mit der Atmosphäre entzogen.

Die Löslichkeitspumpe ist von großer Bedeutung für die aktuelle CO_2-Problematik, denn ihr allein wird die CO_2-Aufnahme des Ozeans von 155 Gigatonnen Kohlenstoff seit der industriellen Revolution zugeschrieben (siehe Abb. 4). Die globale Erwärmung wirkt zwar einer verstärkten CO_2-Aufnahme des Ozeans entgegen, aber dieser Effekt ist erheblich schwächer als der, der sich aus der steigenden CO_2-Konzentration in der Atmosphäre ergibt.

Die Biologischen Pumpen im Ozean

Die Wirkung der biologischen Pumpen basiert auf Veränderungen des pCO_2 im Wasser durch Bildung von organischem Material mittels Photosynthese (organische Kohlenstoffpumpe) und durch die Produktion von Kalziumkarbonat (Karbonatpumpe) sowie auf dem Export dieser Komponenten in die Tiefsee. Wie im Folgenden beschrieben begünstigt die Bildung von organischem Kohlenstoff die CO_2-Aufnahme, während die Bildung von Kalziumkarbonat die CO_2-Abgabe aus dem Ozean erhöht. Entscheidend für die Aufnahme von CO_2 durch die biologischen Pumpen ist die relative Effizienz der organischen Kohlenstoff- und der Karbonatpumpe.

Die organische Kohlenstoffpumpe

Marines Plankton nimmt CO_2 auf und wandelt es bei der Photosynthese unter Freisetzung von Sauerstoff in organisches Material um (Abb. 7, rechts). Dabei wird der pCO_2 des Oberflächenwassers gesenkt und somit die CO_2-Aufnahme aus der Atmosphäre begünstigt.

Um organisches Material zu bilden, brauchen die planktischen Lebewesen neben CO_2 auch andere Nährstoffe wie Stickstoff, Phosphor und Silizium, die zum großen Teil über den Auftrieb des Tiefenwassers zur Verfügung gestellt werden. Außerdem wird Stickstoff von besonderen Organismen, den so genannten Stickstofffixierern, aus der Luft aufgenommen und über eine Serie mikrobieller Prozesse in das für das Plankton verfügbare Nitrat umgewandelt. Phosphor und Silizium kommen hingegen aus der Verwitterung der Gesteine. Sobald das Plankton stirbt, setzt der Abbau des organischen Materials ein und führt zur Freisetzung von CO_2 und Nährstoffen. Geschieht dies bereits in den obersten Schichten des Ozeans, wird das CO_2 innerhalb kurzer Zeit wieder an die Atmosphäre abgegeben. Nur wenn das organische Material vor dem Abbau in die Tiefen des Meeres exportiert wird, ist das gebundene CO_2 auf längere Zeit der Atmosphäre entzogen. Nur ein geringer Teil des abgesunkenen Materials entgeht dem Abbau in der Wassersäule und wird in den Sedimenten abgelagert. Dieses organische Material und alle in ihm gebundenen Nährstoffe gehen dann in den geologischen Kohlenstoffkreislauf über und werden der organischen Kohlenstoffpumpe im Ozean entzogen. Der kontinuierliche Eintrag der Nährstoffe ins Meer über die Verwitterung kompensiert diesen Entzug und erhält damit die Kohlenstoffpumpe.

Die Effizienz des Exports in den tiefen Ozean und die Meeresbodensedimente kann erhöht werden, wenn das biologische Material sich zu großen, schnell sinkenden Partikeln und Aggregaten zusammen klebt. Es gibt im Prinzip drei Arten von Partikeln: Kotpillen planktisch lebender Tiere (Zooplankton), Skelette und andere Reste abgestorbener mariner Organismen sowie den ›marinen Schnee‹ mit seinem organischen und mineralischen Inhalt.

Modellrechnungen zeigen, dass sich der CO_2-Gehalt der Atmosphäre ohne die organische Kohlenstoffpumpe nahezu verdoppeln würde. Es ist jedoch umstritten, ob sich die CO_2-Aufnahme durch die organische Kohlenstoffpumpe im Zuge der globalen Erwärmung und der steigenden CO_2-Konzentration in der Atmosphäre nennenswert ändern wird. Das liegt daran, dass das CO_2-Speichervermögen des Planktons von der Menge an verfügbaren Nährstoffen abhängt. Auf längeren Zeitskalen kann die Verfügbarkeit von Nährstoffen über die Verwitterung und die Sedimentation geregelt werden. Auf kürzeren Zeitskalen muss man in Betracht ziehen, dass die organische Kohlenstoffpumpe nur auf etwa 60 Prozent aller bereits im Ozean gelösten Nährstoffe zugreifen kann. Einer der Hauptgründe dafür ist der winterliche Lichtmangel in den Polarregionen. Nährstoffe, die z. B. im Zuge der winterlichen Durchmischung an die Ober-

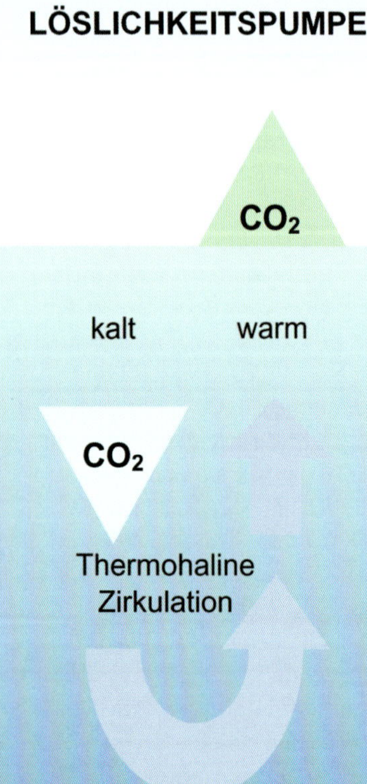

Abb. 7: Schematische Darstellung der drei ozeanischen Kohlenstoffpumpen: Die physikalisch-chemisch getriebene Löslichkeitspumpe (links), sowie die organische Kohlenstoffpumpe und die Karbonatpumpe, die biologisch-chemisch gesteuert werden (rechts). Die Karbonatpumpe wird auch als Karbonatgegenpumpe bezeichnet. Diese Pumpen steuern den Austausch (oder Fluss) von CO_2 zwischen Ozean und Atmosphäre durch ihren Einfluss auf die CO_2-Konzentration im Oberflächenwasser. Der Export von organischem Material und Kalziumkarbonat sowie das Absinken des im Oberflächenwasser gelösten CO_2 im Zuge der thermohalinen Zirkulation (siehe Abb. 6) verbindet den oberen Ozean mit dem riesigen Reservoir der Tiefsee. Dort kann das aufgenommene CO_2 über längere Zeiträume gespeichert werden.

fläche gelangen, können vom Plankton nicht genutzt werden, denn neben Nährstoffen bedarf es für die Photosynthese der im Winter fehlenden Sonnenenergie. Wenn diese ungenutzten Nährstoffe also im Zuge der Tiefenwasserbildung wieder in die Tiefsee gelangen, bleiben sie der biologischen Produktion und damit der organischen Kohlenstoffpumpe für längere Zeit entzogen.

Neben dem Licht- wird heute zudem auch der Eisenmangel als ein Faktor diskutiert, der die biologische Produktion in der Antarktis beschränkt. Die bereits in der Presse viel diskutierte Eisendüngung des Ozeans könnte somit die biologische Produktion und damit die CO_2-Aufnahme der organischen Kohlenstoffpumpe erhöhen (s. Artikel von V. Smetacek). Ein erhöhter Export organischen Materials geht aber mit einem verstärkten Abbau in den Tiefen des Ozeans einher und dabei wird Sauerstoff gezehrt. Schon heute wird im nördlichen Indischen Ozean und dem äquatorialen Pazifik auf Grund von Sauerstoffmangel in mittleren Wassertiefen beim Abbau organischer Substanz auf Nitrat zurückgegriffen. Dieser Prozess, Nitratreduktion genannt, überführt den vorhandenen Stickstoff wieder in Luftstickstoff, der vom Plankton nicht mehr genutzt werden kann. Wird dieser Verlust nicht durch eine verstärkte Aktivität der Stickstofffixierer ausgeglichen, wird die Wirksamkeit der Biologischen Kohlenstoffpumpe eingeschränkt. Da stickstofffixierende Organismen aber auch Eisen benötigen, z. B. für den Aufbau von Enzymen, die für die Umwandlung von Luftstickstoff verantwortlich sind (Nitrogenasen), besteht die Vermutung, dass Eisenmangel auch die Stickstofffixierung stark reduziert.

Neuere Untersuchungen zeigen, dass der Ozean in den letzten 50 bis 60 Jahren bereits zunehmend sauerstoffärmer geworden ist. Dies wird zum einen mit einer im Zuge der globalen Erwärmung abnehmenden Tiefenwasserbildung und zum anderen mit einem zunehmenden Export des organischen Materials in Zusammenhang gebracht. Obwohl das die CO_2-Aufnahme des Ozeans erhöhen könnte und ein Beweis dafür wäre, dass die Biologischen Pumpen auf die globale Erwärmung reagieren, wirken sich sinkende Sauerstoffkonzentrationen negativ auf höhere und häufig auch ökonomisch relevante Organismen wie Fische aus, die den Sauerstoff zur Atmung benötigen.

Dass die komplexen Zusammenhänge noch nicht ausreichend verstanden sind, zeigt auch ein Beispiel aus der Paläoklimaforschung. Als Ursache für Variationen der CO_2-Konzentration zwischen Warm- und Kaltzeiten werden Veränderungen in der Tiefenwasserbildung und Eisendüngung durch verstärkte Staubeinträge diskutiert. Staubeinträge erhöhen den Export des organischen Materials dadurch, dass sie die Partikel schwerer machen und somit schneller sinken lassen Es wurde aber bisher kein in sich geschlossenes Gesamtkonzept entwickelt, das im Einklang mit Klima- und Umweltrekonstruktionen die Variationen der CO_2-Konzentration im Wechsel von Warm- und Kaltzeiten erklären kann.

Die Karbonatpumpe

Die Karbonatpumpe beschreibt die Auswirkung der Kalziumkarbonatbildung und der Kalziumkarbonatsedimentation auf das Karbonatsystem im Ozean. Die Kalziumkarbonatproduktion ist ein biologisch gesteuerter Prozess der hauptsächlich in den flacheren Bereichen des Ozeans stattfindet. Marine Organismen bilden hier Kalziumkarbonatskelette und -schalen (Abb. 7 rechts). Die pelagische Kalziumkarbonatproduktion findet im Oberflächenwasser des Ozeans statt. Die hier produzierten Schalen sinken nach dem Tod der Organismen durch die Wassersäule, und können so ins Sediment eingelagert werden. Die benthische Kalziumkarbonatproduktion findet sich z. B. in Korallenriffen (Abb. 8), die schon am Meeresgrund auf dem Sediment wachsen. Wenn dieses Kalziumkarbonat nicht durch andere Organismen, sogenannte Bioeroder, aufgelöst wird, geht es ebenfalls in die Sedimente ein.

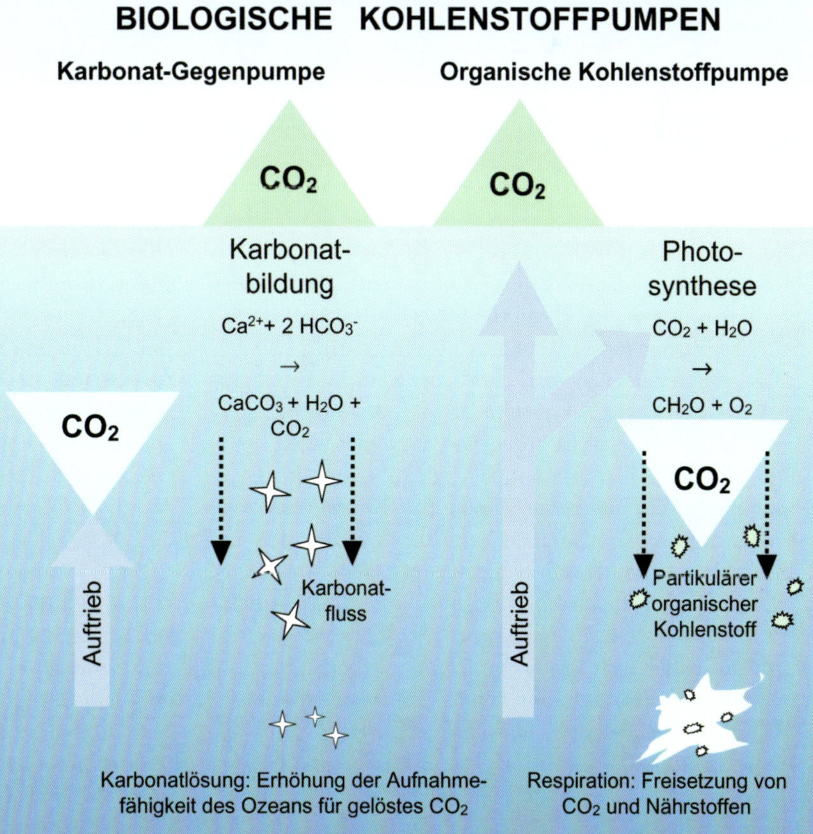

Abb. 8: Korallen sind durch ihre Produktion von Kalziumkarbonat eine wichtige Komponente im Karbonatsystem des Ozeans.

Da die CO_2 Konzentration im Wasser bei der Lösung von Kalziumkarbonat reduziert und bei der Ausfällung von Kalziumkarbonat erhöht wird (siehe Kasten), gilt für die Karbonatpumpe vereinfacht das folgende Prinzip: Je mehr Kalziumkarbonat im Ozean gelöst ist, desto mehr CO_2 kann er aufnehmen. Umgekehrt bedeutet dies: Je weniger gelöstes Kalziumkarbonat gebildet wird, desto mehr CO_2 wird an die Atmosphäre abgegeben. Im Unterschied zur organischen Kohlenstoffpumpe reagiert die Karbonatpumpe deutlich auf die steigenden CO_2-Konzentrationen in der Atmosphäre. Durch den erhöhten pCO_2 in der Atmosphäre und die dadurch erzwungene erhöhte CO_2-Aufnahme des Ozeans, sinkt der pH-Wert. Dieser Prozess ist heute als Ozeanversauerung bekannt. Durch den sinkenden pH-Wert verschiebt sich das Karbonatgleichgewicht. Die Konzentration von Karbonat-Ionen, und damit die Übersättigung, nimmt ab (siehe Kasten). Vielen Organismen, die Kalziumkarbonat produzieren, wie etwa Korallen, fällt es damit schwerer, die vielfache Übersättigung in ihren Zellen zu erreichen, die benötigt wird, um das Kalziumkarbonat auszuscheiden. Eine verringerte Karbonatproduktion könnte somit die CO_2-Aufnahme des Ozeans begünstigen. Das mag sich im Hinblick auf den Klimawandel durch den Treibhauseffekt zunächst einmal gut anhören, hat aber zur Konsequenz, dass z. B. die Bildung der Korallenriffe beeinträchtigt wird, was wiederum mit diversen negativen Folgen für Mensch und Umwelt einhergehen würde (s. auch Artikel von D. Hebbeln und A. Freiwald).

Landbiosphäre und Böden

Landpflanzen nehmen, ebenso wie das marine Plankton, CO_2 über die Photosynthese aus der Atmosphäre auf. Die CO_2-Aufnahme wird auf 123 Gigatonnen Kohlenstoff pro Jahr (Gt C $Jahr^{-1}$) geschätzt (Abb. 2). Der größte Teil des jährlich gebundenen CO_2 (118,7 Gt C $Jahr^{-1}$) gelangt jedoch innerhalb kurzer Zeit wieder in die Atmosphäre, wenn z. B. das Laub der Bäume abgeworfen und am Boden zersetzt wird und der aus dem Boden ausgewaschene organische Kohlenstoff in den Flüssen abgebaut wird (ca. 1 Gt C Jahr^{-1}). Im Unterschied zu den immergrünen Regenwäldern in den Tropen, zeigt die Vegetation in den höheren Breiten (Abb. 10) eine ausgeprägte jahreszeitliche Variation (Abb. 3). Hier wächst die Biomasse im Frühjahr und Sommer stark an, während durch den Abbau des Materials im Winterhalbjahr wieder viel CO_2 frei wird. Da die Nordhalbkugel die größere Landfläche aufweist, spiegeln sich die Vegetationsperioden der Nordhemisphäre in der saisonalen Variation des atmosphärischen CO_2-Gehalts wieder (Abb. 3).

Etwa 30 Prozent des aus den Böden ausgewaschenen Kohlenstoffs gelangt in den Ozean, wobei es bisher noch unklar ist, was genau dort mit diesem Kohlenstoff geschieht. Die Einlagerung von organischem Kohlenstoff aus Böden in die Sedimente am Grund von Seen und Ästuaren beträgt nach heutigen Schätzungen etwa 0,2 Gigatonnen Kohlenstoff pro Jahr. Nur ein sehr geringer Teil des von Pflanzen produzierten organischen Kohlenstoffs (0,05 Gt C Jahr^{-1}) wird letztlich in Böden eingelagert. Diese Menge an organischem Kohlenstoff in Böden wird momentan auf bis zu 2.400 Gigatonnen Kohlenstoff geschätzt. Zählt man dazu jedoch noch die Kohlenstoffeinlagerungen in Mooren und anderen Sümpfen von bis 700 und in den arktischen Permafrostböden von 1.700 Gigatonnen, so wird klar, dass auch die Böden ein bedeutender Kohlenstoffspeicher sind. Im Unterschied zu den Sedimenten im Ozean stehen sie aber in einem mehr oder weniger direkten Austausch mit der Atmosphäre.

Durch die Änderung in der Landnutzung hat sich die Rolle der Böden im Kohlenstoffkreislauf verändert: Aus ehemaligen Kohlenstoffsenken wurden Kohlenstoffquellen, deren Abgabe auf etwa 0,15 Gigatonnen Kohlenstoff pro Jahr geschätzt wird (Abb. 2). Als eine der Folgen dieser verstärkten Mobilisierung von ehemaligem Kohlenstoff aus Böden wird die sogenannte Verbraunung von Flüssen angesehen. Dabei handelt es sich um die langfristig steigende Konzentration von gelöstem organischen

Der Arrhenius Thermostat

Die Verwitterung ist eine chemische Reaktion, deren Reaktionsgeschwindigkeit mit steigender Temperatur und höheren CO_2-Konzentrationen zunimmt (Abb. 9). Dabei wird der Atmosphäre CO_2 entzogen und als gelöstes Kalziumkarbonat in den Ozean eingetragen. So könnte der Ozean mehr CO_2 aufnehmen, wenn sich die Kalziumkarbonatproduktion nicht ebenfalls erhöht. Durch die verstärkte Verwitterung werden darüber hinaus auch vermehrt Nährstoffe wie Silikat und Phosphat freigesetzt, die die Effektivität der organischen Kohlenstoffpumpe und damit auch die CO_2-Aufnahmen des Ozeans weiter fördern. Die Folge der verstärkten Verwitterung und der CO_2-Aufnahme des Ozeans durch die Pumpen wäre eine sinkende CO_2-Konzentration in der Atmosphäre und damit sinkende Temperaturen. Das schwächt wiederum die Verwitterung ab und ein neuer Gleichgewichtszustand ist erreicht. Dieser Thermostat könnte dafür gesorgt haben, dass trotz der Variationen des Vulkanismus und/oder der solaren Einstrahlung die Temperatur auf der Erde im Zuge der Erdgeschichte nur relativ geringen Schwankungen ausgesetzt war.

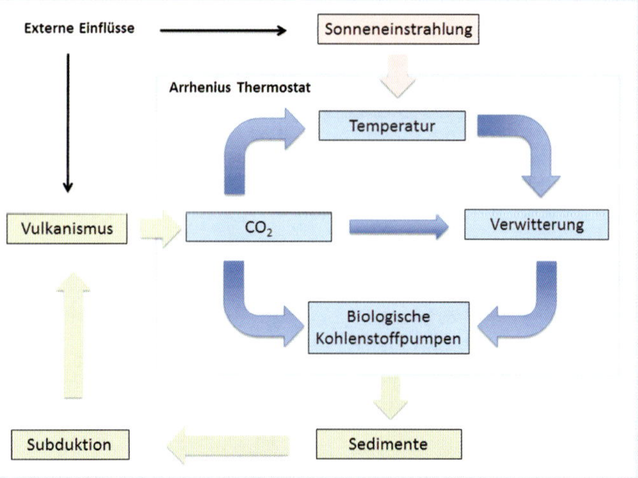

Abb. 9: Der Arrhenius Thermostat und seine Reaktion auf externe Einflüsse, wie Veränderungen des Vulkanismus und Variationen der Sonneneinstrahlung im Laufe der Erdgeschichte.

Diesen Thermostaten hatte Arrhenius, der auch die Temperaturabhängigkeit chemischer Reaktionen entdeckte, weitgehend im Sinn, als er schrieb, dass die Verbrennung der Kohle die CO_2-Konzentration in der Atmosphäre nicht erhöhen wird. Er ging davon aus, dass durch die verstärkte Verwitterung das vom Menschen emittierte CO_2 wieder aufgenommen würde. Heutige Langzeitmessungen der Konzentration von Hydrogenkarbonat-Ionen in großen Flüssen, wie dem Mississippi, deuten auf eine Beschleunigung der Gesteinsverwitterung im Zuge der globalen Erwärmung hin und untermauern damit die Vermutung von Arrhenius. Ob die CO_2-Aufnahme durch die Silikatverwitterung, mehr als die heute geschätzten etwa 0,3 Gigatonnen Kohlenstoff pro Jahr sind, bedarf weiterer detaillierter Untersuchungen. Diese Menge ist um das 30-fache geringer als die von uns Menschen verursachte Emission von CO_2, die kontinuierlich steigt und im Zeitraum von 2000 bis 2009 8,9 Gigatonnen Kohlenstoff pro Jahr betrug (Abb. 2).

Abb. 10: Die Wälder, vor allem in den mittleren und höheren Breiten der Nordhalbkugel, werden derzeit als eine der wichtigsten Senken für anthropogenes CO_2 angesehen.

Kohlenstoff, die in einigen Flüssen Europas und Nordamerikas beobachtet werden kann. ›Braun‹ deshalb, weil der gelöste organische Kohlenstoff das Wasser, wie beim Tee, braun färbt. In den Tropen kommt es ebenfalls zu einer verstärkten Auswaschung von organischem Kohlenstoff aus Böden und zudem zu hohen Verlusten von Bodenkohlenstoff durch die Trockenlegung der tropischen Moore. Durch die Entwässerung kommt der organische Kohlenstoff in Kontakt mit der Luft und wird somit erheblich schneller zu CO_2 abgebaut.

Aus Messungen des atmosphärischen Sauerstoffgehalts, der eng an die Photosynthese und den Abbau des organischen Materials gekoppelt ist, wurde geschlossen, dass die Masse aller Landpflanzen zurzeit dennoch zunimmt und jährlich 2,6 Gigatonnen Kohlenstoff des von Menschen produzierten CO_2 bindet. Bisherige Untersuchungen zeigen, dass anthropogenes CO_2 vor allem in den höheren Breiten aufgenommen wird. Das heißt, zurzeit verbraucht der Zuwachs an pflanzlicher Biomasse in den höheren Breiten noch mehr CO_2 als durch die Abholzung und die Trockenlegung der tropischen Wälder freisetzt wird. Durch die globale Erwärmung haben die Pflanzen im Jahresgang vermutlich mehr Zeit zum Wachsen und können so mehr Biomasse anhäufen. Das Wachstum von Landpflanzen wird auch durch die Kohlendioxid-Konzentration begrenzt. Die steigende atmosphärische CO_2-Konzentration regt also das Wachstum der Landpflanzen an und ermöglicht so die zusätzliche Aufnahme von CO_2. Dieser Effekt erlischt in dem Moment, in dem ein anderer Nährstoff, z. B. Stickstoff, nicht mehr in ausreichender Menge vorhanden ist. Da der Mensch aber nicht nur in den Kohlenstoffkreislauf eingreift, sondern auch Wege gefunden hat, die riesigen Mengen vorhanden Stickstoffs aus der Luft in der Form von Kunstdünger für Pflanzen verfügbar zu machen, werden auch große Menge bioverfügbaren Stickstoffs in die Umwelt abgegeben. Die Folge ist eine gekoppelte CO_2- und Stickstoffdüngung. Dadurch hat sich die Rolle der terrestrischen Ökosysteme verändert. Aus Kohlenstoffquellen wurden, aufgrund der veränderten Landnutzung, Kohlenstoffsenken. Dieser

Übergang fand vermutlich in den 1980er Jahren statt, konnte bisher aber auch noch nicht dafür sorgen, dass die Gesamtmenge an Kohlenstoff, die terrestrische Ökosysteme seit 1750 verloren haben, wieder aufgenommen wurde (Abb. 4). Eine zentrale Frage der Kohlenstoffforschung ist nun, wie viel Kohlenstoff die Landbiosphäre in Zukunft noch aufnehmen kann. Modellrechnungen lassen vermuten, dass die Pflanzen nur noch bis zum Jahr 2050 zusätzlich CO_2 aufnehmen, danach aber ebenso wie die Böden zur CO_2-Quelle werden könnten.

Fazit

Die menschlichen Eingriffe in den Kohlenstoffkreislauf durch die Nutzung fossiler Brennstoffe, die Zementproduktion und die Veränderungen in der Landnutzung stellen eine extreme Beschleunigung natürlicher Prozesse dar. Die daraus resultierenden Veränderungen im Kohlenstoffkreislauf haben zu den höchsten CO_2-Konzentrationen der vergangenen 800.000 Jahre geführt. Die daran gekoppelten Klimaveränderungen haben weitreichende ökologische und gesellschaftliche Konsequenzen. Die vorgeschlagenen Maßnahmen für eine Reduzierung des CO_2-Gehaltes der Erdatmosphäre, die künstliche Eingriffe in das System beinhalten, bedürfen eines besseren Verständnisses des Kohlenstoffkreislaufs, um unerwünschte Rückkopplungseffekte zu vermeiden. Weitere detaillierte Untersuchungen des Kohlenstoffkreislaufes sind erforderlich, um computergestützte Klimaprognosen weiterentwickeln zu können.

Internetseiten

Intergovernmental Panel on Climate Change (IPCC): http://www.ipcc.ch/

Venugopalan Ittekkot war Professor für Biogeochemie an den Universitäten Hamburg und Bremen und bis Ende 2010 Direktor des Leibniz Zentrum für Marine Tropenökologie in Bremen.

E-Mail: ittekkot@uni-bremen.de

Tim Rixen ist Leiter der Arbeitsgruppe Kohlenstoff- und Nährstoffzyklen am Leibniz Zentrum für Marine Tropenökologie in Bremen und vertritt den Lehrstuhl für Biogeochemie an der Universität Hamburg.

Anschrift: Dr. Tim Rixen
Leibniz Zentrum für Marine Tropenökologie
Fahrenheitstr. 6
28359 Bremen

E-Mail: tim.rixen@zmt-bremen.de

Andreas Suthhof leitet die Koordinationsgruppe ›Internationalisierung der Nachhaltigkeitsforschung‹ in der Organisationseinheit ›Europäische und Internationale Kooperation‹ des Projektträgers im Deutschen Zentrum fur Luft- und Raumfahrt.

E-Mail: andreas.suthhof@web.de

Eisendünger für die ozeanische Wiese

Internationales Experiment auf der POLARSTERN

von Victor Smetacek, Bremerhaven

Noch sind sie nicht geklärt, die Mechanismen, die den atmosphärischen Gehalt des Treibhausgases Kohlendioxid (CO_2) regeln. Zu komplex sind die Wechselbeziehungen zwischen den Ökosystemen des Landes und der Meere. Doch Schritt für Schritt mehrt die Forschung das Wissen, zum Beispiel über den Kohlendioxidhaushalt. Durch das Wachstum und das Absinken von einzelligen ozeanischen Planktonalgen (Phytoplankton) sowie durch den Auftrieb von kohlendioxidreichem Tiefenwasser werden jährlich etwa zehn Milliarden Tonnen CO_2 zwischen Ozean und Atmosphäre ausgetauscht. Die Leistung dieser ›biologischen CO_2-Pumpe‹ (s. Artikel von V. Ittekkot et al.) ließe sich durch Erhöhung der Produktivität der ausgedehnten nährstoffreichen, aber planktonarmen Meeresgebiete vor allem im Südlichen Ozean steigern. In diesen Gebieten sind die Eisenkonzentrationen im Oberflächenwasser so niedrig, dass das Wachstum der CO_2 verbrauchenden Algen gehemmt wird.

Daten aus antarktischen Eisbohrkernen zeigen, dass der niedrige Kohlendioxidgehalt der Atmosphäre während der Eiszeiten mit starkem Staubausfall über den Südlichen Ozean einherging. Da kontinentaler Staub zu circa zehn Prozent aus Eisen besteht, liegt nahe, dass dieser Ozean in den Eiszeiten sehr viel produktiver war und eine signifikante Senke für atmosphärisches Kohlendioxid darstellt. Heute ist das Wasser blau und planktonarm – eine ozeanische Wüste – damals muss es grün und planktonreich gewesen sein – eine ozeanische Wiese.

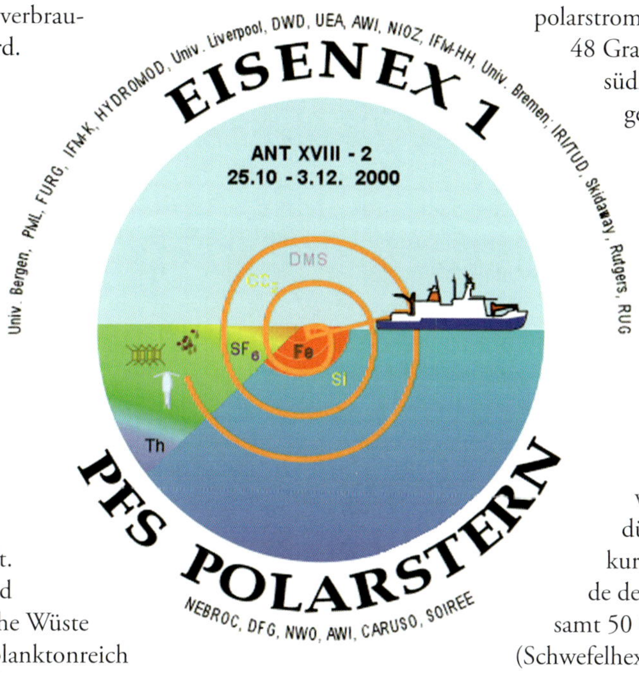

Fünfmal mehr Biomasse

Um diese Hypothese zu testen, fanden bislang neun Eisendüngungsexperimente im offenen Meer statt, davon zwei im äquatorialen Pazifik und vier im Südlichen Ozean. Das vierte dieser Serie war das von Forschern des Alfred-Wegener-Instituts für Polar- und Meeresforschung (AWI), Bremerhaven, an Bord des Forschungsschiffs Polarstern (Abb. 1) organisierte und geleitete internationale Eisendüngungsexperiment (EisenEx). Es wurde im sturmreichen Südfrühjahr im November 2000 in dem für die Klimaforschung interessanten Gebiet der Polarfrontzone erfolgreich durchgeführt. Das Ergebnis zeigte eindeutig, dass allein Eisenmangel den Aufbau von Phytoplanktonblüten im landfernen Südlichen Ozean begrenzt. Die Umweltbedingungen sind hier für die Algen außerordentlich widrig: häufige, sturminduzierte tiefe Durchmischung mit einhergehender Verschlechterung des Lichtklimas, gekoppelt mit hohem Fraßdruck der heranwachsenden Zooplanktonpopulationen. Dennoch baute sich in drei Wochen im gedüngten Fleck eine fünfmal höhere Algenbiomasse auf als im benachbarten, ungedüngten Wasser.

Abb. 1: Das Forschungsschiff Polarstern in den Roaring Forties – einer besonders stürmischen Region im Südlichen Ozean – während der Expedition ›EisenEx‹. Im Vordergrund Säcke mit dem zur Düngung benutzten Eisensulfatsalz

Zunächst wurde mit Hilfe von Strömungsprofilen und Satellitenbildern ein ortsfester Wirbel im Antarktischen Zirkumpolarstrom nördlich der Polarfront bei 48 Grad Süd – 1.500 Kilometer südlich von Afrika – ausfindig gemacht (Abb. 2). In dessen strömungsarmem ›Auge‹ brachte man die Eisenlösung vom fahrenden Schiff spiralförmig aus. Ein kreisförmiger Fleck von sieben Kilometer Durchmesser wurde dreimal mit insgesamt zehn Tonnen gelöstem Eisensulfatsalz, (das in Gärtnereien als Rasenverbesserer verkauft wird) auf diese Weise gedüngt. Da sich das Eisen nur kurze Zeit im Wasser hält, wurde der gedüngte Fleck mit insgesamt 50 Gramm eines inerten Stoffs (Schwefelhexafluorid, SF6) markiert, der in sehr geringen Konzentrationen nachgewiesen werden kann. Trotz der vielen Stürme und der für den Zirkumpolarstrom typischen, hohen Strömungsgeschwindigkeiten (etwa 25 Kilometer pro Tag) gelang es der Polarstern, den Fleck zu verfolgen und immer wiederzufinden. Im Laufe von drei Wochen drehte der Fleck zwei Runden im Auge des Wirbels und breitete sich durch Vermischung mit Umgebungswasser von anfänglich 50 auf eine Fläche von 500 Quadratkilometern aus.

Abb. 2: Satelliten halfen, einen passenden Wirbel für das Experiment südlich der Küste Afrikas zu finden.

Algenwachstum hielt an

Die im gedüngten Fleck ablaufenden physikalischen, chemischen und biologischen Prozesse haben mehrere international zusammengesetzte Teams gemeinsam an Bord gemessen: Dazu gehörten Bestand und Wachstum der Algen und Bakterien sowie der einzelligen und mehrzelligen Tiere, die sich von ihnen ernähren. Zur Kontrolle wurden dieselben Messungen auch im benachbarten ungedüngten Wasser durchgeführt. Innerhalb von zwei Tagen nach der ersten Eisendüngung verdoppelten die Planktonalgen ihr

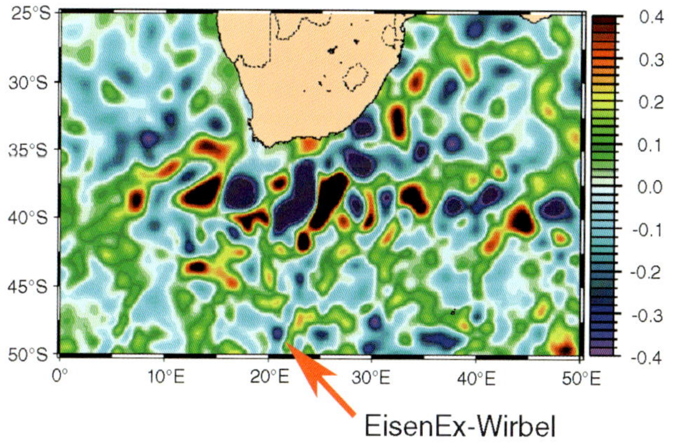

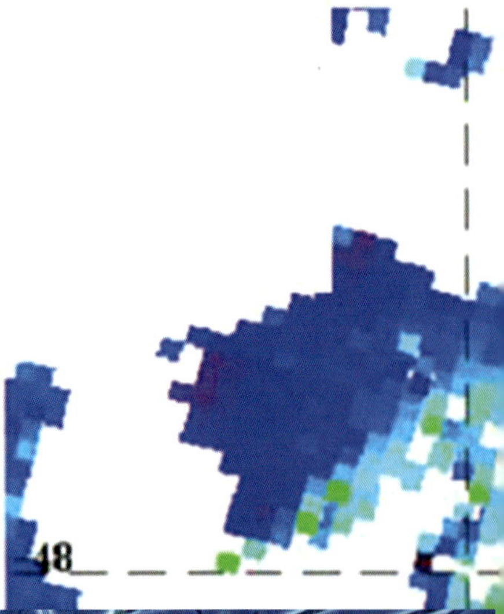

Wachstumspotenzial, indem sie mehr Chlorophyll erzeugten und ihren Photosyntheseapparat ausbauten. Die Algenbiomasse nahm während der zweiten Woche deutlich zu.

Den größten Anteil an der Phytoplanktonbiomasse hatten relativ große Diatomeen-Arten (Kieselalgen), die sonst auch Blüten entlang der Polarfront erzeugen (Abb. 3). Deren Schalen dominieren die darunterliegenden Sedimente sowohl in Warm- wie in Eiszeiten. Eine deutliche Stimulation der Bakterienpopulation wurde ebenfalls zwei Tage nach der ersten Düngung beobachtet – ein Hinweis, dass auch das Bakterienwachstum durch Eisenmangel begrenzt war. Der heftige Fraßdruck, der durch die Frühjahrsvermehrung der Planktontierchen (Zooplankton) ausgeübt wurde, vermochte die Algenblüte nicht in Schach zu halten. Die Dezimierung der kleinen, schnell wachsenden Algenarten durch Zooplanktonfraß war der Grund für die Vorherrschaft der großen Diatomeen, da diese von den kleinen Zooplanktern nicht gefressen werden können.

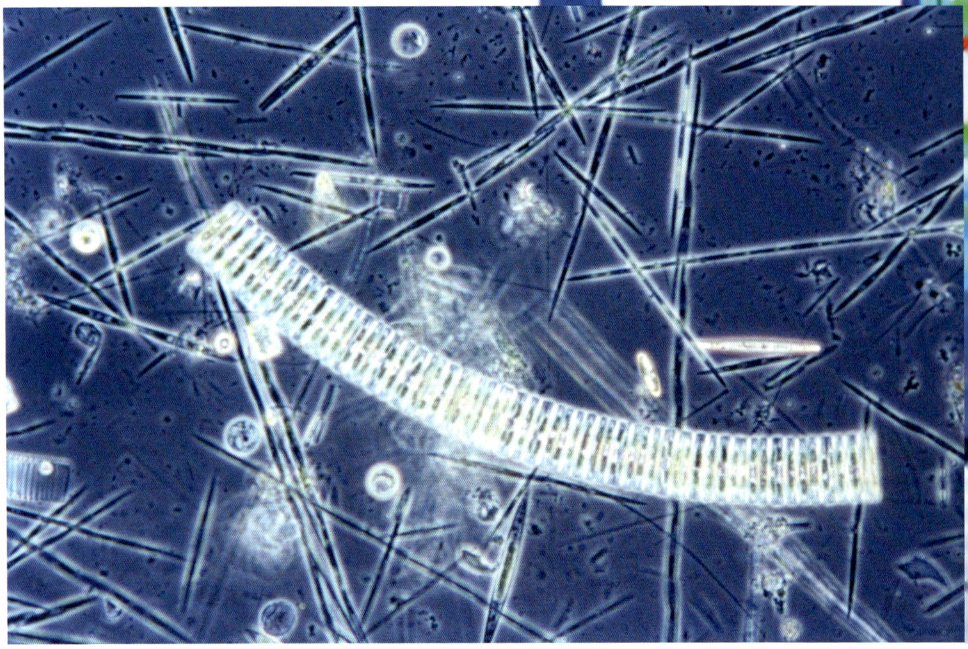

Die drei Wochen, die für die Untersuchung der Blüte zur Verfügung standen, erwiesen sich als zu kurz, um die längerfristigen Auswirkung auf das Ökosystem zu untersuchen und das Schicksal der erzeugten Algenbiomasse messend zu verfolgen. Zum Zeitpunkt der Abfahrt vom Experimentiergebiet hatte das Wasser im Auge des Wirbels eine sichtbare grüne Färbung angenommen. Es ist mit Sicherheit anzunehmen, dass der Wachstumsschub noch einige Wochen nach Abfahrt der POLARSTERN angehalten hat. Satellitenbeobachtungen waren wegen der ständigen Wolkenbedeckung des Gebietes nicht möglich.

Das Experiment EisenEx hat gezeigt, dass ein im Ozean gedüngter Fleck über viele Wochen verfolgt werden kann, wenn genaue Kenntnisse der kleinräumigen Hydrographie vorliegen. EisenEx war ein Musterbeispiel für interdisziplinäre, internationale Zusammenarbeit. Insgesamt waren 56 Wissenschaftler aus 15 Nationen beteiligt. Die erfolgreiche Durchführung des Experiments setzte die Größe, technische Ausstattung und Seegängigkeit des Forschungsschiffes POLARSTERN sowie das Geschick ihrer Mannschaft voraus. Die Befunde haben eine Reihe von interessanten Einblicken in die kleinräumige Hydrographie der Deckschicht, das Verhalten von Eisen im Meerwasser sowie die Funktionsweise pelagischer Ökosysteme erbracht. Die Ergebnisse werden zurzeit ausgewertet. Die im Experiment EisenEx entwickelte Technik öffnet eine neue Ära in der pelagischen Meeresforschung: den Übergang von einer beobachtenden zu einer experimentellen Wissenschaft.

Eingriff ins Biosystem wagen?

Die Ergebnisse stützen die These, dass die Produktivität der Meere in Zeiträumen von Kalt- und Warmzeiten durch die Zufuhr von windgetragenem, eisenhaltigem Staub aus den Kontinenten geregelt wird. Demnach wird die biologische Kohlenstoffpumpe im Ozean während der staubreichen Eiszeiten mehr CO_2 aufnehmen als in den regenreichen Warmzeiten. Die Erkenntnis bringt weitreichende Konsequenzen mit sich: Sie stützt die Vorstellung, dass die Biosphäre unseres Planeten als zusammenhängendes System funktioniert und gibt zugleich der Menschheit ein neues Werkzeug an die Hand, in dieses System regelnd einzugreifen.

Die gezielte Eisendüngung des Zirkumpolarstroms wird gegenwärtig als Möglichkeit zum CO_2-Entzug aus der Atmosphäre diskutiert. Doch die Debatte um eine solche Art Klimaschutzmaßnahme verläuft kontrovers. Weitere Studien müssen zeigen, ob sich durch Düngung

Literaturhinweise

Smetacek, V. (2001): Die ›umherirrenden Algen‹ der marinen Biosphäre. In: G. Lange (Hrsg.): Eiskalte Entdeckungen – Forschungsreisen zwischen Nord- und Südpol. Delius Klasing Verlag, S. 48-59

Smetacek, V. et al. (2002): Experimentelle Meeresforschung: Eisendüngung im Südpolarmeer, In: G. Hempel (Hrsg.): Der Ozean – Lebensraum und Klimasteuerung. Jahrbuch 2001/2002 der Wittheit zu Bremen, Verl. H.M. Hauschild, Bremen, 105-114

Smetacek, V. (2001): The greening of a Southern Ocean eddy. Weekly reports from the chief scientist on the EisenEx cruise. Ocean Challenge, 10, 21-26

Abb. 3: Kieselalgenflora innerhalb (links) und außerhalb (rechts) des gedüngten Flecks

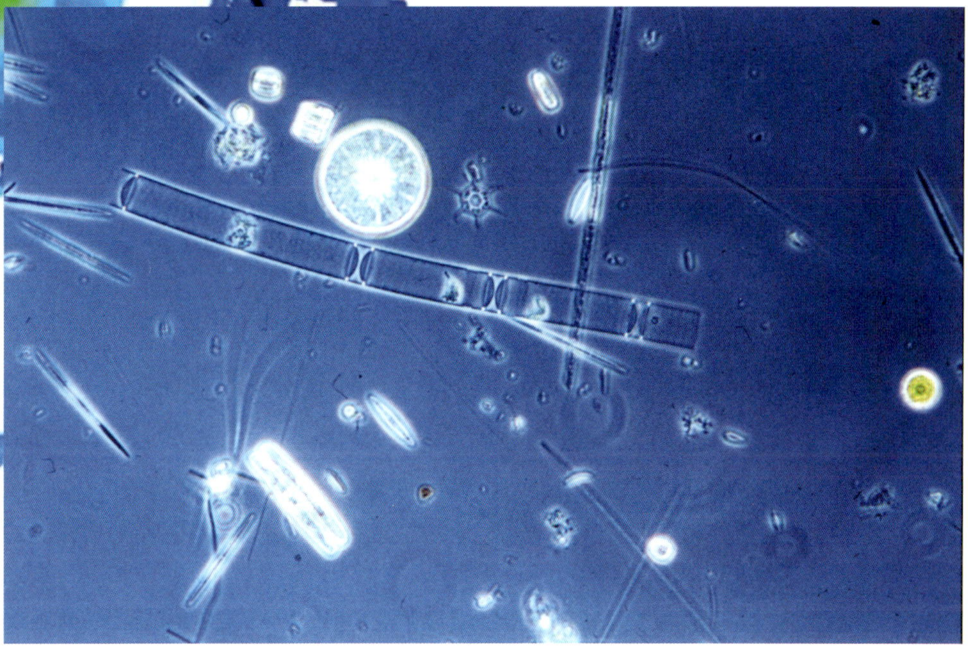

in großem Maßstab der CO_2-Gehalt der Atmosphäre global signifikant senken lässt, welcher Aufwand dafür nötig wäre und mit welchen unerwünschten Effekten auf die Biogeochemie und die marinen Ökosysteme gerechnet werden muss.

Zurzeit werden Pläne entwickelt, um eine Serie von Eisendüngungsexperimenten mit mehreren Schiffen – einschließlich des Forschungsschiffes Polarstern – durchzuführen. Die Experimente sollen in verschiedenen Wassermassen zu unterschiedlichen Jahreszeiten über längere Zeit durchgeführt werden, um die Reaktion des pelagischen Systems sowie das Schicksal der Algenbiomasse zu studieren. Das Alfred-Wegener-Institut für Polar- und Meeresforschung in Bremerhaven nimmt eine führende Rolle bei dieser Planung ein.

Victor Smetacek ist Professor für Biologische Meereskunde an der Universität Bremen und arbeitet am Alfred-Wegener-Institut für Polar- und Meeresforschung, Bremerhaven. Der gebürtige Inder beschäftigt sich seit 40 Jahren mit der Ökologie des Planktons. Er hat mehrere Forschungsfahrten mit FS Polarstern in den Südlichen Ozean durchgeführt, um die Rolle des Planktons in globalen Stoffkreisläufen zu erkunden.

Anschrift: Prof. Dr. Victor Smetacek
Alfred-Wegener-Institut, Helmholtz-Zentrum für Polar- und Meeresforschung
27570 Bremerhaven

E-Mail: victor.smetacek@awi.de

Manche mögen's kalt

Der europäische Korallengürtel von Norwegen bis ins Mittelmeer

von Dierk Hebbeln, Bremen und André Freiwald, Wilhelmshaven

Kaltwasser-Korallenriff in etwa 800 Meter Wassertiefe vor der Küste Irlands

Bei dem Wort ›Korallen‹ denkt man sofort an Palmen bestandene weiße Strände, azurblaues Wasser und bunte Unterwasserwelten in den Tropen. Da die meisten dieser tropischen Korallen in Symbiose mit Algen leben, findet man sie hauptsächlich in den von Licht durchfluteten oberen Wasserschichten, die man selbst mit dem Schnorchel erobern kann. Denn nur in diesen flachsten 10er-Metern der Wassersäule gibt es genügend Licht für Algen, um Photosynthese betreiben zu können. Aber die Welt der Korallen reicht viel weiter. Neben den tropischen Korallen, die es nicht kälter als 20 Grad Celsius Wassertemperatur mögen, gibt es auch die sogenannten Kaltwasser-Korallen. Die wiederum mögen es nicht wärmer als 14 Grad Celsius und da sie keine symbiontischen Algen haben, findet man sie bis in Wassertiefen von über 1.000 Metern.

Berichte über die Existenz von Kaltwasser-Korallen gibt es seit über 100 Jahren. Doch für lange Zeit wurden nur vereinzelte und eher zufällige Funde erwähnt, die in erster Linie von Fischern gemacht wurden. Das lag vor allem daran, dass die systematische Erforschung der Kontinentalhänge jenseits der Schelfkante (mehr als 200 Meter Wassertiefe) im letzten Jahrhundert nur sehr langsam voranging. Dadurch blieb der Lebensraum der Kaltwasser-Korallen für lange Zeit buchstäblich im Dunkeln verborgen. Trotzdem wurde im Laufe der Jahrzehnte ein Indiz an das andere gefügt, und es begann sich ein Bild abzuzeichnen, das mehr zeigte, als nur ein paar ›kleine‹ Kaltwasser-Korallen-Vorkommen im Ozean. Aufgrund dieser Beobachtungen sind Kaltwasser-Korallen am europäischen Kontinentalhang seit der Jahrtausendwende in den Fokus mehrerer internationaler Forschungsprojekte gerückt (z.B. die von der Europäischen Union geförderten Projekte HERMES, HERMIONE und CORALFISH). Im Zuge dieser Untersuchungen konnte gezeigt werden, dass Kaltwasser-Korallen überall entlang des europäischen Kontinentalhanges von Nord-Norwegen bis in das östliche Mittelmeer hinein zu finden sind, aber auch darüber hinaus – denn inzwischen hat man Kaltwasser-Korallen fast überall auf der Welt auf nahezu allen geographischen Breiten gefunden (Abb. 1). Dadurch haben sich unsere traditionellen Vorstellungen über geo- und biologische Riffbildungsprozesse nachhaltig gewandelt.

Diese Ergebnisse wären allerdings ohne eine Reihe von technologischen Entwicklungen nicht möglich gewesen. Hervorzuheben sind hier vor allem die seit einigen Jahren für die Forschung zur Verfügung stehenden Tauchroboter und bemannten Tauchboote (Abb. 2), die erstmals die Möglichkeit boten, auch in großen Wassertiefen die Kaltwasser-Korallenökosysteme zu ›sehen‹ und detailliert zu erforschen. Dabei zeigte sich, dass diese in ihrer Vielfalt und Vielzahl den – nun doch nicht mehr ganz so ›einzigartigen‹ – tropischen Korallenriffen in nichts nachstehen.

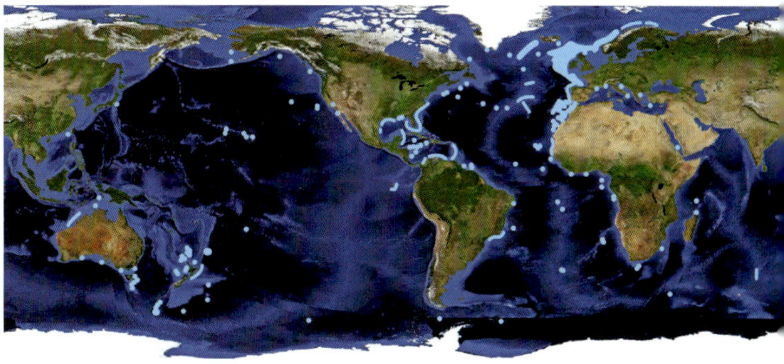

Abb. 1: Weltweite Verbreitung von Riff-bildenden Kaltwasser-Korallen

Lophelia pertusa und *Madrepora oculata*

Im Mittelpunkt der Kaltwasser-Korallenökosysteme stehen zwei Arten von Skelett-bildenden Steinkorallen: *Lophelia pertusa* und *Madrepora oculata* (Abb. 3). Beide Arten bilden reichlich verzweigte buschartige Kolonien,

Abb. 2: Bemannte und unbemannte Unterwasserfahrzeuge, die zur Erforschung von Kaltwasser-Korallen eingesetzt werden. Oben: Tauchboot Jago und Tauchboot Remora 2000; unten: Tauchroboter MARUM-Cherokee und Tauchroboter MARUM-Quest

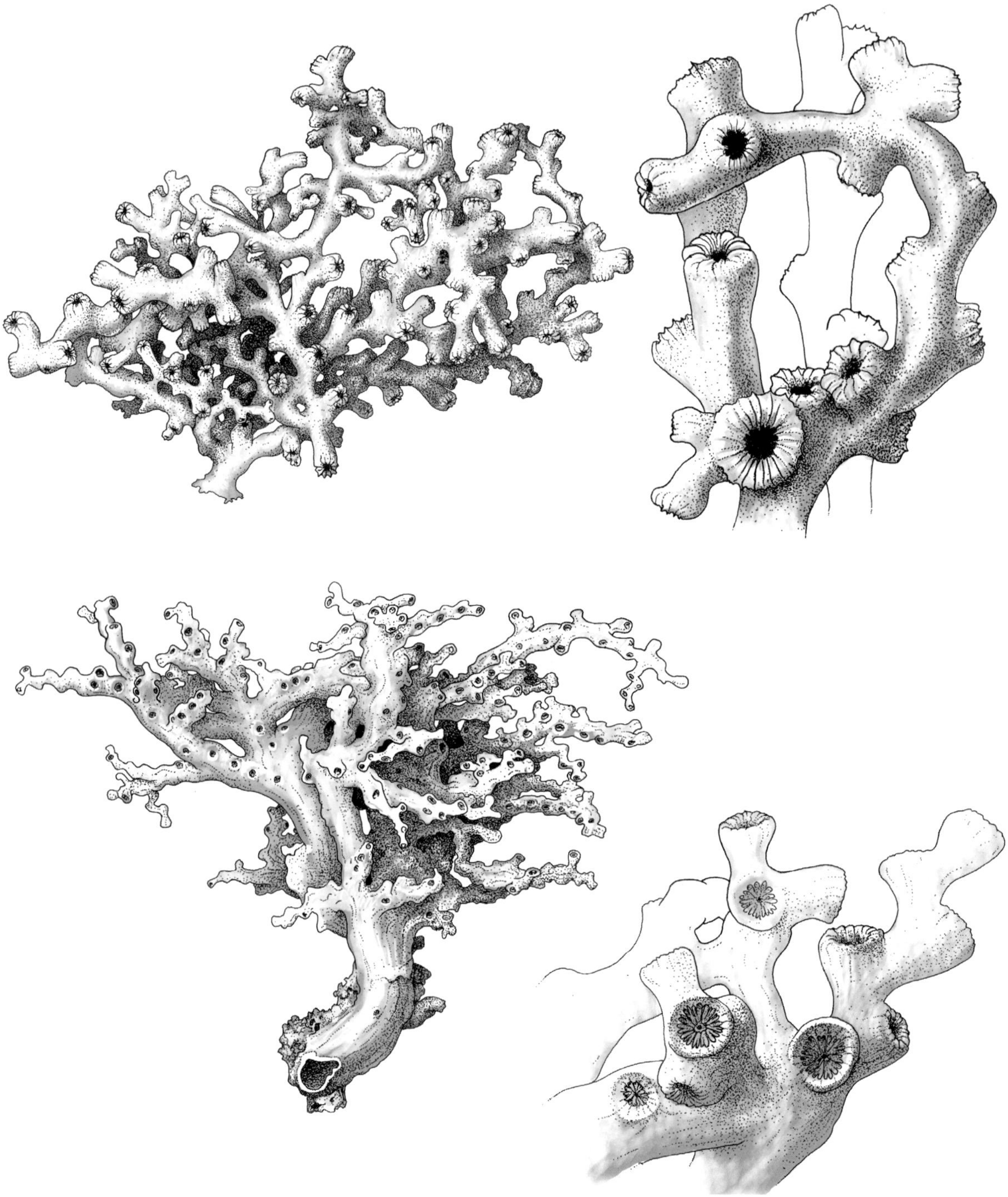

Abb. 3: *Lophelia pertusa* (oben) *Madrepora oculata*

die jede für sich zwei bis drei Meter im Durchmesser erreichen können. Diese Korallen können nur auf einem festen Untergrund, z.B. Felsen, wachsen, weiche Substrate wie Sand oder Schlick sind ungeeignet. Gute Voraussetzungen für feste Substrate findet man an den Kontinentalrändern dort, wo starke Bodenströmungen das Absetzen von Sedimentpartikeln verhindern. Haben an einer solchen Stelle die Korallen erstmal angefangen zu wachsen, beginnen die größer werdenden Kolonien die Strömungen am Meeresboden zu verändern. Beim Durchströmen der Korallen werden diese Bodenströmungen abgebremst, wodurch sie an Energie verlieren und ein Teil der mitgeführten Sedimentpartikel zwischen den Korallen zum Meeresboden absinkt. So wächst im

Laufe der Zeit das Riff, bzw. der Meeresboden, an dieser Stelle immer weiter empor. Da die Korallen aus dem vorbeiströmenden Wasser ihre Nahrung heraus filtrieren, bevorzugen sie erhöhte Plätze. So entsteht langsam ein Korallenriff, dessen lebender Teil auf einer ständig wachsenden Anhäufung aus abgestorbenen Skelettteilen und abgesetztem feinen Sediment thront. Die Entstehung dieser Kaltwasser-Korallenriffe ist folglich eng an ineinandergreifende geologische und biologische Prozesse gekoppelt. Weitere steuernde Faktoren sind natürlich das Nahrungsangebot und auch ein relativ klar abgegrenzter Bereich für die Wassertemperaturen, die zwischen 4 und 13 Grad Celsius liegen müssen. Diese Bedingungen finden sich vor allem entlang der tiefen Schelfe und Kontinentalränder der gemäßigten und nährstoffreichen Breiten.

Die nur von wenigen Arten erzeugten Riffgerüste bieten ein breites Spektrum von Lebensräumen, die von einer artenreichen Begleitfauna genutzt werden. Biodiversitätsuntersuchungen an diesen Riffen zeigen, dass an und in ihnen und um sie herum mehr als 2.800 Arten leben können. Schwämme, Krebstiere und Mollusken zählen dabei zu den artenreichsten Gruppen.

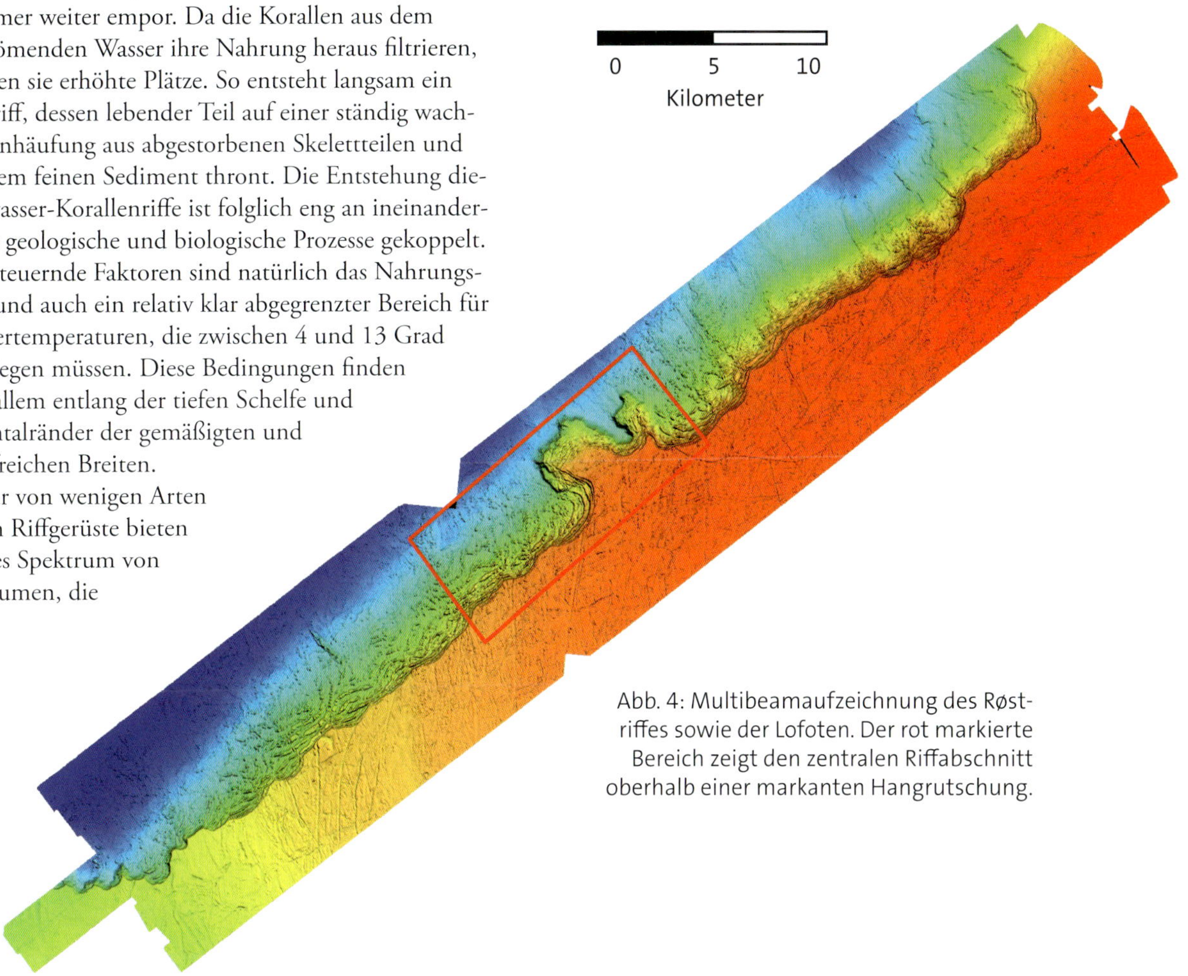

Abb. 4: Multibeamaufzeichnung des Røstriffes sowie der Lofoten. Der rot markierte Bereich zeigt den zentralen Riffabschnitt oberhalb einer markanten Hangrutschung.

Der europäische Korallengürtel

Wie schnell sich Kaltwasser-Korallenriffe bilden können, lässt sich eindrucksvoll auf dem Norwegenschelf verdeutlichen. Vor etwa 12.000 Jahren begannen sich die Gletscher der letzten Eiszeit vom norwegischen Schelf bis auf ihre heutige Position in den skandinavischen Hochgebirgsregionen zurückzuziehen. Auf dem vom Eis frei gegebenen Schelfen und in den Fjorden begannen vor etwa 11.500 Jahren die ersten *Lophelia* zu wachsen, um vor ca. 9.000 Jahren einige Schelfabschnitte bereits flächendeckend zu besiedeln. Tausende Riffstrukturen, mehrere hundert Meter bis Kilometer lang und bis zu 25 Meter hoch, sind seit dieser geologisch kurzen Zeitspanne entstanden. Am bekanntesten ist das aus zahlreichen Einzelstrukturen bestehende und sich über 40 Kilometer hinziehende Røstriff (Abb. 4), das insgesamt eine Fläche von etwa 100 Quadratkilometern bedeckt – das entspricht immerhin der gesamten Fläche der 80.000-Einwohnerstadt Wilhelmshaven.

Im Gegensatz zu den oft lang gezogenen Riffen vor Norwegen finden sich am Kontinentalhang vor Irland in Wassertiefen zwischen 500 und 1000 Meter diverse Hügelstrukturen, die bis zu 350 Meter Höhe aufweisen können. Auf deren Gipfeln finden sich häufig ausgedehnte Korallendickichte, die auch hier einer Vielzahl von anderen Tieren einen Lebensraum bieten (Abb. 5). Einer dieser Korallenhügel konnte 2006 im Rahmen des International Ocean Drilling Programs (IODP) über seine komplette Höhe von 155 Meter durchbohrt werden. Dabei zeigte sich, dass sich die ersten Korallen dort vor rund 2,7 Millionen Jahren angesiedelt haben. Seit dieser Zeit haben Kaltwasser-Korallen vor Irland gelebt, allerdings immer wieder mit Unterbrechungen, die an die globale Klimaentwicklung gekoppelt waren. Wie vor Norwegen haben auch vor Irland während der Eiszeiten keine Korallen gelebt. Vor Irland sind dafür aber weniger die niedrigen Temperaturen oder ins Meer reichende

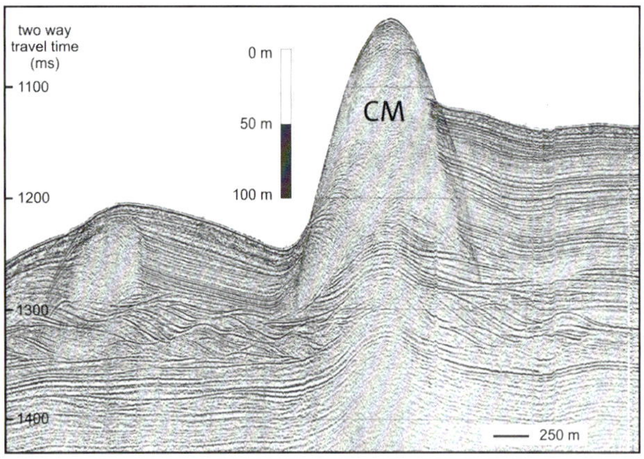

Abb. 5: Seismischer Profilschnitt durch den Challenger Mound (CM) vor der irischen Westküste und ein lebendes *Lophelia*-Riff auf dem benachbarten Galway Mound (links)

Gletscher verantwortlich als die an die Klimaentwicklung gekoppelte Ozeanographie. Als Filtrierer, die die Nahrung mit ihren Tentakeln aus dem Wasser fangen, sind Kaltwasser-Korallen auf starke Bodenströmungen angewiesen, die Nahrungspartikel zu ihnen transportieren. Während der letzten Eiszeit blieben jene starken bodennahen Strömungen jedoch aus, die heute so wichtig für die vitalen irischen Kaltwasser-Korallenriffe sind.

Geht man weiter nach Süden in den Golf von Biskaya, findet man eine weitere Erscheinungsform der Kaltwasser-Korallen, die sich von den ›norwegischen Korallenriffen‹ und den ›irischen Korallenhügeln‹ unterscheidet. An den steilen Flanken der dort häufig auftretenden Tiefseecanyons finden sich sehr günstige Umweltbedingungen für Kaltwasser-Korallen. Sie sind durch freiliegende Felsen

Abb. 6: *Madrepora oculata* in 250 Meter Wassertiefe im Canyon de Cassidaigne nahe Toulon

und durch einen intensiven Wassermassenaustausch zwischen Schelf und Tiefsee gekennzeichnet, der durch die Canyons kanalisiert wird. Allerdings bilden sich hier an den Steilwänden lediglich Korallengallerien aus, die nach dem Absterben herunterfallen und weiter hangabwärts als Schutthaufen liegen bleiben.

Ganz anders stellt sich die Situation im Golf von Cádiz und vor der marokkanischen Küste dar. Dort treten Kaltwasser-Korallen in 600 bis 900 Meter Wassertiefe zum einen auf sogenannten Schlammvulkanen (s. Artikel von G. Bohrmann, A. Kopf und V. Spieß) und zum anderen auf kleinen Hügelstrukturen (weniger als 20 Meter hoch) auf, die den großen ›Korallenhügeln‹ vor Irland ähneln. Letztendlich erfüllen sowohl die Hügel als auch die Schlammvulkane denselben Zweck: Als Erhebungen zwingen sie die Strömungen am Meeresboden, um sie herum zu fließen, wodurch sich die Strömungsgeschwindigkeit erhöht. Damit bieten sie den Kaltwasser-Korallen eine gegenüber dem ›normalen‹ Meeresboden erhöhte Position, zu der die beschleunigten Strömungen mehr Nahrungspartikel herantragen. Allerdings findet man heute im Golf von Cádiz fast ausschließlich tote Korallen, die buchstäblich ›Korallen-Friedhöfe‹ bilden (Abb. 7). Radiokarbon-Datierungen an diesen Korallen zeigen, dass die meisten von ihnen während der letzten Eiszeit dort gelebt haben, also genau zu der Zeit, als sie vor Irland und Norwegen zeitweise ausgestorben waren.

Während vor Norwegen und Irland *Lophelia pertusa* die Korallenvergesellschaftung dominiert, hat im Golf von Cádiz und vor Marokko *Madrepora oculata* den größten Anteil. Dieser Trend setzt sich ins Mittelmeer fort, wo vor allem in den letzten Jahren viele neue Vorkommen entdeckt wurden, nachdem jahrzehntelang angenommen wurde, dass Kaltwasser-Korallen im Mittelmeer längst ausgestorben waren. Die Funde der letzten Jahre wurden allerdings fast ausschließlich an schwer zugänglichen Stellen gemacht, wie z.B. unter Felsüberhängen, an Steilwänden oder auch an den Seitenwänden von Tiefseecanyons – also ein ähnliches Erscheinungsbild wie in der Biskaya. Dass diese Vorkommen so lange unentdeckt blieben, liegt vor allem daran, dass solche extremen Habitate erst durch den Einsatz von Tauchrobotern und Tauchbooten für die Forscher zugänglich wurden.

Im westlichen Mittelmeer zwischen Nordspanien und der Côte d'Azur findet sich eine Vielzahl von Tiefseecanyons, von denen einige der wenigen, die bisher untersucht wurden, durch eine reiche Korallenfauna gekennzeichnet sind. Neben *Lophelia pertusa* und *Madrepora oculata* ist gerade im westlichen Mittelmeer auch die ›gelbe Koralle‹ *Dendrophyllia cornigera* weit verbreitet (Abb. 8). Vergleicht man die Verteilung der Kaltwasser-Korallen in diesen Canyons mit den am Meeresboden vorherrschenden Strömungen, wird auch hier wieder der Drang der Korallen zu den stärksten Bodenströmungen deutlich.

Zukünftige Risiken und Chancen: Fischerei, Versauerung, Klimawandel

Lange Zeit blieben die weltweit verbreiteten Kaltwasser-Korallenökosysteme im oberen Stockwerk der Tiefsee von massiven Eingriffen durch den Menschen verschont. Aufgrund der weitgehenden Ausbeutung der Fischbestände in den Schelfmeeren weicht die kommerzielle Fischerei jedoch in immer größere Wassertiefen aus, und spätestens seit den 1990iger Jahren erreichten Bodenschleppnetze

Abb. 7: Im Golf von Cádiz und vor den Küsten Marokkos sind bisher kaum lebende Kaltwasser-Korallen beobachtet worden. Die allerdings häufigen Ansammlungen von Korallenschutt, der größtenteils aus der letzten Eiszeit stammt, erweckt den Eindruck von großen Korallen-Friedhöfen.

Abb. 8: Oben links: *Dendrophyllia cornigera*, eine weitere Skelett-bildende Kaltwasser-Koralle, die häufig, aber nicht nur, im Mittelmeer zu finden ist. Oben rechts: *Madrepora oculata* (weiß) umgeben von Schlangensternen (rot); unten links: *Lophelia pertusa* in der rosa-farbenen Varietät; unten rechts: *Lophelia pertusa* auf einer Fischerleine

die tiefen korallenreichen Gebiete. Die riesigen und mehrere Tonnen schweren Schleppnetze zerstörten auf der Suche nach kommerziellen Speisefischen zahlreiche Korallenökosysteme (Abb. 9). Deren Funktion als ›Fischkinderstube‹ und der daraus resultierenden Verzahnung von fischreichen Fanggründen mit Korallenvorkommen sorgen dafür, dass diese Art von Kollateralschaden (Zerstörung der Kaltwasser-Korallenriffe bei der Bodenschleppnetzfischerei) auch die Qualität und Quantität zukünftiger Fänge mindert. Da die industrielle Fischerei aber immer noch den aktuellen Fangerfolg über die nachhaltige Bewirtschaftung der Fischbestände stellt, werden seit 2004 sowohl auf nationalen (z.B. Norwegen, Irland) als auch auf supranationalen Ebenen (z.B. EU) Schutzgebiete eingerichtet. In diesen Zonen, die hauptsächlich an den Kontinentalrändern und damit vorwiegend in den 200-Seemeilen-Außenwirtschaftszonen liegen, ist das Ausbringen von Bodenschleppnetzen verboten.

Langfristiger wirken sich die Folgen des Klimawandels auf die Vitalität der Korallenvorkommen aus. Betrachten wir die letzten 20.000 Jahre, die den Übergang einer ausgeprägten Eiszeit hin zu einer bis heute anhaltenden Warmzeit markieren, dann lässt sich die Migration von Korallen aus den südlichen gemäßigten Breiten bis in die hohen Breiten eindrucksvoll rekonstruieren. Lag der Schwerpunkt der Korallenvorkommen während der Eiszeit vor ca. 20.000 Jahren noch vor Marokko, so scheinen sich mit der nachfolgenden schnellen Erwärmung die Korallen binnen weniger Jahrhunderte bis Jahrtausende weit nach Norden ausgedehnt zu haben. Bereits vor 11.500 Jahren waren sie schon nördlich des Polarkreises angekommen. Gleichzeitig sind die Korallenökosysteme im Süden relativ rasch abgestorben und haben die bereits erwähnten Friedhöfe hinterlassen. Die dahinter stehenden Ursache-und-Wirkungs-Zusammenhänge werden seit einigen Jahren in zahlreichen internationalen Forschungsprojekten (siehe oben) analysiert.

Der Klimawandel in der Vergangenheit und dabei vor allem die Erwärmung (auch der Wassermassen) seit der letzten Eiszeit haben sicherlich maßgeblich zum Absterben der Korallen in einem Gebiet, aber auch zum Erobern neuer Regionen in anderen Gebieten geführt. Aber wie wird sich der Korallengürtel im Nordost-Atlantik im Zuge der zu erwartenden globalen Erwärmung in den

Abb. 9: Die in immer größere Tiefen vordringende Bodenschleppnetzfischerei kann in Kaltwasser-Korallenriffen beträchtliche Zerstörungen anrichten.

kommenden Jahrzehnten bis Jahrhunderten entwickeln, die gerade in der Arktis besonders ausgeprägt sein wird? Wahrscheinlich ist eine nordwärtige Migration, aber dort lauern dann andere, neue Gefahren. Gerade in den polaren Gewässern reagiert ein anderer, bislang unerwähnter Umweltfaktor sehr sensibel: der Grad der Karbonatsättigung. Korallen entnehmen Karbonat und Kalzium aus dem Meerwasser und mineralisieren daraus ihr Kalkskelett. Nun sind die polaren Gewässer gerade noch mit Karbonat gesättigt, wenn nicht zum Teil sogar untersättigt. Eine zusätzliche Absenkung dieser Sättigung, die sich auch in geringeren pH-Werten messen lässt (das entspricht einer Versauerung des Ozeanwassers), macht es den Korallen nur schwer möglich, Skelettkarbonat zu erzeugen, d.h., sie verlieren die Fähigkeit zu verkalken und Riffe zu bauen. Ein wesentlicher Motor der Versauerung ist in dem stetig steigenden Gehalt von Kohlendioxid in der Atmosphäre zu sehen, der aus der Nutzung fossiler Brennstoffe resultiert. Ein nicht unerheblicher Teil des in die Atmosphäre emittierten Kohlendioxids wird vom Meer aufgenommen und führt dort zu Veränderungen in der Karbonatsättigung. Das bedeutet, dass trotz wärmeren und für die Korallen wahrscheinlich günstigeren Temperaturbedingungen in den polaren Gebieten die fortschreitende Versauerung eine erfolgreiche Eroberung dieser Breiten erschweren bzw. verhindern kann.

Dierk Hebbeln ist Professor für Meeresgeologie an der Universität Bremen und arbeitet am Zentrum für Marine Umweltwissenschaften (MARUM) der Universität Bremen. Er beschäftigt sich seit über 15 Jahren mit Kaltwasser-Korallen-Ökosystemen.

Anschrift: Prof. Dr. D. Hebbeln
Universität Bremen
MARUM – Zentrum für Marine Umweltwissenschaften
Postfach 330 440
28334 Bremen

E-Mail: dhebbeln@marum.de

André Freiwald ist Leiter der Abteilung Meeresforschung des Senckenberg Instituts in Wilhelmshaven und Professor für Meeresgeologie am Fachbereich Geowissenschaften der Universität Bremen. Er beschäftigt sich seit über 20 Jahren mit bio-sedimentären Prozessen im Flach- und Tiefwasser außerhalb der Tropen.

Anschrift: Prof. Dr. A. Freiwald
Senckenberg am Meer
Abteilung für Meeresforschung
Südstrand 40
26382 Wilhelmshaven

E-Mail: andre.freiwald@senckenberg.de

Mensch und Küste –

eine jahrtausendealte Schicksalsgemeinschaft

von Dierk Hebbeln und Gerold Wefer, Bremen

Pulsierende Zentren: Küstenregionen als Lebens- und Wirtschaftsräume

Küstenregionen, mit dem Wasser auf der einen und dem Land auf der anderen Seite, zählen zu den wichtigsten Lebensräumen der Menschheit. Etwa 60 Prozent der Weltbevölkerung leben heute dort und unterwerfen diese Regionen dabei vielfältigen Nutzungsansprüchen, hinter denen größtenteils handfeste wirtschaftliche Interessen stehen. Es werden nicht nur die Ressourcen durch Fischerei, Landwirtschaft, (Meeres-)Bergbau, Energiegewinnung aus Wind und Wasser, Seeverkehr und Tourismus genutzt, sondern es geht vor allem auch um küstenbezogene Standortvorteile für den Schiffbau, die Hafenwirtschaft und gewässerabhängige Industrien. Außerdem werden die Küstengewässer als ›Deponie‹ für Baggergut, Industrie- und andere Abfälle und für Schadstoffe genutzt, die über die Luft, die Flüsse und das Grundwasser eingetragen werden. Doch nicht nur für den Menschen ist dieser Lebensraum wichtig, er ist Laich- und Aufzuchtgebiet vieler Fische und Raststätte und Speisekammer für eine Vielfalt von Vögeln, um nur einige Punkte zu nennen.

Küstenregionen sind von Natur aus sehr dynamische Systeme, in denen Veränderung ein stetiger, natürlicher Prozess ist. Die offensichtlichste, natürliche Einflussgröße auf die Gestaltung des Küstenraumes ist die Höhe des Meeresspiegels, die in Abhängigkeit vom Klima und von zahlreichen anderen Faktoren ständigen Veränderungen unterlegen ist. Zu den natürlichen Faktoren hat sich inzwischen der Mensch gesellt. Seit der Einführung des Ackerbaus formt der Mensch die Natur und beeinflusst die Wechselwirkungen zwischen Atmosphäre, Land und Meer, wenn auch für Jahrtausende nur mit lokalen oder allenfalls regionalen Auswirkungen. Mit dem Beginn der Industrialisierung vor etwa 150 Jahren hat der Mensch dann begonnen, in immer größerem Maßstab lokal, regional und vor allem auch global auf die Natur einzuwirken.

Ein Gebiet, auf das all das bisher Gesagte zutrifft, ist die Küstenregion entlang der deutschen Nordseeküste. Die natürliche Dynamik dieser Region wird mehr und mehr auch durch menschliche Aktivitäten beeinflusst. Vor diesem Hintergrund sind langfristige – ein bis zwei Generationen umfassende – und vorsorgende Planungen notwendig, um diese flachen Küsten dauerhaft besiedeln und nutzen zu können. Im Besonderen gilt dies für den Küstenschutz. Auf Grund der erkannten Fehler der vergangenen Jahrzehnte finden heute die Prinzipien einer dauerhaft umweltgerechten und ressourcenschonenden Wirtschaftsweise größere Beachtung. Dies gilt unter anderem für Bodenschutz und -erhaltung, Pufferzonen und Überflutungsräume, Süßwasserreserven und Sedimentbilanzen. Trotzdem müssen Eingriffe in Natur und Landschaft in Zukunft noch stärker als bisher üblich nach ihren langfristigen Entwicklungen und Folgen beurteilt werden.

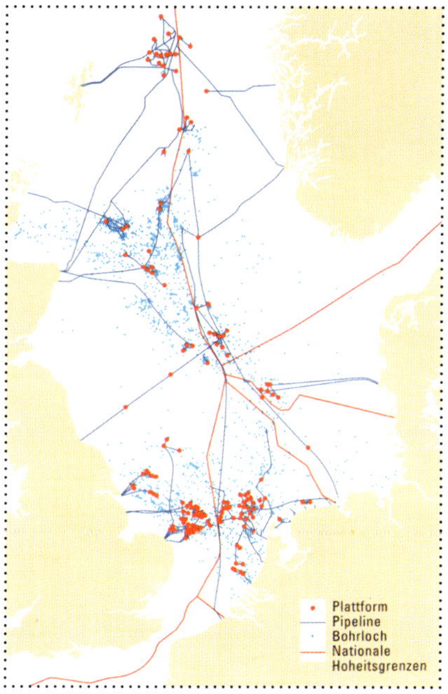

Abb. 1: Die Öl- und Gasvorkommen der Nordsee spielen eine wichtige Rolle für die europäische Wirtschaft. Suche, Förderung und Transport bedeuten aber gleichzeitig einen massiven Eingriff in den Naturraum Nordsee.

Flache Schelfmeere: Nahrungs- und Energiequelle für die Menschheit

Schelfmeere wie die Nordsee erstrecken sich von der Küste bis zur Kante des Kontinentalsockels bei etwa 200 Metern Wassertiefe, wo der Meeresboden steil zur Tiefsee abfällt. Die Schelfmeere nehmen nur etwa zehn Prozent der Fläche des Weltozeans ein, werden aber auf Grund der Mischung mit tiefen Wasserschichten und den aus der Luft und vom Land eingetragenen natürlichen Stoffen stark gedüngt. Dies macht sie zu den produktivsten Regionen im marinen Bereich. Hohe Produktivität und entsprechender Fischreichtum, eine Vielfalt verschiedener Lebensräume und der damit verbundene Artenreichtum verleihen den Schelfmeeren eine große Bedeutung als Ressource für den Menschen. Rund 90 Prozent der weltweiten Fischfangerträge werden aus den Schelfmeeren gewonnen. Allein in der Nordsee werden fast drei Millionen Tonnen Fisch im Jahr gefangen.

Außerdem wird der allergrößte Teil des auf dem Meer geförderten Erdöls und Erdgases in den Schelfmeeren gewonnen. Eine gerade für Europa wichtige Quelle sind dabei die großen englischen und norwegischen Offshore-Vorkommen in der Nordsee. Über 500 Produktionsanlagen sind insgesamt in der Nordsee in Betrieb. Pipelines verbinden die Öl- und Gasfelder mit Norwegen, Großbritannien, den Niederlanden, Deutschland und Dänemark (Abb. 1). Erst seit kurzem werden fossile Brennstoffe in immer größeren Wassertiefen entlang der Kontinentalränder gesucht und gefördert. Arbeiten in Tiefen bis 2.500 Metern erfordern große Investitionen und die Entwicklung neuer Unterwassertechnologien.

In den Schelfmeeren ändern sich die physikalischen und biogeochemischen Voraussetzungen sehr stark. Angetrieben werden die hier stattfindenden Prozesse auf der einen Seite vom Land, z. B. von den Niederschlägen an Land, und auf der anderen Seite vom Meer, z.B. von den Meeresströmungen im Ozean. Daraus folgt eine große räumliche und zeitliche Variabilität der natürlichen, in den Schelfmeeren ablaufenden Prozesse. Das zeigt sich besonders an den komplizierten Strömungsmustern der Nordsee (Abb. 2), die von einem gegen den Uhrzeigersinn drehenden Wirbel bestimmt werden. Gezeitenströme aus der Norwegischen See sind wesentlich daran beteiligt, die

Abb. 2: Der Austausch des Nordseewassers mit dem Atlantik findet hauptsächlich über die Norwegische See, zwischen Schottland und Norwegen statt.

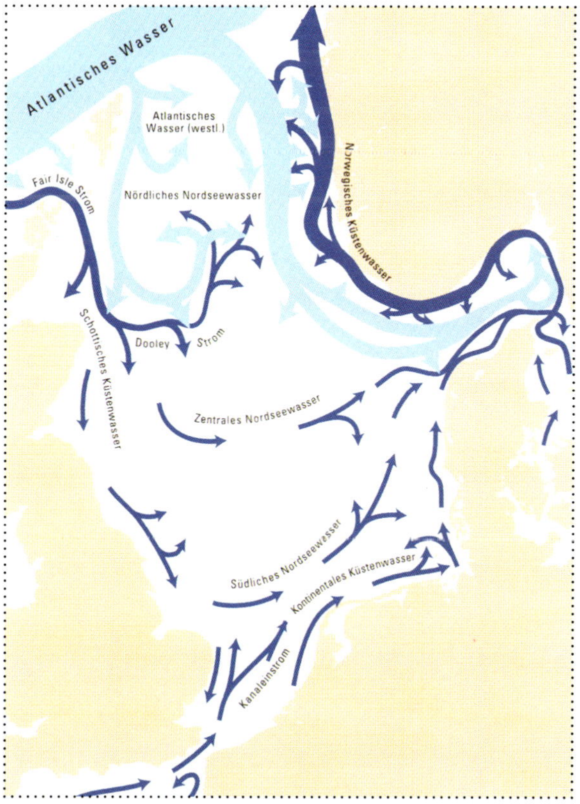

Wassermassen der Nordsee zu durchmischen. Daneben spielen spezifische Faktoren wie regionale Geologie, die Beschaffenheit der Küste und des Meeresbodens, der Zufluss von Wärme, Frischwasser und anderen Stoffen aus der Luft und vom Land eine wichtige Rolle. Aus dieser Aufzählung wird deutlich, dass, wenn sich das Klima und damit in der Regel auch die ozeanische Zirkulation ändert, dies gerade für Schelfmeere von großer Bedeutung sein kann. Das gilt erst recht, wenn solche Klimaänderungen den Meeresspiegel beeinflussen, wovon die flachen Schelfmeere sehr viel stärker betroffen sind als der tiefe Ozean.

Vom flachen Land zum flachen Meer: 10.000 Jahre Nordseegeschichte

Während der letzten Eiszeit vor etwa 20.000 Jahren lag der Meeresspiegel weltweit circa 120 Meter unter dem heutigen Niveau, mit dem Ergebnis, dass weite Bereiche der heutigen Schelfmeere trocken lagen – unter anderem auch die Nordsee. Die Schmelzwasser des Inlandeises aus Nordamerika und Nordeuropa überfluteten am Ende der Eiszeit diese ausgedehnten Küstengebiete. Dadurch formten sie sich innerhalb relativ kurzer Zeit zu den heutigen Küstenmeeren um.

Diese Entwicklung lässt sich am Beispiel der Nordsee sehr gut nachvollziehen. Vor 10.000 Jahren lag die Küstenlinie zwischen Skagen und Schottland in der heutigen nördlichen Nordsee. Wo heute die Nordseewellen plätschern, erstreckte sich eine flache Küstenebene (Abb. 3). Mit dem Anstieg des Meeresspiegels wanderte die Küstenlinie allmählich nach Süden und vor rund 8.000 Jahren war die heutige Form der Nordsee erkennbar. Allerdings verlief die Grenze zwischen Wasser und Land noch immer einige Zehner Kilometer weiter seewärts als heute. Vor 7.000 Jahren verlangsamte sich der Anstieg des Meeresspiegels. Zu diesem Zeitpunkt herrschten im gesamten südlichen Nordseeraum bereits vollmarine Bedingungen: Innerhalb von 3.000 Jahren war aus der flachen Küstenebene ein flaches Schelfmeer geworden.

In den folgenden 5.000 Jahren entwickelten sich langsam die friesischen Inseln und das Wattenmeer. Auch in dieser Zeit veränderten sich weiterhin durch zahlreiche Klimaschwankungen die Höhe des Meeresspiegels und die Häufigkeit und Stärke von Stürmen. Vor allem im Mittelalter haben große Sturmfluten entlang der deutschen Nordseeküste immer wieder zu enormen Landverlusten geführt. Zum Teil konnte das Land zurückgewonnen werden, wie in der Harle- und der Leybucht. Manche der Buchten, die die Wassermassen gerissen haben, wie Jade und Dollart, bestehen aber heute noch (Abb. 4). Auch die nordfriesischen Halligen sind nur Reste einer einstmals weit ausgedehnteren Marschlandschaft, die in einer einzigen Sturmflut am 16. Januar 1362 – der ›Groten Manndränke‹ – ins Meer gespült wurde (Abb. 5). In dieser Sturmflut kamen in den Gebieten der südlichen Nordseeküste wahrscheinlich einige Tausend Menschen ums Leben, und es wurden einige Tausend Hektar Land

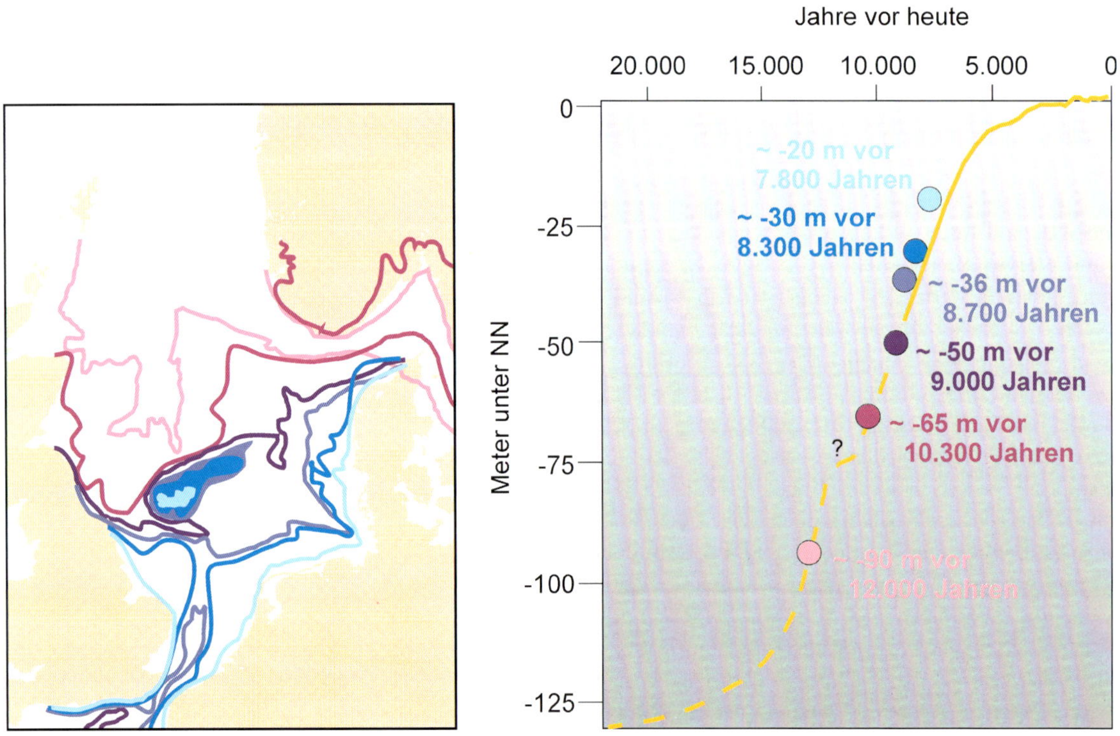

Abb. 3: Links: Überflutung der Nordsee im Laufe des Meeresspiegelanstiegs (Verlauf der Küstenlinien während unterschiedlicher Zeiten). Rechts: Meeresspiegelkurve für die Nordsee

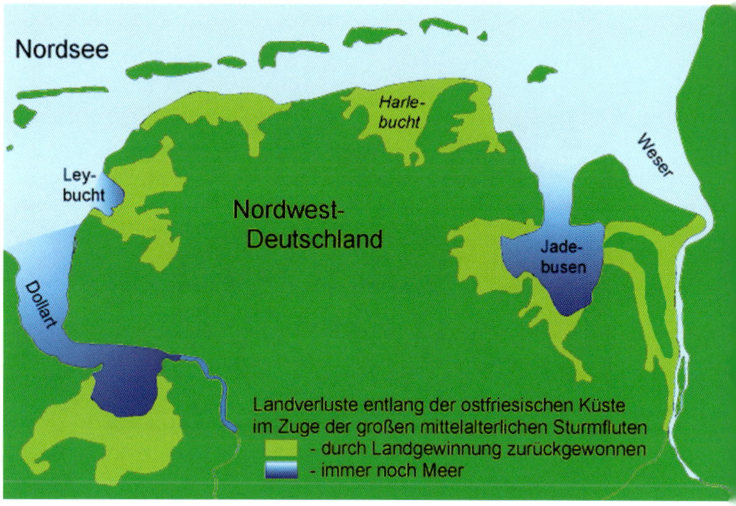

Abb. 4: Landverluste an der ostfriesischen Küste im Zuge der großen mittelalterlichen Sturmfluten

von den Fluten mitgerissen. Besonders betroffen waren der Bereich des heutigen nordfriesischen Wattenmeeres zwischen der Insel Sylt und der Halbinsel Eiderstedt. In ihr ging auch der sagenumwobene Handelsort Rungholt unter, der vermutlich in der Gegend der heutigen Hallig Südfall gelegen hat.

Deutlich länger ist die Geschichte der Ostfriesischen Inseln, die bis in die Frühzeit der Nordseeentwicklung vor circa 7.500 Jahren zurückreicht. Damals lag der Meeresspiegel noch rund 20 Meter niedriger als heute. Entlang der damaligen Küstenlinie, die fünf bis zehn Kilometer weiter seewärts verlief, bildeten Wellen und Tiden zu dieser Zeit Strandwälle aus. Durch den ansteigenden Meeresspiegel wanderten sie zusammen mit der Küste weiter landwärts. Vor 6.500 Jahren veränderte sich die Höhe der Gezeiten, so dass die Strandwälle vom Land getrennt und somit zu Inseln wurden. Inzwischen hatten sich dort erste Dünen gebildet, die bis heute dazu beitragen, die Inseln langfristig zu erhalten. Beweglich blieben die Inseln dennoch: Sie wanderten mit dem letzten Schritt des nacheiszeitlichen Meeresspiegelanstiegs – der immerhin noch zehn Meter betrug – weitere drei Kilometer landwärts auf ihre heutige Position. Dieser Vorgang wird sich auch in Zukunft bei einem weiter steigenden Meeresspiegel fortsetzen.

Nachdem sich die Inseln von der Küste gelöst hatten, entwickelten sich aus den hinter ihnen gelegenen Lagunen die Watten. Jede Flut brachte mehr Sediment mit, als die Ebbe wieder zurück ins Meer spülte. So wuchsen die Watten mit dem steigenden Meeresspiegel mit und wanderten ebenfalls immer weiter Richtung Küste. Zwischen Inseln und Küsten lassen sich dabei drei Wattzonen unterscheiden: Seewärtig, dort wo die Energie der Wellen noch am größten ist, liegt das Sandwatt. Richtung Land lässt die Wellenenergie immer mehr nach, und es können sich feinere Sedimente, das Mischwatt, ablagern. Richtig matschig wird es dann direkt vor der Küste im Schlickwatt, dessen Verbreitungsgebiete schrumpfen. Es ist bei Wattwanderern berüchtigt, da man darin schnell mal bis weit über die Knie versinken kann (Abb. 6).

Landwärts des Schlickwatts dehnten sich weitläufige Küstenmoore aus, die schließlich ins Festland übergingen. Mit dem steigenden Meeresspiegel wanderten die Inseln, Watten und Moore Richtung Land, so dass sich eine ganz typische Abfolge übereinander liegender Sedimentschichten entwickelte. Fast überall an der ostfriesischen Nordseeküste findet man bei Bohrungen über der alten eiszeitlichen Landoberfläche eine Torfschicht, bevor darüber die ersten Wattsedimente auftreten (Abb. 7).

»Heut bin ich über Rungholt gefahren,
Die Stadt ging unter vor fünfhundert Jahren,
Noch schlagen die Wellen da wild und empört,
Wie damals, als sie die Marschen zerstört.
Die Maschine des Dampfers schütterte, stöhnte,
Aus dem Wasser rief es unheimlich und höhnte:
Trutz, Blanke Hans.«

Aus dem Gedicht »Trutz, Blanke Hans« von Detlev von Liliencron, 1882

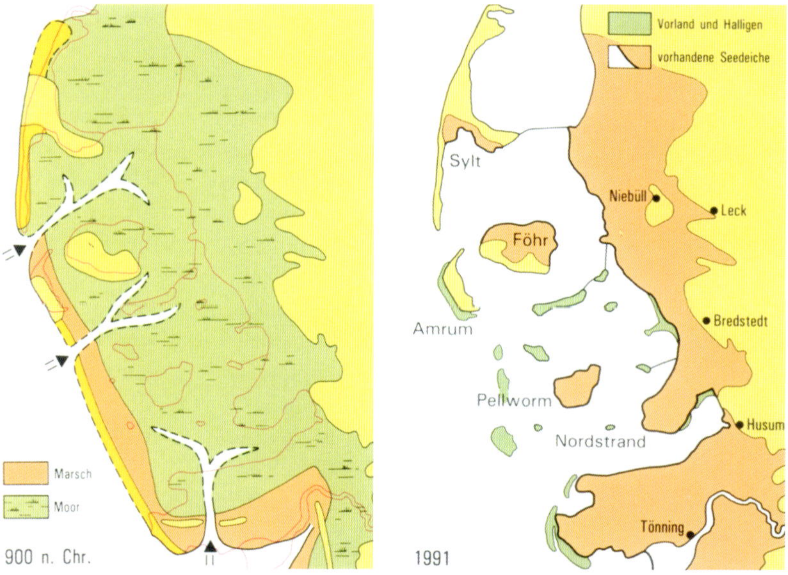

Abb. 5: Nordfriesland 900 n. Chr und heute

Abb. 6: Bei einer Wattwanderung kann man schon mal knietief im Schlamm versinken. Die Schlickwattflächen an der Nordsee nehmen insgesamt mehr und mehr ab.

Dieser so genannte Basistorf ist aber nicht die einzige Torflage, die man in solchen Bohrungen findet. Weitere Torfschichten geben Zeugnis davon, dass der Meeresspiegel nicht kontinuierlich anstieg, sondern zwischendrin auch immer mal wieder stillstand. Fiel der Meeresspiegel sogar, verlagerte sich die Küstenlinie seewärts und die Moore wuchsen auf einmal dort, wo vorher noch Wattgebiet war. Begann der Meeresspiegel wieder zu steigen, kehrte sich diese Entwicklung um, und es lagerten sich Wattsedimente über dem Torf ab.

Dass mehrere solcher Torfschichten vorkommen zeigt, dass die Geschichte des nacheiszeitlichen Meeresspiegelanstiegs in der südlichen Nordsee zum Ende hin sehr viel wechselvoller war als zu Beginn. Immer noch gespeist durch die abschmelzenden Inlandeismassen stieg der Meeresspiegel bis vor circa 6.500 Jahren mit über zwei Metern im Jahrhundert sehr schnell an. Danach verlangsamte sich der Anstieg, und ab und zu konnte sich das Moor seewärts ausdehnen, was sich anhand der Torfschichten unter dem heutigen Watt nachvollziehen lässt.

Küstengebiete wie dieses reagieren sehr schnell auf Veränderungen des Meeresspiegels und sind in der Ausgestaltung ihrer exakten Küstenlinie sehr flexibel. Doch heute verlagert sich die Küstenlinie nicht mehr, da die Deiche sie inzwischen gut sichern. Es darf aber nicht vergessen werden, dass das natürliche System seine Dynamik nicht verloren hat. Deshalb kann das heutige Aussehen der Nordsee auch nicht als Endzustand einer abgeschlossenen Entwicklung betrachtet werden. Es spiegelt lediglich einen temporären und sehr labilen Gleichgewichtszustand wider, der abhängt von der Höhe des Meeresspiegels, dem Sedimentangebot und morphodynamischen Einflüssen wie z.B. Tidenhub, Seegang und Wind. Verändern sich die Randbedingungen, wie z.B. die Höhe des Meeresspiegels, würde sich auch die Küstenlinie verändern – wenn sie denn könnte. Die Deiche haben dieses Gleichgewicht aber inzwischen nachhaltig gestört, was sich unter anderem an den fehlenden Küstenmooren und den langsam verschwindenden reinen Schlickwatten zeigt (Abb. 6).

Von den Wurten zur Windkraft: Der Mensch verändert den Küstenraum

Als die Menschen vor rund 3.000 Jahren begannen, das norddeutsche Küstengebiet mit seinen feuchten Marschen zu besiedeln, nutzten sie die etwas höher gelegenen Uferwälle der Flüsse, um vor Sturmfluten einigermaßen sicher zu sein. Um 200 n. Chr. begannen sie dann Wohnhügel, die so genannten Wurten oder Warften, in die Marschen zu bauen. Auf ihnen fanden einzelne Gehöfte, aber auch ganze Dörfer Platz. Dort waren zwar die Menschen geschützt, aber das Vieh auf den Weiden und das Getreide auf den Äckern waren bei Sommersturmfluten noch immer gefährdet. Deshalb bauten die Menschen ab 1100 n. Chr. kleine Sommerdeiche, die die Viehweiden schützen sollten. Daraus entwickelte sich der Deichbau, der sehr schnell zum wichtigsten Bestandteil des Küstenschutzes wurde: Schon gegen Ende des 13. Jahrhunderts gab es mit dem ›Goldenen Reif‹ eine erste geschlossene Deichlinie um ganz Friesland.

Auch diese Deiche konnten nicht verhindern, dass es im Mittelalter – wie bereits erwähnt – zu gewaltigen Landverlusten kam. Mit der Weiterentwicklung des Deichbaus war aber auch die Möglichkeit der Landgewinnung ge-

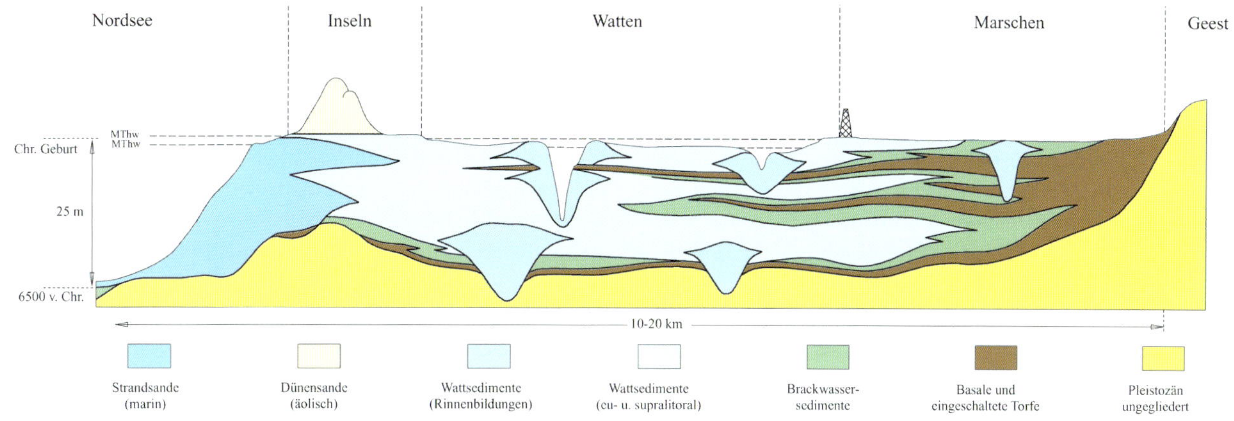

Abb. 7: Schematischer Querschnitt durch das ostfriesische Wattgebiet

schaffen, und so rangen die Menschen schon im Mittelalter dem Meer Teile des bei den Sturmfluteinbrüchen verloren gegangenen Landes wieder ab (Abb. 8). Dabei kam es zwar immer wieder zu Rückschlägen, aber trotzdem haben 1.000 Jahre Deichbaugeschichte die heutige deutsche Nordseeküste ganz entscheidend geprägt. Inzwischen wird entlang dieser Küste keine Landgewinnung mehr betrieben, so dass die heutige Deichlinie in der Praxis eine starr fixierte Küstenlinie ist. Dabei darf aber nicht vergessen werden, dass das natürliche System entlang einer Wattenmeerküste keine fixierte Küste vorsieht. Normalerweise reagiert es auf etwaige Änderungen des Meeresspiegels oder der Sturmfluthöhen, indem sich die Küstenlinie verlagert. Steigt heutzutage der Meeresspiegel, können wir auf Grund der festgelegten Küstenlinie nur die Deiche erhöhen. So wurde nach der verheerenden Sturmflut von 1962 beschlossen, die Deiche an der deutschen Nordseeküste zu verstärken. Erst rund 40 Jahre später waren die letzten der insgesamt mehrere Tausend Kilometer langen Deichlinie erhöht. Es dauerte also 40 Jahre, um diesen Beschluss umzusetzen, ein Zeitraum, der im Hinblick auf einen prognostizierten Meeresspiegelanstieg von etwa 80 Zentimetern in den kommenden 100 Jahren ein baldiges, zukunftsorientiertes Handeln erforderlich erscheinen lässt.

Auch die Inseln sind natürlichen Veränderungen unterworfen, die sich aus dem Wechselspiel der Randbedingungen, wie Meeresspiegel und Morphodynamik, ergeben. Dabei haben die erst bei der Sturmflut 1362 entstandenen nordfriesischen Inseln eine sehr kurze Geschichte, die durch die kontinuierlich umformenden Kräfte des Meeres geprägt sind. Die inzwischen durch Deiche geschützten Marscheninseln sind ähnlich gesichert wie die Festlandsmarschen. Aber an den zum offenen Meer hin liegenden und mit einem Geestkern ausgestatteten Inseln wie Sylt und Amrum nagt fortwährend die natürliche Erosion. Besonders auf Sylt sind inzwischen an einigen Stellen Ausmaße erreicht, die den Bestand der Insel als Ganzes bedrohen.

Die ostfriesischen Inseln sind schon seit Jahrtausenden ein Spielball des Meeres; mit dem steigenden Meeresspiegel wurden sie immer weiter Richtung Süden getrieben. Dabei wurden sie ständig umgeformt, verlagert, geteilt und zusammengefügt. Ihre Geschichte ist wechselhaft, aber beständig; wirklich ernsthaft konnte ihnen das Meer nichts anhaben. Diesem Bewegungsdrang der Inseln wurde erst durch die modernen Küstenschutzmaßnahmen ein Ende gesetzt, wobei immer aufwendigere Maßnahmen, wie zum Beispiel auf Norderney, nötig sind. Dies zeigt, dass diese Inseln immer noch dynamische geologische Körper sind, die sich nicht so einfach fixieren lassen, wie es aus Sicht des Küstenschutzes wünschenswert wäre. Der Mensch fühlte sich lange Zeit dem Meer überlegen und hat versucht, die Inseln auf ihre heutige Lage und Ausformung festzulegen. Langsam beginnt man einzuse-

Abb. 8: Beispiel für Landgewinnung: Eindeichung der Harlebucht

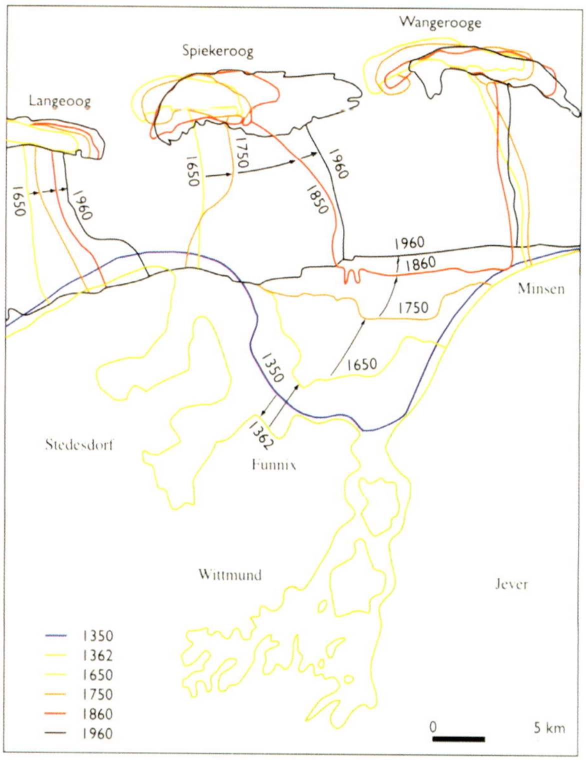

hen, dass dieses Unterfangen aussichtslos ist – finanziell wie technisch. Neuere Schutzkonzepte berücksichtigen die natürlichen Prozesse und erlauben den Inseln wieder mehr Bewegungsfreiheit, auch wenn dafür das eine oder andere Haus aufgegeben werden muss.

Seit dem Beginn des Deichbaus nimmt der Anteil der vom Menschen verursachten Veränderungen des Küstenraumes stetig zu. Während die Küstenlinie durch den Deichbau heute im Großen und Ganzen fixiert ist, greift der Mensch jetzt in erster Linie durch Bauvorhaben vor und hinter den Deichen ein. Während sich recht gut abschätzen lässt, wie sich landseitige Aktivitäten auf die Umwelt auswirken, ist dies vor den Deichen sehr viel komplizierter.

Zu den gravierendsten wasserbaulichen Eingriffen in das natürliche Küstensystem zählt der Ausbau der Fahrrinnen von Elbe und Weser. Seit dem 19. Jahrhundert wird immer mehr gebaggert, vertieft und verbreitert, werden Buhnen und Leitdämme gebaut, um zu verhindern, dass der Strom sich spaltet oder versandet. Diese Maßnahmen wurden getroffen, um die Schiffbarkeit zu erhalten und auszubauen. In der Unterweser versuchte man bereits ab 1738 die Fahrwasserverhältnisse durch zunächst kleinräumige Baggerarbeiten zu verbessern. Bis heute wurde die Weser zwischen Bremen und Bremerhaven sukzessive von weniger als einem Meter Wassertiefe auf neun Meter unter Seekartennull vertieft. Im 19. Jahrhundert wurde der Flusslauf großflächig reguliert, was damit endete, dass sich die Gestalt der Weser vollständig änderte. In dem begradigten und verengten Strom sollte die Gezeitenwelle möglichst glatt ein- und ausschwingen. Große Seeschiffe konnten so mit Hilfe der Tide den Bremer Hafen relativ ungehindert anlaufen. Doch die Begradigung der Unterweser hatte auch noch andere Folgen. Am gravierendsten ist sicherlich der von wenigen Zentimetern vor 100 Jahren auf heute rund vier Meter erhöhte Tidenhub bei Bremen (Abb. 9).

Im Laufe des 20. Jahrhunderts nahmen die Schiffe an Größe zu, und die Schifffahrtsstraßen mussten dementsprechend immer weiter vertieft werden. Ende Januar 1999 wurde die Vertiefung der Außenweser für die Zufahrt nach Bremerhaven auf 14 Meter unter Seekartennull abgeschlossen. Da die natürlichen Strömungen aber schnell wieder Sediment eintragen, sind ständige, kostenintensive Baggerungen nötig, um diese Solltiefe zu sichern. Kaum war die Weser auf 14 Meter ausgebaggert, lagen Pläne für die kommende Generation von Containerfrachtern auf dem Tisch, die noch größere Wassertiefen brauchen. Um die Wettbewerbsfähigkeit der deutschen Häfen zu erhalten und auch solchen Schiffen den Zugang zu einem deutschen Hafen zu ermöglichen, ist der Plan entstanden, in Wilhelmshaven den neuen Tiefwasserhafen ›JadeWeserPort‹ zu bauen. Seit 2012 bietet dieser einen tideunabhängigen Tiefgang von 16,5 Metern an. Frühere Pläne für gigantische Hafenbauprojekte an der deutschen Küste verschwanden nach einiger Zeit sang- und klanglos in den Schubladen, wie z. B. in den 1930er Jahren für einen großen Marinehafen auf Helgoland und in den 1960er Jahren für einen Handelshafen auf Neuwerk.

Doch nicht nur Küstenbaumaßnahmen, wie z.B. der Tiefwasserhafen in Wilhelmshaven und das Emssperrwerk, verändern das Zusammenspiel der natürlichen Kräfte an der deutschen Nordseeküste. Der in den letzten Jahren vorangetriebene Ausbau von Windparks leitete einen neuen Schritt zur Nutzung unserer Küstengewässer ein. Nach den Planungen des Bundesamts für Seeschiffahrt und Hydrographie ist auch für die nächsten Jahre mit einem stetigen Ausbau dieser Offshore-Windparks und damit mit einem zunehmenden Flächenverbrauch in der Nordsee zur rechnen.

Küstenzonenmanagement: Die Verbindung von Ökonomie und Ökologie

Schon heute lebt ein Großteil der Menschheit in den Küstengebieten der Welt. Die meisten Prognosen zur Bevölkerungsentwicklung besagen, dass die Zahl der Menschen, die diese Gebiete nutzen, in absehbarer Zeit noch weiter steigen wird. Dadurch werden die Küstenregionen als einer der empfindlichsten und artenreichsten Lebensräume der Erde noch stärker belastet. Verschmutzung, Erosion und der Verlust von Lebensraum werden zu einer immer größeren Gefahr werden. In Gesellschaften, die auf die wirtschaftliche Nutzung der Ressourcen ihrer Küstengebiete angewiesen sind, würde dies zu einem erheblichen Werteverlust der Küstengebiete führen. Zum Beispiel würden die Fischerei, der Tourismus und die Attraktivität als Lebensraum für qualifizierte Arbeitnehmer leiden, und es würden somit ökonomisch wertvolle Ressourcen zerstört.

Gerade in dichtbesiedelten Küstengebieten sind daher die Zukunft der ökologischen und der ökonomischen Entwicklung eng miteinander gekoppelt. Deren Verzahnung hat sich das integrierte Küstenzonenmanagement (IKZM) zum Ziel gemacht. Dementsprechend ist es nicht nur auf den Schutz der natürlichen Ökosysteme, sondern auch auf eine Verbesserung der wirtschaftlichen und sozialen Situation in den Küstengebieten ausgerichtet. Um diese Ziele zu erreichen, müssen die vorhandenen Probleme ganzheitlich betrachtet werden. Außerdem ist eine umfassende Daten- und Informationsgrundlage notwendig, und die natürlichen Prozesse sowie die betroffenen Personengruppen müssen bei der Lösung des Problems einbezogen werden. Aufgrund der großen Unterschiede zwischen einzelnen Küstengebieten sind entsprechende Probleme meistens lokaler, höchstens regionaler Natur und müssen dementsprechend auch auf diesen Ebenen behandelt werden.

In Deutschland werden, wie in vielen anderen Ländern, zurzeit Leitlinien für das integrierte Küstenzonenmanagement formuliert. Sie sollen den lokalen Verwaltungen der Küstengebiete Strategien für ein erfolgreiches Küstenzonenmanagement an die Hand geben. Da diese Verwaltungen in der Regel mit Problemen zu tun haben, die durch die lokalen Gegebenheiten bestimmt werden, müssen sie diese Strategien selbst anpassen. Im Mittelpunkt des Küstenzonenmanagements müssen dabei aber immer die betroffenen Personen, Verbände und Institutionen stehen, ohne deren Zustimmung sich Maßnahmen zur weiteren Entwicklung meistens nur schwerlich durchsetzen lassen. Denn das Ziel des integrierten Küstenzonenmanagements ist es, die wirtschaftlichen Möglichkeiten einer Küstenregion in vollem Umfang zu nutzen und dabei gleichzeitig diesen einzigartigen Lebensraum zu erhalten.

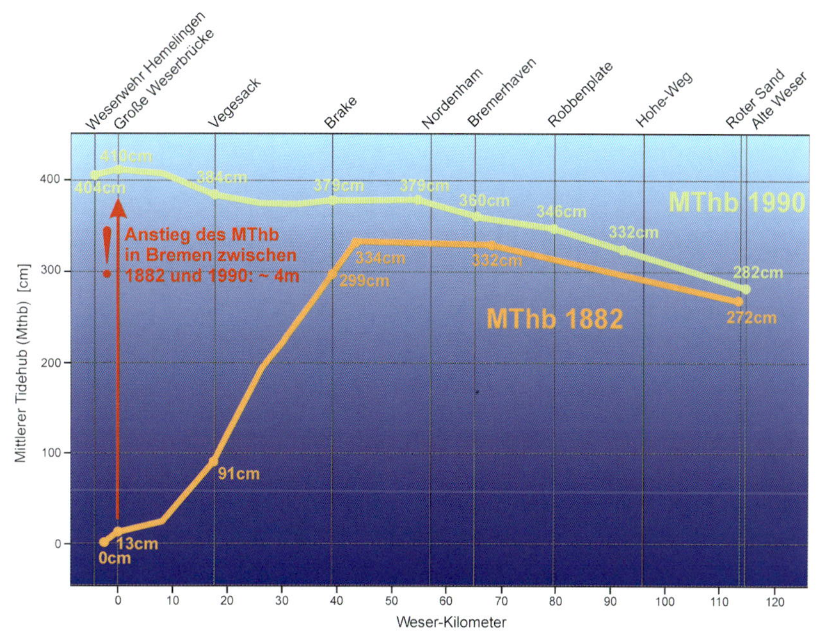

Abb. 9: Aufgrund von Strombaumaßnahmen in der Unterweser hat sich in den vergangenen 100 Jahren oberhalb von Brake der Tidenhub drastisch erhöht. In Bremen stieg er in diesem Zeitraum von wenigen Zentimetern auf über vier Meter.

Literaturhinweise

Bartholomä, A. (1999): Zur historischen und künftigen Entwicklung der Morphologie des Ostfriesischen Wattenmeers. In: Nationalpark Niedersächsiches Wattenmeer und Umweltbundesamt (Hrsg.): Umweltatlas Wattenmeer – Band 2, Wattenmeer zwischen Elb- und Emsmündung. Stuttgart, Ulmer Verlag, S. 18-19

Jelgersma, S. (1979): Sea-level changes in the North Sea basin. In: Oele et al., (Hrsg.): The Quaternary History of the North Sea. Acta Univ. Uppsala 2, 233-248

Reineck, H.-E. (1994): Landschaftsgeschichte und Geologie Ostfrieslands. Verlag S. von Loga, Köln, 188 S.

Schmidtke, K.-D. (1995): Die Entstehung Schleswig-Holsteins. Wachholtz-Verlag, Neumünster, 128 S.

Streif, H. (1999): Geologische Küstenentwicklung. In: Nationalpark Niedersächsiches Wattenmeer und Umweltbundesamt (Hrsg.): Umweltatlas Wattenmeer – Band 2, Wattenmeer zwischen Elb- und Emsmündung. Stuttgart, Ulmer Verlag, S. 12-13

Sündermann, J. et al. (2001): Die Nordsee – Gefährdungen und Forschungsbedarf. Zentrum für Meeres- und Klimaforschung der Universität Hamburg

Dierk Hebbeln ist Professor für Meeresgeologie an der Universität Bremen und arbeitet am Zentrum für Marine Umweltwissenschaften (MARUM) der Universität Bremen. Er beschäftigt sich seit über 20 Jahren mit Sedimentationsprozessen in Schelfgebieten.

Anschrift: Prof. Dr. Dierk Hebbeln
Universität Bremen
MARUM – Zentrum für Marine Umweltwissenschaften
Postfach 330 440
28334 Bremen

E-Mail: dhebbeln@uni-bremen.de

Gerold Wefer ist Professor für Allgemeine Geologie an der Universität Bremen und Gründer des DFG-Forschungszentrums und Exzellenzclusters MARUM – Zentrum für Marine Umweltwissenschaften.

Anschrift: Prof. Dr. Gerold Wefer
Universität Bremen
MARUM – Zentrum für Marine Umweltwissenschaften
Postfach 330 440
28334 Bremen

E-Mail: gwefer@marum.de

Forschung für Nachhaltigkeit:

Der Mensch als Akteur im Erdsystem

von Frauke Kraas, Köln und Tabea Bork-Hüffer, Singapur

Abb. 1: In der Megastadt Ho Chi Minh City in Vietnam leben etwa sieben Millionen Menschen, die zumeist mit Motorrad oder öffentlichen Verkehrsmitteln zwischen Wohn- und Arbeitsort pendeln.

Schon seit dem Neolithikum lassen sich deutliche Einflüsse des Menschen auf seine natürliche Umwelt nachweisen. Seit der industriellen Revolution hat der Mensch dann die Entwicklungen in weiten Teilen des ›Systems Erde‹ so tiefgreifend dominiert, dass die anthropogenen Veränderungen über die lokale und regionale Ebene hinaus globale Dimensionen angenommen haben und oft unumkehrbar geworden sind. Diese neue Phase der Erdgeschichte, oft als ›Anthropozän‹ bezeichnet, bringt zahlreiche Herausforderungen für die Menschheit mit sich, darunter globale Umweltveränderungen, demographische Ungleichheiten und Migration, Urbanisierungsprozesse – in Regional- wie Megastädten –, politisch gesteuerte Strategien der Ressourcensicherung, natürliche und sozioökonomische Risiken und Konflikte sowie Probleme schwacher Regier- und Steuerbarkeit (Governance).

Abb. 2: Das Stadtzentrum von Jakarta, Indonesien wird von Büro- und Wohnhochhäusern, zumeist finanziert von internationalen Investoren, überprägt.

Der Mensch: ›Faktor‹ oder ›Akteur‹?

Während man unter dem Begriff ›System Erde‹ die vielfältigen natürlichen Wechselwirkungen der Prozesse im Erdinneren und an der Erdoberfläche (mit Lithosphäre, Atmosphäre, Hydrosphäre, Biosphäre und Anthroposphäre) versteht, rückt der Begriff ›System Mensch-Erde‹ die Bedeutung des Menschen innerhalb dieses Gesamtsystems stärker ins Zentrum der Wahrnehmung. Oft wird der Einfluss ›des‹ Menschen auf seine Umwelt undifferenziert als ein ›Faktor‹ neben andere (z.B. Klima, Boden, Vegetation) gestellt. Bei genauerem Hinsehen erkennt man jedoch eine große Bandbreite unterschiedlichen menschlichen Handelns – basierend auf sehr verschiedenen Ursachen, Motiven, Werten und Normen in Gesellschaftssystemen. Der Vielfalt von Gesellschaften und Akteuren wird man nur dann in angemessener Weise gerecht, wenn ein Perspektivenwechsel vollzogen wird und fortan der Mensch nicht allein als ein (undifferenzierter) ›Faktor‹ verstanden wird, sondern als ›Akteur‹ mit Urteilsvermögen, gewissen begrenzten Entscheidungsalternativen und Handlungsfreiheiten.

Dieser auf den ersten Blick scheinbar belanglose Perspektivenwechsel hat für die Forschung wichtige Konsequenzen: Wenn man vom ›Faktor Mensch‹ spricht, geht man primär davon aus, dass sich eine Art Durchschnittsverhalten ermitteln, messen oder errechnen lässt: Errechenbar ist zum Beispiel, wie viel Wasser, Nahrung oder Energie ein Mensch durchschnittlich zum Leben braucht und verbraucht sowie wie viel Abwasser, Abfall oder CO_2-Ausstoß ein Mensch weltweit statistisch gemittelt verursacht. Mit Durchschnittswerten wie diesen können innerhalb komplizierter und komplexer mathematisch-statistischer Modelle Berechnungen für Bevölkerungszahlen vorgenommen werden – was etwa für eine Modellbildung im Rahmen globaler Berechnungen relevant sein kann. Demgegenüber zielt die wissenschaftliche Perzeption vom Menschen als ›Akteur‹ jedoch auf eine Berücksichtigung der Vielfältig- und Vielschichtigkeit des menschlichen Handelns bzw. gesellschaftlichen Gestaltens, welche auf sehr unterschiedlich wirksamen Werten, Normen, Orientierungen, Entscheidungsprozessen und -potentialen in unterschiedlichen Gesellschaften basiert. Entsprechend werden in komplexeren, oft regional differenzierenden Analysen ein tiefer gehendes Verständnis und eine differenzierte sozialwissenschaftliche Bewertung von Sachverhalten, Prozessen und Entwicklungen erreicht, z.B. bei der Untersuchung des unterschiedlichen Ressourcenverbrauchs etwa eines

Abb. 3: Dhaka in Bangladesch, mit 1970 noch etwa 1,5 Millionen Einwohnern, gehört zu den am schnellsten wachsenden Megastädten der Erde, die zumeist ohne Stadtplanung und informell entsteht.

der Mittelschicht angehörenden Amerikaners und einer aus den einkommensschwachen, unteren sozialen Kasten stammenden Inderin. Denn die jeweiligen sozialen, wirtschaftlichen, kulturellen und politischen Grenzen und Rahmenbedingungen in verschiedenen Gesellschaften beschränken oder ermöglichen unterschiedliche Inwertsetzung, Nutzung und Gestaltung von Räumen – in physisch-materieller wie sozialer Hinsicht.

›Faktor‹ oder ›Akteur‹ Mensch – der entscheidende Unterschied im Rahmen der Forschung für Nachhaltigkeit sei am Beispiel der Wasserversorgung in Delhi/Indien erläutert. Eine Forschungsperspektive, die den Menschen als ›Faktor‹ ins Zentrum stellt, konzentriert sich auf die Analyse mathematisch-statistischer Werte und Berechnungen: Sie kommt zu dem Ergebnis, dass bei hohen Jahresniederschlägen, großen Wassermengen in benachbarten Stauseen und substantiellen Grundwasservorkommen in Delhi und Umgebung die verfügbaren Wassermengen

Abb. 4: Seit Jahrhunderten geformte Kulturlandschaft mit Degradations- und Erosionsprozessen bei Matmata, Tunesien

ausreichen, um rein rechnerisch die Wasserversorgung für die gesamte Bevölkerung der indischen Hauptstadt sicherzustellen, und zwar in der Regen- wie in der Trockenzeit. Es zeigt sich aber, dass trotz der Korrektheit dieser Berechnungen faktisch nicht genug Wasser vorhanden ist, um alle Bevölkerungsgruppen in allen Stadtteilen ausreichend zu versorgen: Undichte Wasserleitungen, mangelnder Wasserdruck sowie diverse, oft inkompatible Infrastrukturen der Wasserversorgung verhindern eine flächendeckende Versorgung von den Bürozentren über Villen- und Mittelschichtviertel bis zu illegalen Slums. Auf Basis dieser Ergebnisse würden dann Reparaturen von Infrastrukturen, Verbesserung technischer Einrichtungen oder Erweiterung von Speicherkapazitäten zur Lösung der Wasserversorgungsprobleme zu empfehlen sein. Aber auch ein solches, auf Infrastrukturverbesserung gerichtetes Vorgehen führt erfahrungsgemäß nicht zur Lösung der Wasserversorgungsprobleme.

Vielmehr zeigt sich, dass die Wasserversorgung (nicht allein in Delhi) vor allem ein sozio-kulturelles und politisch-administratives Problem ist: Völlig unterschiedliche Verhaltensweisen verschiedener Einkommensschichten in Bezug auf den Wasserverbrauch sowie fehlende Verwaltungs-, Regelungs- und Rechtsgrundlagen, Macht- und Entscheidungsstrategien, mangelnde Verteilungsgerechtigkeit sowie Umsetzungs- und Durchsetzungsprobleme liegen dem Problem zugrunde. Eine Forschungsperspektive, die den ›Akteur‹ Mensch in den Fokus stellt, richtet sich primär auf das tiefergehende Verständnis dieser sozialen und ökonomischen Faktoren – etwa von Verteilungs- und institutionellen Verwaltungsproblemen, Korruption oder Strategien und sozialen Organisationformen zur Ressourcensicherung unterschiedlicher Einkommensgruppen. Hierbei werden etwa unterschiedliche Strategien von Bewohnern verschiedener Stadtgebiete zur Sicherung ihrer täglichen Wasserversorgung erfasst: Den einen stehen Infrastrukturen zur direkten Wasserentnahme zur Verfügung – Leitungsnetze, Wassertürme, offene Wasserbecken, Speichertanks, Flussläufe oder Seen –, andere kaufen Trinkwasser in Flaschen auf Märkten oder aus Eimern oder Tankern von privaten Wasserhändlern. Wieder andere bohren Brunnen oder legen Pumpen ins Grundwasser, sammeln Regenwasser oder zapfen illegal Überlandleitungen an – oder sie kombinieren verschiedene dieser Zugangsformen zu Trinkwasser, für die sie sich, oft täglich neu, selbstorganisiert entscheiden müssen.

Bei diesem Forschungsansatz schließen sich normative Fragen nach Szenarien an: Wie etwa erreicht man eine gerechte Wasserversorgung für alle Einkommensschichten und in unterschiedlichen Siedlungsgebieten angesichts zu knapper Finanzmittel von Verwaltungen – bestenfalls unter Beteiligung der betroffenen Bevölkerung und unter Berücksichtigung ihrer finanziellen Möglichkeiten und Präferenzen. Und wie geht man auf spezifische gesellschaftliche und wirtschaftliche Erfordernisse ein – wie z.B. einen hohen Wasserverbrauch für die Aufrechterhaltung bestimmter Industrien? Unter dem Gesichtspunkt nachhaltiger Governance wird untersucht, wie sich die bestehenden Verwaltungs- und Verteilungsstrukturen ändern sollten, damit Wasser ökologisch und sozio-ökonomisch nachhaltiger verteilt und genutzt werden kann. Die Perspektive ›Faktor Mensch‹ oder ›Akteur Mensch‹

Abb. 5: In Ho Chi Minh City/Vietnam wird unter urbaner Modernisierung vor allem bauliche Verdichtung mit höchstmöglicher Rendite auf kleiner Fläche verstanden.

erzeugt also unterschiedliche Forschungsfragen und beeinflusst wesentlich die Ergebnisse der Forschung. Beide Perspektiven sind zum Verständnis komplexer Realitäten und aktueller Forschungsprobleme erforderlich; sie ergänzen sich unmittelbar.

Raum: definiert, produziert, konstruiert

In Bezug auf die Nutzung und Inwertsetzung von Räumen – etwa Naturlandschaften, Industriegebieten oder Städten – stellen sich die zentralen Fragen im System Mensch-Erde aus zwei Blickrichtungen: Welchen Einfluss haben bestimmte räumliche Bedingungen auf die Nutzung durch unterschiedliche Gesellschaften? und: Welchen Einfluss nehmen unterschiedliche Gesellschaften mit ihren jeweiligen Prioritäten und Handlungen auf den Raum?

Mehr oder weniger eindeutige Abgrenzungen von Räumen (z.B. ein Nationalstaat mit zumeist klarem, international anerkanntem Grenzverlauf oder weniger eindeutig definierte Räume wie ›städtische Agglomeration‹ oder ›ländlicher Raum‹) und Raumbegriffe (z.B. ›Entwicklungsländer‹ oder ›Schurkenstaat‹) werden von Menschen oder Gruppen spezifischer Kompetenz, Macht oder Interessenslagen (z.B. Politiker, Wissenschaftler, Medien) geschaffen, die Gestalt, Charakteristika und Grenzen von Raum produzieren, reproduzieren und konstruieren. Vor allem, wenn es sich um Räume historischer, politischer oder sozialer Dimension handelt, können ihre Abgrenzungen von unterschiedlicher Seite beansprucht sowie zeitlich veränderlich sein; z.B. entstanden 15 sogenannte Nachfolgestaaten nach dem Zerfall der ehemaligen Sowjetunion; ihre Grenzen ergaben sich nicht ›natürlich‹, sondern aufgrund politischer Entscheidungs- und Aushandlungsprozesse. Das bedeutet, dass Grenzen geschaffen, ›gemacht‹ werden. Akteure haben unterschiedliche Kompetenzen, Deutungshoheiten, Motive, Macht- und Entscheidungsbefugnisse, Regeln, Werte und Normen; diese beeinflussen letztlich die globalen Entwicklungen (z.B. Lenkung von Investitionsströmen, Wahl von Energieträgern oder Zuweisung von Hilfsgeldern). Auch hier, in der enormen Diversität von Entscheidungen, zeigt sich der letztlich freie und diverse, zumindest nicht statistisch ermittelbare Entscheidungs- und Gestaltungswille der ›Akteure‹ unterschiedlicher Gesellschaften.

Forschung für Nachhaltigkeit: Akteure im System Mensch-Erde

Die zentralen aktuellen Herausforderungen der Menschheit stehen im Zeichen der globalen Umweltveränderungen sowie der sozio-ökonomischen Globalisierungs- und

Abb. 6: Kinder spielen am von Abfall und Abwasser schwer belasteten Yamuna River in Delhi in Indien.

Transformationsprozesse. Da die Einflüsse unterschiedlicher Kulturen, Gesellschaften und politischer Systeme vor allem auf lokaler und nationaler Ebene wirken, aber oft globale Konsequenzen nach sich ziehen, kommt der Diversität menschlichen Entscheidens und Handelns, namentlich den einzelnen Akteuren, Entscheidungsträgern und gesellschaftlichen Gruppen – etwa von Verwaltung, Privatsektor, Wissenschaft oder Zivilgesellschaft – eine Schlüsselstellung in der aktuellen und zukünftigen Gestaltung des ›Systems Mensch-Erde‹ zu. Dies sei an fünf Kernfragen der Nachhaltigkeitsforschung erläutert.

(1) Governance globaler und großregionaler Umweltveränderungen

Gravierende Luft-, Wasser- und Bodenverschmutzung, vor allem in urbanen Agglomerationen, Intensivlandwirtschafts- und Industriegebieten, sowie Umgestaltungen natürlicher Landschaften, etwa durch Rodung, Erschließung und Übernutzung, führen zu tiefgreifenden Veränderungen von Ökosystemen. Die Konsequenzen sind oft weit über die unmittelbar betroffenen Regionen hinaus und z.T. erst zeitversetzt nachweisbar, zum Beispiel beim grenzüberschreitenden ›sauren Regen‹ oder dem Rückgang der Biodiversität selbst in peripheren Schutzgebieten. Auch der anthropogene Klimawandel mit seinen Auswirkungen auf Gletscherschmelze, Meeresspiegelanstieg, Zunahme von Wetterextremereignissen bis hin zur Verschiebung von Agrarzonen und Auslösung von Umweltmigration erfordert ein Reagieren von Gesellschaften auf lokalem bis großregionalem Niveau. Die jeweilige Governance, d.h. die Reaktionen und Entscheidungen sowie das Ineinandergreifen beteiligter Akteure auch jenseits von Verwaltungen, unterscheidet sich erheblich. Gesellschaften reagieren unterschiedlich: Die einen handeln auf der Basis jahrhundertealter Traditionen, andere passen Gesetze und Richtlinien an, wieder andere informieren und sensibilisieren die Bevölkerung über die Notwendigkeit ökologischen Umbaus der Ressourcen- und Energiegewinnung, oder es werden Vorsorge- und Schutzprogramme verordnet und Evakuierungen oder Siedlungsverbote ausgesprochen (z.B. in Flussauen oder sensiblen Bergregionen). Je nach politischem System werden Entscheidungen etwa ›top-down‹ oder ›bottom-up‹ (von bzw. unter Beteiligung der Bevölkerung) umgesetzt oder unterschiedliche Strategien gewählt – etwa der Risikovermeidung, -begrenzung, -kommunikation oder -akzeptanz.

Abb. 7: Der ländliche Raum im Norden der Insel Java weist neben traditionellen Flussufersiedlungen eine vielgliedrige Struktur und Größe der Nassreisfelder und Aquakulturbecken auf.

(2) Ursachen sozio-ökonomischer Ungleichheiten und Migration

Der prognostizierte Anstieg der Weltbevölkerung von heute 7,2 Milliarden (2014) auf 9,2 Milliarden im Jahr 2050, der sich vor allem in den Entwicklungsländern konzentrieren wird, bewirkt einen räumlich ungleich verteilten, verstärkten Druck auf die Ökosysteme, bei steigendem Verbrauch von Ressourcen und einer Zunahme von Emissionen. Da sich gleichzeitig die Lebensstile vor allem der aufstrebenden Ober- und Mittelschichten durch die Zunahme von Nahrungskonsum, Wasser- und Energieverbrauch, motorisiertem Verkehr, Abfallproduktion, Pro-Kopf-Wohnraum etc. verändern und höheren Ressourcenverbrauch mit sich ziehen werden, kann die Nachfrage nach Ressourcen – Wasser, Energie, Nahrung, aber auch Arbeitskraft und Qualifikation – nicht mehr lokal befriedigt werden.

Wanderungen innerhalb von Landesgrenzen und zwischen Staaten verändern die Verteilung der Weltbevölkerung. Wie unterschiedlich Akteure entscheiden, wird schon durch die Unterscheidung nach überwiegend freiwilliger, meist ökonomisch motivierter, aber auch ökologisch (z.B. durch Naturereignisse und Ressourcenverknappung) oder politisch erzwungener Migration (z.B. durch ethnische Konflikte, Bürgerkriege) deutlich. Dass der Anteil der internationalen Migranten an der Weltbevölkerung trotz zunehmender Beschäftigungsmöglichkeiten sowie verbesserter Kommunikation und Transportwege dabei in den letzten 50 Jahren relativ stabil blieb, ist auf intensivierte Barrieren durch politische Grenzen, Einwanderungsgesetze und verschärfte Kontrolle von

Abb. 8: Straßenverkäufer im Slum von Seelampur, Delhi, Indien

Zuwanderung zurückzuführen. Zur Verstärkung regionaler und sozialer Unterschiede trägt Migration auch einerseits durch verschiedene Qualifikationen und Fähigkeiten der Migranten oder die verschiedenen Entwicklungseffekte durch Geldtransfers in die Heimatländer bei. Andererseits können regionale und soziale Ungleichheiten durch den Verlust von Arbeit und Einkommen, Unterkunft und Sicherheit sowie Verarmung, Krankheiten, Hunger und soziale Marginalisierung in unterschiedlichen Regionen oder Sozialschichten aus politischem Missmanagement, Elitenbereicherung oder Korruption resultieren.

(3) Urbanisierung und Megastadtentwicklung: Diversität städtischer Gestaltung

War Verstädterung bis zum Zweiten Weltkrieg vor allem ein Phänomen der entwickelten Staaten, so setzte seither durch hohes Bevölkerungswachstum, intensivierte Industrialisierung, Landflucht und die Attraktivität der Stadt als Arbeits- und Lebensstandort auch in Entwicklungs- und Schwellenländern ein rasantes Städtewachstum ein. Weltweit wuchs der Anteil der in Städten lebenden Bevölkerung an der Gesamtbevölkerung von 37 Prozent (1970) auf 52 Prozent (2015), und er wird voraussichtlich auf 57-60 Prozent im Jahr 2025 ansteigen. Vor allem Metropolen und Megastädte entfalten teilweise extreme demographische, wirtschaftliche, soziale und politische Dynamiken. Neu sind nicht nur die bisher unbekannten Dimensionen quantitativer Vergrößerung der Städte, die hohe Konzentration von Bevölkerung, Infrastruktur, Wirtschaftskraft, Kapital und Entscheidungen sowie die exzessive, sich z.T. selbstverstärkende Beschleunigung von Entwicklungen, sondern vor allem die Gleichzeitigkeit und Überlagerung verschiedenster Entwicklungs- und Entscheidungsprozesse unterschiedlicher Akteure mit wechselseitigen Rückkopplungen. Daraus resultieren sehr unterschiedliche Stadtdesigns, formelle wie informelle Siedlungen und Steuerungsformen. Während z.B. in Nordamerika, Europa und China Landnutzungspläne erarbeitet und systematische Stadtentwicklung betrieben wird, unterliegen viele Megastädte der Entwicklungsländer einem Verlust von Regier- und Steuerbarkeit – mit der Folge, dass zahlreiche Entwicklungen – etwa des Straßen- oder Städtebaus, aber auch Landnahme oder Versorgung mit Bildungs- und Gesundheitseinrichtungen – ungeregelt, informell oder illegal ablaufen. Damit einher gehen oft eine Zunahme sozialer Probleme und Veränderungen der gesellschaftlichen Gefüge (z.B. Slumbevölkerung, steigende Einkommensunterschiede oder Verlust sozialer Kohärenz), so dass vorausschauende raum- und sozialgruppenübergreifende Planungs- und Gestaltungsprozesse

Abb. 9: Monsunale Überschwemmungen im Mekongdelta bei Can Tho, Vietnam

Abb. 10: Gewachsene zweistöckige Wohnsiedlungen der unteren Mittelschichten werden derzeit durch international finanzierte Appartmenthochhäuser für einkommensstärkere Bevölkerungsgruppen verdrängt. Dabei werden traditionelle Nachbarschaften zerstört (Mumbai, Indien).

schwieriger und heterogener werden. Besonders in den expandierenden Außenbereichen ungesteuert wachsender Städte sind aufgrund unkoordiniert handelnder Einzelakteure – etwa nationaler oder internationaler Investoren, aber auch zahlreicher Privatpersonen – ohne steuernde Verwaltung sehr heterogene, oft inkompatible Flächennutzung und Bautätigkeit zu beobachten.

(4) Ressourcensicherung: Vielfalt von Maßnahmen und Strategien

Steigender Ressourcenverbrauch aufgrund des Bevölkerungswachstums und ökonomischen Wandels verstärkt vor allem in ländlichen Gebieten den Druck auf die Rohstoffe. Traditionelle Formen der Landnutzung (z.B. Brandrodungsfeldbau oder extensiver Reisbau) werden fast überall durch intensivere, aber oft weniger an die natürlichen und sozialen Bedingungen angepasste Nutzungsformen verdrängt (etwa zerstört der Anbau von Cash Crops lokale Nahrungsversorgungssysteme). Dabei sind viele Menschen häufig aus Not gezwungen, das Land, von dem sie leben, zu übernutzen. Besonders anfällig dafür sind etwa Randgebiete der Wüsten, Küstenräume und Hochgebirge. Bei wachsendem Bedarf an Ackerland, Nahrung, Wasser und Energie (vor allem Holz, Kohle und mineralische Energieträger) werden die knappen und bestenfalls langsam nachwachsenden Ressourcen übernutzt, was zu schwerwiegenden ökologischen Schäden führen und die Bewohner dazu zwingen kann, ihr Land zu verlassen, um anderswo nach Überlebensmöglichkeiten zu suchen. In den verschiedenen Gesellschaften wird auf diese steigenden Ressourcenbedarfe unterschiedlich reagiert: Die Bandbreite der Strategien von Ressourceneinsparung, -substitution und -sicherung, auch außerhalb des eigenen Staatsterritoriums, oder Investitionen in technische Innovationen (z.B. Solar-, Wind- und Atomenergiegewinnung) und Recycling hat wiederum sehr unterschiedliche Auswirkungen auf die lokalen bis globalen Teile des Systems Mensch-Erde. Auf die Entscheidungsfrage etwa, die traditionellen Siedlungs- und Landnutzungssysteme mit lokaler Nahrungssicherung beizubehalten oder sich globalisierenden Lebens-, Arbeits- und Konsumansprüchen anzupassen, geben verschiedene Individuen, Bevölkerungsgruppen und Gesellschaften je nach den Rahmenbedingungen sehr unterschiedliche Antworten.

(5) Risiken und Konflikte: Diversität der Reaktionen

Je nach naturräumlicher Lage und sozio-ökonomischer sowie historisch-politischer Situation sind Gesellschaften mit spezifischen natürlichen und anthropogenen Risiken (z.B. Erdbeben, Überschwemmungen, Industrieunfällen) und Konflikten konfrontiert (z.B. inkompatible Machtansprüche verschiedener politischer, ethnischer oder religiöser Bevölkerungsgruppen). Aufgrund der immer intensiver werdenden räumlichen, wirtschaftlichen und politischen Verflechtungen und Abhängigkeiten gestalten sich komplexe Risiko- und Konfliktanalysen und -reaktionen schwieriger. Untersuchungen zur unterschiedlichen Verwundbarkeit (Vulnerabilität) und Widerstandsfähigkeit (Resilience) von Gesellschaften und Bevölkerungsgruppen versuchen dabei zunehmend, an die jeweiligen regionalen und sozialen Rahmenbedingungen angepasste Abpufferungs- (Mitigation) und Anpassungsmechanismen (Adaptation) sowie Vermittlungsprozesse (Mediation) zu entwickeln und somit durch lokal angepasste, nicht pauschal aus anderen Kontexten übertragene Abwehr- und Vorsorgestrategien zu helfen. Die Bedeutung des sehr unterschiedlich handelnden ›Akteurs Mensch‹ wird etwa deutlich im Zusammenhang mit Überschwemmungen. Oft werden Naturereignisse (z.B. starke Monsunregenfälle oder Zyklonen) verantwortlich gemacht für Schadensfälle, die sich bei tiefer gehender Analyse als Sozial- oder Zivilisationsfolgekatastrophen entpuppen. So entstand beispielsweise die schwere Überschwemmungskatastrophe in Thailand 2011 nicht allein durch ungewöhnlich starke Monsunregen, sondern vor allem durch ökologisch unan-

Abb. 11: Die sogenannten ›Urban Villages‹ – Wohnquartiere von Arbeitern und Migranten – in Guangzhou, Perlflussdelta, China, müssen im Zuge des tief greifenden Transformationsprozesses von einer Zentralverwaltungs- zu einer marktorientierten Privatwirtschaft auf dem Weg zu einem ›modernen China‹ den Hochhäusern der Tianhe-Entwicklungsachse weichen.

gepasste Industrialisierung und Urbanisierung des Großraums Bangkok in den Delta- und Küstengebieten sowie mangelhafte Vorsorge- und Anpassungsstrategien.

Die integrative Perspektive

Innerhalb der Geowissenschaften widmet sich die Geographie im Schnittbereich zwischen Natur- und Gesellschaftswissenschaften der Untersuchung der vielfältigen Wechselbeziehungen zwischen Natur, Technik, Wirtschaft, Gesellschaft und Politik innerhalb des Systems Mensch-Erde, wobei je nach Fragestellung sowohl der natur- als auch der gesellschaftswissenschaftlichen Perspektive und Methodik Rechnung getragen wird. Bei der Lösung komplexer Probleme – etwa von Umweltdegradation, Ressourcenübernutzung oder sozial-ökologischen Risiken – werden natur- und gesellschaftswissenschaftliche Kompetenzen verbunden und dabei moderne Labormethoden, Fernerkundung und Geographische Informationssysteme ebenso eingesetzt wie Methoden der quantitativen und qualitativen Sozialforschung oder der interdisziplinären Szenarienbildung. Eine moderne, interdisziplinär orientierte Mensch-Umwelt-Forschung sollte die globale Entwicklung des Systems Mensch-Erde an dem Leitbild der nachhaltigen Entwicklung ausrichten – bei gleichzeitiger Berücksichtigung der ökologischen, ökonomischen, sozialen und institutionell-politischen Dimensionen der Nachhaltigkeit.

Literaturhinweise

Bork T., F. Kraas, D. Xue et al. (2011): Challenges for urban environmental health in China's villages-in-the-city. Geographische Zeitschrift 99, 16-35

Ehlers, E. (2008): Das Anthropozän. Die Erde im Zeitalter des Menschen. Darmstadt

Ehlers, E. & C. F. Gethman (Hrsg.) (2003): Environment Across Cultures. Wissenschaftsethik und Technikfolgenbeurteilung 17. Berlin

Gebhardt, H., R. Glaser, U. Radtke & P. Reuber (Hrsg.) (2007): Geographie. Physische Geographie und Humangeographie. München

Goudie, A. (2000): The Human Impact on the Natural Environment. Oxford

Kraas, F. (2012): Das Hochwasser 2011 in Bangkok. Geographische Rundschau 64, 58-61

Frauke Kraas ist Professorin für Anthropogeographie an der Universität zu Köln. Ihre Arbeitsschwerpunkte sind Transformations- und Entwicklungsforschung, Urbanisierung und Migration in Südostasien (Myanmar, Thailand, Vietnam, Indonesien, Malaysia), Indien und China.

Anschrift: Prof. Dr. Frauke Kraas
Geographisches Institut
der Universität zu Köln
Albertus-Magnus-Platz
50923 Köln

E-Mail: f.kraas@uni-koeln.de

Tabea Bork-Hüffer ist Postdoktorandin und Stipendiatin der Alexander-von-Humboldt Stiftung am Asia Research Institute, National University of Singapore. Ihre Arbeitsschwerpunkte sind geographische Gesundheits- und Migrationsforschung sowie Stadt- und Sozialgeographie mit den regionalen Schwerpunkten China und Südostasien (Singapur und Malaysia).

Anschrift: Dr. Tabea Bork-Hüffer
Asia Research Institute
National University of Singapore
496A Bukit Timah Road
Singapore 259770

E-Mail: aritbh@nus.edu.sg

Die ›Kleine Eiszeit‹

dokumentiert in Landschaftsbildern und den Sedimenten eines Maarsees

von Ulrike Kienel und Jörg F. W. Negendank, Potsdam

Abb. 1: ›Winterlandschaft mit Schlittschuhläufern bei Sonnenuntergang‹ von Aert van der Neer, ca. 1655/60

Abb. 2: Bruch des Muiderdeiches bei der Sturmflut in der Nacht auf den 5.3.1651. Dieses Gemälde wird Jan Asslijn zugeschrieben.

In der holländischen Landschaftsmalerei des 17. Jahrhunderts häufen sich Winterszenen mit Schlittschuhläufern auf zugefrorenen Seen oder Flüssen. Gewässer, die in den vergangenen Jahrzehnten nur selten vereisten, sind auf diesen Bildern zugefroren zu sehen. Den Darstellungen nach hat sich das Leben jener Zeit diesen Umständen angepasst, und man hat neue Freizeitvergnügen gefunden (Abb. 1). Daneben gibt es Darstellungen von Sturmfluten und ihren Folgen wie Deichbrüchen (Abb. 2). Düstere Himmel und Darstellungen von ›Schlechtwetterwolken‹, vom Wind gebeugter und umgeworfener Bäume vervollständigen das Bild einer offenbar kälteren und stürmischeren Periode.

Die Erforschung des Klimas historischer Zeiten hat seit einiger Zeit Bezug auf diese Gemälde genommen und ihre Einordnung in naturwissenschaftliche Befunde versucht. Es zeigt sich, dass die Himmelsdarstellungen keine direkte Abbildung der Wettersituation sind. Allerdings liefert der Vergleich zwischen Gemäldewolken und Befunden aus geologischen Archiven durchaus Hinweise auf den Realitätsgehalt der künstlerischen Wahrnehmung des 17. Jahrhunderts (Gemäldegalerie, Staatliche Museen zu Berlin Preußischer Kulturbesitz, 2001). Gemälde können also einen Beitrag zur Veranschaulichung des Klimas liefern. Aber erst im Zusammenhang mit weiteren Quellen, wie Chroniken über Wetter, Ernte oder Lebensmittelpreise sowie zeitlich festgelegten Klimastellvertreterdaten aus Eiskernen, Korallen, Baumringen und Seesedimenten, lassen sie sich für Fragestellungen der Klimaforschung verwenden.

Während der letzten 1.000 Jahre veränderte sich das Klima deutlich (Abb. 3). Laut historischen Quellen hat sich die Jahresmitteltemperatur in Europa um bis zu 1,5 Grad Celsius und die Jahresniederschlagssumme um bis zu 150 Millimeter verändert. Dabei wechselten rapide Veränderungen mit klimatisch gleich bleibenden Phasen, und einzelne Jahre wichen zum Teil erheblich vom jeweils vorherrschenden Trend ab.

Zu Beginn des zweiten Jahrtausends gab es einen Abschnitt höherer Temperaturen, der als Mittelalterliches Klimaoptimum bezeichnet wird. Nach einer Übergangsperiode folgte die ›Kleine Eiszeit‹, die durch zunächst kühlere Sommer und dann zunehmend kältere Winter gekennzeichnet war. In deren Gefolge waren die Frühjahrstemperaturen erheblich niedriger und Spätfröste traten häufig auf.

Diese Entwicklung ist besonders deutlich während dreier Phasen, die mit Zeiten geringer Sonnenfleckenzahl und erhöhtem Radiokohlenstoff-Gehalt (^{14}C) organischer Substanz (hier Baumholz) zusammenfallen. Eine geringe Anzahl von Sonnenflecken ist mit verminderter Strahlungsintensität der Sonne gleichzusetzen. Dabei sind Solarwind und Magnetfeld der Sonne weniger stark und schirmen somit die kosmischen Strahlen weniger ab. Die erhöhten ^{14}C-Werte, die bei der Untersuchung von Baumringen nachgewiesen wurden, sind die direkte Folge.

Diese solaren Minima werden zu Ehren bedeutender Astronomen als Spörer-, Maunder- und Daltonminimum bezeichnet.

Die eingangs erwähnten gehäuft auftretenden Winterszenen in der holländischen Landschaftsmalerei des 17. Jahrhunderts lassen sich der Periode des Maunderminimums von 1645 bis 1710 zuordnen. Nach der Kleinen Eiszeit führte eine von tendenzieller Erwärmung gekennzeichnete Übergangsphase hin zum modernen Klimaoptimum. Eindrucksvoll sind diese Klimaänderungen u. a. in den Ablagerungen von Seen dokumentiert. Eine Sonderstellung nehmen dabei die deutlich fein laminierten Ablagerungen in Maaren, wie die des Holzmaares in der Eifel, ein. Diese Art der Ablagerung ist direkt mit der Bildung dieses Seentyps und seiner Morphologie verbunden.

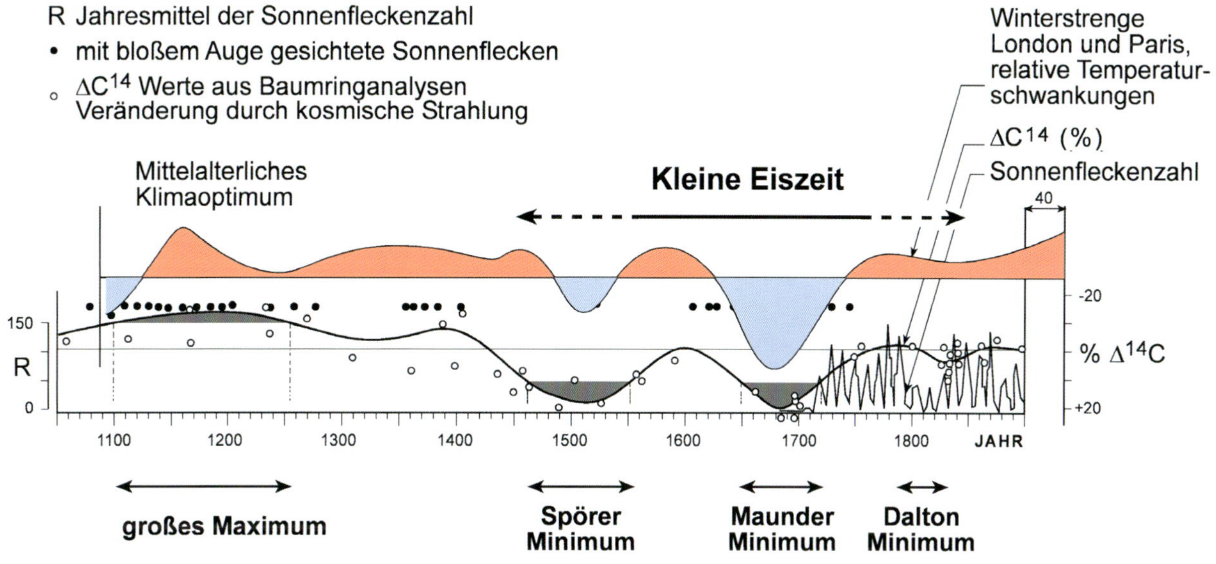

Abb. 3: Klimaentwicklung in Europa während der letzten 1.000 Jahre, charakterisiert durch relative Temperaturschwankungen, Sonnenfleckenzahlen und Radiokohlenstoff-Veränderung ($\Delta^{14}C$) durch kosmische Strahlung

Das Holzmaar ist eines der neun noch heute mit Wasser gefüllten Maare der Eifel. Die übrigen der insgesamt 60 nachgewiesenen Maarstrukturen sind im Laufe der Zeit verlandet (Abb. 4). Die Maarkrater in der Eifel entstanden vor 70.000 bis 11.000 Jahren. In Spalten aufsteigendes Magma traf nahe der Erdoberfläche auf wasserreiche Schichten. Dadurch ausgelöste Wasserdampfexplosionen sprengten Krater heraus, und ausgeworfenes Material lagerte sich als Kraterwall ab. Durch Grundwasserzufluss und Regenwasser bildeten sich Seen in den trichterförmigen Kratern, die im Verhältnis zu ihrer Oberfläche sehr tief waren.

Das maximal 20 Meter tiefe Holzmaar weist die typisch steilen Flanken und einen flachen zentralen Seeboden auf, beste Voraussetzungen für eine nahezu ungestörte Materialablagerung. Durch die Sauerstoffarmut in Seebodennähe fehlen Bodenbewohner, so dass einmal sedimentierte

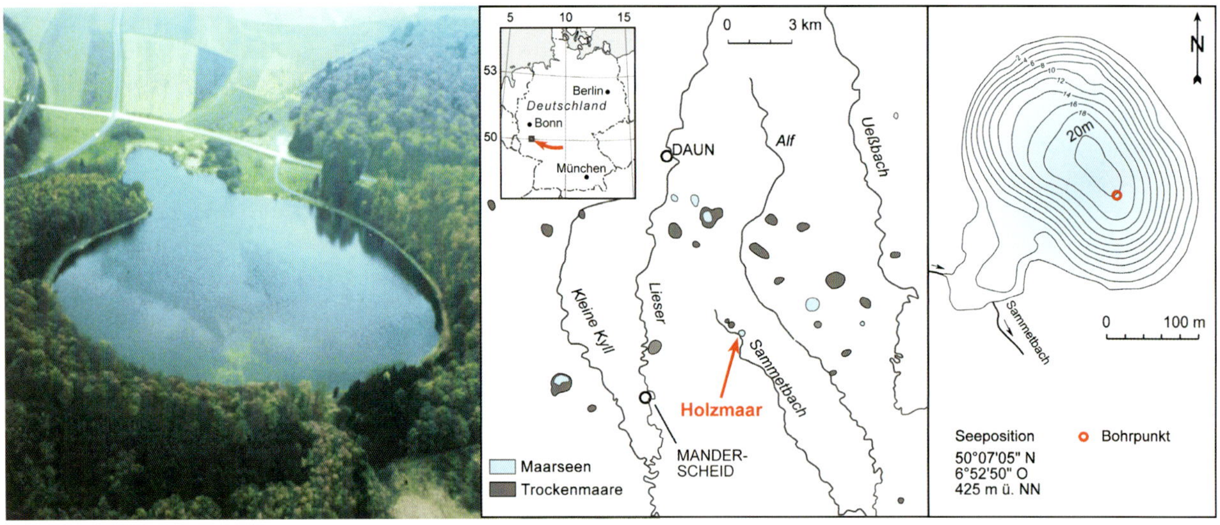

Abb. 4: Luftbild und Lage des Holzmaares in der Eifel mit Bohrpunkt

Lagen nicht zerstört werden. Dieses Material stammt einerseits aus dem Eintrag in den See über Zufluss und Oberflächenabfluss und andererseits aus der Bioproduktion des Sees (Phytoplankter wie Algen und Zooplankter wie Wasserflöhe). Sowohl der Materialeintrag, bestehend aus Bodenpartikeln und Pflanzenresten, als auch die Bioproduktion unterliegen jahreszeitlichen Schwankungen, die in Relation zu Temperatur- und Niederschlagsverhältnissen und der Sonneneinstrahlung stehen.

Am Sedimentkern ist die in Maarseen häufig auftretende feine Laminierung der Sedimente sichtbar (Abb. 5 und 6). Zur charakteristischen Hell-Dunkel-Abfolge gehört im Holzmaarsediment eine helle Lage, die überwiegend aus den Schalen von Kieselalgen (= Diatomeen) besteht, die heute im See im Frühjahr, Hochsommer und Spätsommer Blüten bilden. Dabei handelt es sich um verschiedene klein- oder schmalwüchsige Arten, die frei schwebend in der Wassersäule (planktonisch) leben und den jeweiligen jahreszeitlichen Bedingungen angepasst sind. Die dunkle Lage setzt sich zusammen aus feinem und grobem organischem Material (Pflanzenreste) und Bodenpartikeln (Schluff, Ton), welche in der niederschlagsreichen Herbst/Winterperiode in den See gebracht oder umgelagert werden. Das umgelagerte Material beinhaltet auch große Diatomeenarten, die in Ufernähe lebten (Litoraldiatomeen).

Jedes Jahr wird eine helle und ein dunkle Lage abgelagert, die zusammen als Warve bezeichnet werden (Abb. 6) (Warv = schwedisch Schicht, nach De Geer, 1912). Die Warven sind so deutlich und gut abgegrenzt, dass man sie zählen kann. Man kann daraus eine Chronologie entwickeln und genau feststellen, wann eine Warve entstanden ist.

An einem im Jahr 1999 erbohrten Sedimentkern aus dem Holzmaar wurden die Warven bis ins Jahr 1607

Abb. 5: Kernfoto eines Sedimentkern-Abschnittes aus dem Holzmaar mit bereits makroskopisch erkennbarer Schichtung

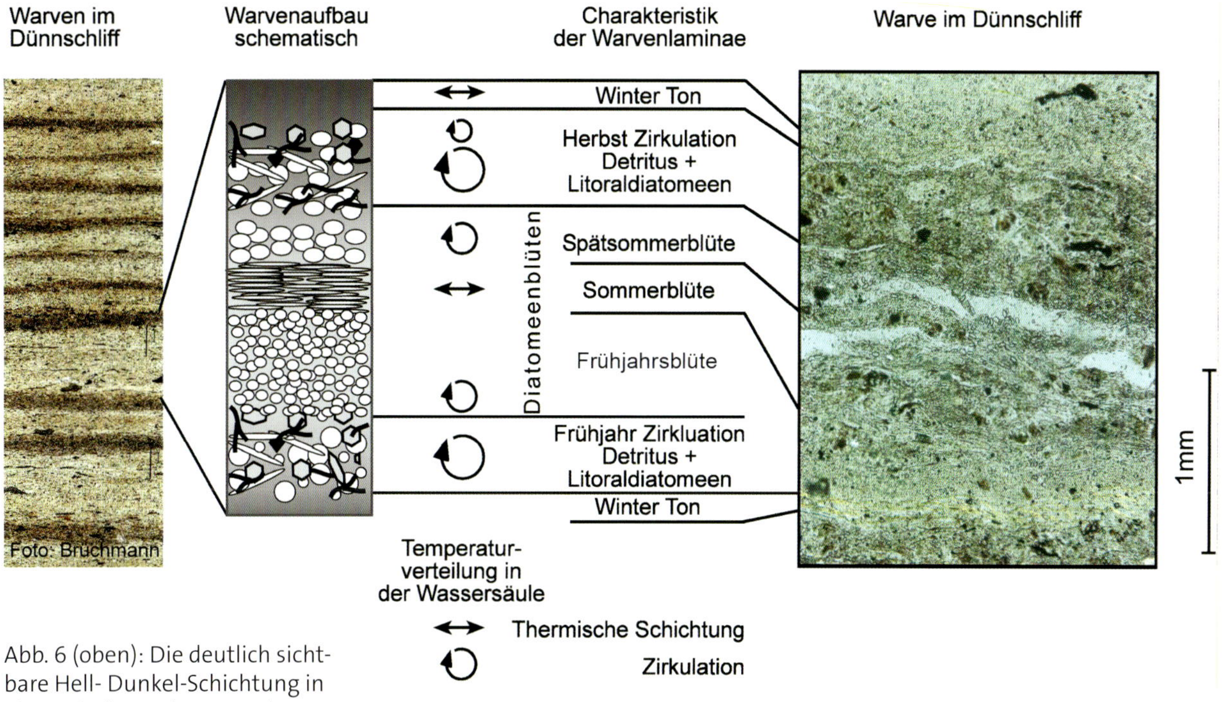

Abb. 6 (oben): Die deutlich sichtbare Hell- Dunkel-Schichtung in einem Sedimentkern aus dem Holzmaar ist bei der mikroskopischen Untersuchung des Dünnschliffes als Materialunterschied jahreszeitlicher Ablagerungen des Sees zu erkennen. Ein solches Hell-Dunkel-Lagenpaar bildet eine Jahresschicht = Warve.

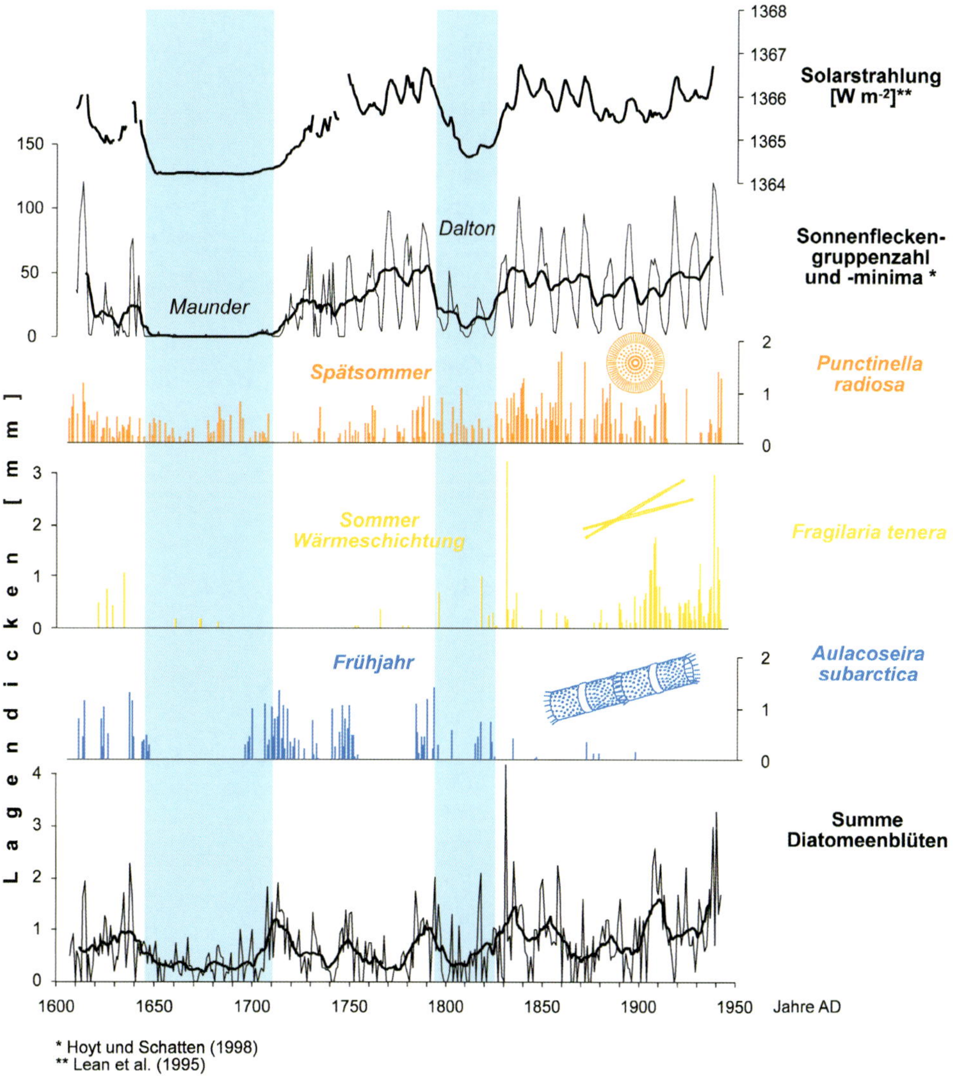

Abb. 7: Abhängigkeit der Diatomeenblüten von der Solarstrahlung. Während der Sonnenfleckenminima Maunderminimum (1645 bis 1710) und Daltonminimum (1795 bis 1825) ist die Dicke der Blütenlagen reduziert. Während der Minima gibt es nur im Spätsommer nach entsprechender Erwärmung Diatomeenblüten. Direkt vor und nach den Minima passte sich die Diatomeenflora durch Frühjahrsblüten der nordisch-alpinen *Aulacoseira subarctica* an.

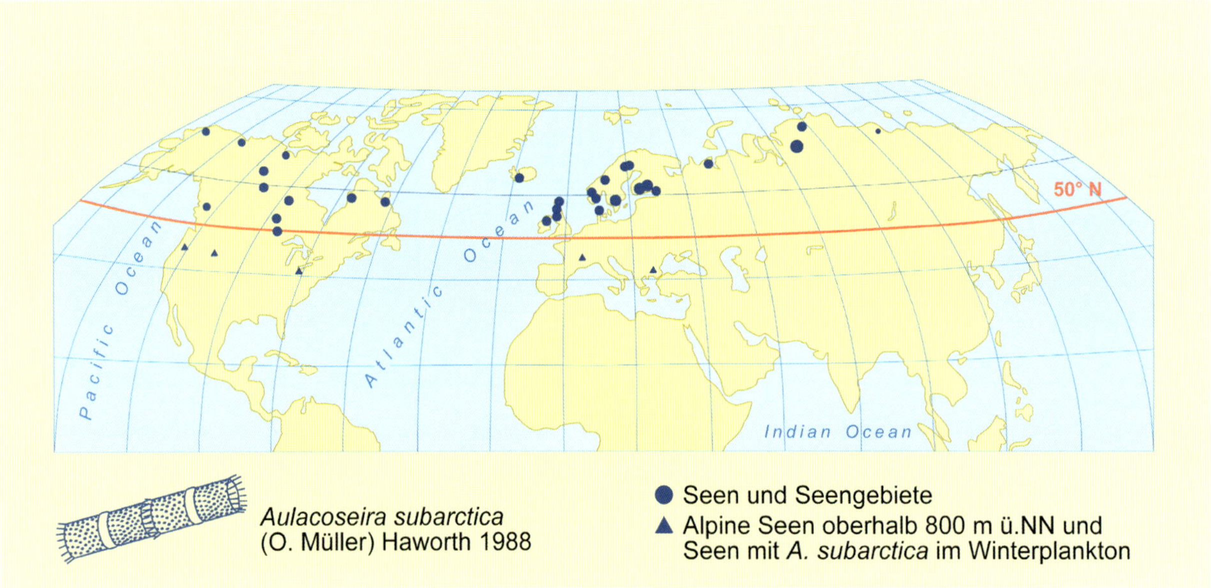

Abb. 8: Heutige Nachweise der als nordisch-alpin charakterisierten Diatomee *Aulacoseira subarctica* (O. Müller) Haworth 1988 im Plankton von Seen

zurück untersucht (Abb. 7). Gemessen wurden unter anderem die Dicken der Diatomeenblütenlagen der einzelnen Jahre. Ihre Summe zeigt deutlich geringere Dicken während der solaren Minima Maunder- und Daltonminimum, was sich auf die zu dieser Zeit reduzierte Solarstrahlung, aber auch auf erniedrigte Temperaturen zurückführen ließe. Hinweise in diesem Zusammenhang gibt die Verteilung und Artcharakteristik der in dieser Zeit blühenden Diatomeen.

Vor und nach dem Maunder- und Daltonminimum gibt es jeweils ein gehäuftes Auftreten von Blüten der Art *Aulacoseira subarctica*. Diese Art ist für ihre Verbreitung in nordisch-alpinen Gewässern nördlich 50° Nord bekannt (Abb. 8). In südlicheren Breiten kommt sie ausschließlich im Winterplankton und in Seen oberhalb 800 Meter über NN vor. Sie ist an die in diesen Regionen vorherrschenden kühleren und stürmischeren Bedingungen angepasst. Trotz stark verkieselter Gehäuse lässt die Kettenform (Abb. 9) in turbulenten Gewässern ein Schweben in der Wassersäule zu. Da *Aulacoseira subarctica* mit einem geringen Lichtangebot auskommt, kann sie ihren jährlichen Wachstumszyklus schon früh im Jahr, noch unter der Eisdecke beginnen.

Während der solaren Minima selbst kommen fast ausschließlich Herbstblüten vor, was auf eine verzögerte Erwärmung nach dem Winter und einen kurzen Sommer hinweist. Die charakteristischen Herbstblütler, hier *Punctinella radiosa*, sind durch eine eigene Strategie in der Lage, ein zeitweilig unzureichendes Lichtangebot bei Verfrachtung in tiefere Wasserschichten im zirkulierenden Wasserkörper zu überbrücken. Der Wasserkörper eines Sees ist ständig in Zirkulation begriffen, wenn sich wegen erniedrigter Lufttemperatur und als Folge stürmischer Bedingungen keine sommerliche Wärmeschichtung ausbildet.

Auch kühle Sommer und herbe sturmgepeitschte Landschaften sind neben den berühmteren Winterszenen in der holländischen Landschaftsmalerei des 17. Jahrhunderts zu finden. ›Der Sommer‹ von Adriaen Pietersz van de Venne (Abb. 10) ist ein sehr prägnantes Beispiel.

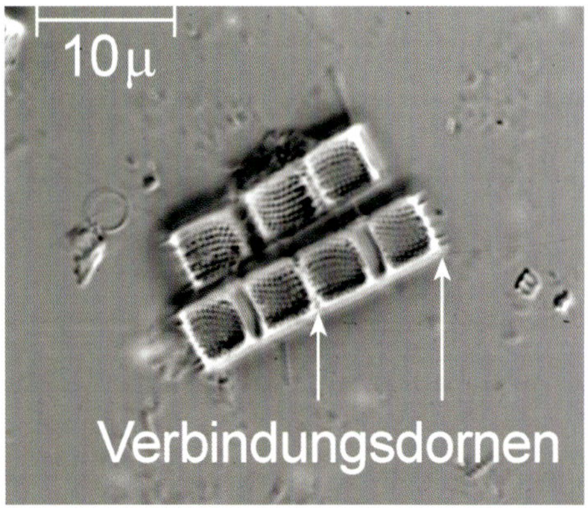

Abb. 9: Kieselige Schalen von *A. subarctica* über Dornen zu Ketten verbunden. Eine Schale besteht aus zwei Halbschalen, die wie Dose und Deckel aufeinandersitzen.

Abb. 10: ›Der Sommer‹ von Adriaen Pietersz van de Venne, 1614

Literaturhinweise

Büchel, G. (1993): Maars of the Westeifel. In: J.F.W. Negendank & B. Zolitschka (Editors), Paleolimnology of Eifel maar lakes. Springer, Berlin, Heidelberg, pp. 1-13

De Geer, G. (1912): A geochronology of the last 12000 years. Compte rendu de la XI Session du Congrès Géologique International, Stockholm, 1910, 241-257

Eddy, J. (1976): The Maunder Minimum. Science, 192, 1189-1202

Glaser, R. (2001): Klimageschichte Mitteleuropas. 1000 Jahre Wetter, Klima, Katastrophen, Wiss. Buchgesellschaft, Darmstadt

Håkansson, H. (2002): A compilation and evaluation of species in the genera *Stephanodiscus, Cyclostephanus* and *Cyclotella* with a new genus in the family Stephanodiscaceae. Diatom Research 17, 1-139

Haworth, E.Y. (1988): Distribution of diatom taxa of the old genus *Melosira* (now mainly *Aulacoseira*) in Cumbrian waters. In: F.E. Round (Editor), Algae and the aquatic environment. Biopress Ltd., Bristol, 138-167

Kienel, U., M.J. Schwab & G. Schettler (2005): Distinguishing climatic from direct anthropogenic influences during the past 400 years in varved sediments from Lake Holzmaar (Eifel, Germany). Journal of Paleolimnology 33, 327-347

National Research Council (1984): Solar influences on global change, National Academy Press, Washington, D.C.

Gemäldegalerie, Staatliche Museen zu Berlin Preußischer Kulturbesitz (2001). Katalog zur Ausstellung: Die ›Kleine Eiszeit‹ - Holländische Landschaftsmalerei im 17. Jahrhundert. Berlin, Rauscher Druck und Medien

Stuiver, M. (1961): Variations in radiocarbon concentration and sunspot activity. Journal of Geophysical Research, 66, 273

Ulrike Kienel ist wissenschaftliche Mitarbeiterin am Geo-ForschungszentrumPotsdam (GFZ). Ihr Forschungsschwerpunkt liegt bei der hochauflösenden Rekonstruktion von Klimaentwicklung und anthropogenen Veränderungen unter Nutzung von Klimainformationen aus Seenablagerungen.

Anschrift: Dr. Ulrike Kienel
GeoForschungsZentrum Potsdam
3.3 Klimadynamik und Sedimente
Telegrafenberg C327
14473 Potsdam

E-Mail: ulrike.kienel@gfz-potsdam.de

Jörg F.W. Negendank war Direktor des Aufgabenbereiches Struktur und Evolution der Lithosphäre am GeoForschungsZentrum Potsdam (GFZ). Terrestrische Sedimentbeckenentwicklung in Abhängigkeit von den umgebenden geodynamischen Vorgängen und vom Klima gehörten zum Spektrum der Forschung.

Anschrift: Prof. Dr. Jörg F.W. Negendank
GeoForschungsZentrum Potsdam
Telegrafenberg C327
14473 Potsdam

E-Mail: neg@gfz-potsdam.de

Schichten enthalten die Geschichte

Archäologen und Geologen rekonstruieren die Bucht von Cádiz

von Horst D. Schulz, Warnemünde
und Oswaldo Arteaga, Sevilla

Auch wenn das heutige Cádiz an der andalusischen Atlantikküste am westlichsten Zipfel von Europa liegt, so ist es doch einer der Brennpunkte der Geschichte des Abendlandes und die älteste noch heute besiedelte Stadt der westlichen Welt. Antike Schriftquellen erzählen über die Gründung von ›Gadir‹ durch die Phönizier, die sich aus ihrer Heimatstadt Tyros im heutigen Libanon kommend, vor etwa 3000 Jahren auf einer kleinen Insel vor der Küste, die heute ein Teil des Stadtgebietes von Cádiz ist, niederließen. Unsere geoarchäologischen Forschungen haben zum ersten Mal diese frühe Koloniegründung wissenschaftlich belegt. In der Bibel wird über ein Abkommen zwischen König Hiram I. von Tyros (969 bis 936 v. Chr.) und König Salomon von Jerusalem (960 bis 930 v. Chr.) berichtet, die eine Flotte – die ›Tarschisch-Schiffe‹ – übers weite Mittelmeer schickten, um mit der Vermittlung von Gadir im fernen Westen Handel zu treiben.

Die Nachfahren der Phönizier nennen wir ab etwa 550 v. Chr. Punier. Gadir war zu dieser Zeit ein bedeutender Stadtstaat (›Polis‹), eines der Handelszentren der westlichen Welt. Die drei Punischen Kriege, welche Rom gegen Karthago – die Vettern der Bewohner von Gadir – führte und gewann, werden sie nicht unberührt gelassen haben, aber im Unterschied zu Karthago überlebten sie das Desaster. Dennoch wurde auch ihre Welt zunehmend ›römischer‹, und etwa ab Beginn der Regierungszeit von Kaiser Augustus (27 v. Chr. bis 14 n. Chr.) ist der Ort unter dem lateinischen Namen ›Gades‹, bzw. als ›Augustana Urbs Iulia Gaditana‹ bekannt. Eine der wichtigen Straßen des Römischen Reiches, die ›Via Augusta‹, führte von Rom kommend hierher. Mit dem Untergang des weströmischen Reiches verlor auch Gades seine große Bedeutung. Erst die Entdeckung Amerikas 1492 brachte Cádiz durch den Überseehandel neuen Reichtum und eine Blütezeit im 18. Jahrhundert. Am Allerheiligen-Tag des Jahres 1755 wurde der gesamte Küstenbereich durch einen gewaltigen Tsunami, der im Gefolge des schweren Erdbebens von Lissabon auftrat, schrecklich verwüstet (s. Artikel von A. Kopf).

Abb. 2 (rechts und unten): Rechts: Hier hat die Erosion eine antike Amphore halb abgetragen und so einen Querschnitt erzeugt. Unten rechts: Vermutlich als Dränung im Untergrund in der Antike verlegte gebrauchte Amphoren nahe Cádiz. Unten links: Das ausgelegte Profil einer Bohrung mit dem Handbohrer

Abb. 1 (linke Seite): links: Bohrplatz vor der Kathedrale von Cádiz; rechts oben: Die beiden Autoren bei der ersten geologisch-archäologischen Bohrung in Spanien im Jahr 1982; rechts unten: Martin Kölling und Horst Schulz beim Bohren mit der elektrischen Rammkernsonde in der Altstadt von Cádiz

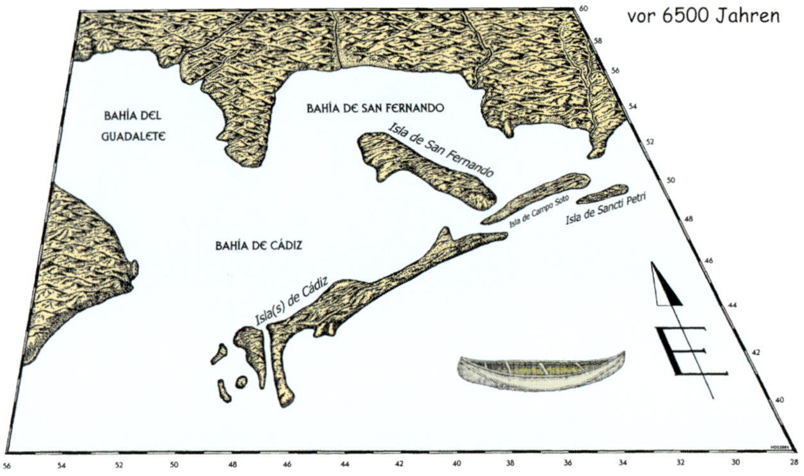

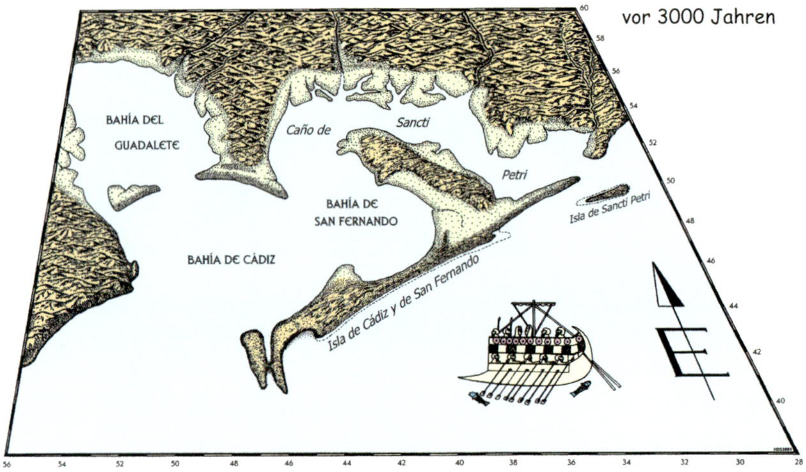

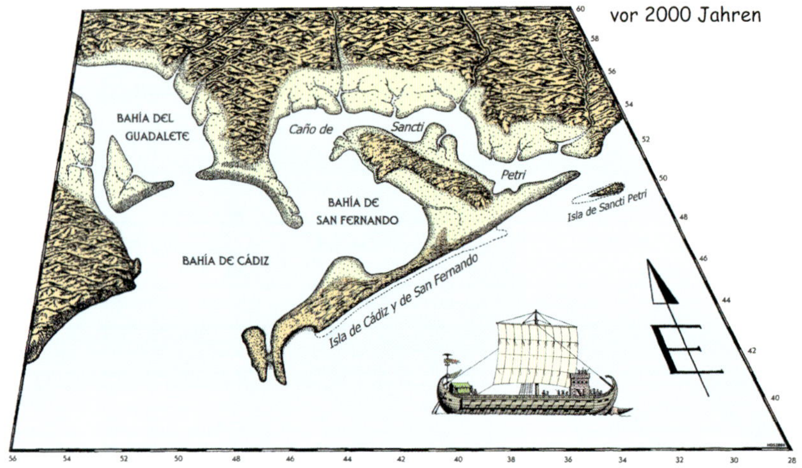

Die Geschichte der Bucht von Cádiz begann vor etwa 10.000 Jahren, als die Gletscher der letzten Kaltzeit abtauten und dadurch der Meeresspiegel um etwa 130 Meter bis zum heutigen Stand anstieg, der vor etwa 6.500 Jahren erreicht wurde. Die Bucht von Cádiz erhielt damals bereits in weiten Bereichen ihre heutige Gestalt – mit Ausnahme der Gebiete, in denen sich inzwischen junge Sedimente ablagerten, oder in denen vorhandene Gesteine vom Meer erodiert wurden. In zwei Geländekampagnen im September/Oktober 2000 und im März/April 2001 untersuchten Archäologen von der Universität Sevilla gemeinsam mit Geologen von der Universität Bremen die Bucht von Cádiz und ihre jungen Ablagerungen, weil diese Schichten gleichzeitig Dokumente der geologischen und der archäologischen Geschichte sind.

Etwa 350 Bohrungen (Abb. 1, 2 und 4), die Tiefen bis zu 15 Meter erreichten, erlaubten es, die gesamte Bucht in ihrer Entwicklung zu rekonstruieren. Die Kartenausschnitte auf dieser Doppelseite zeigen das Ergebnis dieser Rekonstruktion für fünf verschiedene Zeitpunkte. So zeigt das Blockbild auf der linken Seite ganz oben die Gestalt der Bucht nach dem Anstieg des Meeresspiegels bis zum heutigen Niveau. In der nächsten Abbildung ist der Zustand dargestellt, den die Gründer von Gadir, dem heutigen Cádiz vorfanden. Es folgt dann die Situation in römischer und rechts oben in maurischer Zeit. Die letzte Karte auf der rechten Seite schließlich zeigt die heutige Situation.

Beide Wissenschaftsrichtungen – Archäologie und Geologie – profitieren sehr direkt von den Ergebnissen des gemeinsamen Projektes: Die Archäologen können an der wiedergefundenen alten Küstenlinie viel gezielter nach alten Siedlungsplätzen suchen, und sie erreichen ein besseres Verständnis der bekannten und untersuchten Siedlungsplätze in ihrem ehemaligen Umfeld und besonders in dem stets wichtigen Bezug zur jeweiligen Lage der Küste. Die Geologen erhalten überall dort, wo alte Siedlungen und ihre meist gut datierbaren Keramikreste in die jungen Sedimente einbezogen sind (Abb. 3), sehr zuverlässige Aussagen über das Alter dieser

Abb. 3: Die Geologin Tanja Lager aus Bremen freut sich über den Fund einer antiken Amphorenmündung

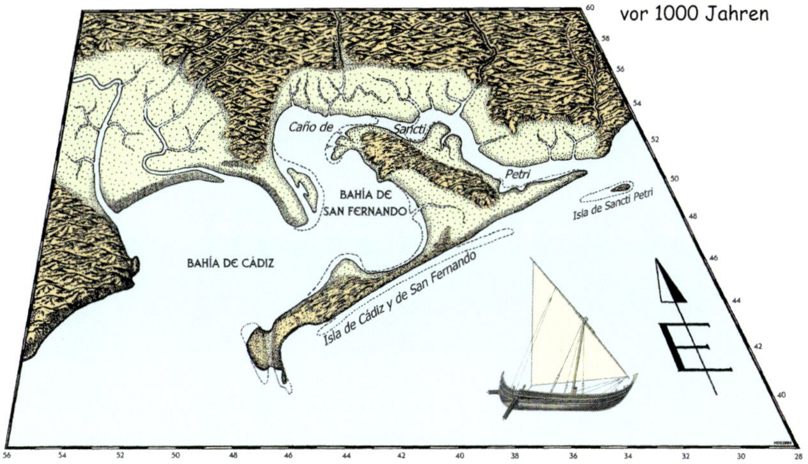

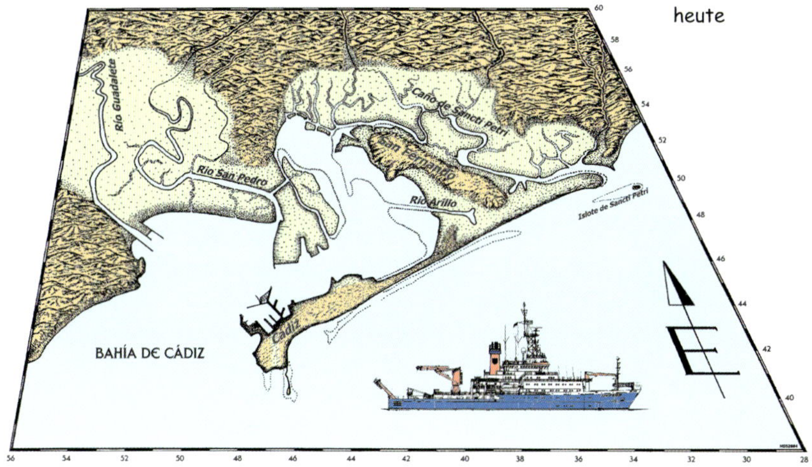

Abb. 4: Bohren mit dem Handbohrer; der Tiefenrekord liegt bei 20 Metern.

Schichten. So erhält in diesem Beispiel der Verlauf der Verlandung der Bucht von Cádiz durch die geschilderten Neufunde ganz wichtige Zeitmarken.

Literaturhinweise

Arteaga, O. et al. (2004): Geschichte des Küstenverlaufs im Stadtgebiet von Cádiz. Madrider Mitteilungen des Deutschen Archäologischen Instituts, 45, 181-215

Arteaga, O. & H. D. Schulz (Hrsg.) (2008): Geoarqueología y Proceso Histórico en la Bahía de Cádiz. RAMPAS 10. Universität Cádiz, Cádiz

Schulz, H. D. et al. (2004): Geschichte des Küstenverlaufs in der Bucht von Cádiz und San Fernando im Holozän. Madrider Mitteilungen des Deutschen Archäologischen Instituts, 45, 216-257

Horst D. Schulz war bis 2007 Professor für Geochemie und Hydrogeologie an der Universität Bremen. Neben seinen wissenschaftlichen Arbeiten zu geochemischen Prozessen begeisterte ihn stets die Rekonstruktion von Landschaften im Umfeld antiker Siedlungen in der Zusammenarbeit mit Archäologen.

Anschrift: Prof. Dr. Horst D. Schulz
Wiesenweg 8
18119 Warnemünde

E-Mail: hdschulz@uni-bremen.de

Oswaldo Arteaga war bis 2012 Ordinarius für Ur- und Frühgeschichte an der Universität Sevilla und Korrespondierendes Mitglied des Deutschen Archäologischen Instituts. Die Geoarchäologie war mehr als 25 Jahre lang ein Schwerpunkt seiner Forschungen und Inhalt seiner Doktorandenseminare an vielen Universitäten.

Anschrift: Prof. Dr. Oswaldo Arteaga
N. R. Santisima Trinidad 5, 3°A
E-41008 Sevilla, Spanien

E-Mail: arteaga@us.es

Geowissenschaften im Geographieunterricht

von Karl-Heinz Otto, Bochum

Das Leben auf unserem Planeten wird von einer Vielzahl von geographisch und geowissenschaftlich relevanten Phänomenen und Prozessen geprägt. Globalisierung, Klimawandel, Naturrisiken, Bevölkerungswachstum, Migration, soziale Ungleichheiten und Ressourcenkonflikte sind nur einige dieser vielfach kritischen globalen Entwicklungen, die die Weltgemeinschaft in den nächsten Jahrzehnten bewältigen muss. Um die Erde insbesondere für künftige Generationen erhalten zu können, ist es unumgänglich, dass die Menschen ihr Verhalten und ihr Handeln gegenüber der immer stärker bedrohten Umwelt ändern. Das Bewusstsein dafür zu schaffen erfordert große Anstrengungen – nicht zuletzt auch im Bildungsbereich.

Aufgaben der Schule – heute und morgen

Kinder und Jugendliche sollten in der Schule nachhaltiges, ›erdgerechtes‹ Verhalten und Handeln lernen. Sie sollen zu kompetenten, umsichtigen und verantwortungsbewussten Weltbürgern erzogen werden. Das ist keine einfache Aufgabe: Die kritischen Veränderungen auf unserem Planeten sind von der lokalen bis zur globalen Ebene stark miteinander verflochten und ineinander verzahnt. Menschen, die die nachhaltige Entwicklung voranbringen wollen, müssen deshalb in der Lage sein, flexibel zu handeln, um so den immer neuen, veränderten Herausforderungen begegnen zu können. Die Fähigkeit zu lebenslangem Lernen ist daher eine zentrale Grundvoraussetzung.

Bei der Bewältigung dieser Bildungsaufgabe kommt dem Schulfach Geographie eine zentrale Rolle zu. Denn Geographie vermittelt Schülerinnen und Schülern wichtige Fähigkeiten und auch das Wissen, das sie zur Gestaltung einer nachhaltigen Zukunft des Planeten brauchen. Die Schulgeographie ist ein Schlüsselfach, um bei Kindern und Jugendlichen ›raumbezogene Handlungskompetenz‹ aufzubauen. Dabei geht es zunächst darum, sich bewusst zu machen, welche Folgen die eigenen alltäglichen Handlungen auf verschiedenen Raumebenen haben können. Beispiele dafür sind der Zusammenhang zwischen Autofahren und globaler Erwärmung oder zwischen Tourismus und Wirtschaftswachstum auf der einen sowie Landschaftszerstörung auf der anderen Seite. Bewusstseinsbildung allein reicht aber nicht aus. Erst wenn die Schülerinnen und Schüler heute und auch als Erwachsene von morgen durch angemessenes Handeln selbst zu einer nachhaltigen Entwicklung beitragen, belegen sie damit, dass sie über die notwendige raumbezogene Handlungskompetenz verfügen. Kurzum, Kompetenzen müssen durch Handeln unter Beweis gestellt werden.

Geographie – ›Brückenfach zwischen Natur- und Gesellschaftswissenschaften‹

Die Geographie als Hochschuldisziplin hat ihre Wurzeln in den Naturwissenschaften. Alexander von Humboldt (1769–1859), der als Begründer der modernen Geographie gilt, war primär Naturwissenschaftler, obwohl er als Humanist auch zu politischen und sozialen Fragen der damaligen Zeit Stellung nahm. Carl Ritter (1779–1859), der als der ›andere‹ Gründungsvater der modernen Geographie angesehen wird, hat mit seiner Idee der Prägung der Erdoberfläche durch die Wechselwirkung zwischen Natur und Mensch oder der Suche nach Verbreitungsmustern und deren kausalen Ursachen ebenso grundlegende, zum Teil bis heute gültige Konzepte und Denkwei-

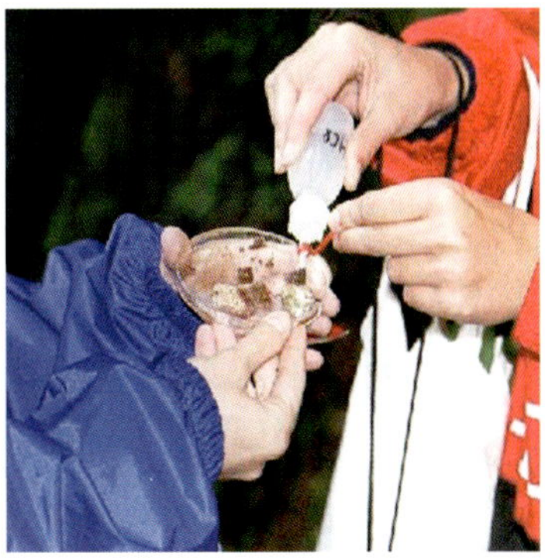

sen des Fachs entwickelt und auf diesen Bausteinen das Gebäude der Geographie als eigenständige Wissenschaft mit errichtet. Heute ist die Geographie eine Fachdisziplin mit ›akkumulierten Paradigmen‹ und einer großen Vielfalt an Fragestellungen, Forschungsansätzen und methodischen Zugriffen.

Die moderne Hochschulgeographie gliedert sich in die Allgemeine Geographie (auch Thematische Geographie), mit einem überwiegend nomologischen, d. h. auf allgemeine Gesetzmäßigkeiten gerichteten Erkenntnisinteresse sowie die Regionale Geographie mit einem überwiegend idiographischen, also auf die Erklärung individueller Sachverhalte gerichteten Erkenntnisinteresse. Beide ›Geographien‹ stehen in einem komplementären Verhältnis zueinander. In der gegenwärtigen Praxis der modernen Geographie steht die Allgemeine Geographie dabei im Vordergrund.

Die Allgemeine Geographie wird in einen physio- und einen humangeographischen Teilbereich untergliedert. Die naturwissenschaftliche Physiogeographie oder Physische Geographie untersucht die Struktur und Dynamik unserer physischen Umwelt und der in ihr wirksamen Kräfte und ablaufenden Prozesse. Sie befasst sich mit verschiedenen Sphären der Erde (Geosphären) auf unterschiedlichen Maßstabsebenen. Dazu zählen Lithosphäre, Hydrosphäre und Kryosphäre, Pedosphäre sowie Atmosphäre. Neben diese vorwiegend abiotisch geprägten Sphären tritt die biotisch bestimmte Biosphäre mit Flora und Fauna. Die ursprüngliche strikte Abgrenzung der physiogeographischen Teildisziplinen untereinander ist heute teilweise aufgelöst. Dies ist insbesondere bei der von Carl Troll (1899–1975) begründeten Landschaftsökologie von essentieller Bedeutung, bei der gerade die Synthese aller Teildisziplinen im Mittelpunkt steht. Die gesellschaftswissenschaftlich ausgerichtete Humangeographie (auch Anthropogeographie, Kulturgeographie oder Wirtschafts- und Sozialgeographie genannt) beschäftigt sich mit der Struktur und Dynamik von Kulturen, Gesellschaften, Ökonomien und der Raumbezogenheit des menschlichen Handelns.

Die Regionale Geographie umfasst die Länder- und die Landschaftskunde, die durch unterschiedliche Erkenntnisinteressen gekennzeichnet sind. Der Länderkunde geht es jeweils um einen spezifischen Erdraum oder Landschaftsraum, etwa einen Stadtteil, ein Bundesland oder eine individuelle Landschaft wie das Münsterland. Dieser Raum wird auf seine Individualität in der Synthese aller Geofaktoren hin untersucht, d. h. idiographisch. Demgegenüber befasst sich die Landschaftskunde nicht mit einzelnen, individuellen Räumen, sondern mit Raumtypen, wie Hochgebirgen, Küsten oder Klimazonen.

Die Geographie als Wissenschaftsdisziplin stellt also die Erkenntnisse über physische und soziale Prozesse in den konkreten Kontext von Orten und Regionen und vermittelt so ein differenziertes Bild der unterschiedlichen Kulturen, Wirtschaftsformen, politischen Systeme, Umwelten und Landschaften unseres Planeten. Dabei versucht die moderne Humangeographie, nicht nur die vielfältigen räumlichen Differenzierungen und Prozesse des sozio-ökonomischen Strukturwandels, sondern auch die Ursachen und Auswirkungen gesellschaftlicher Ungleichheiten aufzuzeigen. Damit ist die Geographie neben der Psychologie und den Umweltwissenschaften wohl eine der wenigen Hochschuldisziplinen mit sowohl naturwissenschaftlicher als auch gesellschaftswissenschaftlicher Blickrichtung. Die lange anhaltende Diskussion über das Verhältnis ihrer naturwissenschaftlichen und gesellschaftswissenschaftlichen Seite hat bereits früh dazu geführt, die Geographie als Brückenfach bzw. Integrationsfach zwischen Natur- und Gesellschaftswissenschaften zu betrachten. Die im Verlaufe der Fachgeschichte erfolgte Spezialisierung und Differenzierung der Teildisziplinen hat jedoch – wie weiter oben ausgeführt – zur Folge gehabt, dass die Physische Geographie und die Humangeographie in ihren Kernfeldern immer weiter auseinander gedriftet sind und heute gewissermaßen Vertreter zweier unterschiedlicher Wissenschaftskulturen darstellen. Aus diesem Grund ist die Vorstellung, die Geographie erfülle stets eine Brückenfunktion, im Grunde nicht haltbar. Daher wird von verschiedenen Autoren das sogenannte Drei-Säulen-Modell bevorzugt (s. Abb. 1). In diesem Modell stellt die Auseinandersetzung mit der Interaktion von Gesellschaft und Umwelt ein eigenständiges Erkenntnisobjekt dar, welches durch spezifische Problem- und Fragestellungen gekennzeichnet ist, die weder in der Physiogeographie noch in der Humangeographie untersucht werden. Die Verfechter dieser Vorstellung treten deshalb dafür ein, besser vom Drei-Säulen-Modell der Geographie zu sprechen, weil darin die Eigenständigkeit von Physiogeographie und Humangeographie respektiert wird und die geographische Umwelt-Gesellschaft-Forschung zu-

Abb. 1: Das Drei-Säulen-Modell der Geographie (nach Gebhardt et al. 2011b, S. 76; verändert nach Weichhart 2005)

gleich als davon abgesetzter, spezifischer Forschungs- und Arbeitsbereich definiert ist.

Die primäre Bezugswissenschaft für das Unterrichtsfach Geographie in den Allgemeinbildenden Schulen ist zwar die gleichnamige Hochschuldisziplin, sie ist aber keineswegs die einzige. Denn die Schulgeographie repräsentiert weitere geowissenschaftliche und damit besonders naturwissenschaftlich ausgerichtete Hochschuldisziplinen. Hierzu gehören u. a. Geologie, Geophysik, Mineralogie, Meteorologie, Bodenkunde, Paläontologie und Ozeanographie. Weil Geographie das zentrale Schulfach ist, in dem auch andere Geowissenschaften behandelt werden, wurde es bereits 1996 im Rahmen der ›Leipziger Erklärung zur Bedeutung der Geowissenschaften in Lehrerbildung und Schule‹ als geowissenschaftliches Zentrierungsfach herausgestellt. Darüber hinaus werden in der Schulgeographie ausgewählte Inhalte und Methoden verschiedener Kultur-, Gesellschafts- und Planungswissenschaften, wie beispielsweise der Wirtschaftswissenschaften, der Politikwissenschaften, der Soziologie und der Raumplanung vermittelt. Die grundsätzliche Bedeutsamkeit physiogeographischer und anderer geowissenschaftlicher Inhalte und Methoden für den gegenwärtigen und zukünftigen Geographieunterricht steht außer Zweifel und ist dementsprechend in den vergangenen Jahren auch immer wieder hervorgehoben worden, so 1999 im ›Leipziger Memorandum‹, 2003 von der Arbeitsgruppe ›Curriculum 2000+‹ der Deutschen Gesellschaft für Geographie e.V. (DGFG) und ebenfalls 2003 im Memorandum zur geographischen Bildung und Erziehung in Deutschland ›Geowissenschaften und Globalisierung‹ des Verbandes Deutscher Schulgeographen e.V. (VDSG). Als Brückenfach und auch als ›Drei-Säulen-Fach‹ ist das Schulfach Geographie in besonderer Weise geeignet, geowissenschaftliche Sachverhalte in ihrer ganzen Breite und Tiefe zu durchleuchten. Probleme können hierbei nicht nur aus unterschiedlichen Perspektiven, sondern zugleich auch umfassender und trans- bzw. interdisziplinär betrachtet werden.

Geowissenschaftliche Themen im Geographieunterricht

Ein Blick in aktuelle geographiedidaktische Zeitschriften und geographische Schulbücher liefert aufschlussreiche Ergebnisse darüber, welche geowissenschaftlichen Themenbereiche neben den rein geographischen Inhalten unterrichtet werden:

- Endogene Dynamik (Plattentektonik, Vulkanismus, Erdbeben),
- Ressourcen (Rohstoffe, erneuerbare Energien),
- Exogene Kräfte und Prozesse (Verwitterung, Reliefformung),
- Atmosphäre (Klimasystem und Strahlungshaushalt, globaler Klimawandel),
- Biosphäre (Biodiversität, Vegetationszonen),
- Große Kreisläufe (Gesteine, Kohlenstoff, Wasser),
- Hydrosphäre (Wasserhaushalt, Weltmeere, Hochwasser),
- Boden (Bodenbildung, Bodentypen, Bodenzonen),
- Ökosysteme (terrestrische und marine Ökosysteme),
- System Erde.

Zum Themenkanon des heutigen Geographieunterrichts gehören aber auch sogenannte Klammerthemen (Umwelt-Gesellschaft-Forschung). Das sind Problemstellungen, die physiogeographische/geowissenschaftliche und humangeographische Perspektiven verknüpfen, wie zum Beispiel Naturrisiken, nachhaltige Rohstoffversorgung, El Niño/La Niña, Desertifikation oder Umwelt und Entwicklung.

Ein Blick in die Bildungsstandards des Faches Geographie belegt ebenfalls die Bedeutung der ›harten‹ Geowissenschaften innerhalb der geographischen Bildung. Bei den 14 darin ausgewiesenen Aufgabenbeispielen sind vier Themen explizit geowissenschaftlich:

- ›Erdbeben – warum ist gerade Japan so gefährdet?‹,
- ›Klimadiagramm: Wann regnet es in Warschau am wenigsten?‹,
- ›Experiment: Der Boden – eine gefährdete Lebensgrundlage‹,
- ›Warum gibt es Jahreszeiten?‹

Auch die Titel von aktuellen Lehrerfortbildungen weisen darauf hin, dass geowissenschaftliche Themen im Geographieunterricht fest verankert sind. Zwei Beispiele sind ›Naturkatastrophen gibt es nicht – das Beispiel Japan!‹ und ›Unscheinbar, unersetzlich, teuer: Seltene Metalle als strategische Rohstoffe‹

Durch die Behandlung vor allem geologischer, geophysikalischer, meteorologischer und bodenkundlicher Aspekte wird der Beitrag des Faches Geographie zur naturwissenschaftlichen Bildung (Scientific Literacy) gestärkt und damit die Zuordnung zu den MINT-Fächern (Mathematik, Informatik, Naturwissenschaft und Technik) unterstrichen.

Geowissenschaftliche Bildung (auch) außerhalb der Schule

Geowissenschaftliche Einrichtungen und Forschungsinstitute haben sich im Rahmen ihrer Öffentlichkeitsarbeit in den vergangenen Jahren zunehmend für eine breitere Implementierung des geowissenschaftlichen Wissens in der Öffentlichkeit eingesetzt und sich explizit auch für

Schulen geöffnet (beispielsweise das MARUM – Zentrum für Marine Umweltwissenschaften an der Universität Bremen, das Alfred-Wegener-Institut Helmholtz-Zentrum für Polar- und Meeresforschung, das Geoforschungszentrum Potsdam (GFZ) oder das GEOMAR Helmhotz-Zentrum für Ozeanforschung Kiel). Die Angebote für Schulen reichen dabei von Unterrichtsmaterialien und Schnuppertagen, über Summer Schools und Tage der offenen Tür bis hin zu Schülerlaboren. Hier können die Schülerinnen und Schüler in unterschiedlichster Form in Zusammenarbeit mit Wissenschaftlern geowissenschaftliche Projekte durchführen.

Ein weiteres Beispiel für die Verbesserung und Intensivierung des geowissenschaftlichen Unterrichts sowie der geowissenschaftlichen Öffentlichkeitsarbeit in Deutschland ist die Deutsche Olympiade der Geowissenschaften, eine Aktivität der Fachsektion Geodidaktik und Öffentlichkeitsarbeit der GeoUnion (DGG/HGD). Der internationale Dachverband dieser Fachsektion ist die International Geoscience Education Organisation (IGEO), die die International Earth Science Olympiad (IESO) ausrichtet. 2012 nahm erstmalig eine deutsche Nationalmannschaft an der IESO teil und gewann insgesamt drei Preise. Auch 2013 beendete die deutsche Mannschaft die IESO in Mysore (Indien) erfolgreich.

Um den Geographieunterricht und besonders dessen naturwissenschaftliche Anteile auszubauen und weiter zu entwickeln, wurde am 30. September 2004 in Leipzig die Fachsektion ›Geodidaktik in der GeoUnion Alfred-Wegener-Stiftung‹ gegründet. Sie ist formal in die Deutsche Geowissenschaftliche Gesellschaft (DGG) und den Hochschulverband für Geographiedidaktik (HGD) eingebunden – treuhänderisch für die GeoUnion Alfred-Wegener-Stiftung. Diese Fachsektion setzt sich sowohl aus Geographiedidaktikern, Geographielehrern, Geographen als auch aus Geologen, Mineralogen, Geophysikern und weiteren Geowissenschaftlern zusammen. Ein Ziel der Fachsektion ist es, die Akteure der geowissenschaftlichen Öffentlichkeitsarbeit untereinander und mit den Fachdidaktikern zu vernetzen.

Sich gemeinsam für einen schülerorientierten und zukunftsfähigen Geographieunterricht einzusetzen, ist eine lohnenswerte, wenn auch keine einfache Aufgabe.

Literaturhinweise

Alfred-Wegener-Stiftung für Geowissenschaften in Gemeinschaft mit der Deutschen Gesellschaft für Geographie e.V. und dem Institut für Länderkunde in Leipzig (1996): Leipziger Erklärung zur Bedeutung der Geowissenschaften in Lehrerbildung und Schule. 30. Oktober 1996. Leipzig

Adamina, M. & H. Müller (2008): Lernwelten: Natur – Mensch – Mitwelt. Bern

Blotevogel, H.-H. (2002): Geographie. In: E. Brunnotte et al. (Hrsg.) (2002): Lexikon der Geographie, Bd. 2. Heidelberg, S. 14-16

Borsdorf, A. (1999): Geographisch denken und wissenschaftlich arbeiten. Eine Einführung in die Geographie und in Studientechniken. Gotha, Stuttgart

Deutsche Gesellschaft für Geographie (DGfG) (Hrsg.) (2003): Grundsätze und Empfehlungen für die Lehrplanarbeit im Schulfach Geographie. Arbeitsgruppe Curriculum 2000+ der Deutschen Gesellschaft für Geographie (DGFG). Bonn

Deutsche Gesellschaft für Geographie (DGfG) (Hrsg.) (2012): Bildungsstandards im Fach Geographie für den Mittleren Schulabschluss – mit Aufgabenbeispielen. Bonn

Deutsche Gesellschaft für Geographie (DGfG) (Hrsg.) (2013): Was ist Geographie? Eine Einführung. Langfassung. (http://dgfg.geography-in-germany.de/?page_id=159) (letzter Aufruf: 15.08.2014)

Gebhardt, H., R. Glaser, U. Radtke & P. Reuber (2011a): Verschiedene Antworten auf die Frage nach der Geographie. In: Gebhardt, H. et al. (Hrsg.): Geographie. Physische Geographie und Humangeographie. Heidelberg, S. 49-69

Gebhardt, H., R. Glaser, U. Radtke & P. Reuber (2011b): Das Drei-Säulen-Modell der Geographie. In: Gebhardt, H. et al. (Hrsg.): Geographie. Physische Geographie und Humangeographie. Heidelberg, S. 70-83

Mönter, L. O. (2011): Die Verknüpfung von natur- und gesellschaftswissenschaftlicher Bildung. Kennzeichen des Geographieunterrichts? In: Geographie und Schule. Jg. 33, H. 191, S. 4-10

Weichhart, P. (2005): Auf der Suche nach der „dritten Säule". Gibt es Wege von der Rhetorik zur Pragmatik? In: Müller-Mahn, D. & U. Wardenga (Hrsg.): Möglichkeiten und Grenzen integrativer Forschungsansätze in Physischer Geographie und Humangeographie. Leipzig, S. 109-136

Karl-Heinz Otto ist Professor für Geographiedidaktik am Geographischen Institut der Ruhr-Universität Bochum. Zu seinen geographischen Interessensbereichen gehören Südamerika, Westfalen, Ressourcen und Hochmoore, zu den geographiedidaktischen Arbeitsschwerpunkten zählen u. a. Bildung für eine nachhaltige Entwicklung/Umweltbildung, Lernen vor Ort, Experimentieren, Didaktik der Geowissenschaften.

Anschrift: Prof. Dr. Karl-Heinz Otto
Fakultät für Geowissensch. / Geograph. Inst.
Ruhr-Universität Bochum
Universitätsstraße 150, 44801 Bochum

E-Mail: karl-heinz.otto@ruhr-uni-bochum.de

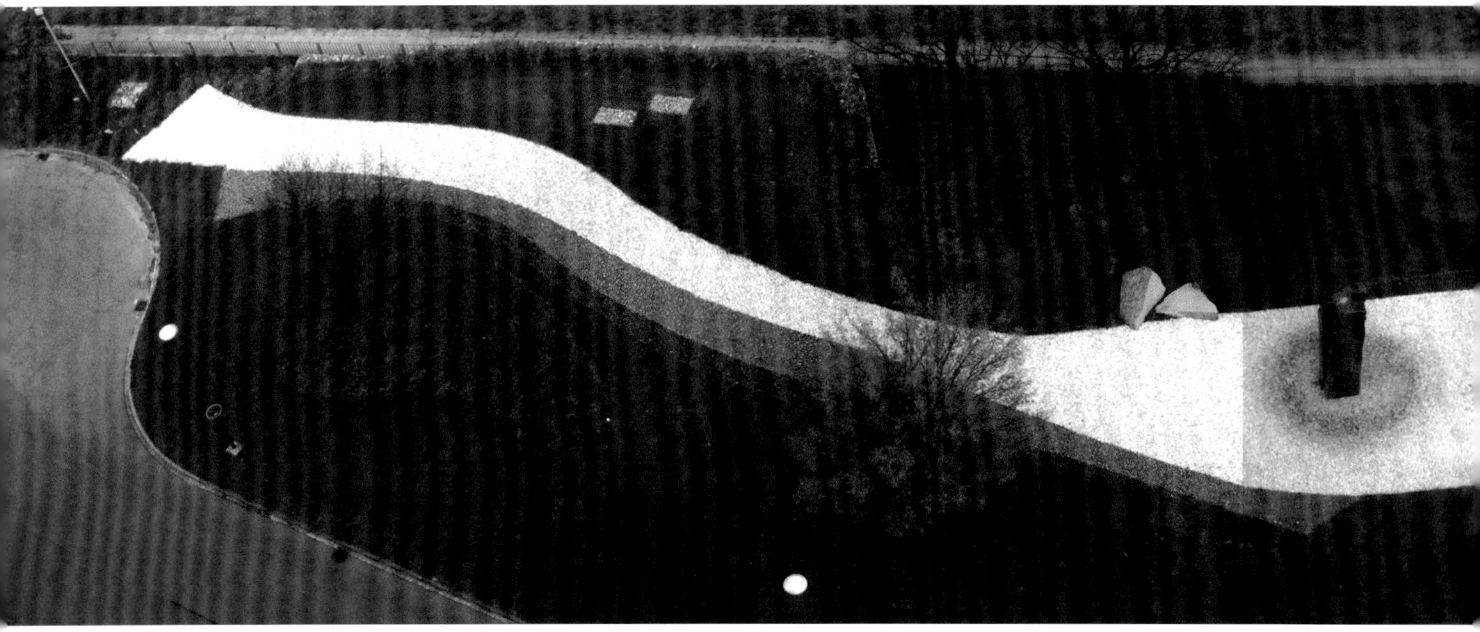

Kunst und Geologie

von Thomas Deecke und Katharina Kiesinger

Vorbemerkungen für den geologisch interessierten Kunstfreund:

Es ist nicht unbedingt zu erwarten, dass Menschen, die an den Geowissenschaften interessiert sind, sich auch für Kunstwerke erwärmen können, selbst wenn diese aus geologisch interessanten Materialien gefertigt sind. Dennoch lassen sich einige Verbindungen zwischen den forscherischen Interessen der Wissenschaft und denen der Künstler aufzeigen und darstellen. Nicht zuletzt dient ja auch die Forschung nicht nur der Befriedigung des Wissensdranges, sondern auch der praktischen Nutzung und Verwertung der Materialien.

Die Architekten und Künstler gehörten zu den frühesten Nutzern geologisch interessanter Materialien. Sie hatten die Möglichkeiten ihrer Verwendung und Haltbarkeit erkannt und verarbeiteten sie z.B. zu bedeutenden, die Zeiten überdauernden Bauten und Kunstwerken. Diese legten manchmal als einzige Relikte Zeugnis ab von ihrer Existenz, sicherlich aber von ihrer künstlerischen Schöpferkraft. An den Gebäuden und Kunstwerken lässt sich auch die handwerkliche bzw. industrielle Verwendung geologisch bestimmbarer Materialien aufzeigen bzw. ihre Umsetzung in andere bildnerische Formen darstellen. Also schien es nahe zu liegen, das Jahr der Geowissenschaften 2002 mit einer Reihe von Informationen über Kunstwerke und Gebäude zu begleiten, die in besonderer Weise geeignet sind, den schöpferischen Umgang mit geologischen Materialien in Skulpturen, Gebäuden und auch auf Bildern darzustellen.

Aus der Fülle der Möglichkeiten wurden in jenem Jahr – pars pro toto – einige wenige am damaligen Wasserweg des Geoschiffes liegende Werke ausgewählt. Aber auch ohne diesen 2002 abgefahrenen Weg der schwimmenden Ausstellung des Geoschiffes durch fast ganz Deutschland scheinen uns diese Kunstwerke auch heute noch in besonderer Weise geeignet, die höchst unterschiedlichen künstlerischen Verfahrens- und Vorgehensweisen schöpferischer Menschen mit geologischen Materialien künstlerisch darzustellen und zu verdeutlichen.

Die ausgewählten Kunstwerke mögen darüber hinaus anregen, auch andere und hier nicht aufgeführte Kunstwerke unter dem Gesichtspunkt ihres Materials oder der bildnerischen Umsetzung durch Künstlerhand zu betrachten. Es gibt da durchaus Entdeckungen zu machen!

Die ausgewählten Werke wurden uns von den jeweils ortskundigen Museumskolleginnen und -kollegen empfohlen. Dafür sei ihnen allen an dieser Stelle herzlich gedankt.

Abb. 1: Garten-Skulptur von Makoto Fujiwara vor der Bundesanstalt für Geowissenschaften und Rohstoffe (BGR) in Hannover

Bremen

Kunsthalle Bremen

Carl Gustav Carus

(1789 Leipzig – Dresden 1869)

Abend am Meer
um 1820/25, Öl auf Leinwand auf Holz, 49,5 x 70,5 cm, Geschenk des Galerievereins 1935

Thomas Ender

(1793 – Wien – 1875)

Gletscher
Öl auf Leinwand, 38,5 x 53,5 cm
Erworben aus Mitteln der Freien Hansestadt Bremen (Stadtgemeinde) 1965

Heinrich Jakob Fried

(1802 Queichheim/Landau – München 1870)

Die blaue Grotte von Capri
1835, Öl auf Leinwand, 50 x 63 cm
Erworben aus Mitteln der Freien Hansestadt Bremen (Stadtgemeinde) 1964

Caspar David Friedrich

(1774 Greifswald – Dresden 1840)

Felsental (Das Grab des Arminius)
(Abb. 2)
um 1813, Öl auf Leinwand, 49,5 x 70,5 cm, erworben 1909

Abb. 2: ›Felsental‹ (›Das Grab des Arminius‹) von Caspar David Friedrich

Caspar Wolf

(1735 Muri/Aargau – Heidelberg 1783)

Blick vom Brünig her über das Aaretal bei Meiringen gegen die Große Scheidegg
um 1775, Öl auf Leinwand, 54 x 76 cm, Geschenk der Firma Kühne & Nagel 1968

Abb. 3: ›Die Betende‹ von Gerhard Marcks

Gerhard Marcks-Haus

Gerhard Marcks
(1889–1981)
Die Betende (Abb. 3)
1926, belgischer Granit, Höhe 178 cm

Gerhard Marcks
Psyche
1932, Perlakalkstein, Höhe 111,5 cm

Gerhard Marcks
Eisbär
1966, Marmor, 29 x 63 cm

Gerhard Marcks
Dryade
1969, Marmor, Höhe 62 cm

Übersee-Museum Bremen

Kopf einer Statue – Sandstein
Amenophis III
1403–1365 vor Christus Original (Ägypten)

Südamerikanisches Inkagold - Edelmetalle
Präkolumbianisches Gold
circa 1000 nach Christus

Weserburg | Museum für moderne Kunst

James Lee Byars
(1937–1996)
The Head of Plato
1986, Carrara-Marmor, Durchmesser 21 cm, Sammlung der Weserburg | Museum für moderne Kunst, Bremen

James Lee Byars strebte zeit seines Lebens in seinen Kunstwerken nach Vollkommenheit (The Perfect). ›Head of Plato‹ ist eine weiße Marmorkugel, die von Spezialisten aus reinem, weißen Carrara-Marmor geformt und geschliffen wurde und anscheinend vollkommen rund und weiß ist. Dennoch ist sie – im Sinne der absoluten Vollkommenheit – fehlerhaft, weil sie von Menschenhand geformt ist. Gerade in dieser kaum merklichen Unvollkommenheit, die sich auch in der mathematischen Unberechenbarkeit der vollkommensten aller Formen, der Kugel bzw. des Kreises, manifestiert und die sich im mathematischen Hilfsbegriff von π dokumentiert, wird das unerreichbare Ziel, etwas Perfektes herzustellen, offensichtlich.

Abb. 4: ›Flint Circle‹ von Richard Long

Richard Long
(geb. 1945)
Flint Circle (Abb. 4)
1978, 320 Feuersteine, Durchmesser 192 cm; Weserburg | Museum für moderne Kunst, Sammlung Lafrenz

Richard Long ordnet auf seinen oft langen Wanderungen in der Natur gefundene Materialien zu geometrischen Formen. Oft belässt er diese temporären Skulpturen in der Landschaft. Öfter aber transportiert er sie auch in Ausstellungen und Museen, wo sie die Formenvielfalt der Materialien, aber auch den ordnenden Eingriff des Menschen in die Natur dokumentieren. Dabei muss es nicht unbedingt der Künstler selber sein, der diese Ordnung herstellt; sie folgt allerdings seinen recht spezifischen Vorgaben für Form und Gestalt.

Ulrich Rückriem
(geb. 1938)
Ohne Titel (Doppelstück)
1985, Granit Bleu de vere de la Normandie, gespalten, geschnitten, zweiteilig 360 / 400 x 200 x 210 cm, 2 x circa 47 Tonnen; Weserburg | Museum für moderne Kunst, Bremen, Sammlung Ströher, Darmstadt

Jochen Gerz
(geb. 1940)
Der Stein will zurück zur Schleuder, #29
1978, Findling/Granit, Holz, Gummi, Leder; Sammlung der Weserburg | Museum für moderne Kunst, Bremen

Die Arbeit besteht aus einer Schleuder auf einem Sockel und einem weit davon entfernt liegenden großen Findling. Gerz versinnbildlicht die Unmöglichkeit, ein Werk ähnlich wie z. B. ein Gerücht zurückzunehmen, nachdem es einmal in die Welt gesetzt bzw. geschleudert wurde. Das Werk hat sich selbstständig gemacht und ist unabhängig vom seinem Schöpfer gewachsen und kann nie wieder zurück zum Ursprung, es hat sich emanzipiert.

Rebecca Horn
Metamorphosis of Beatrice (Abb.5)
1986, Eisenoxyd, Asche, Caput mortuum, Straußenei, Eisenkonstruktion, 100 x 70 x 50 cm (3x); Weserburg | Museum für moderne

Kunst, Bremen, Sammlung der Niedersächsischen Sparkassenstiftung Hannover

Rebecca Horns dreiteilige Arbeit beschäftigt sich mit dem Traum der Künstlerin von der Wiedergeburt: Vogel Phönix aus der Asche; der pathenogenetischen Zeugung (Jungfernzeugung): Das Ei mit dem Bild der Gottesanbeterin, das aus der roten Erde (caput mortuum) hervorgekommen zu sein scheint, und der Urmaterie, den Eisenspänen.

Focke-Museum Bremen

Theophil Wilhelm Frese
(1696–1763)
Flora (Allegorie des Frühlings)
Gartenfigur, Obernkirchener Sandstein, um 1750, Höhe 144 cm

Theophil Wilhelm Frese war der bedeutendste Bildhauer des 18. Jahrhunderts in Bremen.

Antonio Canova (Werkstatt)
Hebe (Abb. 6)
Anfang des 19. Jahrhundert, Marmor, Höhe 126 cm

Abb. 5: ›Metamorphosis of Beatrice‹ von Rebecca Horn

Abb. 7: ›Der große Wagen‹ von Timm Ulrichs

Hebe, die griechische Göttin der Jugend, Tochter der Göttereltern Zeus und Hera, war Gemahlin des Herakles und Mundschenkin der Götter. Ihre Trinkschale und ein Krug aus Metall sind verloren gegangen. Die Figur aus weißem Marmor ist eine hervorragende Kopie nach einem 1799 entstandenen Hauptwerk des damals in Europa vielleicht bekanntesten Bildhauers Antonio Canova, der in seiner Werkstatt eine rege Produktion von Zweitausfertigungen betrieb.

Detail von der Bremer Rathausfassade
Relieffragment vom ›Tritonenfries‹, Sandstein, vom vierten Arkadenbogen des Bremer Rathauses, um 1610. Höhe 31 cm

Über der Arkadenreihe an der Rathausfassade zeigt ein Relieffries Paare von anthropomorphen Mischwesen aus Fabel und Allegorie. Einzelne, zerbrochene Fragmente daraus wurden bei Restaurierungsarbeiten entnommen, in das Focke-Museum verbracht und am Bau durch Kopien ersetzt.

Bremen

Timm Ulrichs
(geb. 1940)
Der große Wagen (Abb.7)
1997 Granit, poliert, 3,25 m x 3,46 m x 0,5 m

Ein irdisches Pendant zum Sternbild am Himmel steht an der Borgfelder Allee auf der Höhe der Wümmebrücke, der Landesgrenze zwischen Bremen und Niedersachsen. Aus dem monomentalen dunklen Granitblock ist das Sternbild des Großen Wagens ausgeschnitten. Die dadurch entstandenen zylinderförmigen Segmente finden sich unter dem Block wieder und erinnern durch ihre Platzierung an eine der ältesten Möglichkeiten schwere und große Massen über Rollen zu bewegen. Die Skulptur selbst wird zu einem Wagen, zu einem scheinbar beweglichen Gegenstand. Die positiv-negativ Form, das Verhältnis von Substanz und Hohlraum als gleichwertige Beziehung, ist wesentliches gestalterisches Element der Skulptur.
Text von der Website ›Kunst im öffentlichen Raum Bremen‹

Abb. 6: ›Hebe‹ von Antonio Canova

Abb. 8: ›Unendliche Treppe – Ein Monument für Walter Gropius und das Bauhaus‹ von Max Bill

Dessau

Max Bill

Unendliche Treppe – Ein Monument für Walter Gropius und das Bauhaus

(Abb. 8)

1987/88, Granit, 468 x 121 x 121 cm

Walter Gropius war der Gründer des Bauhauses. Der Schweizer Bildhauer Max Bill hat nach dem 2. Weltkrieg in der von ihm gegründeten Schule für Gestaltung in Ulm das Vermächtnis des Bauhauses weiterentwickelt.

Duisburg

Wilhelm Lehmbruck Museum

Ulrich Rückriem

Ohne Titel

1986, Granit, gespalten, geschliffen, Park des Wilhelm Lehmbruck Museums

Pinuccio Sciola (Sardinien)

Uccello di Pietra (Vogel aus Stein)

1985, Trachyt, Park des Wilhelm Lehmbruck Museums

André Volten (Niederlande)

Skulptur für eine Ebene

1977, Granit, Park des Wilhelm Lehmbruck Museums

Alan Sonfist (USA)

Rock Monument of Duisburg

1986, Verschiedene Gesteine unterschiedlichen Alters, Parkhof des Museums

Hamburg

Hamburger Kunsthalle

Bogomir Ecker

(geb. 1950)

Tropfsteinmaschine 1996–2496

Was auf den ersten Blick anmutet wie eine zweckmäßige Installation der Haustechnik, ist tatsächlich Kunst: Kunst, die einen Zeit-Raum schafft, in dem unter künstlichen Bedingungen und doch nach Naturgesetzmäßigkeiten ein kleiner Tropfstein wachsen kann. Der Künstler Bogomir Ecker hat sein Werk auf 500 Jahre angelegt, von 1996 bis 2496 – eine Zeitspanne, die Menschenmaß um ein Vielfaches übersteigt und sich doch nicht in unendlicher Maßlosigkeit verliert. In dieser Zeit bedarf es Menschen, die Verantwortung übernehmen und weitertragen für das Gelingen eines Vorgangs, der unter geeigneten Bedingungen unabhängig von ihnen geschieht.

Von dem Tropfstein, der am vorgesehenen Ende des Projekts voraussichtlich fünf Zentimeter hoch sein wird, ist heutzutage freilich noch kaum etwas zu sehen. Was man sehen kann: ein Biotop, das sich im Eingangsbereich (EG) der Hamburger Kunsthalle befindet; darin wird Regenwasser, das von einem Teil der Dachfläche des Gebäudes aus zufließt, mit Kalk angereichert und schließlich weitergeleitet in den Tropfsteinraum oder Maschinenraum im Sockelgeschoss, wo über eine Tropfvorrichtung der stete Tropfen den Stein schafft. In diesem Raum befindet sich außerdem eine Aluminiumtafel, die mittels Piktogrammen Funktion und Wartung der Tropfsteinmaschine erklärt. Die Kunst dieses Werkes ist sicherlich nicht in der Summe seiner Teile zu finden, sondern vielmehr im zeitlichen Zusammenspiel von Natur, Technik und Menschen.

Text: Katharina Kiesinger, siehe auch Bogomir Ecker: *Die Tropfsteinmaschine 1996–2496*, Hamburg o.J., Hatje Cantz Verlag

Stephan Huber

(geb. 1952)

Gran Paradiso II (Abb. 9)

Den Titel *Gran Paradiso* wählte Stephan Huber für eine Werkgruppe, in der er sich auf den geographischen Raum, dem er sich zugehörig fühlt, bezieht: die Alpen. Der Gran Paradiso ist mit 4.061 Metern der höchste Gipfel Italiens. Gemeint ist aber auch die Vorstellung eines idealen Ortes und Zustandes: das Paradies. *Gran Paradiso II* umfasst, so der Künstler, ›drei heroisch monumentale Solitäre‹: Weißhorn, Dent Blanche, Mont Blanc sowie drei in den Alpen entspringende Flüsse: Rhône, Rhein und Po. Der Verlauf der Flüsse ist jeweils von seiner Quelle bis zur Mündung mit an der Wand angebrachten Neonröhren (Standard-Blau) nachgeformt; die strahlend weißen Alpengipfel sind im Maßstab 1:4.000

Abb. 9: ›Gran Paradiso II‹ von Stephan Huber

aus extrem hartem Gips auf einem mannshohen, kubischen Unterbau realistisch modelliert. Damit zitiert Huber das Erlebnis von Erhabenheit angesichts überwältigender Natur – wenn auch mit ironischem Augenzwinkern.

Text (gekürzt): Petra Reichensperger
Bearb.: Katharina Kiesinger

Hannover

Makoto Fujiwara
(geb. 1938)
Garten-Skulptur (Abb. 1)
1987, Granit und Schotter, vor dem Neubau der Bundesanstalt für Geowissenschaften und Rohstoffe, Stilleweg 2, Hannover

Die Arbeit besteht aus verschiedenfarbigen Schotterbändern und einer granitenen Brunnenskulptur, bei deren Gestaltung der in Hannover an der Hochschule lehrende japanische Künstler den geologischen Gegebenheiten des Steines mit behutsam erscheinenden Eingriffen in die Substanz zu folgen scheint.

Heidelberg

Pinuccio Sciola
(geb. 1942)
Drei Skulpturen am Heidelberger Neckarufer (Abb. 10)
Sandstein, Heidelberger Kunstverein.

Ausstellung mit dem Titel ›Der Berg‹, vom 27.10.2002 bis 19.1. 2003. Gezeigt wurden Kunstwerke von der Romantik bis zur Moderne. Der Schwerpunkt lag auf der zeitgenössischen Kunst: Installationen, Skulpturen, Objekte, Malerei, Fotografie und Videoarbeiten u.a. von Stephan Huber, Werner Knaupp, Nino Malfatti, Dorothée von Windheim und Bernd Zimmer.

Klaus Arnold
Geologisches Institut der Universität Heidelberg
Im Neuenheimer Feld 234 befindet sich ein Gebäude, das von dem Künstler Klaus Arnold 1967 mit

Abb. 10: Eine der ›Drei Skulpturen‹ am Heidelberger Neckarufer von Pinuccio Sciola

geologischen Elementen und Anspielungen gestaltet wurde. Außerdem gibt es dort einen paläontologisch-geologischen Garten.

In der Nähe Heidelbergs bei Dossenheim und Schriesheim gibt es in der Verwerfungszone des Rheingrabens vulkanische Porphyrbrüche.

Karlsruhe

Staatliche Kunsthalle Karlsruhe

Heinrich Hübsch war Architekt des ersten Flügels, der 1846 eröffnet wurde. Portale und Sockelzone sind aus lokalem, hellem Sandstein gefertigt. Im Inneren befinden sich Säulen und Lamperien aus kräftig strukturiertem Marmor aus dem Lahntal. (Der bereits stillgelegte Bruch wurde zur Restaurierung vor etwa zehn Jahren wieder aktiviert.)

Guillam Dubois
Felsenhöhle mit rastenden Hirten
1653
Felsenhöhle mit Maultiertreibern
1653

Josef Anton Koch
Das Hospiz auf dem Grimselpass
1818

Johann Wilhelm Schirmer
Schweizer Gebirgslandschaft
1837
Der Reichbachfall bei Meiringen
1837
Fluss mit felsigem Ufer
1831
Felswand mit Bäumen und Gesträuch
zwischen 1841 und 1953

Eugen Bracht
(1842–1921)
In der Wüste Araba
1882

Eugen Bracht war lange unschlüssig, ob er lieber Maler, Geologe oder Kaufmann werden wollte. Mit seinem Malerfreund Adolf von Meckel unternahm er 1880 eine Reise nach Palästina und hat daraufhin 1883 zwei publizierte Vorträge vor dem naturwissenschaftlichen Verein in Karlsruhe gehalten, in denen neben Ethnologie und Altertumskunde die Geologie eine besondere Rolle spielte. (Auskunft: Dr. Siegmar Holsten, St.K.K.)

Gustave Courbet
Felsige Landschaft mit Rehen
1865

Kiel

Kunsthalle zu Kiel

August Gaul
(1869–1921)
Wisente
1910-1914, linkes Exemplar 123 x 248 x 96 cm, rechtes Exemplar 131 x 251 x 92 cm, Muschelkalk, erworben 1911 und 1913 vom Künstler, Kunsthalle zu Kiel, ehemals die Freitreppe zum Haupteingang flankierend. Nach dem 2. Weltkrieg in weitem Abstand voneinander mit vertauschten Seiten vor der Fassade der Kunsthalle wieder aufgestellt.

Karl Prantl
(geb. 1923)
Stein zur Meditation (Abb. 11)
1985/86, Norwegischer Granit (Labrador)
140 x 139 x 139 cm, erworben 1986
Kunsthalle zu Kiel, Skulpturenpark

Abb. 11: ›Stein zur Meditation‹ von Karl Prantl

Bård Breivik
(geb. 1944)
Gate (Tor)
1989, Diabas, 300 x 160 x 40 cm, erworben 1990, Kunsthalle zu Kiel, Skulpturenpark

Hans-Jürgen Breuste
(geb. 1933)
WIK – Feuer aus den Kesseln
1978, Denkmal zur Erinnerung an den Matrosenaufstand 1918, Granit, rostender Stahl, Kiel, Ratsdienergarten.

Köln

Museum Ludwig

Ulrich Rückriem
(geb. 1938)
Ohne Titel
1990, schwarzer, schwedischer Granit 120 x 120 x 120 cm

Abb. 12: ›Park Modell / Phantasie‹ von Charles Simonds

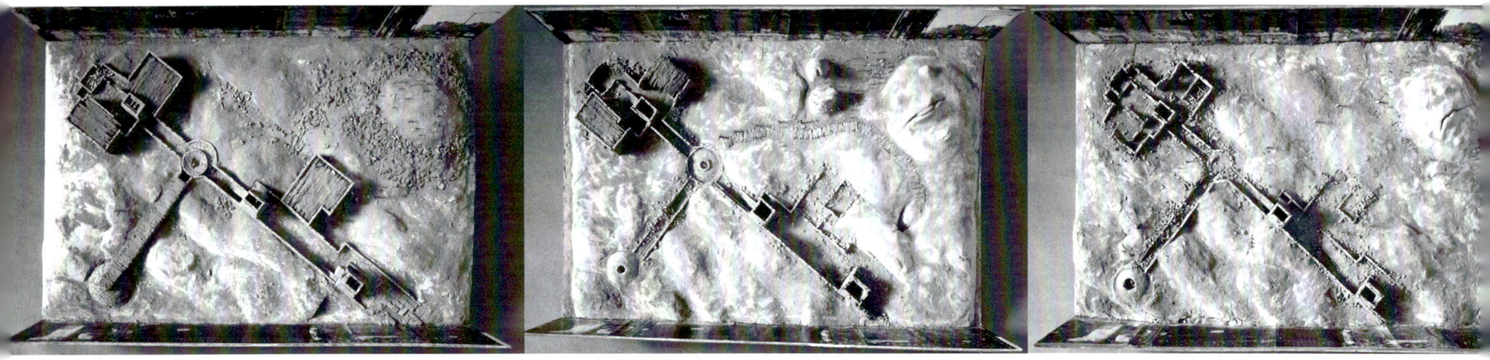

Ulrich Rückriem
Ohne Titel
1991, Anröchter Dolomit, gespalten und geschliffen, 293 x 110 x 100 cm

Charles Simonds
(geb. 1945, New York)
Park Modell / Phantasie (Abb. 12)
1974–1976, 3-tlg. , je 81 x 51 x 18 cm

Aus roten Erden und Lehm modellierte Phantasiearchitekturen eines von dem amerikanischen Künstler erfundenen imaginären Volkes der ›Little People‹. Dargestellt ist der Entwicklungs- und Verfallsprozess der Architekturen in drei Zeitphasen.

Magdeburg

Magdeburger Reiter (Abb. 13)
um 1240, Sandstein

Nach den neuesten Erkenntnissen stellt der Reiter Kaiser Otto I. dar. Es gilt als das älteste erhaltene deutsche Reiterstandbild. Das Original befindet sich mit den ihn begleitenden allegorischen Frauenfiguren im Kaiser Otto Saal des Kulturhistorischen Museums. Auf dem Marktplatz steht eine bronzene Kopie.

Magdeburger Dom
Besonders hinzuweisen ist auf die zahlreichen sogenannten Spolien aus dem Römischen bzw. Byzantinischen Reich, aus Oberitalien mitgebrachte, wertvolle Architekturteile, Säulenschäfte aus Porphyr, Marmor und Granit im Domchor und auf einen kelchförmigen Taufstein aus Porphyr im Westteil des Mittelschiffes. Sie

Abb. 13: Der ›Magdeburger Reiter‹

sind nicht nur als wertvolle, d. h. seltene, Steine anzusehen, sondern ›bewiesen‹ einst auch die Legitimation der Nachfolge der römischen durch die deutschen Kaiser und das Haus der Ottonen.

Timm Ulrichs
(geb. 1940)
Erdachse
M. 1:1.000.000, 1979/99, Achse: Granit (Nero Assoluto) Durchmesser 50 cm, Äquatorialsebene: Granit (Bolmoral), Durchmesser 250 cm, Bahnhofsvorplatz

Ian Hamilton Finlay
(geb. 1925)
Hirtenlied (Abb. 14)
1999, Elbauenpark, ehemaliges BUGA-Gelände (Großer Anger, zwischen Schießwällen und Halde)

»Die Arbeit verwendet die Bauteile einer alten Trockenmauer aus den schottischen Lowlands und wurde in Magdeburg von ›Dikemakern‹ sachverständig wieder aufgerichtet. Der Künstler formuliert: ›Als Beitrag zur Bundesgartenschau in Magdeburg soll auf einem ehemaligen militärischen Übungsgelände ein altmodischer Pferch für Schafe nachgebildet werden ... Für die traditionelle Bauweise werden umgearbeitete, bereits verwitterte Steine benutzt. Das Wort ›Hirtenlied‹ – eine Alternative zu ›Eloge‹ – wird auf das Gatter geschrieben.‹«

Der Elbauenpark, Buchgesellschaft Magdeburg GmbH, Leipzig 1999, S. 17f

Abb. 14: ›Hirtenlied‹ von Ian Hamilton Finlay

Museum für Naturkunde

Von Amethyst bis Zinnober – Die Welt der Minerale

Kunsthistorisches Museum

Eugen Bracht
(1842–1921)
Berg Sinai
1881/92, Öl auf Leinwand, 125,5 x 200 cm

Heinrich Ludwig Frische
(1831–1901)
Brockenlandschaft (An den Hohen Klippen)
um 1880, Öl auf Leinwand, 125 x 190 cm

Mainz

Landesmuseum

Samus et Severus Venicari f(ilii)
Große Mainzer Jupitersäule (Abb. 15)
Lothringer Keuper – aus der Nähe von Verdun im heutigen Frankreich, zwischen 58 und 67 nach Christus

Weih-Inschrift:
I(ovi) O(ptimo) M(aximo)
PRO [sa]L(ute) [NERO-]
[nis] CLAV [d]I CAE
SARIS AV[g](usti) IMP(eratoris)
CANABA[rii] PVBLICE
P(ublio) SULPICIO SCRIBONIO
PPROCULO LEG(ato) AVG(ust)
P[r(o) p]R(aetore)
CVRA ET IMPESA
Q(uinti) IVLI PRISCI ET
Q(uinti) IVLI AUCTI

Deutsch:
Dem Jupiter Optimus Maximus (haben geweiht) für das Heil des Nero Claudius Caesar Augustus Imperator die Bewohner der Canabae aufgrund eines öffentlich-rechtlichen Aktes (dieses Denkmal), als Publius Sulpicius Proculus Oberbefehlshaber war. Diesen Auftrag durchgeführt und die Kosten übernommen Quintus Julius Priscus und Quintus Julius Auctus.

Mannheim

Hermann Billing
(1867–1946)
Kunsthalle Mannheim (Abb. 16)
erbaut 1905 bis 1907, roter Sandstein

Im Inneren farbiger Marmor, errichtet aus Anlass der Jubiläums-Kunstausstellung von 1907 (300 Jahre Mannheim) in der damals modernen Form des Jugendstils

Gustav Halmhuber, Architekt
(1862–1936)

Oscar Smreker, Ingenieur
(1854–1935)
Wasserturm
1896–1889, gelber Sandstein

Im Gegensatz zur Kunsthalle wurde der Wasserturm im eklektischen neo-

Abb. 15: Die ›Große Mainzer Jupitersäule‹

Abb. 16 : Die Kunsthalle Mannheim von Hermann Billing

barocken Stil errichtet. Interessant ist die Errichtung auf dem zentral gelegenen Friedrichsplatz der Stadt.

Max Laeuger

(1864 – 1952)

Carl-Benz Denkmal

1933, Muschelkalk, 550 x 495 x 104 cm

Die Darstellung der Reliefﬁgur des Carl Benz (1844 – 1929) orientiert sich z. B. in der Kleidung an einem in den 1930er Jahren geschätzten Spätklassizismus, der im Gegensatz steht zu dem Realismus der Darstellung des Automobiles.

Abb. 17 : Dolomit, zugeschnitten von Ulrich Rückriem

Münster

Ulrich Rückriem

(geb. 1938)

Dolomit, zugeschnitten (Abb. 17)

1976, neunteilig, 330 x 720 x 120 cm, Anröchter Dolomit

Aufstellung an der Nordseite der Petrikirche (auf dem Gelände der Universität Münster) anlässlich des ersten Skulpturenprojekts 1977 bis 1981. Dann vom Künstler entfernt wegen ständiger Angriffe von Universitätsmitgliedern gegen die Skulptur. Dauerhafte Wiederaufstellung zu den zweiten Skulpturenprojekten 1987.
Auf dem Vorplatz des Westfälischen Kunstvereins und des LWL-Museums für Kunst und Kultur steht eine weitere Skulptur von Ulrich Rückriem aus Granit aus dem Besitz des Westfälischen Kunstvereins (Abb. 18).

Ulrich Rückriem

Granit (Normandie), gespalten, geschnitten, geschliffen (Abb. 18)

1985, Dauerleihgabe des Westfälischen Kunstvereins an das LWL-Museum für Kunst und Kultur

Stuttgart

James Stirling

(1926 – 1992)

Staatsgalerie Stuttgart (Abb. 19)

verkleidet mit ›Weiler Sandstein‹ aus der Nähe von Heilbronn und sogenanntem ›Cannstatter Travertin‹.

Charakteristisch für diesen typischen Bau der postmodernen Architektur ist der Einsatz dünner Travertinscheiben, die vor dem aus Beton ausgeführten Bau hängen, also den offensichtlich künstlichen Eindruck von monumentalem Natursteinmauerwerk aus großen Blöcken vermitteln.

Ulrich Rückriem

Ohne Titel

Anröchter Dolomit, 1977

75 x 250 x 95 cm

(auf der Terrasse des Museums)

Passau

Museum Moderner Kunst – Stiftung Wörlen

Geologisch interessante Museen in der Umgebung:
Passauer Glasmuseum ›Wilder Mann‹, Grafitwerke, Kropfmühle, Nähe Hauzenberg mit Grafitmuseum Granitsteinbrüche nahe Tittling und Hauzenberg (gelblicher, bläulicher Granit, fein- und grobkörnig bis zum sogenannten grobkörnigen Presssackgranit)

Abb. 18 : Granit (Normandie), gespalten, geschnitten, geschliffen von Ulrich Rückriem

Adressen der erwähnten Museen und Standorte der Kunstwerke:

Bremen

Kunsthalle Bremen
Am Wall 207, 28195 Bremen
Tel.: (0421) 329080; Fax: 3290847
E-Mail: office@kunsthalle-bremen.de
http://www.kunsthalle-bremen.de

Gerhard-Marcks-Haus
Am Wall 208, 28195 Bremen
Tel.: (0421) 327200; Fax: 3378675
E-Mail: info@marcks.de
http://www.marcks.de

Überseemuseum
Bahnhofsplatz 13, 28195 Bremen
Tel.: (0421) 3619176; Fax: 3619291
E-Mail: presse@uebersee-museum.de
http://www.uebersee-museum.de

Weserburg | Museum für moderne Kunst
Teerhof 20, 28199 Bremen
Tel.: (0421) 598390; Fax: 505247
E-Mail: mail@nmwb.de
http://www.nmwb.de

Focke-Museum
Schwachhauser Heerstr. 240, 28213 Bremen
Tel.: (0421) 3613575; Fax: 3613903
E-Mail: post@focke-museum.de
http://www.focke-museum.de

Dessau

Stiftung Bauhaus Dessau
Gropiusallee 38, 06846 Dessau
Tel.: (0340) 6508251; Fax: 6508226
E-Mail: service@bauhaus-dessau.de
http://www.bauhaus-dessau.de

Hannover

Vor dem Neubau der Bundesanstalt für Geowissenschaften u. Rohstoffe, Stilleweg 2.

Heidelberg

Heidelberger Kunstverein
Hauptstr. 97, 69117 Heidelberg
Tel.: (06221) 184086; Fax: 164162
E-Mail: hdkv@artgentur.de
http://www.artgentur.de/hdkv

Magdeburg

Kulturhistorisches Museum
Otto-von-Guericke-Str. 68-73
39104 Magdeburg
Tel.: (0391)536500; Fax: 5365010
E-Mail: museen@magdeburg.de
http://www.khm-magdeburg.de

Museum für Naturkunde
Otto-von-Guericke-Strasse 68 - 73
39104 Magdeburg

Mainz

Landesmuseum Mainz
Große Bleiche 49-51, 55116 Mainz
Tel.: (06131)28570; Fax: 285757
E-Mail: landesmuseum-mainz@gdke.rlp.de
http://www.landesmuseum-mainz.de

Mannheim

Städtische Kunsthalle Mannheim
Moltkestr.9, 68165 Mannheim
Tel.: (0621)2936411/30; Fax: 2936412
E-Mail: kunsthalle@mannheim.de
http://www.mannheim.de/kunsthalle

Münster

LWL-Museum für Kunst und Kultur
Domplatz 10
48143 Münster
Telefon: (0251(5907 01
Fax: (0251) 5907 210
E-Mail: museumkunstkultur@lwl.org

Stuttgart

Staatsgalerie Stuttgart
Konrad-Adenauer-Str.30-32, 70173 Stuttgart
Tel.: (0711)2124050; Fax: 2124068
E-Mail: info@staatsgalerie.de
http://www.staatsgalerie.de

Kiel

Kunsthalle zu Kiel
Christian-Albrechts-Universität

Abb. 19: Staatsgalerie Stuttgart von James Stirling

Düsternbrooker Weg 1, 24105 Kiel
Tel.: (0431) 8805751; Fax: 8805754
E-Mail. buero@kunsthalle.uni.kiel.de
http://www.kunsthalle.uni-kiel.de

Geologisch-Paläontologisches Museum
Ludwig-Meyn-Str. 12, 24118 Kiel
Tel.: (0431)8802693; Fax: 8804376
E-Mail: eb@gpi.uni-kiel.de

Passau

Museum Moderner Kunst – Stiftung Wörlen
Bräugasse 17, 94032 Passau
Tel: (0851)3838790; Fax: 38387979
E-Mail: info@mmk-passau.de
http://www.mmk-passau.de

Thomas Deecke konzipierte das Neue Museum Weserburg Bremen als erstes Sammlermuseum für zeitgenössische Kunst in Europa. Als Direktor baute er daneben die größte europäische Sammlung von zeitgenössischen Künstlerpublikationen auf. Bis zu seiner Pensionierung 2005 verantwortete er mit seinem Team mehr als 150 Wechselausstellungen.

Prof. Dr. T. Deecke
www.deecke.org

Katharina Kiesinger studierte Freie Kunst, Kunstwissenschaft und Philosophie und beschäftigt sich in Theorie und Praxis mit Fragestellungen im Grenzbereich von Kunst und Wissenschaften. 2001/02 war sie als Praktikantin im Neuen Museum Weserburg tätig und organisierte u. a. die Veranstaltung ›Was hat Geowissenschaft mit Kunst zu tun?‹.

»Was aber bleibet, stiften die Dichter«

Geologie und Literatur

von Ilse und Eugen Seibold, Freiburg

»Was aber bleibet, stiften die Dichter« – dieses Wort Hölderlins trifft einen grundlegenden Unterschied zwischen den beiden großen Domänen der Wissenschaft – in unserem Fall der Naturwissenschaft – und der Kunst. Wissenschaft ist nie abgeschlossen, sie schreitet fort über ihre Erkenntnisse wie über ihre Irrtümer, die oft lange als Wahrheiten Geltung hatten. Ein Kunstwerk dagegen, hat es einmal seine Form erhalten, bleibt bestehen, seine Aussage ist nicht mehr wandelbar. Sofern sich Dichtung mit Wissenschaft befasst, finden wir deshalb auch manchen, jeweils zeitgebundenen Irrtum, was aber dem Kunstwerk als Ganzem nichts anhaben kann. Das muss man im Kopf haben, wenn man auf geologische Bezüge in der Literatur aus verschiedenen Jahrhunderten blickt. Für diesen Artikel können nur Beispiele aus Werken besonders bekannter Dichter herangezogen werden. Sie können hier nur in Ausschnitten zitiert werden, die dazu anregen mögen, sich weiter damit zu befassen. Es gibt manche weitere Literatur, in der die Geologie eine Rolle spielt. Hinweise zu früheren Arbeiten über unser Thema sind dem Literaturverzeichnis zu entnehmen.

Es gibt, vor allem in der Lyrik, Gedichte, die explizit die Geologie zum Sujet haben, bei anderen bildet sie nur den Rahmen zu weiterführenden Gedanken über Menschenlos und Weltgeschick. Unsere Gliederung richtet sich jedoch nicht danach, sondern geht chronologisch vor.

Die Geologie im engeren Sinn begann sich in der Zeit der Aufklärung, im 18. Jahrhundert, zu entwickeln. Ihre Wurzel ist der Bergbau, auf dessen Kenntnissen sie aufbaute. Deshalb finden wir in dieser Frühzeit auch die Gedichte, die sich auf den Bergbau beziehen und ihn verherrlichen.

Abb.1: Der Geologe. Gemälde von Carl Spitzweg, um 1860 (Von-der-Heydt-Museum, Wuppertal)

Lessing

Beginnen wir mit dem großen Pionier deutscher Dichtung, Gotthold Ephraim Lessing (1729–1781). Er schrieb 1748 im ›Naturforscher‹, 72. Stück:

»Bald in dem finstern Schacht, wo Graus und Reichtum thronet,
Und bei dem Nutz Gefahr in hohlen Felsen wohnet.
Der Steine theure Last, der Erze hart Geschlecht,
Der Gänge Wunderlauf, was schimmert und was ächt,
mit mühsamer Gefahr und fährlichen Beschwerden,
Neugierig auszuspähn und so ihr Herr zu werden...
Dazu gehöret mehr, als wenn beim Glase Wein,
der Dichter ruhig singt, besorgt nur um den Schein.«

Novalis

Von Novalis (1772–1801), der unter seinem bürgerlichen Namen Georg Friedrich Philipp Baron von Hardenberg ein Vorzugsschüler des berühmten Mineralogen Abraham Gottlob Werner an der Bergakademie Freiberg war und nach seinem Studium 1799 Salinenassessor wurde, zitieren wir aus seinem 1798 bis 1801 niedergeschriebenen, postum erschienenen Werk ›Heinrich von Ofterdingen‹:

»Der ist der Herr der Erde,
der ihre Tiefen misst,
und jedlicher Beschwerde
in ihrem Schoß vergisst.

Der ihrer Felsenglieder
geheimen Bau versteht
und unverdrossen nieder
zu ihrer Werkstatt geht ...

Er führt des Goldes Ströme
in seines Königs Haus
Und schmückt die Diademe
mit edlen Steinen aus...

Zwar reicht er treu dem König
den glückbegabten Arm
doch fragt er nach ihm wenig
und bleibt mit Freuden arm ...«

Der letzte Satz hat seither zu mancher Betrachtung angeregt – mit Freuden arm zu sein, war damals wie heute kein weit verbreiteter Wunsch. Carl Spitzweg hat indessen einen solchen Geologen gekannt (Abb. 1).

Körner

In Freiberg studierte auch Karl Theodor Körner (1791–1813), lange gefeiert wegen seiner patriotischen Dichtungen aus dem Freiheitskrieg gegen Napoleon, wo er sich dem Lützowschen Freikorps angeschlossen hatte und fiel. Seine Freiberger Zeit von 1808 bis 1810 regte ihn auch zu seinem Gedicht ›Bergmannsleben‹ an:

»In das ew'ge Dunkel nieder
Steigt der Knappe, der Gebieter
Einer unterird'schen Welt.
Er, der stillen Nacht Gefährte,
Atmet tief im Schoß der Erde,
Den kein Himmelslicht erhellt.
Neu erzeugt mit jedem Morgen
Geht die Sonne ihren Lauf.
Ungestört ertönt der Berge
Uralt Zauberwort: »Glück auf!...

Durch der Stollen weite Länge,
Durch das Labyrinth der Gänge
Wandern wir den sichern Weg.
Über nie erforschte Gründe,
Über dunkle Höllenschlünde
leitet schwankend uns der Steg;
Ohne Grauen, ohne Zaudern
Dringen wir in's düstre Reich,
Führen auf metallne Wände
Jauchzend den gewalt'gen Streich.«

Hier haben wir in vollem Pathos das Geologenmotto: ›Mente et Malleo‹ (›mit Verstand und Hammer‹) versinnbildlicht.

Goethe

Auch Johann Wolfgang von Goethes (1749–1832) lebenslanges Interesse an der Geologie begann mit seinen Bemühungen um den Bergbau des Weimarer Staates, die zu seinen administrativen Aufgaben gehörten. Im Bereich seiner naturwissenschaftlichen Arbeiten veröffentlichte er einschlägige Aufsätze in Fachzeitschriften. An der Tür seines Sterbezimmers im Haus am Frauenplan hing eine Tabelle der geologischen Schichten. In seine Dichtungen ging die Geologie in dem großen Roman ›Wilhelm Meisters Wanderjahre‹ (entstanden ab 1777) durch die Gestalt des Montan ein. Sein universelles Interesse griff jedoch weit über den auch in diesem Roman eine wichtige Rolle spielenden Bergbau hinaus. Im zweiten Akt von Faust II (1832) wendete er sich zum Beispiel der Rolle des Meeres, überhaupt des Wassers bei der Formung der Erdoberfläche zu. In der klassischen Walpurgisnacht lässt er Thales sagen:

»Heil! Heil aufs neue!
Wie ich mich blühend freue,
vom Schönen, Wahren durchdrungen –
Alles ist aus dem Wasser entsprungen!
Alles wird durch das Wasser erhalten!
Ozean, gönn uns dein ewiges Walten!
Wenn du nicht Wolken sendetest,
Nicht reiche Bäche spendetest,
Hin und her nicht Flüsse wendetest,
Die Ströme nicht vollendetest,
Was wären Gebirge, was Ebnen und Welt?
Du bists, der das frischeste Leben erhält!«

Schiller

Bei Friedrich von Schiller (1759–1805) ging es in seiner wohlbekannten Ballade ›Der Taucher‹, die er um 1797 schrieb, ebenfalls um das Wasser. Er malte in dichterischer Freiheit den Höllenschlund der brandenden See aus und war als Schwabe, als Binnenländer, souverän oder unwissend genug, dort auch Süßwassertiere wie den Salamander anzusiedeln:

»Und es wallet und siedet und brauset und zischt,
Wie wenn Wasser mit Feuer sich mengt,
Bis zum Himmel sprützet der dampfende Gischt,
Und Well' auf Well' sich ohn' Ende drängt,
Und wie mit des fernen Donners Getose
Entstürzt es brüllend dem finsteren Schoße …

Und da hing auch der Becher an spitzen Korallen,
Sonst wär' er ins Bodenlose gefallen.

Denn unter mir lags noch, bergetief,
In purpurner Finsternis da,
Und obs hier dem Ohre gleich ewig schlief,
Das Auge mit Schaudern hinuntersah,
Wie's von Salamandern und Molchen und Drachen
Sich regt' in dem furchtbaren Höllenrachen.

Schwarz wimmelten da, in grausem Gemisch,
Zu scheußlichen Klumpen geballt,
Der stachliche Roche, der Klippenfisch,
Des Hammers greuliche Ungestalt,
Und dräuend wies mir die grimmigen Zähne
Der entsetzliche Hai, des Meeres Hyäne.«

Heute, und bei ruhigem Seegang, ist es leichter, in Korallenriffen zu tauchen (Abb. 2).

Kleist

Dramatik beherrscht auch das nächste Werk. Das katastrophale Erdbeben von Lissabon, das 1755 die Menschen in aller Welt erschütterte, lag noch nicht lange zurück, als im ›Morgenblatt für gebildete Stände‹ 1807 die dramatische Novelle ›Das Erdbeben von Chile‹ von Heinrich von Kleist (1777–1811) erschien, in welcher der Gefangene Jeronimo Rugera bei einem schweren Erdbeben seinem Verlies entrinnen konnte, aber gleichzeitig mit lebensgefährlichen Situationen konfrontiert wurde:

»Kaum befand er sich im Freien, als die ganze schon erschütterte Strasse auf eine zweite Bewegung der Erde völlig zusammenfiel. Besinnungslos, wie er sich aus diesem allgemeinen Verderben retten würde, eilte er über Schutt und Gebälk hinweg, indessen der Tod von allen Seiten Angriffe auf ihn machte, nach einem der nächsten Tore der Stadt. Hier stürzte noch ein Haus zusammen und jagte ihn, die Trümmer weit umherschleudernd, in eine Nebenstrasse; hier leckte die Flamme schon, in Dampfwolken blitzend, aus allen Giebeln und trieb ihn schreckenvoll in eine andere; hier wälzte sich, aus seinem Gestade gehoben, der Mapochofluss auf ihn heran und riss ihn brüllend in eine dritte. Hier lag ein Haufen Erschlagener, hier ächzte noch eine Stimme unter dem Schutte, hier schrien Leute von brennenden Dächern herab, hier kämpften Menschen und Tiere mit den Wellen, hier war ein mutiger Retter bemüht, zu helfen; hier stand ein anderer, bleich wie der Tod, und streckte sprachlos zitternde Hände zum Himmel. Als Jeronimo das Tor erreicht und einen Hügel jenseits desselben bestiegen hatte, sank er ohnmächtig auf demselben nieder ...«

Auch ohne Erdbeben oder Vulkanausbrüche kann die Natur zuschlagen (Abb. 3).

Abb. 2: Korallenriff im Great Barrier Reef vor Ostaustralien (Tauchaufnahme 1976, E. Seibold).

Abb. 3: Naturkatastrophen. Hochwasserschäden an einem Straßenwärterhaus im Adamellogebiet (Südalpen) im Jahr 1961. Das normale Flussbett liegt über drei Meter tiefer.

Droste-Hülshoff

Die Ablagerungen der Eiszeit waren ein lange Zeit unverstandenes geologisches Phänomen, dessen Deutungen sich auch in der Dichtung spiegeln. Zunächst wurde, getreu dem biblischen Bericht, die Sündflut als Ursache für das Fremdgestein der Findlinge oder die Fülle verschiedener Gesteine im Geschiebemergel herangezogen. Dies findet sich bei Anette von Droste-Hülshoff (1797–1848), deren Interesse an der Geologie auch ihr Sammelschrank mit Fossilien und Gesteinen im heimatlichen Rüschhaus bei Münster bezeugt. Aus dem langen Gedicht von 1841/42 ›Die Mergelgrube‹ (es handelt sich um Geschiebemergel), zitieren wir nur aus dem Beginn:

»Stoß deinen Scheit drei Spannen in den Sand,
Gesteine siehst Du aus dem Schnitte ragen,
Blau gelb, zinnoberrot, als ob zur Gant
Natur die Trödelbude aufgeschlagen.
Kein Pardelfell war je so bunt gefleckt,
Kein Rebhuhn, keine Wachtel so gescheckt,
Als das Gerölle, gleißend wie vom Schliff
Sich aus der Scholle bröckelt bei dem Griff
Der Hand, dem Scharren mit des Fußes Spitze ...

Nur wenige hat dieser Grund gezeugt,
Der sah den Strand und der des Berges Kuppe,
Die zorn'ge Welle hat sie hergescheucht,
Leviathan mit seiner Riesenschuppe,
Als schäumend über'n Sinai er fuhr,
Des Himmels Schleusen dreißig Tage offen,
Gebirge schmolzen ein wie Zuckerkand,
Als dann am Ararat die Arche stand
Und eine fremde üppige Natur,
Ein neues Leben quoll aus neuen Stoffen ...«

Das Gedicht endet damit, dass sie einem Schäfer ein Fossil zeigt. Ihre Erklärung, dass dies ein Tier gewesen sei, amüsiert ihn köstlich: »dass ich verrückt sei, hätt' er nicht gedacht«. Wir finden später beim ›Erratischen Block‹ von Victor von Scheffel die nächste irrige Vorstellung von der Eiszeit, die Drifttheorie (S. 479).

Gegen Ende des 18. und dann in der ersten Hälfte des 19. Jahrhunderts nahmen die Naturwissenschaften insgesamt, und besonders auch die Geowissenschaften, ihren beeindruckend raschen Aufschwung, und das Interesse daran zog bei den Gebildeten weite Kreise. Die Erkenntnisse der Paläontologie entfachten eine wahre Sammelleidenschaft (Abb. 4). Fossilien gehörten in die Sammlerschränke der gebildeten Bürger. In Deutschland wurde Württemberg früh zu einem klassischen Land geologischen Forschens und Sammelns.

Abb. 4: Sammelleidenschaft. Auch in England war in der Mitte des vorletzten Jahrhunderts die Jagd nach Fossilien ein Gesellschaftssport. Bei Niedrigwasser kann man vor der Yorkshire-Küste neben heutigen marinen Felsbewohnern auch Liasfossilien finden.

Mörike

Das zeigt sich in des schwäbischen Dichters Eduard Mörike (1804–1875) 1844 entstandenen biedermeierlich-idyllischen Versen:

›Der Petrefaktensammler‹ (An zwei Freundinnen):

»Einmal noch an Eurer Seite,
Meinen Hammer im Geleite,
Jene Frickenhauser Pfade
Links und rechts und krumm und gerade
An dem Bächlein hinzuscherzen,
Das verlangte mich von Herzen.
Aber dann mit tausend Freuden
Gleich den Hügel auf zu weiden,
Drin die goldnen Ammoniten,
Lias-Terebratuliten,
Pentakrinen auch die zarten,
Alle sich zusammenscharten ...«

Stifter

In der Prosa des Österreichers Adalbert Stifter (1805–1868) ist die Geologie vielfach gegenwärtig. Die Sammlung ›Bunte Steine‹ (1853) ist voller geologischer Bezüge. Seine Begegnung mit Friedrich Simony, dem großen Erforscher des Dachsteins, regte ihn zu seinem Spätwerk, ›Der Nachsommer‹ (1857) an. Der Held der Geschichte, Heinrich Drendorf, wird im Laufe seiner Studien zum Geologen. Wir zitieren hier, was Drendorf über diese sagt: Er wandert als junger Mann im Gebirge:

»Die Betrachtung der unter mir liegenden Erde, der ich oft mehrere Stunden widmete, erhob mein Herz zu höherer Bewegung, und es erschien mir als ein würdiges Bestreben, zu dem alle meine bisherigen Bemühungen nur Vorarbeiten gewesen waren, dem Entstehen dieser Erdoberfläche nachzuspüren, und durch Sammlung vieler kleiner Tatsachen an den verschiedensten Stellen sich in das große und erhabenen Ganze auszubreiten, das sich unseren Blicken darstellt, wenn wir von Hochpunkt zu Hochpunkt unserer Erde reisen, und sie endlich alle erfüllt haben und keine Bildung dem Auge zu untersuchen bleibt als die Weite und die Wölbung des Meeres ...«

Storm

Nicht nur Schiller hat seinen Blick auf das Meer und seine Küsten gerichtet. Viel näher lag das dem seiner Heimat eng verbundenen Theodor Storm (1817–1888), in Husum geboren, ab 1843 dort Advokat, 1864 Landvogt und von 1874 bis 1880 Oberamtsrichter. Er war mit der heimatlichen Wattküste wohlvertraut, an der bei Ebbe weite Flächen regelmäßig trockenfallen, die die Flut dann wieder überschwemmt. Die Wattlandschaft hatte für ihn tiefe Symbolkraft. Melancholie mischt sich in einem seiner späteren Gedichte ›Meeresstrand‹ mit der Idylle:

»Ans Haff nun fliegt die Möwe,
Und Dämm'rung bricht herein;
Über die feuchten Watten
Spiegelt der Abendschein.

Graues Geflügel huschet
Neben dem Wasser her;
Wie Träume liegen die Inseln
Im Nebel auf dem Meer.

Ich höre des gärenden Schlammes
Geheimnisvollen Ton,
Einsames Vogelrufen –
So war es immer schon.

Noch einmal schauert leise
Und schweiget dann der Wind;
Vernehmlich werden die Stimmen
Die über der Tiefe sind.«

Der Abendschein liegt über dem Nordseewatt der Abbildung 5. Das Leben im Wattschlamm wird in Abbildung 6 gezeigt. Ein modernes Gegenstück ist Paul Celans Gedicht ›Niedrigwasser‹ (S. 482).

Abb. 5: Abendstimmung am Nordsee-Watt hinter der Insel Röm (1964)

Abb. 6 (rechts): Das Leben in der Tiefe. Wegen des regelmässigen Trockenfallens der Wattböden sucht ein Großteil der dortigen Tiere Schutz im Schlick- und Sandboden. Die Kotwursthaufen stammen vom Sandwurm *Arenicola* mit seinen bis handspannentiefen U-Röhren. Der bräunliche Diatomeenfilm wird stellenweise unterbrochen durch helle Flecken, in denen je zwei Löcher zu sehen sind, ein Zeichen, dass die nur seicht eingegrabene Herzmuschel *Cardium* dort mit ihren Siphonen die Oberfläche abweidet. Eine ihrer toten Doppelklappen-Schalen ist der Größenmaßstab. (Watt hinter Norderney, 1964)

Scheffel

Der Badener Victor von Scheffel (1824–1886) schrieb 1868 in Donaueschingen seine Gaudeamus-Lieder, von denen wir hier nicht das bekannteste über den Ichthyosaurus zitieren wollen, sondern mit dem ›Erratischen Block‹ ein weiteres Beispiel für einen in der Dichtkunst verewigten wissenschaftlichen Irrtum, mit dem wir an denjenigen der Anette von Droste Hülshoff (S. 476) anknüpfen können. Die ersten Verse handeln von dem Sturz des Blocks auf einen Gletscher. Dann geht es weiter:

Abb. 7: Erratischer Block

»Scharf wies mir der Gletscher die Zähne:
Hier, Springinsland, wirst du poliert,
Und im Schutt meiner großen Moräne
Als Fremder talab transportiert.
Geritzt und gekritzt und geschoben
Entrollt ich in spaltige Schlucht
Wurd stoßweis nach oben gehoben
Gewälzt und gepufft und geknufft.

Da bleib einer sauber und munter
In solchem Gerutsch und Geschlamm
Ich kam immer tiefer herunter
Bis der Eiswall im Urmeer zerschwamm.
Und der spielt die traurigste Rolle,
Dem die Basis mit Grundeis ergeht ...
Ich wurde auf treibender Scholle
In des Ozeans Brandung verweht.

Plump, plump! da ging ich zugrunde,
Lag elend versunken und schlief
Bis in spät erlösender Stunde
Sich Gletscher und Sündflut verlief«

Als Scheffel dies schrieb, glaubte man noch, dass die Findlinge mit von Gletschern abgebrochenen Eisschollen verdrifteten und nach deren Abschmelzen endlich auf den Meeresboden sanken. Man konnte sich nicht vorstellen, dass gewaltige Eiskappen auf dem Festland lagen. Die Drifttheorie beherrschte für Jahrzehnte die Eiszeitforschung, bis man erst im letzten Drittel des 19. Jahrhunderts erkannte, dass nicht die Eisschollen, sondern die Gletscher und das Inlandeis die Transporteure waren, die die Blöcke dann bei ihrem Abschmelzen hinterließen. Dass Findlinge seit jeher beeindrucken, zeigt Abbildung 7.

Kipling

Aus der Feder von Rudyard Kipling (1865 in Bombay geboren, 1936 in London gestorben) stammen viele lebensnahe Schilderungen aus Indien. Er erhielt 1907 den Nobelpreis für Literatur. In der Erzählung ›Das Wunder des Purun Bhagat‹ aus dem ›Neuen Dschungelbuch‹ (1895) schildert er ungemein eindringlich einen Bergsturz. Der Titelheld war ein hoher Würdenträger und Brahmane, der sich in die Einsamkeit des hohen Himalaya zurückgezogen hatte. Er fand dort einen verlassenen Schrein, 500 Meter über einem kleinen Dorf, das ihn mit Nahrung versorgte. Einige Affen und ein großer Hirsch wurden ihm zu Gefährten. Nach monatelangen Sommerregen wurde er von diesen mitten in der Nacht geweckt.

»... der Hirsch drängte ihn dem Ausgang zu, und nun hörte Purun Bhagat einen Laut, als ob sich etwas öffne mit einem Seufzer, und er sah, wie zwei Steinplatten des Bodens voneinander rückten, während die fettige Erde darunter ein schmatzendes Geräusch von sich gab. »Nun verstehe ich«, sagte Purun Bhagat. »Kein Wunder, dass meine Brüder heute Nacht nicht zu meinem Feuer kamen. Der Berg stürzt ein.« ... Er jagte mit seinen Tieren den jähen, schlüpfrigen Pfad hinunter und alarmierte das Dorf. Alle Bewohner hasteten den gegenüberliegenden Hang hinauf. Endlich hielt der Hirsch an im Dunkel eines tiefen Fichtenwaldes, fünfhundert Fuß hoch in den Bergen. Der Instinkt, der ihn vor dem nahen Bergsturz gewarnt hatte, sagte ihm jetzt, dass er hier sicher war. Purun Bhagat sank ohnmächtig an seiner Seite zu Boden. Der Frostschauer des Regens und der furchtbare Anstieg waren sein Tod.« ...

»Nun ging es wie ein Seufzen durch die Luft, es wuchs zu einem Murren, das Murren wuchs zum Gebrüll, und Gebrüll schwoll an über alles Hören hinaus. Die Bergseite, auf der die Dörfler standen, wurde in der Finsternis wie von einem Schlage getroffen und erbebte bis ins Innerste. Dann erklang ein Ton, stetig, tief und voll, wie das tiefe C der Orgel, und verschlang für fünf Minuten jeden anderen Laut, und die hohen Fichten erzitterten bis in ihre Wurzeln hinein. Der Ton starb dahin – und das Rauschen des Regens, der meilenweit auf harten Boden geschlagen hatte, wurde zum dumpfen Trommeln der Wässer auf weicher Erde. Das sprach seine eigene Sprache. ... Als der Morgen kam, blickten sie über das Tal hin. Wo einst Terrassenfelder gewesen waren, Wälder und fährtendurchfurchte Weidegründe, war jetzt nur noch eine rohe, rötliche, fächerartig verspreizte Lehmmasse, aus der kopfüber gestürzte Baumstämme da und dort herausragten. Die rötliche Masse war noch hoch am Berg ihrer Rettung aufgelaufen und staute den kleinen Fluss, der sich zu einem ziegelroten See auszudehnen begann. Von dem Dorfe, dem Pfad, der zu dem Schrein geführt hatte, von dem Schrein selbst und dem Wald dahinter war keine Spur mehr zu sehen. Eine Meile in der Breite und zweitausend Fuß in der Tiefe war die Bergwand abgestürzt, mit glatter Schnittfläche vom Gipfel bis zur Sohle.«

Eine moderne Schilderung eines historischen Bergsturzes in den Schweizer Alpen gibt Franz Hohler in seiner Novelle ›Die Steinflut‹ (Luchterhand, München 1998).

Morgenstern

Christian Morgenstern (1871–1914) wurde vor allem durch seine grotesk-komischen ›Galgenlieder‹ (1905) bekannt. Weniger drangen die feinsinnigen späteren Gedichte ins öffentliche Bewusstsein. Von ihnen ist der ›Gletscherschliff‹ (aus der Sammlung Gaston Mayer im Geologenarchiv Freiburg) ein schönes Beispiel:

»Fels, auf dem Äonen durch
Gletschereis sich schob und wand,
Heute streicht dein grau Gefurch
Warme Menschenhand.
Schlief auch ich einst, Stoff wie du
Dumpf und unbefreit,
Harrte in erhabner Ruh
Meiner fernen Zeit?

Und nun steh ich, späte Frucht,
Seltsamer Gewinn,
Streiche über Zug und Flucht
Krauser Runen hin ...«

Über Gletscherschliff und die Zeit kann man auch anhand der Abb. 8 nachdenken.

Thomas Mann

Thomas Mann (1875–1955) nimmt in seinem Roman ›Bekenntnisse des Hochstaplers Felix Krull‹ (1922 zuerst erschienen, 1954 zum Roman umgearbeitet) einen Paläontologen, den deutschen Professor Kuckuck aus Gotha, der in Lissabon lebt und dort ein Museum aufgebaut hat, aufs Korn. Er trifft bei einer Eisenbahnfahrt im Speisewagen den Titelhelden, dem er in großer Breite und höchst anschaulich die Evolution der Organismen bis zum Menschen erklärt. Eine kurze Leseprobe daraus muss hier genügen:

... »Und wie das Organische sich beeilt hat«, sprach Kuckuck weiter, »seine Arten und Formen zu entwickeln, gerade als ob es gewusst hätte, dass das Lämpchen nicht ewig glühen wird. Besonders gilt das für seine Frühzeit. Im Kambrium - so nennen wir die unterste Erdschicht, die tiefste Formation der paläontologischen Periode - steht es um die Pflanzenwelt freilich noch dürftig: Seetange, Algen, weiter kommt noch nichts vor - das Leben stammt aus dem Salzwasser, dem warmen Urmeer, müssen Sie wissen. Aber das Tierreich ist da sofort nicht nur durch einzellige Urtiere, sondern durch Hohltiere, Würmer, Stachelhäuter, Gliederfüßler vertreten, das will sagen: durch sämtliche Stämme mit Ausnahme der Wirbeltiere. Es scheint, von den fünfhundertfünfzig Millionen Jahren hat es keine fünfzig Millionen Jahre gedauert, bis die ersten Vertebraten aus dem Wasser an Land gingen, von dem damals schon einiges bloßlag. Und dann ist es mit der Evolution, der Aufspaltung der Arten dermaßen schnell vorangegangen, dass nach bloßen zweihundertfünfzig weiteren Jahrmillionen die ganze Arche Noah einschließlich der Reptilien da war, - nur die Vögel und Säugetiere standen noch aus. Und das alles vermöge der einen Idee, die die Natur in anfänglichen Zeiten fasste und mit der zu arbeiten sie bis hin zum Menschen nicht abgelassen hat.«

»Ich bitte recht sehr, mir dieselbe zu nennen!«

»Oh, es ist nur die Idee des Zellenzusammenlebens, nur der Einfall, das glasig-schleimige Klümpchen des Urwesens, des Elementarorganismus nicht allein zu lassen, sondern, anfangs aus wenigen davon, dann aus Abermillionen, übergeordnete Lebensgebilde, Vielzeller, Großindividuen herzustellen, sie Fleisch und Blut bilden zu lassen ...«

Abb. 8 (linke Seite): Eis-Schleifspuren. Südlich von Göteborg sind manche Schären vom skandinavischen Inlandeis glattgeschliffen und gestriemt worden. Dieses Bild illustriert auch die oft riesigen zeitlichen Lücken der erdgeschichtlichen Überlieferung: Der Granit im Vordergrund ist über eine Milliarde Jahre alt. Auf ihm liegt direkt heutiges Sediment. Die ganze Zeit dazwischen ist hier nicht überliefert. (Aufnahme aus dem Jahr 1957)

Mandelstam

Für Ossip Mandelstam (1891–1938) waren Steine, Geologie oder Mineralogie ein wesentliches Thema, das er immer wieder aufgriff. Bereits sein erster Gedichtband trug den Titel ›Der Stein‹ (1913). Wir zitieren hier jedoch aus der Übersetzung von seinem ›Gespräch über Dante‹ seine Gedanken beim Sammeln von Steinen am Ufer des Schwarzen Meeres:

»Dabei wurde mir klar, dass der Stein gleichsam das Tagebuch des Wetters ist, sozusagen ein meteorologisches Gerinnsel. Der Stein ist nichts anderes als das aus dem atmosphärischen in den funktionalen Raum versetzte Wetter. Um das zu verstehen, stelle man sich vor, dass jede geologische Veränderung, selbst die größte Umwälzung, vollständig in Elemente des Wetters zerlegbar ist. In diesem Sinn ist die Meteorologie ursprünglicher als die Mineralogie, sie umfasst und umspült sie, gibt ihr Alter und Sinn. Die großartigen Passagen, die Novalis dem Bergmann ... widmet, konkretisieren den Wechselbezug von Stein und Kultur, lassen Kultur wie eine Gesteinsschicht heranwachsen und beleuchten sie vom steingewordenen Wetter her. Der Stein ist das im Verlauf unzähliger Erschütterungen abgelagerte impressionistische Tagebuch des Wetters. Er ist aber keineswegs nur Vergangenheit, er ist auch Zukunft: er birgt Periodizität. Er ist Aladins Wunderlampe, die das geologische Halbdunkel künftiger Zeiten durchdringt.«
(aus Kapitel XI)

So sah es der Dichter 1933. Er dachte an die Sedimentgesteine, für die diese fesselnden Passagen gültig sind. Ein Großteil der Gesteine unserer Erde verdanken dem Wetter Entstehung und auch Form.

Celan

Aus den Gedichten des geologisch geschulten Paul Celan (Paul Antschel, 1920–1970), die häufig derartige Bezüge haben, soll hier das 1959 entstandene ›Niedrigwasser‹ den Versen Theodor Storms (S. 478) gegenübergestellt werden.

»Niedrigwasser. Wir sahen
die Seepocke, sahen
die Napfschnecke, sahen
die Nägel an unsern Händen.
Niemand schnitt uns das Wort von der Herzwand
(Fährten der Strandkrabbe, morgen,
Kriechfurchen, Wohngänge, Wind-
zeichnung im grauen
Schlick. Feinsand,
Grobsand, das
von den Wänden Gelöste, bei
andern Hartteilen, im
Schill.)
Ein Aug, heute,
gab es dem zweiten, beide,
geschlossen, folgten der Strömung zu
ihrem Schatten, setzten
die Fracht ab (niemand
schnitt uns das Wort von der --), bauten
den Haken hinaus – eine Nehrung vor
ein kleines
unbefahrbares Schweigen.«

Hinter der genauen Beobachtung der Lebewesen und des Sediments steht im harten Gegensatz zu dem Stimmungsbild Storms die Erinnerung an das Leiden in Konzentrationslagern und das Auslöschen der Opfer durch das Verstreuen der Asche.

Ovid

Unser Streifzug durch die Literatur hat uns bisher von den Anfängen der Geologie als Wissenschaft bis ins 20. Jahrhundert geführt. Zum Schluss wollen wir einen Blick auf längst vergangene Zeiten werfen, wo zwar ›Geologie‹ noch nicht existierte, doch deren Grundfragen die Menschen so bewegten wie heute. Der ewige Wandel im Erdgeschehen ist schon seit der Antike Gemeingut unseres Wissens. Muschelfunde im Binnenland brachten zum Beispiel schon im 6. Jahrhundert v. Chr. den griechischen Philosophen Xenophanes zum Nachdenken. In einen größeren Rahmen stellt dies der römische Dichter Ovid (43 v. Chr. bis etwa 17 nach Chr.) in seinen ›Metamorphosen‹, den ›Verwandlungen‹. Im Buch 15 heißt es:

»Keine Erscheinung behält die Gestalt: die Verwandlerin aller
Dinge, Natur, schafft stets aus den alten erneuerte Formen,
Nichts geht unter im riesigen Weltall, o schenket mir Glauben,
Sondern es wandelt und neuert die Form. Man nennt es Entstehen,
Wenn es beginnt, etwas andres zu sein, als es vorher gewesen,
Sterben, wenn es das Sosein endet. Wird jenes auch hierhin,
Dieses auch dorthin versetzt, die Summe verändert sich niemals.
Nichts, so möchte ich glauben, vermag in derselben Gestaltung
Lange zu dauern: so wurdet ihr, Zeiten, aus Gold zu Eisen.
Ebenso hat gar häufig der Orte Geschick sich gewandelt.
Sah ich doch selbst einen Sund sich breiten, wo vordem solide
Erde gewesen, und Länder erblickt' ich, dem Meere entstiegen.
Fern von der Hochsee lagen dem Meer entstammende Muscheln,
Und es fand sich zuhöchst in den Bergen ein Anker der Vorzeit.
Wo eine Ebene war, entstand ein Tal durch der Wasser Lauf,
dort trug überschwemmende Flut einen Berg in das Flachland;
Wo es sumpfig gewesen, da dörrt jetzt sandiger Boden,
Wo man nach Feuchte sich sehnte, da nässen jetzt Teiche und
Sümpfe.

Hier lockt Quellen hervor die Natur, doch andre verstopft sie
Wieder, und Flüsse, verdeckt durch einstige Stöße der Erde,
Stürzen hervor, und andre vertrocknen, versickern im Grunde ...«

Literaturhinweise

Banitz, E. (1957): Das Bild des Geologen in der schönen Literatur.-Jb. Staatl. Mus. Mineral. Geol., 1956/ 57, S. 70-115, Dresden (ausführliche Behandlung von Novalis, Goethe, Stifter, Thomas Mann, außerdem auch moderner, wenig bekannter deutscher, englischer, schweizerischer und sowjetischer Werke)

Banitz, E. (1957): Das Geologenbild Adalbert Stifters. In: J. Müller (Hrsg.): Gestaltung und Umgestaltung; Festschrift Hermann August Korff, S. 206-238, Leipzig

Freyberg, B.v. (1967): „Der ist der Herr der Erde, der ihre Tiefen misst. Geol. Bl. NO Bayern, 17,3, S. 156-168, Erlangen (viele Zitate u.a. von Voltaire über Victor Hugo und anderen bis hin zu Gerd Gaiser)

Freyberg, B.v. (1952): Vom Leben im toten Gestein. Geol. Bl. NO-Bayern 2,1, S. 32-36, Erlangen

Zonneveld, J. I. S. (1966): Geoscience and Poetry. Tidschrift Koninkl. Nederlandsch Aardrijkskundig Genootschap, LXXXIII, 3, S. 311-324

Ilse Seibold hat 1951 als Mikropaläontologin an der Universität Tübingen promoviert und danach weitere einschlägige Untersuchungen veröffentlicht. Dazu kamen wissenschaftshistorische Studien und die Betreuung des Geologenarchivs in Freiburg. Im Buch ›Die Geologen und die Kunst‹ (2001) schildert sie Geologen als darstellende Künstler.

Eugen Seibold war Honorarprofessor an der Universität Freiburg. Er gehörte der Technischen Hochschule in Karlsruhe und der Universität in Tübingen an, bevor er von 1958 bis 1980 als Meeresgeologe an der Universität Kiel tätig war. Danach war er bis 1985 Präsident der Deutschen Forschungsgemeinschaft in Bonn und von 1985 bis 1990 Präsident der European Science Foundation in Straßburg. Eugen Seibold verstarb am 23. Oktober 2013 in Freiburg.

Anschrift: Dr. Ilse Seibold
Richard-Wagner-Str. 56
79104 Freiburg / Breisgau

E-Mail: seibold-freiburg@t-online.de

Glossar

AABW
Antarctic Bottom Water (Antarktisches Bodenwasser); Wassermassen, die um die Antarktis absinken und durch die thermohaline Zirkulation die Tiefsee mit sauerstoffreichem Wasser versorgen

Aerosole
Feinste, in der Luft schwebende Partikel, natürlichen oder anthropogenen Ursprungs

Akkretion
Wachstum durch externe Anlagerung

Akkretionskeil
Komplexer Strukturverband zerscherter und gefalteter Blätter ozeanischer und z. T. auch kontinentaler Kruste, die im Verlauf von Subduktionsprozessen an die jeweils unterfahrene Platte angeschweißt werden.

Albedo
Reflexionsvermögen; Verhältnis des reflektierten zum einfallenden Licht (Weißheit der Oberfläche). Die Albedo ist ca. 0,9 für Schnee und ca. 0,1 für Ozeanoberflächen.

anthropogen
Durch menschliches Handeln verursacht

Atmosphäre
Die Lufthülle der Erde besteht aus einem räumlich konstanten Gemisch trockener Luft (78% Stickstoff, 21% Sauerstoff, 1% Spurengase) und einem variablen Anteil von Wasser in Form von Wasserdampf, Wolkentröpfchen und Eispartikeln.

basal
Die Lage des untersten Gliedes einer Schichtenfolge

Basalt
Dunkles Ergussgestein

Biologische Pumpe
Transport von organischem Material von der Oberfläche in die Tiefsee, entzieht dem Oberflächenwasser CO_2

Biosphäre
Bereich der Erde, der von lebenden Organismen bewohnt ist

Black Shales
Mit organischem Material angereicherte Schwarzschieferlagen

Brekzien
Trümmergesteine

CCD
Kalzit-Kompensations-Tiefe – Meerestiefe, unter der praktisch kein Kalk mehr abgelagert wird

Chixculub-Krater
Meteoriten-Einschlagkrater an Kreide/Paläogen-Grenze auf Yucatán (Mexiko)

CLIMAP
Climate Mapping, Forschungsprojekt zur Rekonstruktion der Oberflächentemperaturen des Ozeans während des letzten glazialen Maximums (LGM)

CO_2
Kohlendioxid; wichtigstes anthropogen beeinflusstes Treibhausgas der Atmosphäre

Coccolithen
Winzige Kalkkörperchen, die zu Lebzeiten den kugeligen gallert-artigen Körpern mariner planktonischer Flagellaten (Geißeltierchen) aufsaßen

Coriolis-Kraft
Scheinkraft, die in einem an der rotierenden Erde fixierten Bezugssystem für die Ablenkung bewegter Körper (Wind, Ozeanströmungen) verantwortlich ist. Benannt nach dem französischen Physiker Gaspard Gustave de Coriolis.

$\delta^{18}O$ (Delta ^{18}O)
Verhältnis der stabilen Sauerstoffisotope ^{18}O und ^{16}O

$\delta^{13}C$ (Delta ^{13}C)
Verhältnis der stabilen Kohlenstoffisotope ^{13}C und ^{12}C

Dansgaard-Oeschger-Zyklen
Sägezahnähnliche Abkühlungstrends, die nach dem kältesten Stadium abrupt wieder in eine wärmere Periode übergehen (etwa 7.000 Jahre währende Klimazyklen)

Denitrifikation
Umwandlung des Nitratstickstoffs in gasförmigen Stickstoff (N_2)

Diamiktit
Gesteinsmehl und -gries, von Gletschern in den Ozean transportiert

Diatomeen
»Kieselalgen«; einzellige Algen mit einem Gehäuse aus Pektin, dem außen ein Panzer aus Kieselsäure aufgelagert ist. Zum Teil sedimentbildend

Diversität
Vielfalt

Druck, hydrostatischer
Mit der Tiefe zunehmender Druck des Wassers, der z. B. auf einem im Wasser lebenden Organismus lastet

Druck, lithostatischer
Druck des Gesteins

Eiszeit
Zeitabschnitt, in welchem weltweit niedrige Temperaturen auftraten, die zu Gletschervorstößen und Inlandeisbildungen führten

El-Niño-Ereignis
In unregelmäßigen Abständen (einige Jahre) auftretende Anomalie des pazifischen Klimasystems mit warmem Wasser in sonst kalten Auftriebsgebieten und starken Niederschlägen in Wüsten

Eozän
Mittlere Serie des Paläogens, welches sich aus Paläozän, Eozän und Oligozän zusammensetzt. Dauerte von ca. 56 bis 34 Millionen Jahren vor heute (s. Geologische Zeitskala)

Erosion
Abtragung; meist die ausfurchende und einschneidende Wirkung fließenden Wassers

Exzentrizität
(lat. *außerhalb der Mitte*), in Geometrie und Astronomie: Maß für die Abweichung einer Ellipse von der Kreisform

Festlandeis
Auf den Kontinenten durch Niederschläge abgelagertes Süsswassereis, das den größten Teil des auf der Erde vorhandenen Süsswassers darstellt und dessen Abschmelzen den Meerespiegel ansteigen lässt

Fazies
Gesamtheit aller Merkmale eines Sediments, welche von den geoökologischen Randbedingungen und den geomorphologischen Prozessen bestimmt sind

Foraminiferen
Einzellige Mikroorganismen, benthisch oder planktonisch lebend

Fossil
Überrest eines vorzeitlichen Organismus, der unter besonderen Ablagerungsbedingungen in Sedimente und/oder Gesteine eingebettet wurde und in seinen fossilisationsfähigen Teilen überdauerte

Gigatonnen
Tausend Millionen Tonnen

Gletscher
Strom aus einer Eismasse, der mit langsamer Bewegung talwärts fließt und dabei im unteren Teil durch Abschmelzen gleichzeitig aufgezehrt wird

Globaler Conveyor Belt
Globale Ozean-Zirkulation, durch die Wasserteilchen im Zusammenspiel zwischen Oberflächen- und Tiefenwasserströmungen wie auf einem Fließband im Weltmeer verlagert werden

GRIP-Bohrung
Europäische Eisbohrung auf Grönland bei der Station Summit

Guyot
Einzelberg der Tiefsee, der sich vom Ozeanboden um Hunderte von Metern erheben kann, aber unter dem Meeresspiegel bleibt. Der Guyot ist fast immer vulkanischen Ursprungs und ist vor allem tektonisch aktiven Schwellenbereichen im Ozean aufgesetzt.

Heinrich-Lage
Von Gletschern in den Ozean transportierte grobkörnige Sedimentlage

Holozän
Jüngster Abschnitt der Erdgeschichte, umfasst ca. die letzten 10.000 Jahre mit Überleitung zur Gegenwart (s. Geologische Zeitskala)

Hydratation
Wasseranlagerung im Molekularbereich

Hydrosphäre
Die Wasserhülle der Erde: Ozeane, Binnengewässer, Grundwasser, und das gesamte Wasser in der Atmosphäre

Impakt-Ereignis
Einschlag eines Himmelskörpers auf die Oberfläche eines Planeten

Intrakrustale Diskontinuität
Sprunghafte Änderungen von physikalischen und/oder chemischen Eigenschaften in der Erdkruste

Inversionswetterlage
Eine Wetterlage, bei der der vertikale Austausch von Luftmassen verhindert ist, weil z.B. warme und leichte Luft über einer kalten bodennahen Luftschicht liegt

Isotopenstadien
Durch $\delta^{18}O$-Werte charakterisierte Zeitabschnitte, gerade Zahlen bezeichnen Kaltzeiten, ungerade Warmzeiten

Jüngere Dryas
Kälteperiode während der letzten Abschmelzphase, nach arktischer Blume *Dryas octopetala* benannt

Kalzit-Kompensationstiefe (CCD)
Grenze im Ozean, unterhalb werden keine Karbonate (Kalzite) abgelagert

Kohlendioxid
Siehe CO_2, wichtiges Treibhausgas

Konvektion
Durch Instabilitäten der Dichteverteilung (z.B. infolge von Temperaturänderung) angetriebene vertikale Durchmischung in Flüssigkeiten oder Gasgemischen

Kreidezeit
Letztes System des Mesozoikums (ca. 145 Millionen bis 65 Millionen Jahre vor heute; s. Geologische Zeitskala), gekennzeichnet z. B. durch die Auffaltung der Alpen in Europa und der Anden in Südamerika sowie der Ausbildung der heutigen Kontinentumrisse

Last Glacial Maximum (LGM)
Letztes glaziales Maximum, etwa 20.000 Jahre v.h.

Lithosphäre
Feste Gesteinshülle der Erde, umfasst Kruste und äußersten Teil des Erdmantels

Mare
Dunkel erscheinende Tiefländer des Mondes. Es handelt sich um flache Riesenbecken, die in die hell erscheinenden Hochländer eingelassen sind.

Magma
Glutflüssige, gashaltige Gesteinsschmelze mit Temperaturen um 1.000 Grad Celsius in tieferen Teilen der Erdkruste. Beim Erstarren des Magmas kristallisieren seine Bestandteile in einer gesetzmäßigen Reihenfolge aus.

Meereis
Gefrorenes Meerwasser, das mit starkem saisonalen Wechsel die arktischen und antarktischen Meeresgebiete bedeckt und ein wesentliches Element des Klimasystems darstellt

Meeresspiegelanstieg
Weltweit beobachteter Anstieg des Meeresniveaus, der durch die Erwärmung des Ozeans und das Abschmelzen von Festlandeis verursacht wird

Mesozoikum
Erdmittelalter (ca. 252 Millionen bis 66 Millionen Jahre vor heute; s. Geologische Zeitskala), bestehend aus den Perioden Trias, Jura und Kreide

Messinian
Zeitabschnitt im späten Miozän (ca. 7,2 bis 5,3 Millionen Jahre vor heute; s. Geologische Zeitskala), Austrocknung des Mittelmeeres durch Schließung der Straße von Gibraltar

Metamorphose
Umwandlung der Gestalt (z. B. von Steinen) durch Temperatur und Druckänderungen

Mikrofossilien
Überreste von Tieren und Pflanzen der geologischen Vergangenheit mit einer Größe zwischen 0,05 und 1,0 mm

Mikropaläontologie
Fachgebiet der Geowissenschaft, beschäftigt sich mit der Geschichte und Entwicklung von mikroskopisch kleinen Fossilien

Milankovitch-Hypothese
Milutin Milankovitch (1879–1958) stellte die Hypothese auf, dass die Klimaschwankungen des Eiszeitalters von den Fluktuationen der Sonneneinstrahlung auf die Nordhemisphäre gesteuert werden. Diese ihrerseits hängen von den langperiodischen Variationen der Erdbahnparameter ab, die – astronomisch berechenbar – in ihrem Zeitablauf festgelegt sind.

Miozän
Untere Abteilung des Neogens, die von 23 bis 5,3 Millionen Jahre v. h. dauerte (s. Geologische Zeitskala). Zeichnet sich vor

allem durch zahlreiche kalkige, sandige und mergelige Sedimente überwiegend mariner Fazies aus.

Morphologie
Lehre von der äußeren Form oder Gestalt geo- und biowissenschaftlicher Gegenstände

NADW
North Atlantic Deep Water (Nordatlantisches Tiefenwasser), wird in mehren Gebieten des nördlichen Nordatlantiks gebildet und durch die thermohaline Zirkulation in alle Ozeane geführt

Oceanic Anoxic Event (OAE)
Organisch reiche Lagen, sie werden auf Sauerstoffmangel zurückgeführt

Oligozän
Oberste Abteilung des Paläogens, die von 34 Millionen bis 23 Millionen Jahre v. h. dauerte und dem Eozän folgte (s. Geologische Zeitskala)

Paläozän
Unterste Abteilung des Paläogens, von 65 Millionen bis etwa 56 Millionen Jahre v. h. dauernd (s. Geologische Zeitskala)

Passat
Mäßig starker und sehr beständiger Wind, der die subtropischen Hochdruckgebiete mit der Tiefdruckzone am Äquator verbindet; Nordostpassat auf der Nordhalbkugel, und Südostpassat auf der Südhalbkugel

Phylogenese
Stammesentwicklung

Physikalische Pumpe
CO_2-Austausch zwischen Ozean und Atmosphäre aufgrund der CO_2-Partialdrücke

Plankton
Frei im Wasser schwebende Organismen. Das ozeanische Plankton umfasst vor allem Einzeller, Medusen, Quallen, Kleinkrebse, Flügelschnecken und Manteltiere.

Plattentektonik
Geotektonische Theorie über den Krustenbau der Erde sowie die Entwicklung der Kontinente und Ozeane. Danach ist die Erdkruste in verschieden große, relativ starre Platten gegliedert, die mit vielen Grenzzonen entlang ozeanischer Rücken und Gräben aneinander stoßen und sich aufgrund von Strömungsprozessen im Erdmantel langsam passiv bewegen.

Pleistozän
Vor ca. 2 Millionen Jahren beginnender Zeitabschnitt, der ca. 10.000 v. h. mit dem Holozän endet. Zeichnet sich gegenüber dem vorausgehenden Neogen durch rapide Temperaturrückgänge und eine größere Anzahl Kaltzeiten (mind. 17) aus, die teilweise ausgesprochene Eiszeiten waren (s. Geologische Zeitskala)

Pliozän
Jüngste Abteilung des Neogens, die von 5,3 Millionen bis 2,6 Millionen Jahre v. h. dauerte (s. Geologische Zeitskala)

Primärproduktion
Bildung organischer Substanz durch Pflanzen

Prospektion
Erkundung nutzbarer Bodenschätze

Quartär
Repräsentiert die jüngste geologische Epoche der Erde, die die geologische Gegenwart mit umfasst. Setzt sich zusammen aus dem Pleistozän und dem Holozän (s. Geologische Zeitskala)

Quarz
Gesteinsbildendes Mineral SiO_2 (wasserfreie Kieselsäure). Sehr verwitterungsresistent, dadurch selektive Anreicherung in Verwitterungsprodukten und Böden

Redoxreaktion
Eine Redoxreaktion ist eine chemische Reaktion, bei der ein Reaktionspartner Elektronen auf den anderen überträgt. Bei einer solchen Elektronenübertragungs-Reaktion finden also eine Elektronenabgabe (Oxidation) durch einen Stoff sowie eine Elektronenaufnahme (Reduktion) statt.

Rückkopplung (engl. Feedback)
Reaktion des Klimasystems auf Einwirkungen, es gibt positive (verstärkend) und negative (vermindernd)

Sauerstoff-Isotope
Isotope des Sauerstoffs, vor allem ^{16}O und ^{18}O

Schelfeis
Festlandeis, das zum Ozean fließt, sich dort vom Boden löst und über den Schelfen aufschwimmt

Scherfaltung
Form der Faltung, die eintritt, wenn in einem unter Spannung stehenden Gestein der Scherwiderstand überschritten wird

Scherwiderstand
Aus innerer Reibung und Haftung resultierende Kraft, welche zwischen gegeneinander bewegten Bodenteilchen oder Bodenmassen wirkt

Sedimentation
Vorgang der Ablagerung sowie des chemischen oder biochemischen Ausscheidens von Gesteinsmassen (Sedimenten), die sehr häufig geschichtet sind

Seismische Wellen
Durch kleine künstliche Sprengungen oder Bodenerschütterungen mit Vibratoren hervorgerufene elastische Wellen in der Erdkruste, die sich in den einzelnen Gesteinsschichten aufgrund deren unterschiedlicher physikalischer Beschaffenheit mit unterschiedlicher Geschwindigkeit fortpflanzen

Stratosphäre
Die oberhalb der Troposphäre liegende Atmosphärenschicht, reicht bis etwa 50 Kilometer Höhe

Subduktionszone
Absenkungs- bzw. Eintauchungszone einer ozeanischen Platte unter eine kontinentale Platte

Substrat
Allgemeiner Begriff für einen Gesteinskörper

Tektonik
Lehre vom Bau der Erdkruste und den Bewegungen und Kräften, die diesen erzeugt haben

Termination
Übergang zwischen Kalt- und Warmzeit, definiert anhand der $\delta^{18}O$-Kurven planktonischer und benthischer Foraminiferen

Tertiär
Der Begriff wird innerhalb der offiziellen Geologischen Zeitskala (s. rechts) nicht mehr benutzt, seit dem Jahr 2000 wird er durch Paläogen (früher Alttertiär) und Neogen (früher Jungtertiär) ersetzt. Im entsprechenden Erdzeitalter von ca. 66 Millionen bis ca. 2,6 Millionen Jahren v. h. nahmen die Kontinente und Ozeane sukzessive die heutige Gestalt an.

Tethys

Großes, erdumspannendes »Mittelmeer«, das vom Paläozoikum bis ins Paläogen bestand und sich von Europa, Nordafrika, dem Himalaya-Gebiet bis Südostasien ausdehnte

Thermohaline Zirkulation

Globales Strömungssystem im Ozean, das von horizontalen Temperatur- und Salzgehaltsgradienten verursacht wird

Thermokline

Sprungschicht, durch starken Temperaturgradienten gekennzeichnet

Treibhauseffekt

Erhöhte Temperaturen auf der Erdoberfläche durch Zurückhalten von Wärmestrahlung durch Wasserdampf und sonstige Treibhausgase (besonders CO_2 und Methan)

Troposphäre

Unterste Atmosphärenschicht, an den Polen bis ca. 8 Kilometer und am Äquator bis ca. 16 Kilometer Höhe reichend, in der sich das gesamte Wettergeschehen abspielt

Vereisung

Vorgang der Bildung und Ausbreitung von Inlandeis und Gletschern

Volatile

Leicht flüchtige chemische Verbindungen

Westwinddrift

Großräumige, globale Weströmung in mittleren Breiten in der Troposphäre

Das Glossar wurde erstellt von Vera Hemme, Peter Lemke, Eberhard Fahrbach und Jörg Hartmann.

Geologische Zeitskala

Alter in Mio. Jahren	Ära	System/Periode	Serie/Epoche	Entwicklung des Lebens
0	Känozoikum	Quartär	Holozän	Auftreten des Menschen
			Pleistozän	
2,6		Neogen (Tertiär)		Ausbreitung der Säugetiere
		Paläogen		
66	Mesozoikum	Kreide		letzte Dinosaurier, erste Primaten, erste Bedecktsamer
145		Jura		erste Vögel
201		Trias		erste Säugetiere, erste Dinosaurier, Vorherrschaft säugerähnlicher Reptilien
252	Paläozoikum	Perm		Massensterben mariner Gruppen
299		Karbon		erste Reptilien, Blütezeit der niederen Gefäßpflanzen
359		Devon		erste Amphibien, erste Insekten, Vorläufer der Nacktsamer
419		Silur		erste Landpflanzen
444		Ordovizium		Artenexplosion der Metazoen, erste kieferlose Fische
485		Kambrium		erste Chordatiere
541	Präkambrium	Proterozoikum		erste skelettähnliche Elemente, Ediacara-Fauna
2500		Archäikum		erste Stromatolithen und Mikrofossilien
4000				

Bildnachweis

Im Bildnachweis verwendete Abkürzungen

AWI	Alfred-Wegener-Institut, Helmholtz-Zentrum für Polar- und Meeresforschung, Bremerhaven
BGR	Bundesanstalt für Geowissenschaften und Rohstoffe, Hannover
GEOMAR	Helmholtz-Zentrum für Ozeanforschung Kiel
IPCC	Intergovernmental Panel on Climate Change
GFZ	Helmholtz-Zentrum Potsdam Deutsches GeoForschungsZentrum
MARUM	Zentrum für Marine Umweltwissenschaften, Universität Bremen
NASA	National Aeronautics and Space Administration, USA
NOAA	National Oceanic and Atmospheric Administration, USA
USGS	United States Geological Survey, USA

Umschlag: Hintergrund: NASA; kl. Fotos und **Inhaltsverzeichnis:** s. jeweiliger Artikel; **Vorwort:** I. Wendler, Fachbereich Geowissenschaften, Universität Bremen

Einleitung

Geowissenschaften – Inhalte und Aufgaben (G. Wefer) S. 10

Hintergrund: NASA

Sonnensystem

Entstehung des Sonnensystems und der Erde (H. Palme) S. 12

Abb. 1: © C. J. Hamilton; **Abb. 2:** NASA; **Abb. 3:** S. R. Taylor (1992): Solar System Evolution. Cambridge University Press; **Abb. 4:** W. J. Kaufmann III & N. F. Comins (1996): Universe. W. H. Freeman and Company, New York; **Abb. 5:** nach Grafiken aus Spektrum der Wissenschaft 8/1981, Seite 114 bis 116; mit freundlicher Genehmigung der Spektrum der Wissenschaft Verlagsgesellschaft mbH, Heidelberg, 2010; **Abb. 6, 7, 8 und 9:** H. Palme, Frankfurt am Main; **Abb. 10:** nach einer Grafik aus Sterne und Weltraum 9/1999, Seite 752; mit freundlicher Genehmigung der Spektrum der Wissenschaft Verlagsgesellschaft mbH Heidelberg, 2010

Kollisionen im Sonnensystem (A. Deutsch) S. 22

Abb. 1: Basis der Grafik: NASA Photo ID: AS17-148-22727; aufgenommen von Apollo-17; **Abb. 2:** links: NASA, Apollo 17; Mitte: nach Melosh (1989); rechts: NASA, Apollo 10; **Abb. 3:** nach einer Idee von F. Langenhorst, Friedrich-Schiller-Universität Jena; **Abb. 4 oben Mitte:** B. Bohor, USGS Denver; **Abb. 5 rechts:** Fraunhofer/MEMIN-Forschergruppe; **Abb. 6, rechts, 2. von oben:** A. Brugger, Stuttgart; **3. von oben:** Landsat, USGS; **ganz unten:** Landsat Operational Land Imager (OLI)/Thermal Infrared Sensor (TIRS) and USGS; **Abb. 7:** Elektronenrückstreuaufnahme © Deutsch, Schulte, Salge – BRUKER-NANO; **Abb. 9:** © K. Kudinov; **Alle anderen Fotos in diesem Artikel**: A. Deutsch, Institut für Planetologie, Westfälische Wilhelms-Universität Münster; **Erstellung der Abbildungen in diesem Artikel:** F. Bartschat, Institut für Planetologie, Westfälische Wilhelms-Universität Münster

Planet Erde

Unsere Erde: ein ruheloser Planet (M. Weber) S. 34

Abb. 1: T. Ryberg, GFZ; **Abb. 2, 3, 6 und 7:** aus H.-P. Harjes & R. Walter (1999): Die Erde im Visier, Die Geowissenschaften an der Schwelle zum 21. Jahrhundert. Springer; mit freundlicher Genehmigung von Springer Science and Business Media; **Abb. 4:** H. Everling, Hamburg; **Abb. 5:** W. Hanka, GFZ

Die Vereinigten Platten von Europa (W. Franke) S. 40

Foto Alfred Wegener: Alfred-Wegener-Institut für Polar- und Meeresforschung; **Abb. 1 und 5:** W. Franke (2006): The Variscan orogen in Central Europe: construction and collapse. In: D. G. Gee & R. A. Stephenson (eds.): European Lithosphere Dynamics. Geological Society, London, Memoirs, 32, 333-343; **Abb. 2:** W. Franke, Frankfurt; **Abb. 3:** J. Steiner & F. Falk (1981): The Ordovician Lederschiefer of Thuringia. In: M. J. Hambrey & W. B. Harland (eds.): Earth´s pre-Pleistocene glacial record. Cambridge University Press, 579-581; **Abb. 4:** nach J. A. Tait et al. (1997): Geodynamic evolution of the European Variscan fold belt: palaeomagnetic and geological constraints. Geol. Rundschau, 86, 585-598; mit freundlicher Genehmigung von Springer Science and Business Media

Gondwana – ein Kontinent zerbricht (G. Uenzelmann-Neben) S. 46

Alle Abbildungen: G. Uenzelmann-Neben, AWI

Von der Schließung des Tethys-Ozeans zur Öffnung des Atlantik (H. Willems, I. Wendler & Q. Zhang) S. 50

Abb. 1, 3 und 4: I. Wendler, Fachbereich Geowissenschaften, Universität Bremen; **Abb. 2:** Scotese, C.R. (2011): The PALEOMAP Project PaleoAtlas for ArcGIS, Vol. 1; Cenozoic paleogeographic and plate tectonic reconstructions, Arlington, Texas; **Abb. 5 und 7:** Zhang Q., H. Willems, L. Ding, K.-U. Gräfe, & E. Appel (2012): Initial India-Asia Continental Collision and Foreland Basin Evolution in the Tethyan Himalaya of Tibet: Evidence from Stratigraphy and Paleontology. Journal of Geology, 120, 175-189; **Abb. 6:** Verändert aus Zhang Qinghai, H. Willems & L. Ding (2013): Evolution of the Paleocene-Early Eocene larger benthic foraminifera in the Tethyan Himalaya of Tibet, China. International Journal of Earth Sciences, 102, 1427-1445 **Abb. 8:** H. Willems, Fachbereich Geowissenschaften, Universität Bremen; **Abb. 9:** Q. Zhang, Fachbereich Geowissenschaften, Universität Bremen

Antarktis und Australien, die nahezu Unzertrennlichen (G. Kleinschmidt, A. L. Läufer & F. Lisker) S. 58

Titelfoto, Abb. 1, 2, 3, 5, 6, 9, 10, 13, 15, 16 und 17: G. Kleinschmidt, Universität Frankfurt; **Abb. 4:** verändert nach C. M. Fanning (1997): The ›Mawson Continent‹: Archean to Proterozoic crust in the East Antarctic Shield and Gawler Craton. Terra Nova 7, Suppl. I, 164 und I. C. W. Fitzsimons (2000): Grenville-age basement provinces in East Antarctica: Evidence for three separate collisional orogens. Geology, 28, 879-882; **Abb. 7:** verändert nach R. L. Oliver & C. M. Fanning (1997): Australia and Antarctica: Precise correlation of the Paleoproterozoic terrains. In: C. A. Ricci (ed.): The Antarctic region: geological evolution and processes. Terra Antartica Publ., Sienna, 163-172; **Abb. 8:** G. Kleinschmidt, Universität Frankfurt & A. L. Läufer, BGR; **Abb. 11:** verändert nach T. Flöttmann, G. M. Gibson & G. Kleinschmidt (1993): Structural continuity of the Ross and Delamerian orogens of Antarctic and Australia along the margin of the paleo-Pacific. Geology, 21, 319-322; **Abb. 12:** verändert nach D. H. Elliot (1992): Jurassic magmatism and tectonism associated with Gondwanaland break-up: an Antarctic perspective. In: B. C. Storey, T. Alabaster & R. J. Pankhurst (eds.): Magmatism and the Causes of Continental Break-up. Geological Society, London, Special Publication 68, 165-184 und T. S. Brewer et al. (1992): Coats land dolerites and the generation of Antarctic continental flood basalts. In: B. C. Storey et al. (eds.): Magmatism and the Causes of Continental Break-up. Geological Society London Special Publication, 68, Bath, UK, 185–208; **Abb. 14:** A. Brandt, Universität Hamburg; **Abb. 18:** nach http://www.scotese.com

Fossile Zeugen wandernder Kontinente – Ammonitenschalen berichten von Plattentektonik, Meeresspiegelstand und Klima (J. Lehmann) S. 70

Abb. 1: E. Haeckel, Kunstformen der Natur; Copyright der HTML-Version (1999): Kurt Stueber und Max-Planck-Institut für Züchtungsforschung; **Abb. 2:** J. Lehmann (verändert nach R. Brinkmann (1937): Mitt. Geol. Staatsinst. Hamburg, Band 16: 1-18; unter Verwendung eines Fotos von M. Krogmann); **Abb. 3:** M. Krogmann nach Vorlage des Autors unter Verwendung von Aufnahmen von Ammoniten aus Perm und Trias von Oskar Irnstorfer, Timelkam, Stratigraphie nach J. G. Ogg et al. (2004): A Geologic Time Scale 2004. Cambridge University Press, 344-383; Zusammenfassung Meeresspiegelkurven nach K. G. Miller et al. (2005): The Phanerozoic Record of Global Sea-Level Change. Science, 310, 1293-1298; Anzahl der Familien nach M. R. House (1993): Fluctuations in ammonoid evolution and possible environmental controls. In: M. R. House (ed.): The Ammonoidea: Environment, Ecology, and Evolutionary Change. Syst. Ass. Spec., 47, 13-34; **Abb. 4 und 6:** M. Krogmann nach Vorlage des Autors; Quelle der Karten: Paleomap Software, http://www.scotese.com; **Abb. 5, 7 und Autorenfoto:** M. Krogmann, Geowissenschaftliche Sammlung des Fachbereichs Geowissenschaften, Universität Bremen

Vom zerfallenden Atom zum zerbrechenden Superkontinent (M. Olesch & F. Lisker) S. 76

Alle Abbildungen: M. Olesch und F. Lisker, Fachbereich Geowissenschaften, Universität Bremen

Erdbeben in Südamerika (C.-D. Reuther) S. 80

Abb. 1, 2, 3, 5, 6, 7, 9: C.-D. Reuther, Universität Hamburg; **Abb. 4:** Foto: NASA; **Abb. 8:** J. Kück, MARUM nach C.-D. Reuther, Universität Hamburg

Erdbeben! Der Untergang von Lissabon im Jahre 1755 (A. Kopf) S. 86

Abb. 1: Zeitgenössische Darstellung; **Abb. 2, 3, 4:** A. Kopf, MARUM

Erdbeben, Hangrutschungen und Tsunamis an Ozeanrändern (A. Kopf) S. 90

Abb. 1: H. G. Wilshire, USGS; **Abb. 2:** Zeitgenössische Darstellung; **Abb. 3:** MARUM; **Abb. 4, 5, 6, 8, 9 und 12 rechts:** A. Kopf, MARUM; **Abb. 7:** A. Kopf, MARUM nach C. H. Scholz (1998): Earthquakes and friction laws. Nature, 391,

37-42; Reprinted by permission from Macmillan Publishers Ltd., © 1998; **Abb. 10:** J. Thompson, USA, http://www.sonomacountylaw.com/tsunami/; **Abb. 11:** A und B: Nice-Matin; C: Institut français de recherche pour l'exploitation de la mer (IFREMER), Issy-les-Moulineaux, Frankreich; D: A. Kopf, MARUM; **Abb. 12 links:** N. Kaul, MARUM

Erdbeben und Tsunami vor Japan 2011 (G. Wefer) S. 100

Abb. 1: A. Fischbeck, MARUM nach Sagiya, T. et al. (2011): Rebuilding Seismology. Nature 473, 146-148; **Abb. 2:** NOAA; **Abb. 3:** oben: U.S. Navy photo; von der US Navy mit der ID 110312-N-0000X-003 herausgegeben, lizenziert unter Gemeinfrei über Wikimedia Commons: http://commons.wikimedia.org; unten: U.S. Marine Corps photo by Lance Cpl. Garry Welch; von der US Navy mit der ID 110320-M-0145H-063 herausgegeben, lizenziert unter Gemeinfrei über Wikimedia Commons: http://commons.wikimedia.org; **Abb. 4:** oben: Bundesministerium für Bildung und Forschung (BMBF); unten: International Ocean Discovery Program IODP / JAMSTEC; **Abb. 5:** C. dos Santos Ferreira, MARUM; Daten Hintergrundkarte: GEBCO; **Abb. 6:** M. Kölling nach Strasser, M. et al. (2013): A slump in the trench: Tracking the impact of the 2011 Tohoku-Oki earthquake. Geology 41, 935-938, doi: 10.1130/G34477.1; **Abb. 7:** MARUM

Naturrisiken (B. Merz) S. 104

Abb. 1: M. L. Bak, Department of Defense, USA; **Abb. 2:** ASTER: NASA/GSFC/METI/ERSDAC/JAROS, and U.S./Japan ASTER Science Team (http://photojournal.jpl.nasa.gov/catalog/PIA06671); **Abb. 3:** Münchener Rückversicherungs-Gesellschaft, Aktiengesellschaft in München, Königinstr. 107, 80802 München; **Abb. 4:** H. Grosser (2000), pers. Mitteilung; **Abb. 5:** H. Weber, Dippoldiswalde

Feuer aus den Tiefen der Erde (C. Devey) S. 108

Abb. 1: J. Postman, USGS; **Abb. 2:** aus R. v. Fisher, G. Heiken & J. B. Hulen (1997): Volcanoes: Crucibles of Change. Princeton University Press; **Abb. 3:** D. T. Sandwell und W. H. T. Smith; **Abb. 4 und 6:** C. Devey, GEOMAR; **Abb. 5:** A. Koschinsky, Jacobs University Bremen; **Abb. 7:** J. Dvorak, USGS; **Abb. 8:** http://wwwhvo.wr.usgs.gov, Foto: R.W. Decker

Neptun, Pluto und die tiefen Wasserkreisläufe unseres Planeten Erde (L. Rüpke & J. P. Morgan) S. 114

Abb. 1: nach USGS; **Abb. 2, 3, 4, 6, 7 und 8:** L. Rüpke, Oslo; **Abb. 5:** Reprinted by permission from Macmillan Publishers Ltd: C. R. Ranero et al. (2003): Bending-related faulting and mantle serpentinization at the Middle America trench. Nature, 425(6956), 367-373, © 2003

Submarine Hydrothermalquellen – Treffpunkte von Geologie und Biologie (W. Bach) S. 122

Abb. 1, 3 und 5: Unterwasser-Aufnahmen: Tauchroboter MARUM-Quest, MARUM; **Abb. 3:** Grafik: J. Kück, MARUM; **Abb. 2 und 6:** W. Bach, MARUM; **Abb. 4:** V. Diekamp, MARUM; **Abb. 7:** K. J. Edwards (2004): Formation and degradation of seafloor hydrothermal sulfide deposits. Geological Society of America Special Papers, 379, 83-96

Der Ozean unter dem Meeresboden (E. Suess & P. Linke) S. 130

Titelbild (S. 118/119): L. Sonrel (1868): Le Fond de Mer, Paris, S. 82; **Abb. 1:** Umgezeichnet und ergänzt nach Vorlage von J. C. Moore, pers. Mitteilung; **Abb. 2:** V. Karpen, L. Thomsen & E. Suess (2004): A new schlieren technique application for fluid flow visualization at cold seep sites. Marine Geology, 204, 145-159; **Abb. 3:** G. K. Westbrook et al. (1995): Three brine lakes discovered in the seafloor of the eastern Mediterranean. EOS Transactions, American Geophysical Union, 76, 313-318; **Abb. 4:** I. R. MacDonald et al. (1997): NR-1: Deep-ocean introduction of new laser line scanner. Sea Technology, 38(2), 59-64; **Abb. 5:** P. Linke, GEOMAR; **Abb. 6:** a-c: E. Suess et al. (1998): Fluid venting in the eastern Aleutian subduction zone. J. Geophys. Res. 103, 2597-2614; d: G. Bohrmann; e-f: E. Suess; **Abb. 7:** E. Suess (2001): Philip Morris Stiftung. Forschungspreis 2001, S. 25; **Abb. 8:** P. Linke, GEOMAR; **Abb. 9:** O. Pfannkuche & P. Linke (2003): GEOMAR landers as long-term deep-sea observatories. Sea Technology, 44 (9), 50-55

Kalte Quellen im Golf von Mexiko (G. Bohrmann & H. Sahling) S. 144

Abb. 1, 2, 4 und 5: I. R. McDonald, Department of Oceanography, Texas A & M University, College Station, Texas, USA; **Abb. 3:** G. Bohrmann, MARUM; **Abb. 6, 7 und 8:** MARUM

Vulkane, die Schlamm statt Lava speien (G. Bohrmann, A. Kopf & V. Spieß) S. 150

Abb. 1, 2, 3, 4, 5, 6, 8, 9: G. Bohrmann, MARUM; **Abb. 7:** G. Bohrmann, MARUM nach S. Planke et al. (2003): Mud and fluid migration in active mud volcanoes in Azerbaijan: Geo-Marine Letters, 23, 258-268; **Abb. 10:** V. Spieß, MARUM; **Abb. 11:** MARUM

Leben im Untergrund der Tiefsee (K.-U. Hinrichs, V. Heuer & J. Lipp) S. 158

Titelfoto: J. Rice, Proctorsville, VT, USA (Teacher at sea during IODP Exp. 301); **Abb. 1:** J. Lipp, MARUM, basierend auf Daten von: R. J. Parkes, B. A. Cragg & P. Wellsbury (2000): Recent studies on bacterial populations and processes in subseafloor sediments: A review. Hydrogeology Journal, 8(1), 11-28; S. d'Hondt et al. (2004): Distributions of microbial activities in deep subseafloor sediments. Science, 306(5705), 2216-2221; B. Engelen et al. (2008): Fluids from the oceanic crust support microbial activities within the deep biosphere. Geomicrobiology Journal, 25(1), 56-66; E. G. Roussel et al. (2008): Extending the Sub-Sea-Floor Biosphere. Science, 320(5879), 1046; G. Webster et al. (2009): Subsurface microbiology and biogeochemistry of a deep, cold-water carbonate mound from the Porcupine Seabight (IODP Expedition 307). Environmental Microbiology, 11(1), 239-257; **Abb. 2:** Reprinted by permission from Macmillan Publishers Ltd: J. S. Lipp et al. (2008): Significant contribution of Archaea to extant biomass in marine subsurface sediments. Nature, 454(7207), 991-994, © 2008; **Abb. 3:** J. Lipp, MARUM, basierend auf Daten von J. F. Biddle et al. (2006): Heterotrophic Archaea dominate sedimentary subsurface ecosystems off Peru. Proc. Natl. Sci. USA 103(10), 3846-3851, © 2006 by The National Academy of Sciences of the USA; D'Hondt et al. (2003): Chapter 10, Site 1229. Proc. ODP Init. Res. 201, doi:10.2973/odp.proc.ir.201.110.2003; **Abb. 4:** V. Heuer et al. (2006): Online δ^{13}C-analysis of volatile fatty acids in sediment/porewater systems by liquid chromatography-isotope ratio-mass spectrometry. Limnol. Oceanogr. Meth., 4, 346-357, © 2006 by the American Society of Limnology and Oceanography, Inc.; **Abb. 5:** V. Heuer, MARUM

Wüste und submarine Canyons (R. Henrich et al.) S. 164

Abb. 1 und 4: S. Krastel et al. (2004): Cap Timiris Canyon: A newly discovered channel-system off Mauritania. EOS Transactions, 45/42, 417-423; **Abb. 2:** A. A. Antobreh and S. Krastel (2006): Morphology, seismic characteristics and development of Cap Timiris Canyon, offshore Mauritania: a newly discovered canyon preserved off a major arid climatic region. Marine and Petroleum Geology, 23, 37-59; **Abb. 3:** V. Diekamp, MARUM; **Abb. 5:** L. Zühlsdorff et al. (2008): Persistent periodic turbidite activity off Saharan Africa and its comparability to orbital and climate cyclicities. Geo-Marine Letters, 28, 87-95; **Abb. 6:** L. Zühlsdorff et al. (2007): Late Quaternary sedimentation within a submarine channel-levee system offshore Cap Timiris, Mauritania. Marine Geology, 240, 217-234

Das Magnetfeld der Erde (U. Bleil & T. von Dobeneck) S. 170

Abb. 1: T. von Dobeneck, MARUM; **Abb. 2:** Bibliothèque Nationale, Paris; **Abb. 3:** E. Halley (1700); **Abb. 4 und 9:** mit freundlicher Genehmigung von G. A. Glatzmaier & P. H. Roberts, http://es.ucsc.edu/~glatz; **Abb. 5:** K. S. Rukstales & J. M. Quinn (2001): Total Intensity Chart of the International Geomagnetic Reference Field, 2000. USGS, http://geomag.usgs.gov/charts; **Abb. 6:** EADS Astrium; **Abb. 7:** E. Lim & J. Varner, Cooperative Institute for Research in Environmental Sciences, Univ. of Colorado & NOAA National Geophysical Data Center; Daten: R. D. Muller et al. (2008) doi:10.1029/2007GC001743; **Abb. 8:** U. Bleil & T. von Dobeneck, Universität Bremen

Was ist Luft? (H. Kraus) S. 180

Titelfoto: J. Stone, MARUM; **Abb. 1:** aus A. F. Holleman & E. Wiberg (1951): Anorganische Chemie. Walter de Gruyter & Co, Berlin; **Abb. 2:** Deutscher Wetterdienst; **Abb. 3 und 4:** J. Kück, MARUM, nach Vorgaben des Autors; **Abb. 5:** NOAA Operational Significant Event Imagery; **Foto S. 168:** A. Gerdes, MARUM

Ressourcen

Schwarzes Gold (D. E. Meyer) S. 186

Abb. 1: RAG Aktiengesellschaft, Herne; **Abb. 2:** J. Kück, MARUM, verändert und ergänzt nach Geologisches Landesamt NRW (Hrsg.): Lagerstätten in NRW, 3. Aufl., 1989, S. 2; **Abb. 3:** verändert nach R. Walter (2007): Geologie von Mitteleuropa. Schweizerbart'sche Verlagsbuchhandlung, Stuttgart, S. 511; http://www.schweizerbart.de; **Abb. 4, 13 oben Mitte und rechts, 14 links, 15, 16 und 17:** D. E. Meyer, Essen; **Abb. 5 und 6:** Ruhr Museum Essen, J. Nober; **Abb. 7:** J. Kück, MARUM nach M. P. Süss, G. Drozdzewski & A. Schäfer (2000): Sequenzstratigraphie des kohleführenden Oberkarbons. Geol. Jb., A 156, S. 62; **Abb. 8:** Ruhr Museum Essen, Th. Wolf; **Abb. 9 und 13 unten:** J. Kück, MARUM, nach D. E. Meyer, Essen; **Abb. 10:** D. E. Meyer, Essen (mit Veröffentlichungs-Erlaubnis des Bergbau-Museum Bochum); **Abb. 11, 12 und 14 rechts:** Laschet-geografic, Aachen, nach Daten von D. E. Meyer, Essen; **Abb. 13 oben links:** H. W. Klusemann, Essen; **Abb. 18:** Universität Duisburg-Essen

Fossile Energierohstoffe: Wachsender Bedarf – Begrenzte Verfügbarkeit (H. Andruleit & P. Gerling) S. 200

Abb. 1, 4, 8, 9, 10 und 11: BGR; **Abb. 2:** links: G. Grützner (BGR); Mitte: C. Heunisch (LBEG); rechts S. Stäger (BGR); **Abb. 3:** RWE Essen; **Abb. 5 und 6:** H. Andruleit (BGR); **Abb. 7:** RWE Dea

Rohstoffe (F.-W. Wellmer) S. 210

Abb. 1 und 3: Amberger Kaolinwerke, 92242 Hirschau; **Abb. 2:** F. Schmieder, MARUM, Daten: Stat. Bundesamt; **Abb. 4:** Janericloebe, Wikimedia; **Abb. 5:** U. Benitz, BGR

Energie aus den Tiefen der Erde (H. Rüter) S. 214

Abb. 1: SWM Stadtwerke München; **Abb. 2:** Leibniz-Institut für Angewandte Geophysik, 30655 Hannover, Stilleweg 2, Geothermisches Informationssystem (GeotIS), http://www.geotis.de

Reichtum der Erde – Vorkommen und wirtschaftlich Bedeutung von Bodenschätzen (G. Borg) S. 216

Abb. 1, 4, 6, 9, 13, 14, 15, 16, 17, 18 und 19: G. Borg, Halle; **Abb. 2:** BGR; **Abb. 3, 5, 7 und 8:** G. Borg nach M. Dalheimer und F.-W. Wellmer, BGR; **Abb. 11:** G. Borg nach M. Evans (1993): Ore geology and industrial minerals: an introduction. Blackwell Publishing, ISBN 978-0-632-03304-1; **Abb. 12:** G. Borg nach F.-W. Wellmer, BGR

Zeolithe: vom Mineral zum Material (R. X. Fischer) S. 226

Abb. 1, 3, 4 und 5: R. X. Fischer, Fachbereich Geowissenschaften, Universität Bremen; **Abb. 2:** mit freundlicher Genehmigung von C. Bärlocher, http://www.iza-structure.org

Müssen wir wirklich Wasser sparen? (H. D. Schulz) S. 230

Abb. 1, 2, 3, 4, 5, 6, 9 und Foto letzte Seite: H. D. Schulz, Warnemünde; in Abb. 3: Daten vorwiegend nach A. Baumgartner & E. Reichel (1975): Die Weltwasserbilanz. R. Oldenbourg Verlag, München, Wien, 179 S.; in Abb. 4: Daten überwiegend in Anlehnung an G. Matthess & K. Ubell (1983): Lehrbuch der Hydrogeologie – Band 1 Allgemeine Hydrogeologie – Grundwasserhaushalt. Verlag Gebrüder Borntraeger, Berlin, Stuttgart, 438 S. / Hölting, B., (1. Auflage: 1980, 5. Auflage: 1996): Hydrogeologie. Ferdinand Enke Verlag, Stuttgart, 340 bzw. 441 S. sowie T. Engelhardt, M. Steinmetz und A. Bärndel (2000): Schluck für Schluck ein Kunstprodukt. In: GEO – Das neue Bild der Erde. Verlag Gruner+Jahr, Heft 2, Februar 2000, Hamburg, S. 28-52; in Abb. 5: Daten überwiegend in Anlehnung an G. Matthess & K. Ubell (1983) und B. Hölting (1980, 1996); in Abb. 6: Daten der Darstellung aus M. Lassnig (1996): Eckdaten der Wasserwirtschaft in Österreich. Herausgeber: Wasserwirtschaftskataster, Bundesministerium für Land- und Forstwirtschaft, Wien, 178 S.; in Abb. 9: nach H. D. Schulz (1977): Über den Grundwasserhaushalt im norddeutschen Flachland, Teil IV Grundwasserbeschaffenheit der Geest Schleswig-Holsteins – Eine statistische Auswertung, Landesamt für Wasserhaushalt und Küsten Schleswig-Holstein, Besondere Mitteilungen zum Deutschen Gewässerkundlichen Jahrbuch, Nr. 40., Kiel, 141 S.; **Abb. 7:** stern (etwa 1975), Gruner+Jahr, Hamburg; **Abb. 8:** S. Krück et al. (2001): Einfluss der Bodenbearbeitung auf Bodenleben und Bodenstruktur. Mitt. der dt. Bodenkundl. Gesellschaft 96(2), S. 747-748; **Abb. 10:** M. Zabel, MARUM

Boden – Basis für das Leben (G. Broll) S. 238

Abb. 1: G. Broll, Universität Osnabrück; **Abb. 2:** links: I. Merbach, Kuratorium Boden des Jahres; beide rechts: Otto Ehrmann, Bildarchiv Boden www.bildarchiv-boden.de

Unter der Erde ist noch viel Raum – Erkundung und Nutzung des Untergrundes (G. Borm) S. 240

Abb. 1: France. Paris Secret. Guides Gallimard, Editions Nouveaux-Loisiers, Paris, 1997; **Abb. 2 bis 9:** G. Borm, Karlsruhe

Brennendes Eis – Vorkommen, Dynamik und Umwelteinflüsse von Gashydraten (E. Suess & G. Bohrmann) S. 248

Abb. 1, 3, 4, 8 und 9: GEOMAR; **Abb. 2:** verändert nach E. Suess et al. (1999): Brennendes Eis – Methanhydrat am Meeresgrund. Spektrum der Wissenschaft 6, 62-73; **Abb. 5:** G. Bohrmann et al. (2001): Methanhydrate. Enzyklopädie Naturwissenschaft und Technik, 7, Ergänzungslieferung, 10/01, 1-7, Ecomend Verlag; **Abb. 6, 7, 10 und 11:** G. Bohrmann, MARUM; **Abb. 12:** Adapted by permission from Macmillan Publishers Ltd: Nature, R. D. Norris & U. Röhl (1999): Carbon cycling and chronology of climate warming during the Palaeocene/Eocene transition. Nature, 401, 775-778, © 1999

Erzfabriken in der Tiefsee – Heiße Quellen am Meeresboden (P. Herzig) S. 258

Alle Abbildungen: P. Herzig, GEOMAR

Tiefseebergbau – eine nachhaltige Option für die zukünftige Versorgung mit strategischen Wertmetallen? (A. Koschinsky) S. 266

Titelfoto und Abb. 2: BGR; **Abb. 1 und 6:** A. Koschinsky; **Abb. 3:** A. Fischbeck, MARUM; Foto: BGR; **Abb. 4 und 5:** A. Fischbeck, MARUM nach Hein, J. R., K. Mizell, A. Koschinsky & T. A. Conrad (2013): Deep-ocean mineral deposits as a source of critical metals for high- and green-technology applications: Comparison with land-based resources. Ore Geology Reviews 51, 1-14; **Abb. 7:** MHWirth; **Abb. 8 und 9:** MARUM; **Abb. 10:** A. Fischbeck, MARUM, nach Vorgaben der Autorin, Umweltbundesamt (UBA) und Daten der International Seabed Authority (http://www.isa.org.jm/)

Klima und Leben

Fossilien – die Dokumente der Evolution (W. von Koenigswald) S. 278

Abb. 1: W. v. Koenigswald, Steinmann Institut (Paläontologie), Universität Bonn; **Abb. 2:** Paläontologisches Museum Münster; Foto: Steinmann Institut (Paläontologie), Universität Bonn; **Abb. 3:** G. Bosinski und Museum für die Archäologie des Eiszeitalters, Schloss Monrepos, Neuwied; **Abb. 6 unten, 7, 8 und 10:** A. Lister, Mammuts – Riesen der Eiszeit. Jan Thorbecke Verlag, Stuttgart; **Abb. 4 und 5:** Museum für Naturkunde, Berlin; Foto: Steinmann Institut (Paläontologie), Universität Bonn; **Abb. 9:** K. Achenbach, Wiesbaden

Biologie, Lebensweise und Aussterben der Ammoniten (J. Lehmann) S. 288

Titelbild: Max Wippich; **Abb. 1, 4, 5, 6, 7, 8, 9, 10 und Autorenfoto:** M. Krogmann, Geowissenschaftliche Sammlung des Fachbereichs Geowissenschaften, Universität Bremen; **Abb. 2:** J. Lehmann; **Abb. 3:** MARUM

Zeitreise ins Erdmittelalter – Die Paläobiologie der Dinosaurier (M. Sander) S. 296

Abb. 1: Carola Radke, Museum für Naturkunde Berlin; **Abb. 2 bis 9 und 11:** M. Sander, Bonn; **Abb. 10:** R. Kindlimann

Vom Land ins Meer – Evolution der Wale (W. von Koenigswald & P. D. Gingerich) S. 308

Titelfoto: Tainui Stephens; **Abb. 1, 3, 5, 6, 7 und 9:** W. von Koenigswald, Steinmann Institut (Paläontologie), Universität Bonn; **Abb. 4:** G. Oleschinski; **Abb. 8:** oben: nach Gregory (1913); Mitte und unten und **Abb. 10:** P. D. Gingerich et al. (2009): New protocetid whale from the middle Eocene of Pakistan: Birth on land, precocial development, and sexual dimorphism. PLoS ONE 4(2):e 4366

Gletscher in der Wüste? Tropen im Ruhrgebiet? Das Klima im Wandel der Zeit (W. Buggisch) S. 316

Alle Abbildungen: W. Buggisch, Universität Erlangen

Kurzfristige Krisen in der Erdgeschichte während der letzten 100 Millionen Jahre – Was Flachmeerablagerungen berichten (J. Kuss et al.) S. 322

Abb. 1: J. Kuss; **Abb. 2:** C. Scheibner nach M. E. Katz et al. (2005): Biological overprint of the geological carbon cycle. Marine Geology, 217, 323-338 und J. Zachos et al. (2001): Trends, rhythms, and aberrations in global climate 65 Ma to present. Science, 292, 686-693; **Abb. 3:** C. Scheibner; **Abb. 4 und 5:** J. Wendler; **Abb. 6:** M. Heldt

Klimageschichte aus der Tiefsee – Der Weg von Treibhaus zum Eiszeitklima (G. Wefer, U. Röhl & W. H. Berger) S. 328

Titelfoto: K. Achenbach, Wiesbaden; **Abb. 1:** nach M. Tomczak & J. S. Godfrey (2003): Regional Oceanography: an Introduction. 2nd improved ed., Daya Publishing House, Delhi; **Abb. 2:** nach P. Ciais et al. (2013): Carbon and Other Biogeochemical Cycles. In: Climate Change 2013: The Physical Science Basis. Contribution of Working Group I to the Fifth Assessment Report of the Intergovernmental Panel on Climate Change [Stocker, T. F., D. Qin, G.-K. Plattner, M. Tignor, S. K. Allen, J. Boschung, A. Nauels, Y. Xia, V. Bex and P. M. Midgley (eds.)]. Cambridge University Press, Cambridge, United Kingdom and New York, NY, USA, 465-570, doi:10.1017/CBO9781107415324.015; **Abb. 3:** W. Berner, Schweiz; **Abb. 4:** SeaWiFS Project, NASA/Goddard Space Flight Center and ORBIMAGE; **Abb. 5:** modifiziert nach R. L. Larson (1991): Geological consequences of superplumes. Geology, 19, 963-966; Daten darin aus J. C. Zachos et al. (2008): An early Cenozoic perspective on greenhouse warming and carbon-cycle dynamics. Nature, 451, 279-283 und O. Friedrich et al. (2012): Evolution of middle to Late Cretaceous oceans – A 55 m.y. record of Earth's temperature and carbon cycle, Geology 2012;40;107-110; **Abb. 6:** Kernlager des International Ocean Discovery Program (IODP), Universität Bremen; **Abb. 7:** verändert nach J. C. Zachos et al. (2008): An early Cenozoic perspective on greenhouse warming and carbon-cycle dynamics. Nature, 451, 279-283; mit freundlicher Genehmigung von Macmillan Publishers Ltd, © 2008 und ergänzt durch ACEX (IODP Exp. 302) Daten nach Stein, R., P. Weller, J. Backman, H. Brinkhuis, K. Moran & H. Pälike (2014): Chapter 3.2 – Cenozoic Arctic Ocean Climate History: Some Highlights from the Integrated Ocean Drilling Program Arctic Coring Expedition. In Stein, R., D. K. Blackman, F. Inagaki & H.-C. Larsen (2014): Developments in Marine Geology: Earth and Life Processes Discovered from Subseafloor Environments: A Decade of Science Achieved by the Integrated Ocean Drilling Program (IODP), 259-293; Daten darin aus Eldrett et al. (2007): Continental ice in Greenland during the Eocene and Oligocene. Nature, 446, 176-179; St. John, K. (2008): Cenozoic ice-rafting history of the Central Arctic Ocean: terrigenous sands on the Lomonosov Ridge. Paleoceanography, 23; Tripati, A. K. et al.(2008): Evidence for glaciation in the Northern Hemisphere back to 44 Ma from ice-rafted debris in the Greenland Sea. Earth and Planetary Science Letters, 265, 112-122; Stickley, C. E. al. (2009): Evidence for middle Eocene Arctic sea ice from diatoms and ice-rafted debris. Nature, 460, 376-380; **Abb. 8:** nach E. Seibold & W. H. Berger (1996): The Sea Floor – An Introduction to Marine Geology. 3rd ed., Springer, S. 260; nach B. U. Haq (1981): Oceanologica Acta, 4 Suppl., 71; mit freundlicher Genehmigung von

Springer Science and Business Media; **Abb. 9:** Zeichnung von G. Billout aus J. A. McKenzie (1999): From desert to deluge in the Mediterranean. Nature, 400, 613-614; mit freundlicher Genehmigung von Macmillan Publishers Ltd, © 1999; **Abb. 10:** verändert nach G. H. Haug & R. Tiedemann (1998): Effect of the formation of the Isthmus of Panama on Atlantic Ocean thermohaline circulation. Nature, 393, 673-676; mit freundlicher Genehmigung von Macmillan Publishers Ltd, © 1998; **Abb. 11:** A. Gerdes, MARUM

Erforschung der Eiszeit – Erkenntnisse aus der Klimageschichte (W. H. Berger, S. Mulitza & G. Wefer) S. 340

Titelfoto: G. Wefer, MARUM; **Abb. 1 und 7:** aus A. Lister, Mammuts – Riesen der Eiszeit. Jan Thorbecke Verlag, Stuttgart; **Abb. 2:** Wikimedia, Kopie eines verlorengegangenen Originals von 1610 im Benediktinerkloster in Krems; **Abb. 3:** E. Haeckel (1904): Kunstformen der Natur. Tafel 2: Thalamphora; **Abb. 4:** verändert nach E. Seibold & W. H. Berger (1996): The Sea Floor – An Introduction to Marine Geology. 3rd ed., Springer, S. 145; mit freundlicher Genehmigung von Springer Science and Business Media; **Abb. 5:** aus W. H. Berger & G. Wefer (1992): Klimageschichte aus Tiefseesedimenten – Neues vom Ontong-Java-Plateau (Westpazifik). Naturwissenschaften, 79, 541-550; mit freundlicher Genehmigung von Springer Science and Business Media; **Abb. 6:** MARUM, Daten aus W. Dansgaard et al. (1993): Evidence for general instability in past climate from a 250-kyr ice-core record. Nature, 364, 218-220; **Abb. 7:** MARUM; Daten: S. Mulitza et al. (2008): Sahel megadroughts triggered by glacial slowdowns of Atlantic meridional overturning. Paleoceanography, 23, PA4206, doi:10.1029/2008PA001637; **Abb. 9:** nach E. Bard et al. (1996): Deglacial sea-level record from Tahiti corals and the timing of global meltwater discharge. Nature, 382, 241-244; mit freundlicher Genehmigung von Macmillan Publishers Ltd, © 1996; **Abb. 10:** Griensteidl, Wikimedia Commons; **Abb. 11:** nach W. H. Berger & E. Jansen (1995): Younger Dryas episode: ice collapse and super-fjord heat pump. In: S. Troelstra et al. (eds.): The Younger Dryas. Verhandelingen, Sfd. Natuurkunde, Eerste Reeks, deel 44. Koninklijke Nederlandse Akademie van Wetenschappen, Amsterdam, 61-105; **Abb. 12:** nach W. H. Berger, M. Schulz & G. Wefer (2010): Quaternary oceans and climate change: lessons for the future. Int. J. Earth Sci., 99, 171-189; darin Grafik nach D. Lüthi et al. (2008): High-resolution carbon dioxide concentration record 650,000 – 800,000 years before present. Nature, 453, 379-382 und L. Loulergue et al. (2008): Orbital and millenial-scale features of atmospheric CH_4 over the past 800,000 years. Nature, 453, 383-386; **Abb. 13:** MARUM nach McGregor, H., M. Dima, H. W. Fischer, S. Mulitza (2007): Rapid 20th-century increase in coastal upwelling off Northwest Africa. Science, 315, 637-639 und R. F. Keeling, S. C. Piper, A. F. Bollenbacher & S. J. Walker, Scripps CO_2 Program, Scripps Institution of Oceanography , University of California, La Jolla, California USA 92093-0244 (http://cdiac.ornl.gov/ftp/trends/co2/iso-sio/SIO_Mauna_Loa_13CO2.txt) sowie Francey, R. J. et al. (1999): A 1000-year high precision record of $\delta^{13}C$ in atmospheric CO_2. Tellus, 51B, 170–193

Was ist eigentlich Klima? (M. Claußen, R. Greve & U. Cubasch) S. 352

Abb. 1: Max-Planck-Institut für Meteorologie, Hamburg; **Abb. 2:** mit freundlicher Genehmigung der American Physical Society verändert nach A. Ganopolski & S. Rahmstorf (2002): Abrupt glacial climate changes due to stochastic resonance, Phys. Rev. Lett., 88.; **Abb. 3:** Berliner Wetterkarte e.V.; **Abb. 4:** mit freundlicher Genehmigung des Beck-Verlages aus S. Rahmstorf & H.-J. Schellnhuber (2006): Der Klimawandel – Diagnose, Prognose, Therapie. C. H. Beck, München, 144 S.; Daten aus: blau: M. E. Mann, R. S. Bradley & M. K. Hughes (1999): Northern hemisphere temperatures during the past millennium: Inferences, uncertainties, and limitations, Geophys. Res. Lett., 26, 759–762; grün: A. Moberg et al. (2005): Highly variable Northern Hemisphere temperatures reconstructed from low- and high-resolution proxy data. Nature, 433, 613-617; rot: J. Oerlemans (2005): Extracting a climate signal from 169 glacier records. Science, 308, 675-677; schwarz: Hadley Centre, http://www.metoffice.gov.uk/climatechange/science/hadleycentre; **Abb. 5:** S. Bakan, Max-Planck-Institut für Meteorologie, Hamburg; **Abb. 6:** Nach Climate Change 2014: Synthesis Report. Contribution of Working Groups I, II and III to the Fifth Assessment Report of the Intergovernmental Panel on Climate Change. Figure SPM.5 und Figure SPM.6. [Core Writing Team, Pachauri, R.K. and Meyer, L. (eds.)]. IPCC, Geneva, Switzerland; **Abb. 7:** Visualisierung: M. Böttinger, Deutsches Klimarechenzentrum (DKRZ), Simulation: MPI-M/DKRZ

Wind, Wasser und Wärme in der Luft – Die Atmosphäre schafft optimale Lebensbedingungen (P. Lemke) S. 360

Abb. 1: NASA; **Abb. 2, 5, 6, 7 und 10:** P. Lemke, AWI; **Abb. 3:** Max-Planck-Institut für Meteorologie, Hamburg; **Abb. 4:** nach H. Schirmer et al. (1989): Wie funktioniert das? Wetter und Klima. Meyers Lexikonverlag, Mannheim; **Abb. 8:** Th. Martin, GEOMAR; **Abb. 9:** H. Berndt, Kiel

Die Luft, die uns wärmt – Biogeochemische Kreisläufe klimarelevanter atmosphärischer Spurengase (J. Hahn & W. Seiler) S. 370

Titelfoto: K. Achenbach, Wiesbaden; **Abb. 1:** nach IPCC (Intergovernmental Panel on Climate Change) (2001): Climate Change 2000 – The Science of Climate Change, Contribution of Working Group I to the Third Assessment Report, Technical summary of the working group I report. Internet-Adresse (URL): http://www.ipcc.ch; **Abb. 2:** nach Boden,

T. A., G. Marland, and R. J. Andres (2013): Global, Regional, and National Fossil-Fuel CO_2 Emissions. Carbon Dioxide Information Analysis Center, Oak Ridge National Laboratory, U.S. Department of Energy, Oak Ridge, Tenn., U.S.A. doi 10.3334/CDIAC/00001_V2013; **Abb. 3:** Daten: The NOAA Annual Greenhouse Gas Index (AGGI); http://www.esrl.noaa.gov/gmd/aggi/aggi.html (updated Spring 2015); **Tab. 1:** nach T. J. Blasing & S. Jones (updated Feb. 2014): Current Greenhouse Gas Concentrations. Carbon Dioxide Information Analysis Center, Oak Ridge National Laboratory, U.S. Department of Energy, Oak Ridge, Tennessee, U.S.A.). Internet-Adresse (URL): http://cdiac.ornl.gov/pns/current_ghg.html und IPCC (2013): Climate Change 2013: The Physical Science Basis. Contribution of Working Group I to the Fifth Assessment Report of the Intergovernmental Panel on Climate Change [Stocker, T.F., D. Qin, G.-K. Plattner, M. Tignor, S.K. Allen, J. Boschung, A. Nauels, Y. Xia, V. Bex and P.M. Midgley (Hrsg.)]. Cambridge University Press, Cambridge, United Kingdom and New York, NY, USA; **Abb. 4:** World Meteorological Organization (WMO) (2014): Scientific Assessment of Ozone Depletion: 2014, World Meteorological Organization, Global Ozone Research and Monitoring Project – Report No. 55, Geneva, Switzerland; **Abb. 5:** Institut für Meteorologie und Klimaforschung, Atmosphärische Umweltforschung (IMK-IFU) des Forschungszentrums Karlsruhe; **Abb. 6:** nach Ruedy, R., M. Sato, and K. Lo (2015):. NASA GISS Surface Temperature (GISTEMP) Analysis. In Trends: A Compendium of Data on Global Change. Carbon Dioxide Information Analysis Center, Oak Ridge National Laboratory, U.S. Department of Energy, Oak Ridge, Tenn., U.S.A. doi: 10.3334/CDIAC/cli.001

Niederschlag, Starkregen und Hochwasser (B. Rudolf & C. Simmer) S. 380

Titelfoto, Abb. 2, Foto neben Tabelle 1: B. Rudolf, Deutscher Wetterdienst; **Abb. 2:** B. Rudolf, Deutscher Wetterdienst nach USGS; **Abb. 3, 4:** Universität Bonn; **Abb. 5, 6:** Deutscher Wetterdienst

Wind und Sturm (K. Radtke & G. Tetzlaff) S. 390

Titelfoto: Münchener Rückversicherungs-Gesellschaft, Aktiengesellschaft in München, München; **Abb. 1:** J. Kück, MARUM nach Angaben der Autoren; **Abb. 2:** J. Kück, MARUM nach Meteo SF, Zürich, Schweiz; **Abb. 3:** links: Deutscher Wetterdienst; rechts: Der Karlsruher Wolkenatlas von B. Mühr (http://www.wolkenatlas.de), Foto: G. Müller; **Abb. 4:** J. Kück, MARUM unter Verwendung von Daten von NASA und T. Patterson (http://www.shadedrelief.com); Zugbahnen und Anzahl der Wirbelstürme aus J. England & H. Ulbricht (1990): Flugmeteorologie. Transpress VEB Verlag, Berlin, 399 S.; **Abb. 5:** NASA; **Abb. 6:** J. Kück, MARUM nach NOAA; **Abb. 7, 9, 11 rechts und letzte Seite oben:** NOAA; **Abb. 8:** links: H. Hoinkis, Burgdorf; rechts: aus J. England & H. Ulbricht (1990): Flugmeteorologie. Transpress VEB Verlag, Berlin, 399 S.; **Abb. 10:** Cittadella di Scienze della Natura die Campo dei Fiori, Varese, Italien; **Abb. 11 links:** Aerial Oklahoma, USA; **Abb. 12:** www.wittenberg.de

Der bewegte Ozean – Veränderungen der ozeanischen Zirkulation (J. Holfort) S. 400

Titelfoto: K. Achenbach, Wiesbaden; **alle anderen Abb.:** J. Holfort, Rostock

Der globale Kohlenstoffkreislauf (V. Ittekkot, T. Rixen & A. Suthhof) S. 408

Abb. 1 und 10: M. Wunsch, Zentrum für Marine Tropenökologie (ZMT), Bremen; **Abb. 2:** A. Fischbeck, MARUM, nach Vorgaben von T. Rixen; **Abb. 3, 5 und 7:** Zentrum für Marine Tropenökologie (ZMT), Bremen; **Abb. 6:** Max-Planck-Institut für Meteorologie, Hamburg; **Abb. 4:** A. Fischbeck, MARUM, nach Vorgaben von T. Rixen; Foto: T. Rixen; **Abb. 8:** T. Felis, MARUM; **Abb. 9:** T. Rixen

Eisendünger für die ozeanische Wiese (V. Smetacek) S. 420

Alle Abbildungen: V. Smetacek, AWI

Manche mögen's kalt – Der europäische Korallengürtel von Norwegen bis ins Mittelmeer (D. Hebbeln & A. Freiwald) S. 424

Titelfoto: MARUM; **Abb. 1:** Hintergrundkarte: NASA; Bearbeitung: C. Wienberg & J. Kück, MARUM nach J. M. Roberts, A. J. Wheeler & A. Freiwald (2006): Reefs of the Deep: The Biology and Geology of Cold-Water Coral Ecosystems. Science, 312, 543-547; **Abb. 2:** links oben: D. Hebbeln, MARUM; rechts oben: MARUM; links unten: C. Wienberg, MARUM; rechts unten: V. Diekamp, MARUM; **Abb. 3:** Zeichnungen von A. Bachar aus J. M. Roberts et al. (2009): Cold-water corals: The biology and geology of deep-sea coral habitats. Cambridge University Press; **Abb. 4:** Institute of Marine Research, Norway, and the Geological Survey of Norway; **Abb. 5:** Foto: MARUM; Seismik: Integrated Ocean Drilling Program (IODP); **Abb. 6, 7, 8 und 9:** MARUM

Mensch und Küste – eine jahrtausendealte Schicksalsgemeinschaft (D. Hebbeln & G. Wefer) S. 432

Titelfoto: oben: F. Schmieder, MARUM; unten: J. Stone, MARUM; **Abb. 1, 2:** J. Sündermann et al. (2001): Die Nordsee – Gefährdungen und Forschungsbedarf. Zentrum für Meeres- und Klimaforschung der Universität Hamburg; **Abb. 3:**

links: nach S. Jelgersma (1979): Sea-level changes in the North Sea basin. In: E. Oele et al. (Hrsg.): The Quaternary History of the North Sea. Acta Univ. Uppsala 2, 233-248; rechts: nach H. Streif (1999): Geologische Küstenentwicklung. In: Nationalpark Niedersächsiches Wattenmeer und Umweltbundesamt (Hrsg.): Umweltatlas Wattenmeer – Band 2, Wattenmeer zwischen Elb- und Emsmündung. Ulmer Verlag, Stuttgart, S. 12-13; **Abb. 4:** H.-E. Reineck (1994): Landschaftsgeschichte und Geologie Ostfrieslands. Verlag S. von Loga, Köln, 188 S.; **Abb. 5:** K.-D. Schmidtke (1995): Die Entstehung Schleswig-Holsteins. Wachholtz-Verlag, Neumünster, 128 S.; **Abb. 6:** MARUM; **Abb. 7:** nach H. Streif (1999): Geologische Küstenentwicklung. In: Nationalpark Niedersächsiches Wattenmeer und Umweltbundesamt (Hrsg.): Umweltatlas Wattenmeer – Band 2, Wattenmeer zwischen Elb- und Emsmündung, Ulmer Verlag, Stuttgart, S. 12-13; **Abb. 8:** A. Bartholomä (1999): Zur historischen und künftigen Entwicklung der Morphologie des Ostfriesischen Wattenmeers. In: Nationalpark Niedersächsiches Wattenmeer und Umweltbundesamt (Hrsg.): Umweltatlas Wattenmeer – Band 2, Wattenmeer zwischen Elb- und Emsmündung, Ulmer Verlag, Stuttgart, S. 18-19; **Abb. 9:** C. Wienberg, MARUM nach Bundesanstalt für Gewässerkunde (BfG) (1992): Umweltverträglichkeitsuntersuchung: Anpassung der Fahrrinne der Außenweser an die künftig gültigen Anforderungen der Containerschiffahrt, SKN -14 m-Ausbau. Report-Nr. BfG-0664, Auftraggeber: Wasser- und Schiffahrtsdirektion Nordwest & Wasser- und Schiffahrtsamt Bremerhaven, 217 S.

Forschung für Nachhaltigkeit: Der Mensch als Akteur im Erdsystem (F. Kraas & T. Bork-Hüffer) S. 440

Alle Fotos: F. Kraas, Geographisches Institut der Universität zu Köln

Kultur und Geowissenschaften

Die Kleine Eiszeit (U. Kienel & J. F. W. Negendank) S. 448

Abb. 1: Aert van der Neer (ca. 1655/60): Winterlandschaft mit Schlittschuhläufern bei Sonnenuntergang. Lw., 42 x 565 cm; Gemäldergalerie der Staatl. Museen zu Berlin, Stiftung Preußischer Kulturbesitz, SMB, Kat.Nr. 842E, Foto: J. P. Anders; **Abb. 2:** Jan Asselijn (ca. 1651): Bruch des Muiderdeiches bei Sturmflut. Gemäldergalerie der Staatl. Museen zu Berlin, Stiftung Preußischer Kulturbesitz, Foto: J. P. Anders; **Abb. 3:** U. Kienel, GFZ Potsdam nach J. Eddy (1976): The Maunder minimum. Science, 192, 1189-1202, J. Eddy (1977): Climate and the changing sun. Climate Change 1, 173-190 und National Research Council (1984): Causes and effects of changes in stratospheric ozone: update 1983. National Academy Press; **Abb. 4 bis 9:** U. Kienel, Potsdam; **Abb. 10:** Adriaen Pietersz van de Venne (1614): Der Sommer. Gemäldergalerie der Staatl. Museen zu Berlin, Stiftung Preußischer Kulturbesitz, Foto: J. P. Anders

Schichten enthalten die Geschichte – Archäologen und Geologen rekonstruieren die Bucht von Cádiz (H. D. Schulz & O. Arteaga) S. 454

Titelfotos: links: H. D. Schulz; rechts oben: H. Schubart, damals (1982) Direktor des Deutschen Archäologischen Instituts in Madrid; rechts unten: Fachbereich Geowissenschaften, Universität Bremen; **Abb. 1, 3 und 4:** H. D. Schulz; **Grafiken:** H. D. Schulz unter Verwendung von Schiffsgrafiken aus a) J. Seymour (1984): Vergessene Künste – Bilder vom alten Handwerk. Otto Maier Verlag, Ravensburg, 191 S.; b) und c) G. Herm (1973): Die Phönizier – Das Purpurreich der Antike. Econ Verlag, Düsseldorf und Wien, 424 S.; d) B. Landström (1961): Das Schiff. C. Bertelsmann Verlag, 309 S.; e) Leitstelle Meteor, Universität Hamburg

Geowissenschaften im Geographieunterricht (K.-H. Otto) S. 458

S. 458: J. Stone, MARUM, Universität Bremen; **S. 459:** K.-H. Otto, Ruhr-Universität Bochum; **S. 461:** MARUM UNI-Schullabor, Universität Bremen

Kunst und Geologie (T. Deecke & K. Kiesinger) S. 462

Abb. 1: BGR; **Abb. 2:** Kunsthalle Bremen; **Abb. 3:** Gerhard Marcks-Haus, Bremen; **Abb. 4:** Weserburg | Museum für moderne Kunst, Bremen, Foto: J. Fliegner; **Abb. 5:** Weserburg | Museum für moderne Kunst, Bremen, Foto: A. Fliegner; **Abb. 6:** Focke-Museum, Bremen, Foto: J. Nogai; **Abb. 7:** Senator für Kultur Bremen; http://www.kunst-im-oeffentlichen-raum-bremen.de; **Abb. 8:** © Stiftung Bauhaus Dessau, Foto: M. Neumüller; **Abb. 9:** Hamburger Kunsthalle; **Abb. 10:** Foto: R. Gercke; **Abb. 11:** Kunsthalle zu Kiel; **Abb. 12:** Museum Ludwig, Köln; **Abb. 13:** Kulturhistorisches Museum Magdeburg, Foto: A. Bednorz; **Abb. 14:** Foto: H.-W. Kunze; **Abb. 15:** Landesmuseum Mainz; **Abb. 16:** Kunsthalle Mannheim, Foto: M. Wickenhäuser; **Abb. 17:** Foto: F. Meschede; **Abb. 18:** Foto: Elisabeth Deiters-Keul; **Abb. 19:** Staatsgalerie Stuttgart

»Was aber bleibet, stiften die Dichter« (I. & E. Seibold, Freiburg) S. 472

Abb. 1: The Yorck Project (2002): 10.000 Meisterwerke der Malerei. DVD-ROM, ISBN 3936122202. Distributed by DIRECTMEDIA Publishing GmbH; **Abb. 2, 3, 5, 6 und 8:** E. Seibold, Freiburg; **Abb. 4:** aus Punch, or the London Charivari (1858) (satirische Zeitschrift); **Abb. 7:** aus O. Fraas (1866): Vor der Sintflut, Stuttgart